HANDBUCH FÜR BIOLOGISCHE ÜBUNGEN

VON

ROF. DR. PAUL RÖSELER
DIREKTOR DER LUISENSCHULE
ZU BERLIN

UND

HANS LAMPRECHT
OBERLEHRER AN DER FRIEDRICHS-WERDERSCHEN OBERREALSCHULE ZU BERLIN

ZOOLOGISCHER TEIL

MIT 467 TEXTFIGUREN

BERLIN
VERLAG VON JULIUS SPRINGER
1914

ISBN-13:978-3-642-90311-3 e-ISBN-13:978-3-642-92168-1
DOI: 10.1007/978-3-642-92168-1

Softcover reprint of the hardcover 1st edition 1914

Vorwort.

Mit der Abfassung des vorliegenden Werkes haben wir einen lange gehegten Plan zur Ausführung gebracht. Die Anregung zur Verwirklichung dieses Planes verdanken wir der Verlagsbuchhandlung. Weihnachten 1908 haben wir mit der Firma Julius Springer die nötigen geschäftlichen Vereinbarungen getroffen. Während der fünf Jahre, die seitdem verflossen sind, haben wir Gelegenheit gehabt, das Entgegenkommen des Verlages und seine Bereitwilligkeit, auf alle unsere Wünsche einzugehen, in reichem Maße schätzen zu lernen. Es ist uns daher eine angenehme Aufgabe, bei der Vollendung des Werkes der Verlagsbuchhandlung unseren herzlichsten Dank aussprechen zu können.

Die Erfahrungen, die in unserem Buche niedergelegt sind, haben wir zu einem Teile aus biologischen Schülerübungen gewonnen. Der Erstunterzeichnete leitete biologische Übungen in seiner früheren Dienststellung am Königstädtischen Realgymnasium zu Berlin von Ostern 1905 bis Michaelis 1913; er gehört somit zu den ersten, die überhaupt biologische Schülerübungen betrieben haben. Der Endesunterzeichnete ist von Ostern 1908 an mit der Leitung biologischer Übungen betraut und hat bereits in der wissenschaftlichen Beilage zum Programm der Friedrichs-Werderschen Oberrealschule von Ostern 1909 über die während eines Semesters in den biologischen Übungen behandelten Pensen berichtet.

Während uns die biologischen Schülerübungen Gelegenheit gaben, hauptsächlich über die Grenzen des Erreichbaren wertvolle Studien zu machen, die uns bei der Abfassung des Werkes in mannigfacher Weise zu gute kamen, haben wir den eigentlichen Inhalt desselben vorwiegend aus den Erfahrungen entnommen, die wir bei der Leitung der vom Kgl. Provinzial-Schul-Kollegium in der alten Urania veranstalteten praktischen Kurse haben sammeln können. Der Erstunterzeichnete hat die zoologischen Übungen in diesen Kursen von der Gründung des Institutes Ostern 1899 an geleitet. Als die Kurse im Laufe der Jahre sich weiter entwickelten und an Inhalt und Umfang beständig wuchsen, so daß die Kraft eines Einzelnen zu einer erfolgreichen Leitung der zoologischen Übungen nicht mehr ausreichte, trat der Endesunterzeichnete Ostern 1905 als Mitarbeiter hinzu. — Aber nicht nur praktische Erfahrungen haben wir aus den Kursen gewonnen; die Arbeit mit den jungen und alten Kollegen, insbesondere die Arbeit mit den Kollegen, die bei Gelegenheit der Ferienkurse aus allen Provinzen unseres engeren Vaterlandes hier zusammenkamen, zeigte uns auch die Notwendigkeit, ein Werk wie das vorliegende zu schaffen, aus dem ein jeder alles entnehmen könnte, was für die Schülerübungen irgend verwendbar wäre.

So gedenken wir dankbar der Kurse, der reichen Erfahrungen, die wir mit gleichstrebenden Kollegen bei vielen Gelegenheiten austauschen konnten, und der Erfahrungen, die uns die Kurse in praktischer Hinsicht gewährt haben. Wir wollen an dieser Stelle aber auch nicht versäumen, der Erinnerung an den heimgegangenen Geh. Reg.-Rat Dr. Otto Vogel, mit Schwalbe Schöpfer der praktischen Kurse, Worte des Dankes zu widmen. Vogel hat es verstanden, als die Kurse noch in ihren Anfängen waren und die unzureichenden Mittel oft nur unzulängliche Erfolge gestatteten, immer wieder anzuspornen und anzuregen, bis schließlich durch wiederholte Gewährung größerer Mittel, die Vogel mit unermüdlichem Bemühen zu erlangen wußte, die Kurse so ausgestaltet werden konnten, daß es uns möglich geworden ist, Hunderten von jungen und alten Kollegen, wie wir aus ihrem eigenen Munde wissen, wertvolle Unterstützung in ihren Arbeiten und Bestrebungen zu gewähren.

Wie schon gesagt, soll das vorliegende Werk ein Hilfsmittel sein bei der Leitung biologischer Übungen. Es soll jedem Kollegen die Möglichkeit gewähren, sich über das zu informieren, was etwa in biologischen Übungen gearbeitet werden kann und was erreichbar ist. Auch soll es Anregungen geben zu eigener Tätigkeit. Es soll aber nicht Vorschriften darüber geben, wie biologische Übungen gestaltet werden müssen, und was ihr Inhalt sein soll. Wie der Einzelne die Übungen einrichtet und was er auswählt, das bleibt den persönlichen Wünschen und Neigungen überlassen. Unsere Meinung ist es jedenfalls nicht, daß der Inhalt des Buches in der gegebenen Anordnung und in dem gegebenen Umfange auch Inhalt der Übungen werden muß. Es besteht die Möglichkeit allerdings, fast sämtliche Kapitel ganz oder in Auswahl zum Gegenstande der Übungen zu machen, denn ein sehr großer Teil des Inhaltes ist von uns selbst in Schülerübungen erprobt worden. Nur wenige Kapitel (z. B. die Reizversuche) sind in der Hauptsache nur für den Lehrer bestimmt, und nur wenige Methoden (z. B. einige schwierigere histologische Methoden) eignen sich nicht zur Verwendung in den Übungen selbst; aber auch diese sind geeignet, Material für die Übungen gewinnen zu lassen. — Es sei hier gleich bemerkt, daß eine Anzahl von histologischen Methoden, die für die Übungen empfohlen werden, sich aber nicht innerhalb einer Übung erledigen lassen, natürlich von dem Leiter der Übungen so vorzubereiten sind, daß für die Schüler nur noch die in der Übung selbst mögliche Arbeit bleibt. Ebenso sei hier darauf hingewiesen, daß wir im allgemeinen die Herstellung von Dauerpräparaten schildern und diese auch als das zweckmäßigste empfehlen. Bei Arbeiten an Paraffinmaterial kann ja nichts anderes als das Dauerpräparat das Ziel der Arbeit sein; in allen anderen Fällen kann man sich selbstverständlich auch mit dem Momentanpräparat begnügen. Die Herstellung derartiger Präparate ist nicht überall im einzelnen beschrieben, kann aber nach den in dem Buche gemachten Angaben in keinem Falle Schwierigkeiten begegnen.

Was die Art der Darstellung betrifft, so haben wir uns absichtlich, um den Umfang des Buches in engen Grenzen zu halten, meist nur auf die Beschreibung der Beobachtungen, also auf die Wiedergabe der tatsächlichen Befunde beschränkt und haben die biologische Deutung der Tatsachen im allgemeinen nicht gegeben oder doch nur andeutungsweise darauf hingewiesen. Wir haben zwar mit Bedauern Verzicht geleistet auf eine reizvollere Gestaltung des Textes, haben uns dabei aber auch von dem Gedanken leiten lassen, daß ein sehr großer Teil der Erklärungen sich bei aufmerksamer Arbeit von selbst ergibt, andere so bekannt sind, daß uns ein Eingehen darauf überflüssig schien, daß endlich die an manchen Stellen gegebenen kurzen Hinweise ausreichend sein könnten.

Hinsichtlich der Anordnung des Stoffes sei bemerkt, daß wir wohl im großen und ganzen, aber durchaus nicht in allen Einzelheiten den Prinzipien der Systematik gefolgt sind, wobei wir vom Niederen zum Höheren aufgestiegen sind. Es lag uns daran, in sich einheitliche und geschlossene Kapitel zu schaffen, und eben deshalb haben wir auf eine strenge Durchführung der Systematik verzichtet. Auch in den einzelnen Abschnitten sind wir vielfach von der systematischen Reihenfolge abgewichen und haben bisweilen den Abschnitt statt mit der systematisch am tiefsten stehenden mit einer hochstehenden Form eingeleitet. Für derartige Abweichungen von der natürlichen Regel sind stets praktische Gründe maßgebend gewesen. So beginnen wir z. B. den Abschnitt „Würmer" mit dem stets leicht erhältlichen und auch zur makroskopischen Präparation geeigneten Regenwurm. Ähnliche Gründe waren bei der Anordnung der Protozoen maßgebend usw.

Von den 467 Abbildungen sind nur 28 anderen Werken oder Firmenkatalogen entnommen (nämlich die Figg. 1—7, 14, 20—22, 27, 52, 59—70, 90, 93 und 94). Die übrigen 439 Figuren sind von uns nach eigenen Präparaten hergestellt worden. 28 von diesen Figuren (86—88, 145—150, 155, 156, 161—166, 173—177, 181—186) wurden ursprünglich für den Verlag von Winckelmann u. Söhne angefertigt; wir sind dem genannten Verlage für die Überlassung zu dem vorliegenden Werke dankbar. Fünf von den Figuren (121, 285, 377, 408 und 425), die zur Erläuterung der vielfach behandelten „Gefrierschnitte" dienen sollen, sind aus einer großen Anzahl von photographischen Aufnahmen ausgewählt, die Herr Oberlehrer Dr. Seelmann und Herr Oberlehrer Hirschlaff in zeitraubender Arbeit für uns hergestellt haben. Wir sprechen den genannten Herren für ihre Mühewaltung unseren Dank aus. Ebenso benutzen wir diese Gelegenheit, Herrn Schlächtermeister Friedrich in Ahrensfelde bei Berlin herzlich zu danken für die Überlassung einer großen Menge wertvollen Materiales, welches wir uns in gleicher Vollkommenheit nur mit großen Umständen hätten beschaffen können.

Wir haben uns bemüht, die Illustrierung gleichmäßig zu gestalten; an manchen Stellen sind wir absichtlich sehr ins Einzelne gegangen, um recht deutlich zu zeigen, wie weit man in der Ausnutzung des Materials gehen kann. An anderen Stellen konnten wir die gewünschte volle Gleichmäßigkeit in der Beigabe von Abbildungen nicht erzielen. Die nähere Betrachtung der Abbildungen wird aber, so hoffen wir, zeigen, welcher Anstrengungen es bedurft hat, um das Gebotene zu erreichen und wird die vorhandenen Lücken erklärlich scheinen lassen. In der Ausführung der Abbildungen haben wir, wo es anging, nicht nur die Darstellung des tatsächlichen Befundes vor Augen gehabt, sondern auch auf die Präparationsart Bedacht genommen und durch Angabe von Punktlinien auf die weitere Schnittführung hingewiesen.

Dem Zeichnen selbst, dieser für Übungen so wichtigen Betätigung, haben wir im Texte nur einen geringen Raum gewährt. Wir haben uns darauf beschränkt, mehrfach auf die Bedeutung des Zeichnens hinzuweisen und möchten auch an dieser Stelle betonen, daß wir es für selbstverständlich halten, die Schüler so viel wie irgend möglich zur Anfertigung einfacher Skizzen sowohl bei makroskopischen als auch bei mikroskopischen Arbeiten anzuhalten.

Wie aus der Fassung des Titels hervorgeht, ist es unsere Absicht, diesem zoologischen Teile einen botanischen Teil folgen zu lassen. Auch gedenken wir, in Kürze eine kleine Ausgabe, die für die Hand des Schülers bestimmt sein soll, zu veranstalten.

Zum Schlusse richten wir an alle Kollegen, die das Buch zu benutzen gedenken, die Bitte, uns etwaige Wünsche in bezug auf eine weitere Ausgestaltung und Verbesserung des Buches gütigst mitteilen zu wollen, und sprechen die Hoffnung aus, daß unsere Arbeit recht vielen Kollegen Unterstützung und Nutzen gewähren, und ihr Scherflein zur weiteren Verbreitung und Ausgestaltung der biologischen Übungen beitragen möge.

Berlin, Weihnachten 1913.

Röseler. **Lamprecht.**

Inhaltsverzeichnis.

Allgemeiner Teil.

Spezieller Teil.

Allgemeiner Teil.

1. Abschnitt.

Das Laboratorium.

1. Kapitel.

Ausstattung des Arbeitsraumes.

Für die biologischen Übungen ist unter allen Umständen ein besonderes Arbeitszimmer erforderlich. Dasselbe soll so liegen, daß zu der Zeit, in welcher die Übungen gewöhnlich abgehalten werden, das direkte Sonnenlicht nicht in den Raum fällt. Davon abgesehen, wähle man indessen einen möglichst hellen Raum, denn Licht und wieder Licht ist die erste Bedingung für ein gedeihliches biologisches Arbeiten. Man verbaue also auch nicht die Fenster mit Aquarien, Terrarien und ähnlichen Anlagen, sondern bringe diese besser im Sammlungsraum unter und richte unmittelbar vor den Fenstern Arbeitsplätze ein.

Selbstverständlich muß der Raum mehrere Wasserleitungen (Wasserluftpumpe!), reichlich Gasauslässe und Arbeitsstrom enthalten. Für Arbeiten im Winter reicht direktes oder reflektiertes Licht von der Decke her nicht aus. Auch für das makroskopische Arbeiten sind bewegliche Tischlampen (Metallfadenlampen am Stativ mit Glocke) erforderlich.

Wie die allgemein gebrauchten Materialien und Geräte unterzubringen sind, richtet sich nach den besonderen Verhältnissen, doch wird das folgende Inventar an Schränken, Tischen u. dgl. wohl in allen Fällen notwendig sein.

Schränke oder Regale für Glasgeräte. (Inhalt: außer den für die Übungen gebrauchten Apparaten: Glaszylinder verschiedener Größen, Glashäfen, Wannen, Schalen, Glasflaschen mit eingeschliffenem Stopfen, Glasplatten, Glasrohr, Bechergläser, Kolben, Reagenzgläser etc.)

Schränke für konserviertes Material.

Ein Chemikalienschrank.

Ein Instrumentenschrank (mit Glasplatten). (Inhalt: eine Kollektion guter Scheren, eine Anzahl Pinzetten verschiedener Form und Größe, Nadeln, Meißel, Knochensägen, Spritzen etc., sowie Verbandzeug.)

Ein Werkzeugschrank. (Inhalt: Feilen, Beißzangen, Flachzangen, Bohrer, Hammer, Nägel, Draht, Bindfaden, eine Tischlersäge, Schleifsteine etc.)

Ein Schrank mit Fächern, die den Praktikanten während des Semesters zur Verfügung stehen.

Ein Regal mit zwei großen Zinkkästen (Breite 1 m, Tiefe 0,5 m, Höhe 0,4 m) mit eingreifendem Deckel und Hahnauslaß in der Mitte der vorderen Grundkante. In einem dieser Kästen befindet sich denaturierter Spiritus, in dem anderen eine 10 % ige Formalinlösung. Die Kästen dienen zum Aufbewahren von großem Material (Kaninchen, Hammelköpfe usw.), das sich nicht in einer Übung durcharbeiten läßt.

Ein großer Tisch für Demonstrationen.

Ein Werktisch mit einem sehr großen und einem mittleren Schraubstock.

Ein Tisch für die Wage.

Ein Tisch für das Mikrotom.

Ein Bock für den Ballon mit destilliertem Wasser.

Eine Projektionsvorrichtung.

Ein Tisch für die Kreissäge. Wir benutzen seit einigen Jahren für Knochenschliffe und für viele andere Zwecke eine nach eigenen Angaben konstruierte, durch einen Elektromotor betriebene Kreissäge mit verschiedenen auswechselbaren Sägeblättern. Zu der Säge gehört ein Apparat, welcher einmal gestattet, das zu schneidende Objekt sicher zu befestigen, sodann die Möglichkeit bietet, durch Schrauben, die von Kurbeln getrieben werden, das befestigte Objekt nach drei verschiedenen Richtungen zu bewegen und an der sich drehenden Säge vorüberzuführen. Mit dieser Säge ist es uns gelungen, in kürzester Zeit von harten Knochen Schnitte von weniger als 0,1 mm Dicke herzustellen.

Eine Gefrierkiste. Die von uns verwendete Gefrierkiste besteht aus einer großen, polierten Holzkiste mit gut schließendem Deckel. Die Kiste ist innen etwa 10 cm dick allseitig mit Holzwolle ausgepolstert, der Deckel ist auf der Innenseite entsprechend hergerichtet. In der Kiste steht ein Zinkkasten mit Deckel, welcher zur Aufnahme der Kältemischung (Schnee und Kochsalz oder festes CO_2) dient. Für die Vorbereitung des Materials zur Herstellung guter Gefrierschnitte ist der Besitz einer solchen Kiste sehr zu empfehlen.

Als Subsellien benutzen wir einfache Holzschemel verschiedener Höhe mit Querverbindungen zwischen den Beinen.

Von einer Aufzählung aller zu den Übungen notwendigen Stoffe und Gerätschaften, die nicht auf jedem Arbeitsplatz vorhanden zu sein brauchen, wollen wir hier absehen, da es kaum vorkommen wird, daß alle in dem Buche behandelten Methoden an einer Anstalt Gegenstand des Unterrichts sein werden. Man mache also seine Anschaffungen jedesmal nach rechtzeitiger Durchsicht des zu behandelnden Kapitels. Nach wenigen Semestern wird dann das Laboratorium alles enthalten, was der Arbeitsrichtung des betreffenden Leiters entspricht.

Die Tische der Arbeitsplätze sind am besten mit einem mattschwarzen Anstrich zu versehen. Die genügend hohen Schubkästen müssen das Präparierzeug und einige Flaschen aufnehmen können.

Die Mikroskope läßt man in ihren Kästen oder Schränken oder unter Glasglocken auf dem Tische stehen.

Jeder Arbeitsplatz soll enthalten:

Ein Mikroskop.

Eine Mikroskopierlampe.

Eine Schachtel Objektträger (am besten mit abgeschliffenem Rande).
Eine Schachtel Deckgläschen 18 × 18 mm
Einen Brief gummierte Etiketten für mikroskopische Präparate.
} Von den Schülern selbst zu beschaffen.

Einige Glasstäbe und Glasröhrchen.

Einen Reagenzglashalter.

Einige Reagenzgläser und kleinere Bechergläser.

Eine kleine Glaspipette mit Gummihütchen.

Eine schwarze Glasplatte (1 qdm) und eine Milchglasplatte (1 qdm).

Einen Brief Stecknadeln mit bunten Glasköpfen.

Einige Uhrgläser und Petrischalen.

Filtrierpapier.

Porzellanschalen.

Ein Präparierbesteck (dasselbe muß etwa enthalten: eine starke und eine spitze Schere, zwei verschieden geformte Skalpelle, eine starke und eine feine Pinzette, zwei Präpariernadeln und zwei Lanzettnadeln.

Eine Schachtel Krönigs Deckglaskitt.

Einen Spatel dazu.

Einen Holzblock mit Flaschen, enthaltend eine Flasche Glyzerin, eine Flasche absol. Alkohol, eine Flasche Xylol, ein Glas Glyzeringelatine, ein Balsamglas mit Kanadabalsam (in Xylol gelöst).

Zwei (besser vier) Holzklötze mit je sechs Färbekuvetten.

Zwei Cornetpinzetten.

Ein Rasiermesser.

Ein hölzernes Präparierbrett 30 × 50 cm.

Eine Zinkwanne mit Wachsausguß (15 × 25 cm).

Einen Bunsenbrenner.

Die Präparierwannen aus Zink haben oberhalb des Bodens nach innen geknickte Seitenwände. Sie werden mit einer erhärtenden Masse ausgegossen, die nach dem Erkalten wegen der Form der Seitenwand nicht herausfallen kann. Man benutzt zum Ausgießen der Wannen gelbes Wachs, das mit etwas Lampenruß aufgekocht ist. Statt Wachs kann man auch das billige Ceresin (Mineralwachs) verwenden. Außer den Wannen vom Format 15 × 25 cm, die sich auf jedem Platz finden sollen, schaffe man sich noch einige von abweichender Form an, z. B. eine von derselben Grundfläche, aber etwa 10 cm Tiefe, die sich zur Sektion von Schildkröten eignet, und eine flache vom Format 20 × 60 cm, die bei der Präparation der Schlange Verwendung findet.

Betreffs weiterer Einzelheiten über die Einrichtung des Laboratoriums geben die reich illustrierten Kataloge der größeren Firmen erschöpfende Auskunft. Vor allem sei auf den Spezialkatalog der Berliner Filiale der Firma Ernst Leitz, Wetzlar, über Apparate und Gerätschaften für den biologischen Unterricht hingewiesen.

2. Kapitel.

Das Mikroskop.

Es ist hier nicht der Ort, eine Theorie der mikroskopischen Bildererzeugung zu geben, wir wollen uns in diesem Abschnitt auf einige Ratschläge bei der Anschaffung und Haltung der Mikroskope beschränken. Vor allen Dingen muß man beim Kauf von Mikroskopen das Prinzip der Sparsamkeit fallen lassen. Das Mikroskop liefert uns in der Biologie einen großen Teil der Sinneswahrnehmungen, aus denen wir unsere Schlüsse zu ziehen haben. Ein schlechtes Instrument kann den ganzen Vorteil des unmittelbaren Anschauens für den Schüler hinfällig machen. Im allgemeinen sollte man danach streben, jeden Praktikanten an ein besonderes Instrument zu stellen, doch kann man sich zur Not auch mit einem Mikroskop für je zwei Praktikanten behelfen. Diese müssen sich dann ihre Arbeit so einteilen, daß der eine präpariert, während der andere beobachtet und umgekehrt.

Es kommt für unsere Zwecke meist nicht darauf an, eine möglichst starke Vergrößerung zu erzielen. Völlig wertlos ist diese, wenn sie auf Kosten eines stärkeren Okulars erreicht wird. Die Fehler der Abbildung des Objektivs werden durch ein solches nur vergrößert, während auf das Auflösungsvermögen des Objektivsystems das Okular natürlich gar keinen Einfluß hat. Grundsatz soll also sein, nach Möglichkeit mit schwachen Okularen auszukommen.

Das Objektivsystem zeigt uns um so mehr Einzelheiten und um so feinere Strukturverhältnisse, je größer seine numerische Apertur ist. Diese von Abbé eingeführte Größe ist für Trockensysteme bei gerader Beleuchtung $a = \sin u$, wo u der Winkel ist, den die optische Achse mit dem äußersten, vom Mikroskop noch aufgenommenen Beugungsmaximum bildet. Man sieht, daß für ein Trockensystem a höchstens gleich 1 werden kann. Die stärkere Auflösungskraft der Immersionsysteme beruht darauf, daß für diese $a = n . \sin u$ ist, wo n den Brechungsexponenten der Immersionsflüssigkeit bedeutet. Hier ist es möglich, eine numerische Apertur > 1 zu erhalten. Man kann a auch vergrößern, indem man den Spiegel aus der optischen Achse herausrückt und seitlich dreht. Bei schiefer Beleuchtung ist $a = 2 . \sin u$. Beim Einkauf von Objektiven achte man also bei der Auswahl zwischen mehreren Objektiven annähernd gleicher Vergrößerung vor allem auf eine möglichst große numerische Apertur.

Es sollen im folgenden einige praktische Zusammensetzungen von Kursusmikroskopen aufgestellt werden.

1. Mikroskop von E. Leitz, Wetzlar, Stativ III hat grobe Einstellung mit Zahn und Trieb, Feinstellung durch Mikrometerschraube sowie einen Revolver für die Objektive. Man wähle etwa Objektiv 3, 5 und 7, sowie Okular I und III. Die zu erzielenden Vergrößerungen sind dann 51, 82, 167, 267, 290 und 465. Der

Preis beträgt 150 Mk. Ölimmersionen lassen sich an diesem Instrument nicht benutzen, da das Stativ keine Beleuchtungsapparate enthält. Hierfür hätte man ein Instrument anzuschaffen, welches aus Stativ III B, Objektiv 3 und 6, Ölimmersion $^1/_{12}$, sowie Okular I, III, IV zusammengesetzt ist (260 Mk.). Die Vergrößerung reicht bis 1000 mal.

2. Otto Himmler, Berlin. Stativ IIc, hat Zahn und Trieb, Mikrometerschraube, Revolver, sowie einen einfachen Beleuchtungsapparat mit Irisblende, welcher gegen eine Zylinderblende auswechselbar ist. Man wähle Objektiv 1, 4, 8 und Okular I und III. Die Vergrößerungen betragen 20, 36, 56, 101, 265, 475 (Preis 146 Mk.). An diesem Instrument läßt sich auch die Ölimmersion 2 mm anbringen (75 Mk.), welche mit den genannten Okularen Vergrößerungen von 450 und 800 mal gibt.

3. Carl Zeiß, Jena. Stativ V B hat Zahn und Trieb, Mikrometerschraube, Revolver und einfachen Beleuchtungsapparat mit einem Kondensor von der numerischen Apertur 1,0. Man erzielt mit den Objektiven A, B, E und den Okularen 1 und 3 die Vergrößerungen 63, 115, 270, 495 (Preis 234 Mk.). Die Ölimmersion $^1/_{12}$" (125 Mk.) gibt mit den angeführten Okularen die Vergrößerungen 420 und 770.

4. Carl Zeiß, Jena. Stativ V B mit den Objektiven a_2, A, DD und den Okularen 2 und 4 gibt die Vergrößerungen 15, 28, 56, 97, 220, 390 (Preis 214 Mk.). Die Ölimmersion $^1/_{12}$" gibt mit den Okularen 2 und 4 die Vergrößerungen 530 und 940.

5. C. Reichert, Wien. Mittleres Stativ C ist umlegbar, hat Zahn und Trieb, Mikrometerschraube und Einsteckkondensor. Es gibt mit den Objektiven 0, 4, 7a und den Okularen I und IV die Vergrößerungen 14, 28, 70, 145, 260 und 540. (Preis ohne Revolver am Tubus 179 Mk.)

Mit Rücksicht auf die sehr beschränkten Mittel vieler Anstalten sollen noch einige Zusammenstellungen ganz kleiner Mikroskope folgen, deren Leistungsfähigkeit natürlich hinter den bisher aufgeführten in jeder Weise bedeutend zurücksteht.

1. E. Leitz, Wetzlar. Stativ VI mit grober Einstellung durch Zahn und Trieb, ohne Mikrometerschraube und Blenden, mit Objektiv 3 und den Okularen O und IV gibt Vergrößerungen von 41 und 103 (45 Mk.).

2. O. Himmler, Berlin. Stativ VI mit grober Einstellung durch Hülsenverschiebung, Feinstellung am Tisch, teilbarem Objektiv und einem Okular gibt die Vergrößerungen 40, 80 und 120 (30 Mk.).

3. Derselbe. Stativ V mit grober Einstellung durch Zahn und Trieb, Objektiv 3 und Okular I und IV vergrößert 40 mal und 100 mal (48 Mk.).

4. Reichert, Wien. Stativ VIII ohne Kondensor, mit Drehscheibenblende, Objektiv 3 und Okular I und V gibt Vergrößerungen von 50 und 130 mal (50 Mk.).

Man versäume nicht, wenigstens ein Mikroskop reicher auszustatten, um die Möglichkeit zu besitzen, durch Demonstration feinere Objekte und Strukturen zur Anschauung zu bringen. Außer einer reicheren Ausstattung an Objektiven und Okularen sind für dieses Mikroskop eine Ölimmersion und ein Apparat zur Dunkelfeldbeleuchtung erforderlich.

Ölimmersion.

Das größere Auflösungsvermögen der Ölimmersion beruht darauf, daß die Größe sin u hier noch mit dem Brechungsindex des Immersionsöles multipliziert wird. Als solches benutzen wir das eingedickte Zedernholzöl. Man bringt auf das Deckgläschen des fertigen Präparates einen kleinen Tropfen des Öles und senkt den Tubus so weit herunter, daß er in dasselbe eintaucht, wobei man peinlich darauf zu achten hat, daß keine Luftblasen mit eingeschlossen werden. Hat das Immersionsobjektiv eine Korrektionsfassung, so muß auch die Deckglasdicke berücksichtigt werden. Diese Korrektionsfassung (Fig. 1) besteht in einem äußerlich sichtbaren Ringe mit einer Einteilung, auf der die Deckglasdicken in Hundertstelmillimetern angegeben sind. Am Halse des Objektivs befindet sich eine Marke. Man dreht nun den Ring so, daß der Teilstrich mit der Zahl, welche die Deckglasdicke angibt, genau an der Marke sich befindet. Durch diese Drehung werden die oberen Linsen des Immersionssystems ganz wenig gehoben oder gesenkt. Die Deckglasdicke ist mit einem Dickenmesser zu bestimmen. Bei den größeren Firmen sind auch Deckgläser von bestimmter Dicke käuflich. Nach dem Gebrauche wird die Frontlinse des Immersionsobjektivs mit einem weichen Tuche sorgfältig geputzt, das benutzte Deckgläschen mit einem in Chloroform getauchten Pinsel gereinigt.

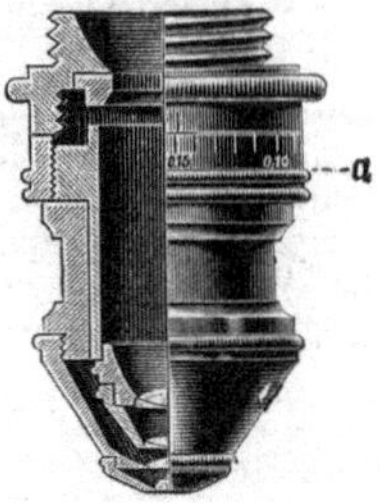

Fig. 1. Objektiv mit Korrektionsfassung.

Dunkelfeldbeleuchtung.

Im allgemeinen wird das mikroskopische Bild in der Weise gewonnen, daß Licht mit dem Spiegel von unten gegen das Objekt geworfen wird, das Präparat durchsetzt und in das Objektiv gelangt. Wir sehen also die durch Absorption und Phasenverzögerung des auf sie fallenden Lichtes dunkler erscheinenden Teile des Präparates auf einem voll beleuchteten, hellen Untergrunde (Hellfeldbeleuchtung). Da aber bei feineren Strukturen im Objekt auch Beugungserscheinungen auftreten, indem die lichtdurchlässigeren Teile der Struktur als selbstleuchtende Körper wirken, so entsteht aus diesen gebeugten Strahlen ein zweites Bild, welches vom Auge mit dem direkten Bild kombiniert wird. Die feineren Einzelheiten der Struktur, welche durch dieses Beugungsbild abgebildet werden können, kommen natürlich nicht mehr in Betracht, wenn die Apertur des verwendeten Objektivs so gering ist, daß das erste Beugungsmaximum schon außerhalb des Umfanges der Frontlinse zustande kommt. In diesem Falle zeigt das Instrument die betreffenden feinen Strukturen überhaupt nicht; aber auch anderenfalls stört die große Helligkeit des direkt durchfallenden Lichtes häufig die Beobachtung der feinsten Einzelheiten, welche in den Beugungsbildern enthalten sind. Man sucht daher, durch das vom Spiegel kommende Licht das Objekt zwar von unten her stark zu beleuchten, verhindert aber, daß der Lichtkegel weiter ins Auge des Beobachters fällt, so daß dieser nur die Bilder sieht, welche durch das im Präparate abgebeugte Licht erzeugt werden. Der Untergrund des Gesichtsfeldes erscheint dann dunkel und die Objekte darauf sehr hell (Dunkelfeldbeleuchtung). Diese Methode leistet zur schnellen Sichtbarmachung von Protozoen, Bakterien usw., sowie zum Studium ihrer Bewegungen und sonstigen Lebenserscheinungen ausgezeichnete Dienste.

Man kann Dunkelfeldbeleuchtung auf verschiedene Weise erhalten. Das Präparat muß sehr stark beleuchtet und der zentrale Beleuchtungskegel entweder schon im Kondensor oder aber erst im Objektiv abgeblendet werden.

Die Abblendung innerhalb des Objektivs erfordert den größten Aufwand an Kosten. Sie ist die in der Ultramikroskopie im engeren Sinne angewendete Methode und empfiehlt sich für Schulzwecke vor der Hand noch nicht.

Die Abblendung im Kondensor läßt sich einmal dadurch erreichen, daß man besonders gestaltete Blenden in die Fassung einlegt und so den zentralen Lichtkegel ausschaltet, oder dadurch, daß man einen Kondensor benutzt, in dem das vom Spiegel kommende Licht das Präparat nur beleuchtet, dann aber durch totale Reflexion verhindert wird, in das Auge zu gelangen.

Zur ersten Gruppe von Dunkelfeldbeleuchtungen gehören:

1. Die Abblendung im Immersionskondensor von Zeiß.
2. Entsprechende Vorrichtungen einiger anderer Firmen, z. B. die Dunkelfeldblende von O. Himmler.

Zur zweiten Gruppe gehören:

1. Der Paraboloidkondensor nach Siedentopf (Zeiß).
2. Der Spiegelkondensor nach v. Ignatowsky (Leitz).
3. Der Spiegelkondensor von Reichert.

Erste Gruppe. 1. Die Abblendung im Immersionskondensor nach Zeiß läßt sich an allen Stativen anbringen, welche einen Abbéschen Beleuchtungsapparat besitzen, dessen Kondensor die numerische Apertur 1,4 hat. Die Irisblende des Beleuchtungsapparates wird vollständig geöffnet und in das Diaphragma eine Zentralblende eingelegt, welche den mittleren Teil des Feldes verdunkelt. Die Zentralscheibe der Blende läßt sich gegen solche von anderer Größe auswechseln. Der Diaphragmenträger wird dann eingeklappt und der Beleuchtungsapparat durch den Trieb so weit wie möglich nach oben gebracht. Die Kondensorfläche liegt dann etwa 0,1 mm unter der Objekttischebene. Als Lichtquelle kann man eine Auerlampe mit vorgesetzter Schusterkugel benutzen. Beim Arbeiten ist der Planspiegel anzuwenden und so zu stellen, daß er vollkommen mit Licht erfüllt ist (Probe durch Vorhalten eines Stückes weißen Papiers!).

Auf die Decklinse des Kondensors wird dann ein Tropfen Immersionsöl gebracht, der absolut frei von Luftblasen sein muß. Jedes Staubteilchen, das dem Objektträger anhaftet, macht sich dadurch störend bemerkbar, daß es einen hellen Hof im Bilde erzeugt und das Dunkelfeld unbrauchbar macht. Der Objektträger ist daher mit einem Pinsel nicht nur am Anfange der Beobachtung, sondern auch öfter während derselben vom Staube zu reinigen. Die Dicke der Objektträger ist für jeden Kondensor genau bestimmt. Man suche dieselben daher sorgfältig aus und bestimme ihre Dicke vorher mit einer Kontaktschraube. Auch die Deckgläschen sollen der auf dem Objektiv angegebenen Dicke entsprechen. Sie sind ebenfalls vor und während der Beobachtung staubfrei zu machen. Als Regel gilt ferner, bei Dunkelfeldbeleuchtung starke Okulare anzuwenden. Die zu untersuchenden lebenden Objekte liegen in Wasser.

2. Die Anwendung der übrigen Vorrichtungen nach diesem Prinzip geschieht in entsprechender Weise.

Zweite Gruppe. 1. Der Paraboloidkondensor nach Siedentopf (Fig. 2). Der gewöhnliche Kondensor wird aus dem Abbéschen Beleuchtungsapparat herausgenommen und dafür der Paraboloidkondensor eingesetzt. Durch den Trieb wird der Beleuchtungsapparat so hoch wie möglich eingestellt und die Irisblende ganz geöffnet. Hat man nicht den großen Beleuchtungsapparat zur Verfügung, so läßt sich der Paraboloidkondensor auch in jede andere Kondensorhülse einschieben, die die normale Weite von 36,8 mm besitzt. Zwischen die Decklinse des Kondensors und den Objektträger wird wieder unter peinlichster Vermeidung von Luftbläschen Immersionsöl gebracht. Die Bestimmungen über die Beseitigung des Staubes sowie über die Dicke von Objektträger und Deckgläschen sind genau wie bei der Abblendung im Immersionskondensor.

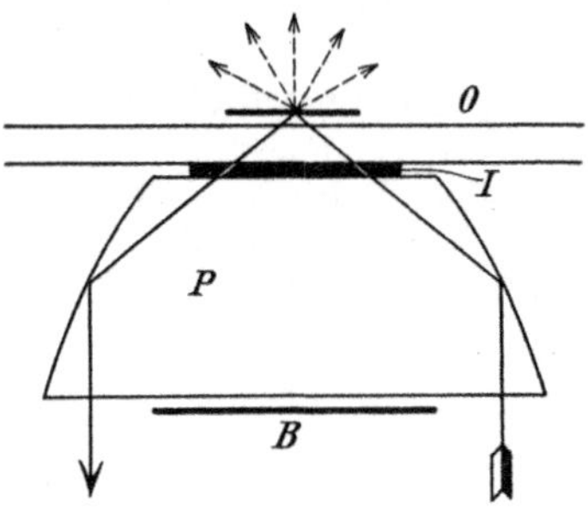

Fig. 2. Strahlengang im Paraboloidkondensor.

P. Glaskörper; Ausschnitt aus einem Rotationsparaboloid. — I. Immersionsöl zwischen Kondensor und Objektträger. — B. Zentralblende. — O. Objektträger.

Der Paraboloidkondensor ist ein senkrecht zur Achse abgeschnittenes Rotationsparaboloid, dessen Seitenwände vollkommen und dessen untere Schnittfläche bis auf eine schmale, ringförmige Randzone geschwärzt sind. Die Strahlen des Beleuchtungskegels, welche durch den ungeschwärzten Rand in den Glaskörper gelangen und deren Apertur $>$ 1,1 ist, werden an den Seitenflächen so reflektiert, daß sie das Objekt auf dem Objektträger beleuchten, dann aber durch totale Reflexion am Deckglase verhindert werden, in das Objektiv zu gelangen. Dorthin kommen also nur die Strahlen, welche durch Beugung an den Strukturen des Objekts erzeugt werden. Da die Strahlen in diesem Apparat durch Spiegelung und nicht durch Brechung gesammelt werden, so ist vollkommene chromatische Korrektion erzielt, und wegen der Paraboloidform ist die sphärische Korrektion außerordentlich groß[1]).

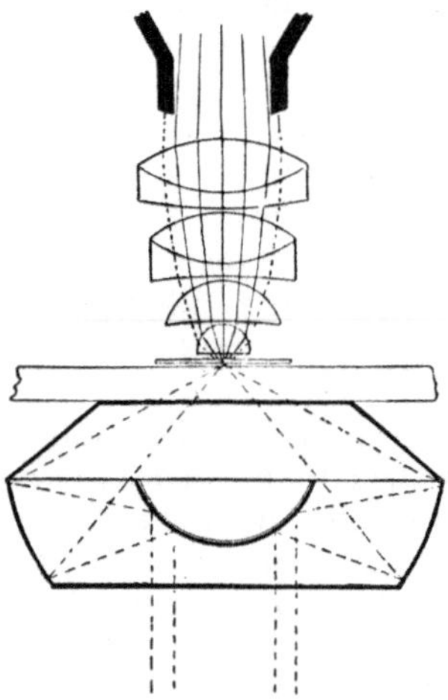

Fig. 3. Strahlengang im Spiegelkondensor A (Leitz).

2. Der Spiegelkondensor A nach v. Ignatowsky (Leitz) (Fig. 3) besitzt zwei reflektierende Flächen, eine innere und eine äußere. Der Gang der Strahlen ist aus der Figur ersichtlich. Die Aperturen der

[1]) Noch vollkommener ist der ebenfalls von Siedentopff konstruierte Cardioidkondensor (Zeiß).

Grenzstrahlen, die zur Verwendung gelangen, liegen zwischen 1,1 und 1,45. Der Spiegelkondensor kann statt des gewöhnlichen Kondensors im Mikroskopstativ befestigt werden. Auch hier sind Objektträger

Fig. 4. Spiegelkondensor B (Leitz).

und Deckgläschen von vorgeschriebener Dicke zu wählen. Der Raum zwischen Objektträger und Decklinse des Kondensors ist mit Immersionsöl auszufüllen. Zur Beobachtung dienen stärkere Trockensysteme mit möglichst großer Apertur.

Dieser Kondensor ist auch in einer vereinfachten Form B im Gebrauch und zwar als eine auf den Mikroskoptisch auflegbare Platte, die sich an jedem Stativ anbringen läßt (Fig. 4).

3. Der Spiegelkondensor nach Reichert beruht ebenfalls auf Abblendung des direkten Lichtes durch totale Reflexion am Deckglase. Der Strahlengang ist aus Fig. 5 ersichtlich. Die Gebrauchsvorschriften entsprechen denen unter 1 und 2. Der Kondensor wird sowohl als Steckkondensor wie auch als auf den Objekttisch zu legender Plattenkondensor hergestellt. Als besonders preiswert können wir den Plattenkondensor Fd empfehlen (Preis 25 Kronen).

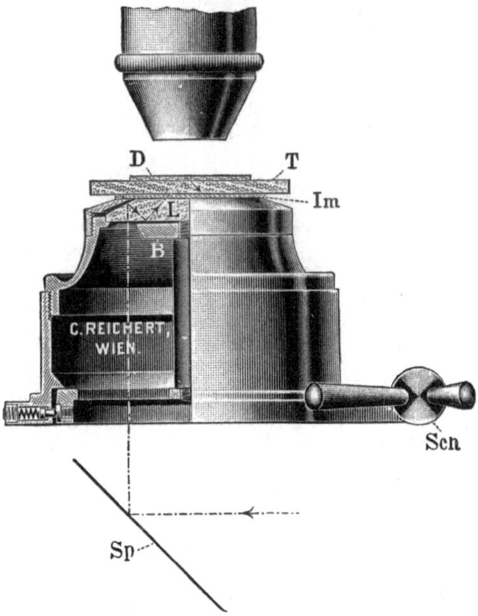

Fig. 5. Strahlengang im Spiegelkondensor für Dunkelfeldbeleuchtung nach Reichert.

Es ist selbstverständlich, daß in den Übungen auf das Zeichnen besonderes Gewicht zu legen ist. Vorzugsweise muß das Zeichnen mikroskopischer Objekte gepflegt werden und die Schüler sind anzuhalten, regelmäßig die gemachten Beobachtungen in Form von Skizzen festzuhalten. Für die Anfertigung guter Zeichnungen empfehlen wir dringend die Benutzung eines Zeichenprismas. Das Abbésche Zeichenprisma hat große Vorzüge; leichter in der Handhabung erscheint uns der Oberhäusersche Apparat. Sein Gebrauch ist schnell zu erlernen, und wenn er auch ein nur kleines Gesichtsfeld hat, so wird dies doch kaum bei der Anwendung in den Übungen störend empfunden, da hier wohl meist nur Skizzen von geringem Ausmaß entworfen werden.

Daß jedes Mikroskop der liebevollsten Pflege bedarf, wenn es längere Zeit den anfänglich gestellten Anforderungen genügen soll, ist selbstverständlich. Man achte darauf, daß die Schüler alle gebrauchten Teile jedesmal sauber reinigen. Sollte eine Ölung der Schraubengewinde nötig werden, so ist dazu feinstes, säurefreies Knochenöl zu verwenden. Bei der Reinigung der Objektivsysteme mit Xylol ist größte Vorsicht am Platze, da die Linsen mit Kanadabalsam eingekittet sind, der sich in Xylol löst.

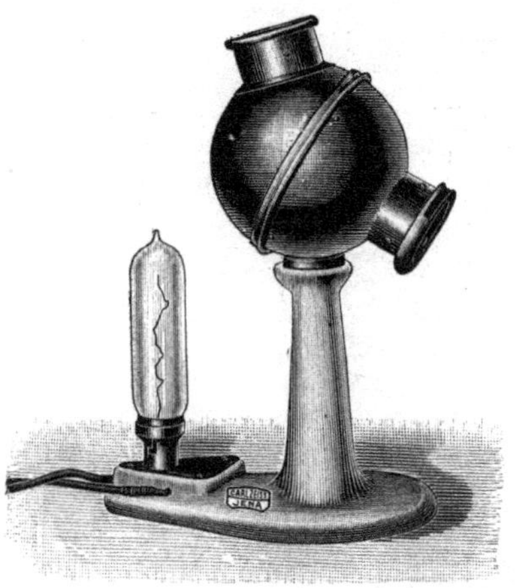

Fig. 6. Zeißsche Mikroskopierlampe mit Nernstlicht.

Reicht das Tageslicht der Jahreszeit oder der Lage der Übungsstunden wegen zum Mikroskopieren nicht aus, so hat man sich künstlicher Lichtquellen zu bedienen. Im einfachsten Falle genügen Petroleumlampen, die mit einer Glocke versehen sind. Mehr zu empfehlen ist Auersches Gasglühlicht. Über den Glaszylinder der Lampe wird ein Tonzylinder gestülpt, der an einer Seite eine runde Öffnung trägt. Die Lampe wird etwa $\frac{1}{2}$ m vom Mikroskop entfernt aufgestellt. In die Mitte dieses Abstandes stellt man eine Schusterkugel von etwa 15 cm Durchmesser, welche mit einer dünnen Lösung von Cuproammoniumsulfat gefüllt ist. Diese Beleuchtungsart leistet recht Gutes.

Ist elektrischer Tischanschluß vorhanden, so kann man entweder Metallfadenlampen mit Glocke am Stativ verstellbar (Bureaulampen, Preis 12 Mk.) oder, falls größere Mittel zur Verfügung stehen, die Zeißsche Mikro-Nernstlampe (Preis 40 Mk.) benutzen (s. Fig. 6). Die letztere leistet bei richtiger Anwendung ganz Hervorragendes. Doch auch die einfache Bureaulampe ist sehr zu empfehlen; diese bietet außer dem Vorzug der größeren Billigkeit noch den Vorteil, daß sie von mehreren Praktikanten gleichzeitig benutzt werden kann. Näheres über die Konstruktion und Anwendung der Mikro-Nernstlampe enthält die Zeißsche Druckschrift Mikro 277.

Da die von einer so nahestehenden Lichtquelle kommenden Strahlen nicht wie die Sonnenstrahlen parallel, sondern sehr stark divergierend auffallen, so empfiehlt es sich, bei künstlicher Beleuchtung dauernd den Hohlspiegel zu benutzen.

Im folgenden sind einige allgemeine Regeln zusammengestellt, auf welche die Anfänger in den ersten Übungen und auch später immer wieder hinzuweisen sind, da erfahrungsgemäß sehr häufig gegen diese Regeln verstoßen wird.

1. Das Objekt ist zuerst bei schwacher Vergrößerung zu betrachten, und erst nachdem eine allgemeine Übersicht gewonnen ist, darf zu stärkeren Vergrößerungen übergegangen werden.

2. Beim Einstellen der starken Objektive ist größte Vorsicht geboten. Während man den Trieb nach unten dreht, beobachte man von der Seite her; das Drehen hat langsam zu erfolgen und ist bis fast zur Berührung der Frontlinse mit dem Deckgläschen fortzusetzen. Dann hat man in den Tubus zu blicken und diesen durch die Mikrometerschraube so weit zu heben, bis das Bild scharf ist.

3. Bei stärkeren Vergrößerungen gebrauche man den Hohlspiegel, bei schwächeren den Planspiegel als Reflektor, jedoch verwende man bei künstlicher Beleuchtung ausschließlich den Hohlspiegel.

4. Beim Wechsel der Objektive schraube man, wenn man einen Revolver benutzt, den Tubus jedesmal etwas in die Höhe, da bei einigermaßen dicken Präparaten das neue Objektiv oft gegen das Deckglas stößt [1]).

---

[1]) Für stärkere Vergrößerungen ist der Gebrauch einer Kondensorlinse mit Irisblende sehr zu empfehlen, für Immersionssysteme unerläßlich.

2. Abschnitt.

Die Behandlungsmethoden des Materials.

1. Kapitel.

Die Betrachtung lebenden Materials.

Viele mikroskopisch kleine Tiere, namentlich im Wasser lebende kleine Krebse, Würmer, Rädertiere, Protozoen usw. lassen sich im lebenden Zustande untersuchen. Sind die Tiere so klein, daß sie dem bloßen Auge nicht sichtbar werden, so bringt man sie mit einem Tropfen Wasser einfach auf den Objektträger und legt lose ein Deckgläschen auf, welches aber unter keinen Umständen angedrückt werden darf. Bei etwas größeren Objekten legt man zu jeder Seite des Wassertropfens einen kleinen Streifen glatten Papiers von geeigneter Stärke oder Glasstückchen, durch welche das Deckglas verhindert wird, sich dem Objektträger unmittelbar aufzulegen. Man kann auch an den Ecken des Deckglases kleine Stückchen Klebewachs anbringen. Bei Objekten, die so groß sind, daß sie auch noch durch diese Behandlung leiden würden, muß man sich des hängenden Tropfens oder der feuchten Kammer bedienen.

Für die Untersuchung im hängenden Tropfen gibt es Objektträger, welche in der Mitte eine kleine uhrglasförmig ausgeschliffene Höhlung (Delle) besitzen. Man bringt das Material in einem Tropfen Wasser auf ein Deckgläschen, kehrt dieses um, so daß der Tropfen am Glase hängt, und legt es mit dem hängenden Tropfen auf die Delle des Objektträgers. Die Höhlung muß natürlich vollkommen mit der Flüssigkeit gefüllt sein.

Die feuchte Kammer stellt man sich in der Weise her, daß man kleine, wenige Millimeter hohe Glasringe, die käuflich zu haben sind, mit Kanadabalsam auf Objektträger kittet. Nach dem Trocknen, welches einige Wochen in Anspruch nimmt, kann man die Objekte mit der Flüssigkeit einbringen und nun mit runden Deckgläschen zudecken. Natürlich muß auch die feuchte Kammer immer so weit gefüllt sein, daß die Flüssigkeit an das Deckglas heranreicht.

Beim hängenden Tropfen und bei der feuchten Kammer darf man nur schwache Vergrößerungen anwenden, da bei stärkeren Objektiven die sich bewegenden Objekte immer nur ausreichend deutlich zu sehen sind, wenn sie sich in einer ganz bestimmten Ebene befinden. Bei schwachen Vergrößerungen erhält man innerhalb eines etwas größeren

Spielraumes des Objektabstandes noch einigermaßen brauchbare Bilder. Um die kleinen Objekte mit der Flüssigkeit, in der sie sich befinden, auf die Objektträger zu bringen, bedient man sich kleiner Glaspipetten mit Gummihütchen.

Auch manche Lebenserscheinungen größerer Tiere kann man unter dem Mikroskop verfolgen, so die Blutzirkulation in der Schwimmhaut des Frosches oder Flimmerbewegungen an der Gaumenhaut desselben Tieres oder dem Kiemensaum einer Muschel.

Man hat solche Objekte in physiologischer Kochsalzlösung zu beobachten. Es ist dies eine wässerige Lösung von Chlornatrium, welche für Warmblüter bis 0,9 %, für Kaltblüter etwa 0,6 % des Salzes enthält. Eine Lösung vom Prozentgehalt 0,75 läßt sich fast für alle Zwecke verwenden.

Für die Beobachtung des Blutkreislaufs in der Schwimmhaut des Frosches muß man das Tier erst an seiner Bewegungsfähigkeit hindern. Dies wird durch Einspritzung von Curare in den Rückenlymphsack erreicht. Curare ist ein Pfeilgift der Indianer Südamerikas, das aus verschiedenen Strychnos- und Paullinia-arten gewonnen wird und dessen Wirksamkeit auf dem Gehalt an verschiedenen Arten von Curarin, einem Alkaloid der Chinolingruppe von der Formel $C_{19}H_{26}N_2O$, beruht. Das Gift wirkt lähmend auf die motorischen Nervenendapparate, während die peripherischen Teile des Nervensystems und die eigentliche Muskulatur von der Lähmung nicht ergriffen werden. Man stellt sich eine 2 % ige wässerige Lösung des käuflichen Curare her, die in dunkler Flasche aufzubewahren ist. Für unseren Versuch füllt man eine 1 ccm haltende Morphiumspritze (Pravazsche Spritze oder Subcutanspritze, Fig. 7) zur Hälfte mit der Lösung, faßt den Frosch mit der linken Hand fest an beiden Hinterbeinen und sticht die Kanüle der Spritze in der Richtung von hinten nach vorn in den Rückenlymphsack ein. Nach Entleerung der Spritze setzt man den Frosch unter einen bereit gehaltenen, umgekehrten Glaszylinder. Nach kurzer Zeit ist er gelähmt, während der Blutkreislauf ungeschwächt seinen Fortgang nimmt. Natürlich hat man diese ganze Manipulation nicht vor den Augen der Schüler vorzunehmen.

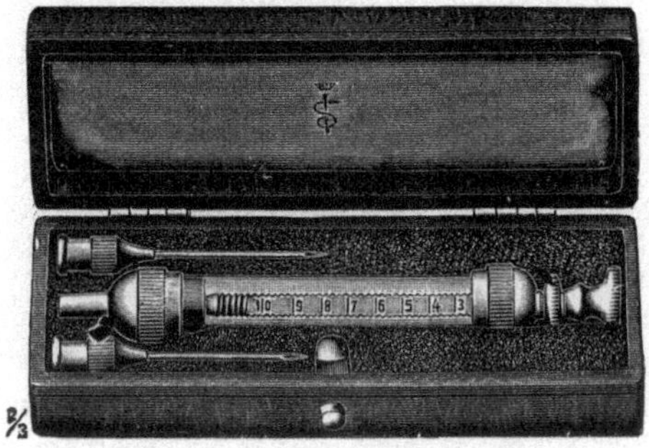

Fig. 7. Subcutanspritze.

Für die Beobachtung verschafft man sich kleine Brettchen aus weichem Holz, die so groß sind, daß ein Frosch ausgestreckt darauf liegen kann, und die an zwei Ecken einer Kurzseite kleine Glasfensterchen haben (Fig. 8). Man legt nun den Frosch in der Bauchlage auf das Brettchen, spannt die Schwimmhaut eines Hinterbeins über das Glasfensterchen und befestigt sie mit Stecknadeln zu beiden Seiten desselben an dem weichen Holz. Nun bringt man etwas physiologische Kochsalzlösung darauf und legt ein Deckgläschen auf. Das so montierte Brett wird auf den Objekttisch gelegt, der nötigenfalls durch einen danebengesetzten, gleich hohen Klotz vergrößert wird. Man sieht dann schon bei schwacher Vergrößerung, wie sich die Blutkörperchen durch die Kapillaren schieben, in den Venen langsamer, in den Arterien schneller. Man achte darauf, daß in den Venen die Stromrichtung gegen die Verzweigungspunkte gerichtet ist. Bei Benutzung eines Himmlerschen Mikroskopes ist die Verwendung von Okular 3 und Objektiv 4 zu empfehlen. Bei günstiger Lage des Deckgläschens, wenn z. B. eine Ecke desselben zwischen zwei Zehen geschoben wird, so daß das Gläschen nur der Schwimmhaut, nicht auch den vorragenden Zehen aufliegt, kann man sogar stärkere Vergrößerung anwenden. Gleichzeitig kann man hier auf die sternförmigen Pigmentzellen in der Haut des Frosches

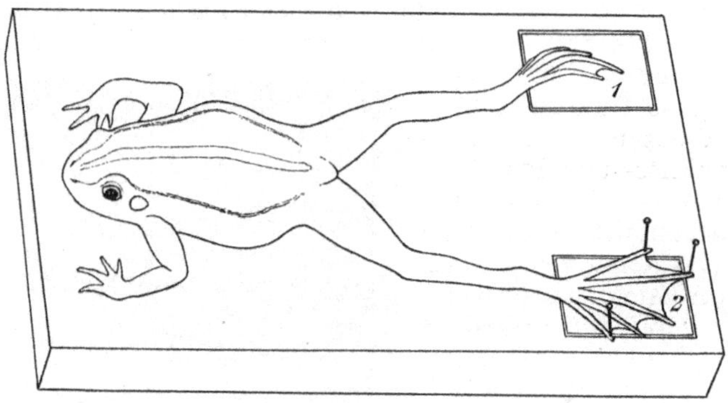

Fig. 8. Befestigung eines Frosches auf einem gefensterten Brett zur Beobachtung der Blutzirkulation in der Schwimmhaut.
1., 2. in die Fenster eingelegte Glasscheiben.

aufmerksam machen. Nach dem Versuch ist der Frosch durch Dekapitieren zu töten.

Zur Beobachtung überlebenden Flimmerepithels tötet man einen zweiten Frosch durch Chloroform, legt ihn auf den Rücken, trennt mit der Schere die beiden Unterkiefer zusammen mit der Zunge ab und löst die Haut des Gaumens von ihrer knöchernen Unterlage. Das abgelöste Hautstück bringt man mit der Außenseite nach oben auf einen Objektträger in physiologische Kochsalzlösung und legt ein Deckgläschen auf. Man sieht dann, besonders schön am Rande des Präparates, die Flimmerbewegung an den Epithelzellen. Die Flimmerung erfolgt nach einer ganz bestimmten Richtung. Man achte auf Blutkörperchen oder andere kleine Körper, welche durch die Flimmerströmung fortgeführt werden.

Zur Beobachtung des Flimmerns am Mantelsaum oder an den Kiemen der Muscheln bedienen wir uns im Sommer gewöhnlicher Teichmuscheln, im Winter der Miesmuschel. Man durchschneidet die Schließmuskeln, indem man vorn und hinten in der Nähe der Rückenlinie mit dem Messer zwischen die Muschelschalen fährt und vorsichtig nach dem Rücken zu durchzieht. Dann bricht man die beiden Schalenhälften auseinander und schneidet mit der Schere kleine Stückchen vom Mantelsaum oder Kiemenrande ab. Das Tier ist dann zur sofortigen Tötung in ein Glas mit Spiritus zu werfen. Die abgeschnittenen Stückchen breitet man auf dem Objektträger aus, bringt mit der Pipette physiologische Kochsalzlösung darauf und deckt ein. Die Beobachtung zeigt auch hier eine schöne Flimmerbewegung.

Auf die Betrachtung einiger anderer Lebenserscheinungen, z. B. der Pulsation des Daphnidenherzens, der kontraktilen Vakuolen der Protozoen usw. wird bei diesen Tieren eingegangen werden.

2. Kapitel.

Dauerpräparate nicht eingebetteter Objekte.

I. Herstellung des mikroskopischen Präparates.

Im allgemeinen stellen wir die mikroskopischen Präparate so her, daß sie als Dauerpräparate aufbewahrt werden können. Hierbei liegen sie entweder unmittelbar zwischen Objektträger und Deckglas, d. h. in Luft eingeschlossen, oder sie werden in ein erstarrendes Medium (Glyzeringelatine, Kanadabalsam) eingeschlossen. Die Schilderung der Einbettungsarten wollen wir an praktischen Beispielen vornehmen.

1. Lufteinschluß. Wir benutzen als Objekt Schmetterlingsschuppen. Durch leichtes Schaben mit dem Skalpell kratzen wir vom Flügel irgend eines Sammlungs- oder Dütenschmetterlings einige Schuppen herunter und bringen sie in die Mitte eines gut gereinigten Objektträgers. Dann legen wir ein sauber geputztes Deckgläschen darauf und müssen dieses nun durch einen Kitt festhalten. Wir verwenden dazu Krönigs Deckglaskitt. Dieser ist käuflich, läßt sich aber auch durch ein selbst angefertigtes Präparat ersetzen.

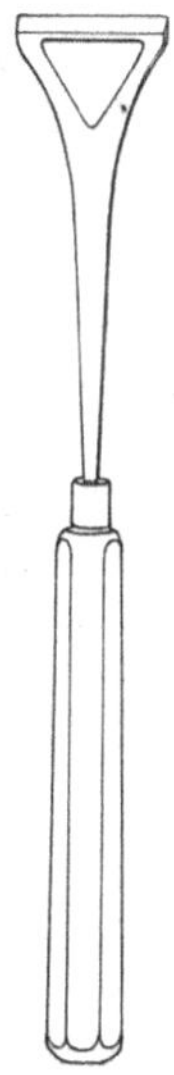

Fig. 9. Spatel für Deckglaskitt nach Krönig.

Um einen solchen Kitt herzustellen, schmelzen wir etwa gleiche Teile gut pulverisiertes Kolophonium und Wachs in einer Porzellanschale zusammen und rühren gut um. Wir nehmen mit einem Glasstabe eine Probe heraus und lassen sie erkalten. Der Kitt hat die richtige Zusammensetzung, wenn er mehr glasig als wachsig erstarrt. In letzterem Falle ist noch etwas Kolophoniumpulver hinzuzufügen. Das ziemlich teuere Wachs kann auch durch das weit billigere Mineralwachs (Ceresin) ersetzt werden. Zum Auftragen des Kittes bedienen wir uns des Spatels nach Krönig (Fig. 9). Man macht denselben über einer Flamme möglichst heiß, fährt in die Kittmasse hinein und bringt dieselbe so an eine

Kante des Deckglases, daß ein Teil des Kitts auf den Objektträger, der andere Teil auf das Deckgläschen fließt. Dies wird auf allen vier Seiten des Deckgläschens wiederholt. Es kommt darauf an, den Spatel möglichst heiß zu machen, da sich dann der Kitt viel leichter auftragen läßt. Die Ecken des Deckglases sind nachher noch besonders abzudichten, da sonst an diesen Stellen leicht kleine Lücken bleiben.

Die freien Enden des Objektträgers werden mit Etiketten (gummierte Papier- oder nichtgummierte Pappetiketten) beklebt und signiert. Verwendet man Pappetiketten, so hat man einen besonderen Etikettenleim nötig, da die gewöhnliche Klebgummilösung auf Glas schlecht haftet. Solchen Etikettierleim kann man sich aus allen käuflichen Gummilösungen herstellen, indem man ihnen ein wenig Chlorcalciumlösung zusetzt.

Auf die Beobachtung des Präparates gehen wir in diesem rein technischen Kapitel nicht ein.

2. Glyzeringelatine. Als Objekt benutzen wir wieder Schmetterlingsschuppen. Glyzeringelatine kauft man entweder fertig oder stellt sie nach einer Vorschrift von Kaiser selbst her. Man läßt einen Gewichtsteil grob zerkleinerte, weiße Gelatine in sechs Gewichtsteilen Wasser zwei Stunden weichen, fügt sieben Gewichtsteile Glyzerin und auf je 100 g der Mischung 1 g Phenol dazu. Dann erwärmt man eine Viertelstunde unter Umrühren, bis alle Flocken verschwunden sind und filtriert noch warm durch angefeuchtete Glaswolle. Die Glyzeringelatine erstarrt beim Erkalten zu einer steifen Gallerte, die möglichst durchsichtig sein soll. Da sich die Masse des Phenolgehalts wegen am Lichte bräunt, empfiehlt es sich, sie in braunen Gläsern aufzubewahren.

Zur Herstellung des Schuppenpräparates bringen wir ein etwa linsengroßes Stück Glyzeringelatine auf die Mitte des Objektträgers und erwärmen über der Lampe, bis die Masse anfängt zu schmelzen. Die Hitze des Glases genügt dann zur vollständigen Verflüssigung. Sollte man Luftblasen bemerken, so tupft man vorsichtig mit der Fingerkuppe auf die flüssige Masse. Man bringt dann die Schmetterlingsschuppen mit dem Skalpell auf die Glyzeringelatine und läßt das Deckglas darauf sinken, indem man es mit einer Kante aufsetzt und die gegenüberliegende Kante langsam herabgleiten läßt. Etwaige Luftblasen kann man durch sanften Druck mit dem Skalpellstiel auf das Deckgläschen seitwärts vorpressen. Die Masse erstarrt bald, und das Präparat kann schon jetzt betrachtet werden. Da die Glyzeringelatine hygroskopisch ist, so empfiehlt es sich, nach einigen Tagen einen Rand von Deckglaskitt darum zu legen, doch muß die unter dem Deckglase hervorgequollene Gelatine erst sorgfältig mit einem feuchten Tuche, ev. unter Zuhilfenahme des Skalpells, entfernt werden.

Werden viele Präparate zu gleicher Zeit hergestellt, so kann man die Flasche mit der Glyzeringelatine auch in einem kleinen Wasserbade erhitzen und die flüssige Masse mit einem Glasstabe auf den Objektträger übertragen.

Aus Objekten, die aus Alkohol kommen, muß dieser erst entfernt werden; man legt dieselben zunächst einige Minuten in Wasser, dann in Glyzerin, welches mit Wasser im Verhältnis 1 : 2 verdünnt ist, und bringt sie nun auf den Objektträger.

3. Viele Präparate werden wir auch in Kanadabalsam einlegen, der in Xylol gelöst angewendet wird. Sollte die käufliche Lösung zu dick sein, so wird sie mit soviel Xylol verdünnt, daß ein dünner Sirup entsteht. Der Balsam wird am besten in Gläsern aufbewahrt, die mit einem übergreifenden Deckel verschlossen werden (Fig. 10), da Kork- oder Glasstöpsel häufig nicht zu öffnen sind.

Präparate, die in Kanadabalsam eingelegt werden, müssen vorher vollkommen entwässert werden, da sich der Balsam mit Wasser nicht mischt und sehr bald störende Trübungen entstehen. Man bringt daher die Präparate aus dem Aufbewahrungsalkohol zunächst auf einige Minuten in ein Schälchen mit absolutem Alkohol. Dieser muß nun durch Xylol wieder aus dem Präparat verdrängt werden, da er sich ebenfalls nicht mit dem Balsam mischt. In Xylol bleiben die Präparate kurze Zeit; dann werden sie auf dem Objektträger orientiert, worauf man von einem Glasstabe einen Tropfen Kanadabalsam darauf fallen läßt. Nachdem das Deckglas aufgelegt ist, muß das Präparat noch einige Tage in wagerechter Lage aufbewahrt werden, da der Balsam sehr langsam trocknet. Ist er einmal hart, so ist das Präparat sehr widerstandsfähig und braucht nicht von einem Lack- oder Kittrande umgeben zu werden.

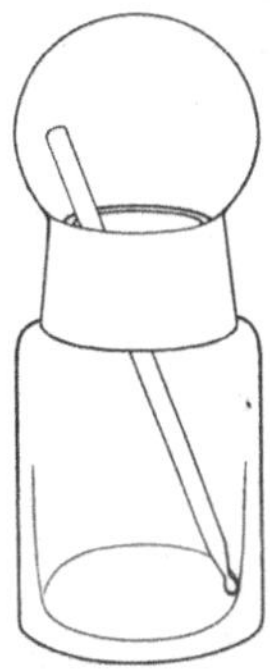

Fig. 10.
Balsamflasche.

Man fertige ein Präparat mit Balsam von einem Stückchen des Polypenstockes von Obelia geniculata an und stelle zum Vergleich dasselbe Präparat in Glyzeringelatine her. Man wird finden, daß die aufhellende Kraft des Kanadabalsams bedeutend größer ist als die der Glyzeringelatine.

Für die Behandlung von Alkoholmaterial in den beiden Einschlußmedien ergibt sich nach dem Vorigen folgendes Schema:

Aufbewahrungsalkohol
/ \
Wasser | Absoluter Alkohol
Glyzerin | Xylol
Glyzeringelatine | Kanadabalsam.

Eine besondere Technik erfordert die Präparation der Chitinbedeckung von Insekten. Legt man nur auf die Beobachtung des Chitinpanzers Wert, so müssen die Weichteile erst durch Behandlung mit Kalilauge entfernt werden. Im allgemeinen wirkt diese auch aufhellend auf die braune Färbung des Chitins. Will man schnell arbeiten, so kocht man die Objekte in mäßig starker Kali- oder Natronlauge im Reagenz- oder Becherglase solange, bis sie durchsichtig geworden sind. Dann gießt man die Lauge ab und kocht noch einmal mit Wasser, um alle Laugenreste zu entfernen. Darauf kommen die Objekte entweder in Glyzerin oder in mehrmals zu erneuernden absoluten Alkohol, je nachdem sie in Gelatine oder Balsam eingeschlossen werden sollen.

Hat man mehr Zeit zur Verfügung, so kann man die Objekte auch, ohne sie zu kochen, mehrere Tage in Lauge liegen lassen und dann in derselben Weise weiter behandeln.

Bei vielen Insekten wird das Chitin durch die Behandlung mit Kalilauge schwarz. Solche Objekte legt man, nachdem die Lauge gründlich abgespült ist, auf ganz kurze Zeit in ein Uhrschälchen mit kalter konzentrierter Eau de Javelle, bis der gewünschte Farbton erreicht ist. Durch 24stündige Einwirkung einer mit dem 4—6fachen Volumen Wasser verdünnten Lösung, wird der Chitinfarbstoff vollkommen entfernt, das Gewebe in seinen feinsten Einzelheiten erhalten und zur Aufnahme anderer Farbstoffe sehr geeignet gemacht. Sowie ein brauchbarer Farbton erreicht ist, nimmt man die Objekte aus der Flüssigkeit und spült sie solange in Wasser, bis keine Gasblasen mehr in ihnen zu sehen sind. Dann werden sie über Glyzerin oder Xylol weiter verarbeitet. Zur Entfernung des Chitinfarbstoffes kann man auch Wasserstoffsuperoxyd benutzen, dessen käufliche Lösung in wenigen Minuten die gewünschte Wirkung erzielt, während bei längerem Verweilen der Objekte in der Lösung Mazeration eintritt.

II. Das Färben.

Häufig treten die Objekte oder Teile von ihnen deutlicher hervor, wenn man sie färbt. Das Färben ist auch da am Platze, wo durch die aufhellende Kraft der angewendeten Medien (Xylol, Kanadabalsam) das Erkennen der feineren Struktur erschwert oder unmöglich wird. Die Differenzierung des Bildes durch den Färbeprozeß beruht darauf, daß nicht alle Teile des Objektes die Farbe in gleicher Weise annehmen. So gibt es z. B. Kernfarbstoffe, d. h. solche, welche die Zellsubstanzen schwach, die Zellkerne sehr intensiv färben, so daß die Kerne in den Zellen viel deutlicher als im ungefärbten Zustande hervortreten. Manche Zellen nehmen gewisse Farbstoffe überhaupt nicht an, so daß man also durch geeignete Zusammensetzung zweier Farbstoffe erreichen kann, daß einige Teile des Objekts von dem einen, andere von dem zweiten Farbstoff gefärbt werden (Doppelfärbungen). Die Zahl der angewendeten Farbstoffe und Farbstoffgemenge ist ungeheuer groß. Von den vielen Rezepten kommen für uns nur ganz wenige in Betracht. Die angewendeten Farben sind zum Teil Anilinfarben, die das Gewebe unmittelbar färben, oder solche, welche erst des Zusatzes einer Beize bedürfen (Borax-Karmin, Hämatoxylin). Die Theorie des Färbeprozesses ist noch wenig geklärt. Nach einigen kommen chemische Vorgänge, nach anderen nur Adsorptionserscheinungen in Betracht. Ein abschließendes Urteil läßt sich hierüber zurzeit nicht fällen.

Viele Objekte, wie Polypen, kleine Würmer usw. werden wir mit Karminkompositionen färben. Diese Farbstoffe sind Beizfarben und werden hauptsächlich als Boraxkarmin und als Alaunkarmin angewendet.

Die Karminfarbe wird aus Cochenille gewonnen, einem Präparate aus dem Weibchen von Coccus cacti. Es stellt eine bröckelige, rote Masse dar, die sich leicht pulvern läßt und in Ammoniak restlos löslich ist. Alaunkarmin und Boraxkarmin sind zwar käuflich, doch kann man sich dieselben auch leicht selbst herstellen. Für unsere Zwecke am brauchbarsten ist alkoholischer Boraxkarmin nach Grenacher oder Alaunkarmin.

Zur Herstellung von Boraxkarmin kocht man ein gut verriebenes Gemenge von 3 g Karmin und 4 g Borax mit 100 ccm destilliertem Wasser, läßt erkalten und fügt dann ebensoviel 96%igen Alkohol dazu. Die Lösung muß am folgenden Tage filtriert werden und ist dann ziemlich unbegrenzt haltbar.

Zur Herstellung von Alaunkarmin löse man 5 g gewöhnlichen Alaun in 100 ccm warmem destilliertem Wasser, lasse erkalten und filtriere. Dann kocht man unter Zusatz von 1 g Karminpulver auf einige Minuten. Nach dem Erkalten ist die Lösung nochmals zu filtrieren.

Die Färbungen werden im Uhrschälchen vorgenommen. Die kleinen Objekte, wie Polypenstöckchen, Quallen usw. kommen auf $1/4$—$1/2$ Stunde direkt aus dem Aufbewahrungsalkohol in die Farblösung und werden dann in ein Schälchen mit 70%igem Alkohol + 0,1% HCl übertragen. Das Ende der Differenzierung ist am Aufhören der Bildung roter Schlieren zu erkennen. Bei Anwendung von Alaunkarmin ist eine Differenzierung nicht nötig. Die Objekte machen dann entweder den Weg: Alc. absolutus, Xylol, Kanadabalsam oder: Wasser, Glyzerin, Glyzeringelatine.

Auch Doppelfärbungen kann man in dieser Weise ausführen. Wir werden dieselben z. B. bei manchen Würmern (Sagitta) anwenden. Die Objekte werden, wie oben geschildert, zunächst mit Boraxkarmin behandelt und dann differenziert. Hierauf kommen sie auf sehr kurze Zeit (einige Sekunden genügen oft) in eine Lösung von Bleu de Lyon. Man überträgt dann in 70%igen Alkohol, bis die Schlierenbildung aufgehört hat und behandelt je nach dem gewählten Einschlußmedium weiter (Blochmann). Die Lösung von Bleu de Lyon (Methylblau) stellt man sich her, indem man zu einer konzentrierten wässerigen Lösung des Farbstoffes den 10. Volumteil absoluten Alkohol setzt. Bleu de Lyon ist ein Plasmafarbstoff, Boraxkarmin färbt die Kerne. In Übersichtspräparaten ganzer Individuen erscheint meist der Darmkanal mit seinen Anhängen, das Nervensystem usw. rotviolett, Muskulatur und Körperbedeckung blau. Sehr geeignet für diese Färbung sind außer kleinen Würmern namentlich ganz junge Fische (etwa 1 cm lang), kleine Exemplare von Amphioxus, Amphibienlarven usw.

Für die Färbung von Chitinteilen der Gliederfüßer, die nicht genügend natürlichen Farbstoff besitzen oder durch Eau de Javelle zu stark aufgehellt worden sind, wollen wir Röthigs Kresofuchsin anwenden. Dieses färbt alle verhornten Substanzen lebhaft rot. Die Lösung wird in folgender Weise hergestellt: Zu einer Lösung von 0,5 g Kresofuchsin (Grübler) in 100 ccm 95%igem Alkohol setzt man 3 ccm Salzsäure. Diese Stammlösung bewahrt man auf. Für den Gebrauch setzt man zu

40 ccm Stammlösung
24 ccm Alkohol 95 %
und 32 Tropfen konzentrierte wässerige Pikrinsäurelösung.

Die Objekte, die vorher durch Kalilauge von ihren Weichteilen befreit worden sind, bleiben je nach der Größe wenige Minuten bis zwei Stunden in der Lösung, werden in 96 % igem Alkohol nachgespült und kommen dann entweder in schwächeren Alkohol, Wasser, Glyzerin, Glyzeringelatine, oder absoluten Alkohol, Xylol, Kanadabalsam.

Kommt es nur auf die Morphologie der Chitinteile an, d. h. wird nicht histologisch fixiertes, sondern einfaches Alkoholmaterial angewendet, so ist namentlich für kleine Objekte (Daphnia, Cyclops usw.) die Färbung mit Kresofuchsin der mit Boraxkarmin bei weitem vorzuziehen und gibt bei richtiger Abtönung wundervolle Bilder.

Pyrogallol in Alkohol oder Glyzerin gelöst, ist zuerst von P. Mayer zur Chitinfärbung empfohlen worden. Wir verwenden dasselbe, indem wir zu einer starken Lösung von Pyrogallussäure in 96 % igem Alkohol etwas festes Ätzkali setzen und die Flüssigkeit an der Luft dunkel werden lassen. Sie wird alsdann durch Glaswolle filtriert und färbt je nach der Stärke des Chitins in wenigen Minuten bis mehreren Stunden. Die Färbung ist ein sattes Kaffeebraun und läßt sich durch schwache oder verdünnte Säuren abdämpfen.

III. Mazerations- und Zupfpräparate.

Während die bisher behandelten Arbeitsmethoden lediglich der Herstellung rein morphologischer Präparate dienten, bei denen es darauf ankam, die Gestalt von kleineren Organismen und Teilen derselben durch Vergrößerung deutlicher zu machen, wird bei den im folgenden geschilderten Methoden auch auf den zellulären Aufbau der Objekte Rücksicht genommen. Es soll sowohl die histologische Textur einzelner Organe als die Form der sie aufbauenden Zellen untersucht werden. Dies erreicht man entweder dadurch, daß man von dem Objekte sehr dünne Schnitte herstellt, welche im durchfallenden Lichte betrachtet werden können, oder daß man die Zellen durch mechanische Zerkleinerungsverfahren isoliert. Diese letztere Methode soll zunächst geschildert werden.

Man kann die Objekte entweder in frischem Zustande zerzupfen oder den Zerfall durch Einwirkung von Mazerationsflüssigkeiten herbeiführen. Will man frisches Material in dieser Weise untersuchen, so muß man es bald nach dem Tode des Tieres verarbeiten, möglichst innerhalb der nächsten 24 Stunden. Das Zerzupfen führt man gleich auf dem Objektträger aus, auf den man das nur wenige Millimeter messende Objekt in einen Tropfen 0,75 % iger Kochsalzlösung bringt. Man setzt eine mit der linken Hand gehaltene Präpariernadel auf das Präparat und zerzupft dasselbe mit einer in der rechten Hand gehaltenen Nadel. Auf diese Weise kann man z. B. Muskelbündel in ziemlich feine Längsfasern zerlegen, an denen man die Querstreifung schon deutlich erkennen kann.

Auch durch Schaben kann man die Zellen mancher Organe (Leber) isolieren. Es wird hier von einer frischen Schnittfläche mit dem Skalpell ein wenig abgekratzt und in einen Tropfen 0,75 %ige Kochsalzlösung auf den Objektträger gebracht, mit einem Deckglase zugedeckt und bei starker Vergrößerung betrachtet.

Für die Mazeration der Gewebe durch Flüssigkeiten wählen wir andere Zusammensetzungen, je nachdem wir Epithelzellen, Muskelfasern, oder Nervenzellen isolieren wollen. Ganz allgemein ist aber zu beachten, daß die Menge der Mazerationsflüssigkeit sehr gering sein muß; das Objekt darf höchstens eben von derselben bedeckt sein. Fast alle Mazerationsflüssigkeiten haben auch fixierende Eigenschaften. Nimmt man zuviel von ihnen, so tritt Fixierung und nicht Mazeration ein.

a) Mazeration von Muskelbündeln.

α) **Glatte Muskeln.** 1. 20 %ige Salpetersäure (Reichert). Die Mazeration dauert mindestens 24 Stunden. Das Zerzupfen wird dann in der oben geschilderten Weise ausgeführt. Man kann die Objekte mit einem Tropfen der Mazerationsflüssigkeit auf den Objektträger bringen und beobachten. Es lassen sich aber auch Dauerpräparate herstellen. Zu diesem Zweck muß man die Salpetersäure durch gründliches Wässern in einem flachen Schälchen entfernen. Dann legt man das Präparat wieder auf den Objektträger, bringt einen Tropfen Pikrokarmin darauf und legt das Deckgläschen auf. Man beobachtet nun unter dem Mikroskop, bis die Faser genügend gefärbt ist. Dann stellt man sich ein im Verhältnis 1 : 2 mit Wasser verdünntes Glyzerin her, dem ganz wenig Essigsäure zugesetzt wird, und bringt einen Tropfen davon auf den Objektträger unmittelbar neben das Deckgläschen, so daß er den Rand desselben berührt. Dann hält man gegen die gegenüberliegende Seite des Deckglases ein Stückchen Fließpapier, durch welches nun die Farbflüssigkeit hindurch gesaugt wird, so daß das Glyzerin von der anderen Seite her unter das Deckglas gelangt (s. auch Fig. 28). Nun wird das Präparat mit einem Rand von Deckglaskitt versehen und kann aufbewahrt werden.

Pikrokarmin färbt Kerne und Bindegewebe rot, Plasma gelbrot. Zu seiner Herstellung verrühre man 1 g gepulverten Karmin in 5 g offizinellem Ammoniak (spez. Gew. 0,96) und löse den Brei in 50 ccm destilliertem Wasser vollständig auf. Dann vermischt man die Lösung mit 50 ccm kalt gesättigter, wässeriger Pikrinsäurelösung, bewahrt in einer offenen, weiten Glasflasche auf, bis alles Ammoniak abgedunstet, und filtriert dann.

2. Kalilauge 35 %ig (frisch bereitet). Die Mazeration dauert 1—2 Stunden. Die Objekte müssen in derselben Kalilauge auf dem Objektträger beobachtet werden, da dünnere Lauge zerstörend auf die Muskelsubstanz einwirkt, also in Wasser nicht beobachtet werden kann. Will man Dauerpräparate herstellen, so nimmt man das Deckglas wieder ab und neutralisiert die Kalilauge durch Zusatz von Essigsäure. Die hierbei gebildete Kaliumacetatlösung wird sofort mit Fließpapier abgesaugt und durch einen Tropfen Glyzerin ersetzt, worauf das Präparat mit einem Kittrand versehen werden kann.

β) **Quergestreifte Muskeln.** 1. Kaliumchlorat - Salpetersäure (Kühne). Man bringt in ein kleines Gläschen etwa 5 g angefeuchtetes Kaliumchlorat und gießt ungefähr 20 ccm konzentrierte Salpetersäure darauf. Man bringt die Objekte unter die Kristalle und läßt die Flüssigkeit eine Stunde wirken. Überträgt man die Muskelstückchen dann in ein Gläschen mit Wasser und schüttelt, so zerfallen sie von selbst in ihre Fasern. Läßt man das Objekt mehrere Stunden im Wasser, so daß alle Salpetersäure entfernt wird, so kann man wie bei Nr. α, 1 unter dem Deckglas mit Pikrokarmin färben.

b) Mazeration von Epithel.

1. Ranviers Drittelalkohol (35 ccm Alkohol 96 % + 65 ccm Aq. destill.) Die Mazeration dauert durchschnittlich 24 Stunden. Man beobachtet in einem Tropfen der Flüssigkeit auf dem Objektträger, nachdem man das mazerierte Material mit einer Nadel zerkleinert hat. Zur Herstellung von Dauerpräparaten suche man ein noch etwas zusammenhängendes Stück aus dem Mazerat heraus und bringe es auf eine Stunde in ein flaches Schälchen mit Pikrokarmin, darauf eine halbe Stunde in Essigsäure-Glyzerin, zu dessen Verdünnung man eine schwache Pikrinsäurelösung benutzt hat, dann auf den Objektträger in einen Tropfen Glyzerin.

2. Kaliumbichromat in 5 % iger Lösung eignet sich zur Isolierung von Flimmerzellen (Muschel, Gaumenhaut des Frosches, Luftröhrenepithel), sowie zur Isolierung von Sinnesepithelzellen (Mantelrand der Süßwassermuscheln usw.). Die Mazerationsdauer beträgt eine Woche. Das Objekt zerfällt dann von selbst und kann in der Mazerationsflüssigkeit untersucht werden. Man kann dieselbe auch unter dem Deckglase mit Fließpapier absaugen und erst durch Wasser, dann durch Farblösung und diese wieder durch Glyzerin oder Glyzeringelatine ersetzen.

3. Pikrinsäure-Alkohol. Man löst nach Hopkins 0,1 g Pikrinsäure in 25 ccm 95 % igem Alkohol und verdünnt mit 75 ccm destilliertem Wasser. Die Mazerationsdauer beträgt etwa 2 Stunden. Die Präparate lassen sich unter dem Deckglas färben. Die Flüssigkeit ist besonders für die Epithelbelege des Darmes verwendbar.

c) Isolierung von Nervenzellen.

1. Kaliumbichromat in 0,1 % iger Lösung mazeriert Rückenmark, Gehirnstückchen usw. in 2 Tagen. Man wäscht dann in Wasser nach, färbt im Schälchen (Pikrokarmin oder karminsaures Ammoniak) und zerzupft auf dem Objektträger in Glyzerin.

2. Arnoldsche Methode. Man bringt die Stückchen auf 5 bis 10 Minuten in 0,1 % ige Essigsäure, dann für 24—48 Stunden in 0,01 %ige Chromsäurelösung. Die Objekte lassen sich dann in Wasser auswaschen, mit Pikrokarmin oder karminsaurem Ammoniak färben und auf dem Objektträger in Glyzerin zerzupfen. Sie werden dann in Glyzeringelatine eingebettet. Auch Zerzupfen ohne Glyzerinzusatz und Einbetten der lufttrockenen Präparate in Kanadabalsam ist bisweilen anwendbar.

Das karminsaure Ammoniak, welches wir bei diesen Methoden gelegentlich anwenden, ist käuflich. Eine Farbbrühe, die dasselbe enthält und für unsere Zwecke ausreicht, erhält man, wenn man 1 g Karminpulver in 100 ccm destilliertem Wasser verrührt und durch Zusatz von wenig Ammoniak löst. Die Brühe muß so lange in einer offenen Schale stehen, bis alles freie Ammoniak verdunstet ist. Je dünner die Lösung zum Färben benutzt wird, desto bessere Bilder gibt sie. Die Färbung dauert dann allerdings mehrere Tage.

d) Formalin als Mazerationsmittel.

Ein ganz allgemein verwendbares Mazerationsmittel ist das Formalin (Formaldehyd in 40 %iger wässeriger Lösung). Man setzt 2 ccm käufliches Formalin zu 1000 ccm 0,75 %iger Kochsalzlösung. Die Mazerationsdauer beträgt nur wenige Stunden. Die Objekte werden kurze Zeit in Wasser gespült und dann auf dem Objektträger unter dem Deckglas gefärbt.

3. Kapitel.

Das Fixieren und Härten.

Alle Objekte, die sich nicht im lebenden, überlebenden oder mazerierten Zustande untersuchen lassen, müssen fixiert werden, d. h. es muß durch ein besonderes Verfahren der Zustand der Zellen und Gewebe möglichst getreu erhalten werden, der im lebenden Zustande herrschte. Sowohl die gegenseitige Lagerung und die Form der Zellen als auch die Struktur von Protoplasma und Kern sollen unbeschadet aller Prozesse (Auswaschen, Härten, Einbetten, Färben usw.), die noch mit dem Objekte vorzunehmen sind, bestehen bleiben. Es kommt darauf an, daß die im lebenden Objekte vorkommenden Stoffe unlöslich gemacht werden in Wasser, Alkohol, Xylol, Paraffin und den angewendeten Farbstofflösungen, mit einem Worte in allen Flüssigkeiten, durch die das Objekt vor der Einlegung in Kanadabalsam noch hindurchgehen muß. Da es sich bei den Tier- und Pflanzenkörpern meist um Eiweißstoffe handelt, so ist die Hauptaufgabe der Fixierung die, unter möglichst guter Erhaltung der im Leben herrschenden Formverhältnisse die Eiweißkörper unlöslich zu koagulieren. Die Zahl der Proteine ist aber ziemlich groß, noch größer die der angewendeten Fixierungsmittel, und nicht alle Reagentien wirken in gleicher Weise auf die Eiweißstoffe ein. Die Fällungsform, d. h. die Struktur des Koagulums, das durch die Fixierungsmittel erzeugt wird, kann je nach der Wahl desselben recht verschieden ausfallen, so daß die Bilder, welche die verschiedenen Fixierungsbäder liefern, wenigstens in ihren feineren Verhältnissen merklich voneinander abweichen. Auch Artefakte, d. h. geformte Produkte des Fällungsprozesses können auftreten und Strukturen aller Art vortäuschen, die im Leben gar nicht vorhanden waren. Fällungsstrukturen werden um so wahrscheinlicher den natürlichen Verhältnissen entsprechen, bei einer um so größeren Anzahl verschiedener Fixierungsmittel sie in gleicher Weise auftreten. Man wird aber auch hier nie die Sicherheit haben, daß das Bild wirklich einwandfrei ist. Diese erschwerenden Umstände spielen hauptsächlich bei der Fixierung der feineren Kernstrukturen eine Rolle. Wenn es auch auf diese in Anfängerkursen nur ausnahmsweise ankommt, so muß man doch über die Wirkungsweise der verschiedenen Fixierungsmittel einigermaßen unterrichtet sein, um ihren Wert beurteilen zu können. Die Ansichten über den Wert der einzelnen Vorschriften sind in vielen Fällen noch recht schwankend; es wird im folgenden daher nur dann auf die Wirkungsweise eingegangen werden, wenn diese einigermaßen feststeht. Fast alle gebräuchlichen Zusammensetzungen sind empirisch gefunden worden, theoretische Erwägungen haben nur in seltenen Fällen zur Aufstellung neuer Fixierungskombinationen geführt. Die Anzahl der in der Literatur zerstreuten oder in besonderen Handbüchern [1]) gesammelten Vorschriften ist ungeheuer groß; es soll daher hier nur eine kleine Auswahl bewährter und leicht ausführbarer Methoden angegeben werden. Die meisten Objekte haben durch die Fixierungsflüssigkeiten noch nicht diejenige Festigkeit erlangt, welche nötig ist, wenn man aus ihnen sehr dünne Schnitte herstellen will. Es ist daher häufig notwendig, die fixierten Präparate einem besonderen Härtungsprozeß zu unterwerfen, der darin besteht, daß man dieselben nacheinander in verschiedene Alkohole steigender Konzentration einbringt, also z. B. zuerst auf einige Stunden in 50 %igen, dann ebensolange in 70 %igen, darauf in 90 %igen und schließlich zur Entwässerung in absoluten Alkohol. Genaueres wird bei den einzelnen Fixierungsmitteln angegeben werden. Manche der letzteren, wie Formalin, absoluter Alkohol u. a. haben schon an sich härtende Eigenschaften, so daß der Prozeß der Nachhärtung hier ganz fortfallen oder doch wesentlich vereinfacht werden kann.

---

1. Formalin (Formol) ist die käufliche, 40 % ige, wässerige Lösung des Formaldehyds. Die Einfachheit seiner Anwendung macht es für schnelles Arbeiten als Fixierungs- und Härtungsmittel in erster Linie geeignet. Man kann zu fixierende Objekte in jeder Größe in die Flüssigkeit einbringen, wenn man nur genügend davon anwendet. Das Volumen der Flüssigkeit muß 10—30 mal so groß als das des zu untersuchenden Objektes sein. Für den Gebrauch verdünnt man das käufliche Formalin gewöhnlich im Verhältnis 1 : 10 mit Wasser, so daß das Fixierungsbad 4 % Formaldehyd enthält. Nur für Gehirn und Zentral-

[1]) 1. Rawitz, Lehrbuch der mikroskopischen Technik. Leipzig 1907.
2. Frey, Das Mikroskop und die mikroskopische Technik. 8. Aufl. Leipzig 1886.
3. Lee und Mayer, Grundzüge der mikroskopischen Technik. Berlin 1907.
4. Behrens, Tabellen zum mikroskopischen Arbeiten.
5. Böhm und Oppel, Taschenbuch der mikroskopischen Technik.
6. Apathy, Die Mikrotechnik der tierischen Morphologie.
Theoretische Betrachtungen über die Prozesse der Fixierung, Färbung usw. findet man in:
7. A. Fischer, Fixierung, Färbung und Bau des Protoplasmas. Jena 1899.

nervensystem verwendet man 10 %iges Formaldehyd, d. h. man mischt die käufliche Flüssigkeit mit Wasser im Verhältnis 1 : 4. Es ist jedoch ratsam, die zuletzt genannte 10 %ige Lösung in allen Fällen anzuwenden. Bei alkalisch reagierendem Zellinhalte fällt eine 4 %ige Lösung überhaupt nicht, bei nur schwach saurer Reaktion wird die Fällung erst durch eine große Menge Fixierungsflüssigkeit herbeigeführt. Auch bei Anwendung der 10 %igen Lösung werden manche Proteine, wie z. B. die zur Klasse der Peptone gehörenden, noch nicht gefällt. Die Fällungskraft des Formalins ist also nicht sehr groß.

Kleine Präparate brauchen in 10 %igem Formalin nur wenige Stunden zu liegen, größere höchstens 3 Tage. Die Flüssigkeit wird dann noch einmal für kurze Zeit erneuert und das Präparat einige Stunden in Wasser ausgewaschen. Die fixierten Teile kommen alsdann zur Nachhärtung in 96 %igen Alkohol und nach einigen Stunden in absoluten Alkohol. Nachdem ihnen der letzte Rest des Wassers entzogen worden ist, kommen sie am nächsten Tage in Xylol. Sollte sich dieses wegen unvollständiger Entwässerung der Objekte noch trüben, so ist es noch einmal zu erneuern.

Die Vorteile der Formalinbehandlung sind sehr mannigfaltig. Fast alle Färbemethoden lassen sich mit gutem Erfolge anwenden, da keiner der in der Mikroskopie angewendeten Farbstoffe mit Formalin Fällungen gibt. Auch die Fettsubstanz, die bei anderen Fixierungsmitteln häufig leidet, bleibt gut erhalten. Den feinsten Bau des Protoplasmas, Kernteilungsfiguren u. dgl., erhält man mit Formalinmaterial allerdings nicht oder wenigstens nicht zuverlässig, da die Fällungen des Zellinhalts durch Formalin häufig chromosomenähnliche Gestalten annehmen; doch für Übersichtsbilder reicht die Formalinbehandlung in fast allen Fällen vollkommen aus.

2, Ein ebenfalls sehr häufig und meist mit gutem Erfolge angewendetes Fixierungsmittel ist die Müllersche Flüssigkeit. Das Arbeiten mit dieser Flüssigkeit ist dem mit Formalin darum vorzuziehen, weil dieselbe die Haut nicht so stark angreift und geruchlos ist. Ein Nachteil besteht in der bedeutend längeren Zeitdauer der Fixierung. Da die Müllersche Flüssigkeit in größeren Mengen angewendet werden muß, so empfiehlt es sich, einen Vorrat von ihr herzustellen. Man löse 25 g Kaliumbichromat und 10 g Natriumsulfat in 1 l Wasser.

Die Objekte, die in diese Lösung gebracht werden, dürfen nicht sehr groß sein. Voluminöse Organe schneide man daher in kleine Stücke. Das Volumen der angewendeten Flüssigkeit muß etwa 50 mal so groß sein wie das des Objektes. Nach einer Stunde erneuere man das Fixierungsbad, da sonst leicht Trübungen entstehen, die unter allen Umständen zu vermeiden sind. Während der ersten Woche wechsele man täglich die Lösung, dann zwei Wochen hindurch alle 3 ½ Tage und schließlich noch so oft alle 7 Tage, daß die Gesamtzeit der Fixierung je nach der Größe der Objekte 4—12 Wochen beträgt. Sollten sich während dieser Zeit Trübungen zeigen, so ist die Mischung sofort zu erneuern. Häufig bilden sich auch Kulturen von Spaltpilzen. Um dieses zu verhindern, kann man der Lösung Spuren von Sublimat zusetzen. Nach beendigter Fixierung müssen die Objekte mehrere Stunden in fließendem oder sehr oft erneuertem Wasser gespült werden, solange man noch eine Gelbfärbung wahrnehmen kann. Eine einfache Vorrichtung zum Spülen in fließendem Wasser, bestehend aus zwei ineinander gesetzten Trichtern, von denen der obere durch ein Schlauchstück mit der Wasserleitung in Verbindung steht, zeigt Fig. 11. Nach dem Spülen hat man noch eine Nachhärtung in Alkohol von steigendem Prozentgehalt vorzunehmen. Da durch die immer noch nicht vollständig entfernte Chromsäure leicht Niederschläge im Präparat entstehen, ist es vorteilhaft, die Härtung im Dunkeln vorzunehmen. Man stelle daher die Gläser in einen geschlossenen Schrank oder unter eine Papphülse. Die Objekte verbleiben

12 Stunden in 50 % igem Alkohol
12 „ „ 70 „ „
12 „ „ 90 „ „

Der letztere muß nach je 12 Stunden so oft erneuert werden, wie sich in der Umgebung des Objektes noch eine Gelbfärbung zeigt. Dann überträgt man auf einen Tag zur Entwässerung in absoluten Alkohol und darauf in Xylol.

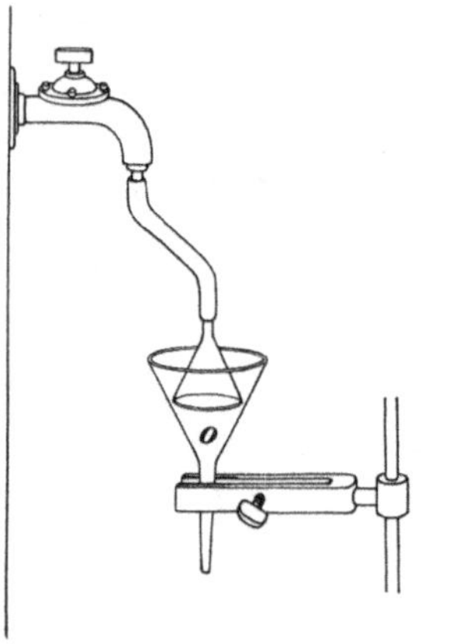

Fig. 11. Vorrichtung zum Spülen in fließendem Wasser. O Raum für das Objekt.

Das Kaliumbichromat, der Hauptbestandteil der Müllerschen Flüssigkeit, erzeugt mit vielen Eiweißkörpern in Wasser völlig unlösliche Niederschläge. Allerdings werden auch hier Peptone, Nukleine und Nukleinsäure unabhängig von dem chemischen Charakter der Reaktion nie gefällt. Die Wirkung des Glaubersalzes, das in der Lösung natürlich teilweise dissoziiert ist, besteht in einem langsamen Freimachen von Chromsäure aus dem Bichromat. Hierdurch erklärt sich die langsame Wirksamkeit des Fixierungsmittels. Für feinere Untersuchungen ist die Müllersche Flüssigkeit ebensowenig anwendbar wie das Formalin, da die Kernteilungsfiguren z. B. stark verändert werden.

Das starke Auswaschen nach dem Fixieren hat den Zweck, das unverbrauchte Fixierungsmittel aus dem Gewebe zu entfernen, da sonst die Färbbarkeit häufig leidet oder gänzlich aufgehoben wird. Da die Fixierungsmittel immer im Überschuß angewendet werden, so bleibt nach der chemischen Bindung durch die Eiweißkörper eine große Menge der ersteren übrig, welche durch Adsorption gebunden werden und so dem Farbstoff den Platz fortnehmen.

3. Eine Kombination der beiden ersten Methoden stellt die Anwendung der Orthschen Mischung dar. Um diese herzustellen, mischt man 10 Teile des käuflichen Formalins mit 100 Teilen Müllerscher Flüssigkeit. Vorräte kann man sich von dieser Mischung nicht herstellen, da sich durch die reduzierende Kraft des Formalins und der stets in ihm enthaltenen Ameisensäure bald Niederschläge bilden. Die Fixierung dauert etwa einen Tag. Man wässert darauf sehr gut und verfährt dann wie bei

Nr. 2. Mit dieser Flüssigkeit lassen sich auch Kernteilungsfiguren herstellen. Rawitz empfiehlt, die beiden Bestandteile der Orthschen Mischung nacheinander anzuwenden. Er behandelt die Objekte in der unter Nr. 1 geschilderten Weise in Formalin und dann in einer heiß gesättigten und nach dem Abkühlen filtrierten Lösung von Kaliumbichromat. Die letztere ist nach 24 Stunden zu erneuern, und dann ist nach Nr. 2 zu verfahren.

4. Unter den vielen übrigen Fixierungsbädern, welche Chromsäure oder Chromate als einzigen wesentlichen Bestandteil enthalten, sei nur noch die Chromessigsäure nach Lo Bianco angegeben, da sie für weiche und gelatinöse Tiere besonders geeignet ist. Zu 100 ccm 1 %iger Chromsäurelösung setze man 10 ccm, für sehr zarte Objekte 5 ccm 50 %ige Essigsäure. Nach 24stündiger Fixierung werden die Objekte mehrere Stunden gewässert und dann wie Müllermaterial weitergehärtet.

Die Essigsäure, welche vielfach in Fixierungsgemischen angegeben wird, ist vor allen Dingen als Ansäurer des Zellinhalts von Bedeutung. Sie erzeugt zwar mit manchen Eiweißkörpern Fällungen, doch sind diese fast alle im Überschuß des Fällungsmittels löslich, so daß der Härtungsalkohol sekundäre Fällungserscheinungen hervorrufen kann. Manche Fixierungsmittel wirken aber nur bei saurer Reaktion des Zellinhalts, oder sie haben, wie die Chromsäure, eine so schwache Acidität, daß dieselbe durch alkalischen Zellinhalt abgestumpft und das Fixierungsmittel unwirksam werden würde, wenn man nicht einen Ansäurer, wie die Essigsäure, hinzufügt.

5. Auch der absolute Alkohol wird als Fixierungsmittel angewendet. Seine Wirkung beruht auf einer starken plasmafällenden Kraft. Nur mit Peptonen, Albumosen und Nukleinsäure gibt er wasserlösliche Niederschläge. Im übrigen aber ist die Fällungskraft so groß, daß sie die wasserentziehende Wirkung bei weitem übertrifft. Für Alkoholfixierung eignen sich besonders voluminöse Organe von annähernd gleichartiger Textur, wie Leber, Milz, Nieren, Muskeln usw. Es kommt darauf an, die Präparate in möglichst kleine Stücke zu schneiden und dafür zu sorgen, daß der Alkohol von allen Seiten eindringen kann. Die Objekte dürfen also auch nicht auf dem Glasboden des Gefäßes aufliegen, sondern müssen an Fäden in demselben hängen, oder doch wenigstens auf Watte gelegt werden. Die Alkoholmenge muß etwa 15 mal so groß sein wie das Objekt und ist täglich, am ersten Tage alle 4 Stunden, zu erneuern. Die Dauer der Fixierung hängt von der Größe der Objekte ab, sie beträgt 3—6 Tage. Das Gelingen der Alkoholfixierung ist bedingt durch möglichst hohe Konzentration. Weniger konzentrierte Alkohole, etwa 96 %iger, fällen so langsam, daß sich postmortale Veränderungen der Zellstruktur nicht immer verhindern lassen. Der käufliche Alcohol absolutus ist gewöhnlich 99,4 %ig, selten bis 99,8 %ig. Man muß daher auch den meisten Alcohol absolutus noch entwässern. Man glüht zu diesem Zwecke gepulverten Kupfervitriol in einem Tiegel, bis er zu einem weißen Pulver zerfallen ist, wickelt dieses in Fließpapier und legt es in den Alkohol. Durch Wasseraufnahme färbt sich das Kupfersalz bald blau und ist dann zu erneuern. Vor dem Gebrauche muß der so

hergerichtete Alkohol recht schnell filtriert werden, damit er keine Kupfervitriolteilchen mehr enthält. Nach vollendeter Fixierung ist das Alkoholmaterial sofort in Xylol zu übertragen.

6. Sublimat. Auch dieser Stoff ist fast für alle Objekte brauchbar. Nur für Mollusken und Süßwasserkrebse ist er, wie die Erfahrung gezeigt hat, unbrauchbar. Alle Sublimatfällungen sind in Wasser unlöslich, doch ist Sublimatmaterial besonders reich an Artefakten. Man stellt sich eine Lösung von 7,5 g $HgCl_2$ in 100 ccm warmer 0,5 %iger Kochsalzlösung her. Die Lösung wird nach dem Erkalten filtriert und in einer dunklen Flasche aufbewahrt. Die Objekte dürfen nicht zu groß sein, am besten nur wenige ccm umfassen. Sie bleiben je nach ihrer Größe $\frac{1}{2}$ bis höchstens 6 Stunden in der Lösung und werden dann ungewässert in 70 %igen Alkohol übertragen. Das Auswässern wäre hier zwecklos, da Sublimat in kaltem Wasser sehr schwer löslich ist. Um die nadelförmigen Kristallisationen des Fixierungsmittels zu entfernen, setzt man nach P. Mayer dem 70 %igen Alkohol soviel Jodtinktur zu, daß er weinrot gefärbt ist. Das Jod gibt mit $HgCl_2$ unlösliches HgJ_2. Es tritt daher von der Umgebung des Objekts aus eine allmähliche Entfärbung des Jodalkohols ein. Dieser ist so oft zu erneuern, wie er sich noch entfärbt. Sollte sich auf dem Objekt ein roter Niederschlag von HgJ_2 festsetzen, so fügt man dem 70 %igen Alkohol einige Kristalle Jodkalium zu, welches das HgJ_2 auflöst.

Aus dem 70 %igen Alkohol kommen die Objekte auf 12 Stunden in 80 %igen Alkohol, der so oft erneuert werden muß, bis die Präparate nicht mehr jodbraun gefärbt erscheinen. Dann überträgt man sie auf 12 Stunden in 90 %igen Alkohol, darauf für einen Tag in absoluten Alkohol, dann in Xylol.

Beim Arbeiten mit Sublimat vermeide man Metallinstrumente, da sich auf diesen metallisches Quecksilber niederschlägt.

7. Auch Kombinationen des Sublimats mit anderen Stoffen sind in großer Zahl als Fixierungsmittel vorgeschlagen worden. Die bekannteste Zusammensetzung ist wohl die Zenkersche Flüssigkeit. Dieselbe ist ganz allgemein anwendbar und fixiert sogar die Kernteilungsfiguren. Die Objekte müssen in möglichst kleinen Stücken eingebracht werden, und das Volumen der Flüssigkeit muß das der Objekte etwa 50 mal übertreffen. Man kann sich folgende Mischung vorrätig halten:

Sublimat	5	g
Kaliumbichromat . .	2,5	„
Natriumsulfat	1	„ in 100 ccm Aq. destill.

Kurz vor dem Gebrauch fügt man zu je 100 ccm Mischung noch 5 ccm Eisessig. Die Wirkungsweise der einzelnen Bestandteile dieser Mischung ist schon an anderen Orten erläutert worden. Wegen des Gehalts an chromsaurem Salz müssen die Objekte nach etwa 24stündigem Verweilen in der Flüssigkeit mehrere Stunden gründlich in fließendem Wasser gespült werden. Darauf kommen sie auf 12 Stunden in 50 %igen Alkohol, dann in 70 %igen Alkohol, dem man zur Entfernung der Sublimatniederschläge wieder Jodtinktur zusetzt. Das Verfahren richtet sich nun nach Nr. 6, doch muß der ganze Härtungsprozeß wegen etwa noch vorhandenen Kaliumbichromats im Dunkeln vorgenommen werden.

8. Eine Methode, die wie Nr. 4 für zarte Objekte, wie Quallen, Polypen u. dgl., besonders geeignet ist, ist die Fixierung mit Sublimat-Kupfersulfat nach Lo Bianco.

Man mische 100 ccm 10 %ige wässerige Kupfersulfatlösung
und 10 ccm konzentrierte wässerige Sublimatlösung.

Die Objekte werden vor dem Fixieren gründlich in Süßwasser gespült, kommen dann auf höchstens einen Tag in die Lösung und werden danach ungewässert 12 Stunden in 50 %igen Alkohol, hierauf in 70 %igen Alkohol mit Jodzusatz gebracht. Das Verfahren ist dann wie bei Nr. 6.

9. Eine fixierende Kraft kommt auch der Pikrinsäure zu, die daher für sich und in verschiedenen Kombinationen verwendet wird. Die Fällungskraft der Pikrinsäure ist bei jeder Reaktion des Zellinhalts sehr groß, doch lösen sich die Fällungsprodukte mancher Eiweißarten in Wasser teils sofort, teils nach einigen Tagen wieder auf. Die besten Erfolge sind mit Pikrinsalpetersäure zu erzielen. Dieselbe ist für alle Wirbeltierorgane ohne weiteres verwendbar. Sie erhält die Kernstrukturen und wirkt zugleich entkalkend auf die Knochenteile. Sie ist das beste Fixierungsmittel für Mollusken und Würmer. Nur für Süßwasserkrebse wird sie nicht empfohlen. Man stellt sich eine kalt gesättigte, wässerige Pikrinsäurelösung her und fügt zu 100 ccm derselben 5 ccm 25 %ige Salpetersäure. Es entsteht eine Ausscheidung von Pikrinsäure, die man nach 24stündigem Stehen abfiltriert. Die Objekte dürfen nicht in zu großen Stücken eingebracht werden. Je nach ihrer Größe bleiben sie bis zu 48 Stunden, mindestens aber eine gute halbe Stunde in der Lösung. Da die Pikrinsäure in kaltem Wasser ziemlich schwer löslich ist, ihre Proteinfällungen aber zum Teil von demselben aufgenommen werden, so hat längeres Auswaschen der Objekte keinen Zweck und verschlechtert nur die Präparate. Sie werden direkt in 70 %igen Alkohol übertragen, nach 12 Stunden in 90 %igen Alkohol, dann in absoluten Alkohol und am folgenden Tage in Xylol. Die Gelbfärbung der pikrinisierten Objekte stört die Färbbarkeit mit allen Farben nicht merklich. Es ist daher im Interesse der Einfachheit des Verfahrens nicht geboten, durch eine besondere Methode (Jellinek, Lithiumkarbonat) die Pikrinsäure aus dem Objekte zu entfernen.

10. Osmiumsäure (Überosmiumsäure, Osmiumtetroxyd OsO_4) ist ein Fixierungsmittel, das viel im Gebrauch ist. Sie wird in den meisten Fällen in 1 %iger, wässeriger Lösung angewendet; nur für ganz zarte Objekte (Quallen, Polypen usw.) verwendet man sie 0,5 %ig. Die Lösung ist dunkel aufzubewahren und in einer mit Glasstöpsel verschlossenen Flasche zu halten. Trotz dieser Vorsichtsmaßregeln zersetzt sie sich nach einiger Zeit; es empfiehlt sich daher, die Lösung möglichst jedesmal frisch zu bereiten. Die Osmiumsäure kommt in kleinen zugeschmolzenen Glasröhrchen in den Handel, die 0,5 g oder 1 g enthalten. Man bricht die Spitze eines solchen Röhrchens am besten unter dem Lösungswasser ab. Die Zersetzung der Osmiumsäurelösungen läßt sich auf ein Minimum reduzieren, wenn man zu 100 ccm der 1 %igen

Lösung 10 Tropfen einer 5 %igen Sublimatlösung setzt. Dann ist selbst die braune Flasche unnötig. Beim Arbeiten mit Osmiumsäure hüte man sich vor den Dämpfen derselben, die auf alle zugänglichen Schleimhäute einen überaus starken Reiz ausüben. Die Anwendung der Osmiumsäure ist trotz ihres hohen Preises nicht übermäßig kostspielig, da immer nur kleine Mengen angewendet zu werden brauchen. Die Flüssigkeitsmenge soll ungefähr doppelt so groß sein wie das Objekt. Da OsO_4 äußerst langsam in die Gewebe eindringt, so dürfen die Objekte höchstens ½ cm nach allen Dimensionen messen. Man hat die Beobachtung gemacht, daß die peripherischen Teile eines Osmiumsäurepräparates im Bilde wesentlich von den inneren abweichen. Rawitz rät daher, für die Beobachtung nur die inneren Teile zu verwenden. Die Objekte müssen 24 Stunden in der Säure bleiben. Sie werden dann 24 Stunden in öfter erneuertem Wasser gewässert, kommen darauf 12 Stunden in 50 %igen Alkohol, 12 Stunden in 70 %igen Alkohol, 12 Stunden in 90 %igen Alkohol, darauf in absoluten Alkohol und Xylol. Osmiummaterial muß möglichst bald nach der Fixierung eingebettet werden, weil es sonst zu schwarz wird und für Färbungen wenig geeignet ist. Die Fetteile der Objekte werden von OsO_4 lebhaft schwarz gefärbt. Kommt es darauf an, diese Fetteile zu erhalten, so darf man die Objekte vor dem Einbetten nicht in Xylol bringen, welches die Fette auszieht, sondern muß Chloroform anwenden. Durch eine geeignete Behandlung lassen sich die Osmiumpräparate so herrichten, daß sie wie Kupferätzungen aussehen und eine Färbung nicht nötig ist (v. Mährenthal). Nach der Spülung des Materials in Wasser werden die Stücke je nach ihrer Größe auf 2—24 Stunden in Holzessig gebracht. Dann werden sie wieder in Wasser gründlich ausgewaschen und machen darauf die Alkoholreihe durch. Der 90 %ige Alkohol wird so oft erneuert bis er nicht mehr schwarz wird. Dann folgt absoluter Alkohol, Chloroform.

Statt der Säure selbst werden auch ihre Dämpfe als Fixierungsmittel angewendet. Man bringt zu diesem Zwecke nach Ranvier etwa 2 ccm der frisch hergestellten, 2 %igen Lösung in ein Reagenzglas, befestigt das Objekt mit Igelstacheln an einem passenden Korken und verschließt mit diesem das Gläschen. Das Gefäß ist im Dunkeln aufzustellen. Nach 2—24 Stunden wird das Objekt, ohne gewaschen zu werden, in 50 %igen Alkohol gebracht und macht dann die Alkoholreihe durch.

Protozoen (Flagellaten, Infusorien) werden durch die Dämpfe der Osmiumsäure getötet und fixiert, wobei sich ihre Geißeln sehr gut erhalten. Man bringt einen Tropfen des Wassers, in dem sich die Tiere befinden, auf einen Objektträger und legt denselben mit dem Tropfen nach unten auf ein Uhrgläschen, in dem sich wenige ccm 1 %ige Osmiumsäurelösung befinden. Nach 1—2 Minuten ist die Fixierung beendigt. (Weiteres über die Präparation siehe bei den Protozoen.)

Trotz ihrer vielfachen Anwendung ist die Osmiumsäure doch ein sehr schwaches Fällungsmittel. Sobald der Zellinhalt alkalisch ist, fällt sie überhaupt nicht. Nukleinkörper, z. B. also Chromosomen, werden bei keiner Reaktion niedergeschlagen. Bei dem langen Auswaschen der Objekte diffundiert wohl die Osmiumsäure heraus, kaum aber die sehr schwer diffundierenden Eiweißkörper, soweit sie noch nicht gefällt sind. Die Fällung der meisten Proteine tritt erst beim Einbringen des Materials in die starken Alkohole ein. Wenn also auch mit OsO_4 behandelte Präparate sehr wenig von diesem herrührende Artefakte aufweisen können, so zeigen sie doch immer durch Alkohol hervorgerufene, sekundäre Fällungsstrukturen.

11. Auch die Osmiumsäure wird in den verschiedensten Mischungen angewendet. Die bekannteste derselben ist die Flemmingsche Mischung. Sie ist für die Darstellung von Plasma- und Kernstrukturen viel in Gebrauch, erfreut sich aber auch sonst vielfacher Anwendung. Zu ihrer Herstellung mische man

4 ccm 2 %ige OsO_4-Lösung
15 ccm 1 %ige Chromsäurelösung
1 ccm Eisessig.

Die Lösung ist sehr lange haltbar und kann auf Vorrat angefertigt werden. Der Chromsäuregehalt verhindert den Zerfall der Osmiumsäure. Auch hier empfiehlt es sich, die peripherischen Teile des Objekts zu verwerfen. Für sehr zarte Gebilde gibt Flemming eine andere Zusammensetzung an, nämlich

Chromsäure, fest. . . .	2,5 g
Osmiumsäure, fest . . .	1 g
Eisessig	1 ccm
Aqua destillata	1000 ccm.

Die Objekte bleiben 1—3 Tage in der Flüssigkeit, deren Volumen das 4—6fache derselben betragen soll, werden dann mehrere Stunden in Wasser gut gespült und kommen je 12 Stunden in Alkohol 50 %, 70 %, 90 %, absolutus. Die Einbettung geschieht am besten über Chloroform.

Die Hauptwirkung in diesem Gemisch übt jedenfalls die Chromsäure aus, da sie eine viel größere Fällungskraft besitzt als die Osmiumsäure. Die dem Fixierungsmittel zuerst dargebotenen Außenteile des Objektes werden daher schon durch die infolge der Anwesenheit von Essigsäure ziemlich heftig wirkende Chromsäure fixiert sein, ehe die Osmiumsäure angreifen kann. Wenn in den peripherischen Schichten dann ein Teil der Chromsäure gebunden ist, tritt im Inneren daneben auch die Wirkung der Osmiumsäure auf. Deshalb zeigen nur die inneren Teile die kombinierte Wirkung aller Bestandteile der Mischung.

12. Es sollen nur noch zwei Osmiumsäuregemische angeführt werden, die namentlich für die Fixierung wirbelloser Seetiere angewendet werden. Die Chromosmiumsäure nach Lo Bianco besteht aus

2 ccm OsO_4 1 %ig
100 ccm Chromsäure 1 %ig.

Je nach der Größe der Objekte dauert die Fixierung 2—24 Stunden. Die Weiterbehandlung ist wie bei Nr. 11.

13. Die Osmiumsäure nach Eimer und Hertwig besteht aus:

50 ccm 0,2 %iger Essigsäure
50 ccm 0,05 %iger Osmiumsäure (für Fixierung von Seetieren in Meerwasser [ev. künstlichem] gelöst).

Die Fixierung dauert 5—10 Minuten. Dann spült man einige Minuten in 1 %iger Essigsäure und kann nun die Alkoholreihe anschließen. Material, das nicht sofort verarbeitet wird, kann man aus der Spülessigsäure in Glyzerin bringen und in diesem aufbewahren. Bei der späteren Weiterbearbeitung ist das Glyzerin erst durch Wasser aus den Objekten zu verdrängen, ehe dieselben in die Alkoholreihe eintreten.

4. Kapitel.

Das Entkalken.

Kalkhaltige Organe, wie z. Knochen, Crustaceenpanzer u. dgl., müssen vor dem Einbetten und Schneiden von ihrem Kalkgehalt befreit werden. Diese Entkalkung ist nach der Härtung vorzunehmen, weil die angewendete Säure sonst zu viel Schaden in den Geweben anrichten würde. Einige Fixierungsflüssigkeiten, wie die Pikrinsalpetersäure, wirken gleichzeitig entkalkend. Für nachträgliche Entkalkung eignet sich am besten Formalin- und Müllermaterial. Nachdem der Kalk aufgelöst ist, muß die Säure durch längeres, am besten mehrtägiges, gründliches Auswaschen wieder entfernt werden. Hierfür ist die Vorrichtung aus zwei Trichtern, wie sie Fig. 11 zeigt, brauchbar. Die Entkalkung ist beendet, wenn einer an belanglosen Stellen eingeführten Nadelspitze kein erheblicher Widerstand entgegengebracht wird. Von den vielen gebräuchlichen Entkalkungsflüssigkeiten wollen wir nur vier anführen.

1. Salpetersäure, 3—10 %ig, ist in reichlicher Menge anzuwenden und alle 2—3 Tage zu erneuern. Rawitz empfiehlt, nach dieser Entkalkung nicht zu wässern, sondern die Objekte direkt in 70 %igen Alkohol zu übertragen, der etwa drei Stunden lang stündlich zu erneuern ist, und sie dann allmählich in stärkere Alkohole zu bringen.

2. Chromsalpetersäure nach L. Katz. Diese Mischung ist für alle Knochenteile geeignet. Wir werden namentlich bei der Präparation des Gehörorgans (Schnecke usw.) von ihr Gebrauch machen. Die Zusammensetzung der Mischung ist folgende:

Chromsäure, fest. . . .	0,4 g
Salpetersäure	5 ccm
Aqua destillata	100 ccm.

Für sehr harte Knochen, wie das Felsenbein der größeren Säuger, müssen 10 g Chromsäure genommen werden. Nach der Entkalkung folgt gründliches Auswässern und Härten in der steigenden Alkoholreihe.

3. Trichloressigsäure wird in 5 %iger wässeriger Lösung sehr empfohlen, da sie nur ganz unbedeutende Quellungserscheinungen gibt. Die Lösung ist entsprechend der Größe und Konsistenz der Objekte 1—7 Tage lang öfter zu erneuern und möglichst häufig umzuschütteln. Die Wässerung in der oben abgebildeten Vorrichtung muß mindestens einen Tag anhalten. Dann wird in Alkohol steigender Konzentration nachgehärtet.

4. Besondere Schwierigkeiten macht die histologische Behandlung solcher Objekte, die wie Kruster und Insekten mehr oder weniger starke Kalkablagerungen in ihrem Chitinpanzer haben. Hier dringen die Fixierungsmittel so langsam in das Innere des Körpers vor, daß die Gewebeteile zum großen Teil schon zersetzt sind, ehe sie fixiert werden können. Anderseits sind die inneren Organe dieser Tiere von meist so zartem Bau, daß eine Zerlegung des Körpers in mehrere Teile, wie jeder andere anatomische Eingriff, die Topographie vollkommen entstellt. Einigermaßen brauchbare Resultate erhält man mit folgender von Hennings zusammengestellten Mischung, die zugleich entkalkt und fixiert:

Salpetersäure, konzentriert	16	ccm
0,5 %ige wässerige Chromsäurelösung	16	„
Konzentrierte Lösung von Sublimat in 60 %igem Alkohol	24	„
Pikrinsäure, konzentriert wässerig	11	„
Absoluter Alkohol	42	„

Nach 24stündigem Verweilen der Objekte in der Flüssigkeit werden dieselben in 70 %igen Jodalkohol übertragen und wie Sublimatmaterial weiterbehandelt.

Da der Paraffinblock mit Chitinmaterial leicht brüchig wird, so ist später beim Schneiden vor jeder Schnittführung die Oberfläche des Blockes nach Angabe von Heider mit Mastixkollodium zu bestreichen. Man läßt dasselbe erstarren und führt erst dann das Messer darüber. Das Mastixkollodium stellt man sich her, indem man eine sirupdicke Lösung von Mastix in absolutem Alkohol mit der gleichen Menge Kollodium verreibt und mit einer Mischung von gleichen Teilen Alkohol und Äther stark verdünnt.

5. Kapitel.

Das Einbetten und Schneiden sowie das Aufkleben der Schnitte.

Nachdem die Objekte gut fixiert und gehärtet worden sind, ist es nötig, sie allseitig in ein Medium von schneidbarer Konsistenz einzuschließen, damit sie nicht mit den Fingern berührt zu werden brauchen und beim Schneiden durch Druck ihre Gestalt nicht ändern. Von den verschiedenen Einbettungsmedien, die empfohlen worden sind, wendet man fast ausschließlich das Paraffin und das Celloidin an. Wir werden von der Celloidineinbettung nur in einigen besonderen Fällen Gebrauch machen.

Beim Einschmelzen der Objekte in Paraffin muß die flüssige Paraffinmasse längere Zeit auf gleichmäßiger Temperatur erhalten werden. Daher bedarf man hierzu eines besonderen Apparates, des Thermostaten. Dieser ist ein Metallschränkchen mit allseitig doppelten Wandungen, deren Zwischenraum durch eine Öffnung an der Oberseite mit Wasser gefüllt wird. Den Stand des Wassers kann man an einem Wasserstandsrohr beobachten. Außer der Füllöffnung finden sich an der Oberseite noch zwei Öffnungen. Die eine führt in das Innere des Schränkchens. Sie dient zur Aufnahme eines mit einem Kork zu befestigenden Thermometers, welches die Temperatur der Luft im Innern angibt. In die andere, welche in den Mantelraum führt, wird ein Thermoregulator eingesetzt. Von solchen sind mehrere Konstruktionen in Gebrauch, die teils auf dem Prinzip beruhen, durch sich in der Wärme ausdehnendes Quecksilber die Heizgaszufuhr mehr oder weniger vollständig abzusperren, teils aber auch durch eine Ventilvorrichtung eine Wärmeabgabe an die umgebende Luft ermöglichen.

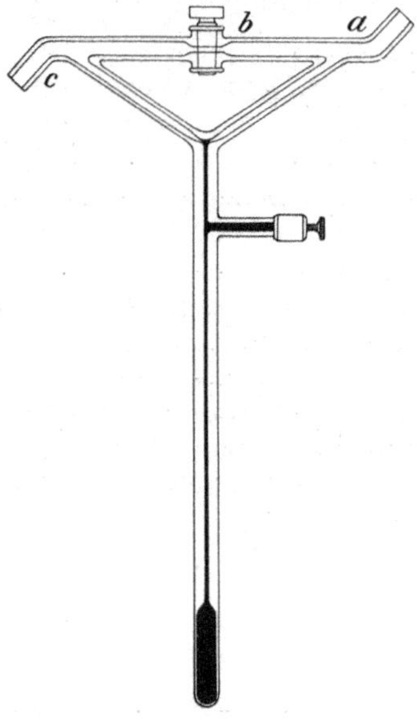

Fig. 12. Thermoregulator nach Altmann. Bezeichnungen s. Text.

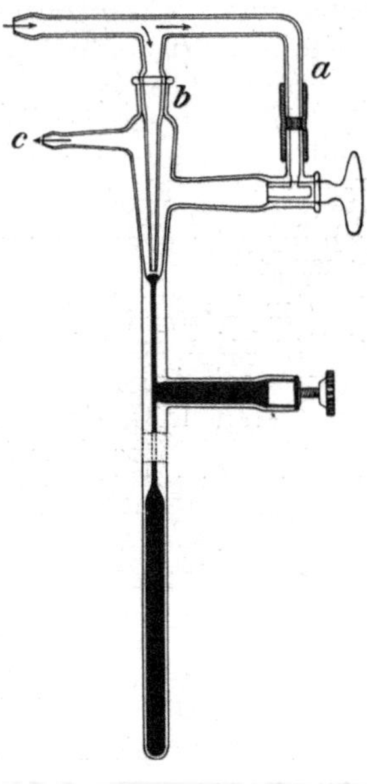

Fig. 13. Thermoregulator nach Reichert. Bedeutung der Pfeile und Buchstaben s. Text.

1. Die Altmannsche Konstruktion (Fig. 12). Das im Heizwasser befindliche Ende der Glasröhre enthält ein Quecksilberreservoir, welches nach oben in eine Kapillarröhre übergeht. Diese trägt in ihrem oberen Teil einen seitlichen Ansatz mit einer Stellschraube, durch deren Drehung man den Stand des Quecksilbers beliebig ändern kann. Das Gas tritt bei a ein und hat bei geöffnetem Hahn b zwei Wege zur Verfügung, erstens durch die Hahnröhre, zweitens durch die Röhre, in welche die Quecksilberkapillare mündet. Beide Wege vereinigen sich zum Röhrchen c, von welchem ein Gasschlauch zu einem Mikrobrenner führt, der unter dem Wärmeschrank angebracht ist. Erwärmt sich das Wasser im Heizkasten, so dehnt sich das Quecksilber im Reservoir aus und steigt in der Kapillarröhre schließlich so weit, daß es die untere

Gaszuführungsröhre verschließt. Dann hat das Gas nur noch den Weg durch die Hahnröhre frei, und die Flamme wird entsprechend kleiner. Die Temperatur des Heizwassers sinkt allmählich, das Quecksilber in der Kapillare zieht sich zusammen, und das Gas findet wieder einen Weg durch die untere Röhre. Man kann nun durch Ausprobieren die Stellschraube so regulieren, daß das Heizwasser sich annähernd bei der gewünschten Temperatur hält. Der Hahn am oberen Rohre dient zur

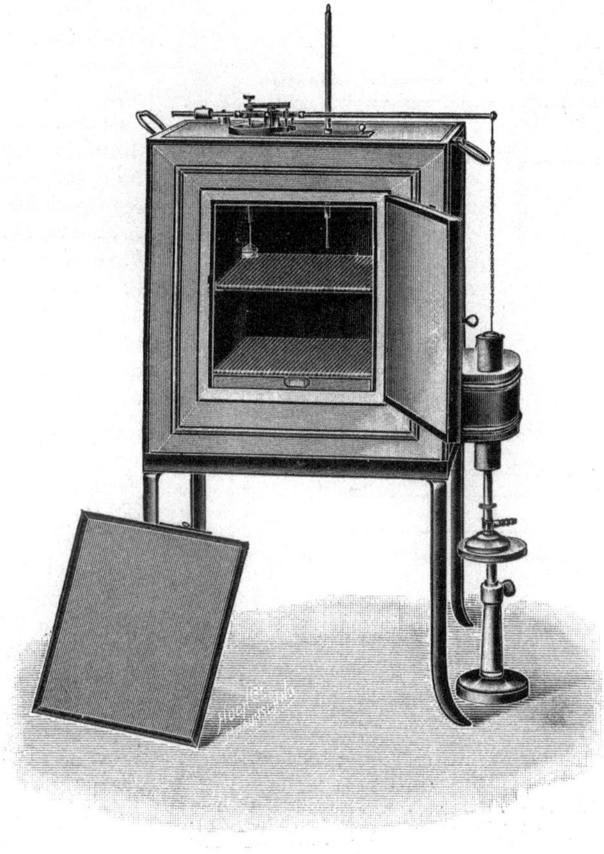

Fig. 14. Thermostat nach Sartorius. Gesamtansicht. S. Text.

groben Einstellung der Flammenhöhe. Er darf natürlich niemals ganz geschlossen werden, da sonst durch die Ausdehnung des Quecksilbers die Gaszufuhr vollständig abgeschnitten werden kann.

2. Die Reichertsche Konstruktion (Fig. 13). Dem in der Pfeilrichtung einströmenden Gase stehen wieder zwei Wege zur Verfügung, durch das Rohr a und die Durchbohrung des Hahnes (grobe Einstellung) und durch das innere Rohr bei b, dessen schräg abgeschnittene Spitze durch das Quecksilber mehr oder weniger verschlossen

werden kann (feine Einstellung des Quecksilbers durch die untere Schraube). Das Gas verläßt den Regulator bei c und gelangt zum Mikrobrenner.

3. Der Thermostat nach Sartorius (Fig. 14 u. 15) ist nach einem anderen Prinzip gebaut. Von dem zylindrischen Ansatz 1 führt ein blind endigendes Rohr 2 in den Wasserraum. Die Heizquelle, die hier eine Gas-, Spiritus- oder Petroleumflamme sein kann, wird unter diesen Ansatz gestellt. Der Deckel 8 des Zylinders ist zunächst geschlossen, so daß die heiße Luft in 2 das Wasser erwärmen kann. Allmählich erwärmt sich auch die Luft im Innern des Schrankes, und durch die Ausdehnung wölbt sich der Deckel der besonders konstruierten Kapsel 3 nach oben. Dieser Deckel[1]) steht durch den Stift 4 mit dem einen Arm des Hebels 5, dessen Drehpunkt bei a liegt, in Verbindung. Der andere Arm dieses Hebels steht mit einem zweiten Hebel (Drehpunkt b) in Verbindung, dessen einer Arm das Laufgewicht 7, dessen anderer Arm den Deckel 8 trägt. Wölbt sich nun der Kapseldeckel, so hebt sich die Hebelstange 6 und mit ihr der Deckel 8 des Zylinders 1. Nun erwärmt sich die Luft im Rohre 2 nicht weiter, sondern die heiße Luft entweicht durch den offenen Zylinder. Das Wasser kühlt sich wieder ab, der Hebelarm 6 senkt sich, der Zylinder wird geschlossen, und das Spiel beginnt von neuem. Man reguliert nun den Apparat durch Drehung der Präzisionsschraube 5 oder durch Verschiebung des Laufgewichts 7, so daß der Deckel 8 bei der gewünschten Temperatur

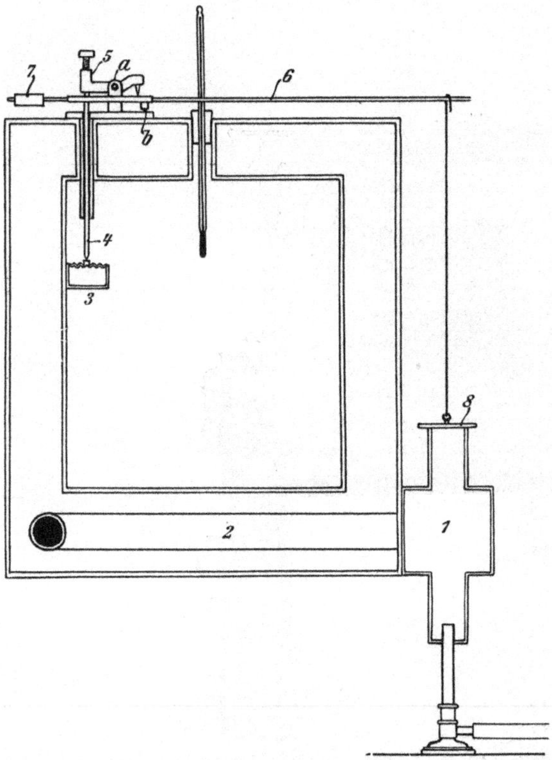

Fig. 15. Thermostat nach Sartorius; schematischer Durchschnitt.

1. Heizvorrichtung. — 2. Heizrohr. — 3. Regulierkapsel. — 4. Übertragungsstift. — 5. Übertragungshebel mit Regulierungsschraube; a sein Drehpunkt. — 6. Regulierungshebel (Drehpunkt b) mit Laufgewicht 7. — 8. Deckel am Schornstein der Heizvorrichtung.

[1]) Eine genauere Beschreibung und Anleitung für diesen Apparat befindet sich in der Preisliste III (Ausgabe 1909) über Mikrotome der Firma F. Sartorius, Göttingen, S. 24 ff., ferner in Zeitschrift für wissenschaftliche Mikroskopie, Bd X, Heft 2.

gerade abgehoben wird. Bei Gasheizung dieses Thermostaten empfiehlt die Firma, einen der beschriebenen Quecksilberregulatoren dazwischen zu schalten, um den Gasverbrauch auf ein Minimum herabzudrücken. Soll der Apparat für bakteriologische Zwecke verwendet werden, so wird er noch mit einer besonderen Vorrichtung für feuchte Ventilation versehen.

Noch andere Konstruktionen von Thermoregulatoren benutzen die Krümmung eines Kompensationsstreifens und gestatten eine besonders genaue Einstellung (auf 0,1° C). Endlich sind auch elektrische Wärmeregulatoren gebaut worden, doch kommen alle diese Apparate für Schulzwecke nicht in Betracht. Da für Thermostaten der genauer beschriebenen drei Konstruktionen der Preis je nach Größe und Ausstattung etwa 60—100 Mk. beträgt und für Anstalten mit kleinerem Etat schwer zu erschwingen ist, so sollen noch einige sehr einfache, wenn auch unvollkommene, so doch zur Not ausreichende Einbettungsvorrichtungen beschrieben werden.

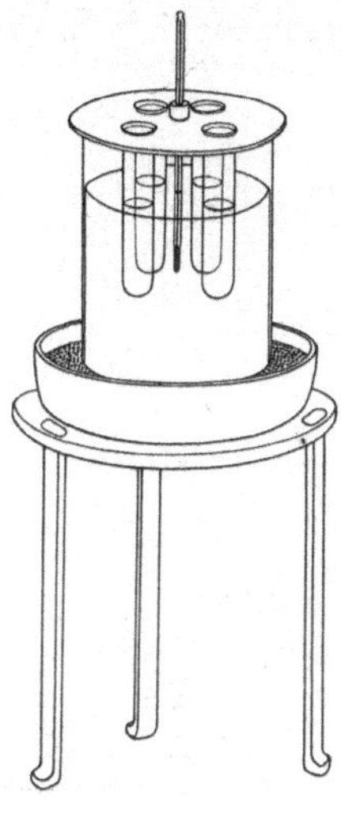

Fig. 16. Einfacher Apparat zum Paraffinieren. s. Text.

1. (Nach Voigt verändert.) Fig. 16. Man schneide sich aus starkem Zinkblech eine kreisrunde Scheibe, welche ein größeres Becherglas reichlich deckt und stoße aus derselben eine Anzahl runder Löcher aus. In dem mittleren befestige man mittels eines Korkes ein Thermometer, eins kann für den entweichenden Wasserdampf offen bleiben; in die anderen hänge man je ein kleines Gläschen mit etwas umgebogenem Rande. Man fülle das Becherglas fast vollständig mit Wasser, setze den montierten Deckel auf, bringe Paraffinstücke in die Gläschen und erwärme auf dem Sandbade. Nachdem das Paraffin geschmolzen ist, bringe man die Objekte in dasselbe und lasse sie mehrere Stunden bei einer Temperatur von etwa 60° darin. Da eine Wärmeregulierungsvorrichtung an diesem Apparat nicht vorhanden ist, so kann man ihn nicht sich selbst überlassen und muß die Temperatur durch Variation der Heizflammenhöhe nach Kräften konstant halten. Wenn die Objekte gründlich paraffiniert sind, werden sie im zweiten Paraffin behandelt, wie die im Thermostaten vorbereiteten Präparate.

2. Einfache Einbettungsvorrichtung. Fig. 17. Eine etwa 1,5—2 l fassende Kochflasche wird zur guten Hälfte mit Wasser gefüllt und durch einen einmal durchbohrten Kork verschlossen, durch welchen eine etwa 1 cm weite Glasröhre geht. Diese ist, wie die Fig. 17 zeigt, zunächst zweimal rechtwinkelig gebogen und dann in einer zu der der drei ersten Teile senkrechten Ebene in die Form eines Rechtecks gebracht. Das freie Ende der Röhre kann senkrecht aufgebogen werden. Das Rechteck wird in einen viereckigen Glashafen von entsprechender Größe gebracht, der bis etwa zur Hälfte mit Wasser gefüllt wird. In dieses Wasser stellt man Bechergläser mit Paraffin, die selbstverständlich über das Niveau hervorragen müssen. Dieselben werden mit passenden Blei- oder Eisen-

plättchen beschwert. Bringt man jetzt das Wasser in der Kochflasche zum Sieden, so erwärmt sich durch die Kondensation des überströmenden Dampfes das Wasser im Glashafen allmählich. Seine Temperatur wird aber aus verschiedenen Gründen eine gewisse Höhe nicht überschreiten. Durch passende Wahl der Rohrlängen ist es möglich, die Temperatur im Wasser des Hafens auf etwa 60° zu halten. Die notwendige Länge der einzelnen Teile ist ungefähr aus der Fig. 17 zu ersehen.

Es soll nun die Technik des Einbettens näher erläutert werden. Da die gehärteten Präparate aus absolutem Alkohol kommen und dieser sich mit dem Paraffin nicht mischt, so müssen sie erst durch ein Übergangsmedium wandern. Als solches wird in den meisten Fällen Xylol angewendet, welches sich einerseits mit dem Alkohol mischt, anderseits ein Lösungsmittel für Paraffin darstellt. Nur bei den Objekten, die durch osmiumsäurehaltige Mischungen fixiert worden sind, und bei besonders zarten Präparaten, wollen wir das Xylol durch Chloroform ersetzen, in dem sich die Fettbestandteile und Gallertsubstanzen besser erhalten. In Xylol dürfen die Objekte höchstens drei Stunden verweilen, da sonst häufig starke Schrumpfungen eintreten. Aus dem Xylol kommen sie in eine Lösung von Paraffin (Schmelzpunkt 40—42°) in Xylol, in der sie ebenfalls mehrere Stunden bei gelinder Wärme bleiben müssen. Am besten stellt man die Schälchen mit Xylolparaffin auf den Thermostatenschrank. Aus dem Xylolparaffin werden die Objekte in Paraffin (Schmelzpunkt 40—42°, Thermostat 45°) übertragen, bleiben hier einige Stunden (je nach Größe) und gelangen schließlich in Paraffin vom Schmelzpunkt 56—58°. Der Thermoregulator des Wärmeschrankes ist jetzt auf etwa 60° einzustellen. Die Gefäße, in denen eingebettet wird, müssen mit Glyzerin ausgestrichen werden, da sich sonst der Paraffinblock nicht im ganzen herauslösen läßt. Glasschalen mit senkrechten Seitenwänden sind selten so genau gearbeitet, daß die Blöcke leicht herausgehen. Die geringste Einbuchtung der Seitenwand nach innen kann die ganze Arbeit vernichten. Man wird sich deshalb am besten, wenn man nicht besondere Einbettungsrahmen kaufen will, Kartonkästchen herstellen. Man schneidet aus dickem Schreibpapier oder dünnem Karton ein rechteckiges Stück von passender Größe (Fig. 18),

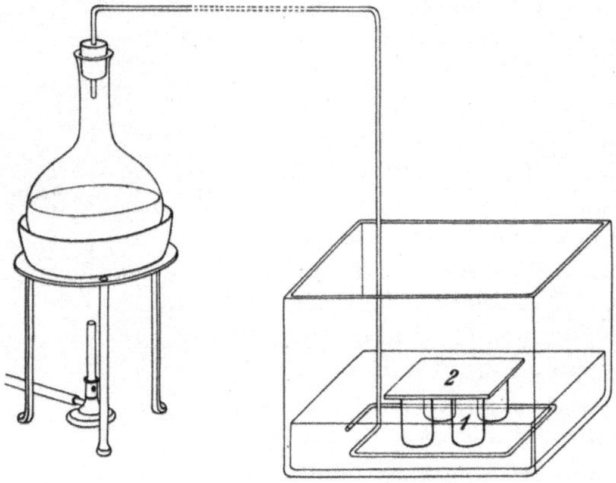

Fig. 17. Einfacher Apparat zum Paraffinieren. 1. Bechergläser. — 2. Metallplatte zum Feststellen der Gläser.

faltet erst die Längskniffe 1 durch Umbiegen nach oben, dann die Kniffe 2 durch Umbiegen nach oben und an den Ecken die Kniffe 3 in derselben Richtung. Man richtet dann die Längsseiten auf, darauf die Querleisten, und legt die Kniffecken so um, wie es die Fig. 19 zeigt. Dieses Kästchen wird dann innen mit Glyzerin ausgestrichen. Man füllt ein solches Kästchen am besten mit Paraffin, indem man einen größeren Block darüber hält, den man mit der Flamme eines Bunsenbrenners bestreicht. Das flüssige Paraffin füllt das Kästchen, welches nun noch einige Zeit in den Wärmeschrank gestellt wird, bis es sicher die Temperatur von 58^0 hat. Dann nimmt man die Objekte aus dem Xylolparaffin und überträgt sie in das reine Paraffin, von dem sie nun während eines drei- bis vierstündigen Aufenthalts im Thermostaten gründlich durchtränkt werden sollen. Nach dieser Zeit hält man sich ein weiteres Kästchen mit flüssigem Paraffin bereit und überträgt die Objekte in der gewünschten Lage in dieses. Das erste Paraffin ist selten zur Herstellung des Blockes zu gebrauchen, da es noch zu viel Xylol enthält. Nun kommt es darauf an, dieses reine Paraffin möglichst schnell erkalten zu lassen, um zu vermeiden, daß der Block ungleichmäßig wird und kristallinische Struktur erhält. Man setzt das Kästchen vorsichtig auf eine Schale mit kaltem Wasser. Hier läßt man es zunächst schwimmen, bis die oberste Decke erstarrt ist und taucht es dann unter. Nach nicht allzulanger Zeit ist der Block vollständig fest. Nun kann das Kästchen abgenommen und dem Paraffinstück mit einem sehr scharfen Messer die gewünschte Gestalt gegeben werden. Einen Block dieser Art kann man beliebig lange aufbewahren. Da er aber ziemlich undurchsichtig ist, so tut man gut, ihn in Gläschen mit Aufschrift aufzuheben; es läßt sich sonst schwer feststellen, was für ein Objekt er enthält.

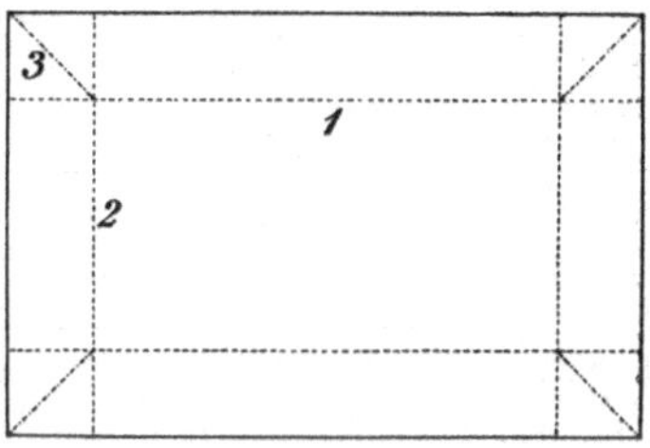

Fig. 18. Kniffschema für Paraffinkästchen. Zahlen s. Text.

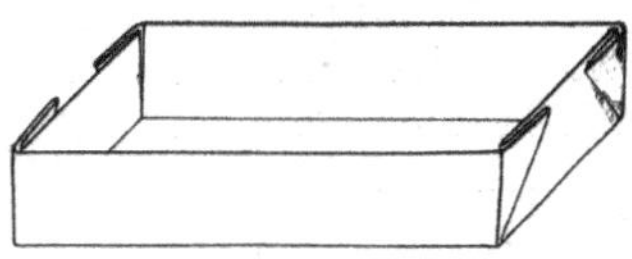
Fig. 19. Paraffinkästchen.

Die Einbettung in Celloidin soll dann angewendet werden, wenn die Objekte sehr große Schnitte (von mehreren qcm) liefern. Die Schnittdicke läßt sich allerdings nicht so weit erniedrigen wie beim Paraffin, doch sind Schnitte von 20 μ noch mühelos herzustellen. Manche Objekte, namentlich Zentralnervensystem, sind für Celloidineinbettung geeigneter als für Paraffinierung.

Celloidin ist ein eingedampftes Kollodium, welches von der Chemischen Fabrik R. Schering-Berlin in Plattenform in zugelöteten Blechschachteln in den Handel gebracht wird. Diese käufliche Form des Celloidins ist noch etwas feucht, weil in lufttrockenem Zustande das Celloidin unter Umständen die Eigenschaften der trockenen Schießbaumwolle annehmen kann. Man soll daher am besten Celloidin nur in Lösungen aufbewahren. Zur Herstellung solcher Lösungen schneidet man das frische Celloidin in kleine Würfel, die man auf einer großen Glasplatte lufttrocken werden läßt. Sie sehen dann trüb gelblich aus und sind von horniger Konsistenz. Nun stellt man sich eine dicke und eine dünne Celloidinlösung her. Lösungsmittel ist ein Gemisch von gleichen Teilen absoluten Alkohols und Äthers. Die dicke Lösung erhält man, wenn man auf das in einem Glase mit gut schließendem Glasstöpsel befindliche Celloidin so viel Lösungsmittel gießt, daß jenes gerade davon bedeckt ist. Die dünne Lösung erfordert nicht ganz die doppelte Menge des Alkoholäthers. Die Lösungen sind erst nach einigen Tagen so homogen, daß sie verwendet werden können.

Die Objekte, die celloidiniert werden sollen, müssen erst für mehrere Tage in mehrmals zu erneuernden, mit ausgeglühtem Kupfersulfat vollständig entwässerten, absoluten Alkohol, dann auf 24 Stunden in Alkoholäther gebracht werden. Dann kommen sie je nach ihrer Größe auf 1—5 Tage in die dünne Celloidinlösung, wo sie gründlich damit durchtränkt werden. Darauf kommen sie auf ebenso lange in die dicke Lösung. Natürlich müssen alle Gefäße mit Celloidin durch Glasstöpsel luftdicht verschlossen werden. Nach der Celloidinierung bringt man die Objekte mit soviel dicker Celloidinlösung in ein Glasschälchen, daß sie gerade davon bedeckt werden. Diese Schälchen stellt man unter eine Glasglocke, gemeinsam mit einem Schälchen Chloroform. Durch das Trocknen in der Chloroformatmosphäre erlangen die Objekte eine für das Schneiden besser geeignete Konsistenz. Natürlich muß man den Rand der Glocke durch ein untergelegtes Streichholz etwas heben, um der Luft Zutritt zu verschaffen. Nach frühestens 24 Stunden sind die Objekte genügend trocken und werden nun mit einem Messer in richtiger Orientierung herausgeschnitten. Das übrigbleibende Celloidin kann wieder gelöst werden. Die Blöcke kommen zur Nachhärtung auf mindestens 24 Stunden in 80 %igen Alkohol. Sollen sie nicht sofort geschnitten werden, so kann man sie auch in demselben aufbewahren. Die Celloidinblöcke sind so durchsichtig, daß ein Signieren derselben nicht nötig ist.

Paraffin- oder Celloidinblöcke mit dem Rasiermesser zu schneiden, wie es hier und da noch üblich sein mag, ist ein gänzlich ungeeignetes Verfahren. Es wird jeder, der biologisch arbeiten will, danach streben müssen, ein wenn auch noch so einfaches Mikrotom anzuschaffen. Wenn es die Mittel irgend zulassen, sollte man ein gutes Schlittenmikrotom erwerben, andernfalls ist die Anschaffung eines sog. Studentenmikrotoms unerläßlich. Es sollen hier zwei charakteristische Typen von Mikrotomen beschrieben werden, ein Schlittenmikrotom und ein kleineres Modell (Studentenmikrotom), beide aus den Werkstätten von F. Sartorius, Göttingen.

1. Schlittenmikrotom (Fig. 20). Das Messer, das durch eine Klammerschraube unter beliebigem Winkel zur Schnittrichtung festgehalten werden kann, wird durch Drehung der Kurbel H längs eines Schlittens geführt, wobei die Schnur J in Bewegung gesetzt wird. Der Objekttisch, der durch drei Schrauben nach allen drei Dimensionen bewegt werden kann, wird durch Benutzung der Anschlagvorrichtung W, V vermittelst der Schnur J um so viel gehoben, wie die jeweils ein-

gestellte Schnittdicke angibt. Diese ist willkürlich regulierbar. Ein Zahn des Zahnrades entspricht 2 μ (= 0,002 mm). Der Apparat für

Fig. 20. Schlittenmikrotom mit senkrechter Hebung der Präparate. S. Text.

eine Bahnlänge von 20 cm kostet 235 Mk. Er genügt allen Ansprüchen.

2. Kleines Studentenmikrotom (Lit. K. Sartorius, Becker und Tesdorpf, Göttingen) (Fig. 21). Dieser kleine Apparat wird durch eine Schraube an der Tischplatte befestigt. Das Messer ist um die Achse drehbar, die Klinge für sich abzunehmen und auswechselbar. Der Griff stützt sich auf eine Schiene. Der Objekttisch wird durch die Mikrometerschraube gehoben und gesenkt. Die Kerbe dieser Schraube, deren jeder einer Hebung des Präparates um 10 μ entspricht, schnappen in die Stellvorrichtung, so daß man Schnitte von 10 μ Dicke herstellen kann. Der Objekttisch der Figur ist für Gefrierschnitte eingerichtet;

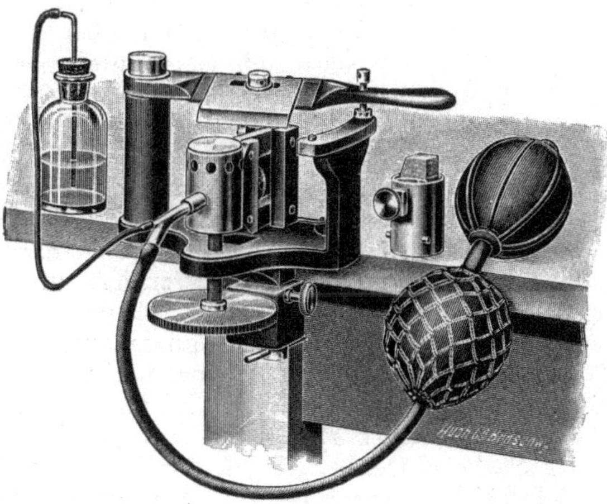

Fig. 21. Kleines Studentenmikrotom. S. Text.

er steht mit einem Ätherspray in Verbindung. Dieser Tisch läßt sich aber auswechseln gegen einen anderen, in welchen Paraffinblöcke eingeklemmt werden können. Wir haben auch dieses Modell erprobt und können es empfehlen. Es kostet mit allen Nebenapparaten (drei Messern für Paraffin, Celloidin und Eis) in verschließbarem Schränkchen 50 Mk. Eine große Anzahl anderer Modelle findet man in dem Spezialkatalog der angeführten Firma abgebildet und erläutert.

Bevor die Blöcke in die Objekttische der Mikrotome eingespannt werden, müssen sie auf Holzklötzchen befestigt werden, damit sie durch den Druck der Schrauben nicht leiden. Für die Paraffinblöcke stellt man sich passende Holzklötzchen her und taucht sie auf kurze Zeit in flüssiges Paraffin, so daß sie davon durchtränkt werden. Dann macht man den Klotz noch einmal über dem Brenner warm und preßt den Block mit sanftem Drucke an. Man kann von den Seiten des Blockes mit einem heißen Drahte noch etwas Paraffin auf den Klotz streichen und wird dann nach dem Erkalten meist genügende Festigkeit erzielen.

Celloidinblöcke kann man nicht auf beliebige Holzklötze kleben, da deren Tanningehalt durch den Aufbewahrungsalkohol ausgelaugt wird und das Objekt verdirbt. Man verwendet dazu entweder Buchsbaumklötzchen oder man sägt sich aus Stabilitabfällen (von Elektrizitätsgesellschaften zu beziehen) passende Stücke heraus. Dieselben werden in eine flache Schale mit dicker Celloidinlösung gestellt, das Objekt in passender Stellung daraufgesetzt und mit derselben Lösung übergossen. Nach dem Erstarren schneidet man den Block mit dem Klotz heraus und kann ihn nun mit dem Mikrotom schneiden.

Zum Schneiden mit dem Mikrotom reguliere man zunächst die Schrauben des Objekttisches so, daß man ohne große Verluste am Block eine glatte Schnittfläche herstellen kann. Dann führe man das Messer langsam und ziemlich gleichmäßig über das Objekt. Beim Schneiden von Celloidinblöcken muß das Messer schräg stehen (unter 30^0 gegen die Schlittenrichtung) und dauernd mit 70—80%igem Alkohol benetzt werden. Um zu verhindern, daß die Schnitte sich aufrollen, genügt es meist, dieselben mit der Beere des Zeigefingers während des Schneidens sanft anzudrücken. Erwähnt sei, daß es für diesen Zweck auch besondere Schnittstrecker gibt. Celloidinschnitte werden mit der Lanzennadel vorsichtig abgehoben und in 70%igen Alkohol übertragen. Hier können sie aufbewahrt werden. In unseren Anwendungen wollen wir das Celloidin nicht aus den Schnitten entfernen und in Uhrschälchen weiterbehandeln. Paraffinschnitte dagegen kleben wir auf Objektträger. Der Schnitt wird mit der Lanzennadel vom Messer abgehoben und auf einen Objektträger überführt. Dieser muß vorher mit einer Eiweißlösung gründlich eingerieben werden, weil sonst die Schnitte während des Färbens abfallen. Man hüte sich, zu viel Eiweiß zu nehmen, da dasselbe sich später beim Färben störend bemerkbar macht.

Die vielfach verwendete Eiweißlösung nach P. Mayer ist käuflich zu erhalten. Will man sie selber herstellen, so schlägt man eine dem Volumen nach abgemessene Menge Hühnereiweiß zu Schnee und vermengt es mit der dem ungeschlagenen Eiweiß gleichen Menge Glyzerin.

Zur Desinfektion kann man einen Kristall Thymol oder Kampfer hineinwerfen. Der Schnitt wird auf dem mit Eiweiß eingeriebenen Objektträger sanft angedrückt und das Paraffin dann über einer Flamme angeschmolzen. So kann man die Schnitte lange Zeit aufheben, ehe man sie weiter verarbeitet. Es wird häufig angegeben, daß die Dicke der Schnitte nicht kleiner als 5 μ und nicht größer als 20 μ sein soll. Wenn es sich nur um Übersichtsbilder handelte, haben wir mit gutem Erfolge auch Schnitte von 30—40 μ hergestellt. Sind dünnere Schnitte erforderlich, so ist es in jedem einzelnen Falle angegeben. Alle Teile des Mikrotoms, die mit Paraffin in Berührung gekommen sind, sollen nach jedesmaligem Gebrauch sorgfältig mit Chloroform oder Xylol gereinigt werden.

6. Kapitel.

Die Färbung histologischer Präparate.

Bei der weiteren Bearbeitung der aufgeklebten Schnitte kommt es nun darauf an, ob die Objekte schon vor der Einbettung gefärbt worden waren, oder ob sie ungefärbt eingeschmolzen wurden.

Bei manchen Objekten, wie Schwämmen, Stöcken von Lederkorallen usw. färbt man häufig vor dem Einbetten durch sog. Stückfärbung. Man wendet hierzu am besten eine Beizfarbe an, etwa Boraxkarmin. Die fixierten Stücke machen die Härtungsalkohole bis zum 70%igen Alkohol durch; Objekte, welche nach Methoden fixiert worden sind, die die Nachbehandlung mit bis zu 70%igen Alkoholen nicht erfordern, werden für den vorliegenden Zweck in letzteren eingelegt. Aus dem 70%igen Alkohol kommen die Objekte für etwa einen Tag in ein Schälchen mit Boraxkarmin. Um den überflüssigen Farbstoff zu entfernen, bringt man die Stücke so lange in schwachen Salzsäure-Alkohol (100 ccm 70%iger Alkohol + 0,1 ccm HCl), bis keine roten Schlieren mehr austreten. Darauf kommen die Präparate in absoluten Alkohol und werden dann in gewöhnlicher Weise eingebettet.

Objekte mit Stückfärbung und solche, an denen Injektionen vorgenommen sind, brauchen natürlich keinen weiteren Färbeprozessen unterworfen zu werden.

Wird keine Stückfärbung angewendet, so scheint uns für Schulzwecke, wo es sich hauptsächlich um eine Unterscheidung der einzelnen Organe und Gewebeformen in den Schnitten handelt, die van Giesonsche Färbemethode besonders empfehlenswert zu sein. Einige andere Methoden sind anhangsweise angegeben. Für die Behandlung und Färbung der Schnitte auf dem Objektträger bedienen wir uns einer Anzahl von Färbekuvetten. Ein Satz im Holzblock enthält gewöhnlich sechs Kuvetten. Wir gebrauchen zwei solcher Blöcke. Die einzelnen Kuvetten sind mit folgenden Flüssigkeiten angefüllt.

1. Xylol.
2. Alcohol absolutus.
3. Alkohol 90%.

4. Alkohol 70%.
5. Hämatoxylin Delafield.
6. dgl.
7. Leitungswasser.
8. Van Giesonsche Farblösung.
9. Leitungswasser, durch Giesonlösung schwach gefärbt.
10. Alkohol 96 %.
11. Alcohol absolutus.
12. Xylol.

a) Im Stück gefärbte oder injizierte Objekte werden nur in der Kuvette 1 behandelt. Man erwärmt den Objektträger, bis das Paraffin geschmolzen ist, und stellt ihn dann in das Xylol, welches das Paraffin auflöst. Hierauf säubert man den Objektträger oberflächlich, läßt einen Tropfen Kanadabalsam auf das Präparat fallen und deckt mit einem Deckgläschen zu.

b) Objekte, welche nur mit Hämatoxylin gefärbt werden sollen, überspringen die Kuvetten 8 und 9. Hämatoxylin wird in stark wasserhaltiger Lösung angewendet; deshalb muß, nachdem das Xylol in Kuvette 1 das Paraffin aufgelöst hat, in 2 durch den absoluten Alkohol das Xylol entfernt, in 3 und 4 der stärkere Alkohol allmählich durch schwächeren ersetzt werden. In jeder Kuvette bleiben die Präparate etwa eine Minute.

Die Färbung in Hämatoxylin dauert ziemlich lange, mindestens 20 Minuten; deswegen sind zwei Gläser mit diesem Farbstoff eingestellt, um bei Behandlung mehrerer Präparate keine Stauungen hervorzurufen. Man kann überdies in jede Kuvette zwei Objektträger einstellen, wenn man sie mit ihren leeren Seiten aneinanderlegt, so daß die Objekte den Kuvettenwänden zugekehrt sind.

Hämatoxylin, eine Beizfarbe, wird aus dem Holze von Hämatoxylon campechianum, dem Blauholze, gewonnen. Es kristallisiert mit 3 aq quadratisch oder mit 1 aq rhombisch, löst sich leicht in Alkohol, Äther und warmem, schwer in kaltem Wasser.

Wir verwenden Hämatoyxlinlösung nach Delafield, welche man sich selbst herstellen kann. Man löst 4 g Hämatoxylin in 25 ccm absolutem Alkohol und fügt 400 ccm wässerige, konzentrierte Lösung von Ammoniakalaun dazu. Nachdem die Mischung vier Tage offen am Licht gestanden hat, filtriert man sie und setzt 100 ccm Glyzerin und 100 ccm Methylalkohol dazu. Nach 3—4 Tagen filtriert man nochmals und erhält dann eine Lösung, die mit der Zeit immer besser und brauchbarer wird.

Sollte bei einem Präparate mit Hämatoxylin Überfärbung eingetreten sein, so bringt man die Objekte auf kurze Zeit (Bruchteile einer Minute) in starken Salzsäure-Alkohol (70%igen Alkohol mit 1 % HCl) und kontrolliert unter dem Mikroskop. Bei zu starker Einwirkung dieses Differenzierungsmittels wird das ganze Präparat rot.

Hämatoxylin färbt die Zellsubstanzen, namentlich des Grundgewebes, der Knochen usw. hellviolett, die Zellkerne dunkelviolett.

Aus dem Hämatoxylin kommen die Objekte, die nur mit diesem gefärbt werden sollen, auf je eine Minute in die Kuvetten 7, 10 und 11. Hier wird der nur äußerlich anhaftende Farbstoff abgespült und das Wasser allmählich wieder durch Alkohol ersetzt. Im absoluten Alkohol in Kuvette 11 wird die letzte Spur des Wassers herausgezogen, im Xylol der Kuvette 12 der Alkohol verdrängt. Darauf wird Kanadabalsam auf das Objekt getröpfelt und ein Deckglas aufgelegt.

c) Objekte, welche ungefärbt auf den Objektträger kommen und mehrfach gefärbt werden sollen, müssen die ganze Reihe der Kuvetten durchlaufen, natürlich von den beiden Gläsern 5 und 6 nur das eine. Die in Hämatoxylin gefärbten Objekte bleiben in Kuvette 7 (Leitungswasser) 10 Minuten, bis alles äußerlich anhaftende Hämatoxylin entfernt und die Reaktion sicher alkalisch geworden ist, und kommen dann in die van Giesonsche Farblösung. Diese enthält Säurefuchsin und Pikrinsäure. Das Säurefuchsin färbt das Bindegewebe rot, die Pikrinsäure die Muskeln gelb. In der Giesonschen Farblösung dürfen die Objekte nur kurze Zeit verweilen, höchstens eine Minute, da die Pikrinsäure sonst die Hämatoxylinfärbung wieder zerstört. Es ist daher ratsam, mit Hämatoxylin etwas zu überfärben (½ Stunde). Überhaupt muß man möglichst oft den jeweiligen Färbungszustand unter dem Mikroskop kontrollieren. Aus der Giesonschen Lösung bringt man die Schnitte auf ½ Min. in Leitungswasser, das mit van Gieson-Lösung schwach gefärbt ist (Kuvette 9). Säurefuchsin hält seine Farbe nur, wenn es in sauren Lösungen verarbeitet wird. Schon durch die Alkalität des Leitungswassers kann es mit der Zeit entfärbt werden. Die Pikrinsäure hat daher in der van Giesonschen Lösung einen doppelten Zweck. Sie schafft eine Kontrastwirkung gegen das Rot des Säurefuchsins und erteilt demselben durch ihre Acidität eine größere Färbekraft. (Siehe Michaelis, Einführung in die Farbstoffchemie für Histologen. Berlin 1902. S. 145.) Hat man nicht den gewünschten Farbenkontrast im Präparat erzielt, so ist entweder mit Pikrinsäure oder mit Säurefuchsin relativ zu stark gefärbt. Herrscht das Gelbe zu sehr vor, so bringt man den Objektträger mit dem Schnitt aus Kuvette 9 in ein Becherglas mit 1%iger Essigsäure, wodurch die Säurefuchsinfärbung mehr hervortritt. Um die überschüssige Pikrinsäure zu entfernen, läßt man nur den Objektträger länger als sonst in den Alkoholkuvetten. Herrscht das Rot des Säurefuchsins zu sehr vor, so bringt man den Objektträger mit dem Präparat in ein Becherglas mit reinem Leitungswasser. Durch die Alkalität desselben verblaßt die zu starke Rotfärbung ziemlich schnell.

Nachdem die richtige Abtönung der Farben erzielt ist, kommen die Objekte in 96%igen Alkohol, dann zur Entwässerung in absoluten Alkohol. Endlich werden sie über Xylol in Kanadabalsam übergeführt.

Die Giesonsche Farblösung stellt man sich in folgender Weise her: Man mischt eine kaltgesättigte, wässerige Pikrinsäurelösung mit einer ebensolchen von Säurefuchsin in einem derartigen Verhältnisse, daß eine weinrote Mischung entsteht.

Das Arbeitsschema ergibt sich aus folgender Tabelle:

I. Schnitte von im Stück gefärbten oder injizierten Objekten.	II. Schnitte, die nur in Hämatoxylin gefärbt werden sollen.	III. Schnitte, die eine dreifache Färbung erhalten sollen.
1. Xylol (bis zur Lösung des Paraffins) Kuv. 1 Kanadabalsam	1. Xylol (cf. I) Kuv. 1 2. Alc. absol. 1 Min. „ 2 3. Alk. 90% 1 „ „ 3 4. „ 70% 1 „ „ 4 5. Hämatoxylin, mindestens 20 Minuten Kuv. 5 (6) 6. Leitungswasser 2 Min. Kuv. 7 7. Alk. 96% 1 Min. Kuv. 10 8. Alc. absol. 1 Min. „ 11 9. Xylol 1 Min. „ 12 Kanadabalsam.	1. Xylol (cf. I) Kuv. 1 2.—5. (cf. II) Kuv. 2—5 (6) (In 5 bis ½ Std.) 6. Leitungswasser 10 Min. Kuv. 7 7. Van Giesonsche Lösung ½—1 Min. Kuv. 8 8. Leitungswasser durch Giesonsche Lösung angefärbt ½ Min. Kuv. 9 evtl. anschließend Behandlung mit 1%iger Essigsäure oder reinem Leitungswasser 9. Alk. 96% 2—5 Min. Kuv. 10 10. Alc. absol. 1 „ „ 11 11. Xylol 1 ., „ 12 Kanadabalsam.

Einige andere Methoden für mehrfache Schnittfärbung.

Einige der hier im allgemeinen Teil, sowie später als spezielle Vorschriften gegebenen Färbungen lassen sich nicht in einer zweistündigen Übung ausführen. Hier hat der Leiter die Präparate vorzubereiten, so daß sie von den Praktikanten nur noch in Kanadabalsam gebracht und betrachtet, resp. gezeichnet zu werden brauchen.

1. Dreifachfärbung nach Ehrlich-Biondi-Heidenhain. Die Farblösung ist am besten fertig zu beziehen (Dr. Grübler, Leipzig). Will man sie selbst herstellen, so bereite man gesättigte wässerige Lösungen von Methylgrün, Säurefuchsin und Orange G, indem man das destillierte Wasser mehrere Tage über einer reichlichen Menge Farbstoff stehen läßt. Nach dem Filtrieren mische man die Farblösungen in folgendem Verhältnis:

Orange G	100 ccm
Säurefuchsin	20 „
Methylgrün	50 „

Von dieser Stammlösung wird für den Gebrauch, je nach der Färbungsdauer, eine Verdünnung mit destilliertem Wasser im Verhältnis 1 : 40 (Dauer der Färbung eine Stunde) oder 1 : 100 (24 Stunden) hergestellt. Soll diese brauchbar sein, so muß sie sich auf Zusatz von wenig Essigsäure deutlich röten und auf Fließpapier einen Fleck erzeugen, der von einer blauen Mitte durch grün allmählich zu einem orangefarbenen, nicht rot gefärbten (zu viel Fuchsin) Rande führt. Die Kuvettenfolge ist diese:

1. Xylol,
2. Alcohol absolutus,
3. Alkohol 90 %,
4. Alkohol 70 %,
5. Farblösung (1 oder 24 Stunden),
6. Alkohol 90 %,
7. Alcohol absolutus,
8. Xylol.

Die durch die Färbung erzeugten Übersichtsbilder zeigen die Muskulatur leuchtend orange, das Bindegewebe rot mit einem kleinen Stich ins Violette, Zellsubstanz hellviolett, Kerne blauviolett, Mucinsubstanz blau, Knorpelsubstanz leuchtend blaugrün.

2. Dreifarbengemisch nach Oppel. Man mische

1 %ige, wässerige Methylgrünlösung	120	ccm
1 % „ „ Eosinlösung	2	„
1 % „ „ Säurefuchsinlösung	40	„
Alcohol absolutus	40	„

Außerdem bereite man folgende Flüssigkeit:

Konzentrierte wässerige Pikrinsäurelösung	80	ccm
Alcohol absolutus	20	„

Kuvettenfolge:
1. Xylol
2 Alc. absol.
3. Alk. 90 %
4. Alk. 70 %
5. Oppelsche Mischung 15 Min.
6. Pikrinalkohol ½ „
7. Alc. absol.
8. Xylol.

Die Präparate zeigen die Muskulatur und das Plasma der Zellen rot, die Kerne violett, das Bindegewebe rot mit einem Schein ins Violette, Mucinsubstanzen blaugrün, Knorpel leuchtend blau. Die Methode ist namentlich wegen der kurzen Färbezeit zu empfehlen.

3. Eosin-Hämatoxylin. Die verwendete Eosinlösung wird bereitet, indem man 1—15 ccm einer 1% igen wässerigen Lösung von „Eosin gelblich" zu 25 ccm Aqua destillata gibt.

Kuvettenfolge:
1. Xylol,
2. Alcohol absolutus,
3. Alkohol 90 %,
4. Alkohol 70 %,
5. Hämatoxylin Delafield (konzentriert) ¼ Stunde,
6. Leitungswasser 10 Minuten.
7. Eosinlösung 3 Min.,
8. Leitungswasser (Abspülen),
9. Alkohol 96%,
10. Alcohol absolutus,
11. Xylol.

Die Zeitangabe bei dieser und einigen anderen Färbungen weichen von den Daten in der Literatur ab. Wir haben sie aber oft genug ausprobiert, um für den Erfolg bürgen zu können. Bei dieser Färbung werden die Kerne dunkelblau, die mucinhaltenden Substanzen veilchenblau, das Bindegewebe graublau, die Zellsubstanzen zart rot, Muskeln und Drüsen leuchtend rot.

4. Indigkarmin-Boraxkarmin (Merkel).

Man stellt sich folgende zwei Lösungen her:

1. Karmin . . .	2 g	durch Erhitzen in 130 ccm Aqua destillata zu lösen.
Boraxpulver .	8 „	
2. Indigkarmin .	8 „	desgl.
Borax . . .	8 „	

Man läßt die Lösungen erkalten, filtriert und mischt gleiche Teile derselben. Der Farbstoff ist auch fertig von Dr. Grübler zu beziehen. Die Färbung ist namentlich für Muskulatur gut anwendbar, da sie dieselbe durch leuchtende Blaufärbung von dem hellvioletten Bindegewebe abhebt. Sie zeigt das Bindegewebe rotviolett, die Muskulatur blau, die Kerne karminrot.

Die Kuvettenfolge ist:

1. Xylol,
2. Alcohol absolutus,
3. Alkohol 90 %,
4. Alkohol 70 %,
5. Merkelsche Lösung 24 Stunden,
6. Oxalsäure (kalt gesättigte Lösung in Aqua destillata) 15 Min.
7. Alcohol absolutus (nur abspülen),
8. Xylol.

Zu einer Schnellfärbungsmethode mit diesem Farbstoff können wir nach unseren Erfahrungen nicht raten.

5. Schnittfärbung mit Boraxkarmin und Bleu de Lyon. Die Objekte werden in früher geschilderter Weise vor dem Einbetten in Paraffin im Stück mit Boraxkarmin sehr stark gefärbt. Die auf den Objektträger geklebten Schnitte werden dann mit Bleu de Lyon nachgefärbt. Die Vorschrift, die Lösung desselben herzustellen, findet sich auf S. 19. Die Kuvettenfolge ist:

1. Xylol,
2. Alcohol absolutus,
3. Alkohol 90 %,
4. Alkohol 70 %,
5. Bleu de Lyon (5—10 Sekunden),
6. Alkohol 96 %,
7. Alcohol absolutus,
8. Xylol.

Die Kerne erscheinen karminrot, das Protoplasma blau gefärbt. Um die Stückfärbung zu vermeiden, verwenden wir Alaunkarmin statt Boraxkarmin. Die Objekte werden ungefärbt eingebettet. Die Kuvettenfolge ist:

1. Xylol,
2. Alcohol absolutus,
3. Alkohol 90 %,
4. Alkohol 70 %,

5. Alaunkarmin 1 Stunde,
6. Leitungswasser (abspülen),
7. Bleu de Lyon (3 Sekunden),
8. Alkohol 96 %,
9. Alcohol absolutus,
10. Xylol.

Statt Bleu de Lyon werden wir als Plasmafarbe zuweilen auch eine mittelstarke, wässerige Lösung von Lichtgrün verwenden[1]).

7. Kapitel.

Injektionen.

I. Spritzen und Injektionsapparate.

Um Blut- und Lymphgefäße, Leber- und Gallengänge oder andere Flüssigkeitsbahnen und Hohlräume des Körpers im Präparationsfelde

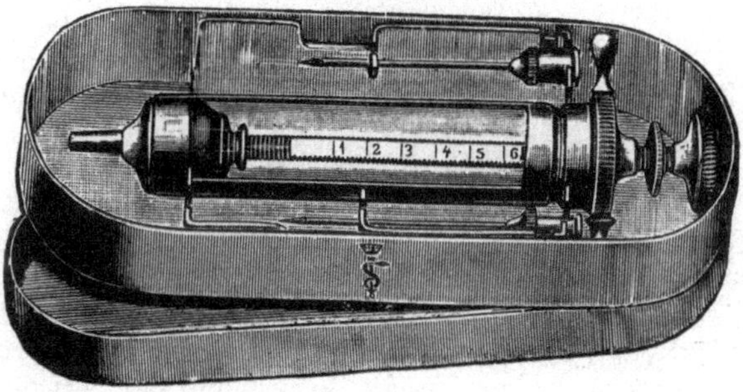

Fig. 22. Injektionsspritze (Rekordspritze im Kasten).

deutlicher hervortreten zu lassen, muß man dieselben mit einer durch Gefäßwände hindurch sichtbaren, stark gefärbten Masse anfüllen. Die Einführung solcher Massen, die Injektion, geschieht mit Hilfe besonders konstruierter Spritzen, und die Injektionsmasse muß je nach dem Zweck, den sie erfüllen soll, spezifischen Anforderungen genügen. Es sollen nun zunächst die Injektionsspritzen und ihre Handhabung, dann die Injektionsmassen beschrieben werden.

Die Spritze (Fig. 22) besteht aus dem Spritzenzylinder, dem Kolben und der Kanüle. Für unsere Zwecke müssen wir Spritzen von verschiedenem Zylindervolumen haben. Wir wählen eine solche von etwa 100 ccm, eine von 10 ccm und eine ganz kleine von 1 ccm Inhalt.

Der Zylinder ist entweder von Glas und sitzt in einer Metallfassung, oder er ist ganz aus Metall. Wir ziehen Spritzen mit Glaszylinder vor;

[1]) Eine Reihe weiterer Methoden, die nur in besonderen Fällen angewendet werden, findet sich an den betreffenden Stellen.

man sieht beim Spritzen besser, wie weit der Zylinder noch gefüllt ist, ob sich Luft zwischen Kolben und Injektionsmasse befindet und bei der Reinigung, ob die Zylinderwandungen gründlich gesäubert sind. Wenn man Glaszylinder nicht plötzlichen, zu starken Temperaturveränderungen aussetzt, dürften sie alle in der Injektionstechnik vorkommenden Temperaturen, auch die des geschmolzenen Woodschen Metalls, ertragen. Man achte darauf, daß der Zylinder sich in allen seinen Teilen auseinandernehmen läßt, d. h. daß sowohl der obere wie der untere Metallansatz abschraubbar sind. Dies erleichtert die Reinigung wesentlich.

Der Kolben soll einen mit einer Fingerschlaufe versehenen Handgriff haben, dem an der oberen Zylinderfassung zwei Fingerschlaufen oder Griffknöpfe gegenüberstehen. Es ist praktisch, wenn die Kolbenstange mit Kubikzentimeter-Einteilung versehen ist, damit man ein Maß für die eingespritzte Flüssigkeitsmenge hat. Einige Spritzen („Rekord"-Spritzen) tragen diese Einteilung auch auf der gläsernen Zylinderwand. Der eigentliche Kolben besteht bei älteren Konstruktionen aus zwei mit Öl getränkten Lederscheiben mit umgebogenem Rande; die obere Scheibe hat nach oben, die untere nach unten umgebogenen Rand. Diese Spritzen sind aber nicht zu empfehlen. Das Leder wird mit der Zeit hart, und der Kolben läßt sich auch durch reichliche Ölung nicht wieder dicht machen; auch ist ein solcher Kolben endgültig verdorben, wenn die Schraubenmutter, welche die auf einer Spindel steckenden Lederplatten festhält, verbraucht ist. Da man die Lederscheiben nach jeder Injektion zwecks Reinigung abnehmen muß, so tritt dieser Fall oft schnell ein. Schon besser sind Gummikolben. Wird der Gummikolben von Zeit zu Zeit mit verdünntem Ammoniak behandelt und vor jedesmaligem Gebrauche tüchtig geölt, so bewegt er sich sehr leicht und hält lange dicht. Am besten sind genau eingepaßte Metallkolben, die keinen Veränderungen unterworfen sind und tadellos arbeiten. Solche Metallkolben haben z. B. die zwar teuren, aber sehr zu empfehlenden „Rekord"spritzen.

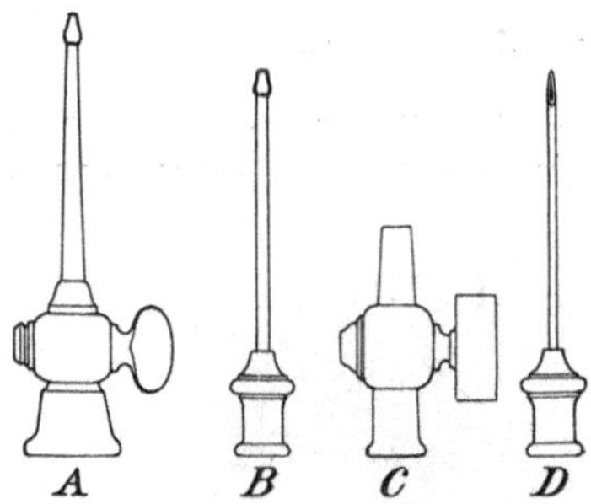

Fig. 23. Kanülen.

A. Knopfkanüle mit Hahn und Schraubengewinde. — B. Knopfkanüle mit Steckkonus. — C. Zwischenstück mit Hahn zum Aufsetzen auf den Spritzenkonus. — D. Einstichkanüle mit Steckkonus.

Die Kanülen (Fig. 23) lassen sich entweder anschrauben oder auf einen Konus des Spritzenzylinders aufstecken. Die letztere Art ist, weil praktischer und schneller zu handhaben, die bessere. Auf jeden Fall achte man darauf, einige Kanülen zu besitzen, die durch einen Hahn verschließbar sind. Man hat sonst immer bei erneuter Spritzenfüllung nötig, den Kanülenhals mit dem Finger zuzuhalten, um die eingespritzte Masse am Regurgitieren zu hindern. Wir benutzen Knopfkanülen von verschiedener Weite für Injektionen in Blutgefäße, Gallengänge usw., Einstichkanülen für subcutane Injektionen (Lymphgefäße).

Die Knopfkanülen müssen in eine vorsichtig hergestellte Öffnung des Gefäßes eingeschoben und durch einen untergelegten Faden festgebunden werden. Man benutzt hierzu am besten aufgereifelte und in Wasser aufgeweichte Hanfschnur. Während der Injektor mit der eingeschobenen Kanüle das Gefäß vorsichtig anhebt, trennt ein Gehilfe mit der Spitze einer kleinen Pinzette das anhaftende Bindegewebe und faßt mit der durchgeschobenen Spitze den bereit gehaltenen Faden. Dieser wird alsdann durchgezogen und hinter dem Knopf der Kanüle zugebunden.

Beim Spritzen vermeide man jeden starken oder plötzlichen Druck. Sobald man heftigen Gegendruck spürt, höre man auf, gleichgültig, ob die Injektion beendet erscheint oder nicht. Sie ist sicher verdorben, wenn man Gewalt anwendet.

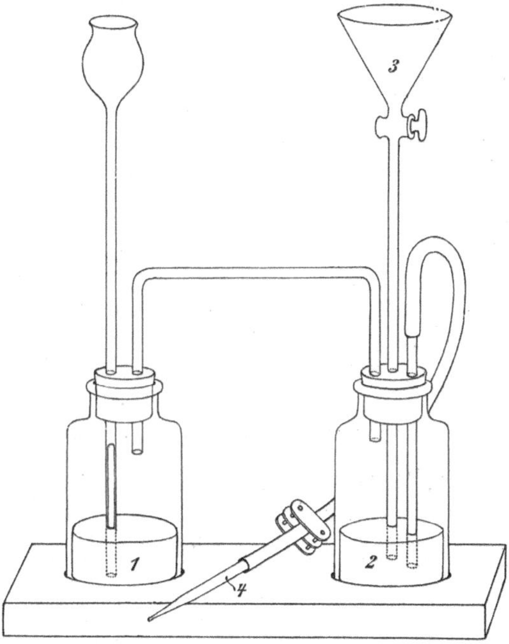

Fig. 24. Apparat für kalte Injektionen kleinerer Objekte.

1. Quecksilber. — 2. Injektionsmasse. — 3. Trichter zum Nachfüllen der Injektionsmasse. — 4. Glaskanüle.

Um das Einfließen der Injektionsmasse unter gleichmäßigem und leicht regulierbarem Druck zu ermöglichen, hat man besondere Injektionsapparate konstruiert. Wir wollen hier mit einigen Abänderungen einen von Toldt angegebenen Injektionsapparat schildern, der besonderer Beachtung empfohlen sei. Die beiden weithalsigen Flaschen 1 und 2 (Fig. 24) tragen Kautschukstopfen, die zweimal bezw. dreimal durchbohrt sind. Durch die eine Durchbohrung des Stopfens der Flasche 1 geht ein bis fast auf den Boden reichendes, etwa 1 m langes, graduiertes Trichterrohr, das von einem Stativ gestützt wird. Durch die andere Öffnung geht ein kurzes Knierohr, dessen freies Ende mit einem ebensolchen an der Flasche 2 durch Gummischlauch verbunden wird. Durch die zweite Öffnung des Stopfens der Flasche 2 geht ein bis nahe zum Boden führendes Rohr, an dem ein längerer Gummischlauch befestigt ist, der an seinem freien Ende eine Kanüle 4 mit Hahn (Quetschhahn) trägt. Die Flasche 1 wird etwa ein Drittel mit Quecksilber gefüllt, in die Flasche 2 gießt man bis zu zwei Drittel ihrer Höhe Injektionsmasse. Dann werden alle Stopfen luftdicht eingesetzt. Gießt man nun in die lange Röhre der Flasche 1 Quecksilber, so wird die Luft in 1 und 2 komprimiert und die Injektionsmasse durch den Schlauch ausgetrieben. Durch Füllung des Trichterrohres bis zu beliebiger Höhe kann man einen Druck von willkürlicher Größe ausüben. Für warme Injektionen wird der ganze Apparat mit in das Heizwasser gesetzt. Zur Nachfüllung von Injektionsmasse dient das Trichterrohr 3.

Die Injektionsmassen werden zum Teil kalt, zum Teil warm eingespritzt. In letzterem Falle müssen das zu injizierende Objekt sowie die Spritze oder der Injektionsapparat erst allmählich auf eine nahe dem Schmelzpunkt der Injektionsmasse liegende Temperatur gebracht werden. Im allgemeinen legt man Objekt und Spritze in einen Kessel mit Wasser und erwärmt beides mit demselben. Das Wasser darf jedoch niemals so warm sein, daß es dampft oder der eingetauchten Hand als unerträglich erscheint. Für langgestreckte Objekte (Kaninchen usw.) eignen sich kleine Fischkochkessel besonders gut. Nach der Injektion dreht man die Kanüle zu, zieht die Spritze ab und läßt das Objekt mit der eingebundenen Kanüle im Wasser langsam erkalten. Injektionen mit warmen Massen, die verhältnismäßig langsam erstarren (Gelatine), kann man für gröbere Zwecke auch außerhalb des Wassers am noch lebenswarmen Objekt vornehmen, während sie für histologische Zwecke unter Wasser ausgeführt werden müssen.

Als größere Spritze empfehlen wir eine Glasspritze in Metallfassung mit Gummikolben zu 100 ccm (Rekordspritzen dieser Größe sind zu teuer), als mittlere eine Rekordspritze von 10 ccm und als kleine Form eine Pravazsche Spritze (Morphiumspritze) von 1—2 ccm Inhalt.

II. Injektionsmassen für makroskopische Arbeiten.

A. Kalte Massen. 1. Quecksilber gibt bei Injektion des Arteriensystems von der linken Herzkammer aus, bei Füllung der Leber- und Gallengänge, des Pankreas, Hodens u. a. wunderbare Bilder. Leider lassen sich die schönen Präparate nicht aufbewahren.

2. Asphaltlösung. Wir verwenden entweder

eine Lösung von Asphaltpulver in Xylol von der Konsistenz eines dünnen Sirups, oder

ein Gemisch von konzentrierter Lösung von Asphalt in Benzol 60 ccm, Benzol 20—30 ccm (Budge).

Die Injektion eignet sich namentlich für die Gefäßverteilung in der Haut und überall da, wo ein heller Untergrund vorhanden ist. Reinigung der Spritzen mit Xylol oder Benzol.

3. Ätherische Harzinjektion (Hyrtl).

4 Teile weißes Wachs
2 Teile fester Kanadabalsam } werden zusammengeschmolzen und der halb erkalteten Mischung 1 Teil in Mastixfirniß verriebener Zinnober mit etwas Mennige zugesetzt. Die Masse wird im Sandbade bei gelinder Wärme eingedampft, bis ein in kaltes Wasser gebrachter Tropfen sich zwischen den Fingern nicht mehr zerschmieren läßt. Dann läßt man die Masse erkalten und verreibt von derselben soviel, wie man gerade gebraucht, mit Äther zu einem Brei von dünner Sirupkonsistenz. Die Injektion muß sehr schnell erfolgen. Die Präparate sind dann schon nach einer Viertelstunde zur Weiterbearbeitung fertig. Statt mit Zinnober kann man den Mastixfirniß auch mit anderen Farben (Berliner Blau, Bleichromat usw.)

anrühren. Auch mit Firniß verdünnte Ölfarben in Tuben sind sehr gut brauchbar, Reinigung der Spritzen mit Terpentinöl.

4. Siegellacklösung. Man stellt sich eine Lösung von Siegellack in Alkohol von gewünschter Stärke her. Die Masse ist vor dem Gebrauche umzuschütteln (Bauer). Reinigung der Spritzen mit Alkohol.

B. Warme Massen. 1. Wachsinjektion. Man schmelzt in einem irdenen Tiegel

420 g gelbes Wachs
385 g Talg

und verreibt in einem großen Mörser 210 g Zinnober mit 210 g Terpentinöl. Nach dem Schmelzen der Wachs-Talgmischung verrührt man die Farbemulsion mit der Masse und läßt erkalten. Die Masse wird dann in Stücke geschnitten und kann aufbewahrt werden. Sie ist für den Gebrauch im Wasserbade zu erwärmen und gründlich umzurühren. Statt Zinnober kann man auch Berliner Blau oder Bleichromat anwenden. Reinigung der Spritzen in heißem Wasser.

2. Wachsinjektion nach Hyrtl. Die Herstellung erfolgt wie bei Nr. 1 nach folgendem Rezept:

Gelbes Wachs	4 Teile
Hirschtalg	1 Teil
Venetianisches Terpentin . .	2 Teile,

dazu die entsprechende Menge mit Terpentin angerührten Farbstoffes. Reinigung der Spritzen in heißem Wasser.

Die Injektion nach Nr. 1 und 2 hat bei 44—50° C zu erfolgen.

3. Warme Harzinjektion (Hyrtl). Die Masse besteht

für größere Tiere aus	gelbem Wachs	4 Teile
	trockenem Kanadabalsam	2 Teile
	Zinnober in Mastixfirniß gelöst .	1 Teil
für kleinere Tiere aus	weißem Wachs	2 Teile
	Kanadabalsam	2 Teile
	gefärbtem Mastixfirniß	1 Teil

Vorteilhaft ist für beide Rezepte ein kleiner Zusatz von Mennige. Reinigung der Spritzen in Terpentinöl.

4. Gefärbter Mastixfirnis. Man dampft käuflichen Mastix- oder Kopalfirnis zur Sirupdicke ein und setzt den 8. Teil mit dem gleichen Firnis gut verriebenen Farbstoffes dazu. Der geschmolzenen Masse wird dann noch ein wenig Jungfernwachs zugesetzt. Verwendet man Zinnober als Farbstoff, so empfiehlt sich ein Zusatz von wenig mit Olivenöl verriebener Mennige, da hierdurch die Härtung beschleunigt wird. Für gelbe Färbung ist Bleichromat am geeignetsten.

Da die Masse einen hohen Schmelzpunkt hat, so muß das Objekt stark erwärmt werden. Manche Tiere, z. B. Fische, vertragen eine solche Erwärmung nicht. Daher ist für diese das Rezept nicht verwendbar. Reinigung der Spritzen in Terpentinöl.

5. Schellackmassen (Hoyer). Man übergieße zerkleinerten, weißen Schellack in einem weiten Gefäße mit soviel absolutem Alkohol, daß der Schellack gerade bedeckt wird, und läßt 24 Stunden quellen. Dann erwärmt man im Wasserbade, bis der Schellack gelöst ist, läßt abkühlen und fügt soviel Alkohol dazu, daß man einen dünnen Sirup erhält. Man seiht dann durch ein nicht zu feines Koliertuch und färbt mit alkoholischen Suspensionen von Zinnober, Berliner Blau, Bleichromat oder einem Gemisch der beiden letzteren für grüne Färbung. Auch Lösungen von Anilinfarben in Alkohol lassen sich verwenden. Nach

dem Farbzusatz wird die Schellackmasse noch einmal durchgeseiht. Sie läßt sich in Stöpselgläsern beliebig lange aufbewahren. Die Erwärmung braucht nur sehr mäßig zu sein. Die Masse eignet sich besonders zur Injektion eng begrenzter Organbezirke. Reinigung der Spritzen in warmem Alkohol.

III. Injektionsmassen für mikroskopische Arbeiten (auch für makroskopische Zwecke anwendbar).

1. **Gelatinemassen.** Dieselben sind im allgemeinen warm zu injizieren. Für makroskopische Zwecke genügt auch die Einspritzung der erwärmten Masse in den noch lebenswarmen Kadaver.

a) Rote Masse (nach Frey). Man halte sich eine Ammoniaklösung und eine solche von Essigsäure, von welcher man die zur Neutralisation des Ammoniaks erforderliche Tropfenzahl bestimmt hat. Etwa 2—2,5 g feinster Karmin werden mit einer abgezählten Tropfenmenge der Ammoniaklösung, welche man nach Belieben größer oder geringer nehmen kann, und etwa 15 ccm destilliertem Wasser in einer Schale unter Reiben gelöst und filtriert, wozu einige Stunden erforderlich sind, und wobei durch Verflüchtigung ein Ammoniakverlust erfolgt.

In eine filtrierte, mäßig erwärmte, starke Lösung feinen Leims wird die ammoniakalische Karminsolution unter Umrühren eingetragen, etwas auf dem Wasserbade erwärmt und darauf die zur Neutralisation der ursprünglich benutzten Ammoniaklösung erforderliche Tropfenzahl der Essigsäure langsam und unter Umrühren hinzugegeben. Man erhält so die Ausfällung des Karmins in saurer Leimlösung. Je nachdem man tiefere oder hellere Töne des Rot wünscht, ist die Leimmenge kleiner oder größer zu nehmen.

Allemal gelte als Regel, Gelatine- oder Leimlösungen niemals direkt über der Flamme, sondern immer im Wasserbade zu erhitzen. Die Injektionstemperatur für histologische Zwecke beträgt 40—45° C. Zur Konservierung dieser wie aller anderen Gelatine enthaltenden Injektionsmassen dient ein Kristall Thymol.

b) Blaue Masse. Man wählt als Farbzusatz eine Lösung von Berliner Blau in Oxalsäure. Der Essigsäurezusatz ist dann nicht nötig.

c) Gelbe Masse (Thiersch). Man teilt die warmflüssige Gelatine in zwei Teile, setzt dem einen Teil eine

Lösung von 1 Teil Kaliummonochromat in 11 Teilen Wasser,

dem anderen eine doppelt so große Menge einer

Lösung von 1 Teil Bleinitrat in 11 Teilen Wasser

zu, vermischt dann unter stetem Umrühren die beiden Gelatinelösungen und erwärmt das Gemisch etwa eine Stunde lang auf 70—100° C. Alsdann wird die gelbe Masse durch ein Koliertuch geseiht, und zur Desinfektion werden einige Thymolkristalle zugesetzt.

Durch Vermischen entsprechender Mengen der blauen und der gelben Injektionsmasse erhält man eine prächtig färbende, grüne Masse.

d) Weiße Masse (nach Frey): Man fällt aus einer kalt gesättigten Lösung von Chlorbaryum durch Schwefelsäure Baryumsulfat aus, doch so, daß danach kein Überschuß von Schwefelsäure in der Flüssigkeit ist, läßt absetzen und gießt soviel der darüberstehenden Flüssigkeit ab, daß ein dicker Schlamm zurückbleibt. Diesen verrührt man mit dem gleichen Volumen konzentrierter Gelatinelösung.

e) Schwarze Masse: Man verrührt die warmflüssige Gelatine mit dem 10. Teil einer 10%igen Höllensteinlösung, läßt die Gelatine nach der Injektion durch Einlegen der Objekte in kaltes Wasser erstarren, zerschneidet sie dann so, wie sie für die histologische Verarbeitung gebraucht werden, und setzt die Stücke dem Lichte aus. Haben sich die injizierten Gefäße geschwärzt, so wird in absolutem Alkohol fixiert und gehärtet, darauf in Paraffin eingebettet. Diese Methode gibt dort schöne Bilder, wo die zu injizierenden Gefäße auf hellem Untergrunde liegen.

Nach der Injektion mit einer Gelatinemasse werden die Objekte in kaltes Wasser gelegt, bis die Gelatine erstarrt ist und kommen dann (außer bei e) in 80%igen Alkohol. Sie können dann weiter gehärtet und in Celloidin oder Paraffin eingebettet werden.

2. **Leimmasse für kalte Injektion** (Tandler). Man läßt 5 g feinster, weißer Gelatine in 100 g Wasser quellen und schmelzt dann im Wasserbade. Dann setzt man nach Belieben fein gepulvertes, wasserlösliches Berliner Blau (leichtlösliches Berliner Blau 1a von Dr. Grübler & Co., Leipzig) und mindestens 5—6 g gepulvertes Jodkalium hinzu. Diese Masse ist noch bei 17° C flüssig. Ist dies nicht der Fall, so füge man noch etwas Jodkalium dazu. Nach Desinfektion mit Thymol kann man diese Masse monatelang in verschlossenen Stöpselgläsern aufbewahren. Die injizierten Objekte kommen zur Fixierung in eine 5%ige Formalinlösung und können dann beliebig weiter behandelt werden. Auch andere Färbungen kann man dieser Masse erteilen unter Benutzung weiter oben gegebener Rezepte.

3. **Eiweißmasse** (Joseph). Man filtriert Hühnereiweiß durch ein Koliertuch und versetzt es mit 1—5%iger ammoniakalischer Karminlösung. Die Masse bleibt selbst in den Kapillaren durchsichtig und ist für alle feineren Zwecke, namentlich für die Injektion wirbelloser Tiere, zu empfehlen. Das Koagulieren des Eiweißes bewirkt man durch verdünnte Salpetersäure, Chromsäure oder Osmiumsäure.

4. **Flüssiges Blau** (Richardson). Man stellt sich folgende zwei Lösungen her:

I. 62 cg reines Ferrosulfat in 30 ccm Aqua destillata.

II. 2 g Ferricyankalium in 30 ccm Aqua destillata.

Man fügt allmählich und unter starkem Schütteln Lösung I zu Lösung II. Dann vereinigt man

60 g Aqua destillata,
30 „ Glyzerin,
30 „ Alkohol 96%,

und vermischt diese Flüssigkeit langsam und beständig schüttelnd mit der Farbemulsion.

5. **Flüssiger Karmin** (Beale). Man verreibt 31 cg Karmin mit etwas Wasser und bringt ihn durch Zusatz von 5—6 Tropfen Ammoniak 0,91 in Lösung. Die Farbe wird mit 15 g Glyzerin verdünnt. Dann versetzt man weitere 15 g Glyzerin mit 8—10 Tropfen Eisessig und setzt sie allmählich und unter starkem Schütteln zu den ersten. Die Flüssigkeit wird nun noch mit folgender Mischung verdünnt:

Glyzerin	15 g
Alkohol 96%	7,5 g
Aqua destillata	22,5 ccm.

6. **Weiße flüssige Masse** (nach Frey). Man stellt sich aus 120 g Chlorbaryum eine kalt gesättigte, wässerige Lösung her und fällt durch Zutröpfeln von Schwefelsäure das Baryumsulfat aus. Nun läßt man den Niederschlag 12 bis 24 Stunden absetzen und gießt die Hälfte der darüberstehenden Flüssigkeit ab. Den Rest schüttelt man auf und vermengt ihn mit einer Mischung von Alkohol 96%ig 30 g und Glyzerin 30 g.

Die Injektionsmassen 4. bis 6. eignen sich für kleinere Gefäßbezirke vortrefflich, nur lassen sich mikroskopische Präparate mit ihnen behandelter Objekte nicht ohne weiteres in Kanadabalsam einschließen. Man verwendet am besten Glyzeringelatine. Aus größeren Gefäßen, die nicht rechtzeitig unterbunden werden, laufen diese Massen sofort wieder aus, doch bleibt an den Wandungen genügend haften. Die Objekte werden am besten mit verdünntem Formalin fixiert.

Um schnell den Verlauf gröberer Gefäße oder Hohlräume zu zeigen, genügt es oft, einfach Luft einzublasen, wodurch die kollabierten Gefäßwandungen gespannt werden. (Luftinjektionen erwähnt schon Carolus Stephanus 1545 in „De dissectione partium corp. hum." Paris). Wir bedienen uns dazu eines kleinen Handgebläses mit zwei Bällen, in dessen Schlauch eine zu einer feinen Spitze ausgezogene Glasröhre befestigt ist (Fig. 25).

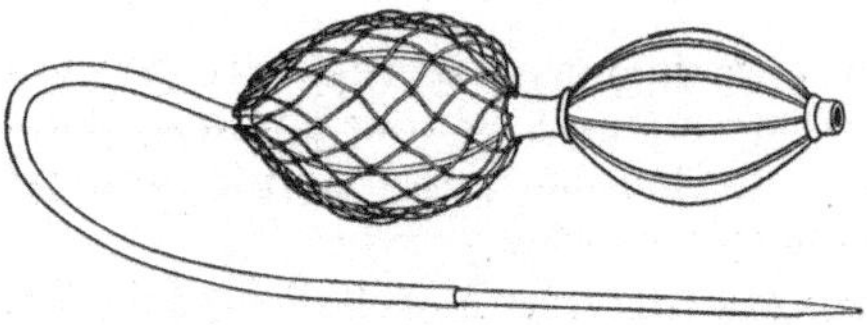

Fig. 25. Gummigebläse mit einfacher Glaskanüle.

IV. Korrosionen.

Um die Gestalt von Hohlräumen in den verschiedensten Organen des Tierkörpers zu studieren, füllt man diese mit einer erstarrenden Masse aus und zerstört durch ätzende Flüssigkeiten das umgebende Gewebe, so daß der Ausguß des Hohlraumes allein übrig bleibt und dessen Form zeigt. Dieses Verfahren, die Korrosion, kommt für uns namentlich bei der Untersuchung größerer Organe, der Lunge, der Nieren u. a., in Betracht. Die Einführung der Korrosionsmasse geschieht mittels eines Trichters, mit der größeren Injektionsspritze oder dem weiter unten geschilderten Heißinjektor. Das Objekt muß auch hier auf eine Temperatur gebracht werden, welche dem Schmelzpunkte der einzugießenden Masse naheliegt. Von Injektionsmassen für Korrosionspräparate erwähnen wir folgende:

1. Die Woodsche Metalllegierung (Bi 55,74 %, Sn 13,73%, Pb 13,73%, Cd 16,80%) schmilzt bei 65—70° C. Ein Zusatz von wenig Quecksilber erniedrigt den Schmelzpunkt noch etwas. Diese Masse wird namentlich für die Füllung der Bronchialverzweigungen und Alveolen der Lungen benutzt. Die Zersetzung des Lungengewebes erzielt man durch Einlegen des erstarrten Ausgusses in verdünnte Kalilauge. Zum Schlusse der Mazeration werden die anhaftenden Gewebefetzen mit einem Pinsel abgenommen und der Ausguß in Wasser abgespült.

2. Die Lipowitzsche Legierung (26,67% Pb, 13,33% Sn, 50% Bi, 10 % Cd) schmilzt bei 60° und wird in derselben Weise angewendet.

3. Für Korrosionspräparate läßt sich jede bis zum völligen Hartwerden abgedampfte, gewöhnliche Injektionsmasse verwenden, wenn sie nur kein Fett und möglichst wenig Wachs enthält (Hyrtl). Zu empfehlen ist eingedampfter Mastixfirnis, der mit Wachs im Ver-

hältnis 6 : 1 (Hyrtl) zu mischen ist und mit Zinnober, Chromgelb, Kobaltblau, Baryumsulfat u. a. gefärbt werden kann.

Die Gewebe werden durch 2—3 wöchiges Einlegen in mit $^1/_6$ Volumen Wasser verdünnte Salzsäure und nachheriges Spülen in Wasser entfernt. Doch ist schon nach einigen Tagen und von da ab täglich zu prüfen, ob die Organe nicht wieder fest werden und somit der Zweck der Arbeit verfehlt ist. Dies trifft namentlich bei Leberkorrosionen zu, da nach einiger Zeit das Leberparenchym wieder hart wird und mit der Injektionsmasse verklebt.

Hoyer empfiehlt zur Injektion der Atmungsorgane seine Schellackmasse, doch so stark eingedampft, daß sie erst bei schwacher Erwärmung im Wasserbade flüssig wird. Die Spritze ist vor der Injektion zu erwärmen. Die Masse wird weniger brüchig, wenn man 5% einer durch ein Koliertuch filtrierten Lösung von venetianischem Terpentin in Alkohol von gleicher Konsistenz wie die Schellacklösung hinzufügt. Die Korrosion geschieht hier in konzentrierter, rauchender Salzsäure und dauert für kleinere Präparate höchstens einen Tag, für größere bis zu mehreren Wochen. Dann kommt das Präparat eine Zeitlang in Wasser, worauf die Gewebereste entfernt werden.

Um den Korrosionspräparaten, welche nicht aus Metall bestehen, eine größere Haltbarkeit zu verleihen, überstreichen wir sie wiederholt mit Fischleim, bis sie eine genügend starke Schicht davon aufweisen. Hoyer taucht seine Präparate einige Male in eine schwache ätherische Mastixlösung.

Für Metallfüllungen, sowie für die Füllung mit anderen heißen Massen haben wir nebenstehenden Apparat konstruiert (Fig. 26).

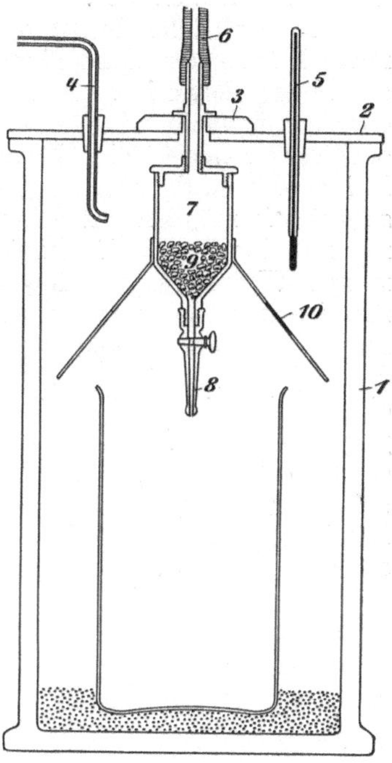

Fig. 26. Apparat für warme Injektionen.

1. Glaszylinder. — 2. Glasdeckel. — 3. Holzstütze. — 4. Dampfzuleitungsrohr. — 5. Thermometer. — 6. Schlauch zur Luftpumpe. — 7. Metalltrichter. — 8. Kanüle. — 9. Injektionsmasse. — 10. Schirm mit Fenster, durch welches nach Entfernung des Thermometers ein Glasrohr für die Zuleitung von Kühlwasser eingesetzt werden kann.

Ein etwa 50 cm hoher Glaszylinder von 20 cm Durchmesser ist mit einer passenden Glasplatte bedeckt, in welcher sich drei runde Öffnungen von $2^1/_2$ cm Weite befinden. In der einen seitlichen Öffnung steckt ein Korken mit einem Thermometer, in die andere seitliche Öffnung wird aus einer 2 l haltenden Kochflasche mit Sicherheitsrohr Wasserdampf von 100° geleitet. Auf der dritten, mittleren Öffnung liegt ein 20 cm langes und 5 cm breites Holzbrettchen, das eine entsprechende Durchbohrung hat und einen kleinen Metallapparat trägt. Dieser ist aus Messing angefertigt und besteht aus einem Hohlzylinder mit konischem Ansatz, welcher oben durch einen abschraubbaren Deckel verschlossen wird und unten ein Gewinde besitzt, an welches eine Kanüle geschraubt werden kann. Der Deckel hat eine kreisrunde Öffnung von $1\frac{1}{2}$ cm Durchmesser. Daran wird ein passender Messingzylinder geschraubt, der in der richtigen Höhe eine Tragescheibe besitzt. Mittels dieser Tragescheibe wird der Apparat an das Holzbrettchen und den Glasdeckel gehängt, so daß der Kessel sich ganz im Inneren des großen Glaszylinders befindet.

Dem zu füllenden Organ oder Tier wird eine Kanüle in die betreffende Röhre oder Ader eingebunden und die Kanüle mit dem Objekt am Kessel befestigt. Der Kessel wird mit dem granulierten Metall oder der in kleine Stücke geschnittenen Injektionsmasse beschickt und der ganze Apparat eingehängt. Nun befestigt man den Schlauch einer kleinen Handluftpumpe am oberen Ende des Ansatzrohres, evakuiert so gut wie möglich und klemmt den Schlauch mit einem Quetschhahn fest zu. Der durch die seitliche Durchbohrung des Glasdeckels einströmende Wasserdampf bringt das Metall oder die Injektionsmasse allmählich zum Schmelzen und erwärmt das Objekt gleichzeitig auf eine solche Temperatur, daß die geschmolzene Masse leicht einfließt und das Objekt lückenlos füllt. Die hierzu nötige Zeit muß man sich für jedes einzelne Injiziens und Objekt ausprobieren. Glaubt man, daß die Injektion beendet ist, so unterbricht man die Dampfzufuhr und läßt das Objekt erkalten. Man warte aber genügend lange Zeit, ehe man mit der Sektion beginnt, da die Masse in den inneren Teilen häufig etwas länger flüssig bleibt. Auch hier muß die Erfahrung an sich wertlose Zeitangaben ersetzen.

3. Abschnitt.

Aus der allgemeinen Histologie.

1. Kapitel.

Einzeln lebende Zellen.

Isolierte Zellen kommen im Tierkörper meist in Flüssigkeiten suspendiert vor, so im Blute die roten und weißen Blutkörperchen und die Blutplättchen, in der Spermaflüssigkeit die Samenzellen. Auch die Zellen des Knochenmarkes sind als isoliert zu betrachten.

I. Histologische Untersuchung des Blutes.

a) Rote (und weiße) Blutkörperchen des Menschen. Die roten (und weißen) Blutkörperchen entnehmen wir unserem eigenen Finger. Wir seifen denselben gründlich und spülen mit absolutem Alkohol nach. Hierauf ziehen wir eine Lanzennadel einige Male durch die Flamme und stechen die Fingerbeere leicht an. Einen herausgepreßten Tropfen Blut wischen wir auf einen Objektträger, bringen einige Tropfen nichtschaumigen Speichels darauf und legen ein Deckgläschen darüber. Bei einer 400—500fachen Vergrößerung sieht man eine große Anzahl schwach gelblichroter, runder scheibenförmiger Zellen mit verdicktem Rande, also im optischen Durchschnitt von biskuitförmiger Gestalt. Hin und wieder bemerkt man dazwischen ein farbloses Klümpchen, d. i. ein weißes Blutkörperchen.

Die roten Blutkörperchen des Menschen und der Säugetiere sind Zellen, deren Kern zugrunde gegangen ist. Auch eine Zellhaut besitzen sie nicht. Sie haben bei den verschiedenen Tieren eine verschiedene, für die Art charakteristische Form. Die menschlichen Blutkörperchen haben einen Durchmesser von 7,5 μ. Typisch ist ihre häufig geldrollenförmige Anordnung, die durch Flächenadhäsion zu erklären ist.

Auf einen zweiten Objektträger bringt man ebenfalls eine Spur Blut und darauf ein paar Tropfen 10%ige Kochsalzlösung. Man legt ein Deckgläschen auf und beobachtet bei 1 : 400 bis 1 : 500. Die roten Blutkörperchen sind jetzt sternartig zusammengeschrumpft, da ihnen durch die starke Kochsalzlösung Wasser entzogen wird.

Auf einem dritten Objektträger bringt man zu einem weiteren Tropfen Blut ein wenig destilliertes Wasser und beobachtet. Die Blutkörperchen quellen durch Wasseraufnahme auf, verblassen immer mehr, indem der rote Farbstoff in das umgebende Wasser tritt, und werden schließlich fast unsichtbar (Hämolyse).

Auf einem vierten Objektträger drückt man mit einem sauber geputzten Deckglase einen kleinen Tropfen Blut breit und stellt daraus ein Dauerpräparat her. Zu diesem Zwecke muß das Deckgläschen möglichst bald durch einen Rand von Krönigs Deckglaskitt befestigt werden.

Die weißen Blutkörperchen oder Leukocyten sind an Zahl bedeutend geringer. Es gelingt oft schwer, sie unter den vielen roten Blutkörperchen aufzufinden, da erst auf 300—400 rote ein weißes kommt. Die Leukocyten haben keine bestimmte Form, sondern führen amöboide Bewegungen aus, indem sie Teile ihres Protoplasmaleibes wie Scheinfüße ausstrecken und wieder einziehen. Sie finden sich auch sehr zahlreich in der Lymphe, den Lymphdrüsen und der Milz. Beim menschlichen Blute begnügen wir uns mit der gelegentlichen Auffindung derselben. Besondere Präparate werden wir von den Leukocyten des Frosches herstellen.

b) Blutplättchen des Menschen. Den dritten zellulären Bestandteil des Blutes, die Blutplättchen, kann man wegen der großen Vergänglichkeit derselben ohne weiteres nicht beobachten. Wir müssen das Blut zu diesem Zwecke fixieren, ehe es mit der Luft in Berührung kommt. Als Fixierungsflüssigkeit benutzen wir entweder

> 1—2 Tropfen 1%ige Osmiumsäurelösung. Die Blutplättchen bleiben ungefärbt. Sie erscheinen als runde oder ovale Scheibchen ohne sichtbaren Kern [1])

oder

> 1—2 Tropfen einer filtrierten Lösung von 0,01 g Methylviolett in 50 ccm physiologischer Kochsalzlösung. Die Blutplättchen und Leukocyten, die aber leicht voneinander zu unterscheiden sind, erscheinen deutlich blau gefärbt.

Wir bringen einen Tropfen der Fixierungsflüssigkeit auf die Handfläche und stechen durch ihn hindurch mit einer aseptisch gemachten Nadel leicht ein. Der ausquellende Blutstropfen vermischt sich alsbald mit der Flüssigkeit. Man legt ein Deckgläschen darauf, bringt dasselbe, nachdem es benetzt worden ist, auf den Objektträger und untersucht bei 400—500facher Vergrößerung. Die Blutplättchen sind oft in großer Zahl vorhanden. Ihre Größe beträgt etwa den dritten Teil von der Größe der roten Blutkörperchen.

c) Weiße Blutkörperchen des Frosches. Ein Frosch wird in einem zugedeckten Glasgefäß durch Chloroform getötet. Darauf schneidet man mit der Schere die Rückenhaut des Tieres an und saugt mittels einer kleinen Glaspipette mit Gummihütchen etwas von der Rückenlymphe heraus. Der Tropfen wird auf den Objektträger gebracht und zum Schutze gegen das Austrocknen möglichst schnell mit einem Rande von Krönigs Deckglaskitt versehen.

---

[1]) Nach neueren Untersuchungen besitzen die Blutplättchen einen Kern. Ihr Zerfall steht in ursächlichem Zusammenhang mit der Blutgerinnung. Genaueres siehe D. H. Deetjen, Zerfall und Leben der Blutplättchen. Zeitschr. f. physiol. Chem. 1909, Bd. 63, S. 1—26.

Die Rückenlymphe ist reich an Leukozyten, die uns als ungefärbte, maulbeerartige Gebilde erscheinen. Bei minutenlanger Beobachtung eines bestimmten Leukocyten kann man auch Bewegungen an demselben wahrnehmen.

Um Leukocyten in größerer Anzahl zu erhalten, hat Arnold folgende Methode eingeführt: In den schlitzförmigen Schnitt in der Rückenhaut des Frosches werden mit der Pinzette sehr dünne, mit dem Mikrotom hergestellte Scheibchen von Holundermark eingeführt. In diese wandern Leukocyten ein. Nach einiger Zeit kann man die Scheibchen in physiologischer Kochsalzlösung unter dem Deckglase beobachten. Man sieht in dem polygonalen, großmaschigen Gewebe des Holundermarkes weiße und rote Blutkörperchen in größerer Zahl. Von den letzteren stellen wir noch ein besonderes Präparat her.

d) Rote Blutkörperchen des Frosches. Ein chloroformierter Frosch wird enthauptet und das ausfließende Blut in einem kleinen Uhrschälchen aufgefangen. Die möglichst schnell damit herzustellenden Präparate entsprechen der Versuchsreihe unter a. Die roten Blutkörperchen des Frosches sind oval und bedeutend größer als die des Menschen (22 μ lang, 15 μ breit). Man kann in ihnen deutlich einen Zellkern erkennen.

e) Gefärbte Dauerpräparate des Blutes. α) Ehrlichsche Methoden. Wir verwenden hierzu wieder das Blut des Frosches, da die roten Blutkörperchen hier kernhaltig sind und ein interessanteres Färbungsresultat bieten.

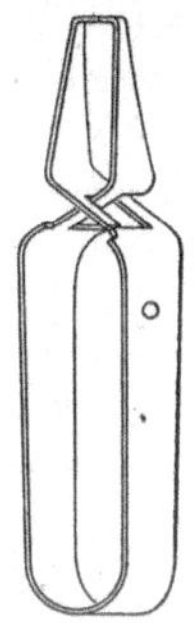

Fig. 27. Deckglaspinzette nach Cornet.

Am zweckmäßigsten benutzt man dabei zwei Cornetsche Pinzetten (Fig. 27). Man faßt mit jeder ein sorgfältig gereinigtes Deckglas (speziell für Blutuntersuchungen 0,09 mm dick zu beziehen), an einer Ecke und stellt die eine Pinzette mit der Marke (Loch) nach oben, die andere mit der Marke nach unten. Beide Deckgläschen werden dann in der Flamme entfettet. Nun bringt man auf das Deckglas, dessen Pinzettenmarke oben liegt, einen sehr kleinen Blutstropfen und wischt mit dem anderen Deckglas, dessen Pinzettenmarke unten liegt, so darüber, daß auf beiden Flächen eine recht dünne Blutschicht gleichmäßig verteilt ist. Man weiß nun, daß die der Pinzettenmarke entsprechende Deckglasseite die Blutschicht enthält. Dies ist wichtig, weil bei der weiteren Behandlung die Blutschicht oft schwer zu erkennen ist.

Die Blutschicht muß jetzt fixiert werden. Nach Ehrlich[1]) benutzt man dazu eine dünne Kupferplatte von 30 cm Länge und 9 cm Breite, welche in einem Stativ befestigt und an einem Ende durch einen untergestellten Bunsenbrenner erhitzt wird. Nachdem in etwa einer Viertelstunde der Wärmezustand auf der Platte stationär geworden ist, sucht man diejenige Stelle derselben, wo ein heraufgebrachter Wassertropfen das Leidenfrostsche Phänomen zeigt. Die Deckgläschen mit dem Blutausstrich sind inzwischen trocken geworden und werden nun mit der Blutseite nach unten auf die vorher bestimmte Zone der

[1]) Siehe Ehrlich-Lazarus, Die Anämie S. 28 (Hölder, Wien).

Platte gelegt. Hier vollzieht sich die Fixierung in ½—1 Minute. Die Präparate werden dann heruntergenommen und können gefärbt werden (Rubinstein).

Die Färbung geschieht nach einer der folgenden Methoden:

1. Mit Hämatoxylin Ehrlich-Eosin. Das Hämatoxylin Ehrlich, das bei Dr. Grübler auch käuflich zu haben ist, stellt man nach beistehender Vorschrift dar. 2 g Hämatoxylin werden in 60 g absolutem Alkohol gelöst. Daneben stellt man eine gesättigte Lösung von Alaun in 60 g Glyzerin und 60 g destilliertem Wasser her, der man 3 g Eisessig zusetzt. Die beiden Lösungen werden gemischt, 2—3 Wochen in einem offenen Gefäße dem Lichte ausgesetzt und dann filtriert. Der Farbstoff ist sehr lange haltbar. Für die Anwendung zur Blutfärbung löst man in 100 ccm Hämatoxylin Ehrlich 1 g Eosin und setzt die Mischung noch einmal einige Zeit dem Lichte aus.

Zur Färbung des Deckglaspräparates bringt man mit einer Pipette einen Tropfen Farblösung auf das eingetrocknete Blut und läßt es zwei Stunden liegen. Dann spült man das Deckgläschen, das immer mit der Cornetpinzette, wie oben beschrieben, angefaßt wird, unter der Wasserleitung ab und trocknet es zwischen Fließpapier. Wenn es vollkommen lufttrocken geworden ist, bringt man einen Tropfen Kanadabalsam auf einen Objektträger und legt das Deckgläschen in richtiger Orientierung darauf.

Die roten Blutkörperchen zeigen sich jetzt kupferrot, die weißen zartrosa, die Kerne beider Formen sind blau. Auch die Blutplättchen kann man als schwach rötlich gefärbte Scheibchen zuweilen erkennen.

2. Mit Triacid Ehrlich. Diese ebenfalls käufliche Lösung stellt man nach folgender Vorschrift her: Man gieße in eine größere Flasche nacheinander

13—14	ccm	konzentrierte, wässerige Lösung von Orange G,
6—7	,,	konzentrierte wässerige Lösung von Säurefuchsin.
15	,,	Aqua destillata,
15	,,	absoluten Alkohol,
12,5	,,	konzentrierte, wässerige Lösung von Methylgrün,
10	,,	absoluten Alkohol,
10	,,	Glyzerin.

Nach jedem Zusatz ist gehörig umzuschütteln und unbekümmert um die etwaige Bildung von Niederschlägen nicht zu filtrieren. Man läßt absetzen und nimmt zum Gebrauch mit der Pipette von der klar gewordenen Flüssigkeit. Wir empfehlen jedoch, die Lösung lieber von Dr. Grübler fertig zu beziehen.

Zur Färbung bringen wir einen Tropfen Triacidlösung auf das Deckgläschen und lassen sie 15 Minuten einwirken. Dann wird in destilliertem Wasser abgespült und zwischen Fließpapier getrocknet. Jetzt bringt man wieder einen Tropfen Kanadabalsam auf einen Objektträger und legt das Deckgläschen auf.

Die roten Blutkörperchen erscheinen bei dieser Färbung orangegelb, die Kerne der roten und weißen Blutkörperchen grün, während im Plasma der letzteren mit der starken Vergrößerung oder Immersionslinse[1]) verschieden (dunkelgrau, violett) gefärbte und von Ehrlich genauer untersuchte und unterschiedene Granulationen beobachtet werden können.

β) Mit eosinsaurem Methylenblau. 1. Nach Aßmann[2]). Bei dieser Methode braucht man die Deckglasausstriche nicht auf der Kupferplatte zu fixieren, sondern nur lufttrocken werden zu lassen. Noch praktischer ist es, den Ausstrich auf einem Objektträger vorzunehmen. Diesen legt man in eine Petrischale und gießt 40 Tropfen der von Dr. Grübler fertig zu beziehenden Lösung von Eosin-Methylenblau in Methylalkohol darauf, die aber nicht über den Rand des Objektträgers überlaufen soll. Nach drei Minuten gießt man über denselben 20 ccm destilliertes Wasser, denen vorher 5 Tropfen einer 1 promill. Lösung von Kaliumkarbonat unter Schütteln hinzugefügt wurden und schüttelt die Petrischale nach Auflegen des Deckels, bis die Flüssigkeit im Inneren gleichmäßig klar, hellviolett geworden ist. Nach 5 Minuten nimmt man den Objektträger heraus und trocknet ihn sofort zwischen Fließpapier ab. Dann wird in Kanadabalsam montiert.

Die Färbung zeigt die roten Blutkörperchen violett mit ebenso, aber bedeutend intensiver gefärbtem Kern. Sind Blutplättchen zu sehen, so erscheinen sie auch in dieser Farbe. Das Plasma der weißen Blutkörperchen ist je nach ihrem Charakter blau oder violett in verschiedenen Tönen, die Granulationen derselben dunkelviolett und rot, die Kerne blau.

2. Nach Leishman. Die Lösung von eosinsaurem Methylenblau nach Leishman ist fertig im Handel zu haben und in gut verschlossener Flasche ziemlich lange haltbar. Die Fixierung erfolgt gleichzeitig mit der Färbung. Man läßt die Deckglasausstriche lufttrocken werden, und gießt dann 4 Tropfen Farblösung darauf. Nach ½ Minute verdünnt man auf dem Deckglase mit 6—8 Tropfen destilliertem Wasser. Nach weiteren 5—10 Minuten spült man die Gläschen, die immer mit der Cornetpinzette gehalten werden, in destilliertem Wasser ab, läßt noch eine Minute Wasser auf dem Präparate stehen, wartet dann, bis die Präparate sicher lufttrocken geworden sind und schließt sie endlich in Kanadabalsam ein.

f) Krebsblut. Wir töten einen Krebs durch Chloroform und schneiden dann sofort die Scherenspitzen ab. Das ausfließende, farblose Blut wird auf Objektträgern aufgefangen, sehr schnell ein Deckgläschen darüber gelegt und bei starker Vergrößerung beobachtet. Wir sehen die Blutkörperchen mit körnigem Plasma und können zuweilen noch amöboide Bewegungen an ihnen beobachten.

Stellen wir die Deckglasausstriche her, so sind dieselben einige Minuten mit 1%iger Osmiumsäure zu fixieren, dann abzuspülen und ¼—½ Stunde in Boraxkarmin zu färben. Darauf werden sie abgespült, man läßt sie lufttrocken werden und legt sie in Kanadabalsam ein. Es zeigt sich, daß die Blutkörperchen kernhaltig sind.

---

[1]) Siehe S. 5.

[2]) Siehe Aßmann, Über eine neue Methode der Blut- und Gewebsfärbung usw. in Münch. med. Wochenschr. 1906. Nr. 28.

Die Färbung mit Triacid zeigt die zellulären Elemente der Hauptsache nach grün mit grauroten Granulationen, während sich das Serum schwach rötlich färbt.

II. Das Knochenmark.

Wir wählen für die Untersuchung einen rotes Mark enthaltenden Knochen von irgend einem Schlachttiere, pressen durch Einspannen in einen Schraubstock etwas von der schmierigen Marksubstanz heraus, wischen sie auf einen Objektträger und beobachten bei starker Vergrößerung in physiologischer Kochsalzlösung. Wir sehen dann die Markzellen, zum Teil mit eingelagerten Pigmentkörnchen, dazwischen rote Blutkörperchen, Hämatoblasten, das sind die kernhaltigen Mutterzellen der vorigen, Fettzellen und die den weißen Blutkörperchen verwandten Riesenzellen. Diese enthalten häufig mehrere Kerne und zeigen eigentümliche Knospungserscheinungen, d. h. es schnürt sich ein Teil des Plasmas mit einem ganzen Kern oder Teilen von Kernsubstanz ab, um später eine selbständige Zelle zu werden.

Wir saugen nun einen Tropfen Pikrokarmin durch das Gesichtsfeld (siehe S. 21). Nach einigen Minuten heben sich alle Kerne deutlich ab. Den Farbstoff können wir dann durch angesäuertes Glyzerin ersetzen und das Präparat aufheben.

Auch nach der Methode der Deckglastrockenpräparate können wir Dauerpräparate des Knochenmarkes herstellen. Die Deckgläschen werden leicht aneinandergedrückt, damit sich das Mark auf ihnen gehörig verteilt, dann auseinandergezogen und kommen sofort in

eine konzentrierte Lösung von Sublimat in Aqua destillata auf . . . . 10 Minuten
destilliertes Wasser . . . . 5 „
erneuertes destilliertes Wasser . . . . 10 „

Dann läßt man lufttrocken werden und färbt mit Hämatoxylin Ehrlich-Eosin oder mit Triacid. Auch die Aßmannsche Methode, welche den hier beschriebenen Fixierungsmodus überflüssig macht, empfiehlt sich. Der Erfolg der Färbung entspricht dem der Blutfärbungen. Die Ausstriche können auch auf Objektträgern vorgenommen werden.

III. Spermatozoen.

a) Spermatozoen des Frosches. Die Hoden enthalten nicht immer gleich viel Samenfäden. Am günstigsten ist die Zeit der Paarung, d. h. das zeitige Frühjahr, Februar bis März beim braunen Grasfrosch, April beim grünen Wasserfrosch. Der männliche Frosch ist an den stark entwickelten Daumenballen leicht zu erkennen.

Wir töten den Frosch durch Chloroform und legen ihn in der Rückenlage auf ein kleines Präparierbrett. Die Bauchhaut wird dann mit der Pinzette hochgehoben und mit der Schere ringsherum abgetrennt. Ebenso wird die Muskeldecke des Bauches bis an den leicht fühlbaren Schwertfortsatz des Brustbeins losgetrennt. Um an die Hoden zu gelangen, müssen wir nun noch den Darmkanal entfernen. Wir schneiden die

Speiseröhre dicht vor dem Eintritt in den Magen und hinter der Harnblase den Mastdarm durch und präparieren den ganzen Darmkanal, von hinten anfangend, unter steter Ablösung des Mesenteriums heraus. Man sieht dann zu beiden Seiten der Wirbelsäule die handförmig zerschlitzten Fettkörper und unter denselben die bohnenförmigen Hoden, die herauszutrennen sind (siehe Figg. zum Kapitel Frosch).

Wir schneiden einen Hoden quer durch und drücken von der Flüssigkeit, die sich auf der Schnittfläche zeigt, etwas in einen Tropfen physiologischer Kochsalzlösung, den wir vorher auf einen Objektträger gebracht haben. Wir beobachten bei starker Vergrößerung und sehen die Samenfäden zum großen Teil noch in lebhafter Bewegung. Wir unterscheiden an ihnen einen Kopf und den daran sitzenden, beweglichen Schwanz.

Um ein Dauerpräparat von Samenfäden herzustellen, drückt man etwas Flüssigkeit aus dem Froschhoden auf ein Deckgläschen, auf dem sich schon ein Tropfen Wasser befindet und läßt an der Luft trocknen. Dann bringt man dieses Deckgläschen in der richtigen Lage auf einen Objektträger und legt einen Rand von Krönigs Deckglaskitt darum. Bei der Betrachtung schließe man die Irisblende des Kondensors so weit wie möglich.

b) Spermatozoen des Flußkrebses. Die Männchen des Flußkrebses sind an den zu Begattungsorganen umgewandelten, ersten Abdominalfüßen zu erkennen. Wir töten den Krebs wie den Frosch durch Chloroform, verwenden aber zweckmäßig etwas reichlich Chloroform. Dann schneiden wir mit der Schere das Rückenschild längs der darauf befindlichen Furchung, welche den Kopf und die Kiemenhöhlen von der Begrenzung des Rumpfes trennt, und präparieren dasselbe vorsichtig ab (Figg. zum Kap. Krebs). Man sieht dann am unteren Rande der Öffnung jederseits einen weißen, aufgeknäuelten Faden liegen, das Vas deferens. Präpariert man die Vasa deferentia heraus, so kommt man an die nahe der Mittellinie, etwas weiter kopfwärts gelegenen Hoden, welche von der grünen Lebermasse begrenzt, manchmal zum Teil verdeckt werden.

Hoden und Vasa deferentia zerzupfen wir in einem Schälchen mit möglichst wenig physiologischer Kochsalzlösung mittels zweier Nadeln. Von der milchigen Flüssigkeit bringen wir einen Tropfen auf den Objektträger und legen ein Deckglas auf. Wir sehen dann bei starker Vergrößerung die Spermatozoen, welche eigentümliche Fortsätze besitzen, die tangential an der Peripherie des kreisförmigen Kopfes entspringen.

2. Kapitel.

Zellen aus Zellverbänden.

Hier sollen einige Zellen demonstriert werden, die die Bestandteile der Zelle besonders gut zeigen und sich leicht aus ihren Zellverbänden isolieren lassen.

1. Zellen aus Schweine- oder Hammelleber (vgl. Kratzpräparat von Leberzellen, S. 20). Man kann die isolierten Leberzellen färben, indem man neben das Deckgläschen einen Tropfen Hämatoxylin Delafield bringt und von der anderen Seite die Kochsalzlösung mit Fließpapier absaugt. Eine zweckmäßige „Durchziehvorrichtung" zeigt die nebenstehende Fig. 28. Nach einigen Minuten beobachtet man die Färbung. Die Zellsubstanz der polygonalen Zellen hat sich hellviolett, die Kernsubstanz dunkelviolett gefärbt. Wir sehen, daß das Plasma eine körnige Struktur hat, und daß sich im Zellkern noch ein Teil von dichterer Beschaffenheit, das Kernkörperchen (Nucleolus) unterscheiden läßt. In einigen Zellen bemerken wir zwei Kerne. Eine Zellhaut fehlt. Außer den Leberzellen gewahren wir im Präparat auch viele rote Blutkörperchen.

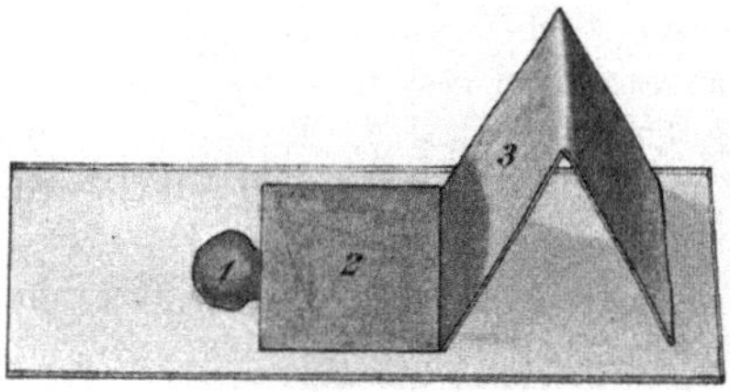

Fig. 28. Schema für das „Durchziehen" von Flüssigkeiten.
1. Flüssigkeitstropfen. — 2. Deckgläschen. — 3. Fließpapier.

2. Pflasterepithel der Mundschleimhaut. Man schabe mit einem in Alkohol gut gereinigten Skalpell vorsichtig über die Unterlippe oder Zungenspitze und bringe von dem abgekratzten, schleimigen Stoffe etwas auf den Objektträger in physiologische Kochsalzlösung. Man wird schon bei mittlerer Vergrößerung die sehr großen, platten Pflasterzellen des Epithels der Mundschleimhaut mit ihren Kernen erkennen. Man kann auch unter dem Deckglase mit Pikrokarmin färben und ein Dauerpräparat in Glyzerin herstellen.

3. Fettzellen aus Schweinefett (Rückenfett, Bauchfett). Wir

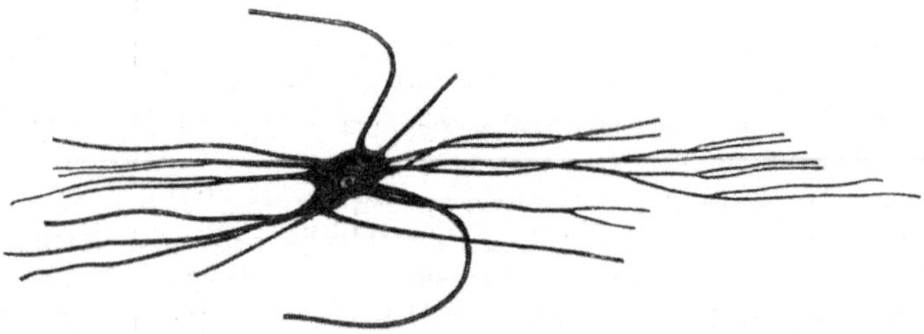
Fig. 29. Obj. IV. Multipolare Ganglienzelle aus dem Rückenmark des Rindes.

schneiden mit einem möglichst scharfen Skalpell ein so dünnes Scheibchen Fett ab, dass es schon einigermaßen durchsichtig ist, bringen es auf den Objektträger und quetschen es mit einem Deckgläschen breit. In den Fettzellen ist das Plasma durch Fett auf einen schmalen Randsaum zusammengedrückt, in dem wir auch den platten Kern wahrnehmen. Aus vielen Fettzellen wird durch das Drücken der Fetttropfen entfernt.

4. Ganglienzellen aus dem Rückenmark des Rindes (Fig. 29 und 30). Man verschaffe sich vom Schlächter ein Stückchen Rückenmark des Rindes von einem möglichst frischgeschlachteten Tiere. Man fährt

mit der Schere in den Zentralkanal, spaltet das Mark mit seinen Häuten durch einen glatten Schnitt und klappt auseinander, so daß die graue Substanz oben und die Dura unten zu liegen kommt. Darauf mazeriert man nach der Arnoldschen Methode (siehe S. 22) oder in Formalin (siehe S. 23).

Die Färbung geschieht vor dem Zerzupfen mit ammoniakalischem Karmin (siehe S. 23) und hat 24 Stunden zu dauern. Die Stücke werden dann in wenig destilliertem Wasser 10 Minuten lang ausgewaschen, etwas von der schwammigen, stark rot gefärbten grauen Substanz wird abgekratzt und auf einen Objektträger übertragen. Man legt dann einen zweiten Objektträger quer über den ersten und zieht auseinander. Die so entstandene, dünne Schicht wird auf beiden Gläsern schnell lufttrocken. Dann bringt man einen Tropfen Kanadabalsam darauf und deckt ein.

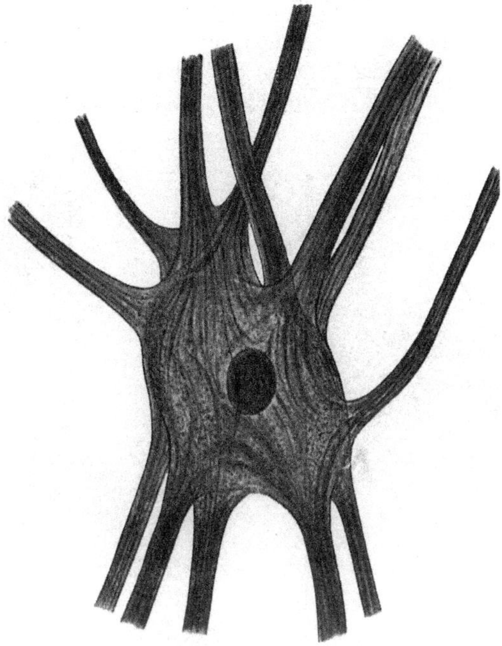

Fig. 30. Obj. VIII. Die Zelle der Fig. 29 stärker vergrößert.

Das Präparat zeigt die Zellkörper der Ganglienzellen mit ihren Fortsätzen und häufig noch ein vielfach verzweigtes Geflecht von Nervenfasern. Die Kerne heben sich durch intensivere Färbung deutlich ab. Die Ganglienzellen sind membranlos.

3. Kapitel.

Zellteilungen.

Die Darstellung der mitotischen Kernteilungsfiguren ist eine der subtilsten Aufgaben der Histologie. Wir werden sie nur unter ganz besonders günstigen Umständen mit Schülern vornehmen können. Es sollen hier zwei Beispiele angeführt werden, Kernteilungsfiguren an tierischen Präparaten sichtbar zu machen.

1. Zellteilungsfiguren aus der Cornea von Wassermolchlarven. Man verschaffe sich die Larven des gemeinen Wassermolches (Triton taeniatus), die im Juni und Juli leicht zu haben sind und dann

vorrätig fixiert werden können. Wir fixieren mit Chromessigsäure nach Lo Bianco (siehe S. 27, Vorschrift Nr. 4), indem wir die Tiere lebend in die Flüssigkeit werfen, in der sie sehr schnell sterben. Sollen sie nicht sogleich verarbeitet werden, so werden sie nach dem Fixieren und Auswaschen in 70 %igem Alkohol aufbewahrt.

Die Kernteilungsfiguren (siehe Fig. 31) wollen wir in der Hornhaut des Auges (auch in der Gaumenhaut und in der Bauchhaut) beobachten. Wir schneiden mit einer sehr spitzen Schere längs des Randes

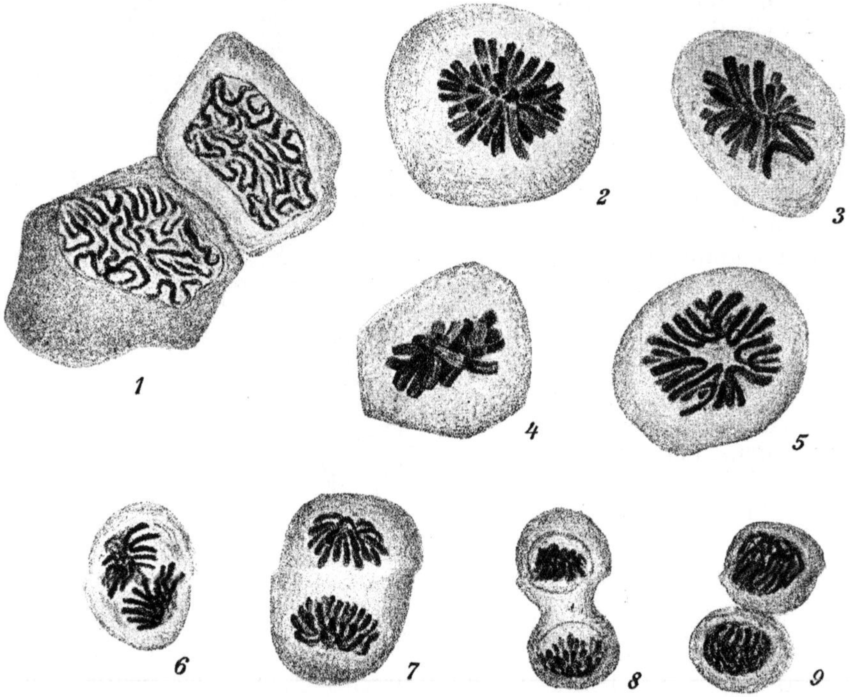

Fig. 31. Kernteilungsbilder aus Flächenpräparaten der Cornea von Salamandra maculosa (Larve).

1. Zwei Epithelzellen; Chromatingerüst in Fäden zerfallen. — 2., 3., 4., 5. Epithelzellen mit Muttersternen in verschiedenen Ansichten. — 6. Corneazelle. — 7. Epithelzellen 6. u. 7. mit Tochtersternen. — 8. Corneazelle, beginnende Plasmateilung. — 9. Corneazelle, vollendete Plasmateilung.

der Sklerotika und ziehen die Cornea mit einer spitzen Pinzette ab. Wir bringen sie in ein Uhrschälchen mit Hämatoxylin Delafield und färben ½ Stunde, spülen in 70%igem Alkohol aus, bringen auf einige Minuten in 90%igen Alkohol, dann zur Entwässerung in Alcohol absolutus, schließlich über Xylol in Kanadabalsam. Man kann die gefärbten Schnitte auch in Wasser abspülen und in Glyzerin aufbewahren. Die besten Bilder erhält man, wenn die Außenseite der Hornhaut nach oben liegt.

Die Bauchhaut ziehen wir mit der Pinzette ab und schaben sie innen und außen leicht mit dem Skalpell. Sie wird dann weiter behandelt wie die Hornhaut und zeigt entsprechende Bilder. Um die Gaumenhaut zu erlangen, schneiden wir Unterkiefer und Zunge mit der Schere ab und ziehen die Haut mit der Pinzette vom Gaumen herunter. Die Präparation geschieht wie bei der Cornea und bei der Bauchhaut.

Im Frühjahr (zuweilen auch schon im Winter, ja selbst im Herbst) erhält man für diese Übung gutes Material, wenn man trächtige Weibchen von Salamandra maculosa mit Chloroform tötet und den Leib öffnet. Es finden sich dann zahlreiche lebendige Junge darin, die lebend in die Fixierungsflüssigkeit geworfen werden, in der sie sofort sterben. Auch die Larven aller anderen Schwanzlurche sind mit gutem Erfolge zu verwenden.

2. Zellteilungsfiguren aus Salamanderhoden. Man präpariere im Juni oder Juli die Hoden des Feuersalamanders [1]) (Salamandra maculosa) heraus. Sie werden nach dem über den Frosch Gesagten unschwer zu finden sein. Nachdem man sie in etwa vier Stücke geschnitten hat, fixiert man sie mit Flemmingscher Mischung (siehe S. 31) genau nach den früher gegebenen Vorschriften. Material, das man nicht sofort verarbeiten will, hebt man in 70%igem oder 90%igem Alkohol auf. Da osmiertes Material aber nach einiger Zeit zu schwarz wird, so schmelze man die Stücke tunlichst bald in Paraffin ein und hebe die fertigen Blöcke auf. Zu bemerken ist, daß die Einbettung nicht über Xylol, sondern über Chloroform zu erfolgen hat.

Die Schnittdicke soll höchstens 10 μ, am besten 3—5 μ, betragen. Bei der Betrachtung geben, wie bei allem osmierten Material, nur die inneren Teile des Präparates gute Bilder.

Die Färbung wollen wir mit geringen zeitlichen Abweichungen nach der Flemmingschen Safranin-Gentiana-Methode vornehmen, einer speziellen Vorschrift für Zellteilungen, deren Technik an der Hand der Kuvettenfolge gegeben werden soll.

1. Chloroform.
2. Alcohol absolutus.
3. Alkohol 90 %.
4. Alkohol 70%.
5. Safranin (mittelstarke, wässerige Lösung): 48 Stunden.
6. Leitungswasser (Ausspülen, bis keine Farbschlieren mehr ausgehen).
7. Gentianaviolett (wässerig, mittelstark): 1 Stunde.
8. Lugolsche Lösung (300 ccm Aqua destillata, 1,0 g Jod. resubl., 2,0 g Jodkalium. Fixierung der Anilinfarben, Methode von Gram): 5 Minuten.
9. Leitungswasser (Ausspülen).
10. Alkohol 90%.
11. Alcohol absolutus (bis keine Farbschlieren mehr ausgehen).
12. Xylol, Kanadabalsam.

Bei dieser Färbung wird die Zellsubstanz zart rosa; ist sie grauviolett, so war die Safraninlösung zu konzentriert. Die chromatische Substanz

---

[1]) Man erkennt die Männchen an der zu beiden Seiten der Afterspalte erheblich geschwollenen Kloakengegend (Prostata).

der Kerne ist leuchtend rot. Es ist eine merkwürdige Eigentümlichkeit, daß Safranin die in Teilung begriffenen Kerne bedeutend lebhafter färbt als die ruhenden, so daß man die genauer zu betrachtenden Stellen im Bilde leicht findet.

Die Hoden von Triton taeniatus lassen sich in derselben Weise behandeln. Der geeignete Monat hierfür ist der März.

Die Kernteilungsfiguren müssen selbstverständlich mit sehr starken Vergrößerungen, am besten mit einer Ölimmersion betrachtet werden.

Die Kernteilungsfiguren, die bei Ascaris zu beobachten sind s. Abschnitt Würmer.

4. Kapitel.

Einige Gewebearten.

I. Knochen.

Wir wollen die Knochen nach zwei Methoden untersuchen, erstens, indem wir unter Erhaltung der Kalkteile auf die organische Substanz keine Rücksicht nehmen (Knochenschliffe), zweitens, indem wir den Kalk entfernen und das übrig bleibende Grundgewebe auf dem Mikrotom schneiden (Knochenknorpel). In beiden Fällen ist es uns vorwiegend um Texturbilder zu tun.

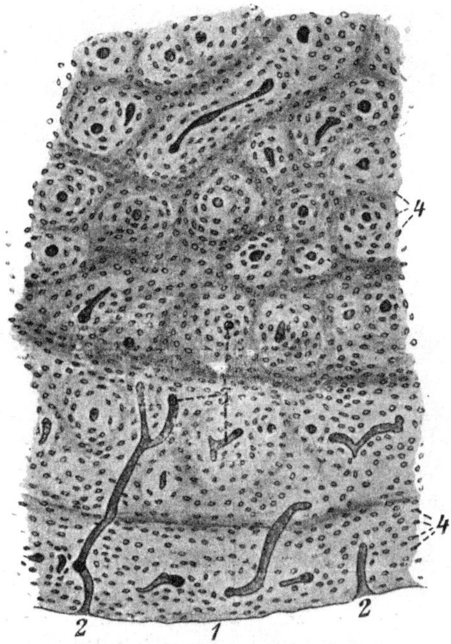

Fig. 32. Lepus cuniculus. Femur quer.
1. Außenrand des Schliffes. — 2. Eintretende Haverssche Kanäle. — 3. Haverssche Kanäle. — 4. Knochenzellen.

a) **Knochenschliffe.** (Fig. 32, 33, 34). Zum Schleifen benutzen wir am besten Finger oder Mittelfußknochen größerer Schlachttiere oder größere Röhrenknochen des Kaninchens, die wir durch Kochen in Wasser von Fett und Leim sorgfältig befreit haben. Zur vollständigen Entfernung des Fettes können wir die Knochen auch noch einige Zeit in Äther legen. Darauf schneiden wir zuerst quer, dann längs zur Achse des Knochens recht dünne Scheibchen ab, entweder mit einer guten Blattsäge oder, was noch besser ist, mit der Kreissäge. Ein auf irgend eine Weise gewonnener, recht dünner Schnitt wird nun zunächst auf einer Feile, dann auf einem gröberen und schließlich auf einem feinen, flachen Schleifstein von beiden Seiten geschliffen, bis man einen genügend dünnen Schliff erhält. Sollte die Empfindlichkeit des haltenden Fingers diese Methode nicht zulassen, so kann man den Schnitt auf einem Objektträger befestigen. Zu diesem Zweck legt man ein kleines Stückchen Damaraharz auf den Objektträger, erwärmt über der Flamme und bringt, wenn das Harz geschmolzen ist, den Knochenschnitt darauf. Das Harz erstarrt alsbald, und wir können nun, indem wir den Objektträger als Handhabe benutzen, auf Feile und Schleifstein arbeiten. Haben wir auf einer Seite genügend abgeschliffen, so erhitzen wir den Objektträger, bis das Harz schmilzt, drehen den Knochenschliff um, befestigen ihn wieder, und schleifen die andere Seite. Dieses Verfahren ist fortzusetzen, bis die gewünschte Stärke erreicht ist. Es ist selbstverständlich, daß die Schleifsteine während

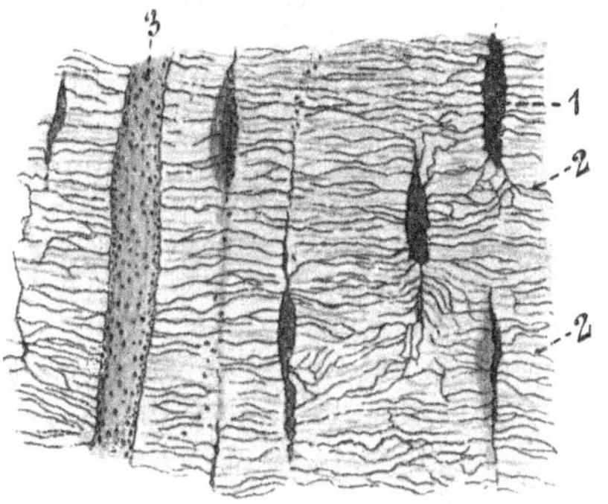

Fig. 33. Equus caballus. Phalanx längs.

1. Knochenzelle. — 2. Knochenkanälchen. — 3. Haversscher Kanal mit den Mündungen von Knochenkanälchen.

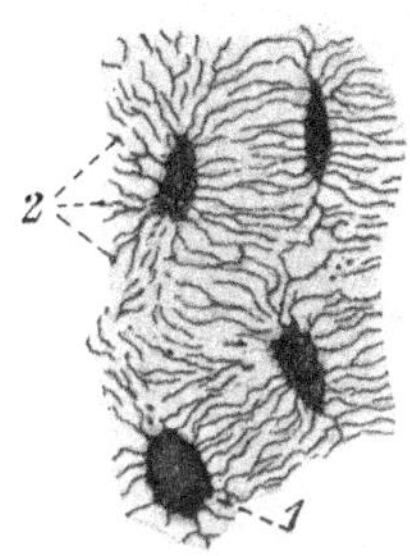

Fig. 34. Bos taurus. Metatarsus quer. (Säurefuchsin.)

1. Knochenzelle. — 2. Knochenkanälchen.

der Benutzung gut mit Wasser benetzt werden müssen. Dieses, sowie das etwa benutzte Harz müssen vor dem Einbetten entfernt werden. Zu diesem Zwecke bringt man den Schliff für einige Zeit in absoluten Alkohol. Da der Alkohol die Luft aus den Knochenzellen austreibt, ist es nicht zweckmäßig, den Schliff unmittelbar aus dem Alkohol heraus einzubetten. Denn die feinere Struktur des Knochens wird gerade erst dann gut sichtbar, wenn in seinen Hohlräumen Luft enthalten ist. Nach dem Herausnehmen aus dem Alkohol lasse man daher die Schliffe recht gründlich trocknen. Wir bringen dann einen Tropfen nicht zu dünnen Kanadabalsam auf einen Objektträger, legen den Knochenschliff hinein, und decken ein Deckgläschen auf. Man sieht dann die Grenzen der einzelnen Knochenlamellen, die quer oder längs getroffenen Haversschen Kanäle, die Knochenzellen und Knochenkanälchen.

Noch deutlicher kann man alle diese Hohlräume erkennen, wenn man den Knochenschliff färbt. Man legt den fertigen Schliff für einige Minuten in ein Schälchen mit Alkohol, um die Luft aus den Höhlungen zu entfernen und darauf in eine recht starke Lösung von Fuchsin in dünnem Alkohol. Hierin wird er mehrere Male 1—2 Minuten lang gekocht, dann herausgenommen und auf zwei Streichhölzchen so gelegt, daß er den Tisch nicht berührt. Nachdem er mehrere Tage getrocknet ist, wird er auf dem Ölstein noch einige Zeit in Xylol geschliffen, um den oberflächlich anhaftenden Farbstoff zu entfernen, und dann in einem Tropfen Kanadabalsam eingebettet. Man sieht alle Höhlungen mit Fuchsin gefüllt.

b) **Knochenknorpel** (Fig. 35). Man fixiert möglichst frische Röhrenknochen in Pikrinsalpetersäure und entkalkt sie darauf mit Trichloressigsäure. Unter Innehaltung der bei diesen Methoden angegebenen Vorschriften für die Nachbehandlung werden die Stücke schließlich in Paraffin eingebettet, etwa 20 μ dick geschnitten und mit Hämatoxylin-Eosin gefärbt. Die Texturverhältnisse entsprechen genau denen an nicht entkalkten Knochen. Die Kerne der kleinen Knochenzellen sind durch das Hämatoxylin gefärbt.

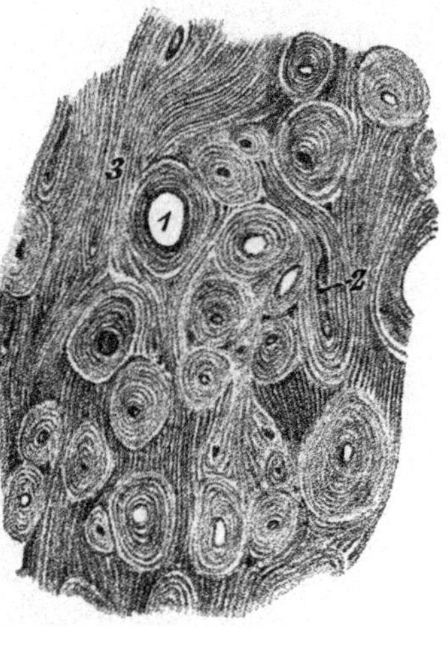

Fig. 35. Hammel. Mittelfußknochen entkalkt, quer. (Hämatoxylin).
1. Haversscher Kanal quer getroffen. — 2. Haversscher Kanal längs verlaufend. — Die Knorpellamellen 3. verlaufen ungefähr in Richtung der äußeren Kontur des Knochens.

c) **Zahnschliffe.** Wir wählen hierzu Zähne vom Schwein, Hammel u. a., und zwar machen wir Längsschnitte durch einen Schneidezahn und durch einen Backenzahn. Die zu schleifenden Scheiben lassen sich hier wegen der großen Härte des Zahnbeins kaum anders als mit der Kreissäge herstellen. Die Schleifmethode ist dieselbe wie beim Knochen. An den Schliffen unterscheiden wir den Zahnschmelz, das Zahnbein, an dem im Kiefer steckenden Teile einen äußeren Zementbelag und im Inneren die Zahnhöhle (Pulpa). Der Schmelz besteht aus vielen querliegenden Stäbchen, den Schmelzprismen; das Zahnbein wird von zahlreichen Kanälchen durchzogen, die sich durch Behandlung der Schliffe nach der Fuchsinmethode deutlich machen lassen. In den äußeren Teilen des Zahnbeins sehen wir bei dieser Methode auch die Interglobularräume, unregelmäßig geformte Höhlungen. In der Zementschicht des Zahns bemerken wir zuweilen Knochenzellen wie bei gewöhnlichen Knochenschliffen.

II. Bindegewebe (Fig. 36, 37, 38).

Das Bindegewebe gehört wie der Knochen zu den Stützgeweben, d. h. zu den Gewebearten, die sich durch reichliche Entwickelung von Interzellularsubstanz auszeichnen. Charakteristisch für diese ist beim Bindegewebe ihr Gehalt an Bindegewebsfibrillen. Diese feinen Fasern liegen zu Bündeln vereinigt, welche an ihrem wellenförmigen Verlauf leicht erkannt werden können. Die Bindegewebsfibrillen lösen sich beim Kochen kolloidal auf, sie geben Leim. Außer diesen Fibrillen kommen fast stets stärkere Elemente, die elastischen Fasern, vor, welche nicht in Leim verwandelt werden können. Zwischen den Fibrillen oder elastischen Fasern eingebettet liegen die Bindegewebszellen, die durch ihre Einpferchung oft eine abgeplattete Form annehmen. Auch die Fettzellen sind durch Aufspeicherung von Fett im Zellumen entartete Bindegewebszellen.

Wir benutzen zunächst das Netz (Omentum majus) vom Kaninchen. Man tötet das Tier mit Chloroform, spaltet von der Schambeinsymphyse bis zum Halse mit der Schere das Fell und präpariert es mit dem Skalpell (Druck gegen die Innenseite des Felles und nicht gegen die Muskeldecke) zur Seite. Dann hebt man mit der Pinzette in der Nähe der Schambeinsymphyse das Bauchfell an und schneidet mit der Schere ein. Man spaltet die Muskeldecke des Bauches mit dem Skalpell (Schneide nach oben) längs der weißen Linie bis zum Brustbein und präpariert die Muskeldecke ebenfalls zur Seite. Das Omentum heftet sich an den hinteren Magenrand und erstreckt sich über die nächstliegenden Darmschlingen.

a) Wir breiten ein Stückchen des Omentum auf dem Objektträger aus, bringen etwas physiologische Kochsalzlösung darauf, und legen ein Deckglas auf. Bei starker Vergrößerung und unvollkommener Ausnutzung des Spiegels sehen wir die Fibrillen. Nun bringen wir neben das Deckgläschen einen Tropfen konzentrierte Essigsäure und saugen denselben durch ein an der anderen Seite dagegengehaltenes Stückchen Fließpapier auf das Präparat. Man kann dann unter dem Mikroskop verfolgen, wie die Fibrillen allmählich aufquellen, und schließlich verschwinden. Die Fasern, welche unverändert bleiben, sind die elastischen Fasern.

b) Wir stellen dasselbe Präparat noch einmal in physiologischer Kochsalzlösung her und saugen nun einen Tropfen verdünnte Kalilauge hindurch. Die zu beobachtende Erscheinung ist dieselbe wie bei a).

c) Wir stellen dasselbe Präparat zum dritten Male her und saugen etwas Pikrokarmin unter dem Deckglas hindurch. Nach 5—10 Minuten sehen wir die Kerne der zwischen den Fasern liegenden Bindegewebszellen hellrot gefärbt. Das Präparat kann in früher geschilderter Weise als Dauerpräparat hergerichtet werden.

d) Fixierung und Färbung des fixierten Bindegewebes.

Wir benutzen von demselben Kaninchen das Mesenterium, auch, falls die oben genannten Präparate nicht gemacht werden, das Omentum. Das Mesenterium ist die gefäßreiche Bindegewebshaut, an welcher die einzelnen Darmschlingen aufgehängt sind. Wir ziehen einige Darmschlingen heraus und bringen unter das zutage tretende Mesenterium einen Objektträger. Glas und Mesenterium werden mit Alkohol benetzt. Die Haut legt sich dem Glase an und wird um die Kanten desselben herumgezogen. An schmalen Stellen des Mesenteriums läßt man den Darm daran und legt das Objekt so auf den Objektträger, daß der Darm auf die Unterseite zu liegen kommt. Zur Sicherheit wird das Objekt an beiden Enden des Objektträgers mit doppelter Ligatur mittels weißen Zwirnes festgebunden. In derselben Weise kann man auch das

Omentum behandeln. Man erhält durchschnittlich von einem Kaninchen 6—8 Objektträger Mesenterium, 3 Objektträger Omentum. Wir bringen die Objektträger mit dem gespannten Mesenterium zur Fixierung in Formalin und härten nach der S. 25 geschilderten Methode. Auf dem Objektträger festgebunden, kommen die Präparate auch in die Färbekuvetten und werden erst unmittelbar vor dem Einlegen in Kanadabalsam zerschnitten und verteilt.

Das Zwerchfell läßt sich ebenfalls benutzen, es ist aber ziemlich dick. Gutes Material, namentlich für elastische Fasern, erhält man gelegentlich der Präparation der Ringelnatter, wenn man die Lungensäcke der Tiere mittels einer Spritze mit Alkohol füllt, abbindet und das Ganze am Faden in Alkohol hängt. Bei allen diesen Vorbereitungen ist ein Gehilfe nötig.

Will man reichlicher Material erhalten, so kann man auch das Unterhautbindegewebe des Kaninchens nutzbar machen. Das Fell des getö-

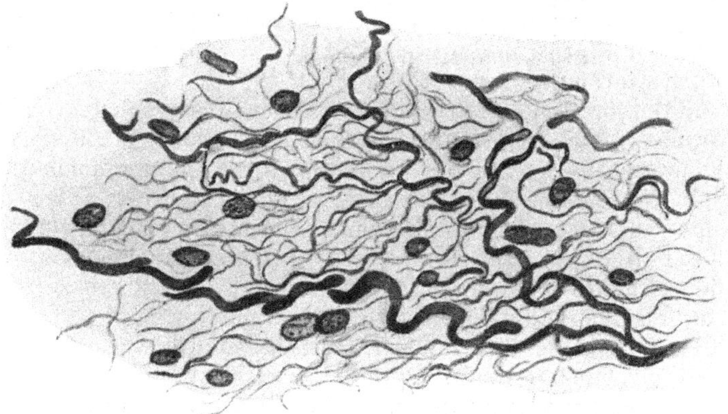

Fig. 36. Obj. VIII. Leimgebende Fasern aus dem Omentum majus des Kaninchens.

teten Tieres wird in der Mittellinie des Bauches gespalten und mit der Hand seitwärts hochgehoben. Unter den sich zeigenden Bindegewebshäuten wird ein Objektträger hochgeschoben, so daß sich die Haut um die Ränder desselben legt. Man befestigt das Objekt wieder mit doppelter Ligatur und bringt es sofort in Formalin oder Alkohol. So wird das ganze Tier vom Ursprung der Oberschenkel bis zur Achselhöhle abgesucht. Die Ausbeute beträgt durchschnittlich 8—10 Objektträger. An Stellen, wo ein Objektträger sich nicht unterschieben läßt, kann man auch nicht zu dünne Deckgläschen benützen, an denen die Bindegewebshäute, wenn die Ränder um die Kanten des Glases geschlagen sind, durch Adhäsion festsitzen. So kann man z. B. auch das Endothel der Bauchdecke nutzbar machen, wenn man dasselbe mit dem Skalpell anritzt und mit der Pinzette anhebt. Auch die Dura mater läßt sich verwenden. Herzbeutel und Nierenbeutel werden mit den Organen herausgenommen, fixiert und nach Bedarf später abgelöst.

α) Zur Darstellung der leimgebenden Fibrillen färben wir nach der Pikrinblaumethode. Die Fibrillen erscheinen leuchtend blau, das Plasma der Bindegewebszellen grüngelb, die Kerne dunkelgrün.

Der auch von Dr. Grübler gebrauchsfertig käufliche Farbstoff wird in folgender Weise hergestellt:

Man bereitet eine Lösung von 0,5 g Anilinblau (nicht Methylenblau) in 100 ccm destilliertem Wasser und eine kalt gesättigte, wässerige Pikrinsäurelösung. Die Pikrinblaulösung besteht dann aus

Anilinblaulösung . . .	4 ccm
Pikrinsäurelösung . . .	46 „

Kuvettenfolge:

1. Alcohol absolutus,
2. Alkohol 90%,
3. Alkohol 70 %,
4. Pikrinblau ¼ Stunde,
5. Alkohol 50% (Abspülen),
6. Alcohol absolutus,
7. Xylol.

β) Dieselben Elemente stellen wir durch die Hämatoxylin-van

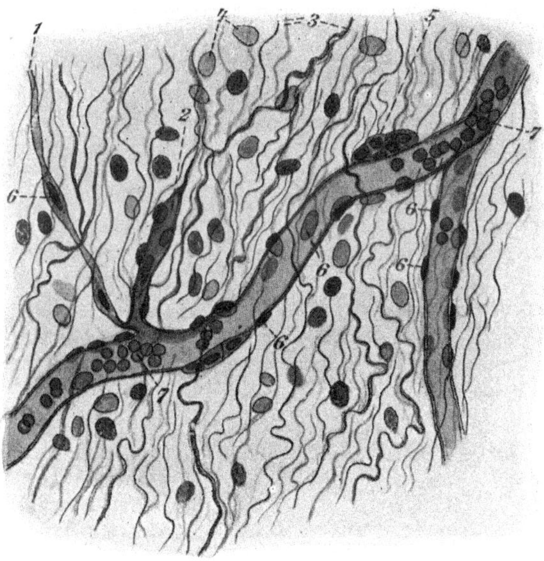

Fig. 37. Obj. VI. Kapillaren aus dem Omentum majus des Kaninchens.
1. und 2. Kapillaren in Entwickelung befindlich. — 3. Leimgebende Fasern. — 4. Bindegewebskerne. — 5. Leukocyten. — 6. Kerne der Kapillaren-Wandung. — 7. Rote Blutkörperchen.

Giesonfärbung dar. Die Bindegewebsfasern färben sich leuchtend rot, die Kerne der Zellen dunkelviolett.

γ) Die Hämatoxylin-Eosinmethode zeigt uns die Fasern rot, das Plasma rosa, die Kerne violett, die kapillären Blutgefäße rot und die roten Blutkörperchen in ihnen scharf hervortretend.

δ) Die Färbung mit Röthigs Kresofuchsin gibt uns ein schönes Bild der elastischen Fasern. Färbungsdauer ungefähr eine Stunde.

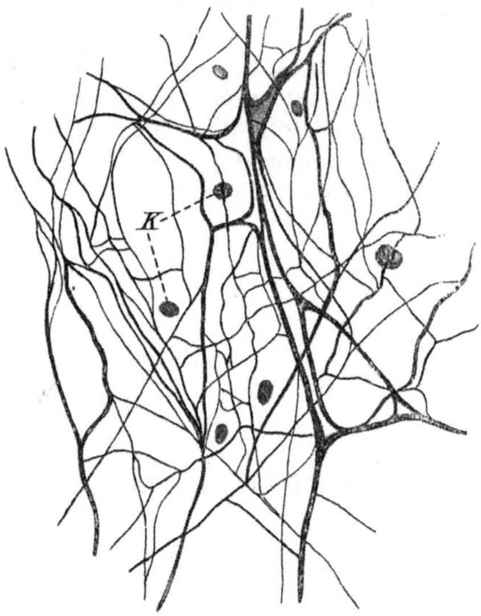

Fig. 38. Obj. VIII. Elastische Fasern aus dem Mesenterium des Kaninchens. K Kerne.

Die Farblösung wird nach der Vorschrift auf S. 10 hergestellt. Es ist vorteilhaft, den Farbstoff nur ganz kurze Zeit einwirken zu lassen, wenn man vorwiegend auf die Darstellung der elastischen Fasern Wert legt. Die Kuvettenfolge ist nachstehende:

1. Alcohol absolutus,
2. Alkohol 90%,
3. Alkohol 70%,
4. Kresofuchsin 2—5 Minuten,
5. Alkohol 95% (Ausspülen),
6. Alcohol absolutus,
7. Xylol.

Die elastischen Fasern erscheinen blau oder violett, die Knorpelsubstanz rötlich.

ε) Auch die Färbung mit Orcein liefert gute Resultate. Dieselbe wird im Uhrschälchen oder in der Kuvette vorgenommen. Verwendet man das von Dr. Grübler hergestellte „Orcein für Elastinfärbung", so genügt eine Minute Färbezeit in den meisten Fällen. Die Objekte kommen nach der Färbung in absoluten Alkohol, dann über Xylol in Kanadabalsam. Die elastischen Fasern sind sehr intensiv, braunviolett gefärbt.

Orcein $C_{28}H_{24}N_2O_7$ ist der Hauptbestandteil der Orseille (Flechtenfarbstoff aus Roccella- und Lecanoraarten). Die Lösung, die wir benutzen, (nach Unna), besteht aus

Orcein	0,5	g
Alcohol absolutus . . .	50	ccm.
Salzsäure	0,5	„ (erst nach Lösung des Farbstoffes in Alkohol zuzusetzen).

III. Knorpel.

Das Knorpelgewebe zeichnet sich durch die mächtige Ausbildung der Interzellularsubstanz aus, in der die einzelnen Knorpelzellen eingebettet liegen. Ist die Interzellularsubstanz vollkommen frei von anderen Bildungen, so heißt der Knorpel hyalin, finden sich elastische Fasern darin, so heißt er elastischer Knorpel, zeigt er leimgebende Fibrillen, so nennt man ihn Faserknorpel. Hyalinen Knorpel werden wir vom Schwertfortsatz des Frosches oder Kaninchens, sowie vom Gelenkkopf des Oberschenkels oder Oberarmes des ersteren untersuchen. Elastischen Knorpel liefert uns das Gießbecken vom Kehlkopf des Rindes oder

Schweines, und Faserknorpel betrachten wir an den Augenlidern des Kaninchens. Wir können Knorpelschnitte entweder frisch betrachten oder die Stücke fixieren und einbetten. Wegen seiner eigentümlichen Konsistenz läßt sich auch frischer Knorpel sehr bequem mit dem Rasiermesser oder Mikrotom schneiden.

a) Hyaliner Knorpel. α) Processus xiphoideus (Schwertfortsatz) vom Brustbein des Frosches. Wir präparieren an einem Frosch, der mit Chloroform getötet worden ist, die Bauchhaut ab. Durch die Muskulatur hindurch sehen wir am unteren Ende des Brustbeins den breiten, im Umriß knaufförmigen Schwertfortsatz. Mit Schere und Pinzette präparieren wir denselben heraus. Dieser Knorpel ist so dünn, daß wir ihn ohne weiteres betrachten können. Wir bringen ihn in etwas Lugolsche Lösung (Jod 2,0, Jodkalium 4,0, Aqua destillata 200,0) auf den Objektträger, legen ein Deckglas auf und betrachten erst bei mittlerer, dann bei starker Vergrößerung, wenn die Dicke des Objekts gestattet, das Objektiv tief genug einzustellen.

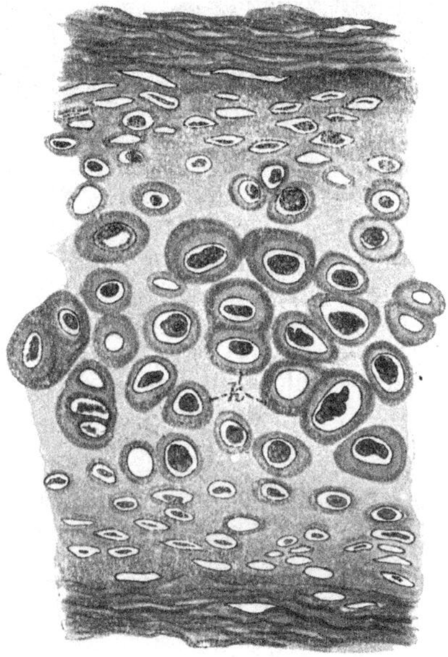

Fig. 39. Lepus cuniculus. Processus xiphoideus. Quer. (Orange G-Hämatoxylin.)
k Knorpelkapseln.

β) Knorpel vom Gelenkkopf des Oberschenkels oder Oberarmes des Frosches. Wir schneiden an demselben Frosch die Muskulatur um das Schultergelenk herum auf und drehen den Oberarm aus seiner Gelenkpfanne. Dann trennen wir den Arm vollständig ab und entfernen vom Oberarm durch Schaben die Muskulatur. Man kann diesen Knochen sehr bequem in der Hand halten und mit dem Rasiermesser durchsichtige, dünne Scheiben vom Gelenkkopf abschneiden; er läßt sich aber auch in die Klammer des Mikrotoms einspannen, wo die Schnitte noch dünner und gleichmäßiger werden. Auch dieses Objekt wird in Lugolscher Lösung bei starker Vergrößerung betrachtet.

γ) Dauerpräparate vom Schwertfortsatz oder vom Rippenknorpel des Kaninchens (Fig. 39). Der Schwertfortsatz des Kaninchens wird wie beim Frosch herauspräpariert. Wir schneiden dann mit einer starken Schere die untersten Rippen etwa 1 cm vom Brustbein entfernt beiderseits durch und trennen die Stumpfe mit dem Brustbeinende ab. Die Muskulatur wird so gut wie möglich abpräpariert und alle Knorpelteile in Müllerscher Flüssigkeit fixiert. Nach der Alkoholhärtung kommen die Objekte nicht in Xylol, sondern in Chloroform, aus diesem in eine Lösung von Paraffin in Chloroform und werden endlich in Paraffin eingebettet. Die Färbung geschieht nach einer der folgenden Methoden:

Nach der Hämatoxylin-van Giesonmethode. Die Interzelullarsubstanz wird gelborange, die Knorpelkapseln rot, der Inhalt derselben violett mit scharf hervortretendem Kerne.

Nach der Biondi-Ehrlich-Heidenhainschen Methode. Der Knorpel wird in verschiedenen Tönen lebhaft grün gefärbt, so daß alle Einzelheiten sehr scharf hervortreten.

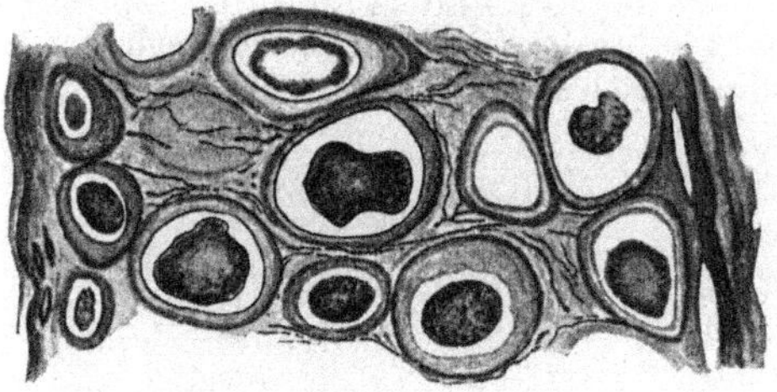

Fig. 40. Lepus cuniculus. Ohrknorpel mit elastischen Fasern. Querschnitt (Haidenhain).

Nach der Hämatoxylin-Eosinmethode. Die Interzellularsubstanz färbt sich rotviolett, die Kapseln dunkelviolett, der Inhalt hellblauviolett mit scharf hervortretenden Kernen.

b) Elastischer Knorpel (Fig. 40, 41, 42). Man verschaffe sich vom Schlächter den Kehlkopf eines Schweines, trenne den Kehldeckel ab und schneide entweder mit dem Rasiermesser oder am Mikrotom. Die Beobachtung erfolgt in Lugolscher Lösung. Wir sehen außer den Knorpelzellen ein mehr oder weniger dichtes Netz von elastischen Fasern, das je nach der Schnittrichtung in Form feiner Striche, dunkler Punkte oder auch eines geschlossenen Netzes erscheint.

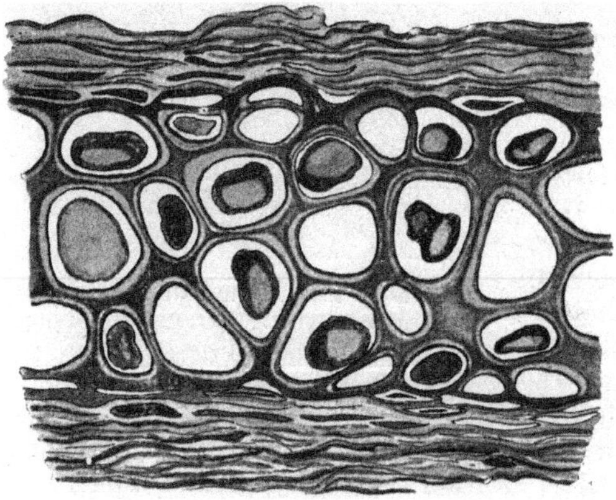

Fig. 41. Lepus cuniculus. Ohrknorpel quer (Kresofuchsin).

Auch vom Ohrknorpel des Kaninchens lassen sich Präparate elastischen Knorpels herstellen, doch liegen hier die Knorpelzellen so dicht, daß das Bild wenig instruktiv ist.

Der Kehldeckel des Schweines wird, soweit er nicht frisch verbraucht wird, wie hyaliner Knorpel fixiert und eingebettet. Die Färbung zur Sichtbarmachung der elastischen Fasern geschieht mit Röthigs Kresofuchsin oder mit Orcein.

c) Faserknorpel. Zur Demonstration dieser Art benutzen wir den knorpeligen Rand der Augenlider des Kaninchens. Die Herstellung der Schnitte aus frischem Material ist sehr schwierig. Wir fixieren daher wie unter a) und betten in Paraffin ein. Der Faserknorpel zeigt sich ganz von leimgebenden Fibrillen durchsetzt und enthält nur wenig Knorpelzellen. Die Färbung geschieht mit Pikrinblau, welches wir auch bei der Färbung des Bindegewebes angewendet haben.

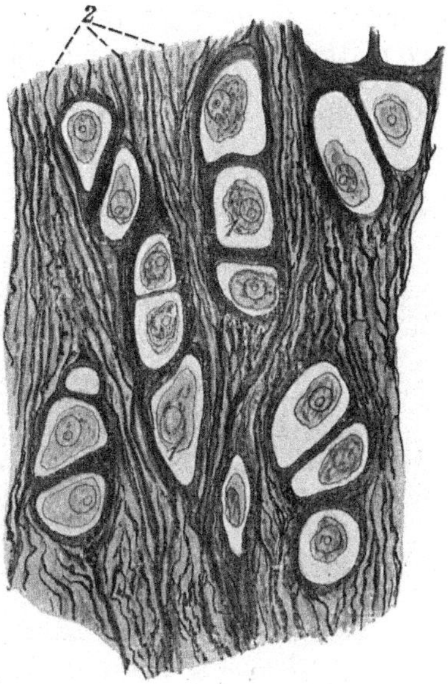

Fig. 42. Obj. VIII. Elastischer Knorpel aus der Epiglottis von Sus domesticus.

1. Knorpelzellen. — 2. Elastische Fasern.

IV. Glatte Muskulatur.

Die glatten Muskelfasern zeichnen sich durch das Fehlen jeder Struktur sowie durch ihre sehr geringe Länge aus, die meist unter $\frac{1}{4}$ mm bleibt und nur ganz ausnahmsweise $\frac{1}{2}$ mm erreicht. Jede solche Faser ist eine langgestreckte Zelle mit eiförmigem Kern. Wir wollen ein Mazerations- und ein Texturpräparat herstellen.

a) Glatte Muskelfasern, durch Mazeration isoliert. Wir benutzen von dem für die Bindegewebssubstanzen gebrauchten Kaninchen einige Stückchen des Dünndarms. Die Mazeration erfolgt in 20%iger Salpetersäure oder in 35%iger Kalilauge nach den Vorschriften auf S. 21.

b) Glatte Muskulatur aus der Harnblase des Frosches oder der Kröte (Fig. 43). Wir eröffnen die Leibeshöhle eines Frosches, drücken den Inhalt der Blase heraus, während diese noch im Körper sitzt, und füllen sie mittels einer kleinen Glasspritze, deren Spitze von der Kloake her durch den Blasenhals bis in die Blase geführt werden muß, mit absolutem Alkohol, der als Fixierungsmittel gewählt werden soll. Dann wird der sehr kurze Blasenhals vorsichtig abgebunden und die gefüllte Blase in absoluten Alkohol gelegt. Die Fixierung erfolgt nach den vorn gegebenen Regeln. Nach Beendigung derselben wird die Blase aufgeschnitten, mit der Innenseite nach oben auf einem Objektträger ausgebreitet und von dieser Innenseite mit einem Pinsel das Blasenepithel herunter-

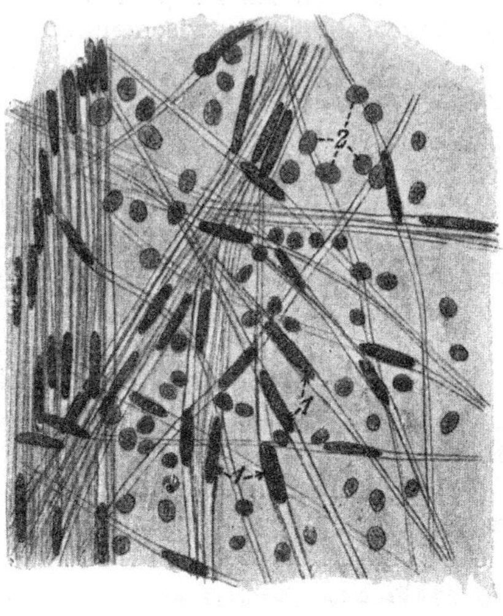

Fig. 43. Obj. VI. Glatte Muskelzellen aus der Wandung der Harnblase von Bufo maxima.

1. Kerne der Muskelzellen. — 2. Bindegewebskerne.

gepinselt. Die Blasenwandung wird dann wie Bindegewebe auf dem Objektträger festgebunden und nach der Merkelschen Methode mit Indigkarmin-Boraxkarmin gefärbt. Die Muskelfasern werden leuchtend blau, die Kerne karminrot. Sehr häufig sind auch noch Zellen des Blasenepithels zu erkennen.

Mißlingt die Füllung der Blase, so muß man dieselbe auf andere Weise herauspräparieren. Man schneidet sie mit dem hinter ihr liegenden Teile des Mastdarmes, mit dem sie durch Bindegewebe verbunden ist, heraus, präpariert danach die Darmreste ab, öffnet die Blase mit der Schere und breitet sie in einfacher Schicht, die Innenseite nach oben, auf dem Objektträger aus. Dann wird sie festgebunden und in absolutem Alkohol fixiert.

Die Blase des Kaninchens ist für eine derartige Präparation zu dick. Die Präparate werden meist undurchsichtig. Blasen von Mäusen und Ratten dagegen sind brauchbar.

V. Quergestreifte Muskulatur (Fig. 44, 45, 46, 47, 48, 49.)

Die Fasern dieser Muskulatur zeigen bei starker Vergrößerung eine deutliche Querstreifung, welche durch das verschiedene Lichtbrechungsvermögen der einzelnen Teile der Faser hervorgerufen wird. Die dunkler erscheinenden Querstreifen sind optisch doppelbrechend. Die Muskelfaser ist von einer Haut, dem Sarkolemm, umgeben und läßt sich durch geeignete Mazerationsmittel in viele feinste Fibrillen zerlegen, die für gewöhnlich durch das Sarkoplasma verkittet sind. Die Kerne der Muskelfasern sind oval und liegen der Längsachse der Fasern parallel. Diese sind bedeutend länger als die Elemente der glatten Muskulatur. Ihre Länge schwankt zwischen 5,3 cm und 12,3 cm.

a) Quergestreifte Muskeln aus dem Hinterleib des Flußkrebses (oder Flugmuskeln von Insekten, siehe Kapitel Insekten). Die Muskulatur von Astacus zeichnet sich durch besonders deutliche Querstreifung aus. Wir heben mit der Schere einige Rückenpanzer der Hinterleibsringe ab und entnehmen der Muskelmasse durch tangentiale Scherenschnitte einige Bündel, die wir auf dem Objektträger in physiologischer Kochsalzlösung zerzupfen. Bei starker Vergrößerung sehen wir eine deutliche Querstreifung und die heller erscheinenden Kerne.

b) Wir machen dasselbe Präparat und saugen mit Fließpapier etwas Brunnenwasser durch das Gesichtsfeld. Nach einigen Minuten sieht man, wie sich das Sarkolemm von der Fasersubstanz an manchen Stellen loslöst.

c) Wir machen dasselbe Präparat und saugen ein wenig 0,1%ige Essigsäure durch das Gesichtsfeld. Die Kerne treten jetzt als dunkle Striche scharf hervor.

d) Wir mazerieren einige Muskeln des Krebses nach der Kühneschen Methode (s. S. 21) und können nach Färbung mit Pikrokarmin unter dem Deckglase Dauerpräparate in Glyzerin herstellen.

e) Wir mazerieren nach der Kühneschen Methode eine Froschzunge und stellen nach eventueller Färbung mit Pikrokarmin Glyzerinpräparate her. Viele der Muskelfasern zeigen interessante Verzweigungen, wie in Fig. 44 dargestellt.

f) Schnittpräparate. Wir benutzen hierzu wieder Abdominalmuskulatur des Krebses oder Muskelstücke von den Gliedmaßen der

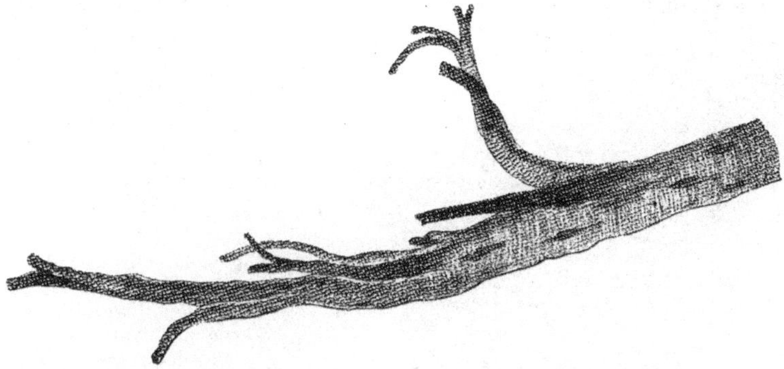

Fig. 44. Obj. VI. Rana. Verzweigte quergestreifte Muskelfaser der Zunge.

gemeinen Eidechse, oder Kehlkopfmuskeln z. B. vom Kaninchen; fixieren erstere in Chromessigsäure, letztere in Pikrinsalpetersäure, entwässern, härten und betten über Chloroform und Chloroformparaffin

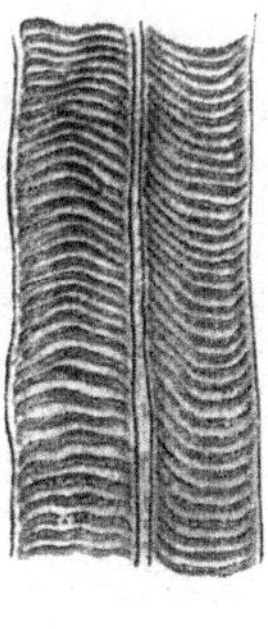

Fig. 45. Obj. VIII. Teile von quergestreiften Muskelfasern (aus dem Kehlkopf des Kaninchens).

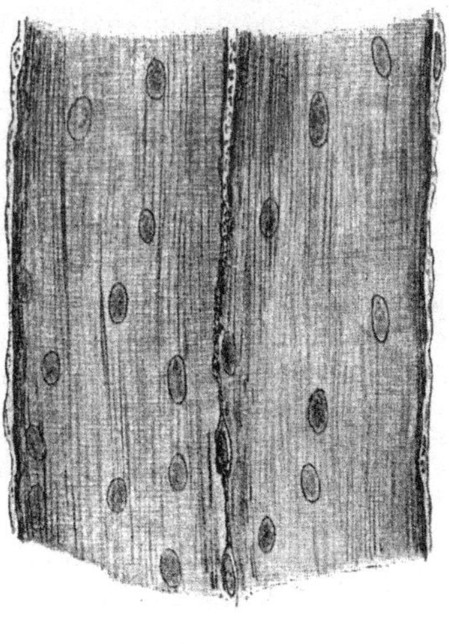

Fig. 46. Obj. VIII. Teile von quergestreiften Muskelfasern (aus dem Kehlkopf des Kaninchens). Primitivfibrillen und Kerne zeigend.

in Paraffin ein. Wir schneiden längs und quer zur Richtung der Muskelfaser 5—10 μ dick und färben nach Merkel in Indigkarmin-Boraxkarmin. Die Beobachtung geschieht mit starker Vergrößerung, am besten mit der Immersionslinse. Sind Kehlkopfschnitte vorhanden, so kann man das Studium des quergestreiften Muskelgewebes an diesen vornehmen lassen; man hat den Vorteil, quergeschnittene und längsverlaufende Faserbündel gleichzeitig beobachten zu können. Wie die

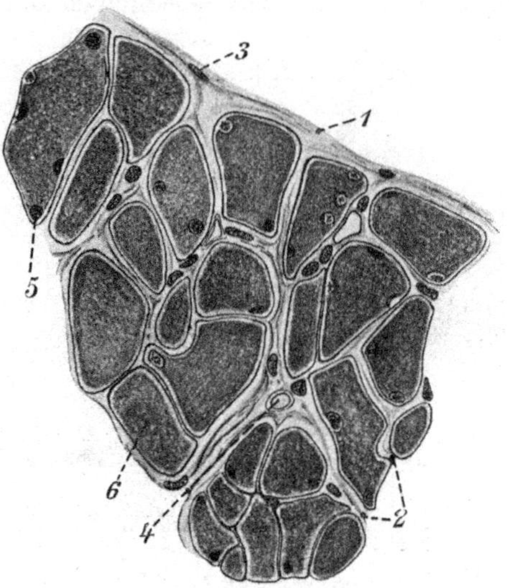

Fig. 47. Obj. VIII. Teil eines quergeschnittenen Kehlkopfmuskels des Kaninchens.

1. Perimysium des Muskels. — 2. Perimysium der einzelnen Muskelfasern. — 3. Perimysium-Kerne. — 4. Kapillare. — 5. Muskelkerne. — 6. Muskelfaser.

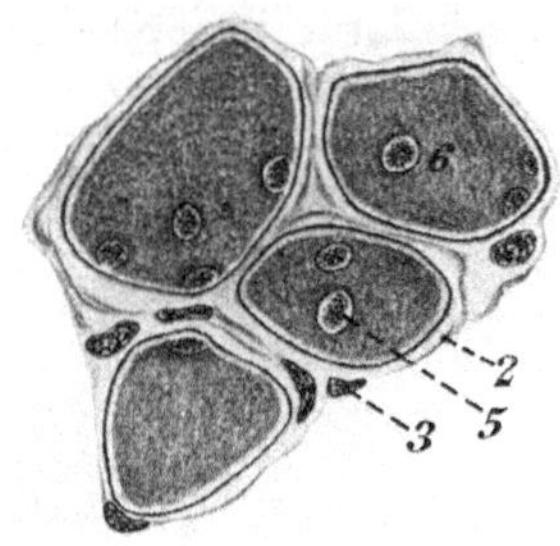

Fig. 48. Obj. VIII. Teil eines quergeschnittenen Kehlkopfmuskels des Kaninchens; Muskelkerne z. T. im Innern der Fasern. Bezeichnungen wie Fig. 47.

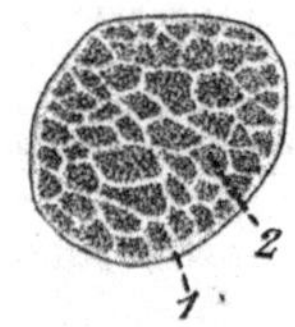

Fig. 49. Obj. VIII. Querschnitt einer Muskelfaser aus einem Kehlkopfmuskel des Kaninchens.

1. Sarkolemm. — 2. Bündel der Primitivfibrillen (Cohnheimsche Felder). Zwischen den Bündeln liegt das Sarkoplasma.

beistehenden Abbildungen, Fig. 45—49, zeigen, sind alle Einzelheiten, auf die es hierbei ankommt, gut zu erkennen, sogar die Cohnheimsche Felderung auf der quergeschnittenen Muskelfaser ist sehr oft deutlich wahrnehmbar.

VI. Nervenfasern (Fig. 50, 51).

An einer vollständigen Nervenfaser haben wir zu unterscheiden:

1. den **Achsenzylinder,** der eine Fortsetzung der im Zentralnervensystem gelegenen Nervenzellen darstellt,
2. die **Markscheide,** welche den vorigen wie ein Zylindermantel umhüllt, und
3. das **Neurilemm,** eine bindegewebsartige Hülle, welche die Markscheide umgibt.

Die Markscheide oder das Neurilemm oder beide können auf der ganzen Ausdehnung der Nervenfaser oder an Teilen derselben fehlen. An vielen Nervenfasern treten sehr schmale, ringförmige Zonen auf, wo die Markscheide fehlt und das Neurilemm den Achsenzylinder unmittelbar berührt. Diese Stellen heißen Schnürringe, und von ihnen aus findet die Ernährung des Achsenzylinders statt. Die Nervenstränge, welche wir zwischen den Muskeln sehen, bestehen aus einer großen Anzahl von Nervenfaserbündeln, welche je von einer gemeinsamen Hülle, dem Perineurium, umgeben sind und insgesamt in einer elastischen Bindegewebssubstanz, dem Epineurium, liegen.

a) Nervenfasern des Frosches. Man präpariert an einem mit Chloroform getöteten Frosch den Nervus ischiadicus des Beines heraus. Wir öffnen den Frosch von der Bauchseite, nehmen sämtliche Eingeweide heraus und sehen dann die Nervenstränge des Pferdeschweifes, welche von den unteren Wirbeln bis nach den Beinen ziehen. Der stärkste von ihnen, welcher in die Oberschenkel geht, ist der Nervus ischiadicus (vgl. die betreffende Fig. zum Kapitel Frosch). Wir schneiden ein Stückchen von etwa 2 mm Länge mit der Schere heraus, bringen es auf den Objektträger in physiologische Kochsalzlösung, reißen mit zwei Nadeln das Epineurium auf und zerzupfen sehr schnell den Inhalt. Die Beobachtung geschieht bei starker Vergrößerung.

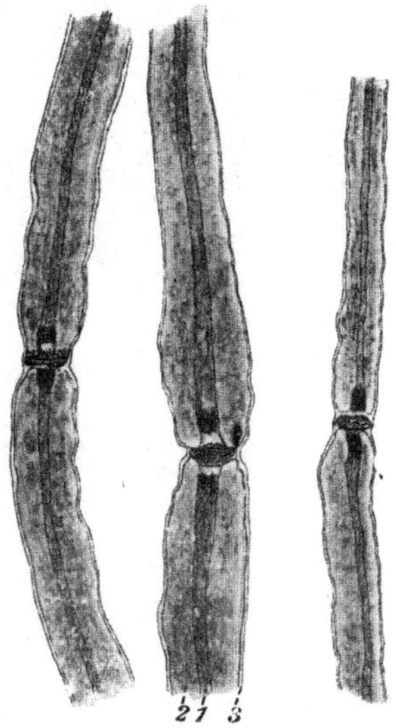

Fig. 50. Obj. VIII. Nervenfasern mit Schnürringen aus dem Nerv. ischiadicus des Frosches.
1. Achsenzylinder. — 2. Markscheide. — 3. Neurilemm.

b) Darstellung der Schnürringe (Fig. 50). Man legt wie bei a) die Nerven des Pferdeschweifes im Frosche frei und spült die Bauchhöhle mit destilliertem Wasser gründlich aus. Dann gießt man eine $\frac{1}{3}$%ige Lösung von Silbernitrat in das Präparat, schneidet nach zwei Minuten einige Nervenstücke heraus und bringt sie in ein Uhrglas mit der gleichen Flüssigkeit, welches auf $\frac{1}{2}$ Stunde in einen dunklen Schrank gestellt wird. Danach werden die Präparate bis zu 24 Stunden in wenig destilliertem Wasser gewaschen. Darauf färbt man etwa $\frac{1}{4}$—$\frac{1}{2}$ Stunde in Boraxkarmin und spült noch einmal in destilliertem Wasser nach. Man zerzupft nun auf einem Objektträger in Alkohol, entwässert in Alcohol absolutus und führt über Xylol in Kanadabalsam über. Die Präparate läßt man bis zur nächsten Übung im diffusen Tageslicht liegen oder setzt sie, falls dies zufällig möglich ist, dem starken Sonnenlichte auf wenige Minuten aus. Die Schnürringe und die benachbarten Teile des Achsenzylinders erscheinen durch Silber geschwärzt, die Nervenfasern im übrigen rotgefärbt. Der Achsenzylinder zeigt an den Stellen der Schnürringe sog. bikonische Anschwellungen, die aber bei der geschilderten Präparationsmethode sich häufig in der Markscheide verschieben und dann nicht direkt am Schnürring, sondern in einiger Entfernung von ihm zu sehen sind.

c) Nervenverzweigungen des Sympathicus im Mäusedarm. Wir stellen uns eine Lösung von Methylenblau in physiologischer Kochsalzlösung im Verhältnis 1 : 20 000 her. Dann töten wir eine Maus mit Chloroform und präparieren einige etwa 1 cm lange Stücke des Darmes heraus, spritzen sie mit physiologischer Kochsalzlösung aus und bringen sie auf ½—1 Stunde in die blaue Lösung. Dann spalten wir die Darmstückchen der Länge nach und legen sie mit der Außenseite nach oben auf einen Objektträger. Wir legen ein Deckgläschen auf, drücken sanft an und befestigen die vier Ecken des Deckgläschens mit Klebwachs. Wir betrachten bei starker Vergrößerung (wenn möglich mit Immersionslinse) und finden die feinsten Verzweigungen des Darmsympathicus blau gefärbt.

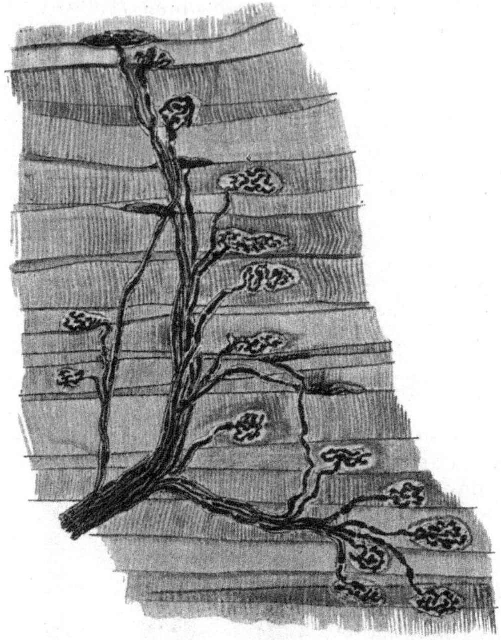

Fig. 51. Obj. IV. Endplatten motorischer Nerven an quergestreiften Muskelfasern des Kaninchens.

Die Präparate halten sich nur sehr kurze Zeit. Ihre Fixierung ist sehr umständlich und für Kurszwecke ungeeignet. Will man doch einige von ihnen aufheben, so behandle der Kursleiter sie nach folgender Vorschrift:

Die Darmteile kommen

1. auf 10—15 Minuten in eine wässerige Lösung von pikrinsaurem Ammoniak (Grübler), dann sofort
2. auf 45—60 Minuten in

Ammoniummolybdat	1 g
Offizinelle Salzsäure	1 Tropfen
Aqua destillata	20 ccm
Wasserstoffsuperoxyd . . .	1 ccm.

Das Ammoniummolybdat wird unter Erhitzen in Aqua destillata gelöst, bis die Trübung verschwindet. Die Molybdänsäurefällung durch den HCl-Zusatz wird durch Schütteln aufgehoben.

3. Die Präparate werden in Wasser gewaschen,
4. in die steigende Alkoholreihe gebracht,
5. über Xylol in Paraffin eingebettet, oder, wenn das Objekt dünn genug ist, direkt auf den Objektträger in Balsam gebracht.

d) Nervenendplatten (Fig. 51) wollen wir an motorischen Nervenendigungen des Kaninchens untersuchen, Wir erhitzen 24 ccm 1%ige Goldchloridlösung mit 6 ccm Ameisensäure zum Sieden, lassen mehrere Male aufwallen und dann erkalten. Inzwischen töten wir ein Kaninchen durch Chloroform, entfernen an der Brust das Fell und schneiden quer zu den Rippen mehrere kleine Stücke aus der Brustkorbwandung heraus. Es kommt darauf an, daß die Muskulatur zwischen den einzelnen Rippen erhalten bleibt. Die kleinen Stücke bringt man auf eine Stunde in die Goldlösung, die im Dunkeln zu halten ist. Nach dieser Zeit wäscht man in wenig destilliertem Wasser ab und reduziert das in den Präparaten befindliche Goldchlorid dadurch, daß man dieselben bis zu 48 Stunden in einer Mischung von 1 Teil Ameisensäure und 4 Teilen Aqua destillata dem Tageslichte aussetzt. Nachdem die Objekte dunkelviolett geworden sind, kommen sie auf 3—6 Tage in 70%igen Alkohol. Dann zerzupft man sehr kleine Stücke der zwischen den Rippen befindlichen Muskulatur auf dem Objektträger in verdünntem Glyzerin mit sehr wenig Ameisensäurezusatz. Das Deckgläschen wird angedrückt, und man kann dann unter dem Mikroskop bei starker Vergrößerung die dunklen Nervenfasern bis in ihre motorischen Endplatten verfolgen. Die Präparate werden am besten dunkel aufbewahrt. Beim Arbeiten mit vergoldetem Material dürfen keine Stahlinstrumente benutzt werden; man zerzupft mit spitzgezogenen Glasstäbchen oder -Röhren.

4. Abschnitt.

Aus der Physiologie.

Aus der großen Zahl der in der Literatur beschriebenen physiologischen Experimente eignen sich nur ganz wenige für Schülerübungen; einmal, weil die Ausführung derselben häufig ein größeres Geschick und mehr Übung voraussetzt, als wir den Schülern zumuten dürfen, und sodann, weil Untersuchungen am lebenden Organismus, wie sie die Physiologie verlangt, für unsere Zwecke nicht in Frage kommen können. Von den im folgenden geschilderten Experimenten sind eigentlich nur die über die Verdauung umfangreich genug, um als selbständiges Übungspensum im Zusammenhang erledigt werden zu können, während die übrigen Versuche an passender Stelle in die anatomischen Kurse einzuschieben sind. Diese sind in hohem Maße geeignet, das ausschließlich präparative Arbeiten abwechselungsreich zu gestalten.

Für die meisten Aufgaben dieses Kapitels werden Kenntnisse in der organischen Chemie vorausgesetzt; sie eignen sich daher vorwiegend für die Oberprima der Oberrealschule. Sollte, was zu hoffen ist, der organischen Chemie in absehbarer Zeit der ihr gebührende Platz im Lehrplane zuteil werden, so werden auch diese Übungen allgemeiner verwendbar sein. Die Aufgaben sind sämtlich im Schulbetriebe erprobt worden und haben den Schülern nirgends Schwierigkeiten bereitet.

---

1. Kapitel.

Verdauung.

Der Verdauungsprozeß wird hier nur nach seiner chemischen Seite untersucht und die Wirkung der verschiedenen Verdauungsfermente auf die drei Hauptbestandteile der tierischen Nahrung, Kohlehydrate, Eiweißkörper und Fette im Probierröhrchen oder Becherglase betrachtet. Wenn die Gewinnung der aktiven Verdauungssäfte aus dem Tierkörper zu schwierig ist, sind die käuflichen Fermente angewendet, über deren Herstellung aus den betreffenden Organen das Nötige gesagt ist.

I. Mundverdauung.

Neben der mechanischen Zerkleinerung der Speisen durch die Zähne und der Durchtränkung derselben mit Speichel haben wir es hier mit einer Fermentwirkung des letzteren zu tun. Der Speichel enthält außer stets vorkommenden geformten Bestandteilen, wie Mundepithelresten, Speichelkörperchen (abgestorbenen Leukocyten) und einem Spaltpilz (Leptothrix buccalis), in gelöstem Zustande einen Eiweißkörper (Mucin), verschiedene Salze (NaCl, KCl, Na_2HPO_4, $CaH_2(CO_3)_2$, KCNS) und das Ferment Ptyalin. Letzteres kommt indessen außer dem Menschen unter den Säugetieren nur den Affen, Schweinen und den meisten Nagetieren zu. Die Wirkung des Ptyalin besteht darin, daß es unlösliche Stärke oder Glykogen (Muskelstärke) zuerst in Dextrin, dann in Malzzucker (Maltose $C_{12}H_{22}O_{11} + H_2O$) überführt.

Vorversuche:

1. Reihe. a) Man stellt eine Stärkelösung her, indem man eine große Messerspitze Stärkemehl in 10 ccm destilliertem Wasser anrührt und mit 100 ccm kochenden Wassers vermischt. Zu einer Probe dieser Stärkelösung im Reagenzglase setzt man einige Tropfen einer Lösung von Jod in wässeriger Jodkaliumlösung. Es tritt die bekannte Stärkereaktion des Jods (Blaufärbung) ein.

b) Man löst etwas Dextrin in warmem Wasser auf und läßt abkühlen. Auf Zusatz von einigen Tropfen Jodjodkaliumlösung entsteht eine rotviolette Färbung.

c) Man macht denselben Versuch mit einer Malzzuckerlösung. Es tritt kein Farbenwechsel ein.

2. Reihe. a) Man macht im Reagenzglase eine Malzzuckerlösung durch Zusatz einiger Tropfen Kalilauge alkalisch und fügt dann tropfenweise verdünnte Kupfersulfatlösung dazu. Es entsteht ein blauer Niederschlag von Kupferhydroxyd $Cu(OH)_2$, der sich durch Schütteln wieder löst. Man darf nur solange Kupfersulfat zusetzen, wie Lösung des Niederschlages erfolgt. Erwärmt man jetzt, so reduziert der Malzzucker das $Cu(OH)_2$ zu Kupferhydroxydul $Cu_2(OH)_2$, welches als gelber Niederschlag ausfällt und sich bei weiterem Erhitzen in rotes Kupferoxydul Cu_2O verwandelt (Trommersche Probe). Diese Eigenschaft, Kupfersalz zu reduzieren, zeigen alle Zuckerarten, welche eine Aldehydgruppe COH im Molekül enthalten (Aldosen), z. B. Traubenzucker, Mannose, Galaktose, Malzzucker, Milchzucker.

b) Man stellt die Trommersche Probe mit einer Dextrinlösung an. Bei Verwendung des gewöhnlichen, käuflichen Dextrins fällt dieselbe negativ aus. Nur sehr reines Dextrin zeigt schwachen Aldehydcharakter.

c) Man stellt die Trommersche Probe mit Stärkelösung an. Es tritt keine Reduktion ein.

Diese Versuche zeigen also:

Stärke wird durch Jod blau gefärbt und reduziert alkalische Kupferlösung nicht.

Dextrin wird durch Jod rotviolett gefärbt und reduziert alkalische Kupferlösung selten.

Maltose zeigt mit Jod keinen Farbenwechsel und reduziert alkalische Kupferlösung stets.

Hauptversuch.

Zu diesem Versuch benutzen wir dieselbe Stärkelösung wie oben, von der wir uns also überzeugt haben, daß sie mit Jodlösung eine Blaufärbung gibt und alkalische Kupferlösung nicht reduziert. Dann läßt man in ein Becherglas Speichel aus dem Munde fließen und unterstützt die Sekretion durch Massage des unteren Zahnfleisches von der Unterlippe und den Wangen her. Hat man einige Kubikzentimeter erhalten, so gießt man etwas Stärkelösung dazu und erhitzt vorsichtig etwa fünf Minuten lang im Wasserbade (am besten im Thermostaten) auf 40°. Macht man jetzt mit einem Teil der Flüssigkeit die Jodprobe, so erhält man die rotviolette Färbung der Dextrinreaktion, während die Trommersche Probe zu dieser Zeit noch nicht mit Sicherheit positiv ausfällt. Erhitzt man noch einige Minuten länger auf 40° und stellt dann die Trommersche Probe an, so erhält man den roten Niederschlag von Kupferoxydul. Die Stärke ist also durch die Einwirkung des Speichels zunächst in Dextrin und dann in einen reduzierenden Zucker (Maltose) verwandelt worden.

II. Magenverdauung.

Der Magensaft enthält als verdauende Bestandteile drei Fermente, das Pepsin, das Labenzym, die Magenlipase, und außerdem stets 0,2% freie Salzsäure. Die Magenlipase ist nur in sehr geringer Menge vorhanden und wirkt verdauend auf emulgierte Fette. Da es schwierig ist, natürlichen Magensaft zu erhalten, so stellen wir uns künstlichen her.

Wir untersuchen zunächst die Wirkung des Pepsins und lösen zu diesem Zwecke eine Messerspitze käuflichen Pepsins in 100 ccm destilliertem Wasser. Dazu setzt man 100 ccm 0,4%ige Salzsäure.

Die Herstellung des käuflichen Pepsins ist ziemlich umständlich und erfordert Apparate, die in der Schule gewöhnlich nicht zur Verfügung stehen. Eine stark pepsinhaltige Flüssigkeit gewinnt man aber leicht in folgender Weise (v. Wittich): Man zieht die Magenschleimhaut des Kaninchens oder Schweins in möglichst dünner Schicht ab und zerkleinert sie soweit wie möglich, wäscht mit Wasser und gießt recht sorgfältig ab. Der Rückstand wird mit Glyzerin übergossen, welches innerhalb einiger Stunden eine beträchtliche Menge Pepsin aufnimmt und nun unmittelbar als Pepsinlösung wirkt. Läßt man das Glyzerin über den Hautstückchen stehen, so sind diese gegen Fäulnis geschützt, und das Glyzerin kann, wenn es verbraucht worden ist, noch einige Male mit gutem Erfolge erneuert werden. Fällt man den Glyzerinauszug mit Alkohol, so erhält man einen Niederschlag, in dem sich das wirksame Pepsin befindet. Pepsinglyzerin ist auch von Dr. Grübler in Leipzig käuflich zu beziehen. Ein Tropfen der Flüssigkeit löst ein Gramm Fleisch.

Das Pepsin hat die Eigenschaft, in Gegenwart freier Säure (HCl) Eiweißkörper zu lösen, d. h. in eiweißartige, jedoch bedeutend weniger kompliziert zusammengesetzte Verbindungen, die Peptone, überzuführen. Wir benutzen zur Verdauung hartgekochtes Hühnereiweiß, das wir auf einem Holzbrettchen in kleine Stücke (etwa 1 cmm groß) schneiden. Die Pepsinsalzsäure wird in einem Becherglase in den Thermostaten gestellt, der auf 40° C eingestellt ist. Nachdem sie diese Temperatur angenommen hat, fügen wir etwas von dem gehackten Eiweiß dazu nnd beobachten im Thermostaten, wie die anfangs undurchsichtigen Stückchen aufquellen, allmählich durchsichtig werden und sich schließlich unter Schlierenbildung auflösen.

Man hat sich nun zu überzeugen, daß die Lösung auch jetzt noch, wenn auch stark veränderte, so doch spezifisch als solche charakterisierte Eiweißkörper enthält. Zu Vergleichsversuchen stellen wir uns eine Lösung von Hühnereiweiß her. Man schlägt ein rohes Ei an und fängt das Weiße in einer Reibschale auf. Hier schlägt man es mit dem Pistill einige Minuten, bis es eine gleichmäßige Beschaffenheit angenommen hat, setzt dann 150 ccm physiologische Kochsalzlösung dazu, verreibt noch einmal und seiht durch ein Koliertuch.

Als *Kontrollversuche* wählen wir die *Millonsche Probe* und die *Biuretreaktion*.

Millons Reagens wird dargestellt, indem man 10 g Quecksilber in 20 g Salpetersäure unter Erwärmen löst. Dann verdünnt man die Lösung mit dem doppelten Volumen destillierten Wassers und gießt nach einigen Stunden ab.

Vorversuch: Wir setzen zu einer Probe der Eiweißlösung einige Tropfen von *Millons* Reagens. Es zeigt sich ein weißer Niederschlag, der sich beim Kochen zusammenballt und rosenrot färbt.

Hauptversuch: Wir stellen die *Millon*sche Probe mit dem verdauten Eiweiß an. Sie fällt positiv aus.

Die *Millon*sche Probe ist eine Reaktion, welche über die Konstitution der Eiweißkörper einige Schlüsse zu ziehen gestattet. Sie gelingt bei allen organischen Verbindungen, die einen Benzolring enthalten, in welchem 1 Atom H durch OH ersetzt ist. Die Reaktion zeigt also, daß jedenfalls ein Benzolring im Eiweißmolekül enthalten ist.

Versuch: Wir stellen die *Millon*sche Probe mit einer 1%igen Phenollösung $C_6H_5(OH)$ an. Sie fällt positiv aus.

Biuretprobe. *Vorversuch*: Wir setzen im Reagenzglase zu etwas Eiweißlösung einige Tropfen Kalilauge. Dann stellen wir uns eine schwache, wässerige Lösung von Kupfervitriol her, die gerade noch bläulich gefärbt ist, und fügen wenige Tropfen (nicht zu viel!) zur alkalischen Eiweißlösung. Es entsteht eine violette Färbung.

Hauptversuch: Wir stellen denselben Versuch mit dem verdauten Eiweiß an. Er fällt positiv aus. Der Hauptversuch erfordert etwas mehr Kalilauge als der Vorversuch, da die freie Salzsäure erst neutralisiert werden muß.

Die Biuretprobe gestattet keine Schlüsse über die Konstitution der Eiweißkörper. Sie ist lediglich eine Farbenreaktion.

Biuret 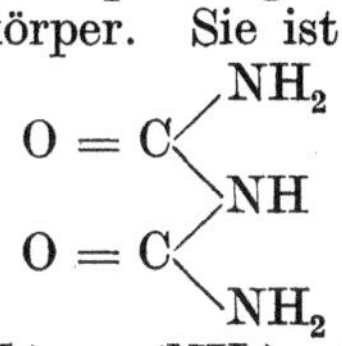 ist ein Derivat des Harnstoffs und entsteht durch trockenes Erhitzen desselben.

$$2\,CO(NH_2)_2 = (NH_2)_2 \,.\, NH \,.\, (CO)_2 + NH_3.$$

Versuch: Man erhitze etwas Harnstoff trocken im Reagenzglase bis über den Siedepunkt. Das entweichende Ammoniak ist am Geruch zu erkennen. Der Rückstand wird in wenig destilliertem Wasser gelöst und zeigt die oben geschilderte Farbenreaktion.

Man hat nun zu zeigen, daß trotz einiger gemeinsamen Reaktionen, die die Verwandtschaft der Peptone mit den Eiweißkörpern beweisen, auch unterscheidende Eigenschaften vorhanden sind.

a) Man fülle je ein Reagenzglas zu einem Drittel mit Eiweißlösung und mit verdautem Eiweiß. Zu jedem Glase setze man eine Spur 10%iger Kochsalzlösung und ebensoviel Essigsäure. Kocht man nun, so koaguliert das unverdaute Eiweiß, während die peptonhaltige Flüssigkeit klar bleibt.

b) Man fülle wieder zwei Reagenzgläser wie unter a), gießt zu beiden etwa $\frac{1}{3}$ Glas konzentrierte Kochsalzlösung und darauf wenige Tropfen Salpetersäure. In der Eiweißlösung entsteht eine Fällung, die sich auch beim Kochen nicht auflöst, während die Lösung mit dem verdauten Eiweiß klar bleibt.

Das Labenzym spielt bei der Verdauung der Milch eine große Rolle. Dieselbe enthält einen kalkhaltigen Eiweißkörper, den Kaseinkalk. Dieser ist in der Milch gelöst und wird durch das Lab zunächst in eine unlösliche Modifikation (Parakaseinkalk) übergeführt. Diese zerfällt dann weiter in andere Eiweißkörper, die unter dem Einfluß der Pepsinsalzsäure in einfacher gebaute, lösliche Stoffe (u. a. Kaseinpepton) übergeführt werden.

Um die Labwirkung zu zeigen, bedienen wir uns der käuflichen Labessenz (J. D. Riedel, Berlin). Auch feste Labpräparate, Labpulver, sind im Handel. Die Darstellung des Labfermentes geschieht nach Hammarsten in folgender Weise: Frische Magenschleimhaut, z. B. vom Labmagen des Kalbes, wird 24 Stunden bei Zimmertemperatur mit einer 0,1—0,2%igen Salzsäure ausgelaugt, dann neutralisiert und filtriert. So erhält man eine brauchbare Labessenz. Das feste Präparat erhält man, wenn man die Lösung mit Alkohol fällt. Der Niederschlag ist zum Teil in Wasser löslich und zeigt Labreaktion.

Versuch: Wir vermischen eine beliebige Menge Milch im Becherglase mit dem halben Volumen Labessenz und setzen das Gemisch auf 10 Minuten in den auf 40° eingestellten Thermostaten. Die Milch gerinnt unter Bildung von unlöslichem Parakaseinkalk.

III. Darmverdauung.

In den Darm ergießen sich die Sekrete von zwei großen Verdauungsdrüsen, die Galle als Ausscheidung der Leber, der Bauchspeichel als Ausscheidung des Pankreas. Dazu kommt noch das ebenfalls enzymatisch wirkende Sekret der Darmdrüsen.

α) Die **Galle** hat eine große Bedeutung für die Verdauung der Fette, trotzdem es bis jetzt noch nicht mit Sicherheit gelungen ist, ein fettspaltendes Ferment aus ihr zu isolieren. In der Hunde- und Menschengalle sind indessen geringe Mengen eines eiweißlösenden Fermentes nachgewiesen. Die Galle löst Fettsäuren und Seifen und verstärkt die Wirkung des Bauchspeichels. Daneben werden mit der Gallenflüssigkeit allerlei für den Körper nicht mehr brauchbare Stoffe, wie Umwandlungsprodukte des roten Blutfarbstoffes (Gallenfarbstoffe), Gallensäuren, Cholestearin usw. entleert.

Wir beschränken uns darauf, gelegentlich der Sektion eines Wirbeltieres die etwa in der Gallenblase vorhandene Flüssigkeit zu einigen kleinen Versuchen zu benutzen.

1. Die Gmelinsche Gallenprobe. Man bringt mit einem Glasstabe einen Tropfen der Gallenflüssigkeit auf ein Stück Fließpapier und läßt ihn sich ausbreiten. Dann läßt man auf die Mitte des Fleckes einen kleinen Tropfen konzentrierte Salpetersäure fallen. Der grünliche Fleck färbt sich in der Mitte lebhaft gelbbraun, darum lagern sich konzentrische Ringe von violetter, blauer, grüner Farbe.

Es sind dies die verschiedenen, auch im Tierkörper auftretenden Oxydationsstufen des Gallenfarbstoffes. In den Gallengängen der Leber findet sich nur das aus dem roten Blutfarbstoffe gebildete rote Bilirubin. In der Gallenblase herrscht das grüne Biliverdin vor. Dieses geht durch Oxydation im Darme (im Versuche durch HNO_3) in das blaue Bilicyanin, dann in das violette Bilifuscin und endlich in das gelbbraune Choletelin über, das auch den Kotmassen ihre charakteristische Farbe erteilt.

2. Pettenkofers Gallensäureprobe. Man saugt etwas Gallenflüssigkeit mit einer Pipette auf und bringt sie in ein kleines Reagenzglas. Dann verdünnt man mit dem gleichen Volumen destillierten Wassers und setzt einige Tropfen 10%iger Rohrzuckerlösung und darauf einige Kubikzentimeter konzentrierte Schwefelsäure dazu. Diese sinkt vermöge ihres hohen spezifischen Gewichtes unter, und an der Grenze der beiden Flüssigkeiten bildet sich ein purpurbrauner Ring. Durch Schütteln kann man der ganzen Flüssigkeit diese Färbung mitteilen.

Diese Reaktion beruht auf der Anwesenheit der Gallensäuren, Glykocholsäure $C_{26}H_{43}NO_6$ und Taurocholsäure $C_{26}H_{45}NSO_7$. Beide Säuren haben einen Einfluß auf die Emulgierung der Fette und üben eine schwach desinfektorische Wirkung aus. Sie entstehen durch Paarung von Glykokoll (Amidoessigsäure $CH_2 . NH_2 . COOH$) oder Taurin (Amidoäthylsulfonsäure $SO_2\langle{}^{C_2H_4(NH_2)}_{OH}$) mit Cholalsäure $C_{24}H_{40}O_5$ unter Wasserabgabe.

Pettenkofers Gallensäureprobe ist eine Furfurolreaktion. Das Furfurol $C_4H_3O . COH$ ist der Aldehyd der Brenzschleimsäure $C_4H_3O . COOH$ und entsteht aus dem Rohrzucker wie aus anderen Kohlehydraten durch die wasserentziehende Wirkung von Schwefelsäure:

$$5\,C_{12}H_{22}O_{11} - 31\,H_2O = 12\,C_4H_3O . COH.$$

Furfurol gibt mit aromatischen Substanzen prachtvolle Färbungen.

Vergleichsversuch (Molisch): Man versetzt im Reagenzglase etwas 10%ige Rohrzuckerlösung mit der gleichen Menge einer 5%igen alkoholischen Lösung von Thymol $C_6H_3 . (CH_3) . (C_3H_7) . (OH)$. Dann fügt man etwas konzentrierte Schwefelsäure dazu und erhält den karminroten Ring an der Grenze der beiden Flüssigkeiten.

Will man die unter 1. und 2. geschilderten Gallenreaktionen im fortschreitenden physiologischen Kursus von allen Teilnehmern ausführen lassen, so verschaffe man sich aus dem Schlachthause eine größere Menge frischer Ochsengalle. Das Arbeiten mit dem im Handel befindlichen Fel tauri inspissatum ist nicht sehr angenehm, während Fel tauri pur. sicc. nur für den Pettenkoferschen Versuch zu verwerten ist.

3. Von den übrigen Bestandteilen der Galle ist noch das Cholestearin von Wichtigkeit. Cholestearin ist der zu dem in die Gruppe der Terpene gehörenden Kohlenwasserstoff Cholesten gehörende, einwertige Alkohol $C_{27}H_{45}(OH)$. Mit den hochmolekularen Fettsäuren (Palmitin- und Stearinsäure) bildet er Ester, die im Tierkörper vorkommen (z. B. Lanolin, das Wollfett der Schafe). Cholestearin ist wie die Gallenfarbstoffe als Exkret in der Galle enthalten und bildet den Hauptbestandteil der Gallensteine. Da seine Herstellung aus Galle ziemlich umständlich und zeitraubend ist, benutzen wir das käufliche, kristallisierte Cholestearin und stellen die

Liebermannsche Cholestearinprobe an. Man löst ein wenig Cholestearin im Reagenzglase durch Erwärmen mit etwas konzentrierter Essigsäure, kühlt mit kaltem Wasser ab, fügt das gleiche Volumen konzentrierter Schwefelsäure zu und kühlt abermals ab. Die schwerere Schwefelsäure sinkt zu Boden, und an der Grenze beider Flüssigkeiten entsteht ein roter Ring, der nach oben in Blau übergeht.

Diese Reaktion zeigen eine ganze Anzahl von Terpenen und ihren Derivaten.

Salkowskis Cholestearinprobe. Man löst einige Cholestearinkristalle in einem vollkommen trockenen Reagenzglase in Chloroform, setzt das gleiche Volumen konzentrierte Schwefelsäure dazu und schüttelt durch. Das Chloroform wird erst blutrot, allmählich purpurrot, die darunter befindliche Schwefelsäure zeigt grüne Fluoreszenz. Gießt man nun etwas von dem Chloroform in ein feuchtes Reagenzglas, so tritt durch die Einwirkung des Wassers Entfärbung ein. Ein Zusatz von Schwefelsäure entzieht dem Chloroform das Wasser und läßt die Färbung von neuem entstehen. Setzt man zu dem roten Chloroform einen großen Überschuß dieses Lösungsmittels, so bedingt der geringe Wassergehalt des Chloroforms schon einen Farbenumschlag von rot zu blau.

β) Das Pankreassekret enthält eine ganze Anzahl verdauender Fermente: Ptyalin, welches dieselbe Wirkung ausübt wie im Mundspeichel, Trypsin, welches Eiweißkörper in alkalischer Lösung verdaut, Steapsin, das die Fette in Glyzerin und Fettsäuren spaltet. Die Versuche werden wir zum größten Teil mit käuflichem Pankreaspulver (Pankreatin Riedel) anstellen, da die Isolierung der wirksamen Bestandteile aus der Drüse ziemlich umständlich ist.

Nach v. Wittich stellt man sich einen brauchbaren Extrakt her, indem man zerkleinertes Pankreas (etwa vom Rind) mit Glyzerin übergießt. Nach einigen Stunden sind die Stärke lösenden und die Eiweiß verdauenden Fermente in das Glyzerin übergegangen. Die Lösung ist nur beschränkte Zeit haltbar.

1. Eiweißverdauung mit Pankreatin. Zur Verdauung benutzen wir Blutfibrin, das im gekochten und getrockneten Zustande käuflich ist (Schering, Berlin). Dieses wird mit schwach angesäuertem Leitungswasser (4 ccm HCl auf 1 l Wasser) getränkt, so daß es aufquillt, und nachher auf einem Koliertuch durch Auswaschen von der Säure befreit.

Die Verdauung muß in Chloroformwasser vorgenommen werden, da die Masse sonst schnell in Fäulnis übergeht. Man erhält dieses durch Schütteln von 5 ccm Chloroform mit 1 l Wasser.

Man gibt nun 100 Teile gequollenes Fibrin in 400 ccm durch Zusatz von 5 ccm konzentrierter Natriumkarbonatlösung alkalisch gemachtes Chloroformwasser und fügt 1 g Pankreatin dazu. Die Mischung muß in einer mit Glasstöpsel verschlossenen Flasche 48—72 Stunden im Thermostaten bei 40° digerieren, von Zeit zu Zeit umgeschüttelt und wiederholt auf ihre alkalische Reaktion geprüft werden. Ist diese nicht vorhanden, so hat man wieder etwas Natriumkarbonatlösung zuzusetzen.

In der nächsten Übung wird die Masse durch wenig Essigsäure angesäuert (Lackmuspapier!), dann aufgekocht und filtriert. Der Filterrückstand ist koaguliertes Albumin. Das Filtrat dampft man zu einem dünnen Sirup ein und läßt es einige Tage (bis zur nächsten Übung) an einem kühlen Orte stehen. Die körnige Ausscheidung, die man dann findet, besteht aus Tyrosin.

Tyrosin ist eines der letzten im Körper auftretenden Spaltungsprodukte der Eiweißkörper, und zwar dasjenige, mit welchem die aromatische Gruppe aus dem Molekül ausscheidet. Es ist Oxyphenylaminopropionsäure $C_6H_4 . C_2H_3NH_2 . COOH(OH)$ und gibt die Millonsche Probe.

Man bringt den Sirup mit der Ausscheidung auf ein Koliertuch und spritzt nach dem Durchlaufen der Flüssigkeit die Tyrosinkörnchen mit der Spritzflasche in ein kleines Becherglas, wäscht mehrere Male mit Wasser und gießt ab. Dann bringt man das Tyrosin in einen kleinen Kolben und erhitzt mit Wasser unter Zusatz von wenig Ammoniak. Noch heiß wird die Lösung filtriert und auf einem kleinen Wasserbade abgedampft bis die Dämpfe kein Ammoniak mehr enthalten (feuchtes Lackmuspapier!). Beim Erkalten scheidet sich das Tyrosin aus. Man filtriert, wäscht noch einmal mit Wasser und trocknet auf Fließpapier. Das so gewonnene Tyrosin wird in Wasser aufgeschwemmt und die Millonsche Probe damit angestellt.

Kontrollversuch: Man stellt die Millonsche Probe mit käuflichem Tyrosin (Kahlbaum-Berlin, Grübler-Leipzig) an. Man löst einen Kristall in wenig destilliertem Wasser unter Erwärmen und erhält bei der Millonschen Probe eine hellrote Färbung.

Das Filtrat, von dem wir das rohe Tyrosin getrennt haben, dampft man auf einem kleinen Wasserbade im Porzellanschälchen ein. Auf der Oberfläche erscheint bald ein Häutchen, welches aus Amidokapronsäure (Leucin $C_5H_{10}NH_2 . COOH$) besteht. Man dampft zur Sirupdicke ein, versetzt mit dem mehrfachen Volumen 90%igen Alkohols und siedet in einem Kölbchen auf dem Wasserbade. Darauf läßt man erkalten und filtriert. Die Flüssigkeit enthält viel Leucin und etwas Pepton, der Rückstand viel Pepton und etwas Leucin.

Der alkoholische Auszug wird verdampft. Man erhält so ein unreines Leucin, das indessen für unsere Zwecke schon verwendbar ist. Man schüttet es in ein Reagenzglas, fügt ein höchstens 1 cm langes Stück einer Ätzkalistange dazu und läßt 1—2 Tropfen Wasser darauf fallen. Dann erhitzt man, bis das Ätzkali schmilzt. Ammoniak entweicht. (Geruch, feuchtes Lackmuspapier!) Nach dem Erkalten löst man die Schmelze in wenig Wasser und säuert mit einigen Tropfen verdünnter Schwefelsäure an. Man erhält einen deutlichen Geruch nach Baldriansäure.

Kontrollversuch: Man stellt denselben Versuch mit käuflichem Leucin (Grübler) an. Der Erfolg ist derselbe. Leucin spaltet sich unter Sauerstoffaufnahme in Baldriansäure, Ammoniak und Kohlendioxyd.

$$C_5H_{10} . NH_2 . COOH + O_2 = C_4H_9 . COOH + NH_3 + CO_2.$$

Der Rückstand von der Leucinisolierung, der sich in Alkohol nicht löste, wird in wenig Wasser gelöst, die Lösung filtriert und durch die Millonsche Probe und die Biuretprobe als Eiweiß charakterisiert. Reicht die Menge aus, so kann man auch noch die Salpetersäureprobe und die Kochprobe machen und dadurch den Körper als ein Pepton kennzeichnen.

2. Stärkeverdauung mit Pankreatin. Vorbereitung: Man stellt sich nach den Vorschriften bei der Mundverdauung Stärkekleister her. Dann verrührt man 1 g Pankreatin in 50 ccm Wasser, stellt es auf 2 Stunden in den auf 40° eingestellten Thermostaten und filtriert dann.

Versuch: Im Reagenzglase mischt man gleiche Teile von Pankreatinlösung und Stärkekleister und stellt es auf etwa 10 Minuten in den Thermostaten (40°). Die vorher trübe Lösung wird allmählich klar. Sobald dies der Fall ist, stellt man mit einem Teil derselben die Trommersche Probe an. Sie fällt positiv aus. Die Jodprobe zeigt entweder Dextrin (Rotfärbung, Erythrodextrin) an, oder sie fällt überhaupt negativ aus, d. h. die Stärke ist vollständig in Zucker übergeführt.

Für diese Versuche läßt sich auch der Glyzerinextrakt des Pankreas verwenden. Man hat auf 1 ccm Stärkekleister einen Tropfen Extrakt anzuwenden.

3. Fettverdauung durch Pankreas. Die Steapsinwirkung läßt sich nur an frischem Pankreas zeigen.

Vorbereitungen: a) Man besorgt sich aus dem Schlachthause einige Stücke frisches Rinderpankreas, hackt es mit dem Wiegemesser auf einem Holzbrett, und verreibt es in einem großen Mörser zu einem dünnen Schlamm.

b) Man stellt sich reines Butterfett her, indem man ein Stück Butter mit Äther heftig schüttelt, den Äther in ein Uhrschälchen abgießt und verdunsten läßt. Dieses Butterfett schüttelt man im Reagenzglase mit lauwarmem Wasser, setzt einige Tropfen Rosolsäurelösung (1%ige alkoholische Lösung) und soviel sehr stark verdünnte Natronlauge zu, daß die Mischung deutlich rot ist.

Versuch: Man mischt gleiche Teile der Fettemulsion und des Pankreasbreies. Ist die Mischung nicht deutlich rot, so fügt man wenige Tropfen verdünnte Natriumkarbonatlösung dazu, bis dies erreicht ist. Dann stellt man das Glas in den Thermostaten und digeriert bis zum nächsten Tage bei 40°. Das Butterfett ist durch die Steapsinwirkung in Glyzerin und in freie Buttersäure gespalten. Die Anwesenheit der freien Säure zeigt sich dadurch, daß die rote Rosolsäurefärbung in Gelb übergegangen ist.

Auch das Sekret der die Darmschleimhaut bedeckenden Drüsen (Lieberkühnsche Drüsen, Brunnersche Drüsen in der Submucosa des Duodenums) ist enzymatisch wirksam. Der Darmsaft reagiert stark alkalisch und enthält 0,4% Natriumkarbonat, welches zur Neutralisierung des sauren Chymus und zur Verseifung und Emulgierung der Fette dient. Sein Enzym ist das Erepsin, welches Kasein spaltet und Peptone in einfache Amidosäuren zerlegt. Auch eine schwach diastatische Wirkung kommt dem Darmsaft zu. Versuche über die Fermentwirkungen desselben fallen außerhalb des hier zu ziehenden Rahmens.

2. Kapitel.

Milch.

Die Untersuchung der Milch, die wir an das Studium des Verdauungsvorganges anschließen, werden wir in der Weise handhaben, daß wir die Milch in ihre einzelnen Bestandteile zerlegen. Wir dürfen im voraus annehmen, daß die Milch als ausschließliche Nahrung der Säugetiere während der ersten Lebensperiode die drei zur Ernährung notwendigen Stoffarten enthält, d. h. Eiweißkörper, Kohlehydrate und Fette. Schon bei der Magenverdauung sahen wir, daß durch das Labenzym ein Eiweißkörper, das Kasein, in unlöslicher Form niedergeschlagen wird. Es wurde dort mitgeteilt, daß das Kasein an Calcium gebunden in der Milch vorkommt. Diese Bindung an das Metall kann durch Säuren aufgehoben werden. Es entsteht das betreffende Kalksalz, und unlösliches, reines Kasein fällt aus.

I. Erste Übung.

a) Zur Untersuchung verdünnen wir die rohe Milch mit ungefähr dem doppelten Volumen destillierten Wassers und setzen vorsichtig und unter ständigem Umrühren 30%ige Essigsäure (spez. Gew. 1,041) dazu. Sowie die Ausscheidung des Kaseins in groben Flocken deutlich wird, hört man mit dem Zusetzen der Säure auf, da das Milchserum keine überschüssige Säure enthalten darf. Mit dem Kasein wird das Fett zu Boden gerissen, welches vorher in Gestalt feiner Kügelchen in der Milch suspendiert war. Man läßt das Kasein sich zu Boden setzen, gießt die klare Flüssigkeit ab, ohne daß Flocken mitgerissen werden und schüttet das nasse Kasein auf ein Filter, damit der Rest der Flüssigkeit abläuft. Man gießt noch einige Male Wasser über das Filter, um den Niederschlag zu waschen, und verreibt ihn dann im Mörser mit absolutem Alkohol, welcher das Wasser an sich zieht. Nach einiger Zeit filtriert man und verdampft die Alkoholreste am Kasein auf einem Wasserbade im Porzellanschälchen. Jetzt ist dem Kasein noch das Fett zu entziehen. Zu diesem Zwecke wird der Niederschlag in ein Kölbchen gebracht, mit einer reichlichen Menge Äther gut durchgeschüttelt, das Kölbchen gut verschlossen und bis zur nächsten Übung aufgehoben.

b) Das Milchserum, das vom niedergeschlagenen Kasein abgegossen wurde, wird noch einmal durch recht dichtes Filtrierpapier gegossen und dann in einem kleinen Emaillegefäß auf sein halbes Volumen eingedampft. Es bildet sich eine flockige Abscheidung, welche ebenfalls aus einem Eiweißkörper, dem Laktalbumin, besteht. Es ist dies der nämliche Körper, welcher sich beim Kochen der Milch als feine Haut an der Oberfläche ausscheidet. Man filtriert nun und wäscht das Laktalbumin auf dem Filter einige Male mit heißem Wasser.

Mit einem Teil des koagulierten Laktalbumins macht man die Millonsche Probe. Sie fällt positiv aus.

Das Filtrat, von dem wir das Laktalbumin getrennt haben, dampfen wir weiter ein, bis es zu stoßen beginnt. In diesem Augenblick scheidet sich das bis dahin gelöste Calciumphosphat aus. Man filtriert noch einmal und dampft nun das Filtrat bis zur Konsistenz eines dicken Sirups im Wasserbade ein. Diesen lassen wir bis zur nächsten Übung in einem mit einem Wattebausch verschlossenen Erlenmeyerkolben stehen.

Den Niederschlag von Calciumphosphat waschen wir auf dem Filter mit Wasser und lösen ihn durch Aufgießen von wenig Salzsäure (1 Teil rauchende HCl, 2 Teile H_2O). Wir lassen das Filtrat einige Zeit stehen, bis es klar geworden ist, gießen das Klare ab und teilen es in zwei Teile.

Zum ersten Teile setzen wir etwas von der gewöhnlichen, in der Analyse gebräuchlichen Lösung von Ammoniummolybdat. Der gelbe Niederschlag zeigt

Phosphorsäure. Das Ammoniummolybdat ist in reichlichem Überschuß anzuwenden.

Zum zweiten Teile setzen wir Ammoniak bis zur alkalischen Reaktion und säuern mit Essigsäure wieder schwach an. Dann setzen wir eine Lösung von Ammoniumoxalat dazu. Der weiße Niederschlag von Calciumoxalat weist auf Calcium.

II. Zweite Übung.

a) In dem Erlenmeyerschen Kolben hat sich aus dem Sirup reichlich Milchzucker kristallinisch ausgeschieden. Die noch bleibende Flüssigkeit wird abgegossen, die Kristalle zwischen Fließpapier getrocknet und dann in destilliertem Wasser gelöst.

Der Milchzucker $C_{12}H_{22}O_{11}$ + aq. ist ein reduzierender Zucker.

α) Wir stellen die Trommersche Probe an. Sie fällt positiv aus.

β) Zur Unterscheidung des Milchzuckers vom Traubenzucker benutzen wir die Gärungsprobe: Wir stellen uns von einigen Milchzuckerkristallen eine 2%ige, wässerige Lösung her, dann eine ebenso starke Lösung von Traubenzucker. Jede dieser Lösungen schütteln wir in einem Reagenzglase mit etwa 1 ccm Preßhefe durch und füllen sie je in ein kleines Gärungsröhrchen (Fig. 52). Der geschlossene Schenkel muß bis obenhin gefüllt sein. Danach gießen wir noch etwas Quecksilber ein, so daß dieses den geschlossenen Schenkel abschließt. Beide Gläschen stellen wir in den Thermostaten von 35°—40°. Das Resultat wird den Schülern am nächsten Tage vorgezeigt. Während in den Röhrchen mit Traubenzucker eine reichliche Kohlensäureentwickelung eingetreten ist, finden wir beim Milchzucker gar keine oder doch nur eine sehr geringe Menge von Kohlendioxyd angesammelt.

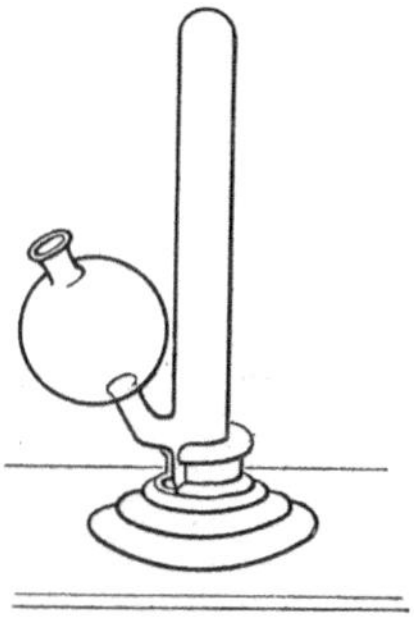

Fig. 52. Gärungsröhrchen.

Traubenzucker wird durch die Lebenstätigkeit des Hefepilzes Saccharomyces cerevisiae in Alkohol und Kohlensäure gespalten:

$$C_6H_{12}O_6 = 2\,C_2H_5(OH) + 2\,CO_2.$$

b) Der Äther über dem Kasein hat inzwischen alles Fett gelöst. Man gießt ihn in eine Porzellanschale und läßt ihn an der Luft verdunsten. (Nicht in der Nähe einer Flamme!) Danach erwärmt man die Schale noch kurze Zeit auf dem Wasserbade, um die letzten Reste von Wasser zu entfernen.

Wir identifizieren das Fett als solches hier einfach dadurch, daß es auf Papier einen bleibenden Fettfleck erzeugt und beim Erhitzen mit pulverisiertem Kaliumbisulfat $KHSO_4$ den Geruch nach Akrolein erkennen läßt.

Akrolein entsteht durch die wasserentziehende Wirkung des $KHSO_4$ aus der Fettbase, dem Glyzerin

$$C_3H_5(OH)_3 = CH_2\,.\,CH\,.\,COH + 2\,H_2O.$$

Über die Verseifung des Butterfettes siehe weiter unten.

c) Während der Äther verdunstet, waschen wir das Kasein auf dem Filter noch einmal mit Äther, trocknen es zwischen Fließpapier und reiben es im Mörser so lange, bis es ein staubiges weißes Pulver wird.

α) Wir machen mit einem Teil desselben die Millonsche Probe. Sie fällt positiv aus.

β) Phosphorgehalt des Kaseins. Wir verreiben 0,2 g Kasein mit 6 g eines Gemisches von 3 Teilen KNO_3 und 1 Teil wasserfreier Na_2CO_3 (Salpetermischung), erhitzen es in einem kleinen Porzellantiegel, schmelzen, lassen erkalten, lösen in HNO_3 und erhitzen, bis die salpetrige Säure ausgetrieben ist. Die Lösung wird dann in zwei Teile geteilt.

1. Teil: Man setzt einige Tropfen der Lösung zu einigen Kubikzentimetern Ammoniummolybdatlösung. Gelber Niederschlag bzw. Trübung zeigt Phosphorsäure (entstanden durch Oxydation des Phosphors durch Salpeter).

2. Teil: Zu diesem setzt man als Beweis, daß der Phosphorsäuregehalt nicht von Phosphaten (Ca, Mg) herrührt, Ammoniak. Es entsteht kein Niederschlag.

Hat man mehr Zeit für die Milchuntersuchung zur Verfügung, so kann man auch noch die Verseifung des Butterfettes durchführen. Diese ist hier besonders deshalb interessant, weil sie im Butterfett neben den gewöhnlichen Fettsäuren, Palmitin- und Stearinsäure, auch die Buttersäure erkennen läßt.

Man löst etwa 5 g Ätzkali in 5 ccm Wasser unter Erwärmen. Dann schmelzt man das Fett und bringt es mit der Kalilauge zusammen in einen Kolben. Man spült das Ätzkaligefäß dann mit 50 ccm 90%igen Alkohol aus und gießt auch diesen in den Kolben. Die Mischung wird so lange erhitzt, bis sie klar geworden ist. Die Verseifung ist beendet, wenn eine Probe der Mischung in Wasser keine bedeutendere Trübung mehr gibt. Man schüttet die Lösung dann in eine Porzellanschale und vertreibt den Alkohol durch Erhitzen auf dem Wasserbade. Dann läßt man erkalten und gibt reichlich (etwa 30 ccm) verdünnte Schwefelsäure dazu.

Während durch das Ätzkali das Glyzerin frei gemacht und die Fettsäuren an das Ätzkali gebunden worden waren, trennt die Schwefelsäure diese Bindung wieder, verbindet sich mit dem Alkali und macht die Fettsäuren frei. Es entsteht ein Niederschlag von öliger Konsistenz, welcher Palmitinsäure, Stearinsäure, und wie man am Geruch deutlich erkennt, auch Buttersäure enthält.

3. Kapitel.

Harn.

Will man mit Schülern Untersuchungen über Eigenschaften und Zusammensetzung des Harns anstellen, so empfiehlt es sich, ihnen das Untersuchungsmaterial konserviert in größeren Mengen zur Verfügung zu stellen. Da der Harn sehr leicht in Fäulnis übergeht, so muß man ihn mit etwas Chloroform durchschütteln und in geschlossenen Flaschen aufbewahren. Er ist dann beliebig lange unverändert haltbar.

Gewisse Erscheinungen, wie die Ausscheidung der Nubecula, feiner Schleimwölkchen, die man nur am frischen Harn nach kurzer Zeit beobachten kann, sind von untergeordneter Bedeutung.

Gelegentlich wird auch Pferdeharn gebraucht, den man sich jederzeit frisch beschaffen, aber auch durch Chloroformzusatz konservieren kann.

Von den vielen Bestandteilen des Harns sollen nur die allerwichtigsten isoliert und in ihren Eigenschaften untersucht werden. Auf die pathologisch so äußerst wichtigen Formen des Zucker-, Eiweiß- und Azetonharns muß notwendigerweise eingegangen werden. Diese Harne stellt man sich künstlich her, indem man normalem Harn die betreffenden Bestandteile zusetzt.

Wie bei vielen physiologischen Aufgaben empfiehlt es sich besonders hier, nicht in gleicher Front arbeiten zu lassen, sondern den einzelnen Praktikantengruppen verschiedene Aufgaben zu erteilen und sie nachher über ihre Arbeiten berichten zu lassen.

Von organischen Bestandteilen des Harns behandeln wir Harnstoff, Harnsäure, Hippursäure, Kreatinin, Indikan und andere aromatische Ester, von anorganischen nur einige stets vorkommende Metallsalze.

1. **Harnstoff**, Carbamid $CO(NH_2)_2$, ist ein Abkömmling der Kohlensäure. Er entsteht in der Leber aus Ammoniumkarbonat und geht dann in den Harn über.

$$(NH_4)_2CO_3 = CO(NH_2)_2 + 2\,H_2O.$$

Steht Harn längere Zeit an der Luft, so wird der Harnstoff durch die Lebenstätigkeit des stets vorhandenen Bacterium ureae einem Gärungsprozeß unterworfen und zerfällt nach der Gleichung

$$CO(NH_2)_2 + 2\,H_2O = (NH_4)_2CO_3 = 2\,NH_3 + CO_2 + H_2O.$$

Dies erklärt den Geruch faulenden Harns nach Ammoniak.

Darstellung des Harnstoffs aus Harn: An Materialien gebrauchen wir: ½ l konservierten Harn, Barytmischung (besteht aus 1 Vol. konz. $Ba(NO_3)_2$-Lösung und 2 Vol. Barytwasser), 96 %igen Alkohol, Salpetersäure, trockenes $BaCO_3$, Lackmuspapier, gepulverte Knochenkohle.

Man fügt zu dem Harn Barytmischung, verrührt und gießt von Zeit zu Zeit eine Probe durch ein kleines Filter. Gibt das Filtrat mit Barytmischung keine Fällung mehr, so ist alle Phosphorsäure und Schwefelsäure in Form ihrer Baryumsalze ausgefällt. Dann filtriert man das Ganze und dampft in einer Porzellanschale zu einem dünnen Sirup ein. Darauf setzt man 150 ccm Alkohol zu und läßt einige Zeit stehen. Dadurch werden noch einige in Alkohol unlösliche Salze ausgefällt. Man filtriert wieder und dampft das Filtrat auf dem Wasserbade fast vollständig ein, läßt erkalten und fügt das doppelte Volumen Salpetersäure zu. Es entsteht ein Kristallbrei von salpetersaurem Harnstoff $CO(NH_2)_2 . HNO_3$. Diesen läßt man bis zum Schluß der Übung stehen, filtriert dann und wäscht auf dem Filter noch einmal mit Salpetersäure. Darauf bringt man den Kristallbrei auf einen unglasierten Teller und läßt ihn bis zur nächsten Übung trocknen.

In dieser trennt man zunächst die Salpetersäure dadurch vom Harnstoff, daß man den Kristallbrei in einer Porzellanschale mit Wasser aufschwemmt und solange pulverisiertes $BaCO_3$ zusetzt, bis die Mischung blaues Lackmuspapier nicht mehr rötet. Dann filtriert man und erwärmt das Filtrat mit etwas Knochenkohlepulver, um es zu entfärben. Nach nochmaligem Filtrieren enthält die Lösung noch Harnstoff und Baryumnitrat. Man dampft sie vollständig ab und übergießt mit Alkohol, in welchem Baryumnitrat unlöslich ist. Die alkoholische Lösung wird abfiltriert und sehr langsam abgedampft. Zum Schluß trocknet man die erhaltenen Kristalle noch zwischen Fließpapier.

Versuche mit dem gewonnenen Harnstoff: (Zur Kontrolle werden Parallelversuche mit käuflichem Harnstoff ausgeführt.)

a) Trockenes Erhitzen im Reagenzglase bis über den Schmelzpunkt liefert Biuret. Man stellt die schon früher geschilderte Biuretreaktion an.

b) Darstellung von salpetersaurem Harnstoff. Man setzt zu Harnstofflösung wenig Salpetersäure. Es fällt ein Kristallbrei des Nitrats aus.

c) Man stellt durch Zusatz von etwas Natronlauge zu Bromwasser eine unterbromigsaures Natrium enthaltende Lösung her. Dazu fügt man etwas Harnstofflösung. Man erhält Stickstoffentwickelung (Holzspan!) nach folgender Gleichung:

$$CO(NH_2)_2 + 3\,NaBrO = 3\,NaBr + 2\,H_2O + CO_2 + N_2.$$

Das CO_2 wird nicht frei, sondern von überschüssigem Natriumhypobromit absorbiert. Diese Reaktion verläuft quantitativ, so daß man durch geeignete Apparate aus der gewonnenen Stickstoffmenge den Gehalt eines Harnes an Harnstoff bestimmen kann (Methode von Knop-Hüfner).

2. Harnsäure $C_5H_4N_4O_3$ ist eine Verbindung sehr komplizierter Konstitution und gehört zur Gruppe der Purinkörper. Sie entsteht aus Nukleinkörpern, d. h.

den Zellkernsubstanzen sowohl der genossenen Nahrung als auch der Zellen des Körpers selbst. Besonders reich an Harnsäure sind die Exkremente der Vögel und Reptilien. Hier vertritt die Harnsäure beim Stoffwechsel den Harnstoff und entsteht wie dieser in der Leber. Man verwendet mit Vorteil zur Herstellung der Harnsäure den festen Schlangenharn (in zoologischen Gärten oder Aquarien zu erhalten) oder den käuflichen Guano. Im Harn treten besonders saures Ammoniumurat und saures Natriumurat auf, letzteres in so großer Menge, daß es zwar im körperwarmen Harn in Lösung bleiben kann, aber häufig ausfällt, wenn der Harn außerhalb des Körpers erkaltet. Es reißt dann beim Auskristallisieren Harnfarbstoff mit sich und bildet einen ziegelroten Bodensatz (Sedimentum lateritium), der seiner Natur nach beim Erwärmen wieder verschwindet.

Darstellung der Harnsäure aus Guano: Man löst 50 g gepulverten Guano durch längeres Sieden in 500 ccm Wasser und 100 ccm Natronlauge und ersetzt das verdampfende Wasser durch kochendes neues. Nachdem unter starker Entwickelung von NH_3 der größte Teil des Guanos gelöst ist, filtriert man und schüttet das Filtrat in eine große Porzellanschale, in welcher sich 300 ccm siedende, 20%ige Schwefelsäure befinden. Man erhitzt weiter. Die Flüssigkeit stößt stark (Vorsicht!) und läßt bald einen kristallinischen Bodensatz fallen. Man nimmt nun eine Probe desselben auf einen Objektträger und betrachtet ihn unter dem Mikroskop. Besteht er aus kleinen Kristallen (Harnsäure) ohne formlose Beimischungen (Natriumurat), so läßt man erkalten. Andernfalls hat man noch etwas verdünnte Schwefelsäure zuzusetzen und länger zu erhitzen, bis die Probe nach Wunsch ausfällt. Nach dem Erkalten wird filtriert und auf dem Filter mit Wasser gewaschen, bis alle Schwefelsäure entfernt ist, bis also eine Probe des Filtrats sich mit Chlorbaryumlösung nicht mehr merklich trübt. Dann trocknet man Filter und Niederschlag auf einem Tonteller und verwendet die Harnsäure zu nachstehenden Versuchen.

Versuche mit der gewonnenen Harnsäure (Kontrollversuche mit käuflicher Harnsäure!).

a) Murexidprobe: In einem kleinen Porzellanschälchen erhitzt man ein wenig pulverisierte Harnsäure mit einigen Tropfen konzentrierter Salpetersäure. Es findet unter Aufbrausen Entwickelung verschiedener Stickstoffoxyde statt, während ein orangeroter Rückstand bleibt. Man läßt nun mit einem Glasstabe einen Tropfen Ammoniak auffallen und erhält eine tief purpurrote Färbung. Darauf läßt man einen Tropfen Natronlauge auffallen. Die Färbung geht in Blau über.

Die Murexidprobe, welche namentlich zu Untersuchungen über die Natur von Harnsteinen, die zuweilen aus Harnsäure bestehen, angewendet wird, beruht auf der Bildung von Murexid, purpursaurem Ammonium, $C_8H_4(NH_4)N_5O_6 + H_2O$. (Murex = Purpurschnecke.)

b) Sedimentum lateritium. Um diese häufig auftretende Trübung normalen Harns zu demonstrieren, stelle man folgenden Versuch an. Man suspendiert eine Messerspitze Harnsäure in 40 ccm destillierten Wassers und setzt mit einem Glasstabe tropfenweise Natronlauge zu. Nach jedem Tropfen wird umgeschüttelt und mit dem Zusetzen aufgehört, sowie die Lösung nach dem Umschütteln klar bleibt. Darauf setzt man mit einem anderen Glasstabe unter denselben Vorsichtsmaßregeln tropfenweise verdünnte Essigsäure zu, bis das ausfallende saure Natriumurat beim Schütteln nicht mehr verschwindet. Man hat nun mit Lackmuspapier zu prüfen, ob die Flüssigkeit nicht sauer reagiert (ev. Korrektur durch NaHO bis zur neutralen Reaktion). Der bleibende Niederschlag von saurem Natriumurat ist das Sedimentum lateritium. Erwärmt man, so verschwindet er, beim Abkühlen scheidet er sich wieder aus. Dieses Spiel kann man beliebig oft wiederholen.

c) Reduzierende Wirkung der Harnsäure. Man stellt sich eine konzentrierte Lösung von Harnsäure in destilliertem Wasser her (1 : 14 000) und stellt die Trommersche Probe an. Sie fällt bei Anwendung der richtigen Menge von Kupferlösung positiv aus. Nimmt man zu wenig $CuSO_4$, so entsteht weißes Cuprourat, nimmt man zu viel, so bildet sich aus nicht reduziertem Kupfersalz schwarzes CuO.

Die reduzierende Wirkung, welche die Harnsäure mit dem Traubenzucker teilt, kann bei Harnanalysen ev. Zuckerkrankheit vortäuschen, wenn diese gar nicht vorhanden ist.

3. Hippursäure, Benzoylglykokoll, $C_6H_5CO(NH) . CH_2 . COOH = C_9H_9NO_3$, findet sich vor allem im Harn der Pflanzenfresser. Sie entsteht in den Nieren aus Benzoesäure (von pflanzlicher Nahrung herrührend) und Glykokoll

$$C_6H_5 . COOH + CH_2 . NH_2 . COOH = C_6H_5CO(NH) . CH_2 . COOH + H_2O.$$

Wir benutzen zur Darstellung der Hippursäure Pferdeharn (frisch oder durch Chloroformzusatz konserviert).

Darstellung der Hippursäure aus Pferdeharn:

Man setzt zu 300 ccm Pferdeharn soviel Kalkmilch, daß die Mischung stark alkalisch wird und kocht einige Minuten. Hierdurch wird Phosphorsäure als unlösliches Calciumphosphat gefällt und reißt einen Teil des reichlich vorhandenen Harnfarbstoffes mit sich. Man filtriert dann noch warm und dampft das Filtrat zur Sirupdicke ein. Darauf fällt man mit Alkohol, filtriert wieder, läßt das alkoholische Filtrat bei sehr gelinder Wärme im Wasserbade verdunsten und setzt nach dem Erkalten Salzsäure bis zu deutlich saurer Reaktion zu. Man erhält so einen Kristallbrei von Hippursäure. Derselbe wird auf ein Filter gebracht und gründlich gewaschen. Die weitere Reinigung des Präparates soll sich hier darauf beschränken, die vorhandene Benzoesäure zu entfernen. Dies geschieht dadurch, daß man den eben erhaltenen Niederschlag, nachdem er zwischen Fließpapier gut getrocknet worden ist, mit Äther schüttelt und den Äther abfiltriert.

Versuche mit der gewonnenen Hippursäure (Kontrollversuche mit dem käuflichen Präparat):

Spaltung der Hippursäure in Benzoesäure und Glykokoll: Man erhitzt etwas Hippursäure in einem trockenen, schwer schmelzbaren Reagenzglase; sie schmilzt bei 187° und erleidet dann Zersetzung. Die Masse im Glase färbt sich rot (Zersetzungsprodukte des Glykokolls). Im oberen Teile des Glases scheidet sich ein Sublimat von Benzoesäure aus. Daneben sind Benzonitril $C_6H_5 . CN$ und Cyanwasserstoff CNH an ihrem Bittermandelgeruch erkennbar.

4. Kreatinin $C_4H_7N_3O$, 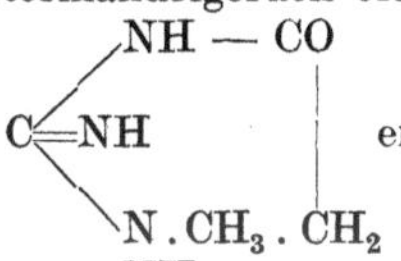 entsteht aus

Kreatin $C_4H_9N_3O_2$, 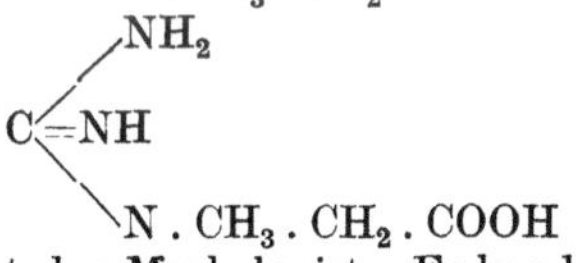

welches ein Stoffwechselprodukt der Muskeln ist. Es handelt sich hier wie beim Harnstoff um Kohlensäurederivate. Der größte Teil des in den Muskeln gebildeten Kreatins wird nicht zu seinem Anhydrid, dem Kreatinin, umgewandelt, sondern auf anderem Wege weiter verändert. Das Kreatinin läßt sich aber durch einige Reaktionen stets im Harn nachweisen.

a) Jafféche Kreatininreaktion: Man setzt im Reagenzglase zu Harn einige Tropfen wässerige Pikrinsäurelösung und dann etwas Natronlauge. Man erhält eine hellrote bis tiefrote Färbung.

b) Weylsche Reaktion: Man setzt zu etwas Harn eine frisch bereitete, sehr verdünnte Lösung von Nitroprussidnatrium bis zur deutlichen Gelbfärbung und dann sehr wenig verdünnte Natronlauge. Die Flüssigkeit wird tief rot, blaßt beim Erwärmen sehr schnell ab und bleibt schließlich strohgelb. Dann setzt man etwa ¼ des Flüssigkeitsvolumens Eisessig dazu, erhitzt zum Sieden und läßt stehen. Man erhält erst eine Grünfärbung und schließlich einen Niederschlag von Berliner Blau.

Die Reaktionen a) und b) werden gestört durch die Anwesenheit von Azeton im Harn, welches zum Teil ähnliche Erscheinungen gibt. Dieses ist daher durch vorheriges Kochen des Harnes zu entfernen.

5. Indikan (indoxylschwefelsaures Kali) $SO_2\left\langle{OK \atop O . C_8H_6N}\right.$ ist ein Schwefelsäureester, in welchem 1 Atom H durch K, das andere durch den Indoxylrest ersetzt ist. Das Indoxyl geht durch Sauerstoffaufnahme in Indigblau über, $C_{16}H_{10}N_2O_2$.

$$2\,C_8H_6N\,.\,(OH) + O_2 = C_{16}H_{10}N_2O_2 + 2\,H_2O.$$

Das Indikan ist fast immer im Harn vorhanden. Es rührt von der Eiweißfäulnis im Darme her. Bei dieser entsteht u. a. auch Indol C_8H_7N, das von der Darmwand aufgenommen und im Körper zu Indoxyl oxydiert wird. Aus diesem entsteht dann die anfangs genannte Ätherschwefelsäure, das Indikan, welches im Urin ausgeschieden wird. Je länger der Darminhalt im Körper bleibt, desto weiter schreitet die Eiweißfäulnis fort, desto größer ist die Menge des entstandenen Indikans. Starker Indikangehalt eines Harnes ist also ein Anzeichen zu träger Darmtätigkeit. Besonders reich an Indikan ist der Harn der Pflanzenfresser, da in dem viel längeren Darm dieser Tiere die Fäulnis der Eiweißkörper viel weiter fortschreiten kann. Wir werden die Indikanprobe an menschlichem und an Pferdeharn ausführen und uns von dem Unterschiede überzeugen. Die Indikanproben beruhen auf der Oxydation des Indoxyls zu Indigblau.

Versuche: Man setzt zu etwas Pferdeharn (Vergleichsversuch mit Menschenharn!) das gleiche Volumen Salzsäure und schüttelt um. Die Oxydation des Indoxyls nimmt man nun vor

a) durch Zusatz von 1—2 Tropfen konzentrierter Salpetersäure,
b) durch Zusatz von wenigen (1—2) Tropfen kaltgesättigter Chlorkalklösung und Umschütteln (Jaffé),
c) durch Zusatz von einem Tropfen sehr verdünnter Eisenchloridlösung (Obermaier).

Die oxydierende Wirkung des Eisenchlorids beruht darauf, daß sich in der wässerigen Lösung bei Anwesenheit oxydierbarer Stoffe $FeCl_2$, HCl und disponibler Sauerstoff bildet.

$$2\,FeCl_3 + H_2O = 2\,FeCl_2 + 2\,HCl + O.$$

In allen Fällen (a—c) entsteht je nach dem Indikangehalt eine rotviolette bis intensiv blaue Färbung. Man schüttelt die Flüssigkeit mit etwas Chloroform, welches das Indigblau aufnimmt. Geht die rotviolette Färbung nicht in das Chloroform über, so beruhte sie nicht auf Indigblau, sondern auf Indigrot, einem Isomeren des Indigblaus.

6. Andere aromatische Äthersäuren entstehen ebenfalls aus den Abbauprodukten der Eiweißfäulnis im Darm und bilden sich analog dem Indikan. Natürlich ist auch hier wieder der Harn der Pflanzenfresser für die Untersuchung am geeignetsten. Im Menschenharn ist die Menge dieser Säuren so gering, daß Reagenzglasversuche fast immer ein negatives Resultat geben. Es kommen im Harn außer Indikan vor:

$SO_2\langle{}^{OK}_{O\,.\,C_6H_5}$ Phenolschwefelsaures Kalium

$SO_2\langle{}^{OK}_{O\,.\,C_7H_7}$ Kresolschwefelsaures Kalium

$SO_2\langle{}^{OK}_{O\,.\,C_8H_5(CH_3)N\,.}$ Skatoxylschwefelsaures Kalium

$C_6H_4(OH)\,.\,CH_2\,.\,COOH$ p-Oxyphenylessigsäure und

$C_6H_4(OH)\,.\,C_2H_4\,.\,COOH$ p-Oxyphenylpropionsäure.

Es handelt sich also hier fast durchweg um aromatische Verbindungen, in welchen mindestens an einer Stelle des Benzolringes die OH-Gruppe auftritt. Sie müssen also, wie früher gezeigt wurde, die Millonsche Probe geben.

Versuch: Wir filtrieren Pferdeharn und stellen mit demselben im Reagenzglase die Millonsche Probe an. Die Flüssigkeit färbt sich rot.

7. Auf die weiteren organischen Bestandteile des normalen Harns, wie **Harnfarbstoffe** (Urochrom, Urobilin), aliphatische Säuren (Oxalsäure, Bernsteinsäure, Glykuronsäure), Brenzkatechin, neutralen Schwefel usw. wollen wir hier nicht eingehen und jetzt nur noch durch einige einfache Fällungsversuche die unorganischen Bestandteile charakterisieren.

8. **Unorganische Bestandteile.** Zur Verwendung gelangt menschlicher Harn.

a) Man setzt im Reagenzglase zu etwas Harn einige Tropfen verdünnter Salpetersäure und dann ebensowenig Silbernitrat. Der weiße Niederschlag ist Chlorsilber. Das Chlor kommt mit dem Kochsalz der Nahrung in den Körper.

b) Man setzt im Reagenzglase zu etwas Harn einige Tropfen Salzsäure und dann Chlorbaryum in der gleichen Menge. Die weiße Trübung ist Baryumsulfat. Die Schwefelsäure ist im Harn an K, Na, Am, Mg gebunden.

c) Man setzt im Reagenzglase zu etwas Harn einige Tropfen Essigsäure und dann ebensoviel Uranacetat $CH_3 . COUrO$. Der gelblich weiße Niederschlag ist Uranphosphat $(UrO_2)_2HPO_4$. Auch die Phosphorsäure ist im Harn an K, Na, Am, Mg gebunden.

Der Nachweis der metallischen Basen hätte nach den Methoden der qualitativen anorganischen Analyse zu geschehen. Man müßte den Harn zur Trocknis eindampfen, veraschen und den Rückstand der Analyse unterwerfen. Diese rein chemische Aufgabe soll hier nicht gelöst werden.

Zum Schlusse stellen wir uns auf künstlichem Wege noch einige physiologisch wichtige, pathologische Harne her, den Eiweißharn, der u. a. bei Nierenerkrankungen vorkommt, sowie Zuckerharn und Azetonharn, welche bei der Zuckerkrankheit (Diabetes) auftreten.

9. **Eiweißharn.** Man stellt sich nach den früher gegebenen Vorschriften (S. 42) eine Eiweißlösung her und setzt davon zu je 100 ccm normalen Harnes 20—30 Tropfen. Dann filtriert man den Harn und kocht im Reagenzglase. Es entsteht eine Trübung oder ein Niederschlag. Nun setzt man 2—3 Tropfen 10%ige Essigsäure dazu und schüttelt um. Löst sich der Niederschlag, so handelte es sich um Phosphate von Ca und Mg, bleibt die Trübung, so zeigt sie koaguliertes Eiweiß.

Will man ganz sicher gehen, so kann man das Eiweiß abfiltrieren, waschen und die Millonsche Probe mit ihm anstellen.

10. **Zuckerharn.** Man setzt zu normalem Harn etwas Traubenzuckerlösung. Zur Untersuchung des Harns auf Zucker muß derselbe eiweißfrei sein. Man stellt daher erst die Probe Nr. 9 an und filtriert etwa vorhandenes Eiweiß ab. Mit dem eiweißfreien Harn stellt man nun nach früher gegebenen Vorschriften die Trommersche Probe an. Tritt beim Zusatz der Natronlauge eine Trübung auf, so rührt sie von Erdphosphaten her und wird nicht weiter beachtet. Die Trommersche Probe gibt gelbes Kupferoxydulhydrat. Scheidet sich erst nach längerem Stehen ein gelber Niederschlag ab, so kann er auch durch die reduzierende Wirkung der Harnsäure, des Kreatinins u. a. gebildet sein.

11. **Azetonharn.** Man setzt zu normalem Harn ein wenig Azeton $CH_3 . CO . CH_3$ und schüttelt um. Man stellt nun mit diesem Harn die früher beschriebene Kreatininprobe an, welche auch bei Anwesenheit von Azeton ein posi-

tives Ergebnis hat. Zur Unterscheidung von Kreatinin setzt man reichlich Eisessig zu. Ist Azeton zugegen, so wird die rote Färbung noch bedeutend dunkler. Ist nur Kreatinin vorhanden, so verschwindet die Färbung.

4. Kapitel.

Blut.

1. Gerinnung des Blutes. Demonstration des Blutkuchens. Wir betäuben einige Kaninchen durch Chloroform, trennen mittels eines großen scharfen Messers den Kopf vom Rumpfe und fangen das Blut in einem Becherglase auf. Dieses stellen wir mit dem Blute auf Eis, um den Gerinnungsprozeß zu verlangsamen und besser verfolgen zu können. Die Kaninchen können konserviert und zu anatomischen Zwecken weiter verarbeitet werden.

Man bemerkt zunächst, daß die ganze Blutmasse in eine rote Gallerte übergeht. Allmählich löst sich dieselbe an den oberen Teilen von der Glaswand, und es sammelt sich ringsherum eine klare Flüssigkeit, das Blutserum, an. Man hebt dieses vorsichtig mit einer Pipette ab, ohne den Blutkuchen zu berühren und stülpt denselben aus. Schneidet man ihn mit dem Messer der Länge nach durch, so sieht man, daß er im Innern dunkler gefärbt ist, als außen. Die äußeren Schichten haben noch außerhalb des Körpers Luftsauerstoff gebunden und sich in arterielles Blut verwandelt, während das Innere venöses Blut darstellt. Auf der Oberseite gewahren wir eine ziemlich farblose Schicht, die Speckhaut, welche aus der Substanz der weißen Blutkörperchen, die sich zuletzt absetzen, gebildet worden ist.

Als Demonstrationsobjekt empfiehlt es sich, einen größeren Blutkuchen vorzuzeigen und durchzuschneiden, den man sich nach den oben gegebenen Vorschriften im Schlachthause herstellen läßt (etwa vom Hammel).

Der Vorgang der Blutgerinnung wird bedingt durch einen vorher im Blut gelösten Eiweißkörper, das Fibrinogen. Dieses spaltet sich unter dem Einfluß der Blutplättchen (Thrombocyten) und der sich zersetzenden Leukocyten und bildet mit stets im Serum enthaltenen Kalksalzen eine unlösliche Verbindung, Fibrin oder Thrombosinkalk. Das Fibrin reißt dann die zellulären Elemente mit sich, welche dem Blutkuchen seine Farbe erteilen.

2. Defibrinieren des Blutes. Durch Berührung mit rauhen Oberflächen, durch Schlagen usw. kann man die Blutgerinnung beschleunigen. In einer flachen Blechwanne peitschen wir eine größere Menge frischen Blutes (Hammelblut) mit einem Bündel Ginsterruten. Das Fibrin scheidet sich in Form schleimiger Fäden ab, die an den Ruten haften bleiben.

3. Einige Versuche mit dem bei der Gerinnung gewonnenen Blutserum.

a) Wir weisen den Gehalt des Serums an Eiweißkörpern (Serumalbumin, Serumglobulin) nach, indem wir im Reagenzglase die Eiweißproben anstellen.

α) Die Millonsche Probe.

β) Die Biuretreaktion.

b) Wir verreiben etwas Blutserum im Porzellanschälchen mit festem Ammoniumsulfat, so daß auf 10 ccm Serum 7,5 g Am_2SO_4 kommen, einige Minuten lang. Die Eiweißkörper werden ausgefällt (ausgesalzen). Man filtriert durch ein trockenes Papierfilter. Eine Probe des Filtrats gibt keine Eiweißreaktionen mehr.

c) Mit einem kleinen Teile des Filtrats stellen wir die Trommersche Probe an. Sie zeigt (nicht immer) reduzierenden Zucker an.

Der Zuckergehalt des Blutes ist an und für sich schon sehr gering. Durch die Wirkung eines zuckerspaltenden (glykolytischen) Ferments nimmt derselbe in abgelassenem Blute noch mehr ab. Gelingt es daher nicht, auf diese Weise den Zucker im Blute nachzuweisen, so hat man die Eiweißkörper auf eine andere Art auszuscheiden, so daß gleichzeitig die Fermente unwirksam gemacht werden.

Man verdünnt frisches Blut mit dem 6—8fachen Volumen Wasser und siedet es unter fortwährendem Umrühren. Dabei hat man tropfenweise verdünnte Essigsäure zuzusetzen, so daß die Reaktion auf keinen Fall alkalisch ist. Sehr schwachsaure Reaktion schadet nicht. Dann wird filtriert und das Filtrat stark eingedampft. Gelingt auch hier der Zuckernachweis nicht, so war das Blut nicht frisch genug.

Auf die Untersuchung der übrigen Bestandteile des Blutserums (Lecithin, Cholestearin, Harnstoff, Harnsäure, Kreatin, anorganische Bestandteile, Blutgase usw.) wollen wir hier nicht eingehen.

4. Spektroskopische Untersuchung des Blutes.

Zu dieser Untersuchung benutzen wir entweder frisches, stark verdünntes Blut (das Wasser löst den roten Farbstoff aus den Blutkörperchen) oder durch Schütteln mit Äther durchsichtig (lackfarbig) gemachtes Blut. Der Äther entzieht den Blutkörperchen ebenfalls den Farbstoff.

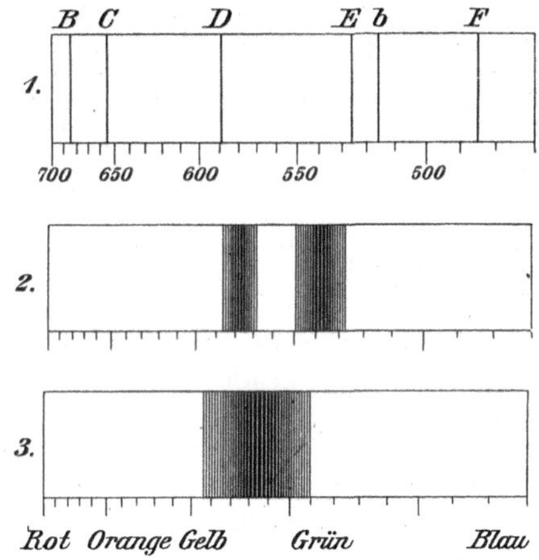

Fig. 53. Absorptionsstreifen von Oxyhämoglobin (2) und von Hämoglobin (3). 1. Vergleichsspektrum.

Wir bringen etwas verdünntes Blut (oder hellrote ätherische Lösung) in einen kleinen Absorptionstrog und stellen mit dem Spektralapparat das Absorptionsspektrum her. Die aus frischem Blut hergestellte Lösung zeigt das Oxyhämoglobinspektrum. Dieses besteht aus zwei getrennten Streifen im Grün zwischen den Fraunhoferschen Linien D und E (Fig. 53).

Danach verrühren wir mit einem Glasstabe einige Tropfen gelbes Schwefelammonium mit dem Blute im Glastrog und warten einige Zeit. Das Schwefelammonium wirkt als Reduktionsmittel und entzieht dem Oxyhämoglobin den nur lose gebundenen Sauerstoff. Das Blut wird also venös. Sein Spektrum besteht nur aus einem Streifen, der ungefähr zwischen den beiden vorigen liegt (Fig. 53). Häufig sieht man im Rot noch einen schwachen Streifen, der von Sulfohämoglobinverbindungen herrührt.

Besser und schneller gelingt die Reduktion durch Zusatz von einigen Tropfen Stokesscher Lösung. Diese ist stets frisch zu bereiten dadurch, daß man in einigen Kubikzentimetern destillierten Wassers einen erbsengroßen Kristall von Ferrosulfat löst und eine Messerspitze kristallisierte Weinsäure zusetzt. Dazu fügt man so viel Ammoniak, daß eine klare, grüne Lösung von deutlich alkalischer Reaktion entsteht.

Sehr wichtig ist der Nachweis von Kohlenoxydvergiftungen im Blute. Diese Vergiftung beruht darauf, daß CO mit Hämoglobin eine Verbindung eingeht (Kohlenoxydhämoglobin), so daß sich kein Oxyhämoglobin bilden kann. Man leitet in Blut, welches sich in einem Becherglase befindet, Leuchtgas ein, bis es hell kirschrot geworden ist. Dann verdünnt man wieder und bringt vor den Spalt des Spektralapparates. Das Spektrum ist fast ebenso, wie beim Oxyhämoglobin. Durch Zusatz von Stokesscher Lösung erhält man jedoch keine Veränderung.

5. Darstellung von Oxyhämoglobinkristallen. Man schlägt das frisch aufgefangene Blut eines Meerschweinchens im Porzellanschälchen mit einem Glasstabe, bis sich das Fibrin ausscheidet. Dann setzt man während des weiteren Schlagens Äther dazu, bis man eine dunkle, durchsichtige Lösung erhält. Vorher hat man etwas trocknen Kanadabalsam in Äther gelöst, bringt einen Tropfen davon auf einen Objektträger, vermischt ihn mit etwas ätherischer Oxyhämoglobinlösung und legt sofort ein Deckglas auf. Dann wartet man 5 Minuten und beobachtet unter dem Mikroskop. Man sieht die roten, rhombischen Tetraeder des Oxyhämoglobins. Als Dauerpräparat ist dieses Objekt nicht aufzuheben, da sich die Kristalle nach einiger Zeit zersetzen.

Kaninchenblut ist für diesen Versuch nicht geeignet, da es (ebenso wie das Blut unserer Schlachttiere außer dem Hammel) nur schwierig Oxyhämoglobinkristalle liefert. Läßt man das defibrinierte Blut aber einen Tag stehen, so daß der Fäulnisprozeß begonnen hat, so gelingt der Versuch leichter.

6. Nachweis von Blutflecken. Teichmannsche Häminprobe. Man bringt einen ganz kleinen Tropfen Blut auf einen Objektträger und legt ein kleines Körnchen Kochsalz hinein. Dann setzt man einige Tropfen Eisessig dazu und verrührt mit dem Glasstabe. Darauf wird der Objektträger schnell erwärmt, so daß die Masse einmal aufkocht ohne einzutrocknen, dann ein Deckgläschen aufgelegt und beobachtet. Man sieht viele kleine, dunkelbraune Kristalle. Diese bestehen aus einer Verbindung, welche durch Vereinigung eines Spaltungsproduktes des Hämoglobins, Hämatin, mit Chlor entsteht und Hämin (salzsaures Hämatin $C_{32}H_{31}ClN_4FeO_3$) heißt. Die Reaktion ist so scharf, daß sie noch zur Identifizierung sehr alter Blutflecke dienen kann.

Zur Probe schabt man von einem auf einem Taschentuch befindlichen, alten Blutfleck mit dem Skalpell etwas ab und stellt den Versuch an. Er gibt ein positives Ergebnis.

Man kann auch das Zeugstück mit dem Blutfleck mit wenig Eisessig im Reagenzglase kochen, einen Kochsalzkristall darin auflösen, eine Probe auf den Objektträger bringen, ein Deckgläschen auflegen und erkalten lassen.

In bezug auf die Beobachtung des Blutkreislaufes müssen wir uns auf die Demonstration desselben in der Schwimmhaut des Frosches beschränken (siehe S. 14).

Die Aufnahme des Luftsauerstoffs durch das Blut und die Abgabe desselben an die Zellen der verschiedenen Gewebearten des Körpers beruht auf der Wirkung von Fermenten, welche innerhalb der Zellen wirksam sind (Endofermente). Es müssen zunächst Fermente da sein, welche den molekularen Sauerstoff unter Bildung von Superoxyd-ähnlichen Verbindungen binden (Oxygenasen). Diese stickstoffhaltigen Körper bilden mit dem Luftsauerstoff durch Addition Verbindungen von der Konstitution $F\langle\begin{matrix}O\\|\\O\end{matrix}$. Sie werden wie alle Fermente durch Hitze zerstört, durch starken Alkohol gefällt, können vergiftet und geschädigt werden. Es sind ziemlich unbeständige Körper. Das Oxydationsvermögen der Oxygenasen gegen andere Körper wird bedeutend angeregt durch die Fermentwirkung der Peroxydasen, welche mit den Oxygenasen zu sog. Oxydasen vereinigt sind. Die Peroxydasen lassen aus den Oxygenasen aktiven Sauerstoff entstehen. Die Zersetzung der Überschüsse an peroxydähnlichen Verbindungen unter Entwickelung von nicht aktivem Sauerstoff erfolgt dann wieder durch andere Fermente, die Katalasen. Im Blute fungiert das Hämoglobin als Oxydase; es ist bis jetzt nicht sicher festzustellen, ob noch besondere Fermente dieser Art da sind. Dagegen ist eine Katalase sowohl im Blut (Hämase) als auch in den meisten Organen des Körpers nachgewiesen worden.

Darstellung der Hämase: Defibriniertes Blut wird mit dem 10fachen Volumen kohlensauren Wassers vermischt, über Nacht stehen gelassen, am anderen Morgen zentrifugiert und filtriert, um die Flüssigkeit von den festen Bestandteilen

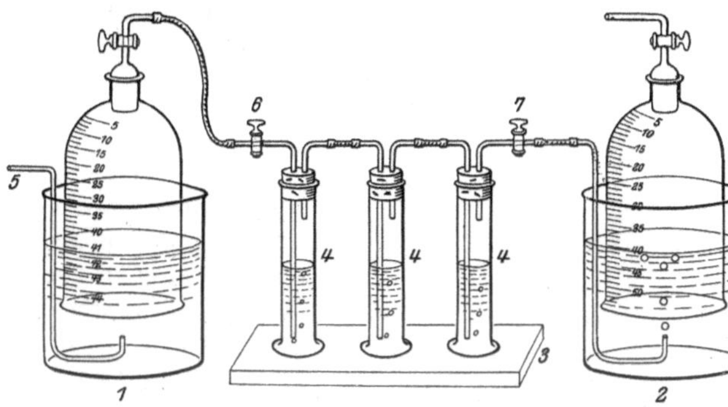

Fig. 54. Apparat zur Demonstration der Sauerstoffaufnahme durch das Hämoglobin des venösen Blutes (s. Text).

zu trennen. Die Katalase ist fast ausschließlich in die Lösung übergegangen. Gleiche Volumina des Hämoglobin und Katalase enthaltenden Filtrats und 99%igen Alkohols werden gemischt, die Mischung wird schnell zentrifugiert und die Alkohol-Hämoglobinlösung vom entstandenen Niederschlag abgegossen. Der rotbraune Niederschlag wird dann zwei- oder dreimal mit einem Alkohol-Wassergemisch gewaschen, um das Hämoglobin vollständig zu entfernen. Dann wird erst mit Filtrierpapier und darauf im Vakuumexsikkator über Schwefelsäure getrocknet, um den Alkohol vollständig zu entfernen. Der getrocknete Niederschlag wird dann zu einem feinen Pulver zerrieben.

Versuch: Gieße etwas Wasserstoffsuperoxydlösung auf eine Spur der Katalase im Reagenzglase. Es findet Sauerstoffentwickelung statt.

Versuch: Käufliches Hämoglobin entwickelt mit Wasserstoffsuperoxyd ein Gas, das sich durch Indigweißlösung oder Guajaktinktur als Sauerstoff charakterisieren läßt. Das käufliche Hämoglobin enthält also noch die Hämase.

Versuch, um die Wirkung der Oxygenase des Hämoglobins zu zeigen (Fig. 54). Das linke der beiden mit Wasser gefüllten, graduierten Glockengasometer wird mittels des Glasrohres 5 durch Wasserverdrängung mit Sauerstoff gefüllt. In den drei Zylindern 4 befindet sich Blut, welches, wenn es sich durch spektroskopische Untersuchung als rein arteriell erweisen sollte, mit Stokesscher Lösung venös gemacht wird. Doch ist nur so viel Lösung zuzusetzen, daß eben das Spektrum des venösen Blutes auftritt. Man öffnet die beiden Hähne 6 und 7, drückt den Gasometer 1 nieder, so daß der Sauerstoff durch das Blut in den Zylindern 4 hindurch nach dem Gasometer 2 gedrückt wird. Liest man hier ab, so findet man eine geringere Sauerstoffmenge, als man im Gasometer 1 abgemessen hatte. Nun werden die Hähne 6 und 7 geschlossen, das Gestell 3 mit den Zylindern 4 wird umgedreht und so verbunden, daß man den Sauerstoff aus Gasometer 2 durch das Blut hindurch nach Gasometer 1 drücken kann. Es läßt sich wieder eine Abnahme von Sauerstoff feststellen, usf. Vor dem Ablesen hat man die Gasometer durch Druck mit der Hand so einzustellen, daß das Wasser innen und außen gleich hochsteht.

5. Kapitel.

Atmung.

Die Atmung, ein Stoffwechselvorgang, ist charakterisiert durch die Aufnahme von Sauerstoff und die Abgabe von Kohlensäure durch den Körper. Die chemischen Vorgänge im Körper bestehen dabei nicht in einer einfachen Addition von Kohlenstoff und Sauerstoff oder lediglich in einer Oxydation kohlenstoffreicher Verbindungen, sondern die Kohlensäure entsteht zum Teil als Spaltungsprodukt recht verwickelt zusammengesetzter Stoffe, und bei weitem nicht der ganze aufgenommene Sauerstoff wird zur Bildung von CO_2 verwendet. Ein Teil desselben oxydiert H zu H_2O, S zu H_2SO_4 usw. Der sog. Atmungsquotient, d. h. das Verhältnis des ausgeatmeten CO_2 zum eingeatmeten O_2 ist daher, wenigstens bei den höheren Tieren, stets ein echter Bruch. Seine jeweilige Größe hängt von der Art der Ernährung und von der geleisteten Muskelarbeit ab. Es enthielten z. B. bei einer Bestimmung ungefähr

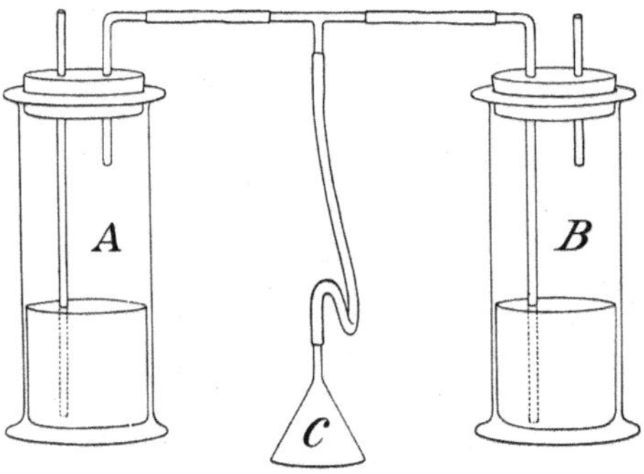

Fig. 55. Müllersche Ventile.
A. Einatmungszylinder. — B. Ausatmungszylinder. — C. Atmungstrichter.

eingeatmete Luft:	20,81 Vol. % O	0,03 Vol. % CO_2
ausgeatmete Luft:	15,89 Vol. % O	4,38 Vol. % CO_2.

Der Gehalt an CO_2 ist also auf mehr als das Hundertfache gestiegen.

1. Den stärkeren Gehalt der ausgeatmeten Luft an CO_2 weist man sehr gut mit den Müllerschen Ventilen nach (Fig. 55). Die beiden Zylinder sind mit frisch bereiteter, filtrierter Lösung von Baryumhydroxyd zur Hälfte gefüllt. Man atmet mit zugehaltener Nase durch den Trichter ein und aus. Beim Einatmen tritt Luft durch das Barytwasser in A in den Apparat ein, beim Ausatmen durchstreift dieselbe die Flüssigkeit in B. Schon nach wenigen Atemzügen ist das Barytwasser in B durch reichlichere Ausscheidung von Baryumkarbonat bedeutend stärker ge-

trübt als das in A. Die von der Barytlösung aufgenommene Kohlensäure kann durch Zusatz von Salzsäure aus dem Baryumkarbonat wieder frei gemacht werden.

2. Es liegt nun der Gedanke nahe, die Versuchsanordnung der Müllerschen Ventile auch zu dem Nachweis zu benutzen, daß die ausgeatmete Luft weniger Sauerstoff enthält als die eingeatmete. Da aber der Sauerstoffgehalt der Luft beim Atmen nur um etwa $1/4$ abnimmt, so ist dieser Nachweis bedeutend schwieriger zu führen. Als Indikatoren könnte man eine Lösung von Indigweiß oder alkalische Pyrogallollösung benutzen.

Die Oxydation von Indigweiß zu Indigblau wird in der Botanik zum Nachweis des assimilatorischen Sauerstoffs benutzt, das Indigweiß durch Einwirkung von Natriumbisulfit und Zinkstaub auf Indigblau hergestellt. Die Oxydation zu Indigblau in den Müllerschen Ventilen erfolgt nun in den beiden Zylindern so unmittelbar aufeinander, daß der Versuch als wenig instruktiv bezeichnet werden muß. Ebenso verhält es sich bei der Dunkelfärbung alkalischer Pyrogallollösung durch Sauerstoffabsorption.

Die Vorgänge bei der Sauerstoffabsorption durch alkalische Pyrogallollösung sind noch wenig geklärt. Bei Anwendung von Barytwasser bildet sich Hexaoxydiphenyl.

$$2\,C_6H_3(OH)_3 + O = C_{12}H_4(OH)_6 + H_2O.$$

Bei Anwendung von Kali- oder Natronlauge ist aber der Sauerstoffverbrauch viel stärker, als es dieser Gleichung entspricht.

Als brauchbar hat sich die Vorrichtung Fig. 56 erwiesen. Die beiden etwa 1,5 m langen und 2 cm weiten, beiderseits offenen Glasröhren ragen unten in eine Wanne mit Wasser. Oben sind sie mit durchbohrten Gummistopfen verschlossen, durch deren Bohrung die zu einer sehr feinen Spitze ausgezogene Röhre eines 200 ccm fassenden Scheidetrichters geht. Die eine Röhre enthält atmosphärische Luft, die Röhre ihres Scheidetrichters wird vollständig mit Wasser gefüllt. Die andere Röhre wird mittels eines zweckmäßig gebogenen Glasrohres (Fig. 56) mit ausgeatmeter Luft gefüllt. Man atmet tief ein, schließt den Mund, hält sich die Nase zu und macht in dieser Stellung noch einige Atembewegungen; dann atmet man mit zugehaltener Nase durch das gebogene Glasrohr in die zweite Röhre aus. Sollte das Niveau des Wassers unten in beiden Röhren verschieden sein, so kann man durch wiederholtes Ausatmen oder auch dadurch regulieren, daß man in die Röhre mit atmosphärischer Luft mittels eines kleinen Gummigebläses einige Luftblasen hineinsteigen läßt.

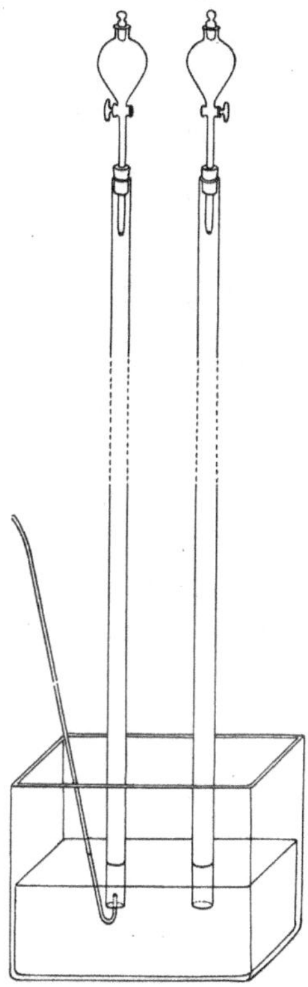

Fig. 56. Apparat zur Demonstration der Kohlensäureproduktion und des Sauerstoffverbrauches bei der Atmung. s. Text.

Da Pyrogallol in alkalischer Lösung verwendet wird, so wird auch das CO_2 absorbiert. Um über den O-Gehalt in beiden Röhren richtige Resultate zu bekommen und zugleich eine quantitative Bestimmung des CO_2 durchzuführen, füllt man in die Scheidetrichter reine Kalilauge und läßt diese möglichst langsam durchtropfen, bis die Niveauhöhen in beiden Röhren konstant geworden sind. Es zeigt sich deutlich, daß die ausgeatmete Luft 4—5% CO_2 enthält. Nun läßt man alkalische Pyrogallollösung langsam durchtropfen. Die Flüssigkeit in den Röhren steigt schließlich sehr langsam. Dann schließe man die Hähne der Scheidetrichter und überlasse den Apparat sich selbst. Am nächsten Tage sind die Niveaus in den Röhren konstant geworden und man kann nun feststellen, daß die eingeatmete Luft etwa 21%, die ausgeatmete Luft etwa 16% Sauerstoff enthält.

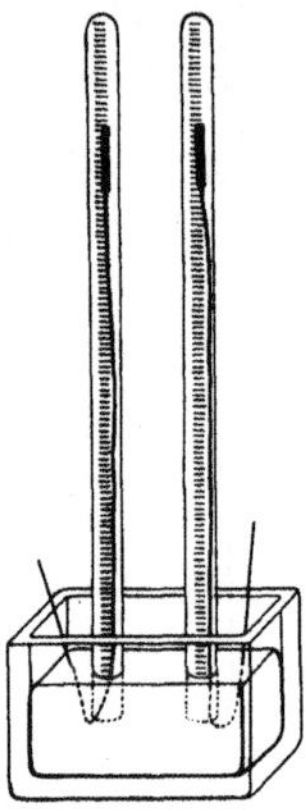

Fig. 57. Absorptiometer-Röhren s. Text.

Zu beachten ist, daß während des Tropfens in den Trichtern die Flüssigkeit ständig erneuert werden muß, bevor sie ganz verbraucht ist, so daß keine Luft aus der Röhre nach außen entweichen kann.

Handelt es sich nur um die Messung des O-Gehaltes, so kann man die Absorption auch durch gelben Phosphor über Quecksilber vornehmen. Die Anordnung ist als chemischer Vorlesungsversuch allgemein bekannt, wird auch durch Fig. 57 erläutert.

3. Den Mechanismus der Atmung und die Bedeutung des Zwerchfells kann man an dem folgenden Modelle erläutern. Eine tubulierte Glocke ist unten durch eine Kautschukmembran verschlossen; der Gummistopfen ist einmal durchbohrt. Die Glasröhre, die die Durchbohrung ausfüllt, trägt unten zwei Bälle aus weichem Gummi, deren Ausführungsgänge sich zu einem Schlauch vereinigen. Der Apparat stellt in der Ruhe das Stadium der Einatmung dar, die Bälle sind gefüllt. Drückt man von unten mit der Faust gegen die Membran, so wölbt sich dieselbe nach oben (Ausatmung), die Bälle sinken zusammen. Bei der Vorführung dieses Modells wie des nachstehenden, von Verworn konstruierten, ist auf den wesentlichen Unterschied von der Wirklichkeit aufmerksam zu machen. Verworn (Fig. 58) verwendet eine frische Kaninchenlunge statt der Gummibälle, so daß der Apparat in der Ruhe das Stadium der Ausatmung darstellt. In der unteren Kautschukmembran ist eine Glaskugel befestigt, so daß man die Membran nach unten ziehen und dadurch die Einatmung hervorrufen kann.

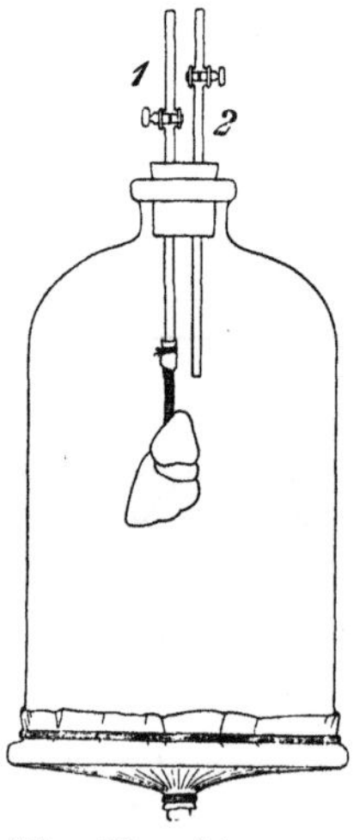

Fig. 58. Atmungsmodell. Bezeichnungen s. Text.

6. Kapitel.

Aus der Muskel- und Nervenphysiologie.

I. Reaktion des Muskelfleisches.

Frische Muskeln reagieren alkalisch. Bei angestrengter körperlicher Arbeit oder beim Absterben bildet sich aus dem Glykogen der Muskeln Milchsäure, so daß die Reaktion sauer wird.

Als Indikator benutzen wir eine hell weinrote, wässerige Lösung von Säurefuchsin, die durch Alkalien entfärbt wird (Kontrollversuch mit Kalilauge).

Versuch: Wir schneiden den Schenkelmuskel eines frisch getöteten und den eines am vorhergehenden Tage getöteten Frosches in möglichst kleine Stücke und bringen dieselben in je ein Gläschen mit dünner Säurefuchsinlösung. Nach etwa einer halben Stunde ist die Lösung mit den frischen Muskelstücken entfärbt.

II. Herstellung eines Präparates für die Reizungsversuche.

Um die Erregung der Nervenstränge durch verschiedene Reize und die Wirkung der Nervenerregung auf die entsprechenden Muskeln zu studieren, stellen wir uns ein Präparat der Unterschenkelmuskulatur des Frosches mit den zuführenden Nerven her, an dem zur besseren Handhabung ein Stück des Femur erhalten ist. Bei der Präparation hüte man sich sorgfältig, das Präparat, namentlich die Nerven, zuviel mit den Händen zu berühren, da es sonst seine Empfindlichkeit einbüßt. Um es vor dem Eintrocknen zu schützen, bepinselt man es während der Präparation und auch noch während der Reizungsversuche öfter mit physiologischer Kochsalzlösung. Gebraucht man das Präparat nicht sogleich, so kann man es auf nicht zu lange Zeit in dieser Flüssigkeit aufbewahren.

Die Herstellung des Präparates verläuft in folgenden 11 Phasen:

1. Töten des Frosches durch Enthaupten mit einer starken Schere.
2. Ausbohren des Rückenmarkkanals mit einer Nadel, bis die Gliedmaßen schlaff herabhängen.
3. Frosch in Rückenlage. Entfernung von Bauchhaut, Bauchmuskulatur und Eingeweiden vom Mastdarm bis zur Lunge unter Schonung des aus der Wirbelsäule austretenden Pferdeschweifes.
4. Abziehen der Haut von der Kreuzgegend bis auf die Zehen.
5. Durchschneiden der Wirbelsäule oberhalb der Austrittsstelle des Pferdeschweifes.
6. Man führt mit der Pinzette einen Faden unter die Beinnervenstränge (Nervus ischiadicus) des Pferdeschweifes einer Seite und bindet mit einem doppelten Knoten ab. Das freie Ende des Fadens wird zum Anfassen und Hochheben des Präparates benutzt.
7. Man schneidet die Nervenstränge oberhalb der Bindestelle ab.
8. Frosch in Rückenlage, Kopfende dem Praktikanten zugewendet. Anheben des Fadens mit dem Nerven und vorsichtiges Freipräparieren des letzteren bis in die Beckenspitze.
9. Scherenschnitt parallel und möglichst nahe der Wirbelsäule zwischen Darmbein und Steißbein.
10. Frosch in Bauchlage. Faden mit Nerven durch den durch Schnitt 9 erzeugten Spalt nach der Rückenseite durchziehen und weiteres Freipräparieren des Nerven auf der Rückenseite des Oberschenkels bis zum Kniegelenk unter vorsichtiger Entfernung der Bindegewebshülle. Die Nervenverzweigungen, welche zu den Oberschenkelmuskeln gehen, sind zu durchschneiden (Zuckungen!).
11. Durchschneiden des als Handhabe dienenden Oberschenkelknochens nahe dem Becken und Abtragen der Muskulatur desselben.

III. Reizungserscheinungen

(Nervenreizungen mit dadurch ausgelöster Muskelkontraktion, indirekte Muskelreizung).

1. Reizung durch Gleichstrom. Das Präparat wird mit dem Oberschenkelknochen in ein Stativ gespannt. An einer anderen Klemme desselben Stativs sind zwei starke Platindrähte als Elektroden isoliert voneinander angebracht. Als Stromquelle benutzen wir ein Daniell- oder Flaschenelement. In den Stromkreis ist ein Stromschlüssel eingeschaltet. Der mit physiologischer Kochsalzlösung angefeuchtete Nerv wird über die beiden Elektroden gelegt. Der Stromschlüssel ist noch offen.

Versuche: a) Man schließt mittels des Schlüssels den Stromkreis; der Muskel zuckt und bleibt dann in Ruhe.

b) Man öffnet den Schlüssel wieder. Der Muskel zuckt ebenfalls und bleibt dann in Ruhe.

c) Man schließt den Strom abermals und läßt ihn eine Minute lang durch das Präparat gehen. Darauf öffnet man ihn, entfernt das Element aus dem Stromkreise und verbindet die freien Drahtenden mittels einer Klemmschraube:

α) Man schließt den Stromkreis mittels des Schlüssels; das Präparat zuckt.

β) Man öffnet; das Präparat zuckt ganz schwach. (Polarisationsstöme.)

2. Reizung durch Induktionsstrom. Am besten verwenden wir einen Schlitteninduktionsapparat, verbinden die Klemmen der Primärspule mit den Polen eines Flaschenelements und schalten einen Stromschlüssel in den primären Stromkreis ein. Die beiden Pole der Sekundärspule verbinden wir mit den Platinelektroden. Die Lage des Präparats am Stativ bleibt ungeändert.

Man reguliert nun durch Schlittenverschiebung und jedesmaliges Schließen und Öffnen des Primärstromes die Schlittenstellung so, daß man gerade eine Zuckung erhält (Reizschwelle). Man findet, daß zuerst die Öffnungsschläge wirksam werden. Erst viel später erzeugt auch der Schließungsstrom Zuckungen.

Für die folgenden Versuche verwenden wir am besten ein neues Froschpräparat.

3. Mechanische Reize. Befestigung des Präparates im Stativ wie bei 1. Der Elektrodenhalter wird entfernt. Man quetscht den Nerv nahe am Bindfaden in schneller Drucksteigerung mit einer Pinzette. Die Muskeln führen eine Zuckung aus.

Man wiederholt den Versuch zentralwärts von der ersten Druckstelle. Der Muskel zuckt nicht. Die Reizleitung im Nerven wird also durch das Quetschen zerstört.

4. Wärmereiz. Man berührt eine gesunde, peripherisch von den Quetschstellen gelegene Stelle desselben Nerven mit einem heißen Glasstabe. Man erhält kurze, unregelmäßige Muskelzuckungen. Auch hier stirbt die gereizte Stelle ab.

5. Osmotischer Reiz. a) (neues Präparat!). Im Stativ wird außer dem Präparat ein Objektträger in wagerechter Lage befestigt und der Bindfaden so darüber gezogen, daß der Nerv auf das Glas zu liegen kommt. Auf den Nerv streut man etwas pulverisiertes Kochsalz. Nach einiger Zeit treten unregelmäßige Zuckungen des Muskels auf.

b) Ein neues Präparat läßt man am Stativ hängen, so daß der Nerv allmählich austrocknet. Nach einiger Zeit gerät der Muskel in Kontraktion. Die Kontraktion läßt sich durch Benetzen mit physiologischer Kochsalzlösung rückgängig machen.

6. Chemische Reize. a) Man läßt das Nervenende des im Stativ befestigten Präparates in ein Uhrschälchen mit Alkohol tauchen. Der Muskel zuckt.

b) Man macht denselben Versuch mit Ammoniak, doch so, daß die Ammoniakdämpfe nicht an den Muskel gelangen. Das Uhrglas wird höher gehalten als der Muskel, der Nerv hochgehoben. Die Kontraktion bleibt aus. Indirekte Muskelreizung durch Ammoniak läßt sich nicht erzielen.

IV. Direkte Muskelreizung.

Man legt eines der vorher benutzten Präparate auf eine mit physiologischer Kochsalzlösung befeuchtete Glasplatte und benetzt den Muskelbauch mit Ammoniak.

Er gerät in Kontraktion. Dieser Versuch beweist, daß die Muskulatur auch direkt, d. h. ohne Zutun des Nerven gereizt werden kann, da Ammoniak auf den Nerven nicht einwirkt.

Man kann die direkte Muskelreizung auch ausführen, indem man den Frosch kurarisiert und so die Nervenendapparate im Muskel lähmt, doch wollen wir von diesem Versuche hier absehen.

V. Reflexbewegungen

(Bewegungen, die ohne Zutun des Gehirns zustande kommen).

Die Frösche für diese Versuche werden in der Weise enthauptet, daß man ein Scherenblatt in die Mundspalte einführt, das andere über den Hinterrand des Schädels bringt und durch einen kräftigen Druck den das Gehirn enthaltenden Teil des Kopfes abschneidet. Der Frosch wird dann an dem stehengebliebenen Unterkiefer an einem Stativ aufgehängt und bleibt einige Minuten hängen, bis die durch das Durchschneiden des Zentralnervensystems augenblicklich herabgesetzte Reflexempfindlichkeit wiederhergestellt ist.

1. Anziehreflexe. a) Man kneift den Frosch mit einer Pinzette in die Zehe. Er zieht das Bein an. Hat man stark genug gekniffen, so bleibt das Bein angezogen. Kneift man jetzt das andere Bein, so wird dieses angezogen, das erste dagegen herabgelassen. (Gekreuzter Reflex gleichzeitig mit Hemmungsreflex.)

b) Man hält die freien Polenden des Sekundärstromes eines Schlitteninduktoriums an die Zehen. Beim Schließen und Öffnen des primären Stromes erfolgt Anziehung des Beines. Polenden an die Seiten der Brust halten: der Frosch quakt.

c) Man hebt ein Gläschen mit verdünnter Essigsäure unter dem Frosch so in die Höhe, daß die Zehenspitzen eintauchen. Der Frosch zieht das Bein aus der Flüssigkeit.

2. Wischreflexe. Dasselbe Präparat wird weiter benutzt.

a) Man bringt mit einem Glasstabe einen Tropfen Essigsäure auf eine Rückenseite des Frosches. Er versucht, mit dem Bein dieser Seite die Säure abzuwischen.

b) Man wäscht die Säure mit einem Pinsel ab, schneidet das Bein derselben Seite ab und betupft nach etwa einer Minute dieselbe Seite des Rückens wieder mit Essigsäure. Der Wischreflex wird mit dem anderen Bein ausgeführt, nachdem der Frosch vergeblich versucht hat, den Beinstumpf zum Abwischen zu verwenden.

VI. Galvanis Versuch.

Man führe durch die Haut eines mit Chloroform getöteten Frosches einen zirkulären Schnitt unterhalb der Arme, halte mit einer Hand den Kopf und die Arme, mit der anderen umfasse man den Unterleib. Es ist leicht möglich, durch einen kräftigen Zug mit dieser Hand die Haut des Frosches bis zu den Füßen der Hinterbeine abzustreifen. Darauf wird der Frosch an einem verzinkten Eisendraht, der durch den Unterkiefer gezogen wird, befestigt und mittels des Drahtes am Stativ aufgehängt. Der Eisendraht führt zu einem Multiplikator. Der andere Draht des Multiplikators ist ein Kupferdraht. Berührt man mit dem Kupferdraht die Muskulatur eines Unterschenkels, so erfolgt kräftiges Zucken des Beines und gleichzeitig ein starker Ausschlag der Nadel des Multiplikators.

Anmerkung: Da die wichtigsten Versuche über die Physiologie der Sinnesorgane gewöhnlich im Physikunterrichte dargestellt werden, so soll hier von einer Behandlung derselben abgesehen werden.

Spezieller Teil.

1. Abschnitt.

Protozoen.

Bei der Behandlung der Protozoen wollen wir wie in allen Kapiteln des speziellen Teiles nach Möglichkeit einzelne Paradigmen aufstellen, trotzdem es hier nicht immer durchführbar ist, daß das Material gerade nur diese eine Art enthält. Die Objekte sind so gewählt, daß sie ziemlich leicht und sicher zu beschaffen sind. Es werden Vertreter aller vier Klassen der Protozoen behandelt (Sporozoen, Ciliaten, Flagellaten, Rhizopoden).

1. Kapitel.

Sporozoen.

Die Sporozoen sind durchweg im Inneren anderer Tiere lebende Parasiten ohne lokomotorische Anhänge, die sich durch Sporenbildung und Teilung vermehren. Wir wählen zwei Beispiele aus, welche der Ordnung Gregarina angehören.

I. Gregarina blattarum.

Wir töten eine Anzahl Küchenschaben (Blatta orientalis) durch Chloroform und präparieren (nicht unter Wasser) den Darm von der Bauchseite her heraus, zerschneiden ihn und streichen den Inhalt mit dem Skalpell in einen Tropfen physiologische Kochsalzlösung, der sich auf dem Objektträger befindet.

Die Schüler beobachten zunächst bei mittlerer, dann bei starker Vergrößerung in ihren Instrumenten, der Leiter stellt ein Präparat bei Dunkelfeldbeleuchtung auf.

Zwischen dem Detritus des Darminhalts sind die Tiere als sich langsam bewegende Klümpchen bald herauszufinden. Die Zellhaut ist deutlich zu sehen. Das Plasma erscheint körnig und wird durch eine hellere Zwischenwand in einen vorderen, kürzeren (Protomerit) und in einen hinteren, längeren Abschnitt (Deutomerit) geteilt. In dem hinteren Abschnitt nimmt man den Kern wahr.

Häufig sieht man kleine, eiförmige Bläschen, in denen zwei Kugeln liegen. Dies sind die Zysten, durch welche die Tiere sich vermehren. Je zwei Individuen schließen sich in eine gemeinsame Zyste ein, innerhalb welcher sie in viele kleine Kugeln (Gameten) zerfallen, deren jede einen Kern enthält. Eine größere Menge der Leibessubstanz der Eltertiere bleibt als Restkörper übrig. Die Gameten verschmelzen zu je zweien miteinander und bilden, nachdem sie sich mit einer Hülle umgeben haben, eine Sporozyste. Jede Sporozyste bildet nun acht langgestreckte Sporozoiten aus. Gelangt die Sporozyste in den Darm eines anderen Tieres derselben Art, so werden die Sporozoiten frei und setzen sich an der Darmwand fest.

Der Leiter kann auch Dauerpräparate herstellen und den Schülern vorlegen. Der ganze Darm der Schabe wird mit Inhalt herausgezogen, indem man den Kopf und das Hinterleibsende mit der Schere abschneidet und den Darm am Hinterende mit der Pinzette faßt. Er wird ½—1 Stunde in Flemmingscher Lösung fixiert, darauf in einer Schale mit Wasser ebenso lange gewässert, in der Alkoholreihe nachgehärtet und über Chloroform in Paraffin eingebettet. Die Schnitte sollen 10—15 μ dick sein und werden in folgender Weise gefärbt:

Kuvettenfolge:

1. Chloroform,
2. Alcohol absolutus,
3. Alkohol 90 %,
4. Alkohol 70 %,
5. Alaunkarmin (Kernfärbung), ¼ Stunde,
6. Abspülen in Wasser,
7. Lichtgrün (1 g auf 400 ccm Alkohol) ½ Minute (Plasmafärbung).
8. Alkohol 90 % (abspülen),
9. Alcohol absolutus (nicht zu lange),
10. Xylol.

Aufbewahrung in Kanadabalsam.

II. Monocystis tenax (Fig. 59, 60).

Diese Art kommt in den Samenblasen des Regenwurmes vor. Wir benutzen möglichst große Exemplare desselben, töten sie mit Chloroform und befestigen sie mit zwei Nadeln in der Rückenlage im Wachsbecken. Nach der beim Regenwurm angegebenen Präparationsmethode öffnen wir das Tier in der Bauchlinie und stecken die zur Seite präparierten Körperwände mit Nadeln fest. Die Samenblasen liegen im 10. bis 12. Körpersegment und sind leicht sichtbare, weißliche Blasen. Die freien Gregarinen sind darin selten zu finden, Zysten findet man im Sommer (Mai und Juni) fast stets.

α) Man bringt den Inhalt der Samenblasen in einen Tropfen physiologischer Kochsalzlösung auf den Objektträger und betrachtet erst bei mittlerer, dann bei starker Vergrößerung. Der Leiter stellt ein Präparat bei Dunkelfeldbeleuchtung auf. Sind freie Gregarinen vorhanden, so sieht man sie als langgestreckte Zellen mit deutlichem Kern.

Die wie Zilien erscheinenden Anhänge der Oberfläche sind adhärierende Spermatozoen des Regenwurmes. Die scharfe Trennung des Protoplasmas in zwei Teile wie bei der Schabengregarine ist hier nicht vorhanden. Die Zysten zeigen ähnliche Bilder und verhalten sich ebenso wie die von Gregarina blattarum.

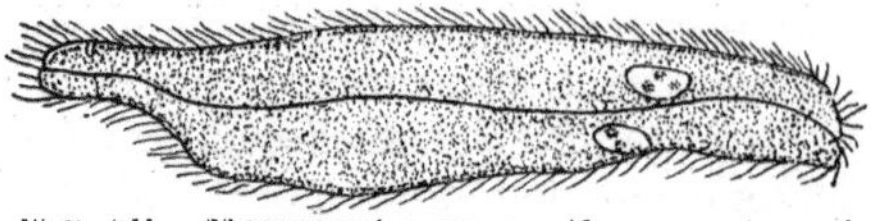

Fig. 59. Monocystis spec. Zwei aneinanderliegende freie Gregarinen, die im Begriff sind, sich zu enzystieren. $^{37}/_{1}$. Nach Cuénot aus Kißkalt und Hartmann.

β) Wir machen nach der Methode der Deckglasblutpräparate Deckglasausstriche von dem Inhalt der Samenblasen und bringen die Ausstriche, ohne sie lufttrocken werden zu lassen, auf 10 Minuten in ein Schälchen mit heißem Sublimatalkohol (100 Teile wässerige, konzentrierte Lösung von Sublimat, 50 Teile Alcohol absolutus, 5 Teile Eisessig); dann legen wir sie auf 5 Minuten in destilliertes Wasser, darauf ebenso lange in durch Jodzusatz schwach gelben, 60%igen Alkohol und färben auf dem Deckglase ¼ Stunde mit Boraxkarmin. Dann legen wir die Gläschen in Wasser, bis keine Farbschlieren mehr ausgehen und bringen auf ½ Minute eine Lichtgrünlösung auf die Präparate. Der überflüssige Farbstoff wird wieder in Wasser entfernt. Darauf läßt man lufttrocken werden und schließt in Kanadabalsam ein. Die Kerne sind rot, das Plasma ist grün gefärbt.

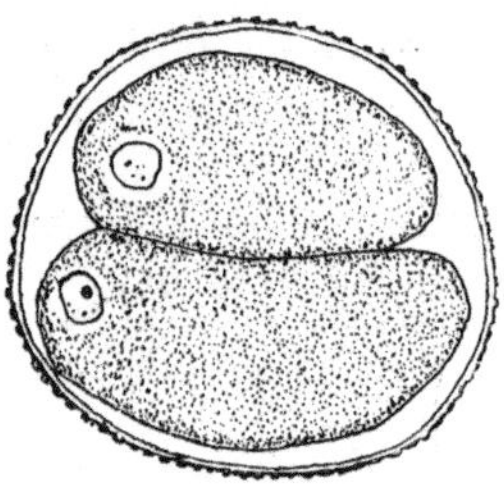

Fig. 60. Monocystis spec. Junge Zyste mit zwei Individuen. $^{37}/_{1}$. Nach Cuénot aus Kißkalt und Hartmann.

γ) Der Leiter fixiert ganze Samenblasen eine Stunde mit Sublimatalkohol und behandelt nach den Vorschriften über Sublimatfixierung weiter (Jodalkohol usw.). Die Samenblasen werden über Chloroform in Paraffin eingebettet, 10—15 μ dick geschnitten und wie der Schabendarm gefärbt (Alaunkarmin oder Hämatoxylin Delafield — Lichtgrün).

2. Kapitel.

Flagellaten.

Die Flagellaten sind kernhaltige Protozoen, welche sich durch den Besitz von meist ein bis zwei langen Geißeln auszeichnen.

I. Euglena viridis, das grüne Augentierchen (Fig. 61).

Diese Form kommt in Straßengräben, Wassertümpeln und stehenden kleinen Gewässern namentlich in der Nähe von Mistablagerungen oft so häufig vor, daß das ganze Wasser grün gefärbt erscheint, doch kann die grüne Färbung auch durch andere Formen, z. B.

Chlamydomonas oder Hämatococcus hervorgerufen werden, die genau ebenso zu behandeln sind.

Das durch Ausschöpfen mit dem Wasser gewonnene Material läßt man im offenen Glase stehen, wenn man es bald verarbeiten will, andernfalls bringt man es mit mehr Wasser desselben Ursprunges in ein größeres Zylinderglas; doch ist es auch in diesem Falle ratsam, die Tiere nicht zu lange unbenutzt zu lassen.

Fig. 61. Euglena viridis (nach Klebs). 400/1.

Man kann die Euglenen auch mit einem sehr feinen Käscher in eine Nährlösung übertragen, in der sie sich ziemlich gut fortzüchten lassen. Die Zusammensetzung dieser Nährlösung ist folgende:

0,5	Pepton (Witte)	oder	1,00	Pepton
0,5	Traubenzucker		0,4	Traubenzucker
0,2	Zitronensäure		0,4	Zitronensäure
0,02	Magnesiumsulfat		0,02	Magnesiumsulfat
0,05	Kaliumbiphosphat (KH_2PO_4)		0,05	Kaliumbiphosphat
100	Wasser		0,05	Ammoniumnitrat
			98	Wasser.

a) Wir beobachten die Tiere in einem Tropfen des Wassers, in dem sie leben, unter dem Mikroskop (1 : 400). Wir erkennen einen Kern, außerdem Chlorophyllkörner, durch welche die Tiere ähnlich wie die grünen Pflanzen befähigt werden, einen Kohlensäureassimilationsprozeß durchzumachen. Auffallend ist ein roter Fleck am einen Ende, welcher als licht- oder wärmeempfindliches Organ gedeutet wurde, wahrscheinlich aber zum Beschatten des Kernes dient. Von den Geißeln kann man bei dieser Beobachtung meist nichts wahrnehmen. Um sie zu sehen, setzen wir einem Teil des Aufbewahrungswassers mit dem Material die gleiche Menge einer mäßig warmen 3 %igen Gelatinelösung zu. Die Bewegungen werden dadurch merklich langsamer, und die Geißeln sind bequemer zu beobachten. Wir bemerken am Vorderende eine ziemlich große Geißel. Dicht unter der Ansatzstelle derselben sehen wir den Zellmund, durch welchen kleine Fremdkörper dem Zellinnern zugeführt werden können, und nicht weit von diesem und dem roten Augenfleck entfernt die kontraktilen Vakuolen, deren Spiel sich bei längerer Beobachtung deutlich verfolgen läßt.

Zuweilen bilden sich auf der Oberfläche des Wassers in den Kulturgefäßen grüne Häute. In diesen finden sich die Euglenen in einem eigentümlichen Dauerzustande, von einer Schleimschicht umgeben. Hat sich eine solche Haut gebildet, so geht die Kultur gewöhnlich bald durch das Überhandnehmen eines Parasiten (Polyphagus Euglenae) zugrunde.

Zum Studium der Geißelbewegung und des Pulsierens der Vakuolen stellt der Leiter ein Präparat bei Dunkelfeldbeleuchtung auf.

b) Legt man auf die Erhaltung der Geißeln keinen großen Wert, so kann man gefärbte Dauerpräparate leicht erhalten, wenn man die Tiere auf Deckglasausstrichen genau wie die Gregarinen behandelt. (Fixieren in Sublimatalkohol, Färben mit Karmin-Lichtgrün.)

c) Zur Präparation der Geißeln fixiert man das Material auf dem Objektträger durch Osmiumsäuredämpfe. Man spült kurze Zeit in Wasser nach und schließt in Glyzerin ein.

Man kann die Deckglasausstriche auch mit Löfflers Geißelbeize behandeln.

Dieselbe besteht aus:

10 ccm 25%ige, wässerige Tanninlösung,
5 ccm kaltgesättigte, wässerige Lösung von Ferro-Ammoniumsulfat,
1 ccm wässerige oder alkoholische Lösung von Fuchsin (oder Methylviolett oder Wollschwarz).

Beim Gebrauch soll die Beize mindestens einen Tag alt sein.

Man bringt etwas Flagellatenmaterial auf ein Deckgläschen und gießt auf den noch feuchten Ausstrich, den man mit einer Cornetpinzette faßt, einen Tropfen der Beize, erhitzt eine Minute ohne zu kochen, bis Dämpfe aufsteigen, läßt die Beize noch eine Minute auf dem Deckglase, spült in Wasser ab, wiederholt Beizung und Abspülen noch zweimal, spült dann in absolutem Alkohol und färbt darauf mit Fuchsin-Anilinwasser unter Erwärmen auf dem Deckgläschen eine Minute lang. Dann spült man in Wasser ab, taucht auf kurze Zeit in Alkohole steigender Konzentration, entwässert in absolutem Alkohol und bringt über Xylol in Kanadabalsam.

Das Fuchsin-Anilinwasser stellt man sich in folgender Weise her: Man schüttelt 10 ccm Anilin mit 100 ccm Wasser und gießt die trübe Flüssigkeit so oft durch ein feuchtes Filter, bis sie klar durchläuft. Dann setzt man 11 ccm konzentrierte, alkoholische Fuchsinlösung dazu und filtriert die Mischung vor dem Gebrauch. Sie ist nicht lange haltbar. Für unseren Zweck fügen wir tropfenweise 0,1%ige Natronlauge dazu, bis die Flüssigkeit im Reagenzglase undurchsichtig erscheint. Die Schwebefällung muß bei gelindem Erwärmen verschwinden.

II. Bodo lacertae (Fig. 62).

a) Wir finden diesen Flagellaten im Enddarm und Kloakenraum der gemeinen Eidechse. Zur Präparation töten wir einige Eidechsen durch Chloroform, öffnen den Leib von der Kloake aus und streichen den Inhalt des Enddarmes mit den Branchen einer Pinzette durch den After in ein vorgehaltenes Glasschälchen. Dazu setzen wir etwas physiologische Kochsalzlösung und zur Herabsetzung der schnellen Eigenbewegung der Tiere wieder ein wenig von der erwärmten, 3%igen Gelatinelösung. Darauf bringen wir einen Tropfen der Flüssigkeit auf einen Objektträger und legen ohne Druck ein Deckgläschen auf. Die Vergrößerung muß ziemlich stark sein, am besten nicht unter 600fach. Der Leiter stelle ein Präparat bei Dunkelfeldbeleuchtung auf.

Bodo lacertae ist stets zu finden. Sie hat einen spindelförmigen Körper, der am Hinterende spiralig um seine Längsachse gedreht ist, und besitzt am Vorderende zwei verschieden lange Geißeln. Die kürzere Geißel ist meist nach hinten gerichtet und schleppt bei der Bewegung nach. Im Inneren erkennen wir den Kern von schwach grünlich schimmernder Färbung in der Nähe des Vorderendes. Einen Zellmund wie bei Euglena können wir hier nicht wahrnehmen, er fehlt.

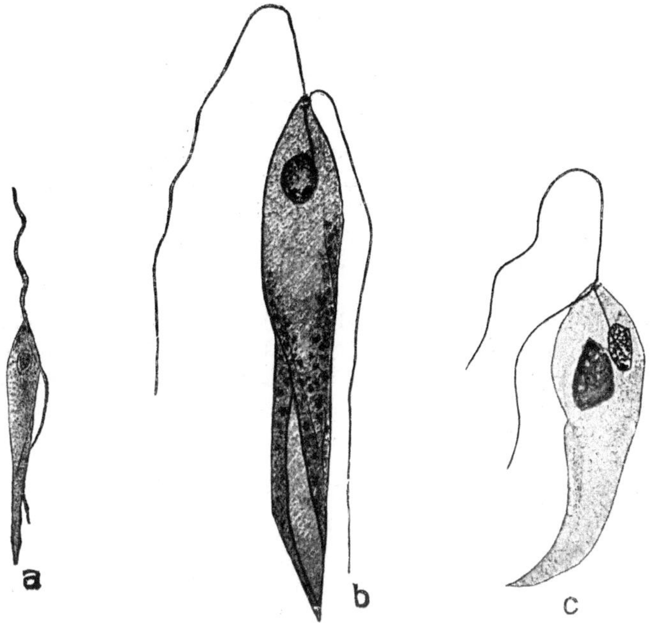

Fig. 62. Bodo lacertae. $^{1000}/_{1}$. (Nach v. Prowacek aus Kißkalt und Hartmann) a. nach dem Leben. — b. und c. zwei verschiedene Typen gefärbt.

Auch Zysten, in denen sich die geschlechtlichen Fortpflanzungsvorgänge des Tieres abspielen, sieht man zuweilen als kleine kugelige Gebilde. Auf die Vorgänge in diesen Zysten wollen wir nicht näher eingehen.

Außer Bodo lacertae sieht man meist noch bedeutend kleinere Flagellaten zwischen dem Detritus des Darminhalts der Eidechsen herumschwimmen, welche sich durch ihre rübenförmige Gestalt kenntlich machen (Trichomastix lacertae, Fig. 63). Am Vorderende dieses Tieres lassen sich vier Geißeln unterscheiden, von denen drei nach vorn, die vierte, längste aber nach hinten gerichtet ist. Vom Kern aus geht ein dunkler,

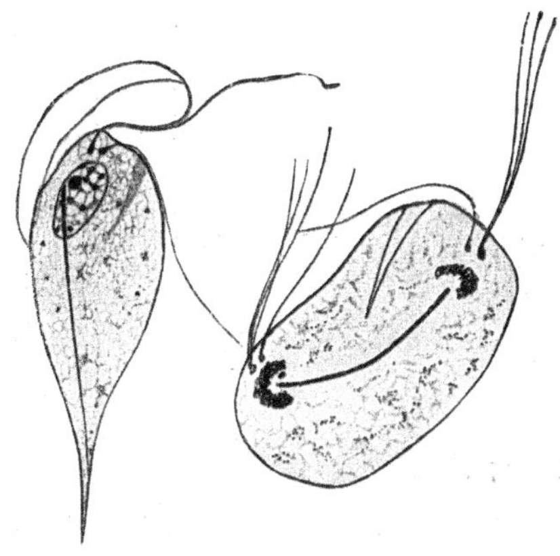

Fig. 63. Trichomastix lacertae. $^{1000}/_{1}$. (Nach v. Prowacek aus Kißkalt und Hartmann).

dünner Streifen, der sog. Achsenstab, in das langgestreckte, zugespitzte Hinterende des Zelleibes.

b) Wir stellen Deckglasausstriche von dem unverdünnten Darminhalt der Eidechse her und lassen dieselben, ehe sie trocken werden, mit der bestrichenen Seite auf heißen Sublimatalkohol von der weiter oben angegebenen Zusammensetzung fallen. Nach wenigen Sekunden übertragen wir die Deckgläser in ein Schälchen mit kaltem Sublimatalkohol, wo sie 10 Minuten verweilen. Dann spülen wir kurze Zeit in 60%igem Alkohol, darauf in 60%igem braungelben Jodalkohol und endlich in destilliertem Wasser. Nun bringt man verdünnte, dunkelrote Hämatoxylinlösung (Delafield) auf die Deckgläschen, färbt ½ Stunde, spült in Leitungswasser ab, macht die steigende Alkoholreihe durch und schließt über Xylol in Balsam ein. Überfärbte Präparate können in schwachem Salzsäurealkohol (S. 19) differenziert werden.

Man achte in diesen gefärbten Präparaten auf die Verankerung der beiden Geißeln in dem sog. Basalapparate am vorderen Körperende. Von diesem Apparate geht ein stark gefärbter Faden (oder Rhizoplast) nach dem Kern. Neben dem Kern liegt bei manchen Individuen noch eine zweite, stark gefärbte Masse, die bei den geschlechtlichen Vorgängen eine Rolle spielt.

Bei Trichomastix tritt in den gefärbten Präparaten der Achsenstab durch seine dunklere Färbung deutlich hervor.

III. Mundspirochaeten

(Spirochaeta buccalis und Spirochaeta dentium [Fig. 64 u. 65]).

Wir bringen etwas Schleim, den wir von unseren Zähnen abkratzen, auf einen Objektträger und setzen einen Tropfen physiologische Kochsalzlösung zu. Zunächst stelle der Kursleiter ein Präparat bei Dunkelfeldbeleuchtung und starker Vergrößerung auf. Die Spirochäten sind als korkzieherartig gewundene Linien zu erkennen, die in schlängelnder Bewegung durch das Gesichtsfeld eilen. Bei den zur Verfügung stehenden Vergrößerungen ist meist nur Spirochaeta buccalis zu sehen. Die viel kleinere und feinere Spirochaeta dentium wird erst bei längerer Beobachtung und größerer Übung erkannt werden können. Günstigenfalls kann man am Ende der Spirochaeta buccalis eine lange Geißel sehen.

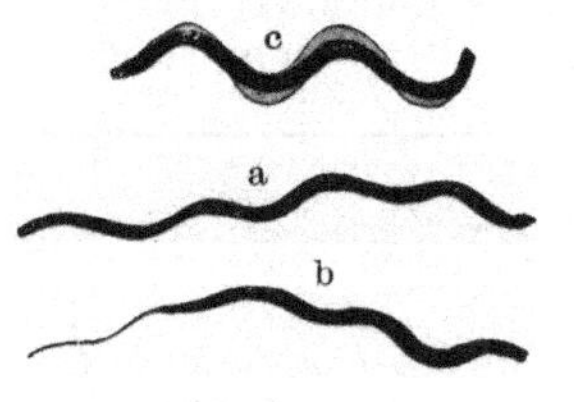

Fig. 64. Spirochaeta buccalis. $^{2400}/_{1}$. (Aus Kißkalt und Hartmann).
b. mit Geißel. — c. mit undulierender Membran.

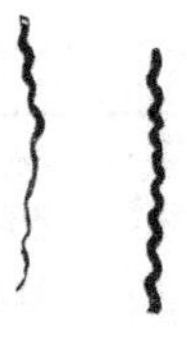

Fig. 65. Spirochaeta dentium. $^{2400}/_{1}$. (Aus Kißkalt und Hartmann).

Außer den Spirochäten bemerkt man im Gesichtsfelde verschiedenartige Bakterien, Speisereste usw., auf die wir hier nicht eingehen wollen.

Nachdem die Schüler das Präparat bei Dunkelfeldbeleuchtung betrachtet haben, versuchen sie in ihren eigenen Instrumenten bei starker

Vergrößerung und Hellfeldbeleuchtung die Spirochaeta buccalis zu finden. Bei richtiger Benutzung des Spiegels und der Blenden (Ausprobieren!) ist dies in der Mehrzahl der Fälle möglich.

IV. Spirochaeta balbiani.

Genauere Untersuchungen wollen wir an einer großen Spirochätenform machen, die sich regelmäßig im Magen der Auster findet: Spirochaeta balbiani. Wir verschaffen uns lebende Austern und fahren mit dem Skalpell zwischen die Schalen, um den einzigen Schließmuskel zu durchschneiden. Wir heben die flache Schale ab und erkennen dann ohne Mühe den großen Schließmuskel. Zwischen diesem und dem Schloßbande, etwa in der Mitte, liegt der von der Leber ev. der Geschlechtsdrüse verdeckte Magen. Wir tragen diese Organe durch flache Scherenschnitte so weit ab, daß wir den Hohlraum des Magens öffnen und bringen mit einer Platinöse oder einem spitzen Glasstabe etwas von dem Schleim des Magens auf einen Objektträger. Beobachtung in physiologischer Kochsalzlösung bei starker Vergrößerung. Demonstrationspräparat bei Dunkelfeldbeleuchtung. Die Beobachtung des hier sehr eigentümlich geformten Kernes gelingt erst gut in gefärbten Präparaten.

Wir fixieren wieder die noch feuchten Deckglasausstriche mit heißem Sublimatalkohol und verfahren ganz so, wie bei Bodo lacertae. Färbung mit Hämatoxylin Delafield. Einschluß in Kanadabalsam. Der Kern zeigt sich als ein spiraliges Band, das den ganzen Körper durchzieht. Bei Individuen, die sich zur Teilung anschicken, sammelt sich die Kernsubstanz in gewissen Abständen zu eigentümlichen Knötchen an, aus denen sich dann ein starker, gestreckter Kernstab bildet, der durch Querteilung in Abschnitte zerfällt. Diese Abschnitte sondern sich durch weitere Querteilung in kugelige Chromosomen, deren jede durch Längsteilung in zwei kleinere zerfällt. So löst sich allmählich der ganze Kern in zwei Längsreihen von Chromosomen auf, und die Teilung des ganzen Individuums ist danach ebenfalls eine Längsteilung.

3. Kapitel.

Ciliaten.

Die Ciliaten zeichnen sich durch den Besitz eines Wimperapparates aus, welcher in Form kurzer Fortsätze den ganzen Zelleib bedeckt. Diese Wimpern dienen zum Herbeistrudeln der Nahrung und zur Fortbewegung. Im allgemeinen sind Zellmund, kontraktile Vakuolen und zwei Kerne (Kleinkern und Großkern) zu unterscheiden. Während der Kleinkern bei dem geschlechtlichen Vorgang der Kopulation eine Rolle spielt und mitotische Teilungen durchmacht, dient der größere den vegetativen Lebenserscheinungen der Zelle und teilt sich durch einfache Durchschnürung.

I. Opalina ranarum (Fig. 66).

Dieses Protozoon, das im Mastdarm unserer Frösche vorkommt, wird gebräuchlicherweise noch immer zu den Ciliaten gestellt, weil sein Wimperapparat diese Stellung zu rechtfertigen scheint, doch bestehen so große morphologische und physiologische Unterschiede, daß im neueren System diese Stellung aufgegeben worden ist.

Der Enddarm des Frosches beherbergt drei Protozoenarten, nämlich außer der erwähnten Opalina ranarum noch zwei heterotriche, d. h. mit einer von der übrigen Wimperbekleidung deutlich unterscheidbaren Wimperspirale versehene Ciliatenformen: Balantidium entozoon und Nyctotherus cordiformis. Auf letztere Art werden wir ihres seltenen Vorkommens wegen nicht weiter eingehen.

Wir töten den Frosch durch Chloroform, öffnen die Leibeshöhle von der Bauchseite her, trennen das Rectum nach Entfernung der Harn-

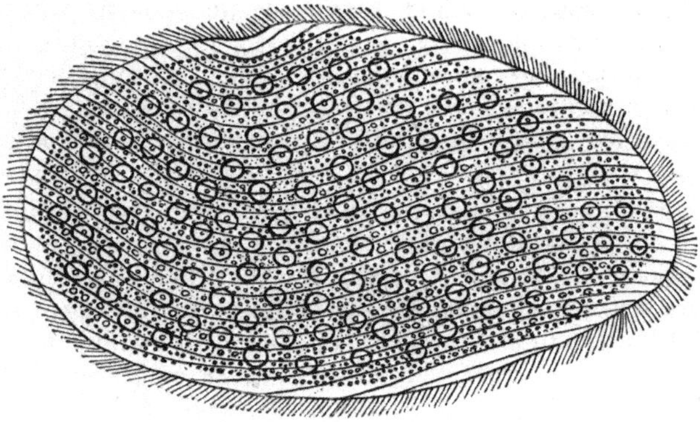

Fig. 66. Opalina ranarum (nach Zeller aus Kißkalt und Hartmann).

blase heraus und quetschen den Inhalt in ein Uhrschälchen mit physiologischer Kochsalzlösung. Die Opalinen sind wegen ihrer beträchtlichen Größe (ca. 800 μ) schon mit bloßem Auge als lebhaft umhertanzende, weiße Pünktchen zu sehen. Es ist klar, daß wir sie unter dem Mikroskop wegen ihrer großen Bewegungsgeschwindigkeit nur schwer im Gesichtsfelde festhalten können. Wir setzen daher sogleich der physiologischen Kochsalzlösung etwas 3%ige warme Gelatinelösung zu, bringen einen Tropfen der Flüssigkeit mit den Tieren auf einen Objektträger und legen ein Deckgläschen auf.

Wir beobachten die ovalen Opalinen und bemerken darin eine große Anzahl kleiner heller Kreise. Opalina hat nämlich nicht einen oder zwei Kerne, sondern die Kernsubstanz ist in viele kleine Körnchen zerteilt. Ein Zellmund und kontraktile Vakuolen sind nicht vorhanden.

Setzen wir zu einem Präparat unter dem Deckglase einen Tropfen Essigsäure, so treten die Kernteilchen noch deutlicher hervor.

Die deutlich sichtbare Längsstreifung rührt von feinen Muskelfibrillen her, die in die Zelloberfläche (Pellicula) eingelagert sind.

Einem anderen Präparate setzen wir etwas feinstes Indigkarminpulver zu. Man sieht dann, wie die kleinen Karminkörnchen von den in lebhafter Bewegung befindlichen Cilien weiter gestrudelt werden.

Das meist ebenfalls vorhandene Balantidium entozoon ist bedeutend kleiner (70—100 μ). In ihm sind, namentlich nach Essigsäurezusatz, die beiden Kerne deutlich zu unterscheiden, ebenso regelmäßig vier kontraktile Vakuolen, deren Spiel in einem von Essigsäure freien Präparat bei längerer Beobachtung leicht zu sehen ist. Von dem spitzen Körperende läuft ein aus etwas längeren Wimpern bestehender Saum von rechts oben nach links unten und führt in den Zellmund.

Zur Herstellung von Dauerpräparaten der Froschparasiten, an denen auch die Cilien gut beobachtet werden können, wenden wir die Löfflersche Geißelbeize mit Wollschwarz als Farbzusatz an. Wir verfahren wie bei den Flagellaten, erhitzen aber nicht, sondern setzen das Beizen mindestens ½ Stunde lang fort. Ebenso lange färben wir ohne Erhitzen mit Anilinwasser-Fuchsin. Dann wird in Wasser abgespült, durch die Reihe der steigenden Alkohole geführt und über Xylol in Balsam eingebettet.

Legt man auf die Deutlichmachung der Cilien weniger Wert und will man hauptsächlich das Zellinnere erhalten, so fixiert man Deckglasausstriche auf heißem Sublimatalkohol (siehe S. 114) und färbt mit Borax- oder Alaunkarmin oder mit Delafieldschem Hämatoxylin (ev. Nachfärbung des Plasmas mit Lichtgrün). Wie bei den Flagellaten hat man auch hier darauf zu achten, daß die Deckglasausstriche niemals trocken werden.

II. Paramaecium.

Als wichtigstes Ciliatenmaterial untersuchen wir Paramäcien, Pantoffeltierchen. Wir gewinnen diese Tiere aus Heuaufgüssen, die wir etwa zwei Wochen vor der betreffenden Übung ansetzen müssen. Wir bringen eine größere Menge möglichst frisches Grasheu in weite Glasgefäße und gießen Wasser darauf. Die Gefäße stellen wir in einem warmen Raum ans Licht. Nach einigen Tagen kann man in einer Probe, die man mit einer kleinen Pipette aus der Flüssigkeit entnommen hat, unter dem Mikroskop schon Infusorien finden. Ist dies nicht der Fall, so hat man nicht das geeignete Heu benutzt, und man muß nun aus irgend einem Tümpel etwas Wasser dazugeben. In diesem sind immer Infusorien vorhanden, die sich nun weiter entwickeln können. Nach etwa 8 Tagen zeigen uns die von der Oberfläche abgenommenen Proben meist ein anderes Infusor, Colpidium colpoda, dazwischen wenige Paramäcien. Die Colpidien nehmen dann an Zahl sehr schnell ab, und nach 14 Tagen haben die Paramäcien ihre größte Entfaltung erreicht. An der Oberfläche des Wassers zeigt sich eine trübe Haut, die sehr viel Infusorien enthält.

Stehen lebende Teichmuscheln (Anodonta) zur Verfügung, so kann man Stücke von den Kiemen oder vom Fuße einer solchen Muschel in ein Glas Wasser legen. Man ist dann sicher, schon nach einigen Tagen viele Paramäcien zu finden.

Wir wollen erst kurz auf Colpidium colpoda eingehen: Man bringe mit einer Gummipipette einen Tropfen der Flüssigkeit auf einen

Objektträger und setze gleich einen kleinen Tropfen erwärmte, 3%ige Gelatinelösung dazu. Die Tiere sind durchschnittlich 100 μ lang und zeigen eine nierenförmige Gestalt. Der Kleinkern liegt dicht am Großkern. Die kontraktile Vakuole ist unterhalb desselben zu sehen. Im Protoplasma bemerkt man eine größere Anzahl von Nahrungskörperchen (Fettropfen usw.). Die weitere Präparation geschieht wie bei Paramäcium.

In derselben Weise untersuchen wir 8 Tage später auch die Paramäcien. Wir stellen erst ein Präparat mit Gelatinezusatz und etwas Indigkarminpulver her, um die Bewegung der Wimpern zu beobachten.

Ein zweites Präparat machen wir ohne Gelatinezusatz und können dann sehen, wie Farbkörnchen durch den Zellmund in das Innere des Zelleibes wandern. An diesem Präparat ist auch die Tätigkeit der beiden kontraktilen Vakuolen sehr schön zu sehen.

Ein drittes Präparat zeigt uns nach Zusatz eines Tropfens stark verdünnter Schwefelsäure sehr deutlich die beiden Kerne.

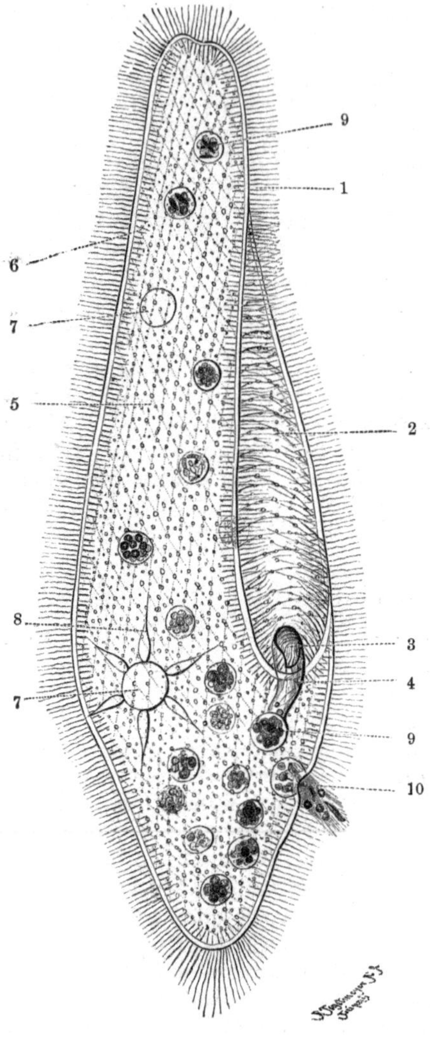

Fig. 67. Paramaecium aurelia (nach Kükenthal).

1. Wimpern. — 2. Peristom. — 3. Zellmund. — 4. Schlundrohr. — 5. Muskelfibrillen. — 6. Trichocysten. — 7. kontraktile Vakuolen. — 8. zuführende Kanäle der hinteren kontraktilen Vakuole. — 9. Nahrungsvakuolen. — 10. After.

Die Pantoffeltierchen (Fig. 67) haben die Gestalt einer Schuhsohle und sind 120—325 μ groß. Dem Zehenende der Sohlenform entspricht das Hinterende des Tieres. Hier sind die Wimpern etwas länger als am übrigen Körper. Das Peristom verläuft vom Vorderende bis zu dem an der breitesten Stelle liegenden Zellmund. Von diesem führt ein kurzes Schlundrohr in das Innere. Auf der Oberfläche (Pellicula) sehen wir ferner zwei sich unter spitzen Winkeln kreuzende Systeme von Muskelfibrillen, sowie am Rande herum, wo wir die Tiere gewissermaßen im Längsschnitt beobachten, in guten Mikroskopen eine Reihe dünner Stäbchen (Trichozysten), aus denen bei starken äußeren Reizen harte Fädchen zur Verteidigung vorgeschnellt werden. Der Großkern liegt in der Nähe des Zellmundes, der Kleinkern liegt ihm an. Die eine kontraktile Vakuole liegt am Vorderende, die andere hinter dem Großkern, eine größere Anzahl von Nahrungsvakuolen ist über das ganze Protoplasma verteilt.

Die Herstellung der Dauerpräparate geschieht wie bei Opalina, entweder durch Sublimatfixierung mit nachfolgender Färbung oder mit Löfflers Geißelbeize.

III. Vorticella

und andere festsitzende Ciliaten des Süßwassers.

Das Material für diese Übung finden wir an den unter Wasser befindlichen Teilen der Stengel von Wasserpflanzen, an Wurzeln, schwimmenden Holzstückchen, zuweilen auch an Schneckenschalen. Wir schöpfen aus dem Gewässer etwas Wasser und bringen Pflanzenteile, die uns geeignet erscheinen, hinein. Hält man das Gefäß dann gegen das Licht, so sieht man die Kolonien meist mit bloßem Auge als schimmelartige Rasen. Man hebt von den an den Pflanzenteilen sitzenden Tieren mit einer Glaspipette etwas ab und bringt es auf den Objektträger. Man kann auch unter Wasser etwas von dem schimmelartigen Rasen abschaben und mit einem Tropfen des Wassers auf den Objektträger überführen. Am günstigsten ist es, wenn das pflanzliche Substrat so dünn ist, daß es mit der ganzen Kolonie beobachtet werden kann. Man hat in dem Präparat meist eine größere Anzahl von Protozoenarten, häufig auch Rädertiere. Alle festsitzenden Individuen haben ihren Wimperkranz zunächst eingezogen. Man kann unter dem Mikroskop beobachten, wie sich die Tiere allmählich wieder ausstrecken.

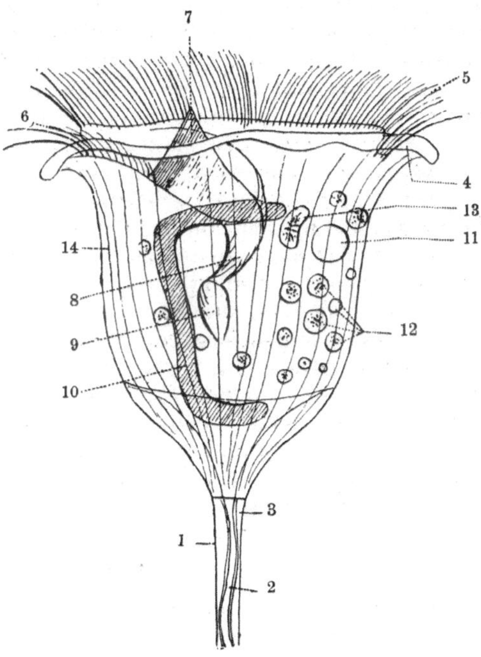

Fig. 68. Vorticella (nach Bütschli aus Kükenthal).

1. Stiel. — 2. kontraktile Markschicht (Muskel), — 3. Rindenschicht des Stieles. — 4. Peristomrand. — 5. adorale Wimperzone. — 6. Mund. — 7. undulierende Membran. — 8. Vestibulum. — 9. Schlund. — 10. Kern — 11. kontraktile Vakuole. — 12. Nahrungsvakuolen. — 13. Reservoir. — 14. kontraktile Fibrillen.

Wir wollen unsere Schilderung an eine der häufigsten Arten anknüpfen, an Vorticella nebulifera (Fig. 68) oder eine verwandte Art. Wir finden viele Individuen auf kleinen Stielen an dem Pflanzenteil festsitzend. Der Stiel ist von einem Muskel durchzogen und daher kontraktil. Auf diesem Stiel sitzt der glockenförmige Körper, in dessen Wandung kontraktile Fibrillen verlaufen. An seinem oberen Ende trägt er das Peristom. Innerhalb des Peristoms liegt die Mundöffnung, die in ein trichterartiges Rohr einmündet. Die kontraktile Vakuole liegt im oberen Teile und ist leicht zu beobachten. Sie entleert ihren Inhalt in einen meist median davon liegenden Hohlraum, das Reservoir. Von dort geht der Inhalt in den Schlundtrichter, wo er an einer bestimmten Stelle entleert wird.

Wir setzen zu dem Präparat etwas Karminpulver und beobachten Nahrungsaufnahme und Wimperstrudelung.

Wir setzen zu einem anderen Präparat einen Tropfen alkoholische Jodlösung. Dadurch tritt der Großkern deutlich hervor. Er ist ein langgestrecktes Gebilde, welches sich meist unter mehrmaliger Umbiegung durch den ganzen Zelleib hinzieht.

Die Fixierung zwecks Herstellung von Dauerpräparaten geschieht hier auf dem Objektträger. Man läßt den Wassertropfen mit den Vorticellen einige Zeit in Ruhe, damit man sicher ist, daß die Tiere ausgestreckt sind und setzt dann sehr schnell etwas heißen Sublimatalkohol dazu. So gelingt es häufig, die Tiere ausgestreckt zu fixieren, doch ist der Erfolg nicht immer sicher. Die Weiterbehandlung hat dann auf dem Objektträger zu erfolgen, wobei jede Flüssigkeit durch Fließpapier möglichst vollständig abgesaugt wird, bevor man die nächste hinzufügt. Man kann die Tiere auch vor dem Zusatz von Sublimatalkohol lähmen, indem man das Wasser allmählich durch eine 0,0001%-ige wässerige Lösung von Strychninnitrat verdrängt. Man beobachtet unter dem Mikroskop, wie die Lähmung erfolgt, und setzt dann den Sublimatalkohol dazu. Färbung mit Hämatoxylin.

Die Behandlung der übrigen etwa noch gefundenen Ciliaten, wie Stentor polymorphos, Epistylis plicatilis auf Krebstierchen u. a. geschieht nach denselben Vorschriften.

Anhang.

Besonders erwähnt sei noch **Ophrydium versatile.** Man findet die Kolonien dieses Tieres als grüne, gallertige Klumpen, von oft mehreren Kubikzentimetern Größe, meist aber bedeutend kleiner, an den untergetauchten Blättern von Wasserpflanzen usw. Die Einzeltiere scheiden Gallertröhrchen aus, in denen der Stiel entlang läuft. Die Gallertröhrchen verschmelzen dann zu einem Klumpen. Man läßt die Kolonien in etwas Wasser längere Zeit in Ruhe und setzt dann zur Lähmung allmählich soviel Strychninnitratlösung dazu, daß schließlich eine 0,0001%ige Lösung entsteht. Wenn man annehmen kann, daß alle Tiere gelähmt sind, fixiert man den ganzen Klumpen mit Sublimatalkohol und kann nun entweder Zupfpräparate herstellen und sogleich untersuchen oder den Klumpen in Paraffin einbetten und schneiden. Färbung mit Hämatoxylin-Delafield.

Den Bau der Kolonie kann man schon bei einer etwa 35fachen Vergrößerung gut übersehen. Zum Studium des Einzeltieres ist eine mindestens 200fache Vergrößerung nötig. Die Stiele, die in die Gallerthülle eingebettet sind und auf denen die Tiere sitzen, sind oft verzweigt. Ihr oberes Ende ist hohl, ragt über die Gallerthülle hervor und enthält das Tier. Im übrigen können wir ein Peristom, eine kontraktile Vakuole und den meist wie bei den Vorticellen wurstförmigen Großkern erkennen. Die grüne Färbung der lebenden Kolonie hält sich beim Fixieren nicht. Sie rührt von einer kleinen einzelligen Alge her, die wir als Ein-, lagerung der Süßwasserschwämme noch kennen lernen werden (Zoochlorella).

4. Kapitel.

Rhizopoden.

Die Rhizopoden haben nie eine feste Mund- oder Afteröffnung und können Teile ihres Protoplasmaleibes wie Scheinfüße ausstrecken

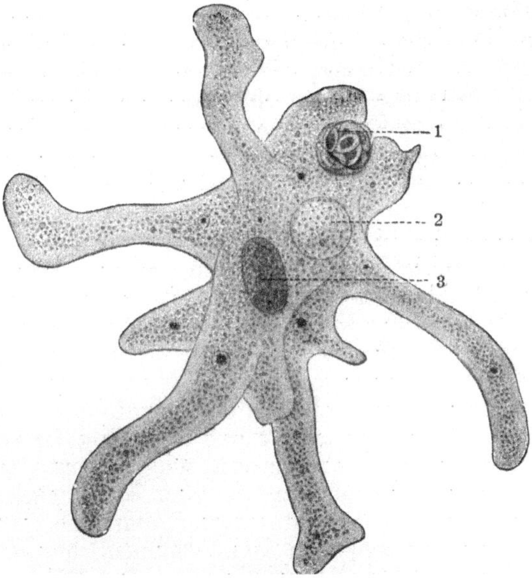

Fig. 69. Amoeba proteus, einen Nahrungskörper (1), einen Haufen kleiner Algen, umschließend. 2. kontraktile Vakuole. 3. Kern (nach Kükenthal).

und wieder einziehen. Sie sind teils nackt (Amöben), teils von zierlichen Kalk- oder Kieselgerüsten umgeben (Thalamophoren, Radiolarien u. a.).

Amöben finden wir in den Kahmhäutchen, welche sich auf den Aufgüssen aller möglichen Stoffe bilden. Wir stellen einen Thermostaten auf 25° ein und bringen in je einem großen Glase einen Aufguß von Heu, Lohe und Gartenerde hinein. Am nächsten Tage findet sich auf jedem der Aufgüsse eine Haut, welche meist reichlich Amöben enthält. Man bekommt die Tiere am besten aus der Infusion heraus, wenn man dünne Deckgläschen auf der Oberfläche des Aufgußwassers schwimmen läßt und sie nach einiger Zeit sehr vorsichtig mit einer feinen Pinzette abhebt.

Auch auf der Unterseite der Wasserrosenblätter finden sich fast immer Amöben. Man bringt solche Blätter mit reichlich Wasser ins Laboratorium, nimmt sie kurz vor dem Gebrauch aus dem Aufbewahrungsglase und legt Deckgläschen auf die Blattunterseite, so daß sie gut anliegen. Auch an diesen Gläschen haften dann Amöben. Die weitere Kultur der Amöben wollen wir hier übergehen, da die Tiere doch selten gebraucht werden und einige der angegebenen Infusionen sich in jeder Jahreszeit herstellen lassen.

Die Deckgläschen mit den Amöben (Fig. 69) werden auf einen Objektträger gelegt, auf dem sich ein Tropfen Wasser befindet, und etwa $\frac{1}{4}$ Stunde sich selbst überlassen. Dann sucht man, zuerst mit mittlerer Vergrößerung, eine Stelle des Präparates auf, an der mehrere Amöben (jetzt zumeist noch in Kugelform) liegen und richtet auf diese Stelle die stärkste Vergrößerung. Man beobachtet dann längere Zeit und sieht, wie die Tiere Teile ihres Protoplasmaleibes wurmartig vorstrecken und wieder einziehen. Wenn man Glück hat, kann man verfolgen, wie die Zellmasse irgend einen kleinen Fremdkörper (Bakterie, Algenzelle u. a.) regelrecht umfließt und ihn so als Nahrung in sich aufnimmt. Das Spiel der kontraktilen Vakuole ist in den meisten Fällen gut zu beobachten (Demonstrationspräparat bei Dunkelfeldbeleuchtung).

Auf den inneren Bau der Zelle können wir nur an der Hand von weiteren Präparationsmethoden eingehen. Wir entfernen zunächst alle Fremdkörper aus dem Präparat, indem wir ein frisch von dem Infus abgehobenes Deckgläschen auf einem Objektträger abstreichen und nach 10 Minuten, wenn die Amöben am Glase haften, denselben vorsichtig abspülen. Man läßt dann nochmals $\frac{1}{4}$ Stunde verstreichen, um die Amöben wieder zum Ausstrecken ihrer Scheinfüße zu veranlassen, und geht nun daran, diesen Zustand durch Lähmung festzuhalten, indem man mit Vorsicht eine Strychninnitratlösung zufließen läßt, so daß die ganze Flüssigkeit auf dem Objektträger zum Schluß eine etwa 0,0001%-ige Lösung dieses Salzes darstellt. Dann kontrolliert man unter dem Mikroskop, saugt mit Fließpapier soviel wie möglich von der Flüssigkeit ab, sieht darauf nach, ob noch Amöben auf dem Glase vorhanden sind und fügt nun die Fixierungsflüssigkeit dazu. Als solche wählen wir Sublimatalkohol, der auf 50° erhitzt ist. Die Fixierung dauert einige Minuten. Darauf ersetzt man den Sublimatalkohol durch 60%igen Jodalkohol, den man $\frac{1}{2}$ Stunde einwirken läßt. Auf diesen folgt für einige Minuten 70%iger Alkohol. In diesem kann man die Präparate in geschlossenen Gefäßen aufbewahren. Zur Färbung ersetzt man den 70%igen Alkohol durch destilliertes Wasser und färbt auf dem Objektträger mindestens $\frac{1}{2}$ Stunde mit Hämatoxylin Delafield. Dann wird mit Leitungswasser abgespült, ev. mit schwachem Salzsäurealkohol differenziert (Kontrolle unter dem Mikroskop), durch die aufsteigende Alkoholreihe über Xylol in Balsam übergeführt. Es muß dann der Kern sehr gut zu sehen sein und im Plasma das körnige Entoplasma von dem hyalinen Ektoplasma deutlich unterschieden werden können. Man kann auch nach dem Abspülen des Hämatoxylins noch eine Minute lang mit 1%iger Eosinlösung nachfärben, um Kontrastfärbung zu erzielen. Während des ganzen Präparierens achte man jedoch streng darauf, daß die Präparate niemals trocken werden.

Die Schalen gerüsttragender Rhizopoden (Thalamophoren, Heliozoen, Radiolarien u. a.) gewinnen wir am besten aus Grundproben der auch für die Planktonfischerei geeigneten Gewässer. Eine solche Grundprobe schlämmt man in einem Gläschen mit Wasser auf und gießt sie in möglichst dünner Schicht über ein Blatt Schreibpapier. Dieses läßt man dann in der Sonne oder an einem warmen Ort scharf trocknen, wobei sich die Rhizopodengehäuse mit Luft füllen. Schüttet man nun die Probe in feinem Strahle auf eine Wasseroberfläche, so sinken die Sandteilchen zu Boden, während die lufthaltigen Schalen oben schwimmen. Sie werden nun mit einem sehr feinen, kleinen Netz von Seidengaze abgeschöpft und in absoluten Alkohol übertragen, der zur vollständigen Beseitigung des anhaftenden Wassers ev. noch einmal zu erneuern ist. Darauf wird der Alkohol durch Xylol ersetzt und alsdann die Objekte in Kanadabalsam eingebettet. Die verschiedenen Kalk- und Kieselgerüste zeigen oft die herrlichsten Formen.

Interessant ist auch die nachstehende Methode, Thalamophorengehäuse aus Kreide oder Meeressand zu gewinnen (aus Voigt). Das Material wird in einem Mörser zu feinem Pulver zerrieben und in hohen Standzylindern mit Wasser verrührt. Nachdem sich die Substanz zu Boden gesetzt hat, gießt man die darüberstehende, milchige Flüssigkeit ab und wiederholt diesen Vorgang mehrere Male, bis das Wasser klar bleibt. Dann trocknet man den Rückstand und trennt ihn durch einige kleine, feine Siebe aus Seidengaze von verschiedener Maschenweite in mehrere Teile von verschiedenem Korn. Aus jedem dieser Teile sind nun die unorganischen Beimengungen zu entfernen. Man schneidet von einem größeren Glastrichter das Rohr bis auf 2 cm ab und zieht auf den Stumpf ein Stückchen Gummischlauch, das man mit einem Quetschhahn verschließt. In den Trichter füllt man eine mit Wasser mischbare Flüssigkeit von möglichst hohem spezifischen Gewicht. Als solche wählen wir die Thouletsche Lösung. Man erhält dieselbe, wenn man 270 g Mercurijodid und 230 g Jodkalium in 80 ccm kaltem Wasser auflöst, auf dem Wasserbade bis zur Bildung einer Kristallhaut eindampft und dann filtiert. Das spezifische Gewicht dieser Flüssigkeit ist 3,196. Man bringt die Lösung in den Trichter und verrührt das vorher angefeuchtete Material darin. Die schwersten Bestandteile sinken zu Boden und werden nach einiger Zeit durch den Quetschhahn abgelassen. Dann setzt man etwas Wasser dazu, verrührt, läßt wieder absetzen und ablaufen, setzt nochmals Wasser zu und wiederholt dies noch einige Male, bis man fast reines Wasser im Trichter hat. Die festen Rückstände bestehen dann fast nur aus Thalamophorenschalen. Man wäscht dieselben mit destilliertem Wasser aus, trocknet sie scharf und bringt sie über Xylol in sehr dünnflüssigen Kanadabalsam. Erst nachdem sie mehrere Wochen darin gelegen haben, bringt man etwas von dem Balsam auf einen Objektträger, legt ein Deckgläschen auf und läßt langsam hart werden.

Aus der Neapler Station kann man verschiedene Radiolarien in konserviertem Zustande beziehen. Es sind dies hauptsächlich

Formen ohne Skelett oder solche, deren Skelett aus unzusammenhängenden Nadeln besteht, z. B. Thalassicolla nucleata, Aulacantha scolymantha oder die Polycyttarien (kolonienbildenden Radiolarien) Collozoum inerme und Sphaerozoum punctatum.

Alle diese Formen werden mit einer Glasröhre aus ihrem Aufbewahrungsalkohol herausgefischt und entweder in Boraxkarmin oder gleich in ein Schälchen mit verdünntem Glyzerin gebracht. Die Färbung in Boraxkarmin dauert etwa 10 Minuten. Danach werden die Tiere mit einem Pinsel in Wasser übertragen und, wenn keine Farbschlieren mehr ausgehen, auf dieselbe Weise in verdünntes Glyzerin gebracht. Von diesem überträgt man sie mit einem Pinsel auf den Objektträger in Glyzerin und umrandet das Deckgläschen mit Deckglaskitt.

Die Kieselnadeln sind in den vorliegenden Fällen meist strahlig angeordnet und an der Oberfläche häufig regelmäßig verzweigt. Im Innern der sog. Zentralkapsel, einer häutigen, von Poren durchsetzten Kapsel innerhalb des Protoplasmas, bemerkt man oft Fettkügelchen, Kristalle (Strontiumsulfat) und in der äußeren Schicht viele kleine gelbe Zellen, welche mit den Radiolarien in Symbiose lebende Algen (Paulotomeen) sind.

5. Kapitel.

Über den Fang, die Konservierung und Bearbeitung der Kleinlebewelt des Süßwassers.

Bei der Materialbeschaffung für die Untersuchung der mikroskopischen Fauna (und Flora) des Süßwassers können wir einmal die Lebewelt der stagnierenden Tümpel, Teiche, Torflöcher, Altwässer, sowie der pflanzenbestandenen Uferzone größerer Seenbecken berücksichtigen, sodann unser Augenmerk auf die in letzteren freischwimmende Organismenwelt (das Plankton) richten. Für beide Zwecke ist das Spätfrühjahr und der Sommer die geeignete Zeit. Namentlich in Perioden längerer Trockenheit, wenn die Gewässer nicht zu hoch stehen und durch Regen und Wind nicht beunruhigt worden sind, haben wir auf reiche Ausbeute zu hoffen.

Die hier in Betracht kommende Fauna der Tümpel, Teiche usw. besteht aus Urtieren, Cölenteraten, Würmern, Rädertierchen, Moostierchen, sowie mikroskopischen Krustern und Milben. Die schwimmenden Algenmassen der Teiche beherbergen stets viele Kleinlebewesen; die grünen oder braunen Überzüge des Bodens sind des Mitnehmens wert; auch durch Ausdrücken der Sphagnumrasen aus Torflöchern erhält man häufig wertvolles Material.

Für den Fang dieser nicht freischwimmenden Fauna benutzt man am besten ein unten spitz zulaufendes Netz aus Seidengaze, das sich an einem Spazierstock befestigen läßt, und mit dem man die betreffenden Stellen des Wassers abstreift. Mit Löffeln bringt man dann den Fang in reichlich große Glasgefäße mit dem betreffenden Wasser und verschließt durch Korkstöpsel. Im Laboratorium dürfen die Gläser, die hier zu öffnen sind, nicht zu lange stehen. Am besten ist es, das Material in einem größeren Glashafen zu halten, der ebenfalls am besten mit dem Wasser des Tümpels gefüllt wird.

Für den Fang des Planktons, der Schwebefauna und -Flora wenig bewegter, geschlossener Seenbecken, bedient man sich eines Planktonnetzes (Fig. 70). Dieses ist ein sehr feinmaschiges Netz aus Seidengaze von ungefähr 60 cm Länge, das nach unten spitz zuläuft und oben durch einen eisernen Ring von etwa 20 cm Durchmesser offen gehalten wird. Am unteren Ende befindet sich ein Messingansatz mit Abflußhahn mit weiter Bohrung. An dem Netze befestigt man eine lange Schnur von 3—5 mm Dicke, die im allgemeinen doppelt so lang sein soll, wie das zu untersuchende Gewässer tief ist. Man beschwert die Schnur mit einem Stein kurz vor dem Netz und senkt dasselbe von einem Boot aus 3—4 m tief ins Wasser. Dann fährt man etwa 10 Minuten lang langsam weiter und läßt das Netz nachziehen. Will man größere Tiefen ausbeuten, so befestigt man den Stein 1—2 m vor dem Netz an der Leine und läßt diese soweit wie möglich herunter, doch so, daß das Netz nicht auf dem Boden schleift. Nach einigen Minuten zieht man das Netz hoch, das Wasser läuft ab, und das Plankton sammelt sich in dem becherförmigen Messingansatz. Von hier wird es mit dem noch darin befindlichen Wasser durch den Hahn in ein darunter gehaltenes Glas abgelassen.

Solche Planktonnetze kann man sich in einfacher Form selbst anfertigen, indem man unten an einem gewöhnlichen Fangnetze ein Stück Messingrohr anbringt, das man mit einem Kork verschließt. Ein preiswertes Netz liefert Altmann in Berlin (Nr. 5012 8 Mk.); ferner wird A. Zwickert in Kiel, Dänische Str. 24, empfohlen, der Netze in allen Formen und Größen baut.

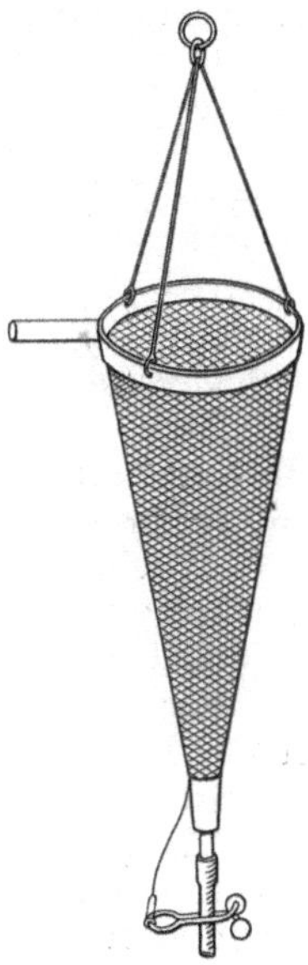

Fig. 70. Planktonnetz.

Der Transport des Planktons soll in möglichst großen Gefäßen geschehen, wenn man dasselbe zu Hause noch lebend beobachten will. Zur Beobachtung gießt man das Ganze auf ein Filter von Seidengaze und läßt soviel Wasser ablaufen, daß man bequem eine Probe mit der Pipette abnehmen kann. Vieles kann man unter dem Deckglase betrachten, indem man sich zunächst mit schwacher Vergrößerung (50—70 mal) eine Übersicht verschafft und dann ein stärkeres System auf einzelne Objekte einstellt. Zur Durchmusterung bringt man das Plankton aber am besten in ein kleines Glasgefäß, welches man auf den Objekttisch des Mikroskops stellen kann, und durchmustert es nun mit einer schwachen Vergrößerung von großem Objektabstand, z. B. mit Himmlers Objektiv 0.

Zeiß in Jena liefert ein Wasserimmersionssystem Pl (Planktonsucher) von der numerischen Apertur 0,11, welches man direkt in das Wassergefäß eintauchen kann. Der freie Objektabstand dieses Systems beträgt 36 mm. Das verwendete Glasgefäß muß also eine entsprechende Tiefe haben. Auch Reichert in Wien verfertigt einen Planktonsucher (P) von der Apertur 0,10. Für stärkere Vergrößerungen (200—500fach) eignet sich bei dieser Art der Anwendung die Zeißsche Wasserimmersion D* (Apertur 0,75). Dieselbe kann auch als Wasserimmersion mit Deckglas benutzt werden.

Zur Fixierung läßt man auf einem kleinen Gazesieb möglichst viel von dem Wasser ablaufen und schüttet den Brei in ein Glasgefäß. Man fixiert entweder mit Chromessigsäure nach Lo Bianco, mit einem Chromosmiumsäuregemisch (Nr. 12 oder 13, S. 31) oder mit Flemmingscher Mischung nach den dort gegebenen Vorschriften und bewahrt in 70%igem Alkohol auf. Zur Erneuerung der Flüssigkeiten kann man entweder wieder das Gazesieb anwenden oder die Flüssigkeit, welche über der am Boden liegenden Planktonmasse steht, mit einer Pipette vorsichtig abheben.

Auch Sublimatalkohol ist mit Vorteil zur Fixierung zu verwenden, ebenso 96%iger Alkohol. Letzterer ist nach einer Stunde noch einmal zu erneuern. Die Aufbewahrung erfolgt in 80%igem Alkohol.

Enthält das Plankton kontraktile Tiere, auf deren Konservierung im ausgestreckten Zustande Wert gelegt wird, so lähmt man zuvor mit Strychninnitrat (wie bei den Protozoen) oder durch allmähliches Zusetzen einer 1—2%igen Lösung von Cocainum muriaticum. Will man mit Sublimat fixieren, so erhält man nach Kokainlähmung durch das Fixierungsmittel eine weiße Fällung (Cori), die sich allerdings später im Alkohol wieder auflöst. Weit billiger als Kokain ist β-Eucainum hydrochloricum (Eucain B, Schering), doch hat man hier eine bedeutend stärkere Lösung zu benutzen. Die Lähmung nimmt man in einer flachen Glasschale (Uhrglas) vor, in der sich das Material mit etwas Wasser befindet. Der Vorgang nimmt etwa 10 Minuten in Anspruch.

Handelt es sich um eine rein morphologische Betrachtung des Materials ohne Rücksicht auf histologische Einzelheiten, so kann man schon unmittelbar nach dem Fang mit Formalin fixieren, indem man von demselben dem Wasser, welches die Tiere enthält, tropfenweise soviel zusetzt, daß es deutlich den Geruch des Formaldehyds annimmt. Noch besser wirkt ein Gemisch von

Formalin 10%ig . . . . . . 100 Vol.
Holzessig, rektifiziert . . . . 5 Vol. (Zacharias).

Die Färbung für die Anfertigung von Dauerpräparaten geschieht in kleinen Glasschälchen. Die Erneuerung der Flüssigkeiten erfolgt am besten durch Abpipettieren, nachdem sich die Objekte zu Boden gesetzt haben.

Besteht das Plankton vorwiegend aus kleinen Krustern, oder legt man auf die Darstellung derselben besonderen Wert, so wendet man am besten die Färbung mit Röthigs Kresofuchsin nach den früher gegebenen Vorschriften an. Die Objekte bleiben ½—1 Stunde im Farbstoff. Einschluß in Glyzerin oder Kanadabalsam.

Nicht chitinhaltiges Material färbt man mit Hämatoxylin (½ Stunde) oder Boraxkarmin (½ Stunde). Ganz allgemein anwendbar ist eine mittelstarke, wässerige Lösung von Safranin (½ Stunde). Ausspülen in Wasser, Aufbewahrung am besten in Glyzerin.

Auf die Planktonwesen und die sonstige mikroskopische Süßwasserfauna selber können wir hier nicht eingehen, da dieselbe so artenreich ist, daß mit ihrer Behandlung der Rahmen dieses Buches überschritten würde. Wir verweisen zur Bestimmung der Planktonorganismen auf die einschlägige Literatur, z. B.

Kirchner und Blochmann, Die mikroskopische Pflanzen- und Tierwelt des Süßwassers, 2 Teile. 2. Aufl. Hamburg. Teil I 1891 (vergriffen). Teil II 1895.

Seligo, Hydrobiologische Untersuchungen II und III. Danzig 1907. Sehr preiswert und für Schüler brauchbar.

Zacharias, Die Tier- und Pflanzenwelt des Süßwassers. 2 Bde. Leipzig 1891.

B. Eyferth, Einfachste Lebensformen des Tier- und Pflanzenreichs. 3. Aufl. von Schönichen und Kalberlah. Braunschweig 1900.

Lampert, Das Leben der Binnengewässer. Leipzig 1910.

2. Abschnitt.

Coelenteraten.

1. Kapitel.

Porifera, Schwämme.

I. Leucandra aspera.

Wir beginnen unsere Betrachtungen nicht mit dem überall vorkommenden Süßwasserschwamm, weil derselbe einen verhältnismäßig komplizierten Typus darstellt, sondern mit einem einfacher gebauten Kalkschwamme, Leucandra aspera, der von den Stationen der Mittelmeerküsten bezogen werden kann.

Makroskopische Betrachtung: Wir beobachten, daß ein Schwammstock sich aus größeren und kleineren, flaschenförmigen Individuen zusammensetzt, die an ihrer Basis zusammenhängen und an ihrem oberen Ende eine größere, von feinen Nadeln umstellte Öffnung

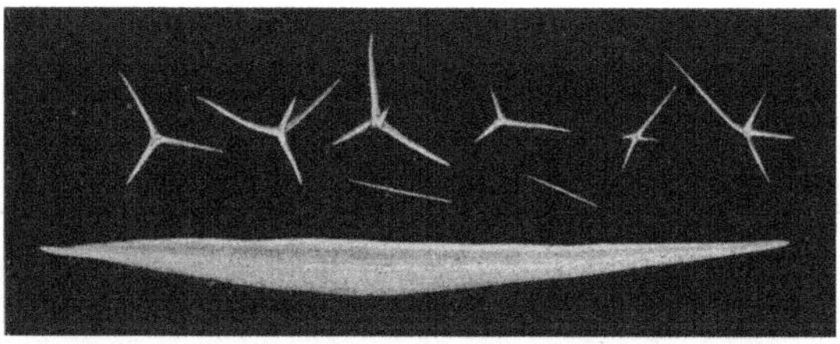

Fig. 71. Obj. IV. Leucandra aspera. Skelettelemente.

(Osculum) haben. Bei Lupenbetrachtung bemerken wir, daß aus der ganzen Oberfläche die Spitzen feiner Nädelchen hervorragen und daß sich, regelmäßig auf der Oberfläche verteilt, kleine Öffnungen befinden. Mit einem scharfen Skalpell führen wir jetzt einen Längsschnitt durch ein Individuum. Dasselbe ist innen hohl, die Wandstärke beträgt wenige Millimeter. Die Innenfläche ist glatt und zeigt ebenfalls viele, aber unregelmäßig verteilte und verschieden große Öffnungen. Die Hohlräume der Individuen eines Stockes kommunizieren miteinander. Die Bedeutung der verschiedenen, hier beobachteten Dinge wird erst bei der histologischen Präparation klar werden.

Zur Isolierung der Gerüstnädelchen (Fig. 71) mazerieren wir ein Stück des Schwammes, indem wir es auf einige Minuten in ein Schälchen mit Eau de Javelle legen. Dann wird etwas von dem Mazerat auf einen Objektträger gebracht, mit Nadeln zerzupft, die Flüssigkeit so gut wie möglich mit Fließpapier abgesaugt und das Übrige über einer kleinen Flamme getrocknet. Dann wird ein Tropfen Kanadabalsam daraufgetan und ein Deckgläschen aufgelegt. Man beobachtet dann drei Arten von Nadeln, größere spindelförmige mit beiderseits spitzen Enden, und kleinere in Gestalt drei- und vierstrahliger Sterne. Zu einer weiteren Probe des Mazerats auf einem anderen Objektträger (ohne Kanadabalsam) bringen wir einen Tropfen Salzsäure, legen ein Deckglas auf und beobachten. Unter starker Gasentwickelung verschwinden die Nadeln allmählich. Sie bestehen aus kohlensaurem Kalk.

Zur histologischen Verarbeitung des Schwammes muß derselbe erst entkalkt werden. Dies geschieht mittels des stärkeren Salzsäurealkohols (1% HCl), der etwa 24 Stunden einwirken und während dieser Zeit mehrmals erneuert werden muß. Die Objekte kommen dann auf 24 Stunden in absoluten Alkohol und werden über Chloroform in Paraffin eingebettet. Ein Block wird so zurechtgeschnitten, daß er Längsschnitte, der andere so, daß er Querschnitte des ganzen Schwammes gibt. Die Schnitte seien 20 μ dick. Sie werden auf dem Objektträger mit Alaunkarmin, Pikrokarmin oder Hämatoxylin-Eosin gefärbt. Auch Stückfärbung in Boraxkarmin vor dem Einbetten ist zulässig.

Wir betrachten zuerst ein Querschnittspräparat und finden bei schwacher Vergrößerung sofort die große, zentrale Höhlung wieder. Im Kreise um diese liegen in der Schwammsubstanz eine Anzahl von Höhlungen, die Geißelkammern, welche durch zuführende Kanäle mit dem Äußeren, durch abführende Kanäle mit der Zentralhöhle in Verbindung stehen. Die zuführenden Kanäle münden direkt oder durch Vermittlung feinerer Kanälchen in die Geißelkammern. Die abführenden Kanäle entspringen häufig auch mit mehreren Armen aus den Geißelkammern. Das Meereswasser tritt durch die zuführenden Kanäle in die Kammern und von da durch die abführenden Kanäle in den Hohlraum, aus dem es durch das Osculum wieder herausgestrudelt wird. Ein ganz entsprechendes Bild zeigt uns der Längsschnitt durch den Schwamm.

Wir gehen nun zu einer stärkeren Vergrößerung über und stellen diese zunächst auf die Geißelkammern ein. Wir finden deren Wand mit einer Schicht von Pallisadenzellen bekleidet, deren freies Ende von einem Kragen bedeckt ist, aus dem ein feiner Geißelfaden herausragt. Die Geißelzelle sieht aus wie eine kleine Kaffeemühle. Sollten die Schülermikroskope für diese Einzelheiten nicht ausreichen, so ist ein Präparat mit der Ölimmersion aufzustellen.

Die unregelmäßig gestaltete Oberfläche des Schwammes ist von einem Plattenepithel bekleidet (Ektoderm). Das Mesoderm, in welchem die Geißelkammern eingebettet liegen, besteht aus einer kristallhellen Masse, in welcher membranlose Zellen verschiedener Form und von zum Teil amöboider Natur erkannt werden können. In dieser Masse liegen auch die Kalknadeln. Ferner kann man darin zuweilen auch Eier und die ersten Entwickelungsstadien der Schwammlarven, d. h. Morula-

und Blastulaformen, letztere auch schon mit beginnender Gastrulation, erkennen desgleichen Samenzellen mit sich entwickelnden Zoospermien. Man nennt dieses die verschiedensten Zellformen enthaltende Mesoderm nach Haeckel das Syncytium. Koelliker sieht darin die Urform des Bindegewebes.

Das Innere des Osculums ist ebenfalls von einem Plattenepithel ausgekleidet (Entoderm).

In derselben Weise wie Leucandra kann man auch einen anderen Kalkschwamm, Sycon raphanus, behandeln, bei dem die Kanäle, welche von außen über die Geißelkammern nach dem Osculum führen, an keiner Stelle verzweigt sind.

II. Süßwasserschwämme.

Den Süßwasserschwamm, welcher zu den Kieselschwämmen gehört, können wir in lebendem Zustande erhalten. Die Kolonien bilden dicke grüne oder bräunliche Überzüge an unter Wasser befindlichen Holzpflöcken, Schilfstengeln usw. Manche Arten verzweigen sich baumartig und bieten dadurch auffallende Erscheinungen dar.

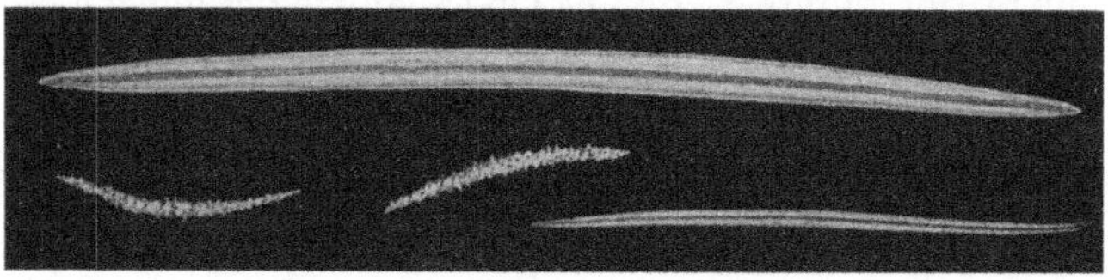

Fig. 72. Obj. VIII. Spongilla fragilis. Kieselnadeln.

Man suche zunächst die Schwämme mit viel Wasser lebend nach Hause zu bringen. An den Stöcken beobachtet man viele, etwa 1 mm weite Öffnungen und kann sich mit Hilfe von feinem Karminpulver, das man vor diese Löcher bringt, davon überzeugen, daß hier Wasser ausgestoßen wird. Diese Löcher sind die Oscula.

Für die frische Verarbeitung präpariere man einen Zweig des Schwammes unter Wasser. Man kann mit einer spitzen Pinzette das Ektoderm stellenweise abziehen und sieht darunter häufig einen flachen Hohlraum (Subdermalraum). Tiefere Löcher sind Fraßstellen der Larven von Sisyra fuscata, einer etwa $\frac{1}{2}$ cm großen, schwarzbraunen Florfliege. Von den Subdermalräumen führen feine Kanäle in die Geißelkammern und von diesen solche in das Osculum.

Die Isolierung der Kieselnadeln (Fig. 72) geschieht wieder mit Eau de Javelle. Die weitere Präparation verläuft wie bei Leucandra. Die grossen Nadeln sind hier einfache, glatte Kieselgebilde, welche sich in Salzsäure nicht auflösen. Bei einigen Arten (Trochospongilla, Ephydatia Mülleri) sind auch die grossen Nadeln dicht mit kleinen, spitzen Höckern besetzt.

Zuweilen findet man in den Schwämmen kleine, gelbe, mohnkorngroße, harte Gebilde (Gemmulae). Sie sind von einer Chitinschicht umgebene Teile des Schwammsyncytiums, welche zur Überwinterung dienen (Zysten). Die Präparation erfolgt nach kurzer Mazeration in Eau de Javelle wie bei den Nadelpräparaten. Doch versuche man, durch Vermeidung von Druck die Kugelform zu erhalten. Die Nadeln, welche mit der Chitinhülle die Umgrenzung der Gemmulae bilden, sind meist etwas abweichend von den Gerüstnadeln gestaltet. Bei einigen Arten (Trochospongilla, Ephydatia Fig. 73) werden sie durch die Amphidisken vertreten, kleine Kieselgebilde, welche aus zwei Scheiben oder Sternen bestehen, die auf einem kleinen Mittelstab wie zwei Wagenräder auf ihrer Achse befestigt sind.

Für die histologische Bearbeitung des Süßwasserschwammes fixiert man das frische Material in absolutem Alkohol, kleine Individuen oder Stöcke von wenigen Millimetern Größe in Flemmingscher Mischung, doch bringe man auch diese möglichst bald in starke Alkohole. Kieselschwämme werden mit den Nadeln über Chloroform in Paraffin eingebettet. Die Nadeln werden mitgeschnitten. Da die Schnitte sich aber dann leicht vom Objektträger lösen, so werden sie mit einer Lösung von Guttapercha in Chloroform (Traumacitin) übergossen. Die Färbung

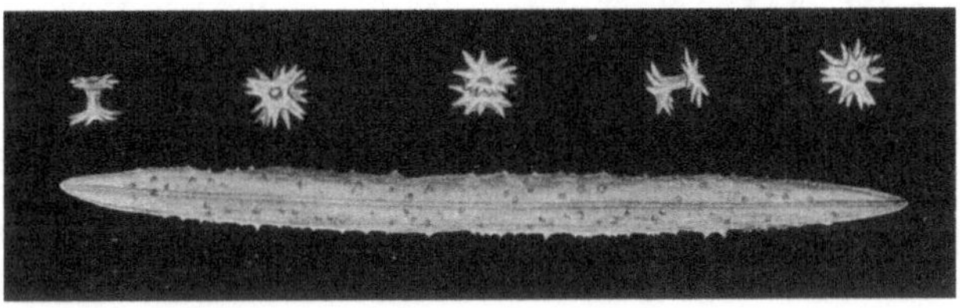

Fig. 73. Obj. VIII. Ephydatia Mülleri. Kieselnadeln und Amphidisken.

geschieht mit Pikrokarmin, Alaunkarmin oder einer wässerigen Lösung von Anilinblau. Nach Flemmingscher Fixierung färbt man mit Safranin-Gentianaviolett-Orange G. (Vom Lehrer auszuführen.)

Kuvettenfolge:

1. Chloroform.
2. Alcohol absolutus.
3. Alkohol 90%.
4. Alkohol 70%.
5. Safranin 2—3 Tage.
6. Aqua destillata (Abspülen).
7. Alcohol absolutus + 0,001% HCl, bis nur noch wenig Farbe ausgeht.
8. Aqua destillata (Abspülen).
9. Gentianaviolett. 1—3 Stunden.
10. Aqua destillata (Abspülen).
11. Orange G (konzentrierte wässerige Lösung). Wenige Minuten.
12. Alcohol absolutus 1.
13. Alcohol absolutus 2.
14. Xylol.

Anhang.

Gute Bilder geben auch Schnitte durch eingebettetes Material mariner Kieselschwämme, bei denen die Kieselnadeln gar nicht oder nur wenig ausgebildet sind, z. B. Chondrosia reniformis oder Oscarella lobularis (Neapel) (siehe Fig. 74) ohne Nadeln, Reniera cratera (Neapel) mit sehr kurzen Nadeln.

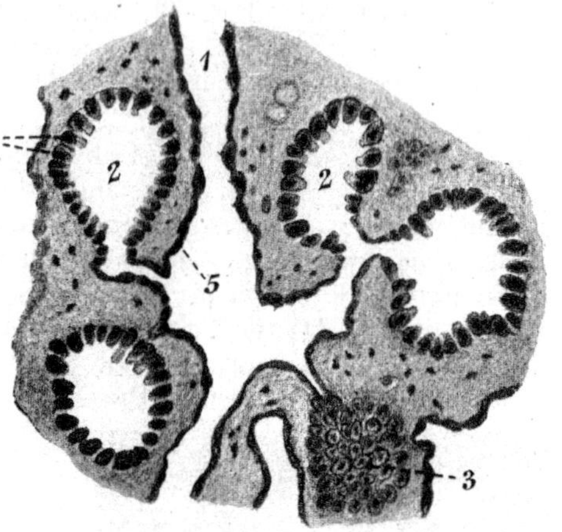

Fig. 74. Obj. VIII. Oscarella lobularis.
1. zuführender Kanal. — 2. Geißelkammer. — 3. Geißelkammer tangential getroffen. — 4. Kragenzellen. — 5. Epithel der zuführenden Kanäle.

Den Bau der Rindenschwämme lernen wir an in Spiritus konservierten Stöcken von Geodia gigas (Neapel) kennen. Wir stellen nach der in der Botanik üblichen Technik mit dem Rasiermesser dünne Schnitte her, welche die Rinde der Schwammstücke treffen und montieren dieselben in Glyzerin oder Kanadabalsam. Schon bei schwacher Vergrößerung erkennt man die zahlreichen Kieselkügelchen, welche eine dichte Rinde um den Schwamm bilden. Die Kieselnadeln sind vierstrahlig und unter der Rinde so gerichtet, daß die drei kurzen Strahlen eine Stütze

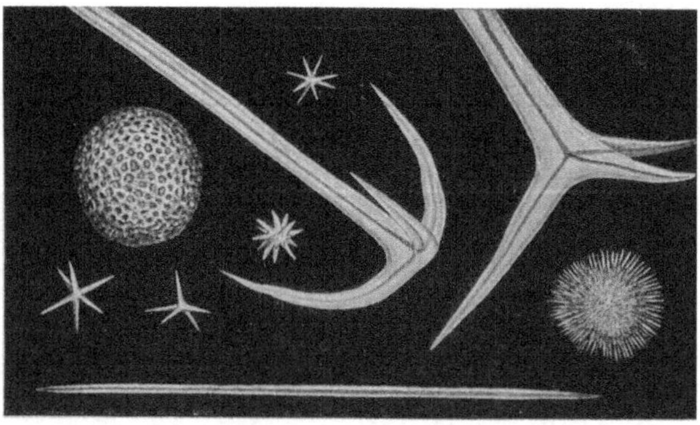

Fig. 75. Obj. VIII. Geodia gigas. Skelettelemente.

für die Rindenkügelchen bilden, während der vierte, längere Strahl nach innen gerichtet ist (Fig. 76). Die genauere Form der Skelettgebilde studiert man an Mazerationspräparaten (Fig. 75).

Unser gewöhnlicher Badeschwamm (Euspongia officinalis) gehört zu den Hornschwämmen, welche ein Hornfasergerüst (Spongiolin) besitzen, in dem zuweilen Kiesel- oder Sandteilchen als fremde Einschlüsse zu finden sind.

Man kann den Badeschwamm fixiert aus Neapel beziehen, in Par-

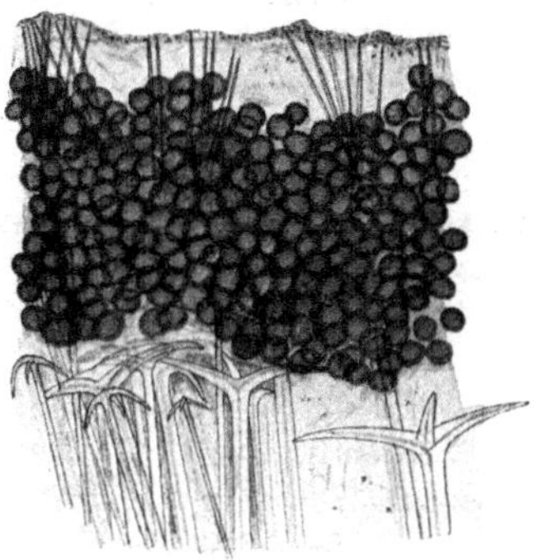

Fig. 76. Obj. II. Geodia gigas. Schnitt durch die Rindenzone.

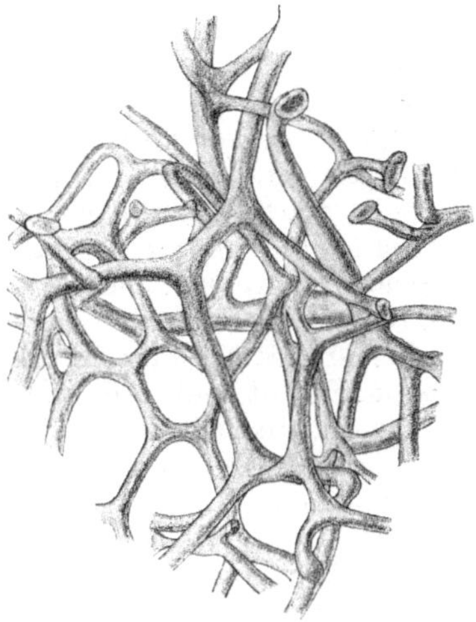

Fig. 77. Obj. IV. Euspongia officinalis. Spongiolingerüst.

affin einbetten, schneiden und behandeln wie die übrigen Schwämme, oder aber, wenn man nur auf das Horngerüst Wert legt, ein Stückchen des gewöhnlichen Badeschwammes zerzupfen, mit Xylol durchtränken, in Kandabalsam einschließen und bei schwacher Vergrößerung betrachten. Das Horngewebe zeigt einen netzartigen Bau (Fig. 77).

2. Kapitel.

Hydrozoa.

I. Hydra viridis, der grüne Armpolyp (oder Hydra fusca oder Hydra grisea).

Hat man nicht ständig Hydrenmaterial im Laboratorium, so muß man mindestens 8 Tage vor der Übung auf den Fang gehen. Die Hydren leben namentlich an Wasserlinsen (Lemna), aber auch an Wasserpest (Elodea), Schilfstengeln usw. kommen sie vor. Man bringt das verdächtige Pflanzenmaterial mit dem Wasser nach Hause und stellt es in einem größeren Glasgefäße an die Sonne. Sind Hydren vorhanden, so sitzen meist schon am nächsten Tage einige an den Wänden des Gefäßes, namentlich an der dem Lichte zugewendeten Seite, und sind dort bei einiger Aufmerksamkeit mit bloßem Auge zu erkennen.

Hat man einmal gutes Hydrenmaterial, so kann man die Tiere auch weiterzüchten, indem man sie mit Lemna, Elodea u. a. in Aquariengläser bringt und von Zeit zu Zeit mit lebendem Fischfutter (Daphniden) füttert. Sie halten sich so den ganzen Winter über.

Für den Gebrauch fischt man sich eine Anzahl von Exemplaren mit offenen Glasröhren heraus. Man schließt das obere Ende der Röhre mit dem Finger, führt das andere in die Nähe des Tieres, stößt es vorsichtig von der Glaswand, dem Blatt usw. ab und läßt dann schnell den Finger los. Das Wasser steigt in das Röhrchen und reißt die Hydra mit.

Acht Tage vor der Übung bringt man eine Anzahl Tiere in zwei große Gläser mit Wasser. In dem einen Glase gibt man ihnen reichlich Futter (lebendes Fischfutter) und veranlaßt sie dadurch zur Bildung ungeschlechtlicher Knospen; in dem anderen Glase gibt man ihnen gar nichts zu fressen und erreicht dadurch manchmal, daß sich Geschlechtsknospen bilden.

In der Natur bildet Hydra viridis im Frühjahr, Hydra fusca und grisea im Herbst und Frühwinter Geschlechtsknospen.

Die Beobachtung der lebenden Hydren geschieht am besten in den Vorrichtungen, die wir als hängenden Tropfen und feuchte Kammer im allgemeinen Teile beschrieben haben. Die Tiere werden mit der Glasröhre aus ihren Behältern herausgefischt und mit etwas Wasser in diese kleinen Apparate gebracht. Sehr schön machen sich die Hydren bei Dunkelfeldbeleuchtung (siehe S. 6), weshalb man nie versäume, ein solches Präparat zur Demonstration aufzustellen. Man überläßt nach der Überführung in die feuchte Kammer die Tiere eine Zeitlang sich selbst, bis sie sich an die neue Umgebung gewöhnt haben und ihre Arme ausstrecken. Dann beobachtet man zunächst bei der schwächsten Vergrößerung. Wir unterscheiden am Körper des Tieres den Leib, der mit einer flachen Scheibe, dem Fuß, an seiner Unterlage haftet, und die acht Fangarme, welche zusammenziehbar sind und kreisförmig um einen etwas vorgestülpten Mundkegel stehen. Dieser trägt die Mundöffnung. Bringt man auch einige Daphniden in die feuchte Kammer, so kann man unter Umständen den Freßprozeß beobachten. Kommt ein Krebschen mit einem Arm in Berührung, so treten die Nesselorgane in Tätigkeit, der Krebs wird festgehalten und schließlich unter Beihilfe der übrigen Arme nach der Mundöffnung hingeführt.

Zuweilen finden wir Polypen, die an der Seite ihres Leibes knospenartige Schwellungen oder wohl gar schon Arme tragende kleine Polypen haben. Es sind dies Erscheinungsformen der ungeschlechtlichen Fortpflanzung des Tieres durch Knospung. Namentlich die reichlich gefütterten Tiere bieten mit einiger Wahrscheinlichkeit Material für diese Beobachtung. Die Geschlechtsknospen werden bei der histologischen Betrachtung der Hydra besprochen werden.

Zur Beobachtung der Hydra bei stärkerer Vergrößerung bringen wir ein Exemplar mit wenig Wasser auf einen Objektträger, legen zu beiden Seiten des Wassers einen kleinen Streifen Papier und legen nun das Deckgläschen auf. Man wartet dann einige Zeit, bis das Tier sich erholt hat und seine Arme ausstreckt, und beobachtet bei etwas stärkerer Vergrößerung. Man sieht dann, daß sowohl die Arme als auch das Innere des Leibes hohl sind, und daß namentlich die Arme von kleinen, knospenartigen Vorsprüngen bedeckt sind. An der Körperwandung können wir zwei Zellschichten unterscheiden (Dunkelfeldbeleuchtung!), eine äußere (Ektoderm) und eine innere (Entoderm). Nur das letztere scheint die grüne Farbe des Tieres zu beherbergen. In guten Instrumenten ist noch eine mittlere Schicht zwischen den beiden Zellagen zu erkennen, die nicht zellulär gebaut ist und Stützlamelle heißt. Die grüne Färbung der Entodermzellen rührt von eingelagerten grünen Algen (Zoochlorella parasitica) her, welche eine assimilatorische Tätigkeit entwickeln und mit den Hydren symbiotisch verbunden sind. Hydra fusca und Hydra grisea entbehren dieser Algen.

Wir richten jetzt die stärkste Vergrößerung auf die knopfförmigen Vorsprünge, welche namentlich an den Fangarmen, aber mit Ausnahme des Fußes auch an der übrigen Körperwand deutlich in großer Menge zu sehen sind. Sie zeigen sich als Zellen, in denen eine feine Spirale zu erkennen ist (Nesselkapseln). Am äußeren, freien Ende sieht man eine feine Spitze, das Cnidocil. Drücken wir jetzt vorsichtig auf das Deckglas, so beobachten wir, wie aus jeder Nesselkapsel ein langer Faden herausschnellt, während im Innern die Spirale verschwindet. Auch wenn man einen Tropfen sehr stark verdünnte Essigsäure an den Deckglasrand bringt und an der anderen Seite ein Stückchen Fließpapier dagegen hält, können wir die Nesselkapseln zur Tätigkeit anreizen (Dunkelfeldbeleuchtung!). Die Nesselfäden haben an ihrem unteren Ende drei Widerhäkchen. Bei Berührung des Cnidocils mit einem Fremdkörper wird der Nesselfaden ausgestülpt, und der Inhalt der Kapsel (Ameisensäure) betäubt das Beutetier. Auf den feineren Bau der Nesselkapsel müssen wir bei dieser Art der Beobachtung verzichten.

Sind Geschlechtsprodukte vorhanden, was namentlich bei solchen Tieren zu erwarten ist, die längere Zeit gehungert haben, so sieht man diese, Hoden oder Ovarien, innerhalb der Ektodermzellen in der Körperwand liegen. Die Hoden haben wir im allgemeinen dicht unter dem Kranz der Arme, die Ovarien mehr in der Mitte des Körpers zu suchen. Während die Hoden dicht mit Zoospermien erfüllt sind, ist in den Ovarien meist nur eine Eizelle mächtig entwickelt.

Zum Schluß dieser Betrachtung müssen wir noch auf Parasiten aufmerksam machen, die häufig auf Hydren zu finden sind. Es sind dies zwei Infusorien, die häufigere Polypenlaus, Trichodina pediculus mit vorderem und hinterem Wimperkranz, und die seltenere Oxytricha pellionella.

Will man die Algen in den Entodermzellen deutlich machen, so bringt man ein Tier mit etwas Wasser auf einen Objektträger und zerzupft es mit zwei Nadeln. Das Zupfpräparat zeigt dann bei starker Vergrößerung auch isolierte Zellen der Innenschicht und darin die grünen Zoochlorellen.

Zur Isolierung der verschiedenen Zellformen der Hydra führt am besten die Mazerationsmethode mit Hertwigs Osmiumessigsäure (für Medusen angegeben) zum Ziel. Diese Flüssigkeit besteht aus gleichen Teilen von

$^1/_{10}$ %iger Osmiumsäure und
$^1/_5$ %iger Essigsäure.

Die Mazeration dauert 3—10 Minuten. Dann wird noch mehrere Stunden lang in $^1/_{10}$%iger Essigsäure mazeriert, in Wasser leicht ausgespült, auf dem Objektträger zerzupft und mit Pikrokarmin gefärbt.

Das Präparat zeigt die Entodermzellen mit eingelagerten Algen, zum Teil noch mit ihren Wimperfäden, ferner die Elemente des Ektoderms, nämlich Nesselkapseln, die am häufigsten vorkommenden Muskelzellen, Nervenzellen und Drüsenzellen.

Die Muskelzellen des Ektoderms sind große Zellen mit 1 bis 2 Kernen. Sie setzen sich nach innen in eine oder mehrere kontraktile

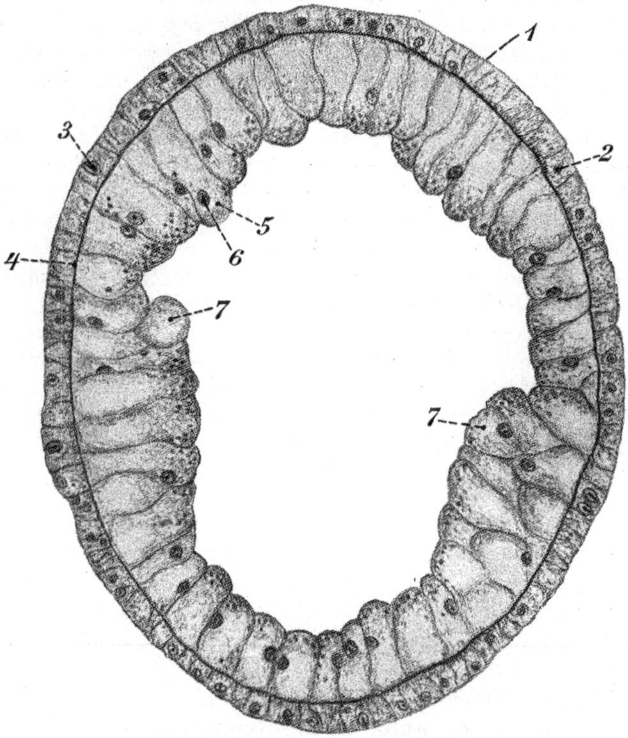

Fig. 78. Obj. VI. Hydra grisea. Querschnitt durch die Cölomhöhle.
1. Ektoderm. — 2. Kern einer Ektodermzelle. — 3. Cnide. — 4. Stützlamelle. — 5. Entodermzelle. — 6. Kern derselben. — 7. Entodermzelle einer anderen Schicht, angeschnitten.

Fasern fort. Diese gehen in eine Längsfaserschicht über, welche der Stützlamelle von außen aufliegt.

Die Nervenzellen sind sehr schwer aufzufinden. Sie haben polygonale Form, einen großen Kern mit deutlichem Nucleolus und senden oft viele Fortsätze aus (multipolare Zellen), welche an die Muskelfasern herangehen.

Die Drüsenzellen sind am mächtigsten in der Sohle entwickelt und stellen eine Abart der Muskelzellen dar. Sie sind von zylindrischer Form, enthalten im Plasma viele kleine Körnchen und gehen nach innen in Muskelfasern über. Der Kern ist nicht zu sehen, weil er durch die zahlreichen Körnchen im Plasma verdeckt wird.

Um histologische Dauerpräparate von Hydra herzustellen, muß man die Tiere im ausgestreckten Zustand fixieren. Man bringt dieselben mit wenig Wasser in ein Uhrschälchen und wartet, bis sie sich ausgestreckt haben. Dann übergießt man sie schnell mit heißer, konzentrierter Sublimatlösung. Nach einigen Minuten spült man ab und bringt 70%igen Jodalkohol darauf, nach einigen Stunden gradatim stärkere Alkohole.

Man kann die Tiere auch auf dem Objektträger, wenn sie sich ausgestreckt haben, schnell mit 1%iger Osmiumsäure übergießen und nach den allgemeinen Vorschriften weiter behandeln.

Besser ist es, wenn man die ausgestreckten Hydren vor der Fixierung lähmt. Zu dem Zwecke setzt man dem Wasser im Uhrschälchen, welches sie enthält, allmählich soviel einer wässerigen Lösung von Strychninnitrat zu, daß eine 0,0001%ige Lösung entsteht. Reagieren die ausgestreckten Tiere auf Berührung nicht mehr durch Kontraktion ihrer Arme, so übergießt man sie mit heißer konzentrierter Sublimatlösung und ersetzt diese, noch ehe sich Kristalle aus derselben ausscheiden können, durch Wasser, das Wasser nach 5 Minuten durch 70%igen Jodalkohol. Am nächsten Tage wird wie gewöhnlich weiter behandelt und über Chloroform in Paraffin eingebettet. Die Schnitte mögen 10 μ dick sein. Wir schneiden ein Exemplar längs, ein anderes quer (Fig. 78) und färben mit Hämatoxylin-Eosin, Hämatoxylin-van Gieson- oder Safranin-Gentianaviolett. Es sind dann alle schon erwähnten zellulären Elemente in ihrer gegenseitigen Lagerung deutlich zu sehen. Besonders sei auf den Verlauf der Muskelzellenfortsätze längs der Stützlamelle aufmerksam gemacht.

Man kann die fixierten Hydren nach der Jodierung auch im Stück mit Boraxkarmin färben und als Übersichtspräparate in Kanadabalsam einlegen.

II. Marine Hydrozoen.

Von marinen Hydrozoen beziehen wir aus der zoologischen Station in Neapel: Polypen und Medusen von Obelia geniculata sowie von Podocoryne carnea, ferner Polypenstöcke von Eudendrium racemosum und Tubularia larynx. Das Material wird in 70%igem Alkohol geliefert. Die Präparate der Polypen werden nach den Vorschriften auf S. 16 u. 17 in Glyzeringelatine oder Kanadabalsam hergestellt, ev. geht eine Stückfärbung mit Boraxkarmin (15 Minuten) voraus. Die kleinen Quallen der Obelia und Podocoryne bringt man mit der offenen Glasröhre (siehe Hydra) erst in Wasser, dann auf den Objektträger in Glyzerin und legt einen Rand von Deckglaskitt darum.

a) Polypen von Obelia geniculata (Fig. 79 und 80). Wir verschaffen uns zuerst bei schwacher Vergrößerung einen Überblick über ein kleines Stückchen des Polypenstockes. Der Stock erscheint verzweigt, die Zweigenden tragen die Polypenköpfe, welche ihre Arme zum Teil ausstrecken, zum Teil in eine Art Becher zurückgezogen haben.

Bei stärkerer Vergrößerung sehen wir, daß an den Stielen des Gerüstes eine innere Zellschicht, Entoderm, das sie umkleidende Ektoderm und darüber noch ein ringartig eingeschnürtes Periderm zu unterscheiden sind. Das Periderm setzt sich in die Becher (Hydrotheken) fort, in welche sich die Polypen zurückziehen können. Die Tentakel umstehen den Mundkegel kreisförmig und lassen ebenfalls Entoderm und Ektoderm unterscheiden. An ihren knopfförmigen Verdickungen erkennen wir Nesselkapseln mit Cnidocil.

An einigen Stellen bemerkt man Hydrotheken, sog. Gonangien

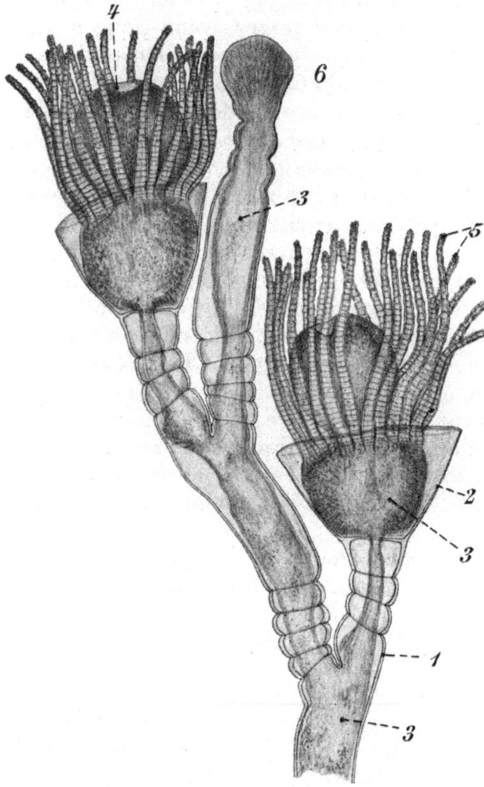

Fig. 79. Obj. IV. Obelia geniculata. Teil des Polypenstockes.

1. Periderm. — 2. Hydrothek. — 3. Gastrovascularraum. — 4. Mund. — 5. Tentakel. — 6. Polypenknospe.

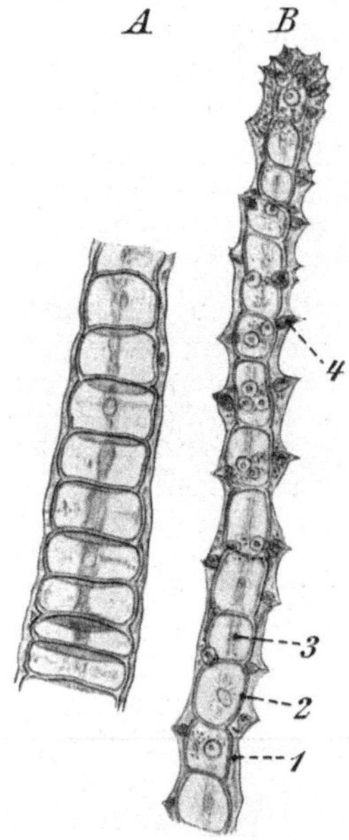

Fig. 80. Obj. VIII. Obelia geniculata.

A. Basalstück, — B. Endigung eines Armes. — 1. Ektoderm. — 2. Stützlamelle. — 3. Entoderm. — 4. Nesselkapsel.

oder Gonotheken (Fig. 81), welche dunkle Kugeln enthalten, die sich scheinbar von einem aus dem Stiel der Kapsel entspringenden Fortsatz ablösen. Dieser Fortsatz (Blastostyl) erzeugt die Kugeln (Gonophoren) durch Zellteilungen. Aus den Gonophoren entwickeln sich die Medusen, die sich dann loslösen und frei herumschwimmen. Die größeren Gonophoren zeigen ein deutlich aus Zellen bestehendes, kreisförmiges Entoderm, darum eine körnige Zone, die späteren männlichen Geschlechtsstoffe, außen darum das Ektoderm.

b) Medusen von Obelia geniculata (Fig. 82, 83). Die Meduse stellt sich als eine kleine, kreisrunde Scheibe dar, welche durch

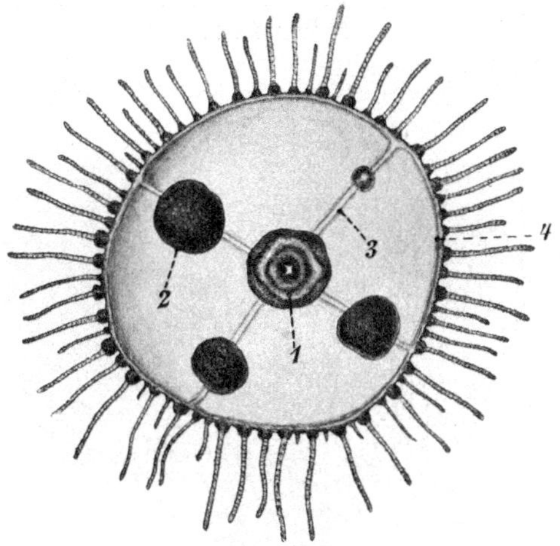

Fig. 82. Obj. 0. Obelia geniculata. Meduse von der Unterseite.

1. Magenrohr. — 2. Geschlechtsorgane. — 3. Radiärkanal. — 4. Ringkanal.

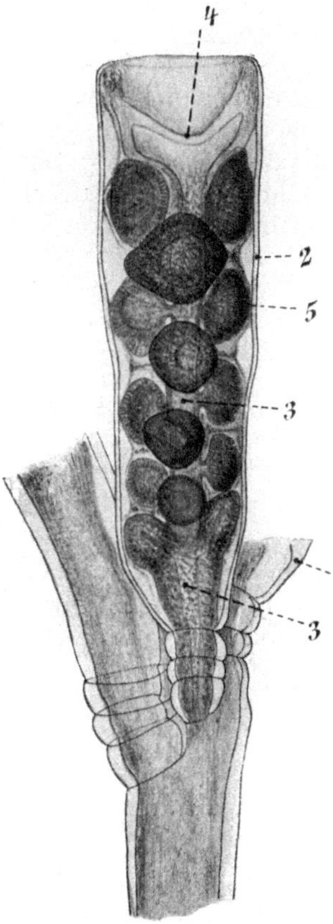

Fig. 81. Obelia geniculata, Gonangium.

1. Stiel eines Nährpolypen. — 2. Gonothek. — 3. Blastostyl. — 4. Deckel. — 5. Gonophor.

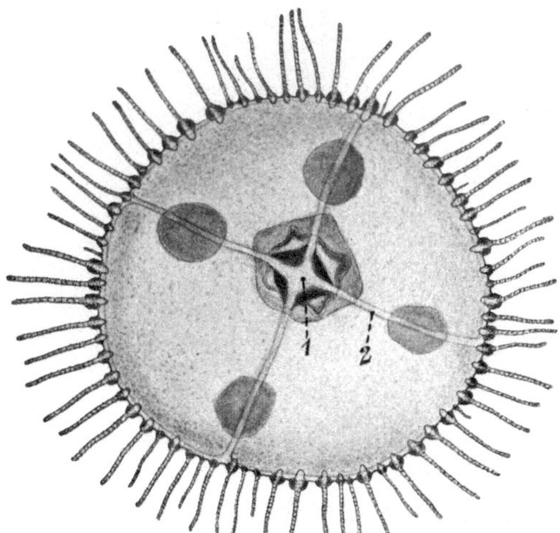

Fig. 83. Obj. 0. Obelia geniculata. Meduse von der Oberseite.

1. Magenraum. — 2. Radiärkanal.

vier sich rechtwinklig im Mittelpunkte (Mundöffnung) treffende Kanäle in vier gleiche Teile geteilt wird und am Rande von einem Tentakelkranz umgeben ist. Am peripherischen Ende der Radialkanäle kann man die dunkel gefärbten Geschlechtsprodukte (Gonaden) erkennen. Die vier Radialkanäle münden am peripherischen Ende in den Ringkanal, welcher sich längs des ganzen Schirmrandes hinzieht. Am Ektoderm der Tentakeln erkennt man mit starker Vergrößerung sehr schöne Nesselkapseln.

c) Polypen von Podocoryne carnea (Fig. 84). Dieselben bilden dichte, niedrige Rasen auf leeren Schneckenschalen oder ähnlichen Gegenständen. Die Einzelpolypen sind kurz gestielt und hängen am Grunde mit ihren Nachbarindividuen zusammen. Es fällt uns hier das Fehlen einer Hydrothek auf. Die Gonophoren sprossen seitlich aus dem Körper der Polypen hervor.

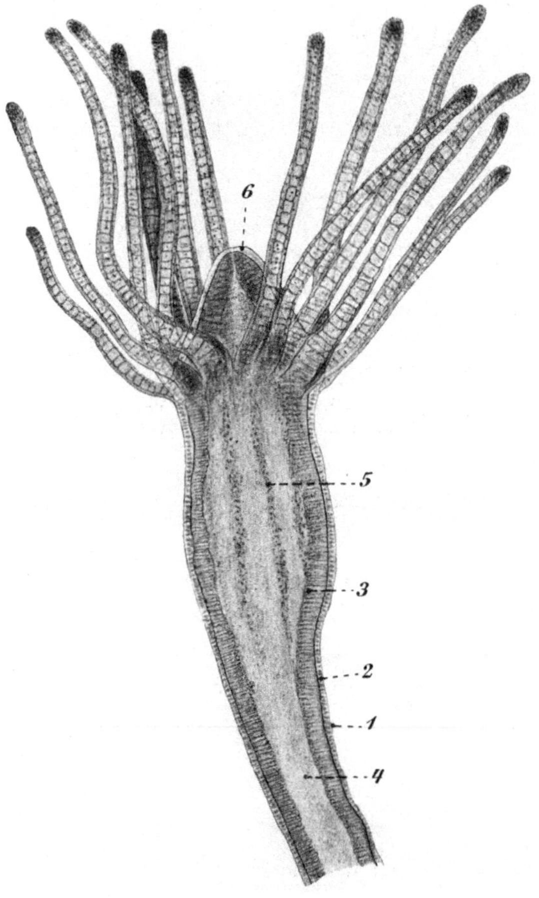

Fig. 84. Obj. IV. Podocoryne carnea. Nährpolyp.
1. Ektoderm. — 2. Stützlamelle. — 3. Entoderm. — 4. Gastrovascularraum. — 5. Gastralwulst. — 6. Mundkegel.

d) Medusen von Podocoryne carnea. Diese Tiere sind sehr klein (1—2 mm Durchmesser). Der Schirm ist kugelig gewölbt und trägt vier lange Randtentakel. Das Mundrohr hängt im Schirm wie der Klöppel einer Glocke und ist an den Seiten mit den Gonaden besetzt.

e) Polypenstöckchen von Eudendrium racemosum (Fig. 85). An den Stielen des Gerüstes fällt die gelbe Färbung auf. Sie rührt von dem Periderm her, das hier chitinig ist. Hydrotheken fehlen. Die Gonophoren entwickeln sich in Ketten, die pinselförmig auf einem Stiel stehen.

f) Polypen von Tubularia larynx. Diese Polypen sind so groß, daß schon bei Lupenbetrachtung im Uhrschälchen vieles zu erkennen ist. Das Periderm des Stieles setzt sich nicht in eine Hydrothek fort. Der Kopf wird von zwei Tentakelkränzen umgeben, einem tieferen und einem höher gelegenen. Die Mundöffnung sitzt auf einem Kegel, welcher noch über den oberen Tentakelkranz hervorragt. Die Gonophoren entspringen in dem Raum zwischen den beiden Tentakelkränzen und sind verzweigt.

Ihr innerer Bau läßt sich nur auf Schnittpräparaten erkennen. Diese Gonophoren bilden keine Medusen, die sich vom Polypenstocke trennen. Es entwickelt sich ein Ei, aus dem sich ein neuer Polyp bildet.

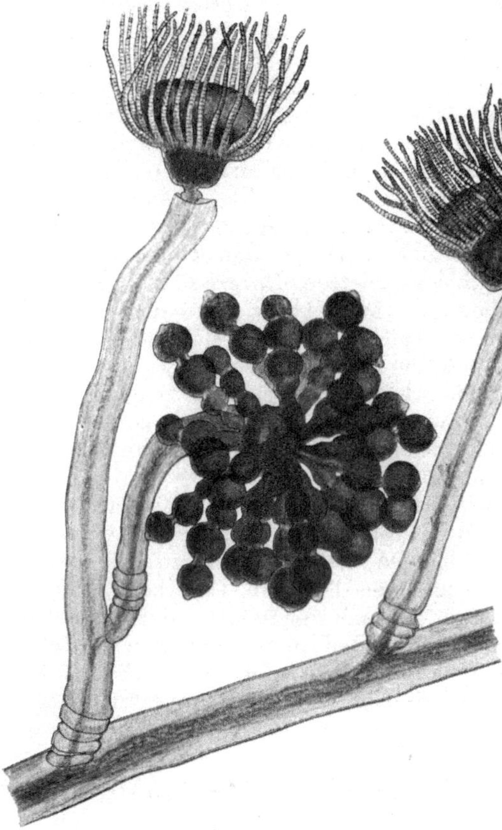

Fig. 85. Obj. 0. Eudendrium racemosum; zwei Nährpolypen und ein verkümmerter Polyp mit männlichen Geschlechtsknospen.

Die Polypen von Tubularia lassen sich über Chloroform in Paraffin einbetten und 5—10 μ dick schneiden. Die Färbung der Schnitte geschieht mit Alaunkarmin oder Hämatoxylin Delafield. Auf solchen Schnitten sehen wir, daß die Tentakel hier nicht wie bei Hydra hohl sind, sondern mit großmaschigem Entodermgewebe erfüllt sind. In den Gonophoren erkennen wir Kapseln, in welche von der Basis her ein Stift (Spadix) hineinragt, der eine Ausstülpung der Leibeshöhle darstellt. Die Geschlechtsstoffe sitzen diesem Stift kappenförmig auf. In den weiblichen Gonophoren sind wenige abgeschnürte Eier zu erkennen.

3. Kapitel.

Scyphomedusen.

I. Nausithoë punctata.

Die Morphologie der Scyphomedusen studieren wir am besten an dieser kleinen Form (8—10 mm). Die Tiere sind in konserviertem Zustande aus Neapel zu beziehen. Sie werden mit einer Glasröhre in verdünntes Glyzerin übertragen und auch in diesem mit der Mundseite nach oben auf den Objektträger gebracht (Kittrand!).

Wir orientieren uns von der kreuzförmigen Mundöffnung in der Mitte des Präparates aus. Die beiden sich rechtwinklig schneidenden Geraden, welche durch die Schenkel des Mundkreuzes bestimmt sind, bezeichnen wir als Perradien. Zwischen je zwei Perradien liegen vier Lappen des Mantelrandes. Die beiden Geraden, welche die Winkel der Perradien halbieren, heißen Interradien. Da wo die Perradien und die Interradien den Mantelrand schneiden, liegen kleine, knopfartige Vorsprünge, die Sinneskölbchen (Rhopalien), an denen wir bei starker Vergrößerung einen Augenfleck, ein statisches Organ, sowie eine Riechgrube, die sämtlich durch ein Ganglion versorgt werden, erkennen können. Am peripherischen Ende sehen wir die Statozyste mit einem kristallähnlichen Statolithen, darunter eine Pigmentanhäufung, welche lichtempfindliches Organ ist.

Je zwei benachbarte Rhopalien schließen zwei Randlappen zwischen sich ein. Die Geraden, welche vom Munde aus zwischen diesen beiden Randlappen hindurchgehen, heißen Adradien. Wo sie die Peripherie treffen, finden wir je einen längeren Tentakel. Durch ihre dunklere Färbung zeichnen sich die im Inneren liegenden Geschlechtsdrüsen aus. Von diesen sind acht vorhanden, deren Lage den Tentakeln des Randes entspricht. Außerdem sehen wir, den Interradien entsprechend, vier kürzere Tentakelbüschel im Inneren des Magenraumes liegen, die Gastralfilamente.

II. Aurelia aurita, die Ohrenqualle (Fig. 86).

Die Ohrenqualle (aus der Station in Helgoland zu beziehen) dient uns für die makroskopische Betrachtung im Wachsbecken unter Wasser. Wir suchen uns nach den Beobachtungen am vorigen Präparat zu orientieren. Das Mundrohr läuft in vier Tentakel tragende Arme aus, deren Richtung die Perradien festlegt. Die Zahl der Randlappen beträgt nur 8. Mit einer Knopfsonde kann man durch die Mundöffnung in den Magenraum und seine 8 taschenartigen Ausstülpungen fahren. Die Rhopalien liegen in den Einbuchtungen zwischen den 8 Mantellappen. Der ganze Mantelrand ist mit zahlreichen Tentakeln besetzt.

Wir betrachten ein kleines Stück des Mantelsaumes in Glyzerin unter dem Mikroskop, ebenso ein Stückchen des an den Mundarmen sitzenden Tentakelsaumes. In beiden finden wir unschwer eine große Anzahl von Nesselkapseln. Zu Dauerpräparaten ist das Objekt nicht geeignet.

Ebensowenig können wir uns darauf einlassen, die Meduse histologisch zu verarbeiten. Sie liefert, in Paraffin oder Celloidin eingebettet, nur unschöne Präparate. Man muß in Glyzeringummi einbetten. Die Technik dieser Präparation überschreitet den Rahmen unseres Buches.

III. Ephyra.

Von den Entwickelungsstadien der Scyphomedusen sind Ephyraformen von den zoologischen Stationen zu erhalten, z. B. von der Ohrenqualle, in Neapel auch von Pelagia noctiluca. Von diesen Tieren lassen sich Glyzerindauerpräparate wie von Nausithoe herstellen.

Die Ephyra von Aurelia erscheint als achtstrahliger Stern. Jeder Strahl des Sternes ist am peripherischen Ende tief eingekerbt und trägt

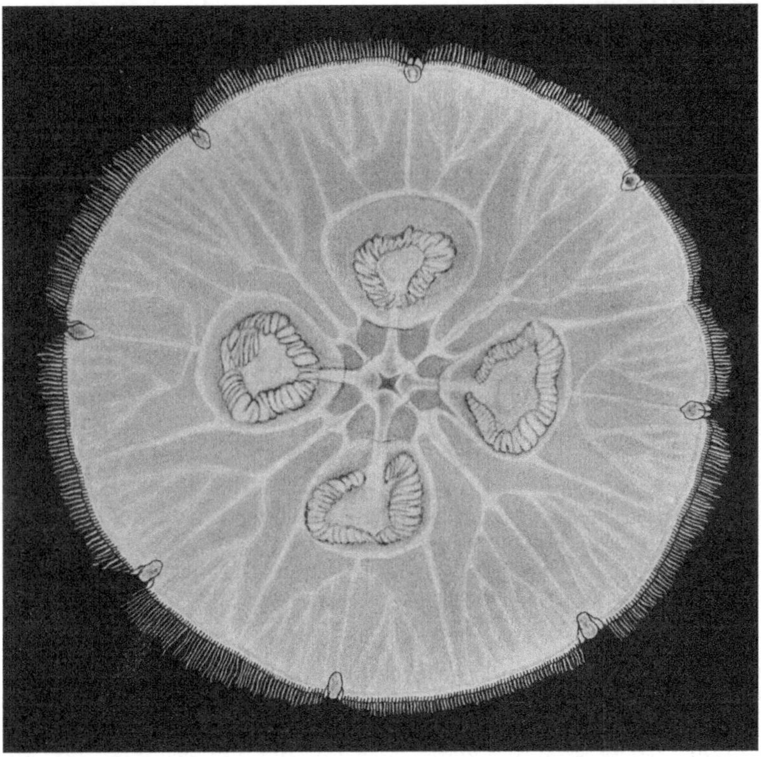

Fig. 86. Aurelia aurita. Ansicht der Qualle von oben. Das Tier lag beim Zeichnen auf dunklem Hintergrunde. Dieser schimmert durch die Gallertmasse hindurch. Die Kanäle erscheinen weißlich. Diesen Anblick gewährt auch das im Meere schwimmende Tier.

in diesem Kerb den Sinneskörper, das spätere Rhopalium. Wir bemerken die viereckige Mundöffnung mit sehr kurzem Mundrohr und im Inneren, den Interradien entsprechend, vier Gastralfilamente. In jeden Strahl des Sternes geht eine Magentasche hinein. Bei älteren Ephyren ist zwischen je zwei großen Taschen noch eine kurze Zwischentasche zu bemerken.

Die Ephyra von Pelagia noctiluca bietet ein ähnliches Bild dar.

4. Kapitel.

Anthozoen.

I. Actinia equina (Fig. 87).

Aktinien werden als Spiritusmaterial aus Neapel bezogen und der makroskopischen Präparation unter Wasser im Wachsbecken unterworfen. Man achte darauf, daß man möglichst ausgestreckte Exemplare verarbeitet.

Zuerst verschafft man sich einen Überblick über die äußere Gestalt. Wir unterscheiden die Fußscheibe, an der man Ring- und Radialmuskulatur erkennen kann, das Mauerblatt (Zylindermantel), dessen Streifung die Längsmuskulatur andeutet, und die verschiedenen Tentakelkränze, welche die wenig hervorragende, längliche Mundöffnung umgeben. Einige Exemplare teilen wir durch einen Längsschnitt mit scharfem Skalpell, der in der Richtung der Mundspalte geführt wird. Wir sehen dann, daß von der Mundöffnung aus ein weites Rohr, das Mundrohr, in die geräumige Leibeshöhle führt. Vom Mauerblatt ragen in radialer Richtung eine große Anzahl Scheidewände in die Leibeshöhle hinein. Am inneren Rande dieser Scheidewände erkennen wir Gastralfilamente und Gonaden. Wir fahren mit einer Knopfsonde zwischen die Scheidewände und kommen nach einigem Tasten mit derselben in die hohlen Tentakel. Diese kommunizieren also mit der Leibeshöhle. An günstig geführten Schnitten sieht man, daß manche Septen bis an das Mundrohr heranreichen (vollständige Septen), andere in der Höhe des Mundrohres frei endigen (unvollständige Septen).

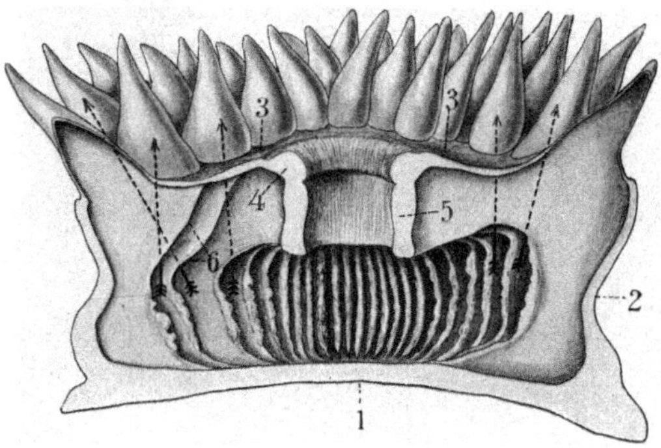

Fig. 87. Actinia equina. Längsschnitt (etwas schematisch).

1. Fußscheibe. — 2. Mauerblatt. — 3. Mundscheibe. — 4. Lippe. — 5. Magenrohr. — 6. Scheidewände. — Die Pfeile führen aus einzelnen Taschen in die zugehörigen Tentakel.

Weitere Klarheit über den Bau des Tieres verschaffen wir uns dadurch, daß wir andere Exemplare durch Querschnitte zerlegen, und zwar:

1. durch einen Schnitt in der Nähe der Fußscheibe,
2. durch einen Schnitt dicht unterhalb des Tentakelkranzes.

Der Schnitt 1 zeigt uns die frei in die Leibeshöhle hineinragenden Scheidewände, Schnitt 2 zeigt uns eine Anzahl von Kammern, welche dem Mauerblatt anliegen, und die dadurch zustande kommen, daß die sie bildenden Septen bis an das Mundrohr heranreichen.

Zum Schluß schneiden wir noch einige Tentakel an und überzeugen uns, daß dieselben innen hohl sind.

Den feineren Bau der Anthozoen studieren wir an Schnittpräparaten durch eine Lederkoralle (Alcyonium).

Der Leiter kann bei dieser Gelegenheit auch eine Adamsia palliata (Neapel) präparieren, an der noch einiges Interessante zu beobachten ist. Man stellt sich unter Wasser einen Längsschnitt her und sieht, daß viele Septen nicht bis an die Fußscheibe heranreichen, sondern oberhalb derselben aufhören, und daß unter dem Septum vom Mauerblatt eigentümlich geschlängelte Fäden (Akontien) ausgehen. Bei Lupenvergrößerung kann man zwischen zwei benachbarten Septen etwas oberhalb der Akontien kleine Poren bemerken, durch welche man mit einer Schweinsborste nach außen fahren kann (Cincliden). Die Akontien sind nesselzellentragende Organe, welche zur Verteidigung durch die Cincliden nach außen geschnellt werden können. Dieser Apparat kommt nur einigen Seeanemonen zu (Adamsia, Sagartia).

II. Alcyonium palmatum.

Alcyonium palmatum (oder Alcyonium digitatum) wird ebenfalls in konserviertem Zustande aus Neapel (Alcyonium digitatum aus Helgoland) bezogen. Wir haben es hier mit einem Tierstock zu tun. Die kleinen Polypen, die alle miteinander in Verbindung stehen, sind in eine fleischige Masse, das Coenenchym, eingelagert.

Die einzelnen Polypen betrachten wir zunächst an Balsampräparaten, den feineren Bau des Coenenchyms studieren wir an Schnitten durch das in Paraffin eingebettete Material.

Wir schneiden mit einer Schere einige aus dem Coenenchym hervorragende Polypen unter dem Aufbewahrungsalkohol möglichst lang ab, bringen sie auf kurze Zeit in Wasser und darauf über Glyzerin in Glyzeringelatine, oder aus dem Aufbewahrungsalkohol in absoluten Alkohol und über Xylol in Kanadabalsam. Will man färben, so bringt man die Tiere aus dem Aufbewahrungsalkohol in Schälchen mit Boraxkarmin (10 Minuten), differenziert, wenn nötig, mit starkem Salzsäurealkohol (1% HCl), spült in Wasser nach und bringt dann entweder über Glyzerin in Glyzeringelatine oder über absoluten Alkohol und Xylol in Balsam.

Wir erkennen bei schwacher Vergrößerung an den Präparaten deutlich den Aktinientypus wieder, das Mauerblatt mit dem eingestülpten Mundrohr, um die Mundöffnung herum acht gefiederte Tentakel. Die Mesenterialfilamente sitzen, vom unteren Ende des Mundrohres ausgehend, als dunkle, geschlängelte Massen an den Septenrändern. An einigen Exemplaren kann man an den Mesenterialfilamenten auch Geschlechtsprodukte wahrnehmen.

Wir stellen jetzt die scharfe Vergrößerung auf die Fiedern der Tentakel ein und erkennen an ihnen Nesselkapseln mit Cnidocil. Durch Bewegung der Mikrometerschraube finden wir, daß die Tentakel und ihre Fiedern innen hohl sind. Dann richten wir die starke Vergrößerung auf die basalen Teile des Mauerblattes und sehen an ihnen eigentümliche kleine, undurchsichtige, teils kreuzförmige, teils nadelförmige, teils mit Wärzchen besetzte Gebilde, welche aus kohlensaurem Kalk bestehen (Spicula). Von ihnen ist auch das ganze Coenenchym erfüllt.

Zur Isolierung der Spicula schneiden wir ein wenig vom Coenenchym ab und bringen es auf dem Objektträger in einige Tropfen Eau de Javelle. Nachdem dieses einige Minuten eingewirkt hat, sind die Weichteile zerstört, und die Form der isolierten Spicula läßt sich nun gut beobachten. Saugen wir jetzt einen Tropfen Salzsäure unter dem Deckgläschen hindurch, so beobachten wir eine starke Kohlensäureentwickelung.

Um ein Dauerpräparat der Spicula herzustellen, saugt man die Eau de Javelle ab und zieht mit Fließpapier erst etwas Wasser und dann Glyzerin unter dem Deckgläschen hindurch. Ist das Präparat gut und frei von Luftblasen, so legt man einen Rand von Deckglaskitt herum.

Für die Untersuchung des feineren Baues der Polypen und des Coenenchyms betten wir einige Zweige von Alcyonium über Chloroform in Paraffin ein und schneiden die Blöcke so zu, daß wir von dem einen Schnitte erhalten, welche die Polypen im wesentlichen quer zur Längsachse treffen, den anderen so, daß die meisten Polypen in der Längsachse getroffen werden. Die Schnitte seien 20 μ dick. Sie werden auf dem Objektträger mit Alaunkarmin oder Hämatoxylin Delafield gefärbt.

Die Querschnitte zeigen uns die Polypen in den verschiedensten Regionen der Längsachse. Wir sehen an einigen nur das Mauerblatt und die von ihm abgehenden acht Septen, an anderen diese Septen noch mit Mesenterialfilamenten oder Gonaden besetzt; wieder andere Schnitte zeigen das Mundrohr und die bis an dasselbe herangehenden Scheidewände. Die Zellschicht, welche scheinbar allein das Mauerblatt bildet, ist das Entoderm. In die Septen hinein ragt die Coenenchymmasse. Diese stellt das Mesoderm dar. An den Scheidewänden sind in das Entoderm Muskelfasern eingelagert. Die Muskulatur ist stets auf einer Seite der Scheidewand stärker entwickelt als auf der anderen (Muskelfahne). Das Mesenterialfilament zeigt sich als entodermales Gebilde am inneren Ende des Septums.

Wir stellen jetzt die stärkere Vergrößerung auf einen Querschnitt ein, der das Schlundrohr enthält. Die Zellschicht, welche das Schlundrohr auskleidet, ist Ektoderm. Das nun folgende Mesoderm ist durch das Innere der Septenwände hindurch mit dem Mesoderm des Coenenchyms verbunden, während die den Gastralkammern zugewendete Fläche des Mundrohres wieder mit Entoderm bekleidet ist. Durch Faltung des Mauerblattes können noch mancherlei Komplikationen dieses Bildes eintreten.

Wir richten jetzt die stärkere Vergrößerung auf das Coenenchym und auf dessen äußeren Rand. Man sieht in dem Mesodermgewebe des Coenenchyms wieder die eingelagerten Spicula. Die äußere Bekleidung des Coenenchyms wird durch das Ektoderm gebildet.

Nun betrachten wir Längsschnitte. An ihnen finden wir zum Teil ausgestreckte, zum Teil eingezogene Polypen und können nun, indem wir diese Längsschnitte mit den Querschnitten vergleichen, viele scheinbare Unregelmäßigkeiten und Komplikationen der Bilder erklären, die durch Einstülpung der Polypen zustande kommen. Wir sehen an diesen Längsschnitten ferner, daß die Leibeshöhle sich in einen langen Kanal fortsetzt, und daß die einzelnen Polypen durch ein innerhalb des Coenenchyms gelegenes, verzweigtes Kanalsystem miteinander in Verbindung stehen. Zwei (die dorsalen) Mesenterialfilamente ziehen sich in sehr schwach geschlängelter Form durch die ganze Länge der Polypenröhre hin.

III. Corallium rubrum.

Ein dankbares Objekt ist auch Bruchmaterial von Edelkorallen, das aus Neapel zu beziehen ist. Man kann daran die Polypen präparieren, die Kalkkörperchen der Rindensubstanz isolieren und schließlich nach der auf S. 152 geschilderten Methode Schliffe durch das Gerüst herstellen.

Die Polypen werden möglichst lang abgerupft, in Boraxkarmin gefärbt und nach den allgemeinen Vorschriften in Glyzerin oder Kanada-

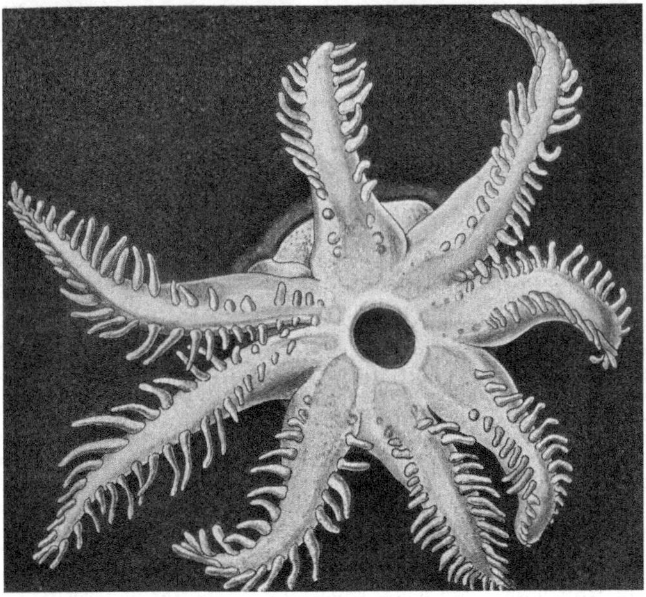

Fig. 88. Corallium rubrum. Polyp von oben gesehen.

balsam eingelegt. Wir betrachten bei schwacher Vergrößerung die acht gefiederten Fangarme und die durchscheinenden Mesenterialfalten, deren Zahl der der Fangarme entspricht (Fig. 88). Für das Aufsuchen der Nesselkapseln ist selbstverständlich die starke Vergrößerung erforderlich.

Um die Kalkkörperchen der Rindenzone des Skeletts zu isolieren, mazeriert man ein Stückchen desselben in Eau de Javelle und verfährt bei der weiteren Bearbeitung genau wie bei den Schwammnadeln. Bei mittlerer und starker Vergrößerung sieht man die in Fig. 89 dargestellten Kalkkörperchen.

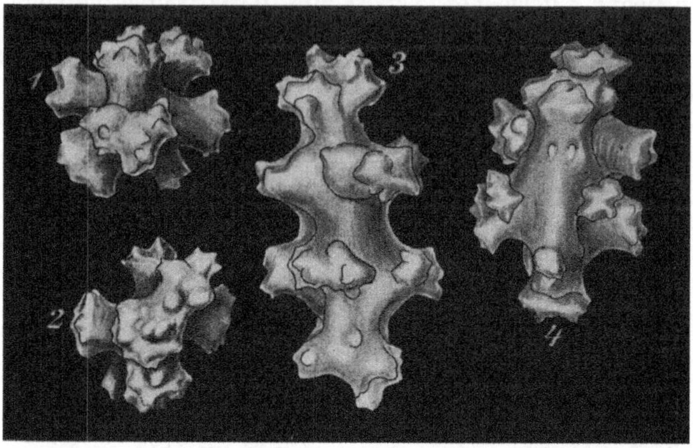

Fig. 89. Obj. VIII. Kalkkörperchen aus der Haut von Corallium rubrum. 1., 2. von der Schmalseite. — 3., 4. von der Langseite gesehen.

Anhang.

Schliffe durch Korallenstöcke.

Anhangsweise sei hier noch eine Methode angegeben, nach der der Leiter von Kalk- oder Hornkorallen dünne Schliffe herstellen kann, die den Schülern zur Betrachtung leihweise überlassen werden. (Nach G. v. Koch im Zoolog. Anzeiger 1. Jahrg. [1878] Nr. 2, S. 36—37.)

Man legt kleine, noch nicht 1 ccm große Stücke der Korallenstöcke auf einige Tage in ammoniakalische Karminlösung zur Stückfärbung, wäscht sie dann aus und entwässert in Alkohol steigender Konzentration. Dann stellt man sich eine dünnflüssige Lösung von Kopalharz in Chloroform her. In diese bringt man die Stücke in einer flachen Schale und dampft die Lösung auf einer erwärmten Tonplatte über einer kleinen Spiritusflamme recht langsam ein, bis ein Tropfen beim Herausnehmen Fäden zieht, die beim Erkalten spröde zerbrechen. Dann nimmt man die Stücke aus der Lösung und legt sie auf die Tonplatte, bis sie so hart geworden sind, daß man mit dem Fingernagel keinen Eindruck mehr auf ihnen erzeugen kann. Nun schneidet man mit einer Laubsäge dünne Platten und schleift diese mit der Hand auf einem Abziehstein glatt. Mit dieser glatten Seite werden sie dann mit Kopallösung auf einen Objektträger gekittet und wieder einige Tage auf die erwärmte Tonplatte gelegt. Ist die Kittung ganz fest geworden, so schleift man zuerst auf einem Sandstein und dann auf einem feineren Stein, bis die Platte durchscheinend wird. Ergibt die Kontrolle unter dem Mikroskop, daß die Schliffe dünn genug sind, so reinigt man dieselben durch Abspülen in Wasser, trocknet sorgfältig, bringt einen Tropfen Kanadabalsam darauf und legt ein Deckgläschen darüber.

Die Schliffe zeigen sowohl die verkalkten (verhornten) als auch die weichen, zellulären Elemente gut erhalten.

Sehr instruktiv sind z. B. solche Schliffe, welche quer durch die Arme der Edelkoralle (Corallium rubrum) gelegt werden. Man sieht an denselben ein zentrales, kalkiges Achsenskelett, welches von einem System von Längsgefäßen umgeben wird. Darum liegt eine weiche Rindenschicht, die von einem verzweigten Kanalsystem durchzogen ist, und in welcher die Polypen eingebettet sind. Die Schnittbilder durch die Polypen entsprechen denen bei Alcyonium.

3. Abschnitt.

Vermes, Würmer.

1. Kapitel.

Lumbricus terrestris. Der Regenwurm.

Regenwürmer kann man bequem in großen Blumentöpfen in Kultur halten, wenn man die Erde mit faulenden Blättern vermengt und die Töpfe lose (nicht luftdicht) zudeckt.

I. Beobachtungen am lebenden Regenwurm.

Wir bemerken an den Würmern, die wir aus der Erde herausnehmen und mit Wasser leicht abspülen, die deutliche Segmentierung des Körpers. Beim Kriechen kontrahieren sich die Ringmuskeln der Reihe nach von hinten nach vorn, treiben dadurch die das Innere erfüllende Körperflüssigkeit nach vorn und befähigen so das Vorderende, loses Erdreich zu durchbohren. Nachdem eine Kontraktionswelle bis zum Vorderende hindurchgelaufen ist, tritt die Längsmuskulatur in Tätigkeit und zieht das hintere Ende nach. Kriecht der Wurm auf Schreibpapier, so nimmt man dabei ein kratzendes Geräusch wahr. Dieses rührt von den Borsten her, welche paarig in acht Längsreihen (zwei Paare am Bauche, zwei mehr seitwärts) angeordnet sind. Man kann diese Borsten, die nach hinten gerichtet sind, fühlen, wenn man mit dem Finger von hinten nach vorn am Bauche des Tieres entlangstreicht.

Am Kopfe fällt uns der Kopflappen auf, welcher die Mundöffnung von oben her verdeckt. Von sonstigen Körperöffnungen bemerken wir am letzten Segment den After, an der Bauchseite des 14. und 15. Segmentes die weibliche und männliche Geschlechtsöffnung. Die übrigen Öffnungen des Körpers sind mit bloßem Auge schwer zu erkennen.

Das 32.—37. Segment sind vom Februar bis August stark geschwollen und bilden den Sattel (Clitellum). Dieser ist eine drüsenreiche Auftreibung der Körperwandung, die ein schleimiges Sekret absondert. Durch dasselbe verkleben sich die Tiere bei der Begattung miteinander, durch ebendasselbe werden die Eier bei der Ablage mit einer schützenden Hülle umgeben.

Wir bringen nun einen großen Wurm, nachdem wir ihn in Wasser abgespült und zwischen Fließpapier, ohne ihn zu drücken, getrocknet haben, auf eine Glasplatte und reizen ihn anhaltend durch Kneifen mit einer Pinzette. Wir bemerken, daß vom Rücken aus ein deutlich sichtbarer Schleim abgeschieden wird. Wir wischen mit einem Objektträger über den Schleim, legen ein Deckgläschen auf und betrachten bei starker Vergrößerung. Es befinden sich darin verschiedene zelluläre Elemente: kleine, farblose Zellen, an denen wir unter günstigen Umständen amöboide Bewegungen wahrnehmen können (Lymphzellen), und braungelbe Zellen (Chloragogenzellen). Die Ausscheidung dieses Schleimes erfolgt durch Öffnungen, welche sich in jedem Segment in der Mittellinie des Rückens befinden (Rückenporen). Beobachten wir das Tier während der Reizung mit der Lupe, so können wir diese Öffnungen wahrnehmen. Sie kommunizieren unmittelbar mit der Leibeshöhle, welche ganz mit der ausgeschiedenen Flüssigkeit angefüllt ist. Die Chloragogenzellen entstammen dem Chloragogengewebe, welches den Darm des Tieres zum Teil von außen bekleidet. Die Braunfärbung erhalten diese Zellen durch die Chloragogenkörner, welche im Plasma suspendiert sind. Es sind dies meist gelbe Körner mit einem Stich ins Grüne, die sich durch Toluidinblau lebhaft färben lassen (siehe weiter unten). Sie stellen einen fettartigen Exkretstoff dar, der Guanin enthält. Die Lymphzellen enthalten nicht selten Fremdkörper, die durch die Rückenporen in die Leibeshöhle gelangt sind, wie Bakterien, abgebrochene Borsten, kleine Kristalle oder einen parasitischen Wurm (Rhabditis pellio).

II. Makroskopische Präparation.

Man wählt recht große Würmer aus und tötet sie, indem man sie in Wasser bringt, dem etwas Chloroform zugesetzt ist. Schön ausgestreckt erhält man die Tiere durch Behandlung mit stark verdünnter Salpetersäure (1 Teil Säure, 125 Teile Wasser.) Auch 10%iger Alkohol leistet oft gute Dienste. In allen Fällen lasse man das Tötungsmittel mindestens $1/2$ Stunde einwirken.

Die Präparation erfolgt im Wachsbecken unter Wasser. Wir befestigen die Würmer mit Nadeln so, daß die dunkle Rückenseite dem Beschauer zugewendet ist. Am Kopfe führe man die Nadeln seitlich etwa in das 3. und 4. Segment, um das Gehirn zu schonen. Wir schneiden nun vom Sattel aus die Rückendecke mit der Schere in der Richtung nach hinten auf und präparieren die Leibeswand zur Seite. Man achte darauf, daß die Körperdecke durch feine Bindegewebswände (Dissepimente) mit dem Darme zusammenhängt. Diese Dissepimente sind vorsichtig zu durchtrennen. Die Leibeswand wird seitlich mit Nadeln festgesteckt.

Wir sehen den Darm und, auf ihm entlanglaufend, das große Rückengefäß, in dem sich das Blut von hinten nach vorn bewegt. In jedem Segment empfängt das Rückengefäß von jeder Seite zwei Gefäße, die vom Darm heraufkommen (splanchnische Gefäßbogen) und außerdem mehrere Gefäße, welche längs der Dissepimente verlaufen (somatische Gefäßbogen). Die gelbgrüne Färbung, welche wir am Rückengefäß und am Mitteldarm erkennen, ist Chloragogengewebe. Pinseln wir dieses ab, so sehen wir den Gefäßverlauf sehr deutlich. An der zur Seite gelegten Leibeswand bemerken wir kleine Papillen, die Borstensäckchen, in welche die Borsten eingesenkt sind. Zur Seite des Darmes sieht man in jedem Segment ein Paar Segmentalorgane (Nephridien, Nieren). Diese beginnen mit einem anfangs trichterförmigen Kanälchen, welches das vor ihm gelegene Dissepiment durchbricht und in dem entsprechenden Segmente mit einem kleinen Säckchen (Harnblase) an der Bauchseite mündet. Ein jedes Segment hat also drei Öffnungen, zwei Nierenöffnungen und einen Rückenporus. Bei allen diesen Untersuchungen ist es von Vorteil, eine Handlupe zu benutzen. Schneiden wir den Darm hinter dem 18. Segmente durch, so bemerken wir eine dorsale Längsfalte, die in seinen Hohlraum eingesenkt ist und ebenfalls an ihrer äußeren Seite Chloragogengewebe aufweist (Typhlosolis).

Wir präparieren jetzt, von der Mitte nach hinten fortschreitend, unter vorsichtiger Lösung der unteren Anheftungen den Darm los und bemerken unter ihm das Bauchmark mit kleinen Anschwellungen, den Ganglienknoten, von denen in jedem Segment drei schwer sichtbare Nerven ausgehen. Auf dem Bauchmark liegt das große Bauchgefäß, in dem das Blut von vorn nach hinten fließt.

Nach dieser Präparation öffnen wir, vom Sattel ausgehend, auch den vorderen Teil der Leibeshöhle längs der Rückenmitte (Fig. 90). Wir bemerken am Darmkanal deutlich mehrere Abschnitte. Auf den birnenförmigen Schlund (Pharynx) folgt der kettenartig eingeschnürte Ösophagus, in dessen hinterem Teile man kleine seitliche Ausbuchtungen bemerkt, welche Kalkabscheidungen enthalten (Kalksäckchen). Darauf folgt der Kropf und dann, deutlich abgesetzt, der Muskelmagen, an den sich endlich der Darm anschließt. Wir bemerken wieder das Rückengefäß und, nachdem wir es mit dem Pinsel vom Chloragogengewebe befreit haben, in der Gegend des Ösophagus sechs größere Gefäße, welche, vom Bauchgefäß herkommend, die Speiseröhre umklammern. Sie unterstützen durch ihre Pulsation die Tätigkeit des Rückengefäßes (Hilfsherzen). Am vorderen Ende des Pharynx liegt über diesem das Schlundganglion, welches durch den den Schlund umfassenden Schlundring mit dem Bauchmark in Verbindung steht.

Wir präparieren nun, von vorn beginnend, vorsichtig den Darmkanal bis zum Beginn des Enddarmes ab. Im 10.—12. Segment fallen uns drei Paar schmutzig weiße Blasen auf, die Samenblasen, innerhalb welcher sich schwierig zu präparierende Hoden befinden. Die Samenblasen reichen ursprünglich bis an die Rückenseite des Darmes heran. Die Vasa deferentia ziehen von den Samenblasen längs der Bauchwand nach hinten und münden auf der Bauchseite des 15. Segmentes. Die Ovarien bemerken wir als zwei kleine Knötchen neben dem Bauchmark im 13. Segment. Die kurzen Eileiter münden an der Bauchseite des 14. Segmentes nach außen. Im 14. und 15. Segment befinden sich natürlich keine Nierenöffnungen. Zwei Paar kleine, weiße Säckchen, welche neben dem ersten und zweiten Paar Samenblasen zu sehen sind, sind die Receptacula seminis. Sie sind nach der Leibeshöhle hin geschlossen. Der Samen des anderen Tieres wird darin bis zur Eiablage aufbewahrt und dann zusammen mit den Eiern in einen Kokon eingehüllt, der aus dem vom Clitellum ausgeschiedenen Schleim gebildet wird.

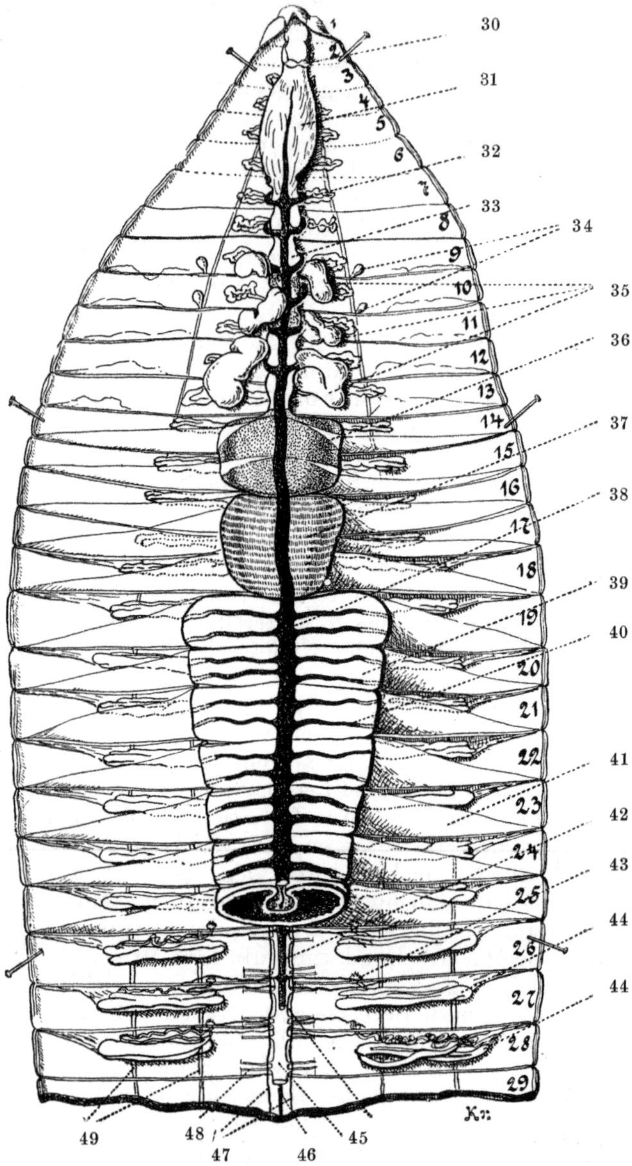

Fig. 90. Regenwurm. Vordere Körperregion, Situs (nach Kükenthal).

1.—29. Segmentnummern. — 30. Cerebralganglion. — 31. Schlund. — 32. Erste kontraktile Schlinge (Herz). — 33. Ösophagus. — 34. Receptacula seminis. — 35. Samenblasen. — 36. Kropf. — 37. Muskelmagen. — 38. Rückengefäß. — 39. Darm. — 40. Blutgefäßschlingen. — 41. Dissepiment. — 42. Bauchgefäß. — 43. Nierentrichter. — 44. Nephridium. — 45. Bauchmark. — 46. Subneuralgefäß. — 47. Seitengefäße des Bauchmarkes. — 48. Nerven. — 49. laterale und ventrale Borstenreihe.

Über das Vorkommen von Monocystis spec. in den Samenblasen siehe bei den Protozoen.

III. Histologische Behandlung.

Vor jeder weiteren Präparation müssen wir den Sand aus dem Darme der Regenwürmer entfernen. Dazu setzt man dieselben in ein großes Glasgefäß, in welchem sich feuchtes Fließpapier befindet (Kükenthal). Dieses ist täglich zu erneuern. Allmählich ersetzt sich der sandige

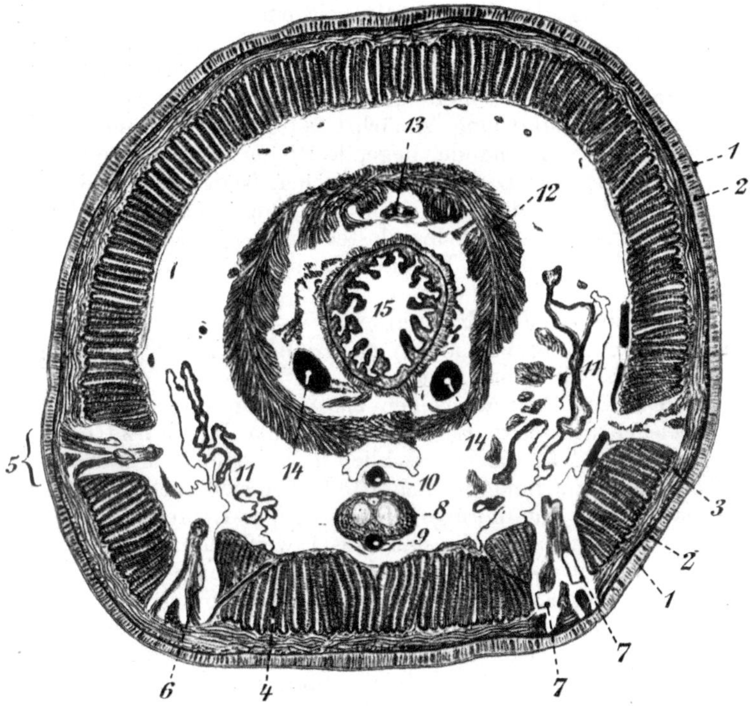

Fig. 91. Lumbricus spec. Vorderende. Querschnitt.

1. Cuticula. — 2. Epidermis. — 3. Ringmuskelschicht. — 4. Längsmuskelschicht. — 5. Lage eines Borstenpaares. — 6. Borstenmuskulatur. — 7. Teile von Borsten. — 8. Bauchmark. — 9., 10. Bauchgefäße. — 11. Nephridium. — 12. Schlundmuskulatur. — 13., 14. Gefäße. — 15. Höhlung des Darmes.

Kot im Darme durch Fließpapier. Da das Papier im Paraffin häufig hart wird und sich beim Schneiden störend bemerkbar macht, kann man es mit Vorteil durch Kaffeegrund ersetzen (Vogt und Yung).

Man fixiert die zuvor mit Chloroform betäubten Würmer in heißem Sublimatalkohol (2 Teile konzentrierte wässerige Sublimatlösung, 1 Teil Alkohol) 10—15 Minuten, wäscht sie dann in Wasser kurze Zeit aus und behandelt sie wie alles Sublimatmaterial mit Jodalkohol nach. Vor der Einbettung kann man Stückfärbung in Boraxkarmin vornehmen, aber auch ungefärbt in Paraffin einschließen und die Schnitte nachträglich auf dem Objektträger nach verschiedenen Methoden färben. Hat man Stückfärbung in Boraxkarmin angewendet, so kann man die Schnitte auf dem Objektträger mit Bleu de Lyon nachfärben, doch muß dann die Karminfärbung sehr intensiv sein. Sehr schöne Übersichtsbilder gibt die Färbung mit Hämatoxylin-van Gieson, mit Hämatoxylin-Eosin oder mit Boraxkarmin-Indigkarmin nach Merkel. Zur Darstellung des Chloragogengewebes färbt man mit einer konzentrierten wässerigen Lösung von Toluidinblau mit etwas Phenolzusatz wenige Minuten bis $1/4$ Stunde. (Ausprobieren, da sich das Material verschieden verhält!) Die Chloragogenkörner färben sich im allgemeinen blau, nur die am Eingang der Typhlosolis gelegenen Chloragogenzellen färben sich nicht mit. Die ventral in der Typhlosolis gelegenen Körner färben sich grün, die Muskeln rötlich, die Dissepimentreste blauviolett.

Wir betrachten einen Schnitt (Fig. 91) (van Gieson- oder Hämatoxylin-Eosinfärbung) zunächst bei ganz schwacher Vergrößerung. Man bemerkt zwei ineinander liegende Ringe. Der äußere ist die Leibeswand, der innere die Darmwand; zwischen beiden liegt die Leibeshöhle. In derselben finden wir je nach dem Ursprung des Schnittes Dissepimentreste, Reste von Nephridien, losgelöstes Chloragogengewebe, an der Bauchseite das Bauchgefäß und Bauchmark, an der Rückenseite das Rückengefäß.

Wir richten jetzt eine stärkere Vergrößerung auf die Leibeswand und erkennen daran von außen nach innen folgende Schichten:

1. Die strukturlose Cuticula.

2. Die aus Pallisadenzellen zusammengesetzte Epidermis.

Gelegentlich sind Epidermiszellen als Drüsenzellen (Schleimzellen) ausgebildet, welche reichlich mit Schleimkörnern erfüllt sind. Bei Toluidinblaufärbung der Schnitte färben sich auch die Schleimkörner blau bis rötlich. Das körnige Plasma einiger Epidermiszellen färbt sich mit Toluidinblau grün. Es sind dies Eiweißdrüsenzellen von noch unbekannter Bedeutung. In jedem Segmente kommen ferner reihenförmig angeordnete Sinneszellen vor, so daß man zufällig eine große Anzahl derselben ins Präparat bekommen kann. Auf manchen Ringen liegen bis zu 60 Sinnesknospen, deren jede aus vielen Sinneszellen besteht. Über der Knospe ist die Cuticula dünn und vorgewölbt, von feinen Poren durchbrochen, durch welche kurze Sinnesborsten nach außen ragen. Jede Sinnesborste führt in eine Sinneszelle.

3. Die Ringmuskelschicht.

4. Die Längsmuskelschicht. Diese ist in mehrere Längsfelder geteilt, welche durch die vier Borstenreihen und durch die Rückenlinie bestimmt werden. Die ganze Längsmuskulatur ist in sog. Muskelkästchen gesondert, d. h. durch bindegewebige Scheidewände in radial angeordnete Partien geteilt. Die Muskelfasern sind fiederartig an den Scheidewänden angeordnet. Die beträchtlichen Lücken innerhalb der Kästchen auf den meisten Präparaten sind durch die Fixierung hervorgerufene Schrumpfungserscheinungen.

5. Das somatische Peritoneum.

Auf manchen Schnitten können wir auch die Insertion der Borsten beobachten. Man bemerkt an einer solchen Stelle eine Einsenkung der Epidermis, in welcher die Borste steckt. Nach dem unteren Ende derselben sieht man Muskelzüge laufen, die Vorstrecker, welche von der Epidermis herkommen, und die Zurückzieher, welche von innen her kommen.

Nun richten wir die starke Vergrößerung auf die Darmwandung. Ist der Schnitt hinter dem 18. Segmente geführt, so bemerken wir die Typhlosolis und finden an der Darmwandung von außen nach innen folgende Schichten:

1. Das splanchnische Peritoneum aus Chloragogengewebe bestehend.

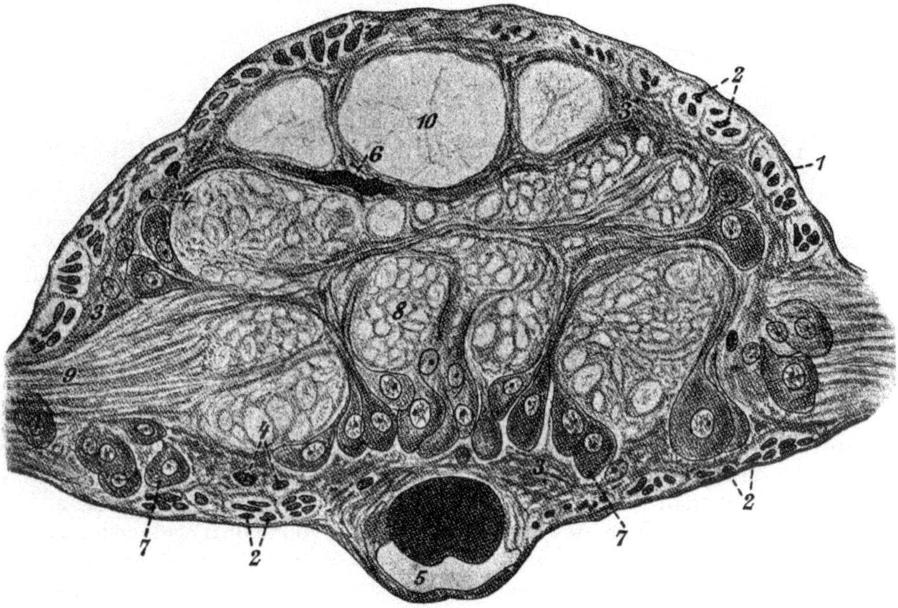

Fig. 92. Obj. VI. (Alaunkarmin). Querschnitt eines Ganglions von Lumbricus terrestris.

1. Perineurium. — 2. Muskelfasern. — 3. Hüllgewebe. — 4. Kerne des Hüllgewebes. — 5. Subneurales Blutgefäß. — 6. Kapillare. — 7. Ganglienzellen. — 8. Nervenbündel quer. — 9. Seitliche Nervenfasern. — 10. Mittlere Kolossalfaser.

2. Die Muskelschicht, welche aus einer äußeren, sehr dünnen Längsmuskelschicht und einer stärkeren, inneren Ringmuskelschicht besteht.

3. Die innere Epithelschicht, aus Zylinderzellen bestehend, welche nach innen eine feine Cuticula ausscheiden.

Jetzt betrachten wir das Bauchmark bei starker Vergrößerung (Fig. 92). Wir sehen nach dem Darm zu das große Bauchgefäß, nach der Körperwandung zu ein etwas engeres Gefäß (Subneuralgefäß). Innerhalb des Bauchmarkes selbst bemerken wir eine deutliche Zweiteilung. Es sind dies die beiden Nervenfaserstränge, welche mit den Ganglienknoten die bekannte Strickleiter bilden. Die drei kreisförmigen

Gebilde, welche darmwärts im Bauchmark zu sehen sind, sind einzelne größere Nervenfasern, die sog. mittlere Kolossalfaser oder Neurochord mit ihren beiden Lateralen. Hat man zufällig einen Ganglienknoten im Schnitt, so ist die Zweiteilung in die beiden Strickleiterstränge natürlich nur undeutlich zu sehen. Das ganze Mark ist von einem lockeren Hüllgewebe umgeben. Innerhalb der beiden Strickleiterstränge erhält man häufig schöne Bilder von Nervenzellen.

Von Nephridien finden wir stets nur Teile auf den Schnitten. Sie stellen sich als geknäuelte Kanäle dar.

2. Kapitel.

Marine Anneliden.

I. **Arenicola piscatorum** (Helgoland) oder **Arenicola Claparèdii** (Neapel).

a) Borstenpräparate. Bei Arenicola kommen zwei Arten von Borsten vor, jederseits nach dem Rücken zu ein oberes Büschel von längeren Borsten, die schon mit bloßem Auge zu erkennen sind, und jederseits nach dem Bauche zu eine Reihe kurzer, hakenförmiger Borsten.

Wir präparieren die Borsten am besten zusammen mit der Körperhaut. Das Tier wird durch Querschnitte in etwa 1—1,5 cm lange Stücke geteilt und die Teile der vorderen, kiemenlosen Zone längs der Rückenlinie aufgeschnitten; der Darmkanal und sonstige Inhalt wird vorsichtig herausgeschabt und die Haut in absolutem Alkohol entwässert, in Xylol aufgehellt und mit der Außenseite nach oben in Balsam eingelegt. Man sieht die Pigmentfelder der Hypodermis, die Trennungslinien der Ringe, die hellere Mittellinie des Bauches, zunächst derselben jederseits eine Reihe von 18 kurzen Hakenborsten, weiter außen jederseits das durch deutlich wahrnehmbare Muskelzüge gehaltene Büschel längerer Borsten.

b) Kiemenpräparate. Jetzt machen wir dasselbe Präparat aus der Gegend des Leibes, welche Kiemen trägt (7.—19. Leibesring). Die vielfach verästelten, büschelförmigen Kiemen liegen unmittelbar neben den dorsalen Borstenbündeln.

Ein weiteres Präparat wird von einem losgelösten Kiemenbüschel hergestellt, und zwar eignet sich hierzu am besten eines der mittleren. Man sieht, daß der Kiemenstamm sich unmittelbar über der Körperoberfläche in 8—12 Äste teilt, welche sich bald weiter mehrfach aufspalten. Jeder Kiemenzweig trägt ringförmige Anschwellungen.

Feinere Einzelheiten an den Kiemen lassen sich nur an Mikrotomschnitten studieren. Wollen wir die Einbettung mit in Alkohol gelieferten Würmern vornehmen, so müssen wir die Tiere erst in kürzere Stücke schneiden und durch vorsichtigen Druck den im Darm befindlichen Sand entfernen. Erst dann kann man zur Nachhärtung und Einbettung schreiten. Wir legen ein Kopfende und ein Stück der Kiemenregion ein.

Die Schnitte durch die Kiemenregion zeigen uns den feineren Bau der Kiemen. Wir sehen, daß diese sehr stark entwickelte Hautpapillen sind, denn ihre Wandung wird von einer Cuticula und der darunterliegenden Hypodermisschicht gebildet.

Einige Kiemenäste sind im Querschnitt getroffen. An diesen bemerkt man die beiden, in einem mit Muskelfasern durchsetzten Bindegewebe liegenden Blutgefäße, welche in jedes Ästchen hineinragen.

Anbei sehen wir uns an diesen Schnitten wieder die Ring- und Längsmuskulatur des Annelidenkörpers an. Das Bauchmark, die Hauptblutgefäße und der Darmkanal sind ähnlich orientiert wie beim Regenwurm. Auffallend ist die jederseits von der Bauchlinie schräg nach oben und außen ziehende, schiefe Muskellamelle, durch welche die Körperhöhle, wenigstens in der mittleren Zone, in eine Rückenkammer und zwei seitliche Kammern geteilt wird.

Die Färbung der Schnitte aus der Kiemenregion geschieht nach der Hämatoxylin-van Gieson methode.

c) Gehörorgan. Die Präparation der bei Arenicola vorkommenden Otholithen zu beiden Seiten des Schlundringes gelingt mit Sicherheit auch nur an Material, das in Paraffin eingebettet ist.

Die Schnitte durch die Kopfregion zeigen uns zuerst den eingestülpten Rüssel innerhalb der Leibeswand. Wenige Millimeter von der Spitze des eingebetteten Wurmes entfernt stoßen wir dann an den Innenseiten der Körperwandung auf die durch besondere Muskelbänder festgehaltenen Gehörorgane, welche aus einer Schicht von Zellen bestehen und im Inneren Kalkkörnchen, Otholithen, enthalten. Die Schnitte seien 15—20 μ dick. Sie werden mit Alaunkarmin gefärbt.

II. Nereis pelagica (Helgoland).

Wir benutzen die geschlechtsreife Form mit ausgebildeten Analzirren. Die zu präparierenden Teile werden mit der Schere von den Tieren losgelöst, in absolutem Alkohol entwässert und über Xylol in Kanadabalsam eingeschlossen.

a) Parapodienpräparat. Wir schneiden einige der Scheinfüße, welche jederseits in einer Längsreihe angeordnet sind, ab und stellen ein Balsampräparat her. Das Parapodium besteht aus einem rückenständigen und einem bauchständigen Ast. Jeder Ast ist wiederum zweiteilig. Der eine Teil des rückenständigen Astes trägt einen Rückenzirrus, zwischen den beiden Teilen dieses Astes entspringt ein einfaches Borstenbüschel. Der eine Zweig des bauchständigen Astes trägt ein zweiteiliges Borstenbüschel, der andere einen Zirrus.

b) Analzirren. Das letzte Körpersegment der geschlechtsreifen Form trägt zwei lange Analzirren. Man präpariere die letzten Leibesringe im Zusammenhang.

c) Totalpräparat des Kopfes. Diese ziemlich dicken Präparate müssen sehr vorsichtig behandelt werden, da sie durch Druck auf das Deckglas leiden. Man stelle ein Präparat mit der Oberseite des Kopfes nach oben und ein solches mit der Unterseite nach oben her.

Auf der Oberseite wird der Kopf von dem trapezförmigen Kopflappen bedeckt, welcher zwei Cerebralzirren trägt. Darunter bemerkt man jederseits zwei kolbenförmige Palpen mit einem distalen Knopfe (Gliederung!). Der Kopf trägt jederseits vier Fühlerzirren, welche an dem besonders breiten, zweiten Segment angewachsen sind. Auf dem hinteren Teile des Kopflappens bemerkt man vier schwarze Ocellen, welche in den Ecken eines Trapezes angeordnet sind.

Auf der Unterseite des Kopfes (2. Präparat) sieht man den Rüssel, der mit kurzen, kantigen Hornzähnen besetzt ist, und in der Mundöffnung zwei mächtige Chitinkiefer mit gezähntem Innenrande.

d) Statt des Totalpräparates vom Kopfe können wir auch ein besonderes Präparat der Kiefer herstellen. Wir ziehen den Rüssel mit der Pinzette heraus, schneiden den die Kiefer enthaltenden Teil ab und breiten die entwässerten und in Xylol aufgehellten Kiefer auf einem Objektträger aus. Einbettung in Kanadabalsam.

3. Kapitel.

Hirudo medicinalis. Der Blutegel.

I. Beobachtungen am lebenden Tiere.

Der medizinische Blutegel ist in den meisten Apotheken erhältlich.

Am lebenden Tiere beobachten wir seine Art, sich fortzubewegen. Während es beim Kriechen auf dem Sande seine beiden Saugnäpfe abwechselnd aufsetzt und nach Art der Spannerraupen weiterkriecht, führt es im Wasser elegante, schlängelnde Schwimmbewegungen aus, bei denen sich die Form seines Körpers wesentlich ändern kann.

Zur Demonstration des Saugens kann sich der Leiter das Tier auf kurze Zeit an den Unterarm setzen, wobei jedoch die unmittelbare Nähe eines größeren (durchscheinenden) Gefäßes zu vermeiden ist. Auf Zusatz von etwas Kochsalz läßt der Egel sofort los. Die Wunde, welche noch schwach nachblutet, zeigt die Form eines dreistrahligen Sternes. Sie wird mit Alkohol gereinigt und verpflastert; die Heilung erfolgt außerordentlich schnell.

II. Makroskopische Präparation.

Zur makroskopischen Präparation wird empfohlen, die Tiere auf einige Zeit an Frösche zu setzen, damit der Darm bei der Sektion gefüllt ist. Die Tötung geschieht wie beim Regenwurm in Chloroformwasser (auch durch Chloroform ohne Wasser) oder durch 10%igen Alkohol.

Bei der äußeren Inspektion des Tieres fallen uns zunächst die beiden Saugnäpfe auf: der kleinere, vordere, welcher in seinem Trichter die dreistrahlige Mundöffnung enthält, und der größere, der am hinteren Ende der Bauchseite sitzt. Über ihm auf der Rückenseite findet man die Afteröffnung. Von den äußerlich deutlich sichtbaren Körperringen kommen im allgemeinen fünf auf ein inneres Segment. Auf der hellen Bauchseite bemerken wir bei Lupenvergrößerung zwei kleine, mediane Papillen, deren jede eine Geschlechtsöffnung trägt. Die vordere, männliche liegt ungefähr ein Drittel der Körperlänge vom Kopfende entfernt, die weibliche dicht dahinter. Die paarigen Nierenöffnungen finden wir jederseits auf jedem 5. äußeren Ringe, d. h. jedes innere Segment enthält ein Paar Segmentalorgane. An bestimmten äußeren Ringeln (ebenfalls an jedem 5.) sieht man mit der Lupe ringsherum kleine Sinnespapillen. In günstigen Fällen kann man auch wenigstens einige von den 10 Augen sehen, von denen 6 auf dem dorsalen Rande des vorderen Saugnapfes, die 4 anderen ziemlich unmittelbar dahinter liegen.

Die Sektion (Fig. 93 und 94) geschieht im Wachsbecken unter Wasser. Das Tier wird mit der dunklen Rückenseite nach oben in möglichst ausgestrecktem, doch nicht gezerrtem Zustande durch zwei Nadeln befestigt.

Man öffnet den Wurm neben der Mittellinie des Rückens mit einer feinen Schere, wobei man sich zu hüten hat, die dorsale Darmwandung mit anzuschneiden, welche durch Bindegewebe mit der Leibeswandung verbunden ist. Das Austreten des aus genossenem Blut bestehenden Darminhaltes zeigt die kleinste Verletzung an. Mit Schere und Pinzette präpariert man dann die Leibeswandung nach beiden Seiten frei und befestigt sie durch Nadeln.

Wir betrachten erst den Darm und seine Teile. Hinter der Kiefermuskulatur sehen wir das obere Schlundganglion dem Pharynx aufliegen. Der letztere kann durch mächtige Muskeln bewegt werden. Der darauffolgende Magendarm zeichnet sich durch 10 Paar nach hinten bedeutend an Größe zunehmende, seitliche Blindsäcke aus, welche sich beim Saugen vollständig mit Blut füllen. Das 10. Paar reicht beinahe bis ans hintere Ende des Körpers. Zwischen diesen beiden letzten Blindsäcken erblicken wir den Dünndarm, von dem der letzte Abschnitt (Afterdarm) als muskulöser Teil noch besonders abgesetzt ist. Zwischen den Blindsäcken sehen wir auch hier schon an einigen Stellen Segmentalorgane hervorlugen. Auf der Rückenseite des Darmes läuft das große Rückengefäß entlang.

Wir schneiden nun den Darmtraktus hinter dem Schlundganglion durch und präparieren den Darm mit seinen Blindsäcken von hinten her ab, indem wir das ziemlich feste Bindegewebe, welches ihn an der unteren Leibeswand befestigt, mit einer feinen Schere durchtrennen. Sofort fallen uns drei parallel von vorn nach hinten laufende Blutgefäße auf: das mittlere Bauchgefäß, welches in sich das Bauchmark einschließt, und die beiden Seitengefäße. Das Bauchmark mit seinen Ganglienknoten ist durch die Wandung des Blutgefäßes hindurch zu erkennen.

Von Geschlechtsorganen bemerken wir in der mittleren Körperregion 9 Paar Hoden; von jedem derselben geht ein kurzes Vas efferens nach außen zu den beiden der Länge nach verlaufenden Vasa deferentia. Diese knäueln sich an ihrem vorderen Ende zu den sog. Nebenhoden (Samenblasen) auf und bilden je einen Ductus ejaculatorius, welcher in den unpaaren Zirrus einmündet, der in die äußerlich sichtbare, männliche Genitalpapille führt. An der Mündungsstelle sieht man eine keulenförmige Prostata. Der Zirrus wird als langer Faden bei der Begattung vorgeschnellt. Hinter den Nebenhoden bemerken wir jederseits ein Ovarium, von dem je ein kurzer Eileiter in die unpaare Vagina führt, die sich in der weiblichen Genitalpapille nach außen öffnet.

An den Segmentalorganen erkennen wir das knäuelig gewundene Nephridium, eine Harnblase und einen kurzen Ausführungsgang.

Zum Schlusse präparieren wir die Kiefer des Blutegels. Der Kopfteil wird mit verdünnter Kalilauge einige Male aufgekocht, weiter wie ein Chitinpräparat behandelt und bei schwacher Vergrößerung betrachtet. Man erkennt die Kiefer als kleine Platten mit kreisförmiger Kante, an der die spitzen Sägezähnchen auffallen.

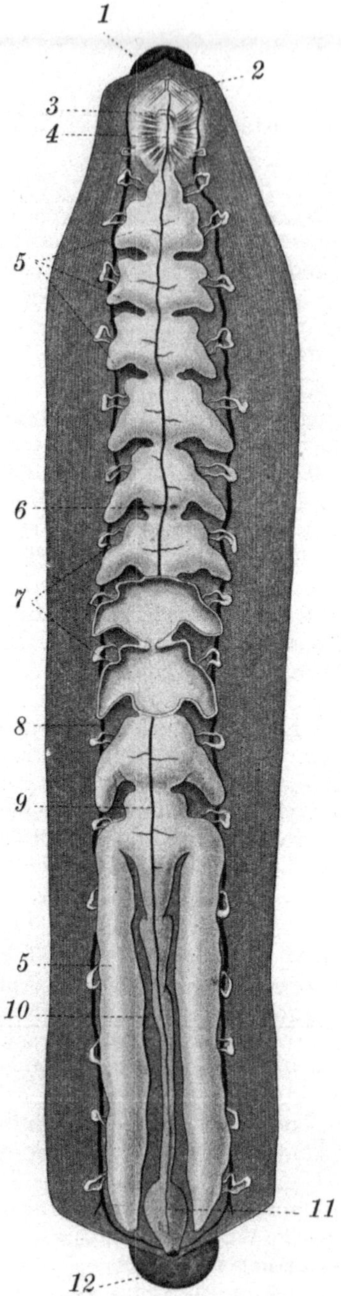

Fig. 93. Hirudo medicinalis. Vom Rücken geöffnet. Hauptgefäße und Darmkanal. Zwei Paare Magentaschen geöffnet. (Nach Hatschek und Cori).

1. Mundsaugnapf. — 2. Kiefermuskeln. — 3. Oberschlundganglion. — 4. Pharynx. — 5. Blinddärme. — 6. Magendarm. — 7. Segmentalorgan. — 8. Seitengefäß. — 9. Rückengefäß. — 10. Darm. — 11. Afterdarm. — 12. Bauchsaugnapf.

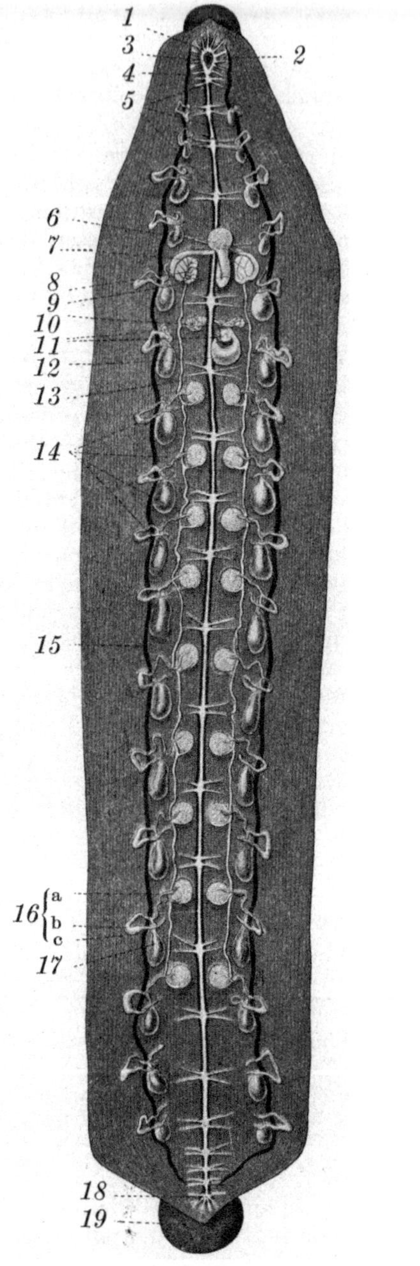

Fig. 94. Hirudo medicinalis. Situs, Darm entfernt. (Nach Hatschek und Cori).

1. Oberschlundganglion. — 2. Mund. — 3. Schlundkommissur. — 4. Unterschlundganglion. — 5. Bauchganglienkette und Blutsinus. — 6. Prostata. — 7. Ductus ejaculatorius. — 8. Nebenhoden. — 9. Cirrus. — 10. Ovarium. — 11. Ovidukt. — 12. Vagina. — 13. Vas deferens. — 14. 1.—9. Hoden. — 15. Seitengefäß. — 16. Segmentalorgan (a. Anfangs-, b. Schleifen-, c. Endstück). — 17. Harnblase. — 18. Saugnapfganglion. — 19. Bauchsaugnapf.

III. Histologische Bearbeitung.

Für die histologische Verarbeitung fixiert man die durch Chloroform betäubten Egel mit Sublimatalkohol und bettet sie in Paraffin ein. Man kann entweder vorher Stückfärbung mit Boraxkarmin anwenden oder die Schnitte auf dem Objektträger nach einer der folgenden Methoden färben: Hämatoxylin-van Gieson, Hämatoxylin-Eosin, Ehrlich-Biondi-Heidenhain, Oppel, Merkel und Toluidinblau. Die Schnitte werden am besten durch die Region der Kiefer und durch die Region der Blindsäcke geführt. Ein Kieferschnitt ist durch beistehende Fig. 95 erläutert.

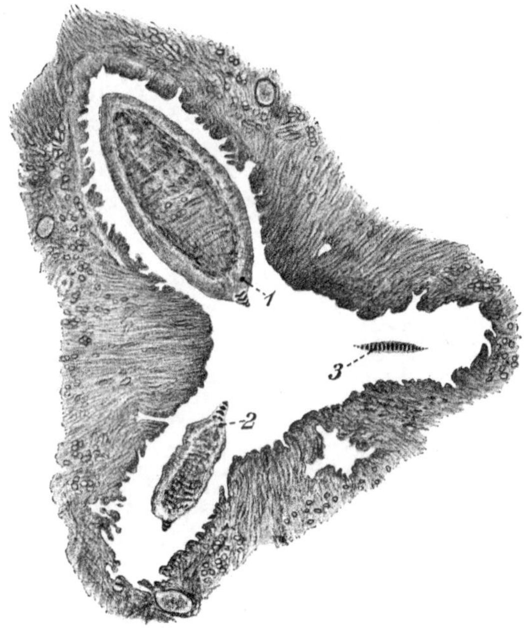

Fig. 95. Hirudo medicinalis. Querschnitt durch den Vorderabschnitt des Schlundes. Die drei Kiefer sind in verschiedener Höhe getroffen, 1. nahe der Basis, 2. nahe dem Vorderende; von 3 ist nur die Zahnleiste abgeschnitten.

Wir betrachten einen Querschnitt (Fig. 96) zur Übersicht bei schwacher Vergrößerung. An der Leibeswand können wir von außen nach innen folgende Schichten unterscheiden:

1. die strukturlose Cuticula,
2. die Epidermis, eine Schicht von Zylinderepithel mit Drüsenzellen dazwischen (Toluidinblaufärbung, siehe Regenwurm),
3. eine Pigment- und Gefäßschicht,
4. eine schmale Ringmuskelschicht,
5. eine sehr mächtig entwickelte Längsmuskelschicht.

Außerdem sieht man vereinzelte Muskelstränge schräg vom Rücken zum Bauche verlaufen; diese gehören der sog. Dorsoventralmuskulatur an.

Die Hohlräume der Leibeshöhle sind zum größten Teile mit einem schwammigen Parenchym ausgefüllt. Die peripherischen Zellen dieses Parenchyms heben sich bei Färbung mit Toluidinblau besonders hervor. Sie zeigen damit ihre Verwandtschaft mit dem Chloragogengewebe des Regenwurmes und werden als Bothryoidzellen bezeichnet. Diese Zellen bilden die Bedeckung sehr kleiner, geknäuelter Gefäße, der Bothryoidgefäße, welche mit dem Blutgefäßsystem in Verbindung stehen.

In der Mitte des Präparates bemerken wir den Magendarm und zu beiden Seiten desselben die Schnitte durch die beiden Blindsäcke. Das Epithel des Darmes fällt durch seine starke Faltung auf.

Von Schnitten durch Blutgefäße bemerken wir die beiden mächtigen Seitengefäße, das Rückengefäß und das Bauchgefäß, in welchem das Bauchmark liegt.

Außerdem sehen wir zu beiden Seiten des Bauchgefäßes die Hoden, die Vasa deferentia und Teile der Nephridien und ihrer Harnblasen.

Die starke Vergrößerung richten wir auf die Bothryoidzellen an Toluidinblaupräparaten, um die Ähnlichkeit mit den Chloragogenzellen zu erweisen, auf die Hodenschnitte, in denen wir die Samenzellen erkennen können, und auf das Bauchmark, in dem sich die beiden deut-

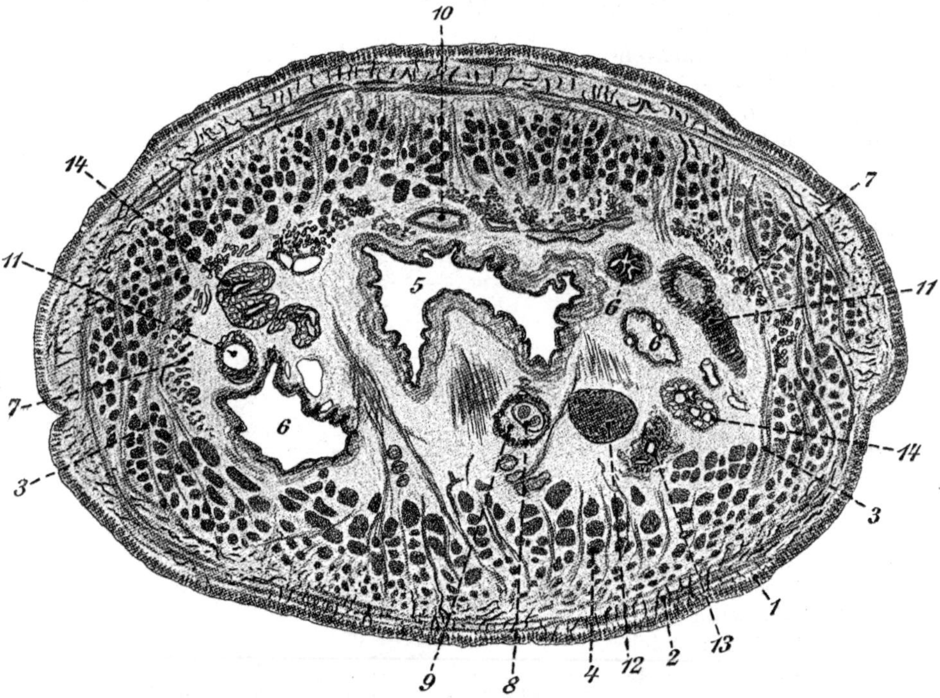

Fig. 96. Hirudo spec. Querschnitt (nicht ganz senkrecht zur Längsachse verlaufend, Organe z. T. etwas verschoben).

1. Epidermis. — 2. Ringmuskulatur. — 3. Dorsoventrale Muskulatur. — 4. Längsmuskulatur. — 5. Mitteldarm. — 6. Darmventrikel. — 7. Bothryoide Gefäße. — 8. Bauchmark. — 9. Bauchgefäß. — 10. Rückengefäß. — 11. Seitengefäß. — 12. Hoden. — 13. Gang zum Vas deferens. — 14. Teile des Nephridiums.

lich geschiedenen Nervenstränge der Strickleiter und zwischen ihnen der dünnere intermediäre Nerv unterscheiden lassen.

4. Kapitel.

Ascaris megalocephala. Der Pferdespulwurm.

Da es im allgemeinen schwierig sein wird, eine genügende Anzahl von Exemplaren des Pferdespulwurms zu erhalten, um eine Präparation im Wachsbecken vornehmen zu lassen, so begnügen wir uns mit der Betrachtung von Querschnitten durch das fixierte und eingebettete Material. Der Wurm wird in 3—4 cm langen Stücken nach einer Sublimatmethode fixiert und in Paraffin eingebettet. Die Färbung der Schnitte auf dem Objektträger geschieht nach den Methoden: Hämatoxylin-

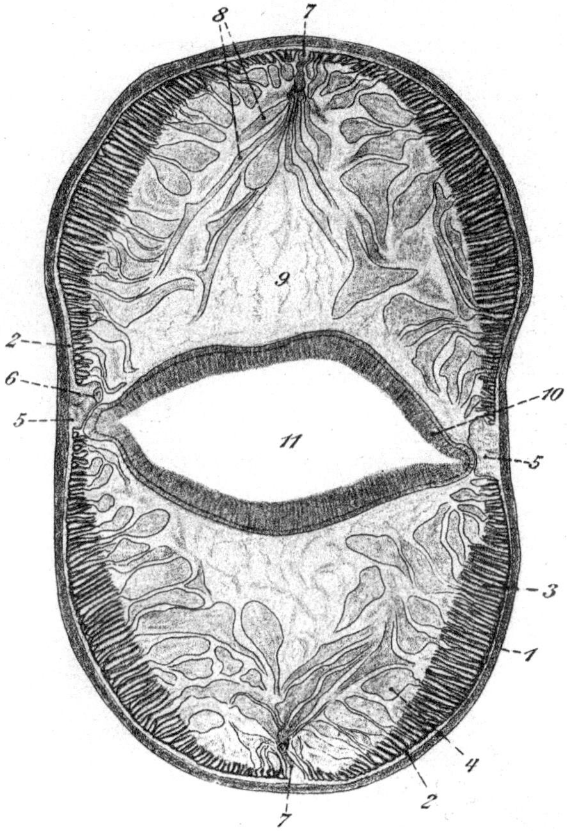

Fig. 97. Ascaris megalocephala. Querschnitt durch den vorderen Abschnitt des Körpers.

1. Cuticula. — 2. Epidermis. — 3. Muskelfaserschicht. — 4. Muskelzelle. — 5. Lateralwulst. — 6. Nierenkanal. — 7. Medialwulst. — 8. Zweige eines büschelförmigen Körpers. — 9. Bindegewebe. — 10. Darmepithel. — 11. Darmlumen.

van Gieson, Hämatoxylin-Eosin oder Boraxkarmin-Indigkarmin. Man kann auch Stückfärbung in Boraxkarmin mit nachfolgender Schnittfärbung in Bleu de Lyon anwenden.

Wir betrachten zwei Querschnitte, einen durch die vordere Körperregion, in welcher nur der Verdauungskanal in der Leibeshöhle verläuft, und einen aus dem hinteren Teile des Körpers, welcher auch die Geschlechtsorgane getroffen hat.

a) Schnitt durch die vordere Körperregion (Fig. 97, sowie Fig. 98, 99, 100). Die Körperdecke zeigt uns die bei der Giesonfärbung lebhaft rote, dicke Epidermis, an der wir eine stark entwickelte Cuticula wahrnehmen, die fünf verschiedene, konzentrische Lagen aufweist. Unter der Cuticula liegt eine dünne Epithelschicht, welche zu beiden Seiten (rechts und links), sowie in der Rücken- und Bauchlinie stark nach innen vorspringt, also vier Längswülste bildet. Der Rücken- und Bauchwulst sind bedeutend kleiner als die stark entwickelten Seitenwülste und umschließen einen Nervenstrang. In den Seitenwülsten bemerken wir deutlich je einen Nierenkanal.

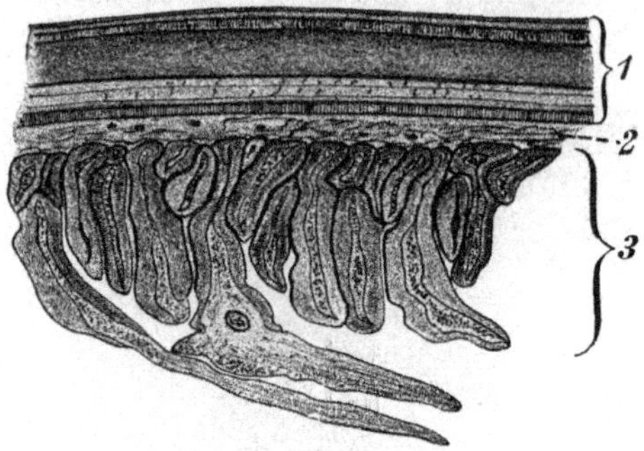

Fig. 98. Obj. IV. Ascaris megalocephala. Epidermis und Muskelschlauch quer.
1. Cuticula (Einzelheiten s. Fig. 100). — 2. Epidermis-Zellen. — 3. Muskelzellen.

Nach innen setzt sich an die Epidermis eine stark entwickelte Längsmuskelschicht an. Die großen Zellen ragen weit in das Innere der Leibeshöhle vor und sitzen auf

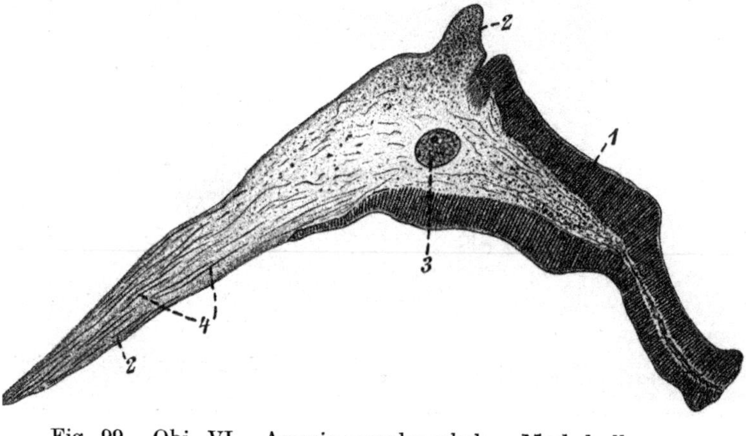

Fig. 99. Obj. VI. Ascaris megalocephala. Muskelzelle quer.
1. Kontraktile Substanz. — 2. sog. nervöse Fortsätze. — 3. Kern. — 4. Fibrillen.

einem viel dünneren Stiel, der nur an seinen Rändern mit Muskelfibrillen besetzt ist.

An manchen Schnitten sehen wir zwischen Darm und Seitenwülsten die Anschnitte eigentümlicher Zellen mit büschelförmigen Fortsätzen und sehr großen Kernen, der sog. büschelförmigen Körper (phagocytäre Organe).

Im Inneren liegt der Darmkanal, der aus einer Schicht hoher Zylinderzellen (Fig. 101) besteht, deren Kern im peripherischen Teil gelegen ist. Außen und innen wird sie von einer dünnen Cuticula begrenzt.

b) In dem Schnitt durch die Geschlechtsregion (Fig. 102) (Weibchen) bemerken wir dieselben Teile wie im vorigen Schnitte, nur daß die Leibeshöhle erfüllt ist von den Querschnitten des in vielfachen Längswindungen in derselben liegenden Eierstockes (nebst Eileiter und Uterus). Wir können hier alle Stadien der Eizellenbildung schön verfolgen. Die Cuticula des Genitalschlauches ist innen mit weit ins Innere ragenden Zotten bedeckt.

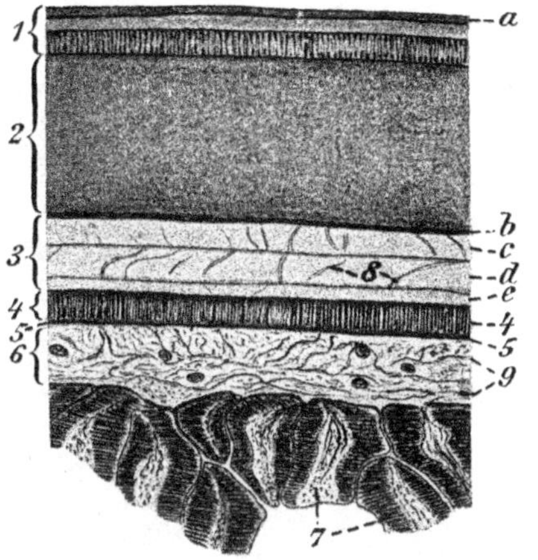

Fig. 100. Obj. VI. Ascaris megalocephala. Epidermis quer.

1. Rindenlage. — a. äußere Bänderschicht. — 2. homogene Lage. — 3. Faserlage. — b. innere Bänderschicht. — c. äußere Faserlage. — d. mittlere Faserlage. — e. innere Faserlage. — 4. Innenlage. — 5. Grenzmembran. — 6. Epidermiszellen. — 7. Muskelzellen. — 8. Saftkanälchen. — 9. Stützfibrillen.

An ausgewachsenen Weibchen sind die großen Bäuche der Zellen des Längsmuskelschlauches stark reduziert.

Bei starker Vergrößerung lassen sich an den größeren Eiern gute Kernteilungsbilder studieren. Zwischen den einzelnen Eiern sieht man zahlreiche Spermatozoen, die hier eine von denen der meisten Tiere abweichende, kegelförmige Gestalt besitzen (Fig. 103). In dem Kegel, der sog. fettglänzenden Substanz, finden sich merkwürdigerweise Dotterelemente eingelagert. Der Kern liegt an der Basis des Kegels, mit der sich dieser an das Ei setzt. Das Spermatozoon schiebt dann kleine Fortsätze der Basis vor, die amöboide Bewegungen auszuführen imstande sind, und dringt schließlich in das Innere des Eies ein (Fig. 104 : 1). Hier vereinigt sich der Kern der Samenzelle mit dem der Eizelle zum Keim- oder Furchungskern. Um das Ei wird währenddessen eine feste Membran gebildet. Der ursprünglich einfache Kern der Eizelle hat nach dem Eindringen des Samenkörpers in das Ei, aber vor der Vereinigung mit dem Kern des Spermatozoons tiefgreifende Verände-

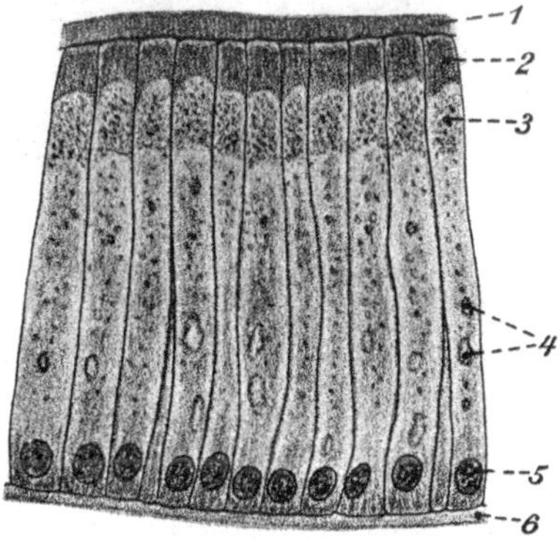

Fig. 101. Obj. VIII. Ascaris megalocephala. Stück eines Darmquerschnittes.

1. Stäbchensaum. — 2. nutritorische Zone. — 3. Körnerzone. — 4. Nährkörner. — 5. Kern. — 6. Grenzlamelle.

rungen erfahren: er hat den Reifungsprozeß durchgemacht, der in zwei aufeinanderfolgenden Kernteilungen besteht. In Fig. 104 ist die erste Kernteilung vorbereitet, in Fig. 105 ist sie vollendet. Nur eine Tochterzelle erhält den im Plasma der Eizelle aufge-

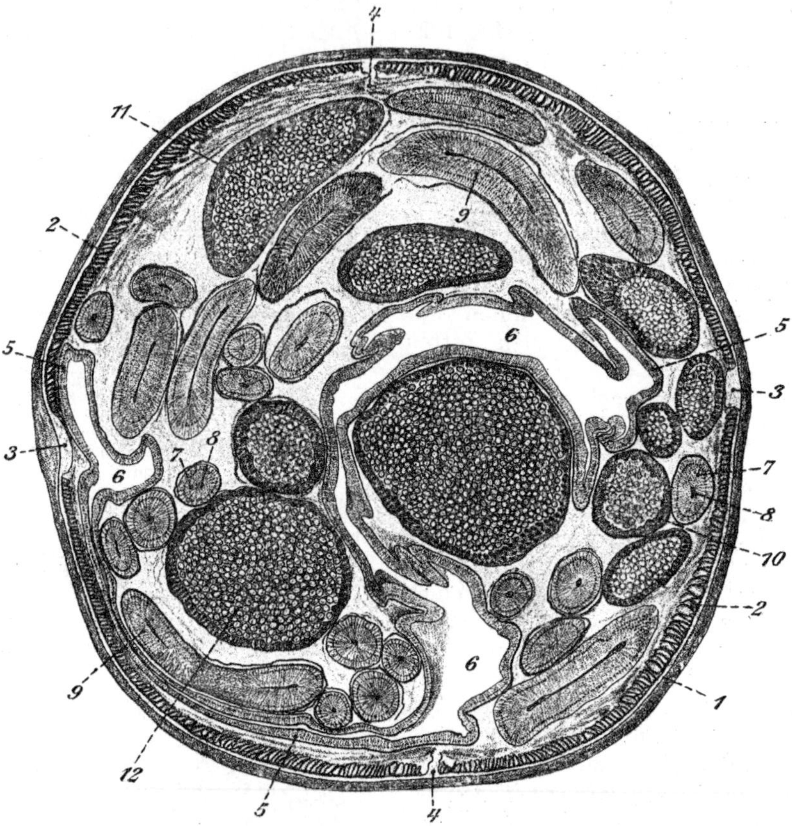

Fig. 102. Ascaris megalocephala. Querschnitt durch die Mitte des Körpers.

1. Cuticula. — 2. Muskelschicht. — 3. Lateralwülste. — 4. Medialwülste. — 5. Darmepithel. — 6. Lumen des Darmes. — 7. Eileiter quer getroffen. — 8. Lumen desselben. — 9. Eileiter-Windung längs getroffen. — 10. Eileiter mit schalenlosen Eiern, mit peripherisch gelagerten Spermatozoiden. — 11. Eileiter mit befruchteten Eiern. — 12. Uterus erfüllt mit Eiern, die bereits mit Schalen versehen sind.

speicherten Vorrat an Reservestoffen, die andere wird als Polzelle oder Richtungskörperchen ausgestoßen (Fig. 105 : 2). Auf die von der normalen Zellteilung abweichenden Verhältnisse im weiteren Verlaufe des Teilungsprozesses können wir hier nicht eingehen. Genaueres darüber findet man in jedem Lehrbuch der Zoologie oder Entwickelungsgeschichte.

5. Kapitel.

Weitere Nematoden.

I. Oxyuris vermicularis. Die Kindermade.

Um eine Übersicht über die Organisation der Nematoden zu gewinnen, benutzen wir die Kindermade, die im Kote jüngerer Kinder sehr häufig zu finden ist. Das Material wird in Alkohol fixiert und der Stückfärbung mit Boraxkarmin unterworfen. Man kann auch mit Bleu de Lyon im Schälchen nachfärben. Die Präparate werden in Glyzeringelatine oder Kanadabalsam eingeschlossen und zuerst bei schwacher, dann bei stärkerer Vergrößerung betrachtet.

Man sieht, vom Munde ausgehend, die zweimal blasig aufgetriebene, muskulöse Speiseröhre, die in den glatten Darmkanal übergeht, welcher in den am Hinterende gelegenen After mündet. Bei stärkerer Vergrößerung kann man im Schlundrohr ein System paralleler Querleisten (Chitinfeile) bemerken. In

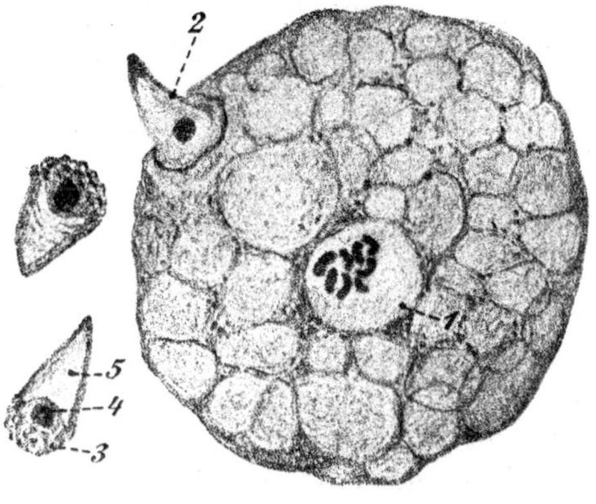

Fig. 103. Imm. Ascaris megalocephala. Ei mit aufsitzendem Spermatozoon. Daneben zwei Spermatozoen.

1. Keimbläschen. — 2. Befruchtendes Spermatozoon. — 3. Basis des Kegels des Spermatozoons. — 4. Kern des Spermatozoons. — 5. Fettglänzende Substanz des Spermatozoons.

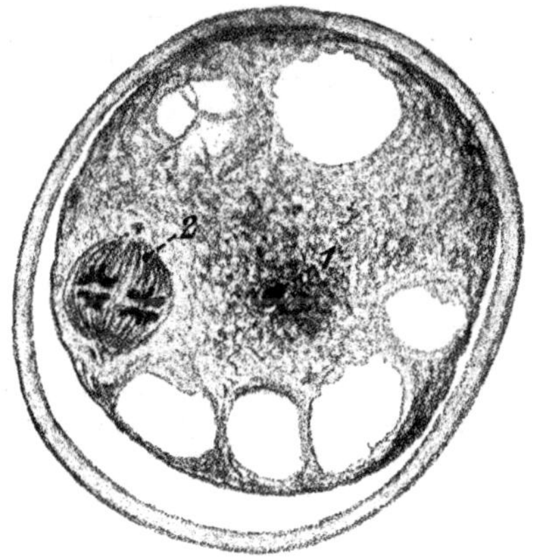

Fig. 104. Imm. Ascaris megalocephala. Befruchtetes Ei. Ansicht der ersten Polspindel und des in den Dotter eingedrungenen Spermatozoons.

1. Spermatozoon. — 2. erste Polspindel.

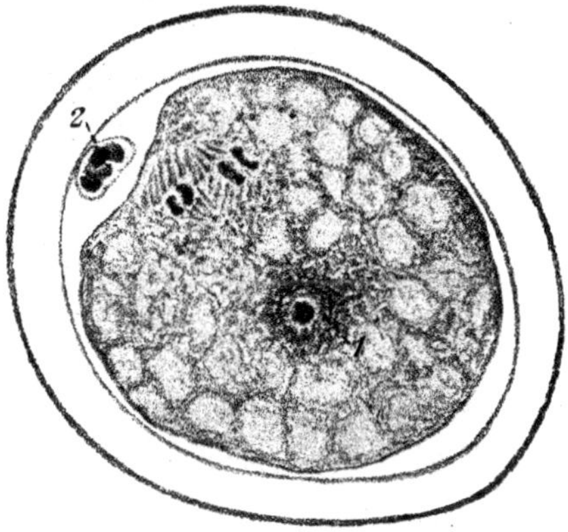

Fig. 105. Imm. Ascaris megalocephala. Befruchtetes Ei nach Ausstoßung des ersten Richtungskörpers.

1. Spermatozoon. — 2. erster Richtungskörper.

der Höhe der Speiseröhre sieht man bei günstiger Lage des Objektes einen Ausführungsgang, die unpaare Nierenöffnung. Die Nierenkanäle laufen als zwei parallele Längsgefäße am Darme entlang bis in die hintere Körperregion.

Der noch freie Teil der Leibeshöhle wird von den Geschlechtsorganen eingenommen. Das Weibchen trägt am Hinterende einen pfriemenartigen Schwanzanhang, die Geschlechtsöffnung befindet sich in der Mitte des Körpers. Beim Männchen bemerken wir in der Nähe der gemeinsamen After- und Geschlechtsöffnung (Kloake) ein nadelförmiges Gebilde (Spiculum), das bei der Begattung eine Rolle spielt.

Ist es nicht möglich, die Kindermade zu erhalten, so kann man sich nach Kükenthal auf folgende Weise Material für Übersichtsbilder der Nematodenorganisation verschaffen: Man tötet Regenwürmer durch Chloroform, spült sie mit Wasser ab und legt sie auf einen Teller mit feuchter Gartenerde. Diesen deckt man mit einer Glocke zu und stellt ihn einige Tage ins Dunkle. Die sich entwickelnden Würmer sind vor allem Diplogaster longicauda und Rhabditis teres.

II. Trichina spiralis. Die Muskeltrichine.

Von Trichina spiralis ist uns nur die Muskeltrichine leicht zugänglich. Man besorgt sich durch Vermittelung einer Schlachthofsdirektion trichinöses Schweinefleisch und konserviert dieses sofort in Alkohol.

Die eingekapselten Trichinen haben eine Größe bis zu 1 mm, sind jedoch meist bedeutend kleiner. Zur Auffindung derselben zerzupfe man Stückchen des Fleisches auf dem Objektträger der Länge nach und betrachte das Material mit einer 40—60fachen Vergrößerung. Gelingt es auf diese Weise nicht, Trichinen zu finden, so fertigt man mit einem Rasiermesser dünne Längsschnitte durch die Muskulatur an und färbt dieselbe mehrere Tage in Boraxkarmin. Es färben sich dann die Kerne der Muskelzellen und die Würmer. Nach Differenzierung mit Salzsäurealkohol werden die Präparate für die Einbettung in Kanadabalsam weiter behandelt. Man sieht die eingerollten Trichinen in der zitronenförmigen Kapsel liegen.

6. Kapitel.

Sagitta spec. Pfeilwurm.

Diese zur Gruppe der Chätognathen gehörenden Würmer beziehen wir in zwei Spezies aus Neapel. Man erhält gewöhnlich Sagitta bipunctata und Sagitta enflata. Das Material wird der Stückfärbung mit Boraxkarmin-Bleu de Lyon unterworfen oder ungefärbt in Glyzerin präpariert. Man hüte sich, mit spitzen Instrumenten an die Tiere zu kommen, da sie leicht verletzt werden, und arbeite nur mit Pinsel und Pinzette.

Wir verschaffen uns zunächst eine Übersicht bei schwacher Vergrößerung. Der langgestreckte Körper trägt vorn einen deutlich abgesetzten Kopf und wird der Länge nach von einem einfachen Darmkanal durchzogen. Der Hinterteil des Rumpfes trägt jederseits zwei Seitenflossen, das Hinterende eine deltaförmige Schwanzflosse. In der Gegend der Seitenflossen bemerken wir neben dem Darm jederseits die Ovarien. Die Eileiter münden etwa in der Mitte der zweiten Seitenflosse in den Seitenlinien des Körpers. Hinter den weiblichen Geschlechtsöffnungen beginnen beiderseits die Hoden. Die Samenzellen verlassen den Körper aus den seitlich zwischen den hinteren Seitenflossen und der Schwanzflosse gelegenen, männlichen Geschlechtsöffnungen.

Nunmehr richten wir eine stärkere Vergrößerung auf den Kopf des Tieres. Zunächst fallen uns an jeder Seite des Kopfes eine größere Anzahl (meist 9) Greifhaken auf, die dem Tiere zum Ergreifen und Festhalten seiner Beute dienen. Diese Haken sowie der ganze Kopf stecken am Grunde in einer Hautduplikatur, welche kragenförmig den Halsteil umgibt. Auf der Oberseite des Kopfes finden sich zwei Ocellen. Vor der Mundöffnung bemerkt man zwei kammförmige Chitinzähne.

Der Darmkanal bildet unmittelbar hinter dem Kopf einen birnförmigen Ösophagus.

Bei gut konserviertem Material ist die Körperwandung hinter dem Halskragen dicht mit knopfförmigen Tastorganen besetzt, welche haarförmige Fortsätze tragen.

7. Kapitel.

Taenia spec. Bandwurm.

I. Bandwurm.

Die Untersuchung der Bandwürmer beschränkt sich hier auf das Studium von Schnitten durch die Proglottiden einer Tänia-Art. Frische Bandwürmer werden in Formalin fixiert und in Alkohol aufbewahrt.

Da selten so viele Köpfe zur Verfügung stehen werden, daß jeder Praktikant einen solchen erhalten kann, so wird der Scolex an einem Demonstrationspräparat erläutert. Der Kopf wird der Stückfärbung mit Boraxkarmin unterworfen, in absolutem Alkohol entwässert, in Xylol aufgehellt und in Kanadabalsam eingeschlossen. Wie erkennen an ihm die vier seitlichen Saugnäpfe und ev. die Hakenbewaffnung.

Dauerpräparate von den sehr kleinen Anfangsproglottiden herzustellen, hat wenig Zweck, da sich dieselben schwer aufhellen lassen, außerdem aber auch nichts als Parenchymgewebe enthalten.

Zur weiteren Untersuchung betten wir einige schon geschlechtsreife Glieder in Paraffin ein und schneiden

1. quer
2. in der Fläche, so daß das Glied beim Schneiden auf der flachen Seite liegt. Die Färbung geschieht nach der van Gieson-Methode.

1. Querschnitt. An demselben bemerken wir, daß der ganze Körper von einer Cuticula umgeben ist, unter welcher eine aus spindelförmigen Zellen bestehende Hypodermisschicht liegt.

Behandelt man die Schnitte auf dem Objektträger kurze Zeit mit 1%iger Osmiumsäure und färbt sie dann nicht weiter, so erkennt man bei sehr dünnen Schnitten (4 μ) und sehr starker Vergrößerung, daß die äußeren Lamellen der aus vier Schichten bestehenden Cuticula von feinen Porenkanälchen durchbohrt werden, welche bei der Nahrungsaufnahme des Tieres durch die Körperoberfläche von großer Bedeutung sind.

In unserem Giesonpräparat bemerken wir innerhalb der Hypodermis eine stark entwickelte Längsmuskulatur, darunter eine sehr schwach ausgebildete Quer- (nicht Ring-!) Muskulatur und im Inneren eine dorso-ventrale Streifung, welche aus Muskelfasern besteht, die in dem Parenchym eingebettet sind.

Die Öffnung genau in der Mitte ist der Hauptkanal des Uterus. Je nach der Gegend, aus der der Schnitt stammt, sehen wir seitlich größere oder kleinere Seitenäste des Uterus. Außerhalb des letzteren kann noch der Hoden auf beiden Seiten getroffen sein. Die beiden großen Öffnungen an den Seiten entsprechen dem Wassergefäßsystem; außerhalb derselben ist auf vielen Schnitten auch der jederseitige Hauptnerv zu erkennen. Wird der Schnitt durch die Mitte der Proglottis geführt, so trifft er auch den seitlichen Ausführungskanal, in welchen sowohl die vom Uterus ausgehende Vagina als auch das von den Hoden ausgehende Vas deferens mündet. Das letztere endigt in einer Erweiterung, dem Zirrusbeutel, und kann nach Art eines Penis zum Teil herausgeschnellt werden.

2. Die genauere Lagerung der Geschlechtsorgane studieren wir auf einem Flächenschnitt. Am günstigsten sind hier diejenigen, welche etwa durch die Mitte geführt werden, so daß sie gerade den seitlichen Ausführungsgang treffen. Wir erkennen dann die beiderseitigen Wassergefäße und ihre Kommunikation am hinteren Ende der Proglottis. In der Mitte sehen wir den baumartig verzweigten Uterus. Am hinteren Ende des Uterus bemerken wir das stark verzweigte Ovarium, sowie die kleine rundliche Schalendrüse und die größere Eiweißdrüse. Der Uterus und die beiden Drüsen münden in die schlauchförmige Vagina, welche nach dem seitlichen Porus läuft. Die vielen kleinen Körnchen, welche über den Schnitt verteilt sind, sind Hodenbläschen. In den Endgliedern sind die Hoden zurückgebildet; der Uterus ist dann so mächtig geworden, daß alles mit Eiern erfüllt zu sein scheint. Von jedem Hodenbläschen geht ein sehr dünnes Kanälchen aus, das äußerst schwer zu erkennen ist. Alle Kanälchen vereinigen sich schließlich zu dem Vas deferens, welches ebenfalls nach dem seitlichen Porus hinzieht. In der vorspringenden Papille, auf der die Öffnung liegt, ist auch der Zirrusbeutel zu erkennen.

II. Finne.

Für die Untersuchung von Finnen verschafft man sich am leichtesten Material, wenn man den in den meisten Kaninchen am Omentum, Mesenterium oder auch in der Leber vorkommenden Cysticercus pisiformis in Formalin fixiert. Man kann das Material, das zu erhalten man oft Gelegenheit hat, beliebig lange in Formalin aufbewahren. Cysticercus pisiformis ist die Finne von Taenia serrata, einem im Hunde lebenden Bandwurm.

An einer solchen Finne erkennen wir mit unbewaffnetem Auge, daß sie aus einem kleinen Bläschen besteht, das an einer Seite im Inneren einen nach außen durchscheinenden Knopf enthält. Dies ist der Scolex. Genaueres kann man nur ermitteln, wenn man das Material in Paraffin einbettet und schneidet, und zwar

1. quer zur Längsrichtung des Bläschens,
2. in der Längsrichtung des Bläschens.

Die Schnitte werden nach der van Gieson-Methode gefärbt.

Aus der Kombination einer größeren Anzahl von Schnittbildern erkennen wir den eingestülpten Bandwurmkopf und auch schon die Anlage der ersten Proglottiden. Der Kopf zeigt seitliche Saugnäpfe und am Scheitel die Anlage des Hakenkranzes.

Ist man in der Lage, sich durch Vermittelung einer Schlachthofsdirektion finniges Schweine- oder Rindfleisch zu verschaffen, so kann man die dort vorkommenden Finnen von Taenia solium und Taenia saginata in derselben Weise behandeln.

8. Kapitel.

Trematoden. Saugwürmer.

Bei der Beschaffung von Trematodenmaterial sind wir dem Zufall preisgegeben. Sehr häufig hat man Gelegenheit, bei makroskopischen Arbeiten Trematoden zu finden. Man versäume z. B. nicht, die gröberen Gallengänge der zu anderen Zwecken verarbeiteten Kaninchen nach Distomum lanceolatum abzusuchen. Die ergiebigste Quelle bieten der Frosch und die Süßwasserfische. Man findet

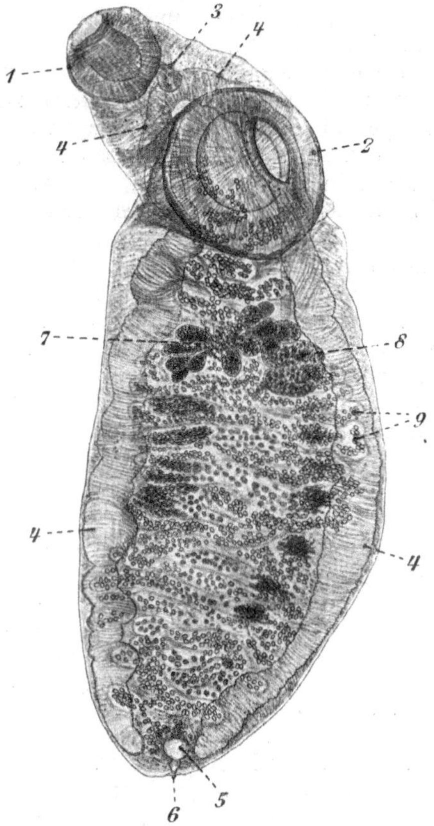

Fig. 106. Obj. 0. Distomum cygnoides aus der Harnblase des Frosches.

1. Mundsaugnapf. — 2. Bauchsaugnapf. — 3. Ösophagus. — 4. Darmschenkel. — 5. kontraktile Blase des Exkretionssystems. — 6. Porus desselben. — 7. Hoden. — 8. Eierstock. — 9. Uterus mit Eiern.

- in der Harnblase des Frosches: Polystomum integerrimum, Distomum cygnoides (Fig. 106);
- in der Lunge des Frosches: Distomum variegatum, Distomum cylindraceum;
- in der Gallenblase des Frosches: Distomum crystallinum;
- im Darmkanal des Frosches: Distomum clavigerum und retusum;
- im Darmkanal der Süßwasserfische: Distomum tereticolle, Distomum nodulosum und globiporum;

an den Kiemen vieler Süßwasserfische: das merkwürdige Doppeltier Diplozoon paradoxum.

Die Bestimmung der verschiedenen Distomumarten nimmt man nach Leunis' Synopsis oder Lamperts Leben der Binnengewässer vor.

Distomum hepaticum, den großen Leberegel aus den Gallengängen des Schafes, wird man sich wohl im allgemeinen vom Schlachthof beschaffen müssen.

Man unterlasse nicht, das durch glücklichen Zufall gewonnene Material sorgfältig in 70%igem Alkohol, für histologische Zwecke in Flemmingscher Mischung oder einer Sublimat enthaltenden Flüssigkeit zu fixieren. Nach Stückfärbung mit Boraxkarmin, an die sich nötigenfalls die Differenzierung mit Salzsäurealkohol anzuschließen hat (siehe S. 19), stellt man Balsampräparate aus den Objekten her. Wir können in diesem ganzen Abschnitt nur andeutungsweise verfahren, da der Rahmen des Buches sonst wesentlich überschritten würde.

a) Distomum lanceolatum ist für mikroskopische Totalpräparate die geeignetste Form. Es wird bis 1 cm lang.

Die Übersichtsbetrachtung bei schwacher Vergrößerung zeigt uns den Mundsaugnapf und, etwa um $1/3$ der Körperlänge vom Kopfende entfernt, den Bauchsaugnapf. Vom Mundsaugnapf geht der mit einem muskulösen Pharynx beginnende Darm aus, der sich bald in zwei Äste gabelt, die blind endigen. Die übrigen Organe, die man durchscheinen sieht, sind Geschlechtsorgane, auf deren Bau wir nicht weiter eingehen wollen.

b) Distomum hepaticum, bis 3 cm lang. Hat man Gelegenheit frisches Material zu erhalten, so wird dasselbe in der angegebenen Weise fixiert und in Paraffin eingebettet. Man schneidet wie beim Bandwurm in der Fläche des Körpers und quer zur Längsachse. Die Färbung geschieht nach van Gieson. Beim großen Leberegel ist zu bemerken, daß die beiden Gabeläste des Darmes noch vielfache Verzweigungen und Ausstülpungen zeigen.

c) Polystomum integerrimum erreicht eine Länge bis zu 5 mm. Die Tiere werden vorsichtig von der Blasenwand abgehoben und in Alkohol aufbewahrt. Nach Aufhellung in Xylol stellt man hier am besten ungefärbte Balsampräparate her. Am Vorderende sind vier Augenflecke zu beobachten. Die durchscheinenden Darmschenkel sind vielfach verzweigt und durch Querkanäle verbunden. Nach hinten geht der Körper in eine breite Haftscheibe über, auf der sechs große Saugnäpfe stehen. Gute Präparate zeigen überdies noch eine größere Anzahl ganz kleiner Saugnäpfe. Am Hinterende zwischen den Saugnäpfen sieht man zwei Chitinhaken.

d) Von Larvenmaterial der Trematoden wird man bei der Untersuchung niederer Süßwassertiere (Schnecken, Muscheln usw.) am häufigsten auf Cercarien stoßen. Namentlich die große Teichmuschel ist zuweilen so von ihnen erfüllt, daß die einzelnen Organe völlig degeneriert erscheinen. Cercarienmaterial fixiert man am besten mit der Flemmingschen Mischung und stellt später ungefärbte Totalpräparate in Glyzerin her. Die Cercarien unterscheiden sich schon bei oberflächlicher Betrachtung von den fertigen Saugwürmern durch den Besitz eines deutlich abgesetzten Schwanzes. Der gegabelte Darm ist schon klar zu erkennen.

Bezüglich der häufig schwierigen Bestimmung der Larvenformen der Trematoden sowie der Behandlung gelegentlich gefundener Turbellarien müssen wir auf die Spezialliteratur verweisen. Für alle diese Objekte empfehlen wir zwecks späterer Bestimmung und Präparation Fixierung mit Flemmingscher Mischung und Aufbewahrung in 70%igem Alkohol. Für die Einbettung in Paraffin wähle man als Übergangsmedium vom absoluten Alkohol zum Paraffin nicht eingedicktes, also dünnflüssiges Zedernöl, dann eine Lösung von Paraffin in diesem Öl. Als Färbemethoden gelten entweder Stückfärbung in Boraxkarmin oder Schnittfärbung nach der van Gieson-Methode.

9. Kapitel.

Rotatoria. Rädertiere.

Die Beschaffung des Materials zur Behandlung der Rädertiere ist äußerst leicht. Jeder Fangversuch im Süßwasser liefert uns reichlich davon. Wir bekommen Rädertiere mit jeder Planktonprobe; aber auch jeder Algenfilz, den wir mit genügend viel Wasser nach Hause bringen, zeigt uns verschiedene Arten in großer Anzahl, teils festsitzend, teils frei umherschwimmend.

Wir benutzen einen Teil unseres Fanges zur Beobachtung im lebenden Zustande, einen anderen Teil zur Fixierung und Herstellung von Dauerpräparaten. Bei der Untersuchung der lebenden Tiere stellt man mit Vorteil ein Demonstrationspräparat bei Dunkelfeldbeleuchtung auf.

a) Beobachtung der lebenden Tiere (zunächst bei schwacher, dann bei mittlerer Vergrößerung). Wir beobachten die schnell herumschwimmenden Tiere in der feuchten Kammer und bemerken bei der mittleren Vergrößerung, daß sie an ihrem Vorderende einen radförmigen Wimperbesatz (Räderorgan) tragen, der sich in lebhafter Flimmerbewegung befindet. Um die Bewegungserscheinungen zu verlangsamen, kann man dem Wasser einige Tropfen einer 3%igen Gelatinelösung zusetzen.

Haben wir die Tiere mit Algenfilz gefangen, so sehen wir auch viele Exemplare mit einem scheibenförmigen Fuße an den Algenfäden festsitzen. Auch hier ist die Wimperbewegung des Rades zu konstatieren, durch welche die meist aus einzelligen Pflanzen und Tieren bestehende Nahrung herbeigestrudelt wird. Beim Schwimmen unterstützt die Tätigkeit des Räderorganes auch die Vorwärtsbewegung. Handelt es sich um die unten als Paradigma gewählte Gattung Rotifer, so sieht man in der Leibeshöhle häufig sich lebhaft bewegende Junge.

b) Fixierung und Färbung. Um gut ausgestreckte Exemplare zu erhalten, müssen wir die in einem Uhrschälchen befindlichen Tiere nach der bei den Infusorien und an anderen Stellen geschilderten Methode mit Cocainum hydrochloricum oder mit B. Eucain oder mit Strychninnitrat betäuben und zur Ausstreckung ihrer Räderorgane veranlassen. Sofort nachdem dies geschehen ist, werden die guten Exemplare mit einem kleinen Pinsel bei schwacher Vergrößerung unter dem Mikroskop herausgesucht und in Flemmingsche Mischung übertragen. Die

Fixierung dauert nur ganz kurze Zeit. Die Weiterbehandlung geschieht bis zum 70%igen Alkohol, in dem die Tiere aufbewahrt werden können. Zur Präparation werden sie entweder in Glyzerin oder in Kanadabalsam nach den üblichen Methoden überführt.

Die Färbung gelingt sehr schwer, da die chitinige Körperhülle wenig Farbstoff durchläßt. Am besten gelingt noch die Färbung mit Kresofuchsin, wie sie beim Crustaceenplankton geschildert ist, doch erübrigt sich dieselbe auch, da man schon ohne Färbung fast alle Einzelheiten deutlich sehen kann.

Man kann die Betäubung mit Kokain auch auf dem Objektträger vornehmen und dann daselbst etwas 0,1%ige Osmiumsäurelösung zusetzen. Nach einigen Minuten ist die Fixierung beendet, und die Osmiumsäure wird vorsichtig durch destilliertes Wasser ersetzt (Blochmann).

c) Rotifer vulgaris. Als Paradigma wählen wir trotz einiger Abweichungen von den allgemeinen morphologischen Verhältnissen das häufigste Rädertier, Rotifer vulgaris. Dieses gehört zu den festsitzenden Formen, findet sich in jedem süßen Wasser und bildet oft schimmelartige Überzüge an untergetauchten Pflanzenstengeln oder Algenfäden. Wir betrachten das Objekt bei etwa 150facher Vergrößerung.

An der äußeren Körperform fällt uns der langgestreckte Fuß auf, der fernrohrartig zusammengezogen werden kann und etwa sechs deutlich wahrnehmbare, nach hinten sich verjüngende Segmente hat. An der Dorsalseite des Räderorgans sieht man einen rüsselartigen, bewimperten Fortsatz, der als Bewegungsorgan dient, wenn die Tiere nach Art der Spannerraupen an den Pflanzenstengeln umherkriechen, aber auch Sinnesorgan ist. Die Individuen sind auf ihrer Unterlage nicht festgewachsen, sie halten sich an derselben nur mit drei zehenartigen Fortsätzen des Fußes fest und vermögen auch ein klebriges Sekret abzuscheiden, das die Anheftung unterstützt.

Der Darmkanal beginnt mit einem Mundtrichter, der in einen muskulösen Schlundkopf führt, in welchem chitinige, oft kieferartige Organe zur Zerkleinerung der Nahrung zu erkennen sind. Eine kurze Speiseröhre führt in den geräumigen Magen. Der Enddarm bildet eine Schleife und mündet am Beginn des Fußes in den After (Kloake). Der Speiseröhre liegen zwei Verdauungsdrüsen an. Das Exkretionssystem besteht aus zwei an den Seiten gelegenen Längsgefäßen, die mit Wimperkolben, d. h. flimmernden, blinden Ästen, versehen sind und kurz vor der Kloake in eine gemeinsame Blase münden, deren Inhalt von Zeit zu Zeit durch die Kloake abfließt.

Alle Tiere der Gattung Rotifer, die uns zu Gesicht kommen, sind Weibchen. Die Männchen sind noch nicht mit Sicherheit gefunden worden. Sie sind auch bei anderen Arten bedeutend kleiner als die Weibchen und treten nur zu gewissen Zeiten (Oktober) auf.

Im hinteren Teile der Leibeshöhle bemerken wir die Ovarien. Ein Uterus fehlt, so daß die Eier in die Leibeshöhle fallen, wo die Larven schon ausschlüpfen. Dieselben durchbrechen später die Leibeswandung an einer beliebigen Stelle, worauf die Mutter zugrunde geht. Im Fuße fallen uns noch die Klebdrüsen auf, welche an der Sohle münden.

In der Nähe des Vorderendes oberhalb des Schlundkopfes sieht man eine einfache Ganglienmasse, von der feine Nervenfasern ausgehen. Von Sinnesorganen fallen uns besonders die beiden rotgefärbten Augen auf, welche fast an der Spitze des Rüssels liegen. Muskeln bemerken wir vor allem im Fuße, zu dessen Zusammenziehung und Streckung sie dienen, und zwar Längsmuskeln und Ringmuskeln, deren Gruppierung den einzelnen Teilen des teleskopartigen Fußes entspricht. Eine weitere Muskelmasse liegt dem Schlundkopf auf.

Um ein besonderes Präparat der chitinigen Mundteile herzustellen, mazeriert man die Tiere auf dem Objektträger mit gewöhnlicher Kalilauge und beobachtet die Zersetzung der Weichteile bei 100—150-facher Vergrößerung. Zur rechten Zeit nimmt man die Chitinteile mit der Pipette auf, wäscht sie in 50%igem Alkohol aus und stellt ein Glyzerin-, Glyzeringelatine- oder Balsampräparat davon her. Man erhält vier messer- oder sägeartige, höchstens 0,1 mm lange Gebilde.

Anhang.

Bryozoen.

I. Plumatella spec.

Wir finden die Kolonien dieser Moostiere in den Sommermonaten als dicke Klumpen an dünnen Zweigen oder Schilfstengeln, als baumartig verzweigte Kolonien auf der Unterseite der Blätter von Seerosen und anderen Wasserpflanzen, als rasenförmige Krusten auf Steinen, Holz, Schneckenschalen usw. in stehenden oder langsam fließenden Gewässern.

a) Beobachtung am lebenden Material. Das Material ist vorsichtig mit einer größeren Menge Wasser nach Hause zu bringen, mehrere Stunden vor der Beobachtung durch leichtes Schaben mit dem Skalpell von seiner Unterlage zu entfernen und in ein Uhrschälchen mit Wasser zu bringen. Nach einigen Stunden stecken die Tiere, wenn der Stock beim Abheben nicht verletzt worden ist, ihre Tentakelkränze wieder hervor und werden nun mit dem Schälchen vorsichtig auf den Objekttisch des Mikroskops gesetzt. Sie ziehen sich durch diese Erschütterung wieder zusammen, breiten sich aber bald wieder aus und werden nun mit einer schwachen Vergrößerung (mit einem Planktonsucherobjektiv von Zeiß oder Reichert, wenn ein solches zur Verfügung steht) unter Wasser beobachtet. Wir bemerken eine heller oder dunkler braune, pergamentartige Substanz, auf der sich kleine weiße, büschelförmige, polypenartige Tiere unterscheiden lassen, die einen lebhaft flimmernden Tentakelkranz besitzen. Bei genauerer Beobachtung mit der mittleren Vergrößerung sieht man, daß die Tentakel auf einem hufeisenförmigen Bogen (Lophophor) angeordnet sind, in dessen Mitte sich die Mundöffnung befindet. Hat man ausgestreckte Tiere zufällig in der Seitenansicht, so kann man auch den Darm durchscheinen sehen, der vom Munde zunächst nach hinten führt, eine Speiseröhre und einen Magen bildet und darauf als Enddarm nach oben umbiegt, um dicht außerhalb des Tentakelkranzes in den After zu münden. Vom Magen aus geht ein muskulöser Strang (Funiculus) nach dem Grunde der Leibeshöhle, an welchem zuweilen flachrunde Gebilde in verschiedenem Grade der Ausbildung zu sehen sind (Statoblasten).

b) Herstellung des Präparates und Beobachtung. Zur genaueren Betrachtung müssen wir die Tiere in ausgestrecktem Zustande töten und fixieren. Wir benutzen dazu die Methode mit Kokain-, Eukain- oder Strychninzusatz. Nach Verworn erhält man die Tiere schön ausgestreckt, wenn man sie auf einige Minuten in eine 10%ige Lösung von Chloralhydrat in Wasser bringt. In allen Fällen tötet man die ausgestreckten Tiere, indem man sie auf mehrere Minuten in Flemmings Mischung einlegt; darauf wird entwässert; Aufbewahrung in 70%igem Alkohol.

Für die Betrachtung präparieren wir mit der feinen Schere und den Nadeln bei schwacher Vergrößerung ein Einzeltier heraus und stellen ein Glyzerinpräparat her. Eventuell kann Stückfärbung mit Boraxkarmin voraufgehen.

Schon bei mittlerer Vergrößerung erkennen wir, daß die auf dem Lophophor sitzenden Tentakel innen hohl und außen mit Wimperhaaren bekleidet sind. Auf der Mundöffnung liegt ein beweglicher Deckel, das Epistom. Zwischen Speiseröhre und After sieht man das Zentralganglion durchschimmern, von dem mehrere feine Nervenfäden ausgehen. Die am Funiculus befindlichen Statoblasten, die zur ungeschlechtlichen Fortpflanzung und Erhaltung der Art über Winter dienen, nehmen nach oben an Größe zu. Die röhrenartige Scheide, in welche die Tentakel zurückgezogen werden können, ist durch starke Muskelbänder mit der Leibeswand verbunden.

Ein weiteres Präparat stellen wir von reifen Statoblasten her. Dieselben werden unter dem Mikroskop aus einigen Exemplaren herauspräpariert und zu Balsampräparaten verarbeitet. Die Statoblasten von Plumatella erscheinen als flach gedrückte, ovale Kapseln, welche von einer braunen, chitinigen Schale umgeben sind. Am Rande bemerken wir einen deutlich abgesetzten Ring, welcher Luftkammern enthält und das Schwimmen der Statoblasten erleichtert. Einige der letzteren entwickeln sich ohne Schwimmring; diese liefern die sog. sitzenden Statoblasten, welche nicht fortschwimmen und den von einer Kolonie während eines Sommers benutzten Platz gleich für das nächste Jahr belegen.

II. Cristatella mucedo.

Diese Form finden wir von Mai bis August meist in kleinen, eingeschlossenen Seenbecken, deren Grund mit viel faulenden Blättern und Ästen bedeckt ist. Sie bildet dicke, durch die herausragenden Tentakelkränze der Tiere weißlich aussehende Klumpen von länglicher, wurmförmiger Gestalt und meist etwa 5 cm Länge. Bei Beunruhigung des Wassers nehmen sie eine braune Färbung an, weil die Tiere ihre Tentakelkränze einziehen. Nehmen wir die Kolonie vorsichtig mit dem Ast, auf dem sie sich befindet, heraus, so stellt sie sich als eine schleimig anzufühlende, entfernt an Schneckenlaich erinnernde Masse dar, auf deren Oberfläche man, in Längsreihen angeordnet, die kleinen, punktförmigen Eingangsöffnungen in die Höhlungen der Einzeltiere wahrnimmt. Diese Kolonien sind die einzigen Moostierstöcke, welche eine, wenn auch sehr beschränkte, freie Ortsbewegung haben, indem sie mit ihrer glatten, sohlenartigen Unterfläche langsam auf ihrem Substrat umherkriechen können. Die Kolonien werden mit möglichst viel Wasser nach Hause getragen. Dort löst man sie von ihrer Unterlage und setzt sie in ein Uhrschälchen, bis sie sich ausgestreckt haben. So kann man sie zunächst lebend beobachten und dann nach der Kokainmethode oder mit Chloralhydrat in ausgestrecktem Zustande betäuben.

Die zusammenhängenden Stöcke von Cristatella eignen sich ihrer Form wegen besonders zu histologischen Untersuchungen. Nachdem die Tiere gut ausgestreckt sind, fixieren wir den ganzen Stock in Flemmingscher Mischung höchstens eine Stunde, behandeln dann nach den allgemeinen Vorschriften weiter und betten über Chloroform in Paraffin ein. Die Schnitte werden nach der van Gieson methode oder mit Alaunkarmin auf dem Objektträger gefärbt.

Die Leibeshöhle erweist sich innerhalb des Stockes als allseitig durch die Leibeswand begrenzt, während die Sohle und die Oberseite der Hülle ebenfalls einen zelligen Bau aufweisen. Am Eingang in den Mund bemerken wir das Epistom, welches wie das ganze Innere der Mundhöhle mit Flimmerepithel bekleidet ist. Beim Übergang des Ösophagus in den geräumigen Magenraum sieht man eine Ringfalte. An dem vom Magen zur Leibeswand führenden Funiculus finden sich Statoblasten in den verschiedensten Graden der Ausbildung. Muskulatur sieht man an der Basis des Tentakelkranzes und vom Magen zur Leibeswand führend. Die muskulösen Elemente lassen sich durch Färbung einiger Schnitte nach der Merkel methode besonders deutlich machen. Ein Exkretionsorgan ist oberhalb des Ganglions, zwischen Mund und After, an der Basis des Lophophors zu sehen. Dasselbe mündet nach außen.

Die bei Cristatella besonders eigenartig gestalteten Statoblasten betrachten wir am besten an einem besonderen Präparat. Man zerzupft eine fixierte, aber nicht eingebettete Kolonie, sucht die größten Statoblasten unter der Lupe heraus und fertigt ein Balsampräparat davon an. Der kreisrunde Zentralkörper ist von einem Schwimmgürtel umgeben und hat außerdem noch einen Kranz von ankertragenden Haken. Mit diesen Ankern bleiben die umhertreibenden Körper an geeigneten Gegenständen haften.

III. Marine Bryozoenstöcke.

Man beziehe aus Neapel konservierte Stöcke von Bugula flabellata und Scrupocellaria scruposa, aus Helgoland solche von Alcyonidium gelatinosum.

Von den polypenartig verzweigten Stöcken der beiden ersteren stelle man aus kleinen Stückchen Balsam- oder Glyzeringelatine-Präparate her, während kleine terminale Stücke von Alcyonidium in Paraffin eingebettet und geschnitten werden. Färbung der Schnitte mit Alaunkarmin oder nach van Gieson.

a) Bugula flabellata. Die viereckigen Gehäusezellen mit bedornten Vorderecken sind hier chitinig verhärtet. An dem konservierten Material sind die kreisförmigen Tentakelkränze zum Teil ausgestreckt. Unsere besondere Aufmerksamkeit richten wir hier auf kleine, geierkopfähnliche Zangen, welche dem Vorderende vieler Einzelindividuen seitlich aufsitzen und durch besondere Muskelzüge mit dem Tier verbunden sind. Diese Avicularien stehen im Dienste der Ernährung der Kolonie. Sie halten mit ihrer Zange kleine, zufällig vorüberschwimmende Tiere fest, bis sie in Verwesung übergehen. Die verwesenden Teile, die sich loslösen, werden mit dem durch die allgemeine Flimmerbewegung erzeugten Wasserstrom den Einzeltieren zugeführt.

b) Scrupocellaria scruposa zeigt, ähnlich angeordnet, lange, auf einem besonderen Basalteile sitzende Fäden (Vibracularien), die wahrscheinlich auch im Dienste der Nahrungsaufnahme stehen.

c) Die Schnitte durch Alcyonidium liefern uns ein ähnliches Bild, wie die durch die Stöcke von Cristatella, und sollen dieses Präparat, falls es nicht möglich ist, Material zu beschaffen, ersetzen. Allerdings sind meist die Einzeltiere in ihrer großen Mehrzahl eingezogen. Über den eingezogenen Tieren sieht man einen deckelartig schließenden Borstenkreis, welcher dem Gehäuse angehört.

4. Abschnitt.

Arthropoden.

1. Kapitel.

Astacus fluviatilis. Flußkrebs.

I.

Das Material ist jederzeit in genügender Menge im Handel zu haben. Will man Krebse im Aquarium halten, so ist für reichliche Durchlüftung des Wassers Sorge zu tragen. Handelt es sich nur darum, die Tiere etwa einen Tag lang bis zur Übung lebend aufzubewahren, so setze man sie in ein großes Glasgefäß, in dem das Wasser nur so hoch steht, daß die Tiere nicht ganz davon bedeckt sind.

Beobachtungen am lebenden Tiere. Die Beobachtung der Bewegungen des lebenden Krebses sind Gegenstand des elementaren Unterrichtes und die Tatsachen so bekannt, daß wir hier von deren Schilderung absehen können. Nur ein Versuch über die Atmung mag angeführt werden.

Man bringt einen Krebs in ein großes Gefäß mit soviel Wasser, daß das Tier reichlich davon bedeckt ist und wartet, bis es ganz ruhig sitzt. Dann bringt man mit einer kleinen Glaspipette ein wenig von einer undurchsichtigen Farbstofflösung (Tinte!) an den hinteren Seitenrand des Kopfbruststückes. Nach einiger Zeit verläßt ein Strudel gefärbten Wassers den unter den Seitenteilen des Panzers gelegenen Kiemenraum am vorderen Ende (Fig. 107, 108).

Äußere Inspektion. Die äußere Inspektion kann noch am lebenden Exemplar vollzogen werden. Will man aber ungestört beobachten, so ist es besser, den Krebs abzutöten. Dies geschieht nach unseren Erfahrungen am besten mit Chloroform. Man verwendet ein nicht zu großes Glasgefäß und reichlich Chloroform und tut gut, das Gefäß öfter umzuschütteln.

Auf der Rückenseite des Tieres sehen wir die Einteilung des Cephalothorax. Die mit nach vorn konkavem Bogen verlaufende Nackenfurche deutet eine oberflächliche Gliederung in Kopf und Thorax an. Der mittlere Teil des Thorakalschildes wird durch die Branchiokardialfurchen von den nur die Kiemen überdeckenden Seitenteilen abgegrenzt. Nach vorn verlängert sich das Kopfschild in einen spitzen Stachel, das Rostrum. Die gestielten Augen ragen zu beiden Seiten des Rostrums unter dem Kopfschilde hervor. Die sieben Hinterleibsringe schieben sich dachziegelartig übereinander und sind durch eine zarte Gelenkhaut, die man beim Ventralwärtsbiegen des Abdomens sehen kann, miteinander verbunden.

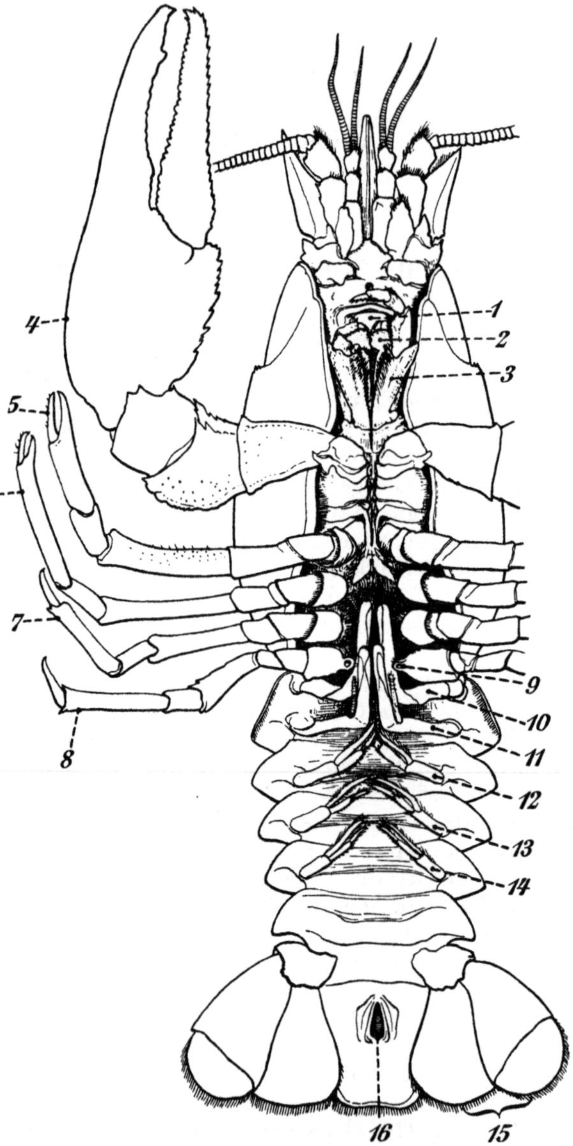

Fig. 107. Astacus ♂. Ventral.

1. Oberlippe. — 2. Oberkiefer. — 3. dritter Kieferfuß. — 4.—8. Thorakalbeine. — 9. Geschlechtsöffnung. — 10., 11. erstes und zweites Paar der Abdominalbeine (Begattungsbeine). — 12., 13., 14. drittes bis fünftes Paar der Abdominalbeine. — 15. sechstes Abdominalbeinpaar. — 16. Afteröffnung.

Auf der Unterseite sehen wir uns, soweit es ohne Präparation möglich ist, die Anhänge und Öffnungen des Körpers an. Die Fühler des ersten Paares tragen je zwei kurze Geißeln, die des zweiten Paares je eine sehr lange Geißel und am Grunde ein spitzes, schuppenförmiges, bewegliches Exopodit. An den Basalgliedern der zweiten Fühler sieht man auf der Ventralseite jederseits einen scharf vorspringenden Höcker, auf dem die Mündung des Ausführungsganges der grünen Drüse liegt. Die Mundöffnung liegt zwischen den starken, deutlich sichtbaren Mandibeln und kann nach dem Auseinanderbiegen derselben palpiert werden. Die im Dienste der Nahrungsaufnahme stehenden Gliedmaßen werden in einem besonderen Kapitel behandelt. Es folgen die fünf Paar Schreitbeine, von denen das erste Paar die großen Scheren, die nächsten Paare kleinere Scheren tragen. Auf den genaueren Bau dieser Beine gehen wir an anderer Stelle ein. Die sechs ersten Abdominalsegmente tragen kurze, normalerweise als Spaltfüße ausgebildete Beine (Pleopoden). Beim Männchen sind die Beine des ersten Hinterleibringes und je ein Ast der Beine des zweiten Hinterleibsringes als Begattungsorgane ausgebildet. Sie können sich zu einer Rinne zusammenlegen, welche das Sperma von der an der Basis des letzten Thorakalbeinpaares gelegenen Geschlechtsöffnung zur Genitalöffnung des Weibchens leitet, die an der Basis der dritten Thorakalbeine liegt. Beim Weibchen ist das erste Paar der Abdominalbeine rudimentär; am zweiten bis fünften Paar werden die abgelegten Eier und auch noch die frisch ausgeschlüpften Jungen herumgetragen. Die Äste der Abdominalbeine des sechsten Segments sind flossenartig verbreitert und bilden mit dem siebenten Segment (Telson) zusammen die Schwanzflossen. Die Afteröffnung liegt auf der Ventralseite des Telson.

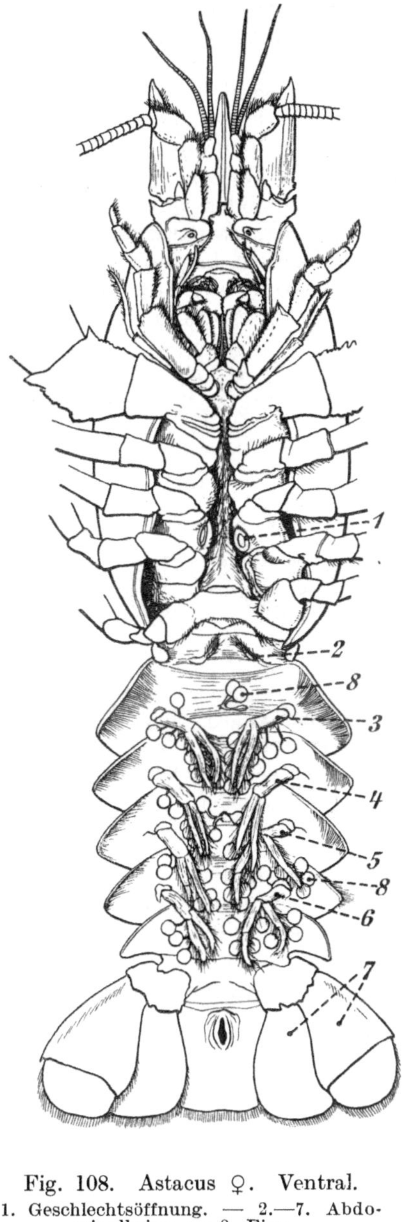

Fig. 108. Astacus ♀. Ventral.
1. Geschlechtsöffnung. — 2.—7. Abdominalbeine. — 8. Eier.

Bei der Inspektion versäume man nicht, wo es angeht, die Drehungsachsen der Körperteile und Gliedmaßenabschnitte aufzusuchen und ihre gegenseitige Lage zu beachten.

Es möge bereits an dieser Stelle die Anfertigung einiger mikroskopischer Präparate beschrieben werden, die sich von den bis jetzt behandelten äußeren Organen gewinnen lassen,

a) Die kleinen Fühler (Antennulae) bestehen aus einem dreigliedrigen Stamm, der die beiden vielgliedrigen Geißeln trägt. Die äußeren Geißeln (Exopodit) sind größer als die inneren (Endopodit). Wir schneiden das Exopodit ab und stellen in der gewohnten Weise ein Balsampräparat daraus her. Jedes Glied der Geißel (vom siebenten oder achten bis zum vorletzten) trägt auf der Unterseite zwei Büschel von Riechborsten, während auf der Oberseite eine einfache Borste steht. Diese Borsten erscheinen zweigliederig; auf einem kurzen Heft sitzt eine spatelförmige Klinge. Das Endopodit trägt nur einfache Borsten.

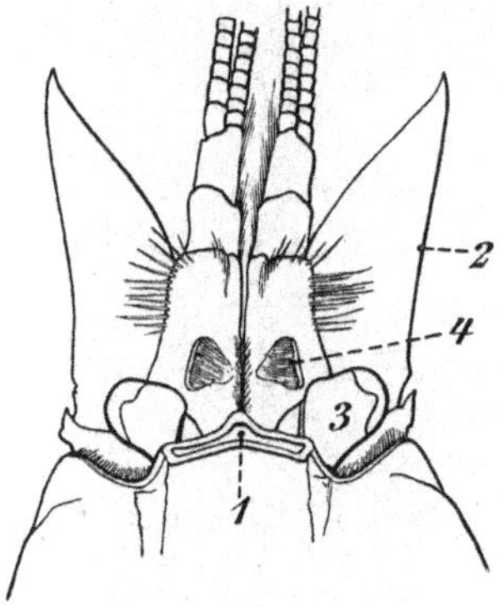

Fig. 109. Astacus. Basalglieder der Antennulae freigelegt.
1. Schnittfläche des Rostrum. — 2. Squama. — 3. Auge. — 4. Eingang zum Gehörbläschen in dem Basalgliede der Antennulae.

b) Auf der Dorsalseite des Basalgliedes der Antennulae (Fig. 109), die den Augenstielen zugewendet ist, findet sich eine längliche Öffnung, zum Gehörsäckchen führend, die durch eine Lage von Haaren bedeckt wird, welche am äußeren Rande der Öffnung inseriert sind. Diese Öffnung wird gut sichtbar, wenn wir das Rostrum mit der Schere soweit wie möglich abtragen. Von den Haaren zupfen wir einige recht lang ab und stellen ein Präparat daraus her. Im Inneren des Gehörsäckchens finden wir eine vorspringende Leiste (Lupe oder schwache Vergrößerung), die ebenfalls beiderseits mit Haaren, den eigentlichen Hörborsten, besetzt ist. Am besten ist es, wenn wir diese ganze Leiste herauspräparieren und als Präparat herrichten, anderenfalls muß man sich mit einzelnen Borsten begnügen. Man löst die ganze Antennula ab, fährt mit der Spitze der feinen Schere in die proximale Öffnung des abgetrennten Fühlers und hebt die Decke, die den Eingang zur Gehörgrube trägt, ab.

Die mit feinen Härchen besetzten Hörborsten zeigen bei stärkster Vergrößerung die Andeutung einer Gliederung und lassen einen bis zu der etwas eingesenkten Spitze ziehenden Nerv erkennen. Die Spitzen der Borsten sind meist durch den geronnenen Inhalt des Hörsäckchens und allerlei Sandteilchen verklebt.

II. Präparationen und Arbeiten an den großen Scheren und an der Schale.

a) Präparation der Beuge- und Streckmuskeln der beweglichen Branche und ihrer Sehnen. Wir tragen mit der Schere in dem Umfange, wie es Fig. 110 angibt, den Chitinpanzer auf einer Seite ab, wobei wir nach Ausführung des Scherenschnittes mit dem Skalpell unter das umschnittene Panzerstück fahren müssen, um die vielen Muskelansätze zu lösen. Wir können dann unter Zuhilfenahme der Pinzette leicht den breiten Schließmuskel und den schmaleren Öffnungsmuskel der Zange isolieren. Danach zupfen wir mit der Pinzette die gesamte Muskelmasse sauber aus der Schere heraus, so daß nur die beiden chitinigen, harten Sehnen stehen bleiben. Die Sehne des Schließmuskels ist sehr breit und trägt in der Mitte einen Grat zum Anheften von Muskeln, die Sehne des Öffnungsmuskels ist verhältnismäßig schwach und schmal.

b) Schliffpräparat der Schale: Man schneidet mit der Kreissäge oder mit einer sehr scharfen Laubsäge höchstens 1 mm dicke Scheiben von der Schere quer zu deren Längsrichtung ab, entfernt die Muskulatur und klebt den Schalenring auf einen Objektträger. Zu diesem Zwecke schmelzt man ein Stückchen Damaraharz auf dem Glase, legt die Schale hinein und läßt erkalten. Man schleift nun, indem man den Objektträger als Handhabe benutzt, zunächst auf einer Feile, und nachdem der Schliff dünn genug ist, erst auf einem gewöhnlichen Schleifstein, dann auf einem Ölstein. Der Schliff wird in Alkohol gewaschen und, wenn er lufttrocken geworden ist, in Balsam eingeschlossen. Wenn auch diese Methode etwas roh ist, so gelingt es doch häufig, die Matrix der Schale zu erhalten; jedenfalls erhält man über den Bau der Schale selbst so am schnellsten eine Übersicht.

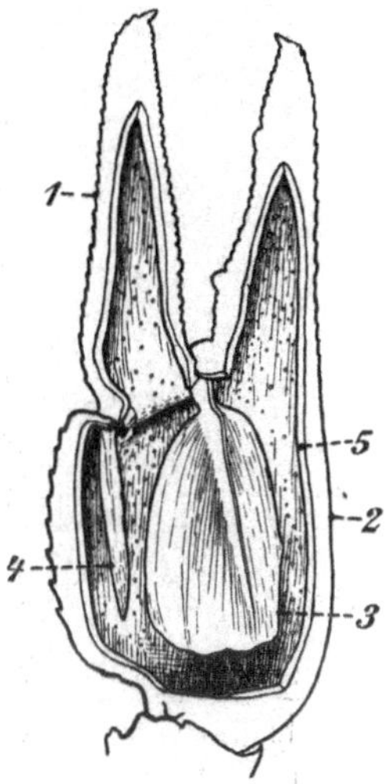

Fig. 110. Astacus. Schere eröffnet. Ansicht der Sehnen des Dactylus. 1. Dactylopodit. — 2. Propodit. — 3. Sehne des Beugers. — 4. Sehne des Streckers. — 5. Schnittlinie.

Der ganze Panzer ist die mächtig entwickelte Cuticula der Epidermis. Die organische Substanz (Chitin) und die anorganischen Bestandteile (Calciumkarbonat, Calciumphosphat) sind durch optische Mittel nicht getrennt sichtbar zu machen. An Schichten haben wir von außen nach innen (Fig. 111) die äußerste Lage, die Außenlage, die Pigmentlage und die Hauptlage zu unterscheiden. Die äußerste und die Außenlage sind sehr dünn, die Pigmentlage ist deutlich geschichtet. Da das Präparat mit Alkohol behandelt ist, so ist das Pigment zum größten Teile ausgezogen. Die Schichten der Hauptlage sind mächtiger entwickelt als die der Pigmentlage; nur die innersten Schichten werden wieder dünner und sind schließlich nicht mehr einzeln zu unterscheiden (Innenlage). Der ganze Panzer wird von vielen Querkanälchen durchzogen, die aber nirgends die Oberfläche erreichen.

c) Darstellung von Chitin aus dem Krebspanzer (nach Offer): Man reinigt eine größere Menge Krebsschalen vom Fleische und legt sie mehrere Tage lang in verdünnte Salzsäure, die so oft erneuert wird, wie sie noch aufbraust. Nun wäscht man die Schalen mehrere Tage in oft zu erneuerndem, am besten in fließendem Wasser aus und kocht dann mit öfter zu wechselnder, 10%iger Kalilauge. Es wird wieder lange und gründlich gewässert, dann nochmals mit verdünnter

Salzsäure behandelt. Zur vollständigen Entfärbung legt man die Schalen in eine verdünnte Lösung von Kaliumpermanganat und wäscht diesen Stoff dann mit einer verdünnten Lösung von Natriumbisulfit aus. Wäscht man nun noch lange und reichlich mit destilliertem Wasser aus, so erhält man reines Chitin.

Eigenschaften des Chitins: Chitin, ein stickstoffhaltiges Kohlehydrat, ist unlöslich in Wasser, Alkohol, Äther, Chloroform, konzentrierter Alkalilauge, löslich dagegen in konzentrierter Schwefelsäure und Salzsäure. Auch verdünnte Säuren bringen bei langer Einwirkung Veränderungen hervor. Durch kochende Salzsäure entsteht Glukosaminchlorhydrat. Alkoholische Alkalilaugen greifen Chitin an. Die Braunfärbung durch Jod ist unbeständig, bei Zusatz von Schwefelsäure wird sie rotviolett. Sehr jodarmes Chlorzinkjod erzeugt eine Violettfärbung, doch ist nach der Färbung gründlich auszuwässern. Methyl- und Gentianaviolett geben zart rotviolette Töne. Thymollösung nach Molisch (0,1 ccm alkoholische, 0,5%ige Thymollösung + 2 ccm H_2SO_4 konz.) gibt beim schwachen Erhitzen Rotfärbung. Diese Angaben sind hier gemacht worden, um für etwaige Studien zur Behandlung chitinhaltiger Objekte Anhaltspunkte zu bieten.

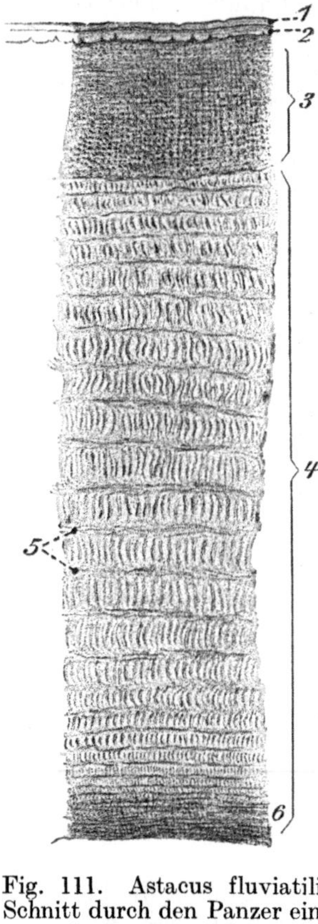

Fig. 111. Astacus fluviatilis, Schnitt durch den Panzer einer der großen Scheren.

1. Äußerste Lage. — 2. Außenlage. — 3. Pigmentlage. — 4. Hauptlage. — 5. Kittschichten. — 6. Innenlage.

d) Versuche über den roten Farbstoff im Krebspanzer. Die im Krebspanzer enthaltenen Pigmente gehören nach der allgemeinen Auffassung zu den Lipochromen. Dies sind gelbe bis rote Körper unbekannter Konstitution, die unlöslich in Wasser, löslich dagegen in Alkohol, Äther, Chloroform, Benzol, Schwefelkohlenstoff, Ölen und Fetten sind. Licht oder Luft zerstören den Farbstoff. Die Alkoholätherlösung zeigt einen Absorptionsstreifen in der Nähe der F-Linie, einen zweiten zwischen F und G. Mit konzentrierter Schwefelsäure oder Salpetersäure entsteht eine blaue Färbung, die durch blaugrün und violett schließlich in ein fahles Gelb übergeht. Im Krebspanzer findet sich das blaue Cyanokristallin und das rote Crustaceorubin. Das erstere ist labil und geht aus den verschiedensten Ursachen (Kochen, Säure usw.) in das letztere über. Mit einer Mischung von gleichen Teilen Alkohol und Äther läßt sich das Crustaceorubin reichlich ausziehen und durch Verdunsten der Lösung meist ohne weiteres kristallisiert erhalten.

Erwähnt sei noch eine neuere Auffassung von Kornfeld, wonach Alizarin im Krebspanzer enthalten sei, welches wegen der Anwesenheit von schon sehr geringen Mengen Tonerde, die man im Panzer sicher annehmen darf, eine Bildung von Türkischrotlack verursacht. Gestützt wird diese Annahme durch eine Anzahl von Farbreaktionen, welche sowohl dem Krebsfarbstoff als auch dem Alizarin zukommen. Zu diesem Versuche muß man die noch nicht roten Schalen frisch getöteter Krebse verwenden. Dieselben werden in kleine Stücke geschnitten und 24 Stunden mit viel Alkohol extrahiert. Den Alkohol läßt man dann verdunsten und digeriert den roten Rückstand mit verdünnter Natronlauge. Das Filtrat zeigt dann die blauviolette Farbe des in Alkalien gelösten Alizarins. Auf Zusatz von Salzsäure tritt wie beim Alizarin Gelbfärbung ein. Daß indessen die Bildung von Alizarinlack nicht allein die Rotfärbung bedingen kann, geht daraus hervor, daß ja der rote Krebsfarbstoff lichtempfindlich, das Türkischrot dagegen sehr lichtecht ist, und daß auch die Löslichkeitsverhältnisse des Crustaceorubins von denen des Türkischrotlackes verschieden sind.

Parallelversuch mit Alizarin: Man löse einige Kristalle Alizarin $C_{14}H_8O_4$ in Natronlauge. Es entsteht eine violette Lösung von Alizarinnatrium $C_{14}H_6O_2(ONa)_2$. Die Lösung teilt man in zwei Teile. Zum ersten Teile fügt man eine Lösung von Aluminiumacetat und erhält einen roten Niederschlag von Türkischrotlack, zum zweiten Teile fügt man einen Überschuß von Salzsäure und erhält die charakteristische Gelbfärbung.

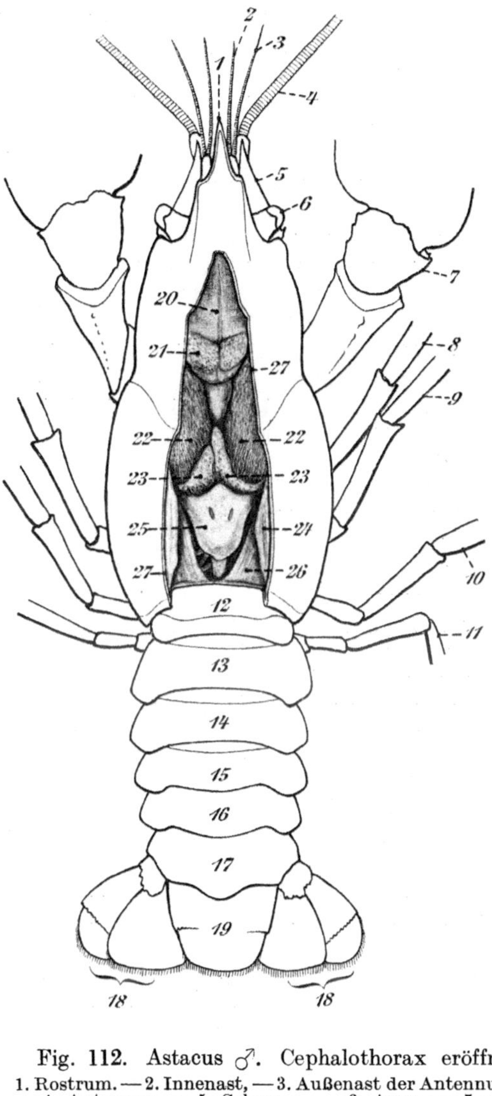

Fig. 112. Astacus ♂. Cephalothorax eröffnet.
1. Rostrum. — 2. Innenast, — 3. Außenast der Antennulae. — 4. Antennen. — 5. Schuppe. — 6. Auge. — 7.—11. Thorakalbeine. — 12.—17. und 19. Abdominalsomiten. — 18. 6. Abdominalbeinpaar. — 20. Magen. — 21. Magenmuskulatur. — 22. Leber. — 23. Hoden. — 24. und 26. Muskeln. — 25. Herz. — 27. Schnittlinie.

III. Sektion.

Die Sektion erfolgt im Wachsbecken unter Wasser, doch behalten wir den Krebs bei den ersten Schnittführungen in der Hand und legen ihn erst zum Zwecke der Betrachtung in das Becken. Die Rückendecke wird mit der starken Schere in dem Umfange entfernt, wie es Fig. 112 zeigt. Man setzt am Hinterrande des Kopfbrustpanzers ein und

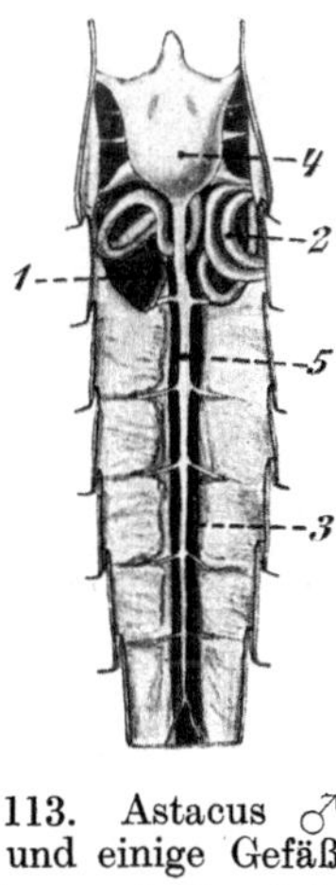

Fig. 113. Astacus ♂. Herz und einige Gefäße.
1. Leber. — 2. Vas deferens. — 3. Darm. — 4. Herz. — 5. Obere Abdominalarterie.

schneidet dicht innerhalb der Branchiokardialfurchen in der Richtung nach vorn. Auf dem Kopfschilde konvergieren die Schnittlinien erst wenig, dann stärker und vereinigen sich an der Basis des Rostrums.

Im hinteren Teile des Präparationsfeldes sehen wir das annähernd fünfeckige Herz (Fig. 112 : 25). Der Perikardialsinus (Venensinus) wird beim Abtragen der Hypodermis des Rückenpanzers meist zerstört. Das Herz hat drei Spaltenpaare, durch die es mit dem Venensinus kommuniziert. Von den Spaltenpaaren ist das dorsale Paar leicht sichtbar. Hebt man das Herz mit der Pinzette vorsichtig an, so bemerkt man, daß nach hinten ein starkes Gefäß, die Abdominalarterie, zieht, deren Verlauf man studieren kann, wenn man später die Rückenteile der Abdominalpanzer ablöst (Fig. 113). Nach vorn zieht ein medianes Gefäß, die Augenarterie und von den vorderen Seitenecken je eine Antennenarterie. Die vom Herzen ventral abzweigende Sternalarterie ist bei der Entfernung desselben in ihrem Ursprung festzustellen.

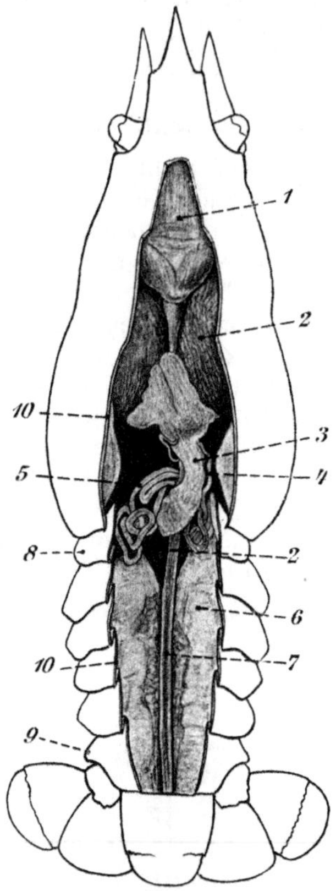

Fig. 114. Astacus ♂. Cephalothorax und Abdomen eröffnet, Enddarm freigelegt, Herz entfernt (Fortsetzung zu Fig. 112).
1. Magen. — 2. Leber. — 3. Hoden. — 4., 5. Vas deferens. — 6. Abdominalmuskeln. — 7. Enddarm. — 8. erstes Abdominalsegment. — 9. sechstes Abdominalsegment. — 10. Schnittlinie.

Beiderseits vom Herzen sieht man die mächtigen Streckmuskeln des Abdomens (Fig. 112 : 24 . 26) und darunter in der Tiefe schon ohne Präparation Teile der weißen, stark geknäuelten Vasa deferentia. Oral vom Herzen liegen die in der Mitte zusammenstoßenden Hoden (Fig. 112 : 23). Vor ihnen tritt der Magen (Fig. 112 : 20 . 21) an die Oberfläche des Präparationsfeldes. Um den Magen gut zu übersehen, muß man eine Anzahl von Muskelbündeln, die ihn mit dem Panzer verbinden, abpräparieren. Zu beiden Seiten des Darmkanales sehen wir die grünlichbraune, aus zahlreichen Schläuchen bestehende Leber (Fig. 112 : 22).

Wir nehmen jetzt das Herz ab, tragen Segment für Segment die Dorsalteile des Abdominalpanzers ab und entfernen einige von den Streckmuskeln des Abdomens. Dabei können wir den Verlauf der Abdominalarterie verfolgen (Fig. 113). Tragen wir dieselbe ab, so sehen wir den in der Abdominalmuskulatur eingebetteten Enddarm (Fig. 114 : 7). In diesem Stadium der Präparation läßt sich der Bau des Hodens und der Vasa deferentia am besten untersuchen. Die paarigen Hoden vereinigen sich kaudal zu einem langen unpaaren Medianstück. Wir suchen die am vorderen Ende desselben gelegenen Ursprungsstellen der Samenleiter auf und präparieren diese der Länge nach heraus; sie endigen an den an der Basis der fünften Thorakalbeine gelegenen Geschlechtsöffnungen. Die Samenleiter lassen sich zu mikroskopischen Präparaten der Spermatozoen verwenden (siehe S. 65).

Liegt ein Weibchen vor, so finden wir die traubigen, paarigen Ovarien (Fig. 115), die sich ebenfalls kaudal zu einem unpaaren Mittelstück vereinigen. Die kurzen Eileiter entspringen seitlich an den paarigen Teilen und führen schräg nach unten zu den an der Basis der dritten Thorakalbeine gelegenen, weiblichen Geschlechtsöffnungen.

Präpariert man jetzt die Genitalorgane heraus und erweitert den Überblick durch Abtragen des Kopfschildes nach der Vorlage der Fig. 116, so erhält man eine gute Ansicht des Magendarmkanales und

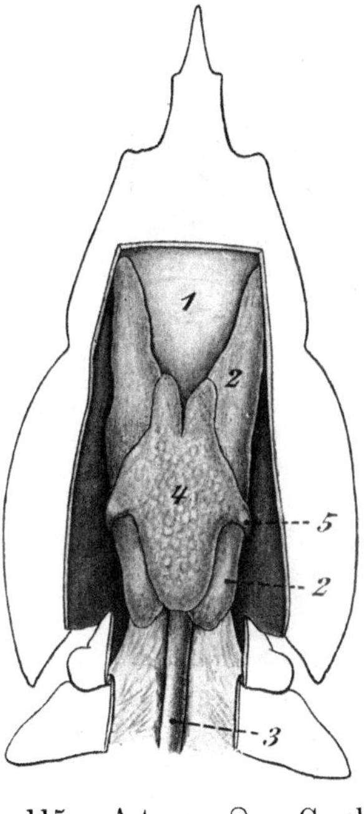

Fig. 115. Astacus ♀. Geschlechtsorgane.

1. Magen. — 2. Leber. — 3. Darm. — 4. Ovarium. — 5. Oviduct.

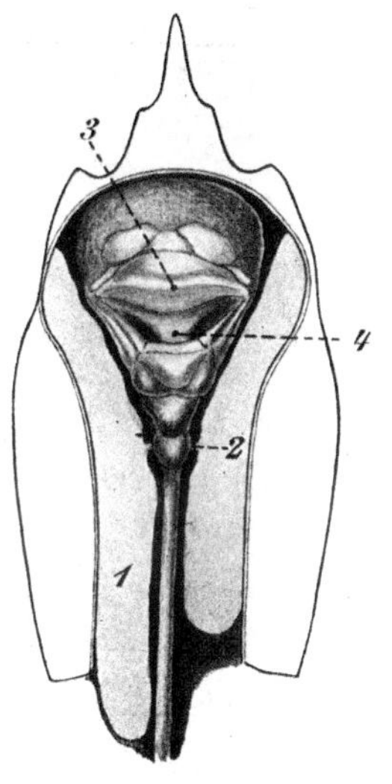

Fig. 116. Astacus. Magen und Leber. Dorsalansicht.

1. Leber. — 2. Einmündung des Leberganges. — 3. Querbalken. — 4. Anfangsteil des Längsstückes.

der langgestreckten Lebern (Fig. 116). Die vielen feinen Leberröhrchen vereinigen sich schließlich jederseits zu einem Ausführungsgang, der dicht hinter dem Magen in den Mitteldarm mündet (Fig. 116 : 2). Auch die Dorsalfläche des Magens wird an dieser Stelle betrachtet. Der Magen besteht aus einem breiten Kardiakalabschnitt, der sich nach hinten verjüngt und in den bedeutend schmaleren, deutlich abgesetzten Pylorikalabschnitt übergeht. In der Gegend der Lebereinmündungen sitzt dem Magen dorsal ein kleiner Blindsack auf. Unmittelbar dahinter beginnt der Mitteldarm mit einem deutlichen Ringwulst. Die Form des Magens läßt sich schöner erkennen, wenn man in die zwischen den Mandibeln gelegene Mundöffnung die Spitze der Glaskanüle eines kleinen Gummigebläses einführt und den Verdauungskanal vorsichtig aufbläst.

Um die im Inneren des Magens gelegenen Chitinverhärtungen besser studieren zu können, lösen wir den ganzen Verdauungskanal heraus. Wir schneiden den Enddarm auf dem hinteren Teile des Abdomens durch, präparieren ihn, nach vorn fortschreitend, ab und heben den Magen am Enddarm hoch. Wir sehen dann, wie er auf der Ventralseite in den sehr kurzen, direkt nach unten führenden Ösophagus übergeht. Der Ösophagus wird durchgeschnitten, der Magen am Enddarm herausgehoben, der letztere ebenfalls abgetrennt, der Magen in der ventralen Medianlinie gespalten, unter Wasser ausgebreitet und mit Nadeln fixiert (Fig. 117). Wir betrachten zuerst die wichtigsten Bildungen des größeren Vorderteiles des Magens (Kardiakalteil). Hier liegt in der Dorsalwand ein starker Querbalken (Fig. 117 : 1). Unmittelbar hinter diesem bildet die Magenwand eine in den Hohlraum vorspringende Einstülpung, die auf unserem Präparat durch Zerrung ziemlich ausgeglichen ist. An der Vorderwand dieser Einstülpung findet sich ein schmales Skelettstück

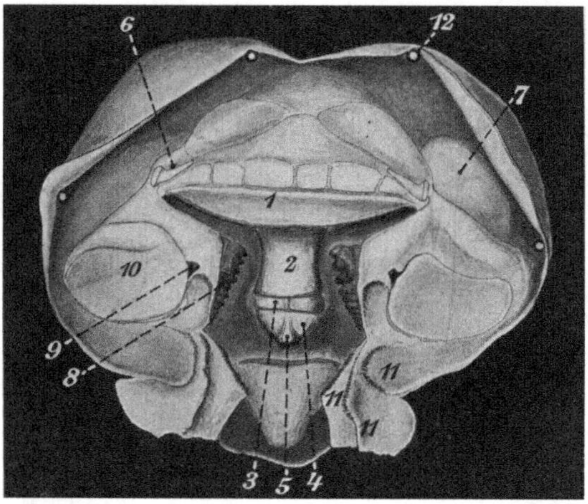

Fig. 117. Astacus. Magen ventral eröffnet.

1. Querbalken. — 2. schmales Skelettstück. — 3. konvexe Flächen. — 4. Längsstück. — 5. Mittelzahn. — 6. Artikulationselemente. — 7. Krebssteine. — 8. Seitenzähne. — 9. kleinerer Zahn. — 10. Basalplatte desselben. — 11. Faltungen in der Wandung des Pylorikalteiles. — 12. Nadeln.

(Fig. 117 : 2), das mit dem zuerstgenannten zusammen ein T bildet. Am Gipfel der Einstülpung bildet dieses Stück zwei konvexe Flächen (Fig. 117 : 3) und ist durch ein Gelenk mit einem weiteren Längsstück (Fig. 117 : 4) verbunden, welches die Hinterwand der Einstülpung bildet und nach der Magenhöhle zu einen stark pigmentierten Zahn (Mittelzahn, Fig. 117 : 5) trägt. Zwei kleine Artikulationselemente (Fig. 117 : 6) führen von dem querliegenden Stück zu ventralen Teilen. In der weichen Haut der Wandungen des Kardiakalteiles finden wir zeitweise, namentlich im Spätsommer, die linsenförmigen Krebsaugen oder Krebssteine (Gastrolithen, Fig. 117 : 7). Diese werden, wie alle Hartteile des Magens, bei der Häutung abgestoßen, in kurzer Zeit im Magen zerstört, absorbiert und zur Neubildung des Exoskeletts bei der Häutung verwendet. Ein weiteres großes Querstück, das Zygokardiakalstück, springt mit zwei starken, braunen Zahnleisten (Fig. 117 : 8), den Seitenzähnen, in das Magenlumen vor. Ventral von den Seitenzahnleisten findet sich noch je ein kleinerer Zahn (Fig. 117 : 9), der von einer breiten, innen behaarten Platte (Fig. 117 : 10) getragen wird. Die Muskulatur, durch welche alle diese Teile der Magenmühle in Bewegung gesetzt werden, inseriert an den entsprechenden Stellen der Außenwände des Magens und an der Innenfläche des Exoskeletts. Der Pylorikalteil des Magens ist gegen den Kardiakalteil abgeschnürt und trägt in seinen Wandungen mit Haaren besetzte Faltungen (Fig. 117 : 11), die als Filter wirken und nur die sorgfältig zerkleinerten Nahrungsteilchen hindurchlassen.

Wir betrachten nun wieder den Krebs, um das Bild zu studieren, welches sich nach Entfernung des Darmtraktus bietet (Fig. 118).

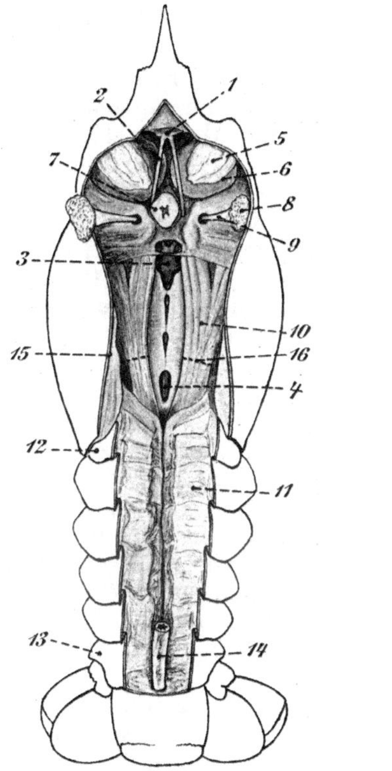

Fig. 118. Astacus. Darm, Magen, Leber und Geschlechtsorgane entfernt. Fortsetzung zu Fig. 114.

1. Cerebralganglion. — 2. Schlund-Kommissur. — 3. unteres Schlundganglion. — 4. Thorakalganglion. — 5. Reservoir der grünen Drüse. — 6. grüne Drüse. — 7. Ösophagus durchschnitten. — 8. Mandibularmuskel. — 9. dessen Sehne. — 10., 11. Muskulatur. — 12. erstes, — 13. sechstes Abdominalsegment. — 14. Stumpf des Enddarms.

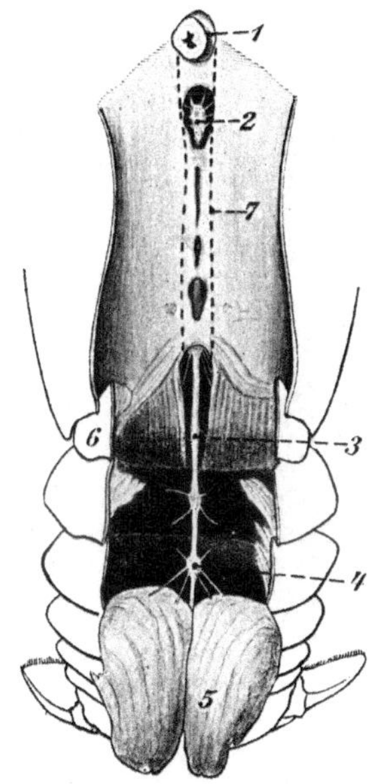

Fig. 119. Astacus. Freilegung des Nervensystems. Fortsetzung zu Fig. 118.

1. Ösophagus durchschnitten. — 2. unteres Schlundganglion. — 3. erstes Abdominalganglion. — 4. drittes Abdominalganglion. — 5. Abdominalmuskulatur abgelöst und zurückgeklappt. — 6. erstes Hinterleibssegment. — 7. Schnittlinie.

Im Abdomen liegt noch immer die Streckmuskulatur vor, im mittleren Teile des Präparationsfeldes ziehen jederseits die mächtigen Beugemuskeln des Hinterleibes nach vorn (Fig. 118 : 10). Vorn rechts und links erblicken wir die Adduktoren der Mandibeln (Fig. 118 : 8) mit ihrer Sehne (Fig. 118 : 9). Oral von diesen Muskeln finden wir jederseits die als Exkretionsorgan wirkende grüne Drüse (Fig. 118 : 6), der eine häutige Harnblase (Fig. 118 : 5) aufliegt. Aus dieser führt ein Ausführungsgang zu der auf S. 185 beschriebenen Papille.

Der abgeschnittene Speiseröhrenstumpf (Fig. 118 : 7) erleichtert uns das Aufsuchen der Schlundkommissur des Nervensystems (Fig. 118 : 2), des oberen (Fig. 118 : 1) und des unteren Schlundganglions (Fig. 118 : 3). Vom Bauchmark sehen wir bis jetzt nur kleine Teile (Fig. 118 : 4) durch die Lücken des Mesophagma hindurch, welches die Dorsalwand des Sternalkanales bildet.

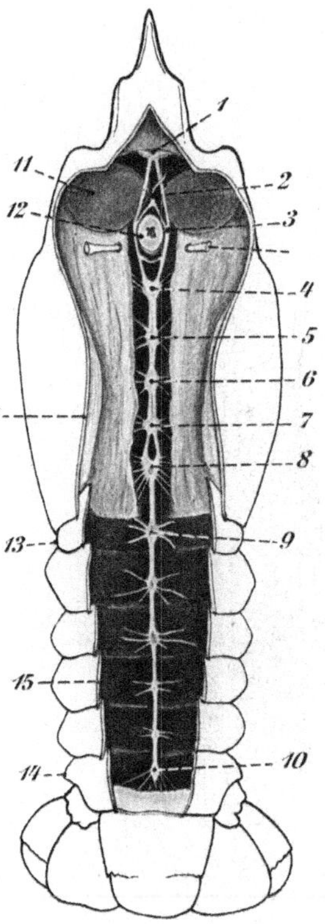

Fig. 120. Astacus. Ansicht des Nervensystems.

1. Cerebralganglion. — 2. Schlundnerv. — 3. Schlundkommissur. — 4. Unterschlundganglion. — 5.—8. Thorakalganglion. — 9. erstes, — 10. letztes Abdominalganglion. — 11. grüne Drüse. — 12. Ösophagus durchschnitten — 13. erstes, — 14. sechstes Abdominalsegment. — 15. Schnittlinie des Panzers.

Mit der Freilegung der Bauchganglienkette beginnen wir im Abdomen. Wir durchschneiden die Abdominalflexoren in der Punktlinie (Fig. 118 : 16), präparieren die Muskulatur des Hinterleibes ab und klappen sie nach hinten, wie es Fig. 119 : 5 zeigt. Die Ganglienkette (Fig. 119 : 3) mit den Ganglienknoten (Fig. 119 : 4) und den von ihnen ausstrahlenden Nerven liegt dann bis zum hinteren Ende des Sternalkanales frei. Dieser muß nun mit der starken Schere längs der Punktlinien (Fig. 119 : 7) vorsichtig geöffnet werden. Dann erhält man die Ansicht Fig. 120. Vom Oberschlundganglion (Cerebralganglion Fig. 120 : 1) gehen die Nerven zu den Augen und zu den Antennen. Aus dem Schlundring (Fig. 120 : 3) entspringt mit paarigem Ursprung der Schlundmagennerv (Fig. 120 : 2). Das Unterschlundganglion (Fig. 120 : 4) versorgt die Mandibeln und die beiden Maxillenpaare.

Die Thorakalganglien (Fig. 120, 5—8), deren Anzahl durch Verschmelzungen reduziert ist, sind ebenfalls durch deutlich paarige Kommissuren verbunden. Im Abdomen liegen 6 Ganglienknoten (Fig. 120 : 9 erstes, 10 letztes Abdominalganglion). Die Duplizität ist hier auch vorhanden, dem unbewaffneten Auge aber weniger deutlich.

Zum Schluß suchen wir an unserem Präparat noch die Seitenwandungen der Thorakalhöhle auf. Wir finden, daß diese nicht identisch mit den äußeren Panzerwandungen sind, sondern etwa dem Verlaufe der Branchiokardialfurchen folgen.

Einen guten Überblick über den Situs des Krebses gewinnt man durch Gefrierschnitte (Fig. 121). Die mit Chloroform getöteten Krebse werden auf mehrere Stunden in eine Kältemischung aus Eis und Kochsalz gelegt und dann mit der Kreissäge oder mit einer feinzähnigen, unverschränkten Blattsäge, die einen durch mediane Längs-, die anderen durch verschiedene Querschnitte zerlegt und die Schnittflächen unter der Wasserleitung abgespült. Das Verständnis dieser äußerst instruktiven Schnittbilder bietet nach voraufgegangener Präparation keine Schwierigkeiten dar.

IV. Bau der Gliedmassen, Kiemen, Mundteile.

Zu diesen Untersuchungen, die sich natürlich nicht mit der Sektion in einer Übung erledigen lassen (es wird empfohlen, auch die Sektion

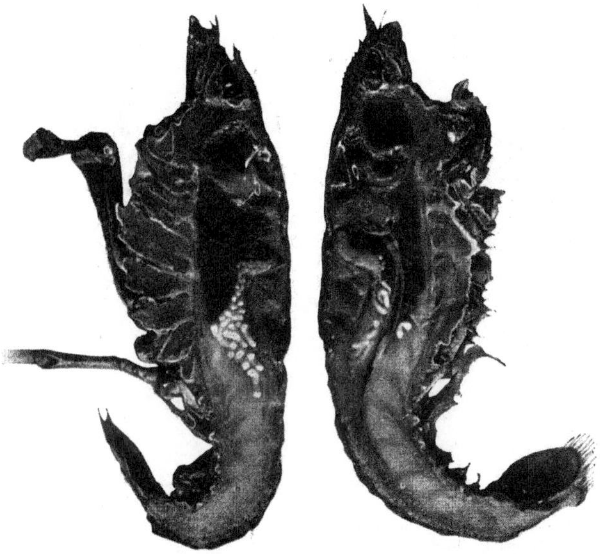

Fig. 121. Astacus ♂. Gefrierschnitt, beide Hälften. Photographie. Man erkennt unter anderem Magen, Leber, Vas deferens; auf dem linken Bilde das Bauchmark, auf dem rechten sehr deutlich den Darm.

selbst auf mindestens zwei Übungen zu verteilen und jedenfalls die Präparation des Nervensystems an Exemplaren vorzunehmen, die in Formalin gehärtet sind), kann man das bisher benutzte Material beliebig lange in Alkohol oder Formalin aufbewahren.

Die sechs Paar Pleopoden oder Abdominalbeine, die auf einem aus Coxopodit und Basipodit bestehenden Stamm ein Exopodit und ein Endopodit tragen, sind in ihrer verschiedenartigen Ausbildung schon auf S. 185 behandelt.

Um einen vollständigen Einblick in den Bau der Thorakalbeine zu gewinnen, müssen wir die Seitenteile des Cephalothorax (Branchiostegiten) durch lateral von den Branchiokardialfurchen verlaufende Scherenschnitte ablösen, so daß nur die Seitenwände der Thorakalhöhle stehen bleiben. Diesen anliegend sehen wir die fiederartig ausgebildeten

Kiemen (Fig. 122, 123). Wir überzeugen uns, daß diese an ihrem ventralen Ende angewachsen sind und klappen sie mit sanftem Druck nach unten.

An den Thorakalbeinen können wir sieben Glieder unterscheiden. Dem ersten Gliede (Coxopodit) sitzen mit Ausnahme der letzten Thorakalbeine die Kiemen als Branchiopodit auf. Außerdem finden wir an den Coxopoditen eine Anzahl geschlängelter, weicher Coxopoditborsten, welche dazu dienen, das Eindringen von Fremdkörpern in die Kiemenhöhle zu verhindern. Auf das Coxopodit folgt ein kurzes Basipodit. Die übrigen fünf Glieder gehören dem Endopodit an, da das Exopodit an den Schreitbeinen fehlt. Sie heißen der Reihe nach Ischiopodit, Meropodit, Carpopodit, Propodit und Daktylopodit.

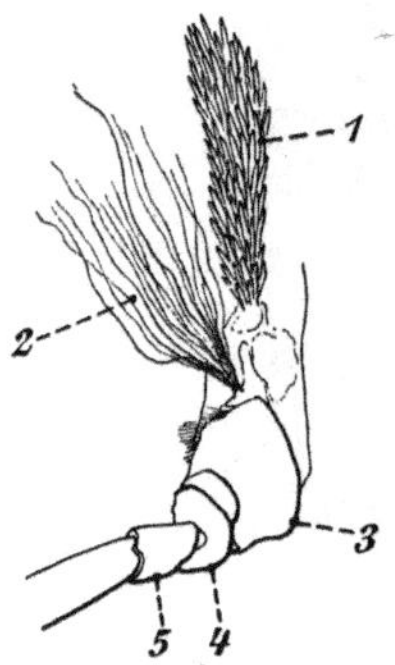

Fig. 122. Astacus. Kiemen des 5. linken Thorakalbeines.

1. Kieme (an der Seitenwand des Körpers sitzend). — 2. Coxopoditborsten. — 3. Coxopodit — 4. Basipodit. — 5. erstes Glied des Endopodit.

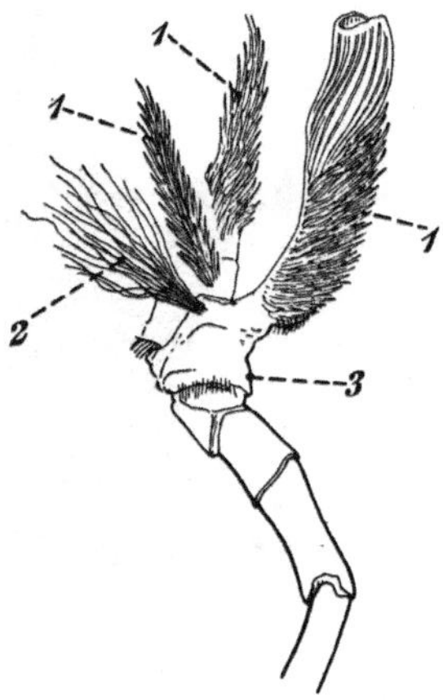

Fig. 123. Astacus. Kiemen des 4. linken Thorakalbeines.

1. Kiemen. — 2. Coxopoditborsten. — 3. Coxopodit.

Bei den drei ersten Paaren der Schreitbeine bildet das Daktylopodit mit einem Fortsatz des Propodits eine Schere.

Nach vorn fortschreitend, gelangen wir zu den drei Paar Kieferfüßen, die wir einzeln abpräparieren.

Am dritten Kieferfußpaar sind die Kiemen und Coxopoditborsten noch gut ausgebildet. Dem Basipodit sitzen zwei Gabeläste auf, das mächtige Endopodit, an dem wir wieder die fünf Glieder feststellen können, und das schwache Exopodit, das dem Exopoditen der Abdominalbeine ähnelt.

Am zweiten Kieferfußpaar sind Kiemen und Coxopoditborsten nur noch schwach entwickelt. Das Exopodit ist zwar noch schwächer, aber bereits ebensolang wie das Endopodit.

Am ersten Kieferfußpaar ist das Branchiopodit zu einem weichen, blattartigen Epipodit geworden, Coxopodit und Basipodit sind ebenfalls weich und blattartig ausgebildet und haben borstige, scharfe Medianränder. Das Endopodit ist nur noch zweigliederig und sehr kurz und wird vom Exopodit bedeutend an Größe übertroffen.

Oral von den Kieferfüßen finden wir zwei Paar Maxillen. Bei der zweiten Maxille sind Coxopodit und Basipodit dünnhäutig, median tief gespalten und an der Kante mit einem Haarsaum besetzt. Das sehr kleine Endopodit ist ungegliedert. Exopodit und Epipodit sind durch das große, plattenförmige Skaphognathit ersetzt. Dieses fehlt beim ersten Maxillenpaare vollständig, so daß hier nur die ähnlich wie beim zweiten Maxillenpaare gestalteten Coxopoditen und Basipoditen, sowie ein sehr schwaches Endopodit vorhanden sind. Die Maxillen eignen sich ihrer flachen Ausbildung wegen zu Balsampräparaten, deren Anfertigung zu empfehlen ist.

Die starken Mandibeln bestehen aus einer kräftigen, am medianen Rande gezähnten Kaulade (Fig. 124 : 7), welche einen kurzen, dreigliederigen Taster (Fig. 124 : 8) trägt, der vielleicht dem Endopodit entspricht.

Anmerkung: Die Herstellung von Blut- und Spermapräparaten vom Krebse ist weiter oben in dem Kapitel „Allgemeine Histologie" beschrieben.

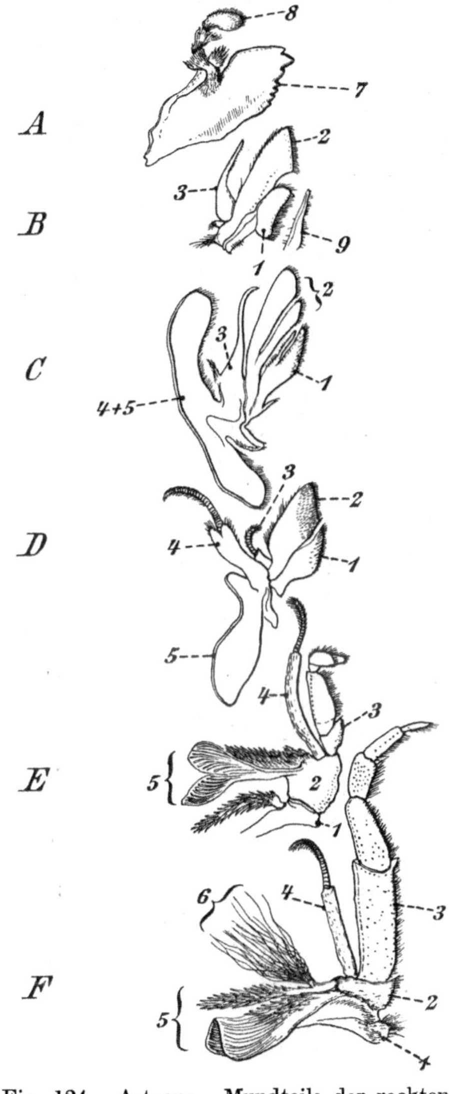

Fig. 124. Astacus. Mundteile der rechten Seite in Ventralansicht.

1. Coxopodit. — 2. Basipodit. — 3. Endopodit. — 4. Exopodit. — 5. Epipodit. — 6. Coxopoditborsten. — 7. Kaulade der Mandibel. — 8. ihr Taster. — 9. zur Unterlippe gehörig.

V. Histologisches.

Histologische Präparate stellt man am besten nur von einzelnen Organen des Krebses her, da die Fixierung ganzer Tiere selbst bei ganz jungen Exemplaren selten einwandsfrei gelingt. Die Organe müssen unmittelbar nach dem Tode des Tieres in die Fixierungsflüssigkeiten kommen und in allen Stadien der Bearbeitung sehr sorgfältig behandelt werden. Da viele der allgemein angewendeten Fixierungsmethoden bei den Crustaceen des Süßwassers versagen, so geben wir, um den Erfolg einigermaßen sicherzustellen, für einige Organe Spezialmethoden an.

In Flemmingscher Mischung werden fixiert: Die Mandibularmuskeln, Hoden, Vasa deferentia, Ovarien und grünen Drüsen, ferner die Augen, von denen jedoch, um das Eindringen der Fixierungsflüssigkeit zu erleichtern, mit einem scharfen Rasiermesser ein flaches, seitliches Segment abgetragen wird. Als Intermedium wird in allen Fällen Chloroform angewendet, das namentlich bei den Muskeln sehr lange einwirken muß, um nicht bröckelnde Paraffinblöcke zu liefern.

Spezialmethoden wenden wir für Enddarm und Leber an. Sie werden an den betreffenden Stellen beschrieben.

Mandibularmuskel. Die in Paraffin eingeschlossenen Muskeln werden in möglichst dünne Längsschnitte zerlegt und mit Indigkarmin-Boraxkarmin nach Merkel gefärbt. Himmler Oc. 3. Obj. VIII. Die kontraktilen, quergestreiften Muskelfibrillen liegen in dem bindegewebigen Myolemm (Sarkolemm). Zwischen diesem und der kontraktilen Substanz ist ein kernhaltiges Myosark (Sarkoplasma) ziemlich kräftig entwickelt. Auch innerhalb der kontraktilen Faser ist etwas Myosark entwickelt, wodurch diese in Fibrillensäulchen zerlegt wird. Die Querstreifung kommt auf zweierlei Art zustande. Zunächst ist eine in ziemlich regelmäßigen Abständen wiederholte Querverbindung der Fibrillen untereinander und mit dem Myolemm durch das Myosark hindurch vorhanden (Krausesche Grundmembran). Die jeder Grundmembran entsprechende leichte Anschwellung wird als Zwischenscheibe (Engelmann) bezeichnet und fällt im mikroskopischen Bilde zunächst ausschließlich auf. Man suche die Verbindung der Grundmembranen mit dem Myolemm festzustellen! Die wirkliche Querstreifung ist durch die verschiedene Intensität der Färbung an gut gelungenen Präparaten zu erkennen. Das stärker gefärbte dunkle Querband liegt immer annähernd in der Mitte zwischen zwei Grundmembranen.

Um die Verteilung des interfibrillären Myosarks zu studieren, empfiehlt es sich, Querschnitte durch vergoldetes Material zu untersuchen, da das Myosark sich besonders leicht mit Gold imprägniert. Die frischen Muskeln werden auf 1—2 Tage in 96%igen Alkohol gelegt, darauf quer zur Längsrichtung in 2—3 Stücke zerschnitten und der Vergoldung nach Löwitt unterworfen. Die Stückchen kommen auf eine Minute in eine Mischung von 1 Teil Ameisensäure und 2 Teilen destilliertem Wasser, dann in wenig 1%ige Goldchloridlösung, bis sie gelb geworden sind (5 bis 10 Minuten). Hierauf wird in stark verdünnter Ameisensäure ausgewaschen und dann in konzentrierter Ameisensäure auf 24 Stunden ins Dunkle gestellt. Man härtet in Alkohol steigender Konzentration und bettet unter Verwendung von Chloroform als Intermedium in Paraffin ein. Auf den Querschnitten sieht man bei starker Vergrößerung das braunrote Maschenwerk der Interfibrillärsubstanz (Cohnheimsche Felderung).

Hoden. Die Schnitte (10 μ) werden nach der Hämatoxylin-Van Giesonmethode gefärbt. Die einzelnen Hodenbläschen besitzen eine bindegewebige Wand, in der Muskelelemente nachweisbar sind. Im Endothel der Bläschen unterscheiden wir die großen Spermatoblasten und eine größere Anzahl in einer Protoplasmaschicht liegender Keimkerne. Der Ausführungsgang jedes Samenbläschens, der in den Sammelkanal mündet, wird von einem einschichtigen Zylinderepithel ausgekleidet.

Vasa deferentia. Querschnitte 10 μ. Färbung mit Hämatoyxlin und van Giesonlösung. Die der bindegewebigen Hülle eingelagerten Muskelelemente sind hier stärker entwickelt. Man kann innere Längsbündel und äußere Ringbündel sehen. Die Endothelzellen sind langgestreckt und besitzen große, elliptische Kerne.

Ovarium. Querschnitte 10 μ. Färbung mit Hämatoxylin und van Giesonlösung. Man kann Eier in allen Entwickelungsstufen unterscheiden. In der Begattungszeit ist der Hohlraum des Eierstockes so stark gefüllt, daß die Eier sich gegenseitig abplatten. Man richte die starke Vergrößerung auf die Kerne der Eizellen (Keimbläschen), an denen sich mehrere Nucleoli (Keimflecke) unterscheiden lassen. Zu genaueren Studien über den Kern wende man Safraninfärbung an.

Grüne Drüse. Färbung mit Hämatoyxlin und van Giesonlösung, besser jedoch mit basischen Farbstoffen, z. B. einer wässerigen Safraninlösung. Das Drüsengewebe zeigt eine größere Anzahl von peripherisch dichter liegenden Hohlräumen. Die Drüsenkanälchen sind mit einschichtigem Zylinderepithel ausgekleidet.

Augen. Beachte die Technik beim Fixieren S. 198. Sagittale Längsschnitte, wenn möglich 10 μ. Färbung mit Hämatoxylin-van Gieson lösung. Wir richten zuerst Oc. 3. Obj. IV auf den Stiel des Auges. Dieser wird eingehüllt von einer Epidermis, die auf einem Zylinderepithel von sehr verschiedener Stärke eine kräftig entwickelte Cuticula trägt. Innerhalb vom Epithel ist eine nach dem Bulbus an Dicke zunehmende Bindegewebsschicht und auf einer Seite ein starker Längsmuskel für die Bewegung des Auges entwickelt. Der Sehnerv bildet innerhalb des Augenstieles vier Ganglienknoten, die durch gekreuzte Bündel von Nervenfasern miteinander in Verbindung stehen. Das 4. Ganglion (Retinaganglion) bildet eine der Außenfläche des Bulbus konzentrische Kalotte, welche von der inneren Grenzlamelle des dem Retinaganglion kappenförmig aufsitzenden Bulbus durch den subocularen Raum getrennt ist. Dieser wird von radial zu den Einzelaugen ziehenden Nervenfasern durchsetzt, zwischen denen als Lichtreflektoren wirkende Pigmentzellen (Tapetumzellen, innere dunkle Zone Huxleys) in großer Menge liegen. Der Aufbau des Auges aus radial angeordneten Einzelaugen (Ommen) fällt sofort auf. Die zwischen den Nervenfasern des subocularen Raumes liegende Tapetumschicht setzt sich noch zwischen den Basalteilen der Einzelaugen (Retinulaschicht) fort. Eine zweite pigmentierte Zone, die die erste, durch einen hellen Raum getrennt, konzentrisch umgibt (mittlere dunkle Zone Huxleys) wird durch die ebenfalls interommal gelegenen, stark pigmentierten Iriszellen gebildet (Blendröhren).

An jedem Einzelauge haben wir von innen nach außen die an die Grenzlamelle stoßende Retinulaschicht, die am meisten ausgedehnte Kegelschicht und die sehr flache Corneaschicht zu unterscheiden.

In der Retinulaschicht, welche bis an die innere Grenze des Irispigments reicht, also den im Bulbus gelegenen Teil der inneren dunklen Zone sowie die innere weiße Zone Huxleys umfaßt, liegen die Sehzellen, der lichtempfindliche Teil des Auges (Rhabdom).

Die Kegelschicht ist der lichtbrechende Apparat des Auges. Sie umfaßt die mittlere dunkle, die äußere weiße und die äußere dunkle Zone Huxleys. Die äußeren Teile der Kegel (Kristallstücke) zeichnen sich durch besonders starke Lichtbrechung aus. Bei Färbung mit Toluidinblau (s. S. 158) erkennt man, daß ein schmales äußeres und ein breites inneres Kristallstück zu unterscheiden sind, welche durch eine feine, schwer färbbare Zone getrennt sind. Das jeden Kegel einschließende, sehr zarte Conolemm platzt häufig beim Fixieren, der Inhalt fließt aus, erstarrt körnig und läßt in einer breiten Zone den Aufbau des Auges aus Einzelaugen nur sehr schwer erkennen.

Die Cornea besteht aus einer sehr flachen Schicht kernhaltiger Corneazellen, die nach außen eine starke Cuticula absondern.

Bauchmark. Das Bauchmark wird seiner ganzen Länge nach so freigelegt, wie es bei der makroskopischen Präparation geschildert worden ist. Dann wird jederseits etwa $1/2$ cm davon entfernt ein längs verlaufender Scherenschnitt durch die Ventralseite des Panzers geführt, so daß das Bauchmark auf einem 1 cm breiten Streifen liegt, der ihm

Schonung und Halt gewährt. So vorgerichtet kommt es in die Fixierungsflüssigkeit. Als solche wählen wir die Müllersche Flüssigkeit. Die Fixierung dauert mindestens vier Wochen. Nach dem Härten in absolutem Alkohol wird das Bauchmark vorsichtig von dem Panzerstreifen abpräpariert und in mehrere Teile zerlegt. Wir stellen 20 μ dicke Querschnitte durch ein Ganglion und durch die Konnektivstränge her. Färbung mit Hämatoxylin und van Giesonlösung.

Der Schnitt durch ein Konnektiv (als Beispiel aus dem Abdomen gewählt) zeigt, daß dieses aus zwei Strängen besteht, die durch eine bindegewebige Scheidewand getrennt sind. Diese geht dorsal und

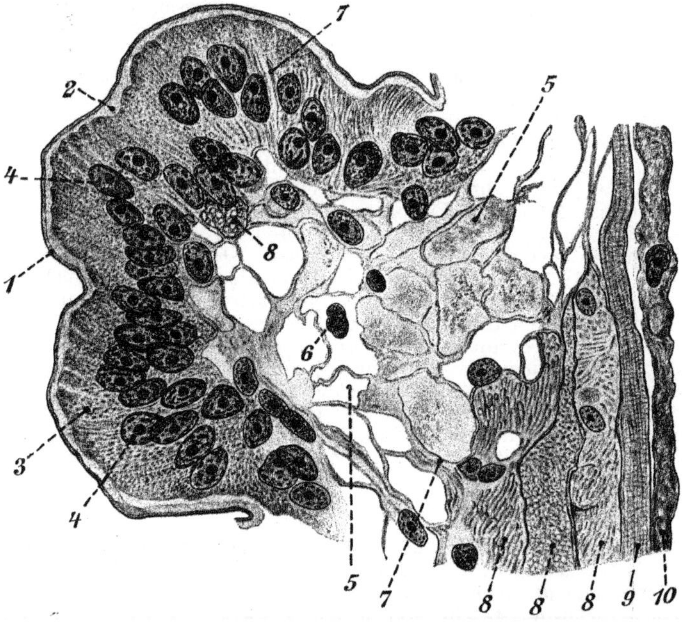

Fig. 125. Obj. VIII. Astacus. Längsfalte aus einem Querschnitt des Enddarms. 1. Außenlage der Cuticula. — 2. Innenlage der Cuticula. — 3. Epithelzelle. — 4. Kerne von Epithelzellen. — 5. Bindegewebszellen. — 6. Kern einer solchen. — 7. Stück einer radialen Muskelfaser. — 8. Längsmuskeln. — 9. Ringmuskulatur. — 10. Tunica externa.

ventral unmittelbar in das elastische, fasernführende, bindegewebige Perineurium über, welches das ganze Konnektiv umgibt. Unter den Nervensträngen fallen in jeder Hälfte des Konnektivs zwei dicke Kolossalfasern auf. Wir richten die starke Vergrößerung auf einen Nervenquerschnitt. Der Nerv ist von einem Endoneurium umgeben. Jede Faser eines Nerven ist von einer doppelten Scheide eingeschlossen, einer feinen Innenscheide, die der Fibrillärsubstanz stets unmittelbar aufliegt und einer derben, äußeren Scheide, die häufig von der ersteren abgelöst erscheint.

Auf dem Schnitt durch das Ganglion ist das mediane Septum nur stellenweise schwach angedeutet. Das perineurale Bindegewebe ist reich mit Blut führenden Lakunen durchsetzt. In der dorsalen Hälfte des Schnittes lassen sich zwei querverlaufende Faserkommissuren feststellen, durch welche ein dorsales, ein mittleres und ein ventrales Neuropil (Nervenzentrum) abgegrenzt werden. Der ventrale Teil des Schnittes wird hauptsächlich von Nervenzellen eingenommen. Diese sind zu Paketen angeordnet und stellen die Ursprünge der Seitennerven dar. Die Nervenzellen sind von sehr verschiedener Größe und fast sämtlich unipolar.

Enddarm. Die Fixierung erfolgt in Frenzelscher Sublimatsalpetersäure. Man fügt zu einer konzentrierten Lösung von Sublimat in destilliertem Wasser das gleiche Volumen absoluten Alkohol und auf je 1 ccm dieser Mischung 1 Tropfen offizineller Salpetersäure (1,20). Nach 24 Stunden wird in 70 %igen Alkohol übertragen und langsam

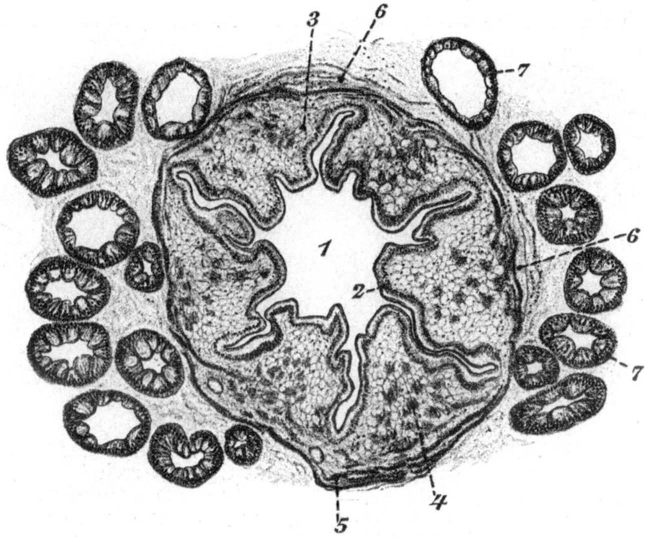

Fig. 126. Obj. 0. Astacus. Mitteldarm und Leberschläuche quer.
1. Hohlraum des Darmes. — 2. Epithel. — 3. Bindegewebe. — 4. Muskelbündel längs verlaufend. — 5. Ringmuskeln. — 6. Peritoneales Bindegewebe. — 7. Leberschläuche.

weiter gehärtet. Der Zusatz von Salpetersäure verhindert die Bildung von Sublimatniederschlägen, so daß die Jodbehandlung nicht erforderlich ist. Die Färbung der 10 μ dicken Schnitte erfolgt mit Hämatoxylin und van Giesonlösung.

Am Querschnitt des Darmes (Fig. 125, 126) haben wir von innen nach außen zu unterscheiden: das hohe, einschichtige Epithel (Fig. 125 : 3), das sechs Längsfalten bildet (Fig. 126), das stark entwickelte Bindegebe (Fig. 125 : 5) und die Muskulatur, die in eine innere Längs- und in eine äußere Ringmuskulatur zerfällt. Die nur schwach entwickelte und stellenweise unterbrochene Ringmuskulatur wird von peritonealem Bindegewebe umgeben. Die Längsmuskulatur ist über das innere Bindegewebe unregelmäßig verteilt. Im peritonealen Bindegewebe treffen wir auch Anschnitte von Blutgefäßen.

Leber. Die Leber fixieren wir 12—24 Stunden in einer Mischung von 1 Teil Formalin und 2½ Teilen Wasser, übertragen sie aus dieser Flüssigkeit direkt in 96 %igen Alkohol und behandeln sie nach den allgemeinen Vorschriften weiter. Färbung der 10—20 μ dicken Schnitte nur in Delafieldschem Hämatoxylin.

Die Leber (Hepatopankreas, Fig. 126) besteht aus vielen Schläuchen, die sich zu kurzen Sammelkanälen und schließlich zu zwei sehr kurzen Hauptausführungsgängen vereinigen. Auf unseren Schnitten sehen wir viele quergetroffene Leberkanälchen. Die einzelnen Kanälchen zeigen in einer Muskelfasern, Gefäße und Nerven führenden, aber trotzdem sehr dünnen, bindegewebigen Scheide ein hohes, einschichtiges Epithel, in welchem Nährzellen und Drüsenzellen zu unterscheiden sind. Die Drüsenzellen (Fig. 128), die bei weitem in der Minderheit sind, zeichnen sich durch den Besitz eines großen Hohlraumes aus, welcher das Plasma

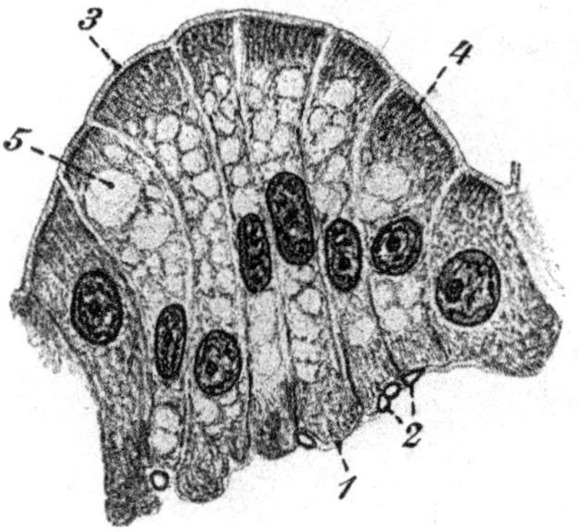

Fig. 127. Obj. VIII. Astacus. Aus dem Querschnitt durch einen Lebertubulus.

1. Hülle. — 2. Muskelfasern in der Hülle. — 3. Stäbchensaum. — 4. strangfömig angeordnete Granulationen. — 5. Lücken (intra vitam mit Fettkörnern erfüllt).

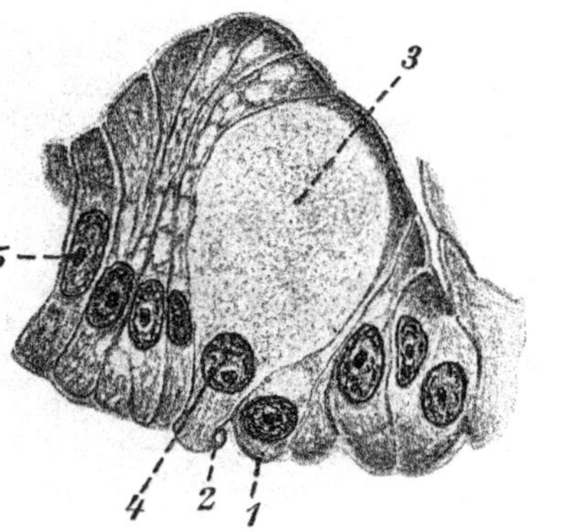

Fig. 128. Obj. VIII. Astacus. Aus dem Querschnitt durch einen Lebertubulus.

1. Hülle. — 2. Muskelfaser in der Hülle. — 3. Drüsenzelle. — 4. ihr Kern. — 5. Kern einer Nährzelle.

bis auf einen dünnen Wandbeleg verdrängt. Bei Lebzeiten enthält dieser Hohlraum das grünliche, flüssige Sekret der Leber, dem dieses Organ seine charakteristische Färbung verdankt.

VI. Anhang.

A. Taschenkrebse.

Zum Vergleiche präparieren wir noch kurz die Körperanhänge einer Krabbe, also etwa Cancer pagurus (Spiritusmaterial aus Helgoland) oder Carcinus maenas (dgl. oder aus Neapel).

Zuerst suchen wir den Hinterleib auf, der hier sehr schwach entwickelt ist und nach vorn umgeklappt getragen wird. Man muß einige Gewalt anwenden, um ihn aufzubiegen. Man sieht dann, daß die vier ersten Pleopodenpaare beim Weibchen zu Anhängen reduziert sind, die die Eier tragen, während beim Männchen nur die beiden ersten Paare und zwar als Begattungsorgane ausgebildet sind. Da das 6. Abdominalsegment keine Anhänge trägt, so unterbleibt auch die Bildung einer Schwanzflosse. Bei beiden Arten ist der Hinterleib des Männchens nur fünfgliederig.

Die Antennen tragen keine Exopoditschuppe, und ihr Basalglied ist unbeweglich. Die Antennulae sitzen mit ihrer Basis in zwei Höhlungen, die durch eine dem Rostrum des Flußkrebses entsprechende, mediane Scheidewand gebildet werden. Die Geißeln beider Fühlerpaare sind sehr kurz. Am 3. Kieferfußpaar ist das Isschiopodit zu einer breiten Platte ausgebildet. Auf dem Cephalothorax ist eine ähnliche Gliederung wahrzunehmen wie bei Astacus, doch ist der Kiemendeckel jederseits so scharf ventral umgebogen, daß das Atemwasser nur aus einer an der Basis des letzten Kieferfußpaares gelegenen Öffnung abfließen kann. Durch eine ähnliche Schnittführung wie bei Astacus entfernen wir die Kiemendeckel und betrachten die Kiemen, deren jederseits 9 vorhanden sind. Von den Thorakalbeinen trägt nur das 1. Paar Scheren. Bei Carcinus ist das 5. Paar blattartig verbreitert.

B. Larvenformen der Kruster.

Die Jungen von Astacus zeigen nur wenige Abweichungen vom Bau der erwachsenen Tiere, sie sind auch zu dick, um brauchbare mikroskopische Präparate zu liefern. Wir beziehen aus Neapel Alkoholmaterial verschiedener Formen von Krusterlarven: Naupliuslarven, Zoëa- und Phyllosomastadien und wollen den Bau derselben an drei Beispielen erläutern. Bei den Nauplius- und Phyllosomaformen empfiehlt sich schonendste Behandlung und die Herstellung von Glyzerinpräparaten, die mit einem Rande von Deckglaskitt zu versehen sind. Zoëa wird in Xylol aufgehellt und als Balsampräparat montiert.

a) Nauplius von einer Peneusart (Neapel). Der Nauplius hat nur ein medianes Auge und drei Paar Beine, von denen die beiden letzten Spaltbeine sind. Die Naupliusbeine entsprechen den späteren Antennen und Mandibeln.

b) Zoëa von Portunus corrugatus. Bei der Zoëa fehlen noch das dritte Kieferfußpaar und die fünf Paar Thorakalbeine. Wir erkennen an unseren Präparaten leicht zwei Paar kurze Fühler ohne Geißeln und die beiden noch im Dienste der Lokomotion stehenden, als Spaltbeine ausgebildeten, späteren vorderen Kieferfußpaare. Mandibeln und Maxillen sind sehr schwer zu erkennen. Der Kopfbrustpanzer trägt am Vorderende einen oder mehrere, charakteristische große Stacheln; am kräftigsten sind gewöhnlich ein Stirnstachel und ein Rückenstachel ausgebildet. Die Augen sind deutlich fazettiert. Der Hinterleib ist wohl ausgebildet, trägt aber keine Gliedmaßen.

c) Phyllosoma von Palinurus vulgaris. Die Phyllosomalarve tritt bei den Loricata oder Panzerkrebsen (Languste, Bärenkrebs) auf. Sie ist blattartig plattgedrückt. Durch das Thorakalschild schimmert deutlich die verästelte Leber durch. An manchen Präparaten sind auch noch weitere Einzelheiten der inneren Organisation zu erkennen. Von den Gliedmaßen sind das dritte Kieferfußpaar und drei Paar Brustbeine sehr lang ausgebildet und tragen je einen kleinen Spaltast. Man erkennt weiter zwei Paar geißellose Antennen, ein Paar sehr lang gestielte Augen und den schwach entwickelten, aber deutlich gegliederten Hinterleib.

2. Kapitel.

Mikroskopische Behandlung kleiner Formen der höheren Krebse sowie einiger niederer Krebse.

Das marine Material bezieht man von einer zoologischen Station (Neapel oder Helgoland), die Süßwasserformen sammelt man bei Exkursionen und bewahrt sie für die gelegentliche Behandlung in Alkohol auf. Selbstverständlich sind die meisten Süßwasserformen in gleichem Maße brauchbar und werden alle nach denselben Vorschriften behandelt. Unsere naturgemäß sehr kleine Auswahl bringt die allerhäufigsten und einige besonders charakteristische Formen.

Für Beobachtungen an lebendem Material leistet außer der Ausbeute von Exkursionen auch das überall käufliche, sog. lebende Fischfutter gute Dienste. Es ist an verschiedenen Orten abweichend zusammengesetzt, enthält aber fast immer Daphnia, Cyclops und einige verwandte Formen.

Wegen des Kalkgehaltes der Panzer sind die Präparate der kleinen Kruster oft schlecht durchsichtig. Für die Behandlung des Chitins sind im allgemeinen Teile schon Vorschriften gegeben. Die Entfernung des Kalkes durch Säure empfiehlt sich bei diesen kleinen Formen im allgemeinen nicht, etwas größere wie Gammarus, müssen indessen langsam, am besten mit einer sehr dünnen Salpetersäure, entkalkt werden. In manchen Fällen ist die Färbung der Chitinteile von Vorteil. Außer den im allgemeinen Teil angeführten Methoden sei hier noch die Färbung mit wässerigem Methyl- oder Gentianaviolett empfohlen. Das Chitin nimmt dabei eine stark durchsichtige Rosafarbe an.

In allen Fällen sind Balsampräparate den Glyzerin- oder Glyzeringelatinepräparaten vorzuziehen.

Wir werden behandeln:

Süßwasserformen.	Marine Formen.
1. Schizopoden.	
—	1. Podopsis Slabberii, 2. Mysis flexuosa } Helgoland
2. Amphipoden.	
1. Gammarus spec.	3a. Caprella aequilibra, 3b. Caprella liparotensis } Neapel.
3. Isopoden.	
2. Asellus aquaticus. 3a. Oniscus murarius oder, 3b. Porcellio scaber } Landformen.	4. Idothea hectica (Neapel).
4. Copepoden.	
4. Cyclops spec. 5. Argulus foliaceus.	5. Lichomolgus Sarsii (etwa auf Spirographis Spallanzanii) } Neapel.

5. Ostracoden.

6. Cypris fusca.

6. Phyllopoden.

7. Daphnia pulex.
8. Leptodora hyalina.
9a u. b. Apus productus oder cancriformis (Jugendform, Totalpräparat); Teilpräparate von erwachsenen Tieren.
10. Branchipus stagnalis (ev. histologisch).

I. Schizopoden.

Podopsis Slabberii (Fig. 129) und Mysis flexuosa werden aus Helgoland bezogen. Das Material braucht nicht entkalkt zu werden, muß aber längere Zeit in Xylol aufgehellt werden. Man stellt Totalpräparate her, achtet aber bei der Orientierung darauf, daß die aus dem 6. Abdominalbeinpaar und dem Endglied des Hinterleibes gebildete Schwanzflosse so ausgebreitet wird, daß die in den Seitenplatten gelegenen Otholithenblasen (Fig. 129 : 2) gut zu sehen sind. In jeder

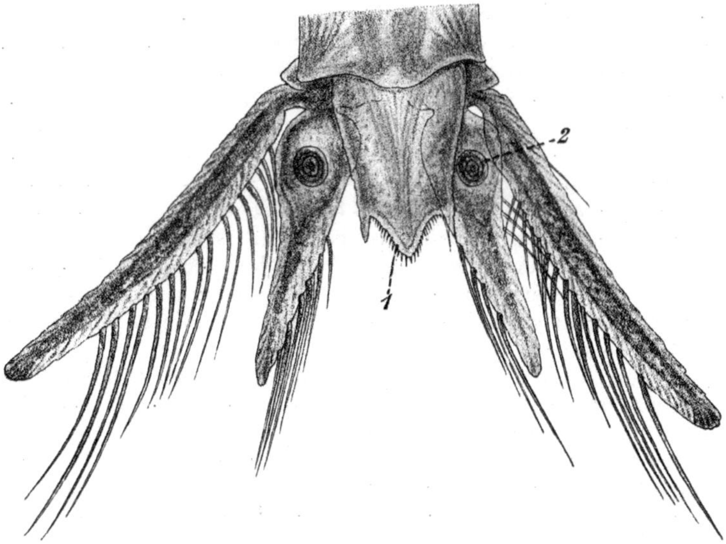

Fig. 129. Obj. 0. Podopsis Slabberii. Hinterleibsende mit seinen Anhängen.
1. Endplatte. — 2. Otholith.

Otholithenblase liegt ein großer, runder, aus mehreren konzentrischen Schichten bestehender Otholith, der bei stärkerer Vergrößerung zu betrachten ist. Am Kopfe betrachten wir alles, was sich über die Anhänge desselben ohne weitere Präparation erkennen läßt. Die Fühler des ersten Paares bestehen aus einem dreigliederigen, ziemlich langen Schaft, der zwei Geißeln trägt. Das zweite Fühlerpaar hat nur eine Geißel. Die fazettierten Augen sind sehr lang gestielt. Von den Mundteilen ist meist wenig zu erkennen. Es sind vorhanden: 1 Paar Oberkiefer mit dreigliederigem Taster, 2 Paar Unterkiefer, von denen das 2. Paar ziemlich kompliziert gebaut ist und 2 Paar Kieferfüße (Spaltbeine). Die 6 Paar Brustbeine sind als Spaltbeine ausgebildet.

II. Amphipoden.

Gammarus, Flohkrebs. Man sammle die mehr in schnellfließendem Wasser lebenden Gammarus pulex und die mehr in stehendem und langsam fließendem Wasser lebenden, etwas größeren Gammarus fluviatilis und bringe sie mit genügend Wasserpflanzen lebend in ein Aquarienglas, wo man sie bei guter Durchlüftung lange halten und beobachten kann. Man achte auf die ruckweise Bewegung beim Schwimmen, bei der die stark entwickelten, nach hinten gerichteten drei letzten Brustbeinpaare vorzugsweise verwendet werden. Die stark behaarten drei ersten Hinterleibsbeinpaare sind stets in lebhafter Bewegung und treiben den an den Brustbeinen sitzenden Kiemen frisches Atemwasser zu. Die beiden Arten sind auch mit bloßem Auge leicht zu unterscheiden, da bei Gammarus fluviatilis die drei ersten Hinterleibsringe auf der Rückenseite nach hinten in einen spitzen Stachel auslaufen, der bei Gammarus pulex fehlt.

Zur Konservierung werden die Tiere in Alkohol aufbewahrt. Hat man kleine, nur wenige Millimeter lange Exemplare zur Verfügung, so genügt längeres Aufhellen in Xylol. Größere Exemplare müssen entkalkt werden (siehe S. 32). An die Entkalkung schließt sich die langsame Behandlung mit Kalilauge, die die Säure neutralisiert und die Weichteile mazeriert. Hierauf wird gründlich gewässert, wobei die auf der Seite liegenden Tiere öfter sanft mit dem Finger zu drücken sind, um das Innere gründlich zu entleeren. Nach dem Entwässern in mehrfach zu erneuerndem, absoluten Alkohol wird in Xylol aufgehellt und in Balsam montiert. Man stelle erst ein Testpräparat her; wird dieses zu wenig scharf, so färbe man das übrige Material vor dem Entwässern mit einer dezenten Chitinfarbe, etwa mit Methylviolett, bis zur gewünschten Intensität. Den Praktikanten wird das fertig xylolierte Material zur Montage übergeben.

Gammarus ist ein Vertreter der Arthrostraken oder Gliederkrebse: Ein Kopfbruststück fehlt. Der Kopf ist nur mit dem ersten der sieben Brustringe verwachsen. An Anhängen sind vorhanden: 2 Paar Fühler, 1 Paar Oberkiefer, 2 Paar Unterkiefer, 1 Paar Kieferfüße, 7 Paar Brustbeine, 6 Paar Abdominalbeine. Da die Tiere im Präparat auf der Seite liegen, ist es bei einigen Bemühungen meist möglich, alle Teile aufzufinden. Das erste Fühlerpaar hat zwei Geißeln, das zweite Paar eine Geißel. Die Oberkiefer und das erste Paar Unterkiefer tragen Taster, das zweite Paar nicht. Die beiden Kieferfüße sind median miteinander verwachsen und tragen große Taster. An den Hüften der Brustbeine finden sich plattenartige Kiemenanhänge. Sämtliche Brustbeinpaare tragen Krallen; die der beiden ersten Paare sind wie die der Kieferfußtaster besonders stark entwickelt. Die drei letzten Brustbeinpaare sind von den Kniegliedern an stark nach hinten gewendet. An den drei ersten Abdominalbeinpaaren ist der Spaltfußcharakter sehr gut entwickelt. Auf einem Schaft sitzen hier die beiden stark behaarten Äste.

Das 4.—6. Abdominalbeinpaar sind wieder nach hinten gerichtet. Sie werden als Springbeine benutzt.

Von marinen Amphipoden präparieren wir eine der aus Neapel zu beziehenden Caprellaarten (Caprella aequilibra oder Caprella liparotensis, Fig. 130 u. 131). Es genügt Aufhellung in Xylol. Für die Totalpräparate wählen wir möglichst kleine Exemplare, die wir

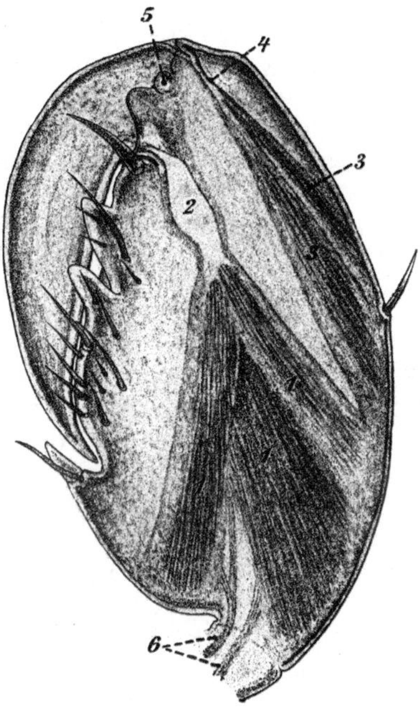

Fig. 130. Caprella spec. ♂. Endglieder der hinteren Greiffüße.

1. Beuger der Endklaue. — 2. Sehne desselben. — 3. Strecker der Endklaue. — 4. Sehne desselben. — 5. Gelenkhöcker. — 6. Nerven.

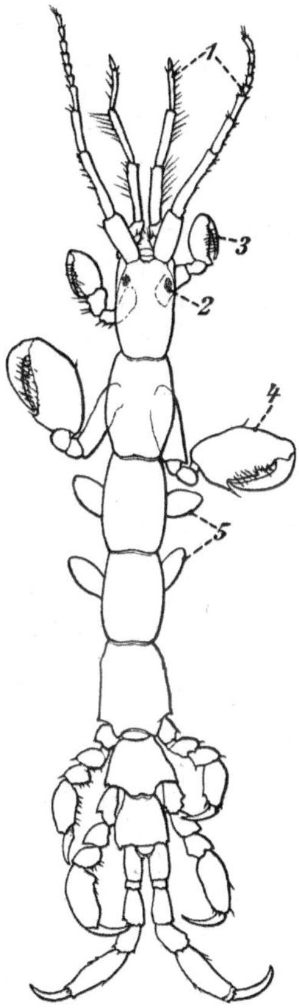

Fig. 131. Caprella spec. ♂. Von oben gesehen.

1. Antennen. — 2. Augen. — 3., 4. Greiffüße. — 5. Kiemen.

aber nicht mit harten Gegenständen, sondern nur mit dem Pinsel berühren. Bei guter Aufhellung lassen sich häufig noch einzelne Muskeln, Sehnen und Nerven im Inneren unterscheiden (Fig. 130).

Um uns das Verständnis dieser abenteuerlichen Formen zu erleichtern, müssen wir zunächst beachten, daß der Hinterleib verkümmert ist. Von den beiden Fühlerpaaren ist das erste länger als das zweite. An den klauenförmigen Endgliedern der Beine finden sich starke Klammerhaken (Fig. 131 : 3,4; Fig. 130). Am 3. und 4. Segment fehlen die Beine. Hier sehen wir nur die schlauchförmigen Kiemen (Fig. 131 : 5) hängen. Von den Mundteilen, die ähnlich wie bei Gammarus entwickelt sind, sieht man an den Präparaten meist nur die Taster der miteinander verwachsenen Kieferfüße.

III. Isopoden.

Asellus aquaticus, gemeine Wasserassel. Die Tiere sind in allen stehenden oder langsam fließenden Gewässern im Gewirr der Wasserpflanzen zu finden. Konservierung in Alkohol. Entkalkung nicht erforderlich. Aufhellung in Xylol. Balsam. Das Tier wird in Rückenlage montiert, die Beine mit Nadeln vorsichtig gestreckt.

Auf den Kopf folgen sieben freie Brustringe, darauf sieben Abdominalsegmente, die aber bis auf die beiden ersten miteinander verschmelzen. Die Fühler des ersten Paares sind kürzer als die des zweiten Paares. Die Oberkiefer tragen dreigliederige Taster mit Endklauen. Es sind zwei Paar Unterkiefer, ein Paar Kieferfüße und sieben Paar Brustbeine vorhanden, die keine Kiemenanhänge, beim Weibchen aber zum Teil Brutplatten tragen. Die beiden ersten Beinpaare des Männchens sind zum Greifen eingerichtet. Die fünf ersten Abdominalbeinpaare sind nach folgendem Typus gebaute Spaltbeine: der Innenast ist als Kiemenblättchen ausgebildet, der Außenast bildet eine Schutzdecke über denselben. Das sechste Spaltbeinpaar ist länger. Es trägt auf einem nach hinten hervorragenden Basalteil zwei deutliche, dünne Spaltäste. Auf jeder Seite des Kopfes findet sich, schon auf der Dorsalseite, eine Gruppe von Punktaugen.

Zum Studium der Landformen von Isopoden sammeln wir die in Kellern, unter Steinen, überhaupt an allen feuchten Orten überaus häufigen Arten Oniscus murarius, Mauerassel und Porcellio scaber, Körnerassel. Die Tiere werden in Alkohol konserviert. Sie sind schon äußerlich leicht zu unterscheiden: Porcellio ist auf dem Rücken meist gleichmäßig schiefergrau und stark gekörnelt, während Oniscus glatter erscheint und jederseits zwei Längsreihen heller Flecke hat. Für die Präparation müssen die Tiere wie Gammarus entkalkt und mit Kalilauge behandelt werden. Wenn nötig ist eine schwache Färbung anzuwenden. Möglichst kleine Exemplare werden in Rückenlage in Balsam montiert.

Hier sei nur auf die von Asellus abweichenden Merkmale aufmerksam gemacht. Das erste Fühlerpaar ist verkümmert. Der Oberkiefer ist tasterlos, die sieben Paar Brustbeine gleichmäßig ausgebildet. Am Abdomen sind alle Glieder frei. Die fünf ersten Paare Hinterleibsbeine sind kurz und decken sich zum Teil. Die Innenäste sind als Kiemen ausgebildet und werden von den Außenästen vollkommen bedeckt. Die Außenäste des ersten Abdominalbeinpaares enthalten Luftkammern. Die Außenäste des sechsten Beinpaares ragen hinten frei vor; die kleinen Innenäste liegen unter dem letzten Hinterleibsringe.

Als marine Form wählen wir die aus Neapel zu beziehende Idothea hectica. Kleine Exemplare bedürfen nur der Aufhellung in Xylol, etwas größere werden wie Gammarus und die Landasseln behandelt. Die inneren Fühler sind sehr kurz, die Oberkiefer tasterlos. Die Abdominalglieder sind bis auf die ersten drei zu einem Schilde verschmolzen. Das sechste Abdominalbeinpaar ist zu zwei Klappen ausgebildet, die die Unterseite des Abdomens bedecken (Klappenassel!).

IV. Copepoden.

Cyclopsarten sind in jedem Tümpel zu erhalten. Lebendes Fischfutter enthält dieselben fast stets. Konservierung in Alkohol.

Eventuell schwache Kresofuchsinfärbung. Aufhellung in Xylolbalsam.

An den birnförmigen Tieren bemerken wir zwei Paar Fühler, von denen die vorderen die längeren sind. Diese großen Fühler sind bei den Männchen zu wesentlich abweichend gebauten Greifwerkzeugen umgewandelt. Die Mundteile sind an den Übersichtspräparaten kaum zu unterscheiden. Von den fünf Beinpaaren ist das letzte verkümmert. Der gliedmaßenlose Hinterleib ist deutlich abgesetzt; er endigt in zwei Gabelzinken, die am Ende meist einige gefiederte Borsten tragen. Ein unpaares Auge liegt in der Mitte der Stirn. Die Weibchen tragen die abgelegten Eier in zwei Eiersäckchen zu beiden Seiten des Hinterleibes. Ein Herz ist nicht vorhanden.

Argulus foliaceus, Karpfenlaus. Dieser Außenschmarotzer findet sich an vielen Süßwasserfischen. Auf Exkursionen haben wir am häufigsten Gelegenheit, ihn von gefangenen Stichlingen zu sammeln. Die Tiere werden in Alkohol konserviert, nach dem Entwässern in Xylol aufgehellt und in Rückenlage in Balsam montiert.

Wir finden vorn auf der Bauchseite die zwei Paar sehr kurzen Antennen, deren erstes Paar am Grunde kräftige Haken trägt. Zwischen den Fühlerpaaren in der Mittellinie bemerken wir einen Stachel, der vor dem Munde liegt, und auf dem der Ausführungsgang einer Giftdrüse mündet. Die eigentlichen Mundteile liegen in einer kurzen Saugröhre und sind schwer zu erkennen. Von den beiden Kieferfußpaaren ist das erste in zwei große Saugnäpfe umgewandelt. Die vier Paar Schwimmbeine sind Spaltbeine mit stark behaarten Gabelästen. Der Darmkanal sowie seine beiden sehr großen seitlichen Leberschläuche schimmern häufig durch. Die kaudalen Gabeläste der Cyclopiden begegnen uns hier wieder als zwei median aneinanderstoßende Platten, in denen die Hoden liegen, und die auch als Atmungsorgane zu wirken scheinen (Branchiura, Kiemenschwänze). An in Bauchlage montierten Tieren kann man auf der Rückenseite zwei große Augen erkennen.

Lichomolgus Sarsii. Dieser schmarotzende Copepode wird aus Neapel gewöhnlich auf dem Borstenwurm Spirographis Spallanzanii geliefert. Die Tiere haben sich häufig mit einem großen Teile ihres Vorderkörpers in die Haut des Wirtes gebohrt, so daß nur der Hinterleib und ev. die Eiersäckchen des Weibchens hervorragen. Man hebt den Schmarotzer mit dem umgebenden Hautstück heraus und sucht ihn mit zwei Präpariernadeln unter der Lupe sorgfältig zu isolieren. Ist dies gelungen, so entwässert man in absolutem Alkohol, hellt in Xylol auf und montiert in Balsam.

Am Hinterende sind die langgestreckten Eierpakete, sowie die borstentragenden Gabeläste des Abdomens zu erkennen. Vorn sieht man die beiden Fühlerpaare, von denen das zweite Klammerklauen trägt. Der Mundstachel sowie ein dorsal gelegenes, medianes Auge sind gut sichtbar. Es sind vier Paar Spaltbeine entwickelt. Das hintere Kieferfußpaar ist beim Männchen der zweiten Antenne ähnlich gebaut.

V. Ostracoden.

Cypris fusca, Muschelkrebs. Beim Planktonfische in allen stehenden Gewässern findet man auch diese höchstens 1,5 mm langen Krebschen, die nach den allgemeinen Vorschriften als Balsampräparate hergerichtet werden. Man sieht, daß der ganze Körper von einer zweiklappigen Schale umgeben wird. Aus derselben ragen vorn die beiden Antennenpaare hervor. Von den Mundteilen fällt besonders das beinförmige, aus der Schale hervorragende, zweite Unterkieferpaar auf. Darauf folgen noch zwei Paar Beine, die meist ganz innerhalb der Schale liegen, ebenso wie der sehr kurze Hinterleib, der am Ende zwei Gabeläste trägt. Die beiden miteinander verschmolzenen Augen schimmern an der ersten Antennenwurzel schwarz durch die Schale.

VI. Phyllopoden.

Daphnia pulex, Wasserfloh. Diese oder eine ähnliche Art wird man bei jedem Zuge in pflanzenreichem Süßwasser erbeuten. Auch das lebende Fischfutter enthält stets mehrere Arten. Ein Teil wird in Alkohol konserviert, ein anderer Teil für Beobachtungen am lebenden Objekt verwendet.

Man bringt für diesen Zweck ein Tier mittels der Glaspipette mit einem Tropfen Wasser auf den Objektträger und legt ohne Druck ein Deckglas auf. Sollte das Gewicht desselben nicht genügen, um das Tier an der Fortbewegung zu hindern, so verwende man statt des Wassers eine abgekühlte, 3%ige Gelatinelösung. Will man das Tier in lebhafterer Bewegung beobachten, so bringt man es in eine feuchte Kammer (siehe S. 12).

Wir beobachten die Bewegungen der fünf Beinpaare, die wir durch die zweiklappige Schale hindurch erkennen, und die den an ihrer Basis gelegenen Kiemensäckchen Wasser zustrudeln. Die dorsal gerichteten Muskeln des unpaaren Fazettenauges erhalten dieses in andauernd vibrierender Bewegung. Auf der Rückenseite bemerkt man unter der Schale das deutlich und stark pulsierende Herz, von dem keinerlei zu- oder abführende Gefäße entspringen. Das durch einfache Spalten ein- und austretende Blut umspült sämtliche Organe der Leibeshöhle. Gelingt es, mit einer stärkeren Vergrößerung an das lebende Objekt heranzukommen, so kann man unter Umständen die farblosen Blutkörperchen im Flüssigkeitsstrome schwimmen sehen. Weitere morphologische Einzelheiten studieren wir besser am Dauerpräparat.

Das Alkoholmaterial kann in einem schwachen Chitinfärbemittel (Methylviolett, dünne Karminlösung) angefärbt werden. Gutes Entwässern und Aufhellen in Xylol ist wesentlich.

An Gliedmaßen sind vorhanden zwei Paar Fühler, ein Paar Mandibeln, ein Paar Maxillen, und fünf Beinpaare. Die Fühler des ersten Paares (Tastfühler) sind bei den meist vorliegenden Weibchen sehr klein und tragen am Ende feine Sinnesröhrchen; beim Männchen sind sie etwas größer und tragen zweizackige Endhaken. Die langen Fühler des zweiten Paares (Ruderfühler) tragen auf einem starken Basalgliede zwei mit starken Borsten besetzte Gabeläste, von denen bei den Daphniden der eine drei,- der andere viergliederig ist. Die Mandibeln liegen als dicke, tasterlose Gebilde vor dem Anfangsteil des durchscheinenden Darmes, die Maxillen sind auf unseren Präparaten meist nicht zu erkennen. Die fünf Beinpaare sind Spaltbeine; ein Spaltast ist namentlich an den hinteren Beinpaaren stark verbreitert. An der Basis der Beine finden wir die Kiemensäckchen. Ventral und hinter dem schon beschriebenen Fazettenauge bemerken wir noch einen stark pigmentierten Fleck, das Nebenauge, welches dem Larvenauge der Naupliusform entspricht. Der Darm, meist durch die dunklere Färbung seines Inhaltes auffallend, durchzieht den ganzen Körper und zeigt auch den Verlauf des ventralwärts umgebogenen Hinterleibes. Er trägt an seinem Anfangsteil einen kurzen, dorsal und nach vorn gerichteten Leberschlauch. Verfolgen wir das vom Auge ausgehende, aber nicht mit den Bewegungsmuskeln desselben zu verwechselnde Ganglion opticum, so kommen wir zum Oberschlundganglion (Gehirn), von dem man bei guten Präparaten auch die Schlundkommissuren sich abzweigen sieht. In der Gegend zwischen Mandibel und erstem Beinpaar bemerkt man die als Exkretionsorgan dienende Schalendrüse. Der Eierstock zieht sich am Darme entlang, und ist in Eifächer eingeteilt. In jedem Eifach bilden sich vier Eier, von denen aber immer drei auf Kosten des vierten zugrunde gehen. Für die nur befruchtet entwickelungsfähigen Wintereier wird der Inhalt zweier Eifächer als Nahrung verbraucht.

Die Eier machen ihre erste Entwickelung in dem am Rücken unter der Schale hinter dem Herzen gelegenen Brutraume durch, wo fast immer einige anzutreffen sind. Die bedeutend größeren, dunkleren und hartschaligen Wintereier sind in einer von der Rückenhaut des Weibchens abgeschiedenen, zweiklappigen Chitinschale, dem Ephippium oder Sattel eingeschlossen. Derselbe enthält bei der Gattung Daphnia stets zwei Eier.

Leptodora hyalina. Diese in klaren Seen vorkommende, glashelle Planktonform wird am besten auf nächtlichen Planktonzügen erbeutet, da sie zu dieser Zeit stets an die Oberfläche kommt. Das Material wird am besten an Ort und Stelle mit Chromosmiumessigsäure fixiert, nach den allgemeinen Vorschriften für dieses Fixierungsmittel (siehe S. 31) weiterbehandelt und schließlich in 70%igem Alkohol aufbewahrt. Schwache Färbung mit Kresofuchsin, Methylviolett oder dünnem Karmin ist zu empfehlen. Das zarte Material wird am besten nur mit Pinsel und Pinzette behandelt. Das nach Entwässern in Alkohol und Aufhellen in Xylol in Balsam zu montierende Objekt muß vor dem Auflegen des Deckglases unter dem Mikroskop auf seine Lage noch einmal korrigiert werden.

Das Merkwürdige an diesem Tiere ist, daß es nicht von seiner Schale umschlossen wird, sondern daß diese, äußerst klein, nur als Brutraum dient. Besonders stark entwickelt sind die großen, gabelästigen, mit starken Fiederhaaren besetzten und rückwärts gerichteten Ruderfühler, welche mit dem verlängerten, und mit kurzem Nebenast versehenen ersten Beinpaare einen Schwebeapparat bilden, an dem das Tier mit senkrecht nach unten gerichtetem Hinterleibe hängt. Die Beine des 2.—6. Paares sind einfach und nehmen nach hinten stark an Größe ab. Der Hinterleib endet mit zwei beweglichen Endklauen. Von dem großen Fazettenauge aus ist der Sehnerv bis zum Oberschlundganglion zu verfolgen. Das Herz liegt dorsal, der Darmkanal bildet vor dem After eine starke Erweiterung. Die kleinen Eierstöcke liegen in der vorderen Hälfte des Hinterleibes dem Darme ventral an.

Apus cancriformis (oder productus). Auf zeitweise überschwemmten Wiesen trifft man eine der beiden Arten zuweilen so massenhaft an, daß sich ein auf lange Jahre ausreichender Vorrat sammeln läßt. Man versäume nicht, eine derartige Gelegenheit auszunutzen, da die ohnehin nicht häufigen Tiere an denselben Örtlichkeiten oft viele Jahre hindurch nicht wieder auftreten. Man sammle Exemplare aller Größen: ausgewachsene Exemplare, die mit den Schwanzborsten etwa 7 cm lang sind, und ganz kleine, wenige Millimeter messende Jugendformen für Totalpräparate. Die beiden Arten sind leicht daran zu unterscheiden, daß Apus productus zwischen den Schwanzborsten eine deutliche Schwanzklappe besitzt, die bei Apus cancriformis vollkommen fehlt. Das Material wird in Alkohol konserviert, die mikroskopischen Präparate in der üblichen Weise als Balsampräparate hergestellt.

An einem ausgewachsenen Exemplar betrachten wir das Rückenschild, welches vorn mit dem Kopfe verwachsen, hinten aber frei ist, so daß man durch Hochheben desselben den Rücken des Tieres freilegen kann. Vorn in der Mitte des Rückens sehen wir die Augen, welche in einer besonderen Tasche liegen. Eine mediane Öffnung verbindet diese Tasche mit der Außenwelt. Rechts und links im Rückenschilde sehen wir die schlauchartigen, mehrfach gewundenen Schalendrüsen, die am zweiten Unterkieferpaare münden.

Auf der Bauchseite stellen wir zunächst fest, daß das Schild vorn ventral umbiegt und median die viereckige Oberlippe trägt, die wir mit der Schere abschneiden und als mikroskopisches Präparat herrichten.

Die Antennen sind beim erwachsenen Tiere soweit verkümmert, daß ihr Auffinden große Schwierigkeiten bereitet. Unter der Oberlippe finden wir die beiden harten, dicken Mandibeln mit gezähntem Medianrande, die wir, ohne sie zu zerbrechen, mit der Pinzette entfernen und zu — allerdings ziemlich dicken — Balsampräparaten verwenden.

Die beiden Maxillenpaare sind ziemlich klein, lassen sich aber bei einiger Gewandtheit immerhin mit der Pinzette abzupfen und unter der schwachen Vergrößerung im Glasschälchen mit Nadeln isolieren. Die erste Maxille ist äußerst kurz und trägt einen medianen Borstensaum, die zweite ist beilartig gestaltet. Beide liefern Balsampräparate.

Ein weiteres Präparat wird von dem ersten Beinpaare hergestellt, von dem Epipodit, Exopodit und ein Teil des Endopodits zu drei langen, fühlerartigen Borsten ausgewachsen sind.

Es folgt die Präparation weiterer Beinpaare, die mit der Pinzette leicht zu isolieren sind. Während das Epipodit als Kiemenbläschen ausgebildet ist, sind das Exopodit und das mit fünf median gerichteten, blattähnlichen Anhängen versehene Endopodit als echte Blattschwimmfüße ausgebildet. Am Basipodit fällt eine Borsten tragende Kaulade auf.

Besonders ausgebildet ist das 11. Beinpaar, das wiederum ein Präparat liefert. Hier ist beim Weibchen — die Männchen sind außerordentlich selten — das Epipodit zu einer flachen Mulde ausgebildet, die vom Exopodit deckelartig verschlossen wird und als Brutraum für die abgelegten Eier dient.

Liegt Apus productus vor, so stellt man schließlich noch ein Präparat der Schwanzklappe mit den beiden gegliederten Schwanzfäden her, die sich von nicht zu großen Exemplaren in Richtung der Diagonale unter dem Deckglas unterbringen lassen.

Die Totalpräparate der ganz kleinen Exemplare, von denen möglichst je eines in Rücken- und in Bauchlage montiert werden sollte, geben zunächst noch einmal einen Überblick über die Morphologie im Zusammenhange, sollen aber auch zum Studium einiger weiterer Einzelheiten dienen. An dem Präparat in Rückenlage suchen wir die beiden äußerst kleinen Antennenpaare auf, die zwischen dem Hinterrande des ventral umgeschlagenen Schildes und den Mandibeln zu suchen sind. Auch über die innere Organisation läßt sich an gut aufgehellten Präparaten einiges erkennen. Man sieht den Teil, an dem das Schild ventral umgebogen ist, von der dunklen, körnigen Lebermasse erfüllt. Der Darm wird auf beiden Seiten von dem paarigen Ovarium begleitet. An dem Präparat in Bauchlage sieht man ihm das dorsal verlaufende Herzgefäß aufliegen.

Hat man Gelegenheit, Branchipus stagnalis zu sammeln, so bringe man das Material lebend nach Hause, fixiere es in Gibsonscher Flüssigkeit (s. S. 213) und behandle es nach den bei den Spinnen gegebenen Vorschriften weiter. Da hier keine Schale vorhanden und die Körperhaut sehr weich ist, eignen sich diese Tiere sehr gut zum Einbetten in Paraffin und zur Herstellung von Längs- und Querschnitten, die nach der Hämatoxylin-van Giesonmethode zu färben sind und über die Histologie der Kruster manchen wichtigen Aufschluß geben können.

3. Kapitel.

Epeira diadema. Kreuzspinne.

I. Sammeln und Fixieren.

Man sammelt Ende Juni oder Anfang Juli soviel wie möglich sehr junge Kreuzspinnen von etwa 1 mm Länge und konserviert sie in starkem Alkohol. Etwa 14 Tage später sucht man dieselben Örtlichkeiten nach etwas größeren, aber nicht über 1 cm langen Tieren ab, die für die Herstellung von Schnittpräparaten in Gibsonscher Flüssigkeit fixiert werden. Zur Herstellung derselben mischt man 20 g Sublimat, 4 ccm Eisessig, 15 ccm Salpetersäure vom spez. Gew. 1,456 (etwa 80%ig), 100 ccm 60%igen Alkohol und 880 ccm destilliertes Wasser. Bei 1 cm langen Tieren läßt man diese Flüssigkeit mindestens 48 Stunden einwirken, dann behandelt man wie bei allem Sublimatmaterial mit 70%igem Jodalkohol nach und härtet in Alkoholen steigender Konzentration, jedoch läßt man jeden Alkohol mindestens 2—3 Tage einwirken. Während das Material in einem der schwächeren Alkohole liegt, schneidet man sämtliche Beine ab, ohne indessen die Tiere mit den Händen zu berühren. Die Überführung aus absolutem Alkohol in Xylol darf auch nur ganz allmählich geschehen. Man setzt dem absoluten Alkohol täglich etwas Xylol zu, bis dieses bei weitem überwiegt und überführt erst dann in reines Xylol. Diesem wird vom zweiten Tage an etwas weiches Paraffin vom Schmelzpunkt 40°—42° zugesetzt, bis sich nichts mehr löst, dann kommt das Material in den Thermostaten, und zwar etwa 4 Stunden in 40—42°iges Paraffin, dann je ebenso lange in eine Mischung von 40—42°igem mit 50—58°igem Paraffin und schließlich in das letztere allein. Die Weiterbehandlung erfolgt nach den allgemeinen Vorschriften.

Im August und September endlich sammelt man möglichst große, ausgewachsene Kreuzspinnen und zwar Weibchen, die wir meist in den bekannten radförmigen Netzen finden, und die viel kleineren Männchen, die sich in der Nähe des Netzes unter Baumrinde, Blättern und dergleichen aufhalten. Einen Teil dieser Tiere konservieren wir einfach in starkem Alkohol. Sollen diese Exemplare nach längerer Zeit noch für Untersuchungen an inneren Teilen verwendet werden, so muß man sie 24 Stunden lang in Wasser erweichen, dem etwas Ammoniak zugesetzt ist. Beabsichtigt man indessen nur, die Chitinteile zu präparieren, so öffnet man den Hinterleib durch einen dorsalen Längsschnitt und bringt die Tiere in Kalilauge. Durch Kochen kommt man schnell zum Ziele; schöner werden die Präparate, wenn man das Gefäß in den Thermostaten stellt, von Zeit zu Zeit umschüttelt, und die Kalilauge täglich so lange erneuert, bis sie sich nicht mehr braun färbt. Wässert man nun noch einen Tag in mehrmals erneuertem Wasser, so kann man das Material in 70%igem Alkohol aufbewahren.

II. Äußere Inspektion.

Der Körper besteht aus dem Kopfbruststück (Cephalothorax), welcher die Mundwerkzeuge und Gliedmaßen trägt, und dem anhangslosen Hinterleib. Dieser ist beim Weibchen sehr groß und kugelig aufgetrieben, beim Männchen verhältnismäßig kleiner und langgestreckt. Er trägt auf der Unterseite am Ende den deutlich hervorragenden Spinnapparat und in der Mitte die median gelegene Geschlechtsöffnung und die seitlich von dieser liegenden Eingänge in die Lungensäcke. Die Verbindung mit dem Kopfbruststück erfolgt durch einen sehr dünnen Stiel. Auf dem Rückenschild des Kopfbruststückes liegt ziemlich weit vorn der Augenhöcker, aus dem Spalt zwischen Rückenschild und Brustschild entspringen die vier Paar Beine. Von den Mundteilen erkennt man schon mit bloßem Auge leicht die Palpen der Unterkiefer und die zangenartigen Cheliceren oder Kieferfühler. Auch an den Palpen der Unterkiefer kann man sehr leicht die beiden Geschlechter erkennen. Die Palpen der Weibchen enden mit einer kleinen Kralle ohne merkliche Anschwellung, während die Palpen der Männchen stark kolbenartig verdickt sind. Genaueres über diese bei der Begattung verwendeten Bildungen siehe bei den mikroskopischen Präparaten.

III. Präparate von Chitinteilen.

Von Kalimaterial, das nach einer der angegebenen Methoden hergestellt ist, werden die folgenden Teile, ev. unter Benutzung einer Lupe oder der schwächsten Vergrößerung, herauspräpariert, in absolutem Alkohol entwässert und als Balsampräparate montiert.

a) die Unterlippe;
b) die Unterkiefer mit den Kiefertastern,
  α) vom Weibchen,
  β) vom Männchen;
c) die Kieferfühler einzeln oder im Zusammenhange;
d) der Augenhöcker;
e) ein ganzes Bein;
f) das Fußglied von sämtlichen Beinpaaren;
g) das Geschlechtsfeld des Weibchens mit dem Samenbehälter;
h) das Spinnorgan.

Hat man das Material nicht gekocht sondern langsam mit Kalilauge behandelt, so kann man auch noch die folgenden chitinösen Bildungen isolieren:

i) die Tracheenlungen;
k) die chitinösen Teile des Verdauungskanales: oberes und unteres Pharyngealblatt und Saugmagen.

} Technik zur Isolierung siehe bei den einzelnen Präparaten.

Die Präparate unter i) und k) kann man natürlich auch von frisch getötetem Material entnehmen.

a) und b) (und k). Die Unterlippe und Unterkiefer mit Tastern löst man am besten im Zusammenhange von der Ventralseite her ab, indem man mit der Breitseite einer Lanze dorsal von den Unterkiefertastern hineinfährt und das zu Präparierende abschneidet. Nach gründlichem Entwässern in Alkohol, wobei man öfter durch Druck mit einem Skalpellstiel oder Nadelheft die Gewebereste aus dem Inneren herauszudrücken und dem Ganzen gleichzeitig eine flachere Form zu geben hat, hellt man in Xylol auf, montiert in einem Tropfen Kanadabalsam auf dem Objektträger, wobei man mit der schwachen Vergrößerung kontrolliert, ob die einzelnen Teile des Präparates die gewünschte gegenseitige Lage haben, und deckt dann ein.

Gelingt es, den einem Schilde vergleichbaren Chitinpanzer der Brust im Zusammenhange mit dem übrigen Präparat abzutrennen, was am besten nach Abtrennung der Beine zu erreichen ist, so findet man an diesem Präparat gewöhnlich auch noch die chitinösen Teile des Verdauungskanales und kann sie durch Heben und Senken des Tubus einzeln studieren. Allerdings sind sie nur bei nicht gekochtem Material im Zusammenhange erhalten. Geschickte Hände können unter dem Mikroskop mit Hilfe von Nadeln auch eine Trennung dieser Teile vornehmen und einzelne Präparate daraus herstellen, die dann stärkere Vergrößerungen zulassen.

Die Unterlippe stellt eine zwischen den Unterkiefern gelegene Chitinplatte dar, welche auf der Außenseite behaart ist. Unter den Haaren kann man bei starker Vergrößerung zwei Typen unterscheiden; an den Seitenrändern der Lippe stärkere Haare mit glatter Oberfläche, in der Mitte feinere, die mit sehr vielen Fiederhärchen besetzt sind. Die Innenfläche der Unterlippe wird von dem unteren Pharyngealblatt gebildet, einer dünnen Chitinlamelle mit sehr feiner Querstreifung und starker, grünlichschwarzer Pigmentierung.

Die Unterkiefer sind sehr kurz und zweigliederig. Die der Mundöffnung zugekehrten Ränder der dreieckigen Endglieder sind dicht mit Haaren besetzt, unter denen wieder die beiden erwähnten Typen zu erkennen sind. Der Vorderrand der Endglieder trägt eine feine Chitinzähnelung.

Bei den Tastern müssen wir das Präparat vom weiblichen Tiere getrennt von dem des Männchens betrachten. Der Taster des Weibchens ist sechsgliederig, beinartig ausgebildet und mit glatten Haaren besetzt. Er trägt an der Spitze eine kammartige Kralle und deutet damit seine Homologie mit den Beinen an.

Der Taster des Männchens ist am Ende zum Begattungsorgan umgebildet. Der kolbenförmige Begattungsapparat wird aus dem 5. und 6. Tastergliede gebildet. Um einen klaren Überblick über den verwickelten Bau dieses stark pigmentierten Organs zu gewinnen, empfiehlt es sich unter allen Umständen, dieses Präparat einige Zeit in Kalilauge zu kochen. Der Begattungsapparat besteht im wesentlichen aus zwei löffelartigen Gebilden, die wie die Arme einer Zange gegeneinander beweglich sind und einen Hohlraum umschließen können. Der äußere, kräftigere der beiden Löffel trägt einen starken, zahnartigen Fortsatz (Embolus), der von einem Kanal durchbohrt ist. Dieser Kanal endigt an der Spitze des Zahnes mit einer sehr feinen Öffnung und mündet in den von den Zangen gebildeten Hohlraum. Die Spitze des Zahnes wird in die Samentasche des Genitalapparates eingeführt, und der Samen steigt, vielleicht durch Kapillarität, in dem Kanale empor, um durch die andere Öffnung in den Hohlraum der Zangen zu gelangen. Er wird dann mit den Tastern in die Genitalöffnung des Weibchens übertragen. Im übrigen ist der Bau dieses Apparates, der erst bei der letzten Häutung vollkommen ausgebildet erscheint, ziemlich kompliziert und weist bei den einzelnen Spinnengattungen große Verschiedenheiten auf. Beim nicht völlig erwachsenen Männchen ist der Tasterkolben lediglich eine blasig verdickte Keule.

Das obere oder vordere Pharyngealblatt, welches wir häufig an unserem Präparate finden, ist schmaler als das untere, zeigt ebenfalls feine Querstreifung und in der Mitte eine Längsrinne, die sich nach hinten unmittelbar in die Speiseröhre fortsetzt. Die Speiseröhre führt in den Saugmagen, der gleichfalls von Chitinlamellen gestützt wird, die in Kalipräparaten häufig noch erhalten sind.

c) und d). Die Kieferfühler werden mit der Breitseite einer Lanzennadel nach vorn, also dorsalwärts gedrückt, so daß sie in die Fortsetzung des Rückenschildes fallen und dann mit diesem zusammen montiert. Man erhält so gleichzeitig ein Präparat des Augenfeldes.

Die Kieferfühler (Cheliceren) bestehen aus einem breiten Basalgliede, das an seinem vorderen Rande eine Anzahl starker Zahnhöcker trägt und aus einem klauenförmigen Endgliede, welches wie die Schneide eines Taschenmessers gegen das Basalglied, das eine entsprechende Rinne hat, eingeklappt werden kann. Auch das Klauenglied trägt einen Kamm feiner Chitinzähne, die allerdings nicht über den freien Rand des Gliedes hervorragen. Die Klaue wird von einem Kanal durchbohrt, der etwas unterhalb der Spitze auf der konvexen Seite mündet.

Stellt man dieses Präparat von Material her, welches nicht mit Kalilauge behandelt war, welches aber durch langes Verweilen in Xylol genügend durchsichtig geworden ist, so sieht man außer einer Anzahl von Muskelbündeln im Inneren des Basalgliedes den Ausführungsgang der im Cephalothorax liegenden Giftdrüse, welcher sich in die Höhlung des Endgliedes fortsetzt.

Die acht Augen stehen auf der vorderen Stirnfläche. Ihre Anordnung wechselt mit der Art und ist ein Hilfsmittel bei der Bestimmung der Arten. Bei der Kreuzspinne stehen vier median in den Ecken eines Paralleltrapezes, die Seitenaugen werden jederseits median von einer gemeinschaftlichen Chitinfalte umgeben. Da wir bei unseren Kalipräparaten nur die durchsichtige Fortsetzung des allgemeinen chitinösen Körpertegumentes vor uns haben, so sind weitere Einzelheiten über das Spinnenauge als das Nichtvorhandensein einer Fazettierung nicht zu erkennen.

e) Präparat eines ganzen Beines. Das Bein wird mit allen Gliedern aus dem Zwischenraume zwischen Rücken- und Brustschild des Kopfbruststückes herausgehoben und — so gekrümmt, daß sich ein Deckglas darauflegen läßt — montiert. Es müssen sieben Beinglieder an einem vollständigen Präparate zu erkennen sein: Hüftglied (Coxa), Schenkelring (Trochanter), Schenkel (Femur), Kniestück (Patella), Schiene (Tibia), Ferse (Metatarsus), Fuß (Tarsus). Die Krallen des Fußgliedes betrachten wir an besonderen Präparaten.

f) Wir stellen solche Präparate von den Fußgliedern der einzelnen Beinpaare her (Fig. 132, 133). Das erste Fußpaar trägt außer den beiden kammförmigen Webeklauen (Fig. 132 : 1) am Ende einige gleichfalls kammförmig ausgebildete, starke Borsten (Fig. 132 : 3) und die etwas weiter nach hinten eingelenkte, glatte Geh- oder Trittklaue (Fig. 132: 2), welche beim Gehen auf ebener Fläche in Anwendung kommt. Die Webeklauen und kammartigen Borsten dienen zur Fortbewegung im Spinngewebe. Während der Benutzung der Trittklauen werden die Webeklauen aufgerichtet getragen, so daß sie mit der Unterlage nicht in Berührung kommen. An den anderen Fußgliedern finden sich die entsprechenden Organe in etwas anderer Ausbildung wieder. Die Endorgane des vierten Fußpaares werden beim Ziehen der Spinnfäden benutzt.

g) Die weiblichen Begattungsorgane präparieren wir zusammen mit den Tracheenlungen an nicht gekochtem Kalimaterial. Wir schneiden aus der Bauchdecke ein Stück heraus, welches deren ganze Breite hat und vom Vorderende des Hinterleibes bis etwa zur Mitte zwischen Genitalöffnung und Spinnwarzen reicht.

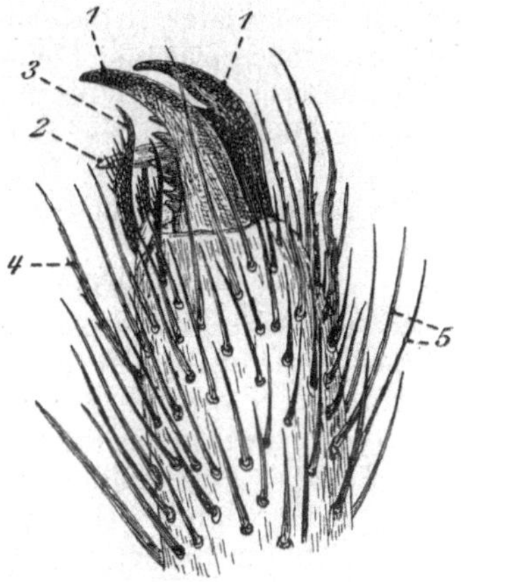

Fig. 132. Obj. IV. Epeira diadema. Endabschnitt des Fußes vom Vorderbein von der Seite gesehen.

1. Webeklauen. — 2. Trittklaue. — 3. Starke gezähnte Borsten. — 4. Gezähnte Haare. — 5. Haare.

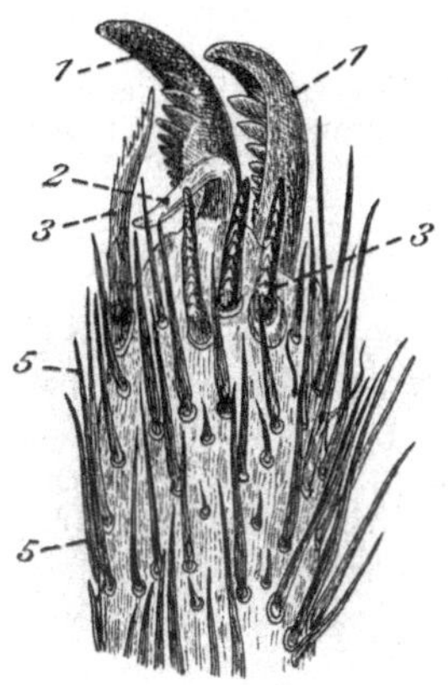

Fig. 133. Obj. IV. Epeira diadema. Endabschnitt des Fußes (2. Beinpaar) von unten gesehen. Bezeichnungen wie Fig. 132.

Wir säubern das Stück unter Alkohol namentlich auf der Innenseite noch einmal durch leichtes Betupfen mit einem weichen Pinsel und montieren es mit der Außenseite nach oben. Bei schwacher Vergrößerung sehen wir die median gelegene Geschlechtsöffnung mit ihren Anhangsorganen und an jeder Seite einen quergestellten Schlitz, das Stigma, welches in die Fächertrachee hineinführt. Beim Senken des Tubus erkennen wir wohl deren lamellaren Aufbau, doch gelangen wir zu ihrem vollen Verständnis erst durch die Betrachtung von Schnitten aus Paraffinmaterial. Es lohnt sich daher wenig, das Spezialpräparat i, etwa mit nach oben gekehrter Innenseite der Bauchdecke, besonders herzustellen.

Der weibliche Genitalapparat, der auch erst nach der letzten Häutung vollkommen ausgebildet ist, ist wenigstens teilweise so stark pigmentiert, daß es sich empfiehlt, ein Spezialpräparat aus gekochtem Kalimaterial, das sehr lange in Xylol gelegen hat, herzustellen. Zunächst fällt uns der lange, blind endigende und an einen gegliederten Wurm erinnernde Samenbehälter auf, dessen Eingang zwischen den schneckenartig aufgerollten, kaudalen Enden des den Genitalhöcker umgebenden Chitinwulstes liegt. Symmetrisch gelegen auf diesem Höcker sehen wir die beiden stark pigmentierten sog. Strahlenpolster, die von vielen feinen Kanälen durchbohrt werden, deren mittlere uns als Punkte, deren seitliche uns als Strahlen erscheinen. Diese Polster gehören zum Verschlußapparat der Geschlechtsöffnungen.

h) Zum Schluß haben wir noch ein Präparat der Spinnwarzen herzustellen. Wir schneiden den Teil der Abdominalhaut, welcher die Spinnwarzen trägt, aus und legen ihn nach der Behandlung mit absolutem Alkohol und Xylol mit der Außenseite nach oben auf einen Objektträger in Kanadabalsam; dann drücken wir mit zwei Nadeln die vier ohne weiteres sichtbaren, großen Spinnwarzen seitlich auseinander, so daß auch die dazwischen gelegenen kleinen Spinnwarzen zum Vorschein kommen und legen das Deckglas auf. Ein sanfter Druck auf dasselbe fixiert das Objekt in seiner Lage.

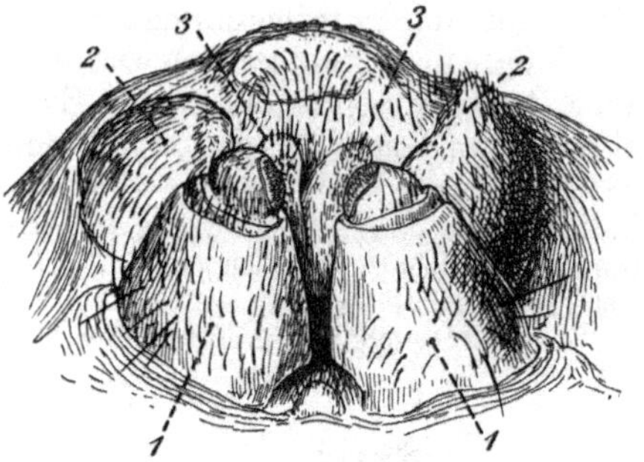

Fig. 134. Epeira diadema ♂. Spinnwarzen, zusammengelegt. Bezeichnungen wie Fig. 135.

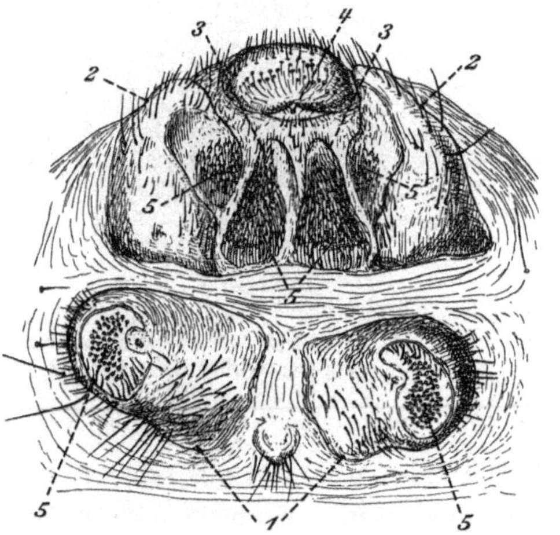

Fig. 135. Obj. II. Spinnwarzen von Epeira diadema (♂) auseinandergelegt, so daß die mit Spinnröhrchen besetzten Flächen der Warzen sichtbar sind.

1. Vordere Spinnwarzen. — 2. Hintere Spinnwarzen. — 3. Innere Spinnwarzen. — 4. Afteröffnung. — 5. Spinnröhrchen. — An den Warzen 1 sind die Spinnröhrchen in der Ansicht von oben, an den Warzen 2 und 3 in Seitenansicht zu erkennen. Zwischen den Warzen 1 ist das rudimentäre Cribellum sichtbar.

Die Betrachtung bei schwacher Vergrößerung zeigt uns von vorn nach hinten zwei größere vordere (Fig. 134, 135 : 1), zwei innere kleinere (Fig. 134, 135:3) und wieder zwei größere hintere (Fig. 134, 185:2) Spinnwarzen. Hinten median sehen wir die Afterwarze (Fig. 135 : 4), vorn median unmittelbar vor den Spinnwarzen eine sehr kleine Warze, das rudimentäre Cribellum, direkt vor demselben einen ins Leibesinnere vorspringenden Chitinstützstachel und vor diesem eine schwach pigmentierte, quergestellte Falte, ein Stigma, in welche mittels eines gemeinsamen Vorhofes zwei Tracheenpaare münden, welche die Spinne außer den Fächertracheen besitzt.

Das Cribellum erscheint hier als ein unbedeutendes, vielleicht funktionsloses Wärzchen. Bei anderen Spinnen, z. B. bei der Familie Amaurobiidae, der bei uns durchweg ziemlich kleine Arten angehören, liefert das Organ aus vielen Poren ein an der Luft erhärtendes Sekret, welches bei der Brutpflege von Bedeutung ist. Für diese Arten ist auch der Besitz eines Calamistrums, d. h. eines bürstenartigen Organs am Metatarsus des vierten Beinpaares, charakteristisch.

Die Afterwarze ist nach dem Typus der Spinnwarzen gebaut und trägt den durch eine Chitinklappe verschließbaren After.

Wir richten nun eine mittlere Vergrößerung auf eine der Spinnwarzen (Fig. 136). Unsere Abbildung stellt eine innere Spinnwarze dar, deren Bau von dem der übrigen etwas abweicht. Es ist ein flacher Kegel, der auf einem etwa dreieckigen Felde mit Spinnröhrchen (Fig. 136 : 1) besetzt ist. Jedes Spinnröhrchen besteht aus zwei Teilen, einem dickeren Basalteil, der wie abgeschnitten endet und einem viel dünneren Endteil (Fig. 136 : 2). Dieser setzt den im Inneren des Basalteiles gelegenen Drüsenausführungsgang direkt fort. Außer den Spinnröhren kommen aber auch Spinnkegel vor, deren Basalteil von einem sehr dicken Kegelstumpf, und deren Spitze von einem schlanken Vollkegel gebildet wird. Die inneren Spinnwarzen tragen je zwei Spinnkegel, neben denen sich noch Ersatzkegel finden. Ein Spinnkegel derselben ist in Fig. 136:3, 4 dargestellt.

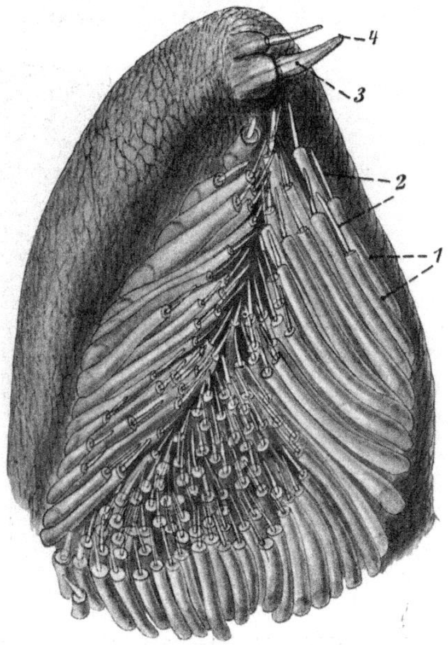

Fig. 136. Obj. VI. Linke innere Spinnwarze von Epeira diadema.
1. Spinnröhrchen. — 2. Endstück derselben. — 3. Kanal für das Sekret der Spinndrüse. — 4. Öffnung am Gipfel des Endstückes.

Die nach gemeinsamem Typus gebauten vorderen und hinteren schiefkegelförmigen Warzen werden durch ein System abwechselnd härterer und weicherer Chitinringe gebildet, die besonders gut an der ihnen ähnlichen Afterwarze zu sehen sind. Das nierenförmige Spinnfeld der vorderen Warzen liegt genau an der Kuppe derselben und trägt sehr viele Spinnröhrchen. In dem median gelegenen Nierenhilus steht jederseits ein mächtiger Spinnkegel mit benachbartem Ersatzkegel. Das Spinnfeld der hinteren Warzen liegt an den Innenseiten derselben und berührt bei ursprünglicher Stellung das Spinnfeld der inneren Warzen. Jede hintere Warze trägt viele Spinnröhrchen und etwa in der Mitte des Feldes je vier mächtige Spinnkegel.

i) Junge Spinnen. Die ganz jungen, etwa 1 mm langen Spinnen brauchen nicht mit Kalilauge behandelt zu werden. Sie kommen nach gründlicher Entwässerung in absolutem Alkohol so lange — ev. mehrere Tage — in Xylol, bis sie genügend durchsichtig geworden sind. Dann werden sie bei schwacher Vergrößerung — die einen in Rückenlage, die anderen in Bauchlage — auf dem Objektträger in Balsam orientiert und eingedeckt. Man kann nun in der Übersicht die vorher isoliert betrachteten Chitinteile noch einmal in ihrem natürlichen Zusammenhange ansehen und dann bei mittlerer Vergrößerung etwaige Abweichungen der Jugendform von der ausgewachsenen Spinne feststellen.

IV. Beobachtungen am Paraffinmaterial.

Das nach den Vorschriften, die in der Einleitung zu diesem Kapitel gegeben sind, behandelte Material wird zu Längs- und Querschnitten (20 μ) verwendet, die nach der Hämatoxylin-van Giesonmethode gefärbt werden. Wir werden uns hier auf die Schilderung einiger Übersichtsbilder beschränken, die sich auch dann, wenn die Fixierung nicht tadellos ausgefallen ist, noch gewinnen lassen. An

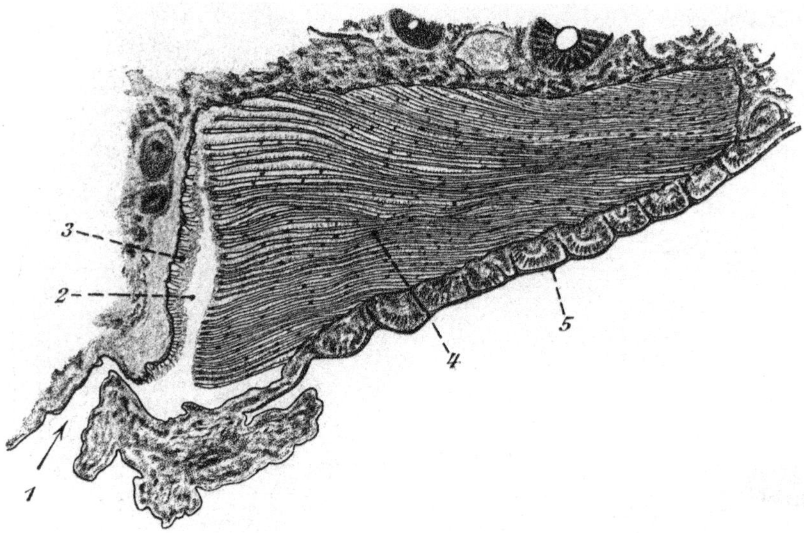

Fig. 137. Obj. IV. Epeira diadema. Längsschnitt durch eine Fächertrachee. 1. Stigma. — 2. Hohlraum. — 3. Cuticularbildungen der Rückenwand. — 4. Fächerblättchen. — 5. Bauchwand.

einer Spinne, die durch sagittale Längsschnitte zerlegt ist, liefern uns die Präparate aus den mehr seitlichen Teilen gute Bilder der Tracheenlungen, die Medianschnitte brauchbare Übersichtsbilder über die gesamte innere Organisation.

Schnitt durch die Tracheenlunge (Fig. 137, 138, 139). Die ganze Lungenhöhle ist von einer chitinösen Einstülpung des äußeren Teguments ausgekleidet, die an der kaudalen Wandung mit eigentümlichen Zäpfchen besetzt ist, welche sich distal baumartig verzweigen und vielfach anastomosieren. Zwischen der ventralen Wand der Atemhöhle und dem ventralen Tegument liegt ein großer Blutsinus. Die Lungenblätter liegen wie die Blätter eines Buches übereinander. Der Rücken des Buches liegt vorn, nach hinten spreizen die Blätter etwas auseinander. Jedes Blatt besteht aus zwei sehr zarten Chitinlamellen, die am distalen Ende verbunden sind, und deren bei Lebzeiten mit Blut gefüllter Zwischenraum durch kleine, unregelmäßig verteilte, säulenartige Chitinstützen offen gehalten wird. Die freie Oberfläche der dorsalen Lamelle eines jeden Blattes trägt sehr viele pinselartig aufgespaltene Härchen, die man nur bei stärkster Vergrößerung erkennen kann, und die ein Aneinanderkleben der einzelnen Lungenblätter verhindern, so daß die Luft überall Zutritt hat.

Übersichtsbild an einem medianen Sagittalschnitt: Auf der Ventralseite des Cephalothorax liegen von vorn nach hinten drei große Prominenzen: der Kieferfühler, der Schnabel und die Unterlippe mit dem daransitzenden Bruststschild.

Der Kieferfühler wird zumeist durch Muskelmassen ausgefüllt, außerdem aber von einem feinen Längskanal, dem Giftkanal, durchzogen, der sich dorsal bis zu einem großen Hohlraum, der Giftdrüse, verfolgen läßt, die indessen schon nicht mehr innerhalb des Kieferfühlers liegt. Der Zusammenhang zwischen Giftdrüse und Giftkanal braucht natürlich auf vielen Schnitten ebensowenig erhalten zu sein, wie sich der letztere auf seiner ganzen Länge verfolgen lassen muß.

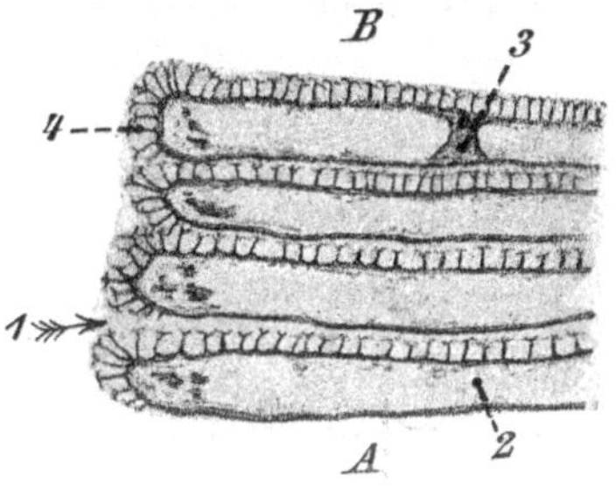

Fig. 138. Obj. VIII. Epeira diadema. Endigungen einiger Fächerblättchen.

A. Ventralseite. — B. Dorsalseite. — 1. Zwischenraum zweier Blättchen. — 2. Hohlraum eines Blättchens. — 3. Stützpfeiler. — 4. Cuticularbildungen.

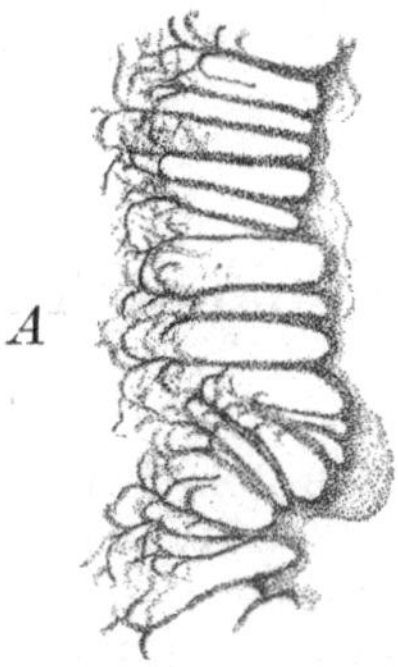

Fig. 139. Epeira diadema. Cuticularbildungen der Rückwand einer Fächertrachee.

A. Hohlraum (s. 2. Fig. 137).

Der Schnabel enthält ebenfalls einige Muskeln, an seiner vorderen Seite die Schnabeldrüse, die eine kleine, Uförmige Einstülpung des Teguments begrenzt und in den Zwischenraum zwischen Schnabel und Kieferfühler mündet. Die Hinterwand des Schnabels, welche an den Pharynx grenzt, ist mit dem chitinösen oberen Pharyngealblatt bedeckt.

Die Unterlippe trägt auf ihrer vorderen, an den Pharynx grenzenden Seite das untere Pharyngealblatt und geht unmittelbar in das Brustschild über. Sehr häufig sind auch die Anfangsteile der Beine getroffen, in denen die Querschnitte von Darmblindsäcken zu sehen sind, die sich bis in die Beine erstrecken.

Zwischen Schnabel und Unterlippe gelangt man durch den Pharynx in die Speiseröhre, deren chitinöse Auskleidung gelb leuchtet. Sie führt in den Saugmagen, auf dem ein kompliziertes System in verschiedenen Richtungen getroffener Muskelbündel zu erkennen ist. Vom Saugmagen gelangt man in den Darm, den wir zunächst bis zum Stiele des Hinterleibes verfolgen.

Dorsal und ventral vom Ösophagus erblicken wir eine gewaltige Nervenmasse, das Ober- und Unterschlundganglion. Auf manchen Schnitten kann man vom Oberschlundganglion zu den an der Stirnecke gelegenen Augen führende Nerven ganz oder teilweise verfolgen. Die strahligen Ausläufer des Unterschlundganglions führen in die Beine.

Ein dorsal vom Darme gelegener Hohlraum ist der Anschnitt des Herzens. Dorsal vom Oberschlundganglion bis an die Giftdrüse heran liegt der Querschnitt eines großen Blinddarmes, des Rückenblindsackes.

In der Hinterleibsregion unseres Schnittes verfolgen wir zuerst den Darmkanal. Derselbe folgt im allgemeinen der Krümmung der Rückenlinie und erweitert sich am Ende zu einer geräumigen Kloake, deren kurzer Ausführungsgang auf der Afterwarze mündet.

Dorsal vom Darme finden wir hauptsächlich Lebermasse, durch die sich der muskulöse Herzschlauch hindurchzieht. Auch ventral wird der Darm noch von Teilen der Leber begleitet. Der übrige Teil des Abdomens wird von Gonaden und Spinndrüsen ausgefüllt.

Ventral vom Ovarium zieht sich ein starker Längsmuskel durch den Hinterleib, unmittelbar unter dem ventralen Tegument findet sich noch ein Leberlappen. Die Spinndrüsen — birnförmige und zylindrische Drüsen — sind in verschiedenen Richtungen angeschnitten. Sie liegen dorsal und ventral vom Längsmuskel, zum Teil vollständig vom Ovarium umgeben. Die dickwandigen Querschnitte der zylindrischen Drüsenschläuche finden wir namentlich in der Umgebung der Tracheenlunge.

Gute Schnittbilder von Spinndrüsen erhält man auch auf Querschnitten durch das Abdomen. Die Übersicht dürfte nach der obigen Schilderung des Längsschnittes dem Verständnis hier keine weiteren Schwierigkeiten darbieten. Selbstverständlich sind auch Querschnitte durch den Cephalothorax interessante und lohnende Objekte.

4. Kapitel.

Phalangium opilio. Weberknecht.

I.

Unter obigem Sammelnamen behandeln wir gemeinsam die zahlreichen Arten von Afterspinnen, die bei uns gemein sind. Da es sich nicht um systematische Studien handelt, sammle man im Herbst wahllos alles, was man an ausgewachsenen Exemplaren erlangen kann, und konserviere es in starkem Alkohol. Material, welches in Paraffin eingebettet werden soll, wird in Gibsonscher Flüssigkeit fixiert und auch sonst wie Spinnenmaterial behandelt.

Es wird sich meist um eine der häufigeren Formen handeln, die mit ihren Fundorten im folgenden namhaft gemacht seien. Eventuelle Bestimmungsübungen stelle man nach Schlechtendal, Gliederfüßer (Teubner, Leipzig 1881) an:

Opilio albescens, Nadelwälder.
Opilio parietinus, Mauern, Wände, unter Steinen.
Oligolophus tridens, feuchte Wälder, Moos, Steine, Wiesen.
Cerastoma cornutum (gemeinste Art), Häuser, Bretterwände.

II. Äußere Inspektion.

Besonders auffällig sind die acht sehr langen, siebengliederigen Beine, welche außerordentlich leicht abreißen. Das Abdomen ist dem Kopfbruststück mit breiter Basis angefügt und deutlich gegliedert. An Mundteilen erkennen wir wieder ein Paar Kieferfühler, welche beim Männchen zuweilen (Cerastoma cornutum) nach oben hornartig verlängert sind, und ein Paar Unterkiefer mit beinartigen Tastern. Auf der Rückenseite liegt median an der Stirn der Augenhöcker mit zwei Augen, ziemlich weit seitlich in derselben Gegend jederseits die einem Augenpaar ähnlichen Öffnungen von Stinkdrüsen (Krohnschen Drüsen). Ein Spinnhöcker fehlt. Auf der Bauchseite sieht man zwischen den Hüftgliedern des vierten Beinpaares zwei schwarze Punkte, die Stigmen. Von hier nach vorn liegt in der Medianlinie ein deutlicher Längswulst, welcher beim Männchen den Penis, beim Weibchen eine Legeröhre enthält.

III. Präparate von Chitinteilen.

Das Behandeln mit Kalilauge ist bei den isolierten Chitinteilen hier nicht unbedingt nötig, höchstens die Kieferfühler können einmal kurz damit aufgekocht werden. Die Technik folgt den allgemeinen Vorschriften zur Herstellung von Balsampräparaten. Die Präparationsmethode wird von Fall zu Fall geschildert werden. Wir präparieren folgende Teile:

a) Beine;
b) Stigmen;
c) α) Penis des Männchens;
   β) Legeröhre des Weibchens;
d) Augenhöcker;
e) Stinkdrüsen;
f) Unterkiefer mit Tastern;
g) Kieferfühler α) des Weibchens;
   β) des Weibchens.

a) Beine. Das Bein wird einschließlich Hüftglied abgezupft, in absolutem Alkohol entwässert, in Xylol aufgehellt und in Balsam montiert. Die sieben Teile entsprechen auch in ihrer Bezeichnung denen des Spinnenbeines, nur ist der Fuß aus zahlreichen Gliedern (im vorliegenden Präparat etwa 40) zusammengesetzt. Am Ende findet sich bei allen angeführten Arten eine einfache Hakenkralle. Das Fersenglied zeigt — bei manchen Arten an allen Beinen, bei anderen nur an den hinteren Beinen, bei Acantholophus gar nicht — die Andeutung einer Gliederung, ohne daß es indes zur Bildung beweglicher Gelenke kommt. Am vorliegenden Präparat trägt die Ferse an drei verschiedenen Stellen ein starkes Borstenpaar, dem je eine leichte Faltung des Chitintegumentes entspricht. Die Schiene zeigt eine häufig in regelmäßigen Längsreihen angeordnete Behaarung, die für die Systematik von Bedeutung ist, ebenso wie die auffällige Stachelbekleidung des Schenkels. Am proximalen und am distalen Ende der Schiene findet sich je ein kleines, kreisförmiges, stark pigmentiertes Stigma, dessen Zusammenhang mit den im Inneren des Beines verlaufenden Tracheenstämmen man durch Benutzung der Mikrometerschraube bei starker Vergrößerung leicht feststellen kann.

b) Stigmen. Die Bauchhaut wird durch einen Scherenschnitt, welcher beide Stigmen mitfaßt, von hinten her angeschnitten, der Hautlappen mit der Pinzette angehoben, nach vorn gezogen und so vorsichtig abgetrennt, daß die äußeren Geschlechtsorgane nicht verletzt werden. Er wird entwässert, aufgehellt und mit der Außenseite nach oben in

Balsam gelegt. Die beiden Stigmen führen in einen flachen Hohlraum, in welchen, zu mehreren Bündeln vereinigt, eine große Anzahl von Tracheen münden.

c) **Penis des Männchens und Legeröhre des Weibchens.** Zur Isolierung dieser Organe führt man zu beiden Seiten des medianen Längswulstes am Bauche einen Scherenschnitt bis etwa zum vordersten Beinpaar, faßt mit der Pinzette den Hautlappen mit dem zu präparierenden Organ, hebt nach vorn hoch und trennt in der Höhe des vorderen Beinpaares ab. Im Alkohol kann man dann das Präparat mit der Pinzette von der Innenseite des Hautlappens abheben, mit einer feinen Lanzennadel die Scheide, in der das Organ liegt, spalten und dieses nach der Isolierung aufhellen und in Balsam montieren.

α) Der Penis des Männchens besteht aus einem langen, in eine Scheide zurückziehbaren Chitinrohr, das an der Spitze eine Art Geißel trägt.

β) Die Legeröhre des Weibchens ist ebenfalls in eine Scheide zurückziehbar. Bei völliger Ausstülpung bildet die eigentliche Legeröhre die Fortsetzung des Scheidenteils. Dieser Basal- oder Scheidenteil wird durch ein System gefiederter, sehr eng liegender Chitinstäbchen gestützt, so daß er wie ein sehr engmaschiges Netz aussieht. Die eigentliche Legeröhre ist deutlich gegliedert, die Glieder spärlich behaart. An der Spitze sehen wir zwei Klappen, deren jede eine stark behaarte Tastwarze trägt.

d) **Augenhöcker.** Der Höcker, der die beiden Augen trägt, wird mit der Schere herausgeschnitten und als Balsampräparat montiert. Die Augen sind keine Fazettenaugen. Der Augenhöcker zeigt je nach der vorliegenden Art ein verschiedenes Aussehen. Er kann glatt oder mit Chitinzähnen besetzt sein. Die Stellung und Zahl dieser Zähne hat wie die ganze Form des Augenhöckers Bedeutung für die Systematik.

e) **Stinkdrüsen.** Diese an den Seiten des vorderen Cephalothorax dorsal vom Ansatz der vorderen Beine liegenden Drüsen erscheinen schon dem unbewaffneten Auge jederseits als zwei dunkle Punkte, welche von einigen Autoren fälschlich als Augen angesehen wurden. Schneidet man sie mit der Schere heraus, montiert sie in Balsam und betrachtet sie bei mittlerer Vergrößerung, so erkennt man schon, daß hier zwar eine starke Pigmentanhäufung aber kein Auge vorliegt.

f) **Unterkiefer mit Tastern.** Dieselben werden genau wie bei der Spinne isoliert und so in Balsam montiert, daß man die Palpen bis zur Basis verfolgen kann. Die Unterkiefer tragen wie bei Epeira an den einander zugekehrten Seiten einen dichten Haarbesatz, die Taster sind fünfgliederig und tragen meist (nicht bei Ischyropsalis und Nemastoma) eine Endkralle, die fast immer glatt, nur bei Leiobunum gezähnt ist.

g) **Kieferfühler.** Die Kieferfühler werden mit der Pinzette abgezupft. Während bei den stark pigmentierten Cheliceren der Männchen von Cerastoma cornutum Kochen mit Kalilauge notwendig ist, genügt bei den helleren Organen der Weibchen Aufhellen in Xylol. In letzterem Falle bleiben auch die Muskelzüge im Inneren erhalten, deren Betrachtung lohnend ist.

α) Weibchen: Die Kieferfühler sind dreigliederig. Das Endglied ist als Schere ausgebildet. Man beachte die im Inneren des zweiten Gliedes gelegenen, zu den Scherenarmen führenden Muskelbündel und deute ihre Wirkungsweise!

β) Männchen (einer Cerastomaart): Das zweite Glied ist nach oben hornartig verlängert, so daß es am ersten Gliede wie ein Hammer am Stiel sitzt. Es trägt unten die beiden kleinen Zangen des dritten Gliedes.

IV. Zur Behandlung des Paraffinmaterials.

Es lohnt die Herstellung von Längs- und Querschnitten (20 μ), die mit Hämatoxylin-van Gieson gefärbt werden. Zum Verständnis der Schnitte seien kurz die folgenden charakteristischen anatomischen Tatsachen erwähnt: Der Ösophagus geht ohne Bildung eines Saugmagens in den sackartig erweiterten Darm über, der viele Blindsäcke bildet. Auch das Rectum ist stark erweitert. Ventral im Hinterleib liegen zwei große Säcke, in welche die Malpighischen Gefäße münden. Die Lagerung von Zentralnervenmasse, Gonaden und Herz entspricht etwa der bei den Spinnen.

Anmerkung 1: Von den übrigen Spinnentiere werden echte Skorpione wohl kaum zur Bearbeitung gelangen, doch haben Totalpräparate von Afterskorpionen, Milben und Bärentierchen im geeigneten Zusammenhange immerhin einiges Interesse. Alle diese Tiere werden, soweit sie nicht zu dick oder zu stark pigmentiert sind, einfach in Xylol aufgehellt und montiert; anderenfalls werden sie nach Bedarf kürzere oder längere Zeit mit Kalilauge behandelt, aber niemals gekocht, und dann wie üblich weiterbehandelt. Wegen des zoologischen Details dieser Objekte muß auf die größeren zoologischen Lehrbücher verwiesen werden.

Anmerkung 2: Bei etwaiger Behandlung der Stammesgeschichte der Arachnoideen interessiert auch die Betrachtung von Zwischenformen, wie sie zwischen Milben und Spinnen in den Pantopoden oder Pycnogoniden vorliegt. Das Material (etwa Clotenia conirostris oder Phoxichilus vulgaris) ist aus Neapel zu beziehen. Es wird ohne weiteres zu Totalpräparaten in Kanadabalsam verarbeitet. Auch hier wollen wir betreffs anatomischer Einzelheiten auf die Lehrbücher verweisen.

5. Kapitel.

Lithobius forficatus. Steinkriecher.

I.

Die unter Steinen und Erdschollen in Feld und Garten überall häufigen Steinkriecher werden in starkem Alkohol konserviert. Das für die Herstellung von Chitinpräparaten bestimmte Material wird auf 1—2 Tage in Kalilauge gelegt, der mazerierte Leibesinhalt durch sanften Druck mit dem stumpfen Ende eines Glasstabes herausgequetscht und die Chitinteile in mehrmals zu wechselndem, 70 %igen Alkohol so lange aufbewahrt, bis man sicher sein kann, daß alle Kalilauge aus dem Präparat entfernt ist. Dies ist nach zwei Tagen im allgemeinen erreicht. Die Präparation der einzelnen Teile erfolgt nun, soweit sie nicht mit unbewaffnetem Auge vorgenommen werden kann, bei der schwachen Vergrößerung in 70 %igem Alkohol. Die Weiterbehandlung geschieht nach den allgemeinen Vorschriften für Balsampräparate. Da wir von den Tausendfüßern nur Chitinpräparate herstellen, wird histologisch fixiertes Material nicht gebraucht.

II. Äußere Inspektion.

Der deutlich segmentierte Körper trägt an jedem Gliede ein Beinpaar. Die Anzahl der Beinpaare beträgt bei ausgewachsenen Exemplaren meist 15. Am Kopfe sind die beiden klauenartigen Kieferfüße, die die übrigen Mundteile von unten her bedecken, und die langen, etwa 40gliederigen Fühler ohne weiteres deutlich. Alles übrige wird besser an mikroskopischen Präparaten betrachtet.

III. Chitinpräparate.

Wir teilen das ganze Tier in drei Teile; das hintere Ende, welches die 4—6 letzten Fußpaare trägt, wird mit der Bauchseite nach oben als Präparat montiert, ebenso der übrige Teil des Körpers, nachdem Kieferfüße und Kopf vorsichtig abgetrennt sind. Der Kopf wird dann auf die Mundteile zu einer größeren Anzahl von Präparaten verarbeitet.

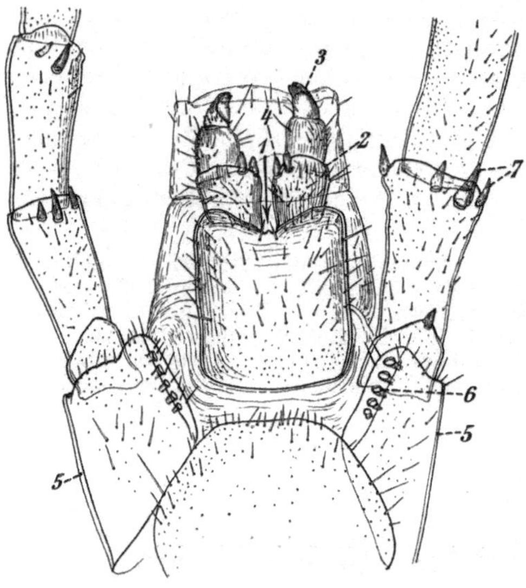

Fig. 140. Obj. 0. Lithobius forficatus ♀. Hinterleibsende.
1. Eingang zur Geschlechtsöffnung. — 2. Basalglied, — 3. Endglied der Klammerorgane. — 4. Zähnchen des Basalgliedes. — 5. Hüftglieder des letzten Beinpaares. — 6. Hüftporen. — 7. bewegliche Zähnchen.

1. **Hinterende des Körpers.** An diesem Objekt betrachten wir zunächst die Hüftglieder der vier letzten Beinpaare. An jedem derselben sieht man eine Reihe von 5—8 ovalen Löchern, die sog. Hüftporen (Fig. 140: 6). Jede Pore wird von einem verdickten Chitinrande umgeben und trägt als Boden eine strukturlose, sehr dünne Chitinlamelle. Möglicherweise hat man es hier mit Sinnesorganen (Gehörorgan?) zu tun. Nach anderer Auffassung handelt es sich um die Mündungen von Coxaldrüsen.

An demselben Präparat betrachten wir uns den Bau eines Beines. Dasselbe besteht hier aus sechs Gliedern. Der Fuß ist dreigliederig und trägt am Ende eine große Haupt- und eine kleine Nebenkralle.

Hinter dem Ringe, welcher das letzte Beinpaar trägt, folgt noch ein Ring mit Geschlechtsanhängen und ein vollkommen anhangsloser Afterring. Beim Weibchen (Fig 140) stehen zu beiden Seiten der Geschlechtsöffnung dreigliederige, zangentragende Organe. Das Basalglied ist nach der Mitte zu stark verbreitert und trägt an dem hervorragenden Teile des Hinterrandes zwei kleine, bewegliche Zähnchen.

Die beiden nach innen konkaven Zangen der Endglieder halten während der Begattung die männlichen Organe fest. Beim Männchen ist diese Region wesentlich anders gestaltet. Hier kann man drei übereinanderliegende Plattenpaare feststellen: dorsal zwei kleine Geschlechtsplatten, darunter und mit dem Rande hervorrgand zwei Perinealplatten mit penisartigen, median gekrümmten kleinen Fortsätzen und ventral das größte Plattenpaar, die äußeren Geschlechtsplatten. Unmittelbar vor diesen drei Plattenpaaren liegt das letzte Beine tragende Segment. Die Hüftglieder dieses Segmentes mit ihren deutlichen Coxalporen begrenzen die geschilderten Bildungen und erleichtern deren Auffinden.

2. **Vorderer Teil des Körpers.** An diesem Präparat werden wir die Stigmen und den Aufbau des Tracheensystems studieren. Die Stigmen finden wir in den seitlichen Verbindungsstücken zwischen den Rücken- und Bauchschildern der einzelnen Glieder unmittelbar hinter den Einlenkungen der Beine. Nicht alle Glieder tragen Stigmen. Wir finden solche am 3., 5., 8., 10., 12. und 14. beintragenden Gliede. Die Stigmen (starke Vergrößerung, Fig. 141) sind spaltförmig und werden von einem Kranze nach innen gekrümmter Chitinhaken eingefaßt. Sie führen zunächst in eine Art Vorhof mit stark granulierter Wandung. Von diesem geht ein dorsales und ein ventrales Tracheenbündel aus. Die Tracheen tragen Chitinspiralen wie die der Insekten. Der Verlauf der Tracheenstämme ist mit Ausnahme der dem ersten Stigmenpaare entstammenden verhältnismäßig einfach. Das dorsale Bündel verläuft, wenn es in seiner natürlichen Lage erhalten geblieben ist, quer bis zur entgegengesetzten Seite, das ventrale Bündel erstreckt sich mehr nach hinten bis in das folgende (bzw. zweitfolgende) Segment hinein, da dieses kein Stigma besitzt. Das vom ersten Stigmenpaare ausgehende Tracheensystem versorgt das ganze Kopfende des Tieres und auch das nachfolgende vierte Segment und ist daher viel verwickelter gestaltet. Wenn man es in seiner ganzen Ausdehnung untersuchen will, darf man natürlich den Kopf nicht abtrennen. Man kann das betreffende Tier dann nicht weiter zur Präparation der Mundteile verwenden. Die zu den einzelnen Organen (Fühlern, Kieferfüßen usw.) führenden Zweige lassen sich leicht verfolgen. An unserem kopflosen Objekt läßt sich gerade noch erkennen, daß das kleinere ventrale Bündel zum vierten Segment zieht, während das mächtige dorsale Bündel direkt nach vorn verläuft. Ein geschlossenes Tracheensystem wie die Insekten besitzt demnach Lithobius wie die meisten Tausendfüßer nicht.

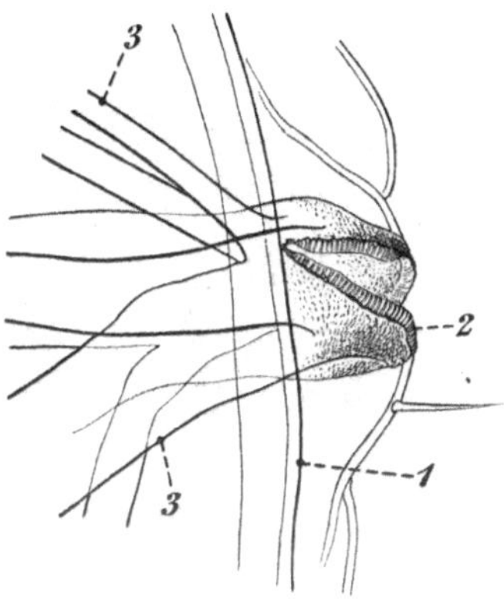

Fig. 141. Obj. IV. Lithobius forficatus. Stigma. Dasselbe ist unter dem Rückenschilde hervorgedrückt, weshalb seine Ränder auseinanderklaffen.

1. Rand des Rückenschildes. — 2. Rand des Stigma. — 3. Tracheen (nicht ausgeführt).

3. Kopf und Kieferfühler. Man fährt mit einer Lanzennadel zwischen Kopf und Kieferfühler und trennt letztere vorsichtig im Zusammenhang ab. Sie werden als Balsampräparat montiert. Jeder Kieferfühler besteht wie das Bein des Tieres aus sechs Gliedern. Die beiden breiten Hüftglieder (Fig. 142 : 1) hängen in der Mittellinie zusammen, ohne indessen verwachsen zu sein, so daß man beide Cheliceren als ein Präparat herrichten kann. Am oralen Rande tragen diese Hüftglieder eine Reihe stark pigmentierter Chitinzähnchen, deren Anzahl

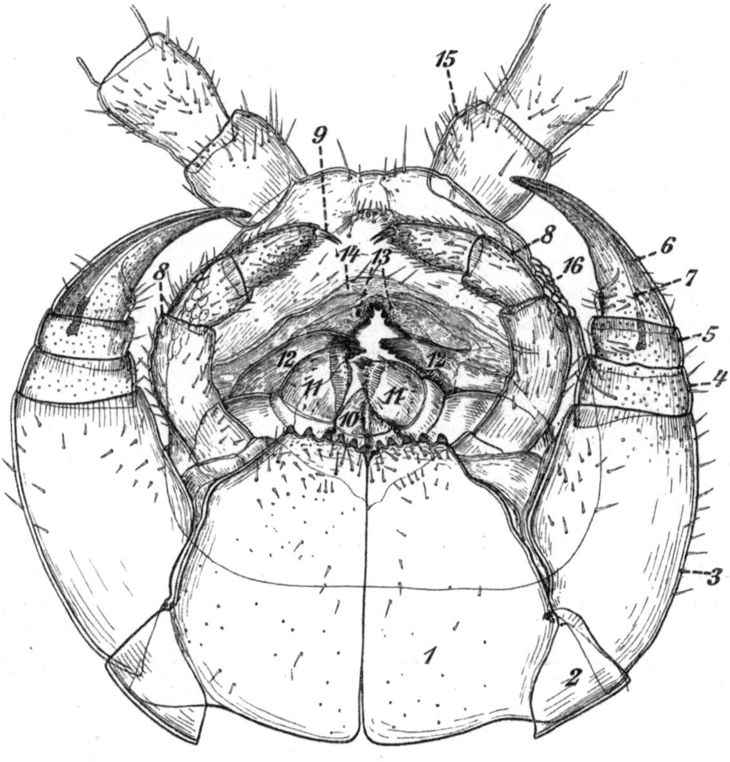

Fig. 142. Obj. 0. Lithobius forficatus. Kopf ventral.
1. Hüftglied der Kieferfühler (Cheliceren). — 2. Schenkelring. — 3.—6. bewegliche Glieder der Kieferfühler. — 7. Giftkanal. — 8. Zweites Maxillenpaar. — 9. Zweizinkige Endklaue derselben. — 10. erste Maxille. — 11. deren Taster. — 12. Mandibeln. — 13. Oberlippe. — 14. Vormundlamelle. — 15. Basalglied der Fühler. — 16. linkes Augenfeld.

für die Systematik Bedeutung hat. Der viergliederige, bewegliche Teil der Kieferfühler ist mittels eines kleinen, dreieckigen Schenkelringes (Fig. 142 : 2) an den Hüftgliedern eingelenkt. Von den vier beweglichen Gliedern ist das erste (Fig. 142 : 3) bei weitem am größten. Das klauenförmige Endglied trägt nahe der Spitze die feine Mündung (Fig. 143 : 5) des Giftkanals (Fig. 143 : 4). Dieser (Fig. 142 : 7) läßt sich bis ins zweite Glied verfolgen. Hier nimmt er bedeutend an Umfang zu und ist siebartig durchlöchert. (Fig. 143 : 3). In jedes Loch ergießt sich ein

Ausführungsgang der in unserem Kalipräparat nicht erhaltenen Giftdrüse.

Die übrigen Mundteile, d. h. zwei Paar Unterkiefer und ein Paar Mandibeln sind sehr klein und schwierig zu präparieren. Sie werden bei schwacher Vergrößerung oder unter der Präparierlupe am besten mit zwei Lanzennadeln isoliert und einzeln zu Balsampräparaten montiert.

Das zweite Maxillenpaar (Fig. 142 : 8), welches sich zuerst ablösen läßt, bildet median eine Art Lippe und jederseits einen kurzen, dreigliederigen Taster. Das stärker behaarte Endglied der Taster trägt eine zweizinkige Kralle, deren Zinken jedoch nicht gegeneinander be-

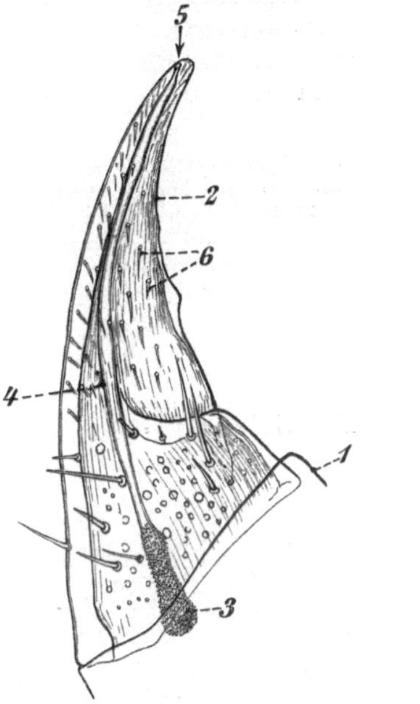

Fig. 143. Lithobius forficatus. Endigung des rechten Kieferfühlers.

1. vorletztes, — 2. letztes Glied. — 3. Siebteil des Giftkanals. — 4. Giftkanal, — 5. seine Öffnung. — 6. Hautporen.

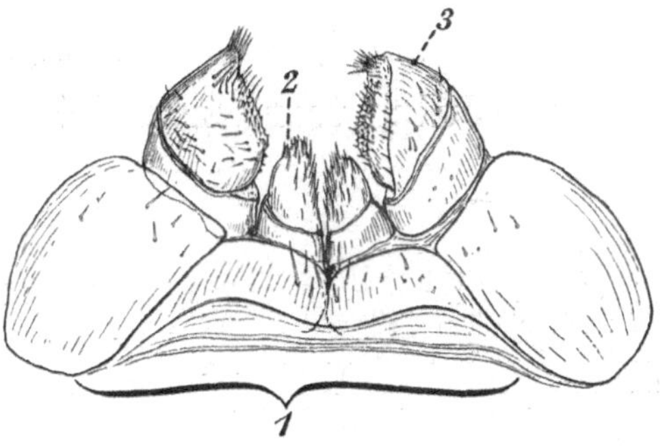

Fig. 144. Obj. 0. Lithobius forficatus. Erstes Maxillenpaar.

1. Basalstück. — 2. zweites Glied der Kiefer. — 3. zweites Glied der Taster.

weglich zu sein scheinen, sondern wie die Kralle und Nebenkralle der echten Beine gebaut sind.

Das erste Maxillenpaar (Fig. 142 : 10, 11; 144) trägt auf breitem Basalteile (Fig. 144 : 1) oral jederseits zwei Fortsätze: median den sehr kleinen, undeutlich gegliederten und namentlich an der Mittellinie stark behaarten, eigentlichen Kiefer (Fig. 142 : 10, 144 : 2) und lateral den zweigliederigen, auf der Innenseite stark behaarten, etwas längeren, aber im Vergleiche zu dem Taster der zweiten Maxille immer noch sehr kurzen Taster (Fig. 142 : 11; 143 : 3).

Die kräftigen Mandibeln (Fig. 142 : 12) lassen Cardo und Stipes unterscheiden und sind tasterlos. Sie beginnen mit einem dünnen Chitinstiel, der sich dann allmählich verbreitert und an der Mediankante zum Teil mit stark pigmentierten Chitinzähnchen, zum Teil mit kurzen Haaren und Borsten bedeckt ist.

Nachdem diese Mundteile abpräpariert sind, wird der Kopf in Rückenlage als Balsampräparat montiert. An ihm fällt uns zunächst die etwas dunklere Oberlippe (Fig. 142 : 13) auf, die in der Mitte eine nach hinten offene Ausbuchtung hat, in der wir einige Chitinzähne erkennen können. Oral von der Oberlippe und diese allseitig hufeisenförmig umgebend bemerken wir noch eine etwas hellere Chitinplatte, die Vormundlamelle (Fig. 142 : 14).

Die Fühler (Fig. 142 : 15) sind auf der Rückenseite des Kopfrandes eingelenkt, mittelstark behaart und etwa 40gliederig.

Jederseits hinter dem Fühleransatz, aber schon auf der Bauchseite, sehen wir das Augenfeld (Fig. 142 : 16). Wir bemerken etwa 20 einfache, in mehreren Längsreihen angeordnete Augen.

Median vom oralen Teil des Augenfeldes sehen wir jederseits ein kleines Organ etwa von der Größe der Punktaugen. Bei starker Vergrößerung sieht man drei konzentrische Kreise. Die beiden äußeren begrenzen einen Chitinwulst, der mit feinen Härchen bestanden ist, der sehr kleine innere ist der Rand einer kleinen Grube, zu welcher einige — in unserem Kalipräparat natürlich nicht erhaltene — Nerven ziehen. Dieses sog. Tömösvarysche Organ ist möglicherweise als Geruchsorgan zu deuten.

Anhang.

Julus terrestris. Gem. Tausendfuß.

I.

Diese überall häufigen Tiere werden ebenfalls in starkem Alkohol konserviert. Sie eignen sich wegen der außerordentlichen Härte ihrer Chitinteile weniger zu mikroskopischen Präparaten. Man verwende nur kleinere Körperteile und lasse diese erst sehr lange in Kalilauge und dann noch, ebenfalls sehr lange, in öfter zu erneuerndem, dünnen Alkohol weichen.

Wir präparieren ein Körpersegment mit zwei Beinpaaren, eines der drei ersten Segmente mit einem Beinpaar, die Unterkiefer, die Oberkiefer, den Rest des Kopfes. Auf die Präparation der zu Begattungsorganen umgewandelten, aber bei den Julusarten sehr kleinen, verborgen liegenden Beinpaare des 7. Segmentes beim Männchen müssen wir — weil zu schwierig — verzichten. Sämtliche Präparate werden in Kanadabalsam montiert.

II.

a) Segment mit zwei Beinpaaren. Das Segment wird in der Rückenlinie aufgeschnitten und etwa so ausgebreitet, als wenn man den Mantel eines Kegelstumpfes abwickelt. Die Beine liegen dann in der Mitte obenauf. Das Deckglas muß erst einige Zeit mit einer photographischen Kopierklammer oder einem ähnlichen Instrument festgedrückt werden. Auf jeder Seite des Rückens sieht man einen hellen Fleck, die Öffnung einer Hautdrüse, aus der ein scharfer Saft gespritzt werden kann. Die beiden Beinpaare sind in der Mittellinie des Bauches inseriert. Unter den Hüftgliedern der Beine liegen die Stigmen, die sich hier an allen Leibessegmenten finden. Die Beine sind sechsgliederig und tragen eine Endkralle.

b) Die Segmente mit nur einem Beinpaar zeigen außer dieser Eigentümlichkeit keine abweichenden Bildungen.

c) Die Unterkiefer (sog. Mundklappe) lösen sich (Lanzennadel!) gewöhnlich zusammen mit dem ersten Beinpaar ab. Dieses einzige Unterkieferpaar scheint aus zwei dreigliederigen Unterkiefern zu bestehen. Die Basalglieder (Cardo) sind sehr kurz, die zweiten Glieder (Stipes exterior), die bei weitem die größten sind, stoßen mit ihren mächtig entwickelten Basalteilen aneinander und bilden mit einem unpaaren Mittelstück (Lamina labialis) die sog. Mundklappe. An ihrer vorderen Außenkante tragen sie zwei stumpfe, zahnartige Fortsätze (Malella externa und interna). Die kurzen Endglieder (Stipes internus) sind nach innen gekrümmt und tragen an der Vorderkante einen sehr flachen Zahn (Malulella).

d) Die Oberkiefer oder Backen sind außerordentlich feste Organe; sie lösen sich, wenn man sie mit der Lanzennadel kräftig zur Seite drückt. Jede Mandibel besitzt ein starkes, nach der Seite backenartig hervortretendes Stammstück, bestehend aus Cardo und Stipes, und eine zahnlose Kaulade, an der zwei Zweige (Dens mandibularis außen, Galea innen) zu erkennen sind.

e) Der Rest des Kopfes wird wieder in Rückenlage montiert. Wir erkennen an jeder Seite die gehäuften Punktaugen und dann die Einlenkung der kurzen, siebengliederigen, knieförmig gebogenen Fühler.

6. Kapitel.

Chitinpräparate zur Morphologie der Insekten.

Wegen der billigen und leichten Materialbeschaffung, der verhältnismäßig einfachen Technik und der ausgedehnten Möglichkeit, Serien von Präparaten zusammenzustellen, die geradezu klassische Beispiele für die Beziehungen zwischen Form und Funktion sowie für Homologiebetrachtungen aller Art darstellen, sei auf dieses Kapitel als Stoff für biologische Übungen ganz besonders nachdrücklich hingewiesen. Die Technik zur Herstellung von Chitinpräparaten ist im allgemeinen Teile (S. 17) beschrieben worden. Es sei besonders bemerkt, daß die langsame, Tage währende Behandlung mit Kalilauge dem Kochen mit derselben unter allen Umständen vorzuziehen ist, und man daher immer dann, wenn man nicht auf das Lospräparieren des betreffenden Teiles vom ganzen Tiere durch die Hand des Praktikanten besonderen Wert legt, am besten fertig aufgehelltes Xylolmaterial zur Verteilung bringt, das nur noch in Kanadabalsam übergeführt zu werden braucht. Färbung von Chitinteilen, die mit Eau de Javelle behandelt sind, wird nur selten notwendig werden. Die auf S. 19—20 angegebenen Methoden werden für alle Zwecke ausreichen.

Eine Zusammenstellung des Materials nach biologischen Gesichtspunkten kann in diesem vor allen Dingen der Technik dienenden Handbuche nicht erfolgen. Das vorliegende Thema muß die Wahl bestimmen. Es soll nur an einer Reihe von Beispielen, von denen einige besonders wichtige spezieller ausgeführt sind, gezeigt werden, was sich an solchen Objekten bearbeiten läßt.

I. Gryllotalpa vulgaris. Um überhaupt erst einige Übung in der Präparation am Insektenkörper zu gewinnen, empfiehlt es sich, ein größeres Tier, etwa die Maulwurfsgrille (Gryllotalpa vulgaris), bearbeiten zu lassen. Die abpräparierten Chitinteile sind hier natürlich für mikroskopische Präparate viel zu dick. Sie werden mit der Lupe betrachtet und aus verschiedenen Ansichten stark vergrößert gezeichnet.

Betrachte den Kopf vom Rücken her mit der Lupe: zwei größere Netzaugen (Fazettierung bei Lupenbetrachtung kaum zu erkennen), zwei kleine Punktaugen (je eines median von einem Netzauge), zwei mittellange, deutlich gegliederte Fühler.

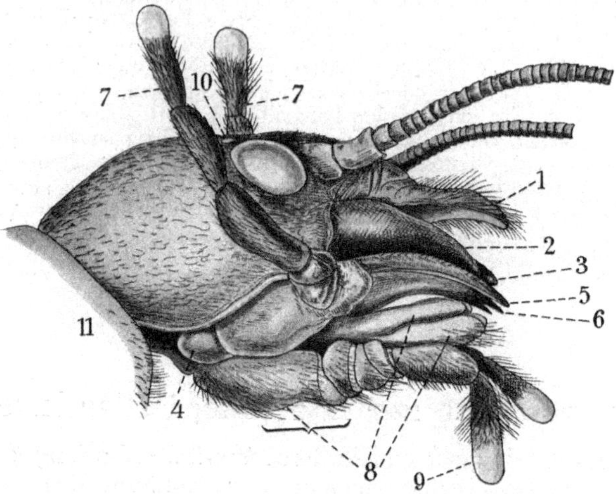

Fig. 145. Gryllotalpa vulgaris, Kopf von der Seite gesehen. Oberlippe etwas emporgehoben. Mundteile ein wenig auseinandergezogen. Fühler nur z. Teil gezeichnet.

1. Oberlippe. — 2. rechter Oberkiefer. — 3. Spitze des linken Oberkiefers. — 4. Grundglied des Unterkiefers. — 5. Außenlade des Unterkiefers. — 6. Innenlade des Unterkiefers. — 7. Endglieder der Unterkiefertaster. — 8. Kinn und Teile der Unterlippe. — 9. Unterlippentaster. — 10. Punktauge. — 11. Vorderbrust.

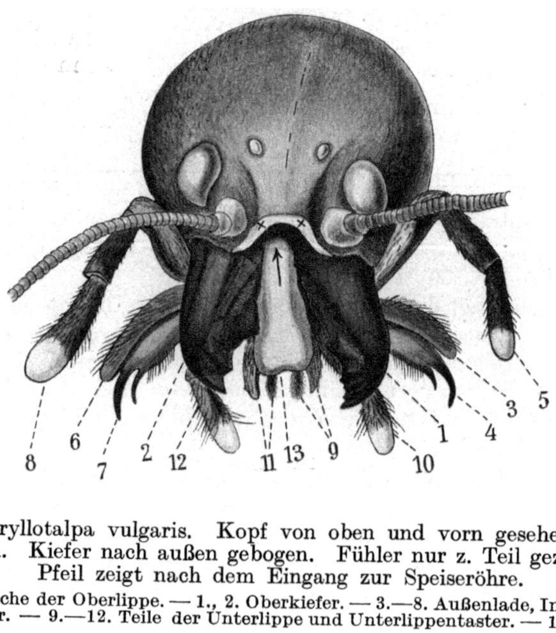

Fig. 146. Gryllotalpa vulgaris. Kopf von oben und vorn gesehen. Oberlippe abgeschnitten. Kiefer nach außen gebogen. Fühler nur z. Teil gezeichnet. Der Pfeil zeigt nach dem Eingang zur Speiseröhre.

× × Schnittfläche der Oberlippe. — 1., 2. Oberkiefer. — 3.—8. Außenlade, Innenlade, Taster der Unterkiefer. — 9.—12. Teile der Unterlippe und Unterlippentaster. — 13. Endolabium.

Betrachte den Kopf von unten her mit der Lupe: vier Taster mit terminal weißen Endgliedern, Unterlippe, Oberlippe.

Präparation der Mundteile (Fig. 145, 146). Fahre mit dem Skalpell hinter die Unterlippe und trenne sie im Zusammenhang mit ihren beiden Tastern ab. Gib ihr durch Druck mit dem flachen Skalpell eine ebene Form, so daß die einzelnen Teile nebeneinander liegen und zeichne das Objekt bei Lupenvergrößerung.

Wir erkennen zunächst zwei stärker entwickelte Stammstücke, die wir als Submentum und Mentum bezeichnen. Auf letzteres folgt das Palparium, welches zwei kurze dreigliederige Taster trägt. Es folgen die beiden äußeren und die beiden inneren Laden (Malae oder Lobi exteriores und interiores). Letztere sind an ihrer stark pigmentierten Spitze leicht zu erkennen. Dieser ganze Aufbau zeigt, daß die Unterlippe durch Verwachsung eines zweiten Maxillenpaares entstanden ist.

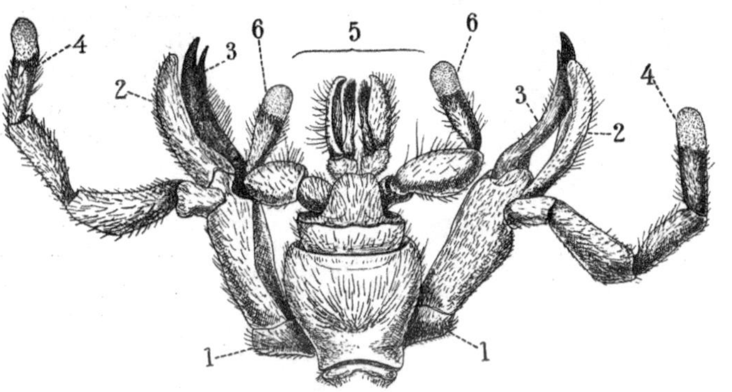

Fig. 147. Gryllotalpa vulgaris. Unterkiefer und Unterlippe von unten gesehen. 1. Grundglied der Unterkiefer. — 2. Außenlade der Unterkiefer. — 3. Innenlade der Unterkiefer. — 4. Endglied der Taster der Unterkiefer. — 5. Unterlippe. — 6. Endglied der Unterlippentaster.

An der Stelle, wo wir die Unterlippe entfernt haben, sehen wir jetzt an unserem Tiere ein schwächer pigmentiertes, median gelegenes Organ, die Innenlippe oder Zunge (Endolabium), welche nicht bei allen Insekten als selbständiger Mundteil ausgebildet ist und als Rudiment eines weiteren Maxillenpaares angesehen wird. Wir entfernen sie mit der Pinzette.

Nun reißen wir mit der großen Pinzette die beiden seitlich gelegenen Unterkiefer (Fig. 147) (1. Maxillenpaar) mitsamt ihrem Stammstück aus und behandeln sie wie die Unterlippe. Wir finden wieder zwei Basalstücke, die als Cardo (Angel) und Stipes (Stamm) bezeichnet werden; dann folgt das Palparium mit den fünfgliederigen Maxillartastern und die beiden Laden. Die innere Lade ist am Ende hakenförmig und mit Nebenstacheln besetzt, die äußere Lade ist mehr lappenförmig ausgebildet und im vorliegenden Falle zweigliederig. Man kann auch Unterlippe und Unterkiefer in ihrem natürlichen Zusammenhange ablösen, ausbreiten und eventuell montieren.

Die Präparation der außerordentlich harten und starken Mandibeln erfolgt, indem man mit dem Skalpell zwischen Oberlippe und Oberkiefer fährt und die letzteren so lange ventralwärts drückt, bis sie locker werden. Sie lassen sich dann mit der Pinzette abnehmen und werden wie die anderen Mundteile behandelt. Die Mandibeln sind ungegliedert und tragen an den einander zugewendeten Seiten einige kräftige Zähne.

Es bleibt nun noch die aus einem einzigen Stücke bestehende Oberlippe, welche die Mundteile von oben her bedeckt, abzutrennen und zu betrachten.

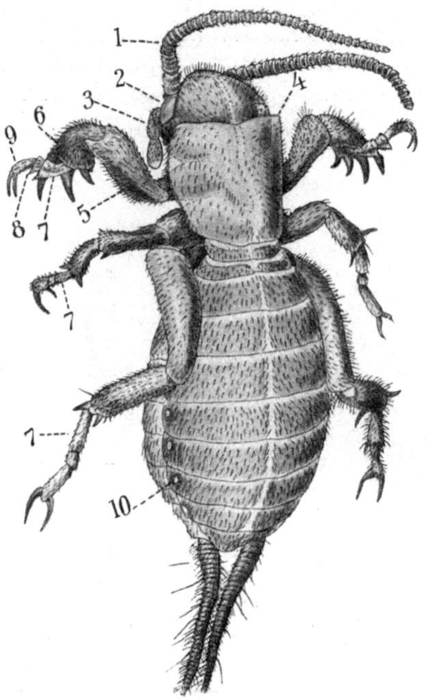

1. Fühler. — 2. Auge. — 3. Unterkiefertaster. — 4. Rückenschild des ersten Brustringes. — 5. Oberschenkel. — 6. Unterschenkel. — 7., 8., 9. die Fußglieder. — 10. Stigmen.

Fig. 148. Gryllotalpa vulgaris. Larve kurz vor der ersten Häutung. $^{15}/_{1}$.

Den Bau eines Beines (vgl. Fig. 148) untersuchen wir zuerst am zweiten Beinpaar. Wir unterscheiden fünf Teile: Hüfte (Coxa), Schenkelring (Trochanter), Schenkel (Femur), Schiene (Tibia) und Fuß (Tarsus). Der letztere ist im vorliegenden Falle dreigliederig und trägt zwei Endkrallen. Wir untersuchen an den beiden letzten Beinpaaren noch den Bau der Gelenke und suchen die weiche Gelenkhaut, durch welche die Bewegung ermöglicht wird, auf.

Wesentlich abweichend verhalten sich die einzelnen Teile der vorderen oder Grabbeine. Die Hüftglieder sind sehr stark und tragen einen Fortsatz, welcher verhindert, daß der Schenkelring über eine gewisse Stellung hinaus nach innen gedreht wird (Scharniergelenk!). Der kräftige Oberschenkel ist außen stark verbreitert und trägt einen zahnartigen Fortsatz, auf welchen sich der Unterschenkel beim Graben stützen kann. Der Unterschenkel trägt seitlich vier gebogene Scharrkrallen; auch die beiden ersten Fußglieder sind durch seitliche Auswüchse zu solchen Scharrkrallen umgestaltet. Um einen Einblick in die verhältnismäßig kolossalen Muskelmassen zu erhalten, welche die Grabarbeit leisten, führen wir mit dem scharfen Skalpell einen Querschnitt durch das Tier, welcher die Hüftglieder der Grabbeine spaltet und etwa durch die Mitte des Rückenschildes führt, oder wir lösen die Decke des ersten Brustringes ab.

Wir betrachten die Flügel. Das erste Flügelpaar, welches am zweiten Brustring sitzt, ist sehr kurz und bedeckt nur einen kleinen Teil des Hinterleibes. Das zweite Flügelpaar wird in der Ruhe eng zusammengefaltet getragen. In Wasser kann man diese Flügel, ohne sie zu verletzen, ausbreiten. Zwei fühlerartige Anhänge des Hinterleibes (Raife, Cerci) sind im vorliegenden Falle nur andeutungsweise gegliedert (Lupe!) und dienen als Sinnesorgane.

In der weichen Haut, welche die dunklen Dorsalteile und die hellen Ventralteile der Hinterleibsringe verbindet, sehen wir jederseits dunkle Punkte, die Atemöffnungen oder Stigmen.

Wenn sich auch die Maulwurfsgrille für eine kunstgerechte Situspräparation wegen der starken Entwickelung der Muskulatur schlecht eignet, versäume man doch nicht, das Tier vom Rücken her aufzuschneiden und den Darmkanal herauszunehmen. Fast immer sind die drüsenreichen, sackförmigen Ausstülpungen des Mitteldarmes (Chylusdarmes) erhalten, ausnahmslos der davor gelegene Kaumagen (Proventriculus). Spaltet man diesen längs, so sieht man die in Längsreihen angeordnete Chitinauskleidung (Lupe!).

Die Präparation der Mundteile kleiner Insekten, die zu mikroskopischen Präparaten benutzt werden sollen, erfolgt stets wie bei der Maulwurfsgrille, indem man dieselben, an der Ventralseite beginnend, isoliert. Man verwendet entsprechend feinere Instrumente, z. B. statt des Skalpells eine Lanzennadel.

II. Heuschrecke. Wir präparieren und verarbeiten zu Balsampräparaten:

a) von kleinen Exemplaren Mundteile.

Beachte an der Unterlippe Submentum, Mentum, Palparium mit dreigliederigen Tastern, zwei breitere Außen- und zwei schmale Innenladen. Die selbständig entwickelte Innenlippe (Zunge, Endolabium) faßt man meist mit der Unterlippe und erhält eine gute Ansicht, wenn man das Objekt mit der Innenseite nach oben montiert.

Beachte an den Unterkiefern Cardo, Stipes, das kleine Palparium mit fünfgliederigem Taster, die stumpfe, zweigliederige Außenlade und die zum Beißen eingerichtete, zweispitzige Innenlade.

Die sehr harten Oberkiefer sind am Kaurande mit Chitinzähnchen besetzt und tragen am proximalen Ende zwei kleine Gelenkhöcker, welche in entsprechende Grübchen des Kopfpanzers eingreifen.

Die Oberlippe ist rechteckig und von mehreren Gelenkfalten durchzogen.

b) Zirporgan der Männchen. α) Acridier (Feldheuschrecken). Das Zirporgan sitzt hier an der Innenseite der Oberschenkel des letzten Beinpaares. Wir erkennen bei schwacher Vergrößerung eine Leiste von feinen Chitinzähnchen, schneiden dieselbe mit den umgebenden Teilen der Chitinbekleidung heraus und montieren sie als Balsampräparat. Bei starker Vergrößerung kann man dann erkennen, daß diese Zähnchen den Haaren der Insekten homologe Cuticularbildungen sind, die am distalen Ende des Oberschenkels allmählich in gewöhnliche Haare übergehen. Beim Zirpen wird die Zahnleiste gegen den Flügel gerieben.

β) Locustiden (Laubheuschrecken). Hier liegt der Schrillapparat im proximalen Teile des ersten Flügelpaares. Der obere, linke Flügel trägt auf der Innenseite die Zirpvorrichtung, der rechte, untere Flügel an der entsprechenden Stelle eine zur Schallverstärkung dienende

Membran. Beide Teile werden herausgeschnitten und mit den funktionell wichtigen Seiten nach oben eingebettet.

c) Gehörorgan. α) Acridier. An den Seiten des ersten Hinterleibsringes finden wir jederseits eine ovale Membran. Dieselbe wird mit ihrer Umgebung herausgeschnitten. Es ist eine sehr dünne Stelle des allgemeinen Integumentes, die von einem starken Chitinwulst umgeben wird und als Trommelfell dient. Auf den eigentlichen Mechanismus des Gehörorgans können wir im Rahmen dieser Darstellung nicht eingehen.

β) Locustiden. Hier liegen (meist zwei) kleine Trommelfelle an den Seiten des proximalen Teiles der Schienen der Vorderbeine. Die betreffenden Chitinteile werden als Präparate hergerichtet. Man achte auf den großen Tracheenreichtum in den die Gehörorgane tragenden Schienengliedern.

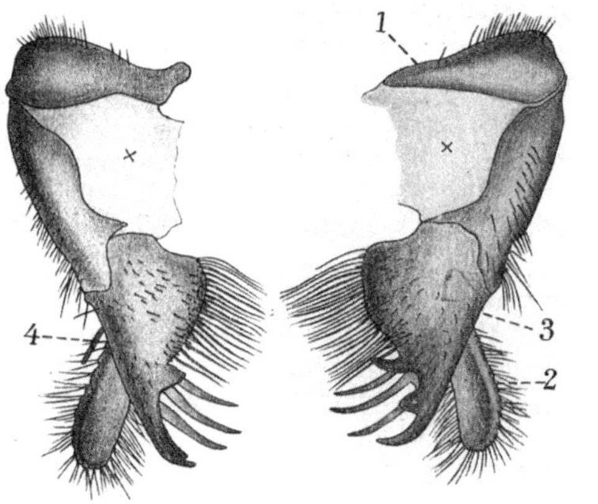

Fig. 149. Libellula quadrimaculata. Unterkiefer von hinten gesehen.
× × Ansatzstellen der Unterlippe. — 1. Grundstück der Unterkiefer. — 2. Außenlade. — 3. Innenlade. — 4. Unterkiefertaster.

III. Libelle. Für die Präparate vom Imago verwenden wir am besten eine größere Art (Libellula oder Aeschna).

a) Mundteile. Der Aufbau der Unterlippe ist am leichtesten bei Aeschna zu verstehen. Dem stark verkürzten Submental- und Mentalgliede sitzt seitlich ein kurzes Stammstück auf, welches die großen, mit sehr kurzem Taster versehenen Palparien trägt. Diese sind am Innenrande mit den Außenrändern der Außenladen verwachsen, doch so, daß die Verwachsungslinien noch deutlich zu erkennen sind. Die Innenladen sind mit ihren Medianrändern bis auf das distale Ende ebenfalls verwachsen. Bei Libellula ist diese Verwachsung so innig, daß sie nicht mehr zu analysieren ist. Die Innenladen bilden eine herzförmige Platte, Palparium und Außenlade zeigen keine gegenseitige Abgrenzung mehr. Am Ende sieht man den sehr kurzen Taster.

Die Innenlippe ist ausgebildet und wird meist mit der Unterlippe zusammen abgezupft.

Der Unterkiefer (Fig. 149) hat eine zweigliederige Außenlade und eine mit mehreren langen Chitinzähnen besetzte Innenlade und sehr kurze Taster.

Die dicken, mit vielen scharfen Chitinzähnen besetzten Oberkiefer (Fig. 150) sind der räuberischen Lebensweise der Libellen angepaßt.

Die Oberlippe ist eine einfache, flachrunde Platte.

b) Haut der Netzaugen. Man schneidet mit der feinen Schere eine Kalotte von den großen Netzaugen ab und behandelt mit Kalilauge. Es bleibt so nur die äußere Haut übrig, die zu einem Balsampräparat verarbeitet wird. Man sieht schon bei schwacher Vergrößerung die einzelnen Fazetten.

c) In derselben Weise wird das zwischen den großen Augen gelegene Stirnstück behandelt. Es zeigt unter dem Mikroskop drei durchsichtige Stellen, welche den drei Punktaugen (Ocellen) entsprechen.

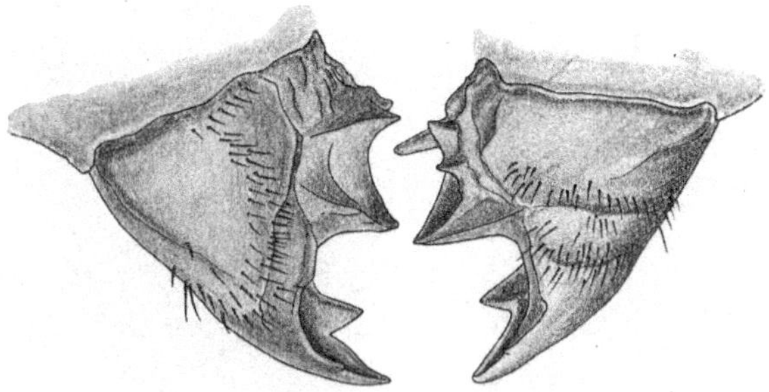

Fig. 150. Libellula quadrimaculata, Oberkiefer von innen gesehen.

d) Auf die Verwendung der Flugmuskulatur zu Muskelpräparaten ist bereits im Kapitel über allgemeine Histologie hingewiesen worden. Hier mag noch erwähnt werden, daß altes Spiritusmaterial von Insekten sich für das Studium des Muskelgewebes vorzüglich eignet. Unsere Fig. 151 ist nach einem Muskelzupfpräparat einer Orycteslarve angefertigt. Fig. 152 zeigt Muskelfasern der Libelle, ebenfalls von altem Spiritusmaterial mit nachträglicher Merkelfärbung. Bei dieser Gelegenheit erhält man häufig auch gute Tracheenbilder, an denen die Chitinspirale und die sie umgebende Matrix und Limitans demonstriert werden können (Fig. 153, 154).

Larven von Libellen (Fig. 155, 156). a) Wir präparieren hier die zu der sog. Fangmaske ausgebildete Unterlippe. Dieselbe

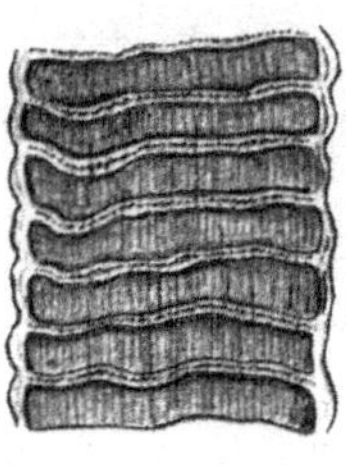

Fig. 151. Obj. VIII. Oryctes nasicornis. Larve. Quergestreifte Muskelfasern.

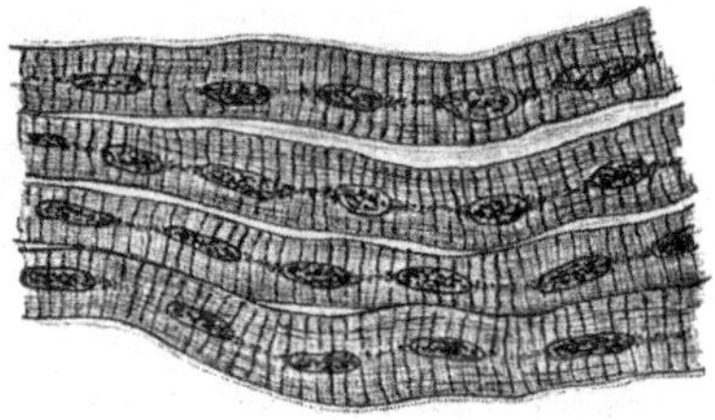

Fig. 152. Obj. VIII. Libellula quadrimaculata. Quergestreifte Muskelfasern aus den Flugmuskeln (Merkel).

wird auseinandergeklappt und im ausgestreckten Zustande montiert. Submentum und Mentum sind außerordentlich verlängert. Die das Palparium tragenden Stammglieder liegen dem Mentum auf, mit dem sie verwachsen sind, die Palparien sind mit den Außenladen verwachsen und tragen kurze, krallenartige, eingliederige Taster. Die Innenladen sind noch nicht entwickelt (Aeschna).

Die bedeutend kürzer und gedrungener gebauten Larven von Libellula zeichnen sich durch eine mehr gewölbt ausgebildete Fangmaske aus. Die Außenladen sind außerordentlich stark verbreitert, ihre nach

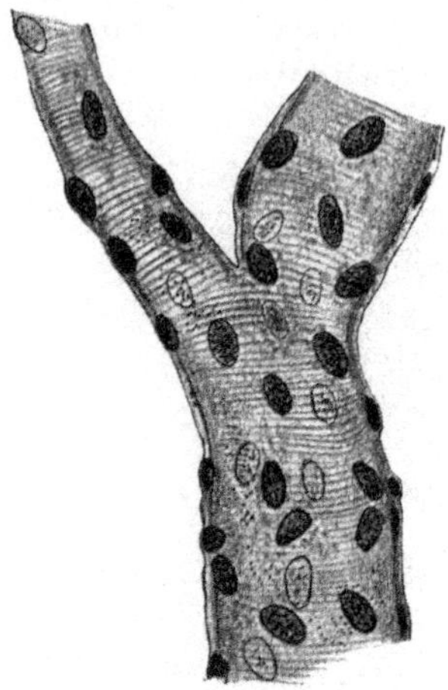

Fig. 153. Obj. VIII. Libellula quadrimaculata. Trachee der Brustmuskulatur mit Matrix. Die mattgezeichneten Kerne liegen auf der Unterseite des Präparates.

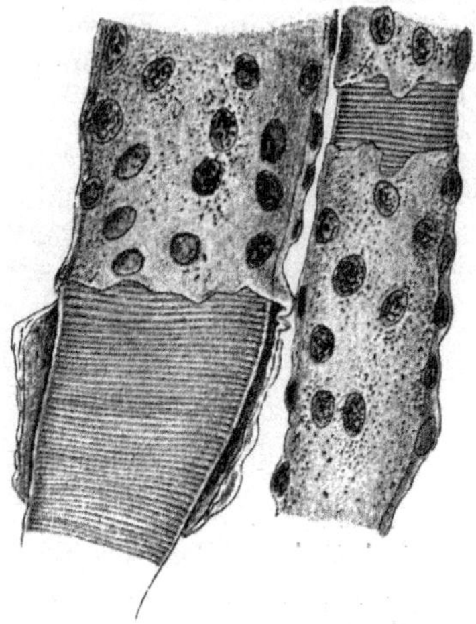

Fig. 154. Obj. VIII. Libellula quadrimaculata. Trachee der Brustmuskulatur, Matrix z. T. aufgerissen, so daß die Limitans und das Spiralband deutlich zu sehen sind.

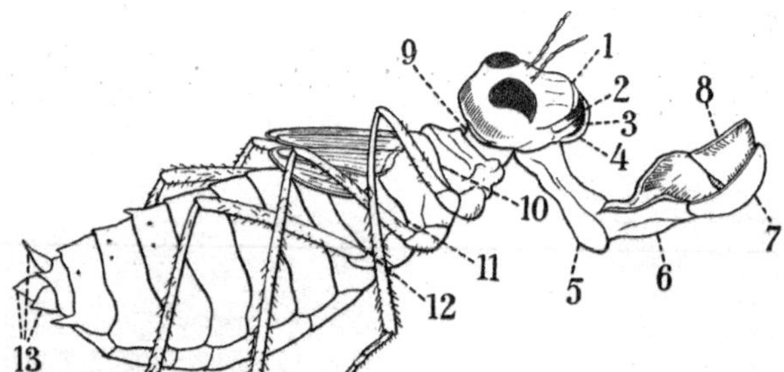

Fig. 155. Libellula quadrimaculata. Larve von der Seite gesehen. Unterlippe vorgestreckt.

1. Oberlippe. — 2. Oberkiefer. — 3. Unterkiefer. — 4. Zunge. — 5. Unterkinn. — 6. Kinn. — 7., 8. Klappen. — 9. Hals. — 10., 11. Grenzen zwischen den Brustringen. — 12. Grenze zwischen dem 3. Brustring und dem Hinterleib. — 13. Afterklappen.

innen gerichteten, distalen Ränder gekerbt und der außerordentlich kurze Taster nicht krallenartig entwickelt.

b) Ferner präparieren wir von den Libellenlarven die Darmtracheenkiemen. Hierzu eignen sich am besten die großen Aeschnalarven. Die Chitindecke des Rückens wird mit der feinen Schere an beiden Seiten des Abdomens gespalten und die Rückendecke vorsichtig abgehoben. Man sieht dann zwei mächtige Tracheenstämme an den Darm herantreten. Spaltet man auch die Dorsalwand des Darmes und breitet diesen aus, so bemerkt man sechs dunkel gefärbte, stark prominente Längsstreifen. Soweit sich diese erstrecken, wird der Darm herausgeschnitten, in absolutem Alkohol gründlich entwässert und nach dem Aufhellen in Xylol mit der Innenseite nach oben als Balsampräparat hergerichtet. Schon bei schwacher Vergrößerung sieht man, daß jeder Streifen aus zwei Reihen von Papillen besteht, in denen sich ein außerordentlich reich entwickeltes Tracheennetz findet.

Anmerkung: Die Larven mancher Schlankjungfern (Lestes, Agrion, Calopteryx) besitzen Schwanzkiemen (und keine Darmkiemen). Diese blattförmigen Abdominalanhänge eignen sich auch zu mikroskopischen Präparaten.

IV. Ephemeridenlarven (möglichst klein) werden ohne Kalibehandlung durch lange Einwirkung von Xylol aufgehellt und als Totalpräparate montiert. Sie müssen aber äußerst vorsichtig behandelt werden, da die seitlichen Tracheenkiemen, auf die es uns hier gerade ankommt, sehr leicht abfallen. Bei gelungenen Präparaten kann man das ganze Tracheensystem übersehen. Von den beiden großen Längsstämmen gehen viele Verzweigungen aus. An den Seiten der sieben ersten Hinterleibsringe finden wir zarte, blattartige Ausstülpungen, in denen sich ein Teil dieser Zweige zu einem außerordentlich reichästigen Baume aufspaltet.

An den Ephemeridenlarven kann man noch manche anderen anatomischen Einzelheiten studieren. Man sieht den Verlauf des Darmkanals, das Oberschlundganglion mit den wichtigsten von ihm ausstrahlenden Nerven und von den Mundteilen vor allem die stark entwickelten, säbelförmigen Oberkiefer. Die Larven der Gattung Ephemera haben nicht blattförmige, sondern büschelförmige Tracheenkiemen. Bei letzteren achte man auch auf die verbreiterten, zum Graben im Schlamm eingerichteten Schenkel und Schienen der Vorderbeine.

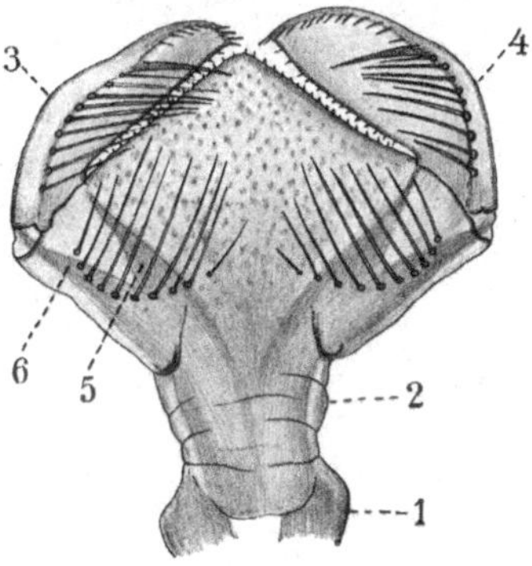

Fig. 156. Libellula quadrimaculata, Larve; vorderes Ende der Unterlippe von oben gesehen.
1. Unterkinn. — 2. Kinn. — 3., 4. Klappen. — 5., 6. Muskeln.

V. Küchenschabe (Blatta orientalis). Man präpariere:

a) Mundteile: Unterlippe mit Tastern, Unterkiefer mit Tastern, Oberkiefer, Oberlippe.

b) Ein vollständiges Bein: Coxa, Trochanter, Femur, Tibia, Tarsus.

c) Cerci (Afterfühler).

VI. Ohrwurm (Forficula auricularia). Man präpariere:

a) Das zweite Flügelpaar, und zwar den einen Flügel ausgebreitet, den anderen im natürlichen, zusammengefalteten Zustande.

b) Die Analzangen im Zusammenhang mit dem letzten Abdominalsegment { α) des Männchens, β) des Weibchens.

Die Analzangen des Männchens sind kräftiger als die des Weibchens und tragen im proximalen Teile des Innenrandes einen deutlichen Zahn. Sie dienen nicht als Waffe, sondern werden zum Zusammenlegen der Flügel, vielleicht auch als Klammerorgane bei der Begattung benutzt.

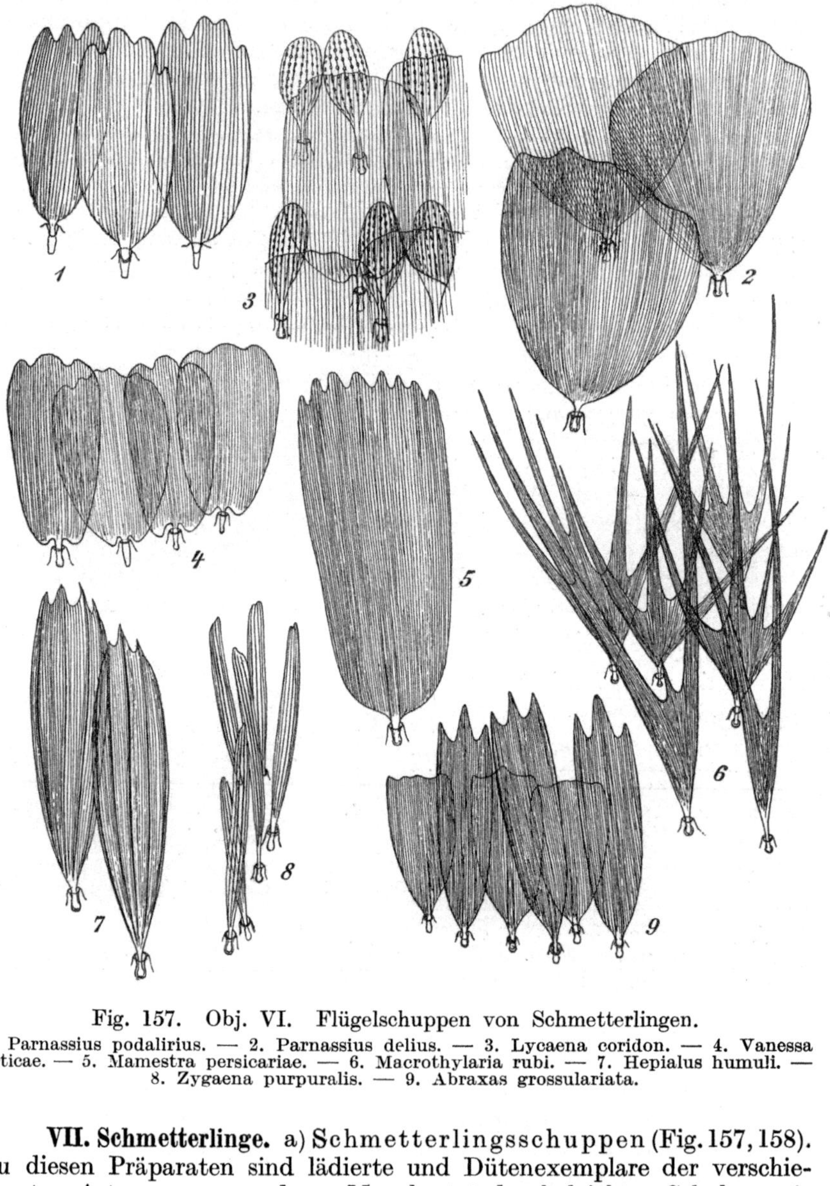

Fig. 157. Obj. VI. Flügelschuppen von Schmetterlingen.

1. Parnassius podalirius. — 2. Parnassius delius. — 3. Lycaena coridon. — 4. Vanessa urticae. — 5. Mamestra persicariae. — 6. Macrothylaria rubi. — 7. Hepialus humuli. — 8. Zygaena purpuralis. — 9. Abraxas grossulariata.

VII. Schmetterlinge. a) Schmetterlingsschuppen (Fig. 157, 158). Zu diesen Präparaten sind lädierte und Dütenexemplare der verschiedensten Arten zu verwenden. Man kratzt durch leichtes Schaben mit dem Skalpell von verschiedenen Gegenden der Oberseite und Unterseite einige Schuppen ab, bringt sie auf einen trockenen Objektträger, legt ein Deckgläschen auf und versieht es mit einem Lackrand. Fig. 157 zeigt in einer Zusammenstellung den großen, hier herrschenden Formenreichtum.

Ein instruktives Bild bietet auch ein Stückchen Flügel, von dem man auf einer oder auf beiden Seiten die Schuppen abgekratzt hat. Man sieht die in Reihen alternierend angeordneten Hohlkegelchen, in denen die Schuppen mit ihren Stielen gesessen haben. Einige Schuppen werden wir stets noch darin finden. Wir suchen nun solche auf, die an der Konvexität einer Flügelader wachsen. Da wir diese in Seitenansicht erblicken (Fig. 159), so läßt sich hier die Art der Befestigung besonders gut sehen. Man achte weiter auf die in den Flügeladern verlaufenden Tracheenstämme und ihre Verzweigungen (Fig. 160).

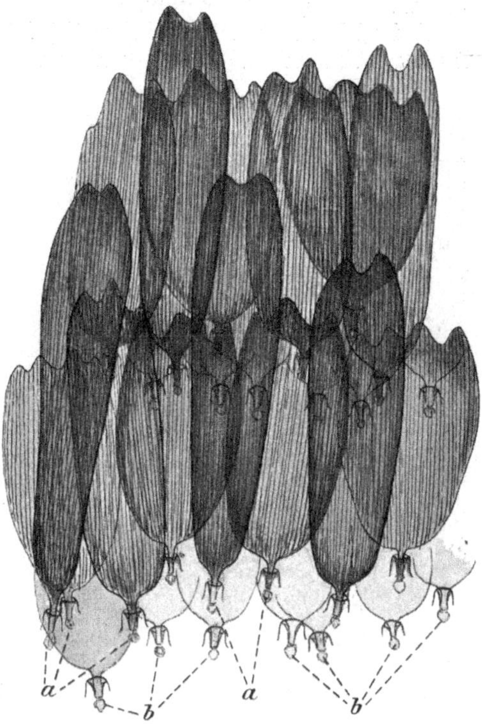

Fig. 158. Obj. VI. Schuppen vom Vorderflügel von Deilephila Euphorbiae. Die Schuppen der Oberseite (a) sind ausgeführt, die der Unterseite (b) nur im Umriß gezeichnet.

b) Mundteile von Schmetterlingen (Fig. 161, 162). Da die Schmetterlinge meist als lufttrockenes Material vorliegen, so müssen sie erst geweicht werden, bevor sich an ihnen präparieren läßt. Dies geschieht durch Aufkochen in Wasser. Wir verwenden am besten einen größeren Schwärmer, etwa Deilephila Euphorbiae.

Fig. 159. Obj. VIII. Wandung einer Flügelader von Deilephila Euphorbiae; Tasche eines Schuppenstiels in Seitenansicht.

α) Am einfachsten ist die Präparation der Unterkiefer (Rüssel). Man sieht den Rüssel vorn am Kopfe spiralig eingerollt. Man fährt mit einer Nadel in die Mitte der Spirale hinein und zieht sie auseinander. Meist löst sich hierbei schon der Falz, mit dem die beiden Rüsselhälften zusammenhängen, und wir erhalten die beiden Rüsselhälften einzeln, so daß wir sie beide mit verschiedenen Seiten zur Ansicht bringen können. Der Rüssel wird an seiner Anwachsstelle abgeschnitten. Die Basalglieder, Cardo und Stipes, sind kaum gesondert zu erkennen. Der

Rüssel besteht aus den verlängerten Außenladen. Die beiden halbrohrförmigen Außenladen werden durch einen Falz dicht aneinandergefügt und bilden dann den Rüssel. Die Unterkiefertaster sind im vorliegenden Falle, wie meist, verkümmert.

Bei vielen Arten (z. B. Agrotis) ist der distale Teil des Rüssels mit scharfen Zähnchen besetzt, welche zum Aufritzen der Nektarien dienen.

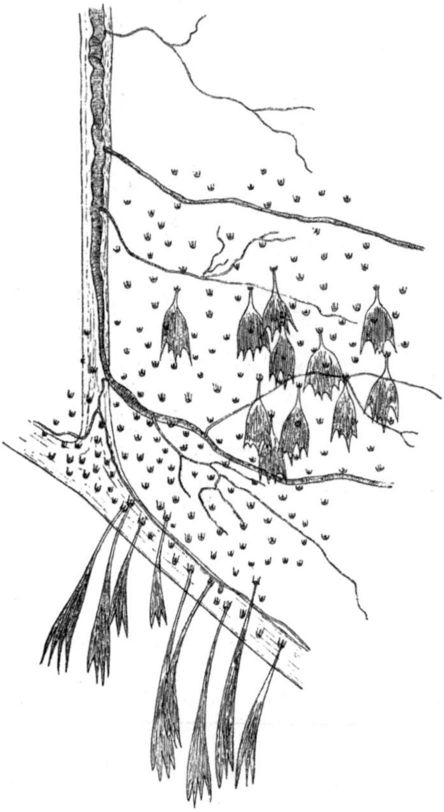

Fig. 160. Obj. IV. Endverzweigungen von Tracheen am Flügelrande von Bombyx mori. Schuppen größtenteils entfernt, nur die Ansatzstellen angedeutet.

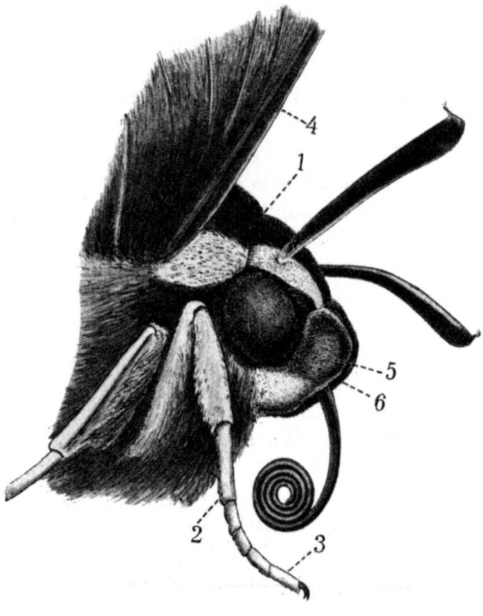

Fig. 161. Deilephila Euphorbiae. Vorderleib von der Seite gesehen. Rüssel ein wenig aufgerollt.

1. Grenze von Kopf und Vorderbrust. — 2. erstes, — 3. fünftes Fußglied des rechten Vorderbeines. — 4. Vorderflügel. — 5., 6. Unterlippentaster.

β) Von den übrigen, stark rudimentären Mundteilen gelingt mit einiger Sicherheit nur noch die Präparation der Unterlippe mit den wohl entwickelten Lippentastern. Die Unterlippe ist häutig, ihre Taster dreigliederig und zu beiden Seiten des Rüssels nach oben gerichtet. Von den drei Gliedern ist das letzte bei weitem das größte und von charakteristischer Form.

VIII. Raupen. Wir verwenden große, in Spiritus konservierte Arten, z. B. Deilephila Euphorbiae oder Bombyx mori.

a) Tracheenpräparat von der Raupe des Wolfmilchschwärmers. Die Raupe wird unter Wasser längs der Mittellinie des Rückens geöffnet und die Haut mit Nadeln zur Seite gesteckt. Die von den Abdominalstigmen ausgehenden Tracheenbündel fallen durch die totale Reflexion des Lichtes an der in ihnen befindlichen Luft sofort auf. Wir umschneiden einige Stigmen und bringen sie mit den daran hängenden Tracheenbündeln in Alkohol. Durch leichtes Schütteln entweicht hier die Luft aus den meisten Röhrchen. Die weitere Technik folgt den allgemeinen Vorschriften.

Bei mittlerer Vergrößerung läßt sich der Bau der Tracheen schon gut betrachten. Die Intima, in der die Chitinspirale liegt, wird von einer kernhaltigen Peritonealhaut umgeben (Limitans).

b) Afterfuß der Raupe des Seidenspinners (Fig. 163). Die ungegliederten Afterfüße werden durch flache, tangentiale Scherenschnitte abgetrennt und mit der Sohle nach oben als Balsampräparate hergerichtet. Man sieht unter dem Mikroskop, daß ein solcher Afterfuß eine einfache Hautausstülpung ist, die auf der Endfläche an einer Seite mehrere Dornenreihen trägt.

c) Mundteile der Raupe des Seidenspinners. Wenn wir den Kopf von vorn her mit einer starken Lupe untersuchen, so erkennen wir jederseits eine Gruppe von Punktaugen, median von diesen die außerordentlich kurzen Fühler, und wieder median davon die beiden kräftigen Mandibeln, die von der sehr kurzen Oberlippe nicht bedeckt werden. Diese Mandibeln zupfen wir ab und stellen Präparate davon her. Die Unterkiefer zeigen die elementare Gliederung mit sehr kurzen Tastern. An der Unterlippe münden die Spinndrüsen aus. Unterkiefer und Unterlippe liefern ebenfalls Balsampräparate.

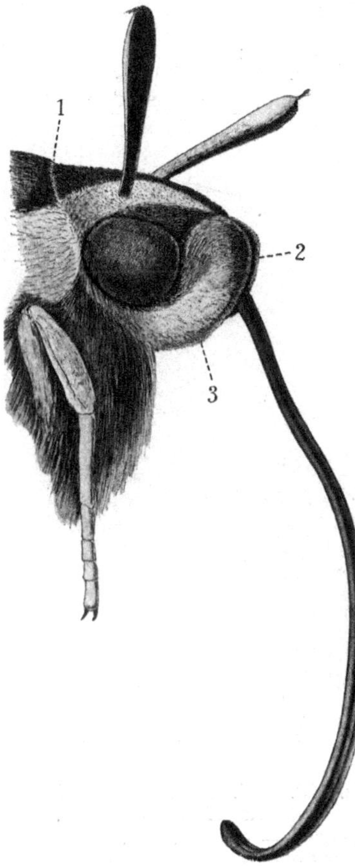

Fig. 162. Deilephila Euphorbiae. Vorderleib von der Seite gesehen. Rüssel aufgerollt.

1. Grenze von Kopf und Vorderbrust. — 2., 3. Taster der Unterlippe.

IX. Ameisenlöwe (Larve von Myrmecoleon formicarius). Wir präparieren die großen, sichelförmigen Oberkiefer, die am Innenrande drei starke und mehrere schwache Zähne tragen und auf der Unterseite der Länge nach ausgehöhlt sind. Die Rinne wird von den langen, dünnen Unterkiefern bedeckt. Das Präparat wird mit der Ventralseite nach oben montiert, am besten so, daß die noch daransitzenden Unterkiefer so weit zur Seite gedrückt werden, bis sie gut sichtbar sind.

Präpariert man den Kopf im ganzen, so kann man auch die sieben Punktaugen an jeder Seite des Kopfes ansehen.

X. Wasserskorpion (Nepa cinerea Fig. 164, 165, 166). Wir präparieren:

a) 1. Beinpaar (Raubbeine). Rinne auf der Innenseite des Oberschenkels. Entsprechende Doppelkante des Unterschenkels.

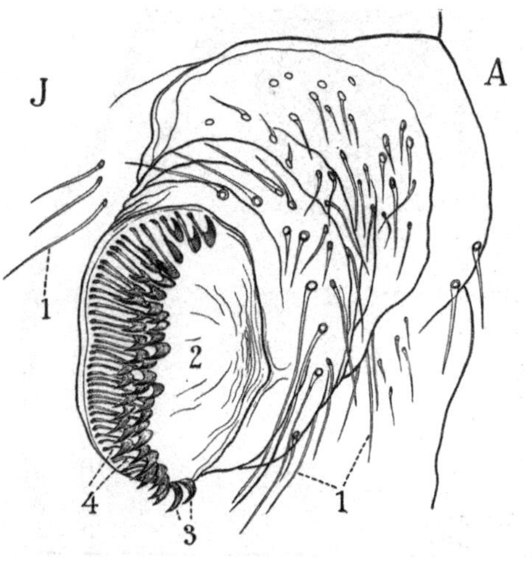

Fig. 163. Obj. 0. Bombyx mori. Ein linker Afterfuß der Raupe.

A. außen. — I. innen. — 1. Haare. — 2. Basalfläche des Afterfußes — 3. Krallen aus der Haut hervorragend. — 4. Basalstücke der Krallen, in der Haut verborgen.

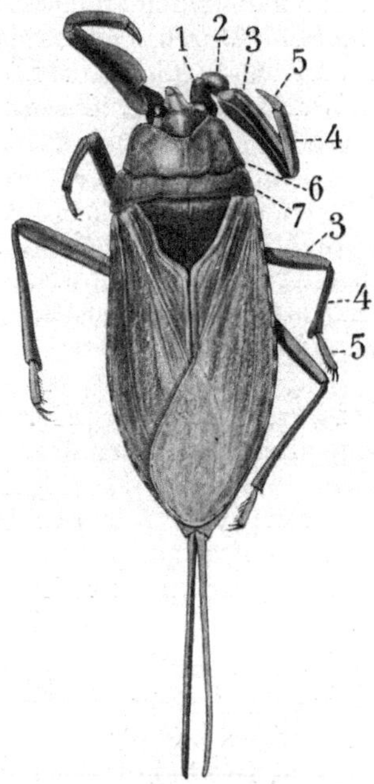

Fig. 164. Nepa cinerea. Oberseite.

1.—5. Teile des Beines. — 6., 7. erster und zweiter Brustring.

b) Kopf. α) von unten: zwei kleine, dreigliederige Fühler. Unterlippe dreigliederig, seitlich dorsal umgebogen, so daß die entstehende Röhre ventral geschlossen ist.

β) Von oben. Zwei große Netzaugen. Mittlere, dorsale Fuge des Unterlippenrohres. Verschluß auf dem Basalgliede durch die kurze, dreieckige Oberlippe. Die vier Kieferborsten sehen an der Spitze des Rüssels hervor.

XI. Feuerwanze und Bettwanze. Feuerwanze (Pyrrhocoris apterus). Präparat des Kopfes. Der für gewöhnlich ventral umgebogene Rüssel wird nach vorn geklappt und durch leichten Druck in dieser Lage fixiert, wobei gleichzeitig die vier zu Stechborsten umgewandelten Kiefer seitlich heraustreten.

Dasselbe läßt sich mit der Bettwanze (Acanthia lectularia) vor-

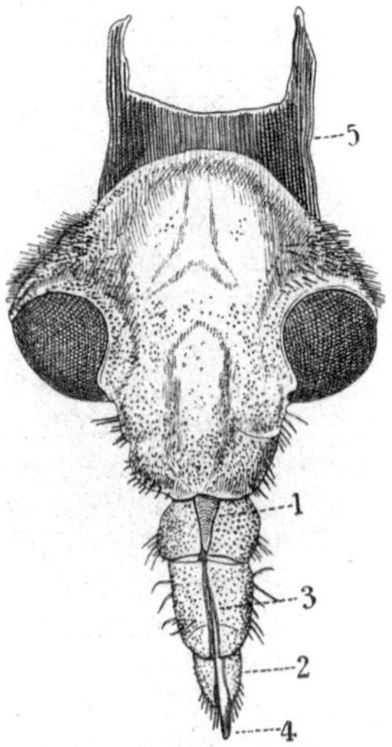

Fig. 165. Nepa cinerea. Kopf von oben gesehen.

1. Oberlippen. — 2. letztes Glied der Unterlippe. — 3. Rinne in der Unterlippe. — 4. Spitze der Stechborsten.

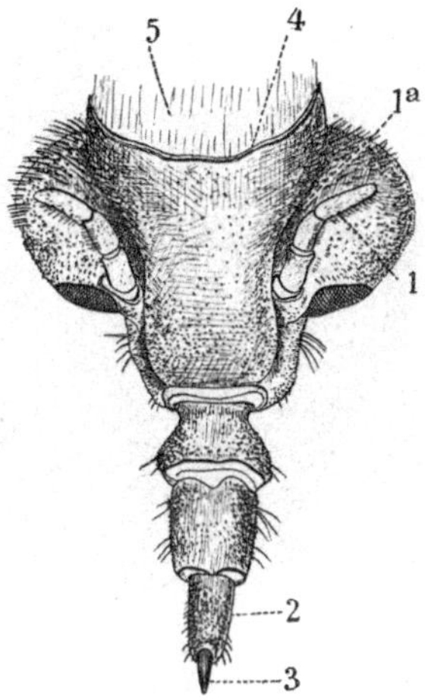

Fig. 166. Nepa cinerea. Kopf von unten.

1. Fühler. — 2. letztes Glied der Unterlippe. — 3. Spitze der Stechborsten.

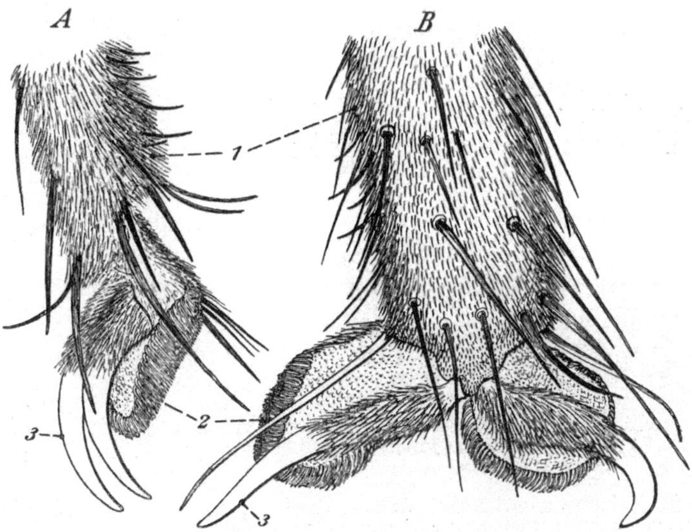

Fig. 167. Obj. VI. Fliegenfuß, Endstück.

A. Seitenansicht. — B. Dorsalansicht. — 1. letztes Fußglied. — 2. Haftlappen. — 3. Endklauen.

nehmen, nur daß hier nicht erst der Kopf abgetrennt zu werden braucht, sondern ein Totalpräparat des ganzen Tieres hergestellt werden kann. Präparate von der Bettwanze sind auch im allgemeinen durchsichtiger als solche von Pyrrhocoris oder anderen Pflanzenwanzen.

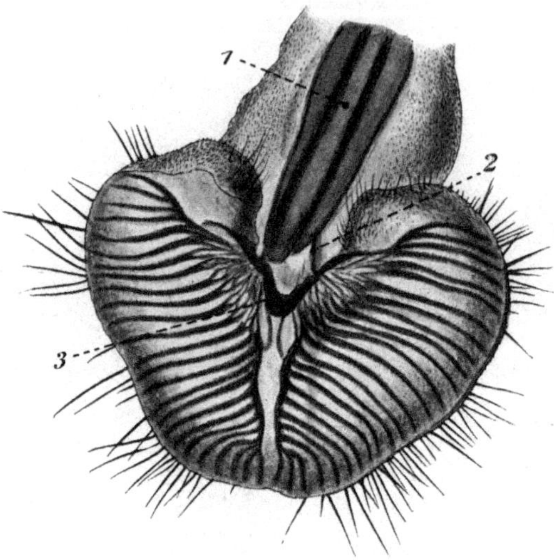

Fig. 168. Obj. II. Musca domestica. Endabschnitt des Rüssels von vorn und unten gesehen.
1. Oberlippe. — 2., 3. Chitinstützen der Labellen.

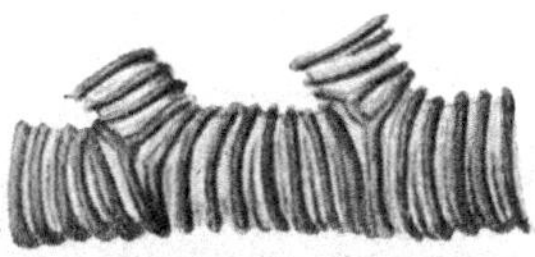

Fig. 169. Obj. VIII. Musca domestica. Hauptrinne mit der Einmündung zweier Nebenrinnen aus dem Labellum. Ansicht von der Oberseite des Labellums her.

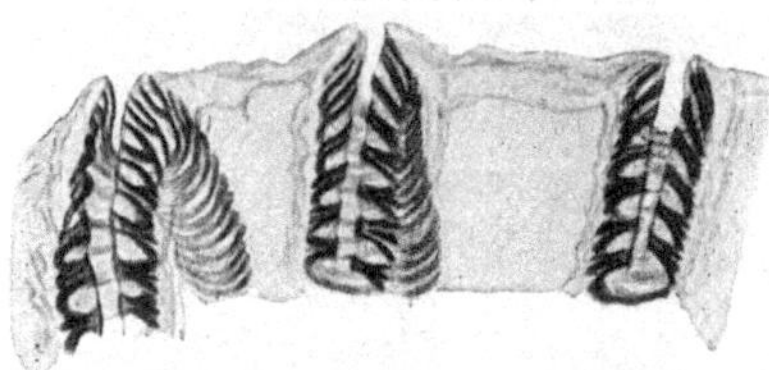

Fig. 170. Obj. VIII. Musca domestica. Saugrinnen in perspektivischer Ansicht.

XII. Fliegen. 1. Wir präparieren von der Stubenfliege (Musca domestica):

a) Füße. Das Präparat soll die Haftvorrichtung zeigen (Fig. 167). Wir erkennen ventral von den beiden Endkrallen zwei besondere Haftlappen. Diese sind dicht mit Haaren bedeckt, welche eine Flüssigkeit absondern.

b) Halteren. Hinter den Flügeln bemerkt man jederseits eine kleine, weiße Schuppe und unter dieser ein äußerst winziges, auf einem kleinen Stiele sitzendes Knöpfchen. Diese Rudimente des zweiten Flügelpaares werden vorsichtig mit der Lanzennadel abgetrennt und bei starker Vergrößerung betrachtet. Die Halteren sind trotz ihrer Kleinheit für das Zustandekommen des Fluges unentbehrlich, was durch viele Experimente bewiesen worden ist.

c) Rüssel. Vom Rüssel stellen wir zwei Präparate her: eines, welches einen ganzen Rüssel in Seitenansicht zeigt (α), und eines, welches eine abgetrennte Saugscheibe in Vorderansicht zeigt (β, Fig. 168—171).

α) Der eigentliche Rüssel wird von der Unterlippe gebildet und trägt vorn die Saugscheibe (Labellum). Ventral ist das stark chitinisierte Mentum sichtbar. In den Seitenwänden des Rüssels sieht man die als Stützen wirkenden Reste der Maxillen in Gestalt langgestreckter Chitinborsten, dorsal die ebenfalls sehr langgestreckte, stark chitinisierte Oberlippe. Die an der Basis des Rüssels sitzenden, eingliederigen Taster werden als Maxillar- oder als Lippentaster gedeutet.

β) (Fig. 168—171.)

Auf der Fläche des Labellums ziehen von außen nach innen zwei Systeme von etwa parallelen Rinnen (Nebenrinnen) entlang, die in je eine quer zu ihnen verlaufende Hauptrinne einmünden. Die Rinnen, deren Wandung von zierlichen Chitinbildungen gestützt wird, sind nach der Außenfläche des Labellums hin offen.

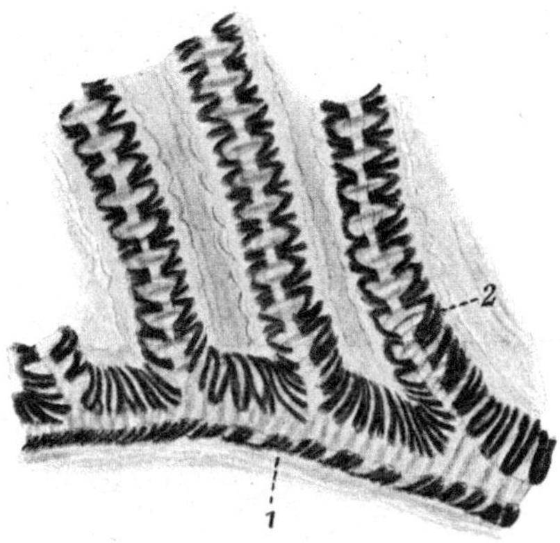

Fig. 171. Musca domestica. Saugrinnen, Ansicht von der Unterseite des Labellums her.

1. Rechter Hauptkanal. — 2. Nebenkanal.

2. Sehr lohnend ist die Herstellung mikroskopischer Präparate von Fliegenfühlern (z. B. von Eristalis tenax und anderen Arten). Das Material ist leicht in reicher Menge zu beschaffen und wird am besten in Alkohol konserviert, kann aber auch, auf Nadeln gesteckt, getrocknet aufbewahrt werden.

3. Maden von Musca spec. Die Tiere sind durch längere Einwirkung von Kalilauge soweit vorbehandelt, daß sie vollkommen durch-

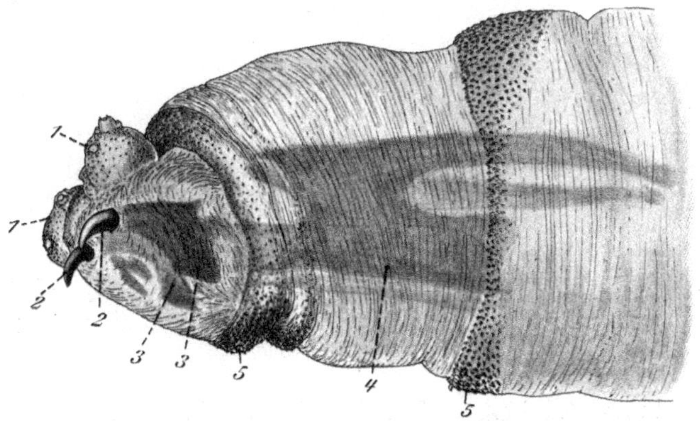

Fig. 172. Vorderende der Made von Musca domestica.

1. Fühler. — 2. Vorragende Abschnitte der Mundhaken. — 3. Im Kopfe verborgene Abschnitte der Mundhaken. — 4. Chitingerüst derselben. — 5. Kriechwülste.

sichtig sind, und werden zu Totalpräparaten verarbeitet. Wir betrachten am Vorderende die Mundhaken (Fig. 172) mit dem sie tragenden Chitingerüst, am Hinterende die beiden Stigmen, zu denen die beiden Haupttracheenstämme des Körpers führen.

XIII. Culex pipiens, Stechmücke (Fig. 173—177). Das Material ist sehr vorsichtig zu behandeln und darf der Einwirkung von Kalilauge nicht ausgesetzt werden. Xylol reicht zur Aufhellung vollkommen aus. Wir stellen Totalpräparate von Weibchen und Männchen entwickelter Mücken, sowie von Mückenlarven und -Puppen her.

a) ♀ Totalpräparat. Halteren frei: Flügel mit Schuppen. Fühler 14gliederig, schwach behaart. Große Facettenaugen. Unterlippe bildet

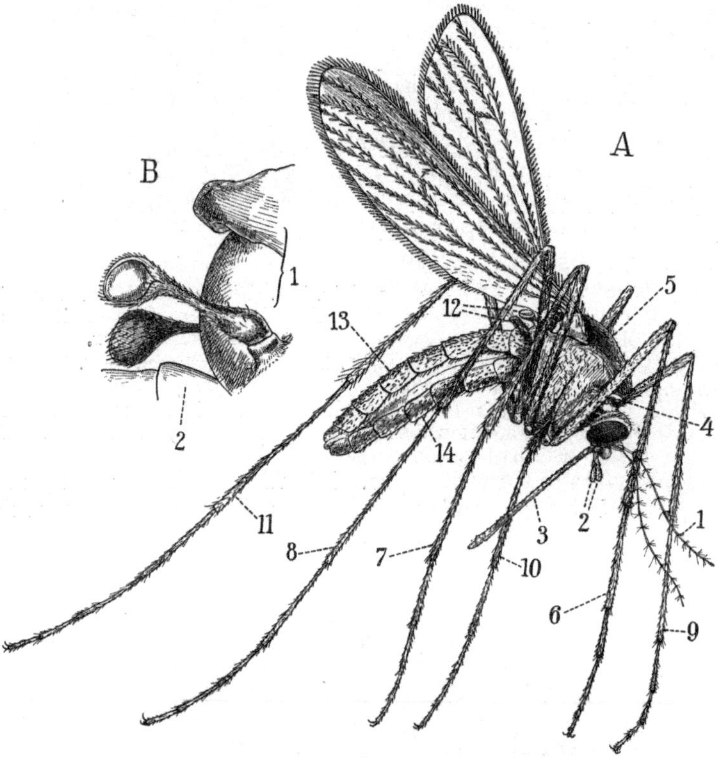

Fig. 173. Culex pipiens.

A. ♀ 1. Fühler. — 2. Unterkiefertaster. — 3. Rüssel. — 4. Vorderbrust. — 5. Zweiter und dritter Brustring. — 6., 7., 8. erstes Fußglied der Beine der rechten Seite. — 9., 10., 11. erstes Fußglied der Beine der linken Seite. — 12. Schwingkölbchen. — 13. Rückenplatte. — 14. Bauchplatte eines Hinterleibssegmentes. — B. Schwingkölbchen. — 1. Brust. 2. erstes Hinterleibssegment.

einen Rüssel mit Endklappe. Oberlippe lang. Mandibeln, Maxillen und Endolabium bilden die fünf Stechborsten (möglichst herauspräparieren!). Unterkiefertaster fünfgliederig, sehr kurz.

b) ♂ Totalpräparat. Unterschiede vom Weibchen: Fühler stark buschig, Unterkiefertaster länger als der Rüssel. Stechborsten fehlen.

c) Larve, Totalpräparat. Am Kopf zwei Fühler und zwei große Kiefer. Die drei Brustringe gegen das Abdomen deutlich abgesetzt.

Am Ende des Abdomens eine vierteilige Klappe. Am vorletzten Abdominalsegment ein langes Atemrohr mit vierzipfeliger Klappe, in

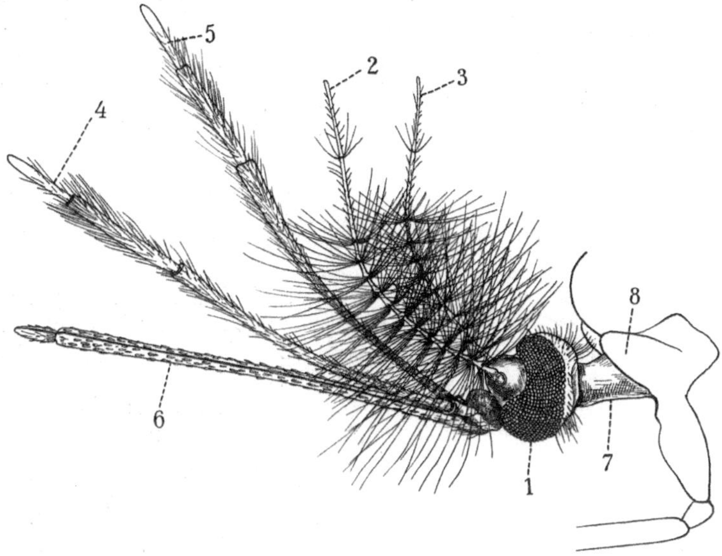

Fig. 174. Culex pipiens ♂. Kopf von der Seite gesehen.
1. Auge. — 2., 3. Fühler. — 4., 5. Unterkiefertaster. — 6. Rüssel (Unterlippe). — 7. Hals. — 8. Vorderbrust.

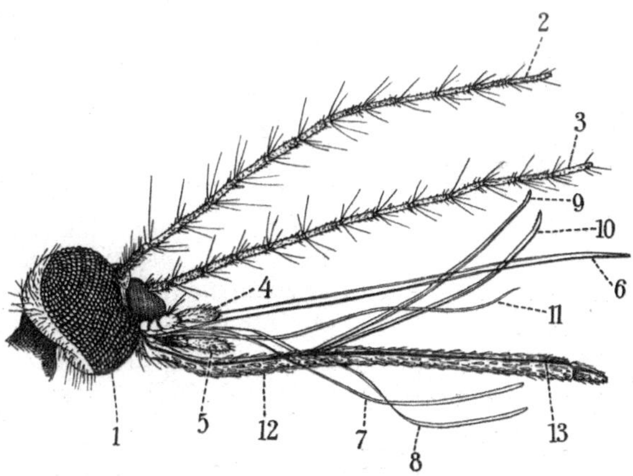

Fig. 175. Culex pipiens ♀. Kopf von der Seite gesehen. Stechborsten aus der Unterlippe hervorgezogen.
1. Auge. — 2., 3. Fühler. — 4., 5. Unterkiefertaster. — 6. Oberlippe. — 7., 8. Oberkiefer. — 9., 10. Unterkiefer. — 11. Zunge. — 12. Unterlippe. — 13. Rinne der Unterlippe, in welcher die Stechborsten liegen.

welchem Tracheen nachweisbar. Studiere an gut aufgehellten Exemplaren die innere Organisation: Verdauungskanal und Nervensystem.

d) Puppe, Totalpräparat. In der Puppe erkennt man schon Fühler, Taster, Rüssel, Beine, Schwingkölbchen. Am Rücken sitzen zwei kurze Atemröhrchen, am Hinterleibsende zwei Ruderklappen.

XIV. Vespa vulgaris (gemeine Wespe). Die Mundteile werden von der Ventralseite her mit der feinen Pinzette und Lanzennadel einzeln abpräpariert.

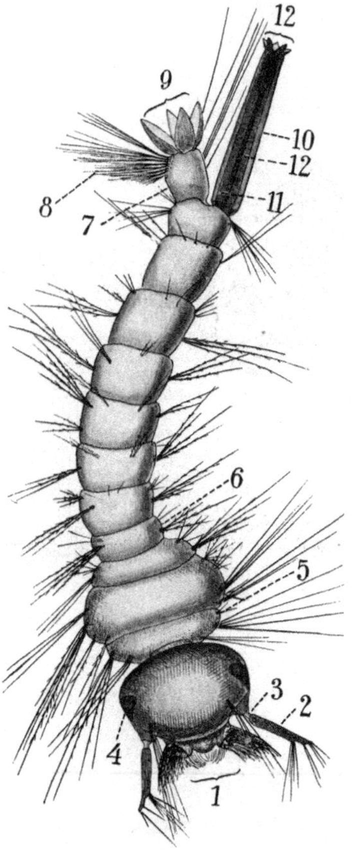

Fig. 176. Culex. Larve von oben gesehen.

1. Mundwerkzeuge. — 2. Fühler. — 3. Gelenkhaut. — 4. zusammengesetztes Auge. — 5. erster Brustring. — 6. erster Hinterleibsring. — 7. letzter Hinterleibsring. — 8. Ruderhaare. — 9. Klappen der Afteröffnung. — 10. Atemrohr. — 11., 12. Tracheenröhren im Atemrohr. — 13. Klappen des Atemrohrs.

a) Unterlippe: Auf der Dorsalseite ist ein deutliches Endolabium wahrzunehmen. Die Innenladen sind bis auf das letzte Ende zu einer weichen Platte verwachsen, die Außenladen deutlich (Paraglossen, Nebenzungen). Beide Laden zeigen Querstreifung mit reihenweis angeordneten Härchen. Unterlippentaster viergliederig.

b) Unterkiefer: Cardo, Stipes und Palparium normal ausgebildet. Die Laden sind häutig und stark behaart, die Außenladen zweigliederig, die Kiefertaster sechsgliederig.

c) Oberkiefer. Die kräftigen Oberkiefer tragen an der vorderen Ecke drei stumpfe Zähne, an der Medianseite eine scharfe Kante.

d) Ein Flügelpräparat zeigt dasselbe wie bei Apis (siehe dort): Verankerung von Vorder- und Hinterflügeln.

e) Der Giftapparat. Man schneidet das Hinterleibsende des Tieres etwa 5 mm lang ab und präpariert es von der Dorsalseite her mit zwei Nadeln auseinander. Es gelingt dann, die Stachelscheide im Zusammenhang mit den Scheidenklappen, der Giftblase und ev. einem Teile des Giftdrüsenganges zu isolieren und zu einem Präparat zu verarbeiten.

Vom Stachel sehen wir äußerlich die stark chitinöse Stachelscheide und dorsal von ihr die beiden behaarten, ungegliederten Scheidenklappen. Die Stachelscheide hat auf der Unterseite eine Rinne, in welcher die beiden vorn mit Widerhäkchen besetzten Stechborsten liegen, die wir sichtbar zu machen suchen. Die Stechborsten bilden mit der konkaven Halbrinne der Stachelscheide den Kanal für das ausfließende Gift. Innerhalb des Körpers finden wir die Giftblase, welche sich rückwärts in den nicht immer im Präparat erhaltenen Ausführungsgang der Giftdrüse fortsetzt.

XV. Apis mellifica, Honigbiene. 1. Arbeiterin. Wir präparieren:

a) Die Vorderbeine. Am ersten Fußgliede der Vorderbeine findet sich ein halbkreisförmiger Ausschnitt (Putzscharte), dessen Rand mit einem Kranze nach vorn gerichteter Dornen besetzt ist. Am

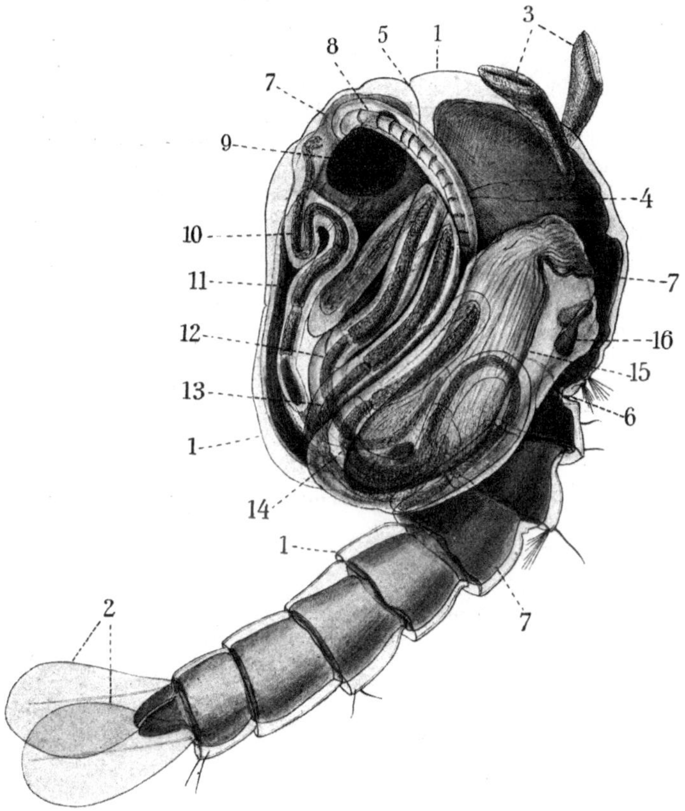

Fig. 177. Culex pipiens ♂. Puppe von der Seite gesehen. Innerhalb der Puppenhaut ist das fast völlig entwickelte Insekt zu erkennen.

1. Haut der Puppe. — 2. Flossen der Puppe. — 3. Atemröhrchen. — 4. Trachee des einen Atemröhrchens. — 5. Grenze von Kopf und Brust. — 6. Grenze von Brust und Hinterleib. — 7. Körper der Mücke. — 8. Fühler. — 9. Auge. — 10. Unterkiefertaster. — 11. Rüssel. — 12., 13., 14. erstes Fußglied der Beine der linken Seite. — 15. Flügel. — 16. Schwingkölbchen.

Unterschenkel findet sich ein beweglicher Sporn, der gegen den Fuß geklappt werden kann (Reinigung der Fühler!).

b) Die Hinterbeine (Sammelvorrichtung). Die Hinterbeine werden bis zur Schiene einschließlich abgetrennt und das eine mit der Innenseite, das andere mit der Außenseite dem Beschauer zugewendet. Schwache Vergrößerung.

Auf der Innenseite betrachten wir das stark verbreiterte erste Fußglied (Ferse). Dasselbe trägt am proximalen Ende einen kleinen Fortsatz, den Fersenhenkel, mit dem die Wachsblättchen zwischen den Bauchringen abgehoben werden. Die Innenseite der Ferse ist mit reihenweise angeordneten Haaren besetzt (Bürste zum Einsammeln des Blütenstaubes).

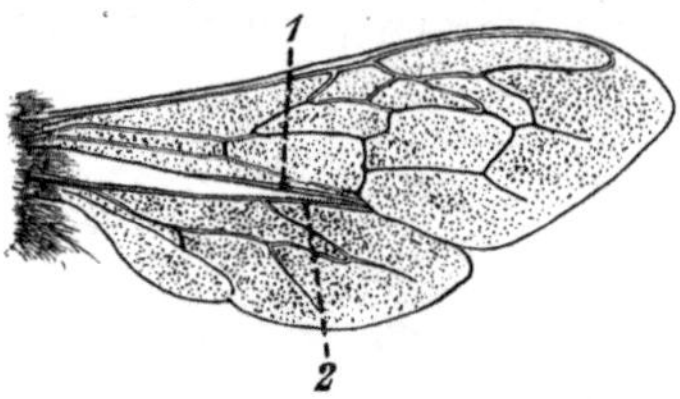

Fig. 178. Apis mellifica. Flügel der rechten Seite, von der Ventralseite gesehen; zeigt die Lage des Verbindungsmechanismus.

1. Umgelegter Flügelrand. — 2. Hakenreihe.

Auf der Außenseite sehen wir uns die ebenfalls stark verbreiterte Schiene an. Dieselbe besitzt eine muldenförmige Vertiefung (Körbchen), welche am Rande mit Sammelhaaren besetzt ist.

c) Die Flügel. Man versuche, den Vorder- und Hinterflügel einer Seite im Zusammenhange abzutrennen, und ohne denselben zu lösen, die Flügel in Balsam gut auszubreiten, so daß man die Verankerungsvorrichtung von Vorder- und Hinterflügel studieren kann (Fig. 178). Der Hinterrand des Vorderflügels ist nach der Bauchseite umgebogen (Fig. 179 : 1), und der Vorderrand des Hinterflügels trägt eine Reihe von Chitinhäkchen (Fig. 179:2), welche in den Falz des Vorderflügels eingreifen. Der umgelegte Rand des Vorderflügels ist in Rücksicht auf die gegenseitigen Verschiebungen der Flügel fast doppelt so lang als die Reihe der Haken.

d) Den Stachelapparat. Die Präparation erfolgt in derselben

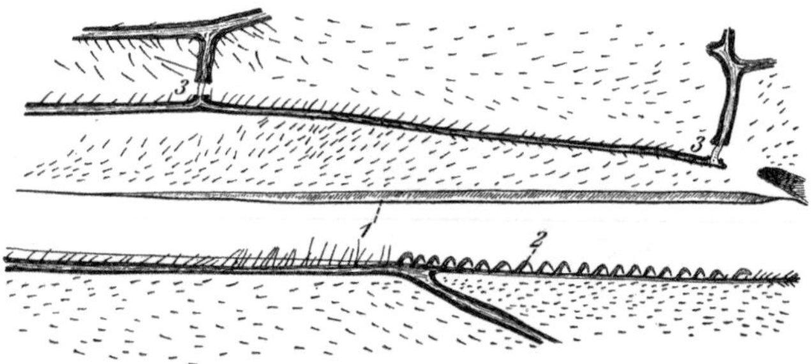

Fig. 179. Apis mellifica. Flügel der rechten Seite, Verbindungsmechanismus. 1. Ventralwärts umgelegter Rand des Vorderflügels. — 2. Dorsalwärts gekrümmte Haken am Vorderrand des Hinterflügels. — 3....3. Faltungslinie des Flügels; die Ausbildung der Flügeladern zeigt hier eine Unterbrechung.

Weise wie bei der Wespe (siehe dort) und zeigt auch im Bau keine wesentlichen Abweichungen.

e) Die Mundteile. Wir biegen die durch Kochen oder Kalibehandlung erweichten Mundteile, die gewöhnlich der Bauchseite des Thorax anliegen, auf und suchen erst die Unterlippe oder Unterlippe und Unterkiefer zusammen abzupräparieren. Gelingt es, die beiden letzteren im Präparat gut auszubreiten, so erhält man ein sehr instruktives Bild über den Aufbau des Saugrüssels.

Die deutlich geringelte und behaarte Zunge wird von den Innenladen des zweiten Maxillenpaares gebildet. Sie ist auf der Unterseite gefurcht und bildet, da die Ränder der Furche gegeneinander neigen, ein Rohr. Die Außenladen sind als kleine, löffelartige Gebilde (Nebenzungen) am Grunde der Zunge sichtbar. Die Unterlippentaster sind auf der Innenseite vertieft und können mit den ähnlich gebildeten Laden der Unterkiefer zu einem weiten Rohre zusammengelegt werden, in welchem die Zunge liegt. Die sehr kurzen Unterkiefertaster sitzen auf dem Außenrande des Palpariums.

Die Oberkiefer werden zu einem besonderen Präparat verarbeitet. Sie sind sehr kurz und zu kleinen Löffeln umgewandelt, die als Sammelorgane und beim Wabenbau Verwendung finden.

2. Königin. Wir stellen dieselben Präparate her, wie von der Arbeiterin und studieren die Abweichungen im Bau derselben. Die Oberkiefer sind hier nicht Sammelorgane, sondern zum Beißen eingerichtet und tragen einen spitzen Zahn. An der Unterlippe und den Unterkiefern finden wir die bei der Arbeiterin beschriebenen Teile wieder, nur sind dieselben bedeutend schwächer ausgebildet. Auch die funktionelle Differenzierung der Glieder der Hinterbeine ist schwächer.

3. Drohne. Die Drohnen sind an den auf dem Scheitel zusammenstoßenden Augen leicht zu erkennen. Die Oberkiefer ähneln denen der Königin. Die sonst gleich gebauten Maxillarbildungen sind noch schwächer entwickelt als bei dieser. Der Sammelapparat der Hinterbeine und der Giftstachel fehlen.

Anmerkung: Dieselben Präparate wie von der Biene lassen sich auch von den verschiedenen Hummelarten anfertigen. Der Vergleich der homologen Teile ist für das Verständnis außerordentlich förderlich.

Alle kleineren Insektenformen, die bequem unter einem Deckgläschen Platz haben, werden am besten zu Totalpräparaten verarbeitet (Ameisen, Flöhe, Läuse usw.). Bei starker Chitinisierung des Panzers empfiehlt sich längere Behandlung mit kalter Kalilauge. Kochen ist bei so zarten Objekten unter allen Umständen zu vermeiden. Wegen der Deutung der Präparate muß auf die Lehrbücher verwiesen werden.

7. Kapitel.

Dyticus marginalis. Gelbrand.

Die Gelbrandkäfer oder verwandte Arten sind im Frühjahr und Spätsommer in Tümpeln und Gräben leicht zu fangen und lassen sich bei Fütterung mit kleinen Wasserinsekten und deren Larven in Aquariengläsern einige Zeit lebend erhalten.

I. Beobachtungen am lebenden Material: Wir beobachten die gewandten und schnellen Schwimmbewegungen des Tieres. Die langen Hinterbeine (Schwimmbeine) sind so eingerichtet, daß sie sich fast nur in einer Ebene bewegen können. Es wird also keine Muskelkraft zum Tragen der Beine verschwendet, sondern nur für die eigentliche Schwimmbewegung verbraucht. Von Zeit zu Zeit kommt der Käfer an die Oberfläche; er nimmt dabei an dem aus dem Wasser ragenden Hinterleibsende eine kleine Menge Luft in den zwischen Flügeldecken und Rückenwand gelegenen Hohlraum, in dem sich auch die Stigmen befinden. Er stützt sich hierbei gern an Wasserpflanzen. Man beachte ferner das Spiel der Fühler, Taster und Kiefer beim Fressen!

II. Äußere Inspektion und mikroskopische Präparate von Chitinteilen: Die Tiere werden für unsere Zwecke am besten getötet, indem man sie in Spiritus wirft. Chloroform tötet zwar etwas schneller, es treten aber krampfartige Zusammenziehungen der Gliedmaßen und sonstigen beweglichen Teile auf, welche die Präparation am Chitin sehr erschweren.

Wir betrachten zuerst die drei Brustringe. Auf der Bauchseite sind sie sofort zu sehen (Fig. 180, a, b, c), weil jeder von ihnen ein Beinpaar trägt. Auf der Rückenseite sehen wir den ersten Brustring, das gelb umrandete Schild, vollständig. Vom zweiten Brustring, welcher

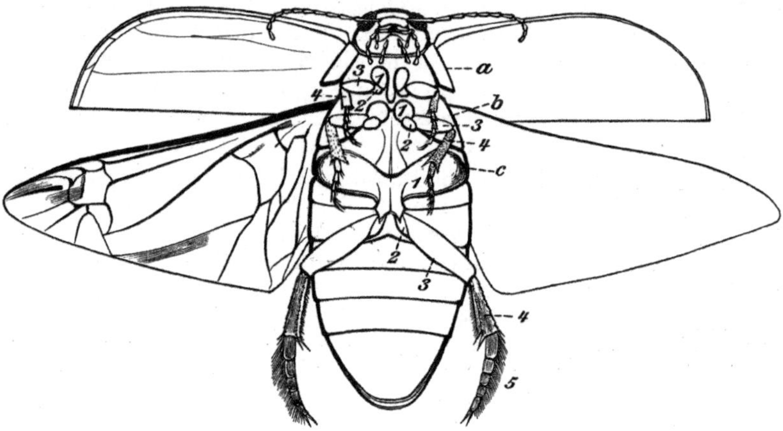

Fig. 180. Dyticus marginalis. Übersicht der Gliederung von der Unterseite. a., b., c. die drei Brustringe. — 1.—5. die Abschnitte der Beine.

die Flügeldecken trägt, sehen wir nur in der Mitte das kleine, dreieckige Schildchen, der dritte Brustring ist verdeckt.

An den drei Beinpaaren suchen wir die fünf Teile des Insektenbeines auf (Fig. 180 : 1—5): Hüfte (Coxa), Schenkelring (Trochanter), Schenkel (Femur), Schiene (Tibia) und Fuß (Tarsus). Die Füße sind hier durchweg fünfgliederig. Biologisch interessant ist die durch die Funktion bedingte verschiedenartige Ausbildung der Beinpaare. Wir untersuchen die Vorderbeine der Männchen und die Hinterbeine eines der beiden Geschlechter.

An den Vorderbeinen des Männchens (Fig. 181, 182) sind die drei ersten Tarsalglieder stark verbreitert und bilden eine fast kreisrunde Scheibe. Wir trennen den Fuß, also die Scheibe mit den beiden unveränderten Fußgliedern ab, bringen ihn auf einige Zeit in absoluten Alkohol, hellen möglichst lange in Xylol auf, vermeiden aber, wenn das Objekt nicht zu dunkel ist, die Behandlung mit Kalilauge. Wir montieren den einen Fuß mit der Außen-, den anderen mit der Innenseite nach oben auf einem Objektträger in Kanadabalsam und legen ein Deckgläschen auf. Die Innenseite ist besonders interessant. Schon mit bloßem Auge kann man auf ihr zwei verschieden große Saugnäpfe wahrnehmen, und unter dem Mikroskop sieht man, daß auch die ganze Scheibe mit vielen kleinen Saugnäpfen besetzt ist. Die Flügeldecken der Weibchen zeigen eine kräftige Längsriefung. An dieser heften die Männchen bei der Begattung sich mit den Saugnäpfen fest. Der Rand der Scheibe ist mit kräftigen, gekrümmten Haaren besetzt. Bei starker Vergrößerung sieht man deutlich, daß die kleinen Saugnäpfe gestielt sind.

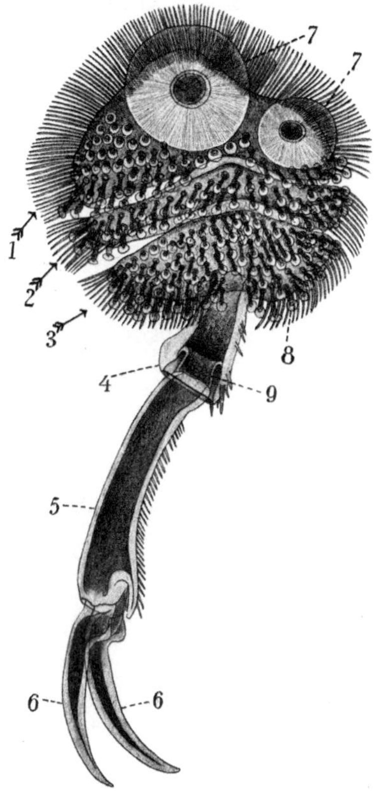

Fig. 181. Dyticus marginalis ♂. Fuß des Vorderbeines, Innenseite.

1.—5. Fußglieder. — 6. Krallen. — 7. großer Saugnapf. — 8. kleiner Saugnapf. — 9. Gelenkhaut am Gelenk zwischen dem vierten und fünften Fußgliede.

Die **Schwimmfüße** (drittes Beinpaar) liefern zwar kein mikroskopisches Präparat, weil sie zu dick sind; wir betrachten sie aber doch in bezug auf die Ausbildung der Gelenke und die Behaarung. Tibia und Tarsus sind mit reihenartig angeordneten Haaren besetzt, die sich bei der Bewegung des Beines von vorn nach hinten ausbreiten und das Wasser zurück- bzw. das Tier vorwärtsdrücken. Die Gelenkverbindungen sind so eingerichtet, daß die Bewegung der Glieder gegeneinander nur in der für die Fortbewegung günstigen Richtung möglich ist.

Wir klappen jetzt die Flügeldecken auf (beachte den Mechanismus zum Verschließen derselben!), breiten die häutigen Flügel zur Seite und sehen nun die konkave Dorsalseite des Abdomens und des zweiten und dritten Brustringes. In dem weichen, hellen Streifen, der auf beiden Seiten den Rückenteil des Hinterleibes begrenzt, liegt eine Reihe dunkler Punkte: die **Stigmen**. Der von den luftdicht schließenden Flügeldecken und dem konkaven Rücken des Abdomens begrenzte Raum enthält die zum Atmen nötige Luft, und die Stigmen öffnen sich naturgemäß in diesen Raum. Wir

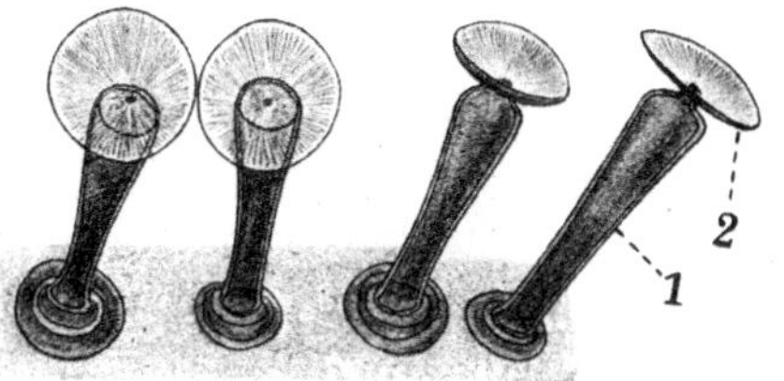

Fig. 182. Obj. IV. Dyticus marginalis. Gruppe kleiner Saugnäpfe vom Fuße des ♂.

1. Stiel. — 2. Saugplatte.

schneiden mit der feinen Schere den die Stigmen enthaltenden Streifen jederseits heraus und richten ihn, ohne Kalilauge anzuwenden, als Balsampräparat her. Die Außenseite wird nach oben gelegt. Bei mittlerer Vergrößerung erhalten wir eine lohnende Ansicht eines Stigmas. Der stark verdickte Chitinrand eines Stigmas (Fig. 183) ist auf der einen Längsseite mit längeren, auf den übrigen Seiten mit kürzeren Stäben besetzt, auf denen sich viele verzweigte und gefie-

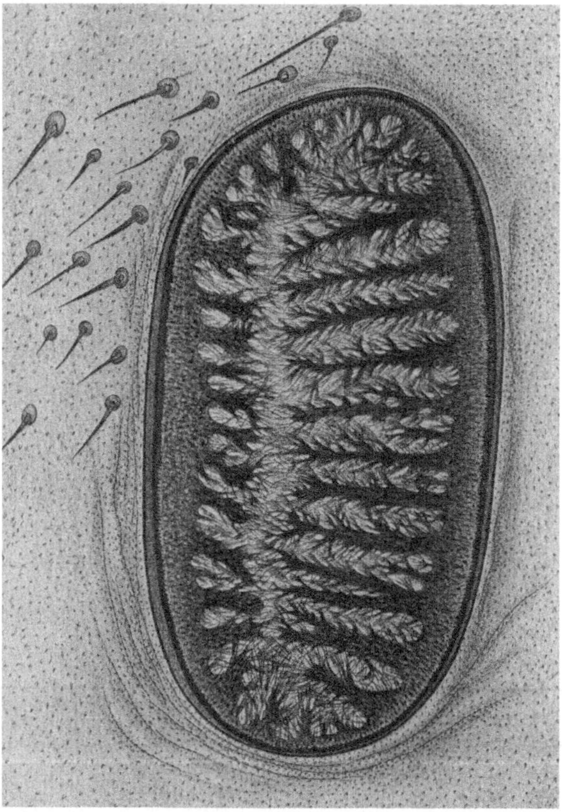

Fig. 183. Dyticus marginalis. Stigma.

derte Haare befinden. Es wird so eine Reuse gebildet, welche das Eindringen von Fremdkörpern in den Tracheenstamm verhindert. Stellen wir die Linse auf eine etwas tiefere Ebene ein, so sehen wir die an ihrem Spiralband leicht kenntlichen Tracheenstämme, die am Stigma ihren Ursprung haben und gewisse gelb pigmentierte Chitingebilde, die zum Verschlußapparat des Stigmas gehören. Da dieser an den Abdominalstigmen der Käfer nicht typisch ausgebildet ist, wollen wir hier nicht weiter auf ihn eingehen.

Die Präparation der Mundteile erfolgt nach den allgemeinen Vorschriften und wird durch die Figuren 184, 185, 186 erläutert. Es werden von Mundteilen und Fühlern Balsampräparate hergestellt.

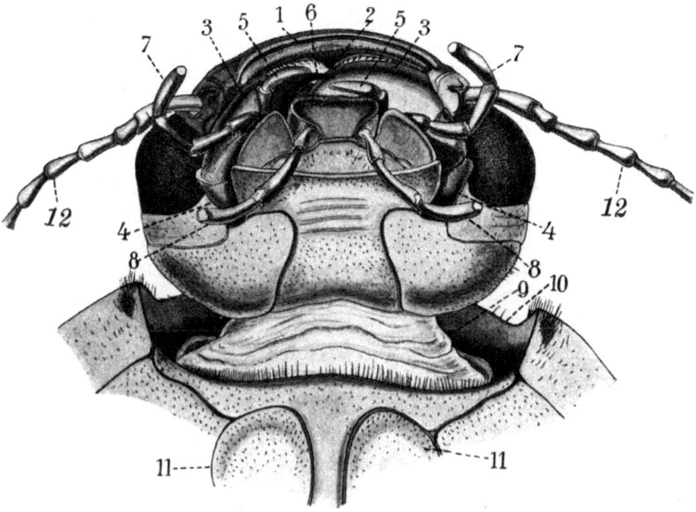

Fig. 184. Dyticus marginalis. Kopf von unten gesehen.

1. Stirnrand. — 2. Oberlippe. — 3. Oberkiefer. — 4. unterstes Glied der Unterkiefer. — 5. Außenlade der Unterkiefer. — 6. Innenlade der Unterkiefer (nur die rechte zu sehen). — 7. Unterkiefertaster. — 8. Unterlippentaster. — 9. Gelenkhaut des Halses. — 10. Rand des ersten Brustsegmentes. — 11. Hüften der Vorderbeine. — 12. Fühler.

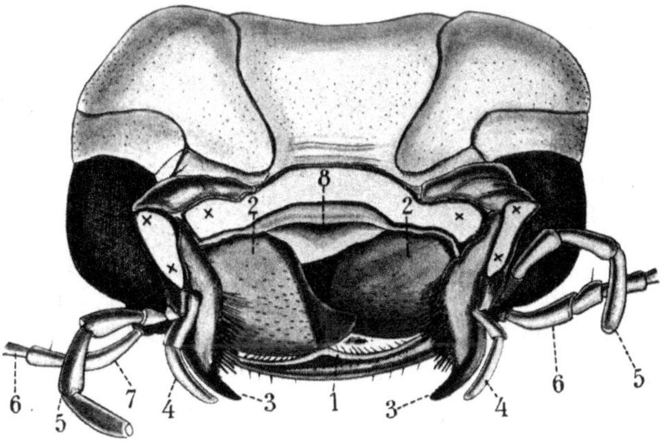

Fig. 185. Dyticus marginalis. Kopf von der Unterseite. Unterlippe abgeschnitten.

× × Ansatzstellen der Unterlippe. — 1. Rand der Oberlippe. — 2. Oberkiefer. — 3. Innere Lade des Unterkiefers. — 4. Tasterartige, zweigliederige äußere Lade des Unterkiefers. — 5. Unterkiefertaster. — 6. Fühler.

a) Mundteile. Die Palparien und Laden der Unterlippe sind vollständig zu einer Platte verwachsen, die die dreigliederigen Taster trägt. Die Unterkiefer sind normal ausgebildet. Die Innenladen stellen ein

Paar spitze Zangen dar. Die Außenladen sind tasterartig und zweigliederig, die eigentlichen Unterkiefertaster viergliederig. Die starken Oberkiefer sind zweispitzig und haben einen scharfen Innenrand. Die Oberlippe ist am Rande schwach ausgebuchtet.

b) Fühler. Die fadenförmigen Fühler sind 11gliederig. Man achte auf die Art der Verbindung von Glied mit Glied, auf die Poren der Chitinwand, namentlich am distalen Ende (Nervenenden!) und auf das abgestutzte Ende des letzten Fühlergliedes.

Nachdem Fühler und Mundteile präpariert sind, fassen wir den Kopf mit zwei Fingern der linken Hand und stellen mit Hilfe eines Rasiermessers feine Sagittalschnitte durch ein Auge her. Die Technik entspricht der aus der Botanik allgemein bekannten. Die Schnitte werden in Alkohol gesammelt und bei schwacher Vergrößerung die geeignetsten herausgesucht, aus denen dann Balsampräparate hergestellt werden. Bei einiger Übung erhält man so brauchbare Übersichtsbilder wenigstens über die peripherischen Teile des zusammengesetzten Insektenauges. Wir unterscheiden von außen nach innen:

die Hornhautlinsen (Facetten des Flächenpräparates S. 236);

die Schicht der von schwarzem Pigment umgebenen Kristallkegel;

die Reticulaschicht, deren Elemente im proximalen Teile ebenfalls von schwarzem Pigment umgeben sind;

den subocularen Raum, von vielen radial verlaufenden Nervenfasern durchzogen;

das Ganglion opticum.

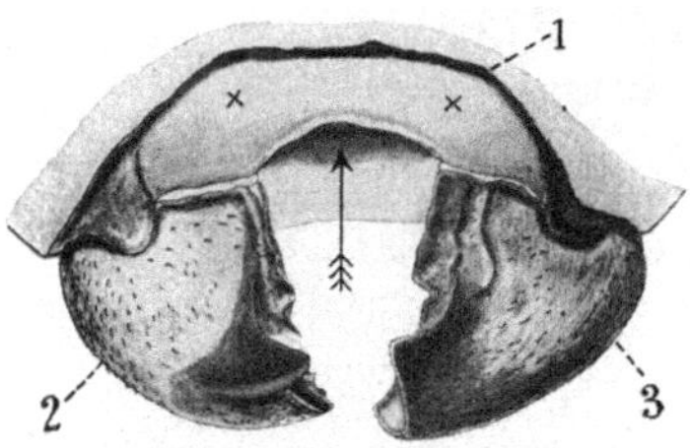

Fig. 186. Dyticus marginalis. Oberkiefer von vorn gesehen. Oberlippe abgetrennt.

× × Schnittfläche. — Der Pfeil deutet den Eingang zum Schlunde an. — 1. Stirnrand. — 2. rechter Oberkiefer. — 3. linker Oberkiefer.

III. Sektion. Für die Sektion benutzen wir am besten ein neues Exemplar, das ebenfalls in Spiritus getötet wird. Altes Spiritusmaterial ist wenig geeignet und sollte nur im äußersten Notfalle gegeben werden. Die Präparation erfolgt im Wachsbecken unter Wasser, doch hält man das Tier bei der Ausführung der ersten Schnitte, die die Abtragung der Rückendecke ermöglichen sollen, am besten in der linken Hand. In weiteren Stadien der Präparation ist der Käfer in Bauchlage durch Nadeln, die an geeigneten Stellen durch den Chitinpanzer geführt werden, zu befestigen.

Man beginnt die Sektion mit dem Abtragen der Flügeldecken und Flügel. Dann wird die Rückendecke des Hinterleibes in dem Umfange abgetragen, wie es Fig. 187 zeigt. Mit den die Stigmen tragenden Streifen an den Seiten der Abdominaldecke hebt man ein starkes Tracheengeflecht ab. Dann wird auch die Decke der Thorakalringe und der mittlere Teil der Kopfdecke abgetragen, wobei die ziemlich kräftige Muskulatur zu durchtrennen ist, die zur Bewegung des Kopfes und der Flügel dient. An der Innenseite der abgetragenen Abdominaldecke sehen wir bei gelungener Präparation median einen zarten, vielfach abgeschnürten Strang entlangziehen, das große Rückengefäß, dessen Pulsationen durch die Tätigkeit der beiderseits ansetzenden, flächenartig ausgebildeten Flügelmuskeln, die ebenfalls der abgetragenen Rückendecke ansitzen, bewirkt werden. Bei konserviertem Spiritusmaterial sitzt das Herzgefäß häufig nicht an der abgetragenen Decke, sondern liegt dem Situs auf.

Durch sehr vorsichtiges Zupfen mit zwei Pinzetten legen wir das Oberschlund-(Cerebral-)Ganglion frei (Fig. 187 : 1), von dem aus wir die zu den Augen und Fühlern ziehenden Nerven ein Stück verfolgen können. Wir zupfen dann das den Situs bedeckende Bindegewebe und die aufliegenden Tracheenbündel ab, klappen den mächtigen, im hinteren Teile des Abdomens liegenden Blinddarm (Fig. 187 : 6) zur Seite heraus und können nun schon die einzelnen Teile des Darmkanals erkennen. Zur Klärung des Bildes hat man allenthalben Tracheenbündel zu durchtrennen. Die reichlich 1 cm lange Speiseröhre erweitert sich zu dem Kropfe (Fig. 187 : 2), an den sich der bräunlich gefärbte, kleine Vormagen (Fig. 187:3) anschließt. Der folgende Teil ist mit vielen kurzen Drüsenschläuchen besetzt (Drüsenmagen, Fig. 187 : 4) und geht in den eigentlichen Darm über. Dieser ist zwar mehrfach gewunden, aber nicht aufgerollt wie beim Kolbenwasserkäfer (animalische Nahrung!). Die Malpighischen Gefäße bilden einen Knäuel bräunlichgelber Fäden. Man hüte sich, sie mit Tracheen zu verwechseln. Wir präparieren den Darmkanal der Länge nach frei, breiten ihn so aus, wie Fig. 188 zeigt und befestigen ihn durch von innen gegengesteckte Nadeln in dieser Lage. Wir erkennen nun deutlich die Malpighischen Gefäße (Fig. 188 : 6), welche an einer Einschnürung des Darmes münden. Man achte auf die dorsal gelegene Einmündung des Darmes in den Blinddarm (Fig. 188:7), sowie auf die fadenförmigen Analdrüsen (Fig. 188 : 8) und die zur Aufnahme des Sekretes derselben bestimmten Reservoire (Fig. 188 : 9).

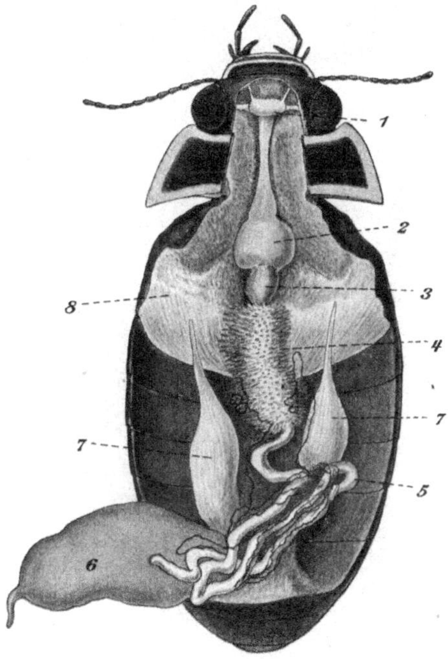

Fig. 187. Dyticus marginalis ♀. Situs, Rückendecke abgetragen, Bindegewebe und Tracheensystem herauspräpariert, Blinddarm zur Seite geklappt.

1. Cerebralganglion. — 2. Kropf. — 3. Vormagen. — 4. Drüsenmagen. — 5. Darm mit Malpighischen Gefäßen. — 6. Blinddarm. — 7. Eierstöcke. — 8. Muskulatur.

Unter dem Darmkanal wird die Ganglienkette sichtbar (Fig. 188 : 1a), die etwa in der Mitte des Körpers mit einem größeren Kommissurenkomplex endigt und von hier aus lange Nerven ins hintere Abdomen sendet (Fig. 190). Um den Thorakalteil der Ganglienkette

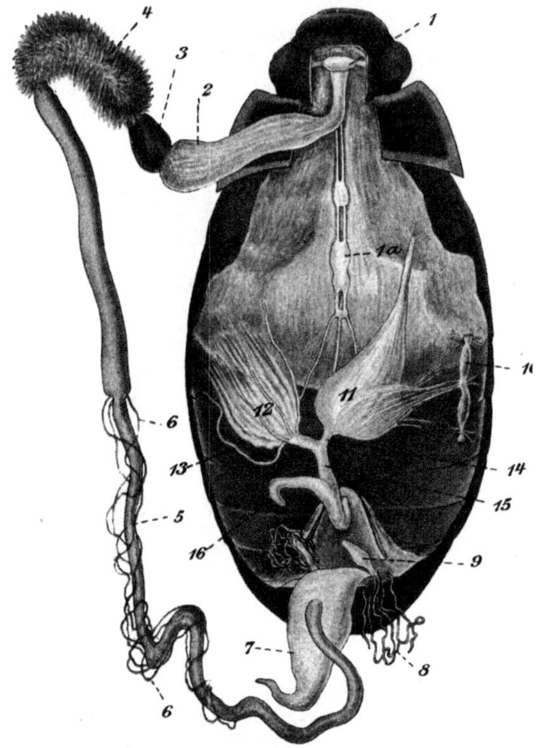

Fig. 188. Dyticus marginalis ♀. Situs. Darm herausgeklappt und ausgebreitet.

1. Cerebralganglion. — 1a. Bauchmark. — 2. Kropf. — 3. Vormagen. — 4. Drüsenmagen. — 5. Enddarm. — 6. Malpighische Gefäße. — 7. Blinddarm. — 8. Analdrüsen. — 9. Reservoir der Analdrüsen. — 10. Rest des rechten Seitenstammes des Tracheensystems mit Tracheen, die zum rechten Eierstock verlaufen. — 11. Rechter Eierstock in natürlichem Zustande. — 12. Linker Eierstock, Ovarialröhren voneinander gelöst. — 13. Ovarialdrüsen. — 14. Oviduct — 15. Vagina. — 16. Receptaculum seminis.

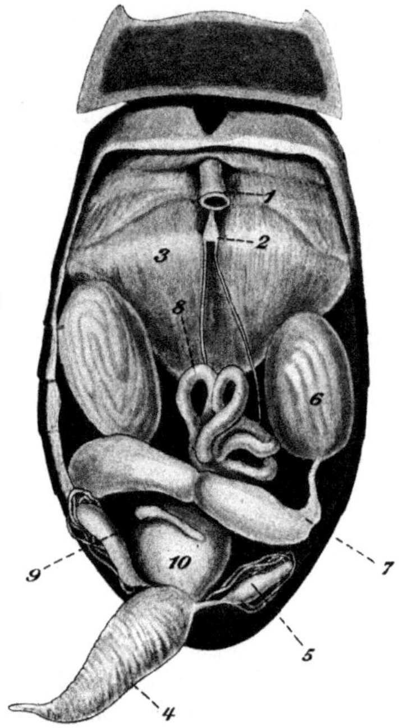

Fig. 189. Dyticus marginalis ♂. Situs der Geschlechtsorgane. Darm abgetragen.

1. Stumpf des Darmes. — 2. letztes Bauchganglion. — 3. Muskulatur. — 4. Blinddarm. — 5. Reservoir der Analdrüsen. — 6. Hoden. — 7. Vas deferens. — 8. Anhangdrüsen. — 9. Endstück des Ductus ejaculatorius. — 10. Muskulatur des Begattungsapparates.

freizulegen, muß man die Muskeln zu beiden Seiten derselben vorsichtig herauszupfen.

Liegt ein Weibchen vor, so sieht man beiderseits im Abdomen die aus vielen Röhrchen bestehenden Ovarien. Die einzelnen Röhrchen werden zunächst noch mit den fadenförmigen Ovarialdrüsen durch Bindegewebe und ein reich entwickeltes Tracheennetz zusammengehalten (Fig. 188 : 11, 10). Durch vorsichtiges Zupfen lockert sich die Verbindung (Fig. 188 : 12, 13), und man sieht nun, daß die einzelnen Ovarialröhrchen und die Ovarialdrüsen in einen kurzen Oviduct (Fig. 188 : 14) münden. Beide Oviducte führen median zur Vagina (Fig. 188 : 15), der ventral ein Receptaculum seminis (Fig. 188 : 16) aufsitzt. Kaudal vom Receptaculum seminis verschwindet der Geschlechtstraktus in einem besonders ausgebildeten, chitinösen Endoskelett.

Beim Männchen finden wir in jeder Seite der Abdominalhöhle einen Hoden (Fig. 189 : 6). Jeder derselben entsendet ein sich distal stark erweiterndes, dann aber plötzlich eng werdendes Vas deferens (Fig. 189 : 7). Der enge Endabschnitt jedes Samenleiters nimmt noch

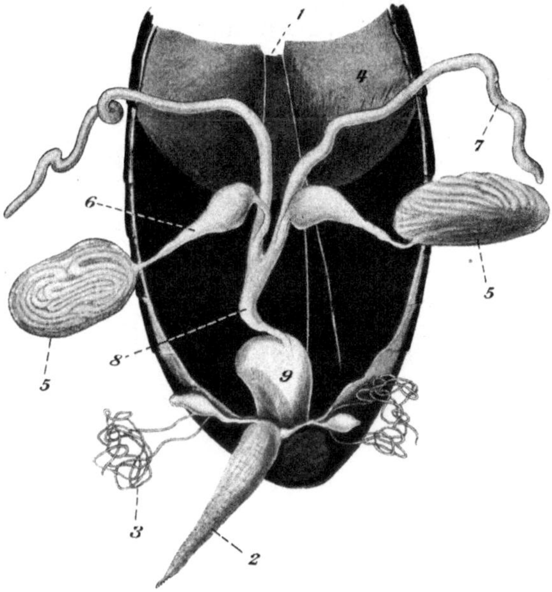

Fig. 190. Dyticus marginalis ♂. Geschlechtsorgane.
1. Letztes Bauchganglion mit Nerven. — 2. Blinddarm. — 3. Analdrüsen und Reservoir. — 4. Muskulatur. — 5. Hoden. — 6. Vas deferens. — 7. Anhangsdrüsen. — 8. Ductus ejaculatorius. — 9. Begattungsapparat.

eine in ihrer natürlichen Lage stark geknäuelte Anhangsdrüse (Fig. 189 : 8) auf und mündet in den Ductus ejaculatorius (Fig. 189 : 9), der in den von starken Muskelmassen umgebenen Anfangsteil des Penis (Fig. 189 : 10) führt. Ein schöneres und klareres Bild dieser Verhältnisse gewinnt man, wenn man die Hoden etwas zur Seite legt und die schlauchförmigen Anhangsdrüsen auseinanderpräpariert (Fig. 190).

IV. Dyticuslarve. Man verwendet am besten ganz junge Tiere, da dann die Behandlung mit Kalilauge wegfällt und an mit Xylol aufgehelltem Material auch die innere Organisation studiert werden kann.

a) Wir stellen Präparate vom Kopfe her und betrachten das Objekt zuerst von oben (Fig. 191) bei schwacher Vergrößerung. An jeder Seite des Kopfes erkennen wir eine Gruppe von Ocellen (Fig. 191 : 2). Vor ihnen sind die viergliederigen Fühler inseriert. Von Mundteilen erkennen wir die als zwei mächtige Saugzangen ausgebildeten Oberkiefer, auf deren Bau wir weiter unten eingehen werden (Fig. 191:4). Die Unterkiefer repräsentieren einen sehr primitiven Zustand. Der Stipes trägt am medianen Rande eine sehr kleine Außenlade (Fig. 191:6), während die Innenlade fehlt. Das Palparium (Fig. 191 : 7) trägt einen dreigliederigen Taster (Fig. 191 : 8—10).

Stellt man die Linse auf eine tiefere Ebene ein, so kann man das den Ösophagus umgebende obere Schlundganglion gut sehen (Fig. 192). Von den davon ausstrahlenden Nerven fallen uns außer den Antennennerven namentlich die mit gangliösen Anschwellungen versehenen Sehnerven (Fig. 192 : 3) auf.

Wir betrachten nun ein Präparat des Kopfes, bei dem wir Unterkiefer und Unterlippe kaudalwärts gezogen haben, von der Ventralseite.

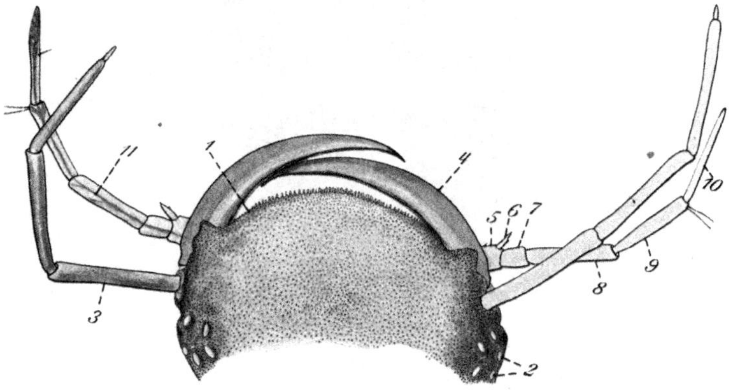

Fig. 191. Dyticus marginalis, Junge Larve; Kopf von oben gesehen.
1. Stirnrand. — 2. Ocellen. — 3. Fühler. — 4. Oberkiefer. — 5. Stipes. — 6. Lobus externus. — 7. Palparium. — 8., 9., 10. Tasterglieder. — 11. Nerven.

Außer den schon bei der Dorsalansicht beschriebenen Teilen finden wir hier die sehr einfach gebaute Unterlippe mit kurzen, zweigliederigen Tastern (Fig. 193 : 8 und 9). Vor allem wollen wir aber den Bau der Oberkiefer (Fig. 193 : 1) und ihren Saugmechanismus kennen lernen. Die Saugrinne (Fig. 193 : 2) wird durch zwei mediane Längsleisten der Mandibel gebildet, die bis auf das distale Ende durch eine Nahtverbindung ineinandergreifen. Am Ende findet sich somit eine Öffnung (Fig. 194 : 5), welche in einen von den Längsleisten gebildeten, ringsgeschlossenen Kanal führt (Fig. 194 : 2). Dieser Kanal mündet am proximalen Ende der Mandibel auf der Dorsalseite aus und führt in die Querrinne (Fig. 193 : 3), an deren Grunde der Schlund beginnt (Fig. 193 : 4). Durch die Mandibularkanäle tritt beim Einschlagen in die Beute ein giftiger, Eiweiß lösender Saft aus, welcher die Weichteile des Beutetieres schnell verflüssigt. Durch dieselben Kanäle wird dann auch der flüssige Nahrungsbrei aufgesaugt.

Beim Einstellen des Tubus auf eine tiefere Ebene sieht man das untere Schlundganglion (Fig. 195 : 4) und die von ihm ausgehenden Kommissuren zum ersten Thorakalganglion (Fig. 195 : 5). Der Sehnerv (Fig. 196 : 13) spaltet sich in so viele Zweige (Fig. 196 : 14) auf, wie Ocellen (Fig. 196 : 15) vorhanden sind. Die Mandibeln sind durch einen ventralen (Fig. 196 : 6) und einen dorsalen Gelenkhöcker am Kopfpanzer befestigt und werden durch einen kräftigen, mit langer Sehne versehenen Beuger (Fig. 196 : 7 und 8) und einen schwächeren Strecker (Fig. 196 : 9 und 10) bewegt.

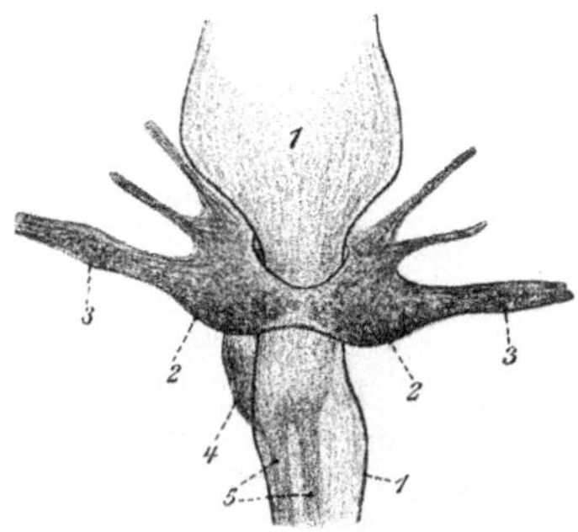

Fig. 192. Obj. IV. Dyticus marginalis, junge Larve. Kopfganglien, dorsal.

1. Ösophagus. — 2. Oberes Schlundganglion. — 3. Augenganglien. 4. Unteres Schlundganglion. — 5. Kommissuren z. ersten Thorakalganglion.

b) Ein interessantes Präparat liefert auch das Hinterende der Larve (Fig. 197). Wir finden in ihm den zum After führenden Enddarm (Fig. 197 : 6) und zwei große Tracheenstämme (Fig. 197 : 4), die am Ende des letzten Abdominalsegmentes in den beiden einzigen offenen Stigmen des Tieres endigen (Fig. 197 : 5). Dieses muß also zum Atmen das Hinterende über die Wasseroberfläche erheben. Die Abdominalanhänge (Fig. 197 : 3) sind den Raifen ausgebildeter Insekten nicht als homolog zu erachten.

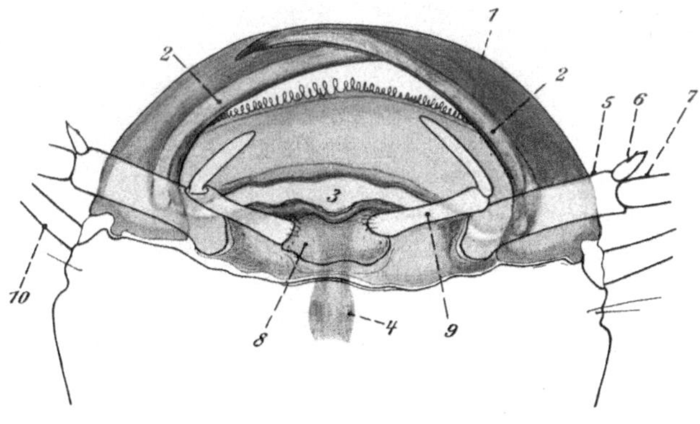

Fig. 193. Dyticus marginalis, junge Larve, Mundwerkzeuge von der Ventralseite; Unterkiefer und Unterlippe kaudalwärts gezogen, so daß die Ränder der Rinne 3 auseinandergesperrt sind.

1. Oberkiefer. — 2. Saugrinne, die auf der Dorsalseite des Oberkiefers mit der Rinne 3. in Verbindung steht. — 4. Schlund, im Grunde der Rinne 3. beginnend. — 5., 6., 7. Stipes, Lobus externus und Palparium. — 8. Unterlippe. — 9. Taster der Unterlippe. — 10. Fühler.

Eier von Dyticus. Die Eier von Dyticus, wie überhaupt die Eier der Insekten, geben oft herrliche und sehr lehrreiche Präparate. Wo sich also Gelegenheit zum Sammeln von Insekteneiern bietet, benutze man sie. Aufhellen in Xylol ist im allgemeinen ausreichend. Unsere Abbildung, Fig. 198, ist wohl mit Hilfe der Andeutungen, die in der Figurenerklärung gegeben sind, ohne weiteres verständlich.

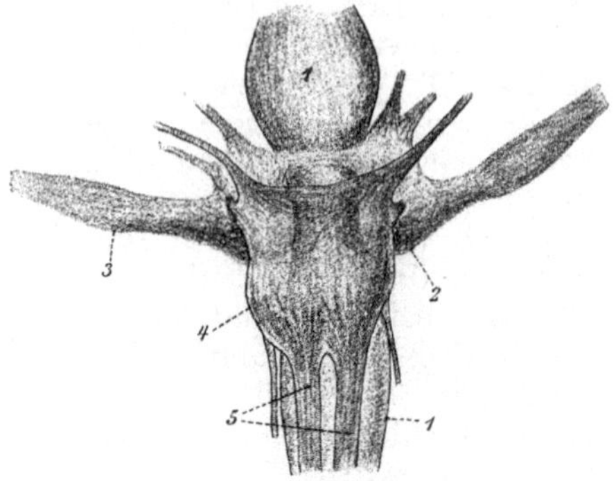

Fig. 195. Obj. IV. Dyticus marginalis, junge Larve. Kopfganglien, ventral. Bezeichnungen wie Fig. 193.

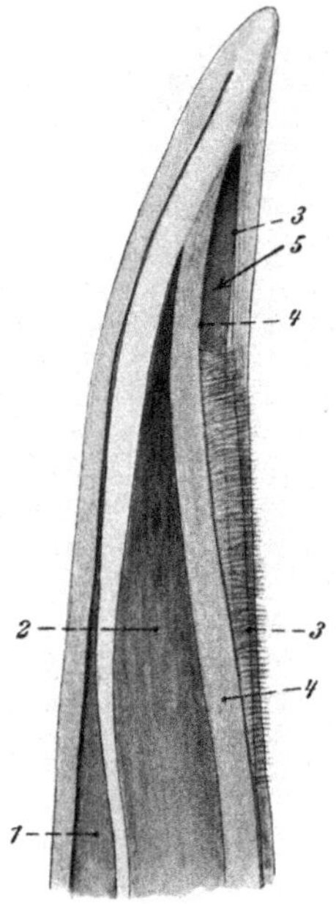

Fig. 194. Obj. VI. Dyticus marginalis, junge Larve. Distales Ende des rechten Oberkiefers ventral gesehen.

1. Innenraum des Oberkiefers. — 2. Innenraum der Saugrinne. — 3. dorsaler, — 4. ventraler Rand der Saugrinne. — 5. offener Eingang zur Saugrinne.

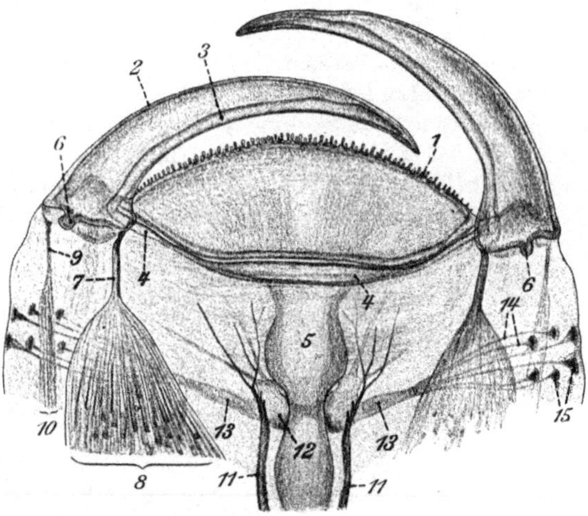

Fig. 196. Dyticus marginalis, junge Larve. Kopf von der Unterseite nach Abtragung der Unterkiefer und der Unterlippe nebst der ventralen Kopfwandung.

1. Stirnrand. — 2. Oberkiefer. — 3. Saugkanal, der auf der dorsalen Seite des Oberkiefers mit der Rinne 4. in Verbindung gesetzt werden kann. — 5. Schlund, vom Grunde der Rinne 4. aus zugänglich. — 6. ventraler Gelenkhöcker des Oberkiefers. — 7. Sehne des Oberkieferbeugers. — 8. Oberkieferbeuger (Retractor, sehr kräftig entwickelt). — 9. Sehne des Oberkieferstreckers. — 10. Oberkieferstrecker (Extensor, schwach entwickelt). — 11. Tracheen. — 12. Supra-Ösophageal-Ganglion (das Infra-Ösophageal-Ganglion ist bei Abtragung der ventralen Kopfwand mitgenommen worden). — 13. Augen-Ganglion. — 14. Sehnerven. — 15. Ocellen.

Anhang:

Hydrophilus piceus. Kolbenwasserkäfer.

Der Kolbenwasserkäfer kann als Ersatz für den Gelbrand benutzt werden. Er findet sich vorzugsweise in stehenden Gewässern mit reichem

Pflanzenwuchs. Im Aquarium ernährt er sich meist von abgestorbenen Pflanzenteilen und toten Wassertieren. Man achte auf die plumpen Schwimmbewegungen und auf den an den Haaren der Bauchseite haftenden Luftvorrat. Beim Luftschöpfen stecken die Tiere den Kopf aus dem Wasser heraus. Die funktionelle Differenzierung der Beine ist auch hier durchgeführt. Man achte auf die beilartige Verbreiterung an dem letzten Fußgliede der Vorderbeine des Männchens. Selbstverständlich

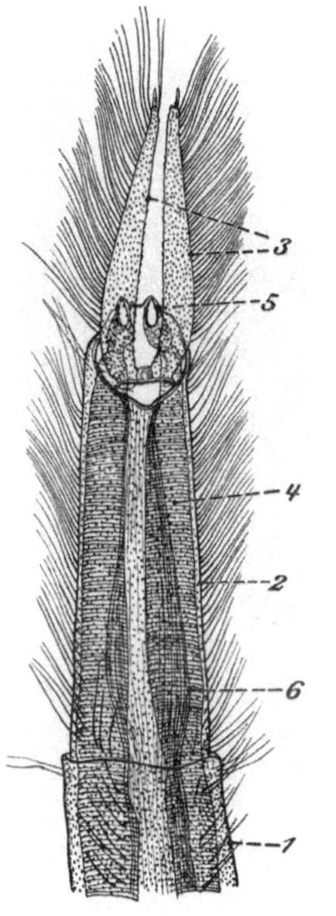

Fig. 197. Ende des Abdomens einer jungen Dyticus-Larve ventral.

1. vorletztes Abdominalsegment. — 2. letztes Abdominalsegment. — 3. Abdominalanhänge. — 4. rechter Tracheenstamm. — 5. rechtes Stigma. — 6. Enddarm.

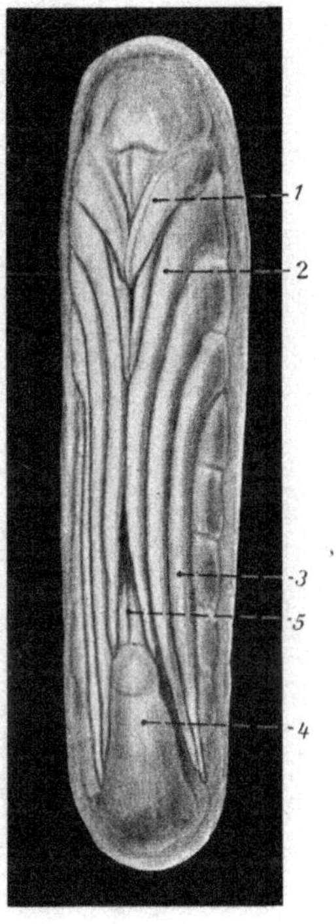

Fig. 198. Ei von Dyticus marginalis mit wohl entwickelter Larve.

1. linker Oberkiefer. — 2. linkes Vorderbein. — 3. linkes Hinterbein. — 4. letztes Abdominalsegment. — 5. Abdominalanhänge.

lassen sich von den kleineren Chitinteilen auch hier mikroskopische Präparate herstellen, doch ist die Pigmentierung des Chitins durchweg so stark, daß die Aufhellung ziemlich schwierig ist. Infolgedessen wird man diese Präparate nur im Notfalle anfertigen lassen.

Die Sektion erfolgt nach denselben Regeln wie beim Gelbrand. Nach Eröffnung des Tieres vom Rücken her und Entfernung des Bindegewebes und der Tracheenbündel sieht man den spiralig aufgerollten Darm (Fig. 199 : 5), der durch seine auffallende Länge auf die vorherrschend vegetabilische Nahrung des Tieres hinweist. Häufig liegt noch das große Rückengefäß dem Darme auf (Fig. 199 : 6). Zwischen Brust und Hinterleib zeigen sich zwei Chitinbrücken, welche zum Endoskelett gehören und die Darmspirale von vorn her begrenzen. Man faßt die Darmspirale im ganzen mit der Pinzette und klappt sie kaudalwärts heraus. Hierbei achte man auf die vielen feinen Tracheenverästelungen zwischen den Darmwindungen. Man versuche nun, den Darm unter

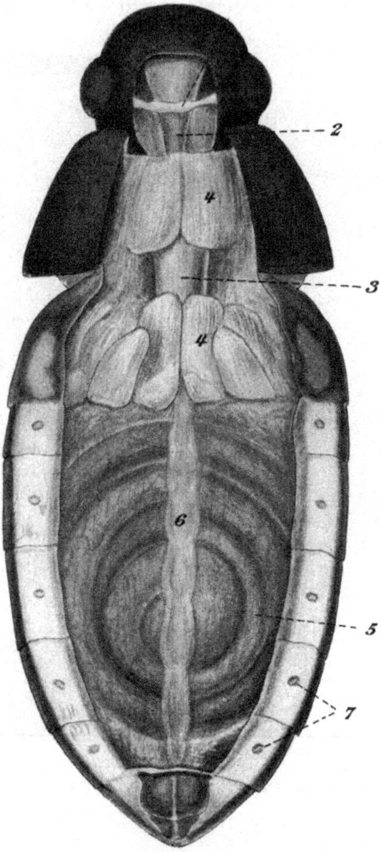

Fig. 199. Hydrophilus piceus. Situs. Rückendecke abgetragen, Stigmenrand noch erhalten.
1. Cerebralganglion. — 2. Ösophagus. — 3. Kropf. — 4. Muskulatur. — 5. Darmspirale. — 6. Herz. — 7. Stigmen.

Benutzung zweier Pinzetten in der Weise auseinanderzulegen, wie es die Fig. 200 zeigt. Die Differenzierung des Darmkanales ist hier viel undeutlicher als beim Gelbrand. Die Malpighischen Gefäße (Fig. 200:3a) sind meist schön zu sehen. Ein Blindsack des Darmes ist nicht entwickelt. Liegt ein Weibchen vor, so schone man beim Auseinanderlegen des Darmes die Eierstöcke, die mit sehr dicken Tracheenbündeln verwechselt werden können, sich aber durch eine mehr gelbliche Färbung von ihnen unterscheiden. Sie liegen den Darmwindungen sehr eng an.

Die Geschlechtsorgane sind denen von Dyticus in allen Teilen homolog und leicht zu deuten. Beim Männchen sind die mächtig ausgebildeten, nach innen konkaven Anhangsdrüsen (Fig. 200 : 9) besonders auffallend. Man suche durch sorgfältiges Auseinanderlegen mittels

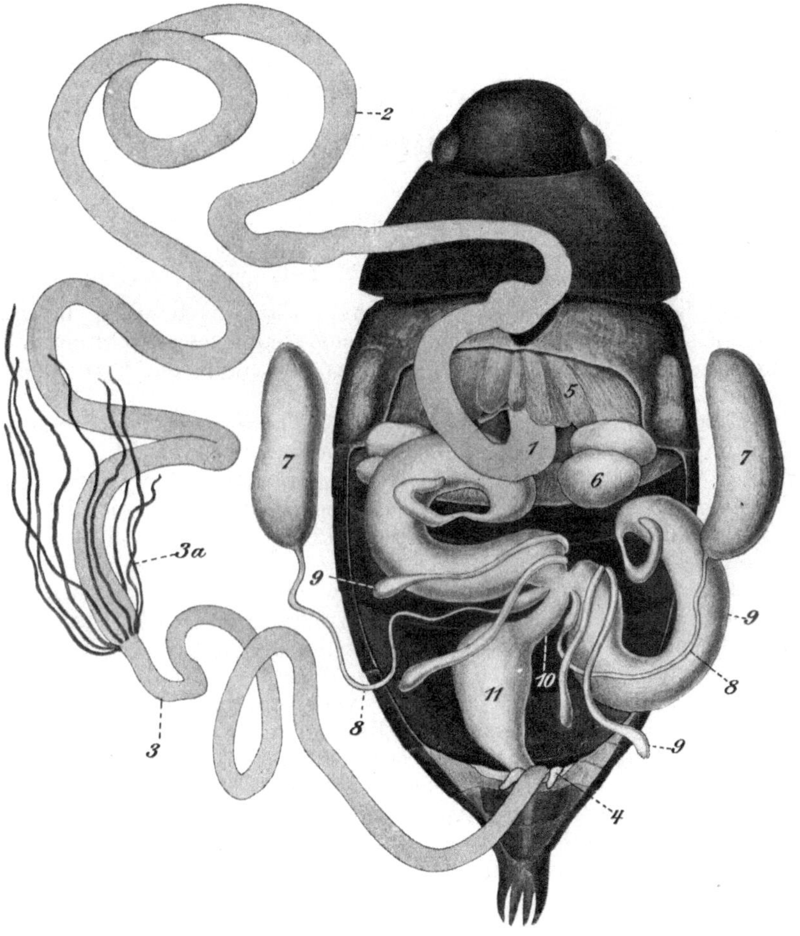

Fig. 200. Hydrophilus piceus ♂. Darm herausgeklappt und ausgebreitet. 1. Kropf. — 2. Dünndarm. — 3. Enddarm. — 3 a. Malpighische Gefäße. — 4. Reservoir der Analdrüsen. — 5. Muskulatur. — 6. Luftblasen zum Tracheensystem gehörig. — 7. Hoden. — 8. Vas deferens. — 9. Anhangsdrüsen. — 10. Ductus ejaculatorius. — 11. Begattungsapparat.

zweier Pinzetten Klarheit über die einzelnen Teile des Genitalapparates zu gewinnen und ein Präparat herzustellen, wie es Fig. 200 darstellt.

Etwa in der Mitte der Leibeshöhle findet man im Boden des Präparationsfeldes ziemlich feste, häutige Blasen (Fig. 200:6). Es sind dies den Hydrophiliden und einigen anderen Käfergattungen eigentümliche Luftreservoire (Schwimmblase?).

5. Abschnitt.

Mollusken.

1. Kapitel.

Helix pomatia.

Weinbergsschnecken kann man am besten nach einem heftigen Regen im Sommer einsammeln. Sie sind dann meist zahlreich von Baumstämmen in alten, schattigen Parks und ähnlichen Örtlichkeiten abzulesen.

I. Beobachtungen am lebenden Tier. Wir können die eingesammelten Tiere in einem großen Glasgefäße längere Zeit am Leben erhalten, wenn wir ihnen stets einen größeren Vorrat frischer, grüner Salatblätter, die täglich zu erneuern sind, zur Verfügung stellen, so daß sie nicht nur genügend Nahrung haben, sondern auch auf den Blättern umherkriechen können.

Läßt man eine Schnecke über eine feuchte Glasplatte kriechen, so sieht man, daß sie bei der Fortbewegung mit der Unterlage überall in Berührung bleibt. Durch die Glasscheibe hindurch erkennt man, daß eine stetige Aufeinanderfolge von Wellen vom hinteren Körperende zum vorderen verläuft. Mit jeder Welle wird das Tier um ein kleines Stückchen vorwärts bewegt. Die Bewegung ist das Resultat eines sehr verwickelten Spieles der Fußmuskulatur. Ist die Welle am Vorderende angelangt, so wird dieses im wesentlichen durch Einpressen von Blutflüssigkeit vorgestreckt. Auf der Spur der Schnecke läßt sich leicht ein zäher Schleim nachweisen, den das Tier beim Kriechen aus der Sohle absondert und der sowohl das Gleiten verhindert, als auch die Reibung herabsetzt.

Reizt man eine in der Hand gehaltene Schnecke durch leichte Berührung des Kopfes, so bemerkt man zunächst, daß sie die vier Tentakel einzieht, um sie nach einiger Zeit wieder auszustrecken. Man sieht, daß die Tentakel eingestülpt werden, indem die Spitze nach innen sinkt und die Wandung allmählich nachzieht. Die oberen, langen Tentakel tragen je ein Auge. Bei heftiger Berührung zieht sich die ganze Schnecke in das Gehäuse zurück. Sie verkürzt sich dabei in der Längsachse mit starker Faltung der Fußmuskulatur und vollständiger Kontraktion der Fühler.

Man beachte weiter bei einer ungestörten, ausgestreckten Schnecke den Atmungsvorgang. Man bemerkt in dem weißen Wulst (Mantelrand) am Schalenrande der rechten Seite eine ziemlich große Öffnung, die sich periodisch öffnet und schließt. Diese Öffnung führt in die Mantelhöhle der Schnecke, welche im Dienste der Atmung steht. Gelegentlich kann man an derselben Stelle auch die Kotentleerung beobachten, da der Enddarm ebenfalls am Ausgang der Atemhöhle mündet.

Die Mundöffnung finden wir auf der Unterseite des Kopfes. Beobachten wir eine Schnecke beim Fressen, so sehen wir, daß sie zwischen den fleischigen Lippen ein hornartiges Gebilde, den Kiefer, vorschiebt, der beim Abreißen der Blatteile benutzt wird. Gleichzeitig wird auf der Unterseite des Mundes die rauhe Zunge sichtbar.

II. Vorbereitung der Sektion: Für die anatomische Untersuchung ist es wichtig, die Schnecken in ausgestrecktem Zustande zu erhalten. Bekommt man die Tiere erst kurze Zeit vor der Übung, so wirft man sie einfach in heißes Wasser, doch ist die Streckung dann stets sehr unvollkommen. Andernfalls müssen die Tiere langsam an Luftmangel zugrunde gehen. Man kocht einige Liter Wasser ab, um es luftfrei zu

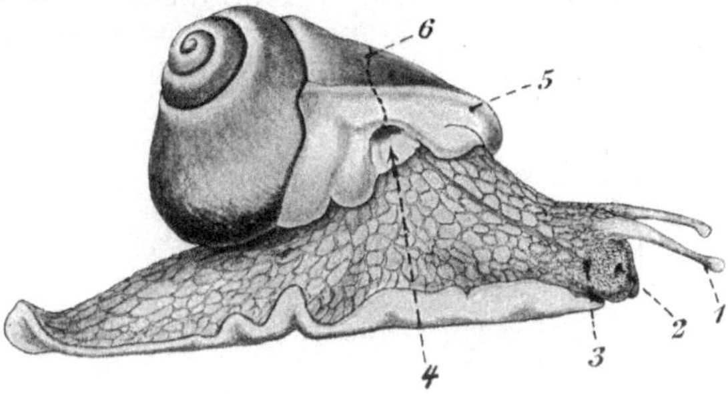

Fig. 201. Helix pomatia. Ansicht von rechts nach Entfernung des Gehäuses. 1. Augententakel. — 2. Einstülpungsöffnung des vorderen Tentakels. — 3. Geschlechtsöffnung. — 4. Atemöffnung. — 5. Mantelrand. — 6. Schnittlinie (s. Text).

machen, und läßt es dann ruhig abkühlen. Mit solchem abgekochten Wasser wird ein großer, vor allen Dingen ziemlich hoher Zylinder gefüllt und die Schnecken hineingetan. Das Gefäß wird dann mit einer beschwerten Glasplatte so geschlossen, daß zwischen Glas und Wasser sich keine Luft mehr befindet. Nach 24—48 Stunden sind die Tiere in schön ausgestrecktem Zustande erstickt. Man kann den Prozeß etwas beschleunigen, wenn man dem Wasser pro Liter 1 g Chloralhydrat zusetzt. Danach kommen die Tiere auf kurze Zeit in 50 %igen Alkohol, damit sich der Schleim ablöst.

Will man das Material aufbewahren (70%iger Alkohol), so tut man gut, vorher in die Schale an irgend einer Stelle ein Loch zu brechen. Auch eine 1%ige Formalinlösung, in die die Tiere direkt aus dem Wasser kommen, kann zur Aufbewahrung dienen.

III. Präparation: Zunächst ist die Schale zu entfernen. Sie wird mit einem harten Gegenstand leicht angeschlagen und mit Pinzette und Skalpell vorsichtig stückweise abgetragen, doch so, daß die Windungen des Eingeweidesackes nach Möglichkeit in ihrer natürlichen Lage erhalten bleiben. Die Präparation erfolgt im Wachsbecken unter Wasser.

Das von der Schale befreite Tier wird mit einer Nadel durch das Hinterende des Fußes, mit zwei Nadeln durch die vorderen Seitenlappen der Sohle befestigt.

Der Eingeweidesack wird nach vorn und rechts durch den weißen Mantelrand begrenzt. Links hinten auf der ersten großen Windung

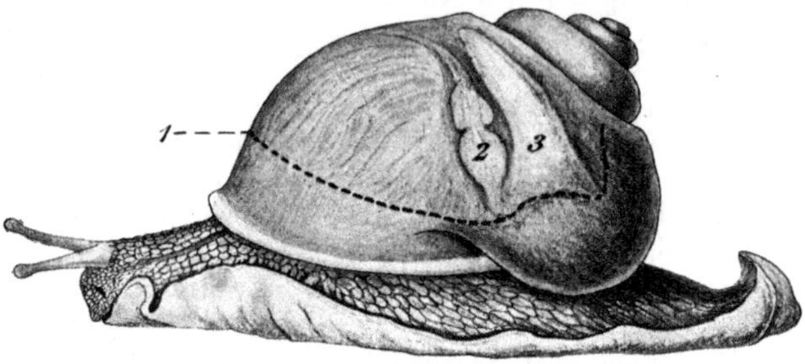

Fig. 202. Helix pomatia. Ansicht von links. Gehäuse entfernt.
1. Schnittlinie. — 2. Herz (durchscheinend). — 3. Niere (durchscheinend).

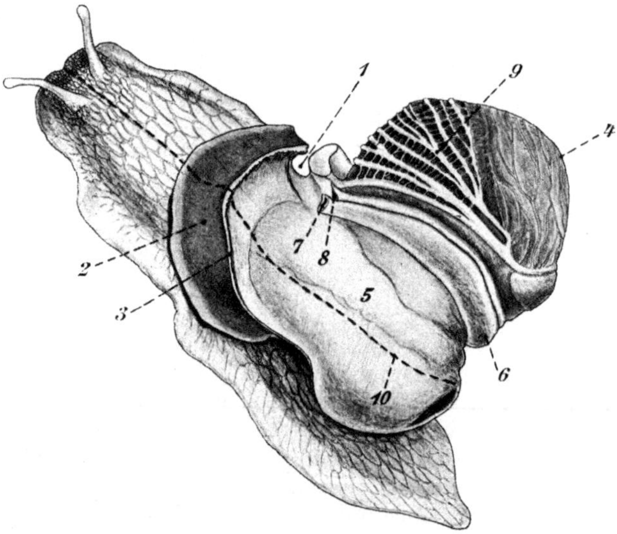

Fig. 203. Helix pomatia von links oben. Atemhöhle eröffnet, Mantel umgeklappt.
1. Atemöffnung. — 2. Mantelwulst. — 3. Schnittfläche. — 4. Mantel zur Seite geklappt. — 5. Boden der Mantelhöhle. — 6. Enddarm. — 7. Darmöffnung. — 8. Nierenöffnung. — 9. Verzweigungen der Lungenvene. — 10. Schnittlinie.

sieht man das Herz durchschimmern, in das von vorn her die aus vielen Ästen entstehende Lungenvene einmündet. Rechts neben dem Herzen sehen wir die bräunliche Niere durchschimmern. Die dunkle Masse in den übrigen Windungen ist Leber. Auf der Vorderseite der zweiten Windung sieht man die heller gefärbte Eiweißdrüse.

Betrachtung der Manteldecke: Der erste Scherenschnitt führt von der Atemöffnung (Fig. 201:4) am vorderen Mantelrande entlang, auf der linken Seite der ersten Windung bis zu der Stelle, wo das Herz durchschimmert (Fig. 202 : 1). Er führt dann unterhalb von Herz und Niere entlang und biegt hinter der Niere nach oben um, darf aber nicht ganz bis zum Kamme der Windung emporsteigen, da sonst der Darm durchschnitten wird. Man beobachtet übrigens eine große Verschiedenheit in der Lage des Herzens; während dasselbe bei einigen Exemplaren in der Seitenansicht voll zu sehen ist, bemerkt man es bei anderen erst, wenn man die unterste Windung auf der Hinterseite von dem Schwanzteil des Fußes abhebt. Nach Ausführung des ersten Schnittes können wir mit der Pinzette die ganze Oberhaut der Atemhöhle nach rechts herüberklappen (Fig. 203). Das herübergeklappte Stück läßt sich natürlich nicht in einer Ebene ausbreiten, sondern bildet im umgeklappten Zustande eine ziemlich große Kalotte, auf deren konvexer Seite die Lungenvene mit ihren Verzweigungen sichtbar ist. Wir haben daher dieses Präparationsstadium durch zwei Figuren illustriert (Fig. 203 u. 204). Wir sehen hier zunächst das Herz, welches mit seiner Vorkammer in einem Herzbeutel eingeschlossen ist und von der Nierenmasse begrenzt wird. Der Herzbeutel wird mit der feinen Schere aufgeschnitten. Wir eröffnen ihn durch einen medianen Längsschnitt, schneiden den äußeren Lappen ab, ziehen den inneren aber nur zur Seite, um das Nephrostoma nicht zu verletzen. Von vorn her mündet in die Vorkammer die große Lungenvene ein, deren zahlreiche Verzweigungen sich auf der Haut der Lungenhöhlung ausbreiten. Nach hinten verläßt die große Aorta die Herzkammer. Die Enden der Aorta und ihrer Verzweigungen münden offen in die Leibeshöhle, aus der sich das Blut in der großen Vene wieder sammelt. Die Atmung erfolgt in den feinsten Verzweigungen der großen Vene, welche wir auf der Haut der Atemhöhle sehen. Am Innenrande der aufgeklappten Atemhöhle sieht man den Enddarm verlaufen, dessen Mündung im Atemloche liegt. Der Boden der Atemhöhle zeigt keine Verästelungen der Vene und ist gleichzeitig die Decke der Leibeshöhle.

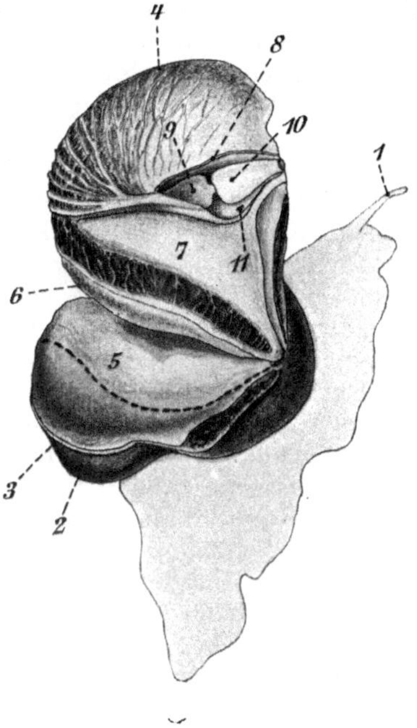

Fig. 204. Helix pomatia von rechts, Atemhöhle eröffnet. Mantel umgeklappt. Herzbeutel eröffnet.

1. Augententakel. — 2. Mantelwulst. — 3. Schnittfläche. — 4. umgeklappter Mantel. — 5. Boden der Mantelhöhle. — 6. Enddarm. — 7. Niere. — 8. Rest des Herzbeutels. — 9. Vorkammer. — 10. Herzkammer. — 11. Nephrostoma.

Der Eingang in die Niere (Nephrostoma) liegt im Herzbeutel und ist von geübten Augen nach dem Öffnen desselben neben der Herzkammer (mediane Seite) zu sehen. Der Ausführungsgang der Niere verläuft neben dem Enddarm (Lungenseite) und mündet unmittelbar vor dem After.

Für die weitere Präparation haben wir einen dritten Schnitt auszuführen. Dieser verläuft von der Stirngegend zwischen den beiden großen Fühlern auf der Rückenlinie entlang (die ziemlich dicke Körperwandung ist vollständig zu durchtrennen) und spaltet den glatten Boden der Lungenhöhle längs, bis man an den Enddarm kommt (Fig. 203 : 10). Dann geht man mit der Schere soweit wie möglich den einzelnen Windungen nach. Mit Pinzette und Skalpell werden sehr vorsichtig die Organe von den Wandungen entfernt und diese abgeschnitten. Dann löst man noch überall die bindegewebigen Verbindungen der Organe und breitet dieselben übersichtlich aus (Fig. 205).

Wir verfolgen zunächst den Darmkanal. Derselbe beginnt mit einem muskulösen Schlundkopf, hinter welchem wir das Oberschlundganglion wahrnehmen. Zu beiden Seiten liegen der Speiseröhre ziemlich stark entwickelte, weiße Speicheldrüsen an, deren Ausführungsgänge unter dem Schlundring des Nervensystems hindurch nach vorn ziehen. Die Drüsen liegen schon zum Teil auf dem erweiterten Teile des Darmkanales, den man als Magen bezeichnet. Der Darm wird danach wieder dünner, biegt mit einer Schleife nach vorn und mündet in den wieder etwas weiteren Enddarm, dessen Verlauf schon geschildert ist. Die voluminöse, braune Masse, welche den Dünndarm zum Teil umgibt und den Hauptinhalt der oberen Schalenwindungen bildet, ist die Leber. Auf ihrer konkaven Innenseite kann man den aus mehreren Zweigen entstehenden, etwas heller gefärbten Gallengang beobachten. Seitlich und unterhalb der Speiseröhre sieht man einige Längsmuskelzüge, welche zum Zurückziehen des Kopfes, des Schlundes und der Tentakel dienen. Der breite Spindelmuskel setzt median vom Enddarm an.

Zwischen den beiden Schenkeln des im Präparat der Hauptsache nach Uförmig orientierten Darmtraktus liegen die Geschlechtsorgane. Ganz oben in den Leberwindungen sehen wir die heller gefärbte Zwitterdrüse, die zu verschiedenen Zeiten männliche und weibliche Geschlechtsstoffe produziert. Aus derselben führt der vielfach und sehr eng schraubig gewundene, leicht abreißende Zwittergang quer durch das Präparat und vereinigt sich mit dem Ausführungsgang der sehr großen, gelblichen Eiweißdrüse. Von hier aus führt der mit dicht gedrängt stehenden, starken seitlichen Auftreibungen besetzte Uterus nach vorn bis in die Nähe des Kopfes (rechts vom Schlundkopf). Hier mündet auch der Ausführungsgang des kleinen, blasenförmigen Receptaculum seminis, welches am vorderen Ende der Eiweißdrüse aufzusuchen ist, und welches bei der Begattung die männlichen Geschlechtsstoffe des anderen Tieres aufnimmt. Der hier kurz als Uterus bezeichnete Teil ist in seinem Inneren zweiläufig. Der eine Lauf nimmt den Samen auf, der andere die Eier. In den Endteil des Uterus münden die fingerförmigen Drüsen, neben denen man ein birnförmiges Gebilde bemerkt, den Liebespfeilsack. Schneidet man ihn vorsichtig der Länge nach auf, so findet man darin einen kleinen, stilettartigen Körper aus Arragonit, den Liebespfeil, der bei der Begattung in die Haut des anderen Individuums gebracht wird und dabei abbricht. (Glyzerinpräparat!) In

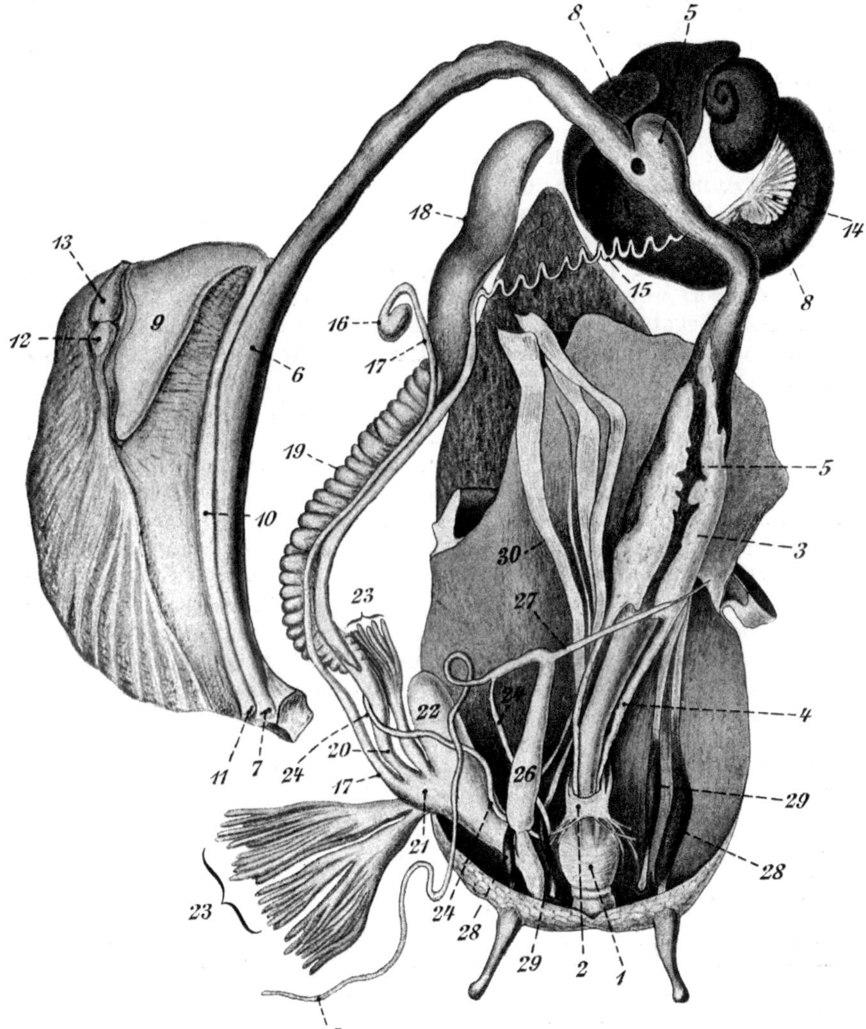

Fig. 205. Helix pomatia. Anatomie.

1. Schlund. — 2. Cerebralganglion. — 3. Speicheldrüse. — 4. Ausführungsgang der Speicheldrüse. — 5. Magen. — 6. Enddarm. — 7. Darmöffnung. — 8. Leber. — 9. Niere. — 10. Ausführungsgang der Niere. — 11. Nierenöffnung. — 12. Vorkammer. — 13. Herzkammer. — 14. Zwitterdrüse. — 15. Zwittergang. — 16. Receptaculum seminis. — 17. Samenleiter. — 18. Eiweißdrüse. — 19. Uterus. — 20. Eileiter. — 21. Vagina. — 22. Pfeilsack. — 23. Fingerförmige Drüsen. — 24. Vas deferens. — 25. Flagellum. — 26. Penis. — 27. Retractor penis. — 28. Rückziehmuskeln der Augententakel. — 29. Rückziehmuskeln der unteren Tentakel. — 30. Teile der Spindelmuskulatur.

der Richtung, die durch den Pfeilsack angegeben wird (nach der Mitte zu!), führt die Vagina nach der an der rechten Seite des Kopfes gelegenen, unpaaren Geschlechtsöffnung, die von außen her mit einer Schweinsborste zu sondieren ist. Ehe der Uterus in die Vagina mündet, gibt er auf der medianen Seite einen feinen Gang (Vas deferens) ab, welcher, nachdem er unter einem Augententakelmuskel hinweggezogen ist, in den mächtig entwickelten, in der Längsrichtung orientierten, vorstülpbaren Penis mündet. Dieser wird durch einen langen, fadenförmigen Muskel mit seinem Hinterende an der Leibeswand befestigt (M. retractor penis). Der Penis hat nach hinten einen frei endigenden, peitschenförmigen Anhang, das Flagellum, welches bei der Bildung der Spermatophoren im Penis beteiligt ist. Aus den männlichen Geschlechtsstoffen, welche von der Zwitterdrüse geliefert werden, werden im Penis die Spermatophoren gebildet, die in die Geschlechtsöffnung des anderen Tieres entleert werden und zunächst in das Receptaculum seminis wandern. Die Begattung ist eine gegenseitige. Die Eier, die man gelegentlich bei der Präparation findet, sind hartschalig und erreichen Erbsengröße. Sie sind außerordentlich eiweißreich (Produkte der Eiweißdrüse!).

Wenn das Präparat schonend behandelt ist, sieht man von dem Oberschlundganglion nach vorn und nach den Seiten mehrere Nervenstränge abgehen, die paarigen Augennerven nach den oberen Fühlern, die Geruchsnerven nach den unteren Fühlern, ferner die paarigen Lippennerven und rechts den unpaaren Genitalnerven nach dem Vas deferens.

Schneidet man sehr vorsichtig den Schlund vor dem Oberschlundganglion durch und zieht die Speiseröhre nach hinten heraus, und durchtrennt man dann noch unmittelbar hinter dem Ganglion die längs verlaufenden Muskelzüge, so kommt auch das Unterschlundganglion zum Vorschein, das mit dem oberen Ganglion durch den Schlundring mehrfach verbunden ist, und von dem die Freß- und Eingeweidenerven abgehen.

Die den Pedalganglien angelagerten Gehörbläschen sind nicht makroskopisch nachweisbar, und auch ihre mikroskopische Präparation ist für unsere Zwecke zu schwierig. Auf jeden Fall sei eine Methode der Sichtbarmachung angegeben: Die Gehörkapsel liegt auf beiden Seiten der oberen Fläche des Fußganglions in einer Bindegewebsmasse eingeschlossen. Man sucht die Lage dieser Kapseln am Ganglion mit der Lupe auf und läßt einen Tropfen Essigsäure auf das Ganglion fallen, worauf die Gehörbläschen mit ihren Otholithen deutlich werden. Besonders junge Tiere sind für diese Zwecke geeignet. Man trennt dann die Masse mit den benachbarten Teilen des Ganglions ab und untersucht in physiologischer Kochsalzlösung. Für histologische Untersuchungen fixiert man das ganze Ganglion in 0,5%iger Osmiumsäure und behandelt nach den allgemeinen Vorschriften weiter.

Das obere Schlundganglion gibt nach vorn noch die ebenfalls unter der Speiseröhre gelegenen Buccalnerven ab, welche sich zu einem zarten Buccalganglion vereinigen und den Schlundkopf innervieren.

Es bleibt nun noch die Untersuchung des Schlundkopfes übrig. Diese kann auf zwei Arten geschehen.

1. Man trennt den vorderen Teil des Körpers mit dem Schlundkopf ab und spaltet das Objekt mit einem scharfen Messer längs. Man sieht dann im Grunde der Mundhöhle einen vorstehenden Knorpel, dessen häutige Bekleidung auf der Vorder- und Hinterfläche scharfe,

hornige Erhabenheiten zeigt (Radula). Die Vorderseite wird von der nach innen eingeklappten Unterlippe bedeckt. Im Dache der Mundhöhle bemerken wir den hornigen Kiefer, der durch besondere, in der Oberlippe gelegene Muskeln bewegt werden kann.

2. Man kocht den abgeschnittenen Pharynx zur Entfernung der Weichteile einige Minuten mit Kalilauge, spült mehrmals mit reinem Wasser nach und sucht nun mit Nadeln die hornigen Teile heraus. Die Radula läßt sich leicht im Zusammenhang von ihrem Knorpel abziehen, der Kiefer ist meist ohne weiteres isoliert. Die Teile werden in absolutem Alkohol entwässert, in Xylol aufgehellt und zur Herstellung von Balsampräparaten verwendet.

IV. Mikroskopische Behandlung einzelner Teile:

1. Das Kieferpräparat. Der Kiefer ist eine hornige Querlamelle von brauner Färbung. Er ist schwach gekrümmt und trägt sieben Längsrippen.

2. Die Radula trägt sehr viele kleine, abgestumpfte, in parallelen Querreihen angeordnete Zähnchen.

3. Histologische Untersuchungen wollen wir hier nur an den großen Fühlern, welche die Augen tragen, anstellen. Die herzustellenden Längsschnitte geben am eingestülpten wie am ausgestülpten Fühler gleich interessante Bilder (Fig. 206). Wünscht man den Fühler, der meist bei den nach der anfangs geschilderten Methode gestreckten Tieren etwas eingestülpt ist, ausgestülpt zu erhalten, so wirft man den ganzen abgeschnittenen Fühler in sehr schwache Chromsäurelösung oder in eine 4%ige Lösung von Kaliumbichromat. Darin stülpt sich das Auge aus und wird nun in derselben Flüssigkeit oder mit Osmiumsäure oder Alkohol fixiert und nach den allgemeinen Vorschriften weiter behandelt. Einbetten in Paraffin. Intermedium Chloroform. Längsschnitte durch die Fühlerkuppe bis zu 10 μ Dicke. Färbung nach der van Giesonmethode.

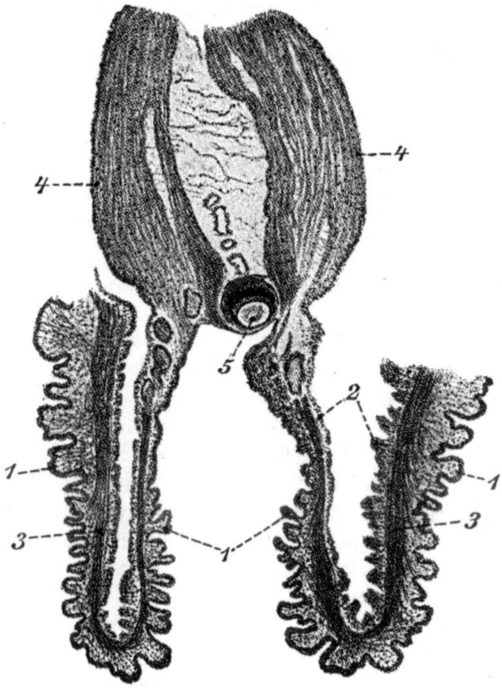

Fig. 206. Obj. 0. Helix pomatia. Längsschnitt durch den z. T. eingezogenen Fühler.
1. Außenepithel des Fühlers. — 2. Innenwand des Fühlers. — 3. Muskellage in der Fühlerwandung. — 4. Rückziehmuskel. — 5. Augenlinse.

Oc. 3. Obj. IV: Die äußere Bedeckung bildet ein einschichtiges Epithel. Die Epithelzellen des Endes fungieren als Riechzellen. Darunter folgt eine ziemlich dicke Muskelschicht, während das Innere hohl ist. In dieser Höhlung verläuft ein großer Rückziehmuskel, welcher in zwei Bündel geteilt ist, von denen das eine zum Auge, das andere zum Ende des Tentakels verläuft. Neben den Muskeln zieht ein Nerv durch den ganzen Fühler. Er geht bis ins Ende desselben. Von ihm zweigt sich vorher der sehr feine eigentliche Sehnerv ab. Der Tentakelnerv ist an seinem Ende ganglionartig ausgebildet und sendet feine Fasern zu den Zellen des Epithels. Das Auge sitzt nicht am Ende des Tentakels, sondern ist etwas nach der Seite geschoben. Es ist schon beim lebenden Tiere als schwarzer Punkt zu erkennen. Das Auge liegt ganz unter der Epithelschicht. Es ist von einer strukturlosen Haut, der Sclerotica, eingeschlossen und trägt auf der Vorderseite die aus einer Zellschicht bestehende Hornhaut. Der hinten eintretende Sehnerv führt in die Retina. Diese besteht aus dicht nebeneinanderstehenden prismenartigen Gebilden, zwischen denen ein schwarzes Pigment eingelagert ist. In der Retina sind zwei Arten von Zellen zu unterscheiden, Stützzellen und Sehzellen. Letztere sind in ihrem basalen Teile bedeutend dicker als am freien Ende — bei den Stützzellen ist es umgekehrt — haben kein Pigment und tragen an ihrem freien Ende einen Saum von feinen Stiftchen. Das ganze Innere der Augenhöhle wird von der ziemlich harten Linse eingenommen, an der sich mit unseren Mitteln keine Struktur weiter nachweisen läßt.

Eine rohe Methode zur Isolierung der Kristallinse ist folgende: Am frisch getöteten Tiere wird durch einen Längsschlitz der Fühler gespalten, der Tentakelnerv mit der feinen Pinzette herausgezogen und mit einer Lanzennadel der daranhängende Augapfel isoliert. Legt man ihn auf einen Objektträger und drückt ein Deckgläschen darauf, so gelingt es leicht, die Kristallinse freizulegen.

V. Betrachtung der Schale: Wir benutzen für die Übersicht vollständige Exemplare leerer Schalen. Auf der Schale beobachte man die Richtung der Windungen. Dieselbe fällt bei den meisten Exemplaren von oben betrachtet mit dem Drehungssinne des Uhrzeigers zusammen (rechts gewundene Schnecken).

Versuch: Lege eine leere Schneckenschale in verdünnte Salzsäure. Unter Kohlensäureentwickelung verliert die Schale ihre harte Beschaffenheit, indem der kohlensaure Kalk derselben zersetzt wird. Es bleibt nur eine leicht zerfallende, häutige Masse zurück, die aus einem hornartigen Stoffe (Conchyolin) besteht.

Die Spitze der Schale heißt Apex oder Wirbel. Hier liegen die kleinsten, zuerst entstandenen Windungen. Die Mündung wird während des Winterschlafes durch einen besonderen Deckel verschlossen, der auf der Rückenseite des Fußes angewachsen ist und vom Mantelwulst gebildet wird. Dieser Winterdeckel (Epiphragma) ist nicht zu verwechseln mit dem bei vielen Wasserschnecken vorkommenden echten Deckel, der mit dem Tiere fest zusammenhängt, mitwächst und niemals abgestoßen wird.

Längsschnitt durch ein Gehäuse: Die inneren Flächen der Windungen, die miteinander verwachsen sind, bilden die Columella, welche innen hohl ist, und in die man von der Basis der letzten Windung aus durch die Nabelöffnung mit einer Schweinsborste eindringen kann.

Den feineren Bau der Schneckenschale studieren wir am besten an Chiton.

Anmerkung: Eine Kiemenschnecke des Süßwassers ist Paludina vivipara, die wir in derselben Weise präparieren können wie Helix. Wir finden hier die fiederblattartigen Kiemen liegen, die der ganzen Länge nach angewachsen sind.

2. Kapitel.

Chiton spec.

Chiton cajetanus oder Chiton olivaceus wird in einigen größeren und kleineren Exemplaren aus Neapel bezogen. Die größeren werden als Demonstrationsobjekte montiert, die kleineren nach einer der im allgemeinen Teile geschilderten Methoden entkalkt und nach dem üblichen Verfahren in Paraffin eingebettet. Querschnitte von 20 μ Dicke werden nach der van Gieson methode gefärbt.

Orientierung am Demonstrationsmaterial: Auf dem Rücken der Käferschnecke finden wir acht hintereinandergelegene, quer verlaufende Schalenstücke, von denen jedes etwas über den Rand des folgenden greift. Der Rand der Oberfläche ist von vielen kurzen Stacheln bedeckt, deren Gesamtheit die Oberfläche rauh macht. Auf der Unterseite unterscheidet man deutlich die Sohle des Fußes und den durch eine tiefe Spalte davon getrennten Kopf, dessen Mundöffnung quer gestellt ist. Zwischen dem Fuße und dem Rande des Körpers (Mantelrand) liegen beiderseits in einer Rinne die zahlreichen Kiemenblättchen.

Zur histologischen Untersuchung der Schale präparieren wir einen Gürtel derselben ab, schließen ihn nach der bei der Koralle angegebenen Methode ein und stellen dünne Querschliffe her.

Auf einem solchen Querschliff müssen wir zwei Hauptlagen unterscheiden, das äußere Tegmentum und das innere Articulamentum. Jede von ihnen besteht wiederum aus vier Schichten, die verschieden großen Kalkgehalt haben. Die Kalkmasse wird durchzogen von mehr oder weniger zahlreichen Fasern organischer Substanz (Conchyolin). Im ganzen ist das Articulamentum viel kalkreicher als das Tegmentum.

Schichten des Tegmentum:
1. das Periostracum, die chitinige Cuticula,
2. eine dünne Kalkschicht ohne Fasern,
3. eine dicke Faserschicht mit wenig Kalk (Deckplatte),
4. eine dünne, kalkreiche Lage (sog. obere Kalkschicht).

Schichten des Articulamentum:
1. die mittlere Kalkschicht,
2. die faserige Mittelplatte (sehr mächtig entwickelt),
3. die untere Kalkschicht (desgl.),
4. die faserige Basalplatte.

Die obere und mittlere Kalkschicht sind durch die Strangfaserplatte voneinander getrennt. Die Fasern dieser Platte biegen nach verschieden langem Verlauf in die Ästheten um, welche das Tegmentum schräg durchsetzen. Dies sind schlauchartige Gebilde, die sich nach dem äußeren Ende zu kandelaberartig aufspalten, doch so, daß ein Hauptarm in unmittelbarer Verlängerung des Stammes liegt. Die Schläuche sind an der Oberfläche von hohlen, chitinigen Kappen bedeckt. Im Inneren der Schläuche liegen große, zylindrische, mit gelben Körnern erfüllte Körnerzellen und Nervenzellen. Die Ästheten sind als Sinnesorgane unbekannter Natur anzusprechen. Vielleicht sind es Tastorgane. Bei einigen Formen (Tonicia) sind sie in Augen umgewandelt.

Betrachtung einiger Querschnitte: Durch das Entkalken hat namentlich die untere Schicht der Schale, das Articulamentum, den größten Teil ihrer Struktur verloren. Sie erscheint jetzt meist als eine gleichmäßig helle, durch Hämatoxylin schwach violett gefärbte Zone. Dagegen sind die Ästheten in ihrem Verlauf gut zu sehen. Die Dorsalseite der Randzone, welche die Schilder umgibt, zeigt in der Cuticula viele becherförmige Vertiefungen, in denen die Kalkstacheln saßen. Im Innern des Randwulstes bemerken wir die aus quer- und längsverlaufenden Zügen zusammengesetzten Mantelmuskeln, am inneren, unteren Rande des Seitenwulstes die quergetroffene Lateralleiste, welche den Kiemenraum abgrenzt. Die einzelnen Kiemenblättchen sind auf den Schnitten stets gut zu sehen. Der Fuß stellt sich als eine starke Muskelmasse dar, deren Züge zum Teil bis an die Schale des Rückens herangehen. Auf vielen Querschnitten des Fußes bemerkt man rechts und links je ein lakunäres Blutgefäß und je einen Pedalstrang des Nervensystems. Zwischen den Muskelbündeln liegen bindegewebige Teile, denen eine Menge von körnerreichen Lymphzellen (Körnerzellen) eingelagert sind. Kiemenvene, Kiemenarterie und der Querschnitt des Pleurovisceralstranges des Nervensystems sind in der Gegend oberhalb der Kiemen jederseits zu finden.

Der Darm ist auf den meisten Schnitten mehrfach getroffen, woraus wir auf mehrere Windungen desselben schließen dürfen. Der Raum zwischen den Darmquerschnitten wird größtenteils durch die massige Leber erfüllt. In der Mitte des Rückens finden wir die Geschlechtsdrüse (Hoden oder Ovarium), noch darüber, direkt unter der Schale das große Rückengefäß (Aorta). Zu jeder Seite liegt den vom Fuße kommenden Muskelzügen die Niere an, deren starke Verästelung nicht auf allen Schnitten gleich gut zur Geltung gelangt.

Trifft der Schnitt das Tier etwas weiter hinten, so hat sich die Rückenaorta zum Herzen erweitert, das an jeder Seite eine Vorkammer trägt und von einem Herzbeutel umgeben wird. In dieser Region wird der Darm nur noch einmal getroffen, die Gonade erscheint schon bedeutend kleiner, und die Nieren haben beträchtlich an Umfang zugenommen.

3. Kapitel.

Anodonta mutabilis

(nebst Unio, Mytilus und Ostrea).

I. Beobachtungen am lebenden Tier: a) Fortbewegung und Verankerung. Man hält die lebenden Muscheln in einem größeren Glase mit frischem Wasser, dessen Boden mit einer etwa 15 cm hohen Kiesschicht bedeckt ist. Man kann dann gelegentlich beobachten, wie die Muschel die Schalen etwas öffnet, an der dem stumpfen Vorderende zugekehrten Kante den muskulösen Fuß heraussteckt und ihn in den Sand einbohrt. Mit Hilfe des Fußes kriecht sie langsam im Sande umher, so daß die Spur ihres Weges als leichte Furche erhalten bleibt. Um sich festzulegen, bohrt sie den Fuß tiefer in den Sand und zieht das ganze stumpfe Vorderende nach, so daß zuweilen nur noch das spitze Hinterende aus dem Sande hervorragt. Bei so verankerten Muscheln ist auch am besten der Strom des Atemwassers zu beobachten.

b) Atmung: Zwischen den Schalen sieht man am Hinterende zwei Öffnungen. Die untere ist größer und von spitzen, warzenartigen Gebilden umgeben; die obere, kleinere zeigt einen glatten Rand. Man bringt nun mit einer Pipette etwas feingepulverten Karmin, der in Wasser aufgeschwemmt ist, vor die Öffnungen. Man sieht, wie durch die untere Öffnung das Wasser mit den Farbstoffteilchen eingesogen wird, und wie ein aus der oberen Öffnung hervorkommender Wasserstrom die Farbstoffteilchen der Umgebung wegbläst. Die untere Öffnung ist also die Einfuhröffnung, die obere die Ausfuhröffnung für das Wasser und die in ihm enthaltenen kleinen Körperchen.

Anmerkung: Bei manchen Muscheln sind die beiden Öffnungen zu längeren Röhren ausgezogen (Siphonen), die ziemlich weit zwischen den Schalen hervorgestreckt werden können. Sehr schön ist dies bei der in ganzen Klumpen in unseren Gewässern vorkommenden kleinen Muschel Dreissena polymorpha zu beobachten, die sich ebenfalls leicht in einem Gefäß mit Wasser, Sand und etwas Algenschlamm halten läßt.

II. Tötung und Konservierung: Man spült den Schlamm von den Muscheln ab und betäubt sie durch Einlegen in 10%igen Alkohol. Nach 12 Stunden klaffen die meisten auseinander oder lassen sich doch durch leichte Gewalt öffnen. In letzterem Falle klemmt man einen Kork zwischen die etwa 2 cm weit auseinandergebogenen Schalenhälften. Zur Tötung wirft man die Muscheln, die man sofort untersuchen will, in heißes Wasser (60—70°). Zur Aufbewahrung zwecks späterer Untersuchung, namentlich auch für Präparationen an Nervensystem und Muskulatur, wirft man die Tiere in 80%igen Alkohol, in dem sie sich sehr lange brauchbar halten.

III. Schale: Zur Untersuchung benutzen wir leere Schalen. Die Schale besteht aus zwei Klappen, die durch ein äußeres elastisches Band, das Schloßband, miteinander verbunden sind. Dieses ist bestrebt, die Schalenhälften auseinanderzuklappen. Ihm entgegen wirken die Schließmuskeln, welche auf den Innenseiten der Schalen inseriert sind und von einer Schale zur anderen quer verlaufen. Die Ansatzstellen der Muskeln lassen sich auf der Innenfläche der Schalen leicht nachweisen. Wir bemerken am stumpfen Vorderende einen größeren Eindruck (vorderer Schließmuskel), dahinter meist zwei kleinere, die den vorderen Retraktoren angehören, am spitzen Hinterende ebenfalls einen größeren Eindruck (hinterer Schließmuskel), darüber die Ansatzstelle des hinteren Retraktors.

Auf der Außenseite der Schale kann man ein konzentrisches System von Linien, die Zuwachsstreifen, bemerken, welche im allgemeinen dem Rande der Muschel parallel laufen. Das Zentrum dieses Systems liegt in der Nähe des vorderen Schloßrandes und wird als Nabel (Umbo) bezeichnet. Die Zuwachsstreifen entsprechen dem allmählichen Wachstum der Schale. Die Muskelansatzstellen müssen in jüngeren Stadien der Muschel natürlich auch dem Nabel näher gelegen haben und sich allmählich von diesem entfernen. Die Spuren dieses Wanderns der Insertionsstellen zeigen sich auf der Innenseite in Gestalt radialer Linien, die von dem augenblicklichen Eindruck nach dem Nabel verlaufen.

Die Ansatzstelle des Mantels (Mantellinie) ist auf der Innenseite der Schalen in geringer Entfernung vom Rande, diesem parallel laufend, zu verfolgen. Die früheren Anheftungsstellen bilden zur jetzigen parallel verlaufende Linien.

Von den Schichten der Schale sind äußerlich festzustellen die äußere Pergamentschicht, die vom Mantelrande abgeschieden wird, und die innere Perlmutterschicht, die vorwiegend aus kohlensaurem Kalk besteht. Zur genaueren Untersuchung betten wir Stücke der Schale nach demselben Verfahren ein, das für die Chitonschale in Anwendung kam und stellen Querschliffe her. Auf diesen unterscheiden wir die hauptsächlich aus Conchyolin bestehende, äußere Pergamentschicht oder Cuticula, darunter die vorwiegend aus kohlensaurem Kalk bestehende Säulenschicht und die innere, deutlich gefaserte Blätterschicht, die in ihrer Kombination aus Conchyolin und kohlensaurem Kalk das Perlmutter bildet. Die beiden inneren Schichten sind Bildungen der Mantelepidermis. Durch Behandlung der Schale mit Salzsäure kann man den Kalk entfernen und das weiche Conchyolingewebe übrig behalten.

IV. Sektion: Die Zerlegung erfolgt im Wachsbecken unter Wasser. Man orientiert die Muschel so, daß sie mit der rechten Schale nach oben liegt, das stumpfe Vorderende sich also rechts befindet. Die Zeichnungen sind so gestellt, daß das Vorderende oben, das Hinterende unten liegt. Zur Entfernung der oberen Schale fährt man, um den Mantel abzulösen, mit einem Messer zwischen Schale und Mantellinie entlang, bringt dann das Messer flach unter die Schale und trennt vorn und hinten die Schließ- und Rückziehmuskeln durch. Nun kann man die obere Schale hochklappen und im Schloßband abtrennen. Wir sehen jetzt die rechte Hälfte des Mantels von außen mit den Schnittspuren der durchtrennten Schließmuskeln. In der Rückengegend scheint der Mantel durchsichtig; man sieht die

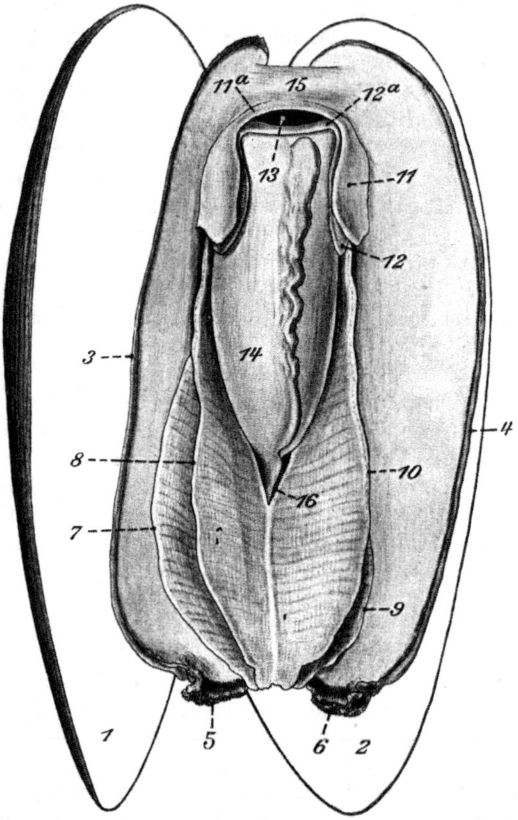

Fig. 207. Anodonta. Rechte Schalenhälfte vom Mantel abgelöst; Schalen geöffnet. u. rechte, — 2. linke Schalenhälfte. — 3. rechte, — 4. linke Mantelhälfte. — 5., 6. rechter und linker Rand des Atemsipho. — 7., 8. und 9., 10. äußere, innere Kieme der rechten und linken Seite. — 11. äußeres, — 12. inneres Velum der linken Seite. — 13. Mund. — 14. Fuß. — 15. vorderer Schließmuskel. — 16. Rand des Kiemenschlitzes.

Herzregion durchschimmern. Das braune Organ vor demselben ist die Herzbeuteldrüse (Perikardialdrüse, rotbraunes Organ). Unmittelbar hinter dem vorderen Schließmuskel scheint die grünliche Leber durch. Am hinteren Ende sehen wir die Ausbildung des freien Mantelrandes zur unteren mit Papillen besetzten Einfuhröffnung und darüber zu der glatten Ausfuhröffnung. Die schwarzen Papillen am Rande der unteren Öffnung sind mit Sinnesorganen besetzt. Über der Ausfuhröffnung sind die Mantelränder ein Stück verwachsen, um oben in der Rückenlinie, nicht weit hinter dem Schloß, noch einmal auseinander zu klaffen (Mantelschlitz). Erst hier ist der freie Mantelrand zu Ende.

Die rechte Mantelhälfte wird jetzt hochgeklappt, worauf man die äußeren Organe zur Orientierung betrachten kann (Fig. 207). Dann trenne man den rechten Mantel soweit ab, wie es die Schnittlinie 3 in Fig. 208 zeigt. Man sieht den muskulösen Fuß im rechten Teile des Präparationsfeldes und über demselben das doppelte Mundsegel (Velum). Wo Mundsegel und Fuß vorn zusammentreffen, suche man den Mund auf. (Fehlen des Kopfes!). Im linken Teile des Objektes fallen uns die beiden blattartig übereinanderliegenden, rechten Kiemen auf. Jede Kieme ist ein doppeltes Blatt, die freie Kante ist die Umknickungslinie. Die Kiemen bestehen aus einem feinen, chitinigen Balkenwerk, auf dem sich das respiratorische Gewebe ausbreitet.

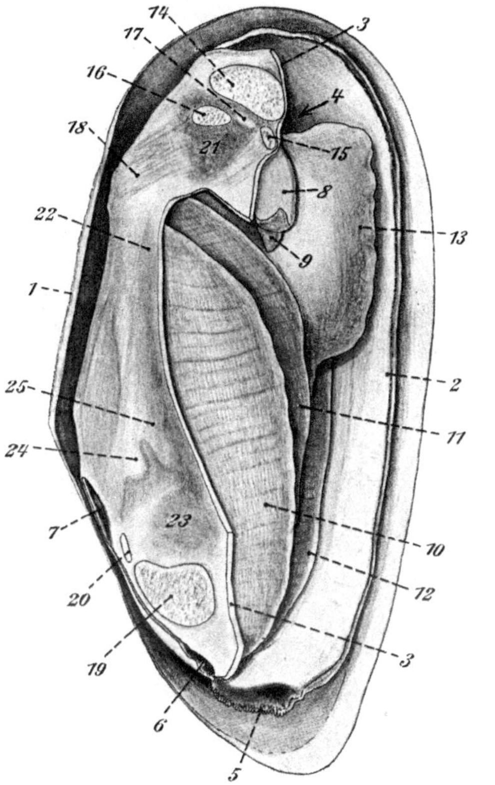

Fig. 208. Anodonta. Rechte Schalenhälfte entfernt, rechte Mantelhälfte z.T. abgeschnitten. 1. linke Schalenhälfte, Gegend des Schloßbandes. — 2. linker Mantel. — 3. Schnittlinie des rechten Mantels. 4. Mund. 5. linker Rand des Atemsipho. 6. Aftersipho. — 7. Mantelschlitz. — 8. äußeres, — 9. inneres Velum der rechten Seite. — 10. äußere, — 11. innere Kieme der rechten Seite. — 12. linke innere Kieme. — 13. Fuß. — 14. vorderer Schließmuskel. — 15., 16. vordere Retraktoren des Fußes. — 17. Cerebralganglion. — 18. Levator. — 19. hinterer Schließmuskel. — 20. hinterer Retraktor des Fußes. — 21. Leber. — 22. rotbraunes Organ. — 23. Niere. — 24. Herzkammer vom Darm durchbohrt. — 25. rechte Vorkammer. — 17., 21.—25. durchscheinend.

Wir schneiden die äußere rechte Kieme an, um uns von ihrer zweiblätterigen Beschaffenheit zu überzeugen. Darauf klappen wir beide rechte Kiemen hoch. Das Innenblatt der inneren Kieme ist in der vorderen Hälfte nicht mit dem Außenblatt verwachsen. Es klafft daher am oberen sichtbaren Rande des Fußes der Kiemenschlitz, welcher in den Raum zwischen den Blättern der inneren Kiemen führt (innerer Kiemengang). Hinter dem Rumpfe ist die vorn freie Kante des inneren Kiemenblattes mit der entsprechenden der Gegenseite verwachsen. Diese Verwachsungslinie wird sehr vorsichtig durchtrennt. Man sieht dann, daß hier am hinteren Teile die inneren Kiemengänge beider Seiten zu einem gemeinschaftlichen Hohlraum verschmelzen, in welchen die äußeren

Kiemengänge beider Seiten getrennt einmünden. Dieser ganze hintere Raum setzt sich unmittelbar in die Kloakenhöhle fort, die bei dem augenblicklichen Präparationsbilde gut sichtbar ist. Die Ausmündung des Enddarmes liegt auf einer leicht zu erkennenden Afterpapille (Fig. 209).

Das Wasser strömt durch die Einfuhröffnung in die Mantelhöhle, die mitgeführten Nahrungsteile werden durch das Velum zum Munde geführt. Das Wasser gelangt dann vorn durch den Kiemenschlitz in die inneren Kiemengänge, verläßt dieselben hinten wieder und wird durch die Kloake nach der Ausfuhröffnung geführt. Der Kiemenraum der äußeren Kiemen wird als Brutraum für die Larven benutzt; er enthält im Spätsommer häufig eine große Anzahl lebender Larven.

Öffnet man den inneren Kiemengang in der vorderen Verlängerung des Kiemenschlitzes, so bemerkt man die kleine, paarige Geschlechtsöffnung und darüber die Nierenmündung.

Für die Untersuchung der inneren Organe benutzen wir ein neues Exemplar. Wir entfernen beide Schalen, bringen das Tier in Bauchlage und befestigen es mit Nadeln, die teils durch den Mantel, teils durch den vorderen Schließmuskel gehen. Darauf tragen wir mit der feinen Schere vorsichtig

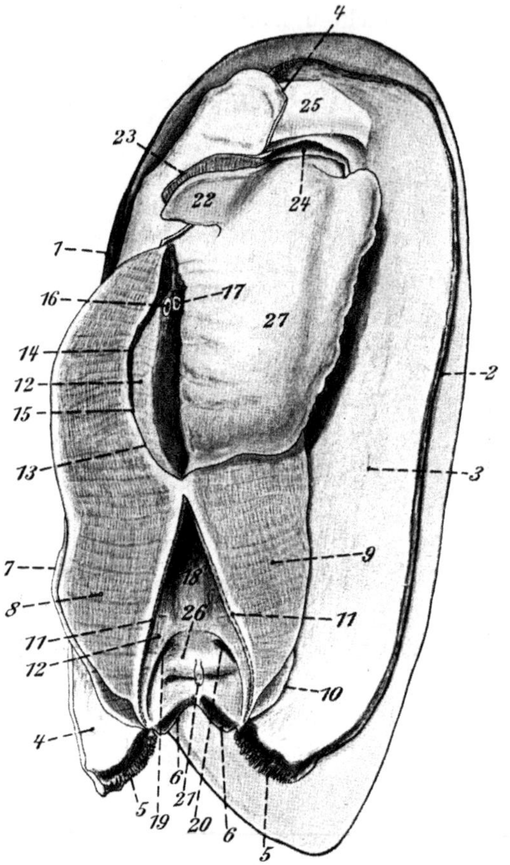

Fig. 209. Anodonta. Weichkörper in der linken Schalenhälfte; Rest des rechten Mantels und rechte Kiemen zur Seite geklappt; Verbindung der Innenblätter der inneren Kiemen z. T. gelöst, rechtes Innenblatt vom Fuß abpräpariert.

1. Schale, Gegend des Schloßbandes. — 2. linker Mantel. — 3. Mantellinie. — 4. rechter Mantel, Rest. — 5. Ränder des Atemsipho. — 6. Ränder des Aftersipho. — 7. rechte äußere Kieme. — 8. Innenblatt der rechten Innenkieme. — 9. Innenblatt der linken Innenkieme. — 10. linke Außenkieme. — 11. Ränder des Schnittes, durch welchen 8. und 9. getrennt wurden. — 12. Außenblatt der Innenkieme. — 13. Rand des Kiemenschlitzes. — 14. Schnittfläche, längs deren das Innenblatt der rechten Innenkieme vom Fuße abgelöst wurde. — 15. Grenze von 13. und 14. — 16. äußerer Nierenporus. — 17. Genitalöffnung. — 18. innerer Kiemengang (Niere durchscheinend). — 19., 20. Eingänge zu den äußeren Kiemengängen. — 21. Afterpapille. — 22. inneres, — 23. äußeres Velum der rechten Seite. — 24. Mund. — 25. vorderer Schließmuskel. — 26. hinterer Schließmuskel. — 27. Fuß.

die Wandung des durchsichtigen Herzbeutels ab (Fig. 210). Man sieht dann den muskulösen Darm am Rücken entlanglaufen und in dem freigelegten Teile die namentlich am hinteren Ende deutlich abgesetzte Herzkammer, durch welche der Darm hindurchführt. Ist der Schnitt mit genügender Vorsicht geführt, so sind auch die zart häutigen Vorkammern deutlich sichtbar. Darauf öffne man das Herz in der dorsalen Mittellinie, hebe den Darm heraus (Fig. 211) und sondiere die spaltförmigen Ausgänge der Vorkammern. Das rotbraune, längliche Gebilde, welches man mit dem

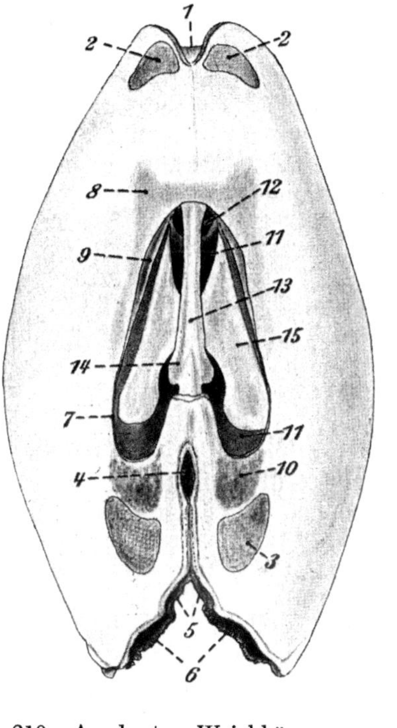

Fig. 210. Anodonta. Weichkörper von der dorsalen Seite, Schale entfernt, Herzbeutel eröffnet.

1. vorderer Schließmuskel. — 2. seine Ansatzflächen. — 3. hinterer Schließmuskel. — 4. Mantelschlitz. — 5. Ränder des Aftersipho. — 6. Ränder des Atemsipho. — 7. Schnittlinie. — 8. rotbraunes Organ (Perikardialdrüse, Kebersches Organ). — 9. dasselbe in der Schnittfläche. — 10. Niere, durch den Mantel durchscheinend. — 11. Niere im Grunde des Herzbeutels. — 12. innere Öffnung der Niere. — 13. Darm im Herzen. — 14. Herzkammer. — 15. rechte Vorkammer.

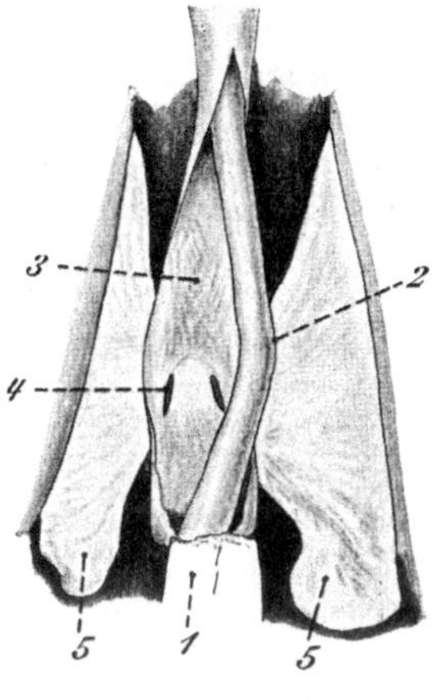

Fig. 211. Anodonta. Herz in der dorsalen Medianlinie eröffnet.

1. Rest des Mantels (Mittellinie). — 2. Darm, nach rechts aus dem Herzen herausgezogen. — 3. Boden der Herzkammer mit sich kreuzenden Muskelzügen. — 4. Spalt, der von der Vorkammer zur Herzkammer führt. — 5. Vorkammern.

abgeschnittenen oberen Mantelrande hochhebt, ist die Perikardialdrüse (rotbraunes Organ). Im vorderen Teile des Perikardialraumes, am vorderen Innenrande des rotbraunen Organes sieht man das rechte Nephrostoma. Die beiden glänzenden, weißen Stränge, welche sich unmittelbar ventral vom Herzen in der Richtung nach vorn vereinigen, sind die hinteren Retraktoren. Man beobachte auch hier in der Rückenlinie den schon oben erwähnten Mantelschlitz. Die schwärzlichen Massen, die man unter dem Herzen durchschimmern sieht, gehören zu den Nieren.

Wir präparieren nun wieder die rechte Mantelhälfte wie oben ab und entfernen mit der feinen Schere die Kiemen derselben Seite. Dadurch legen wir die Niere frei. Diese schwarzbraune Masse wird von den hinteren Rückziehmuskeln begrenzt, erstreckt sich nach hinten bis an den hinteren Schließmuskel und nach vorn bis zur schon früher aufgesuchten Nierenmündung.

Man legt nun zunächst die Rückenseite des einheitlichen Teiles des inneren Kiemenganges frei und trägt durch Anritzen mit einer Lanzennadel und Nachhelfen mit einer feinen Pinzette die Haut ab, dann sieht man zwei feine weiße Stränge auf dem dunklen Untergrunde der Nierenmasse, die Pleuralnerven. Verfolgt man sie vorsichtig tastend und mit der Lanzennadel lösend nach hinten, so kommt man zu dem unmittelbar unter dem hinteren Schließmuskel gelegenen Visceralganglion.

Um eine Übersicht über die Organe der vorderen Körperregion zu gewinnen, führen wir mit einem breiten, sehr scharfen Skalpell von der Kante des Fußes her einen medianen Schnitt durch die vordere Körperhälfte. Auf der Schnittfläche sehen wir, daß der Darmkanal nach Bildung eines kurzen Ösophagus in einen ziemlich dorsal gelegenen Magen übergeht, darauf in mehreren Windungen durch die Fußmasse zieht, um schließlich in der Rückenlinie nach hinten zu verlaufen. Der weitere Verlauf durch das Herz usw. ist schon geschildert. Um den Magen sieht man die bräunlich-grüne Lebermasse, der übrige Teil des Hohlraumes im Fuße wird durch die Keimdrüse ausgefüllt. Wenn der Schnitt günstig geführt ist, sieht man unmittelbar das unter der Speiseröhre gelegene Cerebralganglion und im vorderen, unteren Winkel der Keimdrüse das Pedalganglion. Eventuell kann man mit Hilfe von Nadeln diese Nervenzentren freilegen. Der untere Teil des Fußes ist eine feste Muskelmasse.

Man kann auch, wenn man Zeit und Mühe nicht scheut, nach Abtragung der Haut des Fußes durch vorsichtiges Abzupfen der Lebermasse zu den Darmwindungen gelangen und auf entsprechende Weise eine Seitenansicht der Herzhöhle sowie einiger Organe des hinteren Körperabschnittes gewinnen. Ein derartiges Präparationsbild ist in Fig. 212 dargestellt.

V. Mikroskopische Präparate von der mit Chloralhydrat behandelten Muschel: Für diese Präparate legt man die Muschel auf mehrere Stunden in eine 1%ige Lösung von Chloralhydrat. Dann zeigt sie noch gut einige physiologische Vorgänge des überlebenden Gewebes, z. B.

die Flimmerbewegung. Man schneide kleine Stücke des Mantelrandes, der Mundsegel oder des Kiemenrandes ab und bringe sie mit physiologischer Kochsalzlösung auf den Objektträger. Mit der mittleren Vergrößerung kann man die nach einer bestimmten Richtung erfolgende Bewegung der Flimmerhärchen gut erkennen. Man achte namentlich auf feste Körperchen, die vom Flüssigkeitsstrome getrieben werden. Siehe auch die Angaben im allgemeinen Teile auf S. 14 und 15.

Im Hochsommer achte man auch auf die im äußeren Kiemengange befindlichen Larven. Weibliche Tiere haben im allgemeinen eine bedeutend höher gewölbte Schale als männliche. Bringt man die äußere Kieme eines wie oben behandelten Tieres in eine Schale mit Wasser, so erhält man eine Suspension von kleinen Larven, die sich meist noch bewegen, und die man nun im hängenden Tropfen (siehe S. 12) beobachten kann.

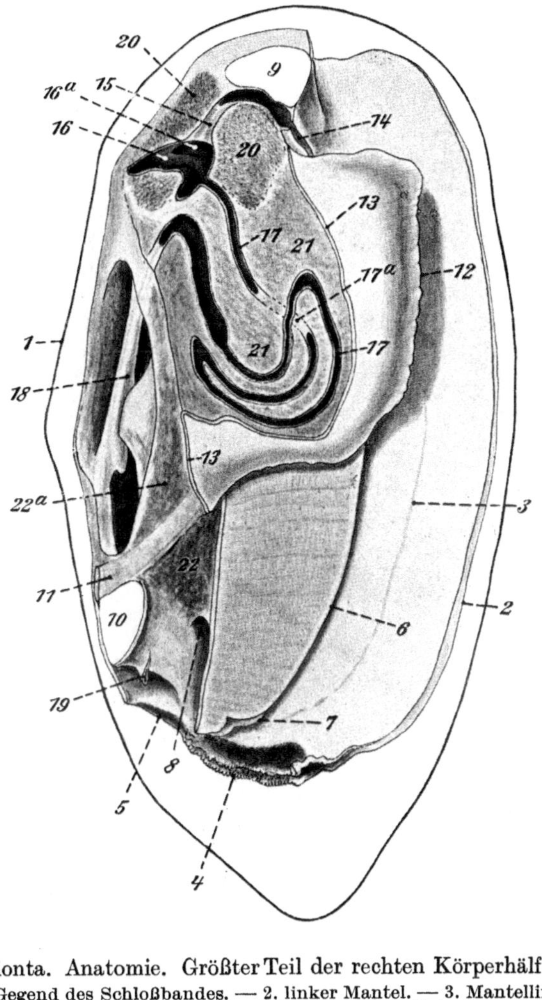

Fig. 212. Anodonta. Anatomie. Größter Teil der rechten Körperhälfte abgetragen. 1. linke Schale, Gegend des Schloßbandes. — 2. linker Mantel. — 3. Mantellinie. — 4. linker Rand des Atemsipho. — 5. linker Rand des Aftersipho. — 6. linke Innenkieme. — 7. linke Außenkieme. — 8. Eingang zum linken äußeren Kiemengang. — 9. vorderer Schließmuskel. — 10. hinterer Schließmuskel. — 11. hinterer Retraktor des Fußes. — 12. medianer Fußrand. 13. Schnittlinie, längs welcher die Haut des Fußes abgelöst wurde. — 14. Mund. — 15. Abschnitt der Speiseröhre, dessen rechte Wandung noch erhalten ist. — 16. Magen. — 16a. Eingang der Speiseröhre in den Magen. — 17. Dünndarm. — 17a. Abschnitt des Dünndarms, der von der Gonade und einer anderen Dünndarmschlinge verdeckt ist. — 18. Darm, das Herz durchbohrend. — 19. After. — 20. Leber. — 21. Gonaden. — 22. Niere, durchscheinend. — 22a. Niere, angeschnitten.

Ein Teil des Larvenmaterials wird mit Flemmingscher Mischung etwa eine halbe Stunde lang fixiert und dann wie Plankton weiter behandelt.

Man nennt die hier auftretende Larvenform Glochidium. Es läßt sich schon eine zweiklappige Schale erkennen. Jede Klappe trägt an der Bauchseite eine dreieckige Spitze, die mit Stacheln besetzt ist und nach innen vorspringt. Aus dem Innern ragt ein Klebfaden hervor.

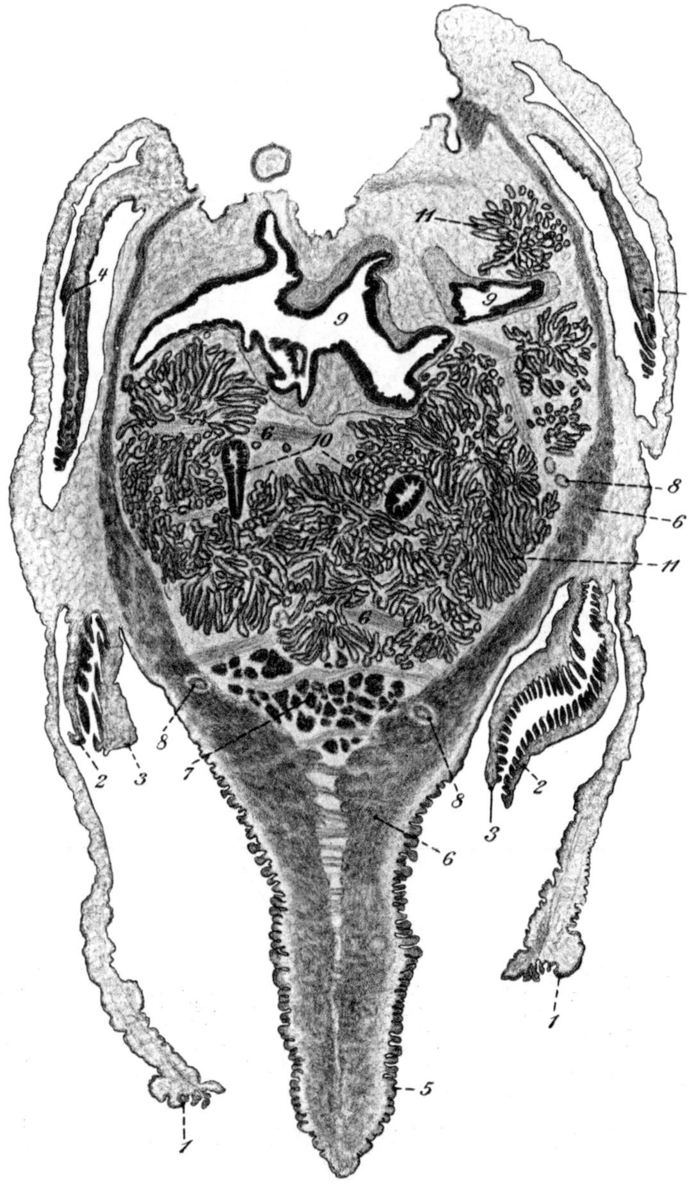

Fig. 213. Unio spec. Querschnitt durch Magen und Leber (auf der Rückenseite nicht ganz vollständig).

1. Mantelrand. — 2. äußeres Velum. — 3. inneres Velum. — 4. Kieme. — 5. Fuß. — 6. Muskulatur. — 7. Gonaden. — 8. Nervenquerschnitte. — 9. Magen. — 10. Darmquerschnitte. — 11. Leber.

Mit Hilfe dieses Fadens und der höckerigen Spitzen heften sich die freigewordenen Glochidien an die Kiemen oder Flossenhaut vorüberschwimmender Fische. Hier erfolgt die weitere Entwickelung, bis die ausgebildeten kleinen Muscheln zu Boden fallen.

Von dem fixierten Material kann man nach Färbung mit Boraxkarmin Dauerpräparate herstellen.

Parasiten an Anodonta:

Auf dem Mantel: Wassermilben (Atax intermedius) in verschiedenen Entwickelungsstadien. Schwarz, ausgewachsen langbeinig.

In den Kiemen: Entwickelungsstadien des Bitterlings (Rhodeus amarus).

Fast alle Organe durchsetzend: Entwickelungsstadien von Saugwürmern, z. B. oft massenhaft Sporozysten und Cercarien, die als Rhopalacerca tardigrada bezeichnet werden und deren zugehörigen Wurm man noch nicht mit Sicherheit festgestellt hat. Sie finden sich nicht in der Muskulatur des Fußes, im Mantel und in den Kiemen.

In Leber und Eierstock: Eine Cercarie Bucephalus, deren Wurm Gasterostomum fimbriatum in größeren Raubfischen lebt.

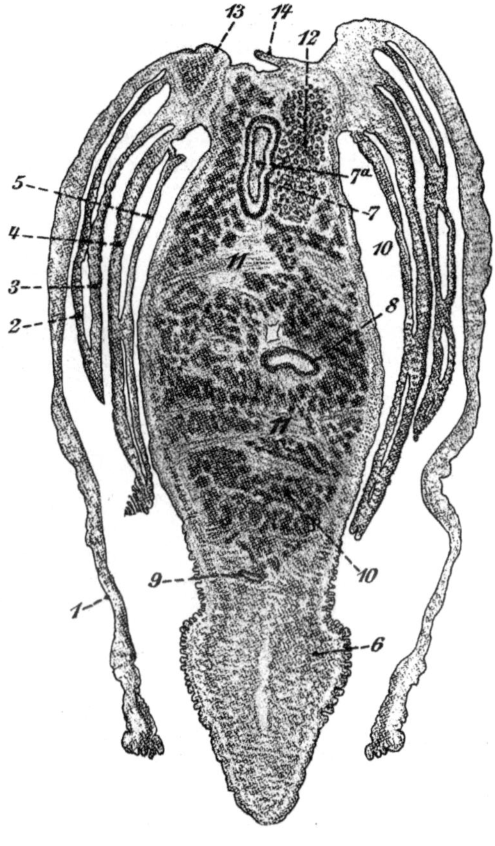

Fig. 214. Unio quer ♂.

1. Mantel. — 2. Außenblatt der Außenkieme. — 3. Innenblatt der Außenkieme. — 4. Außenblatt der Innenkieme. — 5. Innenblatt der Innenkieme. — 6. Muskulatur des Fußes. — 7., 8., 9. Darmquerschnitte. — 7a. Typhlosolis. — 10. Gonaden. — 11. Muskelbündel, welche die Gonadenmasse quer durchsetzen. — 12. Leber. — 13. rotbraunes Organ. — 14. Ligamentfalte.

VI. Histologische Untersuchung: Für histologische Übersichtsbilder wollen wir kleine Exemplare der Flußmuschel (Unio spec.) von etwa 3 cm Länge benutzen. Dieselben werden mit Chloralhydrat 6 bis 12 Stunden betäubt, die Schale sehr vorsichtig entfernt, wobei namentlich die in der Nähe des Schloßbandes leicht eintretenden Verletzungen des Muschelkörpers soviel wie möglich zu vermeiden sind, und dann mit Pikrinsalpetersäure fixiert. Einbettung in Paraffin. Schnittdicke 20 μ. Quer- und Längsschnitte. Färbung nach der van Giesonmethode. (Vgl. Fig. 213—218.)

Die Topographie des Querschnittes (ganz schwache Vergrößerung wegen der Größe des Objekts!) ist sehr leicht zu deuten.

Man sieht auf beiden Seiten den Mantel, darunter jederseits die beiden doppelten Kiemenblätter, in der Mitte den Leib, der nach unten in die Muskelmasse des Fußes übergeht. Im oberen Teile ist auf den Schnitten der mittleren Region der die Herzkammer durchsetzende Enddarm zu sehen. Auch der Herzbeutel ist meist deutlich. Darunter liegt das Bojanussche Organ (Niere). Im übrigen sieht man viele Darmquerschnitte und dazwischen und darunter die schwarze Geschlechtsdrüse. Schnitte, die weiter vorn geführt werden, zeigen auch den geräumigen Magen und die ihn umgebende, hellbraune Lebermasse.

Der Enddarm zeigt auf seiner ventralen Seite einen knopfförmigen Vorsprung nach innen, der einer längs verlaufenden Einbuchtung der Darmwand entspricht und der Typhlosolis des Regenwurms vergleichbar

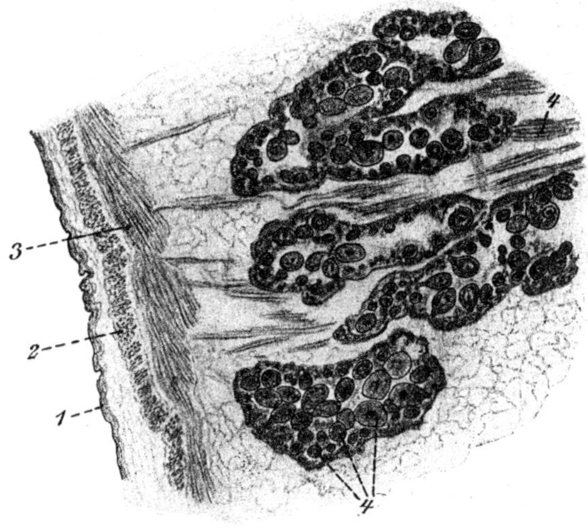

Fig. 215. Obj. 0. Unio ♀. Partie aus der Gonadenmasse.
1. Epithel des Fußes. — 2. Muskelfasern quer getroffen. — 3. Muskelfasern längs verlaufend. — 4. Eier in verschiedenen Entwickelungsstadien.

ist. Ähnliche Vorsprünge finden sich auch an anderen Teilen des Darmes. Median, unmittelbar unter dem Schnitt der beiden Nierenlappen, sind die Visceralnerven getroffen. Auf den Schnitten durch die vordere Region sieht man in der Gonadenmasse die quergetroffenen Cerebropedalkommissuren. Der Schnitt durch die Leber zeigt, daß diese ein aus vielen Schläuchen (Tubuli) gebildetes Organ ist. Jeder Schlauch ist von einer bindegewebigen Hülle umgeben, an deren Innenseite die Leberzellen inseriert sind. An den Darmquerschnitten unterscheidet man die Splanchnopleura und das Enteroderm. Erstere ist eine zarte Schicht von Bindegewebsfasern, die am mächtigsten in der Typhlosolis entwickelt ist und überall Bindegewebszellen enthält. Dazwischen liegen unregelmäßig verstreut Muskelfasern. Das Enteroderm setzt sich aus hohen Zylinderzellen zusammen, die an ihrem freien Ende einen dicken Wimperschopf tragen. Zwischen ihnen finden sich einzelne Schleimzellen.

In den Kiemen fallen uns die angeschnittenen Stützelemente auf. An den Kiemen läßt sich an guten Schnitten (natürlich mit starker Vergrößerung) das Flimmerepithel nachweisen. In den Querschnitten

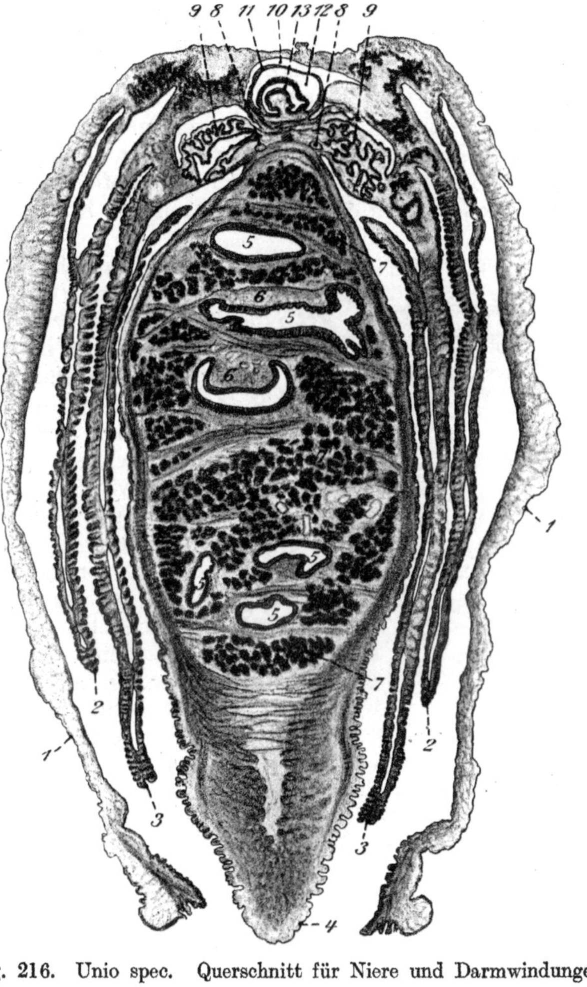

Fig. 216. Unio spec. Querschnitt für Niere und Darmwindungen.
1. Mantel. — 2. äußere Kieme. — 3. innere Kieme. — 4. Fuß. — 5. Darmquerschnitte. — 6. Typhlosolisartige Vorsprünge. — 7. Gonaden. — 8. Nerven-Kommissuren. — 9. Niere. — 10. Perikardialhöhle. — 11. Wandung der Herzkammer. — 12. Höhlung der Herzkammer. — 13. Querschnitt des Enddarms mit Typhlosolis.

durch die Nervenkonnektive bemerken wir die umgebende bindegewebige Neurallamelle, Nervenfasern verschiedener Dicke, dazwischen Hüllgewebe mit großen Kernen und in den peripherischen Teilen vereinzelte Gliazellen. Der Mantel, dessen Bild in den verdickten Randteilen am lehrreichsten ist, wird von einem zylindrischen Epithel begrenzt; an seiner Innenseite erkennt man zuweilen noch die Flimmerhaare. Im Inneren findet sich lockeres Bindegewebe, das nach dem Rande zu an Dichte zunimmt. Es wird von Muskelbündeln durchzogen, die sich durch ihre gelbe Färbung hervorheben und teils längs, teils quer getroffen sind. Auch Blutgefäße, von bindegewebigen Hüllen umgeben, sind zu sehen. Ein Nerv zieht der Länge nach durch den Mantel und ist, zuweilen mit einigen Verzweigungen, im Querschnitt getroffen.

Die Masse des Fußes wird von Muskelzügen eingenommen, zwischen denen sich Bindegewebe und ein System von Hohlräumen befinden, die sich beim Vorstrecken des Fußes mit Leibesflüssigkeit (Blut) füllen. Bei der Kontraktion fließt die Flüssigkeit aus den Hohlräumen des Fußes in die Hohlräume des Mantels zurück. Wenn der Fuß zurückgezogen wird, schwellen die Mantellappen an und umgekehrt. Wird der Fuß, z. B. beim Herausnehmen des Tieres aus dem Wasser, sehr schnell zurückgezogen, so wird durch den plötzlich auftretenden Innendruck das Epithel stellenweise gesprengt, und die Flüssigkeit spritzt an mehreren Stellen heraus. Bei Anodonta beträgt die Menge der Leibesflüssigkeit (Blut) etwa die Hälfte des Körpergewichtes.

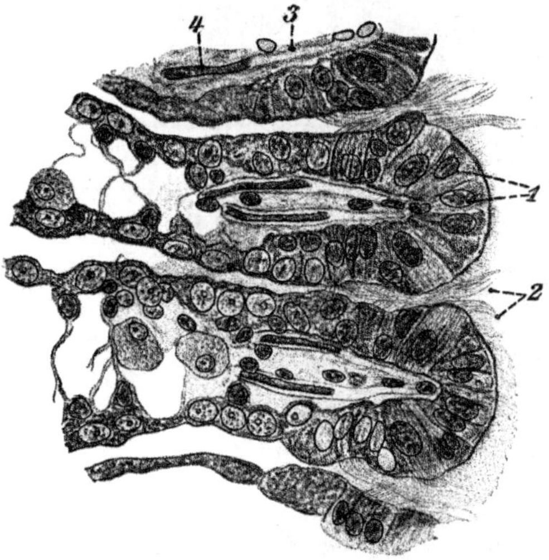

Fig. 217. Obj. VIII. Unio. Partie aus einem Kiemenquerschnitt.

1. Kerne der Außen-Epithelzellen. — 2. Cilien der lateralen Epithelzellen. — 3. Stützfasern. — 4. Feste Stäbe in den Stützfasern.

Pecten, Auge. Während die meisten Muscheln kein Sehvermögen besitzen, oder doch nur wenig differenzierte Pigmentflecke am Mantelrande zeigen, finden wir bei einigen Gattungen, z. B. bei Pecten, ziemlich hoch entwickelte Augen. Dieselben finden sich als gestielte Köpfchen zwischen den Tentakeln des Mantelrandes und sind im Leben von smaragdgrünem oder braunrotem Glanze. Wir beziehen aus Neapel histologisch fixiertes Material von Pecten jacobaeus (die frisch gefangenen Tiere werden fünf Minuten in 10 %ige Formalinlösung gelegt, dann mit Pikrinsalpetersäure fixiert). Einbettung in Paraffin. Schnittdicke 10 μ. Schnitte in Richtung der Augenachsen. Färbung nach der van Gieson methode.

Die äußere Haut ist eine Fortsetzung der allgemeinen Epidermis. Dieselbe ist auf einer ringförmigen Zone als Iris ausgebildet, im Pole des Augenstieles bildet sie eine glashelle Hornhaut. Beide Häute sind ein einschichtiges Epithel, die Iris ist reich an Pigmenteinlagerungen. Die Linse liegt unter der Hornhaut und ist deutlich zellulär zusammengesetzt. Zwischen Linse und Hornhaut liegt eine dünne Schicht von Muskelfasern, welche sich bis weit unter die Iris erstrecken und wahrscheinlich zur Akkomodation dienen. Um die Linse herum verläuft ein geräumiger Hohlraum, der mit Blutflüssigkeit angefüllt ist. Das Präparat zeigt meist noch einige Blutzellen darin. Der Blutraum ist nach dem Stiele zu durch eine zarte Grenzlamelle abgeschlossen. Der Augennerv, der den Stiel durchzieht, gabelt sich unmittelbar unter dem Auge in zwei Äste. Der eine steigt weit ins Augeninnere und legt sich an die Grenzlamelle, der andere verbreitert sich muldenartig und tritt an die Sehzellen heran. Die Netzhaut wird von Sehzellen und Stützzellen gebildet. Die Sehzellen liegen mit ihrem lichtempfindlichen Teile nach hinten wie beim Wirbeltierauge. Proximal von der Netzhaut liegt die aus einer einzelnen platten Zelle bestehende Argentea oder das Tapetum. Dieses ist von der Netzhaut durch einen engen Hohlraum getrennt. Das Tapetum dient als Lichtreflektor. Außerhalb des Tapetums finden wir das Pigmentepithel. Dies ist eine einschichtige Lamelle, deren Zellen von körnigem Pigment erfüllt sind.

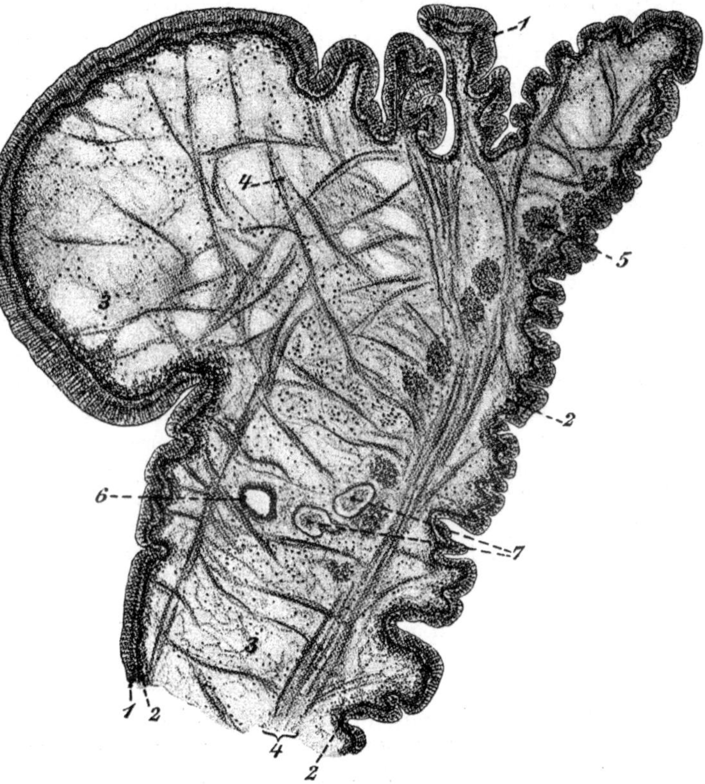

Fig. 218. Obj. IV. Unio spec. Mantelrand quer.
1. Epithel. — 2. dichtes Bindegewebe. — 3. lockeres Bindegewebe. — 4. Muskelfasern längs verlaufend. — 5. Muskelbündel quer. — 6. Arterie. — 7. Nerven.

Außerhalb des Pigmentepithels finden wir die muldenartige Ausbreitung des Sehnerven, dessen Äste seitlich um die hinteren Augenschichten herumgehen und von vorn in die Retina eintreten.

Anhang.

I. Mytilus edulis.

Im Winter sind schwer Teichmuscheln zu beschaffen. Ein empfehlenswertes Material von außerordentlicher Billigkeit bietet dann die zu

Speisezwecken massenhaft eingeführte Miesmuschel (Mytilus edulis) dar. Die Präparationsmethode ist im großen und ganzen dieselbe wie bei der Teichmuschel, doch ist zu beachten, daß hier das spitze Ende vorn liegt. Der vordere Schließmuskel ist sehr klein und befindet sich dicht an der Spitze, der hintere nahe der Rückenlinie etwa $^2/_3$ Körperlänge von der Spitze entfernt. Das Schloßband liegt auf dem geraden Teil der Rückenlinie, d. h. ziemlich weit vorn. Bemerkenswert ist hier noch die in der Mitte zwischen den Mantellappen liegende, dunkelbraune Byssusdrüse, welche einen klebrigen, zu Fäden erhärtenden Stoff, den Byssus, absondert, mit dem sich die Muschel an festen Körpern anheften kann. Häufig werden andere Muscheln derselben Art dazu benutzt, so daß die Tiere in ganzen Klumpen zusammenhängen. Dieselbe Erscheinung kann man auch bei der einheimischen Dreissena beobachten, welche die einzige Süßwassermuschel mit Byssus ist.

II. Ostrea edulis.

Kurz haben wir auch auf die Zerlegung der Auster einzugehen, da sie gewiß oft als willkommenes Präparationsmaterial benutzt wird, außerdem zur Gewinnung der in ihrem Magen vorkommenden Spirochaeta Balbianii gebraucht wird.

Die Auster besitzt nur einen Schließmuskel, welcher dem Rande näher als dem Schloßband liegt. Die gewölbte Schale ist die linke, mit der die Tiere festgewachsen sind. Um den Schließmuskel zu durchtrennen, fährt man mit dem Skalpell tangential unter die flache Schale. Klappt man sie dann auf, so sieht man, daß der Schließmuskel aus einem oberen bindegewebigen und einem unteren muskulösen Teil besteht. Der graue Teil entspricht dem vorderen, der weiße dem hinteren Schließmuskel anderer Muscheln. Der rechte Mantel ist in seinem zentralen Teile durchscheinend, mit wenig muskulösen Elementen, am Rande dagegen verdickt, reich an Muskelfasern und grünlichgrau oder bräunlich. Die Innenseite ist mit Flimmerhärchen besetzt und läßt sich auch zu dem oben geschilderten Präparat verwenden. Zum Zwecke der Präparation entfernen wir Mantel, Kiemen und Mundsegel der rechten Seite und zupfen soviel von den inneren Organen des Tieres ab, als nötig ist, um den Magen und die Darmwindungen sowie das Herz genügend freizulegen (siehe Fig. 219). Der Mund liegt oben links im Präparationsfelde, ziemlich nahe am Schloßband. Die kurze Speiseröhre führt in den geräumigen Magen. Der Darm macht dann noch mehrere Windungen; der After befindet sich links unten im Präparationsfelde über dem Kiemenrande. Bei der Auster geht der Enddarm nicht durch das Herz. Die Leber liegt um den Magen herum, die Geschlechtsdrüse zwischen Leber, Kiemenrand, Herz und Schließmuskel im rechten Teile des Bildes. Der Fuß der Auster ist rudimentär. Zur Gewinnung der Spirochaeta genügt es, wie auf S. 119 beschrieben ist, den Körper des Tieres in der Magengegend zu eröffnen und mit einer Platinöse etwas von dem Mageninhalt herauszunehmen.

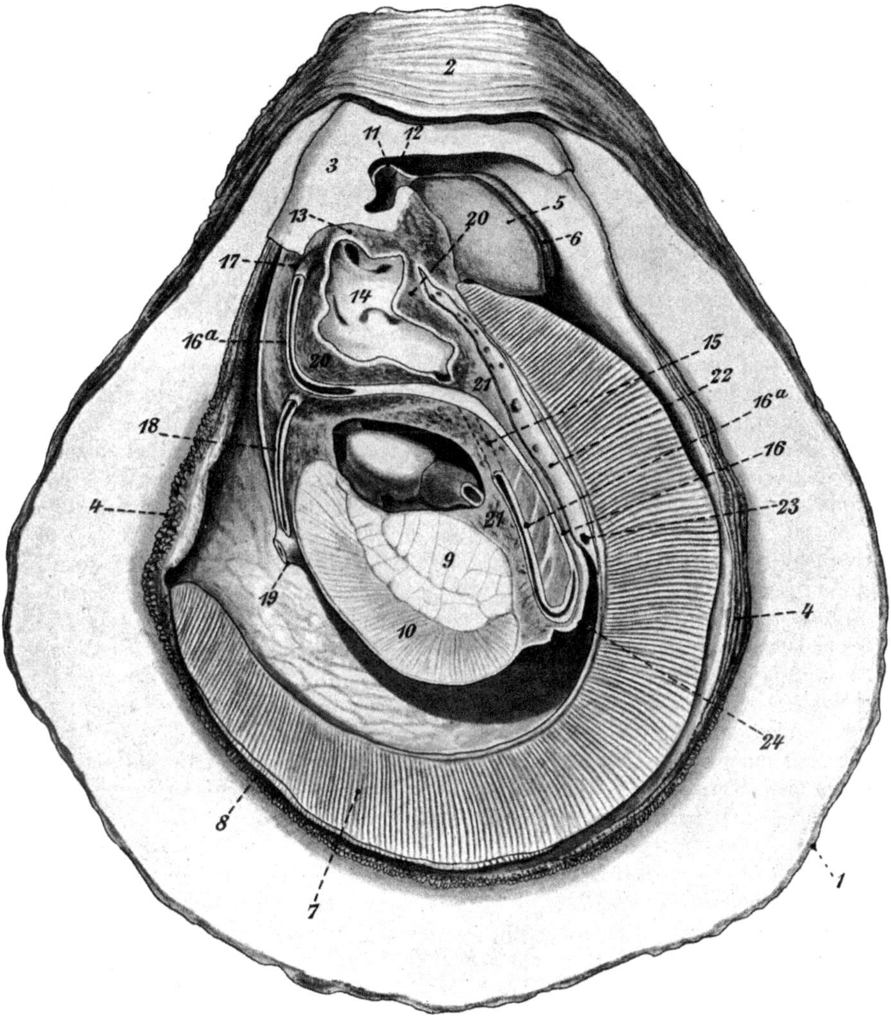

Fig. 219. Ostrea edulis. Rechte (flache) Schalenhälfte, rechter Mantel, Kiemen der rechten Seite und Teile des Weichkörpers entfernt, Magen und Darm z. T. freigelegt.

1. linke (gewölbte) Schale. — 2. Schloßband. — 3. Rest des rechten Mantels. — 4. Rand des linken Mantels. — 5. inneres linkes Velum. — 6. Rand des äußeren linken Velums. — 7. innere linke Kieme. — 8. Rand der äußeren linken Kieme. — 9. Bindegewebiger Teil des Schließmuskels. — 10. muskulöser Teil des Schließmuskels. — 11. Oberlippe. — 12. Eingang zur Mundöffnung. — 13. Speiseröhre. — 14. Hohlraum des Magens (rechte Wand abgedeckt). — 15. Anfangsteil des Darmes (nicht freigelegt, punktiert). — 16. Darm freigelegt. — 16a. Darmabschnitte, deren rechte Wandung abpräpariert ist. — 17. Darmabschnitt, der nach links hinter den Magen umbiegt und in den Endabschnitt 18 übergeht. — 19. Afterpapille. — 20. Leber. — 21. Gonaden. — 22. Sammelgang für die Geschlechtsprodukte. — 23. Geschlechtsöffnung (Innenansicht). — 24. Rudimentärer Fuß.

4. Kapitel.

Sepia officinalis

(nebst Sepiola Rondeletii und Octopus).

Man beschafft sich für die makroskopische Präparation aus Neapel einige männliche und einige weibliche Tintenfische von etwa 15 cm Körperlänge. Für die mikroskopische Untersuchung benutzen wir kleinere Exemplare von höchstens 3 cm Länge. Histologische Fixierung ist für unsere Zwecke nicht erforderlich; wir können Alkoholmaterial benutzen. Zum Vergleich bezieht man auch einige kleine Exemplare von Sepiola Rondeletii und von Octopus vulgaris.

Wir behandeln zunächst die größeren Sepien.

I. Äußere Inspektion: Nach der volkstümlichen Bezeichnungsweise unterscheidet man die hellere Bauchseite, die rötlichweiß und mit feinen Pigmentpunkten übersät ist, von der dunkleren Rückenseite, die blaugraue Färbung zeigt und gegen die Ränder hin heller wird. Die dunklen Punkte sind Pigmentzellen (Chromatophoren) unter dem Epithel, die sich ausdehnen können und zu dem bekannten Farbenwechsel der Tintenfische Veranlassung geben. Man lege Teile der Haut, die mit der Pinzette abgezogen werden, zur späteren mikroskopischen Besichtigung in absoluten Alkohol.

Da in Wirklichkeit beide Seiten zusammen den Rücken des Tieres darstellen — die Bauchseite reicht vom Munde bis zur Trichteröffnung —, so wollen wir von der hellen und der dunklen Seite sprechen. Die Länge des vorliegenden Tieres beträgt ohne die Fangarme 15 cm. Der Kopf ist deutlich abgesetzt und zeigt zwei große Augen mit einer lidartigen Falte am Rande. Die Hornhaut ist von einem bei dieser Inspektion schwer wahrnehmbaren, feinen Loche durchbohrt, so daß das Seewasser bis zur Linse vordringen kann.

Um die Mundöffnung herum stehen acht kurze Mundarme. Auf der Innenseite tragen die Arme vier Reihen von Saugnäpfen. Von jetzt ab soll rechts und links so gerechnet werden, daß das Tier dem Beschauer die helle Seite bei der Betrachtung zuwendet. Hat man ein Männchen vor sich, so findet man die Saugnäpfe an der Basis des vierten Armes linker Seite durch Hautfalten ersetzt. Dieser Arm tritt in den Dienst der Begattung; er ist hektokotylisiert.

Die beiden langen Fangarme entspringen aus je einer Hauttasche zwischen den beiden uns zugewendeten (ersten und zweiten) kurzen Armen jeder Seite. Das tentakelfreie Stück des vorliegenden Exemplares mißt auf der einen Seite 12 cm, auf der anderen 11 cm, der mit Saugnäpfen besetzte Teil 3 cm bzw. $3^1/_2$ cm. Unter den vielen Saugnäpfen der langen Arme fallen jederseits vier durch besondere Größe auf. Die Arme können in eine an ihrer Basis befindliche Tasche zurückgezogen werden.

In der Mundöffnung sieht man schon von außen die schwarzen, papageienschnabelartig übereinandergreifenden Kiefer (Betasten mit einem harten Gegenstand!).

Hinter dem deutlich abgesetzten Kopf liegt der Rand des Mantels. Der Mantelrand zeigt auf der dunklen Seite einen schnabelartigen Vorsprung. Auf dieser Seite fühlt man durch die Mantelhaut das harte darunter liegende Sepium (Rückenschulp). Auf der hellen Seite ragt unter dem oberen Mantelrand der Trichter hervor.

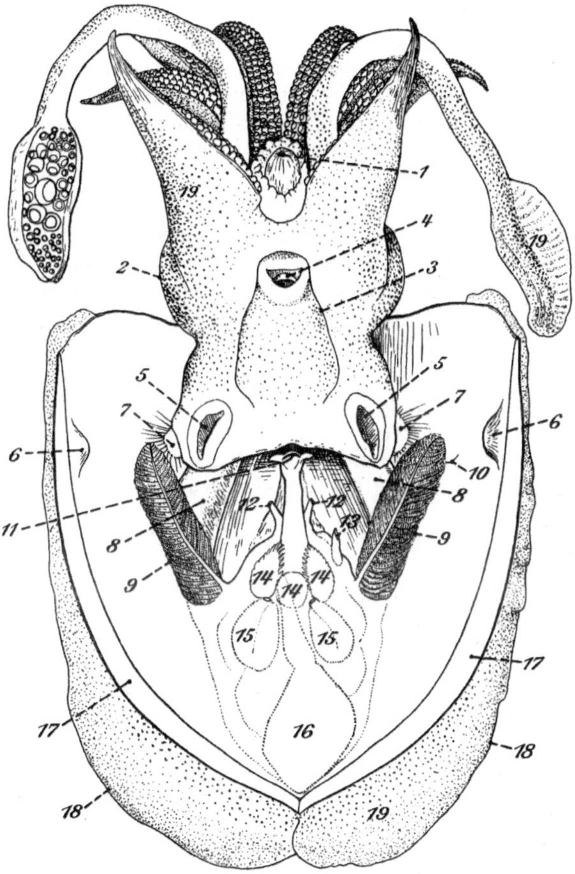

Fig. 220. Sepia officinalis ♀ jung. Mantelhöhle eröffnet.

1. Mundöffnung. — 2. Auge. — 3. Trichter. — 4. Klappe. — 5. Grube. — 6. Knopf. — 7. Mantelganglion. — 8. Depressor infundibuli. — 9. Kieme. — 10. Anheftung der Kieme. — 11. Afteröffnung. — 12. Nierenöffnungen. — 13. Geschlechtsöffnung. — 14. accessorische Nidamentaldrüsen. — 15. Nidamentaldrüsen. — 16. Tintenbeutel. — 17. Schnittfläche des Mantels. — 18. Flosse. — 19. Chromatophoren.

Bei dem gelieferten Spiritusmaterial ist der Mantel auf der hellen Seite durch einen glatten Längsschnitt gespalten, um dem Alkohol das Eindringen zu erleichtern. Auf der Grenze zwischen der hellen und dunklen Seite läuft ein etwa 1 cm breiter Flossensaum um den Rumpf herum, der am hinteren Ende eingekerbt ist.

II. Sektion: Die Präparation erfolgt im Wachsbecken unter Wasser. Das Tier wird auf die dunkle Seite gelegt und mit einigen Nadeln an den kurzen Armen und am Flossensaum befestigt.

Der Mantel wird nun auf der hellen Seite geöffnet. Man verlängert mit dem Skalpell den schon vorhandenen Einschnitt nach hinten, wobei man in der hinteren Region wegen des darunterliegenden Tintenbeutels besonders vorsichtig sein muß. Im oberen Teile sind die Kiemen auf beiden Seiten durch Bindegewebe am Mantel befestigt. Dieses Gewebe ist vorsichtig zu durchtrennen, der Mantel nach beiden Seiten auseinander zu biegen und mit Nadeln zu befestigen (Fig. 220).

Auf der Innenseite des aufgeklappten Mantels, 2 cm vom vorderen Ende, sieht man die beiden länglichen Knopfknorpel; die entsprechenden knopflochartigen Vertiefungen liegen an der Körperwandung unterhalb des Trichters. Durch diesen Apparat kann der Mantelraum abgeschlossen werden. Schräg nach außen von den Knopflöchern liegt jederseits auf der Innenseite des Mantels eine schwache Prominenz mit sternförmigen Ausstrahlungen, das Mantelganglion. Auf jeder Seite am oberen Ende der Mantelhöhle sieht man eine federartige Kieme, die am unteren Ende angewachsen ist. Man legt die Kiemen zur Seite. Dann kommt auf jeder Seite ein schräg von außen unten nach innen oben ziehender Muskel zum Vorschein, der zur Trichterbasis führt, der Musculus depressor infundibuli.

Jetzt präpariert man die Bauchdecke sehr vorsichtig mit zwei Pinzetten ab und schont sorglich den durchscheinenden Tintenbeutel. Die Präparierfläche muß dabei unter Wasser liegen, weil sonst die zarten Häute zu leicht eintrocknen und dann schwer abzupräparieren sind (Fig. 221).

Die beiden großen weißen Massen in der Mitte sind die Nidamentaldrüsen, die einen Kitt zum Zusammenkleben der Eier liefern. Ihre kurze Ausmündung ist am vorderen Ende jederseits sichtbar. Unterhalb und neben dem Tintenbeutel sieht man — es liegt ein Weibchen vor — allenthalben das Ovarium mit vielen Eiern. Im oberen Teile des Präparationsfeldes sieht man auf der rechten Seite von unten heraufsteigend den stark geschwollenen Ausführungsgang des Ovariums.

Die Papille in der Mitte mit den vier Lappen ist der After. Rechts und links davon sieht man die Nierenöffnungen. Über den Nidamentaldrüsen, unterhalb der beschriebenen Öffnungen, liegt die dreilappige, orangerote, accessorische Nidamentaldrüse.

Jetzt spaltet man den Trichter in der Medianlinie und biegt die Seitenwände auseinander. Man sieht dann im Grunde der Hinterwand die zungenförmige Klappe, die unten angewachsen und oben frei ist. Sie verhindert das Zurückströmen des Wassers durch den Trichter.

Man entfernt nun die großen Nidamentaldrüsen, indem man von hinten her mit dem Holzstiel des Skalpells darunterfährt. Die lospräparierten Drüsen werden quer durchschnitten. Sie bestehen aus vielen einzelnen Blättern. Auch die accessorischen Nidamentaldrüsen werden entfernt. Dadurch wird der Ausführungsgang des Tintenbeutels frei; derselbe wird von hinten her freipräpariert und mit dem Ausführungsgang abgehoben (Fig. 222).

Der Tintenbeutel wird in ein großes Glas mit Wasser getan und der hart gewordene Inhalt mit einem harten Gegenstand etwas zerstoßen. Das Wasser färbt sich intensiv schwarzbraun.

Darauf hebt man den mächtig entwickelten Eierstock aus dem Hinterende der Leibeshöhle heraus. Man sieht dann den aufsteigenden Enddarm, der etwas unter der Mitte eine kleine Schlinge bildet. Links unten liegt der Magen, rechts etwas weiter unten ein seitlicher Pylorusblindsack, aus dem der Enddarm aufsteigt. Ventral liegt dem Magen

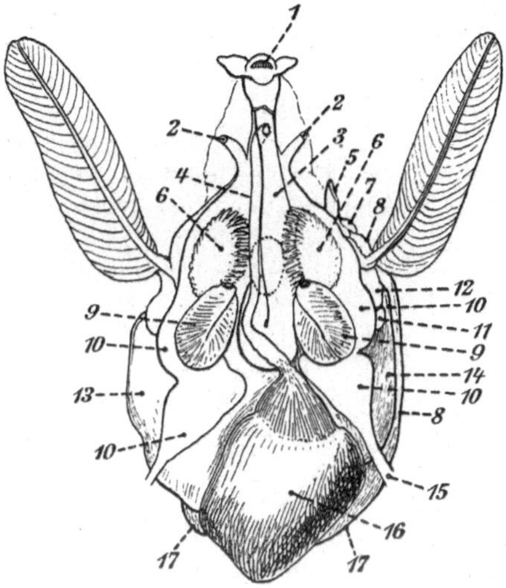

Fig. 221. Sepia officinalis ♀ (jung). Eingeweidesack nach Entfernung der Hülle.

1. Afteröffnung. — 2. Nierenöffnungen. — 3. Enddarm. — 4. Ausführungsgang des Tintenbeutels. — 5. Geschlechtsöffnung. — 6. seitliche accessorische Nidamentaldrüsen (die mittlere, punktiert angedeutet, ist abpräpariert). — 7. Eileiterdrüse. — 8. Eileiter. — 9. Nidamentaldrüsen. — 10. Ventrale Nierensäcke. — 11. Perikardialdrüse. — 12. Kiemenherz. — 13. Magen. — 14. Blindsack. — 15. Vene. — 16. Tintenbeutel. — 17. Eierstock.

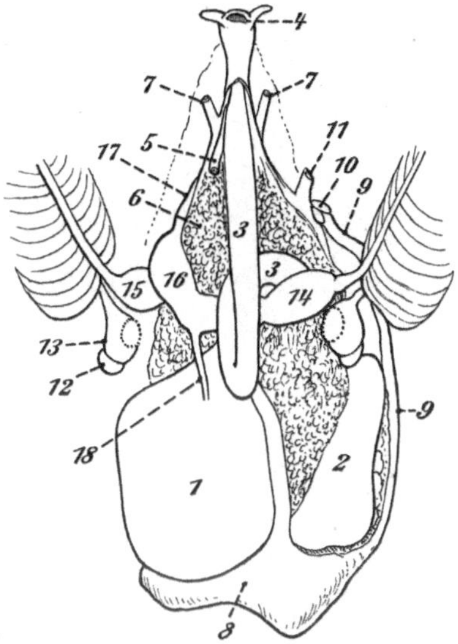

Fig. 222. Sepia officinalis ♀ jung. Eingeweidesack nach Entfernung der Nidamentaldrüsen, des Tintenbeutels und der ventralen Nierensäcke.

1. Magen. — 2. Blindsack. — 3. Enddarm. — 4. Afteröffnung. — 5. Ausführungsgang des Tintenbeutels (Rest). — 6. dorsaler Nierensack. — 7. Nierenöffnungen. — 8. Ovarium. — 9. Eileiter. — 10. Eileiterdrüse. — 11. Geschlechtsöffnung. — 12. Perikardialdrüse. — 13. Kiemenherz. — 14. linke Vorkammer. — 15. rechte Vorkammer. — 16. Herz. — 17. Kopfaorta. — 18. Bauchaorta.

da, wo er in den Blindsack übergeht, das große Ganglion splanchnicum auf, das an den ausstrahlenden Nervenstämmen leicht zu erkennen ist. Rechts hinter dem Magen ragt ein unpaarer Nierensack hervor. Reißt man dessen Oberhaut ein, so entsteht eine starke Trübung des Wassers, und im Inneren des Nierensackes sieht man die vielfach verästelten Nierenschläuche, die durch eine Einstülpung des Nierensackes zustande kommen. Über dem Magen liegt jederseits noch ein weiterer Nierensack. Alle Nierensäcke werden jetzt vorsichtig entfernt. Hierbei reißt leicht der Magen ein. Nun liegt der Ausführungsgang des Ovariums frei.

Er trägt, auf seinem Mündungsteile aufliegend, die herzförmige Glandula oviductus.

Quer vor der Speiseröhre liegt das vierzipfelige Herz (Fig. 223). Dieses steht jederseits durch ein Gefäß mit den Kiemen in Verbindung. Dieses, die Kiemenvene, ist auf jeder Seite bulbusartig zu einer Herzkammer erweitert. Die zu den Kiemen führenden Kiemenarterien, die das venöse Blut aus dem Körper den Kiemen zuführen, tragen auf der Unterseite eine etwas abgeschnürte Anschwellung, ein besonderes Kiemenherz. Nach hinten über den Magen zieht die Bauchaorta, nach vorn die Kopfarterie. Diese wird durchschnitten und das Herz mit den Kiemen herausgehoben, wobei noch einiges Bindegewebe zu durchtrennen ist. Über dem Pylorusblindsack bemerkt man eine viellappige Drüse, das Pankreas.

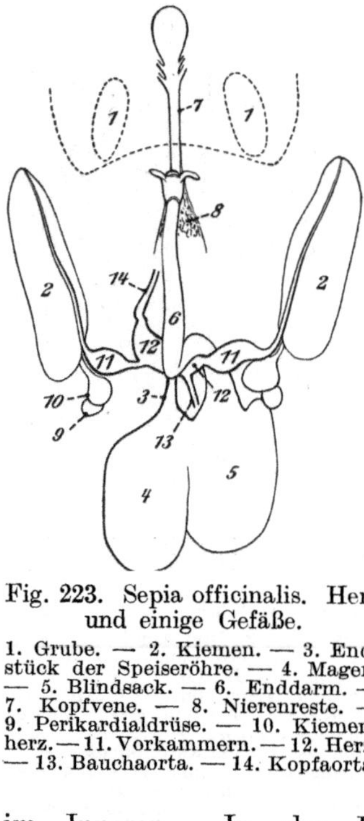

Fig. 223. Sepia officinalis. Herz und einige Gefäße.

1. Grube. — 2. Kiemen. — 3. Endstück der Speiseröhre. — 4. Magen. — 5. Blindsack. — 6. Enddarm. — 7. Kopfvene. — 8. Nierenreste. — 9. Perikardialdrüse. — 10. Kiemenherz. — 11. Vorkammern. — 12. Herz. — 13. Bauchaorta. — 14. Kopfaorta.

Nun wird der Trichter ganz abgetragen, die Musculi depress. infund. werden durchschnitten, der Schnitt mit horizontaler Messerführung außerhalb des Trichters herabgeführt und der ganze Trichterapparat abgehoben. Man sieht dann die paarige, langgestreckte Leber von bräunlicher Farbe. In dem Bindegewebe, welches die Leber bedeckt, verläuft ein mächtiges Blutgefäß, die Kopfvene. Diese wird mit dem Bindegewebe zusammen abpräpariert. Die beiden Leberhälften werden dann mit zwei Pinzetten etwas auseinandergezogen. Man sieht in dem Zwischenraum die Speiseröhre verlaufen, die sehr dünn ist. Die Ductus hepatici entspringen aus jedem Leberlappen an der Innenseite und münden dann vereint in den Magenblindsack.

Jetzt wird der Verdauungskanal abgetragen. Man schneidet den Ösophagus unter der Leber durch und hebt Magen und Darm heraus. Der Magen wird geöffnet. Er zeigt Längsfalten im Inneren. In der Regel findet man darin die Überreste kleiner Fische oder kleinerer Tintenfische, selbst solcher derselben Species.

Nun liegt die Hinterwand der Leibeshöhle frei. Entfernen wir die Rückenseite des Peritoneums aus der leeren Leibeshöhle, so bemerken wir sofort das freiliegende Sepium. Lockert man es am Hinterende vorsichtig unter Schonung des Dornes, so läßt es sich nach hinten leicht herausziehen. Es zeigt in seinem dicken Teile eine exzentrische Schichtung. Die aufgebogenen Seitenränder sind dünn und auf der Außenseite der hinteren Hälfte perlmutterglänzend. In der Mitte der Außenseite am Hinterende sitzt der sehr kleine Dorn. Stücke des Sepium werden mit verdünnter Salzsäure behandelt. Das Aufbrausen zeigt die entweichende Kohlensäure an ($CaCO_3$).

Präparation des Kopfes: Um das obere Ende der Leber und

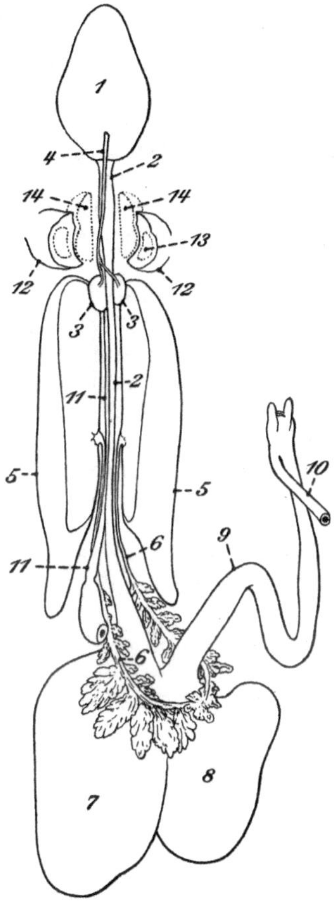

Fig. 224. Sepia officinalis. Organe der Verdauung.

1. Schlundkopf. — 2. Speiseröhre. — 3. Speicheldrüsen. — 4. gemeinsamer Ausführungsgang der Speicheldrüsen. — 5. Leber. — 6. Lebergänge mit Pankreas. — 7. Magen. — 8. Blindsack. — 9. Enddarm. — 10. Ausführungsgang des Tintenbeutels (Rest). — 11. Kopfaorta. — 12. Kopfknorpel (median durchschnitten). — 13. Gehörblasen im Kopfknorpel (angedeutet). — 14. Schlundring (median durchschnitten, angedeutet).

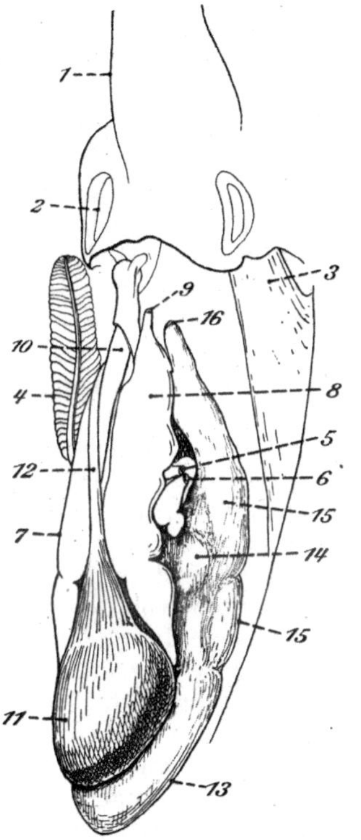

Fig. 225. Sepia officinalis ♂. Eingeweidesack nach Entfernung der linken Kieme halb von der Seite gesehen.

1. Trichter. — 2. Grube. — 3. Depressor infundibuli. — 4. rechte Kieme. — 5. Schnittfläche der linken Vorkammer. — 6. Schnittfläche des linken Kiemenherzens. — 7. rechter ventraler Nierensack. — 8. linker ventraler Nierensack. — 9. linke Nierenöffnung. — 10. Enddarm. — 11. Tintenbeutel. — 12. sein Ausführungsgang. — 13. Hoden. — 14. Vesicula seminalis. — 15. Spermatophorensack. (14. und 15. noch von ihrer Hülle bedeckt) — 16. Geschlechtsöffnung.

des Ösophagus sichtbar zu machen, müssen wir erst auf der Bauchseite den Kopfknorpel spalten, welcher ringförmig verläuft und auf beiden

Seiten Mulden bildet, welche die Augen stützen. Innerhalb des Kopfknorpels liegt der Schlundring des Nervensystems mit den von ihm abgehenden Hauptnervenstämmen. Die Gehörbläschen liegen innerhalb des Kopfknorpels. Man erhält sie eventuell auf Schnittpräparaten bei der histologischen Bearbeitung.

Spaltet man den Kopfknorpel in der Medianlinie und biegt die Schnittränder auseinander (siehe Fig. 224), so sieht man oberhalb der Leber hinter der Speiseröhre ein Paar Speicheldrüsen, von welchen man einen feinen Ausführungsgang verfolgen kann, der in die kugelige Mundmasse führt. Unmittelbar unterhalb der Mundmasse wird die Speiseröhre vom Schlundring des Nervensystems umgeben. Derselbe wird meist schon mit dem Knorpelring durchschnitten und ist auf den Schnittflächen aufzusuchen. Über einige Eigentümlichkeiten der hier verlaufenden Nervenstämme siehe die Schnittpräparate.

Die kugelige Masse, welche den Abschluß der Speiseröhre bildet, der Schlundkopf, zeigt an der Spitze die beiden hakenförmig übereinandergreifenden Hornkiefer. Man faßt den überstehenden Unterkiefer, durchtrennt die Muskeln an der Seite desselben und zieht die beiden Kiefer auseinander. Auf einer vorspringenden Platte liegt eine zahnbesetzte Platte, die Radula. Die Zähne darauf sind in Längs- und Querreihen angeordnet. Die Radula wird mit dem daruntersitzenden Muskel herausgetrennt und zur mikroskopischen Verarbeitung in absoluten Alkohol gebracht.

An den Augen läßt sich makroskopisch nicht viel präparieren. Öffnet man das Auge, so sieht man die starke Pigmentanhäufung an der hinteren Wandung. Die Linse, welche kugelig ist, läßt sich im Meridian des Befestigungskreises leicht in ein vorderes und in ein hinteres Segment spalten, von denen nur das hintere der Linse der höheren Tiere entspricht (siehe die Schnittpräparate). Die Hornhaut liegt der Vorderfläche der Linse fest an.

Abweichungen bei der Präparation einer männlichen Sepia (Fig. 225—227). Nach Entfernung des Mantels bemerkt man hier, daß die eigentlichen und die accessorische Nidamentaldrüse fehlen. Die Nierensäcke liegen nach Entfernung der Bauchwand frei. An Stelle des Ovariums finden wir den Hoden, der aus vielen verästelten Schläuchen besteht und von einer besonderen Kapsel umschlossen wird. Die Höhlung des Hodens steht mit der Cölomhöhle in offener Kommunikation. Das nur linksseitig entwickelte Vas deferens ist englumig, vielfach gewunden und geknäuelt; es geht über in eine weitere, lange, aber zusammengelegte Samenblase mit Prostata und Blindsack, die durch ein kurzes Vas efferens mit der Spermatophorentasche in Verbindung steht (Fig. 226 und 227). Diese entspricht in ihrer Lage genau dem Ausführungsgange des Ovariums. Die Spermatophorentasche wird abgeschnitten und für die mikroskopische Betrachtung ihres Inhaltes in absoluten Alkohol gebracht.

III. Mikroskopische Betrachtung einzelner Teile der präparierten Sepia: 1. Hautstücke. (Fig. 228, 229.) Es werden mehrere der abgezogenen und in absolutem Alkohol aufbewahrten Hautstückchen in Xylol aufgehellt und Balsampräparate daraus hergestellt. Die dunklen

Hautteile sind wegen der großen Häufung von Chromatophoren weniger hierzu geeignet. Die besten Präparate gibt die dünne Haut des den Rumpf umgebenden Flossensaumes auf der Bauchseite.

Himmler, Oc. 3. Obj. IV: Die dunklen, oft fast schwarzen, großen Flecke sind die Chromatophoren. Daneben bemerkt man etwas

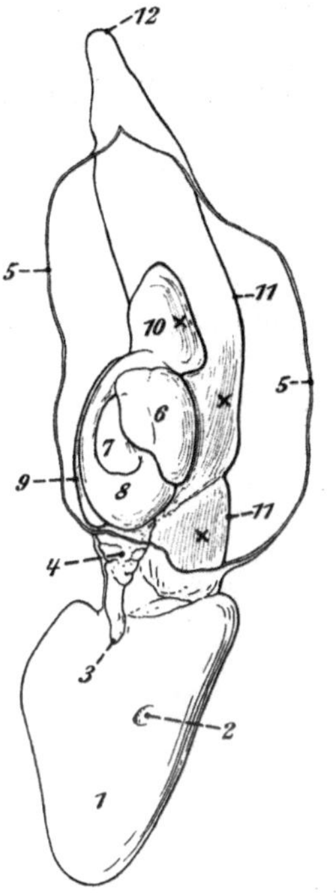

Fig. 226. Sepia officinalis. Männliche Geschlechtsorgane. Hüllen z. T. entfernt, z. T. geöffnet und zur Seite gelegt.

1. Hoden. — 2. Öffnung des Hodens in die Cölomhöhle. — 3. Eingang von der Cölomhöhle zum Vas deferens. — 4. Vas deferens. — 5. Schnittränder der Cölomtasche. — 6., 7., 8. Abschnitte der Vesicula seminalis. — 9. Prostata. — 10. Blindsack des Vas efferens. — 11. Spermatophorensack. — × × durchscheinende Spermatophoren.

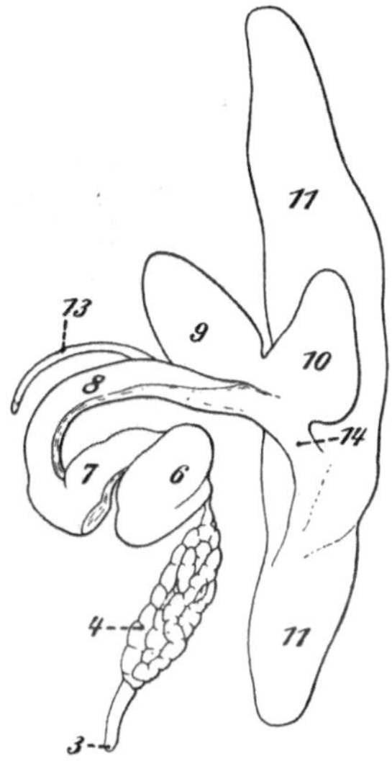

Fig. 227. Sepia officinalis. Männliche Geschlechtsorgane (ohne den Hoden); von den Hüllen befreit und auseinandergelegt.

3., 4., 6., 7., 8., 9., 10., 11. s. Fig. 226. — 13. Seitenröhrchen des Vas efferens. — 14. Vas efferens.

kleinere, rundliche, farblose Gebilde mit deutlicher Streifung. Dies sind umgewandelte Bindegewebszellen, die Iridozysten.

Himmler, Oc. 3. Obj. VIII: Bei stärkerer Vergrößerung löst sich die schwarze Pigmentmasse in eine Unzahl sehr feiner Pigmentkörnchen auf, welche die ganze Zelle so stark erfüllen, daß vom Kern kaum etwas zu sehen ist. Bei Benutzung der Mikrometerschraube bemerkt man die die Zellen umgebende, sehr feine Membran. An die Pigmentzellen setzen nach verschiedenen Richtungen sehr feine Muskelfasern an. Wir finden dieselben am besten, wenn wir ihre Ansatzstellen an den etwas ausgezogenen Spitzen der Pigmentzellen aufsuchen. Diese feinen Fasern, welche von einigen Autoren auch als Bindegewebsfasern angesprochen werden, vermögen durch ihre Kontraktion die Form und Größe der Zelle so stark zu verändern, daß auf diese Weise das Farbenspiel der Tintenfische zustande kommt.

2. Radula. Die mit ihrem Muskelpolster herausgelöste Radula wird in der Weise präpariert, daß man den nach unten umgelegten Hinterrand derselben mit einer Pinzette faßt und mit einer zweiten

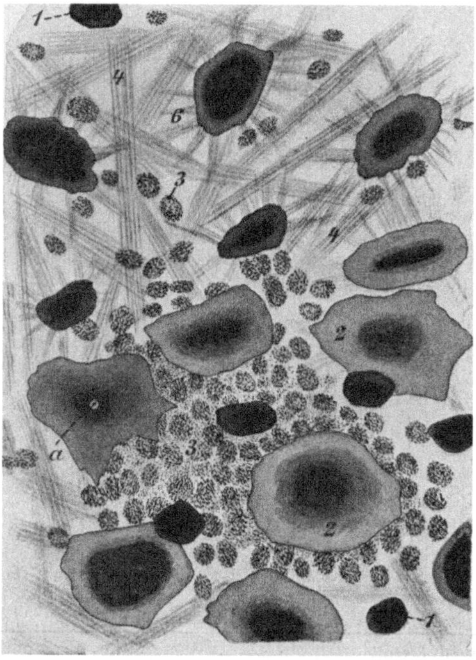

Fig. 228. Sepia officinalis. Haut. Flächenansicht. Obj. IV.
1. Chromatophoren zusammengezogen. — 2. Chromatophoren stark ausgedehnt. — a. Zellkern. — b. Muskelfasern der Chromatophoren. — 3. Iridozysten. — 4. Hautmuskeln.

Pinzette das darunter liegende Muskelpolster abzieht. Die Radula wird dann sanft glatt gedrückt und nach dem Aufhellen in Xylol ein Balsampräparat daraus hergestellt. Man kann die jetzt noch anhaftenden Muskelteile auch durch einstündige Einwirkung von warmer Kalilauge zerstören. Das Objekt wird dann als Chitinpräparat nach den Vorschriften im allgemeinen Teile weiterbehandelt.

Himmler, Oc. 3, Obj. IV: Die Radula zeigt sieben Längsreihen von Zähnen, die im allgemeinen eine konische Form haben.

3. Spermatophoren. Die in absoluten Alkohol gebrachte Spermatophorentasche des Männchens wird geöffnet. Sie enthält viele

weiße Fäden von 1—2 cm Länge. Einige derselben werden mit einem Pinsel in Xylol übertragen und dann ein Balsampräparat daraus angefertigt.

Himmler, Oc. 3, Obj. IV. Wir erkennen im Innern des Spermatophors den etwa zwei Drittel der Länge einnehmenden Spermatozoensack. Seine Wandung besteht aus einer chitinartigen Masse. Im Inneren des Sackes nimmt man viele Spermatozoen wahr, die die typische Form (Kopfstück und Schwanz) zeigen. Am Ende des Spermatophors findet sich der Ejakulationsapparat. Derselbe steht durch eine dünne Röhre, das Konnektiv, mit dem Spermatozoenbehälter in Verbindung. Der eigentliche Ejakulationsapparat rollt sich am Ende spiralig ein. Gelangt ein reifes Spermatophor ins Wasser, so schnellt es infolge eines osmotischen Prozesses auf, und der Spermatozoensack entleert sich. Die Übertragung der Spermatozoen in die Mantelhöhle des Weibchens geschieht mit Hilfe des hektokotylisierten Mundarmes des Männchens. Es sei hier bemerkt, daß bei eingen Arten (Argonauta) der hektokotylisierte Arm sich mit Spermatophoren füllt, sich darauf vom Körper loslöst, und, nachdem er einige Zeit frei herumgeschwommen ist, in die Mantelhöhle eines Weibchens gelangt.

Fig. 229. Sepia officinalis. Chromatophor, schwach ausgedehnt. Obj. VI.
1. Chromatophor. — 2. Muskelfasern des Chromatophors. — 3. Zellkerne von Basalzellen. — 4. Muskelfasern der Haut. — 5. Iridozysten. — 6. Blutgefäß der Haut.

IV. Histologische Betrachtung. Für die histologische Betrachtung betten wir eine kleine Sepia, eine Sepiola Rondeletii und einen kleinen Octopus vulgaris in Paraffin ein. Bei der Sepia und Sepiola spaltet man durch einen Medianschnitt mit dem Skalpell erst vorsichtig die Haut der dunklen Seite des Mantels und hebt das Sepium heraus. Bei Sepiola ist das Sepium häufig sehr weich, was man mit dem Finger feststellen kann. In diesem Falle braucht es nicht entfernt zu werden.

Octopus besitzt keinen Schulp. Die eingebetteten Sepia und Sepiola werden dann mit einer sehr feinen Laubsäge quer zur Längsrichtung des Körpers mehrmals durchschnitten, so daß wir Präparate aus möglichst verschiedenen Körperregionen herstellen können. Der Octopusblock wird der Länge nach halbiert. Wir stellen von ihm Längsschnitte durch das ganze Tier her. Auch das Endstück eines langen Armes sowie einen kurzen Arm der großen, sezierten Sepia betten wir in Paraffin ein, um an ihnen den Bau der Saugnäpfe zu studieren.

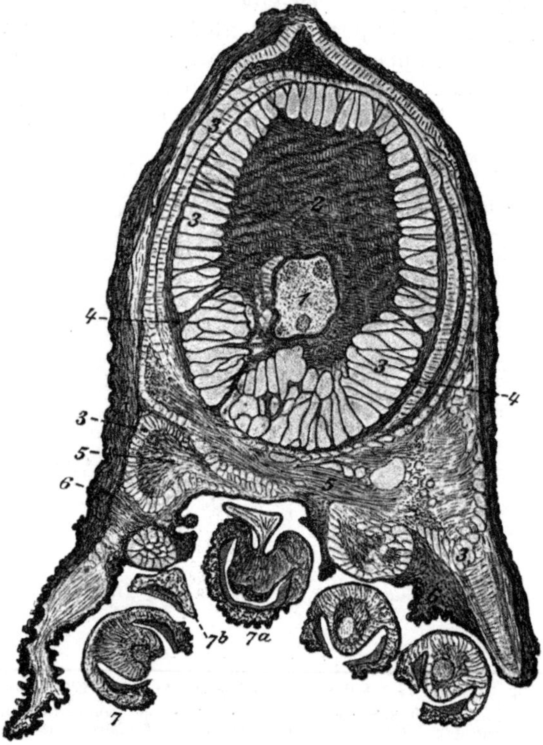

Fig. 230. Sepia officinalis. Arm quer.
1. Nervenbündel. — 2. Zone von gekreuzten Muskelfasern. — 3. Längsmuskeln. — 4. Ringmuskeln. — 5. querverlaufende Muskelfasern. — 6. Haut und Bindegewebe. — 7. Saugnäpfe in verschiedenen Stellungen getroffen, z. B. 7. senkrecht zum Hornring, 7a. schief zum Hornring, 7b. tangential.

Die Färbung der Schnitte geschieht durchweg nach der van Gieson-Methode. Im folgenden sollen einige Schnittbilder beschrieben werden.

a) S e p i o l a R o n d e l e t i i oder S e p i a o f f i c i n a l i s. S c h n i t t d u r c h d i e B a s i s d e r A r m e. *α*) Übersicht. Oc. 3, Obj. 0. In der Mitte des Objektes sehen wir den Eingang in den Ösophagus. Bei etwas tieferen Schnitten sind schon Teile der hornigen Kiefer getroffen, die an ihrer braungelben Farbe zu erkennen sind. Während die Arme an solchen Schnitten auf ihrer radialen Seite noch miteinander verwachsen sind, finden wir sie auf höher gelegenen Schnitten schon vollständig voneinander getrennt. Vorn median sehen wir die Schnitte durch zwei kurze Arme, dann jederseits den Schnitt durch den deutlich zu unterscheidenden längeren Arm, der in einer besonderen, bindegewebigen Scheide steckt, und darauf im Kreise herum die Querschnitte der sechs übrigen kurzen Arme. Saugnäpfe sind an dieser Stelle noch nicht getroffen.

β) Schnitt durch einen Arm bei stärkerer Vergrößerung (Fig. 230, 231). Oc. 3, Obj. IV. Fast der ganze Querschnitt wird von teils längs,

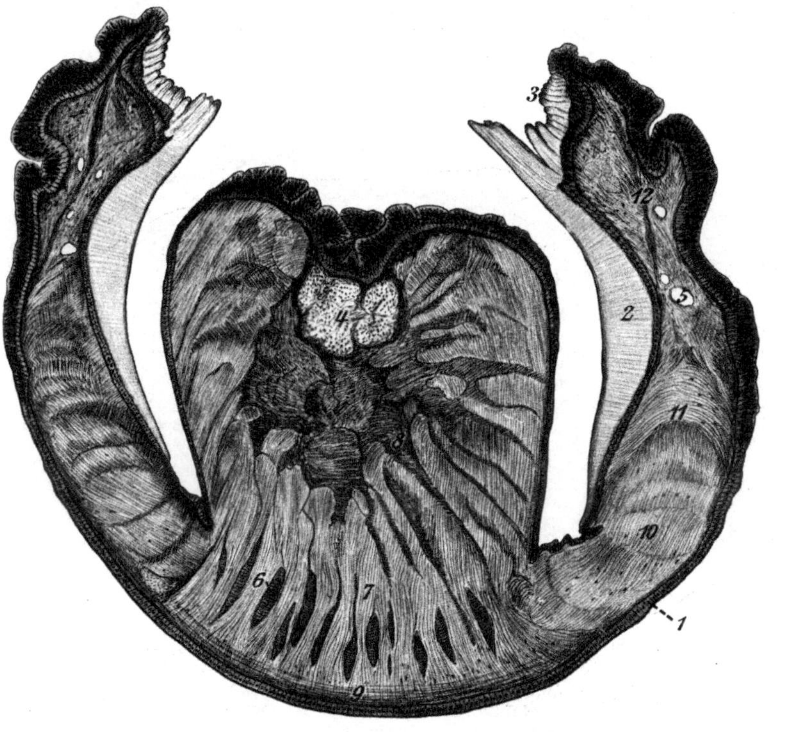

Fig. 231. Sepia officinalis. Durchschnitt eines Saugnapfes. Obj. IV.
1. Epidermis. — 2. Hornring. — 3. Randpartie des Hornringes. — 4. Nervenmasse. — 5. Blutgefäße. — 6.—12. Einige der Muskelsysteme. — (6. Muskelfasern verlaufen senkrecht zur Ebene des Papiers. — 9. Ringmuskeln.)

teils radial, teils kreisförmig verlaufenden Muskelzügen eingenommen. Besonders auffallend sind die im Kreise angeordneten Längsbündel. Die Anordnung in den langen Armen unterscheidet sich etwas von der auf kurzen Armen. Die Mitte wird von einem dicken Nervenstrang eingenommen, in welchem man hier und da Ganglienzellen eingelagert findet.

b) Sepiola Rondeletii, Schnitt dicht unterhalb des Mantelrandes. Übersichtsbild Oc. 3, Obj. 0. Wir orientieren das Präparat so, daß die Trichterseite nach oben kommt. Unter dem Mantel bemerken wir den Querschnitt des Trichters, außen von runder, innen von mehr dreieckiger Form. Derselbe zeigt starke Muskelbündel. Dann folgt die Leibeswandung. Wir bemerken ferner Teile des Kopfknorpels, die beiden oberen Spitzen der Leber, hinten median die Speiseröhre, die an ihren nach innen vorspringenden Wülsten kenntlich ist. Zu beiden Seiten der Medianlinie finden wir die auffälligen Schnitte durch die Sehganglien, die hier quer getroffen sind. An den Augen fällt uns auf, daß die lichtempfindliche Stäbchenschicht nach innen, d. h. der Augenhöhle zugewendet ist. Sehr deutlich sieht man auch die Zusammensetzung der Linse aus zwei Segmenten. Die trennende Membran ist eine Fortsetzung der Ziliarfortsätze.

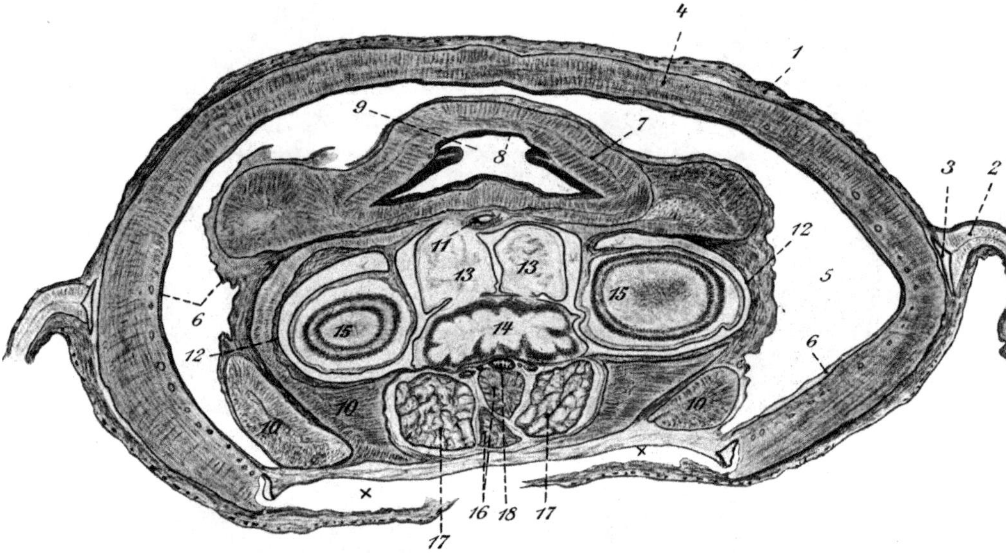

Fig. 232. Sepia officinalis, jung. Querschnitt durch die Knorpelkapsel des Kopfes. Schulp ausgelöst (× × Höhlung für den Schulp).

1. Haut mit Chromatophoren. — 2. Muskulatur der Flosse. — 3. Stützknorpel der Flosse. — 4. Mantelmuskel. — 5. Mantelhöhle. — 6. Epithel-Auskleidung der Mantelhöhle (stellenweise abgelöst oder zerrissen). — 7. muskulöse Trichterwand. — 8. Epithel-Auskleidung der Trichterhöhle. — 9. Höhlung des Trichters. — 10. Muskeln. — 11. Vene. — 12. Knorpelkapsel des Kopfes. — 13. Gehörblasen. — 14. Gehirn. — 15. Ganglion opticum. — 11. Speicheldrüsen. — 17. Leber. — 18. Ösophagus.

c) Sepiola Rondeletii, Schnitt durch die Trichterbasis. Übersichtsbild Oc. 3, Obj. 0. Im Trichter sieht man jetzt die Ansatzstellen von drei Klappen. Vom Kopfknorpel sind größere Massen sichtbar. Die Speiseröhre erscheint ganz von der Schlundganglienmasse umgeben. Seitwärts davon liegen die hier mächtig entwickelten Sehganglien. Von den Augen werden nur noch sehr kleine Segmente abgeschnitten.

Zur Erläuterung sind zwei Querschnitte durch die vordere Körperregion von Sepia officinalis beigefügt (Fig. 232 und 233), die absichtlich von den beschriebenen Querschnitten etwas abweichend gewählt sind, um eine größere Mannigfaltigkeit der so interessanten Querschnittsbilder zu geben.

d) Sepia officinalis. Schnitt durch die Kiemengegend (Fig. 234). Oc. 3, Obj. 0. Unter dem Mantel sieht man den tiefschwarz gefärbten Querschnitt durch den Ausführungsgang des Tintenbeutels. Daneben liegt der Enddarm, der ein ähnliches Bild zeigt, wie auf den oberen Schnitten die Speiseröhre. Hinter diesen beiden Organen sieht man die traubigen Nierenanhänge getroffen und dahinter die große Masse der braun gefärbten Leber. Seitwärts in der Mantelhöhle bemerkt man die fiederspaltigen Kiemen, die mit zum Teil längs, zum Teil quer oder schräg getroffenen Gefäßen in Verbindung stehen.

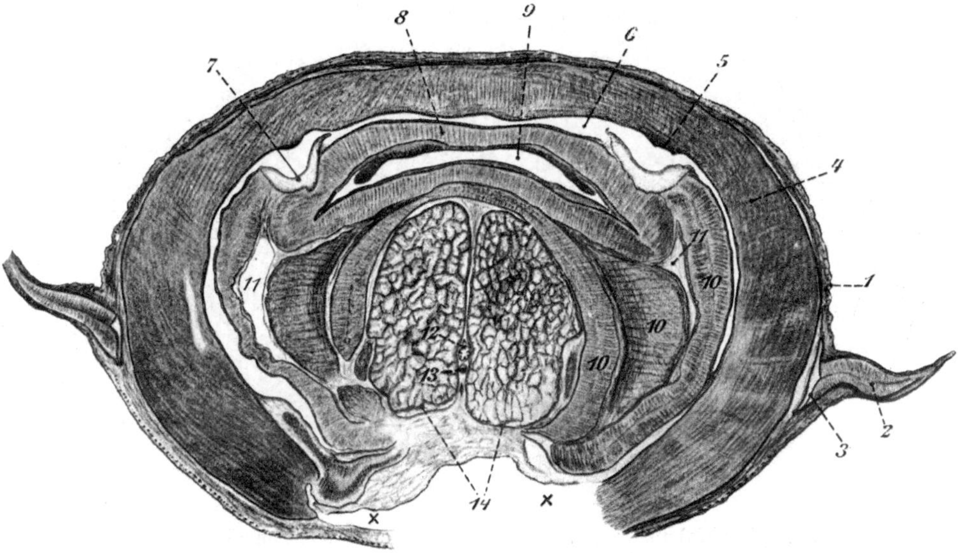

Fig. 233. Sepia officinalis, jung, quer. Schulp entfernt. (× × Höhlung des Schulpes.)
1. Haut mit Chromatophoren. — 2. Muskulatur der Flosse. — 3. Stützknorpel der Flosse. — 4. Mantelmuskulatur. — 5. Knopf. — 6. Mantelhöhle. — 7. Grube. — 8. Trichter. — 9. Trichterhöhle. — 10. Muskeln. — 11. Hohlraum, zur Mantelhöhle gehörig. — 12. Ösophagus. — 13. Kopfaorta. — 14. Leber.

Wir wollen dieses Präparat benutzen, um einen Blick auf den Bau der Haut zu werfen (Oc. 3, Obj. VIII). Von dem einschichtigen Epithel ist an vielen Stellen nichts mehr zu sehen. Die übrige Haut ist ein lockeres Bindegewebe, dessen Fasermenge nach innen zunimmt. Darin eingebettet sind die je nach ihrem Kontraktionszustande mehr rundlichen oder linsenförmigen, schwarzen Pigmentzellen zu sehen, an welche Faserbündel heranziehen. Unmittelbar unter den Chromatophoren, namentlich in ihrer nächsten Umgebung sieht man Anhäufungen von gelben Körnern, die in ihrer Gesamtheit die Iridozysten bilden und an dem Zustandekommen des Farbenspiels beteiligt sind. Gegen die Körpermuskulatur wird die Haut durch eine sehr dichte Faserschicht, die Grenzschicht, abgegrenzt.

e) Schnitt durch die Arme der großen Sepia (siehe auch Fig. 230, 231). Die eingebetteten kurzen Arme und Kolbenteile der langen Arme werden 20 μ dick quer geschnitten und nach der van Gieson-Methode gefärbt. Der Bau des eigentlichen Armquerschnittes entspricht im großen ganzen der Beschreibung bei dem Sepiolapräparat. Er zeigt die verschiedenen Muskelgruppen und das zentrale Nervenbündel. Von besonderem Interesse sind die Schnitte durch die Saugnäpfe. Dabei unterscheiden sich die Schnitte durch die großen Saugnäpfe der kolbigen Endverdickungen der Fangarme von den übrigen Saugnäpfen nur durch ihre Größe.

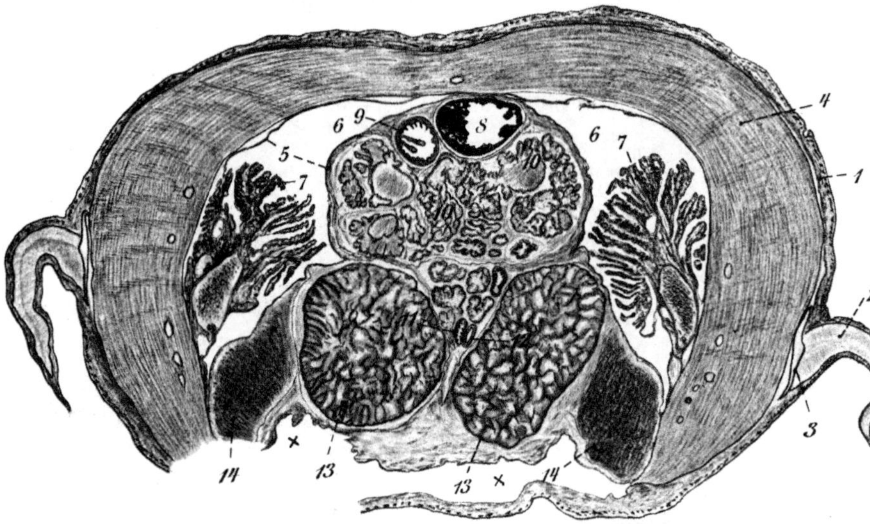

Fig. 234. Sepia officinalis, jung. Querschnitt durch den Eingeweidesack. Schulp entfernt (× × Höhlung des Schulps).

1. Haut mit Chromatophoren. — 2. Muskulatur der Flosse. — 3. Stützknorpel der Flosse. — 4. Mantel-Muskulatur. — 5. Epithel-Auskleidung der Mantelhöhle. — 6. Mantelhöhle. — 7. Kiemen. — 8. Ausführungsgang des Tintenbeutels (mit Resten des Farbstoffes). — 9. Enddarm. — 10. Niere. — 11. Ösophagus. — 12. Kopfaorta. — 13. Leber. — 14. Querschnitt des Depressor infundibuli.

Betrachtung eines Saugnapfschnittes mit Oc. 3, Obj. IV (Fig. 231). Der Saugnapf wird von einem Stiel getragen, in dem hauptsächlich Längsmuskelzüge und ein zentraler Nerv verlaufen. Der Stiel endigt in einem muskulösen Stempel, der den Boden des eigentlichen Saugnapfes ausmacht. Unter den Muskelzügen der Napfwandung, welche meist in schräger und Längsrichtung verlaufen, fällt ein peripherisch gelegenes Ringmuskelbündel auf, durch welches der Napf geschlossen werden kann. Die Innenfläche der Napfwandung und der obere Rand werden von Hornmasse (gelb) gebildet. Der obere Rand zeigt eine deutliche Zähnelung. Die Wirkungsweise des Saugnapfes ist ohne weiteres verständlich.

f) Längsschnitt durch Octopus vulgaris. Übersichtsbild

Oc. 3, Obj. 0. Die Längsschnitte, die der Betrachtung zugrunde liegen, sind nicht genau median, sondern ziemlich seitlich von der Mitte geführt. Besonders interessant sind die Längsschnitte der Arme, die den Verlauf des zentralen Nervenstranges zeigen. Derselbe wird von einer großen Anzahl starker Ganglienanschwellungen unterbrochen, von denen man hier und da Fasern zu den Saugnäpfen ziehen sieht. Auch Schnitte durch die Saugnäpfe nach allen Richtungen sind gut zu beobachten.

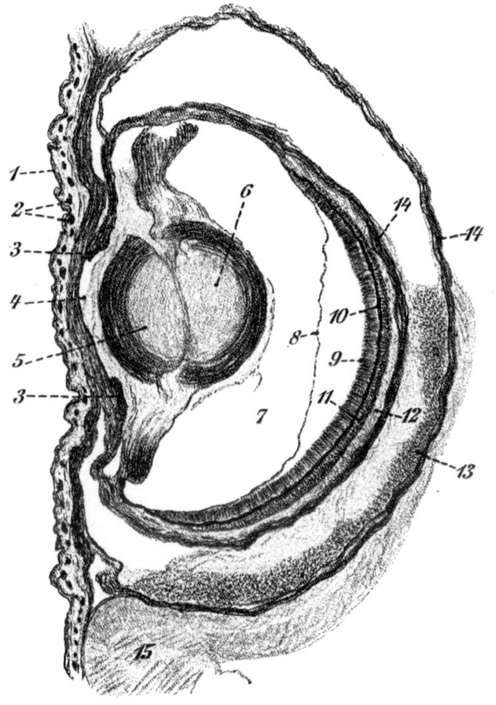

Fig. 235. Obj. 0. Octopus vulgaris, Längsschnitt durch das Auge, tangential.

1. Epithel. — 2. Chromatophoren. — 3. Hautfalte (Iris). — 4. vordere Augenkammer. — 5. vorderer Abschnitt der Linse. — 6. hinterer Abschnitt der Linse. — 7. hintere Augenkammer. — 8. Netzhaut-Epithel (z. T. abgelöst). — 9. Stäbchenschicht der Netzhaut. — 10. Pigmentschicht der Retina. — 11. Schicht der Körper der Sehzellen. — 12. Sehnerv. — 13. Ganglion opticum (nur teilweise erhalten). — 14. Knorpelige Augenkapsel. — 15. Muskel.

Der Bau der Haut ist deutlich zu erkennen. Das Epithel ist an dem vorliegenden Schnitt gut erhalten. Es bildet nicht wie bei Sepia eine glatte, sondern eine warzig höckerige Oberfläche. Das Auge liefert gute Bilder (Fig. 235). Die lichtempfindliche Schicht hebt sich sehr scharf ab. Sie wird durch eine Pigmentzone in zwei Teile, eine innere und eine äußere Retina, geteilt. Die Trennung der Linse in zwei Segmente erscheint nur unvollkommen. Die sog. falsche Hornhaut (rot gefärbt) umgibt den ganzen Augapfel. Sie ist im Leben nur vorn durchsichtig. Das zentrale Loch in derselben wird natürlich nur auf wenigen Schnitten getroffen. In dem vorliegenden Präparat geht die Körperhaut über die Hornhaut hinweg (Augenlid).

Von den übrigen Organen fallen uns die großen blätterigen Nidamentaldrüsen an der Bauchseite auf, ferner die vordere und die hintere Nervenmasse des Schlundringes, die langgestreckte Leber, einige Nierenschläuche und Darmquerschnitte.

6. Abschnitt.

Echinodermen.

1. Kapitel.

Astropecten aurantiacus

(nebst Asterias).

Spiritusmaterial aus Neapel oder Helgoland.

I. Äußere Inspektion: Wir unterscheiden an dem Seestern die zentrale Scheibe und die fünf strahlig davon ausgehenden Arme. Die Rückenseite ist gleichmäßig mit Paxillen besetzt, das sind gestielte Kalkgebilde, welche auf ihrem verbreiterten Kopfende einen Kranz von Papillen tragen. Die oberen Marginalplatten, welche die seitliche Begrenzung der Arme bilden, tragen größere Stacheln; die Unterseite der Arme ist bis an die Ambulakralfurche heran mit kleineren Stacheln bedeckt. In der Ambulakralfurche unterscheiden wir zwei Reihen Ambulakralfüßchen und in der Mitte zwischen ihnen den Hauptnervenstrang. Auf der Rückenseite bemerken wir, exzentrisch und interradial gelegen, die Madreporenplatte. Ein After fehlt. Auf der Bauchseite liegt in der Mitte der Zentralscheibe die Mundöffnung. Bei manchen Exemplaren ist der Magen weit aus der Mundöffnung vorgestülpt. Zwischen den Stachelreihen, welche zu beiden Seiten der Ambulakralfurche sich entlang ziehen, sieht man bei manchen Arten kleine, sehr kurz gestielte oder sitzende Gebilde, die Pedicellarien, die als Greifapparate dienen und bei der mikroskopischen Behandlung des Objektes genauer betrachtet werden. Astropecten hat keine Pedicellarien.

II. Mikroskopische Präparation: Pedicellarien präparieren wir von Asterias spec., Ambulakralfüßchen und Madreporenplatte von Astropecten.

a) Die Pedicellarien finden wir bei Asterias als gestielte Organe zwischen den Stachelreihen zu beiden Seiten der Ambulakralfüßchen sitzend. Besonders zahlreich sind sie in der Nähe des Mundfeldes zu finden. Wir bringen die Objekte, die wir mit der feinen Pinzette abreißen, in absoluten Alkohol, dann in Xylol und stellen ein Balsampräparat her. Die Gebilde erweisen sich als teils einzeln stehende, teils büschelartig oder paarig vereinigte, zweiarmige Zangen von verschiedener Ausbildung. Bei einigen sind die Zangenblätter im Gelenk kreuzweis verschränkt, bei anderen sind sie nebeneinander eingelenkt. An guten Präparaten sieht man auch die Muskelzüge durchscheinen, durch welche die Zangenarme bewegt werden. Jedes Zangenblatt wird von einem Kalkstück gestützt.

b) Die Ambulakralfüßchen werden möglichst lang abgezupft und in derselben Weise präpariert. Sie erweisen sich als Schläuche, die am Ende konisch zulaufen und keine verdickte Saugscheibe tragen. Genaueres über ihren Bau erfährt man aus Schnittpräparaten, wie sie

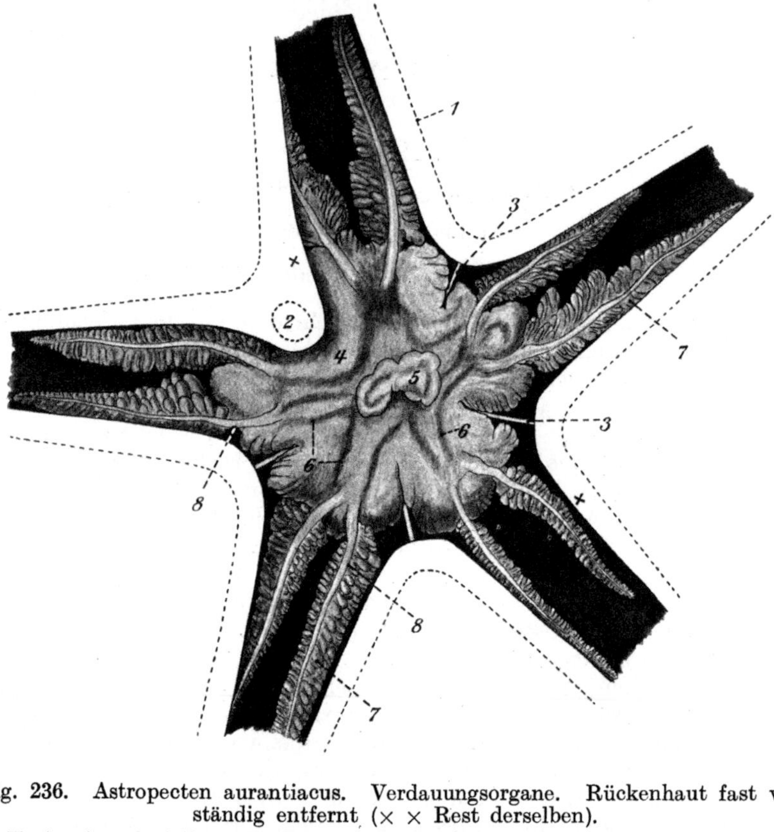

Fig. 236. Astropecten aurantiacus. Verdauungsorgane. Rückenhaut fast vollständig entfernt (× × Rest derselben).

1. Kontur (angedeutet). — 2. Madreporenplatte (Lage). — 3. Septen. — 4. Magen. — 5. Blindsack. — 6. Muskelzüge. — 7. Leberschläuche. — 8. Ausführungsgänge der Leber.

weiter unten beschrieben sind. Zum Vergleiche stelle man entsprechende Präparate von Asterias her. Hier trägt das knopfartig verdickte Ende eine deutliche Saugscheibe.

c) Die Madreporenplatte. Dieses Gebilde muß am Schluß der Präparation des Situs, wenn man auf die Erhaltung des Steinkanals keinen Wert mehr legt, abgeschnitten und längere Zeit nach Entwässern in absolutem Alkohol mit Xylol aufgehellt werden. Für ein Dauerpräparat ist sie zu dick. Trotzdem betrachten wir sie in Kanadabalsam bei ganz schwacher Vergrößerung, weil sie in diesem Medium am meisten

Einzelheiten erkennen läßt. Die Platte zeigt auf ihrer Außenfläche eine größere Anzahl in welligen Linien radial verlaufender Furchen, in deren Grunde man die Poren liegen sieht.

III. Sektion (vgl. Fig. 236—239): Zur Präparation des Situs müssen wir die dorsale Körperwand abtragen. Die Präparation geschieht im Wachsbecken unter Wasser. Man schneide mit der Schere, von der Spitze der Arme ausgehend, längs des Seitenrandes der Oberseite die Rückenhaut durch bis an die Winkel zwischen je zwei Armen. Dabei muß man die Schere stets nach oben drücken, um die inneren Organe nicht zu verletzen, und unter Schonung der unmittelbar unter

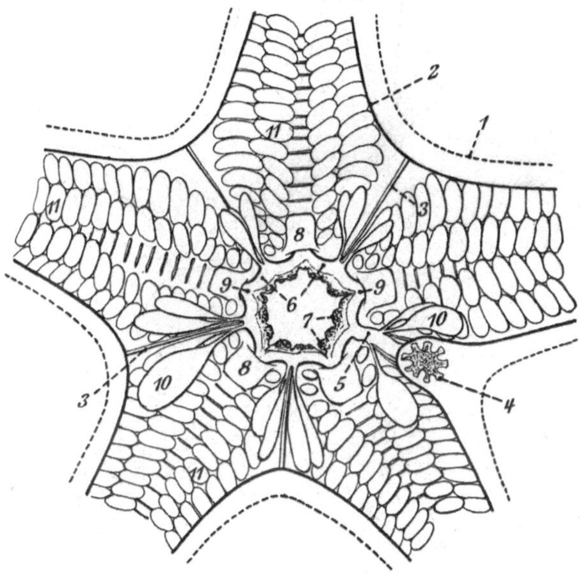

Fig. 237. Astropecten aurantiacus. Wassergefäßsystem.

1. Kontur. — 2. Schnittlinie der Rückenhaut. — 3. Septen. — 4. Madreporenplatte (benachbarte Paxillen entfernt). — 5. Steinkanal. — 6. Ringkanal. — 7. Tiedemannsche Körperchen. — 8. Mittelstück des ersten Paares der Ambulakralplatten. — 9. Durchtritt des Ambulakralgefäßes nach der ventralen Seite der Arme. — 10. Polische Blasen. — 11. Ampullen.

der Rückenhaut gelegenen Darmblindsäcke (Leberschläuche) hat man das Bindegewebe, welches dieselben mit der Rückenhaut verbindet, vorsichtig zu durchtrennen. Will man dann die Rückendecke mit der Zentralscheibe abheben, so muß man die Scheidewände, welche in den Strahlwinkeln liegen und an der Rückenhaut befestigt sind, durchschneiden. In dem Interradius, in welchem die Madreporenplatte liegt, ist diese Scheidewand doppelt und beherbergt den Steinkanal. Dieses System wird nicht durchtrennt, sondern die Madreporenplatte wird kreisförmig umschnitten, so daß sie in Verbindung mit dem Steinkanal und den zugehörigen Septen stehen bleibt.

Wir betrachten jetzt den afterlosen Magen mit seinen Leberschläuchen, welche als braune, gekräuselte Organe zu zweien in jedem Arm verlaufen. Der Mund erweist sich als unbewaffnet. Wir trennen mit der Schere den kurzen Ösophagus ab und entfernen den Magen mit seinen Anhängen. Im Innern des Magens finden wir Muscheln und Schnecken bis zu Walnußgröße, Teile von Fischen, Krebsen usw.

Die Präparation des Wassergefäßsystems beginnen wir mit der Freilegung des Steinkanals. Wir präparieren das Septum, welches den Steinkanal von beiden Seiten umgibt, sehr vorsichtig ab und können

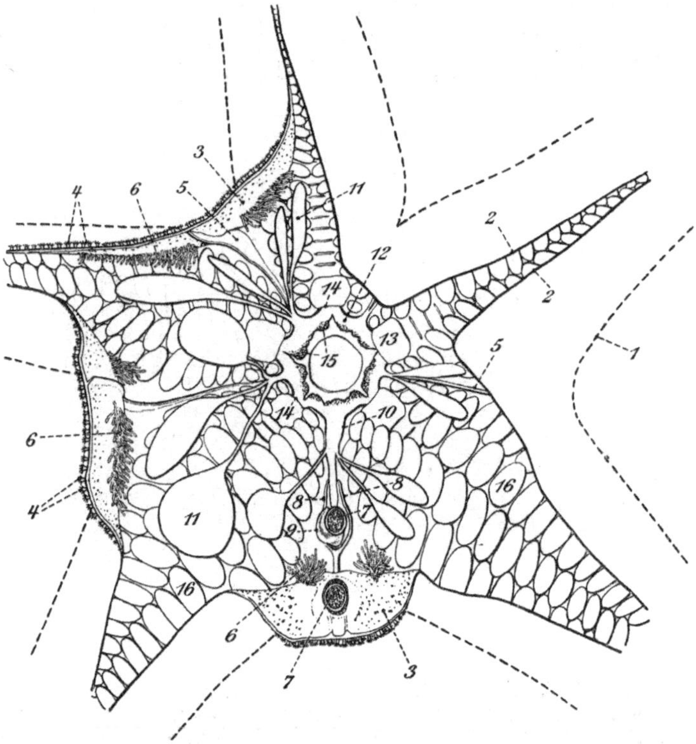

Fig. 238. Astropecten aurantiacus. Wassergefäßsystem und Geschlechtsorgane. Rückenhaut in den Radien aufgeschnitten, z. T. entfernt; Magen und Leberschläuche herausgelöst.

1. Kontur (das vorliegende Exemplar war nicht ganz regelmäßig gestaltet). — 2. Schnittränder der Rückenhaut. — 3. Rückenhaut umgeklappt. — 4. Paxillen. — 5. Septen. — 6. Geschlechtsorgane. — 7. Schnittfläche des Steinkanals. — 8. Doppelseptum für den Steinkanal. — 9. Axialorgan (sog. Herz). — 10. Steinkanal. — 11. Polische Blasen. — 12. Ringkanal. — 13. Mittelstück des ersten Ambulakralplattenpaares. — 14. Durchtritt der Ambulakralgefäße unter die Ambulakralplatten. — 15. Tiedemannsche Körperchen. — 16. Ampullen.

dann den Steinkanal bis zum Ringkanal verfolgen, der die Mundöffnung in Form eines Fünfecks umgibt. Ein zweiter Kanal, welcher, ohne Verkalkungen zu besitzen, zwischen den beiden Septen neben dem Steinkanal nachweisbar ist, ist eine Lymphdrüse (Paraxondrüse oder Axialorgan). Dieselbe wurde früher fälschlich als Herz bezeichnet. Vom Ringkanal gehen interradial fünf Gruppen von zwei bis drei birnförmigen Bläschen aus, die Polischen Blasen. Zentral zu beiden Seiten dieser

Gruppen von Blasen bemerken wir je zwei rundliche, orangefarbene Gebilde, die Tiedemannschen Körperchen, welche mit dem Ringkanal kommunizieren. In den Armhöhlungen sieht man vier Reihen dicht beieinander stehender Bläschen, die Ampullen, welche durch eine Reihe von Kalkplatten, Ambulakralplatten, getrennt sind. Die Radialkanäle sind durch die Ambulakralplatten verdeckt. Jedem Ampullenpaar entspricht ein Ambulakralfüßchen.

Man kann den Zusammenhang der einzelnen Teile des Wassergefäßsystems durch eine Injektion noch deutlicher machen. Man verwendet nicht zu dicke, rote Schellackmasse (S. 53) und spritzt mit einer Morphiumspritze. Die feine Stichkanüle derselben wird vorsichtig tangential durch Einstich in den Steinkanal eingeführt, und es wird mit sehr sanftem Druck gespritzt. Fast immer füllt sich der Ringkanal und einige Polische Blasen. Häufig kann man die Masse auch zum Eintritt in die Radialkanäle und mehr oder weniger Ampullen bringen.

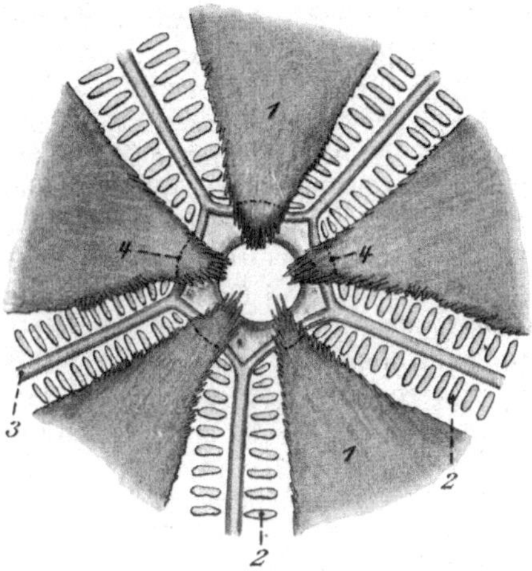

Fig. 239. Astropecten aurantiacus. Nervensystem. Ambulakralfüßchen entfernt.

1. Interradialfelder (angedeutet). — 2. Durchtrittsstellen der Füßchen. — 3. Radiärer Nerv. — 4. Durch die Linien 4 wird das Stück jedes Interradialfeldes abgegrenzt, welches zu entfernen ist, wenn man das Nervenfünfeck deutlich erhalten will.

Sind Geschlechtsorgane schon ausgebildet, so liegen sie als verästelte Drüsenschläuche in den Armwinkeln seitlich von je einem Septum. Sie münden auch an derselben Stelle aus.

Zur Präparation des Nervensystems werden alle Ambulakralfüßchen von der Bauchseite her abgezupft. Im Grunde jeder Ambulakralfurche verläuft ein Radiärnerv. Die fünf Radiärnerven münden in den Ringnerven, welcher die Mundöffnung in Form eines Fünfecks umgibt.

IV. Histologisches: Vor der Einbettung in Paraffin müssen wir das Alkoholmaterial erst entkalken. Wir benutzen dazu 70%igen Alkohol, dem 10% Salpetersäure zugesetzt sind. Die Entkalkung dauert mehrere Tage, während welcher Zeit die Entkalkungsflüssigkeit öfter zu erneuern ist. Danach läßt man die Objekte mehrere Stunden in absolutem Alkohol liegen, damit die Luft möglichst vollständig entweicht. Am besten ist es, wenn man den Alkohol mit den Objekten auf mehrere Stunden unter die Luftpumpe setzen kann. Darauf wird mit Chloroform oder Xylol als Intermedium in Paraffin eingebettet. Wir schneiden den Arm quer und die Armspitze längs. Vollständige Situationsbilder lassen sich nur aus einer größeren Reihe von Schnitten gewinnen. Die Färbung der Schnitte, die etwa 20 μ dick sein sollen, geschieht nach der van Giesonmethode oder mit Biondis Gemisch.

Für Präparate, die schöne Bilder von Ambulakralfüßchen geben sollen, empfiehlt es sich auch, den Arm einer Asteriasart einzubetten.

a) Querschnitt durch den Arm (Astropecten). Wir schreiten bei unserer Betrachtung von außen nach innen fort. Die äußerste Schicht ist ein niedriges Ektoderm. Wir bemerken, daß dasselbe an der Stachelbasis in Form von Drüsenwülsten auffallend verdickt ist und zwischen den Füßchen als radialer Nervenstreifen zu mächtiger Entwickelung gelangt. Die Füßchenspitze bezeichnet man als konische Endscheibe. An Formbildungen der Außenfläche bemerken wir auf dem Rücken die Paxillen. Ferner fallen uns in der Dorsalgegend die Papulae auf. An diesen Stellen ist die Cutis so stark verdünnt, daß das Peritoneum der Epidermis fast unmittelbar anzuliegen scheint, während beide eine leicht konische Ausstülpung bilden. Diese Papulae werden als Atmungsorgane gedeutet. Mehr seitlich und bauchwärts finden sich Stacheln bis in die Nähe der medialen Längsfurche der Unterseite. Die Stacheln sitzen auf einer höckerigen Erhabenheit der Kalkplatten auf und werden durch eine Art Gelenkkapsel auf ihrer Unterlage so fest gehalten, daß eine leichte Bewegung durch besondere Muskeln ermöglicht wird. Diese Muskeln strahlen von der Körperwand her in die Stachelgelenkkapsel ein und sind an der Basis des eigentlichen Stachels befestigt. Die Ambulakralfüßchen, welche in der Bauchfurche sitzen, finden sich in zwei Reihen vor, so daß auf jedem Schnitt im allgemeinen zwei von ihnen zu sehen sind. Die hier konisch geformten Füßchen sind im Innern hohl und zeigen von innen nach außen folgende Schichten: 1. Das Endothel, 2. eine schmale Schicht Längsmuskelfasern, 3. eine Bindegewebsschicht, welcher namentlich am Füßchenende Pigmentzellen eingelagert sind, 4. eine Nervenlage, welche Nervenfasern und kleine Nervenzellen enthält. — Sie ist besonders im Umkreis des Endkonus (bzw. der Endscheibe) als Ringstamm stark entwickelt —, 5. das Ektoderm, das aus großen Stützzellen besteht, die pallisadenartig nebeneinander liegen. — Zum Vergleiche seien hier die ungleich schöneren Füßchenschnitte von Asterias herangezogen. Hier stehen die Füßchen in zwei Doppelreihen, das Füßchenende ist deutlich abgesetzt und bildet eine wirkliche Saugscheibe. Die Bindegewebsschicht schickt auf der Scheibe lange Fortsätze in die Nervenschicht hinein. Auch die Pedicellarien, die Astropecten gänzlich fehlen, sind auf diesen Schnittpräparaten gut zu sehen. Es treten fast durchweg verzweigte Formen auf. Die Pedicellarien sind zweiklappig. Auf den Schnitten ist namentlich der Verlauf der Muskelbündel in ihnen sehr gut zu erkennen. Sie sind auf ihrer ganzen Oberfläche mit Ektoderm bedeckt.

Wir kehren zu unserem Astropectenpräparat zurück. Das Füllgewebe, dem die Epidermis aufliegt, ist seinem Charakter nach als Cutis zu bezeichnen. Es ist meist eine dicke Bindegewebslage, deren Fasern bei der Giesonfärbung deutlich rot hervortreten. Eingelagert sind Skelettstücke und Muskeln. Die Hauptskelettstücke sind schon bei der makroskopischen Präparation besprochen. Die Muskelbündel verbinden meist die einzelnen Skelettstücke untereinander, so daß diese also gegeneinander beweglich sind. Nur die Marginalplatten sind nicht durch Muskeln untereinander oder mit den übrigen Platten verbunden.

Die Muskelfasern sind sämtlich glatt und haben keine bindegewebigen Muskelscheiden. Von dem Skelettgewebe bleibt bei den entkalkten Präparaten nur ein zelliges Bindegewebe übrig, das von Hohlräumen gitterartig durchbrochen ist. Die Kalksubstanz bildet ein dreidimensionales Gitterwerk, in dessen Maschen die Bindegewebszellen liegen. Die Innenfläche der Cutis wird von einem schwach entwickelten Peritoneum gebildet, das eine sehr dünne Schicht von Peritonealmuskeln enthält.

Zwischen den Ambulakralfüßchen finden wir leicht den Vförmigen radialen Nervenstrang. Dieser ist ein Teil der allgemeinen Epidermis. Die Stützzellen sind mächtig ausgebildet. Die Kerne liegen unmittelbar unter der Cuticula. Die Nervenzellen sind zwischen den Stützzellen eingelagert und senden feine Nervenfortsätze nach innen. Auch an der medialen Seite ist eine Schicht Nervenzellen nachweisbar. Von dem ventralen Ende des Hauptnervenstranges geht ein zarter Strang nach der Cutis und bildet rechts und links zwei Längskanäle in jedem Arm, die Perihämalkanäle. In die Scheidewand zwischen den beiden Kanälen dringt das Bindegewebe der Cutis ein und bildet hier eine Anzahl von Hohlräumen, die man als radiales Blutgefäßgeflecht bezeichnet.

Der Radialkanal des Wassergefäßsystems wird im Querschnitt getroffen. Er liegt über der durch die dünne Stelle der Cutis gebildeten oberen Begrenzung der Perihämalkanäle und wird dorsal von einer Quermuskellage begrenzt. Vom Radialkanal geht jederseits ein schmaler Gang ab, der in die dorsal gelegenen Ampullen und in die ventral gelegenen Hohlräume der Ambulakralfüßchen führt. Doch ist eine vollständige Übersicht über die Verbindungen dieser Hohlräume immer nur aus einer größeren Reihe von Schnitten zu gewinnen.

Im oberen Teile der Armhöhle finden wir die Querschnitte der beiden Darmblindsäcke (auch Leberschläuche genannt), welche durch schwache Mesenterien am Endothel der Rückencutis befestigt sind. Die Wandungen der Blindsäcke sind stark gefaltet und zeigen ein außergewöhnlich hohes Epithel, so daß der innere Hohlraum nur sehr klein ist.

An Schnitten, welche aus der proximalen Gegend des Armes stammen, sind auch die Gonaden noch häufig getroffen. Man erhält das Bild einer Anzahl teils schräg, teils quer getroffener, ziemlich enger Drüsenschläuche.

b) Längsschnitt durch die Armspitze von Astropecten. Die Schnitte sollen die Armenden etwa in der dorsoventralen Mittelebene treffen. Man sieht die allgemeine Höhle des Armes an der Spitze blind endigen. In einer am Armende gelegenen Ausbuchtung liegt ein hohles, fühlerartiges Organ, in dessen Wänden Muskelfasern eingelagert sind. Dieses Organ zeigt an seiner ventralen Basis einen Höcker, der durch eine mächtigere Ausbildung der Epithelzellen zustande kommt. In demselben sind grübchenartige Vertiefungen der Cuticula zu bemerken. Die feinere histologische Untersuchung dieser Stellen müssen wir übergehen. Sie ist nicht an Alkoholmaterial durchzuführen, sondern nur an solchem, welches mit Sublimat-Eisessig fixiert worden ist. Auch ist eine besondere Färbungsmethode mit phosphormolybdänsaurem Hämatoxylin anzuwenden. Die Organe werden als Sehorgane gedeutet.

Anhang.

1. Bipinnaria.

Die Seesternlarven Bipinnaria asterigera sind als Alkoholmaterial aus Neapel zu beziehen. Man stellt am besten Präparate in Glyzerin oder Glyzeringelatine her, die man mit einem Rand von Deckglaskitt umgibt. Die Präparate werden bei schwacher Vergrößerung betrachtet. Diese Larven sind bilateral symmetrisch und bilden an ihrem einen Ende den späteren Seestern aus, während der ursprüngliche Larvenkörper bis auf wenige Reste zugrunde geht. Der vollkommen durchsichtige, äußerlich einem Anthozoon nicht unähnliche Larvenkörper trägt in der Mundgegend die durch schon gebildete Skeletteile undurchsichtige Anlage des späteren Seesternes. Auf weitere anatomische Einzelheiten müssen wir hier verzichten.

2. Amphiura virens.

Das Material für diesen kleinen Vertreter der Schlangensterne wird, in Alkohol konserviert, aus Neapel bezogen. Die Tiere werden in 10 %igem Salpetersäurealkohol entkalkt, in absolutem Alkohol gewaschen (Luftpumpe!) und über Xylol in Balsam eingelegt.

Die dünnen Arme sind deutlich und scharf von der Körperscheibe abgesetzt, und in den Armen sieht man keine Darmschläuche, sondern nur den Radialkanal des Wassergefäßsystems entlangziehen. Die Ambulakralfüßchen haben keine Saugscheiben und sind äußerlich den kolbenförmigen Fühlern mancher Insekten ähnlich. Sie treten seitlich zwischen den Kalkplatten des Armes heraus, da die Ambulakralfurche durch eine Reihe von Platten verschlossen ist. Die Madreporenplatte liegt auf der Bauchseite und ist nur sichtbar, wenn diese Seite im Präparat oben liegt.

3. Pentacrinusstadium

von Antedon rosaceus (Crinoidea).

Das Material wird, in Alkohol konserviert, aus Neapel bezogen, und es werden Glyzerinpräparate hergestellt, die man nach Belieben auch vorher in Boraxkarmin färben kann.

Diese Larvenform sitzt auf einem gegliederten Stiele, welcher am Afterpole des Körpers angewachsen ist, an einer Unterlage fest. Der Stiel trägt an seinem unteren Ende eine kleine Haftplatte. In der Wand des becherförmigen Leibes, welcher dem Stiel aufsitzt, sieht man rundliche, regelmäßig angeordnete Kalkplättchen. Mund und After liegen, der letztere exzentrisch, zwischen den Ansatzstellen der Arme. Am Rande des Bechers entspringen fünf Arme, die sich in je zwei Äste gabeln und an den Außenseiten mit Seitenanhängen, Pinnulae, besetzt sind. Den mehrfach gewundenen Darmkanal sieht man durch die Körperwand hindurchschimmern.

2. Kapitel.

Echinus esculentus

(oder Sphaerechinus granularis).

Spiritusmaterial aus Neapel oder Helgoland.

I. Äußere Inspektion: Wir benutzen zur Betrachtung ein Spiritusexemplar des Seeigels und ein getrocknetes Exemplar, an welchem man nach dem Trocknen mit einer harten Bürste die Stacheln und sonstigen äußeren Anhänge entfernt hat, und beginnen die Inspektion an dem getrockneten Exemplar.

Die Kalkschale hat eine apfelförmige Gestalt. In der Mitte der flachen Unterseite liegt der Mund, aus dem die Spitzen der fünf Zähne hervorragen, am oberen Pole bemerkt man die Afteröffnung. In unmittelbarer Umgebung des Mundes und der Afteröffnung ist der Panzer nicht starr, sondern von lederartiger Beschaffenheit, und zwar ist das **Mundfeld** (Peristom) bedeutend größer als das **Afterfeld** (Periprokt). Die Afteröffnung sehen wir von fünf großen, polygonalen Platten umgeben. Diese sind mit peripherisch gelegenen Öffnungen zum Durchtritt der Geschlechtsprodukte versehen (**Genitalplatten**). Eine von ihnen (**Madreporenplatte**) ist ein Sieb mit unzähligen feinen Öffnungen. In den Winkeln zwischen je zwei Genitalplatten liegen fünf kleinere Platten, die **Ocellarplatten**, die je mit einer feinen, ohne weiteres nicht sichtbaren, zum Durchtritt eines Nerven bestimmten Durchbohrung versehen sind. Die ganze übrige Oberfläche des Körpers wird bis an das Mundfeld heran von zehn Paar meridional verlaufenden Reihen von fest miteinander verbundenen Schildern gebildet. Die beiden Reihen eines Paares stoßen unter sich in einer Zickzacklinie zusammen, während die Grenzlinie zwischen je zwei Reihenpaaren annähernd ungebrochen verläuft. Die fünf Reihenpaare, welche von den fünf Ocellarplatten ihren Ursprung nehmen, weisen an den Rändern, die den dazwischenliegenden Reihenpaaren zugekehrt sind, jede mehrere kleine Poren auf. Es müssen sich also auf dem ganzen Umkreis zehn Porenmeridiane auffinden lassen, von denen immer zwei näher aneinanderstehen und zwei benachbarten Plattenreihen angehören. Diese Plattenreihen heißen **Ambulakralplattenreihen**. Die zwischen den fünf Paaren von Ambulakralplattenreihen gelegenen, von den Genitalplatten bzw. der Madreporenplatte ausgehenden Paare von Plattenreihen heißen **Interambulakralplattenreihen**. Auf allen Platten, auch auf den das Periprokt umgebenden, sieht man halbkugelige Höcker von verschiedener Größe, welche die Gelenkhöcker für die beweglich darauf angebrachten Stacheln darstellen.

Jetzt vergleichen wir mit dem getrockneten das Spiritusexemplar. In dem Gewirr von Stacheln sehen wir deutlich an den Stellen, an denen das getrocknete Exemplar die Ambulakralporenreihen zeigt, entsprechende Reihen von Saugfüßchen mit scharf abgesetzter, knopfartiger Saugscheibe (**Ambulakralfüßchen**). Durch Betasten stellen wir fest, daß die **Stacheln** beweglich auf dem Gelenkhöcker sitzen. Überall zwischen den Stacheln sehen wir kleine Greifzangen (**Pedicellarien**) von verschiedener Form. Ihre Gestalt läßt sich mit bloßem Auge soweit feststellen, daß man die drei vorkommenden Formen erkennen kann. Sie bieten schöne Objekte für Lupenbetrachtung dar und werden bei der mikroskopischen Präparation behandelt werden. Nun sehen wir uns das Mundfeld an. Dasselbe ist frei von Stacheln und zeigt in geringer Entfernung von der Mundöffnung einen Kranz von dicht gedrängt stehenden Pedicellarien. Fünf Paar sehr kurz gestielte, knopfförmige Gebilde, die wir in diesem Gewirr von Pedicellarien finden, sind die **Mundambulakren**, die mit dem Wassergefäßsystem in Verbindung stehen, gleichzeitig aber Organe eines chemischen Sinnes sind. Der Mund selbst zeigt eine Menge radial angeordneter Falten und Wülste. An der Peripherie des Mundfeldes, schon zwischen den ersten Stacheln, sieht man, interambulakral gelegen, fünf Paar baumartig verästelte, häutige Anhänge, welche als **Kiemen** bezeichnet werden.

II. Sektion (Fig. 240). Die Präparation erfolgt in einem möglichst tiefen Wachsbecken unter Wasser. Die Seeigel zeigen meist in der Äquatorlinie ein Loch, das bei der Konservierung eingestochen wurde, um dem Alkohol Zutritt zu den inneren Organen zu verschaffen. An diesem Loche setzt man mit einer starken Schere an und schneidet längs des Äquators die Schale durch. Will man die Schalen auseinanderklappen, so muß man erst an einigen Stellen vorsichtig die Mesenterien des Darmes von der Schale lösen und die Speiseröhre mit dem sie begleitenden Steinkanal durchschneiden. Den Steinkanal sehen wir von der Madreporenplatte kommen und nach der Basis des Kiefergerüstes

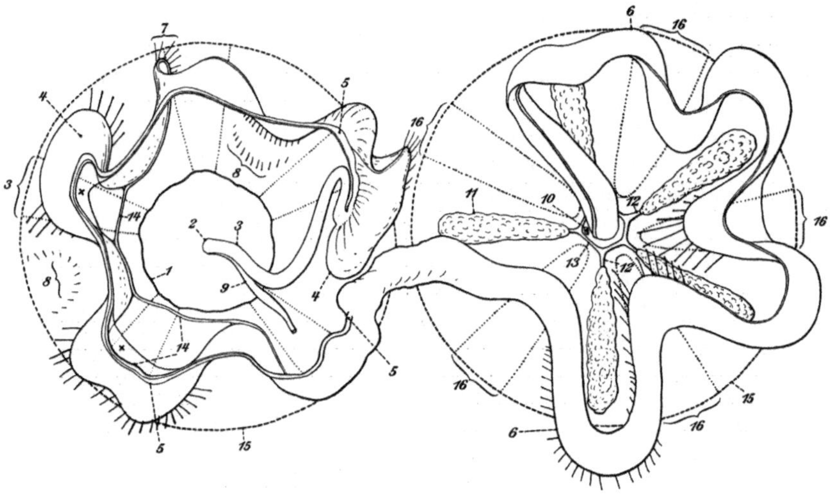

Fig. 240. Echinus esculentus. Anatomie. Schale äquatorial durchschnitten, die beiden Hälften nach Durchtrennung des Steinkanals nebeneinander gelegt. 1. Linie der Auriculae. — 2. Austrittsstelle der Speiseröhre aus dem Kauapparat. — 3. Speiseröhre. — 4. Erste Darmwindung. — 5. Nebendarm. — 6. Zweite Darmwindung. — 7. Adhäsionen der ersten Darmwindung. — 8. Adhäsionen der zweiten Darmwindung an den Mundabschnitt der Schale. — 9. Steinkanal. — 10. Eintritt des Steinkanals in das Afterfeld. — 11. Geschlechtsorgane. — 12. Ausführungsgänge der Geschlechtsorgane. — 13. Gemeinsamer Ringkanal für die Geschlechtsorgane. — 14. Blutgefäße. — 15. Schnittfläche der Schale (angedeutet). — 16. Radien, mit den Ampullen besetzt (im Umriß angedeutet). — × × Bindehaut.

ziehen. Der bandartige Darm durchzieht den Körper spiralig in zwei großen Windungen und ist durch viele Mesenterialfäden an der Schale aufgehängt. Bei ausgewachsenen Exemplaren sieht man die Geschlechtsorgane als fünf große, traubige Gebilde interambulakral an der Schale angeheftet liegen. Die Ausführungsgänge führen zu den Genitalplatten (Fig. 241). Hoden und Ovarien unterscheiden sich schon äußerlich durch ihre Färbung, erstere sind gelblich, letztere dunkelbraun. Auf das Nervensystem gehen wir hier nicht weiter ein. Die Ampullen der Radialkanäle des Wassergefäßsystemes sieht man an der Innenseite der Ambulakra als platte, zarte Organe von dreieckiger Form in langen Reihen angeordnet. Die Sichtbarmachung des Ringkanals erfolgt am besten wieder durch eine Injektion mit roter Schellackmasse. Wir schneiden die Schale soweit ab, daß um das Kiefergerüst ein etwa 3 cm breiter Rand stehen bleibt, und injizieren nun mit der Morphiumspritze von den Durchschnittsstellen eines oder mehrerer Radialkanäle aus (Fig. 242, 8). Man sieht dabei, daß die Radialkanäle am Fuße der Laterne nach oben umbiegen, an ihrer Außenseite hin bis zu den Rotulae ziehen und dann unter diesen nach der Mitte laufen. Der Ringkanal umgibt die Speiseröhre dicht über ihrem Austritt aus dem Kiefergerüst. Da wo der Radialkanal an der Laterne nach oben umbiegt, gibt er einen Zweig ab, welcher zu den Ambulakren des Mundfeldes führt (Fig. 244). Der Ringkanal trägt kleine Polische Blasen.

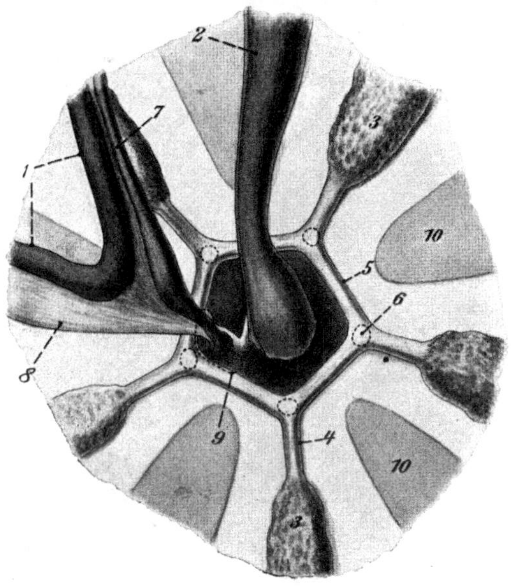

Fig. 241. Echinus esculentus. Aftergegend von der Innenseite gesehen.

1. Speiseröhre. — 2. Enddarm. — 3. Geschlechtsorgane. — 4. Ausführungsgang. — 5. Ringkanal, der die Ausführungsgänge verbindet. — 6. Geschlechtsöffnungen (durchscheinend gedacht, punktiert). — 7. Steinkanal. — 8. Bindehaut. — 9. Ausbreitung des Steinkanals an der Madreporenplatte (durchscheinend gedacht, punktiert). — 10, Radien mit Ampullen besetzt (angedeutet).

Es bleibt nun noch das Kiefergerüst, die Laterne des Aristoteles, zu präparieren. Die Laterne besteht aus ursprünglich 40 einzelnen Skelettstücken, welche durch Muskeln untereinander verbunden sind. Sie liegt auf der Innenseite des Peristoms, welches durch die fünf ambulakral gelegenen, ringförmig vorspringenden Aurikeln oder Öhrchen begrenzt wird (Fig. 242 u. 243, 3). Nachdem man die feine bindegewebige Haut, welche den ganzen Apparat einschließt, vorsichtig entfernt hat, sieht man auf der Innen- (Ober-) Seite die fünf radial verlaufenden Kompaß- oder Bügelstücke (Fig. 242, 10). Diese spalten sich an ihrem peripherischen Ende gabelartig und greifen hakenförmig über den Pyramidenrand hinweg. An jedem Gabelast setzen Bänder (Ligg. externa) an (Fig. 242, 17), welche zu den interambulakral gelegenen Teilen des Aurikularringes verlaufen. Trennt man diese Bänder sowie die an dem inneren Ende der Kompaßstücke befestigten Ligamente durch, so kann man mit der Pinzette sämtliche fünf Kompaßstücke, die durch Quermuskeln an der Pyramidenbasis miteinander verbunden sind, zusammenhängend abheben, indem man das Ganze über den Stumpf der Speiseröhre hinwegzieht. Dadurch werden fünf blasenartige Gebilde frei, die man als Zahnwurzelblasen bezeichnet. Dieselben sind mit einer Flüssigkeit

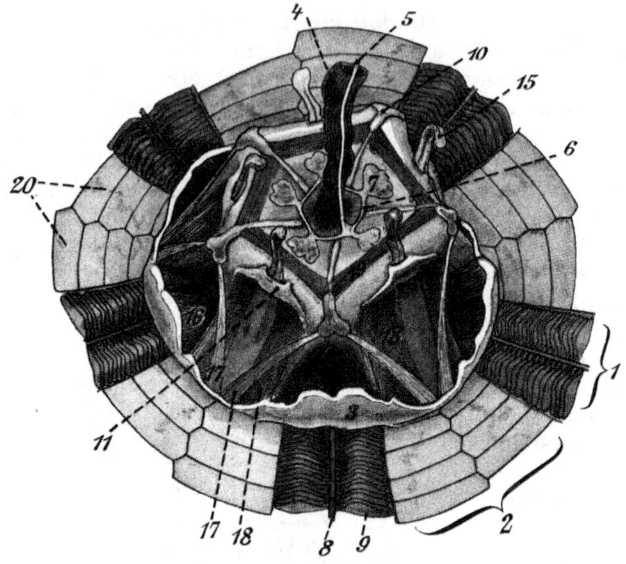

Fig. 242. Echinus esculentus. Kauapparat.

1. Radius. — 2. Interradius. — 3. Auriculae. — 4. Speiseröhre. — 5. Steinkanal. — 6. Ringkanal. — 7. Polische Blasen. — 8. Ambulakralgefäß. — 9. Ampullen. — 10. Kompaß seu Radius. — 11. Epiphyse. — 12. Rotula (s. Fig. 243). — 13. Alveole. — 14. Zahn. – 15. oberes Ende des Zahnes. — 16. Retraktoren. — 17. Protraktoren, zu einem Kompaß ziehend. — 18. Protraktoren zu den Epiphysen ziehend. — 19. Muskeln, welche die Kompasse verbinden. — 20. Ansatzstellen des Darmmesenteriums.

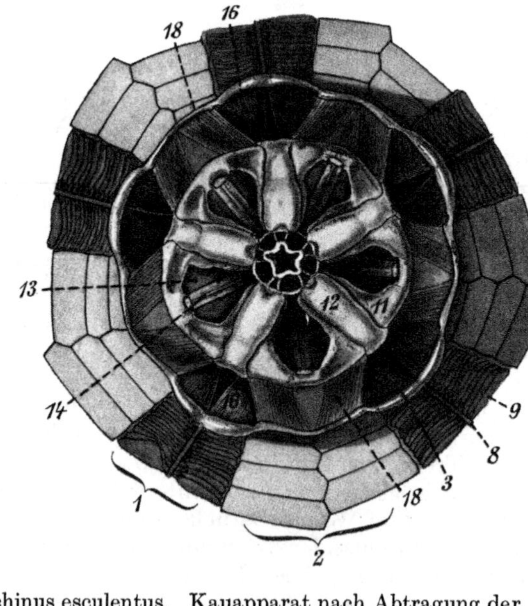

Fig. 243. Echinus esculentus. Kauapparat nach Abtragung der Radii, der Speiseröhre, des Ringkanals und der Zahnursprungsstellen. Bezeichnungen s. Fig. 242.

erfüllt und liefern die Bildungssubstanz des Zahnes. Diese Blasen werden da, wo sie aus den quer verlaufenden Kalkbögen (Epiphysen) heraustreten, abgetrennt, und es wird die Speiseröhre ganz kurz abgeschnitten. Nun sind die Schaltstücke oder Rotulae (Fig. 243, 12) in ihrer Verbindung mit den Epiphysen freigelegt. Die Epiphysen sind die oberen Abschnitte der Zahnalveolen. Sie werden durch die wie die Speichen eines Rades angeordneten Rotulae gelenkig miteinander verbunden. Nun durchtrennt man die fünf Paar Musculi protractores, welche von den Epiphysen kommen und nach dem Peristomrande verlaufen (Fig. 243, 18), und sieht dann die Zahnwurzelkanäle in die unterhalb der Epiphysen gelegenen Pyramiden (untere, größere Teile der Alveolen) hineinlaufen, deren jede aus zwei Kalkstücken besteht.

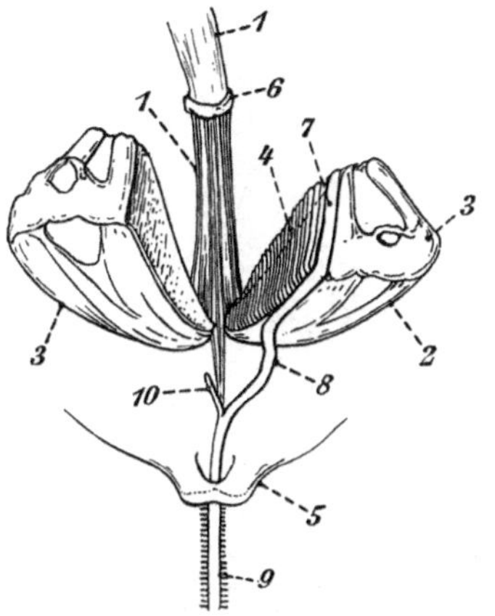

Fig. 244. Echinus esculentus. Lage der Ambulakralgefäße zum Kauapparat; von diesem sind nur 2 Alveolen gezeichnet. Nach einem Injektionspräparat.

1. Speiseröhre. — 2. Alveole. — 3. Epiphyse. — 4. Kaumuskeln. — 5. Auricula. — 6. Ringkanal. — 7. Abschnitt des Ambulakralgefäßes, welches unter einer Rotula entlang zieht, abgelöst vom Ringkanal. — 8., 9. weiterer Verlauf d. Ambulakralgefäßes. — 10. Zweig desselben zum Mundtentakel.

Jetzt hebt man die Laterne heraus, wobei die Mundhaut durchreißt. In der leeren Schale sieht man die Retraktoren, welche am Peristomrande befestigt sind. Ebenso bleiben natürlich die Aurikularringe stehen. Man reinige nun die losgelöste Laterne von den Resten der schon betrachteten Muskeln, dann erblickt man zwischen je zwei Pyramiden die eigentlichen Kaumuskeln. Aus den Pyramiden sieht man die Zahnspitzen hervorragen. Schneidet man die Kaumuskeln in radialer Richtung zwischen je zwei Pyramiden mit dem Messer durch, so kann man die einzelnen Pyramiden auseinanderheben. Um die Pyramiden vollständig zu trennen, muß man erst die Rotulae abheben. Man fahre mit der Messerspitze in den Spalt zwischen Rotula und Pyramide nahe der Mitte und hebe an. Bald löst sich die Rotula, so daß man sie um ihre Anheftungslinie an der Nachbarpyramide drehen kann, worauf das Ablösen leicht ist. Auf diese Weise entferne man drei Rotulae. Durchtrennt man nun noch die Anheftungen der Pyramiden an die Speiseröhre, so kann man die zwei entsprechenden Pyramiden mit den Zähnen herausnehmen und gewinnt die Ansicht der Speiseröhre, welche die Achse der Laterne bildet.

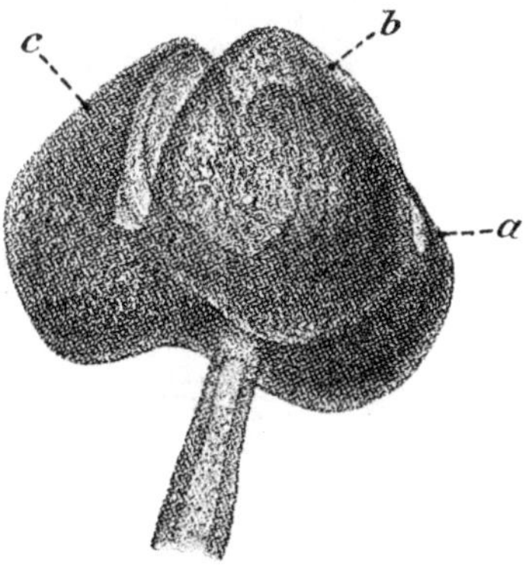

Fig. 245. Obj. 0. Sphaerechinus granularis. Gemmiforme Pedicellarie, Endstück.

a., b., c. die drei Arme.

Die beiden Hälften einer jeden der losgelösten Pyramiden sind nun oben noch durch die Epiphyse verbunden. Man kann sich besonders an der Innenseite der Pyramiden überzeugen, daß jede Epiphyse aus zwei Stücken besteht. Ferner beachte man auf den radial gelegenen Flächen der Pyramiden eine feine Querstreifung (Fig. 244), welche für die Anheftung der Kaumuskeln von Bedeutung ist. Der Zahn selbst läßt sich aus der Pyramide nur unter Zerstörung derselben herausheben.

Fig. 246. Obj. 0. Sphaerechinus granularis. Pedicellarie, kurzarmige Form. a., b., c. die drei Arme.

Liegt Sphaerechinus granularis vor, so ist zwar alles kleiner, aber klarer, so daß man schon von vornherein leichter einen Überblick über das Ganze gewinnen kann. Die Zahnwurzelblasen sind hier länger.

III. Mikroskopische Präparate: Sämtliche mikroskopischen Objekte, die wir vom Seeigel bearbeiten, werden als Kanadabalsampräparate angefertigt.

a) Stacheln. Wir wählen kleinere Stacheln, die wir, ohne sie zu verletzen, vom Panzer abheben. Zu diesem Zwecke muß der dünne Muskelmantel, welcher die Stachelbasis scheidenförmig umgibt und mit dem Gelenkkopf der Schale verbindet, mit dem Messer durchtrennt werden. Der Stachel erweist sich dann als ein konisches, am Grunde verdicktes Gebilde mit konkaver Gelenkfläche am proximalen Ende und feiner Längsstreifung.

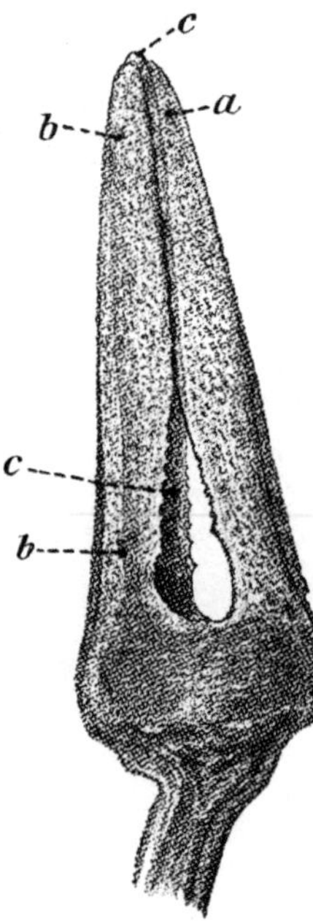

Fig. 247. Obj. 0. Sphaerechinus granularis. Pedicellarie, langarmige Form. a., b., c. die drei Arme.

Erwähnt sei, daß der Muskelmantel, welcher die Stachelbasis mit dem Gelenkkopf der Schale verbindet, doppelt ist. Die äußere Schicht dient zur Bewegung des Stachels, die innere wird von den Sperrmuskeln gebildet, welche ihn gegen äußere Widerstände feststellen können. Da der ganze Seeigel mit Ausnahme der Stachelspitzen, die infolge von Abscheuern nackt sind, mit einer feinen Haut überzogen ist, so hat man auch diese Muskeln als der Haut eingelagerte Fasergruppen aufzufassen.

b) Die Pedicellarien oder Greifzangen sind allenthalben zwischen den Stacheln zerstreut zu finden. Auch auf dem den Mund umgebenden Ringe sind sie zahlreich anzutreffen. Sie werden mit einer Pinzette möglichst tief an der Basis gefaßt und abgezupft. Bei Sphaerechinus granularis z. B. kann man drei verschiedene Formen unterscheiden:

α) sehr kurzgestielte mit drei langen, dünnen Zangen (tridaktyle Pedicellarien, Fig. 247);

β) solche von mittlerer Größe mit kürzeren, dickeren Zangen mit stark gezähntem Rande (Fig. 246);

γ) lang gestielte mit drei ganz dicken knospenförmigen Endorganen und einer Verdickung in der Stielmitte (gemmiforme Pedicellarien, Fig. 245).

Alle Pedicellarien besitzen ein Kalkskelett. Dieses besteht aus einem massiven Stiel, welcher dem unteren Teile des Schaftes seine Festigkeit gibt, und aus zierlichen Gebilden verschiedenster Form, welche den Scherenblättern und der gemeinsamen Wurzel derselben eingelagert sind. Die Formen dieser Gebilde kann man am besten studieren, wenn man die Pedicellarien auf dem Objektträger in Kalilauge oder Eau de Javelle behandelt, bis die Weichteile aufgelöst sind.

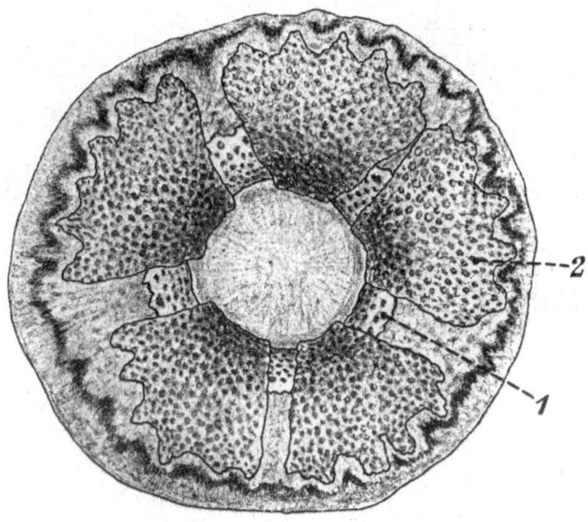

Fig. 248. Sphaerechinus granularis. Endscheibe eines Ambulakralfüßchens.
1. Kalkring. — 2. Kalkplatte.

Die Pedicellarien der dritten Art sind bei Sphaerechinus granularis und anderen Arten auch als Sinnesorgane identifiziert worden, insofern die drei Scheren auf den einander zugekehrten Seiten je eine mit starren Borsten besetzte Warze zeigen. Die histologische Untersuchung läßt hier Sinneszellen erkennen. Ebenso sind solche an den Innenflächen der Zangen bei den übrigen Formen nachweisbar (Tastzellen).

Das Kalkskelett der knospenförmigen Pedicellarien besteht aus drei ziemlich dünnen, gitterartig durchbrochenen Zangen, welche jede an der Spitze zwei Zähne tragen. Die Verdickung in der Mitte des Stieles ist drüsiger Natur und hat keine größeren Kalkeinlagerungen.

c) Sinnesorgane des Mundfeldes. Man suche die zehn oben beschriebenen Mundambulakren auf und verwende sie zu Balsampräparaten. Unter dem Mikroskop erkennt man in den breiten Scheibchen ein gitterförmiges Kalkgerüst.

d) Ambulakralfüßchen (Fig. 248). Dieselben sind auf den Ambulakralplattenreihen zu finden. Sie werden möglichst lang abgezupft. Die Ambulakralfüßchen sind hohle Schläuche, welche am Ende eine stempelartige Saugscheibe tragen. Die Saugscheibe enthält ein flaches, aus mehreren (4—6) Stücken bestehendes Kalkgitter, welches die Form einer in der Mitte offenen Rosette hat, und proximal von dieser Rosette einen Kalkring.

e) Kiemen. Die Kiemen stehen an dem äußeren Rande des Mundfeldes. In jedem Interradius ist ein Paar anzutreffen. Es sind büschelförmige Ausstülpungen der Mundhaut, die mit Leibesflüssigkeit erfüllt sind. Sie werden mit der feinen Schere möglichst weit abgeschnitten. Unter dem Mikroskop sieht man, daß diese vielfach verästelten Gebilde in kurzen, blasenartigen Blindsäcken endigen, und daß in der stark pigmentierten Wandung zierliche Kalknetze entwickelt sind.

f) Ein interessantes Objekt ist schließlich auch das Mundfeld selbst. Die die Mundöffnung unmittelbar umgebenden weichen Teile des Peristoms werden kreisförmig ausgeschnitten und eingelegt. Die kreisförmige Lippe zeigt strahlenförmig angeordnete Wülste. Die ganze Umgebung des Mundes trägt in der Haut außerordentlich zierliche, gegitterte Kalkkörperchen, die man mit Hilfe von Kalilauge oder Eau de Javelle isolieren kann.

IV. Pluteus. Die Larven der Seeigel (Pluteusform) werden als Spiritusmaterial aus Neapel bezogen. Wir stellen von ihnen Glyzerinpräparate her, wobei wir jedoch nur mit Pipette und Pinsel arbeiten dürfen, um die zarten Gebilde nicht zu zerstören. Das Merkwürdigste an diesen Larven ist die zwar allen Echinodermenlarven zukommende, hier aber besonders augenfällige bilaterale Symmetrie. Die langen Fortsätze, welche der Körper trägt, werden durch Kalkstäbchen gestützt. Die Larve schwimmt, mit diesen Fortsätzen nach oben gerichtet, im Wasser umher. Die Fortsätze erstrecken sich von hinten nach vorn und entspringen auf dem Rande einer Wimperschnur, welche längs des Randes der konkaven Bauchseite des Tieres verläuft. Vorn in der konkaven Bauchseite liegt die Mundöffnung, hinter dem Hinterrand der Konkavität die Afteröffnung.

3. Kapitel.

Holothuria impatiens

Spiritusmaterial aus Neapel.

I. Äußere Inspektion: Die etwa 6—8 cm langen Tiere sind von walzenförmiger Gestalt, gegen das Vorderende allmählich, gegen das Hinterende schneller dünner werdend. Die Füßchen (Papillen) sind ringsherum ziemlich gleichmäßig ausgebildet und stehen in fünf undeutlichen Längsreihen. Sie haben nur teilweise die Funktion der Ambulakralfüßchen zu erfüllen. Die bei anderen Holothurien deutlicher hervortretende, scheinbare Bilateralsymmetrie äußert sich hier nur in einer etwas flacheren Gestalt der sog. Bauchseite. Um den Mund steht ein Tentakelkranz. Form und Bau der Tentakel werden in einem besonderen Präparat studiert werden. Der After liegt am entgegengesetzten Körperende.

II. Präparation des Situs: Die Präparation geschieht im Wachsbecken unter Wasser. Man schneidet zunächst mit einem sehr scharfen Skalpell die Haut längs der Mitte der Bauchseite auf, indem man das Messer unter sehr spitzem Winkel gegen die Körperwand hält und in der Mitte zu schneiden beginnt. Man führt den Schnitt nach vorn bis an den Tentakelkranz, hört aber hinten etwa 1 cm vor dem After auf, da man sonst die Kloake verletzt. Nun wird die Haut vorsichtig nach beiden Seiten auseinandergezogen und mit Nadeln befestigt.

Wir betrachten zunächst den Darmkanal, vom After beginnend. Der Darm bildet unmittelbar am After eine geräumige Kloake, welche durch Bänder ringsherum an der Körperwand aufgehängt ist. In die Kloake münden einige (5—8) dicke, wurmförmige, weiße Gebilde, welche bei Lupenbetrachtung eine feine Querstrichelung zeigen. Es sind dies die Cuvierschen Organe, welche nicht allen Holothurien zukommen, und deren Funktion noch nicht mit Sicherheit festgestellt ist. Etwas weiter aufwärts, auf der entgegengesetzten Seite mündet ein feiner Gang in die Kloake, welcher sich alsbald in zwei Äste teilt, die sich weiter baumartig stark verästeln und bis in das vordere Drittel des Körpers hineinragen. Während der linke Baum an der Darmschlinge angeheftet ist, tritt der rechte mehr nach hinten an die Körperwand. Diese Organe, die sog. Wasserlungen, wirken als Atmungsorgane.

Um ein klareres Bild von dem Bau der Wasserlungen zu gewinnen, kann man dieselben mit einer gefärbten Flüssigkeit injizieren. Wir benutzen dazu eine Lösung von Berliner Blau in wässeriger Oxalsäurelösung. Die Injektion erfolgt mittels des auf S. 51 geschilderten Injektionsapparates. Die Spitze der Glaskanüle wird einer noch unverletzten Holothurie in den After eingeführt, bei geschlossenem Hahn wenig Quecksilber nachgegossen und dann ganz vorsichtig der Hahn geöffnet. Die zur Injektion nötige Flüssigkeitsmenge beträgt nur Bruchteile eines Kubikzentimeters. Nachdem einige Tropfen der Farbflüssigkeit durch die Kanüle getreten sind, wird dieselbe herausgezogen und das ganze Tier längs der Bauchlinie unter Wasser aufgeschnitten und ausgespült. Die baumartig verästelten Wasserlungen sind an ihrer intensiv blauen Färbung deutlich zu erkennen und sehen besonders schön aus, wenn das Objekt unter Wasser liegt und die injizierten Organe schwebend erhalten werden.

Wir setzen die unterbrochene Situspräparation fort. Der Darm bildet eine große Schlinge und erweitert sich nach oben zu einer kropfartigen Speiseröhre. In der Darmschlinge verläuft ein großes Blutgefäß. Dasselbe steht mit einem Wundernetz in Verbindung, welches sich bis an den Darm erstreckt. Der ganze Darmkanal wird durch ein Mesenterium an der Rückenseite befestigt.

Man präpariert nun mit der feinen Pinzette und einer Nadel die Wasserlungen frei und legt sie in absoluten Alkohol. Ebenso behandelt man die Darmschlinge mit dem darin gelegenen Wundernetz. Der Darm wird dicht unter der kropfartigen Erweiterung der Speiseröhre abgeschnitten. Im oberen Teil der Leibeshöhle, auf der rechten Seite, bemerken wir nun ein stark verästeltes, pinselförmiges Organ, die Gonade, welche mit einem besonderen Gange auf der Rückenseite mündet. Die fünf Paar silberglänzenden Streifen, welche man in der Längsrichtung auf der Innenseite der Körperwandung entlanglaufen sieht, stellen die Längsmukulatur dar. Auf dieser Längsmukulatur verlaufen auch die schwer sichtbaren Radialgefäße des Wassergefäßsystems. Dieses ist überhaupt stark reduziert. Der Ringkanal umgibt die Speiseröhre und trägt eine, zuweilen zwei sehr große Polische Blasen. Man sieht dieselben schon bei der makroskopischen Präparation unter Wasser deutlich. Der Steinkanal hängt frei in die Leibeshöhle hinein und trägt an seinem Ende eine Madreporenplatte. Wir werden ihn bei der mikroskopischen Behandlung des Tieres deutlich zu Gesicht bekommen.

Wir schneiden jetzt die Körperwandung in derselben Höhe durch, in der wir den Darm durchtrennt haben und bringen das ganze Vorderende in absoluten Alkohol.

III. Mikroskopische Präparate aus dem Situs: Alle Teile, die wir in absoluten Alkohol getan haben, kommen nach einigen Minuten in Xylol, bis sie gut davon durchtränkt sind.

Wir stellen zunächst Balsampräparate der Wasserlunge und

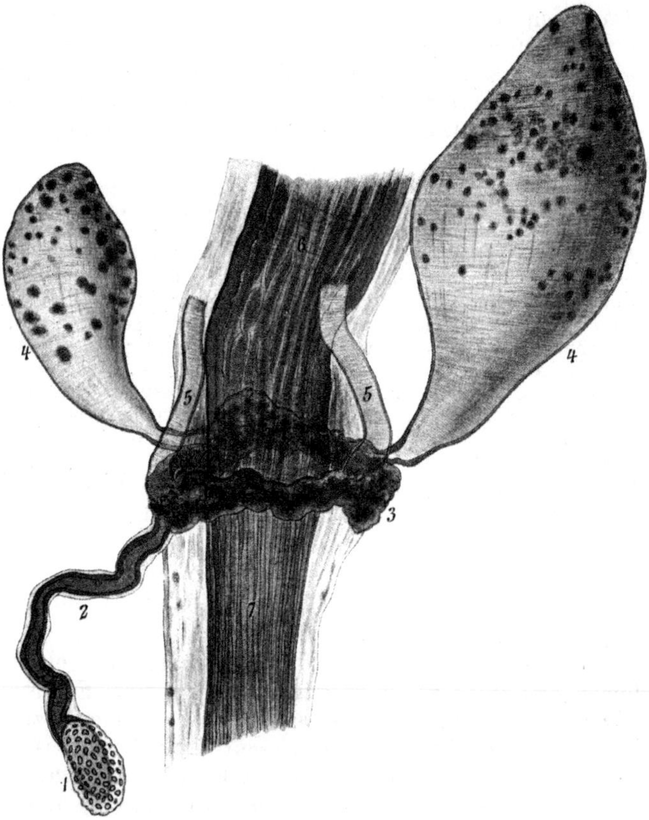

Fig. 249. Holothuria impatiens. Wassergefäßsystem.
1. Madreporenplatte. — 2. Steinkanal. — 3. Ringkanal. — 4. Polische Blasen. — 5. Ambulakralgefäße. — 6. Speiseröhre. — 7. Darm.

des Wundernetzes in der Darmschlinge her. Daran schließt sich ein Präparat der Hauptteile des Wassergefäßsystems. Zu dem Zweck suchen wir in dem abgeschnittenen Vorderende den Stumpf der Speiseröhre auf, ziehen daran vorsichtig mit der Pinzette, bis das Ganze bis an den Tentakelkranz frei geworden ist und trennen es unmittelbar an diesem ab. Schon im Xylol erkennen wir jetzt den Ringkanal, welcher die Speiseröhre umgibt, die große Polische Blase und den kleinen

Steinkanal mit der länglichen Madreporenplatte (Fig. 249). Wir stellen ein Balsampräparat von dem Ganzen her, wobei wir auf gute Orientierung der einzelnen Teile auf dem Objektträger zu achten haben. Man betrachte auch die eigenartigen Kalkkörperchen in der Madreporenplatte.

Im Grunde des Tentakelkranzes sehen wir von innen her einen glänzenden, weißen Ring. Dies ist der Kalkring, welcher dem ganzen Vorderteil Halt gibt. Er besteht aus zehn siebartig durchlöcherten Kalkstücken. Man kann den Ring als Balsampräparat zurichten.

Ebenso behandelt man die Tentakel. Diese Organe stehen zum Wassergefäßsystem in Beziehung. Sie setzen sich nach innen in die sog. Fühlerampullen fort, welche bei unserer Präparation meist zerstört werden. Die Tentakelschläuche sind am oberen Ende schildförmig verdickt und vielfach verzweigt. In ihrer Haut sehen wir viele bumerangförmige Kalkkörperchen.

Kalkkörperchen aus der Haut von Holothuria impatiens oder Holothuria tubulosa: Man schneide die bei der Situspräparation übriggebliebene Haut in kleine, viereckige Stücke von mehreren Millimetern Seitenlänge, entwässere in absolutem Alkohol, helle in Xylol auf und stelle Balsampräparate her, indem man die Stücke mit der Außenseite nach oben auf den Objektträger bringt. Die zunächst recht mannigfaltig aussehenden Kalkkörperchen lassen sich bei genauerer Betrachtung auf zwei Formen zurückführen (Fig. 250). Am schärfsten treten kreisrunde Siebplatten mit Löchern von verschiedener Weite hervor. Um die mittlere Öffnung ragt ein Gebilde mit 4—5 Knöpfen hervor, welches eine Erhabenheit der Oberhaut bildet (Obj. VIII, Mikrometerschraube!). An einigen dieser Gebilde, welche eine etwas andere Lage im Präparat erhalten haben, gewinnt man die Überzeugung, daß sie dreidimensional angeordnet sind. Die Gitterplatte trägt um die mittlere Öffnung herum einen Ansatz von mehreren Stäben, die vor ihrem Ende durch Querbalken verbunden sind. Die vier Enden dieser Stäbe sind die Knöpfe, die zunächst bemerkt wurden (Fig. 251). Etwas schwächer konturiert sieht man oblonge Siebplatten, deren Löcher ebenfalls verschieden weit sind.

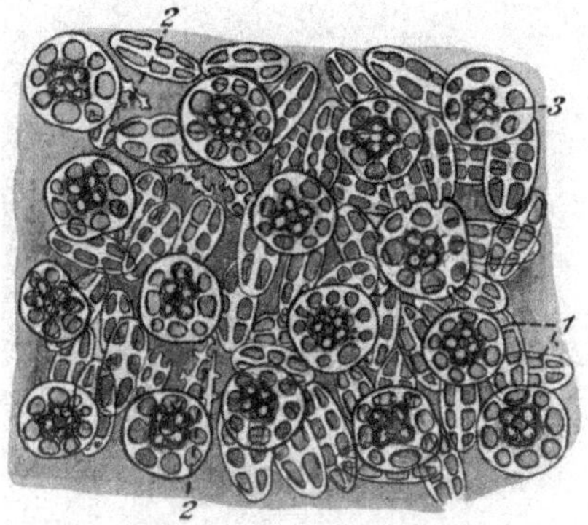

Fig. 250. Holuthuria tubulosa. Haut mit Kalkkörperchen. Obj. IV.

1. vollständige, — 2. unvollständige siebartige Kalkkörperchen. — 3. Pyramidenförmige Kalkkörperchen.

Eine bessere Vorstellung vom Bau der Kalkkörperchen gewinnt man, wenn man sie isoliert. Man mazeriert Hautstücke in einem kleinen Schälchen mit Eau de Javelle, bis alle organischen Teile zerstört sind. Dann nimmt man mit einem kleinen Pinsel etwas von dem Bodensatz auf, hält den Pinsel mit der Seite, welche nicht mit Objekten behaftet ist, flach auf Fließpapier und läßt die Eau de Javelle absaugen.

Dann taucht man den Pinsel vorsichtig in ein Schälchen mit absolutem Alkohol, doch so, daß sich von den Objekten nichts aus dem Pinsel löst, läßt ihn vollsaugen und bringt das Ganze nun auf einen Objektträger. Dann erwärmt man ganz schwach, bis der Alkohol völlig verdunstet ist, läßt einen Tropfen Kanadabalsam darauffallen, und legt ein Deckgläschen auf. Man hüte sich aber, das Deckgläschen anzudrücken, da hierdurch die räumlich ausgedehnten Kalkkörperchen zerstört werden.

Auch die in den Tentakeln enthaltenen, bumerangförmigen Kalkgebilde, sowie die Teile des Kalkringes oder der Madreporenplatte kann

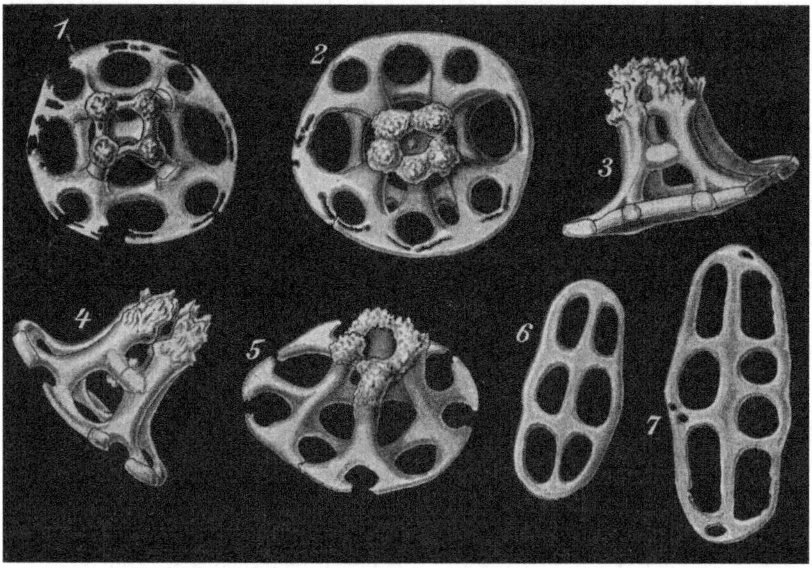

Fig. 251. Holothuria tubulosa. Kalkkörperchen aus der Körperhaut; isoliert. Obj. VIII.

1.—5. Pyramidenförmige Kalkkörperchen. — 1. und 2. von oben. — 3.—5. von der Seite gesehen. — 6. und 7. Siebartige Kalkkörperchen.

man auf diese Weise isolieren und zu einem besonderen Präparat verarbeiten.

Anhang.

1. Kalkkörperchen von Synapta inhaerens (oder Synapta digitata, Fig. 252, 253): Diese kleinen, fußlosen Holothurien mit durchsichtiger Haut werden aus Neapel bezogen. Die in der Haut enthaltenen Kalkkörperchen sind besonders zierlich. Sie lassen sich entweder präparieren, indem man das Tier mit der Schere längsspaltet, den Körperinhalt heraushebt, die Haut in kleine Stücke schneidet und zu Balsampräparaten verarbeitet, oder indem man die Kalkkörperchen wie bei Holothuria mittels Eau de Javelle isoliert und weiter behandelt. Doch lösen sich bei der letzten Methode die Anker meist von den Siebplatten los.

Die Kalkkörperchen bestehen aus einer annähernd ovalen, zierlich durchbrochenen Siebplatte und aus einem Anker, welcher am Grunde mit der Platte zusammenhängt.

2. Auricularia. Die Larvenform der meisten Holothurien ist eine Auricularia. Man bezieht Alkoholmaterial aus Neapel. Die Objekte, die nur mit

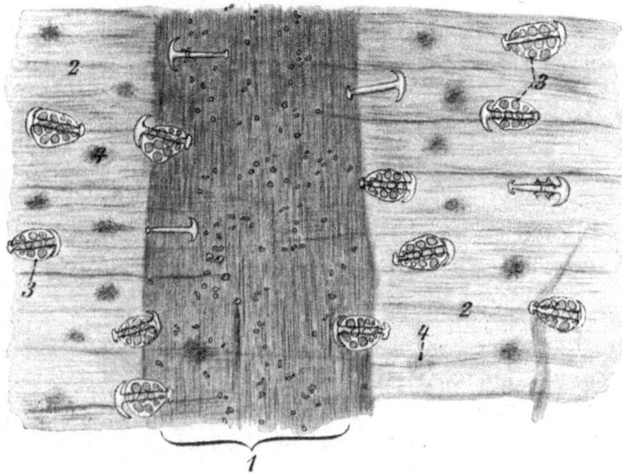

Fig. 252. Synapta inhaerens. Haut mit Kalkkörperchen. Obj. II.
1. Längsmuskelbündel; darüber kleine Kalkkörperchen. — 2. Ringmuskeln. — 3. Anker und Siebplatten. — 4. Tastkörperchen,

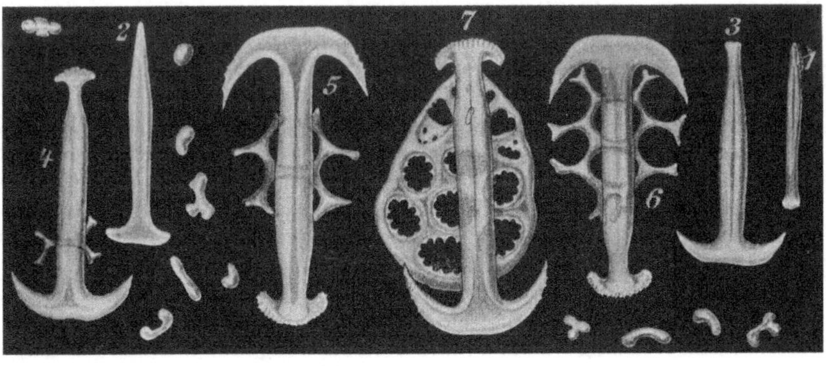

Fig. 253. Synapta inhaerens. Kalkkörperchen isoliert. Obj. VI.
7. Anker mit darunter liegender Siebplatte. — 1—6. Kalkkörperchen dieser Art in verschiedener Ausbildung. — Die nicht bezeichneten Figuren stellen kleine Kalkkörperchen dar.

Pipette und Pinsel behandelt werden dürfen, werden entweder in Glyzerin oder in Kanadabalsam eingelegt.

Die Auricularia läßt den bilateralen Grundtypus der Echinodermenlarven sehr gut erkennen, da der Wimperrand, welcher die konkave Bauchseite umgibt, hier keine Fortsätze ausbildet, sondern nur verhältnismäßig schneller wächst als der übrige Körper und sich daher in eine Anzahl regelmäßig verteilter Falten legt.

7. Abschnitt.

Tunicaten.

1. Kapitel.

Ascidia mentula.

Das Material ist in ausgestrecktem Zustande, in Alkohol konserviert, aus Neapel zu beziehen.

I. Äußere Inspektion: Die Tiere haben der Form nach große Ähnlichkeit mit einer Kartoffelknolle und sind im Durchschnitt 10—12 cm lang. Die Stelle, mit der sie am Meeresboden festgewachsen waren, ist noch deutlich an der Anwesenheit pflanzlicher und mineralischer Fremdkörper zu erkennen. Dieselben sind fest mit einer Anzahl unregelmäßig gestalteter Vorsprünge der Körperwandung verbunden. Die Färbung der Körperumhüllung, des Mantels, ist bei den konservierten Exemplaren meist bläulichweiß, zuweilen rötlich. An dem der Anheftungsstelle gegenüberliegenden Ende sehen wir die Mundöffnung, die von einem oft lebhaft rot gefärbten Saume umgeben ist. Etwas tiefer liegt auf einem Vorsprunge des Mantels die Ausfuhröffnung des Körpers, ebenfalls von einem zuweilen rot gefärbten Saume umgeben. In der Substanz des Mantels sind häufig Fremdkörper wie Muscheln od. dgl. eingeschlossen. Wir haben die Linie, welche durch die Mundöffnung und Ausfuhröffnung längs des Körpers verläuft, als die Rückenlinie aufzufassen und danach an dem bilateral gebauten Tiere eine rechte und eine linke Seite zu unterscheiden.

II. Makroskopische Präparation: Die Präparation erfolgt im Wachsbecken unter Wasser. Wir führen mit dem Skalpell einen Schnitt von der Mundöffnung auf der Bauchseite entlang bis an die Anheftungsstelle, klappen den dicken Mantel nach beiden Seiten zurück und stecken ihn mit einigen Nadeln fest. Wir sehen, daß derselbe ziemlich glashell und durchsichtig ist, oben etwa 3—4 mm, am unteren Ende stellenweise bis zu 1 cm dick. Er ist von einer größeren Anzahl von meist längs verlaufenden, verzweigten Gefäßen durchzogen. Über die mikroskopische Untersuchung des Mantels vgl. weiter unten.

In diesem Mantel finden wir ein sackartiges Gebilde hängen, welches ihn bei weitem nicht ganz ausfüllt, und in welches man von der Mundöffnung her hineingelangt. Während dieser Sack (Hautmuskelschlauch) im unteren Teile ringsherum frei ist, ist er in seiner oberen Hälfte längs der Verbindungslinie der Mund- und Ausfuhröffnung angewachsen. Bei Lebzeiten hängt der Hautmuskelschlauch überall mit dem Mantel zusammen. Seine Epidermis ist die Schicht, die den Mantel ausscheidet. In Alkohol trennt sich dieser von seiner Bildungsschicht und bleibt am Kiemenkorb hängen, mit dem er durch eine große Anzahl sehr kurzer Hautkiemenkanäle in Verbindung steht. Wir trennen den Hautmuskelschlauch jetzt längs der Bauchlinie von der Mundöffnung bis zu seiner tiefsten Stelle mit der Schere auf, schonen dabei aber einen deutlich durchschimmernden, weißen Längsstreifen, der auf der ganzen Ausdehnung des Kiemendarmes zu beobachten ist. Der Hautmuskelschlauch mit dem darin liegenden Kiemendarm wird dann aufgeklappt und ebenfalls seitlich mit Nadeln festgesteckt. Der enge Raum zwischen Hautmuskelschlauch und Wandung des Kiemenkorbes ist der Peribranchialraum; er erweitert sich nach der Ausfuhröffnung zu und wird hier Kloake genannt. Die ganze Innenfläche des Kiemendarmes zeigt ein feines Maschenwerk. Etwa 1 cm von der Mundöffnung entfernt verläuft ein zarter, weißer Strang ringsherum, an dem feine, weiße Tentakel sichtbar sind (Tentakelkranz). Dicht darunter liegt ein noch feinerer, weißer Streifen, der Flimmerkranz. Er geht in den schon oben erwähnten, weißen Längsstreifen über, welcher als Flimmerrinne oder Endostyl bezeichnet wird und bis zum Eingang in den eigentlichen Darm reicht. Seine Flimmerbewegung ist nach diesem hin gerichtet und treibt die mit dem Wasser aufgenommenen Nahrungsteilchen weiter. Längs der Rückenlinie, dem Endostyl diametral gegenüber, sieht man ebenfalls einen weißen Längsstreifen verlaufen, die Rückenraphe. Am oberen Ende der Rückenraphe bemerkt man einen kleinen Ring, das Wimperorgan, welches jetzt als Sitz eines chemischen Sinnes angesehen wird. Darunter findet sich ein längliches, 2 mm messendes Gebilde, das Ganglion. Man kann deutlich mehrere Nervenstränge verfolgen, welche zum Wimperorgan verlaufen, und zwei große Äste, welche den Ausfuhrsipho umspannen und sich dann weiter verzweigen.

Wir schneiden nunmehr etwa $1\frac{1}{2}$ cm unter dem Flimmerkranze unmittelbar über der Ausfuhröffnung Hautmuskelschlauch und Kiemendarm durch. Der ganze untere Teil des Hautmuskelschlauches, welcher einen großen Teil des Kiemendarmes sowie die übrigen Eingeweide enthält, läßt sich nun leicht aus dem Mantel lösen. Wir legen ihn mit der Rückenseite nach oben und präparieren mit der Pinzette vorsichtig den Hautmuskelschlauch herunter. Wir finden dann etwas über dem unteren Ende des Kiemendarmes den Übergang desselben in die Speiseröhre. Diese ist nach unten gerichtet und geht in ihrem tiefsten Punkte in den deutlich abgesetzten und sehr großen Magen über. Aus diesem steigt der Darm nach oben; etwa auf der halben Körperhöhe macht er eine Biegung nach hinten, bildet dann noch eine Sförmige Schlinge und mündet in die Ausfuhröffnung.

Das durch den Mund aufgenommene Atemwasser geht durch die Kiemenreuse in den Peribranchialraum und verläßt den Körper durch die Ausfuhröffnung. Das Herz, welches in der Nähe des Überganges von Kiemendarm in Speiseröhre liegt, ist sehr schwer zu finden.

Der hintere Teil des Magens sowie ein Teil des Darmes erscheinen deutlich und dicht weiß getüpfelt. Dies rührt von den Hodenbläschen her, die sich an die Oberfläche des Darmkanales anlegen. Die feinen Samenkanälchen sammeln sich zu einem gemeinsamen Ausführungsgang, welcher längs des Enddarmes als weißes, deutlich vorspringendes Organ zur Kloake verläuft. Der Eierstock ist in der Darmschlinge eingebettet. Man erkennt ihn an den durchscheinenden kleinen Eiern. Sein Ausführungsgang ist als bräunlicher Wulst längs des Enddarmes zu verfolgen.

III. Mikroskopische Präparation: Für die mikroskopische Präparation bringen wir in Alkohol:

1. Einige Stücke des Mantels.
2. Einige Stücke des Kiemenkorbes mit dem Hautmuskelschlauch,
3. Den Flimmerkranz, Tentakelkranz und das Wimperorgan mit dem meist daran sitzenden Ganglion und der Hypophyse.
4. Stücke der Darmwandung mit sichtbaren Hodenbläschen.
5. Teile des Ovariums, am besten aus dem Anfangsteil des Ausführungsganges, der längs des Enddarmes hinzieht.

1. Von einem Stückchen aus der unteren, dickeren Hälfte des Mantels stellen wir mit dem Rasiermesser dünne Schnitte her und bringen sie in absoluten Alkohol. Einige derselben werden dann in Xylol aufgehellt und zu Balsampräparaten verwendet. Die Mantelsubstanz ist von teils noch erhaltenen, teils schon zugrunde gegangenen Zellen des Ektoderms durchsetzt. Auch gefäßartige Lakunen, die meist blind endigen, sind zu erkennen.

Zur Untersuchung der Grundsubstanz des Mantels, des der pflanzlichen Zellulose nahe verwandten Tunicins, bringt man einen Schnitt aus dem Alkohol in ein Schälchen mit Lugolscher Lösung. Nach ½ Stunde legt man ihn auf einen Objektträger mit hohl geschliffener Delle, gibt einen Tropfen 30%iger Schwefelsäure dazu und legt ein Deckgläschen auf. Man kann dann bei schwacher Vergrößerung die Blaufärbung beobachten (Zellulosereaktion). Dieselbe Wirkung erzielt man, wenn man den Schnitt auf dem Objektträger sofort in Chlorzinkjodlösung bringt.

Kleine würfelförmige Stücke des Mantels behandelt man im Reagenzglase mit ammoniakalischer Kupferlösung. Die Stücke lösen sich nach einiger Zeit auf. Die Kupferlösung bereitet man, indem man zu starker Kupfervitriollösung soviel Ammoniak setzt, daß sich der anfangs gebildete Niederschlag wieder löst und eine tiefblaue, klare Lösung entsteht.

Von einem weiteren Stück des Mantels zieht man mit der feinen Pinzette einen Teil der glänzenden Innenhaut ab. Man macht zu dem Zwecke mit dem Skalpell einen flachen Einschnitt in die Innenseite, um eine Angriffslinie für die Pinzette zu erhalten. Die dünnen Fetzen werden einige Minuten mit Pikrinblau gefärbt, in absolutem Alkohol entwässert, in Xylol aufgehellt und in Balsam übergeführt. Man sieht an diesen Präparaten besonders schön eine größere Anzahl der blind endigenden, in den Mantel hineinragenden Gefäße, die beim Abziehen der Innenhaut sich mit losgelöst haben.

Bei starker Vergrößerung sieht man die intensiver blau gefärbten Kollagenbestandteile der Haut, ferner in den Wandungen der blind endigenden Gefäße zelluläre Elemente, in ihrem Inneren Blutkörperchen.

2. Kiemendarm und Hautmuskelschlauch. Man zieht mit der feinen Pinzette vorsichtig den Kiemendarm vom Hautmuskelschlauch eines etwa 2 qcm großen Objektstückes ab und bringt beides auf 1—2 Minuten in Boraxkarmin, spült in Wasser nach, bringt in einmal zu erneuernden, absoluten Alkohol, dann in Xylol und stellt Balsampräparate davon her. Der Hautmuskelschlauch eignet sich auch zur Färbung nach Merkel mit Boraxkarmin-Indigkarmin, die hier natürlich im Schälchen vorzunehmen ist.

a) Der Hautmuskelschlauch (Fig. 254). Die bindegewebige Grundsubstanz ist von vielen Bündeln glatter Muskulatur durchzogen, die im großen ganzen ein längs und ein querverlaufendes System bilden. Das Epithel, welches den Hautmuskelschlauch von beiden Seiten bedeckt, ist zum größten Teil durch die Präparation zerstört und nur gelegentlich an einzelnen Stellen erhalten.

b) Der Kiemendarm (Fig. 255) zeigt sich bei schwacher Vergrößerung als ein Gitterwerk mit rechteckigen Maschen. Die Ränder dieser Maschen springen gegen das Innere vor. Es sind zwei Systeme von Blutgefäßen, von denen das eine quer, das andere längs verläuft. Sie liegen in einer dünnen Haut von Bindegewebe. Senkrecht zu den Querkanälen gerichtet sind die Kiemenspalten länglich ovale Gebilde, von denen in jeder Masche des Netzes der großen Blutgefäße eine größere Anzahl liegt. In den Knotenpunkten der großen Maschen springen nach innen

Fig. 254. Obj. IV. Ascidia mentula. Partie aus dem Hautmuskelschlauch.

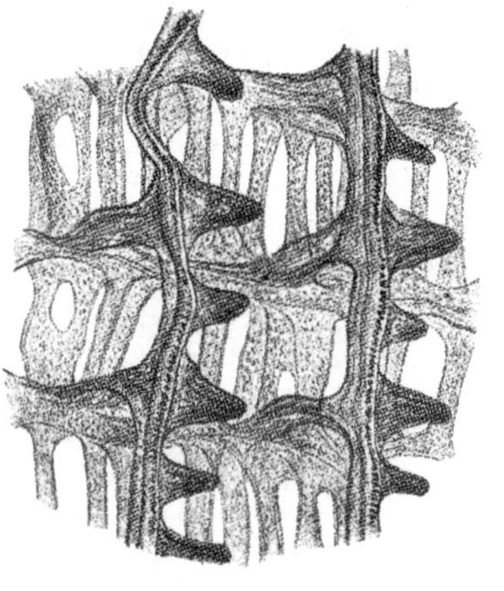

Fig. 255. Obj. IV. Ascidia mentula. Aus dem Kiemenkorb. Innenansicht.

helle, knopfartige Gebilde vor, welche mit den Längsgefäßen kommunizieren und die Atmungsfläche vergrößern helfen.

3. Zur Präparation von Flimmerkranz, Tentakelkranz, des Wimperorgans und des meist daran sitzenden Ganglions mit der Hypophyse schneiden wir von dem ganzen Kiemenkorb mit Hautmuskelschlauch das obere Ende, etwa 1 cm unter dem Tentakelkranz ab und lösen es vorsichtig vom oberen Ende des Mantels los. Es wird dann in der Längsrichtung des Körpers in einige, etwa 1 cm breite Streifen zerschnitten. Einige dieser Streifen zeigen nur die quer verlaufenden Organe, einer zeigt Wimperorgan, Ganglion, Hypophyse und den Anfang der hinteren Raphe, ein anderer zeigt den Anfang des Endostyls.

Die Präparate werden sämtlich wie die unter 2. behandelten mit Boraxkarmin gefärbt und zu Balsampräparaten verwendet. Wir legen die Objekte so auf die Gläschen, daß die Innenseite nach oben zu liegen kommt.

a) Präparat, welches die quer verlaufenden Organe zeigt. Der obere Saum des Kiemensackes zeigt meist eine starke Anhäufung orangegelber Pigmenttröpfchen, denen man Lichtempfindlichkeit zugeschrieben hat. An einigen Stellen finden sich je drei zapfenartige Papillen, welche mit demselben Pigment erfüllt sind und ebenfalls als lichtempfindliche Organe gelten. Die Wandung des Korbes bis zur Flimmerrinne, also oberhalb und unterhalb des Tentakelkranzes, dient noch nicht zur Atmung. Wir erkennen darin lediglich die hauptsächlich längs verlaufenden Muskelzüge des Hautmuskelschlauches. In der Nähe des Tentakelkranzes sind auch quer verlaufende Züge ausgebildet, welche hier zur Verengerung des Einganges in den Kiemenkorb dienen.

Der Tentakelkranz zeigt eine größere Anzahl langer, wurmförmiger Tentakel. Die Flimmerrinne bildet als schmale Vertiefung die obere Grenze des respiratorischen Abschnittes des Kiemenkorbes. Unterhalb derselben beginnt das Bild, welches uns das unter 2. geschilderte Präparat des Kiemenkorbes zeigt.

b) Präparat, welches den Anfang des Endostyls zeigt. Am Beginn der Bauchraphe verbreitert sich die Flimmerrinne und bildet das in der Längsrichtung des Körpers verlaufende Endostyl, eine schmale Rinne, welche von zwei niedrigen Wülsten begrenzt wird. Die Flimmerhaare sind meist schwer zu sehen. Sie liegen in der Richtung von vorn nach hinten an.

c) Präparat, welches Wimperorgan, Ganglion und Hypophyse zeigt. Das Wimperorgan, vielleicht der Sitz eines chemischen Sinnes, bildet einen annähernd herzförmigen, erhabenen Wulst, an dessen Rändern man deutlich die flimmernden Zellfortsätze erkennen kann. Es ist in der Mitte muldenförmig vertieft. Stellt man auf eine tiefere Ebene ein, so sieht man unter dem Flimmerorgan das Ganglion als ein längliches Gebilde, von dem zwei starke Nervenstränge ausgehen, die die Afteröffnung umgeben, auf unvollständigen Präparaten also nach hinten ziehend, zu sehen sind. Auf beiden Seiten des Ganglions sieht man eine voluminöse Drüse, die Unterschlunddrüse oder Hypophyse, hervorragen.

Unterhalb des Wimperorgans bildet der Flimmerkranz eine ähnliche Ausbuchtung wie am Beginn des Endostyls. Man sieht dort den Anfang der Rückenraphe, die eine Folge von ähnlichen Tentakeln erkennen läßt, wie der Tentakelkranz. Doch sind diese Gebilde bedeutend kürzer. An einigen Exemplaren, besonders solchen, bei denen die Ausfuhröffnung sehr weit von der Eingangsöffnung entfernt ist (bis zu 6 oder 7 cm), liegt das Ganglion mehrere Centimeter weit von dem Wimperorgan entfernt. Man kann hier ein schönes Einzelpräparat des Ganglions herstellen. Zu diesem Zwecke zieht man den Kiemenkorb vom Hautmuskelschlauch ab und behält dann mit dem letzteren das Ganglion, welches darin eingelagert ist, sowie die davon ausgehenden Nerven übrig. Da die erhabene Seite des Ganglions nach außen liegt, so orientiert man das betreffende Stück des Hautmuskelschlauches auf dem Objektträger mit der Außenseite nach oben. Die Färbung dieses Präparates geschieht am besten mit Lithionkarmin oder Boraxkarmin.

4. Auf der Darm- und Magenwandung sieht man schon mit bloßem Auge die weißlichen Hodenbläschen. Wir schneiden kleine Stücke der Darmwandung ab, fassen sie mit der Pinzette und schütteln sie tüchtig in einem Schälchen mit Alkohol, um den anhaftenden Darminhalt und lose Teile des Darmendothels abzuspülen. Dann entwässern wir in absolutem Alkohol und hellen möglichst lange in Xylol auf.

Auf der Darmwandung sind die vielfach verästelten Hodenkanälchen zu sehen, welche in kolbenförmigen Hodenläppchen endigen. Färbung: Lithionkarmin oder Boraxkarmin, eventuell ungefärbt einzulegen.

5. Wir präparieren kleine Stücke aus der gelben Ovarienmasse, die über dem Magen liegt. Die Objekte müssen nach dem Entwässern in absolutem Alkohol recht lange in Xylol verweilen und werden dann in ganz kleinen Stückchen ungefärbt eingelegt. Man sieht ein großmaschiges Gewebe, in dem viele kleine Eier verstreut zu finden sind.

6. Um schöne Präparate von Eiern und Follikeln in verschiedenen Stadien der Entwickelung zu erhalten, schüttelt man einen Teil des braunen, dicken Ausführungsganges des Ovariums, der längs des Enddarmes verläuft, in absolutem Alkohol aus. Es fallen eine Menge sehr kleiner Eier heraus, die sich schnell zu Boden senken. Dieselben werden mit einem Pinsel in Xylol übertragen und hier ½ Stunde zum Aufhellen gelassen. Dann werden sie, ebenfalls mit dem Pinsel, in einen Tropfen Kanadabalsam überführt, der sich auf dem Objektträger befindet. Darauf legt man ein Deckgläschen auf.

An den kleineren, unreifen Eiern kann man Plasma und Kern mit Nucleolus deutlich unterscheiden. Stellt man die größeren Follikel auf den optischen Durchschnitt ein, so sieht man dieselben von einer doppelten Zellschicht umgeben. Die äußere ist die Wandung des Follikels, die innere ist die sog. Testazellenschicht. Im Inneren sieht man die Eizelle (Keimbläschen) mit dem Nucleolus. An kleineren Übergangsformen kann man die Follikelbildung auf allen Stadien verfolgen (Fig. 256).

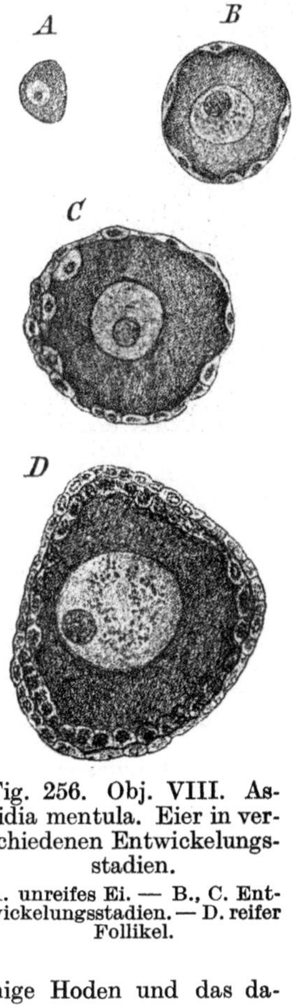

Fig. 256. Obj. VIII. Ascidia mentula. Eier in verschiedenen Entwickelungsstadien.

A. unreifes Ei. — B., C. Entwickelungsstadien. — D. reifer Follikel.

Anhang.

Fritillaria furcata.

Diese zu den Appendicularien gehörige Form wird als Spiritusmaterial aus Neapel bezogen. Man überträgt sie mit dem Pinsel — gröbere Instrumente sind unter allen Umständen zu vermeiden — in absoluten Alkohol und von da in Xylol. Das Material verhält sich verschieden. Findet man an einem Probepräparat, daß die Aufhellung in Xylol zu stark ist, so stellt man Glyzerinpräparate her. Jedenfalls muß man alles überflüssige Handhaben des zarten Materials vermeiden.

Für die Beobachtung genügen Objektiv IV und Okular 3 des Himmlerschen Mikroskops.

Die Appendicularien zeichnen sich dadurch aus, daß sie die Chordaanlage, die die übrigen Ascidien nur im Larvenstadium zeigen, zeitlebens beibehalten. Der Schwanz, welcher die Chorda enthält, ist etwa in der Mitte des Körpers angewachsen und steht im Leben unter einem schiefen Winkel von demselben ab. Er zeigt in der Mittellinie den Chordastab, ist am Ende flachgabelig gespalten und weist einige Drüsen auf.

Wesentlich ist hier der Mangel eines Peribranchialraumes. Der After mündet unterhalb des Schwanzansatzes direkt nach außen. Oberhalb der Schwanzwurzel sieht man zwei ovale, dunkle Gebilde; dies sind die Öffnungen, durch welche das Atemwasser aus dem Kiemenkorb unmittelbar ins Freie gelangt.

Von weiteren Einzelheiten der inneren Organisation fällt uns außer dem Darmkanal besonders der im hinteren Teile gelegene dunkelbraune, T-förmige Hoden und das daneben liegende, rundliche, heller gefärbte Ovarium auf.

2. Kapitel.

Salpa democratica

(solitaria und aggregata).

Das Material, Einzelsalpen und Salpenketten, wird in konserviertem Zustande aus Neapel bezogen. Es wird zur Präparation aus dem Aufbewahrungsalkohol auf kurze Zeit in Wasser und darauf in verdünntes Glyzerin gebracht, welches auch als Einschlußmedium dient. Auch hier ist die Verwendung von Metallinstrumenten nach Möglichkeit zu vermeiden und der Pinsel als fast ausschließliches Werkzeug anzuwenden. Von den Kettensalpen schneidet man kleine Stücke ab, etwa drei bis vier Exemplare — so viel wie unter einem Deckgläschen Platz haben. Eine Färbung ist nicht notwendig.

Will man Einzelheiten wie Ganglion, Flimmergrube usw. besser hervorheben, so kann man Stückfärbung in Boraxkarmin oder auch Hämatoxylin Delafield anwenden, doch muß man im ersteren Falle gut mit schwachem Salzsäurealkohol differenzieren, in letzterem Falle längere Zeit (½ Stunde) mit Leitungswasser auswässern. Die Hervorhebung der muskulösen Elemente des Mantels dürfte durch Stückfärbung nach der Merkelschen Methode gelingen.

a) Einzelsalpe (Betrachtung bei schwacher Vergrößerung Oc. 1, Obj. 0). An dem tönnchenförmigen Tiere fallen uns die beiden langen Fortsätze am Hinterende des Körpers auf. Von der am anderen Ende gelegenen Einfuhröffnung gehen zwei deutliche Balken nach dem Hinterende des Körpers. Der eine, welcher bei seitlicher Lage des Objekts schräg von vorn oben nach hinten unten zieht, ist der Kiemenbalken. Es kommt hier nämlich nicht zur Ausbildung eines eigentlichen Kiemenkorbes. Derselbe ist durch Rückbildung zu einem Balken geworden, so daß die Körperhöhle dem Kiemenraum und dem Peribranchialraum der Ascidien entspricht. Der andere Balken, welcher längs der Bauchwand verläuft, ist der Endostyl, an dem man mit stärkerer Vergrößerung feine Flimmerhaare wahrnehmen kann. Vom oralen Ende des Kiemenbalkens nach dem entsprechenden Ende des Endostyls zieht auf jeder Seite ein feiner Flimmerbogen. Die quer verlaufenden Bänder, welche das Tier wie Tonnenreifen umgeben, sind im Hautmuskelschlauch liegende Muskelzüge. Das Ganglion ist als schwache Anschwellung über dem Anfange des Kiemenbalkens zu sehen. Etwas darüber liegt die dem Wimperorgan der Ascidien entsprechende Flimmergrube.

Von den Eingeweiden (Darmkanal usw.) ist nicht viel zu unterscheiden. Sie liegen als undurchsichtige, geknäuelte Masse (Nucleus) am hinteren Ende des Körpers. In der Umgebung des Nucleus sehen wir schon die junge Salpenkette, welche von den Einzeltieren auf ungeschlechtlichem Wege hervorgebracht wird, spiralig aufgerollt liegen (Stolo prolifer). Die Ausfuhröffnung findet sich zwischen den beiden langen Fortsätzen am Hinterende des Körpers.

b) Salpenkette. Die einzelnen Individuen der Kette hängen durch Haftfortsätze, welche sich paarig in der Nähe der Einfuhröffnung und am unteren Drittel des Körpers finden, aneinander. Kiemenbalken und Endostyl zeigen sich wie beim Einzeltier, ebenso Flimmerschlinge, Ganglion und Flimmergrube. Der Nucleus bietet auch nichts Besonderes dar. Statt der beiden langen, seitlichen Fortsätze am Hinterende der Einzeltiere haben wir hier nur einen mittleren, bedeutend kürzeren Fortsatz. Über dem Nucleus sehen wir meist schon den jungen Embryo der Einzelsalpe, der hier auf geschlechtlichem Wege entsteht und schon die Formen des zukünftigen Tieres erkennen läßt.

8. Abschnitt.

Vertebraten.

1. Kapitel.

Amphioxus lanceolatus.

I.

Man bezieht von der zoologischen Station in Neapel eine Anzahl histologisch fixierter, ausgewachsener Exemplare und einige junge, etwa 1 cm lange Tiere für Totalpräparate. Einige ausgewachsene Exemplare werden in Paraffin eingebettet. Die 20 μ dicken Querschnitte werden nach der Hämatoxylin-van Giesonmethode gefärbt.

1. Äußere Inspektion: Die seitlich etwas plattgedrückten Tiere tragen um das Hinterende des Körpers einen Flossensaum, der an der ventralen Seite über den After hinaus nach vorn bis zum Porus abdominalis reicht. Die Mundöffnung steht ventral und ist von einem Kranze von Mundzirren umgeben. Legen wir das Tier auf die Seite, so sehen wir an der dorsalen Körperhälfte die regelmäßig segmentierte Parietalmuskulatur (Myomeren). Ventral davon sieht man bei geschlechtsreifen Tieren die Gonaden in Gestalt einer größeren Anzahl eng hintereinander folgender Päckchen liegen. Auf der Bauchseite finden wir die vom Munde bis zum Abdominalporus führenden beiden Metapleuralfalten. Während der Abdominalporus median liegt, mündet der After wegen des median verlaufenden Flossensaumes auf der linken Seite.

2. Überblick über die innere Organisation. Alkoholmaterial ist häufig brüchig. Für die nun folgende Zerlegung empfiehlt es sich darum, die Tiere etwa $\frac{1}{4}$ Stunde in Wasser zu legen, dem man etwas Ammoniak zugesetzt hat. Wir nehmen das Tier zwischen die Finger und spalten mit der feinsten Schere die Bauchhaut in der Mittellinie vom After bis zum Munde auf. Biegen wir dann unter Wasser die Parietalmuskulatur zur Seite, so erkennen wir den vom Munde ausgehenden Kiemenkorb, der unmittelbar in den Darm übergeht. Die Gonaden haften meist an der zur Seite gebogenen Körpermuskulatur. Dem Darm liegt etwas seitlich die Leber auf, welche hier einfach ein Darmblindsack ist. Das Atemwasser tritt durch den Mund in den Kiemenkorb, durch das Gitterwerk desselben in den Peribranchialraum und verläßt das Tier durch den Porus abdominalis, durch den also der Peribranchial-

raum mit der Außenwelt kommuniziert. Räumt man Gonaden und Kiemendarm aus dem Tiere heraus, so sieht man im Grunde der Leibeshöhle die Chorda dorsalis entlangziehen.

3. Mikroskopische Präparate von Teilen des zerlegten Tieres. Wir schneiden den Kranz der Mundzirren, sowie Teile des Kiemenkorbes mit der Schere ab, entwässern in absolutem Alkohol, hellen in Xylol auf und stellen Balsampräparate her.

a) Präparat der Mundzirren. Der die Mundöffnung umgebende Tentakelkranz ist ventral geschlossen, dorsal dagegen offen. Hat man soviel abgeschnitten, daß die Substanz noch einen geschlossenen Ring bildet, so kann man in dem dorsalen Teile des Präparates das Vorderende der Chorda und eine an der Spitze des dorsal von dieser gelegenen Rückenmarkes liegende, kleine Pigmentanhäufung, den sog. Augenfleck, wahrnehmen. Die Tentakeln sitzen einem hufeisenförmigen Knorpelbogen auf. Dieses Hufeisen setzt sich aus einzelnen Skelettstücken zusammen, welche sich als zentrale Stützen in die einzelnen Tentakeln hinein fortsetzen, und in ihrer Struktur an die der Chorda, wie wir sie auf den Querschnitten kennen lernen werden, erinnern (Himmler, Obj. IV, Oc. 3). Die Basalteile dieser Fortsätze sind auf dem ganzen Kranze durch einen mächtigen Muskelring verbunden. Die äußere Bedeckung der Tentakeln ist eine Fortsetzung der Körperhaut, doch trägt das Epithel viele Wärzchen (Geschmackskegel), welche aus den distalen Teilen von im Epithel eingelagerten Zylinderzellen bestehen und — an konserviertem Material allerdings selten erhaltene — Wimperhärchen tragen (Obj. VIII).

b) Präparat von Teilen des Kiemenkorbes. Die den Kiemenkorb bildenden Knorpelstäbe ziehen in situ von vorn oben schräg nach hinten unten und sind durch kleine Querstäbchen miteinander verbunden. Dorsal gabelt sich jedes Kiemenstäbchen und verbindet sich durch flache Knorpelbogen mit den beiden benachbarten, ventral endet abwechselnd ein Stäbchen mit einer einfachen Spitze (Zungenbogen) und eines mit zwei mäßig divergierenden Gabelästen (Hauptbogen). Jedes Knorpelstäbchen wird von einem auch auf unserem Präparat als doppelte Kontur sichtbaren Hohlraume durchzogen und ist außen mit einem ziemlich mächtigen Epithel bedeckt. Die Blutbahnen innerhalb des Stäbchens lassen sich nur auf guten Querschnitten studieren.

4. Totalpräparat der kleinen Lanzettfischchen. Die etwa 1 cm langen Exemplare werden mit Borax- oder Alaunkarmin und Bleu de Lyon gefärbt (siehe Haifisch!) und als Balsampräparate montiert. Die Chorda und die Organe der Leibeshöhle sind rot, die Muskulatur blau gefärbt, doch beruht der Färbungsunterschied auf der verschieden starken Häufung der Zellkerne. Der histologische Färbungseffekt ist: Plasma blau, Kerne rot! Man sieht die vom Kiemenkorbe deutlich abgesetzte Mundhöhle. Um ihren Eingang steht der schon beschriebene Tentakelkranz, an ihrem kaudalen Ende sieht man einen mächtigen Ringmuskel, von dem sich fingerförmige Flimmerorgane in die Mundhöhle hinein erstrecken. Wir sehen weiter den Kiemenkorb, den Leberschlauch, der da, wo der respiratorische Teil des Darmkanales zu Ende ist, in diesen mündet, und sich von der Mündungsstelle aus nach vorn erstreckt, den frei in den Peribranchialraum führenden Porus abdominalis und den zum After führenden Enddarm. Gonaden sind noch nicht entwickelt.

II.

Betrachtung der gefärbten Querschnitte. Wir geben als Beispiele drei Querschnitte, von denen der erste durch den Anfangsteil, der zweite durch den Endteil des Kiemenkorbes und der dritte durch den hinteren Teil der Leibeshöhle geht.

1. Schnitt durch den vorderen Teil des Kiemenkorbes. Die Orientierung bei schwächster Vergrößerung zeigt uns das Muskelsystem (Myomeren, Fig. 257 : 8, 9, 10), das Rückenmark (Fig. 257 : 12), ventral von diesem die Chorda (Fig. 257 : 13), in der Leibeshöhle den

Kiemenkorb (Fig. 257 : 19), ventral davon einen querverlaufenden Bauchmuskel, ferner jederseits in der Seitenfalte der Bauchhaut einen Seitenkanal.

Wir richten jetzt die starke Vergrößerung auf die Körperhaut (Fig. 257 : 4). Die Epidermis besteht aus einer Schicht zylindrischer Zellen mit deutlichem Kern, die an ihrer freien Fläche eine Art Cuticula zeigen. An Stellen, wo wir durch Fehler im Schnitt die Epidermis in Flächenansicht sehen, zeigen die sonst rundlichen Zellen durch gegenseitige Abplattung einen polygonalen Grundriß. Die unter der Epidermis gelegene, rot gefärbte Cutis erweckt durch ihre Streifung den Anschein lamellarer Struktur, enthält viele kollagene Fasern und zeigt keine Kerne. Das subcutane Bindegewebe endlich ist mächtig entwickelt, läßt viele eingelagerte Fasern und einzelne Kerne erkennen und setzt sich unmittelbar in die Zwischenwände fort, welche die einzelnen Muskelbündel trennen (Myosepten, Fig. 257 : 7). Die Muskelfasern der Myomeren und des quer verlaufenden Bauchmuskels sind quergestreift. In den Längsfalten an beiden Seiten des Bauches sieht man je einen großen Hohlraum, den Querschnitt des Seitenkanals. Diese Seitenkanäle ziehen vom Abdominalporus bis zum Munde, endigen beiderseits blind, indem sie sich stark verjüngen, und werden in der Gegend der Tentakelmuskeln durch einen engen Quergang verbunden.

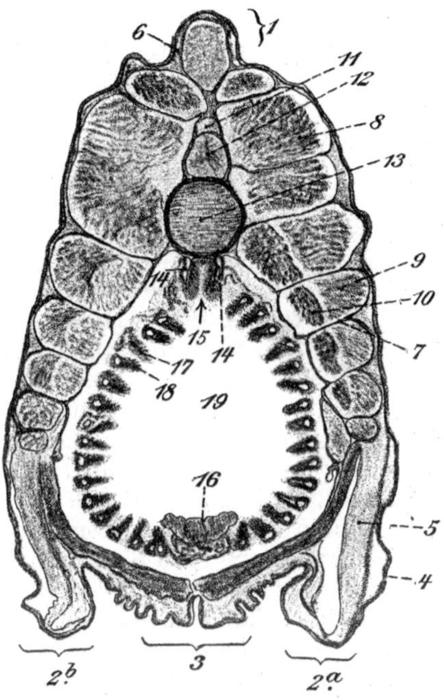

Fig. 257. Obj. 0. Amphioxus lanceolatus. Querschnitt durch den vorderen Abschnitt des Kiemenkorbes.

1. dorsaler Flossensaum. — 2 a. rechte (größere) laterale Flossenfalte. — 2 b. linke laterale Flossenfalte. — 3. Längsfalten der ventralen Fläche. — 4. Epithel (stellenweise abgelöst). — 5. Stützgewebe der seitlichen Flossenfalten. — 6. Stützgewebe der dorsalen Flossenfalte. — 7. Myosepten. — 8. Myomeren. — 9., 10. Teile der ventralen Myomeren. — 11. Dachraum. — 12. Rückenmark. — 13. Chorda. — 14. Aortenwurzeln. — 15. Epibranchial-Rinne. — 16. Hypobranchial-Rinne. — 17. Hauptbogen. — 18. Zungenbogen. — 19. Hohlraum des Kiemenkorbes.

Das Rückenmark zeigt einen engen Zentralkanal und, von diesem zur dorsalen Oberfläche ziehend, eine deutliche Raphe (Naht), die bei der Schließung des Medullarrohres gebildet worden ist und stellenweise noch Hohlräume zeigt. Zentralkanal und Raphe werden von einer schmalen Zone grauer Substanz mit zahlreichen Nervenzellen begrenzt. Zwischen diesen Nervenzellen finden sich auch Stützzellen, die sich in Stützfasern fortsetzen. Bündel solcher Stützfasern vereinigen sich zu Stützsepten, die radial von der grauen Substanz durch die weiße Substanz hindurch zur Oberfläche des Rückenmarkes ziehen. In der weißen Substanz finden wir viele quer und schräg getroffene Nervenfasern. Das ganze Rückenmark liegt in einer rings geschlossenen, starken Scheide von axialem Bindegewebe (rot). Dieses zeigt einen ähnlichen Bau wie die Cutis und dringt als sog. Flossenstrahl (Fig. 257 : 1, 6) in den Hohlraum der Rückenflosse ein.

Die Chorda dorsalis gewährt einen ganz anderen Anblick, als wir es an den Präparaten anderer Wirbeltiere kennen lernen werden. Sie erscheint auf unserem Schnitte als ein System horizontaler Streifen, welche von einer Wand der Chordascheide zur anderen ziehen. Ein ähnliches Bild erhält man auch auf Längsschnitten, und dies gestattet die Deutung, daß die Chorda aus einem System quer zur Längsrichtung gelagerter Platten besteht, die aus querverlaufenden, starren und durch eine Kittsubstanz verbundenen Fibrillen zusammengesetzt werden. Zwischen den einzelnen Platten findet sich ein spärliches, kernhaltiges Gewebe; die vereinzelten Kerne, welche man hier und da in dem Streifensystem antrifft, gehören diesem Gewebe an. Ventral zeigen die Querfasern der Chordaplatte eine sehr schwache, dorsal eine ziemlich kräftige Krümmung mit peripherisch gerichteter Konkavität. Der dadurch gebildete Hohlraum zwischen der Chorda und ihrer Scheide wird von dem sog. Müllerschen Gewebe ausgefüllt, welches aus kleinen verzweigten Zellen besteht. Die häutige Chordascheide ist äußerst zart und liegt dem axialen Bindegewebe innen an. Auf Querschnitten durch das Hinterende des Amphioxus, etwa vom After an, sieht man in der Chorda ein System dunkler gefärbter, konzentrischer Kreise. Längs dieser Kreise haften die Chordascheiben dieser Region wahrscheinlich aneinander. Auf manchen Chordaschnitten findet man in der Rückengegend, symmetrisch rechts und links gelagert, Vorsprünge des Müllerschen Gewebes in das perichordale, axiale Bindegewebe hinein (Chordazähne). Das perichordale Bindegewebe zeigt denselben Bau wie das, welches das Rückenmark umgibt.

Wir wenden uns nun zur Betrachtung des Kiemenkorbes. An günstigen Präparaten von gut konserviertem Material kann man an den allerdings meist etwas schräg getroffenen Kiemenstäbchen gute histologische Betrachtungen anstellen. Zunächst sei zum Verständnis des Übersichtsbildes vom Kiemenkorb gesagt, daß dieser in der Region seiner vollkommenen Ausbildung dorsal und ventral nicht durchbrochen ist, sondern an der Rückenlinie eine Epibranchialrinne (Fig. 257 : 15), an der Bauchseite eine Hypobranchialrinne (Fig. 257 : 16) bildet. Die Epibranchialrinne hat die Gestalt eines gegen das Darmrohr hin offenen Vierecks. Zwischen den Seitenflächen dieses Vierecks und dem perichordalen Bindegewebe sieht man die Querschnitte der beiden Aortenstämme. Die rundliche Hypobranchialrinne zeigt die Querschnitte von 9 Längsstreifen, aus deren verschiedener Färbung und Kernreichtum man schon auf verschiedene Funktionen schließen kann. Die braun gefärbten Streifen haben drüsigen Charakter.

An den Querschnitten der Kiemenstäbe, speziell der Zungenbögen, sehen wir zunächst den Knorpel, der auf der Außenseite bedeutend verbreitert ist und einen Hohlraum enthält. Das Epithel ist an den Seitenflächen und innen Flimmerepithel, zwischen beiden liegt das sog. Flügelepithel ohne Geißeln, an der Außenfläche Peribranchial- oder Atrialepithel, welches aus Drüsenzellen und zwischen ihnen gelegenen schmalen Deckzellen besteht. Färbt man die Schnitte mit Toluidinblau (s. S. 158), so zeigen die Drüsenzellen der Zungenbogen ein anderes färberisches Verhalten als die der Hauptbögen. Am Übergang vom Atrialepithel zum Geißelepithel sieht man Gruppen von Pigmentzellen. Ein äußeres Blutgefäß verläuft im Hohlraum des Knorpelstabes, ein inneres wird vom Geißelepithel eingeschlossen.

2. Schnitt durch die Leberregion. Auf diesem Schnitt wird der Kiemendarm (Fig. 258: 14) durch den Leberschlauch (Fig. 258 : 16) zur Seite gedrückt.

Die Leber wird außen von Atrialepithel bekleidet. Die Zellen des Leberschlauches sind sehr schmal und daher schwer voneinander zu unterscheiden. Ihre Kerne liegen auf einem Kreise, der als dunkler Ring deutlich zu sehen ist. Feinere Untersuchungen (Injektion von Indigkarmin oder karminsaurem Ammoniak) beweisen, daß wir zwischen Nähr- und Drüsenzellen unterscheiden müssen, daß in der Leber also wirklich ein exkretorisches Organ und nicht nur eine Ausstülpung des Darmes zur Vergrößerung der Oberfläche vorliegt. Der Hohlraum des Leberschlauches ist verhältnismäßig eng und enthält nie Nahrungsreste.

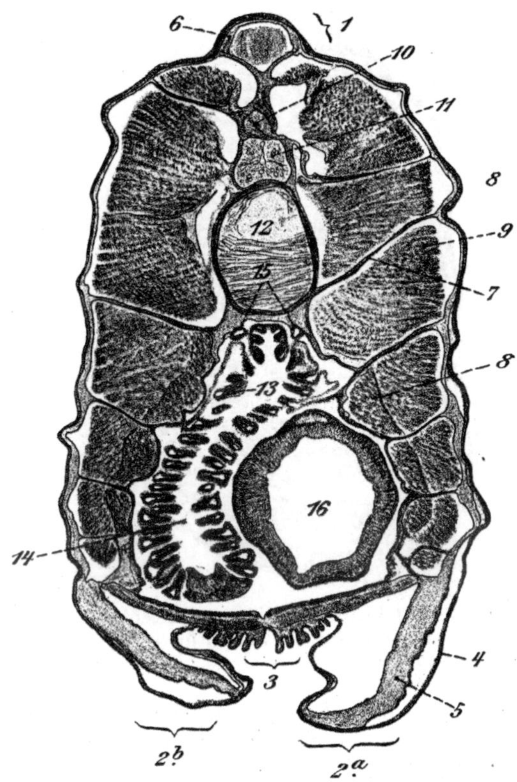

Fig. 258. Obj. 0. Amphioxus lanceolatus. Querschnitt durch die mittlere Gegend des Kiemenkorbes.

1.—7. s. Fig. 257. — 8. ventrales Längsseptum. — 9. Myomeren. — 10. Dachraum. — 11. Rückenmark. — 12. Chorda. — 13. Hauptbogen. — 14. Hohlraum des Kiemenkorbes. — 15. Aortenwurzeln. — 16. Leberrohr.

Auch eine der beiden Gonaden kann auf Schnitten dieser Region schon getroffen werden. Unser Präparat enthält dieselben allerdings noch nicht. Amphioxus ist getrennten Geschlechts.

Der Eierstock ist vom Atrialepithel, von einer äußeren, dicken, kern- und faserreichen und von einer inneren, faserlosen Bindegewebshaut umschlossen. Letztere setzt sich ins Innere des Organs hinein fort und teilt dasselbe in einzelne Kammern. Die Eier müssen, um in den Peribranchialraum zu gelangen, die Wand des Ovariums durchbrechen. So finden wir auch die am meisten entwickelten Eier in den peripherischen Teilen des Schnittes.

Die Häute der Hoden entsprechen denen der Ovarien. Ein Ausführungsgang ist auch hier nirgends vorhanden. Das Organ selbst besteht aus einer dichten Rindenzone und aus einer von kanalartigen Hohlräumen durchzogenen, inneren Zone, die an einen zentralen Hohlraum grenzt. In allen Hohlräumen des Hodens sind Spermatozoen zu finden.

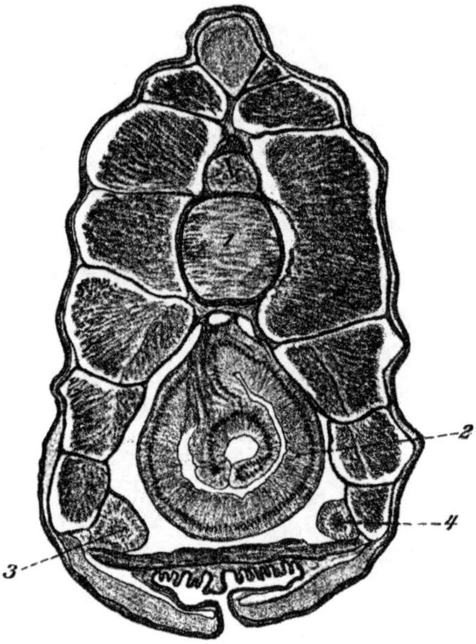

Fig. 259. Obj. 0. Amphioxus lanceolatus. Querschnitt durch die Darmregion.
1. Chorda. — 2. Darmrohr. — 3., 4. Gonaden.

3. Schnitt durch die Region des Enddarmes. An diesen Schnitten kann man zuweilen besonders gut die Abgrenzung der Leibeshöhle, welche den Darm enthält, von dem den letzteren ventral hufeisenförmig umgebenden Peribranchialraum sehen. Rechts und links bildet die Leibeshöhle auf den Schnitten kleine seitliche Räume (subchordales Cölom). Wo diese an die dorsalen Enden des hufeisenförmigen Schnittes durch den Peribranchialraum grenzen, liegt jederseits ein sehr unscheinbarer Nierenkanal. Die Nephrostomen münden ins subchordale Cölom, die einfachen Nierenporen, die an Zahl den Kiemenspalten entsprechen, in den Peribranchialraum.

Unser Schnitt, Fig. 259, zeigt von diesen Verhältnissen weniger. Wir finden auf ihm Querschnitte durch die hinteren Enden der Gonaden (Fig. 259:3, 4), sowie den merkwürdig gefalteten Enddarm (Fig. 259:2). Dieser ist von einer peritonealen Hülle eingeschlossen, in welcher man bei stärkerer Vergrößerung Blutgefäße verlaufen sieht, und die unter der Chorda stark gefaltet ist. Die Zellen der eigentlichen Darmwandung sind äußerst schmal und langgestreckt und zeigen in einer dunklen Zone angeordnete Kerne.

2. Kapitel.

Cyclostomen (Petromyzon Planeri).

I. Makroskopische Präparation.

Man bezieht aus Neapel 15—20 cm lange Exemplare von Petromyzon Planeri (Neunauge) für eine makroskopische Orientierung und etwas kleinere, histologisch fixierte Exemplare zum Einbetten in Paraffin. Außerdem werden etwa 10 cm lange, noch nicht voll entwickelte Larven derselben Art, sog. Ammocoetes Planeri, in Paraffin eingebettet. In Gegenden, wo ausgewachsene Neunaugen (meist Petromyzon fluviatilis) frisch erhältlich sind, können diese natürlich zur makroskopischen Präparation benutzt werden.

Äußere Inspektion. Die wurmförmigen Tiere ermangeln der Brust- und Bauchflossen. Die beiden Rückenflossen, von denen die hintere die größere ist, liegen unmittelbar hintereinander. An die letztere schließt sich unmittelbar die Schwanzflosse an, welche als schmaler Saum das Hinterende des Körpers umgibt und ventral bis zur Afteröffnung reicht. Hinter der Afteröffnung ragt die fadenförmig ausgezogene Urogenitalpapille etwa 1 cm weit hervor.

An jeder Seite hinter dem Kopfe münden 7 Kiemenlöcher. Diese, die davor gelegenen, großen Augen (8) und die median zwischen denselben liegende, unpaare und in einen blinden Sack endigende Nasenöffnung (9) haben den Tieren den Namen Neunaugen verschafft. Die Larvenform Ammocoetes entbehrt noch der Augen. Die Mundöffnung ist von einer kreisförmigen Lippe umgeben, die einen stark gekräuselten und gefransten Rand besitzt und zu einer Längsspalte zusammengelegt werden kann. Im Grunde der Mundhöhle erblickt man die stumpfen Hornzähne und eine stempelartige Zunge. Die Larvenform Ammocoetes hat eine deutlich abgesetzte, lappenartige Oberlippe und keine Zähne.

Die makroskopische Präparation beschränkt sich hier auf eine ganz kurze Orientierung, die nur das Verständnis der gefärbten Querschnitte erleichtern soll. Wir führen einen Längsschnitt in der Mittellinie des Bauches von der Gegend hinter dem Kiemenkorbe bis kurz vor die Afterpapille und präparieren die Muskeldecke einer Seite ähnlich wie bei der Plötze (s. weiter unten) ab. Der ungewundene Darm ist nur unmittelbar hinter dem Kiemenkorbe von der kleinen Leber bedeckt. Entfernen wir diese, so erblicken wir, schon vom Hinterende des Kiemenkorbes eingeschlossen, das Herz. Dem Darm liegt seitlich die fast über die ganze Leibeshöhle ausgedehnte Gonade auf. Dorsal vom Darm finden wir in der hinteren Hälfte der Leibeshöhle die Niere. Räumen wir die Leibeshöhle aus, so liegt die Chorda dorsalis als knorpeliger Stab frei vor uns.

Um einen Einblick in den Bau des Kiemenkorbes zu erhalten, müssen wir das Kopfende des Tieres mit einem scharfen Skalpell durch einen sagittalen Längsschnitt halbieren. Führen wir den Schnitt genau durch die Nasengrube, so liefert er fast immer brauchbare Bilder. Wir sehen, daß die Nasengrube blind ist, bemerken das spitze Vorderende der Chorda und das von einer kleinen Knorpelkapsel eingeschlossene Gehirn. Dorsal von dem längs getroffenen Zungenstempel liegt der Schlund, der in den ventral gelegenen, hinten, d. h. oral vom Herzen, blind endigenden Wassergang und in den dorsal von diesem gelegenen Ösophagus führt. Im Wassergang liegen jederseits die inneren Öffnungen der sieben Kiemensäcke. Das Wasser tritt durch die Kiemen in den Wassergang und verläßt denselben, wenn das Tier sich mit der Mundöffnung irgendwo festgesaugt hat, auf demselben Wege.

II. Mikroskopische Präparation.

Die histologisch fixierten Exemplare werden vor dem Einbetten in Paraffin in 2—3 Stücke geschnitten. Die Färbung der 20 μ dicken Schnitte erfolgt nach der Hämatoxylin-van Giesonmethode. Wir müssen uns hier natürlich wieder auf die Beschreibung weniger ausgewählter Schnitte beschränken und wählen drei verschiedene Gegenden von Petromyzon Planeri und zwei von der Larvenform Ammocoetes.

a) Schnitt durch die Kiemenregion von Petromyzon Planeri (Fig. 260). An diesem Schnitte studieren wir zuerst den Bau des Rückenmarkes und der ventral davon gelegenen Chorda. Das Rückenmark füllt den Rückenmarkskanal nur teilweise aus. Es erscheint auf den meisten Schnitten bandartig abgeplattet und zeigt im Innern einen engen Medullarkanal. Die graue Substanz ist an der starken Häufung von Zellkernen sofort zu erkennen. Sie hat im Querschnitt die Form eines fliegenden Vogels. An den seitlichen Teilen der grauen Substanz fallen einige Riesenzellen auf. Dieselben sind aber nicht zu verwechseln mit den Querschnitten der Riesenfasern oder Müllerschen Fasern der weißen Substanz, deren geronnener

Inhalt einen Zellkern vortäuschen kann. Diese Fasern liegen namentlich ventral von der grauen Substanz, sind aber auch an den Flügelspitzen derselben zu finden. Die Chorda zeigt auf vielen Schnitten einen zentralen Hohlraum, der durch Schrumpfung beim Fixieren entstanden ist. Wir sehen ein weitmaschiges Gewebe, das aber durch die Fixierungsmittel weitgehend verändert ist. Im Leben besteht die Rückensaite aus einer gallertigen Stützsubstanz mit eingelagerten Zellen. In der Nähe der Scheide liegen die Chordazellen dichter; das Präparat zeigt hier, da die Zellen viel kleiner sind, eine Häufung von Kernen. Die Chordascheide be-

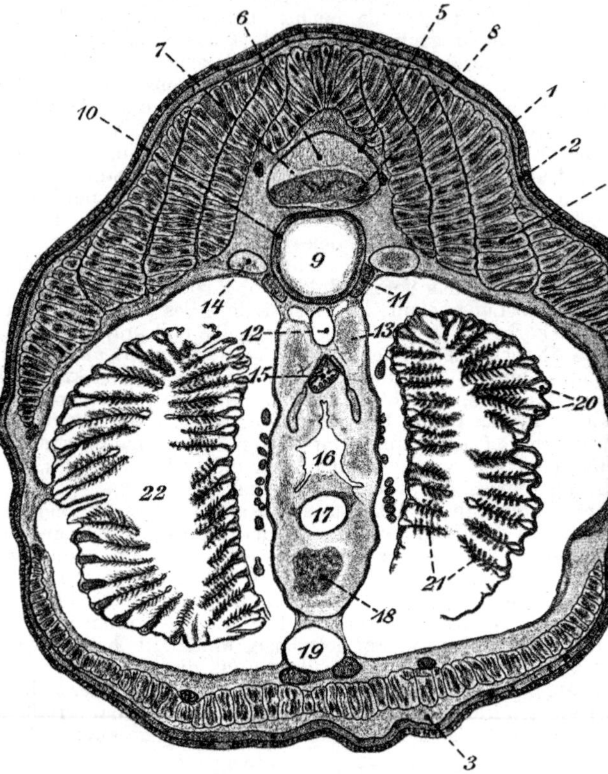

Fig. 260. Petromyzon Planeri. Querschnitt durch die Kiemenregion.

1. Epidermis. — 2. Cutis. — 3. Unterhautbindegewebe. — 4. Muskulatur. — 5. Hülle des Rückenmarkkanales. — 6. Zellenfüllung des Rückenmarkkanales. — 7. Medullarkanal. — 8. Rückenmark. — 9. Chorda. — 10. Chordascheide. — 11. Knorpelstützen der Chorda. — 12. Aortenstamm. — 13. Kardinalvene. — 14. Vene. — 15. Speiseröhre. — 16. Wassergang. — 17. Kiemenarterie. — 18. Zungenbeinmuskel. — 19. Jugularvene. — 20. Knorpelstützen der Kiemenblättchen. — 21. Kiemenblättchen. — 22. Kiementasche.

steht aus zwei Schichten, einer dichten, inneren Faserschicht und einer äußeren, elastischen Schicht. Seitlich an der Chorda finden wir Querschnitte durch kleine knorpelige Stützgebilde von großem Zellenreichtum. Unmittelbar ventral von der Chorda finden wir den Aortenstamm, ventral von diesem den Querschnitt des Ösophagus mit sternförmigem Lumen. Zu beiden Seiten der Speiseröhre liegen die Schnitte durch die rechte und linke Kardinalvene. Der flaschenförmige Hohlraum ventral vom Ösophagus ist der Wassergang. Seine seitlichen Verbindungsgänge zu den Kiementaschen sind in ihren Anfangsteilen getroffen. Ventral vom Wassergang sehen wir den Querschnitt der starkwandigen Kiemenarterie, ventral von diesem den Querschnitt eines Zungenbeinmuskels und unmittelbar unter der Bauchdecke die unpaare Jugularvene. In den Kiementaschen jederseits finden wir die fiederartigen Kiemenblättchen, die von knorpeligen Stützen getragen werden, ohne daß doch ein eigentliches Visceralskelett zur Ausbildung kommt.

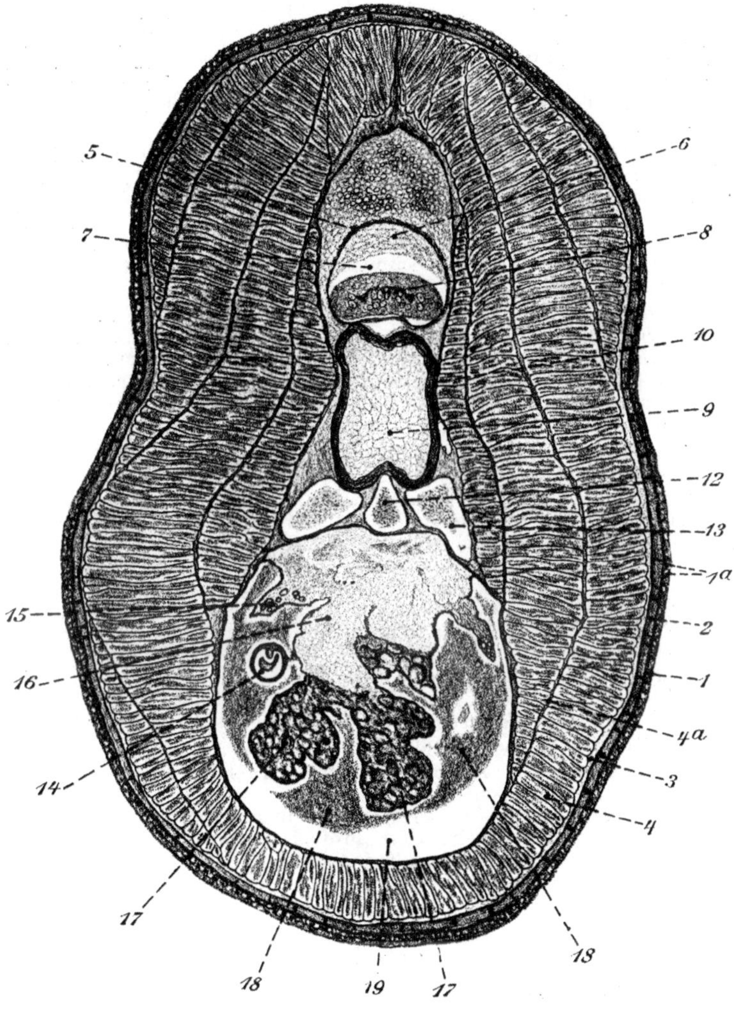

Fig. 261. Petromyzon Planeri. ♂ Querschnitt durch die Mitte der Leibeshöhle. 1.—13. s. Fig. 260. — 1a. Drüsen. — 4a. Septum. — 14. Darm mit Spiralklappe. — 15. Niere mit quergetroffenen Nierenkanälchen. — 16. Nierenfettgewebe. — 17. Gonade. — 18. Sperma. — 19. Leibeshöhle.

b) Schnitt durch die Mitte der Leibeshöhle von Petromyzon Planeri (Fig. 261). An diesem Schnitte betrachten wir die Organe der Leibeshöhle. Unmittelbar ventral von der Chorda sehen wir drei mächtige Blutgefäße: das mittlere ist der Aortenstamm, die seitlichen zwei große Venenstämme. Der durch die mächtig entwickelte Gonade zur Seite gedrängte Darm läßt deutlich eine

Spiralklappe erkennen. Seitlich ziemlich dorsal sind die vorderen Spitzen der Nieren getroffen. Sie zeigen einige Querschnitte von Nierenkanälen und gehen dorsal und median in ein stark entwickeltes Fettgewebe über. Den Hauptteil der Leibeshöhle nimmt die Gonade ein, deren Kanäle bei dem vorliegenden Männchen von Spermatozoen strotzen. Auch der ganze freie Hohlraum der Leibeshöhle ist von Sperma erfüllt, das aus der Gonade entleert ist.

c) Schnitt durch den hinteren Teil der Leibeshöhle. Der Schnitt ist nach der Betrachtung des vorigen ohne weiteres verständlich. Die Nieren sind in ihrer mächtigsten Ausbildung getroffen. Ventral liegt jeder Niere der hier ziemlich weite Harnleiter an. Der freie Raum der Leibeshöhle ist wieder mit Sperma erfüllt.

d) Schnitt durch die Kiemenregion von Ammocoetes. Der wichtigste Unterschied zwischen der Larve und dem ausgewachsenen Neunauge liegt in der Ausbildung des Kiemenkorbes. Der Wassergang fehlt der Larve noch vollständig, die sieben Kiementaschen öffnen sich einzeln in das Schlundrohr. Man sieht die gefiederten Kiemenblättchen direkt bis an den Schlund herantreten. Die Homologie der übrigen Teile des Schnittes mit denen des Petromyzonschnittes ist unschwer festzustellen.

e) Schnitt durch die Mitte der Leibeshöhle von Ammocoetes. Wir erkennen wieder den Darm mit der Spiralklappe. Gonaden sind noch nicht ausgebildet. Ihre Anlage erblicken wir zu einer Seite des Darmes im ventralen Teile der Leibeshöhle. Die Nieren entwickeln ein mächtiges Fettgewebe, welches den Darm dorsal und zum Teil auch seitlich umgibt. Die Harnleiter liegen an den ventralen Enden des Nierenschnittes, also lateral vom Darm.

Anmerkung: In ähnlicher Weise könnte man natürlich auch die den anderen Typus der Cyclostomen vertretende Myxine glutinosa behandeln. Hier endigt die Riechgrube nicht blind, sondern kommuniziert mit der Schlundhöhle. Das Auge ist verkümmert und besteht nur aus einem von bindegewebigen Hüllen eingeschlossenen Glaskörper. Die sechs Kiemensäcke münden nach innen getrennt in den Schlund wie bei Ammocoetes, nach außen vereinigen sie sich jederseits zu einem gemeinsamen Kanale, der in einer besonderen Öffnung kaudal vom Herzen nach außen führt. Genaueres findet man in den klassischen Abhandlungen Joh. Müllers in den Verhandlungen der Berliner Akademie (Vergleichende Anatomie der Myxinoiden, 1834, 1837, 1838, 1839, 1843). Man wird auch hier an eine Inspektion des Tieres die Betrachtung einer Anzahl in gewöhnlicher Weise hergestellter Querschnitte anschließen. Myxine glutinosa findet sich an den Küsten der nördlichen Atlantis. Wegen der Beschaffung des Materials wende man sich an eines der nachfolgend genannten Institute:

Bergens Musaeum, Zoologische Abteilung (Herr Dr. Brinckmann): Bergen in Norwegen;
Den biologiske station, Trondhjem in Norwegen;
Den biologiske station: Herr Prof. Dr. med. Schreiner, Dróbak in Norwegen (hier nur im Sommer).

3. Kapitel.

Scyllium canicula L. Hundshai.

Man bezieht von der zoologischen Station in Neapel:

30—40 cm lange Exemplare für die makroskopische Präparation.
10 cm lange Exemplare (histologisch fixiert) zum Einbetten in Paraffin.
1 cm lange Embryonen von Mustelus laevis mit Nabelschnur und Dottersackplacenta für Totalpräparate (und Längsschnitte).

I. Äußere Inspektion.

Wir überzeugen uns, indem wir mit der Hand von hinten nach vorn über das Tier streichen, von der durch die eingelagerten Placoidschuppen bedingten Rauhheit der Haut (Chagrin). Von diesen Schuppen werden später mikroskopische Präparate hergestellt werden An Flossen finden wir: Ein Paar Brustflossen unmittelbar hinter den Kiemenspalten; ein Paar Bauchflossen kurz vor der Kloakenöffnung; zwei Rückenflossen, deren erste da beginnt, wo die Bauchflossen aufhören, und deren zweite etwa 10 cm hinter der ersten steht; eine Afterflosse zwischen den beiden Rückenflossen; eine deutlich heterocerke (d. h. mit vorwiegend entwickeltem Ventrallappen versehene) Schwanzflosse. Die Mundöffnung finden wir auf der Bauchseite. Sie bildet einen nach hinten offenen Halbkreis. Biegt man die Unterlippe etwas herab, so kann man oben und unten in der Mundhöhle die spitzen, in Querreihen angeordneten, nach hinten gerichteten Zähnchen fühlen. Von der Oberlippe führen nach vorn die beiden Nasenrinnen zu den Nasengruben (Fig. 262 : 1). Die Nasenrinnen begrenzen die Nasenklappe (Fig. 262 : 2), welche die Nasengruben zum größten Teil bedeckt.

Zur Untersuchung der Nasengruben, schneiden wir mit der Schere ein Stück aus der Nasenklappe heraus, wie es die Fig. 262 zeigt, und sehen dann an der Decke der Nasengrube eine Reihe nebeneinander gestellter Schleimhautfalten. Unmittelbar hinter den Augen sieht man jederseits ein Spritzloch. Führt man vorsichtig eine feine Knopfsonde in dasselbe ein, so läßt sich der Zusammenhang mit der Rachenhöhle leicht feststellen. Zwischen Spritzloch und Ansatzstelle der Brustflossen liegen jederseits fünf getrennte Kiemenlöcher. Die Augen besitzen zwei Lider, bei Scyllium indessen keine Nickhaut.

Die längsgestellte Afteröffnung liegt zwischen den freien Innenrändern der Bauchflossen. Beim Männchen sind die Hinterenden der beiden Bauchflossen zu einer Flossenscheide (Fig. 262 : 28) verwachsen, in der die beiden knorpeligen Begattungsorgane (Pterygopodien, Fig. 262 : 29) deutlich sichtbar sind, so daß sich die Geschlechter schon äußerlich sofort unterscheiden lassen.

Besonders gut ausgebildet ist bei den Haifischen das System der Seitenorgane am Kopfe. Die punktierten Linien der Fig. 262 (: 3) zeigen den Verlauf der Organe an der Unterseite des Kopfes. Auch auf der Oberseite des Kopfes sind solche Reihen von Poren festzustellen, wenn dies auch wegen der dunkleren Pigmentierung hier etwas schwieriger ist. Man findet vorn auf der Schnauze die dorsalen Fortsetzungen der Punktreihen auf der Unterseite, Ringe um die Augenhöhlen, einen Schläfenfortsatz und eine Verbindungsbrücke über den Hinterkopf hinweg. Die Porenlinien längs der Körperseiten sind wegen der rauhen und fleckigen Haut noch schwerer zu erkennen.

II. Sektion.

Die Präparation erfolgt im Wachsbecken unter Wasser. Wir führen auf der Bauchseite einen Medianschnitt, der 1—2 cm vor dem After

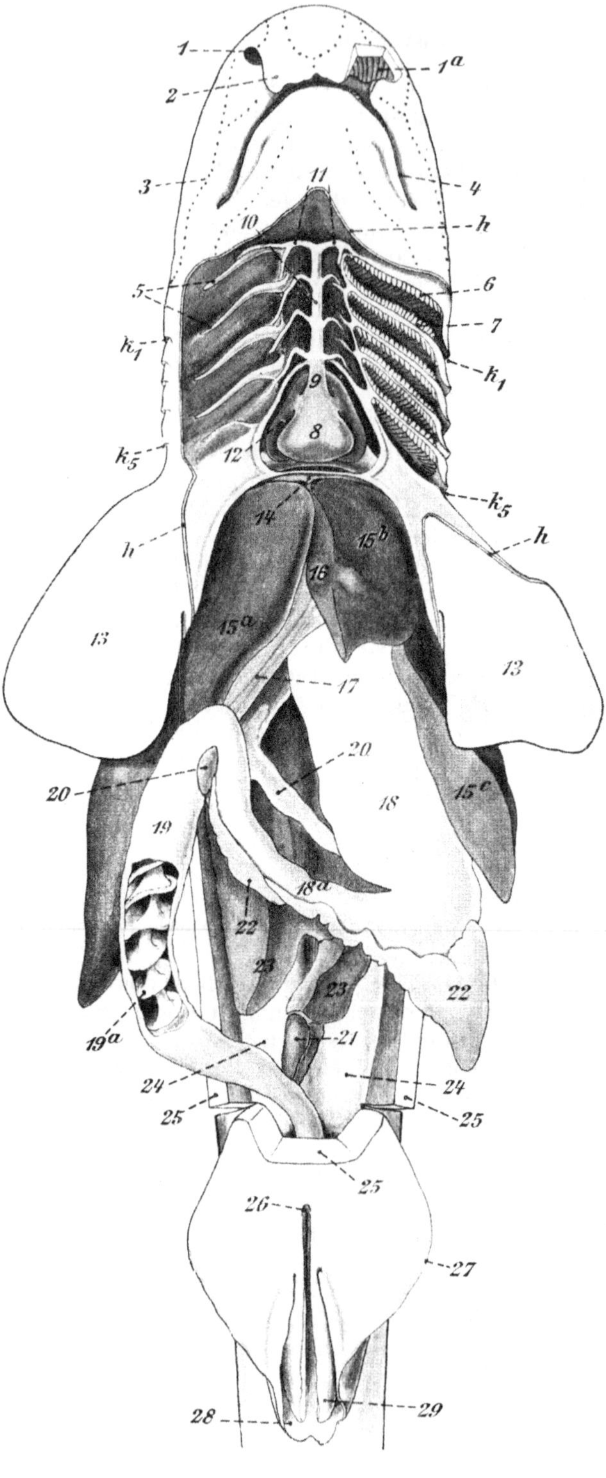

Fig. 262.
Scyllium canicula ♂. Situs.

h Rand der stehengebliebenen Haut. — 1. rechtes Nasenloch. — 1a. linke Nasengrube (freigelegt). — 2. Nasenklappe. — 3. Seitenorgan. — 4. Mundspalte. — 5. Kiemenbogen. — $k_1 \ldots k_5$ Eingang zur 1.—5. Kiementasche. — 6. Vordere, — 7. hintere Halbkieme der ersten Kiementasche. — 8. Herzkammer. — 9. Conus arteriosus. — 10. Kiemenarterienstamm. — 11. Vorderstes Paar der Kiemenarterien. — 12. Herzvorkammer. — 13. Brustflossen. — 14. Endstück der Müllerschen Gänge. — 15a., 15b., 15c. Leberlappen. — 16. Gallenblase. — 17. Ductus choledochus. — 18. weiter, — 18a. enger Abschnitt des Magens. — 19. Darm. — 19a. Spiralklappe. — 20. Pankreas. — 21. Afterdrüse. — 22. Milz. — 23. Hoden. — 24. Ureteren und Vasa deferentia vom Peritoneum bedeckt. — 25. Schnittfläche der Bauchwand. — 26. Aftergegend. — 27. Bauchflossen. — 28. Flossenscheide. — 29. Pterygopodien (Begattungsorgane).

beginnt und bis zwischen die Insertionen der Brustflossen reicht. Von diesem Schnitte aus gehen wir unter Lösung der Adhäsionen des Peritoneums an der ventralen Muskeldecke seitwärts und tragen die Bauchmuskulatur so weit ab, wie es aus der Schnittkontur der Abbildung (Fig. 262 : 25) ersichtlich ist. Die Herz- und Kiemengegend bleibt vorläufig noch von der Muskeldecke bedeckt. Die Leber (Fig. 262 : 15) wird in der Weise auseinandergebogen, wie es in Fig. 262 dargestellt ist und der Darmkanal gelockert und nach derselben Vorlage orientiert. Die Leber, die durch eine Peritonealfalte, das Ligamentum suspensorium, an der abgetragenen Muskeldecke des Bauches angeheftet war, beginnt gleich hinter dem Herzbeutel. Wir unterscheiden an ihr zwei Hauptlappen (Fig. 262 : 15a, c) und einen von der Kommissur derselben abgehenden, kleineren Mittellappen (Fig. 262 : 15b), an dem wir die Gallenblase (Fig. 262 : 16) finden. Der weite Ductus choledochus (Fig. 262 :17) mündet gleich hinter dem Übergang des engen Magenabschnittes in das Duodenum, nachdem er ein kurzes Stück am Darme entlang gezogen ist, auf einer im Innern des Duodenums festzustellenden Papille. Das Pankreas (Fig. 262 : 20) besteht aus mehreren Teilen. Der Ausführungsgang, bis zum Ende von Drüsensubstanz umgeben, mündet neben dem Ductus choledochus. Der Magen besteht aus zwei deutlich gesonderten Abschnitten. Der sich an den Ösophagus anschließende Abschnitt (Fig. 262 : 18) ist stark erweitert und trägt innen eine kräftige Längsfaltung. Er biegt dann plötzlich nach vorn und geht in die sehr enge Portio pylorica (Fig. 262 : 18a) über. Diese macht an ihrem vorderen Ende wieder eine scharfe Biegung nach hinten und führt in den Duodenalteil des Darmrohres (Fig. 262 : 19), in welchen Bauchspeicheldrüse und Leber ihre Sekrete ergießen. Bis zu diesem Teil hängt der Verdauungskanal im Mesenterium, während der nun folgende Klappendarm frei ist. Zur Untersuchung dieses Darmteiles bringen wir ein kleines Fenster in der Darmwand an (Fig. 262 : 19a). Wir erhalten so ein Bild der Spiralklappe, einer eigentümlichen, für die Selachier charakteristischen Bildung, welche der Vergrößerung der Darmoberfläche dient. Die Spiralklappe ist in Spirallinie an der Darmwand befestigt und läßt im Inneren einen Hohlraum frei, so daß also auch ihr freier Rand eine Spirallinie bildet. An den Klappendarm schließt sich das kurze, wieder in einer Peritonealfalte hängende Rectum, das in die Kloake mündet. Das Rectum trägt auf der Rückseite die Afterdrüse (Fig. 262 : 21), ein hohles, drüsiges Organ mit weiter Öffnung. Die Milz (Fig. 262 : 22) liegt mit ihrer Hauptmasse dem kaudalen Ende des weiten Magenabschnittes an, doch ziehen sich Teile derselben längs des ganzen pylorischen Rohres hin. Die Schwimmblase fehlt den Haifischen.

Wir nehmen an, das vorliegende Tier sei ein Männchen. Schon in dem Stadium der Präparation, bei dem wir im vorigen Abschnitte angelangt waren, können wir im Grunde der Leibeshöhle, vom Bauchfelle bedeckt, die Hoden (Fig. 262 : 23) und die kaudal ziehenden Ureteren und Vasa deferentia (Fig. 262 : 24) sehen. Drückt man den Vorderrand der Leber etwas herab, so sieht man auf der Querlamelle des Peritoneums die gemeinsame Öffnung der Müllerschen Gänge. Für das genauere Studium des Urogenitalapparates müssen wir das Darmrohr am Ösophagus durchschneiden (Fig. 263 : 7) und nach Lösung aller Mesenterialfalten mit sämtlichen Anhangsdrüsen zur Seite klappen. Dann legen wir

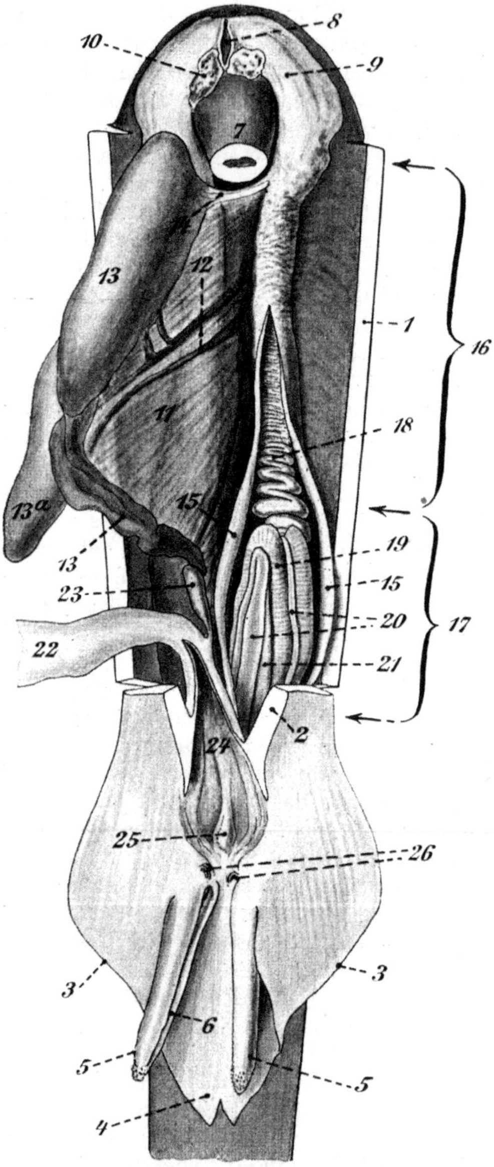

Fig. 263. Scyllium canicula ♂. Darmrohr am Ösophagus durchschnitten und herausgeklappt. Beckenplatte und ventrale Wand des Darmendes in der Mittellinie des Körpers gespalten. Hoden nach links herausgezogen. Peritoneum der rechten Seite (im Bilde) der Länge nach aufgeschlitzt und nach beiden Seiten hin abpräpariert, wodurch Samenleiter, Ureter usw. sichtbar werden.

1. Schnittfläche der Bauchwand. — 2. Schnittfläche der Beckenplatte. — 3. Bauchflossen. — 4. Flossenscheide. — 5. Pterygopodien. Das rechte so gedreht, daß die Samenrinne 6. sichtbar wird. — 7. Ösophagus. — 8. Mündung der Müllerschen Gänge. — 9. Müllersche Gänge. — 10. Reste der Leber. — 11. Gemeinsames Aufhängeband der Hoden. — 12. Blutgefäße. — 13. Linker Hoden. — 13a. Rechter Hoden. — 14. Ausführungsgang (vas efferens) des linken Hoden. — 15. Zur Seite geklappte Abschnitte des Peritoneums. — 16. Grenzen des Mesonephros (Urniere) (nicht sichtbar). — 17. Grenzen des Metanephros (nicht sichtbar). — 18. Samenleiter (Wolffscher Gang). — 20. Ureter. — 21. Blindsack. — 22. Enddarm. — 23. Analdrüse. — 24. Dorsale Wand des Darmendes. — 25. Urogenitalpapille. — 26. Pori abdominales.

auch den linken Hoden des Tieres (Fig. 263 : 13) nach der linken Seite des Präparationsfeldes hinüber, spalten das Peritoneum über den Ausführungsgängen der linken Seite des Tieres und präparieren es nach beiden Seiten hin ab. Die beiden langgestreckten Hoden (Fig. 263:13a), die in einer von der Mitte der Wirbelsäule ausgehenden Peritonealfalte hängen und nach vorn konvergieren, entsenden Vasa efferentia (Fig. 263 : 14) nach der Urniere (Mesonephros, Wolffscher Körper), der also als Nebenhoden fungiert. Die Samenleiter (Wolffschen Gänge, Fig. 263:18) sind erst sehr dicht, später etwas lockerer spiralig gewunden und bilden an ihrem Ende eine Samenblase (Vesicula seminalis, Fig. 263 : 19) und einen Blindsack (Fig. 263 : 21). Die funktionslosen Müllerschen Gänge sind ebenfalls erhalten und besitzen an ihrem oralen Ende eine gemeinsame Öffnung (Fig. 263:9, 8). Die Ureteren (Fig. 263 : 20) sammeln den Harn aus dem hinteren Teile der Niere (Metanephros, Fig. 263 : 17) und münden in den Blindsack der Wolffschen Gänge. Die beiden so gebildeten Urogenitalsinus kommunizieren miteinander und münden gemeinsam in die Kloake. — Wir tragen jetzt die Beckenplatte ab und spalten die ventrale Kloakenwand (Fig. 263 : 2). Dann sieht man an der Dorsalwand der Kloake die gemeinsame Urogenitalpapille (Fig. 263 : 25). Die Pterygopodien sind am Ende des Beckenknorpels freibeweglich befestigt und tragen auf der medianen Seite eine einseitig offene Samenrinne (Fig. 263 : 6), in welcher der Samen bei der Begattung entlangfließt. Zwischen der Kloakenöffnung und der Pterygopodienwurzel liegen die paarigen

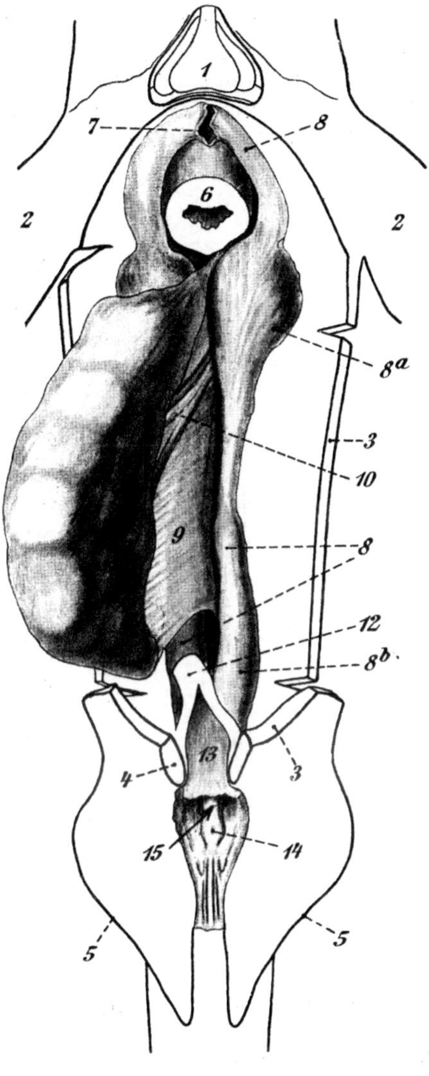

Fig. 264. Scyllium canicula ♀. Darm und Anhangsdrüsen entfernt. Beckenplatte und ventrale Wand des Darmendes in der Mittellinie gespalten. Ovarium nach links herausgezogen.

1. Herzkammer. — 2. Brustflossen. — 3. Schnittfläche der Bauchwand. — 4. Schnittfläche der Beckenplatte. — 5. Bauchflossen. — 6. Schnittfläche des Ösophagus. — 7. Mündung der Müllerschen Gänge. — 8. Eileiter. — 8a. Schalendrüse. — 8b. Uterus. — 9. Aufhängeband des Ovariums (dahinter der durchscheinende linke Eileiter). - 10. Blutgefäße. — 11. Ovarium. — 12. Rest des Darmrohres. — 13. Dorsale Wand des Darmendes. — 14. Ureterpapille. — 15. Eileitermündung.

Pori abdominales (Fig. 263 : 26), durch welche die Bauchhöhle frei nach außen geöffnet ist.

Wir führen nun die Präparation des Urogenitalsystems bei einem Weibchen aus. Der Darm mit seinen Anhangsdrüsen wird wieder entfernt, die Beckenplatte und die ventrale Kloakenwand median gespalten und das häufig von Eiern strotzende Ovarium nach der linken Seite des Präparationsfeldes herübergeklappt. Es ist von den ursprünglich paarig angelegten Ovarien nur das rechte entwickelt (Fig. 264 : 11), welches in einer gefäßreichen, median inserierten Peritonealfalte hängt. Die Eileiter (Müllerschen Gänge, Fig. 264 : 8) verlaufen wie die entsprechenden Organe des Männchens und bilden unter der vorderen Querlamelle des Peritoneums ein gemeinsames Ostium. In den einschließenden Häuten des Anfangsteiles eines jeden Eileiters liegt eine Kitt- und Schalendrüse (Fig. 264 : 8a). Am kaudalen Ende erweitern sich die Eileiter zu je einem Uterus (Fig. 264 : 8b) und münden gemeinsam in die Rückwand der Kloake (Fig. 264 : 15). Finden wir zufällig im Uterus befruchtete Eier, so können wir die vier an den Ecken befindlichen, spiraligen Aufhängefäden feststellen und im Innern des Eies einen Embryo finden, den wir, wenn er gut erhalten ist, in absolutem Alkohol nachhärten und in Paraffin einbetten können.

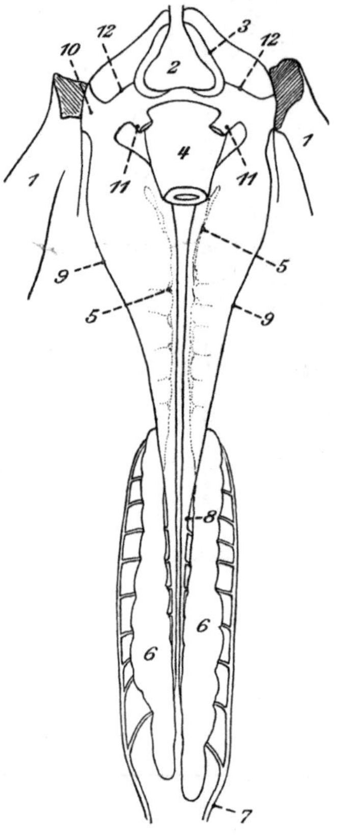

Fig. 265. Scyllium canicula ♀. Venensystem.

1. Brustflossen. — 2. Herzkammer. — 3. Vorkammer. — 4. Ösophagus (Rest). — 5. Mesonephros (durchscheinend gedacht, punktiert). — 6. Niere (Metanephros). — 7. Vena advehens — 8. Vena cardinalis posterior. — 9. Sinus der hinteren Cardinalvenen. — 10. Vena cardinalis anterior. — 11. Vena hepatica. — 12. Ductus Cuvieri.

Präpariert man nun Eileiter, Schalendrüsen und Ovarium vorsichtig ab (Fig. 265, 266), so kommt man auf die paarigen, zu beiden Seiten der Wirbelsäule entlang ziehenden und durch eine feste Haut von den Organen der Leibeshöhle getrennten Nieren und auf die beiden großen, plattgedrückten und durch geronnenes Blut braun erscheinenden Venen (Venae cardinales posteriores), die das Blut von den Nieren empfangen und die mittelbaren Fortsetzungen der Schwanzvene sind. Durchtrennt man nun vorn die Scheidewand zwischen Herzhöhle und Leibeshöhle (Peritoneum) und präpariert sie ab, so kann man den Zusammenhang zwischen diesen großen Venen und der Vorkammer des Herzens durch die kurzen Ductus Cuvieri, die in den Sinus venosus des Herzens münden, feststellen. Eventuell kann man auch die von der Leber kommende Vena hepatica aufsuchen. Werden dann die großen Vertebralvenen abpräpariert, so sieht man am vorderen Ende darunter, also neben dem Eintritt des Ösophagus in die Leibeshöhle, das Mesonephros (Wolffscher Körper, Urniere). Der hintere Teil der Niere wird als Metanephros bezeichnet. Die Wolffschen Gänge (Harnleiter des Weibchens) lassen sich bei günstigem Material als feine weiße Gefäße auf der Nierensubstanz verfolgen. Nach Bildung kleiner, harnblasenartiger Erweiterungen münden sie gemeinschaftlich in die Dorsalwand der Kloake (Fig. 264 : 14).

Wir schreiten nun zur Präparation des Herzens und der Kiemenhöhle. Die ventrale Leibeswand ist nach vorn und seitwärts soweit abzutragen, wie es Fig. 262 zeigt. Die Kontur Fig. 262 : h gibt an, wieweit man die Haut abzuziehen hat. Die freiliegende Muskulatur wird dann zuerst durch sehr flache, tangentiale Skalpellschnitte, später unter Zuhilfenahme von Schere und Pinzette vorsichtig abpräpariert, bis man die Ansicht der Fig. 262 gewinnt. Die ventrale Wand des stark fibrösen Herzbeutels wird entfernt. Ventral liegt die dreieckige Herzkammer (Fig. 262 : 8), die ihre Spitze nach vorn und ihre breite Seite nach hinten kehrt. Unter ihr, also dorsal, liegt die etwas größere, dünnwandige Vorkammer. Die Herzkammer bildet einen Conus arteriosus (Fig. 262 : 9), der sich in den Kiemenarterienstamm (Fig. 262 : 10) fortsetzt. Dieser Stamm gibt nach rechts und links an die einzelnen Kiemen Gefäße ab und gabelt sich in der Höhe der vordersten Kiemenbogen in zwei Zweige (Fig. 262 : 11), die das vorderste Kiemenpaar versorgen. Präpariert man die Herzkammer und die Vorkammer ab, so bemerkt man den geräumigen Venensinus, der außer anderen venösen Gefäßen auch die beiden kurzen Ductus Cuvieri aufnimmt.

Die fünf Kiemensäcke ziehen von hinten außen nach vorn innen. Sie werden gebildet durch Häute, welche von den knöchernen Kiemenbogen (Fig. 262 : 5) nach der äußeren Körperhaut gespannt sind und durch knorpelige Fiederästchen der Kiemenbogen getragen werden. Die Kiemenblättchen, an denen die Atmung erfolgt, sind den Wandungen der Kiementaschen aufgewachsen (Fig. 262 : 6, 7). Will man die Mündungen der Kiementaschen in die Rachenhöhle aufsuchen, so vergrößere man die Mundöffnung durch Einschnitte an beiden Seiten und klappe den Unterkiefer herunter. Man erhält dann gleichzeitig einen besseren Überblick über die Bezahnung und sieht auch die kurze, dicke und bis auf einen schmalen Rand auf dem Boden der Mundhöhle festgewachsene Zunge.

Es soll zum Schluß der Sektion noch die Dorsalseite des Kopfes präpariert werden. Man trägt die Haut in dem Unfange ab, wie es die Linie 1 der Fig. 267 angibt. Dann trägt man zuerst durch sehr flache Skalpellschnitte, später unter Benutzung von Schere und Pinzette das Schädeldach und die Decken von Augenhöhlen und Nasengruben ab. Man eröffnet dabei meist auch die hinter den Augen gelegenen Bogengänge des Ohrlabyrinthes (Fig. 267 : 16). Die gefaltete Schleimhaut der Nasengruben (Fig. 267 : 4) zeigt ein ähnliches Bild wie auf der Ventralseite. Von den sechs Augenmuskeln werden zwei ohne weiteres sichtbar (Fig. 267 : 5).

Am Gehirn ist die Olfactoriusregion am mächtigsten entwickelt. Die Lobi (Fig. 267 : 6) sind durch sehr kurze und dicke, für die Plagiostomen charakteristische Tractus olfactorii (Fig. 267 : 7) mit dem Vorderhirn (Fig. 267 : 8) verbunden, auf dem sich häufig Andeutungen von Windungen erkennen lassen. Die Zirbeldrüse (Fig. 267 : 10) wird beim

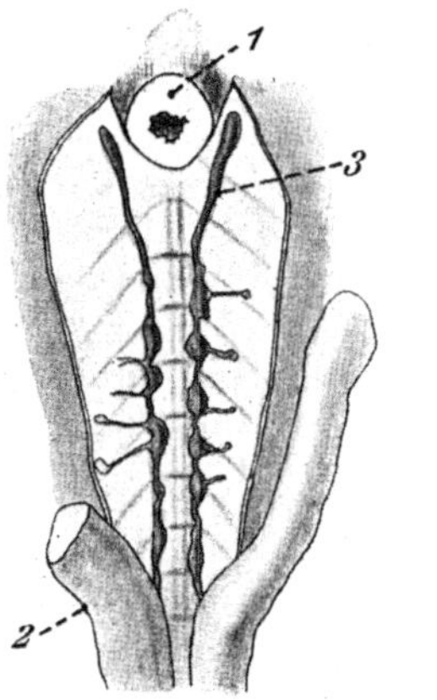

Fig. 266. Scyllium canicula ♀. Urniere (Mesonephros).

1. Schnittfläche des Ösophagus. — 2. Eileiter (abgelöst, Rest). — 3. Urniere.

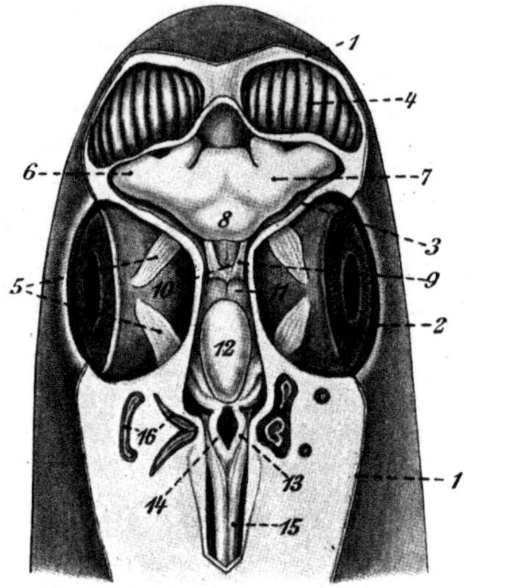

Fig. 267. Scyllium canicula. Gehirn von der Dorsalseite gesehen.

1. Rand der stehengebliebenen Haut. — 2. Rand des (unteren) Augenlides. — 3. Schnittfläche der Schädelkapsel. — 4. Geruchsorgan. — 5. Augenmuskeln. — 6. Lobus olfactorius. — 7. (sehr kurzer) Tractus olfactorius. – 8. Vorderhirn. – 9. Zwischenhirn. – 10. Glandula pinealis (abgeschnitten). — 11. Mittelhirn. — 12. Hinterhirn. — 13. Nachhirn. — 14. Rautengrube. — 15. Rückenmark. — 16. Bogengänge angeschnitten.

Abtragen der Schädeldecke meist verletzt oder abgerissen. An das verhältnismäßig schmale Zwischenhirn (Fig. 267 : 9) schließt sich das aus zwei Hügeln bestehende Mittelhirn (Fig 267 : 11) und an dieses das stärker als bei anderen Fischgruppen entwickelte Cerebellum (Fig. 267 : 12). Auf dem verlängerten Mark oder Nachhirn (Fig. 267 : 13) sieht man deutlich die Rautengrube (Fig. 267 : 14).

III. Mikroskopische Untersuchung von Teilen des sezierten Fisches.

1. Wir ziehen Streifen der weißen Bauchhaut des Fisches ab, entfernen mit der Pinzette etwa noch daranhängende Muskelfetzen, schneiden die Streifen in quadratische Stücke von etwa 1 cm Seite, entwässern in absolutem Alkohol, hellen in Xylol auf und legen die Stücke dann mit der rauhen Außenseite nach oben auf einen Objektträger. Das Präparat wird in Kanadabalsam eingeschlossen und bei schwacher Vergrößerung betrachtet. Man sieht die kleinen, dreispitzigen, aus Hautverknöcherungen hervorgegangenen Placoidschuppen.

Man kann die Schuppen auch isolieren, indem man Hautstücke mit Kalilauge auskocht, noch einmal mit Wasser nachkocht, das Wasser von dem gebildeten Bodensatz abgießt, mehrmals durch Alkohol, dann durch Xylol ersetzt und mit dem Pinsel etwas Sediment auf einen Objektträger bringt, wo es in Kanadabalsam eingeschlossen wird (Fig. 268).

In ganz ähnlicher Weise lassen sich auch die Zähne (Fig. 269) behandeln, die in mehreren Reihen den Rand des Ober- und Unterkiefers bedecken. Die die

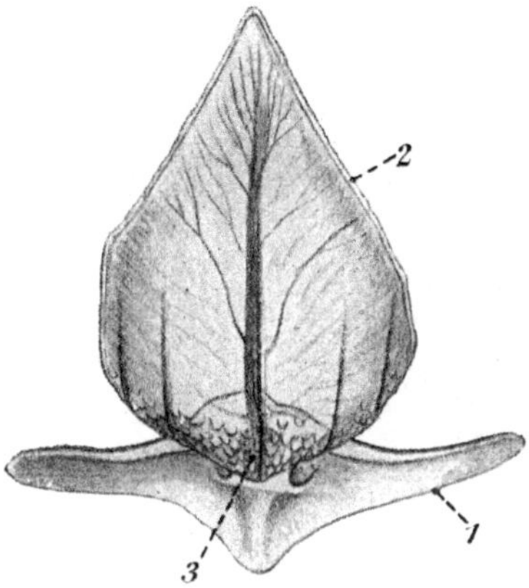

Fig. 268. Scyllium canicula. Placoidschuppe.

1. Basalplatte. — 2. vorragender Schuppenteil. — 3. Kanäle.

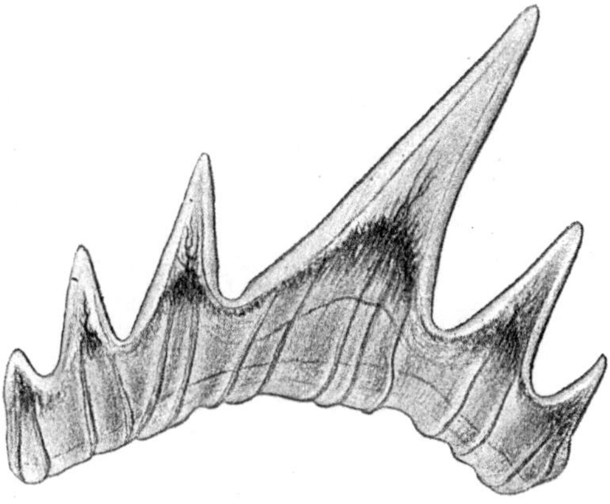

Fig. 269. Scyllium canicula. Zahn.

Zähne tragende Haut wird in schmalen Streifen und in etwa 1 cm langen Stücken — die Haut im Zusammenhang abzupräparieren ist ziemlich schwierig — von ihrer knorpeligen Grundlage abgeschält, in absolutem Alkohol entwässert und über Xylol in Kanadabalsam überführt. Bei schwacher Vergrößerung sieht man die in mehreren Reihen angeordneten, fünf- auch sechsspitzigen Hautzähnchen, deren Verwandtschaft mit den Placoidschuppen sinnfällig ist. Man kann die Zähne natürlich genau wie die Schuppen durch Kochen in Kalilauge isolieren.

IV. Mikroskopische Behandlung der kleinen Haifische.

Die 10 cm langen Haifische werden entwässert, nachdem sie einige Zeit in absolutem Alkohol gelegen haben, in 3—4 Stücke geschnitten und nach der Verdrängung des Alkohols durch Xylol in Paraffin eingebettet. Wir stellen 20 μ dicke Querschnitte aus verschiedenen Körperregionen her, die wir nach der van Giesonmethode färben. Auch die Färbung nach Biondi-Haidenhain liefert, namentlich aus der Kopfgegend, schöne Präparate. Wir lassen eine kurze Erklärung der fünf abgebildeten Querschnitte folgen.

a) Schnitt durch die Schnauzenspitze in der Gegend der Nasengruben. Schon an der violetten Färbung erkennen wir bei schwacher Vergrößerung die knorpelige Schädelkapsel (Fig. 270 : 4). An der Haut lohnt die Epidermis (Fig. 270 : 1) mit ihren Pigmentzellen und Schuppenbildungen, sowie die drüsenähnlichen Bildungen des subcutanen Bindegewebes (Fig. 270 : 2), die in dieser Gegend meist zu den Seitenorganen in Beziehung stehen, eine sorgfältige Betrachtung bei mittlerer und starker Vergrößerung. Am Vorderhirn (Fig. 270 : 5) sehen wir die Bildung der Hemisphären, eine der Falx cerebri höherer

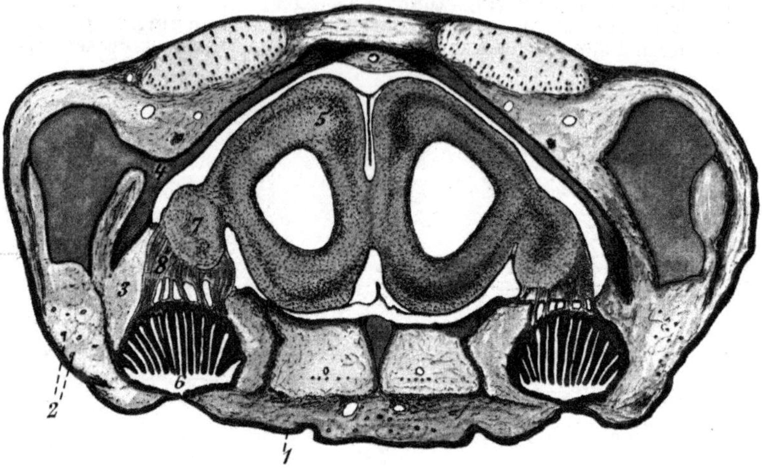

Fig. 270. Scyllium canicula iuv. Querschnitt durch die Nasenregion des Kopfes. 1.—5. s. Fig. 272. — 6. Riechorgan. — 7. Lobi olfactorii. — 8. Verlauf der Nerven zum Riechorgan.

Wirbeltiere entsprechende Einsenkung der Hirnhaut, sowie zwei den Seitenventrikeln homologe Höhlungen. Der Schnitt trifft gerade die durch die Tractus olfactorii hergestellte Verbindung des Vorderhirnes mit den Lobi olfactorii (Fig. 270:7). Man sieht, wie von diesen eine größere Anzahl von Nervensträngen (Fig. 270:8) zum Riechorgan (Fig. 270:6) ziehen. Wir richten nun noch die starke Vergrößerung auf eine Stelle der knorpeligen Schädelkapsel (Fig. 271). Der Knorpel erweist sich als durchaus hyalin, doch zeigt die Form der Knorpelkapseln wesentliche Abweichungen von den Knorpelbildern, die wir bisher bei anderen Tieren zu beobachten Gelegenheit hatten. Der Unterkiefer, der erst weiter hinten beginnt, ist an diesem und an dem folgenden Schnitte noch nicht getroffen.

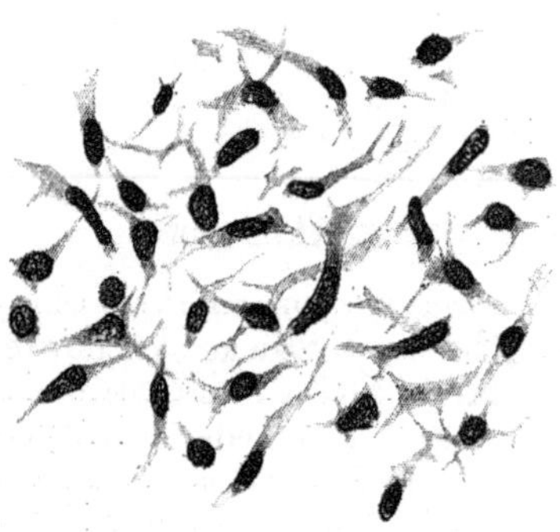

Fig. 271. Obj. VIII. Knorpelzellen aus der Schädelkapsel von Scyllium canicula.

b) Schnitt durch die Augenregion. Das Gehirn (Fig. 272:5) ist hier in der Gegend des Zwischenhirnes oder Mittelhirnes getroffen, wo die Schädelkapsel schmal ist. Wir sehen die Augenlider (Fig. 272 : 6, 7) und alle die Teile, die wir am Wirbeltierauge beobachten werden (siehe die Figurenerklärung). Die Loslösung der Chorioidea und Retina von der Sklera ist natürlich auf Schrumpfungsvorgänge im Glaskörper zurückzuführen, die durch die Fixierungsmittel bewirkt sind. Die starke Vergröße-

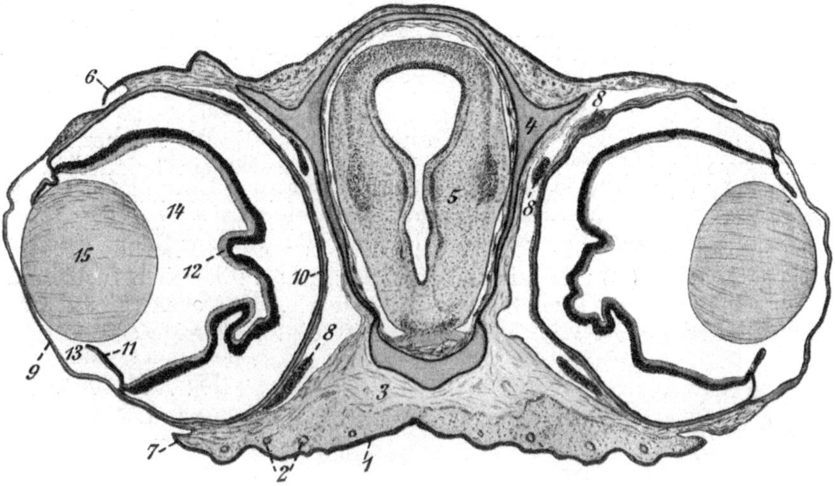

Fig. 272. Scyllium canicula, iuv. Querschnitt durch die Augenregion.
1. Epidermis. — 2. Drüsen. — 3. Bindegewebe. — 4. Knorpelige Schädelkapsel. — 5. Gehirn. — 6. oberes Augenlid. — 7. unteres Augenlid. — 8. Bewegungsmuskeln des Auges. — 9. Cornea. — 10. Sclerotica. — 11. Iris. — 12. Aderhaut und Netzhaut (abgelöst von der Sclerotica). — 13. vordere Augenkammer. — 14. Gegend des Glaskörpers. — 15. Linse.

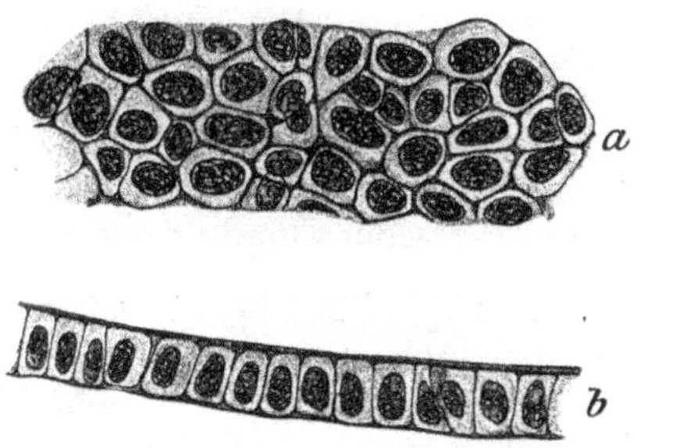

Fig. 273. Obj. VIII. Scyllium canicula. Linsenepithel.
a. von der Fläche. — b. im Querschnitt.

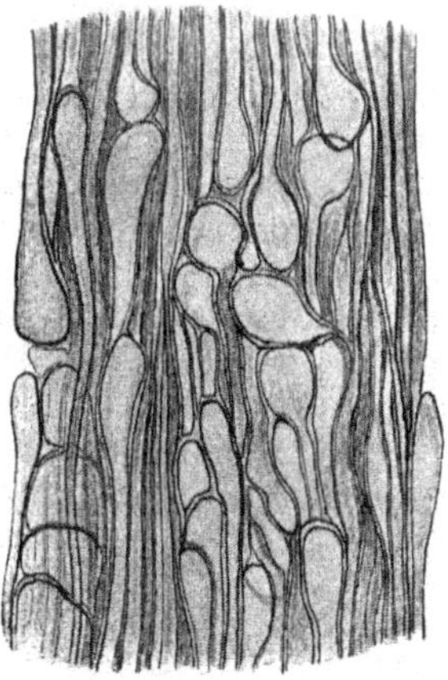

Fig. 274. Obj. VIII. Scyllium canicula. Endigungen von Linsenfasern.

rung richten wir auf die Linse des Auges und betrachten zuerst das Epithel derselben (Fig. 273), das unter der Linsenkapsel liegt. Wir haben fast immer Gelegenheit, dasselbe sowohl in Flächenansicht als auch im Querschnitt zu Gesicht zu bekommen. Das Linsenepithel überzieht nur die vordere Linsenfläche. Im Körper der Linse können wir ihren Aufbau aus den sog. Linsenfasern studieren, die aus sehr stark verlängerten Epithelzellen hervorgegangen sind. Die Linsenfasern zeigen an ihrem hinteren Ende kolbenartige Anschwellungen (Fig. 274). Kerne (Fig. 275) lassen sich nur in den Linsenfasern der Rindenzone nachweisen, in der innersten Linsensubstanz sind sie nicht vorhanden.

c) Schnitt durch die Kiemenregion. Da die Kiementaschen schräg von vorn nach hinten verlaufen, so zeigt ein Schnitt immer mehrere derselben in verschiedenen Regionen. Unser Präparat zeigt die inneren Mündungen der zweiten Kiementaschen (Fig. 276 : II), das hintere Ende der dritten (III) und das vordere Ende der fünften Kiementaschen (V) und nur die vierte Tasche (IV) in voller Ausbildung. Man sieht die knorpeligen Seitenstrahlen der Kiemenbogen (Fig. 276 : 5) und an und in den Kiemenblättchen die feinsten Zweige der Kiemenarterien und Venen (Fig. 276:20, 21). Der große Stamm der Kiemenarterien ist in Fig. 276:18 getroffen. Fig. 276:19 zeigt Schnitte durch die von diesem Stamme abgehenden, zu den Kiemen führenden Hauptzweige. Von knorpeligen Skelettelementen sehen wir Teile des Oberkiefer-Gaumenapparates (Fig. 276 : 6), sowie das in dem breiten Zungenrudiment liegende Zungenbein (Fig. 276 : 7) mit den Anfangsteilen zweier Zungenbeinbogen (Fig. 276 : 8). An der Wirbelsäule erkennen wir den Dornfortsatz (Fig. 276 : 15), sowie obere und untere Wirbelbogen (Fig. 276 : 13, 14). Im Wirbelkanal sehen wir das Rückenmark, an dem wir die äußere, weiße und die innere, graue Substanz sowie den zentralen Wirbelkanal wahrnehmen können. Bei starker Vergrößerung erhält man oft recht hübsche Bilder von Ganglienzellen. Zentral vom Rückenmark sehen wir die Reste der Chorda dorsalis. Dieselbe liegt in einem fibrillären Bindegewebe (Fig. 276 : 12) eingebettet, das von einer Elastica externa (Fig. 276 : 11) eingeschlossen wird. Die Chorda selbst liegt dann noch innerhalb einer sehr dünnen, strukturlosen Haut, der Chordascheide. Das Gewebe der Chorda ist sehr weitmaschig und im zentralen Teile meist zum Teil obliteriert.

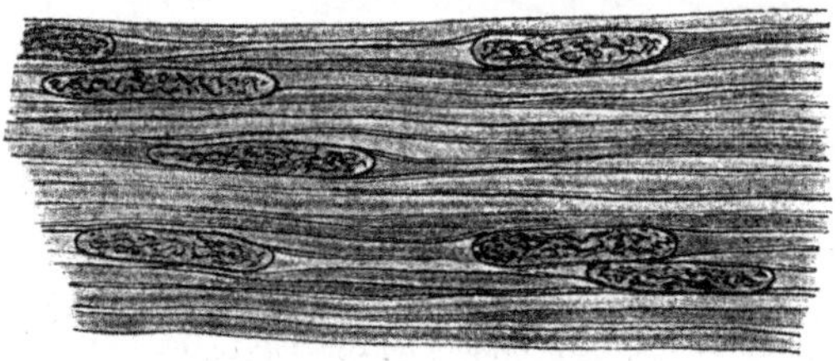

Fig. 275. Obj. VIII. Scyllium canicula. Teile von Linsenfasern mit Kernen.

d) Schnitt durch den vorderen Abschnitt der Leibeshöhle. Auf diesem Präparat sind die wichtigsten Organe des Eingeweidesitus getroffen. Die Muskulatur ist namentlich am Rücken schon stark entwickelt. Rückenmark und Chorda bieten ein ähnliches Bild wie auf dem vorigen Schnitt. Ganz dorsal sind die Wolffschen Körper getroffen (Fig. 277 : 4), auf ihnen liegen die beiden großen Venen (5) und die absteigende Aorta (6), die wir schon bei der makroskopischen

Präparation gefunden haben. Den größten Raum in der Leibeshöhle nimmt die gefäßreiche Leber ein (10). Das Darmrohr ist dreimal getroffen und zwar als Ösophagus, als pylorisches Rohr und als Spiraldarm. An

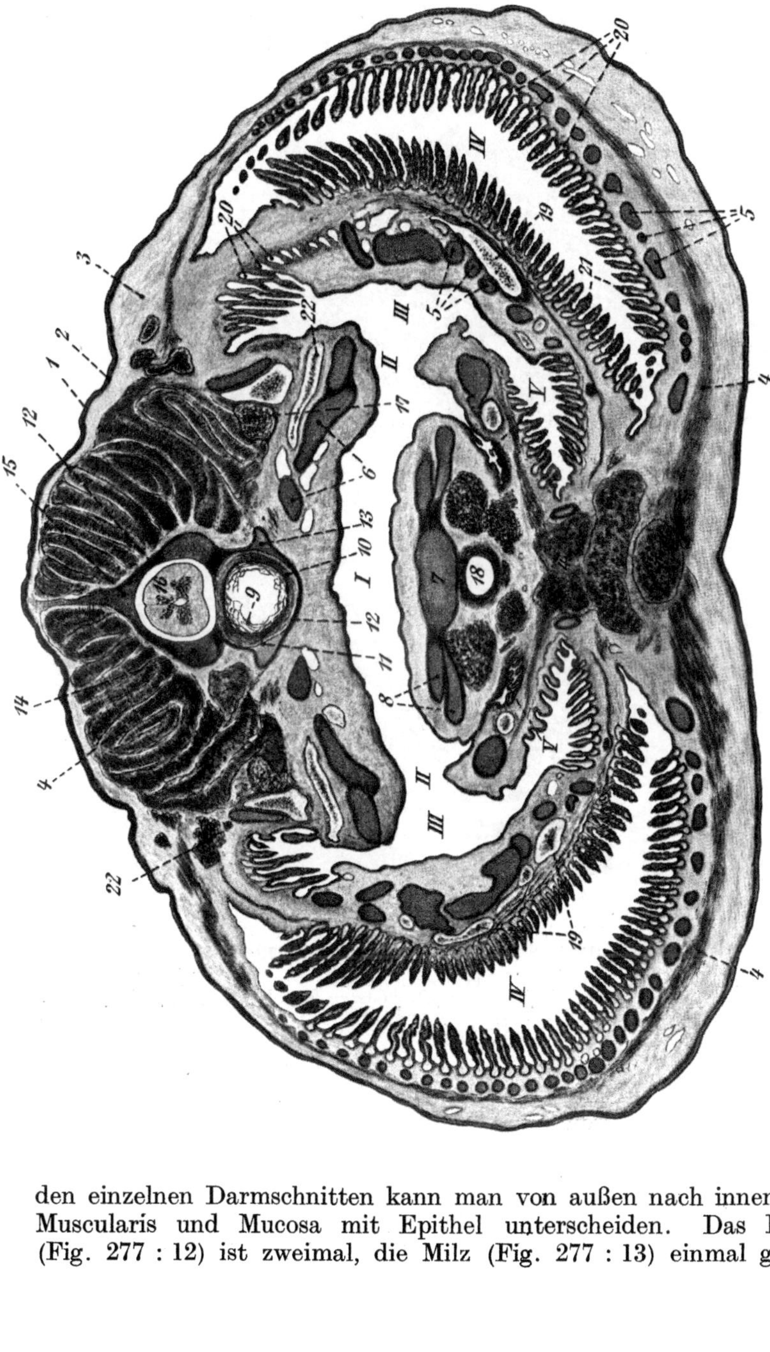

Fig. 276. Scyllium canicula. iuv. Querschnitt durch die Kiemengegend.
I. Schlund. — II. Innere Kiemenspalte der zweiten Kiementaschen. — III. Zweite Kiementasche. — IV. Erste Kiementasche. — V. Dritte Kiementasche (angeschnitten). — 1. Epidermis. — 2. Cutis. — 3. Bindegewebe. — 4. Muskulatur. — 5. Seitenstrahlen der Kiemen-Knorpelbögen. — 6. Knorpelstücke des Oberkiefer-Gaumen-Apparates. — 7. Zungenbein. — 8. Zungenbeinbögen. — 9. Chorda dorsalis. — 10. Chordascheide. — 11. Elastica externa. — 12. Fibrilläres umhüllendes Bindegewebe. — 13. Untere Bogen. — 14. Obere Bogen. — 15. Dornfortsatz. — 16. Rückenmark. — 17. Vagusquerschnitt. — 18. Kiemenarterienstamm. — 19. Kiemenarterien. — 20. Zweige der Kiemenarterien. — 21. Zweige der Kiemenvenen. — 22. Blutgefäße.

den einzelnen Darmschnitten kann man von außen nach innen Serosa, Muscularis und Mucosa mit Epithel unterscheiden. Das Pankreas (Fig. 277 : 12) ist zweimal, die Milz (Fig. 277 : 13) einmal getroffen.

Außerdem finden wir bei diesen jungen Tieren noch Reste des Dottersackes (Fig. 277 : 14).

e) Schnitt durch die Gegend des Bauchflossenansatzes. Von Organen der Leibeshöhle sind hier die kaudalen Teile des Urogenitalsystems und der Enddarm zu finden. In den Flossen treffen wir auf die Querschnitte der knorpeligen Flossenstrahlen (Fig. 278 : 13). Die

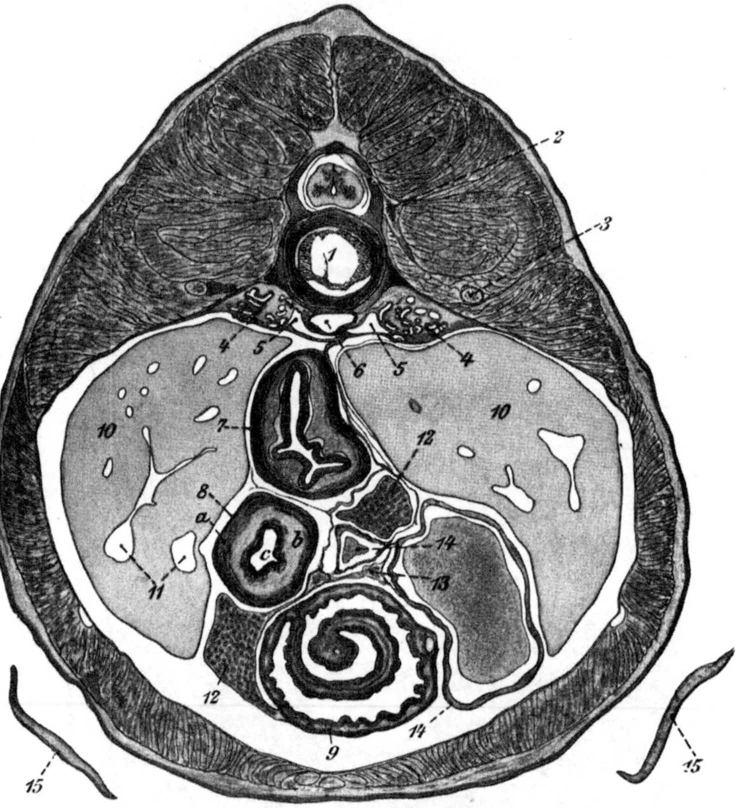

Fig. 277. Scyllium canicula iuv. Querschnitt durch den vorderen Abschnitt der Leibeshöhle (vgl. Fig. 276. und 278).

1. Chorda. — 2. Spinalganglion. — 3. Nerv. — 4. Urniere. — 5. Venen. — 6. Aorta. — 7. Ösophagus. — 8. Aufsteigender Abschnitt des Magens. — 9. Spiraldarm. — 10. Leber. — 11. Venöse Gefäße in der Leber. — 12. Pankreas. — 13. Milz. — 14. Dottersack. — 15. Brustflossen.

Rumpfmuskulatur (Fig. 278 : 3) ist hier mächtig ausgebildet. Die Bündel sind in den einzelnen Muskeln in konzentrischen Kreisen oder Ovalen angeordnet. Dieser eigentümliche Bau der Muskulatur wird dadurch bedingt, daß die meisten Muskeln des Wirbelsystems von breiten Aponeurosen (Sehnenhäuten) ausgehen, die an den Wirbeln, an den Rippen und an den fibrösen äußeren Bekleidungen der Rumpfhöhle ansetzen und schief von vorn nach hinten und von innen nach außen verlaufen, wobei eine Ineinanderschachtelung stattfindet. So gehören die inneren Ringe eines quer getroffenen Bündelsystems Muskeln an, die weiter vorn inserieren als die äußeren Ringe. Im allgemeinen ist auch eine Symmetrie zwischen dem dorsalen und dem ventralen System der Wirbelmuskulatur zu bemerken. Bei den Haien ist die Sonderung des Vertebralmuskelsystems in einzelne Muskeln unter allen Fischen am höchsten ausgebildet.

V. Mikroskopische Behandlung der Embryonen.

a) Am einfachsten ist es, die kleinen Haifischembryonen zu T o t a l p r ä p a r a t e n zu verarbeiten. Wir wenden Stückfärbung mit Alaun- oder Boraxkarmin und

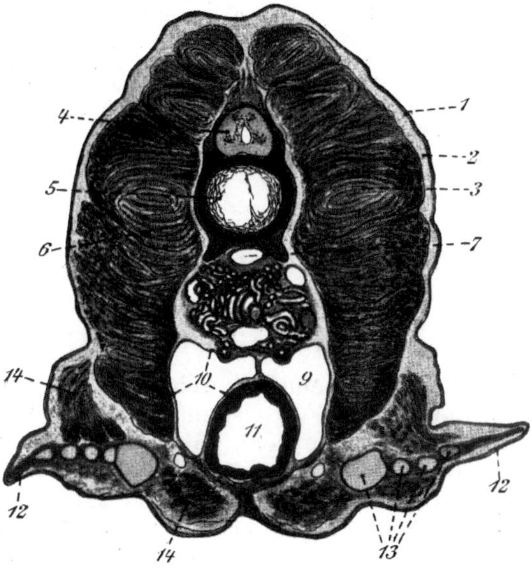

Fig. 278. Scyllium canicula iuv. Querschnitt des Rumpfes in der Gegend des Bauchflossenansatzes.

1. Epidermis und Cutis. — 2. Bindegewebe. — 3. Rumpfmuskeln. — 4. Rückenmark. — 5. Chorda. — 6. Chordascheide. — 7. Aorta. — 8. Niere und Geschlechtsorgane. — 9. Leibeshöhle. — 10. Peritoneum. — 11. Enddarm. — 12. Ansatz der Bauchflossen. — 13. Knorpelige Flossenstrahlen. — 14. Flossenmuskulatur.

Bleu de Lyon an, spülen mit Wasser, entwässern in mehrmals zu erneuerndem absoluten Alkohol und lassen das Material dann solange in Xylol, bis es genügend durchsichtig geworden ist. Hierzu sind unter Umständen mehrere Stunden notwendig. Überfärbungen in Alaunkarmin lassen sich vor der Blaufärbung durch Behandeln mit schwachem Salzsäurealkohol und nachheriges Wässern, Überfärbungen in Bleu de Lyon durch Behandeln mit 50%igem Alkohol wieder rückgängig machen. Das in Xylol durchsichtig gemachte Präparat wird in Kanadabalsam eingeschlossen.

Im Kopfe erkennen wir durch die stark durchsichtige, knorpelige Schädelkapsel hindurch die drei primären Hirnblasen: das Vorderhirn, von dem sich die Augenblasen und das in den meisten Präparaten schon eine deutliche Zirbel tragende Zwischenhirn absondern, das Mittelhirn, das hier noch die höchste Stelle am Kopf — den Scheitelhöcker — einnimmt, und das Hinterhirnbläschen, aus dem das Kleinhirn und das verlängerte Mark hervorgehen. Ventral vom Augenbläschen, an dem schon das vom Hautblatte aus eingestülpte Linsenbläschen zu erkennen ist, liegt die Nasenanlage. Unter der Anlage des verlängerten Markes liegt die Ohrblase. Man erkennt sieben Kiemenbogen, von denen die beiden vordersten der Mandibularknorpel und der Hyoidbogen sind. Zwischen beiden liegt eine Öffnung, das spätere Spritzloch. Auf Chorda, Wirbelsäule, Darmrohr und Placenta mit Dottersack wollen wir lieber an Schnittpräparaten eingehen.

b) Es werden einige Embryonen in Paraffin eingebettet und, in Längsschnitte zerlegt, mit Hämatoxylin-van Gieson gefärbt. Die besten Übersichtsbilder geben natürlich die der Medianebene am nächsten liegenden Schnitte. Am Kopfe erkennen wir wieder die Hirnblasen, eventuell auch Teile der Augen- und Ohrblasen. Die Schädelkapsel besteht aus dem typischen Selachierknorpel. Die Chorda, die an ihrem weitmaschigen Zellgewebe kenntlich ist, endigt mit einer stumpfen Spitze in der kranialen Knorpelmasse. Dorsal von ihr ist die Wirbelsäule getroffen. An einigen Schnitten kann man die amphicoele Ausbildung der Wirbel deutlich wahrnehmen. Das Darmrohr läßt sich zum Teil durch den ganzen Embryo verfolgen; es sind in der Leibeshöhle schon Windungen desselben angelegt, da es auf einigen Schnitten zweimal getroffen wird. Die Körperhaut setzt sich als Umhüllung der Nabelschnur bis an die bindegewebige, faser-, kern- und gefäßreiche Placenta fort. Aus der Dottermasse, die an den gelben, meist runden aber sehr verschieden großen Dotterkörnern zu erkennen ist, führt ein Nabelgefäß nach der Herzgegend des Embryos.

4. Kapitel.

Leuciscus rutilus. Plötze.

I. Äußere Inspektion.

Der Fisch ist etwa 30 cm lang, seitlich stark zusammengedrückt, mit gerundetem Bauch. Die Farbe ist am Rücken schwarz, an den Seiten silberglänzend und am Bauche weiß, während die Flossen rot bis braunrot sind. Über allen Teilen des Körpers liegt eine zarte, Schleim absondernde Oberhaut. Die Schuppen decken einander dachziegelartig. An den Seiten des Körpers fallen die Schuppen der Seitenlinie besonders auf (siehe die mikroskopischen Präparate). Die paarigen Brustflossen und Bauchflossen entsprechen den Gliedmaßen der übrigen Wirbeltiere. Außerdem finden wir eine unpaare, ziemlich hohe aber weichstrahlige Rückenflosse, eine unmittelbar hinter dem After stehende Afterflosse und die ziemlich tief ausgeschnittene, homocerke Schwanzflosse. Klappen wir die Kiemendeckel auf, so sehen wir dahinter die beim lebenden Tiere lebhaft rot gefärbten Kiemen. Die Mundöffnung liegt endständig und ist verhältnismäßig klein. Über derselben finden wir die paarigen, blinden Nasengruben, deren jede hier wie bei den meisten Knochenfischen durch ein Septum noch einmal in zwei Gruben geteilt ist. Ein äußeres Gehörorgan fehlt. Die Augen sind verhältnismäßig groß und können durch sechs Muskeln etwas bewegt werden. Die durchsichtige äußere Körperhaut überzieht den Bulbus, dessen flache Cornea die Augen nur wenig über die Körperoberfläche hervorragen läßt. Die Iris ist bei unserer Art oft lebhaft rot gefärbt.

Man suche unter allen Umständen lebende Fische für die Präparation zu bekommen, da das Umgehen mit abgestorbenen Tieren gelegentlich kleiner Verletzungen der Hände immerhin mit einiger Gefahr verbunden sein kann. Die Tiere werden in ein großes Gefäß getan, in das man etwas Chloroform gießt. Will man so getötete Fische nicht sogleich benutzen, so muß man ihnen durch einen ventralen Längsschnitt den Leib öffnen und sie in starkem, mindestens 10 %igem Formalin aufbewahren. Die Präparation erfolgt im Wachsbecken unter Wasser.

II. Sektion.

Wir führen zuerst einen ventralen Längsschnitt zur Eröffnung der Leibeshöhle. Die Schuppen reichen nicht ganz an den After heran, sondern lassen ein kleines Afterfeld frei. An der vorderen Ecke dieses Feldes setzen wir die Schere ein und führen den Schnitt nach vorn bis unter die Brustflossen. Dann tragen wir die Muskeldecke einer Seite ab. Bei der Eröffnung der Leibeshöhle muß man vorsichtig alle Diaphragmen durchschneiden, die einzelne Teile derselben trennen, wie z. B. die Leibeshöhle von der Herzhöhle und diese wieder von der Kiemenhöhle. Kann man dann die seitliche Leibeswand anheben, so durchtrennt man die Diaphragmen und trägt zunächst den

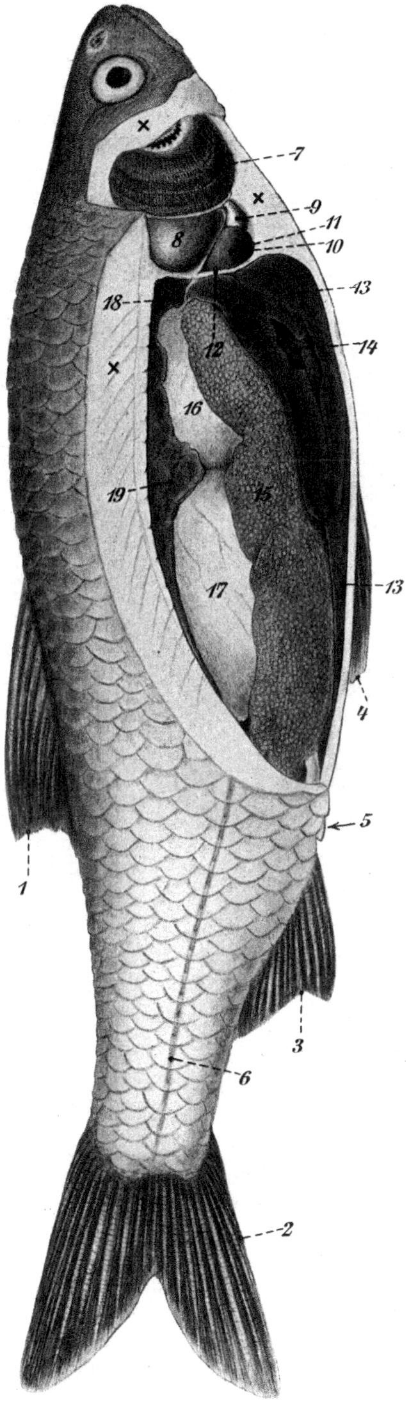

Fig. 279. Leuciscus rutilus. Situs von rechts. In der Mittellinie eröffnet, rechte Leibeswand entfernt. × Schnittflächen.

1. Rückenflosse. — 2. Schwanzflosse. — 3. Afterflosse. — 4. linke Bauchflosse. — 5. Lage der Afteröffnung, Geschlechtsöffnung und Harnleiteröffnung. — 6. Seitenlinie. — 7. Kiemen. — 8. Schlundkopf. — 9. Bulbus arteriosus. — 10. Herzkammer. — 11. Vorkammer. — 12. Vordere Bauchfellwand. — 13. Leber. — 14. Gallenblase. — 15. Ovarium. — 16. vordere Abteilung der Schwimmblase. — 17. hintere Abteilung der Schwimmblase. — 18. Kopfniere. — 19. Niere.

zwischen After und Brustflossen gelegenen Teil der Leibeswand bis an die Wirbelsäule ab. In der Rückengegend muß man vorsichtig sein, um die Niere zu schonen. Man löse dieselbe etwas von der Rückenwand ab, so daß sie mit dem Situs in Zusammenhang bleibt. Dann trage man für sich den Teil der Seitenwand, welcher die Brustflosse trägt, bis an den Kiemenrand ab. Man verfahre jedoch sehr schonend wegen des darunter gelegenen Schlundkopfes und wegen des Herzens. Auch der Kiemendeckel wird abgeschnitten. Wir erhalten durch diese Präparation die Ansicht der Fig 279.

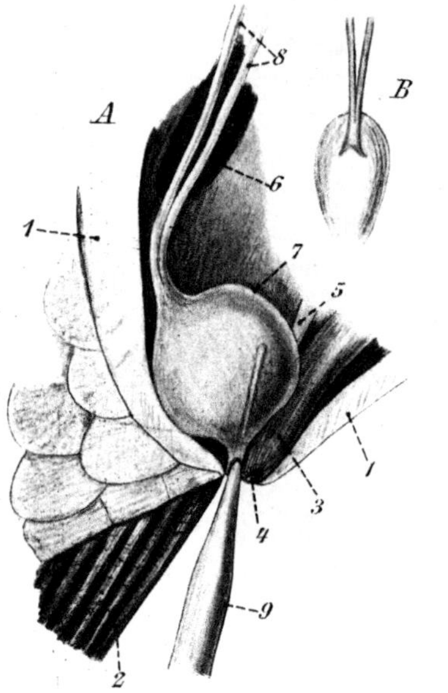

Fig. 280. Leuciscus rutilus. A Harnblase und Harnleiter vom Urogenitalporus her mit Luft gefüllt. B Harnblase und Einmündung der Harnleiter im natürlichen Zustande (Dorsal-Ansicht).

1. Schnittfläche. — 2. Afterflosse. — 3. Enddarm. — 4. Afteröffnung. — 5. Eileiter. — 6. Niere. — 7. Harnblase. — 8. Harnleiter. — 9. Kanüle (innerhalb der Harnblase durchscheinend).

Von den Eingeweiden fällt uns die Leber (Fig. 279:13) auf, durch die wir stellenweise den Darm (Fig. 279 : 14) hervorblicken sehen. Die mächtige Gonade (hier der Rogen des Weibchens, Fig. 279 : 15) nimmt den größten Raum in der Leibeshöhle ein. Die Schwimmblase besteht aus zwei Teilen (Fig. 279 : 16, 17). Am meisten dorsal liegt die Niere (Fig. 279 : 19), deren vorderer Abschnitt als Kopfniere (Fig. 279:18) bezeichnet wird. Auf die Betrachtung des Herzens wollen wir uns in diesem Stadium der Präparation noch nicht einlassen.

Man achte auf das fein pigmentierte Bindegewebe, welches alle Organe umgibt, und welches besonders schön auf dem Ovarium zu sehen ist. Dasselbe läßt sich abziehen und für mikroskopische Präparate sogleich verwenden oder in Alkohol aufbewahren. Man sieht daran Pigmentzellen, Fettzellen und bei Anilinblaufärbung auch ein System kollagener Fasern (siehe allgemeine Histologie).

Wir klappen nun die Gonade auf der anpräparierten Seite ventralwärts heraus, um die Ausführungsgänge des Urogenitalapparates aufzusuchen. Der Darm (Fig. 280:3) mündet auf einer deutlich sichtbaren Afterpapille (Fig. 280 : 4). Blasen wir mit einem kleinen Gummigebläse von hinten gegen die Afterpapille, so entdecken wir dort noch eine zweite Öffnung. Führen wir die Spitze der Kanüle (Fig. 280 : 9) in diese ein und blasen vorsichtig, so füllen sich die Harnblase (Fig. 280:7) und die Endteile der Harnleiter (Fig. 280 : 8) mit Luft. Die beiden Harnleiter vereinigen sich kurz vor ihrem Eintritt in die Harnblase. Der Ausführungsgang der Geschlechtsorgane mündet hinter dem Darm in die Vorderwand des

Harnblasenhalses. Beim Weibchen entsteht dieser Ausführungsgang durch Vereinigung der beiden, etwas kanalförmig ausgezogenen Enden der Ovarien. Die weißlichen Hoden des Männchens entsprechen nach Lage und auch ziemlich nach Größe den Ovarien. Die Vasa deferentia verhalten sich den Oviducten analog.

Wir entfernen nun die Gonade der anpräparierten Seite und spalten die bindegewebige Umhüllung des Darmkanales. In der Darmschlinge findet sich häufig eine größere Menge Fett eingelagert. Wir sehen den Ösophagus aus dem Schlundkopf (Fig. 281) herauskommen und eine schwache Erweiterung, den Magen (Fig. 281:13), bilden. Ungefähr in der Mitte der Leibeshöhle biegt der Darm wieder nach vorn um, zieht bis in die Gegend des Schlundkopfes und wendet sich dann geradlinig nach hinten zum After. Die Leber (Fig. 281 : 16) besteht aus mehreren Lappen, deren Innenfläche sich genau an die Oberfläche der Darmwindungen anschmiegt. Die Gallenblase (Fig. 281 : 18) liegt im vorderen Teile der Leber. Der Ductus cysticus nimmt einige Ductus hepatici auf und mündet in den Magen (Fig. 281 : 19). Blinddarmanhänge (Appendices pyloricae), die wir bei anderen Fischen oft in großer Zahl finden, fehlen hier. Die bräunlich rote Milz liegt dem

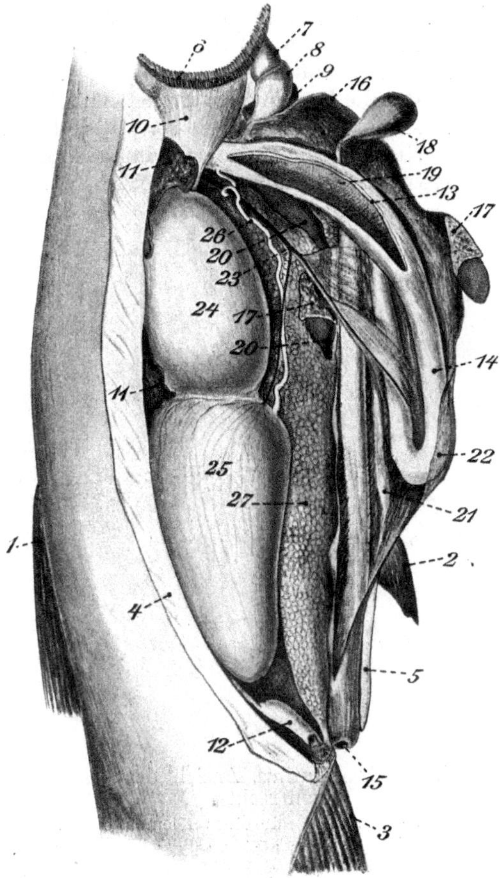

Fig. 281. Leuciscus rutilus. Situs von rechts. Rechtes Ovarium entfernt, Leber in der Medianebene durchschnitten (Schnittfläche 17) und rechte Hälfte mit dem Darme herausgeklappt, Magen eröffnet.

1. Rückenflosse. — 2. linke Bauchflosse. — 3. Afterflosse. — 4. dorsale Schnittfläche der Leibeswandung. — 5. ventrale Schnittfläche in der Medianlinie der Bauchwand. — 6. Kiemen — 7. Bulbus arteriosus. — 8. Herzkammer. — 9. Vorkammer. — 10. Schlundkopf. — 11. Niere. — 12. Harnblase. — 13. Schnittfläche der Magenwandung. — 14. Darm. — 15. After. — 16. Leber. — 17. Schnittfläche der Leber. — 18. Gallenblase. — 19. Mündung des Gallenganges in den Magen. — 20. Pankreas. — 21. Fettgewebe. — 22. Bindegewebige Hüllen. — 23. Darmarterie. — 24., 25. Abteilungen der Schwimmblase. — 26. Luftgang. — 27. linkes Ovarium.

Magen nahe im peritonealen Bindegewebe eingeschlossen. Die Schwimmblase (Fig. 281 : 24, 25) besitzt hier einen Ausführungsgang (Fig. 281:26). Dieser entspringt aus der hinteren der beiden Blasen, zieht in schwach geschlängeltem Verlaufe nach vorn und mündet in die Rückenseite des Ösophagus. Von der Unterseite der vorderen Blase ziehen zwei dünne Stränge nach vorn zu den Weberschen Knöchelchen, die die Verbindung zwischen Schwimmblase und Ohrlabyrinth herstellen und mit den vorderen Wirbeln artikulieren.

Nun wird auch die Schwimmblase herausgenommen, so daß die langgestreckten, braunroten Nieren frei liegen. Man sieht die Harn-

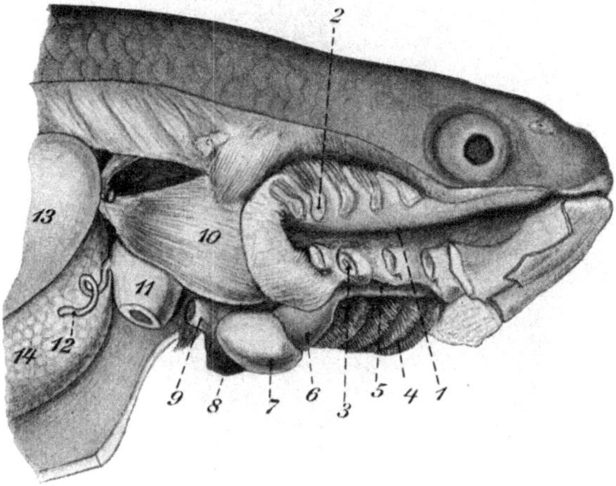

Fig. 282. Leuciscus rutilus. Ansicht des Schlundes von rechts.

1. Schlund. — 2., 3. Reste eines Kiemenbogens. — 4. Kieme der linken Seite. — 5. Trunc. arteriosus. — 6. Bulbus arteriosus. — 7. Herzkammer. — 8. Vorkammer. — 9. Ductus Cuvieri dexter. — 10. Schlundkopf. — 11. Speiseröhre. — 12. Luftgang. — 13. Schwimmblase. — 14. linkes Ovarium.

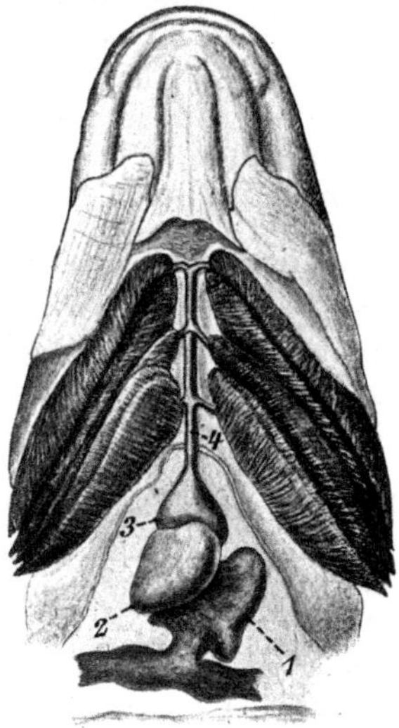

Fig. 283. Leuciscus rutilus. Ansicht des Herzens von der Ventralseite.

1. Vorkammer. — 2. Herzkammer. — 3. Bulbus arteriosus. — 4. Aorta.

leiter längs der ganzen Nieren nach hinten ziehen. Die Nierenvenen (Venae vertebrales posteriores) nehmen auch die venösen Gefäße der Geschlechtsorgane und der Schwimmblase auf und münden vorn in die geräumigen Ductus Cuvieri, die unmittelbar in den Venensinus des Herzens führen. Auch die Lebervenen (Venae hepaticae, homolog der Vena cava inferior der höheren Wirbeltiere) ergießen sich in mehreren Stämmen in den Venensinus.

Um das Herz und die arteriellen Gefäßwurzeln freizulegen, bringt man den Fisch in Rückenlage und präpariert auch die andere Seite der vorderen Rumpfhälfte. Darauf legt man ihn wieder auf die Seite und trägt die uns zugewendete Wand der Mundhöhle ab (Fig. 282), so daß ein medianer Längsschnitt durch die Mund- und Kiemenhöhle entsteht. Dabei wird indessen der Schlundkopf noch immer unverletzt erhalten.

Das Herz (Fig. 282, 283) liegt mit seiner Vorkammer und dem Arterienbulbus in einem fibrösen Herzbeutel eingeschlossen, den man vorsichtig abzutragen hat. Die meist rot gefärbte, stark muskulöse Herzkammer liegt in der ventralen Mittellinie, oral von ihr liegt der meist bedeutend hellere, kegelförmige Arterienbulbus. Die dünnwandige Vorkammer ist größer als die Herzkammer und bedeckt diese sowie den Basalteil des Arterienbulbus von der Dorsalseite. Bei Rückenlage des Fisches liegt die Vorkammer also unter der Herzkammer. Dorsal von der Vorkammer, jedoch außerhalb des Pericardiums, liegt der Venensinus, in den die beiden Ductus Cuvieri und die Lebervenen münden. Die Ductus Cuvieri empfangen von hinten die uns schon bekannten Venae vertebrales posteriores, von vorn die Venae vertebrales anteriores seu jugulares. Das Herz der Fische führt also nur venöses Blut. Der Arterienbulbus setzt sich in den Kiemenarterienstamm fort, der an die Kiemenbögen Kiemenarterien abgibt, und in der Höhe des vordersten Kiemenbogens eine einfache Gabelung erfährt. Das aus den Kiemen zurückkommende Blut sammelt sich in den beiden Aortenwurzeln, die sich zum sog. Circulus cephalicus vereinigen. Von diesem ziehen kopfwärts zwei Carotides anteriores und zwei Carotides posteriores. Die Aortenstämme vereinigen sich dann kaudal vom Herzen zur Abdominalaorta, die längs der Wirbelsäule nach hinten zieht.

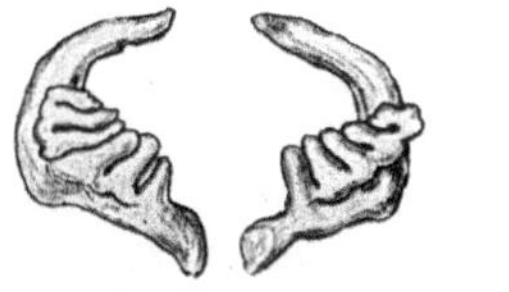

Fig. 284. Leuciscus rutilus. Schlundzähne.

Kann man an einem neuen Exemplar Herz und Gefäßwurzeln studieren, so trage man die ventrale Halsdecke in dünnen Schichten ab und isoliere durch vorsichtiges Arbeiten mit der Pinzette den Stamm der Kiemenarterien und seine Äste.

Zum Schluß präparieren wir den Schlundkopf von allen Seiten soweit frei, daß wir ihn herauslösen können. Zu diesem Zwecke müssen wir noch die Gaumendecke durchtrennen. Den herausgelösten Schlundkopf spaltet man in der ventralen Mittellinie mit dem Messer, biegt den Schnitt auseinander und erblickt dann die Schlundzähne. Die Rückendecke des Schlundkopfes bildet ein festes Mittelstück, seitwärts liegen die Leisten, welche die Schlundzähne tragen. Diese Leisten (untere Schlundknochen, Ossa pharyngea inferiora) repräsentieren ein hinteres fünftes Kiemenbogenpaar, welches indessen keine Kiemen mehr trägt. Die Form und Zahl dieser Schlundzähne ist für die Systematik der Fische von großer Wichtigkeit. Wir legen die Schlundknochen auf einige Zeit in heiße Kalilauge und können sie dann mit der Pinzette bequem von den anhaftenden Weichteilen säubern (Fig. 284).

Wir suchen noch die reusenartig ausgebildeten inneren Kiemenspalten im Rachen auf und stellen durch Hineinfahren mit der Pinzette den Durchgang zu den Kiemen fest. Das Atmungswasser tritt also vom Munde aus durch die Reuse an die Kiemen heran und verläßt dieselben durch die äußere Kiemenöffnung unter den Kiemendeckeln. Das Zungenrudiment ist auf dem Grunde der Mundhöhle aufzusuchen.

Es vermittelt keine Geschmacksempfindung. Wahrscheinlich fällt der Gaumenschleimhaut diese Funktion in geringem Maße zu.

III. Gefrierschnitte.

Die Fische eignen sich außerordentlich gut zur Herstellung von Gefrierschnitten. Die mit Chloroform getöteten Tiere werden auf einige Stunden, am besten über Nacht, in eine Kältemischung aus Eis und Kochsalz gelegt (Gefrierkiste, S. 2).

Durch einen Fisch wird eine Serie von Querschnitten hergestellt, die nach kurzem Abspülen unter der Wasserleitung zu betrachten sind. Lohnend sind Schnitte durch die Kiemengegend, durch verschiedene Gegenden der Leibeshöhle und durch die Muskulatur des Schwanzes. Genaueres über diese siehe beim Haifisch S. 362.

Ein zweiter Fisch wird zur Herstellung eines sagittalen Längsschnittes verwendet (Fig. 285). An diesem Schnitte haben wir unter

Fig. 285. Gefrierschnitt durch einen Fisch. Photographie. Man erkennt unter anderem Wirbelsäule, Gehirn, Schwimmblase, Herz, Ovarium.

anderem Gelegenheit, das Gehirn des Fisches zu betrachten. Das sehr kleine Vorderhirn trägt vorn einen deutlich abgesetzten Tractus olfactorius, der allmählich in den Nervus olfactorius übergeht. Das Vorderhirn besteht aus zwei Hemisphären, die indessen nur den Streifenkörpern der höheren Wirbeltiere homolog sind. Die Epiphyse ist sehr lang gestielt und ihr Stiel bis zu halber Höhe von einer Hautfalte eingeschlossen, die dem sog. Pallium oder Mantel angehört, einer gefäßreichen Bildung, welche den vorderen Teil des Gehirns und alle seine inneren Höhlungen überzieht. Am mächtigsten ist das Mittelhirn entwickelt. Es besteht aus den beiden hohlen Sehhügeln. Auf dem Boden der Sehhügelhöhlung bemerkt man die Anlage der Vierhügel. Auf der Ventralseite bildet das Mittelhirn die sog. Unterlappen (Lobi inferiores). Das Zwischenhirn ist sehr schwach entwickelt. Aus ihm entspringt die Epiphyse. Die dritte Hauptabteilung des Gehirns bildet das Cerebellum oder Kleinhirn, das am weitesten dorsal vorspringt. Das verlängerte Mark sendet seine Stränge bis unter das Kleinhirn. Das Gehirn füllt die Schädelhöhle bei weitem nicht aus. Zwischen der die Schädelkapsel auskleidenden Dura mater und dem das Gehirn überziehenden Pallium ist ein mächtiges Fettgewebe entwickelt, das sich durch den dorsalen Teil des ganzen Rückenmarkskanales hinzieht, und das wir auf den gefärbten Schnitten durch Neunaugen usw. bereits gefunden haben.

IV. Mikroskopische Präparate von Knochenfischen.

Schuppenpräparate (Fig. 286, 287). Wir entnehmen der präparierten Plötze eine Anzahl von Schuppen, darunter auch solche aus der Seitenlinie, legen sie auf einige Zeit in absoluten Alkohol, darauf in Xylol und montieren sie als Balsampräparate. Das Übersichtsbild betrachten wir bei schwacher, Pigmentzellen und andere Einzelheiten bei starker Vergrößerung.

Wir können auf jeder Schuppe ein System konzentrischer Linien wahrnehmen (Wachstumslinien), sowie eine Anzahl vom Zentrum des Systems ent-

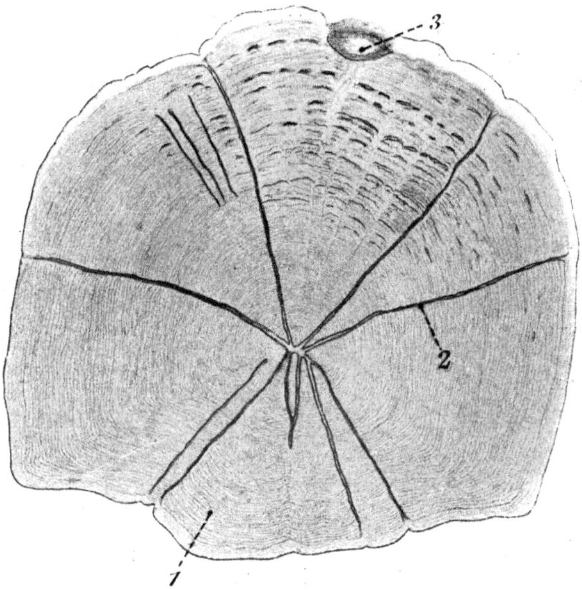

Fig. 286. Leuciscus rutilus. Schuppe vom Seitenkanal.
1. Wachstumslinien. — 2. Radien. — 3. Eingang zum Seitenkanal.

springender Radien. Der freie Rand der Schuppen der Plötze ist glatt (Cycloidschuppen). Bei starker Vergrößerung betrachten wir das Präparat einmal bei voller Beleuchtung im durchfallenden Licht und sehen die sternförmigen Pigmentzellen der bedeckenden Haut, dann aber mit abgedrehtem Spiegel, also im auffallenden Licht. Die hellen, stark irisierenden Elemente sind kristallinische Einlagerungen von Guanin

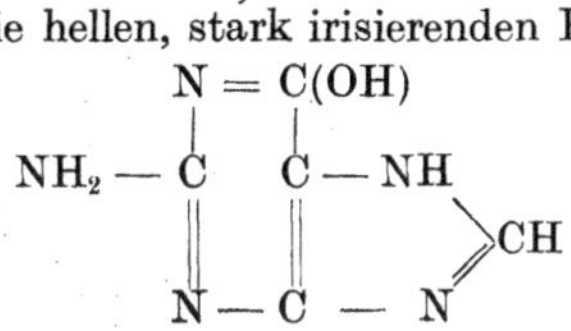

$= C_5H_5N_5O$, einem Purinderivat, das als Spaltungsprodukt der Nukleinsäure gebildet wird. Diese entsteht aus dem Nuklein, welches in den Zellkernen enthalten ist.

Zum Vergleiche stelle man auch ein Schuppenpräparat vom Barsch her. Hier ist der freie Hinterrand der Schuppe gezähnelt (Ctenoidschuppe).

Die Schuppen der Seitenlinie zeigen auf der Unterseite eine kleine Röhre, die sich am hinteren Rande der Schuppe nach außen öffnet. Die einzelnen Röhren führen in den Seitenkanal. Dieser ist mit einem stark Schleim absondernden Epithel ausgekleidet, in welchem sich sog. Sinneshügel nachweisen lassen. Die Fische nehmen mit diesen Seitenorganen selbst ganz geringfügige Bewegungen des Wassers wahr.

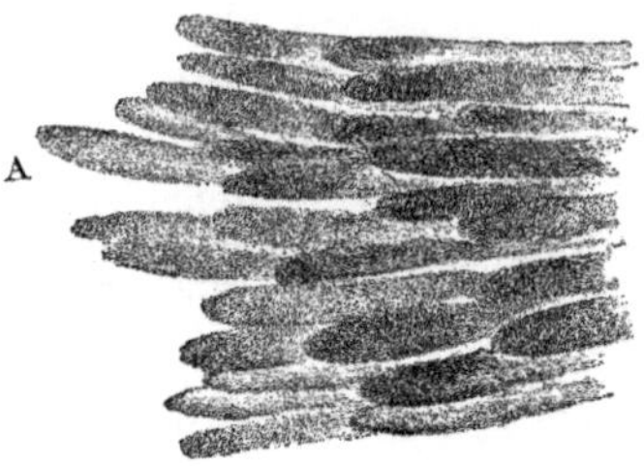

Fig. 287. Leuciscus rutilus. Guanin-Einlagerungen vom Schuppenrande.
A. Außenrand.

Ein sehr lohnendes Objekt ist auch die Haut kleiner Flundern. Von etwa 10 cm langen Exemplaren, die längere Zeit in Alkohol gelegen haben, läßt sich die Haut sehr leicht abziehen. Sie wird in Xylol aufgehellt und in Kanadabalsam eingeschlossen. Bei Einstellung auf eine tiefere Schicht sieht man die konzentrische Streifung der kleinen, in der Haut liegenden Schuppen, bei Einstellung auf die oberflächliche Schicht wunderschöne, sternförmige Pigmentzellen (Fig. 288).

Auch die Kiemenbogen dieser Fische lassen sich einzeln herauslösen, nach gründlicher Entwässerung in Xylol aufhellen und als Balsampräparate herrichten. Man erkennt die Fiederstruktur der einzelnen Kiemenblättchen und die durch Selbstinjektion gefüllten und daher dunkel erscheinenden, zu- und abführenden Kiemengefäße innerhalb derselben.

Um den Unterschied zwischen diesen Kammkiemen und den Büschelkiemen der Lophobranchier zu demonstrieren, kann man ein entsprechendes Präparat von den billig aus Neapel zu beziehenden Hippocampusarten (Seepferdchen) oder von der Seenadel (Syngnathus acus) herstellen.

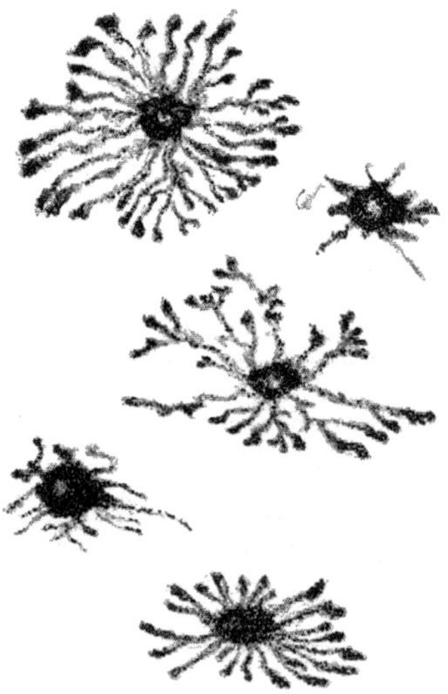

Fig. 288. Obj. VIII. Pigmentzellen aus der Haut der Flunder (Schwanz).

Kleine, 1—1½ cm lange Fischchen irgendeiner Art ergeben nach dem Aufhellen gute Totalpräparate, an denen man die ganze innere Organisation übersehen kann, und die an einzelnen Stellen, z. B. Gehirn und Zentralnervensystem, selbst eine stärkere Vergrößerung aushalten. Vor dem Einlegen in absoluten Alkohol kann man auch Stückfärbung mit Alaun- oder Boraxkarmin und Bleu de Lyon anwenden.

Für die histologische Behandlung verwende man nur einzelne Organe größerer, frisch getöteter Fische. Die Augen geben im allgemeinen gute Retinabilder, doch sind Übersichtspräparate des ganzen Bulbus ziemlich schwer einwandfrei herzustellen, da es kein Mittel gibt, das Paraffin zum Eindringen in die sehr harte, kugelrunde Linse zu bewegen. Fixierung nach Flemming. Färbung mit Hämatoxylin-van Gieson. Das Gehirn wird in der Schädelkapsel fixiert (Müllersche Flüssigkeit) und diese nach einer der üblichen Methoden entkalkt. Färbung mit Hämatoxylin-van Gieson. Die übrigen Organe werden nach den allgemeinen Vorschriften behandelt.

Gute Querschnitte (Hämatoxylin-van Giesonfärbung) erhält man von jungen, etwa 10—15 cm langen Aalen, die man aus Neapel beziehen kann.

5. Kapitel.

Frosch.

Als Material wählen wir möglichst große Exemplare der überall häufigen Arten Rana esculenta oder Rana temporaria.

I. Äußere Inspektion und Beobachtungen am lebenden Tiere.

Man achte auf die stets feuchte, kalte Haut, die dem Körper an den meisten Stellen nur lose anliegt. Am Kopfe bemerken wir die vorstehenden Augen mit einem oberen Augenlid, welches am Augapfel festgewachsen ist und seinen Bewegungen folgt, und mit einer durchscheinenden Nickhaut, welche die Stelle des unteren Augenlides einnimmt. Hinter den Augen liegt jederseits das runde Trommelfell und ventral davon beim Männchen eine Hautfalte, aus der beim Quaken die Schallblasen vorgestülpt werden. Die Nasenöffnungen sehen wir an der Schnauzenspitze. Die Kloakenöffnung liegt stark dorsal unmittelbar hinter dem Ende des Steißbeines. Zu beiden Seiten des Steißbeinendes sieht man beim lebenden Tiere (auch noch bei frisch chloroformierten Exemplaren) eine schwache Pulsation. Diese rührt von der Bewegung zweier Lymphherzen her. Die Zehen der Füße sind nagellos; es sind vorn vier und hinten fünf vorhanden. Die Zehen der Hinterfüße sind durch Schwimmhäute verbunden (siehe die Beobachtung des Blutkreislaufes darin S. 14). Die Männchen besitzen an den Vorderfüßen Daumenschwielen, die bei der Begattung als Reizorgan dienen.

Zur Tötung werden die Frösche in ein Gefäß getan, in dem sich ein wenig Chloroform befindet. Der reichlich abgesonderte Schleim wird nach der Tötung mit Wasser abgewaschen und die Präparation im Wachsbecken unter Wasser vorgenommen. Der Frosch wird zunächst nicht festgesteckt, da er für die ersten Untersuchungen öfter gewendet werden muß.

II. Makroskopische Präparation.

a) Lymphsäcke. Wie schon bemerkt wurde, ist die Haut des Frosches zum größten Teile nicht an der Muskulatur angewachsen. Sie ist nur längs bestimmter Linien daran befestigt, so daß große Hohlräume, die Lymphsäcke, gebildet werden, welche stets mit Lymphe gefüllt sind. Hierdurch wird die Haut feucht gehalten (Hautatmung!). Die Präparation dieser Lymphsäcke erfolgt in der Weise, daß man die Haut mit der Pinzette faßt, wo sie lose ist, anhebt und einen kleinen Einschnitt macht. Dann führt man die stumpfe Schere ein und tastet mit geschlossenen Branchen, bis man an eine Grenze kommt.

Zunächst schneiden wir die Haut in der Mittellinie des Rückens an. Auf der Muskeldecke sieht man quer verlaufende Nervenstämme aus der Wirbelsäule treten. Auf der Innenseite der Haut breiten sich die Arteria und die Vena cutanea magna aus, welche sich von der Schulter aus verzweigen. An den Seitenlinien des Rückens trifft man auf die ersten Scheidewände. Dieselben konvergieren gegen den After hin. Hier suchen wir jetzt die beiden Lymphherzen auf (Fig. 289 : 5).

Der Rückenlymphsack (Fig. 289 : 6) läßt sich nach vorn bis auf die Schnauzenspitze verfolgen. Kaudal von den hinteren Aussackungen dieses Lymphsackes schneiden wir jetzt weiter in die Haut und gelangen in den Interfemoralsack (Fig. 289 : 13). Dann präparieren wir die Lymphsäcke des Beines nach den Figg. 289 und 290. Am Oberschenkel finden wir drei Lymphsäcke: den Interfemoralsack (Figuren 289:13; 290:9), den Subfemoralsack (Fig. 289:12; 290 : 8) und den Femoralsack (Fig. 289:11; 290:7). Unter dem Kniegelenk verläuft eine Querwand. Zwei der Scheidewände der Schenkelsäcke vereinigen sich schon oberhalb des Knies, so daß nur zwei Septen an den Schenkelring herantreten. Die Lymphsäcke an Unterschenkel und Fuß ergeben sich aus der Figur.

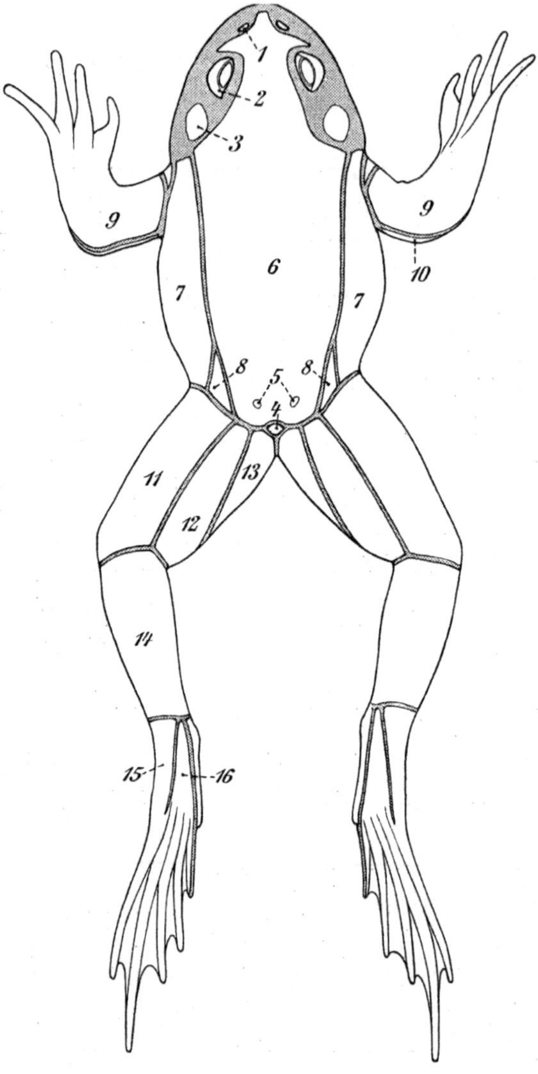

Fig. 289. Frosch. Dorsale Lymphsäcke (Rana esc. var. ridibunda).

1. Nasenlöcher. — 2. Augen. — 3. Trommelfell. — 4. Lage der Afteröffnung. — 5. hintere Lymphherzen. — 6. Kraniodorsaler Lymphsack. — 7. Seitensäcke. — 8. Leistensäcke. — 9. Dorsaler Armsack. — 10. Ventraler Armsack. — 11. Femoraler Sack. — 12. Subfemoraler Sack. — 13. Interfemoraler Sack. — 14. Cruraler Sack. — 15. Dorsaler Sack des Fußes. — 16. Sack der Fußsohle.

Danach durchtrennen wir die Seitengrenzen des Rückenlymphsackes, durchschneiden in der Darmbeingegend den Musculus cutaneus femoris, der zur Haut zieht, und präparieren die Seitenlymphsäcke (Fig. 289 : 7; 290: 4). Schwieriger wird die Präparation am Schultergelenk. Wir gehen hier vom oberen, äußeren Schulterwinkel aus und verfolgen zunächst eine Naht um die Armwurzel herum. Auf der Achsel finden wir noch einen besonderen kleinen Sack, dessen Naht in die Schulternaht einmündet. Die Septen des Armes ersieht man aus den Figuren.

Am hinteren Ende des Rückenlymphsackes liegt unter dem Septum zwischen diesem und den Seitenlymphsäcken jederseits noch ein kleiner Leistenlymphsack (Fig. 289: 8).

Um das Trommelfell und die Augen herum bis an den Rand des Oberkiefers ist jederseits die Haut fest angewachsen. Nach Erledigung der Rückenseite drehen wir den Frosch auf die Bauchseite. Hier durchtrennen wir auch die Haut ein

Stückchen in der Mittellinie und eröffnen damit den großen Bauchlymphsack (Fig. 290: 3), der von der Symphyse bis in die Höhe des Schultergelenkes reicht. Hier stoßen wir auf eine quer verlaufende Grenze. Kopfwärts von dieser liegt

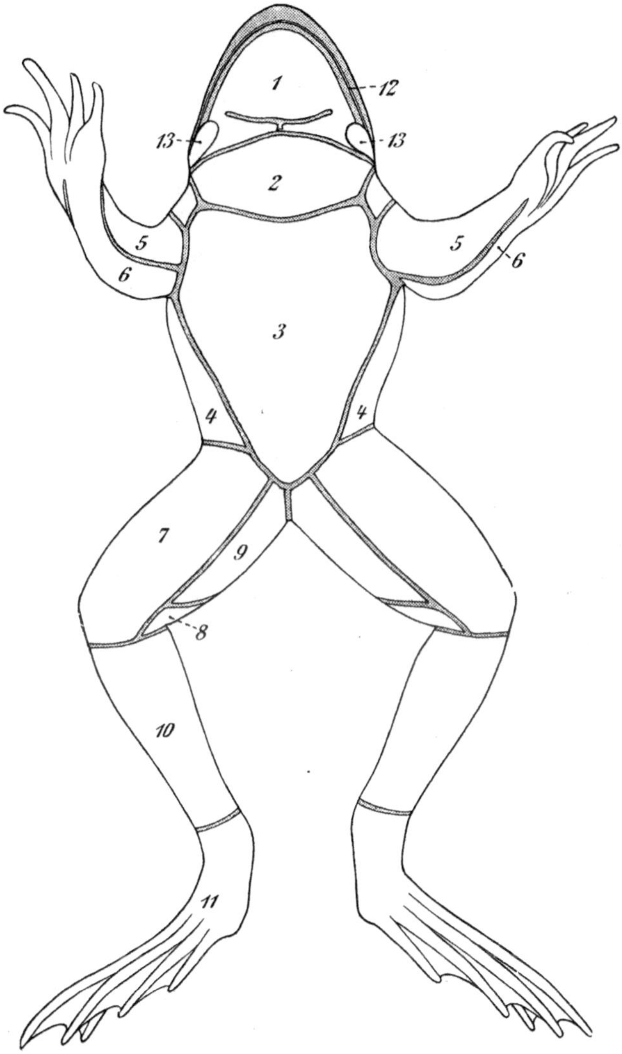

Fig. 290. Rana temporaria var. ridibunda. Ventrale Lymphsäcke.

1. Kehllymphsack. — 2. Brustsack. — 3. Bauchsack. — 4. Seitensack. — 5. Dorsaler Sack des Armes. — 6. Ventraler Sack des Armes. — 7. Femoraler Sack. — 8. Subfemoraler Sack. — 9. Interfemoraler Sack. — 10. Cruraler Sack. — 11. Dorsaler Sack des Fußes. — 12. Mundspalte. — 13. Schallblasen (Einstülpung der äußeren Haut).

der Brustlymphsack (Fig. 290 : 2), der bis zur Kehle reicht. Hier begrenzt eine Quernaht den Kehllymphsack (Fig. 290 : 1), der etwa in der Höhe des Trommelfells noch einige unvollständige Adhäsionen aufweist.

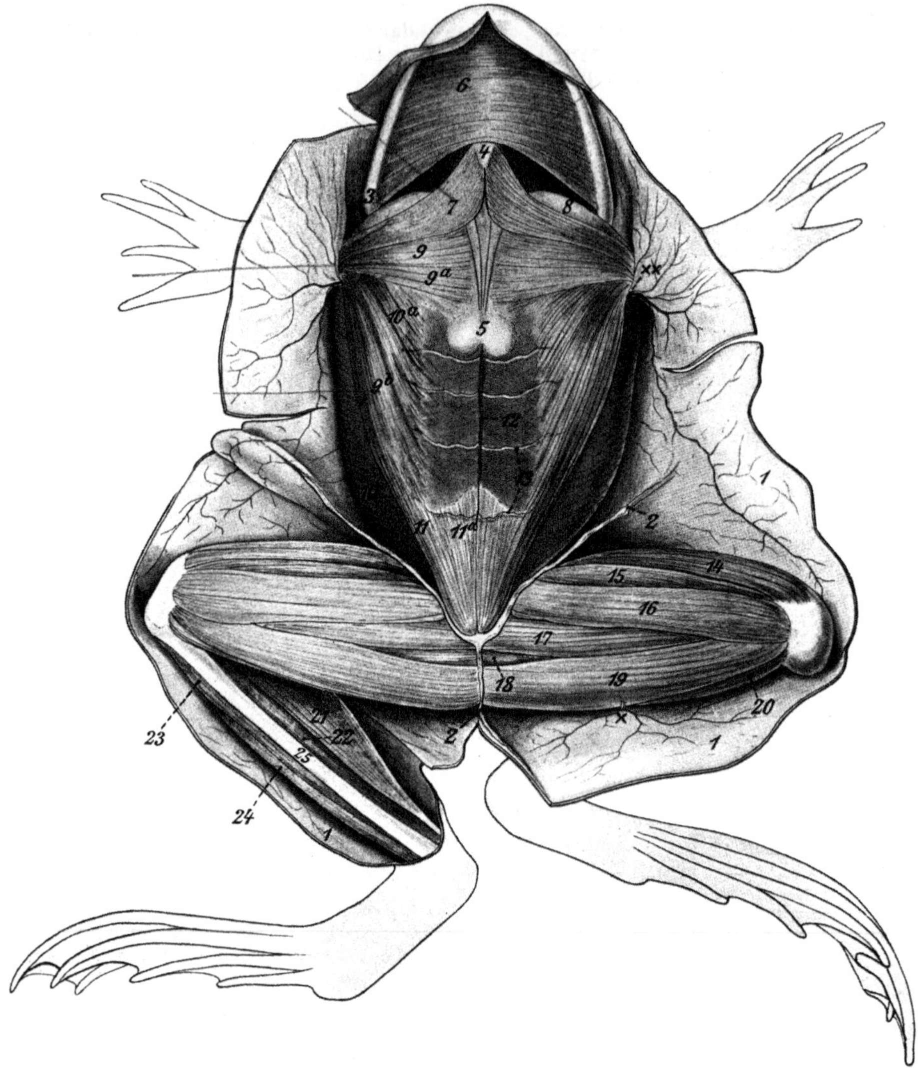

Fig. 291. Rana esculenta. Muskulatur der Ventralseite. Haut abpräpariert und zur Seite geklappt. Auch die Trennungswände zwischen dem ventralen Lymphsack und den Seitensäcken sind durchschnitten, wobei die Vena cutanea magna jeder Seite angeschnitten wurde und sich entleerte. Diese Venen sind daher nicht dargestellt. Bei ×× treten sie durch die Bauchwand. Bei × Durchtritt einer kleinen Hautvene.

1. Innenfläche der Haut mit Blutgefäßen (angedeutet). — 2. Scheidewände von Lymphsäcken. — 3. Unterkiefer. — 4. Basis des Episternums (durchscheinend). — 5. Schwertfortsatz des Brustbeins (durchscheinend). — 6. Musculus submaxillaris. — 7. Musculus sterno-radialis. — 8. Musculus deltoideus. — 9., 9a., 9b. Teile des Musculus pectoralis. — 10., 10a. Teile des Musculus abdominalis obliquus. — 11., 11a. Teile des Musculus abdominalis rectus. — 12. Vena abdominalis. — 13. Inscriptiones tendineae. — 14. Musculus latus internus. — 15. Musculus adductor longus. — 16. Musculus sartorius. — 17. Musculus adductor grandis. — 18. Musculus adductor brevis. — 19. Musculus grandis internus. — 20. Musculus rectus internus minor. — 21. Musculus gastrocnemius. — 22. Musculus tibialis posterior. — 23. Musculus extensor femoris. — 24. Musculus tibialis anterior. — 25. Unterschenkelbein (tibia und fibula verschmolzen).

b) Präparation einiger Muskeln. Wir durchtrennen nun alle noch vorhandenen Lymphsackadhäsionen und präparieren die Haut ab, um einige Muskeln kennen zu lernen.

Zunächst betrachten wir die Bauchseite. Vorn quer über den Hals zieht sich ein breiter Muskel, der Musculus submaxillaris (Fig. 291 : 6). Vom Brustbein zum Schultergelenk ziehen, von oben nach unten folgend, der Musculus sternoradialis (Fig. 291:7), der vordere und hintere Brustteil des Musculus pectoralis (Fig. 291:9, 9a). Nach der Mitte des Bauches ziehen der Skapularteil des Musculus abdominalis obliquus externus (Fig. 291: 10a) und der Bauchteil des Musculus pectoralis (Fig. 291 : 9b). Der breite Muskel, welcher die Mitte des Bauches bedeckt und (meist 5) weiße, querverlaufende Sehnenstreifen zeigt, ist der Mittelteil des Musculus abdominalis rectus (Fig. 291: 11). Sein Seitenteil vereinigt sich mit dem Bauchteil des Musculus pectoralis.

Der Oberschenkel zeigt auf der Innenseite, von außen nach innen aufeinander folgend, den Musculus latus internus, den Musculus adductor longus, den Musculus sartorius, die Musculi adductores grandis und brevis (letzterer nur am proximalen Ende des Oberschenkels freiliegend), den Musculus grandis internus und den Musculus internus minor (Fig. 291: 14—20). Am Unterschenkel sehen wir vorn den Musculus extensor femoris und den Musculus tibialis anterior (Fig. 291 : 23, 24), hinten den Musculus tibialis posterior und den Musculus gastrocnemius (Fig. 291 : 22, 21). Auf der Hinterseite des Oberschenkels sieht man vom Steißbein aus den kleinen Musculus pyriformis (Fig. 292 : 3) in die Tiefe der Muskulatur eindringen. Vom Darmbein entspringt auf dessen ganzer Länge der Musculus glutaeus (Fig. 292 : 2) und am unteren Ende der Musculus vastus externus (Fig. 292 : 5). Die Dorsalseite des Oberschenkels bilden der Musculus triceps und der Musculus rectus anterior (Fig. 292:4). Auf der Hinterseite zieht der schmale Musculus biceps (Fig. 292:6) und an der Innenseite der Musculus semimembranosus (Fig. 292: 7) und der Musculus rectus internus minor (Fig. 292: 8) entlang. Zieht man den Musculus vastus externus und den Musculus semimembranosus etwas ausein-

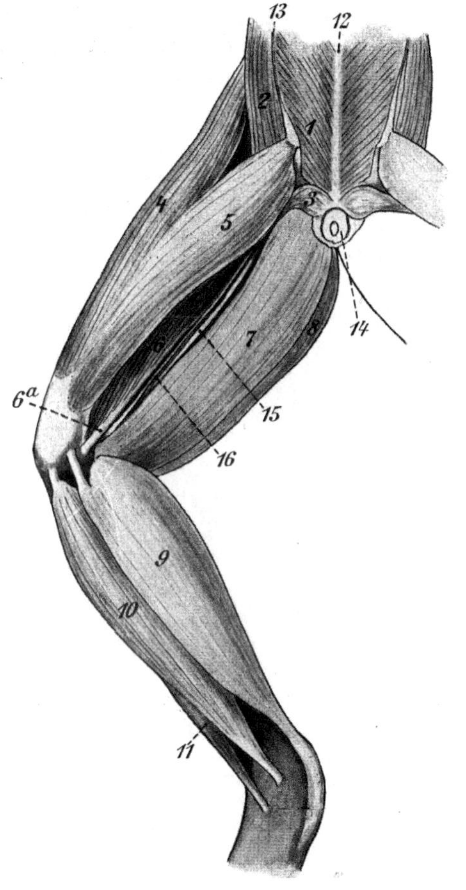

Fig. 292. Rana esculenta. Muskulatur des linken Beines. Dorsalseite.

1. Musculus coccygeo-iliacus. — 2. Musculus glutaeus. — 3. Musculus pyriformis. — 4. Musculus rectus anterior. — 5. Musculus vastus externus. — 4. und 5. Teile des Musculus triceps. — 6. Musculus biceps (6a. Sehne). — 7. Musculus semimembranosus. — 8. Musculus rectus internus minor. — 9. Musculus gastrocnemius. — 10. Musculus peronaeus. — 11. Musculus tibialis anterior. — 12. Os coccygis. — 13. Iliacum. — 14. Rest der Haut mit der Afteröffnung. — 15. Nervus ischiadicus. — 16. Vena ischiadica.

ander, so kann man den Musculus biceps besser verfolgen und findet auch leicht den Nervus ischiadicus. (Siehe die Versuche zur Physiologie des Muskels S. 109.)

c) Die Mundhöhle. Man klappt den Unterkiefer herunter und zieht die vorn angewachsene, am freien Rande ausgeschnittene Zunge heraus. Der Rand des Oberkiefers ist mit angewachsenen Zähnen bedeckt. Auch auf dem Vorsprunge des Vomer liegt rechts und links eine kleine Gruppe von Zähnen (Fig. 293 : 2). Wir bemerken die

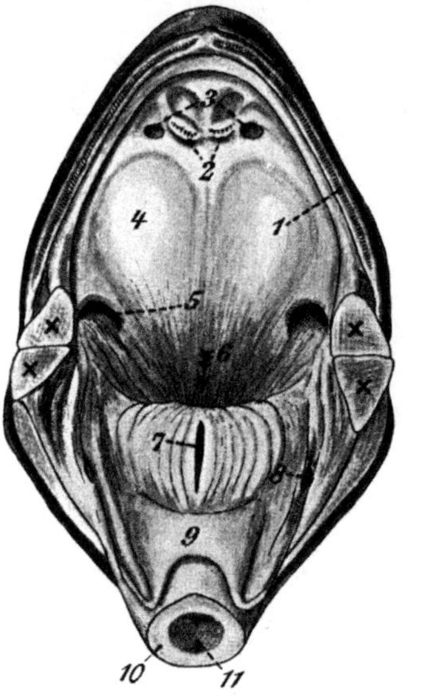

Fig. 293. Rana esculenta var. ridibunda ♂. Blick in die Mundhöhle. Seitliche Muskeln durchschnitten (× Schnittfläche), Zunge an der Wurzel abgelöst.

1. Zähne des Oberkiefers. — 2. Gaumenzähne. — 3. Choanen. — 4. Lage des Augapfels. — 5. Tuba. — 6. Eingang zum Ösophagus. — 7. Eingang zum Kehlkopf. — 8. Kanal zur Schallblase. — 9. Zungenbein. — 10. Schnittfläche der Zunge. — 11. Schnittfläche des Musculus hyoglossus.

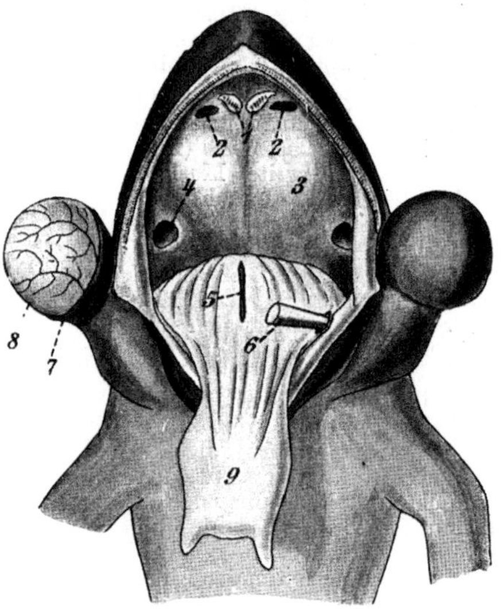

Fig. 294. Rana esculenta var. ridibunda ♂. Darstellung der Schallblasen; in dem Eingang zur linken Schallblase ist die Kanüle (6) des Gebläses angedeutet. Im übrigen s. Text.

1. Gaumenzähne. — 2. Choanen. — 3. Lage des Augapfels. — 4. Tuba. — 5. Kehlkopfspalte. — 6. Kanüle. — 7. Körperhaut. — 8. Ausstülpung der Mundschleimhaut. — 9. Zunge, herausgeklappt.

Choanen (Fig. 293 : 3), erkennen die Lage der Augäpfel und die weiten Öffnungen der Eustachischen Röhren (Fig. 293 : 5). Hinter der Zunge sieht man die längliche Kehlspalte (Fig. 293 : 7) und zu beiden Seiten derselben unter dem Unterkieferrand den Eingang in die Schallblasen (Fig. 293 : 8).

Wir führen die Glaskanüle eines Gummigebläses in die Öffnung einer Schallblase ein (Fig. 294 : 6) und füllen dieselbe mit Luft. Die Schallblase ist von der Körperhaut bedeckt. Man durchtrennt die letztere ganz vorsichtig im aufgeblasenen Zustande durch einen sehr flachen Skalpellschnitt; dann erscheint darunter eine ebenso geformte, zarte Schleimhautblase (Fig. 294 : 8). Die Schallblase ist also eine Ausstülpung der Mundschleimhaut, welche in eine Erweiterung der Körperhaut hineinpaßt. Der Raum zwischen beiden Häuten gehört dem Kehllymphsack an. Durchtrennt man auch die feine Schleimhaut, so zeigt uns die durchtretende Spitze der Kanüle die Öffnung unter dem Unterkiefer. Für die Untersuchung der Schallblasen eignet sich nur

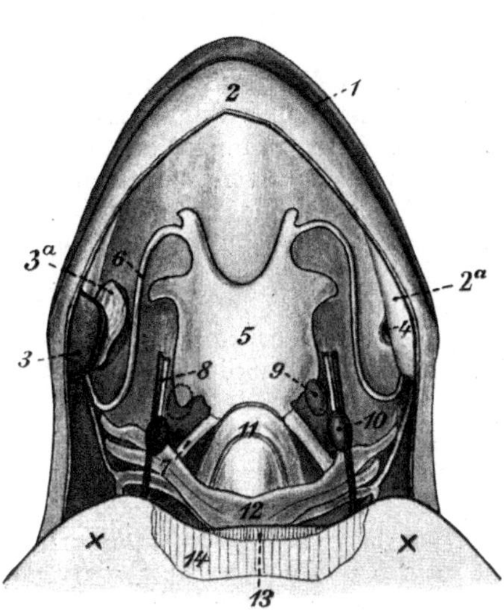

Fig. 295. Rana esculenta var. ridibunda ♂. Ansicht des Zungenbeins. Haut und oberflächliche Muskulatur der Kehlseite mit einem Teil des Brustbeins abpräpariert.

1. Mundspalte. — 2. Rest der Haut. — 2a. Unterkiefer. — 3. Schallblase (Einstülpung der Körperhaut). — 3a. Schallblase (Einstülpung der Mundschleimhaut). — 4. Eingang zur Schallblase (diese abgetrennt). — 5. Zungenbeinkörper. — 6. Keratohyale. — 7. Keratobranchiale. — 8. Vena und Arteria lingualis. — 9. Thymus (die rechte punktiert angedeutet). — 10. Glandula thyreoidea. — 11. Kehlkopf (Ringknorpel). — 12. Truncus arteriosus (noch vom Herzbeutel umschlossen). — 13. Schnittfläche des Brustbeins. — 14. Durchschnittene Muskeln. — × Lage des Schultergelenkes.

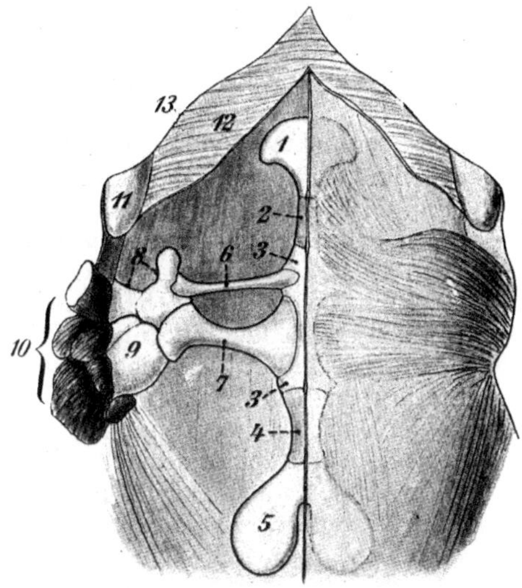

Fig. 296. Rana esculenta var. ridibunda. Rechte Seite des Brustbeins freipräpariert.

1. Manubrium des Episternums. — 2. Corpus des Episternums. — 3. Knorpelige Sternalplatte. — 4. Corpus sterni. — 5. Processus xiphoideus. — 6. Clavicula. — 7. Coracoid. — 8. Scapula. — 9. Humerus. — 10. Reste von abpräparierten Muskeln. — 11. Unterkiefer. — 12. Reste des Musculus submaxillaris. — 13. Rand der Haut.

Rana esculenta und seine Varietäten. Bei Rana temporaria sind dieselben nur als innere Schallblasen entwickelt. Die äußere Haut bildet keine Einfaltungen.

d) Brustbein, Schultergürtel und Zungenbein. Wir präparieren jetzt die Muskulatur des Halses und des Schultergürtels möglichst vorsichtig und vollständig ab.

Vom Zungenbein finden wir zunächst eine breite, mittlere Platte, die Copula (Fig. 295 : 5), welche vorn weit ausgebuchtet ist und zwei

Paar Fortsätze trägt. Das vordere Paar derselben, die Keratohyalia oder Hyoidbogen (Fig. 295 : 6), geht von den vorderen Ecken der Copula in nach hinten offenem Bogen nach der hinteren Ohrregion, das hintere Paar, die Keratobranchialia oder Branchialbogen (Fig. 295 : 7), geht von den hinteren Ecken der Copula schräg nach hinten und außen. Zwischen ihnen liegt der Kehlkopf. Bemerkt sei, daß bei der Präparation des Zungenbeins wichtige Blutgefäßstämme meist so stark verletzt werden, daß ihre spätere Präparation an demselben Exemplar nicht mehr möglich ist.

Das Brustbein besteht aus einer knorpeligen Sternalplatte (Fig. 296 : 3), von der die Schlüsselbeine abgehen, und die vorn das Episternum, hinten das Sternum trägt. Das Episternum setzt sich aus dem knöchernen Corpus (Fig. 296 : 2) und dem knorpeligen Manubrium (Fig. 296 : 1) zusammen. Das Sternum besteht aus einem knöchernen Corpus (Fig. 296 : 4) und dem breiten, knorpeligen Processus xiphoideus (Fig. 296 : 5), der schon durch die Muskulatur hindurch zu erkennen ist. Von den beiden Schlüsselbeinen ist das vordere, die Clavicula (Fig. 296 : 6) bedeutend dünner als das Coracoid oder Rabenschnabelbein (Fig. 296 : 7), welches sich mit breiter Basis an die knorpelige Sternalplatte ansetzt.

e) Situs. Hat man nur eine einfache Situspräparation vor, die vor allem auf feinere Einzelheiten des Gefäßsystems verzichtet, so erfolgt die Öffnung der Leibeshöhle durch einen einfachen Medianschnitt durch die ventrale Muskeldecke, der an der Schambeinsymphyse, wo man der an der Bauchwand festgehefteten Harnblase wegen besonders vorsichtig sein muß, beginnt und, das Brustbein spaltend, bis zum Unterkieferwinkel nach vorn geführt wird. Auf Blutungen, die sich bei dieser Präparation nicht vermeiden lassen, achte man nicht weiter. Die Bauchwand wird dann zur Seite präpariert und mit Nadeln befestigt, der durchtrennte Schultergürtel auseinander gebogen und ebenfalls fixiert. Nun wird noch der Herzbeutel geöffnet, und seine Reste werden so gut wie möglich abgetragen.

Jetzt führen wir erst die Glaskanüle des Gummigebläses durch die Kehlspalte ein, jedoch nur sehr wenig, da eine eigentliche Luftröhre fehlt. Die beiden häutigen, traubenförmigen Lungensäcke lassen sich sehr schön aufblasen. Sieht man trübe, undurchsichtige Stellen an der Innenfläche der aufgeblasenen Organe, so hat man es mit Parasiten zu tun. Meist beherbergt die Lunge Rhabdonema nigrovenosum, einen mehrere Millimeter langen Nematoden, den man nach beendeter Präparation sammeln und gelegentlich verarbeiten kann. Auch ein Trematode, Distomum cylindraceum kommt vor.

Wir ziehen nun die beiden Lungensäcke nach hinten und außen und fixieren sie durch Nadeln. Die sehr große Leber besteht im wesentlichen aus drei Lappen, einem sehr großen auf der rechten Seite des Tieres und zwei kleineren auf der linken Seite. Die Lappen sind durch Brücken aus Lebersubstanz miteinander verbunden. Klappen wir jetzt die beiden kleineren Lappen hoch, so finden wir auf der linken Seite des Tieres den langgestreckten Magen, der in den vielfach gewundenen, in einem gefäßreichen Mesenterium aufgehängten Darm übergeht und ein deutlich abgesetztes, gurkenförmiges Rectum bildet. Zur genaueren Untersuchung der Verdauungsorgane klappen wir die Leber und den Magen nach vorn und den Darmkanal nach der linken

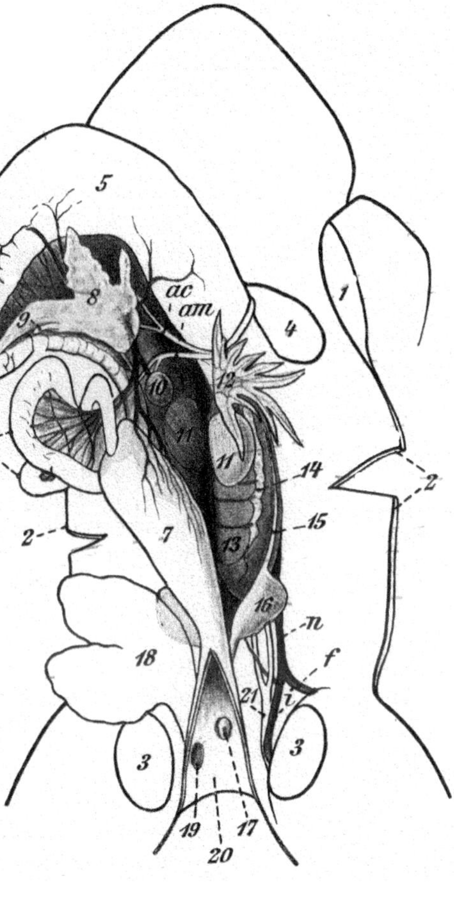

Fig. 297. Rana temporaria ♂. Situs. Leber und Magen nach vorn, Darm nach links umgeklappt. Schambeinsymphyse durchschnitten, Kloake ventralwärts gespalten.

1. Schnittfläche des Brustbeins. — 2. Schnittfläche der Bauchwand. — 3. Schnittfläche der Schambeinfuge. — 4. linke Lunge. — 5. Magen. — 6. Windungen des Darmes. — 7. Rectum. — 8. Pankreas. — 9. Mündung des Ductus choledochus. — 10. Milz. — 11. Hoden (der rechte durchscheinend). — 12. Fettkörper. — 13. Niere. — 14. Nebenniere. — 15. Harn-Samenleiter. — 16. sog. Vesicula seminalis. — 17. Mündungspapille der Harn-Samenleiter. — 18. Harnblase. — 19. Mündung der Harnblase in die Kloake. — 20. Dorsalwand der Kloake. — 21. Nervus ischiadicus. — f Vena femoralis. — i Vena ischiadica. — n zuführende Nierenvene. — ac Arteria coeliaca. — am Arteria mesenterica.

Seite des Präparationsfeldes um und erhalten so die Ansicht der Fig. 297. Die Gallenblase liegt an der die rechte und linke Leberhälfte verbindenden Brücke. Die Bauchspeicheldrüse (Fig. 297 : 8) finden wir in der Duodenalschlinge, und die dunkelrote, kugelrunde Milz,

(Fig. 297 : 10) liegt dem Magen dicht an. Der Ductus cysticus vereinigt sich mit dem Ductus hepaticus zu einem Ductus choledochus, der mit dem Ductus pancreaticus zusammen in den Anfangsteil des Zwölffingerdarms mündet (Fig. 297 : 9).

Zur Untersuchung des Urogenitalsystems spalten wir durch einen Skalpellschnitt die Schambeinsymphyse und biegen die Schnittflächen auseinander. Die zweizipfelige Harnblase (Fig. 297 : 18) läßt sich mit dem Gummigebläse von der Kloake aus leicht aufblasen. In der Harnblase findet sich häufig ein Trematode: Polystomum integerrimum (Sammeln!). Zunächst mögen die Verhältnisse beim Männchen betrachtet werden. Die dunkelroten, mehrlappigen, plattgedrückten Nieren (Fig. 297 : 13) werden vom Bauchfell bedeckt. Unmittelbar vor und über ihnen sieht man die mächtig entwickelten, lebhaft gelb gefärbten und fingerartig geschlitzten Fettkörper (Fig. 297 : 12). Zieht man das Bauchfelll herunter, so bemerkt man die ihnen aufliegenden goldgelben, kleinen Nebennieren (Fig. 297 : 14). Die Hoden (Fig. 297 : 11) liegen als gelbliche, bohnenförmige Körper dem Kopfende der Nieren auf. Die ausführenden Samengänge treten in die Nieren ein. Ein gemeinschaftlicher Harnsamenleiter (Fig. 297 : 15) verläßt dieses Organ und bildet vor seinem Eintritt in die Kloake eine Erweiterung, die Vesicula seminalis (Fig. 297 : 16), die sich aber nur bei Rana temporaria gut nachweisen läßt. Löst man die ganze Kloake von der Körperhaut ab, hebt sie mit dem Darme auf und löst bis über den Pferdeschweif hinweg alle Adhäsionen ab, so kann man die Vesicula und ihre Mündung in die Kloake von der Dorsalseite gut beobachten. Wir spalten jetzt die ventrale Wand der Kloake, doch so, daß der Blasenhals erhalten bleibt. Die Öffnung des Blasenhalses (Fig. 297 : 19) und die Mündung der auf einer gemeinsamen Papille (Fig. 297 : 17) endenden Harnsamenleiter sind leicht zu finden. (Siehe auch Fig. 298.)

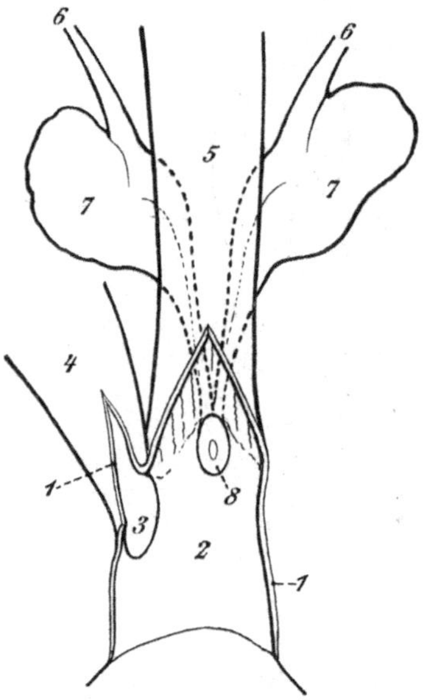

Fig. 298. Rana temporaria ♂. Kloake und Blasenhals ventralwärts gespalten.

1. Schnittfläche. — 2. Wandung der Kloake. — 3. Eingang zur Harnblase. — 4. Harnblase. — 5. Rectum. — 6. Harnsamenleiter. — 7. sog. Vesicula seminalis. — 8. Mündungspapille der Harnsamenleiter.

Die allgemeine Technik bei der Präparation des Weibchens ist ganz wie beim Männchen. Die mächtig ausgebildeten Ovarien (Fig. 299 : 10) sind in einer Falte des Bauchfells aufgehängt. Wir schlagen wieder die Leber nach oben, den Verdauungskanal und das linke Ovarium des Tieres nach der linken Seite des Präparationsfeldes. Niere, Nebenniere und Fettkörper gleichen denen des Männchens. Der eng gewundene Eileiter (Fig. 299 : 13) beginnt unmittelbar unter dem hinteren Lungenrande mit einer zarthäutigen Tube (Fig. 299 : 12) und bildet am Ende eine als Uterus bezeichnete Erweiterung (Fig. 299: 14).

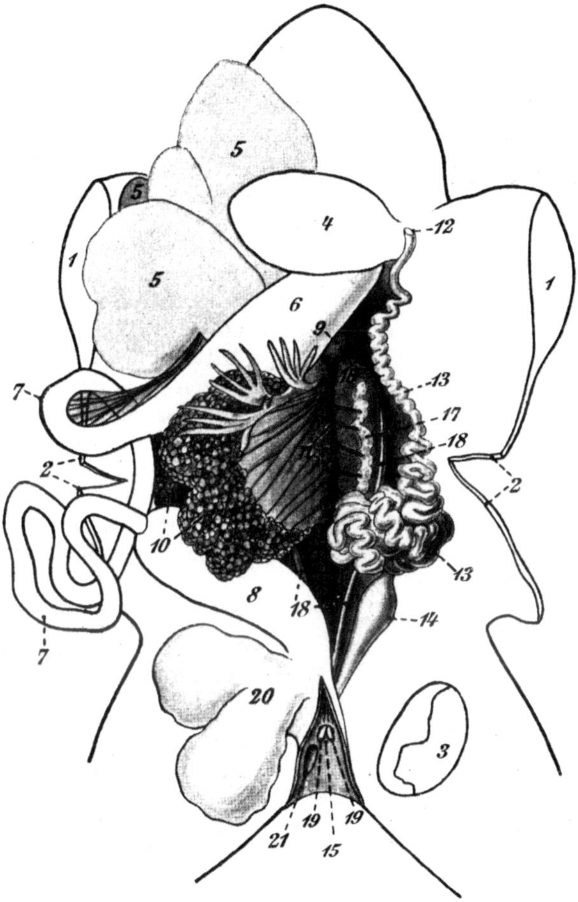

Fig. 299. Rana esculenta var. ridibunda ♀. Situs. Leber nach oben, Darm und Ovarien nach links umgeklappt. Schambeinfuge durchschnitten, Kloake ventralwärts gespalten.

1. Schnittfläche des Brustbeins. — 2. Schnittfläche der Bauchwand. — 3. Schnittfläche der Schambeinfuge. — 4. linke Lunge. — 5. Leber. — 6. Magen. — 7. Darmschlingen. — 8. Rectum. — 9. Milz. — 10. Ovarium. — 11. Fettkörper. — 12. Tuba des Eileiters. — 13. Eileiter. — 14. Uterus. — 15. Gemeinsame Mündung der Uteri in die Kloake. — 16. Niere. — 17. Nebenniere. — 18. Ureteren. — 19. Mündungen der Ureteren in die Kloake. — 20. Harnblase. — 21. Mündung der Harnblase in die Kloake. — n ausführende Nierenvenen.

Die Eröffnung der Kloake nehmen wir hier, nachdem die Schambeinsymphyse durchtrennt ist, am besten so vor, wie es Fig. 300 zeigt, d. h. wir spalten durch einen ventralen Medianschnitt die Bauchwand der Kloake, die Harnblase und die ventrale Wand des Rectums. Die Ureteren (Fig. 299 : 18) leiten hier nur Harn und münden auf zwei unmittelbar nebeneinander liegenden Papillen (Fig. 300 : 8) getrennt in die Dorsalwand der Kloake. Unmittelbar darunter, d. h. zum Teil von den Papillen verdeckt, liegt die gemeinsame Öffnung der beiden Uteri (Fig. 300 : 6).

Will man das Gefäßsystem der Leibeshöhle, namentlich das Nierenpfortadersystem, genauer untersuchen, so hat man schon bei der Öffnung der Bauchdecke eine andere Technik zu befolgen. Man legt einen Längsschnitt durch die Bauchdecke, der, am hinteren Ende beginnend, einige Millimeter rechts (vom Beschauer) neben der Mittellinie nach vorn läuft. Kurz vor dem Schwertfortsatz des Brustbeines biegt er zur Mitte um und spaltet das Brustbein median bis ans vordere Ende. Ein zweiter Schnitt fängt am Hinterende des Bauches einige Millimeter links von der Mittellinie an, läuft parallel zum ersten Schnitt nach vorn und mündet unmittelbar da, wo der erste Schnitt die Mittellinie erreicht, in diesen ein. An der Stelle, wo die beiden Schnitte sich vereinigen, biegt die große Vena abdominalis, die bis hierher an der Innenseite der Muskeldecke des Bauches entlangläuft, ins Körperinnere hinein. Man faßt nun den Zipfel, der beim Zusammenfließen der beiden Schnitte in der Bauchdecke gebildet wird, mit der Pinzette, und trennt ihn, indem man ihn langsam kaudalwärts zieht, vorsichtig von der Abdominalvene (siehe Fig. 301 : 3, 4; 302 : 2).

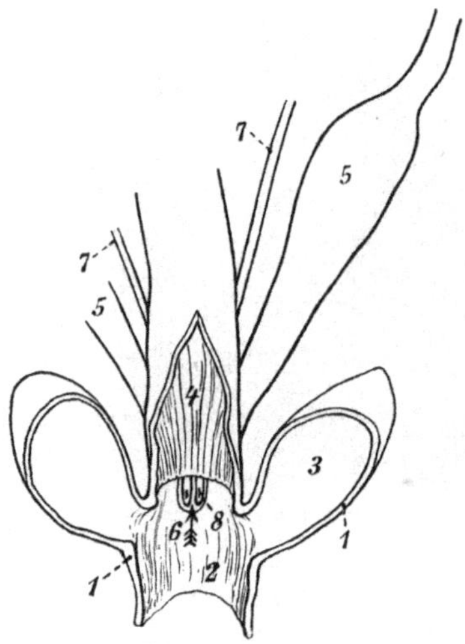

Fig. 300. Rana escul. var. ridibunda. Kloake des ♀ und Harnblase ventral gespalten. 1. Schnittfläche. — 2. Kloake. — 3. Harnblase. — 4. Dorsalwand des Rectums. — 5. Uterus (der rechte nur angedeutet). — 6. Mündung der Eileiter. — 7. Ureteren. — 8. Mündung des linken Ureters.

Wir schneiden nun die Speiseröhre unmittelbar vor dem Magen durch, wozu das Herz etwas angehoben werden muß, ziehen den ganzen Verdauungstraktus unter Lösung einiger Mesenterialfalten unter der noch immer unversehrt zu erhaltenden Abdominalvene hindurch nach der linken Seite des Präparationsfeldes (Fig. 302) und legen den Magen nach unten um. Die ganze Leber wird ebenfalls nach links herübergelegt und der linke untere Leberlappen (des Tieres) unter der Abdominalvene nach der linken Seite des Beschauers hindurchgezogen und nach außen und oben geklappt. Dabei wird die Abdominalvene sehr gespannt. Beim Herumklappen des Magens muß man die Arteria coeliaca (Fig. 302:ac) durchschneiden.

Beim Männchen, wo keine Eierstöcke das Bild stören, haben wir durch diese Präparation einen guten Überblick über das Nierenpfortadersystem erhalten. Aus jedem Oberschenkel kommt eine stärkere Vena femoralis (Fig. 302 : vf) und eine schwächere Vena ischiadica (Fig. 302 : vis), die sich zu einer zuführenden Nierenvene (Fig. 302 : n) vereinigen und je einen starken Zweig abgeben (Fig. 302 : va), der sich mit dem der anderen Seite zu der mächtigen Abdominalvene (Fig. 302: va) vereinigt.

Die zuführenden Nierenvenen oder Nierenpfortadern jeder Seite verzweigen sich in den Nieren (Fig. 302: 14), aus denen sich die abführenden Nierenvenen zur großen Vena cava inferior (Fig. 302 : vi) vereinigen, die in den Venensinus (Fig. 302 : s) mündet. Kurz vor der Bildung des Venensinus nimmt die Hohlvene die große Lebervene (Fig. 302 : vh) auf, deren Mündung gut sichtbar wird, wenn man das Herz hochklappt. Die große Abdominalvene verzweigt sich in der Leber. Sie nimmt in ihrem Anfangsteile noch Zuflüsse von der Bauchwand (Fig. 301 : vc) und von der Wandung der Harnblase (Fig. 301 : vh) auf.

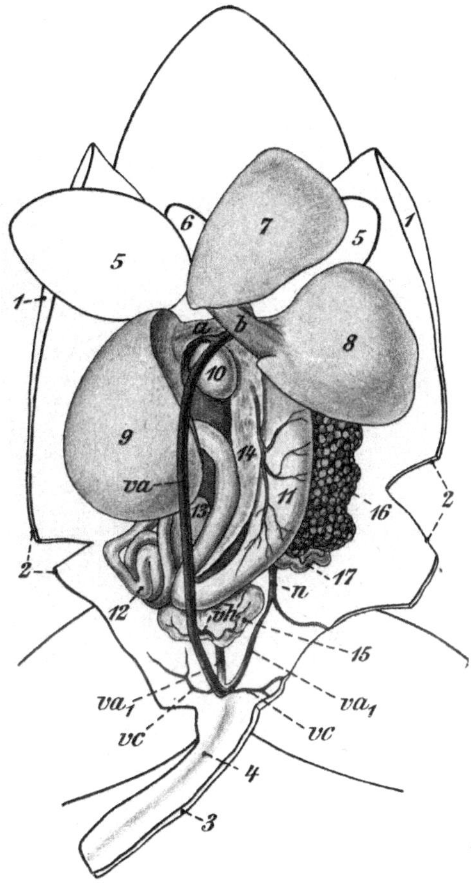

Fig. 301. Rana temporaria ♀. Situs mit Vena abdominalis. Herz nach vorn geklappt, Leberlappen auseinander geschoben.

1. Schnittfläche des Brustbeins. – 2. Schnittfläche der Brustwand. – 3. Lappen der Bauchwand, von der Vena abdominalis abpräpariert und kaudalwärts geklappt. — 4. Rinnenförmige Vertiefung dieses Hautlappens, in welcher die Vena abdominalis eingebettet war. — 5. Lunge. — 6. Herzspitze. — 7., 8., 9. Leberlappen durch die Brücken a. und b. verbunden. — 10. Gallenblase. — 11. Magen. — 12. Darmschlingen. — 13. Rectum. — 14. Pankreas. — 15. Harnblase. — 16. Ovarium. — 17. Eileiter. — n zuführende Nierenvene. — vh Harnblasenvene. — vc Venen der Bauchwand. — va Vena abdominalis. — va_1 Zweige der Vena abdominalis, die von der hier nicht gezeichneten Vena femoralis kommen (s. Fig. 302).

Das Präparat können wir noch zur Aufsuchung der Hauptarterienstämme der Leibeshöhle benutzen. Die beiden Aortenbögen (Fig. 302 : as linker Aortenbogen) vereinigen sich zur gemeinsamen Aorta descendens (Fig. 302 : a). Von dem linken Aortenbogen entspringt kurz vor seiner Vereinigung mit dem der anderen Seite die Arteria coeliacomesenterica, die sich alsbald in eine Arteria coeliaca und eine Arteria mesenterica gabelt. Die Arteria coeliaca (Fig. 302 : ac), die Magen, Leber und Gallenblase versorgt, mußte beim Herumklappen des Magens durchschnitten werden. Die Arteria mesenterica (Fig. 302 : am), die die Milz und den Darm

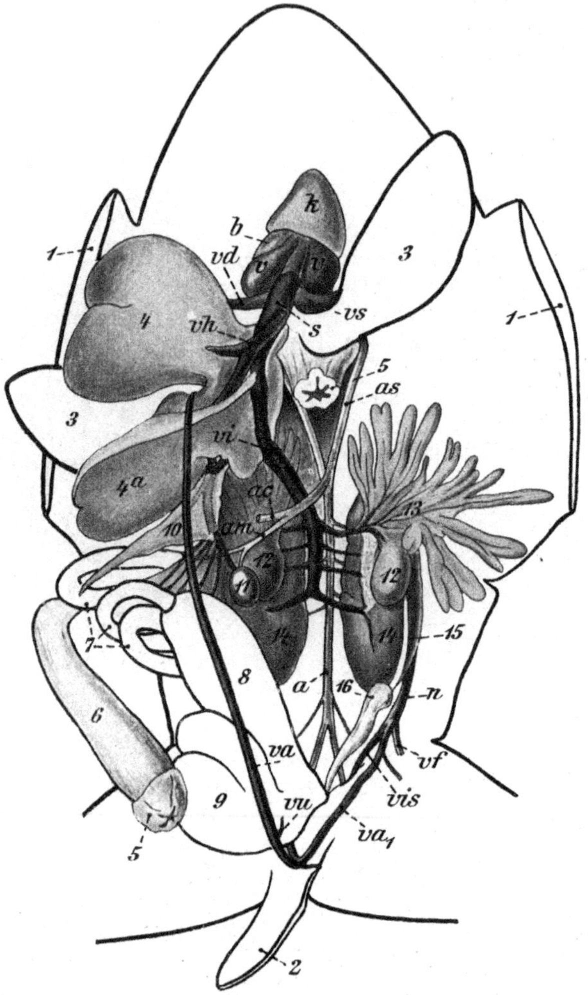

Fig. 302. Rana temporaria ♂. Venöse Gefäße der Leibeshöhle. Herz nach vorn, linker oberer Leberlappen (4) nach rechts geklappt, der untere unter der Vena abdominalis hindurchgeschoben und umgedreht, so daß seine Dorsalseite (4a) sichtbar ist; Schlund durchschnitten. (Näheres s. Text.)

1. Schnittfläche des Brustbeins. — 2. Lappen der Bauchwand s. Fig. 301. — 3. Lunge. — 4. und 4a. Leberlappen (7. bzw. 8. in Fig. 301). — 5. Schnittfläche des Schlundrohres. — 6. Magen. — 7. Darmschlingen. — 8. Rectum. — 9. Harnblase. — 10. Pankreas. — 11. Gallenblase. — 12. Hoden. — 13. Fettkörper. — 14. Niere. — 15. Harnsamenleiter. — 16. sog. Vesicula seminalis. — k Herzkammer. — b Basalteil des Bulbus. — v Vorkammer. — vs und vd obere linke und rechte Hohlvene. — s Sinus venosus. — vh Vena hepatica sinistra. — vi Vena cava inferior. — vf Vena femoralis. — vis Vena ischiadica. — vu Harnblasenvene. — va Vena abdominalis. — va_1 Verbindungszweig von der Vena femoralis zur Vena abdominalis. — as Aorta sinistra. — ac Arteria coeliaca. — am Arteria mesenterica. — a Bauchaorta. — n zuführende Nierenvene.

versorgt, ist mit ihren vielfachen Aufspaltungen sehr schön im Mesenterium des Darmes zu sehen. In der Nierengegend entspringen aus der Bauchaorta einige unpaare Urogenitalarterien, deren jede einen rechten und linken Ast zu den Harn- und Geschlechtsorganen sendet. Der Hauptstamm gabelt sich kaudal von den Nieren in zwei Beckenarterien, die nach Abgabe einiger Zweige das Becken verlassen und die

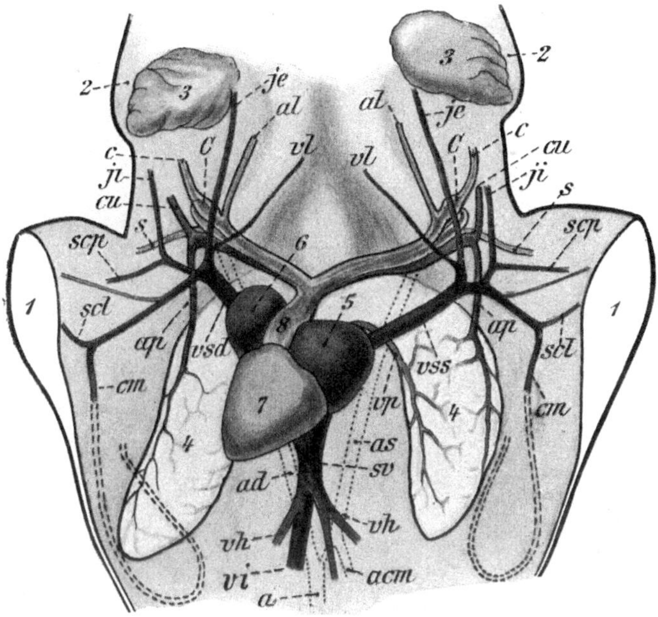

Fig. 303. Rana temporaria ♂. Ansicht des Herzens und der Hauptgefäßstämme. Brustbein in der Mitte gespalten, die beiden Hälften zur Seite gebogen und fixiert; die Gefäße erscheinen daher teilweise ein wenig gezerrt. In der Bezeichnung der Gefäße ist der Einfachheit wegen links und rechts im allgemeinen nicht unterschieden.

1. Schnittfläche des Brustbeins. — 2. Unterkiefer. — 3. Innere Schallblasen. — 4. Lunge. — 5. Atrium sinistrum. — 6. Atrium dextrum. — 7. Ventrikel. — 8. Bulbus arteriosus. — sv Sinus venosus. — vss Vena cava sup. sinistra. — vsd Vena cava sup. dextra. — vh Vena hepatica. — vi Vena cava inferior. — vl Vena lingualis. — je Vena jugularis externa. — ji Vena jugularis interna. — scp Vena subscapularis. — scl Vena subclavia. — cm Vena cutanea magna (nur bis zur Durchtrittsstelle durch die Bauchwand ausgeführt, von da an punktiert). — al Arteria hyoideo-lingualis. — C Glandula carotidis. — c Carotis. — s Arteria subclavia. — as Aorta sinistra. — ad Aorta dextra. — acm Arteria coeliacomesenterica. — a Aorta abdominalis. — cu Arteria cutanea. — ap Arteria pulmonalis. — vp Vena pulmonalis.

Hüftarterien (Arteriae ischiadicae) bilden, die mit dem Nervus ischiadicus zusammen durch den Oberschenkel ziehen.

Die Präparation des Herzens und der Blutgefäße der Brusthöhle nimmt man am besten an einem neuen Frosch vor. Man führt die Eröffnung der Leibeshöhle, um die hier besonders störenden Blutungen zu vermeiden, wieder unter Schonung der Abdominalvene nach der auf S. 384 gegebenen Technik aus, durchtrennt das Brustbein, befestigt

Haut und Muskeldecke seitlich mit Nadeln und präpariert auf der ventralen Halsseite noch die Reste der von den Zungenbeinhörnern zum Brustbein ziehenden Sternohyoidmuskeln ab. Durch das Auseinanderbiegen des Schultergürtels erscheinen die aus dem Herzen kommenden Gefäße stark gespannt.

Wir spalten den Herzbeutel, schieben ihn hoch und suchen seine Reste möglichst vollständig zu entfernen. Das Herz besteht aus einer Herzkammer (Fig. 303 : 7) und zwei Vorkammern (Fig. 303 : 5, 6).

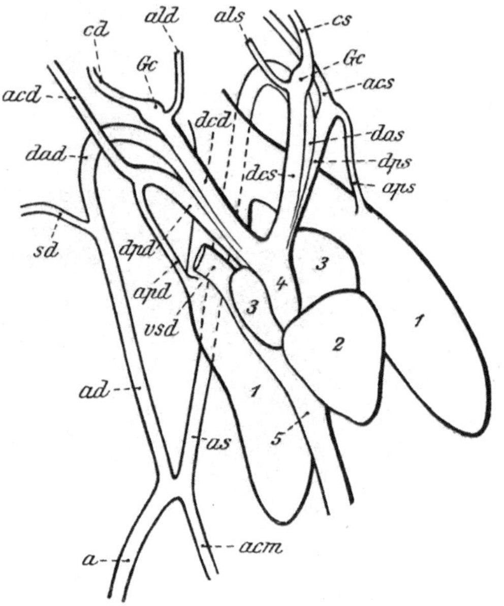

Fig. 304. Rana temporaria. Arterielle Gefäße von der Ventralseite. Herz, Lungen und Magen im Präparat nach rechts und oben gezogen.

1. Lunge. — 2. Herzkammer. — 3. Vorkammern. — 4. Bulbus arteriosus. — 5. Sinus venosus. — dcs Ductus caroticus sinister. — dcd Ductus caroticus dexter. — Gc Glandula carotidis. — cs Carotis sinistra. — cd Carotis dextra. — als Arteria hyoideo-lingualis sinistra. — ald Arteria hyoideo-lingualis dextra. — das Ductus aorticus sinister. — dad Ductus aorticus dexter. — sd Arteria subclavia dextra. — as Aorta sinistra. — ad Aorta dextra. — acm Arteria coeliaco-mesenterica. — a Aorta abdominalis. — dps Ductus pulmo-cutaneus sinister. — dpd Ductus pulmo-cutaneus dexter. — acs Arteria cutanea sinistra. — acd Arteria cutanea dextra. — aps Arteria pulmonalis sinistra. — apd Arteria pulmonalis dextra. — vsd Vena cava superior dextra.

Aus der Kammer entspringt ein Arterienbulbus (Fig. 303 : 8), welcher der Trennungslinie der beiden Vorkammern ventral aufliegt. Er teilt sich in zwei Äste, jeder Ast alsbald in drei Zweige, die wir nun einzeln verfolgen wollen:

Der erste Zweig liefert die Carotiden. Er bildet zunächst eine knopfförmige, schwammige Drüsenmasse, die Carotidendrüse (Fig. 303 : C), und teilt sich dann sofort in die median gelegene Arteria hyoideo-lingualis (Fig. 303 : al), welche die Zunge und die angrenzenden Muskeln versorgt, und den lateral gelegenen Carotisstamm (Fig. 303 : c), der, sich vielfach verzweigend, zu den verschiedenen Teilen des Kopfes zieht. In der Gegend, wo die hinteren Zungenbeinhörner entspringen, liegen der Arteria hyoideo-lingualis zwei sehr kleine, knopfförmige Organe an, die man als Thyreoidea bezeichnet (Fig. 295 : 10), und vorn und median davon zwei noch schwieriger zu findende, kleine Thymusdrüsen (Fig. 295 : 9).

Der zweite Zweig des Arterienstammes einer jeden Seite biegt an seiner Wurzel scharf nach hinten und unten um und bildet den

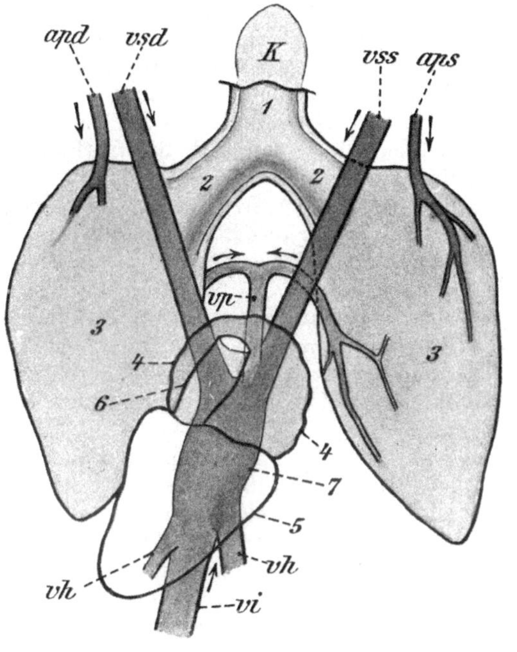

Fig. 305. Rana temporaria. Ansicht der Lunge und ihrer Hauptgefäße von der Ventralseite; Arterienstämme nach Durchtrennung des Bulbus arteriosus abgelöst. Herz kaudalwärts gezogen.

K. Lage des Kehlkopfes. — 1. Luftröhre. — 2. Bronchus. — 1., 2. mit Luft gefüllt, deren Vorhandensein durch totale Reflexion bemerkbar wird. — 3. Lunge. — 4. Vorkammern. — 5. Herzkammer. — 6. Rest des Bulbus arteriosus. — 7. Sinus venosus. — vss Vena cava superior sinistra. — vsd Vena cava superior dextra. — vh Vena hepatica. — vi Vena cava inferior. — aps Arteria pulmonalis sinistra. — apd Arteria pulmonalis dextra. — vp Vena pulmonalis. — Die Pfeile geben die Richtung des Blutstromes an.

Arterienbogen (Fig. 303 : ad, as), der sich später mit dem der anderen Seite zur Bauchaorta vereinigt. Um den Verlauf eines solchen Arterienbogens bis zur Vereinigungsstelle an dem vorliegenden Präparat sichtbar zu machen, ziehen wir Herz, Lungen und Magen nach rechts (vom Beschauer) und oben. Wir erhalten so die Ansicht der Fig. 304. Man sieht den rechten Arterienbogen des Tieres (Fig. 304 : dad), welcher gleich nach dem Umbiegen die Arteria subclavia dextra (Fig. 304 : sd) abgibt, die den rechten Arm versorgt. Die Arterienbögen beider Seiten vereinigen sich dicht unter dem Herzen, nachdem der linke noch die Arteria coeliaco-mesenteriaca abgegeben hat.

Der dritte Zweig des Arterienstammes führt jederseits in eine Lungenhälfte. Es ist die Arteria pulmonalis (Fig. 304 : apd, aps; 303 : ap). Diese Zweige geben, ehe sie zur Lunge umbiegen, je eine starke Arteria cutanea magna (Fig. 304 : acs, acd; 303 : cu) ab. Die Hautarterie verläuft auf dem Rücken an der Haut bis zum hinteren Körperende und sendet ihre Zweige über die ganze Körperhaut (Hautatmung!). Man kann sie mit ihren Verzweigungen bei der Präparation des Rückenlymphsackes gut betrachten.

Klappen wir das Herz kopfwärts hoch, so sehen wir die schon früher studierte untere Hohlvene (Fig. 302 : vi) nach Aufnahme der großen Lebervene (Fig. 302 : vh) in den Venensinus (Fig. 302 : s) eintreten, der in die rechte Vorkammer mündet. Man sieht bei dieser Technik auch schon die beiden oberen Hohlvenen (Fig. 302 : vs, vd), die sich ebenfalls in den Venensinus ergießen. Klappt man das Herz jetzt wieder herunter, durchtrennt den Arterienbulbus, entfernt die arteriellen Gefäßwurzeln und zieht dann das Herz kaudalwärts, so sieht man die Vereinigung der beiden Lungenvenen zu einem kurzen, gemeinsamen Stamme (Fig. 305 : vp), der in die linke Vorkammer mündet. Drückt man bei dieser Präparation auf die mit Luft gefüllten Lungen, so sieht man an der Bewegung der Luft, daß die beiden Hauptbronchien zur Bildung einer außerordentlich kurzen Luftröhre zusammentreten, und daß der Kehlkopf der Zusammentrittsstelle der Bronchien fast unmittelbar aufsitzt.

Wir haben nun noch die Entstehung der oberen Hohlvenen zu untersuchen. Etwa an derselben Stelle, wo jederseits ein Ast des Arterienstammes sich in drei Zweige teilt, entsteht je eine obere Hohlvene aus drei zuführenden Blutgefäßen. Am meisten median zieht vom Kopfe her die Vena jugularis externa (Fig. 303 : je), die kurz vor ihrer Mündung auf der Innenseite die Vena lingualis (Fig. 303 : vl) aufnimmt. Der zweite Venenstamm, die Vena anonyma, entsteht aus einer Vena jugularis interna (Fig. 303 : ji), die vom Kopfe herkommt, und aus der Vena subscapularis (Fig. 303 : scp), die das Blut aus der Bauchmuskulatur und dem Schultergürtel führt. Der dritte Venenstamm endlich entsteht durch Zusammenfließen der Vena subclavia (Fig. 303 : scl), die das Blut der vorderen Extremität zurückführt, und der Vena cutanea magna (Fig. 303 : cm), der großen Hautvene, die unter der Bauchhaut etwa bis zur Körpermitte kaudalwärts zieht, dann plötzlich umbiegt, sich wieder nach vorn wendet, und aus allen Teilen der Haut Zuflüsse erhält (Hautatmung!). Der Hautatmung wegen führt diese Vene arterielles und venöses Blut. Den oberflächlichen Verlauf derselben konnten wir schon bei der Eröffnung der Bauchlymphsäcke studieren.

f) Wir wollen nun noch einige Präparationen am Nervensystem des Frosches vornehmen. Rectum und Schlund werden durchschnitten und der ganze Verdauungstraktus herausgehoben. Ebenso entfernen wir Herz und Lungen sowie die Harn- und Geschlechtsorgane, doch ist bei letzteren wegen der darunter verlaufenden Nerven des Pferdeschweifes Vorsicht geboten. Die große Aorta lassen wir mit den sie bildenden Aortenbögen stehen. Schon ohne daß wir die Wirbelsäule öffnen, lassen sich einige lohnende Beobachtungen anstellen. Dicht neben den Wirbelkörpern sehen wir stecknadelkopfgroße, körnige Klümpchen, die Kalkkonkremente (Fig. 306: k). Diese Konkremente liegen in winzigen Säckchen, die mit einem ähnlich gebauten Organ in der Schädeldecke in Verbindung stehen. Dieses wieder kommuniziert durch den Ductus endolymphaticus mit dem Sacculus des Gehörlabyrinths.

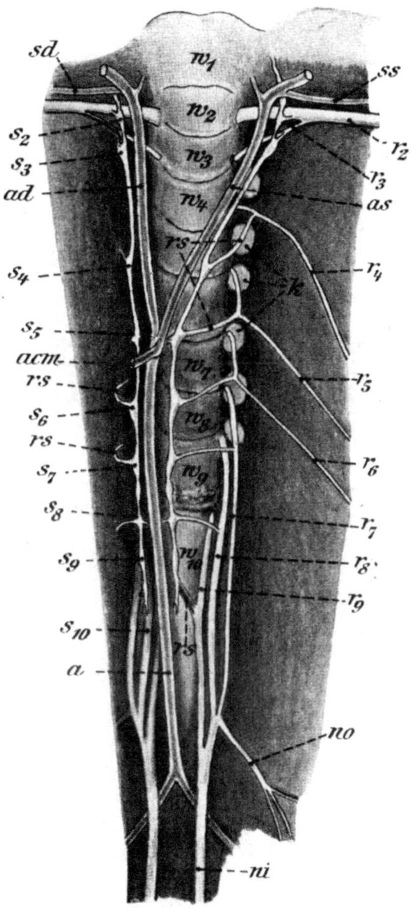

Fig. 306. Rana. Grenzstränge des Sympathicus und wichtige Rückenmarksnerven. Vergrößert. Aorta mit den beiden Grenzsträngen nach links (im Bilde) gezogen.

$w_1 \ldots w_{10}$ Wirbel. — $r_2 \ldots r_9$ Rückenmarksnerven. — $s_2 \ldots s_{10}$ Ganglien des Sympathicus. — rs Verbindungsstränge vom Grenzstrang zu den Spinalnerven. — ss und sd Subclavia sinistra und dextra. — as und ad Arteria sinistra und dextra. — acm Arteria coeliaco-mesenterica. — a Bauchaorta. — k Kalkkonkremente. — no Nervus obturatorius. — ni Nervus ischiadicus.

Zu beiden Seiten der Wirbelsäule verläuft je ein Grenzstrang des Sympathicus. Wir machen den der linken Seite des Tieres deutlicher, indem wir die Aorta fassen und nach der entgegengesetzten Seite (der linken) des Präparationsfeldes ziehen. Man sieht dann nicht nur den Grenzstrang mit seinen gangliösen Verdickungen (Fig. 306: s_2-s_{10}), sondern auch die Verbindungsstränge desselben mit den Rückenmarksnerven (Fig. 306: rs). Die letzteren ziehen meist ein Stück an der Wirbelsäule entlang und bilden im hinteren Teile der Leibeshöhle den mächtig entwickelten Pferdeschweif, den wir in der allgemeinen Histologie zum Studium der Nerven verwendet haben.

Die Eröffnung des Wirbelkanales erfolgt von innen. Man kneift mit der Schere successive die Wirbelkörper durch und trägt sie mit der Pinzette vorsichtig ab, jedoch unter möglichster Schonung der Rückenmarksnerven. Ebenso wird der knöcherne Hirnboden vorsichtig abgetragen. Bei gelungener Präparation erhält man eine Ansicht, wie sie die Fig. 307 zeigt. Die Vereinigung der dorsalen und der ventralen Wurzeln der Rückenmarksnerven liegt innerhalb des Wirbelkanales. Die Nerven ziehen erst eine mehr oder weniger lange Strecke längs des Rücken-

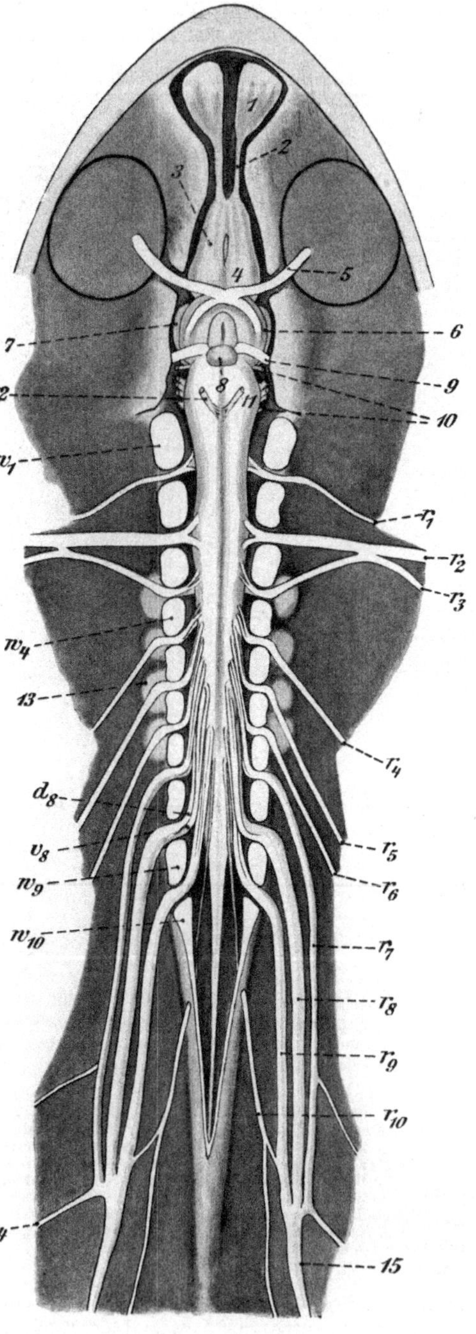

Fig. 307. Rana. Nervensystem ventral. Wirbel und Boden der Schädelhöhle abgetragen. Vergr.

$w_1 \ldots, w_9$ Wirbelbogen. — w_{10} Schnittfläche des Os coccygis. — $r_1 \ldots r_{10}$ Rückenmarksnerven. — d_8 dorsale, — v_8 ventrale Wurzel des 8. Spinalnerven. — 1. Nasensack. — 2. Nervus olfactorius. — 3. Lobus olfactorius. — 4. Vorderhirn. — 5. Nervus opticus. — 6. Zwischenhirn. — 7. Mittelhirn. — 8. Hypophyse. — 9. Nervus oculomotorius. — 10. Gehirnnerven. — 11. Nachhirn. — 12. Nervus abducens. — 13. Kalkkonkremente. — 14. Nervus obturatorius. — 15. Nervus ischiadicus.

markes kaudalwärts, ehe sie den Wirbelkanal verlassen. Von Gehirnnerven sind an der Ventralseite des Gehirnes sofort zu sehen: die Riechnerven (Fig. 307 : 2), die Sehnerven (Fig. 307 : 5), die Nervi oculomotorii (Fig. 307 : 9) und die Nervi abducentes (Fig. 370: 12). Die übrigen Hirnnerven (Fig. 307: 10) wollen wir nicht einzeln aufsuchen.

Das Vorderhirn (Fig. 307 : 4) bildet vorn je einen Lobus olfactorius (Fig. 307:3), der durch den Nervus olfactorius mit den Nasensäcken in Verbindung steht. Das Mittelhirn (Fig. 307 : 7) ragt seitlich nur wenig über das Zwischenhirn (Fig. 307:6) vor. Die Hypophyse (Fig. 307 : 8) ist deutlich zu erkennen. Das Nachhirn (Fig. 307:11) geht allmählich in das Rückenmark über.

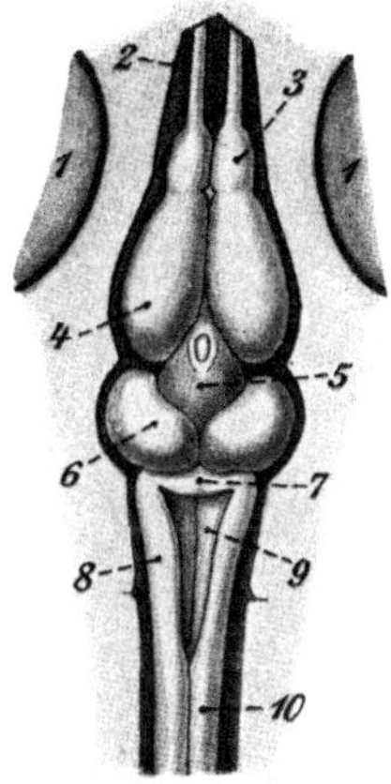

Fig. 308. Rana. Gehirn von oben gesehen. Vergr.

1. Lage der Augen. — 2. Schnittfläche der Schädeldecke bzw. der Wirbelsäule. — 3. Riechkolben. — 4. Vorderhirn. — 5. Zwischenhirn. — 6. Mittelhirn. — 7. Hinterhirn. — 8. Nachhirn. — 9. Rautengrube. — 10. Rükkenmark.

Das Gehirn kann man auch präparieren, indem man die dorsale Schädeldecke mit der Schere in dem Umfange abträgt, wie es Fig. 308 zeigt. In dieser Ansicht ist das Mittelhirn (die Zweihügel Fig. 308 : 6) gut zu sehen. Das wenig ausgebildete Hinterhirn (Fig. 308: 7) bildet den Vorderrand der Rautengrube (Fig. 308 : 9), die in die Dorsalseite des verlängerten Markes oder Nachhirnes (Fig. 308:8) eingelassen ist. Das Zwischenhirn (Fig. 308 : 5) bildet auf der Oberseite eine kleine Zirbeldrüse.

g) Gefrierschnitte. Sehr instruktive Bilder zeigen Längs- und Querschnitte durch hart gefrorene Frösche. Die Tiere werden durch Chloroform getötet und dann auf mehrere Stunden in eine Kältemischung aus Schnee und Kochsalz gelegt. Wenn sie vollkommen hart gefroren sind, führt man mit einer Laubsäge oder mit der Kreissäge einen medianen Längsschnitt durch den einen, mehrere Querschnitte durch einen anderen Frosch. Die Schnittflächen werden schnell unter der Wasserleitung abgespült und dann betrachtet.

III. Physiologie und mikroskopische Präparation.

a) Es seien nun noch einmal die Fälle zusammengestellt, in denen der Frosch in Kapiteln allgemeineren Inhaltes zur Verwendung kam.

1. In der Physiologie:
   Blutkreislauf in der Schwimmhaut (S. 14).
   Reflexbewegungen (S. 111).
   Übungen mit dem Nervenmuskelpräparat (S. 109, 110).
2. In der allgemeinen Histologie:
   Flimmerbewegung an der Mundschleimhaut (S. 14).
   Blutuntersuchungen (S. 60—63).
   Glatte Muskulatur in der Harnblase (S. 79).
   Verzweigte Muskelfasern der Zunge (Mazerationspräparat nach der Kühneschen Methode S. 81, Fig 44).
   Knorpelpräparate aus Schwertfortsatz und Gelenkkugeln (S. 77).
   Zupfpräparate aus den Nerven des Pferdeschweifes (S. 83).

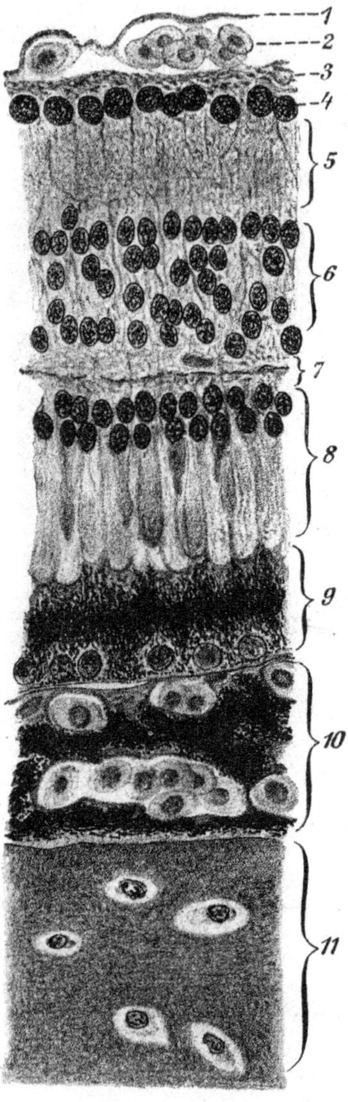

Fig. 309. Obj. VIII. Van Gieson. Netzhaut des Frosches quer.

1. Limitans interna. — 2. Gefäß mit roten Blutkörperchen. — 3. Opticusfasern. — 4. Opticuszellen. — 5. inneres Neuropil. — 6. Retinazellen. — 7. äußeres Neuropil. — 8. Stäbchen-Zapfenschicht. — 9. Pigmentepithel mit einzelnen Kernen. — 10. Chorioidea mit Pigment und Gefäßen. — 11. Sklerotika mit Knorpelzellen.

3. Parasiten:

α) Würmer:

Rhabdonema nigrovenosum, Distomum cylindraceum und Distomum variegatum	Lunge.
Polystomum integerrimum und Distomum cygnoides	Harnblase.
Distomum crystallinum	Gallenblase.
Distomum clavigerum und Distomum retusum	Darmkanal.

β) Protozoen:

Opalina ranarum, Balantidium entozoon, Nyctotherus cordiformis	Kloake und Enddarm.

b) Aus der speziellen Histologie des Frosches. Natürlich können wir alle Organe des Frosches in ganz derselben Weise fixieren, einbetten, schneiden und färben, wie es beim Kaninchen geschildert werden wird. Wir werden im allgemeinen auch für entsprechende Organe dieselben Fixierungs- und Färbemethoden bei beiden Tieren wählen. Sehr hübsche Bilder liefert meist das Froschauge, von dessen Retina wir daher eine Abbildung geben, die nach einem Hämatoxylin — van Giesonpräparat hergestellt worden ist (Fig. 309). Gute Bilder geben weiter der Darm in seinen verschiedenen Teilen, die Leber, Nieren, Hoden und das Zentralnervensystem. Die Eierstöcke geben meist bröckelige Paraffinblöcke und sind daher zum Einbetten nicht zu empfehlen. Um Studien an Froscheiern anzustellen, wählt man den im Frühjahr leicht zu beschaffenden Froschlaich, der häufig sehr interessante Furchungsbilder zeigt.

c) Froschlaich: Der Laich wird gesammelt und in frischem Wasser nach Hause geschafft. Rana temporaria laicht im April, Rana esculenta im Mai. Die Eier sind von einer gemeinsamen Gallerthülle eingeschlossen. Um die Gallerthülle von den Eiern zu lockern, bringt man den ganzen Laichklumpen auf einige Minuten in fast zum Sieden erhitztes Wasser, gießt dasselbe dann ab und schreckt mit 2- bis 4%igem Formalin ab. Öffnet man dann die Gallerthülle bis zur Oberfläche eines Eies, so läßt sich dasselbe leicht herausschälen. Die Beobachtung erfolgt im auffallenden Licht bei schwächster Vergrößerung. Man bringt das Ei auf einen Objektträger und legt diesen auf den Tisch des Mikroskopes. Dann stellt man den Spiegel senkrecht, so daß er kein Licht ins Gesichtsfeld hineinwerfen kann, der Gegenstand also hell auf dunklem Grunde erscheint.

Schon mit bloßem Auge kann man an jedem Ei einen mehr oder weniger dunklen Fleck erkennen. Dieser Fleck liegt an der animalen Seite, die sich durch ihren geringeren Gehalt an Dottereinschlüssen auszeichnet. Die animale Hälfte ist leichter als die vegetative und daher beim freischwimmenden Froschei nach oben gekehrt. Die schwarze Färbung der animalen Seite wird durch Pigmentkörnchen in der oberflächlichen Plasmaschicht bedingt. Bei Rana temporaria ist auch die vegetative Seite schwach pigmentiert.

Die Teilung des Froscheies nach der Befruchtung durch den Furchungsprozeß ist eine totale und, da die Teile verschieden groß sind, eine inäquale. Der Furchungskern liegt in der dotterärmeren animalen Hälfte. Er liegt horizontal in der flachen animalen Schicht ausgebreitet, so daß die erste Teilungsebene vertikal verläuft, d. h. den animalen und den vegetativen Teil halbiert. Die beginnende erste Furchung läßt sich indessen am animalen Pole zuerst beobachten. Die zweite Furchungslinie steht auf der ersten senkrecht und verläuft ebenfalls vertikal, d. h. über den animalen und den vegetativen Teil des Eies. Die dritte Teilungsebene verläuft horizontal und liegt dem animalen Pole des Eies bedeutend näher als dem vegetativen. Die vier animalen Oktanten sind daher bedeutend kleiner als die vier vegetativen Oktanten. Im folgenden verläuft nun der Teilungsprozeß auf der animalen Seite viel schneller als auf der vegetativen, so daß die Anzahl der

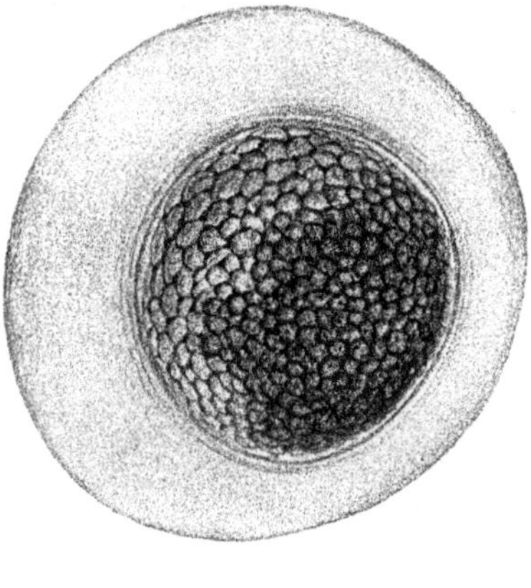

Fig. 310. Froschei. Vorgeschrittene Furchung. Ansicht der animalen Seite. $^{20}/_{1}$.

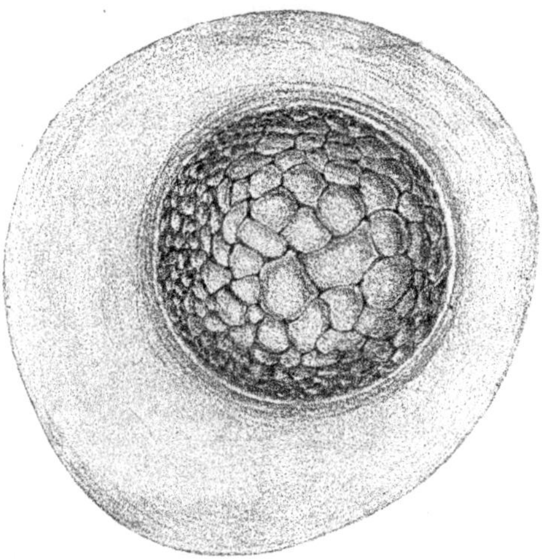

Fig. 311. Froschei. Vorgeschrittene Furchung. Ansicht der vegetativen Seite. $^{20}/_{1}$.

Teile der beiden Seiten bald sehr bedeutend voneinander abweicht. Unsere Figuren 310 und 311 stellen zwei solche Ansichten von vorgeschrittenen Furchungen dar. An der animalen Seite des Eies bildet sich schon in diesem Stadium die excentrisch gelegene Keimhöhle aus. Die dünne Schicht der animalen Zellen wird als Decke, die dicke Schicht der vegetativen Zellen als Boden, die Grenzlinie zwischen beiden als Randzone bezeichnet. Die Gastrulation beginnt sich an einer Stelle der Randzone als gekrümmte Furche bemerkbar zu machen, die auf einer Seite von schwarzem Pigment begrenzt wird. Dieser Urmund ist der äußere Rand des durch die Einstülpung gebildeten Urdarmes. In dem Maße, wie der Urdarm größer wird, wird die Keimhöhle kleiner. Da durch die lebhafter wachsende animale Hälfte der vegetative Teil des Eies durch den Urmund allmählich ganz nach innen gedrängt wird, erscheint das Froschei auf diesem Stadium bis auf die Mundstelle schwarz. Weiter als bis zur Bildung der beiden ersten Keimblätter wollen wir die Eientwickelung hier nicht verfolgen. Wir sehen auch davon ab, den Furchungsprozeß an einem und demselben Ei zu verfolgen, sondern beschränken uns auf Gelegenheitsbeobachtungen an frisch gefischtem Laich.

Anmerkung: Die Präparation des Feuersalamanders, die sich auf Situs und Nervensystem zu erstrecken hätte, wird nach den Anweisungen beim Frosch unschwer auszuführen sein. Man achte auch hier wieder auf die Vena abdominalis magna. Der Truncus arteriosus des Herzens schickt hier nach jeder Seite vier Aortenbogen. Die Aorta descendens entsteht aus zwei Aortenwurzeln, welche von dem zweiten und dritten Aortenbogen jeder Seite gebildet werden. Für die Entwickelungsgeschichte des Urogenitalsystems ist Salamandra maculosa besonders geeignet, da sich sowohl der Wolffsche Gang als auch der Müllersche Gang bei beiden Geschlechtern leicht nachweisen lassen. Dem Oviduct des Weibchens entspricht der rudimentäre Müllersche Gang des Männchens. Die Wolffschen Gänge sind beim Männchen harn- und samenleitend, beim Weibchen nur harnleitend, doch sind beim Männchen noch mehrere besondere, aus den Beckenteilen der Nieren stammende Harnleiter vorhanden, die aber mit den Wolffschen Gängen zusammen in die Kloake münden.

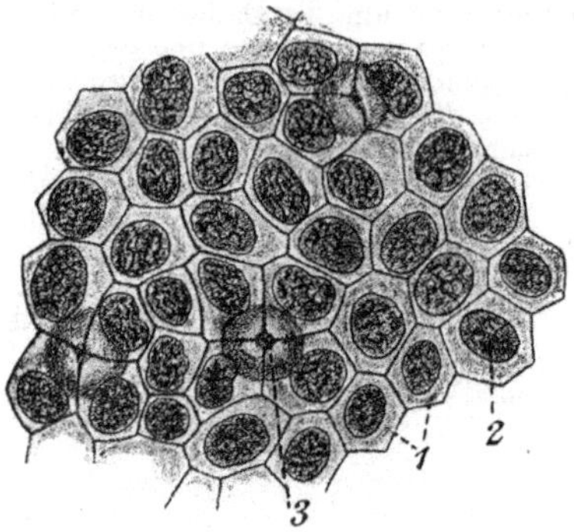

Fig. 312. Salamandra maculosa. Larve. Epithel. Flächenansicht.
1. Schlußleisten. — 2. Kerne. — 3. Schaltzellen, von den Epithelzellen fast ganz bedeckt.

Die Jungen entwickeln sich bis zu stark beweglichen Larven im Uterus der Weibchen, und man erhält so im Frühjahr häufig ein reichhaltiges Material von Salamanderlarven, die sich für Zellteilungsstudien vorzüglich eignen und nach den Vorschriften im allgemeinen Teile mit Flemmingscher Mischung fixiert werden.

Fig. 313. Salamandra maculosa. Larve. Bindegewebe und Kapillaren des Schwanzes.
1. Kapillare. — 2. Kerne der Kapillarenwandung. — 3. Rote Blutkörperchen. — 4. Kerne der Bindegewebszellen.

Das fixierte Material kann, wenn es nicht gleich verarbeitet werden soll, in 70 %igem Alkohol aufbewahrt werden, doch muß das Gefäß im Dunkeln gehalten werden, da die Objekte sich sonst durch ausgeschiedenes Osmium schwärzen.

In dem allgemeinen Teile wurden von diesem Material zu Zellteilungspräparaten verarbeitet: Cornea, Gaumenhaut, Epithel der Bauchhaut, Epithel vom Schwanze. (Siehe Fig. 31). An diesen Präparaten sind auch interessante Studien über den Bau der Haut und des Unterhautbindegewebes zu machen. Zur Erläuterung haben wir die Figg. 312 und 313 beigefügt, die nach demselben Präparat, aber bei verschiedener Einstellung angefertigt sind.

Man kann die Larven auch in Chromessigsäure fixieren, in Paraffin einbetten, quer schneiden und die Schnitte nach der van Giesonmethode färben. Man erhält so sehr instruktive Übersichtsbilder.

6. Kapitel.

Schildkröte.

I. Äußere Inspektion.

Als Untersuchungsmaterial wählen wir entweder die griechische Landschildkröte (Testudo graeca) oder besser eine nicht zu kleine Sumpfschildkröte, also größere Exemplare von Emys europaea oder, wenn es die Mittel zulassen, Clemmys caspica. Man achte darauf, daß man Männchen und Weibchen erhält. Die Männchen der Sumpfschildkröten sind alle an dem auffallend konkav ausgebildeten Bauchschild zu erkennen.

An einem lebenden Exemplare ist das Zurückziehen der Gliedmassen des Kopfes und des Schwanzes zu beobachten, ebenso die Art, wie sich das auf den Rücken gelegte Tier, falls es sich um Emys oder Clemmys handelt, wieder umdreht. An den Augen fallen die beiden beweglichen Lider und die Nickhaut auf.

Das Abtöten der Tiere erfolgt am besten in Alkohol. Wir bringen sie einen Tag vor dem Gebrauche in ein Gefäß, welches bis zum Rande mit Alkohol (frischer denaturierter Spiritus genügt) gefüllt ist. Das Gefäß wird mit einem Deckel belegt und dieser durch Gewichte beschwert. Zwischen Deckel und Flüssigkeit darf kein Raum bleiben, weil die Tiere sonst die Köpfe aus dem Alkohol stecken und nicht getötet werden.

Am toten Tiere nehmen wir nun noch einmal eine genaue äußere Inspektion vor. Wir konstatieren die leichte Verschiebbarkeit der Gliedmaßen, des Schwanzes und des Kopfes. Der letztere läßt sich in die Haut des Halses hineinschieben wie in einen Handschuhfinger. Die Körperhaut liegt so weit nach innen, daß vorn und hinten zwischen den beiden Schildern noch ein größerer Raum bleibt, in welchem Kopf und Gliedmaßen Platz haben. An den Füßen betrachten wir die oft recht scharfen Krallen (vorn 5, hinten 4). Die Afteröffnung ist längs gestellt und liegt unter dem bei Testudo mit einem kräftigen Hornnagel endigenden Schwanze. Am Kopfe sehen wir jederseits das rundliche Trommelfell und die mit zwei Lidern und einer Nickhaut versehenen Augen. Die feinen Nasenöffnungen liegen als zwei Punkte auf der Spitze der Schnauze. Der Oberkiefer greift deckelartig über den Unterkiefer. Wir fahren mit einem Arm der starken Pinzette zwischen beide Kiefer und drücken den Unterkiefer herab. Dann sehen wir, daß die Kiefer der Zähne entbehren aber am Rande mit einer scharfen, schnabelartigen Hornscheide überzogen sind. Im Gaumendach bemerken wir die Choanen. Die Eustachischen Röhren sind ohne Präparation noch nicht zu sehen. Ziehen wir mit der Pinzette die auf dem Boden der Mundhöhle liegende, muskulöse Zunge etwas heraus, so bemerken wir auf ihrem hinteren Abschnitte den schlitzförmigen Eingang in die Luftröhre. Wir öffnen ihn mit der kleinen Pinzette und führen die Glaskanüle eines kleinen Gebläses ein (vorsichtig einblasen!). Das ziemlich kompliziert gebaute Zungenbein ist durch die Haut des Halses hindurch von außen zu fühlen.

Für die Betrachtung des Rückenschildes (Carapax) und des Bauchschildes (Plastron) legen wir die griechische Landschildkröte zugrunde. Bei den Landschildkröten ist die Verbindung der beiden Schilder an den Seiten des Körpers knöchern, während sie bei den Wasserschildkröten durch eine feste Knorpelmasse hergestellt wird, so daß die beiden Schilder etwas gegeneinander beweglich sind. Die folgende Schilderung bezieht sich auf die Hornschilder (Scuta), deren Zahl und Anordnung nicht mit den darunterliegenden Knochenschildern übereinstimmt.

Der Rückenschild trägt in der Mitte fünf Wirbelschilder, denen jederseits vier Seitenschilder anliegen. Diese 13 Schilder werden von einer einfachen Reihe von Randschildern umgeben, die je nach der Körperregion verschiedene Namen führen. Vorn in der Mitte liegt das Nackenschild, jederseits davon ein Kragenschild; daran schließen sich auf jeder Seite zwei Armschilder, fünf Seitenrandschilder, drei Beinschilder und endlich hinten median das Schwanzschild, so daß der ganze Rand aus 24 Schildern besteht.

Die Schilder des Bauchpanzers sind sämtlich paarig vorhanden. Sechs Paare stoßen in der Mittellinie zusammen, je ein Paar liegt an dem vorderen und hinteren Ende der Verbindungszone von Brust- und Bauchpanzer. Die Schilder sind nach den Körperregionen, die sie bedecken, benannt.

II. Sektion.

Liegt eine Sumpfschildkröte vor, so führe man mit dem starken Skalpell längs der Knorpelverbindung der beiden Panzer rechts und links Schnitte. Doch schneide man stets tangential und hüte sich, zu tief einzudringen. Liegt eine Landschildkröte vor, so hat man sich zur Durchtrennung der Verbindungsbrücke einer Säge zu bedienen, wobei die Schildkröte entweder in einen Schraubstock einzuklemmen oder von einem Gehilfen sicher zu halten ist. An dem Widerstand und dem Sägegeräusch merkt man, wann man zu sägen aufhören muß. Ist die Verbindung auf beiden Seiten gelöst, so hebe man das Bauchschild an, so daß die Haut, durch die es noch befestigt ist, straff gespannt erscheint. Dann durchschneide man, mit dem Messer am Rande herumgehend, die Haut und mit nach der Unterschale zu geneigtem Messer die Muskulatur, wobei man stets durch Druck mit den Fingern der linken Hand den Spalt zwischen Ober- und Unterschale erweitert. Bei den Sumpfschildkröten kann man am abgetrennten Bauchschild durch Biegen die Beweglichkeit der vorderen Schilder gegen die hinteren zeigen.

Nach Abtrennung des Schildes sieht man Schulter- und Beckengürtel, noch von Muskulatur und Bindegewebe bedeckt (Fig. 314). Die Muskeln, die vom Schultergelenk nach der Bauchseite ziehen, werden abpräpariert. Mit den Muskeln zugleich entfernt man das meist schon verletzte Bauchfell. In der Regel wird dabei auch schon der Herzbeutel

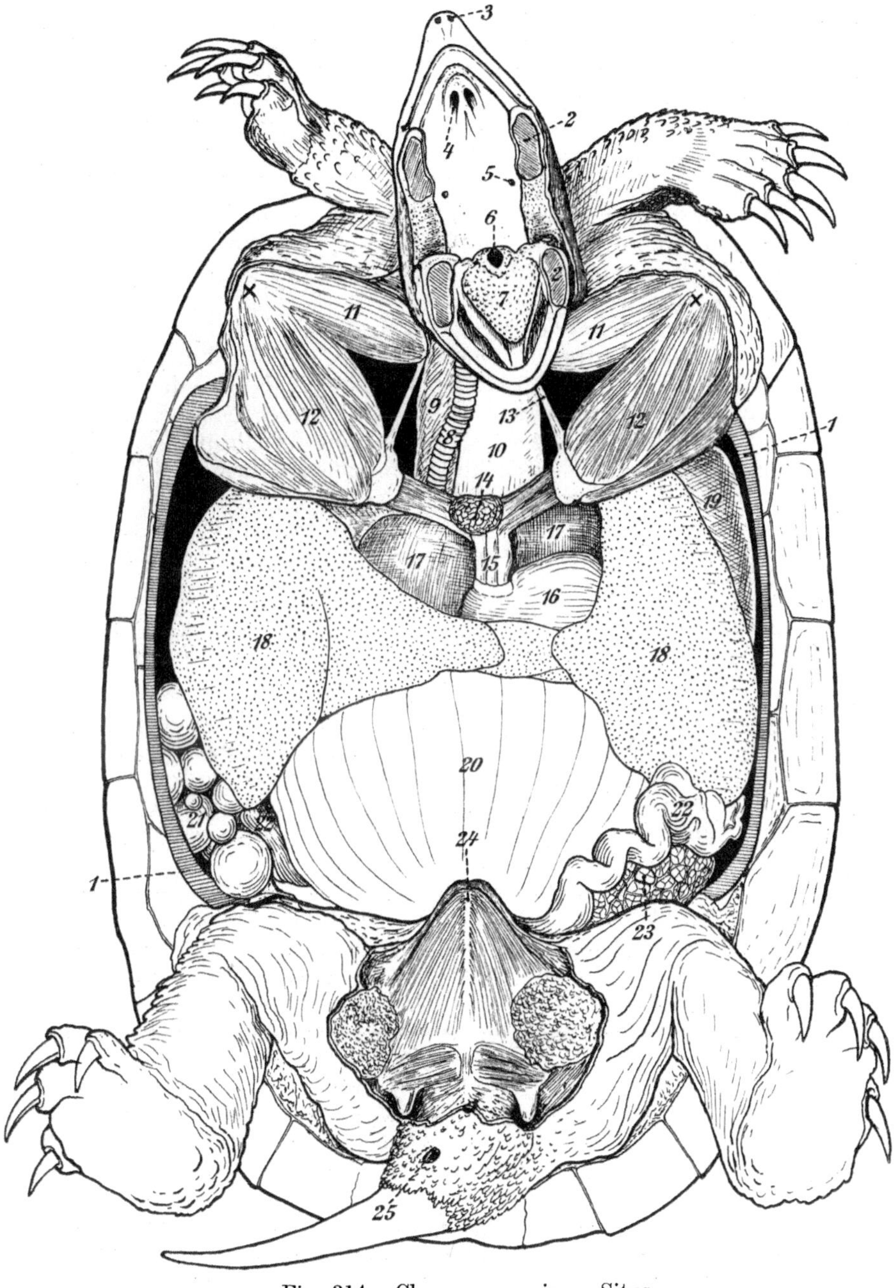

Fig. 314. Clemmys caspica. Situs.

1. Schnittlinie zur Abtrennung des Bauchschildes. — 2. Durchschnittene Unterkiefer. — 3. Nasenlöcher. — 4. Choanen. — 5. Mündung der Tuba. — 6. Eingang zum Kehlkopf. — 7. Zunge. — 8. Luftröhre. — 9. Speiseröhre. — 10. Halswirbelsäule mit Muskulatur. — 11. Clavicula mit Muskeln bedeckt. – 12. Coracoid mit Muskeln bedeckt. – 13. Band. – 14. Thyreoidea. — 15. Arterienstämme. — 16. Ventrikel. — 17. Atrium. — 18. Leber. — 19. Magen. — 20. Harnblase. — 21. Ovarium. — 22. Eileiter. — 23. Lunge. — 24. Schambeinfuge. — 25. After. — × Lage des Schultergelenkes.

angeschnitten. Ebenso beseitigt man die Teile der äußeren Haut, die sich noch in der Nähe des Beckengürtels befinden und die Übersicht stören, zusammen mit den Muskelpartien, die von den Hüftgelenken nach der Bauchschale ziehen.

Jetzt inspiziert man erst wieder das Präparationsfeld. Wir sehen den Schultergürtel und können die Lage der Schlüsselbeine und Rabenschnabelbeine verfolgen, deren mediane Enden durch ein sehniges Band (Fig. 314 : 13) verbunden sind. Darunter liegt das Herz, neben und unter diesem die Leber, dahinter und darunter die meist stark gefüllte Blase. Weitere innere Organe kann man durch Hochheben von Leber und Blase sichtbar machen: den Darm, die Eileiter und Eierstöcke, beim Männchen die Hoden.

Nun überzeuge man sich unter Anwendung des Gebläses erst von der Ausdehnung der Lungen. Die erste Gabelung der Luftröhre liegt bei den Landschildkröten viel weiter kopfwärts als bei den Sumpfschildkröten. Die aus maschigem Gewebe bestehende, sehr große Lunge tritt bei dem Aufblasen an den Seiten des Präparationsfeldes hervor. Sie erstreckt sich nach hinten bis zu den beiden Seiten der Harnblase in die Leibeshöhle hinein.

An den unteren Extremitäten sieht man die in der Medianebene zusammenstoßenden, von Muskeln bedeckten Schambeine. Man überzeuge sich überhaupt in diesem Stadium der Präparation von der Gliederung der Gliedmaßen (Fuß, Unterschenkel, Oberschenkel) und beachte z. B., daß die Vordergliedmaßen mit den Schlüsselbeinen gegen den Körper beweglich sind infolge der lockeren Befestigung der Schulterblätter am Rückenschilde. Ebenso ist der Beckengürtel als Ganzes beweglich. Um die beiden Paare Schlüsselbeine einzeln zu sehen, präpariere man die Muskeln von ihnen ab. Die Muskelzüge, welche nur eins von den Schlüsselbeinen bedecken, können dabei stehen bleiben. Für das Folgende ist es zu empfehlen, die Vordergliedmaßen vollständig zu entfernen, indem man jederseits mit der Schere die Scapula durchschneidet und die Vorderbeine herauslöst.

Nun spalten wir die Halshaut und präparieren sie zur Seite. Über dem Herzen kommt in der Mitte die Wirbelsäule zum Vorschein. Auf derselben (oder abgeglitten) liegt die Luftröhre und unter dieser (oder etwas seitlich verschoben, am vorliegenden Präparat auf der rechten Seite des Tieres, Fig. 315 : 4) die Speiseröhre. Weiter vorn ist die Luftröhre verdeckt von einem kräftigen Muskel (Musculus latissimus colli). Derselbe wird entfernt. Wir präparieren jetzt den Zungenbeinapparat frei. Derselbe besteht aus mehreren paarigen Bogen oder Hörnern (Fig. 315 : 2) und den sie in der ventralen Mittellinie verbindenden Teilen (Fig. 315 : 1). Die dorsalen Enden der Bogen ermangeln jeder Verbindung mit anderen Skeletteilen. Bei nicht zu alten Schildkröten bemerkt man an der Grenze von Hals und Thorax an den Carotiden die paarige Thymus, die mit zunehmendem Alter immer kleiner wird und schließlich nicht mehr nachgewiesen werden kann. Über dem Herzen, zwischen den Carotidenwurzeln, liegt die Thyreoidea (Fig. 314, 315:14).

Wir schreiten jetzt zur Präparation der Gefäßstämme des Herzens. Die Herzkammern erscheinen äußerlich vollkommen einheitlich. Es steigen daraus drei Trunci arteriosi auf, die an ihrem Ursprunge innig miteinander verwachsen sind. Der auf der linken Seite des Tieres gelegene ist die Arteria pulmonalis, die sich alsbald gabelt

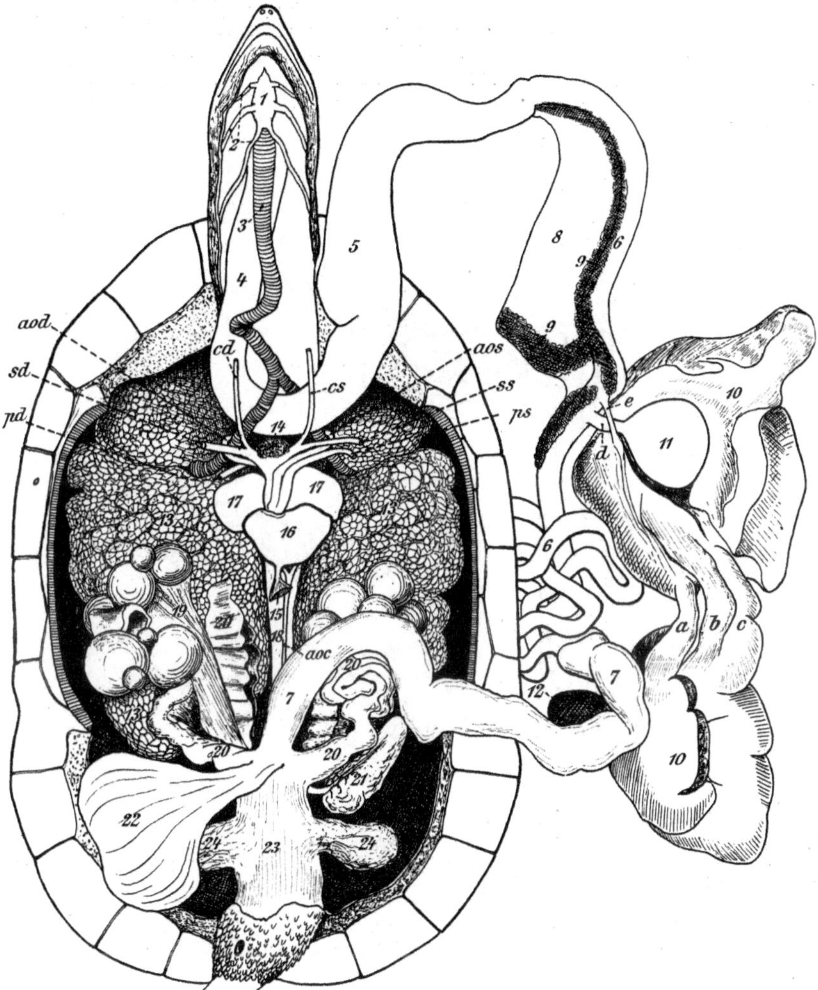

Fig. 315. Clemmys caspica. Situs nach Auslösung der Extremitäten; Darmtraktus herausgeklappt.

1. Zungenbeinkörper. — 2. Zungenbeinbogen. — 3. Luftröhre. — 4. Speiseröhre. — 5. Magen. — 6. Dünndarm. — 7. Dickdarm. — 8. Rest des Mesenteriums. — 9. Pankreas. — 10. Leber; — a., b., c. die drei Brücken, welche die beiden Hauptabschnitte der Leber verbinden. — 11. Gallenblase. — d. Ductus cysticus. — e. Ductus hepaticus. — 12. Milz. — 13. Lunge. — 14. Thyreoidea. — 15. Gubernaculum cordis. — 16. Ventrikel. — 17. Atrium. — 18. Rückziehmuskel für Hals und Kopf. — 19. Ovarium. — 20. Eileiter. — 21. Niere. — 22. Harnblase. – 23. Kloake. – 24. Bursae anales. – ps Arteria pulmonalis sinistra. — pd Arteria pulmonalis dextra. — aos Aorta sinistra. – aod Aorta dextra. – aoc Aorta communis. — ss Subclavia sinistra. – sd Subclavia dextra. – cs Carotis sinistra. – cd Carotis dextra.

(Fig. 315: ps und pd) der mittlere ist die Aorta sinistra (Fig. 315: aos), die auf dem linken Bronchus reitet; der rechte bildet einen kurzen Truncus anonymus, gibt dann die paarigen Carotiden (Fig. 315 : cd, cs) und Subclavien (Fig. 315 : sd, ss) ab und biegt als Aorta dextra (Fig. 315: aod) über den rechten Bronchus hinweg nach unten und hinten um. Die beiden Aorten vereinigen sich in der Höhe des Magens wieder miteinander.

Die beiden Vorkammern liegen oberhalb des Ventrikels und etwas hinter den Gefäßstämmen. Die linke Vorkammer nimmt eine Lungen-

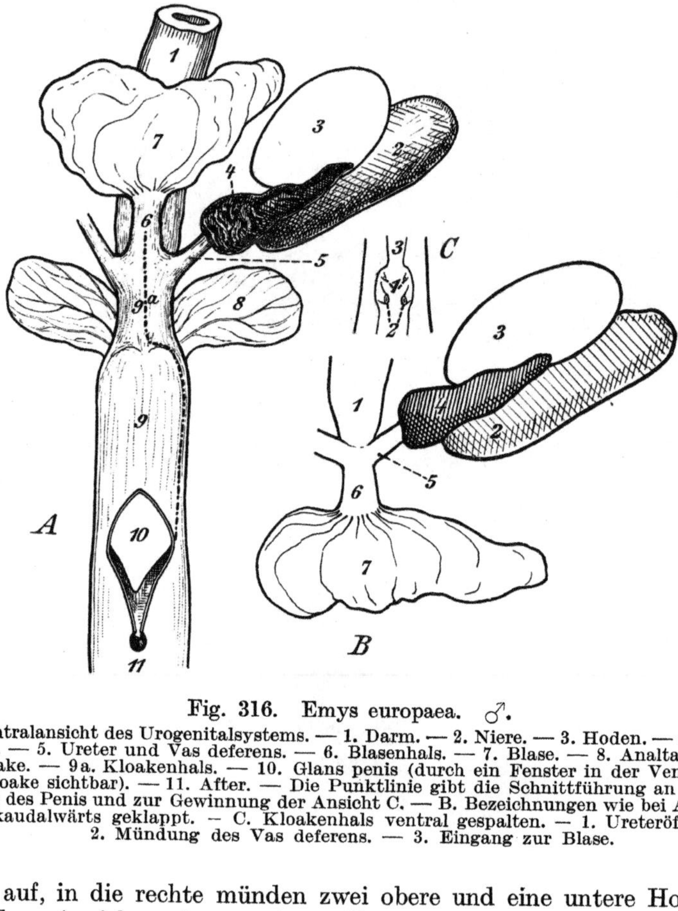

Fig. 316. Emys europaea. ♂.
A. Ventralansicht des Urogenitalsystems. — 1. Darm. — 2. Niere. — 3. Hoden. — 4. Nebenhoden. — 5. Ureter und Vas deferens. — 6. Blasenhals. — 7. Blase. — 8. Analtaschen. — 9. Kloake. — 9a. Kloakenhals. — 10. Glans penis (durch ein Fenster in der Ventralwand der Kloake sichtbar). — 11. After. — Die Punktlinie gibt die Schnittführung an zur Freilegung des Penis und zur Gewinnung der Ansicht C. — B. Bezeichnungen wie bei A. Harnblase kaudalwärts geklappt. – C. Kloakenhals ventral gespalten. — 1. Ureteröffnung. — 2. Mündung des Vas deferens. — 3. Eingang zur Blase.

vene auf, in die rechte münden zwei obere und eine untere Hohlvene, nachdem sie sich vorher zu einem Sinus venosus vereinigt haben.

Die Leber bedeckt die ganze Breite des Rumpfes. Über ihrer Mitte liegt das Herz eingebettet. Hebt man das Herz mit den Resten des Herzbeutels an, so sieht man, daß es in einer flachen Lebergrube sitzt. Wir präparieren jetzt die ganzen Baucheingeweide heraus, wobei wir das Gubernaculum cordis (Fig. 315 : 15) durchtrennen. Die Darmschlingen werden gelockert, Darm und Leber, die im Zusammenhang bleiben, nach rechts vom Beschauer herausgeklappt. Hierbei sind einige bindegewebige Häute zu durchtrennen, durch welche diese Organe mit den Lungen verbunden sind. An den herausgeklappten Organen des Verdauungstraktus ist der Bau genauer zu studieren. Die Leber besteht aus zwei Hauptlappen (Fig. 315 : 10), die durch 2—3 mittlere Querbrücken (Fig. 315 : a, b, c) verbunden werden. Der Ausführungsgang der Gallenblase (Fig. 315 : 11, 11d) ist ziemlich weit. Etwas vor ihm mündet der Lebergang (Fig. 315 : e). Der Magen (Fig. 315 : 5) erscheint als schwache, muskulöse Erweiterung des Darmkanales und liegt quer. Unmittelbar hinter dem Pförtner liegt die gelbliche Bauchspeicheldrüse (Fig. 315 : 9), die sich am Duodenum (Fig. 315 : 6) entlang zieht. Es sind meist zwei Ductus pancreatici vorhanden. Der eine mündet gemeinsam mit dem Lebergang, der andere getrennt davon. Er ist sehr schwer aufzufinden. In der Nähe bemerken wir, dem Dickdarm aufliegend, die dunkelrote Milz (Fig. 315 : 12).

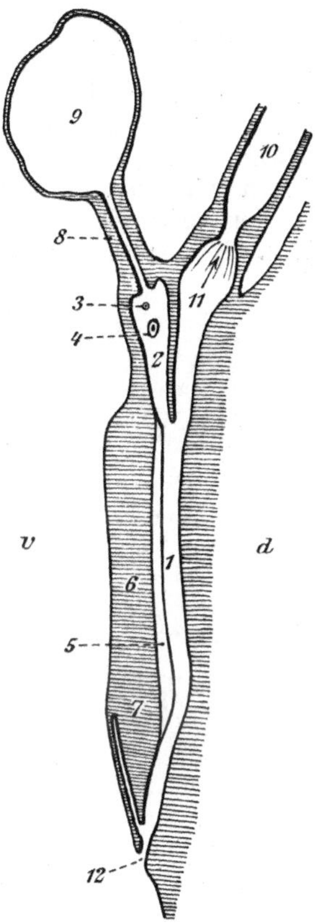

Fig. 317. Emys europaea. ♂. Längsschnitt durch die Kloake. Schnittfläche schraffiert. Schematisiert. v ventral. — d dorsal. — 1. Kloake. — 2. Sinus urogenitalis. — 3. Mündung des Ureters. — 4. Mündung des Vas deferens. — 5. Samenrinne. — 6. Penis. — 7. Glans penis. — 8. Blasenhals. — 9. Blase. — 10. Rectum. — 11. Rectalöffnung. — 12. Afteröffnung.

Nunmehr entfernen wir den Verdauungskanal. Wir durchtrennen den Darmkanal oberhalb des Magens, präparieren ihn der Länge nach heraus und schneiden ihn so weit ab, daß noch ein Stück des Mastdarmes zur Orientierung stehen bleibt.

Zur Untersuchung der Harn- und Geschlechtsorgane durchtrennen wir mit dem Messer die Schambeinsymphyse, wobei wir gut darauf zu achten haben, daß wir nicht beim Durchgleiten des Messers die darunter liegende Kloake verletzen. Die Haut der hinteren Extremitäten wird nun am Schalenrande abgelöst, wobei man auf dunkle Drüsenmassen trifft; unter denselben geht man weiter bis zur Anheftungsstelle der hinteren Gliedmaßen, die man durch Bewegen der Beine sondiert. Man durchschneide die umgebenden, zum Oberschenkel ziehenden Muskeln und hebe das Glied ab, nachdem man vorsichtig seine Verbindung mit der Kloake gelöst hat. Beim Ablösen der Hintergliedmaßen kann man zahlreiche Nervenstämme beobachten.

Wir betrachten zuerst ein Männchen. Wir legen die zweizipfelige Harnblase nach einer Seite und präparieren auf der freien Seite das Peritoneum der Beckengegend heraus. Wir finden dann im Grunde des Präparationsfeldes die im Peritoneum liegenden Nieren und Hoden, deren gegenseitige Lage und Form aus Fig. 316 ersichtlich ist. Die bräunlichen Nieren (Fig. 316:2) haben eine dreiseitige Form. Die Ureteren (Fig. 316 : 5) treten median aus und sind sehr kurz. Sie liegen im größten Teile ihres Laufes den Nieren auf. Die Hoden (Fig. 316 : 3) sind gelblichweiß, die Nebenhoden (Fig. 316 : 4) schwarz, die Vasa deferentia sind wie die Ureteren sehr kurz.

Nun können wir durch ein von der Kloakenöffnung her angelegtes Fenster die Spitze des Penis sichtbar machen, spalten dann die Kloake durch einen in der Seitenwand verlaufenden Schnitt, um den ventral liegenden Penis nicht zu verletzen (Schnittlinie punktiert in Fig. 316 A), und klappen das freie Ende auf. Auf der dorsalen Wand finden wir oben die Darmöffnung. Der Blasenhals liegt nicht genau in der Mittellinie auf der Ventralseite. Die Ureterenmündungen (Fig. 317 : 3; 316 C : 1) liegen der Mündung des Blasenhalses annähernd gegenüber und sind sehr fein. (Mit Schweinsborsten sondieren!). Hinter ihnen münden auf je einer kleinen Papille die Vasa deferentia (Fig. 317:4; 316 C:2). Der Penis ist eine wulstige Verdickung der ventralenKloakenwand, die schwarz pigmentiert ist und in der Mitte eine tiefe Rinne trägt, die nicht ganz bis zu der stumpfkegelförmigen Spitze reicht.

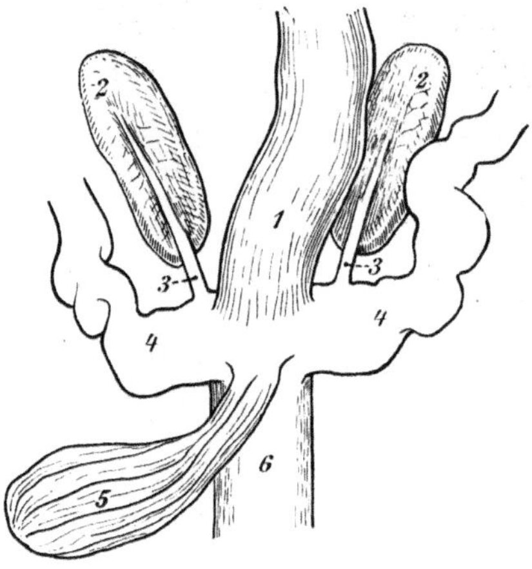

Fig. 318. Emys europaea. ♀.
1. Darm. — 2. Niere. — 3. Ureter. — 4. Eileiter. — 5. Harnblase. — 6. Kloake.

Beim Weibchen verhalten sich Nieren und Harnleiter nach Form und Lage annähernd wie beim Männchen. Die Ovarien (Fig. 315) sind beide ausgebildet. Die Eier finden sich meist in allen Größen bis zu Kirschengröße in den weiten, vielfach gewundenen Eileitern. Diese (Fig. 318:4) können von der Kloake aus durch Luftinjektion mit einem Gummigebläse in ihrer ganzen Ausdehnung gezeigt werden. In der Kloake finden wir die Mündungen der Eileiter in der Höhe des Blasenhalses (Fig. 319 : 6). An Stelle des männlichen Penis findet sich ein entsprechendes, nur bedeutend schwächer ausgebildetes Organ, die Clitoris. Die Kloakenwand trägt zwei seitliche, blindsackartige Taschen, die Bursae anales (Fig. 319 : 3a).

Zur Betrachtung des Gehirnes eignet sich am besten ein Längsschnitt durch den Kopf. Wir präparieren das Fleisch von der Oberseite des Kopfes durch Schaben und Kratzen ab. Man achte hierbei auf den Kamm des Hinterhauptbeines. Der Längsschnitt wird mit der Säge geführt, am besten ohne daß vorher die Unterkiefer abgetrennt werden. Zwecks besserer Erhaltung des Gehirnes ist es von Vorteil, wenn der abgetrennte Kopf schon längere Zeit in Formalin gelegen hat.

Am Gehirn unterscheiden wir auf dem Längsschnitt von vorn nach hinten folgende Teile: a) Lobus olfactorius, b) Großhirn, c) Zwischenhirn (auf der Ventralseite), d) Mittelhirn (Vierhügel), e) den Ansatz des Kleinhirnes, f) die Hypophyse (ventral vom Zwischenhirn), g) das verlängerte Mark. Im ganzen fällt das Gehirn durch seine außerordentlich geringe Größe auf.

Trennt man mit der feinen Schere ein Trommelfell heraus, so findet man darunter ein feines Knochenstäbchen (Gehörknöchelchen, Columella), das sich aber nur schwer unverletzt herausziehen läßt.

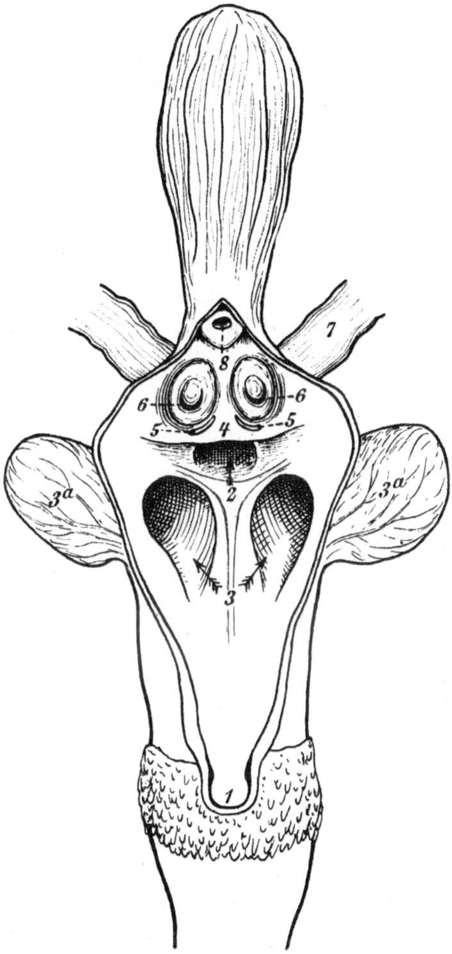

Fig. 319. Emys europaea. ♀. Kloake von der Ventralseite vom After aus der Länge nach gespalten.

1. Afteröffnung. — 2. Rectalöffnung. — 3. Eingang zu den Analtaschen. — 3a. Analtasche. — 4. Schleimhautfalte zur Abgrenzung des Sinus urogenitalis. — 5. Mündungen der Ureteren. — 6. Mündungen der Eileiter. — 7. Eileiter. — 8. Eingang zur Harnblase.

7. Kapitel.

Eidechse.

I. Beobachtungen am lebenden Tiere und äußere Inspektion.

Die einheimischen Eidechsenarten sind wegen ihrer sehr geringen Größe ziemlich schwierig zu präparieren und daher ein wenig lohnendes Objekt. Wo die äußeren Umstände es irgend zulassen, wähle man die bedeutend größere Smaragdeidechse (Lacerta viridis), die auch wir unserer Betrachtung zugrunde legen wollen.

Zur Unterscheidung der beiden Geschlechter bei dieser Species sei folgendes bemerkt: Beim Männchen ist der Kopf länger, höher und stärker als beim Weibchen. Die Schläfengegend am und über dem 6. Oberlippenschild ist stark aufgetrieben; die Kiefer treten kräftig hervor. Die Schwanzwurzel ist dicker, die Beine stärker, die Schenkelwarzen deutlicher entwickelt. Die Weibchen haben dagegen wenig bemerkbare Schenkelporen und auf der Oberseite dunkle Flecke und helle Streifen.

Am lebenden Tiere beobachte man die beweglichen Augenlider, die Nickhaut und das Spiel der zweispitzigen, schwarzen Zunge. Bemerkenswert ist auch die starke Neigung zum Beißen. Die Fortbewegung auf ebenem Boden ist ein eigenartiges Schlängeln, wie es den meisten Vierfüßern zukommt, bei denen Oberarm und Oberschenkel wagerecht ansetzen, Unterarm und Unterschenkel dagegen senkrecht stehen. Oberarm und Oberschenkel bewegen sich in wagerechten Ebenen um Ellenbogen- und Kniegelenk als Drehpunkte. Während die Drehung auf einer Seite stattfindet, wird die Extremität der anderen Seite vorgesetzt, doch dreht die linke Vordergliedmasse immer gleichzeitig mit der rechten Hintergliedmasse und umgekehrt. Der Rumpf unterstützt die beiden gleichzeitig stattfindenden Drehungen durch wellenförmiges Ausbiegen. Er bildet ein bis zwei stehende Wellen, die in Schulter- und Beckengürtel Knotenpunkte haben. Kopf und Schwanz bewegen sich ausgleichend nach der der Rumpfbiegung jeweils entgegengesetzten Seite. Bei sehr schneller Bewegung kann die Zahl der stehenden Wellen längs des Rumpfes größer als zwei werden, so daß eine entfliehende Eidechse, z. B. fast gestreckt erscheint. — Man werfe ferner eine Eidechse in ein großes Gefäß mit Wasser und beobachte, daß ihre äußerst geschickten Schwimmbewegungen in ganz ähnlicher Weise zustande kommen.

Die Tötung der Eidechsen erfolgt in einem hohen Zylinder, in den man etwas Chloroform gießt, und den man mit einer Glasplatte zudeckt.

Die Körperbedeckung wird durch Hornschuppen gebildet, der Kopf trägt feste Schilder. Ihre Form und Zahl ist für den Systematiker von großer Bedeutung, für uns kommt sie nicht in Betracht. Um den Hals herum läuft eine kragenartige Hautfalte. Die schon erwähnten, in einer Längsreihe an der Innenseite der Oberschenkel angeordneten Schenkelporen sind die Ausgangsöffnungen von Hautdrüsen. Am Kopfe beachten wir die kleinen Nasenlöcher, die schon erwähnten Augenlider und Nickhaut und hinter denselben das oberflächlich liegende Trommelfell. Biegt man den Unterkiefer herunter, so sieht man die schwarze, zweispitzige Zunge und im Hintergrunde den spaltförmigen Eingang in die Luftröhre. Am Gaumendach sind die Choanen leicht zu finden. Die Nasenscheidewand endet hier mit einer knopfartigen Verdickung. Die Zähne, die an beiden Kiefern sitzen, sind pleurodont, d. h. sie stecken nicht in besonderen Höhlungen der Kiefer, sondern stehen auf seitlichen, gesimsartigen Vorsprüngen an der Innenseite der Kiefer und lehnen nur mit der Außenseite gegen sie.

Die Füße tragen vorn und hinten fünf mit Krallen besetzte Zehen. Auffällig ist, daß am Vorder- und Hinterbein die dritten Zehen vier, die vierten sogar fünf freie Zehenglieder haben.

Gelegentlich bekommt man Exemplare mit verkrüppeltem, verhältnismäßig viel zu kurzen Schwanz. Diese Tiere haben durch irgend einen Unfall ihren ursprünglichen Schwanz eingebüßt und durch Regeneration einen neuen gebildet, der aber nur selten die volle Größe des alten erreicht.

II. Sektion.

Wir nehmen die Präparation im Wachsbecken unter Wasser vor. Stört der lange Schwanz, so kann man ihn etwa 5 cm hinter der Afteröffnung abschneiden. Man achte aber darauf, daß man nicht die beiden in ihren Scheiden steckenden Penes (Fig. 320 : 46) verletzt. Der Schwanz, vom frisch getöteten Tiere entnommen, zeigt noch lange Zeit lebhafte Bewegungen. Die Eröffnung der Leibeshöhle erfolgt, vom Schambein beginnend, nicht genau in der Mittellinie, sondern etwas rechts daneben. In der Brustbeingegend biegt man allmählich nach der Mitte ein. Brustbein und Schultergürtel werden genau in der Mittellinie gespalten. Oral vom Brustbein darf man nur noch ganz flach und mit größter Vorsicht schneiden, damit man nicht Zungenbein und Schilddrüse verletzt. Klappt man nun die Bauchwand auf der linken Seite des Beschauers zur Seite, so bemerkt man auf dem schwarzen Untergrunde des Peritoneums einige weiße Bündel mit Blutgefäßen Es ist dies hauptsächlich die Arteria mesenterica externa (Fig. 320 : 21), deren Zweige zusammen mit eigentümlichen Aufhängebändern der Leber verlaufen (Fig. 320 : 22). Diese Bänder heften an der Mittellinie der Bauchwand an und würden mit den Gefäßen zerstört werden, wenn man die Leibeshöhle genau median öffnen würde. Um die Lungen deutlich zu sehen, können wir in diesem Stadium der Präparation ein Gummigebläse vom Munde aus in den Eingang zur Luftröhre einführen. Die beiden Lungensäcke sind spitz eiförmig und von traubiger Oberfläche.

Wir präparieren nun das Halsfeld, um die Ansicht der Fig. 320 von dieser Gegend zu erhalten. Das Zungenbein besteht aus einem Mittelstück (Fig. 320 : 4) und drei sehr feinen Bogen. Der Zungenbeinkörper bedeckt, von der Bauchseite her betrachtet, den Kehlkopf, der im wesentlichen aus einem breiten, weißen Knorpelringe besteht. Quer über die Luftröhre zieht sich die dunkel gefärbte Thyreoidea (Fig. 320 : 5). Die Gabelung der Trachea ist von den Wurzeln der Herzgefäße verdeckt. Am Herzen sind deutlich die Herzkammer (Fig. 320 : 9) und die beiden Vorkammern (z. B. Fig. 320 : 10) zu unterscheiden. Zum Studium des Verlaufes der Hauptgefäßstämme spannen wir die Lungen seitwärts mit Nadeln fest und drücken das Herz nach Entfernung des Herzbeutels mit der Spitze nach der linken Seite des Präparationsfeldes. Aus der Herzkammer entspringt ein Arterienbulbus, welcher sich zwischen die beiden Vorkammern schiebt. Der Bulbus ist aus zwei Arterienstämmen zusammengesetzt, die durch eine Drehung um die Längsachse umeinander geschlungen scheinen und bis zur Basis des Bulbus deutlich voneinander getrennt sind. Der von der linken Herzhälfte (des Tieres) kommende Stamm entsendet die beiden Carotiden (erste Aortenbögen; Fig. 320 : 11), welche Kopf und Vordergliedmaßen versorgen. Der Hauptstamm biegt nach rechts (Tier) hinten um und vereinigt sich mit dem aus der rechten Herzhälfte kommenden Arterienstamm (zweite Aortenbögen, Fig. 320 : 12) unmittelbar hinter der Herzspitze (Fig. 320 : 13) zur gemeinsamen Bauchaorta (Fig. 320 : 14). Die wichtigsten, von dieser entspringenden Arterienzweige sind aus der Fig. zu ersehen (Fig. 230 : 15—20). Der Ursprung

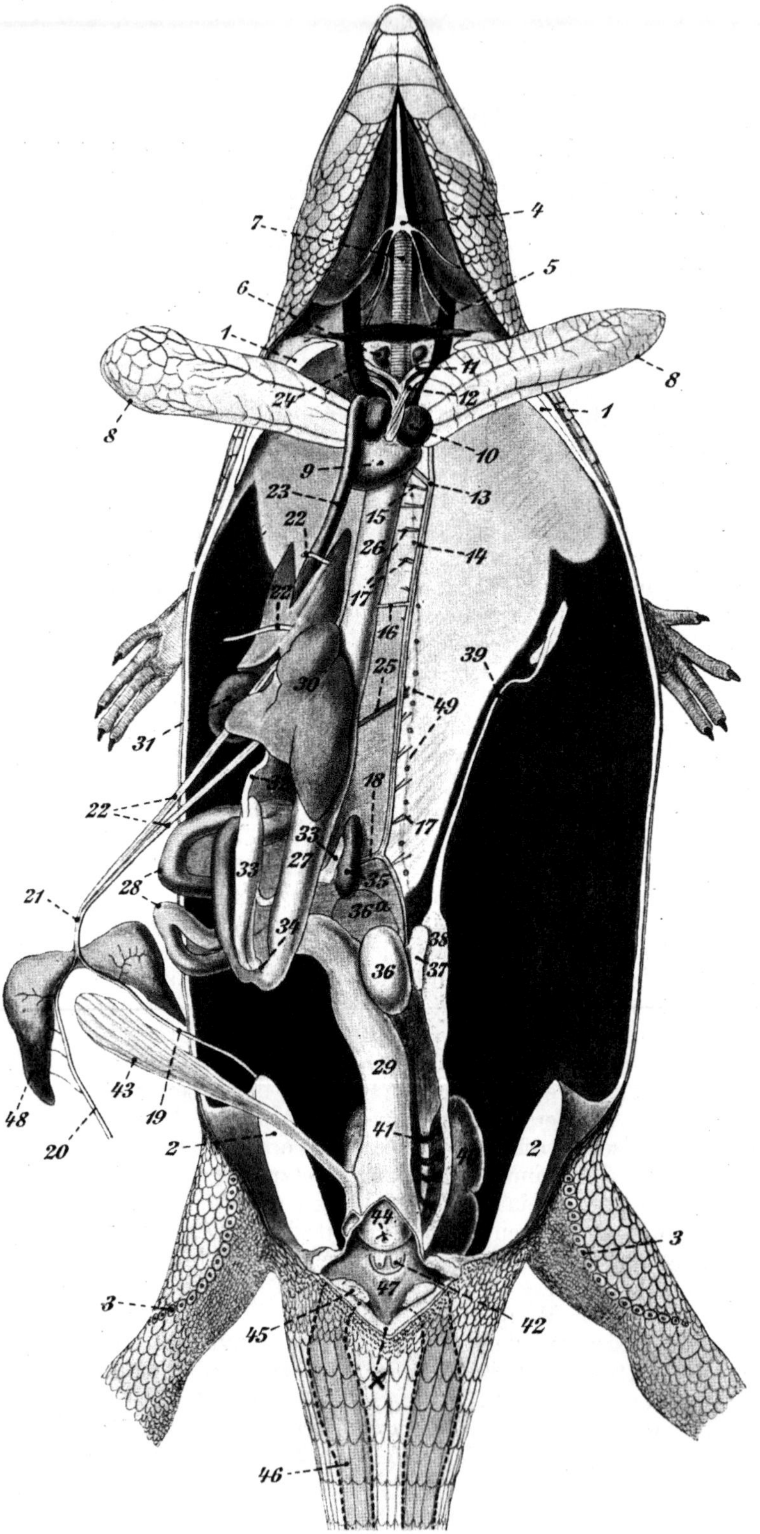

Fig. 320. Lacerta vi dis ♂. Situs. Schult gürtel und Beckengür in der Mittellinie gesp ten. Leber, Magen u Darm nach Lösung einig Peritonealfalten nac links (im Bilde) gezoge ebenso die Herzspitz Lungen beiderseits h ausgeklappt; Verei gungsstelle (13) der beid Aorten unter dem Herz nach der rechten Ha des Beschauers vorg zogen; linker Hoden na links (im Bilde) umg klappt; Kloake vent gespalten, Mitte des Hi terrandes der Kloake spalte (×) kaudalwär gezogen.

1. Schnittfläche des Bru beins. – 2. Schnittfläc der Schambeinfuge. – Schenkelporen. – 4. Zunge bein. – 5. Thyreoidea. 6. Thymus. – 7. Trachea. 8. Lunge. – 9. Herzkamm — 10. linke Vorkamm — 11. erster Aortenbog (links). – 12. zweiter Aorte bogen (links). – 13. Ve einigungsstelle der Aorta nistra u. dextra. – 14. Aor descendens. – 15. Ösoph gealarterie. – 16. Mage arterie. – 17. Wirbelart rien. – 18. Arteria splenic – 19. rechte Baucharter – 20. linke Baucharterie. 21. Arteria mesenterica e terna. – 22. Zweige de selben in Aufhängebände der Leber. – 23. Vena hep tica. – 24. Jugularvenen. 25. Vene (von der Wirbe säule kommend). – 26. Ös phagus. – 27. Magen. 28. Darmschlingen. – 2 Rectum. – 30. Leber. 31. Gallenblase. – 32. Ga lengang. – 33. Pankreas. 34. Mündung des D. cys und pancreaticus in de Dünndarm. – 35. Milz. 36. Linker Hoden. – 36 rechter Hoden. – 37. Nebe niere. – 38. Nebenhoden. 39. Müllerscher Gang. 40. Niere. – 41. Abführend Nierenvene. – 42. Gemei same Mündung des Vas d ferens und des Ureter. 43. Harnblase. – 44. Afte öffnung. – 45. Vorderend des Penis. – 46. Rückzie muskel des Penis (unter d Haut, Umriß punktiert). 47. Dorsalwand der Kloak 48. Fettkörper (umgeklapp so daß seine Dorsalsei sichtbar ist). – 49. Syn pathicus.

der kurzen, auf der Rückenseite des Bulbus entspringenden Lungenarterien ist sehr schwer zu präparieren. Schneidet man das Herz quer durch oder eröffnet es sonst in geeigneter Weise, so sieht man, daß zwei durch eine unvollkommene Scheidewand getrennte Ventrikel vorhanden sind.

Vom Venensystem bemerken wir in der Halsgegend die beiden dunklen, starken Jugularvenen. Die Subclavien münden erst unmittelbar vor der Einmündung in den Venensinus in dieselben. Weiter fällt die starke Lebervene (Fig. 320 : 23) auf, die der bedeutendste Gefäßstamm des ganzen Körpers ist. Sie entsteht aus den Sammelvenen der Leber, zieht am Herzbeutel entlang, biegt plötzlich um und mündet in den Venensinus. Weitere Einzelheiten des Gefäßsystems können erst später sichtbar gemacht werden.

Wir präparieren jetzt den Verdauungskanal, soweit dies ohne Spaltung des Beckengürtels geschehen kann. Die bindegewebigen Adhäsionen und Aufhängebänder der einzelnen Teile werden soweit wie nötig durchtrennt und der ganze Verdauungstraktus gelockert und auf die linke Seite des Präparationsfeldes gelegt. Der Magen (Fig. 320 : 27) ist nicht viel weiter als die Speiseröhre (Fig. 320 : 26). Die Leber ist vielfach gelappt. Eine Gallenblase ist vorhanden (Fig. 320: 31). Der Gallengang (Fig. 320 : 32) zieht durch das Pankreas (Fig. 320 : 33) hindurch und mündet gemeinsam mit dem Ductus pancreaticus in den Dünndarm (Fig. 320 : 34). Die Milz (320 : 35) ist ein braunrotes, bohnenförmiges Organ, welches auf der Rückenseite des Magens liegt.

Über den Beckengürtel ragt aus dem unteren Teil der Leibeshöhle ein lebhaft gelb gefärbtes, kristallisch glitzerndes Organ hervor, der Fettkörper, der, wie man aus seinem Verhalten während des Winterschlafes schließen kann, einen Energiespeicher für das Tier darstellt. Man löse den Fettkörper sorgfältig vom Schambein ab, lasse ihn aber im Zusammenhange mit dem Baucharteriensysteme (Fig. 320 : 19 bis 21, 48). Dann schneide man erst die Haut über dem Schambein auf bis an das Afterschild. Die Schambeinfuge durchtrennt man und sperrt den Knochenspalt durch Einschieben der starken Pinzette auseinander. Nachdem noch einige Muskeln entfernt sind, kann man die Beckenhälften auseinanderbiegen. Wir bemerken die Harnblase (Fig. 320 : 43), welche ventral in die Kloake mündet. An den zweilappigen Fettkörper treten die beiden Baucharterien (Fig. 320 : 20) heran, die sich, nachdem sie den Fettkörper versorgt haben, zur Arteria mesenterica externa vereinigen. Diese verläuft in dem anfangs geschilderten Aufhängeband zur Leber, in der sie sich verzweigt.

Es möge ein Männchen vorliegen. Die hellen, länglichrunden Hoden (Fig. 320 : 36, 36a) liegen im Grunde der Bauchhöhle und fallen sofort auf. Der kleine goldgelbe Körper, welcher seitlich dem Hoden angelagert ist, ist die Nebenniere (Fig. 320 : 37). Noch weiter seitlich liegen die großen Nebenhoden (Urnieren, Fig. 320 : 38). Kaudal von diesen ziehen die Vasa deferentia (Wolffschen Gänge) zur Kloake, während man oral vom Nebenhoden die rudimentären Müllerschen Gänge fast stets gut verfolgen kann (Fig. 320 : 39). Kaudal von den Nebenhoden finden wir außerhalb des schwarzen Peritoneums die Nieren (Fig. 320 : 40). Jede Niere besteht aus zwei Lappen. Unter der Kloake vereinigen sich die linke und rechte Niere in der Mittellinie und entsenden die sehr kurzen Harnleiter, die sich beim Männchen mit den Vasa deferentia vereinigen und mit ihnen gemeinschaftlich in die Kloake münden.

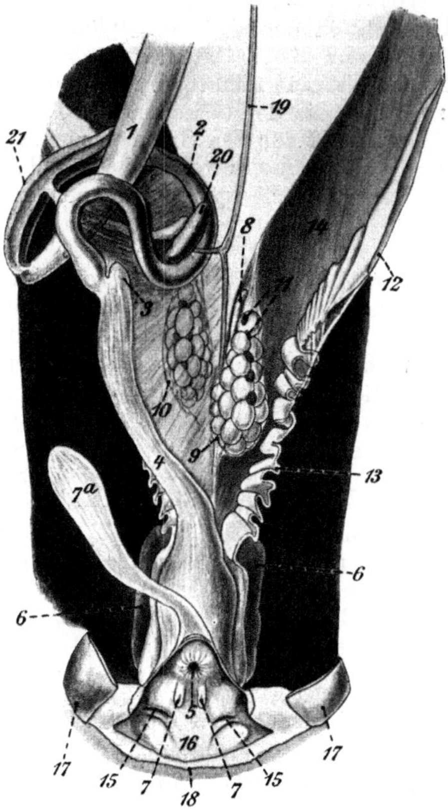

Fig. 321. Lacerta viridis ♀. Harn- und Geschlechtsorgane. Afterschild und ventrale Kloakenwand in der Mittellinie gspalten, Kloake nach den Seiten hin gedehnt, Hinterrand der Kloake kaudalwärts gezogen. Darm nach links (vom Beschauer) geklappt.

1. Magen. — 2. Dünndarm. — 3. Blinddarmähnlicher Anhang. — 4. Rectum. — 5. Afteröffnung. — 6. Niere. — 7. Mündungen der Ureteren. — 7a. Harnblase. — 5. Nebenniere (links). — 9. linkes Ovarium. — 10. rechtes Ovarium (durchscheinend). — 11. Nebeneierstock. — 12. Tuba. — 13. Eileiter. — 14. Mesenterialfalte desselben (das schwarze Bauchfell durchscheinend). — 15. Mündungen der Eileiter. — 16. Dorsalwand der Kloake. — 17. Afterschild (durchschnitten). — 18. kaudaler Hautrand der Kloake. — 19. Aorta descendens. — 20. Milz. — 21. Pankreas.

Die Aorta descendens gabelt sich am Vorderende der Nieren und sendet in jede Niere einen Zweig. Hier bildet derselbe ein Wundernetz, dessen Zweige sich schließlich zur Kaudalaorta sammeln. Vor Bildung des Wundernetzes entspringt jederseits eine Arteria femoroabdominalis. Diese spaltet sich in eine Arteria cruralis und in die stärkere Arteria ischiadica, welche das Bein versorgen. Aus der Arteria cruralis entspringt dann jederseits die schon oben erwähnte Baucharterie (Fig. 320:20). Die Sammelvene des Schwanzes (Vena caudalis), die neben der Kaudalarterie liegt, tritt in die Niere ein und verzweigt sich in derselben. Ebenso zieht neben der Arteria femoroabdominalis eine Vene entlang, welche das aus den Hintergliedmaßen zurückkommende Blut ebenfalls zur Niere führt. Alles den Nieren zuströmende Blut verläßt dieselben durch die ausführenden Nierenvenen (Fig. 320:41). Diese nehmen noch die venösen Bahnen der Geschlechtsorgane auf und vereinigen sich zu einer Genitalpfortader, die in den hinteren Leberlappen eindringt. Die eigentliche oder Darmpfortader tritt mit den Gallengängen zusammen in die Leber ein.

Wir haben nun die Kloake zu öffnen. Die Afterplatte wird ganz oberflächlich gespalten. Dann liegen über der ventralen Wand des Darmes und der Kloake nur noch einige Muskeln, die vorsichtig entfernt werden. Man führt dann einen Schnitt durch die ventrale Kloakenwand rechts (vom Beschauer aus) vom Blasenhalse. Man sieht in der Kloake die Afteröffnung (Fig. 320:44), die Papillen, auf denen die Ureteren gemeinsam mit den Samenleitern münden (Fig. 320:42), die ventral gelegene Mündung des Blasenhalses und die kaudal gelegenen Eingänge in die Penisscheiden. Die beiden Penes sind ausstülpbar. Man macht sie, sowie ihre langen Rückziehmuskeln durch Spalten der ventralen Schwanzhaut auf beiden Seiten sichtbar.

Aufmerksam gemacht sei noch auf den Grenzstrang des Sympathicus, den man namentlich da, wo das Peritoneum nicht schwarz pigmentiert ist, gut verfolgen kann. (Fig. 320 : 49.)

Es mögen nun noch die Geschlechtsorgane eines Weibchens präpariert werden. Die Eröffnung der Bauchhöhle, Durchtrennung des Beckengürtels und Öffnung der Kloake erfolgt wie beim Männchen. Will man alle Öffnungen in der Kloake deutlich sehen, so muß man ihre Ränder nach den Seiten und nach hinten gut auseinanderziehen. Die Ovarien (Fig. 321 : 9 und 10) liegen genau an derselben Stelle wie beim Männchen die Hoden. Wir finden auch hier wieder die goldgelben Körper (Nebennieren, Fig. 321 : 8) und außerdem auf der ventralen Fläche des Ovariums einige undeutliche, braune, in einer Längsreihe angeordnete Bläschen, die auch fehlen können, und die man als Nebeneierstock (Fig. 321 : 11) bezeichnet. Die Eileiter beginnen mit einer großen, auf dem schwarzen Peritoneum besonders schön sichtbaren Tube (Fig. 321 : 12). Sie sind stark geschlängelt (Fig. 321 : 13) und münden getrennt von den Ureteren in die Kloake (Fig. 321 : 7, 15).

Zur Betrachtung des Gehirnes führen wir wieder am besten einen Längsschnitt durch den Kopf aus. Die Großhirnhälften ragen mit dem Hinterrande über das Zwischenhirn und einen Teil des Mittelhirnes hinweg. Die gestielte Zirbeldrüse steht mit dem sog. Außenorgan oder Scheitelauge nicht in Verbindung.

Anmerkung: Die histologische Behandlung der Eidechse wird selten vorgenommen werden, so daß wir auf eine eingehende Schilderung hier verzichten können. Zu empfehlen sind: Kopf (Gehirn und Außenorgan), Schenkelporen (schöne Drüsen mit daranhängender Muskulatur) und Querschnitte durch ganz junge Tiere in verschiedenen Gegenden des Körpers. Die Muskulatur der Gliedmassen ist für die histologische Behandlung der quergestreiften Muskulatur zu empfehlen. Das Fixieren, Entkalken usw. erfolgt nach den allgemeinen Vorschriften, die Färbung am besten nach der van Giesonmethode.

8. Kapitel.

Schlange.

I. Beobachtungen am lebenden Tiere und äußere Inspektion.

Als Material wählen wir am besten Tropidonotus natrix. Am lebenden Tiere beobachten wir das Spiel der zweispitzigen Zunge, die herausgestreckt werden kann, ohne daß der Mund geöffnet wird. Die Fortbewegung geschieht durch Schlängelung, d. h. es läuft eine Welle von hinten nach vorn über den Körper. Diese Bewegung wird aber durch besondere Vorrichtungen noch wesentlich unterstützt. Die Haut liegt am Bauche und an den Seiten dem Körper nur lose an. Die Schilder und Schuppen, namentlich des Bauches haben freie Hinterränder. Die ganze Innenseite der Haut ist von einem Muskelsystem bedeckt, welches die Schuppen untereinander und mit den Rippen verbindet. Während die Muskeln, welche z. B. zwei Bauchschilder verbinden, bei einer Kontraktion gleichzeitig das vordere Schild senkrecht stellen und das hintere heranziehen, wird durch nachfolgende Zusammenziehung der Rippenschildmuskeln das vordere Schild wieder umgelegt und dadurch der Körper ein Stückchen vorgezogen.

Wir bringen eine Ringelnatter in ein großes Gefäß mit Wasser. Sie geht wegen der großen Luftmenge in Luftsack und Lunge nicht unter. Die Schwimmbewegung ist eine reine Schlängelung.

Haben wir Gelegenheit, eine Schlange beim Fressen (etwa eines kleinen Futterfrosches) zu beobachten, so achten wir auf die durch das Vorhandensein eines Quadratbeines zwischen Ober- und Unterkiefer und durch die vorn nicht miteinander verwachsenen Kieferäste bedingte, sehr starke Erweiterungsfähigkeit des Rachens (vgl. ein Schlangenskelett). Die Lage des verschluckten Frosches ist noch während mehrerer Tage an einer ständig nach hinten wandernden Verdickung des Schlangenkörpers zu erkennen.

Die Tötung der Schlangen erfolgt in einem großen Glase durch etwas Chloroform.

Das getötete Tier wird genauer betrachtet. Am Kopfe fällt uns auf, daß die Körperhaut über die Augen hinweggeht, also keine Lider vorhanden sind. Die Augen sehen daher während oder vor einer Häutung milchig trübe aus. Die feinen Nasenlöcher sind an der Schnauzenspitze sichtbar. Ein Trommelfell ist nicht vorhanden, da den Schlangen die ganze Paukenhöhle und die Eustachischen Röhren fehlen. Die Afterspalte liegt quer und wird vom Afterschilde bedeckt.

II. Sektion.

Zur Präparation benutzt man häufig ein Holzbrett, doch erhält man durch das gerinnende Blut meist so unklare Bilder, daß feinere Einzelheiten überhaupt verloren gehen. Am besten bedient man sich besonders langer Wachsbecken (etwa 60×20 cm) und nimmt die Präparation unter Wasser vor.

Wir bringen die Schlange in Rückenlage und trennen mit der Schere die Haut an einer Seite des Tieres von einer Stelle vor dem Afterschild bis in den Kinnwinkel auf, führen den Hautschnitt noch bis zum gegenüberliegenden Kieferwinkel weiter und klappen, nachdem noch vor dem Afterschild ein querliegender Hautschnitt geführt ist, den ganzen Hautlappen auf. Wir lösen die Haut ziemlich bis zur Rückenlinie herum von der Muskulatur, suchen aber die unter der Haut gelegene Bauchdecke möglichst zu schonen. Schon jetzt kann man feststellen, daß die zahlreichen Rippen frei endigen und daß ein Brustbein fehlt. Nachdem die freien Hautränder nach beiden Seiten mit Nadeln festgespannt sind, wird die Bauchdecke, soweit sie freiliegt, durch einen Medianschnitt gespalten. Der Schnitt wird bis an die Gegend des Zungenbeines herangeführt und die rippentragenden Muskeldecken werden ebenfalls mit Nadeln seitwärts befestigt.

Wir beginnen mit der Präparation des Zungenbeinapparates (Fig. 322). Das Zungenbein besteht aus einem einzigen schmalen Knorpelbogen; die freien Enden der Zungenbeinbögen sind nicht an den Schädel geheftet und reichen sehr weit nach hinten (Fig. 322 : 8 und 9). Die Zunge sieht man durch die Wandung der Zungentasche hindurch dunkel durchscheinen (Fig. 322 : 10). Vom Ende der Zungenbeintasche (Fig. 322 : 11) gehen die Vorstreckmuskeln der Zunge nach den Unterkiefern. Zur weiteren Untersuchung der Zunge müssen wir die Mundhöhle öffnen. Nachdem wir uns durch Auseinanderbiegen der beiden Unterkiefer von der Anwesenheit der Kinnfurche überzeugt haben, schneiden wir beiderseits von der Mundspalte ein Stück in die Wangen ein und biegen die Unterkiefer herab. Die vorn liegende, deutlich sichtbare Öffnung führt in die Zungenscheide. Wir fahren mit der Pinzette hinein und ziehen die schwarze, zweispitzige Zunge heraus. Auf der Dorsalseite der Zungenscheide, also auch noch in der Mundhöhle, sehen wir die Kehlspalte. Dieselbe läßt sich mit dem ganzen Kehlkopf sehr weit nach vorn drücken, wodurch das Tier erreicht, daß beim Verschlingen größerer Tiere die Kehlspalte nicht von der äußeren Luft abgeschnitten wird. Kiefer und Gaumen sind mit zahlreichen, hakig nach hinten gekrümmten Zähnchen besetzt. In einer länglichen Vertiefung des Gaumendaches liegen ziemlich weit vorn die Choanen. Eustachische Röhren fehlen. Die Pharyngealschleimhaut ist stark längsgefaltet, also sehr erweiterungsfähig und geht unmittelbar in die ähnlich ausgebildete Schleimhaut der Speiseröhre über.

Wir führen nun das Gummigebläse in die Kehlspalte ein und blasen sehr vorsichtig. Es zeigt sich, daß nur eine Lunge (Fig. 322 : 7) völlig ausgebildet ist, die da, wo die hellrote Färbung des Lungengewebes aufhört, in den sehr dünnhäutigen und langen Luftsack übergeht. Dieser ist ein Luftreservoir für den Fall, daß beim Schlingakte die Luftröhre zugedrückt wird.

Die Luftröhre (Fig. 322 : 5) hat nur in ihrem obersten Teile vollständige Knorpelringe; die meisten derselben sind dorsal offen. Die zarte Dorsalhaut der Trachea hat auch schon respiratorische Funktionen auszuüben. Die ausgebildete Lunge ist die rechte; der verkümmerte Überrest der linken (Fig. 322 : 6) ist leicht nachzuweisen.

Dem unteren Teile der Luftröhre liegt die schmutzigweiße Thymus (Fig. 322 : 12) an. Als Thyreoidea wird ein linsengroßes Organ gedeutet, welches unmittelbar kaudal von der Thymus der Trachea aufliegt (Fig. 322 : 13).

Durch Lösung verschiedener Mesenterialfalten ist es nun möglich, die Organe in der Herzgegend etwas seitlich auseinander zu ziehen. Biegt man nach Abtragung des Herzbeutels das Herz nach links und zieht die Aorta descendens nach rechts, so erhält man etwa die Ansicht der Fig. 322, welche uns einen Überblick über das Herz und seine Gefäßwurzeln gestattet. Das Herz besteht aus einem Ventrikel (Fig. 322 : 15), der durch eine sehr unvollkommene Scheidewand in eine rechte und

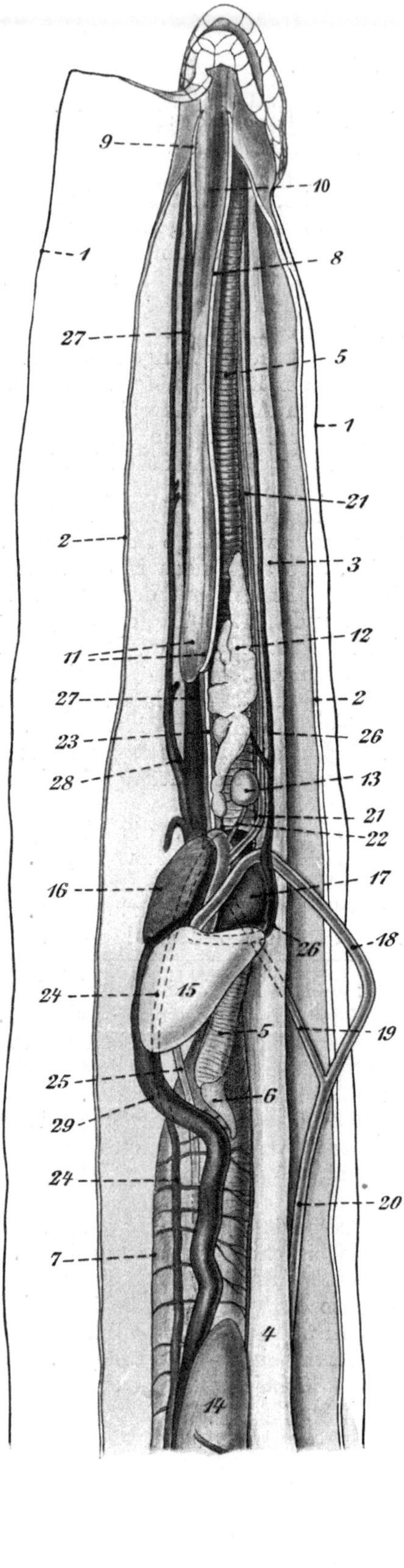

Fig. 322. Tropidonotus natrix ♂. Situs der Organe des vorderen Abschnittes der Leibeshöhle. Mesenterialfalten z. T. gelöst, Organe nach den Seiten hin etwas auseinandergezogen, wodurch z. B. die Art. vertebralis (23) sichtbar wurde; Aorta dextra und sinistra unter dem Herzen vorgezogen.

1. Rand der abpräparierten Haut. — 2. Schnittfläche der Leibeswand. — 3. Speiseröhre. — 4. Magen. — 5. Luftröhre. — 6. linke Lunge (verkümmert). — 7. rechte Lunge. — 8. linkes Zungenbein (ganz zu sehen). — 9. rechtes Zungenbein (nur der vordere Abschnitt sichtbar). — 10. Zunge (in der Zungentasche, durchscheinend). — 11. Endabschnitte des Zungenbeinapparates. — 12. Thymus. — 13. Thyreoidea. — 14. vorderer Abschnitt der Leber. — 15. Herzkammer. — 16. rechte Vorkammer. — 17. linke Vorkammer. — 18. Aorta sinistra. — 19. Aorta dextra. — 20. Aorta descendens. — 21. Arteria carotis communis. — 22. Thyreoidal-Arterie. — 23. Arteria vertebralis. — 21.—23. vom rechten Aortenbogen stammend. — 24. Arteria pulmonalis. — 25. Vena pulmonalis. — 26. Vena jugularis sinistra (Verlauf derselben an der Dorsalwand des Herzens punktiert). — 27. Vena jugularis dextra. — 28. Intervertebralvene. — 29. Vena hepatica.

linke Hälfte geteilt wird, und aus zwei Vorkammern (Fig. 322 : 16, 17). Aus dem Ventrikel entspringen die beiden Aortenbögen (Fig. 322 : 18, 19), die sich dicht hinter dem Herzen zur Aorta descendens (Fig. 332 : 20) vereinigen, und die Arteria pulmonalis (Fig. 322 : 24), die hier natürlich ungeteilt in den unpaaren Lungenflügel eintritt. Die Aorta dextra gibt, bevor sie nach hinten umbiegt, zunächst die Arteria carotis communis (Fig. 322 : 21) ab, die bis in die Unterkiefergegend ungeteilt nach vorn zieht, dann eine kleine Arterie zur Schilddrüse (Fig. 322 : 22), und endlich die an der rechten Seite des Tieres neben bzw. hinter der Trachea aufsteigende Vertebralarterie (Fig. 322 : 23). In die linke Vorkammer mündet die Lungenvene (Fig. 322 : 25), in die rechte die Vena cava inferior seu hepatica (Fig. 322 : 29) und die Vena jugularis sinistra (Fig. 322 : 26). Die Vena jugularis dextra (Fig. 322 : 27) vereinigt sich mit der Intervertebralvene (Fig. 322 : 28) zu einer Vena anonyma, die unter Bildung eines Venensinus in die rechte Vorkammer mündet.

Die Speiseröhre (Fig. 322 : 3) geht ohne deutlichen Absatz in den Magen (Fig. 322 : 4) über. Der ganze mittlere Teil der Leibeshöhle wird von der sehr langgestreckten, braunroten

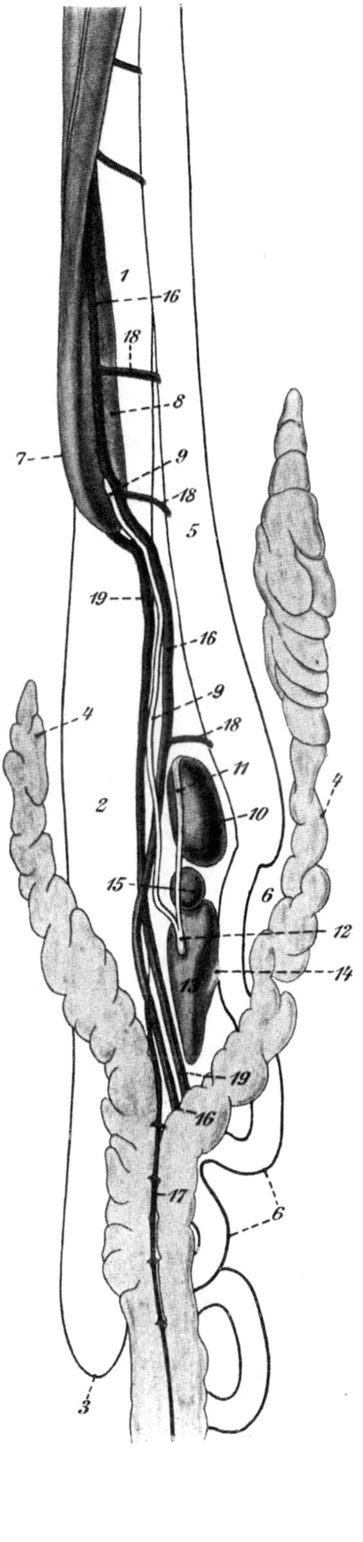

Fig. 323. Tropidonotus natrix. Organe der Leibeshöhle vom hinteren Ende der Leber bis zum Ende des Luftsackes. Dieser ist aufgeblasen; der Magen ist nach rechts geschoben (im Bilde), die Leber nach links umgeklappt, die Fettkörper z. T. abpräpariert und zur Seite gelegt.

1. rechte Lunge. — 2. Luftsack derselben. — 3. Ende des Luftsackes. — 4. Fettkörper (Corpus adiposum). — 5. Magen. — 6. Duodenum. — 7. Ventralseite der Leber. — 8. Dorsalseite der Leber. — 9. Ductus hepaticus. — 10. Gallenblase. — 11. Ductus cysticus. — 12. Ductus choledochus. — 13. Pankreas. — 14. Gemeinsame Mündung des Ductus chol. und des Ductus pancreaticus in das Duodenum. — 15. Milz. — 16. Mesenterialvene. — 17. Zweig derselben vom Fettkörper. — 18. Magenvenen. — 19. Vena renalis revehens.

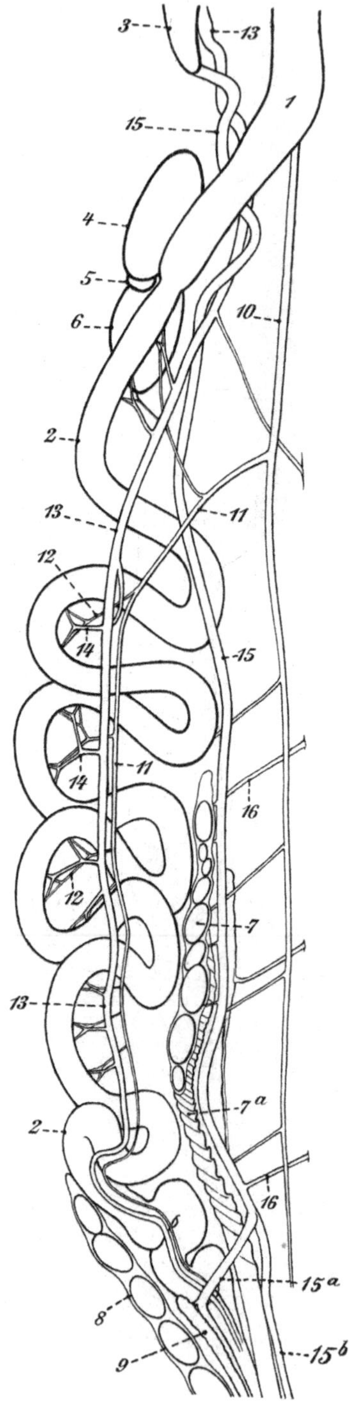

Leber eingenommen. Auf der Außenseite derselben sehen wir, namentlich im hinteren Teile, ein Blutgefäß entlangziehen. Das die Leber bedeckende Peritoneum ist mit der Spitze des Herzbeutels verwachsen. Wir ziehen nun den Magen nach der rechten Seite des Präparationsfeldes, drehen die Leber mit der Dorsalseite nach oben und präparieren die mächtigen, rötlich weißen Fettkörper (Fig. 323:4) wenigstens so weit zur Seite, daß wir die Ansicht Fig. 323 erhalten. Wir untersuchen hier zunächst die sehr schön zu verfolgenden Venenstämme. Hinter den Fettkörpern sehen wir zwei starke Venen hervorkommen, die Mesenterialvene (Fig. 323:16), die vom Magen her eine Anzahl von Magenvenen (Fig. 323:18) aufnimmt, und die Vena renalis revehens, deren Entstehung wir bei der Betrachtung des hinteren Abschnittes der Leibeshöhle kennen lernen werden. Dieselbe verläuft auf der Ventralseite der Leber, während die Mesenterialvene zur Leberpfortader wird und in einer tiefen Furche der Dorsalseite dieses Organs entlangläuft. Sie erhält auch einen Zweig vom Fettkörper (Fig. 323 : 17).

Die Leber entläßt auf der Dorsalseite ihres Hinterendes den langen Ductus hepaticus (Fig. 323:9). Derselbe vereinigt sich mit dem aus der von der Leber getrennt liegenden, grünen Gallenblase (Fig. 323 : 10) kommenden

Fig. 324. Tropidonotus natrix ♀. Organe der Leibeshöhle vom hinteren Ende der Leber bis zu den Eierstöcken. Endabschnitt des Magens und Duodenum nach links herausgeklappt, einzelne Mesenterialfalten gelöst.

1. Magen. — 2. Duodenum. — 3. Leber. — 4. Gallenblase. — 5. Milz. — 6. Pankreas. — 7. rechtes Ovarium. — 7a. rechter Eileiter. — 8. linkes Ovarium. — 9. linke Nebenniere. — 10. Aorta communis. — 11. Arteria mesenterica superior. — 12. Zweige derselben zum Duodenum. — 13. Mesenterialvene. — 14. Zweige derselben vom Duodenum. — 15. Vena renalis revehens communis. — 15a. und 15b. Zweige derselben von der linken und rechten Niere. — 16. Vertebralvenen.

Ductus cysticus (Fig. 323 : 11) zu einem kurzen Ductus choledochus (Fig. 323 : 12), der in die Substanz des weißen Pankreas (Fig. 323 : 13) eintaucht und mit dem Ductus pancreaticus gemeinsam in das Duodenum mündet (Fig. 323 : 14). Zwischen Gallenblase und Pankreas liegt die kleine, kugelrunde, rote Milz (Fig. 323 : 15). Das Duodenum ist vom Magen deutlich abgesetzt. Der Darm ist in seinem weiteren Verlauf ziemlich stark geschlängelt. Die einzelnen Windungen werden durch ein Mesenterium in ihrer Lage fixiert, dessen Blutgefäße einen prachtvollen Anblick gewähren.

Wir suchen nun die Ansicht der Fig. 324 zu gewinnen. Die Fettkörper werden vollkommen abpräpariert, der Darmtraktus nach Lösung einiger Mesenterialfalten nach links herausgeklappt. Zunächst suchen wir die im Grunde des Präparationsfeldes verlaufende Aorta descendens (Fig 324 : 10) auf. Während sie in ihrem hintersten Teile kleinere Stämme zu den Harn- und Geschlechtsorganen schickt, sendet sie einige Zentimeter hinter der Bauchspeicheldrüse die ziemlich kräftige Arteria mesenteriaca superior (Fig. 324 : 11) aus, deren zu den Darmschlingen führende Zweige (Fig. 324 : 12) durch ihre hellrote Färbung leicht von den sie begleitenden Venen zu unterscheiden sind. Auch die schon bei der Leber betrachteten großen Venen sind wieder leicht auf

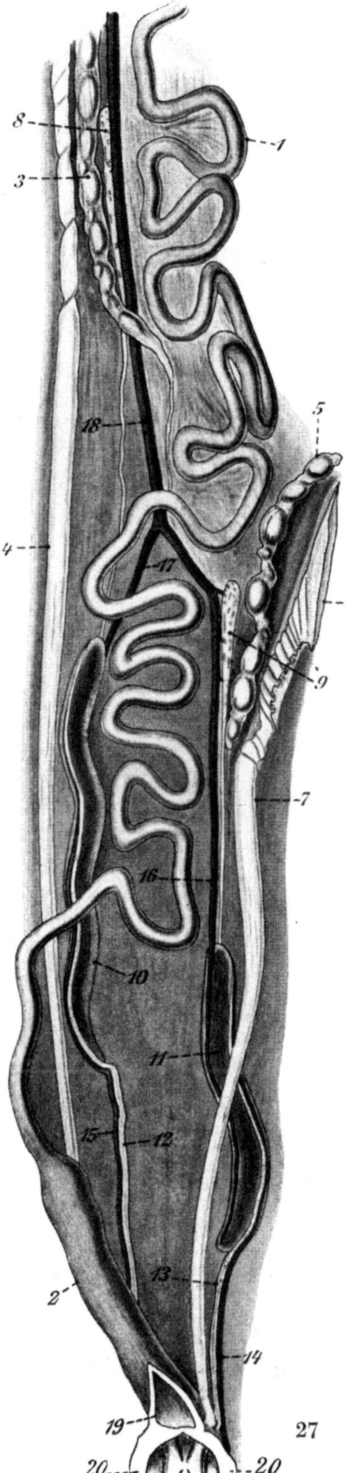

Fig. 325. Tropidonotus natrix ♂. Harn und Geschlechtsorgane.

1. Duodenum. — 2. Rectum. — 3. rechtes Ovarium. — 4. rechter Eileiter. — 5. linkes Ovarium — 6. Tuba des linken Eileiters. — 7. linker Eileiter. — 8. rechte Nebenniere. — 9. linke Nebenniere. — 10. rechte Niere. — 11. linke Niere. — 12. rechter Harnleiter. — 13. linker Harnleiter — 14. Vena renalis advehens sinistra. — 15. Vena renalis advehens dextra. — 16. Vena renalis revehens sinistra. — 17. Vena renalis revehens dextra — 18. Vena renalis revehens communis. — 19. After, längs gespalten. — 20. Ventrale Wandung der Kloake (längs gespalten).

zufinden, nur in vertauschter Anordnung, da die beiden Gefäße sich in der Höhe des Pankreas umeinanderschlingen. Die Mesenterialvene (Fig. 324:13) erhält aus einem von den Darmwindungen stammenden, stark verzweigten Gefäßnetze (Fig. 324 : 14) Zuflüsse, die Vena renalis revehens (Fig. 324 : 15) nimmt eine Anzahl aus der Rückenmuskulatur auftauchender Gefäße (Vertebralvenen, Fig. 324 : 16) auf. Sie entsteht im hinteren Teile der Leibeshöhle aus zwei Zweigen (Fig. 324 : 15a und b), die aus je einer Niere stammen.

Bei der Betrachtung der Harn- und Geschlechtsorgane nehmen wir zunächst an, es läge ein W e i b c h e n vor. Der rechte Eierstock des Tieres (Fig. 325 : 3) liegt bedeutend weiter vorn als der linke (Fig. 325 : 5), den wir etwa in der Höhe des Zusammenflusses der Nierenvenen zu suchen haben. Median von jedem Eierstock liegt eine Nebenniere: Die rechte (Fig. 325 : 8) liegt der Vena renalis revehens communis, die linke (Fig. 325 : 9) der Vena renalis revehens sinistra an. Die Tuben der Oviducte liegen lateral von den Ovarien. Der rechte Eileiter (Fig. 325 : 4) ist naturgemäß bedeutend länger als der linke (Fig. 325 : 7). Bei unserer Art zu präparieren wird besonders die Tube des linken Eileiters (Fig. 325 : 6) mit dem zart gefalteten Anfangsteil des zugehörigen Oviductes schön sichtbar. Die Nieren sind bräunliche, langgestreckte Organe mit mehr oder minder deutlicher Lappenteilung, die den Venae renales revehentes anliegen, und zwar die rechte auch wieder beträchtlich weiter vorn als die linke (Fig. 325 : 10 u. 11). Die Ureteren entspringen am oralen Ende der Nieren und sind an der lateralen Seite des Organes zu verfolgen. Sie ziehen neben den zuführenden Nierenvenen (Fig. 325 : 14 und 15) zur Kloake. Zur Untersuchung der Kloake spalten wir die ventrale Wand derselben längs und biegen die Schnittränder auseinander. Die Oviducte münden ein Stück hinter den Ureteren. Der Darm endet mit einem etwas erweiterten Rectum (Fig. 325 : 2).

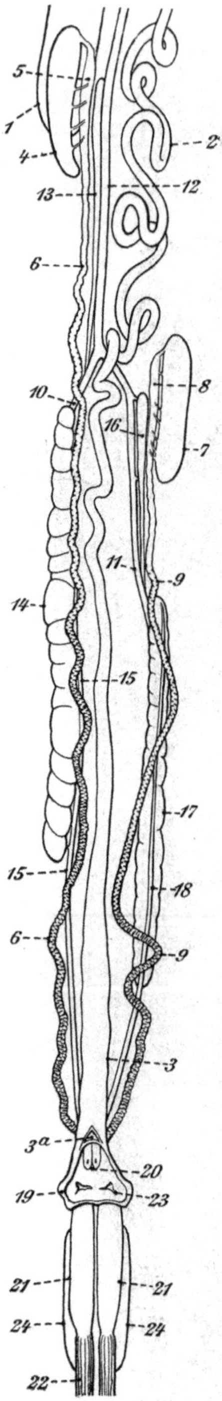

Fig. 326. Tropidonotus natrix ♂. Harn- und Geschlechtsorgane. Kloake und After ventral gespalten.

1. Endstück des Luftsackes. — 2. Duodenum. — 3. Rectum. — 3a. After (längs gespalten). — 4., 5., 6. Hoden, Nebenhoden und Vas deferens der rechten Seite. — 7., 8., 9. Hoden, Nebenhoden und Vas deferens der linken Seite. — 10., 11., 12. Vena renalis revehens dextra, sinistra und communis. (Die Venae renales advehentes sind nicht gezeichnet.) — 13., 14., 15. Nebenniere, Niere und Ureter der rechten Seite. — 16., 17., 18. Nebenniere, Niere und Ureter der linken Seite. — 19. Dorsalwand der Kloake (median gespalten, die Abschnitte zur Seite gelegt). — 20. Mündungen der Harn- und Samenleiter. — 21. Penis. — 22. Rückziehmuskel des Penis. — 23. Mündung des Penis. — 24. Stinkdrüse.

Zur Präparation der Harn- und Geschlechtsorgane des Männchens befolgen wir eine ganz entsprechende Technik. Die Nieren und Harnleiter (Fig. 326 : 14 und 17, 15 und 18) liegen an den entsprechenden Stellen wie beim Weibchen. Auch die Nebennieren (Fig. 326 : 13 und 16) haben die gleiche Lage. Die Hoden (Fig. 326 : 4 und 7) finden sich lateral von den Vorderenden der Nebennieren. Sie sind weiß, bohnenförmig und bilden auf der medianen Seite nach Abgabe mehrerer Vasa efferentia je einen Nebenhoden (Fig. 326 : 5 und 8), der in ein stark gekräuseltes und außerdem geschlängeltes Vas deferens (Fig. 326 : 6 und 9) ausläuft. Samenleiter und Ureteren münden gemeinsam auf zwei in der Dorsalwand der Kloake gelegenen Papillen (Fig. 326 : 20), die nach Spaltung der ventralen Kloakenwand sichtbar werden. Zwei kaudal von den Urogenitalpapillen gelegene Öffnungen in der Kloakenwand (Fig. 326 : 23) sind die Mündungen der Penisscheiden. Die beiden Penes (Fig. 326 : 21), die man durch Längsspalte an den betreffenden Stellen der Schwanzhaut freilegen kann, sind vorstülpbar und tragen Widerhaken. Sie lassen sich durch besondere Retraktoren (Fig. 326 : 22) zurückziehen. In der Umgebung der Kopulationsorgane finden wir die stark entwickelten Analdrüsen (Fig. 326 : 24), die ein außerordentlich übelriechendes Sekret liefern.

9. Kapitel.

Taube.

I. Äußere Inspektion.

Die Taube wird mit Chloroform getötet und zunächst einer äußeren Inspektion unterworfen. Auf den Bau einer Feder soll an späterer Stelle eingegangen werden; hier interessiert uns hauptsächlich die Verteilung der großen Schwingen (Remiges) und Steuerfedern (Rectrices). Wir palpieren mit der Hand die drei Teile des Armes: Oberarm Unterarm und Hand. Während der Oberarm keine Schwingen trägt, finden wir am Unterarm 11—15 Armschwingen, an der Mittelhand und dem besonders lang ausgebildeten zweiten Finger 10 Handschwingen. Am Oberarm sind die den Flügel von oben her bedeckenden Schulterfedern (Parapterum) angewachsen. Am Handgelenk palpiert man leicht den kleinen Daumen, welcher ein besonderes Büschel von Federn, den Daumenfittig (Alula) trägt. Der Schwanz wird von 12—16 Steuerfedern gebildet.

An den hinteren Gliedmaßen orientieren wir uns über die drei Hauptteile des Beines: Oberschenkel, Unterschenkel und Fuß. Der Oberschenkel ist nicht vollkommen frei, der Unterschenkel außerordentlich muskulös, der Mittelfuß (Lauf) ist nicht mehr mit Federn bekleidet, sondern vorn von quer gestellten Horntäfelchen, hinten von einer körnigen, harten Haut bedeckt. Der Fuß ist ein Spalt- oder Wandelfuß: es gehen drei Zehen nach vorn, die Innenzehe ist nach hinten gerichtet; Mittel- und Außenzehe sind am Grunde verwachsen.

Auch am *Kopfe* bietet die äußere Inspektion noch einiges Bemerkenswerte. Die Wurzel des Oberschnabels wird von einer weichen, dicken Haut, der *Wachshaut* (Ceroma), bedeckt. Die Nasenlöcher finden sich als längliche Schlitze auf beiden Seiten des Oberschnabels. Im inneren Augenwinkel finden wir die *Nickhaut*, welche man mit der Pinzette über das Auge nach außen und hinten hinwegziehen kann. Hinter den Augen läßt sich leicht eine unbefiederte, runde Stelle, die Öffnung des äußeren Gehörganges, auffinden.

Wir beginnen nun, das Tier *abzufedern*. Dies hat besonders in der Hals- und Kopfgegend sehr vorsichtig zu geschehen, da die Haut hier außerordentlich leicht einreißt. Man ziehe die Federn immer nur mit dem Striche heraus und greife möglichst wenig mit einem Male, kann auch mit zwei Fingern der einen Hand eine Hautfalte fassen und mit den Fingern der anderen Hand die betreffenden Federn greifen. Man befreit hauptsächlich die ventrale Seite des Körpers und der Gliedmaßen von den Federn. Die großen Schwanzfedern und die Schwingen kann man stehen lassen. Betrachten wir auf der nackten Haut die Stellen, an denen die Federn gesessen haben, so finden wir eine ziemlich regelmäßige Anordnung derselben zu Fluren (Pterylae), zwischen denen die federlosen Raine (Apteria) liegen.

Wir führen nun das Glasröhrchen eines *Gummigebläses* in die Luftröhre ein. Ein schnarrendes Geräusch beim Hineingleiten (herrührend von der Reibung des Glases an den Knorpelringen der Trachea) bestätigt uns, daß wir wirklich die Luftröhre getroffen haben. Bei vorsichtigem Blasen schwillt der ganze Vogelkörper auf, da sich die Luftsäcke füllen. Zu starkes Blasen ist zu vermeiden, da sonst leicht ein Luftsack platzt.

II. Sektion.

Wir beginnen damit, die Haut der Bauchseite abzulösen. Wir spalten sie durch einen flachen Messerschnitt längs des Brustbeinkieles und präparieren sie, indem wir den Hautlappen mit der einen Hand fassen und ihn mit dem Messer vorsichtig vom Muskel lösen, zur Seite ab, bis auch ein großer Teil der Oberarme frei liegt. Die Spannhaut zwischen Oberarm und Unterarm tritt hierbei zutage. Beim Abtrennen der Körperhaut von der Haut des *Kropfes* ist besondere Vorsicht geboten. Am besten nimmt man hier beide Hände zu Hilfe und drückt die beiden Hautgebilde auseinander. Den Kropf löst man unten von den Muskeln ab, so daß das durchschimmernde Gabelbein frei liegt. Am Hinterleib wird die Haut durch einen Medianschnitt gespalten und zur Seite präpariert; nur ein kleiner Kranz um die Kloakenöffnung bleibt stehen. Man beachte, daß das Becken offen ist, eine Tatsache, die für die Ablage der Eier große Bedeutung hat.

Man kann jetzt auch den Kropf durch Aufblasen gut zur Ansicht bringen, wobei man die in die Speiseröhre eingeführte Kanüle mit den Fingern fassen muß, um einen dichten Verschluß zu erzielen.

Wir gehen nun zur Präparation der wichtigsten *Flugmuskeln* über. Der Muskel, welcher die Außenfläche der Brust bildet, ist der große Brustmuskel (Musculus pectoralis major). Wir benutzen den Brustbeinkiel gleichsam als Lineal und schneiden jederseits den Pectoralis major an, bis der Musculus pectoralis minor (Fig. 327 : 8) darunter zum Vorschein kommt. Man fährt mit dem Finger zwischen die beiden Muskeln, drückt den Pectoralis major zur Seite und löst ihn allmählich unten und außen ab. Er ist angewachsen längs des unteren Randes des Brustbeines und am Gabelbein. Auch auf der Außenfläche des Brustbeines ist ein Teil desselben befestigt. In der Nähe der Armwurzel muß man die Subclavien durchschneiden. Es erfolgt eine starke Blutung, die man durch Spülen unter der Leitung oder durch Tupfen mit einem Schwamm zu beseitigen hat. Man blickt nun in die Gelenkgrube des Oberarmes und überzeugt sich durch Bewegen des Flügels von der Zugehörigkeit der sichtbaren Knochenteile. Man sieht hierbei zwei kleine Muskeln mit ihren Sehnen endigen, die beide am Gelenkkopf des Oberarmes ansetzen. Der eine (Fig. 327: 11) kommt unter dem Coracoid (Fig. 327 : 3) hervor, der zweite (Fig. 327 : 10) entspringt an demselben. Nun löst man den Pectoralis minor vom Brustbeinkamm und dann von der Fläche desselben ab und präpariert ihn allmählich nach vorn frei. Er taucht zwischen Coracoid und Gabelbein (Fig. 327: 2) unter. Seine Sehne kommt dann zwischen Schulterblatt und Coracoid wieder zum Vorschein. Man dreht, um dies zu sehen, die Taube so, daß man von hinten und oben auf das Schultergelenk blickt (Fig. 328). Hier bemerken wir auch die Anziehmuskeln für den Unterarm, auf die wir nicht weiter eingehen. Um einen guten Blick auf die Sehne des Pectoralis minor zu erhalten, muß man diese Muskeln an ihrer Anheftungsstelle an der dem Körper zugewendeten Seite des Oberarmes loslösen. Die Sehne wird dann auf der Rückenseite deutlich sichtbar. Durch Schnitte an ihrem Rande entlang kann man sie vom Bindegewebe ablösen. Nachdem sie zwischen Coracoid und Schulterblatt aufgetaucht ist, geht sie über einen Fortsatz

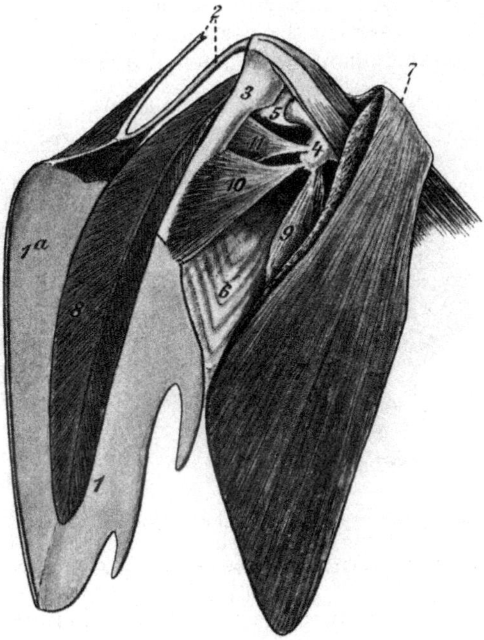

Fig. 327. Taube. Flugmuskulatur, links.
1. Brustbein. — 1a. Kamm desselben. — 2. Gabelbein. — 3. Rabenschnabelbein. — 4. Oberarmbein. — 5. Schulterblatt. — 6. Rippen. — 7. Pectoralis major, vom Brustbein abgelöst. — 8. Pectoralis minor. — 9., 10., 11. Adduktoren des Oberarms.

des Oberarmes hinweg und endigt an der Mittellinie desselben. Durch abwechselndes Ziehen an den beiden Pectorales kann man die Auf- und Abwärtsbewegung des Flügels nachahmen.

Man kann nun zur Gewinnung des Situsbildes das Brustbein mit den Rabenschnabelbeinen und dem Gabelbein an den Schultergelenken exartikulieren und nach Durchschneidung der Rippen etwa in der Gegend der Intercostalgelenke das ganze Brustbein abheben. Da hierbei aber Blutungen nicht zu vermeiden sind, die das Situsbild stören, so ist es besser, durch zwei Schnitte, die links und rechts neben dem Brustbeinkamm entlang laufen, das Mittelstück des Brustbeines mit der Carina abzulösen und zur Gewinnung des Situsbildes die stehenbleibenden Seitenpartien des Sternums nach links und rechts auseinander zu biegen. Endlich kann man auch durch einen einzigen neben dem Kamme zu führenden Schnitt das Brustbein längs spalten und nun die beiden Brustbeinabschnitte zur Seite biegen. Was an Muskeln und Knochenteilen im Wege ist, kann nachträglich abgetragen werden; Blutungen sind hierbei leicht zu vermeiden. Es ist gut, die Abtragung der zu entfernenden Brustbeinteile so vorzunehmen, daß man ein Bild der Sternotrachealmuskeln erhält (Fig. 329, 6, angeschnitten; Fig. 330, 10, unversehrt). Diese Muskeln setzen etwas rechts von der Mittellinie der Trachea an und führen nach den seitlichen Teilen des Brustbeines. In diesem Stadium der Präparation kann man noch einmal die Kanüle in die Trachea einführen und versuchen, ob sich noch Luftsäcke in der Bauchgegend aufblasen lassen. Man sieht dieselben als zarte häutige Blasen zwischen den Darmwindungen hervortreten. Besonders schön wird die Ansicht der Luftsäcke, wenn man schon das die Darmwindungen bedeckende Fett entfernt hat.

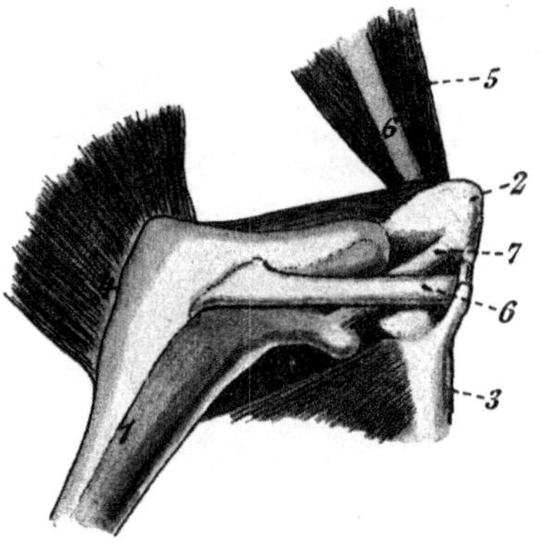

Fig. 328. Taube. Linke Schulter, von oben gesehen.

1. Oberarmbein. — 2. Coracoid. — 3. Scapula. — 4. Pect. major (Ansatz desselben am Humerus). — 5. Pect. minor. — 6. Sehne des Pect. minor. — 7. Gelenkband.

Die Eröffnung der Leibeshöhle ohne Blutung ist möglich, wenn man die Präparation der Flugmuskeln bis nach Erledigung der Situs-Präparation verschiebt und mit dem oben geschilderten Schnitt beginnt, der unmittelbar neben dem Kamme des Brustbeines und diesem parallel durch Flugmuskeln und Brustbeinplatte hindurchgeht. Abtragung von Teilen des Brustbeines ist nicht erforderlich, Auseinanderbiegen der beiden Abschnitte reicht aus.

Nun trennt man den Kropf von der Luftröhre. Diese liegt noch nahe dem Kopfe vor der Speiseröhre (also ventral von ihr) und geht dann meist nach der linken Körperseite an der Speiseröhre vorbei, so daß der Kropf selbst vorn liegt (d. h. ventral von der Luftröhre). In der Höhe der Schlüsselbeine tritt die Speiseröhre wieder hinter die

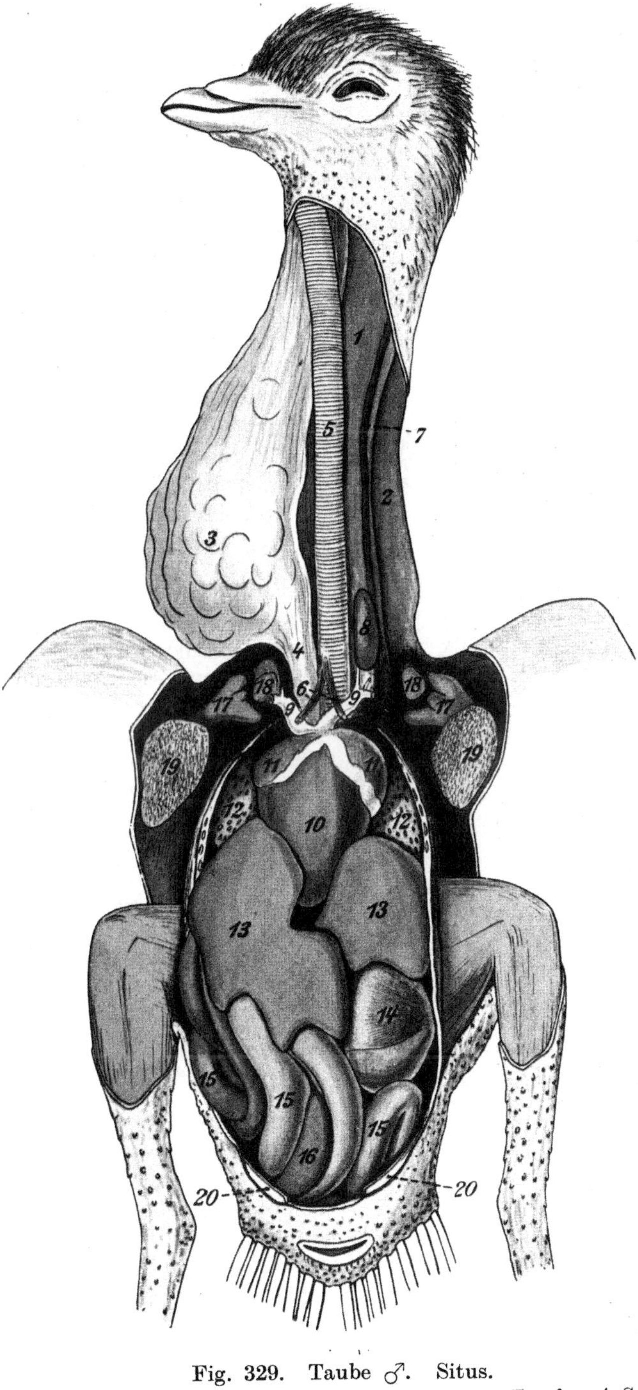

Fig. 329. Taube ♂. Situs.

1. Halswirbelsäule mit Muskulatur. — 2. Haut des Halses. — 3. Kropf. — 4. Speiseröhre. — 5. Luftröhre. — 6. Musculus sterno-trachealis. — 7. Vena iugularis sin. — 8. linke Thyreoidea. — 9. Arterienstämme. — 10. Herzkammern. — 11. Vorkammer. — 12. Lunge. — 13. Leber. — 14. Muskelmagen. — 15. Darmschlingen. — 16. Pankreas. — 17. Humerus. — 18. Scapula. — 19. Pectoralis major (durchschnitten). — 20. Schambein.

Luftröhre. Am Grunde der Luftröhre sieht man noch die schon erwähnten paarigen Sternotrachealmuskeln (Fig. 329 : 6). Zwischen den Arterienstämmen zieht jederseits an der Luftröhre ein Musculus bronchotrachealis (Fig. 330 : 11) von der Luftröhre zu je einem Bronchus.

An der Gabelungsstelle der Luftröhre suchen wir den unteren Kehlkopf (Syrinx) auf.

Am Herzen sind schon äußerlich die beiden Vorkammern deutlich zu unterscheiden (Fig. 329 : 11). Auf die genauere Schilderung der Herzgefäße gehen wir etwas später ein. Das Herz liegt zwischen den beiden Hauptlappen der Leber (Fig. 329: 13) eingebettet. Die Lungen (Fig. 329 : 12) erscheinen im Grunde des Präparationsfeldes als lebhaft rot gefärbte, schwammige Masse. Ein muskulöses Zwerchfell fehlt. Das unvollständig ausgebildete und fein häutige Diaphragma legt sich der Bauchfläche der Lungen unmittelbar an. Die Form und Zahl der Luftsäcke werden wir durch ein besonderes Injektionsverfahren ermitteln. Jederseits am unteren Halsteile der Luftröhre bemerkt man die langgestreckten, rosafarbenen Lappen des Thymus.

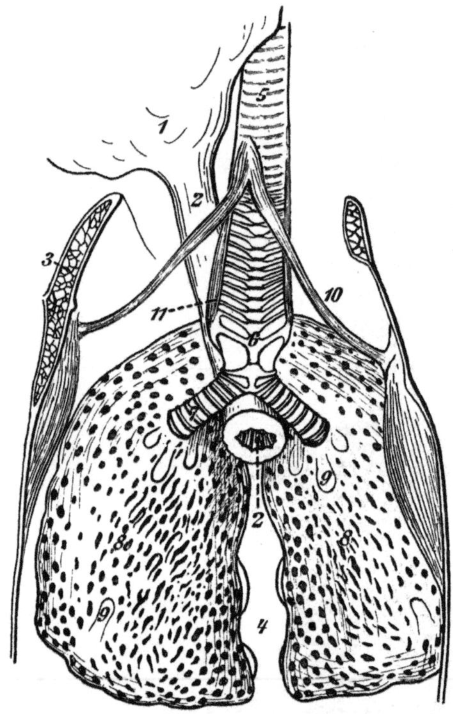

Fig. 330. Taube. Luftröhre und Lunge.
1. Kropf. — 2. Speiseröhre (am Proventriculus abgeschnitten). — 3. Schnittfläche des Brustbeins (mit Andeutung der Spongiosa). — 4. Wirbelsäule. — 5. Luftröhre. — 6. Syrinx. — 7. Bronchus. — 8. Lunge. — 9. Mündungen von Luftsäcken. — 10. Musculus sterno-trachealis. — 11. Musculus broncho-trachealis.

Wenn wir die Herzspitze anheben, können wir die darunterliegenden Ligamente der Leber leicht durchtrennen und die Leber nach oben überschlagen. Auf der Unterseite des größeren, rechten Lappens sind durch die angrenzenden Darmwindungen drei Längsfurchen ausgebildet (Fig. 331 : b, c, d). Eine Gallenblase fehlt den Tauben. Die Leber besitzt zwei Ausführungsgänge. Der obere mündet 1—2 cm unter dem Pförtner in den Zwölffingerdarm (Fig. 331: 4), der untere etwa in der Mitte des zweiten Duodenalabschnittes (Fig. 331: 3). Am Magen bemerken wir einen weichen, drüsenreichen Vormagen (Proventriculus) und den stark ausgebildeten Muskelmagen (Gigerium). Man überzeugt sich durch Aufschneiden desselben von der Ausbildung der Muskulatur und zieht die innere, eine Reibfläche darstellende Haut desselben ab. Die Sektion des Magens nimmt man am besten nach der Präparation der großen Verdauungsdrüsen vor. Unmittelbar hinter dem

Muskelmagen liegt auf der linken Seite die braunrote Milz. Das Pankreas (Fig. 331 : 10) liegt in der Schlinge des Duodenums eingekeilt. Es besitzt drei Ausführungsgänge. Die beiden ersten (Fig. 331 : 11, 12) münden nahe dem hinteren Lebergange, der dritte (Fig. 331 : 13) am

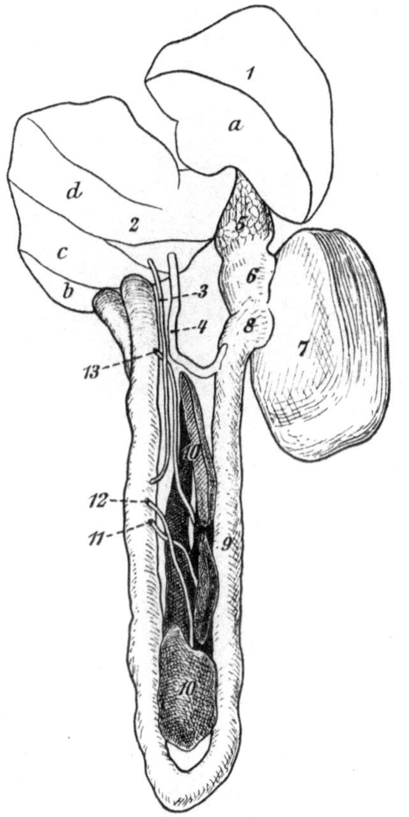

Fig. 331. Taube. Leber und Pankreas nebst Ausführungsgängen.

1. linker Leberlappen. — a. Höhlung für den Muskelmagen. — 2. rechter Leberlappen. — b., c., d. Furchen für den Dünndarm. — 3., 4. Lebergänge. — 5. Proventriculus. — 6. Mündung desselben in den Muskelmagen. — 7. Muskelmagen. — 8. Pförtner. — 9. Dünndarm. — 10. Pankreas. — 11., 12., 13. Ausführungsgänge des Pankreas.

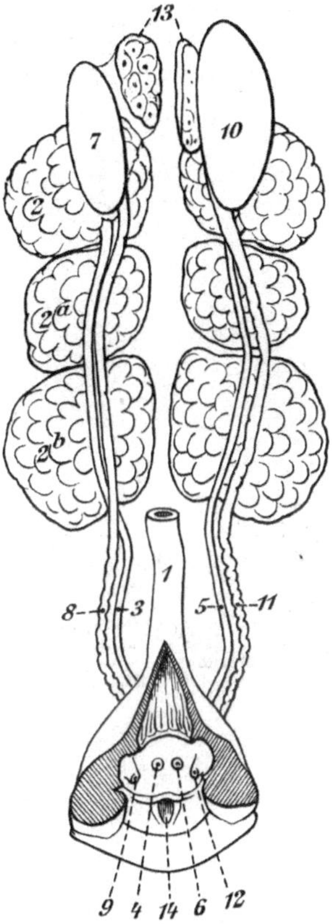

Fig. 332. Taube. ♂ Situs der Urogenitalorgane. Kloake ventralwärts gespalten (Schnittfläche schraffiert.)

1. Enddarm. — 2., 2a., 2b. vorderer, mittlerer, hinterer Nierenlappen rechts. — 3. rechter Ureter. — 4. seine Mündung. — 5. linker Ureter. — 6. seine Mündung. — 7., 8., 9. Hoden, Vas deferens und Mündung desselben rechts. — 10., 11., 12. entsprechend links. — 13. Nebennieren. — 14. Ostium Bursae Fabricii.

Ende des Zwölffingerdarmes. Die Eintrittsstellen treten besser hervor, wenn man die Duodenalschlinge gegen das Licht hält. Von den übrigen Teilen des Darmkanales interessiert uns vor allem noch die Stelle, wo der Dünndarm in den Dickdarm übergeht. Hier finden sich die beiden, höchstens 1 cm langen, paarig angeordneten Blinddärmchen (Fig. 335 : ××). Der Dickdarm wird etwas über der Kloake abgebunden und durchschnitten. Der ganze Darmkanal wird einschließlich Magen und Leber vorsichtig herausgehoben.

Wir wenden uns nun zur Präparation der Harn- und Geschlechtsorgane. Die Nieren liegen eingebettet zwischen den Fortsätzen der Sacralwirbel hinter den Lungen. Sie bestehen jederseits aus drei längs angeordneten Lappen mit höckeriger Oberfläche (Fig. 332, 335 : 2,

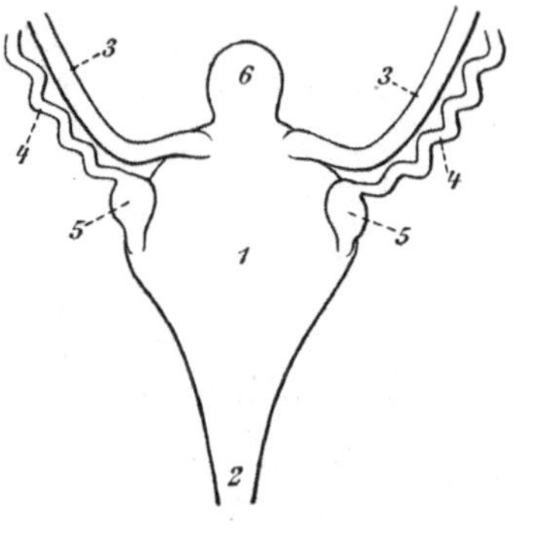

Fig. 333. Taube ♂. Mündungen der Ureteren und der Vasa deferentia in die Kloake.

1. Dorsale Wand der kaudalwärts geklappten Kloake. — 2. Enddarm. — 3. Ureteren. — 4. Vasa deferentia. — 5. Vesiculae seminales. — 6. Bursa Fabricii.

Fig. 334. Hoden der Taube.

1. Hoden. — 2. Nebenhoden. — 3. Vas deferens.

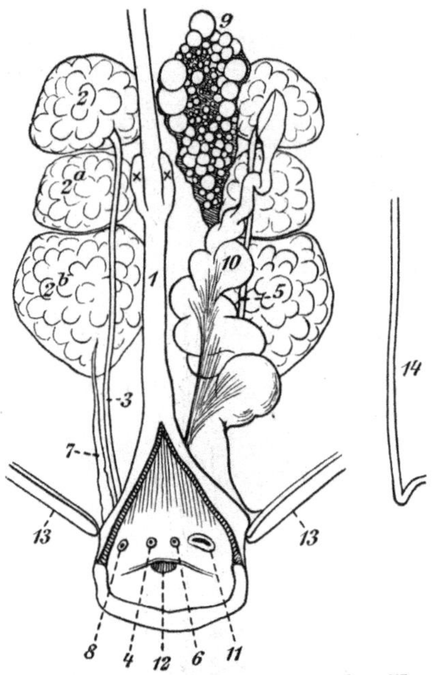

Fig. 335. Taube ♀. Situs der Urogenitalorgane. Kloake ventral gespalten. (Schnittfläche schraffiert.)

1. Enddarm (× Blinddärme). — 2.—6. s. Fig. 332. — 7. rechter Eileiter (verkümmert). — 8. seine Mündung. — 9. linkes Ovarium. — 10. linker Eileiter. — 11. seine Mündung. — 12. Ostium Bursae Fabricii. — 13. Schambeine (angedeutet). — 14. rechter Ureter in seinem natürlichen Verlaufe.

2a, 2b). An der Medianlinie der Nieren laufen jederseits die Harnleiter entlang (Fig. 332, 335 : 3). Ihre Einmündung in die Kloake untersuchen wir an späterer Stelle. Die Nebennieren (Fig. 332 : 13) liegen als kleine, schwer aufzufindende Gebilde am medianen Rande des vorderen Nierenlappens und werden von den Geschlechtsorganen zum Teil verdeckt.

Wir betrachten zunächst die Geschlechtsorgane beim Männchen (Fig. 332). Die Hoden (Fig. 332 : 7, 10 und Fig. 334) sind hellgelb und von der Größe kleiner Bohnen, der linke meist etwas größer als der rechte. Sie liegen median vom oberen Nierenlappen. Die Vasa deferentia (Fig. 332 : 8, 11) überkreuzen oben die Harnleiter und gehen dann unter Bildung vieler, sehr kurzer Windungen neben den Harnleitern entlang zur Kloake, wo sie kurz vor der Mündung zu kleinen Samenbläschen anschwellen (Fig. 333).

Um die Kloake zu untersuchen, präparieren wir sie vom Fett frei und spalten dann ihre Vorderwand. Wir präparieren die Wände zur Seite und suchen zunächst die von einer querliegenden Schleimhautfalte bedeckte Eingangsöffnung zur Bursa Fabricii auf (Fig. 332 : 14). Kopfwärts von dieser liegen in einem Kreisbogen angeordnet und ebenfalls in der Schleimhaut oft schwer sichtbar die Einmündungen der Ureteren (Fig. 332 : 4, 6) und der Samenleiter (Fig. 332 : 9, 12). Man

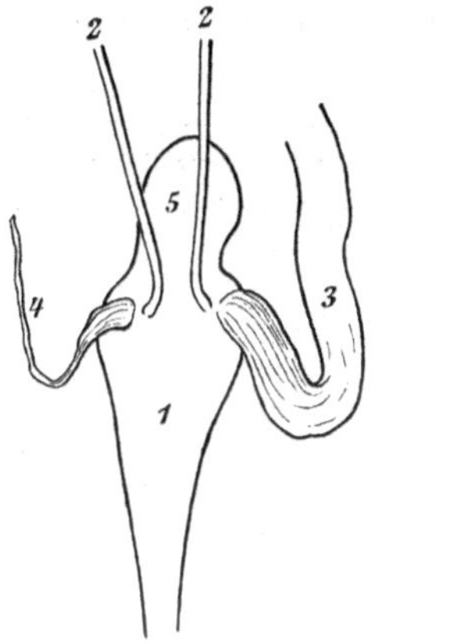

Fig. 336. Taube. Mündungen der Eileiter und Ureteren in die Kloake.

1. Dorsalseite der kaudalwärts umgeklappten Kloake. — 2. Ureteren (durch den Zug der Kloake gerade gestreckt). — 3. linker Eileiter. — 4. rechter Eileiter (verkümmert). — 5. Bursa Fabricii.

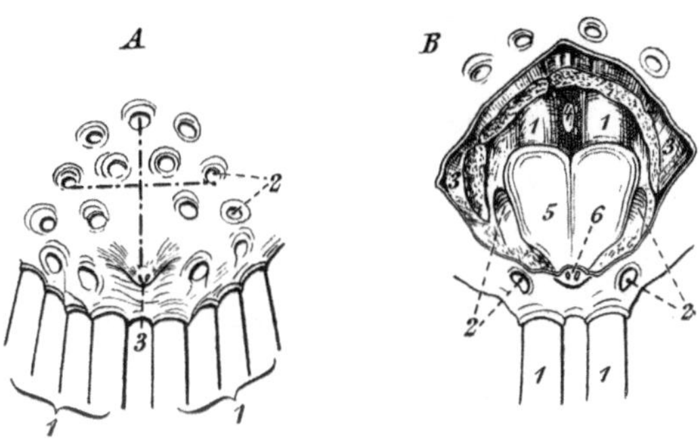

Fig. 337. Taube. Bürzeldrüsen.

A. Lage der Drüsen. Die Punktlinien geben die Schnittführung zur Freilegung der Drüsen an. — 1. je 4 Steuerfedern. — 2. Follikelöffnungen von Deckfedern. — 3. Papille mit den Drüsenmündungen. — B. Drüsen freigelegt. — 1. Steuerfeder und ihr Follikel. — 2. Mündung und Höhlung eines Deckfederfollikels. — 3. Durchschnittene Muskeln. — 4. Fortsatz eines Kreuzbeinwirbels. — 5. Drüse. — 6. Mündungen derselben in der Haut.

findet dieselben leichter, wenn man die Wandung der Kloake vorsichtig mit dem Skalpell schabt. Die Harnleiter münden nebeneinander ziemlich in der Mitte der Kloake (Fig. 332 : 4, 6), seitlich davon jederseits ein Samenleiter (Fig. 332 : 9, 12). Schweinsborsten einführen! Die Afteröffnung liegt etwas seitlich kopfwärts von den vier genannten Öffnungen.

Die Nieren der weiblichen Taube (Fig. 335 : 2, 2a, 2b) unterscheiden sich nicht wesentlich von denen der männlichen. Auch die Harnleiter (Fig. 335 : 3, 5) haben einen analogen Verlauf. Der rechte Eierstock (Fig. 335 : 7) ist verkümmert. Die Mündung des rechten Eileiters (Fig. 335 : 8) läßt sich aber in der Kloake noch deutlich nachweisen. Von ihr aus kann man auch den verkümmerten Eileiter (Hydatide) noch ein Stück aufwärts verfolgen. Der linke Eierstock (Fig. 335: 9) ist ein ansehnliches Gebilde, an dem man Eier der verschiedensten Größen,

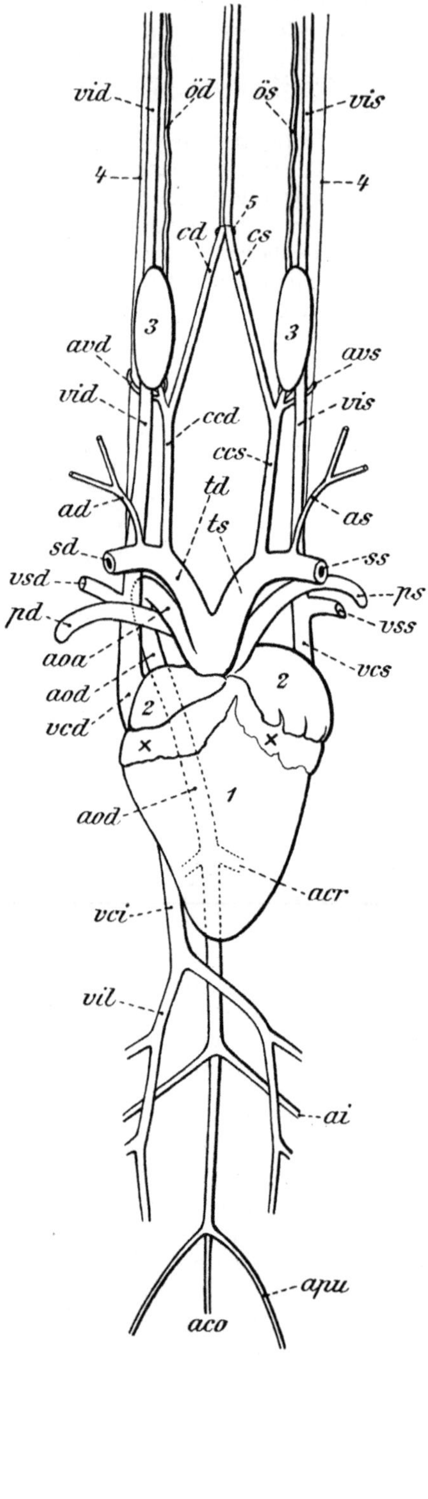

Fig. 338. Taube. Darstellung der wichtigsten Arterien- und Venenstämme. (Das Herz ist etwas nach hinten gezogen, wodurch die aus dem Herzen entspringenden Gefäßstämme deutlich voneinander gesondert erscheinen.)

1. Herzkammern. — 2. Vorkammern (× Fett). — 3. Thyreoidea. — 4. Begrenzung der die Halswirbelsäule bekleidenden Muskulatur. — 5. Eintrittsstelle der Carotiden in die Muskulatur des Halses. — aoa Aorta ascendens. — aod Aorta descendens. — acr Arteria cruralis. — ai Arteria ischiadica. — apu Arteria pudenda. — aco Arteria coccygea. — ts Truncus brachio-cephalicus sinister. — td Truncus brachio-cephalicus dexter. — ccs Carotis communis sinistra. — ccd Coratis communis dextra. — cs Carotis sinistra. — cd Carotis dextra. — ös Arteria oesophagica sinistra. — öd Arteria oesophagica dextra. — avs Arteria vertebralis sinistra. — avd Arteria vertebralis dextra. — as Arteria axillaris sinistra. — ad Arteria axillaris dextra. — ss Arteria subclavia sinistra. — sd Arteria subclavia dextra. — ps Arteria pulmonalis sinistra. — pd Arteria pulmonalis dextra. — vis Vena jugularis sinistra. — vid Vena jugularis dextra. — vss Vena subclavia sinistra. — vsd Vena subclavia dextra. — vcs Vena cava superior sinistra. — vcd Vena cava superior dextra. — vci Vena cava inferior. — vil Vena iliaca.

bis zu 1 mm Durchmesser, bemerkt. Er liegt median von dem linken oberen Nierenlappen. Das weite Ostium des Eileiters liegt seitlich davon. In seinem unteren Teile zeigt der Eileiter (Fig. 335: 10) starke Windungen und mündet seitlich vom linken Ureter in die Kloake (Fig. 335: 11) (siehe auch Fig. 336).

Anhangsweise wollen wir auch die Bürzeldrüse (Glandula uropygii) betrachten, die auf der Rückenseite unmittelbar über den Steuerfedern liegt. Sie ist nach Entfernung der Deckfedern durch einen flachen Kreuzschnitt in der Haut (Fig. 337 A) leicht frei zu legen. Rings um die Mündung läßt man die Haut stehen;

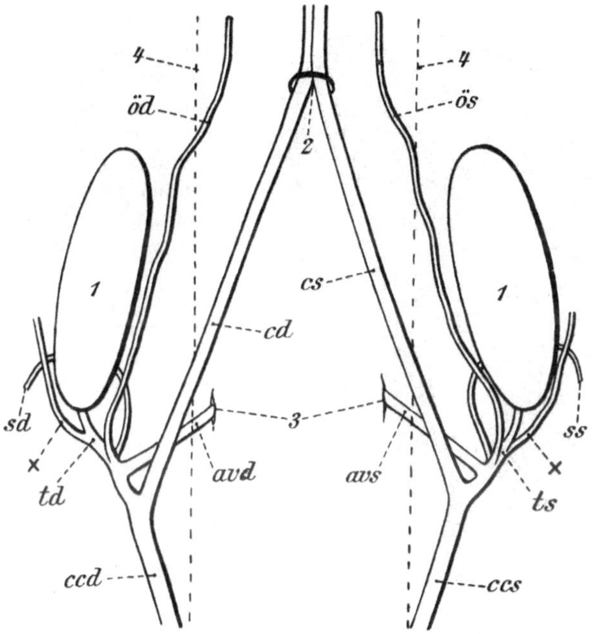

Fig. 339. Taube. Darstellung der Hauptzweige der beiden Carotiden.
1. Thyreoidea. — 2. Eintrittsstelle der Carotiden in die Halsmuskulatur. — 3. Eintrittsstellen der Vertebralarterien in die Halsmuskulatur. — 4. Begrenzung der Halsmuskulatur (punktiert). — ccs Carotis communis sinistra. — ccd Carotis communis dextra. — cs Carotis sinistra. — cd Carotis dextra. — avs Arteria vertebralis sinistra. — avd Arteria vertebralis dextra. — ss Arteria subscapularis sinistra. — sd Arteria subscapularis dextra. — ös. Arteria oesophagica sinistra. — öd Arteria oesophagica dextra. — ts Arteria thyreoidea sinistra. — td Arteria thyreoidea dextra. — (× Zweig derselben zum Kropfe.)

der Längsschnitt führt also nur bis an die Papille. Die Drüse besteht aus einem herzförmigen Drüsenkörper (Fig. 337 B; 5, 6) mit nach hinten gerichteter Spitze, welche über die Fläche der Haut vorspringt. Der Drüsenkörper besteht aus zwei in der Mittellinie getrennten Hälften, deren jede einen Ausführungsgang besitzt, der sich auf der Spitze nach hinten öffnet. Das fettähnliche Sekret wird mit Hilfe des Schnabels herausgepreßt und dient zur Einfettung der Federn.

Es bleibt nun vom Situs noch die Präparation der Herzgefäße. Wir schlitzen den Herzbeutel auf und ziehen ihn nach oben vom Herzen ab. Aus der linken Herzkammer entspringt die Aorta, die sich sofort in die eigentliche Aorta (Fig. 338 : aoa) und in die rechte und linke

Kopf-Armarterie (Fig. 338 : td, ts) teilt. Von jeder Kopfarmarterie geht zunächst eine Carotis zur Mittellinie des Halses (Fig. 338 : ccd, ccs). Wir verfolgen sie bis zu einem kleinen, rötlichen Knoten, der Schilddrüse (Fig. 338 : 3; 339 : 1), an der wir eine weitere Verzweigung feststellen können (Genaueres siehe in der Fig. 339). Die Hauptstämme der beiden Carotiden ziehen nach der Mittellinie des Halses, wo sie in die Tiefe der Muskulatur tauchen. Nach Abgabe der Carotiden bilden die Kopfarmarterien die Arteriae subclaviae (Fig. 338 : sd, ss), geben aber unter anderem auch an die Brustmuskeln Zweige ab. Die eigentliche Aorta schlingt sich im Bogen um den rechten Bronchus nach links herüber und läuft an der Wirbelsäule entlang nach unten (Fig. 338 : aod). Vor dem Hinterrande der Lungen gibt sie die Eingeweidearterie (Arteria coeliaca) ab, am Hinterrande der Lungen die untere Gekrösearterie, ein starkes, unpaares Gefäß, welches die Mesenterialblätter und Darmwindungen versorgt, dahinter die Genitalarterien, die Cruralarterien und endlich zwischen dem mittleren und hinteren Nierenlappen die Schenkelarterien. Beide letztgenannten Gefäße versorgen bei den Vögeln die hinteren Gliedmaßen.

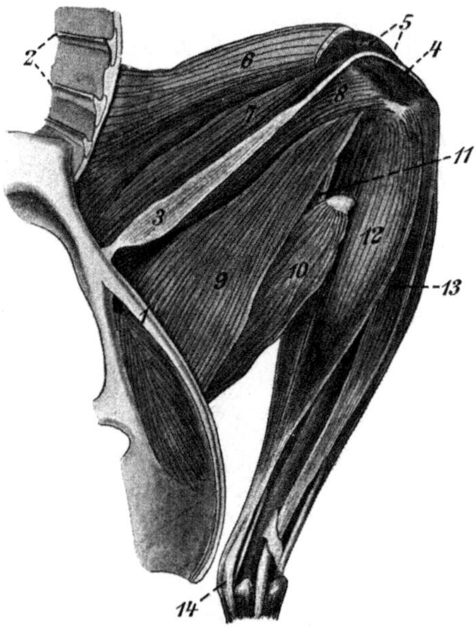

Fig. 340. Taube. Linkes Bein, innen.

1. Schambein. — 2. Rippen. — 3. Musculus gracilis. — 4. Sehne desselben. — 5. Kniescheibe. — 6. Musc. sartorius. — 7. M. iliotibialis. – 8. M. femorotibialis. — 9. M. puboidofemoralis. — 10. M. semimembranosus. — 11. M. semitendinosus. — 12. M. gastrocnemius. — 13. M. tibialis. — 14. Tendo Achillis.

In die rechte Vorkammer münden zwei obere (Fig. 338: cvd, vcs) und eine untere (Fig. 338 : vci) Hohlvene, welche letztere auch das Pfortadersystem aufnimmt. Die Lungenarterien (Fig. 338: pd, ps) entspringen aus der rechten Herzkammer mit einem gemeinsamen Stamme, der sich sofort teilt und jederseits einen Zweig in die Lungen schickt. Die beiden Lungenvenen vereinigen sich erst innerhalb des Herzbeutels zu einem Stamme.

Bevor wir den Rumpf verwerfen, wollen wir noch den eigentümlichen Sitzmechanismus der Vögel untersuchen, welcher es ermöglicht, daß die Zehen des Tieres beim Niederhocken auf einen Zweig diesen notwendigerweise umklammern müssen, so daß der Vogel im Schlafe vor dem Herabfallen geschützt ist. Wir enthäuten ein Bein vollständig bis zu den Zehenspitzen und beginnen die Präparation am Oberschenkel. Auf der Innenfläche des Oberschenkels sieht man einen dünnen Muskel zur Kniescheibe ziehen (Musculus gracilis, Fig. 340 : 3). Seine Sehne (Fig. 340 : 4) kann man schräg über die Kniescheibe (Fig. 340 : 5) von innen nach außen verfolgen. Sie läuft bis an die seitliche Fläche des Kniegelenkes (Fig. 341), heftet sich mit einem Strange an das Wadenbein, geht aber größtenteils in die Zehenbeugemuskeln über. Nach unseren Untersuchungen sind diese Verhältnisse aber außerordentlich variabel. Der in der Fig. 342 dargestellte Fall stellt eine andere der vorkommenden Varianten dar. Um die Sehne, nachdem sie oberflächlich

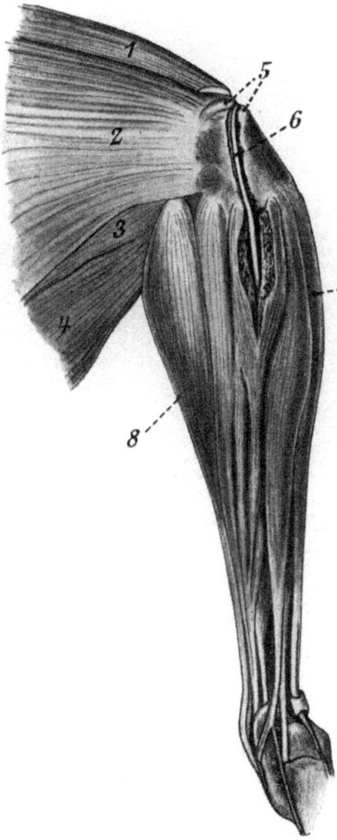

Fig. 341. Taube. Rechtes Bein, außen.

1. M. sartorius. — 2. M. iliotibialis. — 3. M. biceps femoris. — 4. M. flexor ischii. — 5. Kniescheibe. — 6. Sehne des Gracilis. — 7. M. tibialis. — 8. M. gastrocnemius. — Zwischen 7. und 8. liegt die Gruppe der Peronäen.

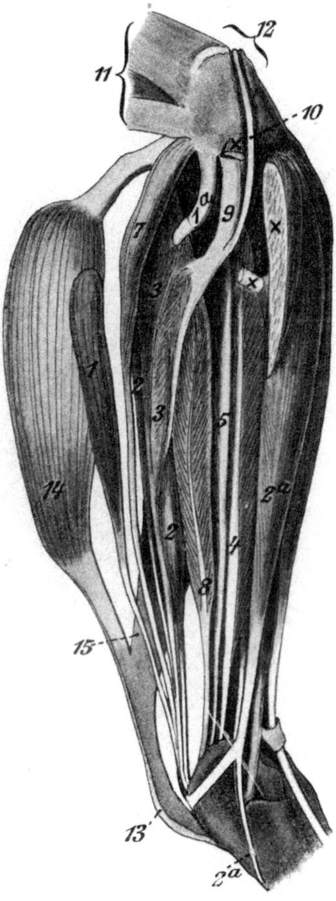

Fig. 342. Taube. Rechtes Bein außen, Muskeln auseinandergezogen.

Die Ziffern 1—5 und 7, 8 bezeichnen die Muskeln, deren Sehnen in Fig. 343 mit den gleichen Ziffern versehen sind. — 9. Sehne der Muskeln, 2,, 3., die auch mit 8. zusammenhängen. — 1a. Sehne von 1. — 10. Sehne des Gracilis. — 11. Muskeln des Oberschenkels. — 12. Kniescheibe. — 13. Achillessehne. — 14., 15. Teile des Gastrocnemius. — × Muskeln und Sehne durchschnitten.

nicht mehr sichtbar ist, weiter verfolgen zu können, müssen wir einen der Peronäen spalten, wie Fig. 341 zeigt. Hat man die Sehne entdeckt, so trennt man den aufgeschlitzten Peronäus in Verfolgung des Spaltes durch, löst die Peronäen und Gastrocnemien voneinander, biegt die Muskelgruppen etwas nach hinten auseinander und gewinnt so die Ansicht Fig. 342. Unter den Sehnen der Zehenbeuger suche man nach der Figur diejenigen auf, durch deren gleichzeitige Bewegung alle vier Zehen gekrümmt werden. Werden Knie- und Fußgelenk durch das Gewicht des Körpers beim Sitzen auf einem Zweige gebeugt, so werden die Zehenbeuger gespannt und die Zehen krümmen sich. Diese Wirkung wird durch die oben geschilderte Sehne des Musculus gracilis noch verstärkt. Bei

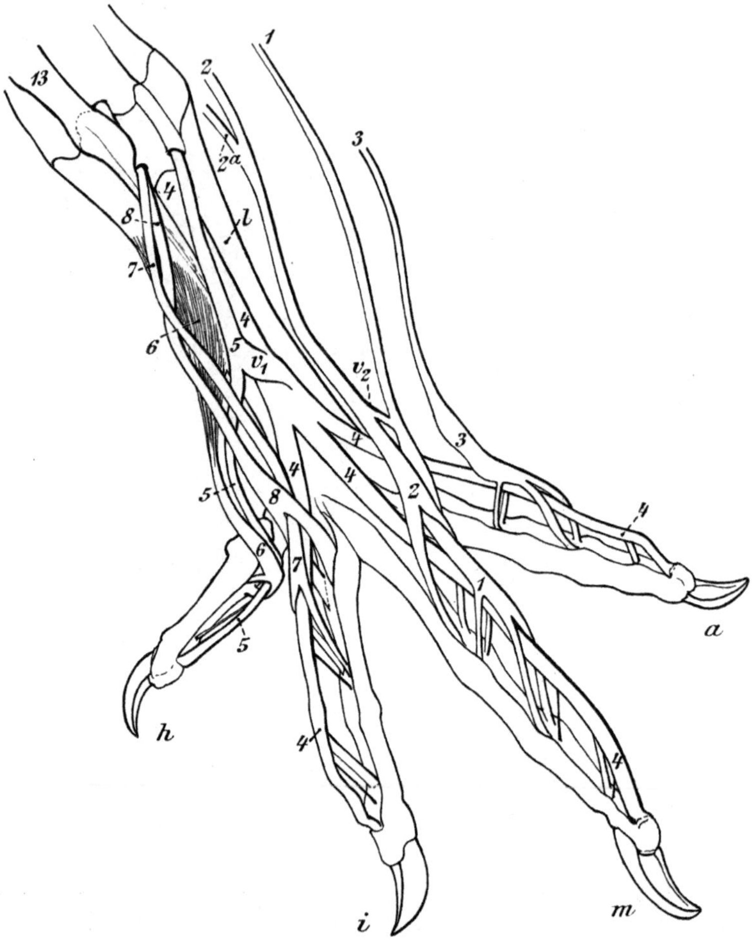

Fig. 343. Taube. Rechter Fuß unten. Darstellung der Beugesehnen.
a Außenzehe. — m Mittelzehe. — i Innenzehe. — h Hinterzehe. — l Lauf. — 1.—5. und 7., 8. s. Fig. 342. — 6. Oberflächlicher Beugemuskel der Hinterzehe. — v_1 Verbindung zwischen Sehne 5 und 4. — v_2 Verbindung zwischen Sehne 1 und 2. — 13. Achillessehne.

der Beugung des Kniegelenkes wird die Kniescheibe nach vorn geschoben, und die Sehne übt einen solchen Zug auf die oberflächlichen Zehenbeuger aus, daß die Zehen ohne großen Aufwand von Muskelkraft gebeugt werden.

Fig. 343 zeigt den Endverlauf der Sehnen. Die Sehnenschleifen sind sämtlich durchschnitten und die Sehnen hochgehoben. Die Numerierung stimmt, um das Auffinden zu erleichtern, z. T. mit der in Fig. 342 überein. Man beachte besonders die Sehnen 4 und 5. 4 geht zu den drei vorderen Zehen bis zur Spitze,

5 zur Hinterzehe, beide aber sind auf der Unterseite des Laufes verbunden. Die Gracilissehne läuft zu den oberflächlichen Zehenbeugern (Fig. 343 : 2, 3, 8). Man beachte, daß die Sehnen am proximalen Ende des Laufes zum Teil innerhalb knöcherner Scheiden verlaufen.

Wir gehen nun zur Untersuchung des Kopfes über. Der Rumpf wird dann beseitigt, doch bewahren wir noch einige Schwung- oder Steuerfedern zur Untersuchung auf.

Durch einen Schnitt, welcher die Halsmuskulatur durchtrennt, zwischen Hinterhauptsbein und Atlas eindringt und bis zur Ventralseite des Rückenmarkes führt, untersuchen wir die Einlenkung des ersten Halswirbels an den Schädel (Fig. 344). Wir bemerken, daß das Hinterhauptsbein nur einen mittleren, ventral von der Wirbelsäule gelegenen Condylus trägt, der in eine Grube des Atlas paßt.

Zur Untersuchung der Mundhöhle präparieren wir vom Halse her zunächst das Zungenbein frei. Wir durchtrennen die Backenmuskeln, so daß wir die Unterkiefer aus den Gelenken lösen können. Wir haben dann Unterkiefer, Zunge und Zungenbein im Zusammenhang und können das letztere vorsichtig freipräparieren (Fig. 345). Es besteht aus einem gegliederten Mittelstück und den beiden Ästen, deren jeder wieder aus 2—3 Stücken besteht. Das Mittelstück besteht aus mehreren Teilen; es liegt auf dem Boden der Mundhöhle; sein vorderster Abschnitt, der zum Teil knorpelig ist, bildet das Stützgerüst der Zunge.

Der Eingang in die Luftröhre (Fig. 346 : 6) ist von gezähnelten Drüsenwülsten umgeben. Das Gaumendach zeigt in der Mittellinie des Oberschnabels die einfache Choane (Fig. 347 : 4), dahinter in einer Schleimhautfalte die ebenfalls in der Mittellinie gelegenen, langgestreckten Mündungen der Eustachischen Röhren (Fig. 347 : 5), die von gezähnelten Drüsenwülsten umgeben sind.

Zur Orientierung über die Teile des Gehirnes und das Innere der Nase führen wir einen Längsschnitt durch den Kopf aus. Derselbe läßt sich am besten an altem Formalinmaterial mit einem scharfen Skalpell vornehmen. Die Nasenscheidewand hat man an der einen Hälfte noch abzupräparieren (Fig. 348). Es finden sich drei muschelartige Vorwölbungen der Nasenwand. Von den Nasenlöchern gelangt man zunächst in den Vorhof, der auf dem Boden die untere und am Eingang zur eigentlichen Nase die mittlere Nasenmuschel aufweist. Hinter der mittleren Muschel beginnt die eigentliche Nasenhöhle. Die hintere Muschel ist sehr dünn und springt kaum vor. Nach hinten und oben läuft die Nasenhöhle in einen Blindsack aus, welcher von dem kelchförmigen Ende des Riechnerven umfaßt wird. Der untere Nasengang führt zur Choane. Das Riechepithel überzieht die dorsale Muschel und die Scheidewand.

Die Nasenhöhle läßt sich auch von außen präparieren (Fig. 349). Man trägt den Nasenwulst und etwas von der Außenwand der Nase ab. Dann sieht man vorn die untere Nasenmuschel, welche sich von der medianen Wand auf die Vorderwand hinüberzieht. Diese Muschel muß also bei der Präparation durch Längsschnitt ebenfalls zu sehen sein. Die mittlere Nasenmuschel sieht man sich nur wenig von der medianen Wand erheben. Sie ist bei der Ansicht von innen nicht zu erkennen.

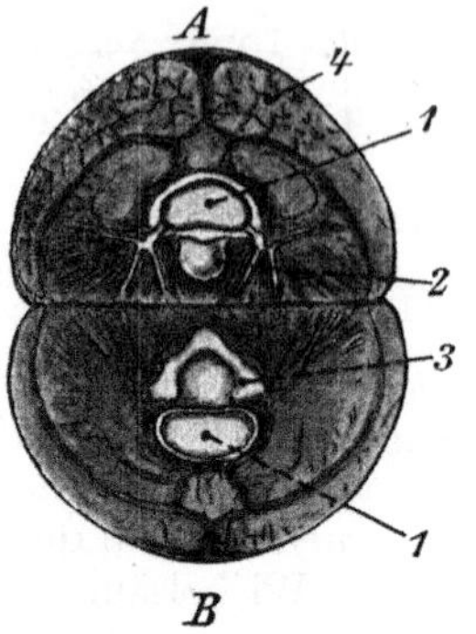

Fig. 344. Taube. Condylus freigelegt. (Ausführung des Schnittes 15 in Fig. 348.)

A. Kopfseite. — B. Halsseite. — 1. Medulla oblongata quer getroffen. — 2. Condylus. — 3. Atlas mit Gelenkgrube. — 4. Nackenmuskulatur.

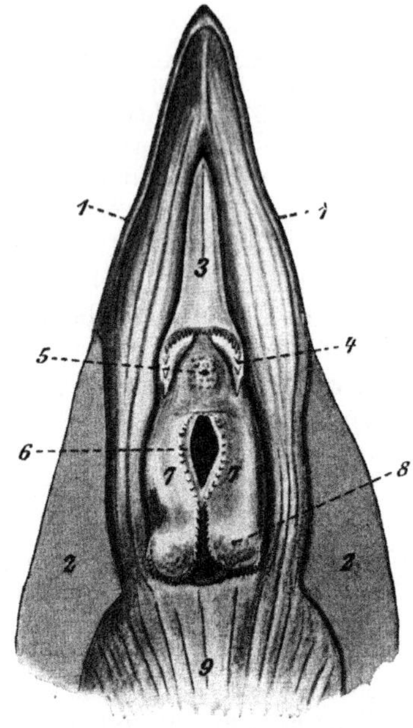

Fig. 346. Taube. Boden der Mundhöhle.

1. Hornrand des Unterschnabels. — 2. Schnittfläche. — 3. Zunge. — 4. Zungenflügel mit Hornspitzen besetzt. — 5. Mündungen der Hinter-Zungendrüse. — 6. Stimmritze. — 7. Lage des Stimmritzenschließers. — 8. Untere Schlundwülste. — 9. Ventrale Wand des Schlundes.

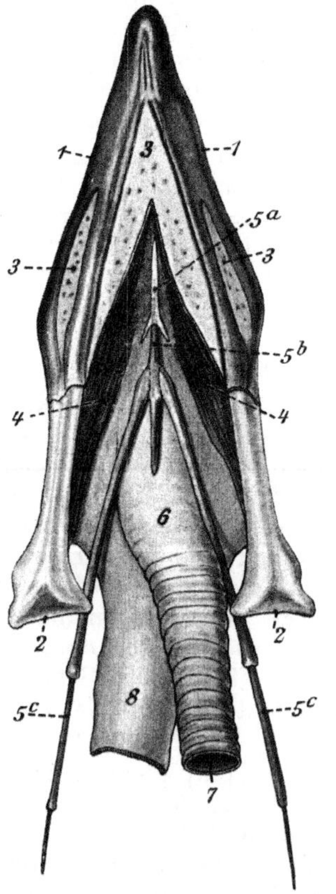

Fig. 345. Taube. Unterkiefer und Zungenbein.

1. Hornrand des Unterschnabels. — 2. Gelenkenden der Unterkiefer. — 3. Befiederte Haut. — 4. Muskelreste. — 5a. vorderer, — 5b. hinterer Abschnitt, — 5c. Bögen des Zungenbeins. — 6. Kehlkopf. — 7. Luftröhre. — 8. Ventrale Wand des Schlundes.

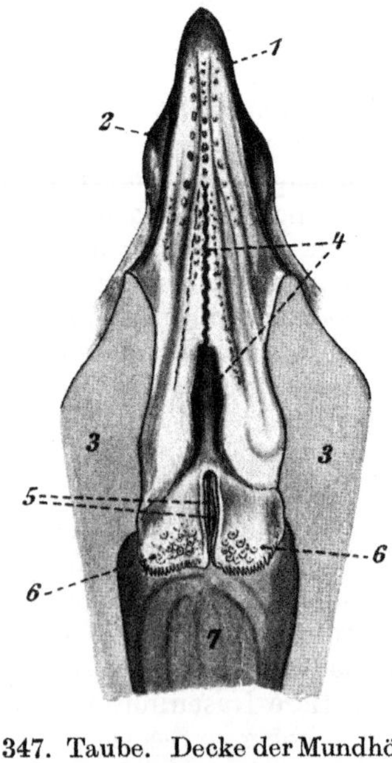

Fig. 347. Taube. Decke der Mundhöhle.

1. Hornrand des Oberschnabels. — 2. Wachshaut. — 3. Schnittfläche. — 4. Choane. — 5. Mündungen der Eustachischen Röhren. — 6. Obere Schlundwülste. — 7. Dorsale Schlundwand.

Endlich erblickt man die durchgeschnittene hintere Nasenmuschel, die bei der Ansicht von innen besser zu sehen ist, da sie an der Außenwand der Nase sitzt.

Der Längsschnitt des Gehirnes (Fig. 348) zeigt uns folgende

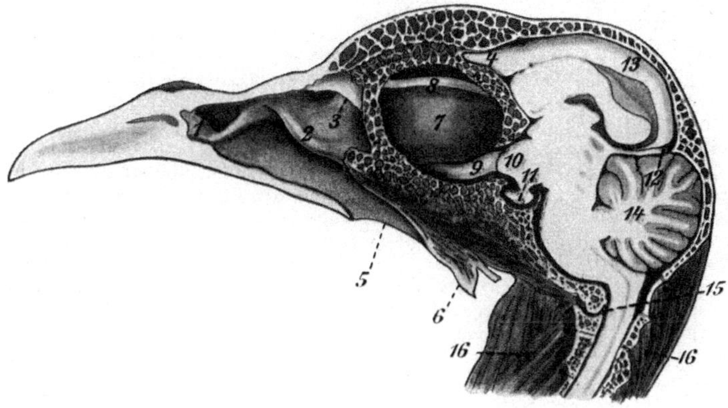

Fig. 348. Taube. Kopf längs; Augapfel und Sehnerv freigelegt.

1. Untere Nasenmuschel. — 2. Hintere Nasenmuschel. — 3. Trichterförmige Höhlung mit Ausbreitung des Riechnerven. — 4. Lobus olfactorius und Riechnerv. — 5. Choane. — 6. Oberer Schlundwulst. — 7. Augapfel. — 8. Ast des Trigeminus. — 9. Sehnerv. — 10. Chiasma. — 11. Hypophyse. — 12. Epiphyse. — 13. Hemisphäre. — 14. Arbor vitae. — 15. Die punktierte Linie zeigt die Schnittführung zur Freilegung des Condylus; sie endigt am Condylus. — 16. Halsmuskeln.

Eigentümlichkeiten: Der Riechknoten ist vom Großhirn in der Längsrichtung deutlich getrennt. Das letztere ist so wenig ausgebildet, daß die Zirbeldrüse an der Peripherie des Schnittes liegt und das Kleinhirn vollkommen frei ist. Es ist an Masse dem Großhirn mindestens gleich. Das Chiasma entspringt direkt nach vorn aus der Masse der Vierhügel. Die Hypophyse ist stark ausgebildet. Die Varolsbrücke fehlt.

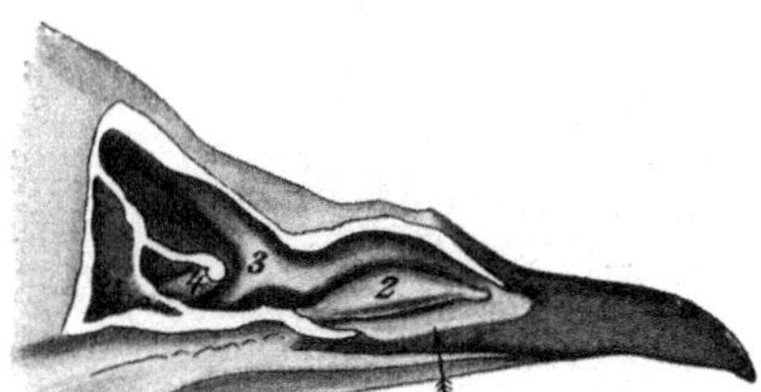

Fig. 349. Taube, rechte Nasenhöhle. Nasenflügel und ein Teil der Außenwand der Nase abgetragen. Schnittfläche weiß.

1. Äußerer Naseneingang. — 2. untere Nasenmuschel. — 3. mittlere Nasenmuschel. — 4. hintere Nasenmuschel.

Wir heben nun ein Auge mit dem Skalpellstiel aus der Höhle und trennen die Muskeln und den Sehnerven durch. Wir halbieren das Auge in dem dem Irisrande parallelen Meridian und suchen den knöchernen Sklerotikalring auf. An der Übergangsstelle in die Hornhaut wird die Sklerotika durch diesen knöchernen Ring gestützt. Derselbe besteht aus kleinen, sich dachziegelartig deckenden Schuppen. Der Akkommodationsmuskel besteht bei den Vögeln aus quergestreiften Fasern. Er ist daher kräftigerer Leistungen fähig und bedarf eines festen Anhaltspunktes, der ihm durch den Sklerotikalring gegeben wird.

In der hinteren Augenkammer finden wir eine viereckige Hautlamelle, den Kamm (Pecten), der im Grunde des Auges längs einer schiefen Linie, vom Sehnerven ausgehend, angeheftet ist. Der freie Rand erstreckt sich nach der Linse hin und endigt etwa in der Mitte der Augenkammer. Der Kamm ist stark pigmentiert und in 17 vertikale Falten gelegt.

Legt man den glattgestrichenen Kamm in einem Tropfen Glyzerin unter das Mikroskop, so sieht man, daß jede Falte ein Längsgefäß enthält, das sich in ein reiches Kapillarnetz verzweigt. Dazwischen liegen Pigmentkörner. Die Bedeutung des Kammes ist noch nicht genau festgestellt. Er steht entweder mit der Ernährung des inneren Auges im Zusammenhang, oder er schützt die Netzhaut schirmartig gegen die Einwirkung des direkten Sonnenlichtes, oder er ist ein Druckregulierungsapparat. Die letztere Annahme gilt heute als die wahrscheinlichste. Bei den starken Veränderungen, welcher die Linse des Vogelauges fähig ist, wird zuweilen ein Druck auf den Glaskörper ausgeübt. Da dieser aber nicht zusammendrückbar ist, würde hierdurch ein Hindernis für die Akkommodation entstehen. Es wird indessen durch den Druck der Linse zunächst das Blut aus den vielen Blutgefäßen des Kammes herausgepreßt und so der Druck ausgeglichen. Die Pigmentierung verhindert eine Reflexion des Lichtes an der Oberfläche des Organs. Ähnliche Organe von anderer Gestaltung sind auch bei vielen Fischen und Reptilien bekannt.

Beim Gehörorgan beschränken wir uns darauf, durch Entfernung des Trommelfelles die Paukenhöhle zu eröffnen und das einzige Gehörknöchelchen, die Columella, die dem Steigbügel der Säugetiere entspricht, mit der Pinzette herauszuheben.

III. Das pneumatische System.

Für die Metallinjektion der Lunge verwenden wir den im allgemeinen Teile geschilderten Metallinjektionsapparat. Die Taube wird am Rumpfe gerupft und bleibt möglichst lange im Dampfraum. Den After kann man zubinden. Nach dem Erkalten werden die Atmungsorgane im ganzen herauspräpariert und die Weichteile mit Kalilauge abmazeriert. Es gelingt nicht immer, auf diese Weise auch die Luftsäcke vollständig zu füllen, und nicht selten geht ihr Zusammenhang mit der Lunge verloren.

Die beiden Hauptzweige der Luftröhre erweitern sich nach dem Eintritt in die Lungen zum sog. Vestibulum und verlaufen dann als ständig dünner werdende Kanäle bis zum Ende der Lunge, wo sie in die Bauchluftsäcke münden. Die Bronchialsysteme, welche vom Hauptbronchus ihren Ausgang nehmen, sind zahlreiche, senkrecht zu diesem orgelpfeifenartig nebeneinanderstehende Röhren (Lungenpfeifen), die vielfach miteinander verbunden sind und an der Lungenoberfläche blind endigen. Aus jeder Pfeife entspringen wieder feinste Röhrchen, welche an den Enden Alveolen tragen.

Legt man mehr auf die Luftsäcke Wert, so empfiehlt sich eine warme Injektion mit gelber Gelatinemasse nach den im allgemeinen Teile gegebenen Vorschriften. Die Injektion kann auch an der lebenswarmen Taube ausgeführt werden, da die Gelatinemasse ziemlich lange flüssig bleibt. Die Taube wird danach am besten mit einer Schnur am Halse aufgehängt, bis die Gelatinemasse erstarrt ist. Vor Einführung der Spritze wird jedoch mit einer Handluftpumpe nach Möglichkeit die Luft aus den Luftsäcken gepumpt. Längere Zeit nach dem Erkalten kann man die Taube nach den allgemeinen Vorschriften präparieren, wobei man die gelben Luftsackmassen zu schonen hat. Man beachte auch die etwaige gelbe Füllung der Knochenhöhlen und der maschigen Knochensubstanz des Brustbeines. Schneide dasselbe nach dem Ablösen quer durch!

Unmittelbar unter der Haut liegt vor dem Winkel des Gabelbeines

Fig. 350. Obj. IV. Distales Ende einer weißen Schwungfeder der Taube von der Unterseite.

1. Spindel (Rhachis) (Endstück abgebrochen). — 2. Ast (Ramus). — 3. proximale Strahlen (Radii). — 4. distale Strahlen (Radii).

der unpaare Zwischenschlüsselbeinsack, von dem aus ein Kanal in das Brustbein dringt. Durch seitliche Kanäle steht dieser Sack mit den beiden Unterschultersäcken in Verbindung. Zu seiner Freilegung präpariert man den Pectoralis major ab. Die Unterschultersäcke führen in die Lufträume der Armknochen. Weiter kopfwärts finden wir den unpaaren Oberkehlkopfsack. Aus den Lungen entspringen in der Richtung nach unten drei weitere Paare von Luftsäcken, die vorderen und die hinteren Unterrippensäcke, die bis in die Gegend von Leber und Magen reichen, und die Bauchluftsäcke, welche die größten sind, die Eingeweide umgeben und mit den Lufthöhlen der Schenkelknochen in Verbindung stehen.

Die Pneumatizität der Knochen kann man leicht durch einen einfachen Versuch zeigen. Einer möglichst alten Taube schneidet man nach der Tötung mit Chloroform mit einer Schere den Oberarm durch. Nachdem die Blutung aufgehört hat, führt man das Gebläse in die Luftröhre ein und hält vor den Armstumpf ein brennendes Streichholz

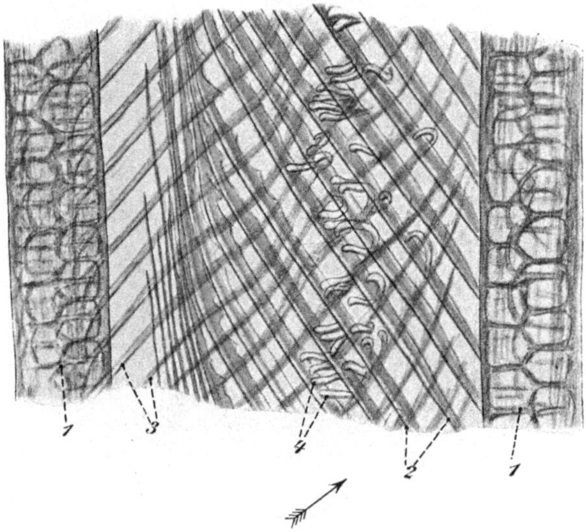

Fig. 351. Obj. VI. Abschnitt einer weißen Tauben-Schwungfeder zwischen zwei Ästen, von der Unterseite gesehen. Der Pfeil zeigt die Richtung der Rhachis an. 1. Markgewebe der Rami. — 2. Proximale Radien. — 3. Distale Radien. — 4. Haken der distalen Radien.

oder Licht. Setzt man das Gebläse in Tätigkeit, so gelingt es, das Licht auszublasen. Hieraus geht hervor, daß man, anstatt vor der Luftsackinjektion die Luft auszupumpen, derselben auch dadurch wenigstens teilweise einen Ausweg verschaffen kann, daß man einen Röhrenknochen anschneidet.

IV. Mikroskopische Untersuchung der Feder.

Wir benutzen den distalen Teil der Fahne einer Schwung- oder Steuerfeder, und zwar einer pigmentierten und einer weißen. Die Feder wird als Luftpräparat montiert, d. h. auf einen Objektträger gelegt und mit einem Lackrand umgeben oder einige Zeit in absoluten Alkohol gelegt, damit die in der Fahne befindliche Luft entweicht, darauf in Xylol überführt und schließlich als Balsampräparat fertig gemacht.

Makroskopisch besteht jede Deck- oder Konturfeder, Schwinge oder Steuerfeder aus dem die Achse bildenden Schaft (Scapus), der an dem in der Haut steckenden Ende hohl ist (Kiel, Spule, Calamus), und aus der Fahne (Vexillum). Der die

Fahne tragende, solide Teil des Schaftes heißt Spindel (Rhachis, Fig. 350 : 1). Von der Spindel gehen die Äste (Rami, Fig. 350 : 2) aus. Diese zeigen zweizeilig angeordnete, mikroskopische Fortsätze, die Strahlen oder Radien (Fig. 350 : 3, 4).

Wir betrachten mit einer stärkeren Vergrößerung die Radien in dem Felde zwischen zwei aufeinanderfolgenden Rami (Fig. 351). Die distale Seite des Ramus

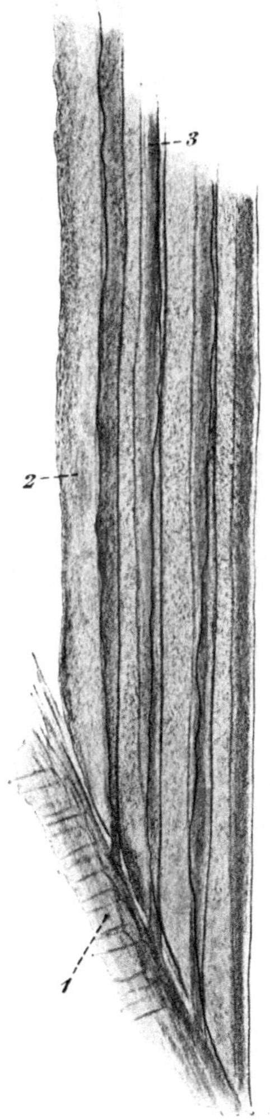

Fig. 352. Proximale Strahlen einer gefärbten Tauben-Schwungfeder von unten gesehen.

1. Ramus. — 2. unten liegender Abschnitt des Radius. — 3. nach oben umgebogener Abschnitt des Radius (von 2. verdeckt).

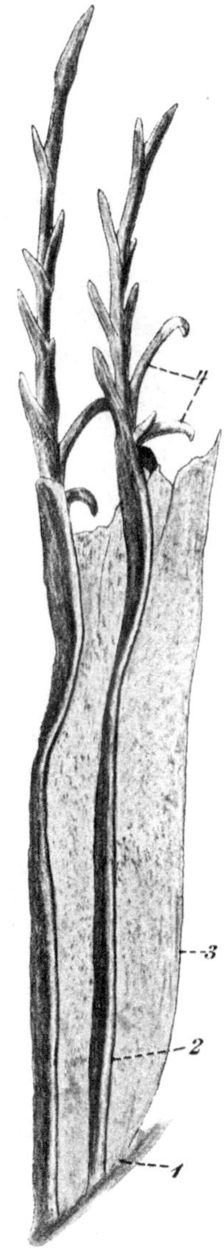

Fig. 353. Obj. VIII. Zwei distale Strahlen (radii) einer weißen Taubenschwungfeder von der Oberseite gesehen. Luftpräparat.

1. Rand des Ramus. — 2. nach oben gebogener Abschnitt des Radius. — 3. unten liegender Abschnitt des Radius. — 4. Haken.

entsendet ein System „vertikaler", d. h. zur Längsachse der Feder ungefähr gleichlaufender Radien (Fig. 351, 3), während die proximale Seite des Ramus „horizontale", d. h. auf den vorigen vielfach etwa senkrecht stehende Fortsätze bildet (Fig. 351 : 2). Wird die Feder von der Unterseite her betrachtet, so liegen die letzteren dem Beschauer zunächst, d. h. sie verdecken jene zum Teil. An jedem Ramus sitzen also proximale (horizontale) und distale (vertikale) Radien.

An einer pigmentierten Feder studieren wir zuerst den Bau der proximalen Radien (Fig. 352). Die Achse des Radius erscheint doppelt konturiert; die an der Achse sitzende Fläche des Radius ist längs der Achse gefaltet, so daß der Radius gleichsam aus zwei Abschnitten oder Rändern besteht, die einen nach dem distalen Ende der Feder offenen Winkel bilden. Der Rand auf der Oberseite der Feder ist stärker und schmaler (Fig. 352 : 3). Seine distale Kante ist bei Betrachtung der Feder von oben leicht zu finden. Der Rand auf der Unterseite der Feder (Fig. 352 : 2) ist bedeutend feiner und breiter. Da er bis unter den Rand des nächsten Radius reicht, so sieht man ihn besser, wenn die Feder mit der Unterseite nach oben gelegt wird. Gegen das Ende biegen die horizontalen Radien etwas um. Die Kante jedes Radius bildet einige Zacken, die allmählich immer flacher werden. Während der obere Rand (Fig. 352 : 3) auch bei weißen Federn zu sehen ist, ist zum deutlichen Erkennen des unteren Randes (Fig. 352:2) am besten eine pigmentierte Feder zu verwenden.

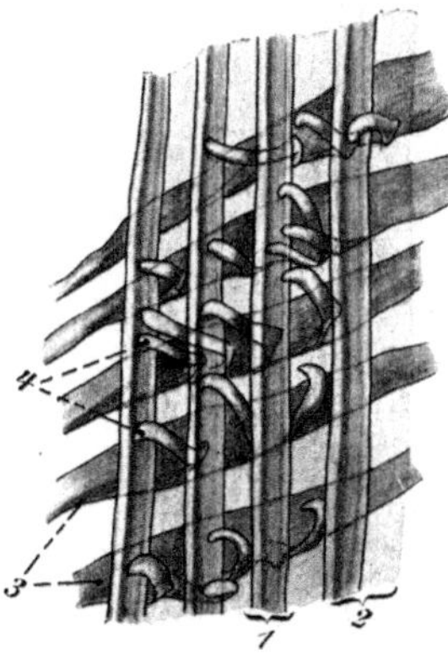

Fig. 354. Obj. VIII. Teile der Strahlen (radii) einer weißen Schwungfeder der Taube von der Unterseite gesehen, die Verhakung zeigend.

1. nach oben umgebogener Abschnitt eines proximalen Strahles. — 2. unten liegender Abschnitt eines proximalen Strahles. — 3. Distale Strahlen. — 4. Haken der distalen Strahlen.

Die distalen oder vertikalen Radien (Fig. 353) zeigen auch eine kräftige Kante (Fig. 353: 2), die der Scheitelkante der horizontalen oder proximalen Radien entspricht, und einen weichen Rand (Fig. 353: 3), der sich auf der Unterseite der Feder befindet und ebenfalls unter den entsprechenden Rand des folgenden Radius greift. Dieser weiche Rand reicht unzerteilt von der Basis des Radius bis ungefähr in die Gegend, wo die horizontalen Radien herantreten. Dort löst er sich in Fasern auf, von denen eine Anzahl zu Haken umgestaltet ist, mittels welcher die vertikalen Radien an den horizontalen Radien befestigt werden (Fig. 353 : 4; Fig. 354, 351). Dabei greifen die Haken der vertikalen, also distalen Radien des proximalen Ramus über den schmalen, auf der Oberseite der Feder gelegenen Rand der horizontalen, also proximalen Radien des distalen Ramus hinweg und unter denselben. Jeder vertikale Radius trägt eine ganze Anzahl solcher Haken. Diese werden schließlich immer kleiner und greifen dann nicht mehr in den Rand der horizontalen Radien ein. Zur Erläuterung ist noch das Schemabild Fig. 355 beigefügt.

Wird der Flügel nach unten gedrückt, so schließen sich die dünnen Ränder (Fig. 352 : 3) zu einer einheitlichen Fläche zusammen, so daß keine Luft hindurch kann. Wird der Flügel gehoben, so geben diese Ränder, soweit es die Haken gestatten, nach, und es kann Luft nach unten hindurchströmen.

Die Flaumfedern haben einen schwachen Schaft und eine schlaffe Fahne. Ihre Radien haben keine Häkchen, so daß sie nicht im Zusammenhang stehen. Flaumfedern liegen unter den Deckfedern. Die Fadenfedern haben überhaupt keine Fahne, sondern nur einen haarförmigen Schaft. Sie finden sich namentlich am Kopfe (Schnabelgrund).

Anmerkung: Die Präparation der Taube in der geschilderten Ausführlichkeit ist ein außerordentlich lohnendes und sparsames Thema für die Kurse. Man kann damit mindestens vier zweistündige Übungen ausfüllen. Man teilt den Stoff z. B. folgendermaßen ein:

1. Übung: Äußere Orientierung, Flugmuskeln und Orientierung über den Situs.
2. „ Genauere Präparation des Situs.
3. „ Beinmuskulatur. Injektionen.
4. „ Kopf und Mikroskopie der Feder.

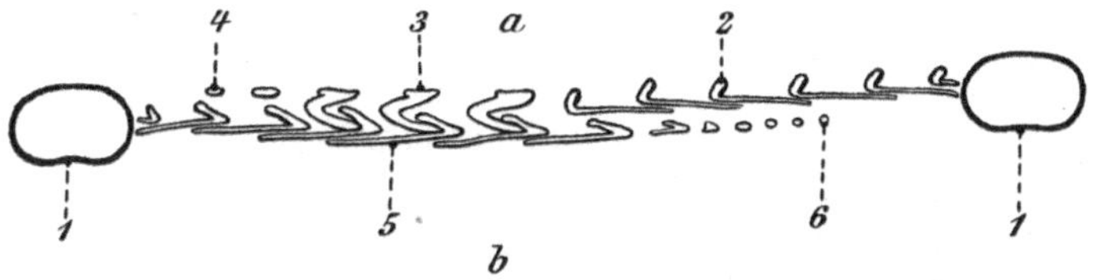

Fig. 355. Schwungfeder der Taube. Schnitt durch benachbarte Rami und die dazwischen liegenden Radien. Schematisch.

1. Ramus. — 2. Distaler Radius. — 3. Distaler Radius in der Hakengegend getroffen. — 4. Distaler Radius nahe der Spitze getroffen. — 5. Proximaler Radius. — 6. Proximaler Radius nahe der Spitze getroffen. — a. Oberseite. — b. Unterseite.

10. Kapitel.

Kaninchen.

Makroskopische Präparation.

Die Kaninchen werden unter eine große Glasglocke gesetzt, unter welche man stark mit Chloroform getränkte Wattebäusche schiebt. Das Tier darf unter keinen Umständen angeschnitten werden, bevor man die durch einen Krampfzustand der Stimmbänder bedingten, pfeifenden Töne beim Ausatmen vernommen hat. Nach Aufhören dieser Töne warte man noch einige Zeit.

Die Tiere werden in Rückenlage auf ein großes Präparierbrett gelegt. Eine Befestigung ist im allgemeinen nicht nötig; jedenfalls soll sie nicht durch Festnageln der Gliedmaßen erfolgen, da hierbei einige der später zu präparierenden Sehnen verletzt werden könnten.

I. Eröffnung der Leibeshöhle.

Zu diesem Zwecke hebt man die Haut an irgend einer Stelle der Mittellinie des Bauches mit zwei Fingern an und schneidet mit der Schere ein Loch hinein. Von diesem geht man, immer in der Mittellinie, nach vorn weiter. Beim Ablösen des Felles von der Muskulatur durchtrennt man das Bindegewebe, wo es nicht zu fest ist, am besten durch Einschieben der Hand zwischen Fell und Muskeldecke. Stärkeres Bindegewebe wird mit dem Skalpell durchtrennt; dabei achte man darauf, daß die Schneide immer dem Fell zugewendet ist. Längs der Linea alba des Bauches sowie längs des Brustbeines ist die bindegewebige Verbindung mit dem Fell besonders fest. Nach vorn wird das Fell bis zur Vereinigungsstelle der Unterkieferäste gespalten, nach hinten bis zur Schambeinsymphyse. Zur Seite geht man so weit, daß die Oberarme und Ellenbogengelenke noch frei liegen. Man zieht das Fell über letztere, so daß es nicht wieder zurückschnellen kann. Am unteren Ende legt man die Beine bis zum Kniewinkel frei und schiebt das Fell über die Kniegelenke zurück. Bei diesen Präparationen betrachte man die Arterien und Venen, die auf der Innenseite der Haut verlaufen. Arterie und Vene verlaufen meist nebeneinander. Sie sind nach ihrer Farbe deutlich zu unterscheiden. Während die Venen mit dunklem Blute gefüllt sind, sind die Arterien hell und blutleer.

II. Hals- und Mundhöhle.

Man faßt das Bindegewebe in der Mitte des Halses und entfernt es mit der Schere. Dann sieht man schon, jedoch noch von Muskeln bedeckt, den Kehlkopf. Entfernt man auch das Bindegewebe kopfwärts vom Kehlkopf und zwischen den Unterkieferästen, so kommen Speicheldrüsen zum Vorschein. Man schone bei dieser Präparation sorgfältig alle sichtbaren Blutgefäße. Nun durchtrennt man die Deltamuskeln auf der Brust und trennt sie mit den darunterliegenden Muskeln ab, wobei viel lockeres Bindegewebe zu beseitigen ist. Nach Entfernung dieser Muskeln sieht man schon die Vena subclavia durchschimmern, die man sehr vorsichtig frei legt. Nun durchtrenne man die vom Ende des Brustbeins schräg aufwärts nach rechts und links ziehenden Halsmuskeln am unteren Ende unter Schonung der darunter befindlichen Venen und präpariere sie der Länge nach von den tieferliegenden Schichten ab. Auf diese Weise legt man die Vena jugularis (Fig. 356, 5) frei. Die Carotiden sind jetzt nur noch von einer dünnen Muskelschicht bedeckt. In der Mitte des Halses sieht man eine aus der später zu erwähnenden Vena jugularis transversa (Fig. 356, 6) entspringende, zunächst unpaare Vene kopfwärts ziehen. Man durchtrennt die Muskeln seitlich davon und legt so Luftröhre und Kehlkopf frei. Unterhalb des Kehlkopfes sieht man die Schilddrüsenbrücke (Fig. 356, 13), welche die beiden Teile dieser Drüse verbindet, als rötliches Band über die Luftröhre ziehen. Präpariert man vorsichtig unter Benutzung von Pinzette und Finger die Muskulatur zu den Seiten des Kehlkopfes fort, so werden die beiden seitlichen Teile der Schilddrüse sichtbar.

Nun präpariere man die Jugularvenen an ihrer Eintrittsstelle in die Brusthöhle frei, wobei notwendigerweise einige kleinere Venen durchschnitten werden müssen. Die unbedeutenden Blutungen werden mit einem feuchten Schwamme zum Stehen gebracht. Die Jugularvenen sind in der Höhe des Brustbeinkopfes durch die Vena jugularis transversa verbunden. Eine Vena jugularis interna (Fig. 356 : 7; 357 : 2) entspringt jederseits hinter dem Ursprunge der Venae subclaviae und zieht in tieferen Lagen der Halsmuskulatur kopfwärts. Sie ist bedeutend schwächer als die oberflächlich verlaufende Vena jugularis externa. Auch das Schlüsselbein ist jetzt zu durchtrennen. Es ist ein nur dünner, grätenartiger Knochen, der in dem ligamentösen Strange liegt, welcher vom Brustbeinkopfe zur lateralen Seite des Humeruskopfes zieht. Nun kann man auch den Ursprung der Arteria subclavia dextra sichtbar machen. Die Carotis liegt dorsal vom Musculus sternohyoideus, den man anheben muß, um ihrer ansichtig zu werden.

Wir machen nun einen kurzen Längsschnitt in die Vorderwand der Luftröhre und führen die Kanüle eines kleinen Gummi-

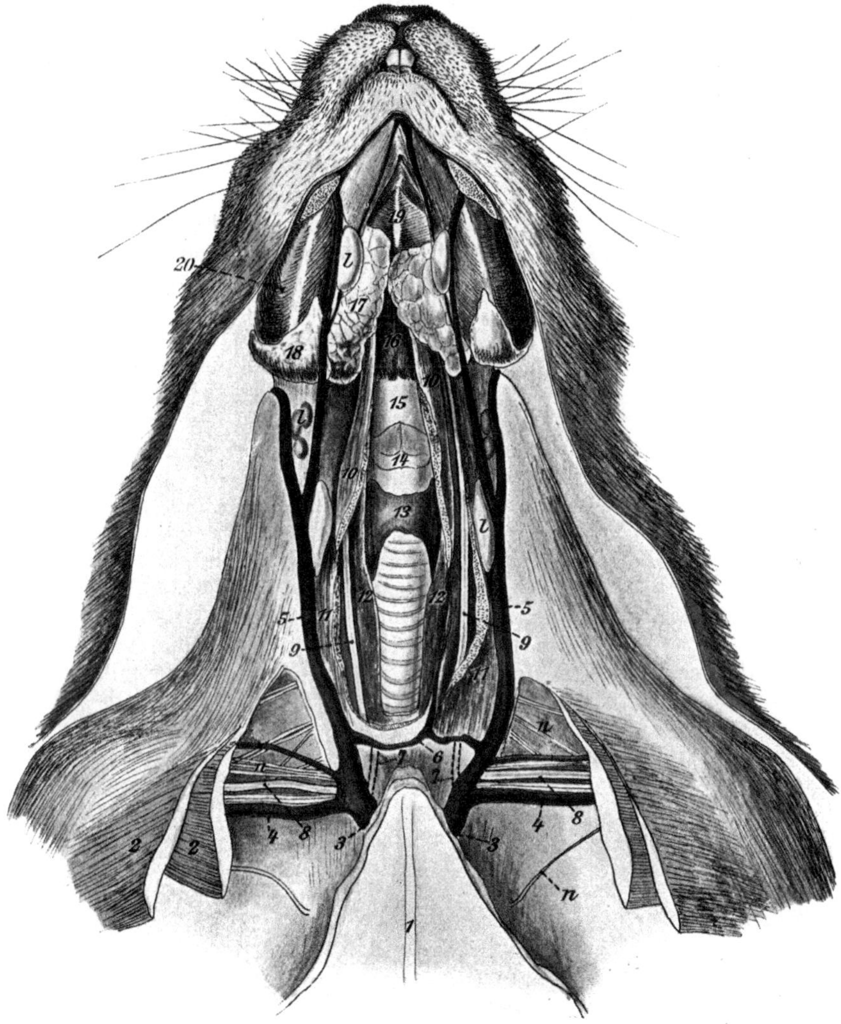

Fig. 356. Kaninchen. Unterseite des Kopfes und Halses.
1. Brustbein. — 2. Durchschnittene Brustmuskeln (pectoralis). — 3. Eintrittsstellen der oberen Hohlvenen in die Brusthöhle. — 4. Vena subclavia. — 5. Vena jugularis externa. — 6. Vena transversa. — 7. Vena jugularis interna (tiefer liegend, punktiert). — 8. Arteria subclavia. — 9. Arteria carotis communis. — 10. Musculus sternohyoideus (Reste). — 11. Musculus sternomastoideus (Reste; die der linken Seite von der Mitte abgezogen). — 12. Musculus sternothyreoideus. — 13. Glandula thyreoidea. — 14. Ringknorpel. — 15. Schildknorpel. — 16. Ventrale Schlundwand. — 17. Glandula submaxillaris. — 18. Glandula parotis. — 19. Musculus mylohyoideus. — 20. Musculus masseter. — n. Nerven (angedeutet). — l. Lymphdrüsen.

gebläses ein. Durch stoßweises Einblasen von Luft können die Bewegungen der Thoraxwände bei der Atmung nachgeahmt werden.

Wir können nun zur Präparation der Speicheldrüsen schreiten, können dies aber auch später ausführen bei Gelegenheit der Präparation des Kopfes. Die Gesichtshaut wird nach vorn bis nahe zur Mundspalte und nach oben bis an das untere Augenlid abpräpariert. Vorn vor und unter dem Auge liegt die Glandula infraorbitalis (Fig. 358, 1). Die Glandula parotis liegt mit einem Teile vor und unter der Ohrmuschel (Fig. 358, 9a). Von diesem Teile führt eine schmale Verbindungsbrücke von 2—3 cm Länge nach abwärts hinter den Unterkieferwinkel zu einer unteren Drüsenmasse. Diesen unteren Teil (Fig. 358, 9b) sehen wir besser, wenn wir später das Tier wieder in die Rückenlage bringen. Der Ausführungsgang der Parotis (Fig. 358, 10) beginnt am oberen Teile der Drüse und verläuft quer über den großen Kaumuskel (Musculus masseter, Fig. 358, 7). Er biegt dann um den vorderen Rand des Musculus masseter und tritt in der Gegend des letzten oberen Backenzahnes in die Backenschleimhaut ein.

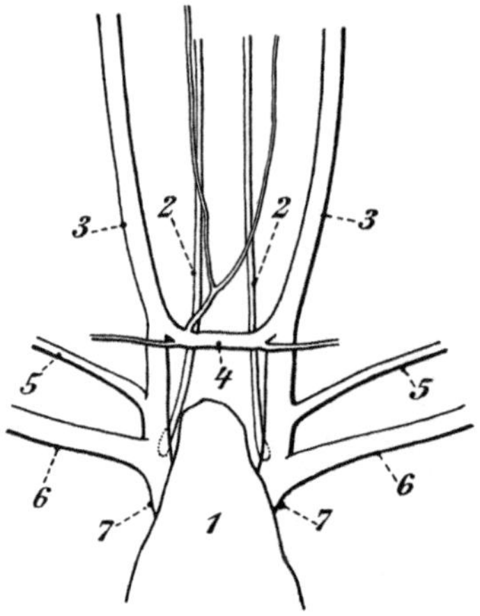

Fig. 357. Lepus cuniculus. Lage der Jugularnerven, nach Abtragung einiger Muskeln.

1. Brustbein (mit Muskulatur bekleidet). — 2. Vena jugularis interna. — 3. Vena jugularis externa. — 4. Vena jugularis transversa. — 5. Vena scapularis. — 6. Vena subclavia. — 7. Vena cava superior.

Wir bringen das Kaninchen nun wieder in die Rückenlage. Hier

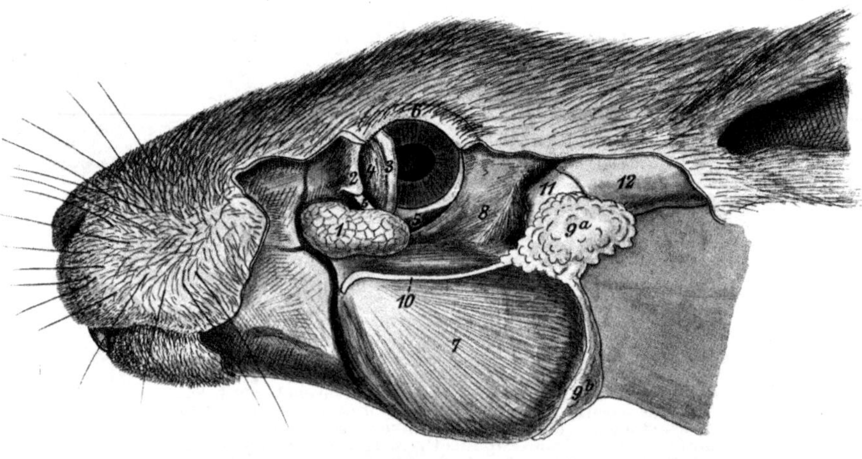

Fig. 358. Kaninchen. Speicheldrüsen der linken Seite des Kopfes.

1. Glandula infraorbitalis. — 2. Processus zygomaticus. — 3. Palpebra tertia. — 4. Glandula Harderiana. — 5. Augenmuskeln. — 6. Palpebra superior. — 7. Musculus masseter. — 8. Musculus temporalis. — 9a. und 9b. Glandula parotis. — 10. Ausführungsgang derselben. — 11. knöcherner, — 12. knorpeliger Ohrgang.

suchen wir zunächst die Glandulae submaxillares auf. Diese bohnenförmigen Drüsen von etwa 1,5 cm Länge sieht man beiderseits median von der Gesichtsvene in sagittaler Richtung liegen (Fig. 356 : 17). Die Drüsen der beiden Seiten stoßen in der Mittellinie häufig zusammen. Der Ausführungsgang ist sehr fein; er wird 3 cm lang; zunächst verläuft er über den vorderen Teil der Drüse und geht dann nach oben und vorn. Weiter ist er schwer zu verfolgen. Er mündet neben dem Zungenbändchen ohne Mündungspapille.

Der untere Teil der Parotis schließt sich nach hinten einigermaßen an die Glandula submaxillaris (Fig. 356 : 18, 17) an. Er wird von der Vena facialis anterior bedeckt und ist in seinem Zusammenhang mit dem dünnen Teil der Drüse leicht festzustellen. Nehmen wir jetzt die Submaxillardrüsen heraus, so erhalten wir ein Bild von der ventralen Seite des Mundhöhlenbodens. Man sieht die Musculi mandibulae mit ihren Sehnen, daneben in der Tiefe die Nervi hypoglossi; man betrachte ferner die Zungenbeinhörner, von deren Enden die Musculi stylohyoidei abgehen, unter welchen der Nervus hypoglossus und die lange Sehne des Musculus mandibulae hindurchziehen. Weiter median inserieren am Zungenbein die Musculi sternohyoidei. Nach vorn zieht vom Hyoid in der Mittellinie der Musculus mylohyoideus. Wir durchtrennen die Musculi sternohyoidei und präparieren sie nach unten ab. Ebenso heben wir den Musculus mylohyoideus von hinten her ab. Dabei durchschneiden wir die Zungenbeinhörner und legen so die Glandula sublingualis frei. Diese schmale, etwa 1,4 cm lange Drüse liegt auf dem Boden der Mundhöhle und wird durch den Musculus mylohyoideus von der Glandula submaxillaris getrennt. Zwischen beiden Sublingualdrüsen verläuft der Musculus geniohyoideus, welcher von der Vereinigungsstelle der beiden Unterkieferäste herkommt.

Wir durchtrennen nun die Masseter und heben die Unterkiefer aus den Gelenken, um die Zunge zu betrachten. Sie ist auf der vorderen Fläche mit pilzförmigen Wärzchen bedeckt. In der Medianlinie des hinteren Teiles verläuft ein glatter, harter, nach vorn spitz zulaufender Vorsprung von 2 cm Länge. Hinter demselben liegt auf jeder Seite eine umwallte Papille.

Der harte Gaumen wird von einer festen Membran bedeckt, die 16 Querfurchen aufweist. Unmittelbar hinter den Ersatzschneidezähnen liegt eine kleine runde Platte, die nach hinten jederseits in die vorderste Querfalte des Gaumens übergeht. An den Seitenwänden dieser Platte mündet rechts und links ein Nasengaumengang (Ductus nasopalatinus) mit einer engen Spalte. Dem weichen Gaumen fehlt das Zäpfchen. In der Nähe des Kehldeckels sieht man jederseits zwei flache Vertiefungen, die Tonsillen oder Rachenmandeln.

Am äußeren Auge sehen wir uns noch die unvollkommen ausgebildete Nickhaut an, die am inneren Augenwinkel liegt (Fig. 358 : 4). Sie enthält eine scheibenartige Knorpelplatte, welche sich in ihrer Krümmung eng an den Augapfel anschmiegt.

Auf die Drüsen der Augenhöhle gehen wir hier nicht weiter ein.

Über die Präparation der Nase, des Ohres und des Gehirnes, sowie die mikroskopische Anatomie der Sinnesorgane vgl. das Kapitel über den Hammelkopf.

III. Darm und Anhangsdrüsen.

Das Fell wird auf der ganzen Bauchseite genügend weit zur Seite präpariert. Dann führt man durch die Bauchdecke mit der Schere

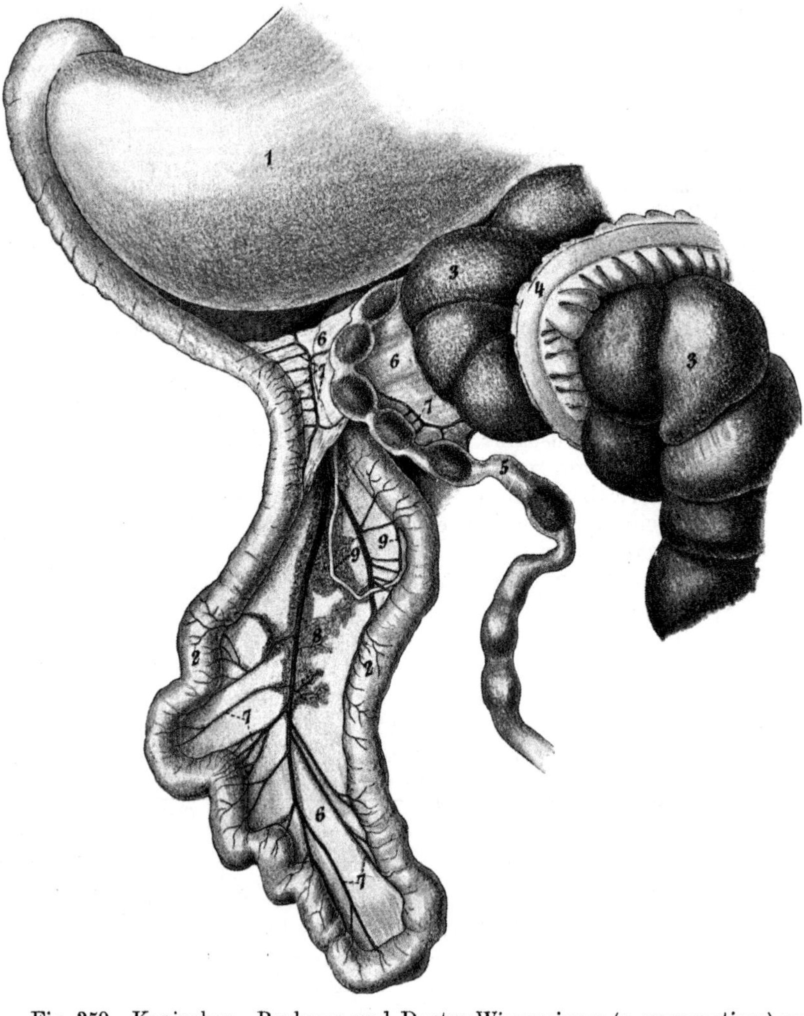

Fig. 359. Kaninchen. Pankreas und Ductus Wirsungianus (s. pancreaticus) nebst einem Teil der Darmschlingen.

1. Magen. — 2. Schlinge des Duodenum. — 3. Coecum. — 4. Colon. — 5. Rectum. — 6. Mesenterium. — 7. Mesenterialgefäße. — 8. Pankreas. — 9. Ductus Wirsungianus.

(stumpfes Blatt nach innen!) einen medianen Schnitt längs der Linea alba von der Schambeinsymphyse bis zum Schwertfortsatz. Darauf führt man einige Querschnitte durch die Bauchdecke, so daß die einzelnen Lappen leicht zur Seite gelegt werden können.

Wir orientieren uns zunächst über den Bauchsitus. Direkt unter dem Zwerchfell sehen wir auf der linken Seite des Gesichtsfeldes (rechten Seite des Tieres) die dunkelbraune Leber, auf der anderen Seite, zum Teil von der Leber bedeckt, den Magen. Unter den vielen Darmschlingen gehören die dünnen Teile dem Dünndarm, die dunkel gefärbten, auffallend dicken dem Blinddarm und die stark quergerunzelten dem Grimmdarm (Colon) an. Die Harnblase ist meist prall gefüllt. An frisch getöteten Tieren beobachte man die Darmperistaltik.

Will man genauere Untersuchungen an Leber und Pankreas ausführen, so hat es an dieser Stelle zu geschehen. Sehr instruktiv ist eine Luftinjektion der Gallengänge und des Pankreas.

Man sucht, vom Magen ausgehend, die erste Darmschlinge (Fig. 359, 2) auf, breitet das Mesenterium (Fig. 359, 6) vorsichtig aus und betrachte

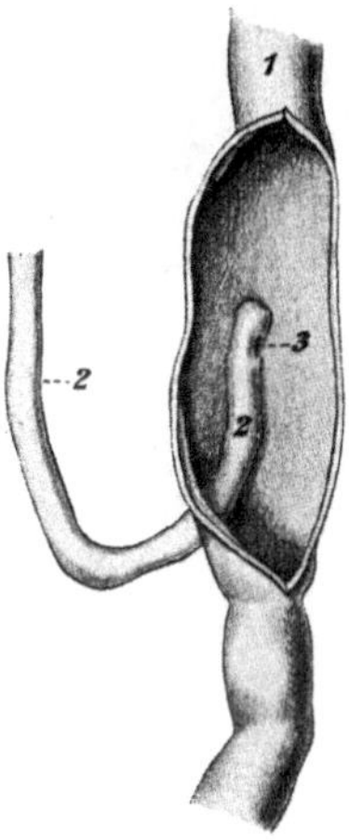

Fig. 360. Kaninchen. Mündungsstelle des Ductus Wirsungianus. (Duodenum der Länge nach aufgeschnitten.)

1. Duodenum. — 2. Duct. Wirsungianus. — 3. Mündung desselben.

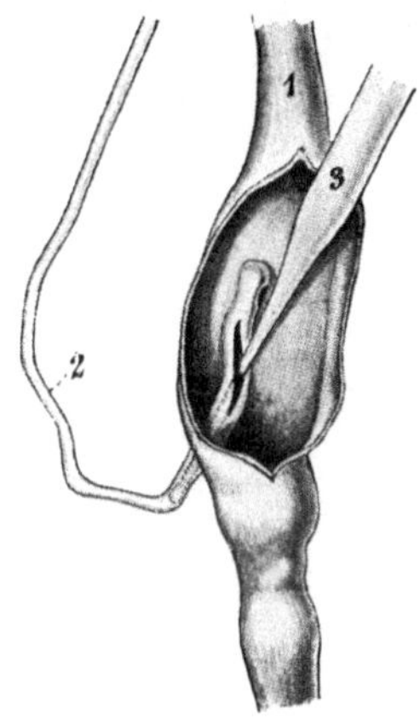

Fig. 361. Kaninchen. Duct. Wirsungianus der Länge nach aufgeschnitten zur Einführung einer Kanüle.

1. Duodenum. — 2. Duct. Wirsungianus. — 3. Kanüle.

die hellrote, traubige Drüsenmasse, welche im Mesenterium eingebettet ist. Das ist die Bauchspeicheldrüse (Fig. 359, 8). Der Ausführungsgang (Ductus Wirsungianus seu pancreaticus, Fig. 359, 9) ist äußerst dünnwandig und hat etwa 1 mm Durchmesser. Er mündet etwa 4 cm vom Pförtner entfernt in den Zwölffingerdarm. Man spaltet den Darm an der der Mündungsstelle entgegengesetzten Seite (Fig. 360) und führt die zu einer feinen Spitze ausgezogene Glaskanüle eines Gummigebläses in die Mündung (Fig. 360, 3) ein. Gelingt dies nicht, so führe man von der Einmündungsstelle aus einen feinen Längsschnitt in den Ductus (Fig. 361) und setze hier die Kanüle an. Man muß sehr vorsichtig blasen, da sonst der Gang irgendwo platzt und die Luft zwischen die beiden Blätter des Mesenteriums gelangt, welches dann blasig aufgetrieben wird.

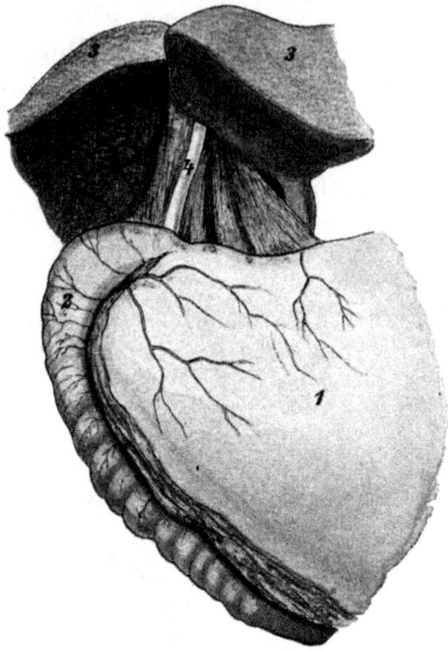

F
Ductus choledochus des Kaninchens. (Die dem Magen aufliegenden Teile der Leber emporgehoben.)

1. Magen. — 2. Dünndarm. — 3. Leber. — 4. Ductus choledochus.

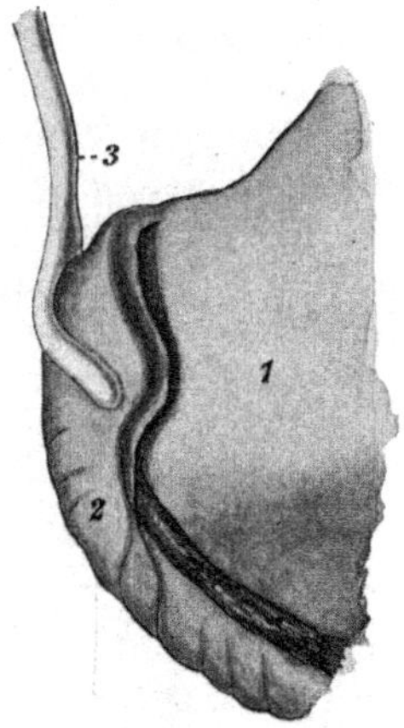

Fig. 363. Kaninchen. Endigung des Ductus choledochus am Duodenum. (Der Anfangsteil des Duodenums ist nach oben umgeklappt.)

1. Magen. — 2. Dünndarm. — 3. Ductus choledochus.

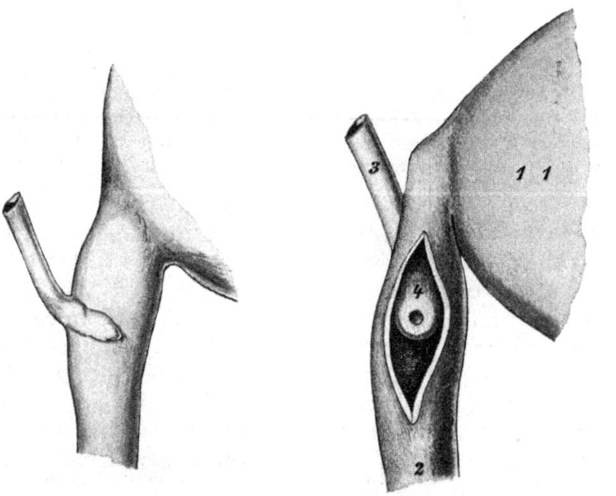

Fig. 364. Kaninchen. Mündung des Ductus choledochus in das Duodenum. (Das Duodenum ist in der rechten Fig. der Länge nach aufgeschnitten.)

1. Magen. — 2. Duodenum. — 3. Ductus choledochus. — 4. Seine Mündungspapille.

Zur Injektion der Gallengänge klappe man die Leber hoch und ziehe den Magen etwas vor (Fig. 362). Man sieht dann sofort den Ductus choledochus (Fig. 362, 4). Die Einmündungsstelle in den Zwölffingerdarm wird sichtbar, wenn man den Anfangsteil des Darmkanales hochklappt (Fig. 363). Man schneidet wieder an der der Einmündungsstelle gegenüberliegenden Seite den Darm auf und sieht nun die Mündungspapille an der Innenwand des Duodenums (Fig. 364, 4). Die Öffnung der Papille wird ganz deutlich, wenn man den Luftstrom des Gebläses gegen dieselbe richtet. Nach dem ersten Injektionsstoß, der nicht zu heftig sein darf, setzt sich die Gallenflüssigkeit in der Gallenblase und in den Gallengängen, mit Luft untermischt, in Bewegung. An ihrem Strömen kann man den Verlauf der Kanäle verfolgen. Der Ductus

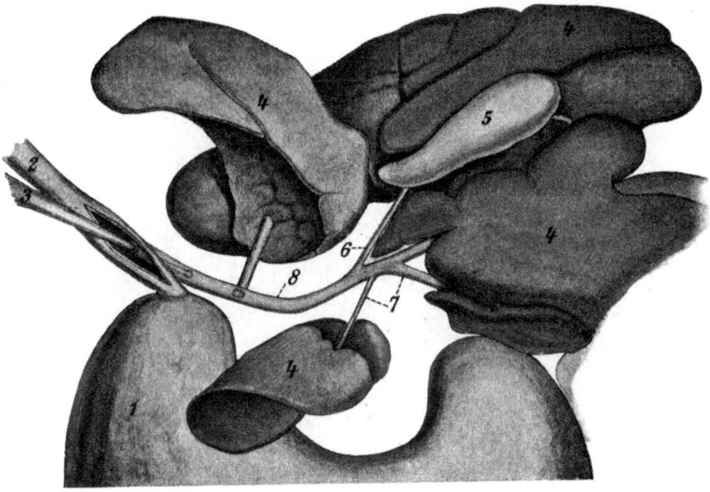

Fig. 365. Kaninchen. Gallenblase und Gallengänge. (Leber hochgeklappt, ihre Abschnitte voneinander gesondert und ausgebreitet.)

1. Magen. — 2. Duodenum, längs aufgeschnitten zur Einführung einer Kanüle 3. in die Mündungspapille des Duct. chol. — 4. Leber. — 5. Gallenblase. — 6. Ductus cysticus. — 7. Zweige des Duct. hepat. — 8. Duct. choledochus.

choledochus (Fig. 365, 8) entsteht aus dem Ductus cysticus (Fig. 365, 6), der aus der Gallenblase (Fig. 365, 5) kommt, und den aus den verschiedenen Leberlappen kommenden Zweigen des Ductus hepaticus.

Auch eine Quecksilberinjektion der Gallengänge läßt sich ausführen. Man verwendet eine feine Knopfkanüle. Beim Einführen gleitet der Knopf zunächst leicht vorwärts, wo aber der Ductus sich vom Darm ablöst, ist ein gewisser Widerstand zu überwinden. Das Ergebnis wird wesentlich verbessert, wenn man vor der Injektion den Inhalt der Gallengänge mit der Spritze aufsaugt.

Für mikroskopische Zwecke spritzt man eine gefärbte Gelatinemasse in den Ductus choledochus ein, entweder mit der Glaskanüle aus dem Injektionsapparat oder mit einer sehr feinen Knopfkanüle, bindet nach der Injektion ab, löst die ganze Leber vorsichtig heraus und härtet sie in Formalin (siehe die mikroskopische Behandlung des Kaninchens).

Die Pfortader (Vena portarum, Fig. 366). Wir heben die Leber und den Magen ebenso, wie es im vorigen Abschnitte beschrieben wurde. Die Arteria hepatica kommt etwas links vom Pförtner hinter dem Magen vor, läuft aufwärts zur Leber von links unten nach rechts oben (links und rechts als Seiten des Tieres) und tritt an ihrem oberen Teile über den Ductus choledochus. Bald nachdem sie hinter dem Magen hervorgetreten ist, gibt sie einen Zweig ab, welcher zu einem rechten Leberlappen zieht. Lateral und unter (vom Beschauer aus!) dem Ductus

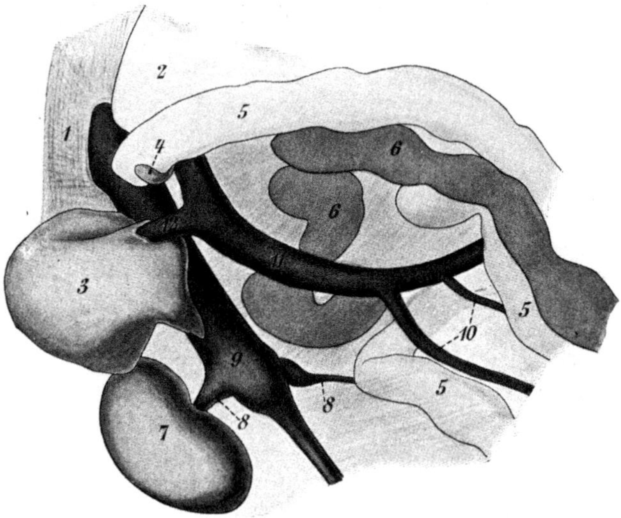

Fig. 366. Lepus cuniculus. Situs der Pfortader. Leber, Magen und Darm nach rechts gezogen.

1. Zwerchfell. — 2. Magen. — 3. Ein Leberlappen. — 4. Mündungspapille des Ductus choledochus. — 5. Dünndarm. — 6. Dickdarm. — 7. Rechte Niere. — 8. Venae renales. — 9. Vena cava inferior. — 10. Zur Pfortader führende Venen. — 11. Pfortader. — 12. Zweig der Pfortader für einen Leberlappen. — Anm. Die Präparation wurde an einem durch Chloroform getöteten Tiere vorgenommen; die venösen Gefäße sind übermäßig stark mit Blut gefüllt.

choledochus und der Arteria hepatica sehen wir den Hauptstamm der Pfortader.

Über die Injektionen der Leber für mikroskopische Zwecke siehe S. 485 u. 486.

In der Leber finden sich häufig verschiedene Parasiten. Kleine, blasige Gebilde bis zu Erbsengröße, die wir auch am Omentum (der über den Magen hängenden Bindegewebsfalte) und am Mesenterium fast stets in großer Zahl wiederfinden, sind die Finnen von der Taenia serrata des Hundes. Sie werden als Cysticercus pisiformis bezeichnet. Sie sterben häufig ab, verkäsen und bilden dann gelbe Knötchen. In selteneren Fällen sind diese Knötchen aus abgestorbenen Saugwürmern (Pentastomum denticulatum) hervorgegangen, auch aus Psorospermien können sie entstehen. Dieses sind gewisse Gregarinenarten, die mit der Nahrung aufgenommen werden, und, wenn sie nicht absterben, die mit dem Namen Gregarinose bezeichnete Krankheit der Tiere hervorrufen, welche meist zum Tode führt. In den Gallengängen der Leber und in der Gallenblase finden wir zuweilen das kleine Distomum lanceolatum, seltener auch das große Distomum hepaticum.

Wir betrachten jetzt den Darmkanal. Der Magen ist meist stark gefüllt und von einer häufig Fett führenden Bindegewebsfalte, dem großen Netz (Omentum majus) bedeckt, welches sich von seinem unteren Rande her hochheben läßt. Wir verfolgen den Dünndarm bis zu seiner Einmündung in den weiten Blinddarm (Coecum) und sehen, wie von dessen oberem Teile der Dickdarm (Colon ascendens) abgeht. Klappen wir das Colon ascendens etwas lateral, so finden wir die Valvula coli und den Sacculus rotundus, welche sich durch ihren Reichtum an Peyerschen Follikeln auszeichnen. Bei allen diesen Präparationen achte man auf das Mesenterium und die reiche Entwickelung des Blutgefäßnetzes in demselben (siehe die Quecksilberinjektion des arteriellen Systems). Das Colon weist eine starke Querrunzelung auf, zeigt aber glattverlaufende Muskelbänder (Taeniae). Das Coecum verfolgen wir, bis es in den scharf abgesetzten Wurmfortsatz übergeht. Das Colon geht in den Mastdarm über, der durch die kugelig geballten, deutlich abgesetzten Kotballen leicht zu erkennen ist.

Zieht man jetzt die Gedärme etwas herab, so sieht man ohne weiteres die linke Niere des Tieres. Die rechte Niere sitzt weiter kopfwärts und kann durch Anheben von Coecum und Colon sichtbar gemacht werden. An der linken Seite des Magens, also lateral von diesem, ragt die dunkelrote Milz hervor, die man durch leichtes Anheben des Magens in ihrer ganzen Länge überblicken kann.

IV. Organe der Brusthöhle.

Jetzt trennt man die Reste der Bauchwand bis zur Rippengrenze ab, drückt die Leber stark herunter und sieht dann das hellrote Zwerchfell konkav nach oben gewölbt. Man führt jetzt wieder die Glaskanüle des Gummigebläses in den schon früher angelegten Luftröhrenschnitt. Man bläst nicht zu kräftig, damit die Lunge nicht platzt: das Zwerchfell wölbt sich vor. Bei leerer Lunge sieht man in der Mitte des Zwerchfells eine dunkle Stelle; hier stößt die Herzspitze gegen dasselbe. Bei gefüllter Lunge verschwindet diese dunkle Stelle, da die Lunge sich dann bis um die Herzspitze herum ausdehnt. Man studiere auch den Gefäßverlauf im Zwerchfell.

Die Eröffnung der Pleurahöhle (Fig. 367) erfolgt von der Rippenwand aus. Man durchtrennt mit der Schere an irgend einer Stelle der Seitenwand die Muskulatur, bis man auf die Rippen stößt, fährt dann zwischen dieselben, durchschneidet eine Rippe seitlich und geht von hier aus weiter. Dann schneidet man quer über den unteren Teil des Brustkorbes, doch so, daß man über der Ansatzstelle des Zwerchfells bleibt. Die Decke der Brusthöhle wird nun abgehoben, wobei die bindegewebige Verbindung des Herzens mit der Brustdecke vorsichtig zu lösen ist. Ebenso ist die Verbindung der Thymus mit dem Brustbein zu lockern. Die seitlichen Schnitte durch die Brustwand konvergieren gegen das Manubrium des Brustbeins. Man achte auf die daselbst liegenden Venen! Vorn über der Eintrittsstelle der Jugularvenen wird die Brustdecke abgetrennt. Jetzt löst man den Herzbeutel vom Zwerchfell und kann dieses nun von oben her sehen. Zum besseren Halt für dasselbe läßt man den Schwertfortsatz des Brustbeins und einen Teil der letzten Rippen

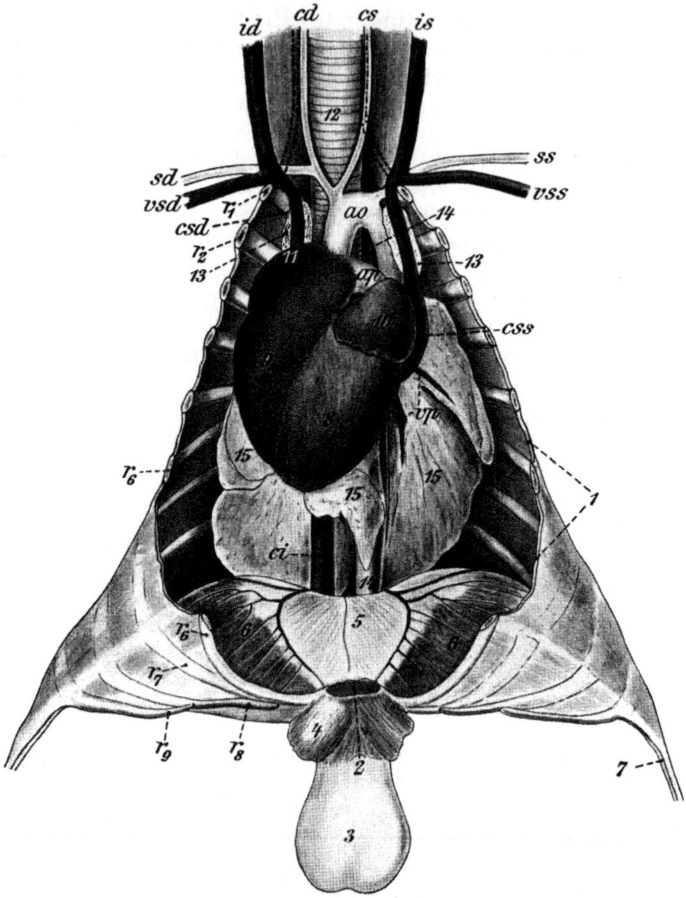

Fig. 367. Lepus cuniculus. Organe der Brusthöhle. Ventrale Wand der Brusthöhle abgetragen. Processus xiphoid. kaudalwärts gezogen, wodurch das Zwerchfell sichtbar wird. Vena transversa entfernt.

r_1—r_9 Rippen. — 1. durchschnittene Muskulatur. — 2. Brustbeindurchschnitt. — 3. Processus xiphoideus. — 4. Muskelreste. — 5. membranöser Teil des Zwerchfelles. — 6. muskulöser Teil des Zwerchfelles. — 7. Rest der abgetragenen Bauchwand. — 8. linke Herzkammer. — 9. rechte Herzkammer. — 10. linke Vorkammer. — 11. rechte Vorkammer. — 12. Trachea. — 13. Reste der Thymus. — 14. Speiseröhre. — 15. Lungenlappen. — ao. Aorta. —cs. Arteria carotis sinistra. — cd. Arteria carotis dextra. — ss. Arteria subclavia sinistra. — sd. Arteria subclavia dextra. — is. Vena jugularis externa sinistra. — id. Vena jugularis externa dextra. — Die beiden punktierten Doppellinien geben die Lage der inneren Jugularvenen an. — vss. Vena subclavia sinistra. — vsd. Vena subclavia dextra. — css. Vena cava superior sinistra. — csd. Vena cava superior dextra. — ci. Vena cava inferior. — ap. Arteria pulmonalis.

stehen. Der Atmungsversuch wird nun bei freigelegter Lunge noch einmal wiederholt. Beim Einatmen bläht sich die Lunge und bedeckt das Herz. Ventral sieht man im Zwerchfell den Durchtritt der Vena cava inferior, darunter die Speiseröhre, am weitesten dorsal die Aorta descendens nahe an der Wirbelsäule.

Wir spalten nun den Herzbeutel und ziehen ihn nach der Herzwurzel zu ab. (Achte auf das Herzwasser!) Die beiden Herzkammern unterscheiden sich deutlich nach Konsistenz und Färbung. Durch Betasten fühlen wir, daß die linke Herzkammer bedeutend starkwandiger

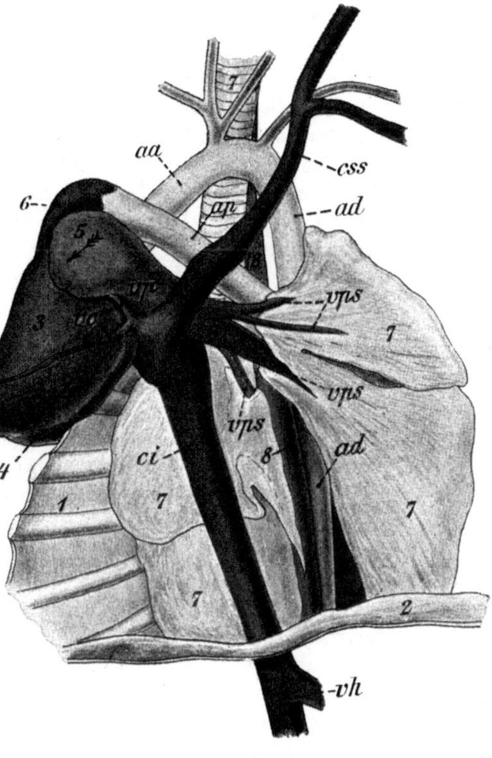

Fig. 368. Lepus cuniculus. Zur Demonstration der Herzgefäße ist das Herz über die rechte Brustwand hinübergelegt. Die linke Vorkammer (5) ein wenig in Richtung des Pfeiles gezogen. Schwertfortsatz und Teil des Zwerchfelles (s. Fig. 367) abgetragen.

1. Rest der rechten Brustwand. — 2. Rest des Zwerchfelles. — 3. Linke Herzkammer. — 4. Rechte Herzkammer (Dorsalseite). — 5. Linke Vorkammer. — 6. Vorderes Ende der rechten Herzkammer. — 7. Luftröhre und Lunge. — 8. Speiseröhre. — aa Aorta ascendens. — ad Aorta descendens. — css Vena cava superior sinistra. — vc Vena coronaria. — ci Vena cava inferior. — ap Arteria pulmonalis sinistra. — vp Vena pulmonalis. — vps Zweige der Vena pulmonalis sinistra. — vh Eine der Venae hepaticae.

ist als die rechte, dunkler gefärbte. Die Vorkammern sind leicht zu erkennen. Man faßt nun den hochgeschobenen Herzbeutel gleichzeitig mit der weißgelben Thymus und präpariert beides vorsichtig ab. Man sieht dann die Arteria pulmonalis und die Aorta ascendens. Die Verzweigungen der Aorta und der Lungenarterien präpariere man nach der Figur frei. Einen guten Überblick über die Venen (Hohlvene und Lungenvenen) erhält man, wenn man das Herz an der Spitze faßt, hochhebt und von unten her betrachtet (Fig. 368). Auch hier hat man erst die Reste des Herzbeutels zu entfernen. Die Arterien und Venen des Herzens werden bis zu ihren hauptsächlichsten Verzweigungen in der Brusthöhle frei präpariert. Aus der Aorta entspringen zwei Stämme, auf der linken Seite des Tieres die Arteria subclavia sinistra, rechts der Truncus anonymus, der zuerst die Arteria carotis sinistra abgibt und sich dann in die Arteria carotis und Arteria subclavia dextra spaltet. Die Lungenarterie gabelt sich bald in einen rechten und linken Ast.

Vom Halse her kommen jederseits zwei Jugularvenen, eine äußere und eine innere (siehe auch S. 442). Die äußere verläuft am Halse ganz oberflächlich, die innere liegt hinter der Halsarterie; sie ist die schwächere. Beide vereinigen sich und nehmen dann auf jeder Seite eine Vena subclavia auf. Die so gebildeten rechten und linken oberen Hohlvenen münden getrennt in die rechte Vorkammer. Von unten her empfängt diese die Vena cava inferior. In die linke Vorkammer münden zwei, manchmal vier Lungenvenen.

V. Urogenitalsystem.

Zur Untersuchung des Urogenitalsystems müssen wir Leber, Magen und Darmkanal herausnehmen. Die Därme werden vom Mesenterium hinten abgelöst und der Mastdarm einige Zentimeter über dem After durchschnitten. Das Omentum wird vom Magen gelöst, Leber und Magen vorsichtig entfernt und das Zwerchfell abgetrennt. Am Mesenterium fällt uns dorsal eine große, lappige Lymphdrüsenmasse auf, die Glandulae mesentericae superiores oder das Pancreas Asellii.

Wir sehen nun die freiliegenden Nieren (Fig. 369). Die linke Niere liegt bedeutend tiefer als die rechte. Beide Nieren sind von einer häutigen Nierenkapsel eingeschlossen, die viel Fett enthalten kann. Man spaltet die Nierenkapseln und trägt sie ab.

Die rechte Nebenniere liegt median von der rechten Niere und wird zum Teil von der Vena cava inferior bedeckt. Die linke Nebenniere liegt etwas höher als die linke Niere neben der Hohlvene und oberhalb der Einmündung der Nierenvene dieser Seite.

Wir spalten eine Niere durch einen Längsschnitt. Die Rindenzone setzt sich deutlich von der Zone der geraden Kanälchen ab. Das Nierenbecken zeigt meist nur eine Papille.

Die Form des Nierenbeckens kann man durch Injektion vom Ureter aus mit einer erhärtenden Schellackmasse (Einstichkanüle!) und nachfolgender Korrosion der Nierensubstanz in Kalilauge studieren. Die Oberfläche des Korrosionspräparates ist von blattartigen Ausstülpungen bedeckt. Injektionen der Harnkanälchen für mikroskopische Zwecke erfolgen in derselben Weise mit Gelatinemasse und nachfolgender Formalinhärtung.

In jede Niere mündet eine Arterie und von jeder entspringt eine Vene und ein Ureter. Die Ureteren ziehen vom Nierennabel in schräger Richtung zur Mittellinie, wobei der linke Ureter sich dieser Linie viel schneller nähert als der rechte. Die Einmündungsstelle der Ureteren in die Harnblase sieht man, wenn die letztere kaudalwärts herabgezogen

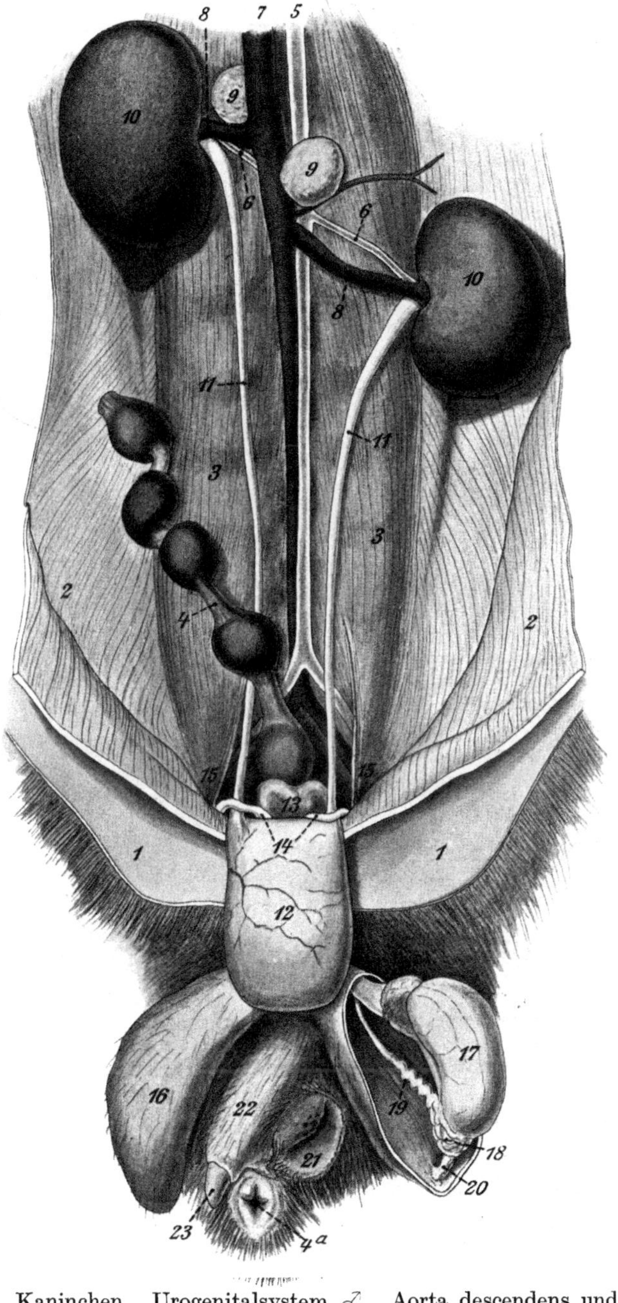

Fig. 369. Kaninchen. Urogenitalsystem ♂. Aorta descendens und Vena cava inferior freipräpariert. Linker Scrotalsack der Länge nach geöffnet. Harnblase kaudalwärts geklappt und ein wenig aus der Leibeshöhle herausgezogen.

1. Innenfläche der Bauchhaut. — 2. Reste der Bauchwand. — 3. Beugemuskulatur des Rumpfes. — 4. Endstück des Darmes (4a. Afteröffnung). — 5. Aorta descendens. — 6. Arteriae renales. — 7. Vena cava inferior. — 8. Venae renales. — 9. Nebennieren. — 10. Nieren. — 11. Ureteren. — 12. Harnblase. — 13. Vesicula prostatica. — 14. Endigungen der Vasa deferentia. — 15. Venae spermaticae (nur teilweise erhalten). — 16. Rechter Scrotalsack. — 17. Linker Hoden. — 18. Nebenhoden desselben. — 19. Vas deferens. — 20. Gubernaculum testis. — 21. Inguinaltasche. — 22. Penis. — 23. Glans penis.

wird (Fig. 369). Die Endteile der Ureteren verlaufen in der hinteren Blasenwand so, daß bei starker Füllung der Blase ein automatischer

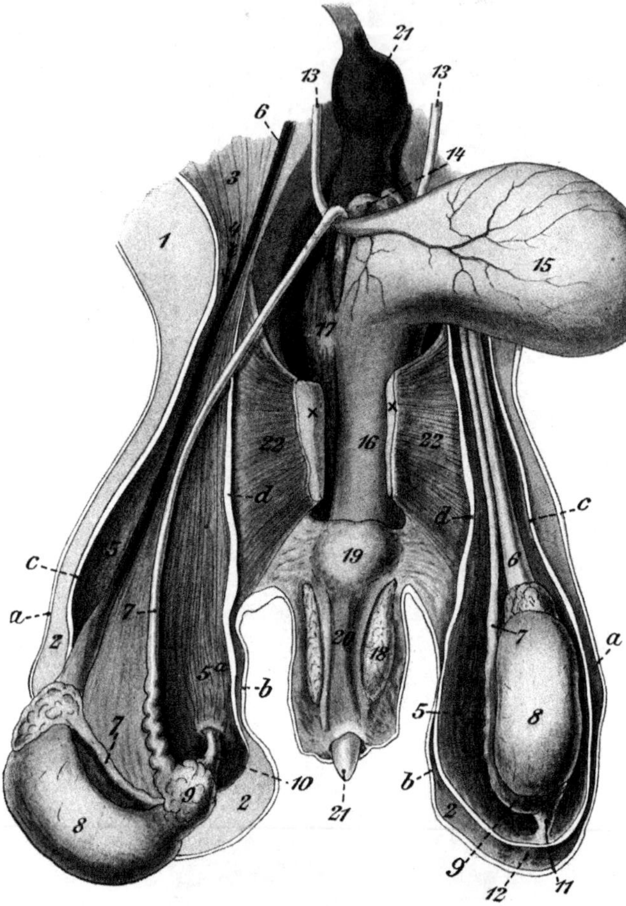

Fig. 370. Kaninchen. Urogenitalsystem ♂. Fortsetzung der Präparation der in Fig. 369 dargestellten Ansicht. Ventralwand der Scrotalsäcke bis zur Leibeshöhle hin geöffnet, Schambeinfuge durchschnitten, Penis freigelegt. Harnblase nach rechts gezogen.
1. Innenfläche der Haut. — 2. Innenfläche der Scrotaltaschen. — 3. Leibeshöhle. — 4. Eingang zum Cremastersack. — 5. Innenfläche des Cremastersackes. — 5a. Musculus cremaster. — a., b. Schnittfläche der Haut. — c., d. Schnittfläche des Cremastersackes. Schnittflächen der Deutlichkeit wegen verbreitert gezeichnet. Zur Rekonstruktion der natürlichen Lage denke man sich die Schnittfläche a an die Schnittfläche b und die Schnittfläche c an die Schnittfläche d gelegt. — 6. Vena und Arteria spermatica, die rechte von dem umhüllenden Fettgewebe befreit. — 7. Vasa deferentia. — 8. Hoden. — 9. Nebenhoden. — 10., 11. Gubernaculum testis. — 12., 13. Ureteren. — 14. Vesicula prostatica. — 15. Harnblase. — 16. Urethra. — 17. Glandula prostatica. — 18. Glandula inguinalis. — 19. Musculus ischiocavernosus. — 20. Schwellkörper. — 21. Penisspitze. — 22. Am Schambein inserierende Muskeln. — × × Schnittfläche der Schambeinfuge.

Verschluß der Harnleiter erfolgt. Man kann diese Verhältnisse durch Injektionen prüfen, die von dem Ureter oder der Urethra aus zu erfolgen haben (Luftinjektion genügt).

Hat man ein Männchen vor sich, so sieht man über den Basalteil jedes Harnleiters von außen her das Vas deferens nach innen mit einer deutlichen Schleife herüberziehen.

Wir wenden uns zum Bau der männlichen Geschlechtsorgane. Man präpariere die Haut über der Schambeinfuge ab und verfolge das Vas deferens nach der Hodensacktasche (Scrotaltasche) hin. Die ventrale Wand derselben wird gespalten, bis man an die Spitze des Scrotums kommt, wo durch ein Gubernaculum testis eine Verbindung mit der muskulösen Auskleidung der Tasche hergestellt ist. Diese muskulöse Auskleidung der Hodentasche, welche sich leicht von der Haut ablösen läßt, wird als Cremastersack bezeichnet. Derselbe wird von gewissen Faserzügen des Musculus obliquus abdominis internus und des Musculus transversus abdominis gebildet. Bei der Ablösung des Cremastersackes von der Haut reißt in diese gewöhnlich ein Loch an der Stelle, wo der Muskelsack am Gubernaculum testis hängt. Hier ist die Haut mit dem Cremaster durch das Ligamentum scroti verbunden gewesen.

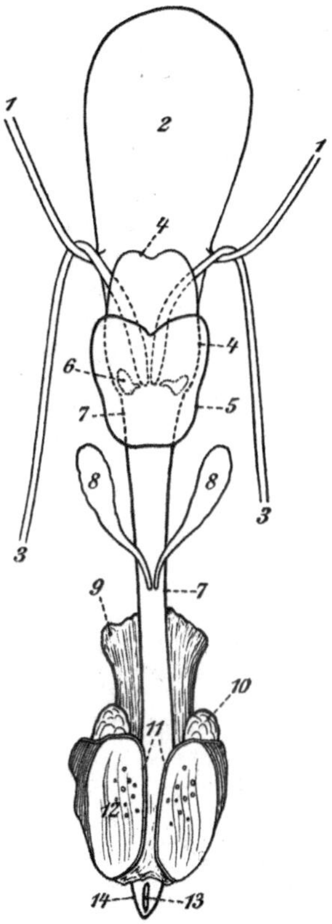

Fig. 371. Lepus cuniculus ♂. Urogenitalapparat herauspräpariert. Dorsalansicht.

1. Ureter. — 2. Harnblase. — 3. Vas deferens. — 4. Kontur der Vesicula prostatica. — 5. Kontur der Prostata. — 6. Vesicula seminalis. — 7. Kontur des Urogenitalkanales. — 8. Glandula Cowperi. — 9. Muskulatur und Schwellkörper. — 10. Glandula inguinalis. — 11. Schnittfläche der Körperhaut. — 12. Ventralwand der Inguinaltasche. — 13. Mündung des Urogenitalkanales an der Dorsalseite der Penisspitze. — 14. Spitze des Penis.

Der Hoden geht in den Nebenhoden über, welcher sich längs des eigentlichen Hodens erstreckt und aus Caput (Nebenhodenkopf) und Cauda besteht. Der Nebenhoden verlängert sich zum Vas deferens, welches aufwärts steigt, in die Bauchhöhle tritt, dann umbiegt, sich über den Ureter legt und auf der hinteren Wand der Blase abwärts steigt (Fig. 370).

Wir präparieren jetzt die Schambeinsymphyse in der Mittellinie ganz frei und durchtrennen sie mit der starken Schere. Dann präparieren wir vom After her die Haut des Dammes ab und trennen den Darm an der Wirbelsäule entlang ab. Die Ureteren werden abgeschnitten, der Enddarm von den Urogenitalorganen abpräpariert und diese, nachdem sie überall losgelöst sind, herausgehoben und mit der Dorsalseite nach oben auf das Brett gelegt (Fig. 371). Auf der Dorsalseite der Harnblase läßt sich mit Leichtigkeit eine kleine, zweizipfelige Blase feststellen, die **Vesicula prostatica** (Uterus masculinus). Wir verfolgen jetzt die Ureteren bis zu ihrer Einmündung. Dazu müssen wir die Vesicula prostatica mit der ihr dorsal aufgelagerten **Glandula prostatica** hochheben und kaudalwärts überklappen (Fig. 372). Unmittelbar neben den Samenleitern, d. h. auf der ventralen Wand der Vesicula prostatica, münden zwei kleine, wenige Millimeter im Durchmesser große Bläschen, die **Vesiculae seminales**. Diese Vesiculae sind eigentlich Drüsen. Ihre Funktion als Receptaculum ist nicht sichergestellt.

Die Prostata besteht aus einem Mittellappen und zwei Seitenlappen. Sie liegt der Vesicula prostatica dorsal auf. Ihre Mündungsstellen präparieren wir später. An dem häutigen, oberen Teile der Harnröhre sieht man jederseits eine der **Cowperschen Drüsen** (1 cm lang, 2 mm breit bei ausgewachsenen Tieren). An den Seiten des Endstückes des abgelösten Rectums liegen die **Analdrüsen** (1,5 cm lang, 3—4 mm breit). Ihr Sekret macht die kugelförmigen Kotballen vor dem Durchtritt durch den After geschmeidig. Die **Inguinaldrüsen** (13 mm lang, 4—5 mm breit) liegen seitlich an der Peniswurzel. Sie heben sich beim Abpräparieren der Haut mit dieser hoch und münden in einer unbehaarten Tasche (Inguinaltasche, Fig. 369, 21) an jeder Seite des Präputiums. Diese unbehaarte Stelle ist sehr leicht zu finden. Die Öffnungen der Drüsenkanäle sind meist durch das erstarrte, gelbe Sekret verklebt, welches außerordentlich stark riecht (Castoreum des Bibers!).

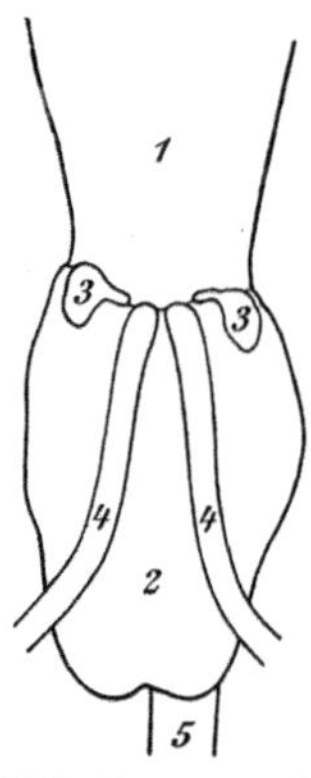

Fig. 372. Lepus cuniculus ♂. Vesicula prostatica kaudalwärts geklappt. Dorsalansicht.

1. Harnblase. — 2. Ventralwand der Vesicula prostatica. — 3. Vesicula seminalis. — 4. Vas deferens. — 5. Urogenitalkanal.

Die accessorischen Geschlechtsdrüsen (Prostata, Cowpersche Drüsen, Vesiculae seminales) liefern ein Sekret, das zur Sicherung der Samenübertragung dient. Das Sekret bildet zusammen mit dem des Nebenhodens ein flüssiges Medium für die Spermien. Das Sekret der Vesiculae seminales wird unmittelbar nach der Ejaculation des eigentlichen Sperma ergossen und gerinnt bei Anwesenheit der geringsten Blutmenge. Dadurch entsteht ein Pfropfen (Bouchon vaginal Lataste), der die Vagina schließt und erst später, kurz vor der Geburt, sich wieder auflöst. So kann das Sperma die Vagina nicht wieder verlassen.

Wir wollen jetzt Penis und Blase auf der Ventralseite spalten. Dabei fällt uns an der dorsalen Peniswurzel der halbkugelig vorgewölbte Musculus ischiocavernosus auf, der den Penis nach vorn hebt. Beim Spalten des Penis achte man auf die starken Schwellkörper. Diese sind ein faseriges Gewebe, welches kavernös ausgeweitet ist und von einer starken Bindegewebshaut umgeben ist. Seine Kapillaren zeichnen sich durch ihre Weite aus. Es wird gereizt durch den von Sacralnerven gespeisten Plexus hypogastricus. Auf die Reizung erweitern sich die Kavernen und füllen sich mit Blut.

Wir suchen die Mündungen der Ureteren an der Rückenwand der Blase. Der Ureter ist eine Strecke weit mit der hinteren Blasenwand verwachsen. Auf der dorsalen Wand der Harnröhre bemerkt man einen deutlich abgesetzten Hügel, den Colliculus seminalis. Proximal von ihm sieht man die Vasa deferentia durch die Blasenwand schimmern. Die

Mündungsstelle derselben kann man hier noch nicht sehen, da sie in die ventrale Wand der Vesicula prostatica münden. Ein Scherenschnitt (Fig. 373, 9), welcher die dorsale Wand der Blase (Fig. 374, 1) und die ventrale Wand der Vesicula (Fig. 374, 2) spaltet, legt die Öffnungen frei. Distal, doch noch fast neben dem Colliculus bemerkt man die Mündungen der Vesiculae seminales (Fig. 371, 6). Lateral vom Colliculus mündet mit mehreren kleinen Poren die Prostata (Fig. 373, 6) und etwas weiter distal vom Colliculus mit zwei Öffnungen die Cowperschen Drüsen (Fig. 373, 7), deren Ausführungsgänge man auch in proximaler Richtung noch ein kurzes Stück unter der Schleimhaut verfolgen kann. Beim Aufsuchen all dieser feinen Öffnungen muß man immer erst durch leichtes Aufblasen von Luft mit dem Munde den Schleim entfernen und dann durch vorsichtiges Palpieren

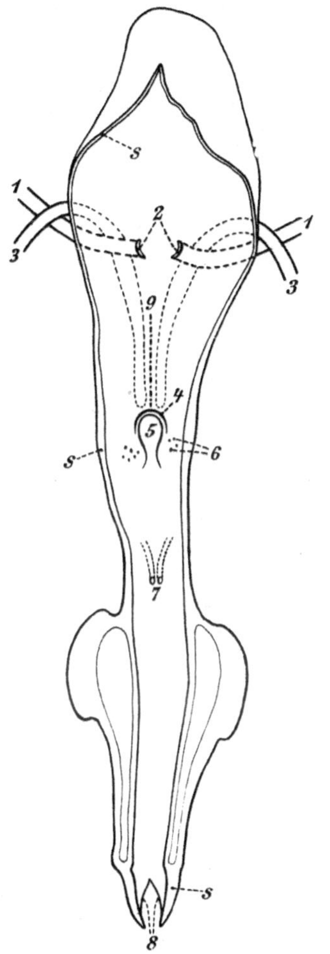

Fig. 373. Lepus cuniculus ♂. Blase und Urogenitalkanal der Länge nach gespalten. Ventral-Ansicht. s Schnittfläche.

1. Ureteren. — 2. Mündungen derselben. — 3. Vas deferens. — 4. Rand des spaltförmigen Einganges zur Vesicula prostatica. — 5. Colliculus seminalis. — 6. Mündungen der Prostata. — 7. Mündungen der Cowperschen Drüsen. — 8. Ränder der Öffnung des Urogenitalkanales. — Die Punktlinie 9. gibt die Schnittführung an zur Gewinnung der Ansicht in Fig. 374.

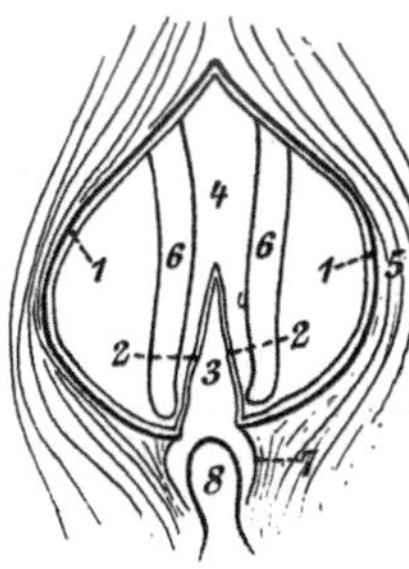

Fig. 374. Lepus cuniculus ♂. Ausführung der Präparation nach Fig. 373 Schnittlinie 9.

1. Schnittfläche der Dorsalwand der Urethra. — 2. Schnittfläche der Ventralwand der Vesicula prostatica. — 3. Dorsalwand der Vesicula prostatica. — 4. Ventralwand der Vesicula prostatica. — 5. Dorsalwand der Urethra (nach links und rechts zur Seite geschoben). — 6. Vas deferens. — 7. Rand (durchschnitten) der Eingangsspalte zur Vesicula prostatica (4. in Fig. 373). — 8. Colliculus seminalis.

mit einer Schweinsborste den Eingang der Kanäle zu gewinnen suchen.

Wir gehen nun noch kurz auf die Präparation der weiblichen Geschlechtsorgane ein. Auch hier wird die Haut über der Schambeinfuge durchtrennt und die Muskulatur beseitigt. Dann präpariert man die Haut von der durch Herausdrücken leicht zu erkennenden Clitoris (Fig. 376, 10) ab, durchtrennt die Schambeinsymphyse und biegt sie auseinander.

Hinter der Harnblase (Fig. 375, 3) sehen wir den zweihörnigen Uterus (Fig. 375, 7), welcher proximal in die engen, geschlängelten Eileiter (Fig. 375, 6, 6a) übergeht. Jeder Eileiter trägt einen häutigen Trichter (Tuba, Fig. 375, 5), welcher durch das Ligamentum latum ge-

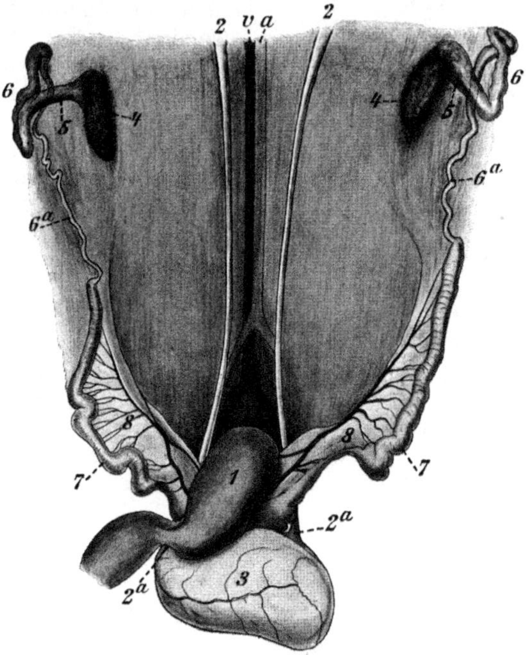

Fig. 375. Lepus cuniculus ♀. Situs der Geschlechtsorgane, soweit sie ohne Präparation nach Abtragung des Darmes sichtbar sind.
1. Rectum kaudalwärts geklappt. — 2. Ureteren. — 2a. Einmündungsstellen der Ureteren in die Harnblase. — 3. Harnblase (kaudalwärts gezogen). — 4. Ovarium. — 5. Übergang der Oviducte in den Trichter der Tuba Falloppiae. — 6. Weiter Abschnitt der Tuba Falloppiae (s. Oviduct). — 6a. Enger Abschnitt der Tuba Falloppiae (s. Oviduct). — 7. Hörner des Uterus. — 8. Ligamentum latum. — v Vena cava inferior. — a Aorta descendens.

tragen wird. Er mündet in eine Tasche des Peritoneums, in welcher das Ovarium (Fig. 375, 4) liegt. An den bohnenförmigen Eierstöcken sieht man deutlich eine Anzahl verschieden großer, wasserheller Bläschen (Graafsche Follikel). Die große Dehnungsfähigkeit und der Verlauf des Uterus lassen sich gut durch eine Luftinjektion von der Scheide aus zur Darstellung bringen. Um die Einmündung der beiden Uterushörner in die Scheide zu sehen, schneiden wir ein Fenster in deren proximalen Teil (Fig. 376, 2). Die Mündungen sind sehr leicht zu finden (Fig. 376, 3). Spaltet man die vordere Blasenwand (Fig. 376, 6) bis zu ihrer Einmündung in die Scheide, so bemerkt man den Colliculus, welcher dem Hymen anderer Säugetiere entspricht. Die Clitoris ist beinahe ebensolang wie der Penis des Männchens, aber bedeutend dünner.

Man löst nun wieder das ganze Urogenitalsystem heraus, indem man alle bindegewebigen Anheftungen durchtrennt, dann den Enddarm faßt und um den After herum das Fell abtrennt. Danach wird der Darm ganz abpräpariert. Er trägt an jeder Seite eine Analdrüse (Fig. 376, 14). Dann werden die accessorischen Drüsen nach Fig. 376 freigelegt. Es ist ganz vorteilhaft, wenn man für diese feineren Arbeiten (auch beim Männchen) das losgelöste Objekt in der Wachswanne unter Wasser bearbeitet. Es finden sich hier wieder Inguinaldrüsen (Fig. 376, 17 und 18) wie beim Männchen und die den Cowperschen Drüsen entsprechenden Bartholinischen Drüsen (1,5 cm lang, 3 mm breit) an der seitlichen Außenwand der Scheide und der Seitenwand der Clitoris. Ihr Sekret macht den Scheideneingang schlüpfrig.

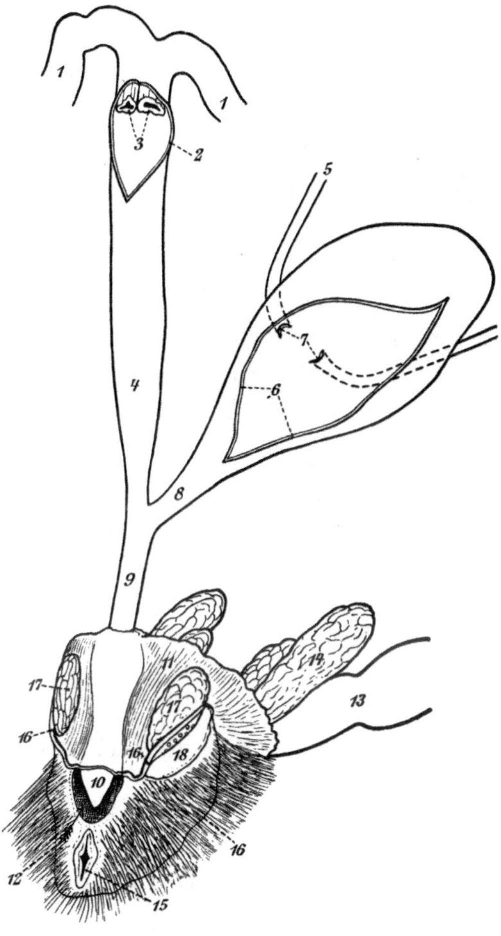

Fig. 376. Lepus cuniculus ♀. Ventralansicht des mit dem Darme herauspräparierten Urogenitalapparates. Fenster in die Wandung der Vagina und der Harnblase geschnitten. Etw. vergr.

1. Uterus. — 2. Schnittfläche der Wandung der Vagina. — 3. Mündungen der Uteri. — 4. Vagina. — 5. Ureter. — 6. Schnittfläche in der Harnblasenwand. — 7. Mündungen der Ureteren. — 8. Urethra. — 9. Urogenitalkanal. — 10. Spitze der Clitoris. — 11. Muskulatur. — 12. Der Pfeil zeigt in die Urogenitalöffnung. — 13. Darm. — 14. Analdrüsen. — 15. Afteröffnung. — 16. Rand und Schnittfläche eines Restes der behaarten Körperhaut. — 17. Glandula inguinalis. — 18. Inguinaltasche mit Mündungen der Inguinaldrüse.

Anmerkung 1. Bei der Präparation der Weibchen achte man auch auf die Milchdrüsen. Beim Abtrennen des Felles bemerkt man auf der Bauchseite die paarig angeordneten Drüsenmassen, welche bei unvorsichtiger Präparation teilweise am Fell haften bleiben. Es finden sich 6—10 Zitzen, deren jede fünf weite Ausführungsgänge besitzt. Die Zitzenreihen der beiden Seiten konvergieren nach hinten. Die

Milchdrüsen sind flach und scheibenartig ausgebildet; die Zitze erhebt sich ungefähr in der Mitte jeder Drüse.

Anmerkung 2. Wenn die Mittel es gestatten, empfiehlt sich die Herstellung von Gefrierschnitten. Das steinhart gefrorene Tier kann im Schraubstock festgespannt und mit einer grossen Tischlersäge zerschnitten werden. Stehen zwei Exemplare zur Verfügung, so zerlege man das eine durch einen Längsschnitt, das andere durch viele Querschnitte; muss man sich mit einem Exemplar begnügen, so spalte man Kopf und Hals längs, den Rumpf quer. Wir fügen zur Demonstration die auf photographischem Wege gewonnene Abbildung Fig. 377 bei; die Abbildung kann aber keine Vorstellung geben von der Schönheit der Gefrierschnittsbilder. Ein Längsschnitt durch den Kopf ist im Abschnitt „Kopf" abgebildet.

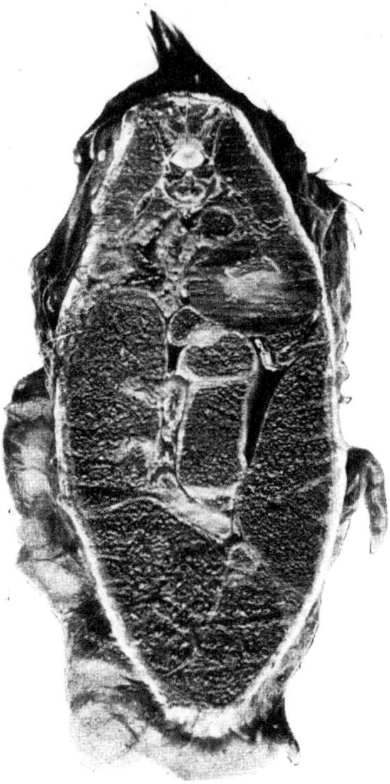

Fig. 377. Lepus cuniculus. Gefrierschnitt durch die Unterleibsorgane. Photographie. Man erkennt unter anderem Rückenmark, Wirbelsäule, Niere und Querschnitte durch den Darmkanal (besonders Blinddarm).

11. Kapitel.

Kaninchen.

Muskulatur der Gliedmaßen, Gelenke.

Das Material für diese Arbeiten bilden die bei der Situspräparation übrig gebliebenen Kadaver der Kaninchen. Man trennt die Köpfe für Präparation von Gehirn, Nase und Ohr (siehe daselbst) ab, schneidet das Tier unterhalb der Arme und oberhalb der Beckenknochen quer durch und trennt die die Gliedmaßen tragenden Körperteile durch einen Sägeschnitt, welcher die Wirbelsäule längs spaltet, in eine rechte und eine linke Hälfte. So wird das Material in großen Gefäßen mit denaturiertem Spiritus oder 4%igem Formalin für mehrere Tage oder Wochen aufbewahrt. Das gehärtete Material ist für die Muskelpräparation besser geeignet als frisches. Zur Verarbeitung werden die Teile in Wasser abgespült und dann wird das Fell abgezogen. Man hilft hierbei mit dem Messer nach, wobei man aber, um die Muskeln zu schonen, die Schneide immer nach der Fellseite zu halten hat. Man säubert das Objekt dann von noch anhaftendem Unterhautbindegewebe, indem man dieses mit der Pinzette anhebt und, soweit es ohne Mühe geschehen kann, ablöst. Ebenso trennt man das Bindegewebe zwischen den leicht auffindbaren Muskelpartien. Die Präparation der Muskeln ist gleichbedeutend mit ihrer Isolierung, wobei mit wenigen Ausnahmen Anfangs- und Endsehne in ihrem natürlichen Zusammenhange zu belassen sind.

I. Schulterblatt und Vorderbein.

Die Bedeckung des Schulterblattes bilden auf der Außenseite der Musculus cucullaris und der Musculus latissimus dorsi, welche die vordere und äußere Fläche der Scapula einhüllen. Sie werden abpräpariert, ebenso auf der Innenseite die Muskeln, welche von oben her an das Schlüsselbein herankommen. Es bleiben dann nur die an das Schulterblatt sich unmittelbar anlegenden Muskeln übrig. Dies sind auf der Außenseite außer dem am Schlüsselbein ansetzenden Musculus deltoideus (Fig. 379, 380 : 4), die Musculi abductores brachii (Fig. 381 : 5 und 6) superior und inferior, der Musculus supraspinatus (Fig. 381 : 5, 379, 380 : 7; zum Teil auch auf der Vorderseite, bildet die obere Kante), der Musculus infraspinatus (Fig. 380 : 8), der Musculus teres minor (Fig. 380 : 9), auf der Innenseite dagegen der Musculus subscapularis (Fig. 381 : 6) und der Musculus teres major (Fig. 381 : 7; 380 : 10).

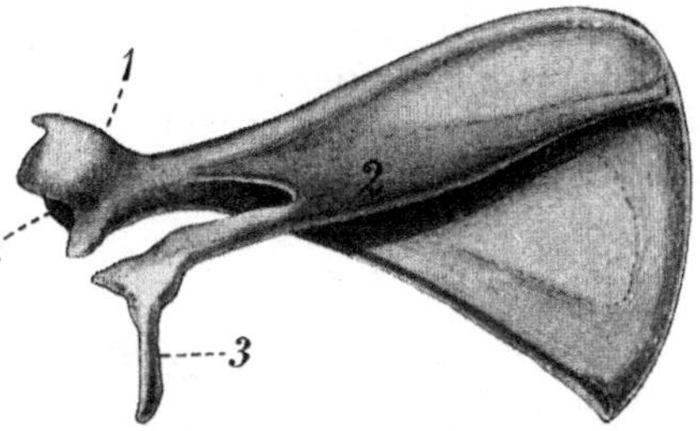

Fig. 378. Schulterblatt des Kaninchens.
1. Processus coracoideus. — 2. Spina scapulae. — 3. Processus hamatus derselben. — 4. Gelenkgrube für den Humerus.

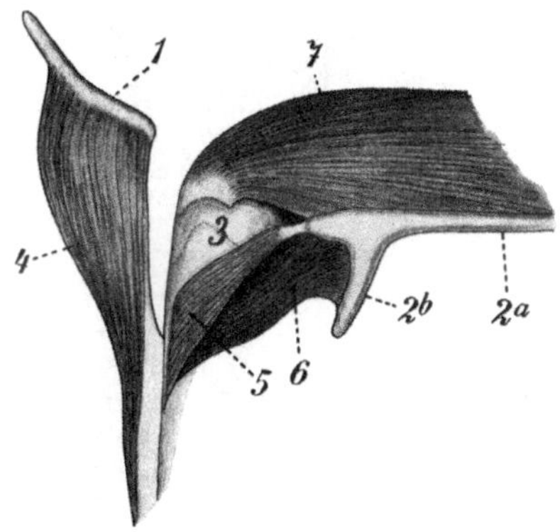

Fig. 379. Kaninchen. Muskeln des Schultergelenkes von außen.
1. Teil der Clavicula. — 2. Scapula (2a Spina, 2b Processus hamatus). — 3. Humerus. — 4. M. deltoideus. — 5. M. abductor brachii superior. — 6. M. abductor brachii inferior. — 7. M. supraspinatus. — 8. M. infraspinatus. — 9. M. teres minor. — 10. M. teres maior. — 11. Anconaeus longus. — 12. Anconaeus lateralis. — 13a. Brachialis internus lateraler Teil. — 13b. Brachialis internus medialer Teil. — 14. Biceps.

In den Figuren 379 und 380 ist auch noch der Musculus deltoideus zum Teil dargestellt, der mit einer Sehne an der oberen Hälfte des Oberarmes hängen bleibt. Diese Sehne wird nach dem Aufsuchen der Insertion durchschnitten. Bei der Isolierung zieht man die Muskeln vorsichtig auseinander. Man wird an dem sich meist sogleich mit Luft füllenden Zwischengewebe die Grenzen der Muskeln erkennen können, und wird dann durch vorsichtiges Ablösen mit dem Messer, von dem ev. die Rückseite zu benutzen ist, oder unter Zuhilfenahme der Finger zum Ziele kommen.

Bei der Präparation der Muskeln an der Außenseite des Schulterblattes beachte man die eigentümliche Form der Schultergräte (Spina scapulae, Fig. 378). Sie besitzt an ihrem Ende einen nach unten gehenden, langen Ausläufer (Processus hamatus), der deutlich durch die Muskeln fühlbar und sichtbar ist.

Der Musculus deltoideus entspringt an der seitlichen Hälfte des Schlüsselbeins. Er ist ein länglicher, nach unten spitz auslaufender, doppelt gefiederter Muskel, welcher mit einer ziemlich langen Sehne unter der Mitte der vorderen Seite des Oberarmknochens (Humerus) inseriert. Einzeln wirkend hebt er den Arm seitwärts.

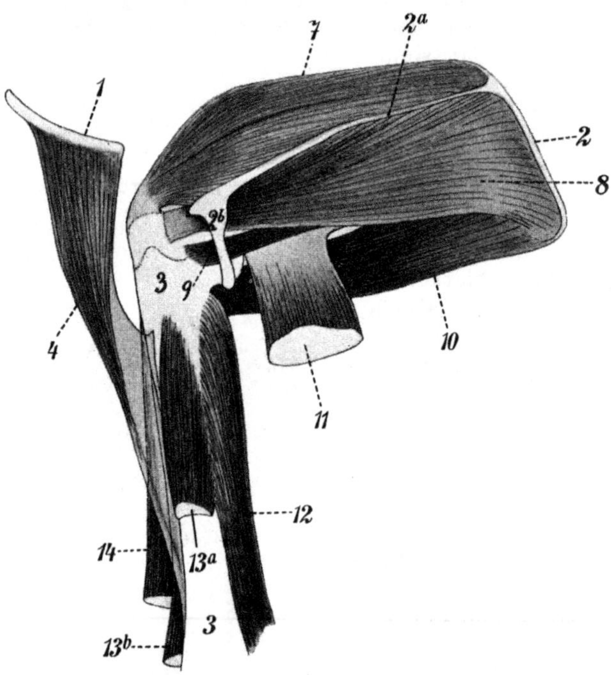

Fig. 380. Kaninchen. Muskeln des Schultergelenkes von außen. Vorgeschritteneres Stadium der Präparation; s. Fig. 379.

Der Musculus abductor brachii superior (Fig. 379, 5) entspringt an der Wurzel des Processus hamatus (Fig. 378, 3), läuft nach unten und vorn und inseriert an der seitlichen Kante der Gräte des Oberarmknochens.

Der Musculus abductor brachii inferior (Fig. 379, 6) entspringt zum größten Teile an der Schulterhöhe und dem Processus hamatus und inseriert mit dem vorigen neben dem Deltoideus am oberen Drittel des Oberarmknochens. Beide Abductoren sind selbständig gewordene Bündel des Deltoideus, den sie in seiner Wirkung unterstützen.

Der Musculus supraspinatus (Fig. 379 und 380, 7) entspringt an der Schulterhöhe, der Schultergräte und am oberen Schulterblattrande. Er ist ein dicker, fleischiger Muskel, welcher die über der Schultergräte gelegene Mulde des Schulterblattes vollständig ausfüllt und bedeckt wird von einigen zur Brustmuskulatur gehörigen Muskeln, die sich aber leicht entfernen lassen. Er inseriert teils an der Spitze, teils an der Seite des Tuberculum majus humeri (lateraler Teil des Humerusgelenkkopfes). Der Muskel wirkt als Strecker des Schultergelenkes.

Der Musculus infraspinatus (Fig. 380, 8) entspringt an der Schultergräte, der Schulterhöhe, der Mulde des Schulterblattes unterhalb der Schultergräte und zum Teil am unteren Rande des Schulterblattes. Er grenzt nach unten an den Teres major, welcher zusammen mit ihm am unteren Rande des Schulterblattes entspringt. Er verläuft unter dem Processus hamatus und inseriert unterhalb des lateralen Ansatzes des Musculus supraspinatus am Gelenkkopf des Humerus. Der Muskel dreht den Oberarm nach außen.

Der Musculus teres minor (Fig. 380, 9) entspringt an der Vertiefung des Schulterblattes unterhalb der Schultergräte, in seinem Ursprunge vom vorigen bedeckt, zieht unter dem Processus hamatus hindurch und inseriert unterhalb des vorigen am Gelenkkopf des Humerus. Er bewegt den Arm nach außen und wirkt mit Deltoideus und Teres major zusammen als Beuger des Schultergelenks.

Ein eigentümliches Bild gewährt auf der Innenseite des Schultergelenkes der Musculus coracobrachialis (Fig. 381, 8). Er entspringt am Processus coracoideus (Rabenschnabelfortsatz) des Schulterblattes (Fig. 378, 1), schlägt sich über den Gelenkkopf des Oberarmes, verstärkt die Kapsel des Schultergelenkes und geht zur Vorderseite des Oberarmes. Er inseriert dort und bedeckt so die Insertion des Teres major. Mit den Musc. supraspinatus und subscapularis zusammen wirkt er als Strecker des Schultergelenkes, allein führt er den Humerus einwärts.

Der Musculus subscapularis (Fig. 381, 6) entspringt von der ganzen medialen Fläche des Schulterblattes und inseriert am Tuberculum minus humeri (medialer Teil des Humerusgelenkkopfes). Er unterstützt den Musculus supraspinatus gemeinsam mit dem Musculus coracobrachialis, doch wird bei vorwiegender Wirkung der beiden letzteren der Oberarm einwärts geführt.

Der Musculus teres major (Fig. 380, 10) entspringt am unteren Rande des Schulterblattes mit Ausnahme des vorderen Drittels und wird zunächst noch von einigen leicht zu entfernenden Brustmuskeln bedeckt. Der dicke Muskel inseriert unter dem Tuberculum minus des Humeruskopfes. Er führt, einzeln wirkend, den Arm einwärts, mit Deltoideus und Teres minor zusammen wirkt er als Beuger des Schultergelenkes.

Am Oberarm sieht man, nachdem man oberflächlich das Bindegewebe gelöst hat, zuerst den Musculus extensor antibrachii parvus (Fig. 381 : 12), welcher an der Innenseite des Ellenbogens ansetzt. Seine obere Sehne ist breit und verläuft in der Fascie verschiedener anderer Muskeln. Präpariert man das im Bindegewebe der Innenseite liegende Bündel von Adern und Nerven heraus, so durchtrennt man dabei auch zum großen Teil die obere Sehne dieses Muskels und kann ihn dann an seiner unteren Anheftungsstelle nach unten umbiegen.

So ist er auch in Fig. 381 dargestellt. Es ist gut, wenn man ihn herumklappt, weil dadurch die wichtigeren Muskeln leichter sichtbar werden.

Es sind dies die drei Teile des Musculus triceps: Musculus anconaeus longus (Fig. 381 : 11a; 380 : 11), Musculus anconaeus lateralis (Fig. 381: 11c; 380: 12) und Musculus anconaeus medialis (Fig. 381: 11b).

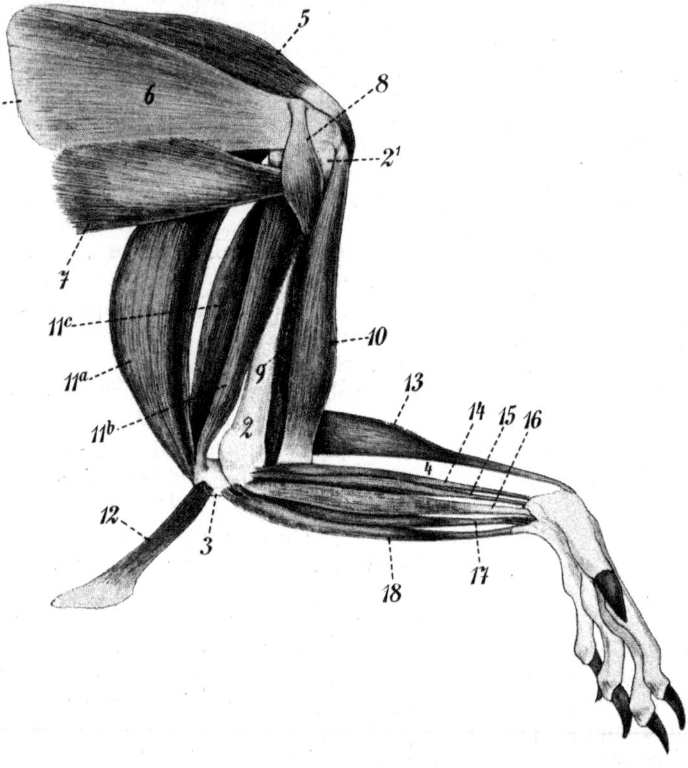

Fig. 381. Linkes Vorderbein des Kaninchens (von innen gesehen).

1. Schulterblatt. — 2. Oberarm (2' Oberarmgelenkkopf). — 3. Ellenbogen. — 4. Speiche. — 5. Musculus supraspinatus. — 6. Musculus subscapularis. — 7. M. teres maior. — 8. M. coracobrachialis. — 9. M. brachialis internus. — 10. M. biceps. — 11a, b, c. M. triceps (a. M. anconaeus longus; b. anconaeus medius; c. anconaeus lateralis). — 12. M. extensor antibrachii parvus s. anconaeus quintus. (Am Ursprung abgetrennt und zurückgeklappt.) — 13. M. extensor carpi radialis. — 14. M. pronator teres (die Sehne ist durch ein Versehen bis zum Handgelenk fortgeführt. Insertionsstelle Mitte der Speiche). — 15. M. flexor carpi radialis. — 16. M. flexor digitorum profundus. — 17. M. flexor digitorum sublimis — 18. M. flexor carpi ulnaris.

Die drei Teile vereinigen sich erst kurz vor ihrer Insertion. Der Musculus triceps ist der wichtigste Strecker des Unterarmes.

Der Musculus anconaeus longus entspringt doppelt gefiedert vom vorderen Drittel des unteren Randes des Schulterblattes, läuft über dem Teres major und unter dem Processus hamatus nach abwärts und vereinigt sich etwa in der Mitte des Humerus mit dem folgenden.

Ein Teil der Insertionssehne bleibt aber dabei selbständig. Er inseriert am Ende der überknorpelten Rinne des Ellenbogens.

Der Musculus anconaeus lateralis entspringt an der seitlichen Fläche des Oberarmes unter dem Gelenkkopf und inseriert, mit dem vorigen teilweise verwachsen, an der Seitenfläche des Ellenbogens.

Der Musculus anconaeus medialis entspringt von der ganzen hinteren Fläche des Oberarmes und verbindet sich bei seiner Insertion durch einige Sehnenbündel mit den beiden vorigen. Er wird von den beiden bedeckt und inseriert an einem hakenförmigen Fortsatz oberhalb der überknorpelten Rinne und am oberen Teil der Rückenseite der Elle.

Um die Vereinigungsstelle der drei Tricepsteile zu sehen, durchtrennt man zum Schluß die drei Muskeln in der Mitte und klappt die untere Hälfte zurück.

Wir suchen jetzt noch einmal die Insertionssehne des Deltoideus auf. Sie verläuft zwischen den beiden Bündeln eines auf der Beugeseite des Oberarmes verlaufenden Muskels, des Musculus brachialis internus (Fig. 381 : 9; 380 : 13a und 13b). In Fig. 380 sind die Bäuche der beiden Teile durchschnitten dargestellt.

Der Musculus brachialis internus entspringt in zwei Bündeln an der lateralen und medialen Seite des oberen Humerus. Die Vereinigung erfolgt erst im unteren Teile, welcher mit der Sehne des Musculus biceps verwächst. Beide Muskeln inserieren gemeinsam an Elle und Speiche etwas unterhalb des Ellenbogengelenks. Der Muskel beugt dieses Gelenk gemeinsam mit dem folgenden.

Der wichtigste Beuger des Unterarmes gegen den Oberarm ist der Musculus biceps (Fig. 381 : 10; 380 : 14 abgeschnitten). Er entspringt vom oberen Ende der Gelenkfläche des Schulterblattes innerhalb der Gelenkkapsel. Die Sehne inseriert unterhalb des Ellenbogengelenkes gemeinschaftlich mit dem vorigen Muskel an Elle und Speiche. Der Biceps hat beim Kaninchen nur einen Kopf. Das Caput breve, das beim Menschen am Coracoid entspringt, fehlt hier.

Die Präparation der Muskeln des Unterarmes ist schwieriger, da die einzelnen Muskeln hier dünner und schwerer zu trennen sind. Die Präparation von Muskeln wurde am Schultergelenk ausführlich beschrieben, um zu zeigen, wie alle Vorsprünge und Formeinzelheiten eines Knochens durch die Muskulatur ausgenutzt oder bedingt werden. An der Muskulatur des Oberarmes sollten die Bewegungen des Armes gelehrt werden. Die Muskeln der Volarseite des Unterarmes kann man allenfalls noch präparieren lassen; die Dorsalseite bietet so viele Schwierigkeiten dar, daß wir das Präparationsbild der Unterarmmuskulatur hier nur in großen Zügen andeuten wollen.

Man sieht die Grenzen der Muskeln auch hier schon oberflächlich unter dem Bindegewebe liegen, schneidet längs dieser Grenzen zwischen den Muskeln ein und biegt vorsichtig auseinander. Zwischen den Muskeln sieht man wieder das sich mit Luft füllende Bindegewebe. Zwischen dem Musculus pronator teres (Fig. 381 : 14) und dem Musculus flexor carpi radialis (Fig. 381 : 15) sieht man den Armnerven entlang ziehen, eine Fortsetzung des Nervenbündels, das schon im Oberarm zu beobachten war. Es sei darauf aufmerksam gemacht, daß der Musculus flexor digitorum profundus (Fig. 381 : 16) mit vier Köpfen an Humerus, Radius und Ulna entspringt; die einzelnen Köpfe dürfen also nicht als verschiedene Muskeln aufgefaßt werden. Trennt man den Pronator teres und den Flexor carpi radialis an der Sehne ab und klappt sie hoch, so erhält man einen freien Blick auf die vier Köpfe des Flexor digitorum profundus.

Das Ellenbogengelenk. Von einem durch Präparationen noch nicht verletzten Vorderbeine eines Kaninchens stellen wir einen Längsschnitt durch das Ellenbogengelenk mit Hilfe einer scharfen, dünnen Säge (am besten Kreissäge) her. Wir erhalten die Ansicht der Fig. 382. Man sieht die Gelenkkugel des Humerus, deren Verbindung mit dem Knochen hier so dünn erscheint, weil der Schnitt etwas tangential ge-

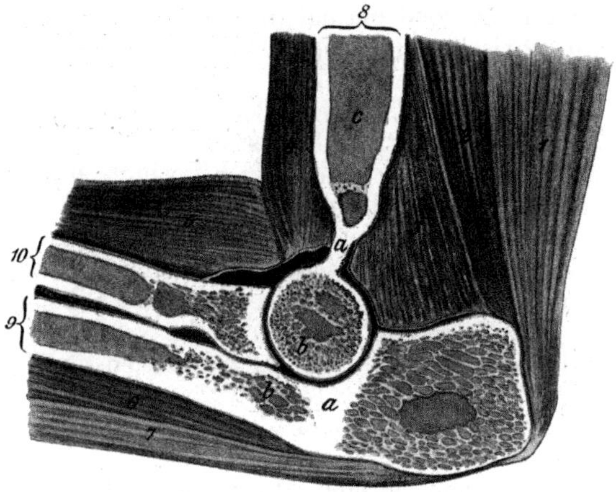

Fig. 382. Ellenbogengelenk des Kaninchens (rechter Arm, äußere Hälfte). 1.—7. Muskeln. — 8. Humerus. — 9. Elle. — 10. Speiche. — a. feste Knochensubstanz. b. Spongiosa. — c. Mark.

führt war. Die Gelenkpfanne wird sowohl von der Speiche (Fig. 382, 10) als auch von der Elle (Fig. 382, 9) gebildet. Der Ellenbogen ist ein über die Pfanne hinwegragender Fortsatz der Ulna. Das ganze Gelenk ist von einer Kapsel eingeschlossen. Innerhalb der Kapsel finden sich ein mediales und ein laterales Band, die in der Figur nicht sichtbar sind. Der Humeruskopf, die Enden von Radius und Ulna sowie der eigentliche Ellenbogen zeigen in ihrem Inneren spongiöse Knochensubstanz. Die freien Gelenkenden der Knochen haben einen feinen Knorpelüberzug.

Ellenbogengelenke neugeborener Katzen fixiere man mit der Muskulatur in Müllerscher Flüssigkeit, bette in Paraffin ein, schneide 30 μ dick längs, so daß der Fig. 382 entsprechende Bilder entstehen und färbe nach der Van Giesonmethode. Das Übersichtsbild eignet sich gut für Projektionszwecke. Histologisch lassen sich außer Knochen-, Knorpel- und Muskelgewebe Ossifikation und rotes Knochenmark in der Spongiosa studieren.

II. Hinterbein.

Bei der Präparation der Hinterbeine trennen wir das Fell zunächst nur bis zu den Fersengelenken ab, damit für die spätere Präparation der Sehnen des Fußes diese möglichst unbeschädigt erhalten bleiben; durch abwechselndes Trocken- und Naßwerden leiden dieselben besonders stark. Für die Sehnenpräparation hat man später mit ganz flacher Skalpellführung das Fell auf der Oberseite des Fußes zu durchtrennen und von

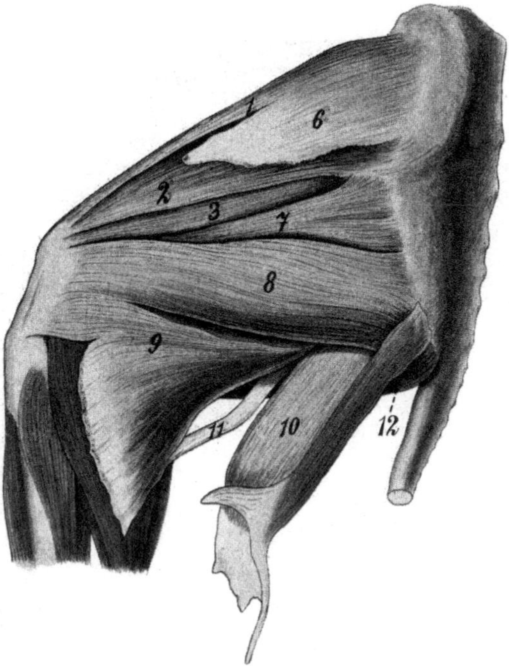

Fig. 383. Kaninchen. Linkes Hinterbein (Oberschenkel) von außen.

1. Rectus femoris (caput longum). — 2. Rectus femoris (caput breve). — 3. Vastus lateralis. — 4. Cruralis (s. Fig. 384). — 5. Vastus medialis (s. Fig. 384). 1.—5. Quadriceps femoris. — 6. Tensor fasciae latae mit einem Teil der Fascie. — 7. Biceps femoris I. — 8. Biceps femoris II. — 9. Biceps femoris III mit einem Teil der Unterschenkelfascie, in welche ein Teil des Muskels übergeht. — 10. Semimembranosus mit einem Teil der Unterschenkelfascie und der Sehne, aus seiner natürlichen Lage zwischen Adductor magnus (12) und Biceps femoris III (9) herausgezogen. — 11. Tensor fasciae cruris. — 12. Adductor magnus (s. Fig. 384). — Unterschenkelmuskeln s. Fig. 386.

der Schnittlinie vorsichtig nach den Seiten hin abzupräparieren, so daß die einzelnen Zehen bis an die Nagelglieder heran vom Fell befreit sind.

Bei den Hinterbeinen müssen wir uns am Oberschenkel darauf beschränken, nur einige besonders wichtige Muskeln frei zu legen, da die Verhältnisse hier sehr verwickelt sind. Die Präparation ist zum Teil deshalb so schwierig, weil einige, namentlich oberflächliche Muskeln, in breite Fascien übergehen, die die Orientierung sehr erschweren. Die ganze Außenseite der Keule ist von einer solchen Fascie bedeckt, der Fascia lata, welche vom Tensor fasciae latae ausgeht (Fig. 383 : 6).

Von der Schwanzwurzel zieht auf der Rückenseite der Keule entlang bis über einen Teil des Unterschenkels die aus dem Musculus semimembranosus (Fig. 383 : 10; 384 : 11) hervorgehende Unterschenkelfascie, die wir bis an die Achillessehne verfolgen können. Alle diese Fascien sind abzutrennen. Die muskulösen Stümpfe kann man zur Orientierung zunächst stehen lassen. Die Unterschenkelfascie wird längs des Schienbeins aufgespalten und nach beiden Seiten in der Richtung

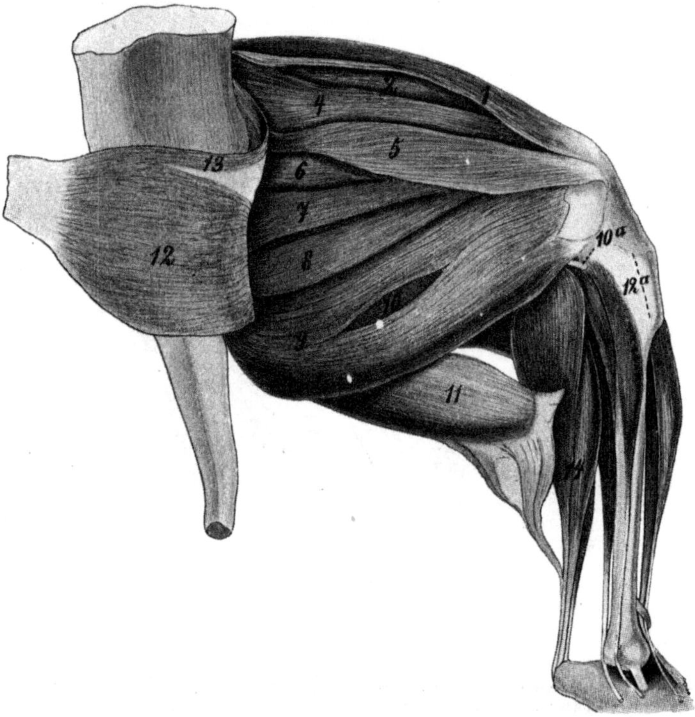

Fig. 384. Kaninchen. Linkes Hinterbein von innen.

1, 2, 4, 5 s. Fig. 383 (Rand von 1 hochgeklappt um 2 zu zeigen). — 6. Pectineus. — 7. Adductor brevis. — 8. Adductor longus. — 9. Adductor magnus (der Länge nach aufgeschlitzt um 10 zu zeigen). — 10. Semitendinosus (10a Insertion der Sehne). — 11. Semimembranosus mit einem Teil der Fascie und seiner Sehne. — 12. Gracilis. — 13. Sartorius. 12. und 13. zurückgeklappt (punktierte Linie 12a Insertion). — 14. Wadenmuskeln (s. Fig. 386, 1—5) in natürlichem Zusammenhange.

auf den Oberschenkel zu auseinander präpariert. Auch der Biceps femoris III (Fig. 383 : 9) beteiligt sich an der Bildung der Unterschenkelfascie.

Nach Entfernung der Fascien und Trennung des die Muskelzüge verbindenden Zwischengewebes zeigt die Außenseite die Ansicht der Fig. 383. Auf der Innenseite trennen wir die Insertion der Musculi gracilis und sartorius (Fig. 384 : 12 und 13) an der Innenseite der Tibia durch und schlagen diese beiden Muskeln, wie es die Fig. 384 zeigt, um. Spaltet man dann noch den Musculus adductor magnus (Fig. 384 : 9) in der Mitte etwas längs, so daß der darunter liegende Musculus semitendinosus (Fig. 384 : 10) sichtbar wird und hebt den unteren Rand des Musculus rectus femoris (Fig. 384 : 1) etwas an, um das Caput breve dieses Muskels zu zeigen, so haben wir das Bild der Fig. 384 von der Innenseite des Oberschenkels.

Über die Bedeutung einiger der Muskeln des Oberschenkels sei folgendes bemerkt: Der Musculus tensor fasciae latae (Fig. 383 : 6) hebt den Schenkel und führt ihn vor, gleichzeitig spannt er die Fascia lata und die Fascia cruris an (Fig. 383 : 11), so daß alle Muskeln mehr Halt bekommen. Der Musculus biceps femoris (Fig. 384: 7, 8, 9) entspringt mit drei Köpfen an den Sacral- und Schwanzwirbeln und an verschiedenen Teilen des Hüftbeines, und inseriert am lateralen Seitenrand der Patella und an der Tibia, wo die aus dem dritten Kopf stammenden Bündel in die Fascia cruris übergehen. Der Musculus biceps femoris führt bei alleiniger Wirkung das Bein nach außen; der mittlere und hintere Teil zusammen mit dem Musculus semitendinosus (Fig. 384 : 10) beugen das Kniegelenk. Kontrahieren sich alle drei Teile zusammen mit dem Musculus semimembranosus und dem Musculus semitendinosus, so werden Knie- und Sprunggelenk gestreckt oder, wenn das Bein feststeht, der Rumpf vorwärts geschoben. Der Musculus quadriceps femoris (Fig. 383, 1—5) streckt das Kniegelenk, stellt es fest und bringt den freien Schenkel nach vorn. Seiner Insertionssehne ist die Kniescheibe eingelagert (Fig. 385, 2).

Am Unterschenkel beginnen wir mit der Präparation der die Wade bildenden Muskeln. Die Fascie war schon vorher entfernt. Wir fangen mit der Durchtrennung des Zwischengewebes an der Achillessehne (Fig. 385 : 14; 386 : 4) an und behalten als Ziel der Präparation die Ansicht Fig. 387 im Auge. Der Wadenmuskel im engeren Sinne, Musculus gastrocnemius (Fig. 385: 12, 13; 386: 1, 2), besteht aus zwei Teilen, dem Musculus gastrocnemius medialis (Fig. 385 : 13; 386, 2) und dem Musculus gastrocnemius lateralis (Fig. 385 : 12; 386: 1), welche sich zunächst fleischig vereinigen, dann aber durch einen von der Achillessehne ausgehenden Sehnenfortsatz getrennt werden und mit dem Musculus soleus (Fig. 386 : 3; 385 : 11) drei Teile eines als Musculus triceps surae bezeichneten Muskels bilden.

Der Musculus gastrocnemius lateralis kommt vom lateralen Condylus des Oberschenkels (Femur), der Musculus gastrocnemius medialis vom medialen Condylus dieses Knochens, und der Musculus soleus entspringt unterhalb des lateralen Condylus der Tibia. Die gemeinsame Insertionssehne der drei Muskeln ist der starke Tendo Achilleis. Derselbe geht über das überknorpelte hintere Ende des Fersenbeins und ist am hinteren Teile der Sohlenfläche desselben befestigt.

Außer dem Triceps finden wir in der Wadenmuskulatur noch den Musculus plantaris gracilis (Fig. 385 : 15; 386 : 5). Derselbe entspringt am seitlichen Condylus des Oberschenkels, wird vom Musculus gastrocnemius bedeckt und endigt in einer starken, platten Sehne, welche hinter der Achillessehne verläuft, hinter dem Hinterende des Fersenbeins auf die Fußsohle übertritt und sich weiter vorn in vier Sehnen spaltet, die an den zweiten Fingergliedern inserieren (siehe das Sehnenpräparat des Fußes). Triceps und Plantaris gracilis strecken den angezogenen Fuß und heben die Ferse vom Boden. Steht die Sohle fest auf, so beteiligen sie sich an der Beugung des Kniegelenkes.

Die übrigen Muskeln des Unterschenkels liegen den beiden Knochen desselben mehr oder weniger direkt an.

Der Musculus popliteus (Fig. 385 : 10), den wir auf der Innenseite bemerken, entspringt am lateralen Condylus des Oberschenkels innerhalb der Kniegelenkkapsel, verläuft schräg nach unten, wird von hinten durch den Musculus soleus bedeckt und inseriert am oberen Drittel der inneren Hinterkante der Tibia. Der Muskel dreht den Unterschenkel von außen nach innen und beugt etwas das Femur-Tibialgelenk.

Zu beiden Seiten der Insertion des Musculus popliteus sieht man je einen Muskel entspringen:

Am medialen Condylus der Tibia und an der medialen Seite derselben bis etwa zur halben Länge den Musculus extensor digiti primi (Fig. 385 : 8), dessen Sehne äußerst lang ist, erst auf der Innenseite der Tibia, dann auf der Plantarseite des Mittelfußes verläuft, darauf wieder nach der Oberseite kommt und mit einer Zweigsehne des Musculus extensor digitorum pedis longus (Fig. 386 : 13; 385 : 5) verschmilzt.

Am lateralen Condylus der Tibia und von der Fibula den Musculus flexor digitorum pedis longus (Fig. 385 : 9; 386 : 6). Seine lange Sehne biegt median vom Fersenbein auf die Fußsohle um und teilt sich hier in vier Stränge, welche am Gelenk zwischen den zweiten und dritten Fingergliedern angewachsen sind. (Über die Lagerungsverhältnisse der Sehnen auf der Fußsohle siehe das Sehnenpräparat.)

Auf der Außenseite des Unterschenkels finden wir den Musculus tibialis anticus (Fig. 386 : 12; 385 : 4) und den Musculus extensor digitorum longus (Fig. 386 : 13; 385 : 5).

Der Musculus tibialis anticus entspringt am lateralen Condylus der Tibia und auf der lateralen Seite der Spina tibiae. Er ist der oberflächlichste Muskel an der Vorderseite des Schienbeins, ein platter Muskel, dessen Sehne durch die Schleife des Ligamentum cruris (Fig. 385 : 6; 386 : 15) geht und auf den Fußrücken tritt. Die Sehne inseriert an der tibialen Seite des ersten Mittelfußknochens. Das Ligamentum cruris ist ein kurzes, dickes, von innen oben nach außen unten verlaufendes Band. Es verhindert das Emporschnellen der Sehnen bei der Kontraktion ihrer Muskeln. Der Musculus tibialis anticus beugt das Sprunggelenk.

Der Musculus extensor digitorum longus wird deutlich sichtbar, wenn man den Musculus tibialis anticus unten und oben so durchtrennt, wie es Fig. 386 zeigt. Er liegt unter diesem Muskel. Er teilt sich noch oberhalb des Ligamentum cruris in vier Sehnen, welche durch das Band hindurch auf den Fußrücken treten und an den dritten Phalangen der vier Zehen inserieren. Löst man diesen Muskel so ab, wie es Fig. 386 : 13 zeigt, so findet man die vier Musculi peronaei (Fig. 386 : 7—10). Dieselben entspringen am lateralen Condylus der Tibia und an der Fibula. Es sind dünne Muskeln. Der Musculus peronaeus I inseriert an der plantaren Fläche des dritten Fußwurzelknochens (Fig. 386 : 7a), die Sehnen der drei übrigen gehen durch eine dicht median von der Insertion

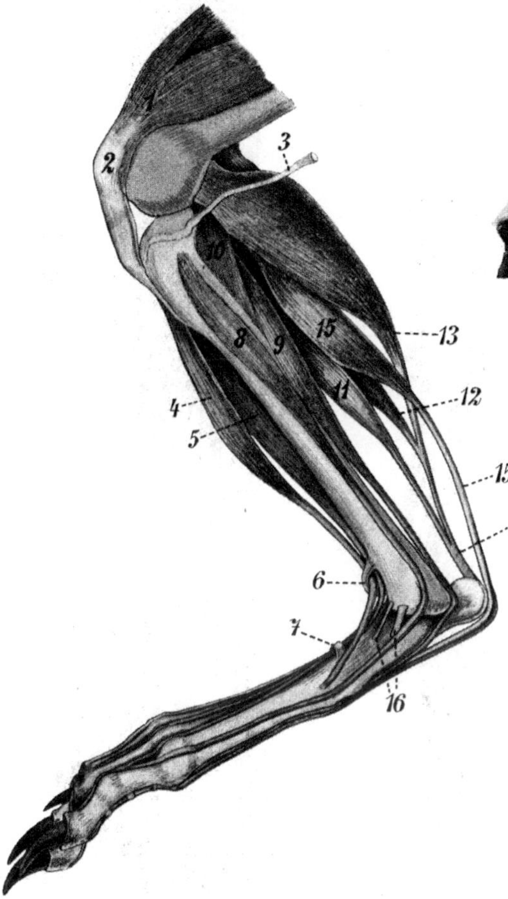

Fig. 385. Kaninchen. Rechtes Hinterbein (Unterschenkel, Fuß) von innen.

1. Quadriceps femoris. — 2. Patella. — 3. Sehne des Semitendinosus (s. Fig. 384, 10). — 4. Tibialis anticus. — 5. Extensor digitorum pedis longus. — 6. Ligamentum cruris. — 7. Schleife für die Sehnen von 5. — 8. Extensor digiti primi. — 9. Flexor communis digitorum longus. — 10. Popliteus. — 11. Soleus. — 12. Gastrocnemius lateralis. — 13. Gastrocnemius medialis. (11.—13. künstlich getrennt). — 14. Tendo Achilles. — 15. Plantaris gracilis. — 16. Gelenkbänder.

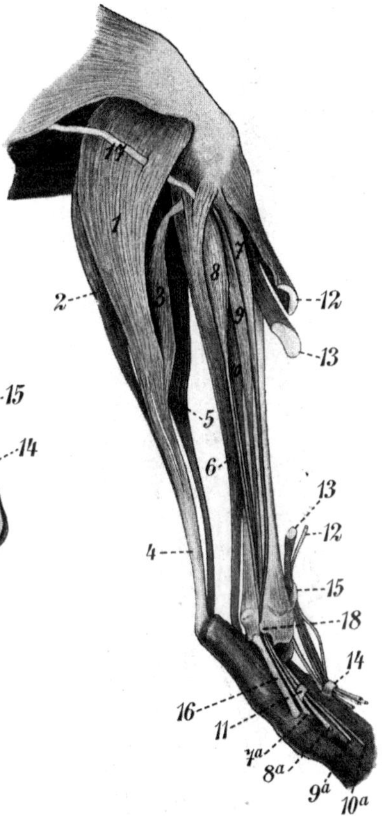

Fig. 386. Kaninchen. Rechtes Hinterbein (Unterschenkel) außen.

1. Gastrocnemius lateralis. — 2. Gastrocnemius medialis. — 3. Soleus. — 4. Tendo Achilles. — 5. Plantaris gracilis (Sehne von der Achillessehne abgelöst). — 6. Flexor communis longus digitorum. — 7. Peronaeus primus (7 a. Insertion). — 8. Peronaeus secundus (8 a. Insertion). — 9. Peronaeus tertius (9 a. Sehne, abgeschnitten). — 10. Peronaeus quartus (10 a. Sehne, abgeschnitten). — 11. Schleife für die Sehnen von 8, 9, 10. — 12. Tibialis anticus. — 13. Extensor digitorum longus. — 14. Schleife für die Sehnen von 13. — 15. Ligamentum cruris. — 16. Gelenkbänder. — 17. Nervenbündel. — 18. Tuberositas.

des ersten gelegene Schleife (Fig. 386 : 11). Der zweite inseriert unmittelbar nach dem Passieren dieser Schleife (Fig. 386 : 8a), die Sehnen des

Fig. 387. Kaninchen. Linker Hinterfuß von unten.

1. Insertion des Peronaeus II. — 2. Insertion des Peronaeus I. — 3. Gelenkband. — 4. Sehne des Plantaris gracilis mit ihren 4 Zweigen, die sich am Ende des Mittelfußes gabeln. — 5. Sehne des Flexor communis digitorum longus mit ihren 4 Zweigen, welche die Gabelungen der Sehnen des Plantaris gracilis (4) durchsetzen. — 6. Schleifen zu 4. und 5. — 7. Sehne des Extensor digiti primi.

Fig. 388. Kaninchen. Dritte Zehe von unten gesehen, Sehnenschleifen (s. Fig. 387) entfernt; Sehnen auseinandergezogen, um die Durchdringung zu zeigen.

1. Sehne des Plantaris gracilis. — 2. Sehne des Flexor communis digitorum longus.

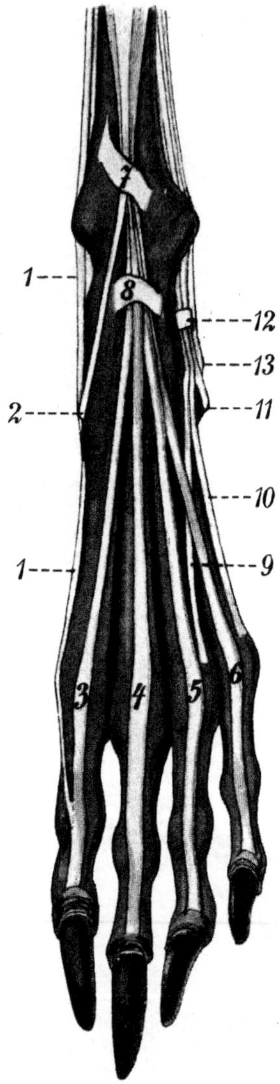

Fig. 389. Kaninchen. Linker Hinterfuß von oben (Muskeln des Fußes fortgelassen).

1. Sehne des Extensor digiti primi. — 2. Insertion des Tibialis anticus. — 3.—6. Sehnen des Extensor digitorum pedis longus. — 7. Ligamentum cruris. – 8. Schleife für 3.—6. — 9. Sehne des Peronaeus IV. — 10. Sehne des Peronaeus III. — 11. Insertion des Peronaeus II. — 12. Schleife für 9—11. — 13. Insertion des Peronaeus I.

dritten und vierten (Fig. 386 : 9a, 10a) endigen an den Mittelfußknochen der dritten und vierten Zehe (Fig. 389 : 9, 10).

Ein interessantes Objekt für die Insertion von Sehnen an Knochen, für Bänder und Schleifen bildet der Hinterfuß. Die technische Vorbereitung desselben wurde am Anfang dieses Kapitels geschildert.

Man beginnt auf der Unterseite und führt vom Fersenbein aus zwei feine, parallele Längschnitte, welche die Sehne des Musculus plantaris gracilis aus dem Bindegewebe lösen sollen (Fig. 387 : 4). Dann fährt man mit einem Messer unter die Sehne, bewegt es nach vorn und rückwärts über den Fersenbeinhöcker weg nach oben. Man trennt so die Sehne aus ihrem Zusammenhang mit der Achillessehne.

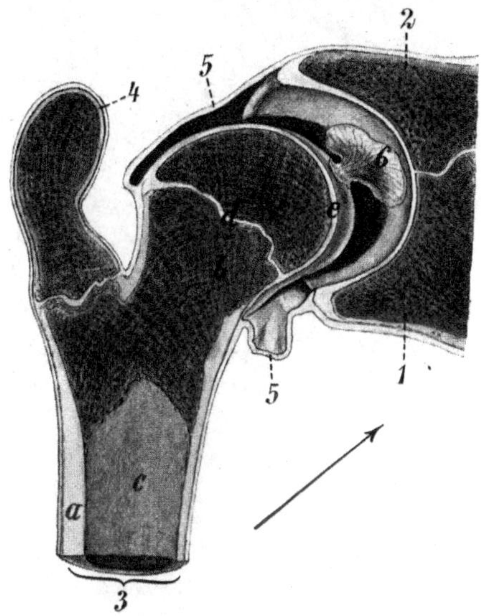

Fig. 390. Hüftgelenk vom Schwein, Längsschnitt.

1. Hüftbein (os ilium). — 2. Sitzbein (os ischii). — 3. Femur. — 4. Trochanter. — 5. Gelenkkapsel. — 6. Ligamentum teres. — a, b, c, d, e s. Fig. 391.

Hinter der Innenseite des Schienbeinhöckers entlang, nahe dem Fersenbein, zieht die Sehne des Musculus flexor digitorum communis longus (Fig. 387 : 5), mit der man entsprechend verfährt. Beim Weiterpräparieren nach vorn bemerkt man, daß die Flexorsehne mit ihren vier Gabelästen unter die Plantarissehne tritt. Die Gabeläste der letzteren, die durch besondere Schleifen (Fig. 387: 6) festgehalten werden, teilen sich wieder in je zwei Zweige, die an den zweiten Zehengliedern endigen, und zwischen denen die Äste der Flexorsehne hindurchtreten, um erst an den dritten Zehengliedern zu inserieren; diese Durchdringung ist in etwas aufgelockertem Zustande noch einmal in Fig. 388 dargestellt. Außerdem sehen wir auf der lateralen Seite der Sohle noch die in Fig. 387 mit 1 und 2 bezeichneten Insertionen des Musculus peronaeus II und Musculus peronaeus I, sowie ein Gelenkband (3). Auf der medialen Seite der Sohle verläuft die Sehne des Musculus extensor digiti primi (Fig. 387 : 7), die aber etwa an der Wurzel der Zehenglieder wieder auf die Oberseite des Fußes tritt.

Auf der Dorsalseite achte man auf die beiden Schleifen. Der Musculus tibialis anticus (Fig. 389 : 2) sendet seine Sehne nach der Innenseite des Fußes, nur durch das Ligamentum cruris (Fig. 389 : 7). Sie endigt an einem Mittelfußknochen. Die vier Zweige der Sehne des Musculus extensor digitorum communis longus (Fig. 389: 3—6) gehen durch das Ligamentum cruris und noch durch eine zweite Schleife

(Fig. 389:8) und endigen an den zweiten und dritten Zehengliedern. An der Zehenwurzel des Innenrandes tritt die Sehne des Musculus extensor digiti primi (Fig. 389:1) auf die Oberseite des Fußes. Am Außenrande treten die Sehnen des Musculus peronaeus IV (Fig. 389:9), Musculus peronaeus III (10) und Musculus peronaeus II (11) durch die Schleife Fig. 389 : 12 auf den Fuß. Die Insertion dieser Sehnen ist schon oben beschrieben. Die Sehne des Musculus peronaeus I (Fig. 389:13) geht nicht durch die Schleife.

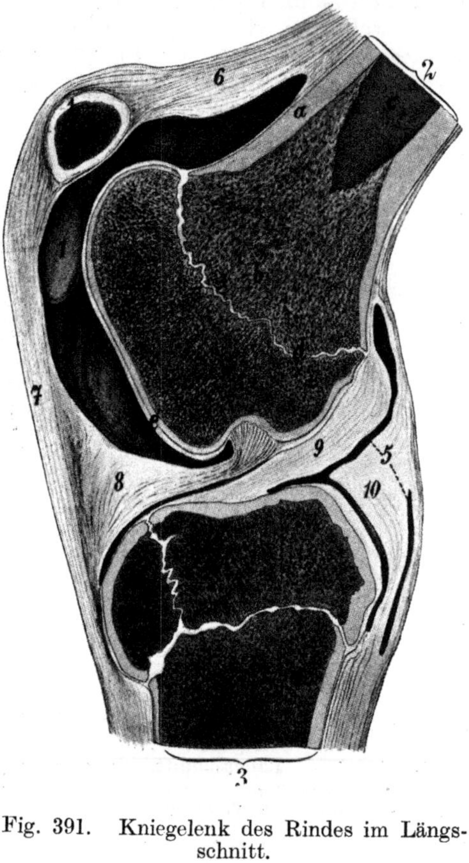

Fig. 391. Kniegelenk des Rindes im Längsschnitt.

a. Feste Knochensubstanz. — b. Spongiosa. — c. Knochenmark. — d. Knorpelfuge, durch welche die Epiphyse abgegrenzt wird. — e. Knorpelüberzug der Gelenkenden. — 1. Patella (tangential getroffen). — 2. Femur. — 3. Tibia. — 4. Gelenkhöhle des Kniescheibengelenkes. — 5. Gelenkhöhle des Oberschenkel-Schienbeingelenkes. — 6. Sehne des Quadriceps femoris. — 7. Mittleres Ligamentum patellae (tangential getroffen). — 8. Fettreiches Gelenkpolster. — 9. Ligamentum cruciatum anterius. — 10. Ligamentum cruciatum posterius (Durchschnitt).

III. Gelenke.

Zum Studium des Hüftgelenkes, des Kniegelenkes und der Phalangengelenke mögen anhangsweise Längsschnitte betrachtet werden, die man zu Demonstrationszwecken mit der Säge durch das Hüftgelenk eines Schweines (Fig. 390), durch das Kniegelenk eines Rindes (Fig. 391) und durch den Fuß eines Rindes (Fig. 392) herstellen kann. Die Schnitte werden mit Alkohol sauber gepinselt.

Am Hüftgelenk des Schweines sehen wir die an dieser Stelle vom Hüftbein (Fig. 390:1) und Sitzbein (Fig. 390:2) gebildete Gelenkpfanne und den darin sitzenden Gelenkkopf des Oberschenkels. Die aneinanderliegenden Flächen zeigen einen glatten Knorpelüberzug. Von Gelenkbändern ist das Ligamentum teres (Fig. 390:6) zu sehen. Der Gelenkkopf zeigt in der spongiösen Knochensubstanz noch die Knorpelfuge, durch welche die Epiphyse des Knochens abgegrenzt wird. Man achte ferner auf die Gelenkkapsel (Fig. 390:5), welche eine Fortsetzung des Periosts der das Gelenk bildenden Knochen ist, und auf den Trochanter des Oberschenkels (Fig. 390:4).

In dem Schnitt durch das Kniegelenk des Rindes sieht man die Kniescheibe (Fig. 391:1), die als Sesambein in der Sehne des Quadriceps femoris liegt. Das Kniescheibengelenk hat eine besondere Höhle (Fig. 391:4), welche von der Höhle des Femoro-Tibialgelenkes wohl zu unterscheiden ist. Von den die beiden Knochenenden verbindenden Ligamenten sind das Ligamentum cruciatum anterius (Fig. 391:9) und das Ligamentum cruciatum posterius (Fig. 391:10) durch den Schnitt getroffen. Das Gelenkpolster (Fig. 391:8) ist außerordentlich stark entwickelt. Das mediale und laterale Seitenband sind auf der Fig. nicht zu sehen. Von den Bändern des Kniescheibengelenkes ist nur das mittlere Ligamentum patellae (Fig. 391 : 7) getroffen. Die beiden seitlichen Ligamenta patellae und das laterale und mediale Querband der Kniescheibe sind in der Figur ebenfalls nicht zu sehen.

Der Schnitt durch den Rinderfuß, den unsere Figur wiedergibt, zeigt die innere Hälfte des Schnittes, der die Außenzehe des rechten Vorderbeines halbiert hat. Wir sehen den Mittelfußknochen (Fig. 392: 1) und die drei Fingerglieder (Fig. 392: 2—4). Die Sehne des Musculus extensor digitorum communis (Fig. 392 : 16) verläuft auf der Dorsalseite und inseriert an allen drei Fingergliedern. Fig. 392: 11 ist die Sehne des Musculus plantaris gracilis, Fig. 392: 12 die des Musculus flexor digitorum communis longus. Letztere bildet vor ihrer Insertion ein Sesambein (Fig. 392: 6). Fig. 392: 13 ist der sehnige Musculus interosseus, dessen Insertion am ersten Fingergliede auch ein Sesambein (Fig. 392: 5) zeigt. Auf der Plantarseite der Phalangen sind noch einige Bänder im Querschnitt getroffen (Fig. 392: 14, 15). Das dritte Fingerglied trägt den Huf, an dem wir den Hornrand (Fig. 392: 8), die Hornsohle (Fig. 392: 9) und das Strahlkissen (Fig. 392: 10) unterscheiden.

Man kann die Schnitte durch Kniegelenk und Hüftgelenk selbstverständlich auch am Bein des Kaninchens ausführen.

Beim Hüftgelenk führt man entweder den Schnitt durch das noch mit der Muskulatur umgebene Gelenk, oder man löst die Muskeln ab und betrachtet die noch unversehrte Gelenkkapsel von außen. Die stellenweise sehr dünne Wand reißt bei der Präparation meist durch, so daß man die Gelenkkugel sieht. Durchschneidet man ringsherum die Kapselwand, so findet man das innere Gelenkband.

Auch das Kniegelenk läßt sich ohne Säge präparieren. Vorn liegt in der Gelenkkapsel die Sehne des Quadriceps femoris. Man führt rechts und links neben der Sehne einen Längsschnitt und trennt dieselbe an ihrer Ansatzstelle quer durch. Klappt man

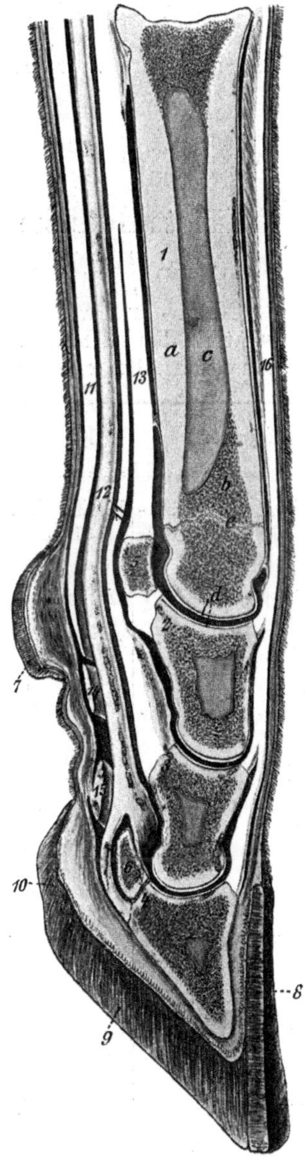

Fig. 392. Längsschnitt durch Mittelfuß und Außenzehe des rechten Vorderbeines eines Rindes (innere Hälfte).

1. Metacarpus. – 2, 3, 4. I.–III. Zehenglied. – 5, 6. Sesambeine. — 7. Afterhuf. — 8. Hornrand. — 9. Hornsohle. — 10. Hornstrahl. — 11. Sehne des Musc. flexor digitorum sublimis (Plantaris gracilis). — 12. Sehne des Musc. flexor digit. profundus (communis longus). — 13. Musculus interosseus (sehnig). — 14. Ringband des 1. Zehengliedes. — 15. Gekreuztes Zwischenzehenband. — 16. Sehne des Musc. extensor digitorum communis. – a. feste Knochensubstanz. – b. Spongiosa. – c. Mark. – d. Knorpelendfläche. – e. Knorpelfuge.

sie nun nach oben, so sieht man darin die Kniescheibe und ein Gelenkpolster. Auch die Gelenkbänder kann man jetzt übersehen. In der Kapsel des Kniegelenkes findet man jederseits ein Seitenband (Ligg. collateralia genus). Bei Streckung des Unterschenkels sind beide Bänder gespannt, bei Beugung erschlafft. Im Innern des Gelenkes findet man zwei Ligg. cruciata zur Hemmung der Beugung und Streckung. Das eine geht von vorn oben nach hinten unten, das andere von vorn unten nach hinten oben. Sie schneiden sich rechtwinklig. Trennt man die Seiten der Kapsel mit den seitlichen Bändern durch, so gewinnt man einen vollen Überblick über die beiden inneren Bänder.

12. Kapitel.

Histologische Behandlung des Kaninchens

(und Vergleichspräparate von jungen Katzen).

Nach der Präparation werden eine größere Anzahl Organe oder Organteile des Kaninchens zur mikroskopischen Behandlung vorbereitet. Die Vorschriften ergeben sich aus folgender Tabelle.

Objekt.	Fixierungsmittel.	Färbung.	Bemerkungen.
Lippenhaut mit Haarwurzeln.	Müllersche Fl. oder Alc. absol.	van Gieson, Kresofuchsin, Orcein, Pikrinblau, Pikrokarmin, Goldchlorid.	Um das Aufrollen z verhindern, ev. m Nadeln auf Korl scheiben befestige
Augenlider.	Müllersche Flüssigkeit	Pikrinblau.	Siehe Allgemeine Hist logie.
Parotis.	FlemmingscheMischung od. Chromessigsäure.	van Gieson. Safranin-Gentianaviolett.	Siehe Kopf der Säug tiere.
Zunge.	dgl.	dgl. oder Holzessig.	dgl.
Petrosum mit Schnecke.	Spezialvorschrift nach Katz.	van Gieson.	dgl.
Auge.	Müllersche Fl.	van Gieson.	dgl.
Nasenscheidewand mit Riechschleimhaut.	FlemmingscheMischung	van Gieson.	dgl.
Gehirn.	Müllersche Fl.	Ammoniak- od. Lithionkarmin, van Gieson, Weigert-Pal.	dgl.
Kehlkopf.	Müllersche Fl., Formalin, Alkohol.	van Gieson, Biondi, Kresofuchsin, Orcein.	Siehe Atmungsorgane der Säuger.
Luftröhre.	dgl.	van Gieson, Biondi, Hämatoxylin-Eosin, Orange G-Alaunkarmin.	dgl.
Lunge (kleine Stücke).	Müllersche Fl., Formalin, Alkohol.	van Gieson, Kresofuchsin, Orcein.	dgl.
Schilddrüse.	Flemmingsche Mischg., Chromessigsäure.	van Gieson, Safranin-Gentianaviolett.	dgl.
Thymus.	dgl.	dgl.	dgl.

Objekt.	Fixierungsmittel.	Färbung.	Bemerkungen.
kenmark aus ver- hiedenen Regionen. nalganglien. ven aus dem Pferde- chweif.	Müllersche Fl. siehe die Vorschriften im Text.	Ammoniak- oder Lithionkarmin, van Gieson, Weigert-Pal.	Siehe Kopf der Säugetiere.
z mit Gefäßwurzeln. ta descendens, Vena ava inferior.	Alkohol, Müllersche Fl., Sublimat, Pikrinsalpetersäure.	van Gieson, Merkel, Kresofuchsin, Orcein.	Siehe Atmungsorgane der Säuger.
wertfortsatz. penknorpel.	Müllersche Fl.	van Gieson, Biondi. Hämatoxylin-Eosin.	Siehe Allgemeine Histologie.
ercostalmuskeln.	Goldchloridmethode.	—	dgl.
iseröhre. gen (verschiedene Regenden). odenum. nndarm [1]). kdarm (Grimmdarm nit den sogenannten Tänien). rmfortsatz. cum mit Valvula coli 1. Sacculus rotundus. ber (kleine Stücke). nkreas im Mesen- terium).	MüllerscheFl., Formalin, Pikrinsalpetersäure.	van Gieson, Hämatoxylin-Eosin, Merkel.	[1]) Siehe Allgem. Histologie. Pankreas: Am besten mit der Darmschlinge fixieren und aufspannen wie beim Mesenterium beschrieben.
senterium. nentum.	Alkohol (Aufspannen auf Objektträger wie in der Allgem. Histologie beschrieben).	Pikrinblau, van Gieson, Hämatoxylin-Eosin, Kresofuchsin, Orcein.	Siehe die Spezialtechnik in der Allgemeinen Histologie.
andulae mesenteric. superiores. lz.	Müllersche Fl., Zenkersche Fl.	Hämatoxylin-Eosin, van Gieson.	
ere (die eine längs, die andere quer ge- spalten).	Müllersche Fl. oder absoluter Alkohol.	Hämatoxylin, ev. mit van Giesonnachfärbung.	
bennieren.	Pikrinsalpetersäure.	van Gieson.	
rnblase (mit Fixie- rungsmittel füllen und zubinden).	Absoluter Alkohol.	Merkel, van Gieson, Orcein, Kresofuchsin, Pikrinblau.	
oden / benhoden im Zusammenhang.	Flemmingsche Mischung.	van Gieson; Safranin.	
varien.	dgl. Für Übersichtsbilder Müllersche Fl.	Safranin nach Flemming, sonst van Gieson.	
terus.	Müllersche Fl., Zenkersche Fl.	van Gieson.	

[1]) Mazerat: 20 %ige HNO_3 oder 35 % ige KOH.

Bei Verarbeitung von neugeborenen Katzen lohnt sich außerdem die Fixierung folgender Teile:

Objekt	Fixierungsmittel	Färbung	Bemerkungen
Ellenbogengelenk mit umgebender Muskulatur.	Müllersche Fl.	van Gieson.	Schnitte längs. Siehe die Muskula des Kaninchens.
Duodenalschlinge mit Pankreas.	Müllersche Fl., Pikrinsalpetersäure, Formalin.	van Gieson, Hämatoxylin-Eosin, Merkel (nicht für Pankreas).	
Thymus.	Wie beim Kaninchen.		
Ganze Nase quer.	Pikrinsalpetersäure. Entkalkung in HNO_3.	van Gieson.	Siehe Kopf der Säu tiere.
Gehörorgan.	Wie beim Kaninchen.		dgl.
Haut der Fußballen.	Wie beim Kaninchen.		Um das Aufrollen zu v hindern, ev. mit Nad auf Korkscheiben befestigen.

Im folgenden werden nur diejenigen Objekte beschrieben, die nicht an den unter der Rubrik „Bemerkungen" angeführten Stellen behandelt werden.

I. Lepus: Lippenhaut mit Haarwurzeln. Vergleichspräparat: Junge Katze, Haut der Fußballen. Schnittdicke 20—30 μ. Wir haben an den Hautquerschnitten zwei Schichten zu unterscheiden, das Corium oder die Lederhaut und die Epidermis oder Oberhaut. Die Lederhaut liegt auf dem subcutanen Bindegewebe, das von vorwiegend kollagenen Fasern durchzogen wird und starke Fettansammlungen enthält. Die Fettzellen sind meist rund und haben wandständiges Plasma, in welchem der Kern plattgedrückt liegt. Auch die eigentliche Lederhaut wird von vielen Bindegewebsbüscheln durchzogen. Ihre äußere Grenze zeigt die Coriumpapillen im Längsschnitt. Am Katzenpräparat sehen wir im Unterhautbindegewebe auch die geknäuelten Schweißdrüsen, deren Ausführungsgänge die Lederhaut leicht gewunden durchziehen und in der Epidermis schraubenzieherartig aufgerollt sind. Der Übertritt der Ausführungsgänge in die Epidermis liegt immer zwischen zwei Coriumpapillen. Beim Kaninchen finden sich nur rudimentäre Schweißdrüsen an der behaarten Lippenhaut.

Die Verteilung der elastischen Fasern in der Lederhaut sieht man gut an Präparaten, die mit Kresofuchsin oder Orcein gefärbt sind. Die Fasern sind von wechselnder Stärke, netzförmig angeordnet und in den Papillen besonders fein.

Die Verteilung der kollagenen Fasern zeigt sich am besten durch die Pikrinblaufärbung. Sie verlaufen wesentlich parallel zur Oberfläche, durchflechten sich in dichten Bündeln und liegen in den oberen Teilen des Coriums besonders eng.

Im übrigen lassen sich in den Hautschnitten Blutgefäße, Nerven und Tastorgane nachweisen. Die Blutgefäße sind meist kapillar. Wir beobachten sie besonders gut in den Papillen des Coriums, im Fettgewebe, an den Haarbälgen und Schweißdrüsen. Die feinsten Enden der Nervenbahnen sind ebenfalls in den Papillen der Lederhaut am besten zu studieren. Sie finden sich entweder als freie Endigungen oder tragen sensible Endapparate. Während die freien Nervenendigungen in der Epidermis liegen, finden wir in den Papillen namentlich die Meißnerschen Tastkörperchen, elliptische Gebilde mit deutlicher Streifung quer zur Längsachse. Wir stellen diese Körperchen am besten durch Vergolden dar (siehe S. 84), betten nach dem Vergolden in Paraffin ein und schneiden 10 μ dick.

An der Epidermis sind deutlich zwei Schichten zu unterscheiden, die innere oder Keimschicht (Stratum seu Rete Malpighi), welche aus mehrschichtigem, lebenden Epithel besteht, und sich direkt den Coriumpapillen anlegt, und die darüber gelegene Hornschicht (Stratum corneum), die aus abgestorbenen Epithelzellen besteht. Das Rete Malpighi beginnt an den Coriumpapillen mit einer aus zylindrischen Zellen bestehenden Basalschicht, in der bei guter Hämatoxylinfärbung und starker Vergrößerung häufig Mitosen zu beobachten sind. Die oberflächliche Schicht des Rete Malpighi zeichnet sich durch starke Färbbarkeit aus. Die stark färbbaren Körner in den Zellen dieses Stratum granulosum sind Keratohyalinkörner. Daß auch die verhornte äußere Epidermis noch aus mehreren Schichten besteht, sieht man an stark mit Pikrokarmin gefärbten Schnitten. An diesen zeigt die innere Zone des Stratum corneum eine lebhafte Rotfärbung (Stratum lucidum), während sich die oberflächliche Schicht fast gar nicht färbt. Kerne lassen sich nur im Stratum lucidum stellenweise noch beobachten, im übrigen sind sie im Stratum corneum schon vollkommen zurückgebildet.

Das Stratum granulosum und Stratum lucidum stellen verschiedene Stadien des Verhornungsprozesses der Epidermiszellen dar. Die Färbbarkeit des Stratum lucidum beruht auf dem Gehalt der Zellen an flüssigem Eleidin, einem Derivat des Keratohyalins. Ist das Eleidin im weiteren Verhornungsprozesse erst in festes Pareleidin übergegangen, so nimmt es kein Pikrokarmin mehr auf.

In den Schnitten durch die Lippenhaut des Kaninchens oder in denen aus den behaarten Randpartien der Katzensohle können wir auch den Bau der Haare untersuchen. Man stelle sich Längsschnitte und Schnitte her, welche die Haarwurzel quer treffen. Das Haar steckt in einer langen Röhre (Haarfollikel), welche durch das Corium hindurch ins subcutane Bindegewebe führt. Der Follikel wird ausgekleidet von der Huxleyschen Zone, die von der dünnen Henleschen Zone außen umgeben wird. Außerhalb dieser eigentlichen Wurzelscheide liegt das epidermale, mehrschichtige Follikelepithel. Dieses ist durch die strukturlose, sehr dünne Glashaut von dem aus dem Corium hervorgegangenen, bindegewebigen Haarbalg getrennt. Um die Glashaut herum liegt die innere oder Ringfaserlage, die außen von der kavernösen Längsfaserlage umgeben wird. Dieser ganze bindegewebige Teil der Follikelbegrenzung wird als Haarbalg bezeichnet (Querschnittpräparate!). An den Haarbalg treten Bündel von glatten Muskelfasern heran (Arrectores pili). Im oberen Teile des Haarbalges liegen jederseits die Haarbalg- oder Talgdrüsen

(Glandulae sebaceae), die in den Follikel münden. Am unteren Ende des Haares treibt der Haarbalg eine knopfförmigeWucherung in das Haar, die Haarpapille. Das Haar selbst ist an dem auf der Papille sitzenden Teile zwiebelartig verdickt.

Der Bau des Haares wird am besten auf Querschnitten studiert. Ein Haar besteht von außen nach innen aus der Haarcuticula, der Rindensubstanz und der Marksubstanz. Die Cuticula besteht aus einer einfachen Zellschicht. Sie ist nur bis zum oberen Rand der Papille aufwärts zu verfolgen. Die Rindensubstanz macht die Hauptmasse des Haares aus. Sie besteht aus langgestreckten, verhornten Epithelzellen mit linsenförmigem Kern. Die Marksubstanz ist nur in dickeren Haaren vorhanden und erstreckt sich auch dort nicht über die ganze Länge des Haares. Sie besteht aus kürzeren Epithelzellen mit rudimentären Kernen. Die Markachse des Haares entspringt immer von der Spitze der Papille. Beim Kaninchen (und vielen anderen Tieren) finden wir die Marksubstanz in regelmäßigen Abständen von Lufträumen unterbrochen, so daß die Haare bei durchfallendem Licht schwarze Querstreifen zeigen. Das Haarpigment findet sich gelöst und in Körnchen zwischen und in den Zellen der Rindensubstanz.

II. Lepus: Speiseröhre. Querschnitte, 20 μ dick. Die Wandung der Speiseröhre besteht von innen nach außen aus drei Schichten: Schleimhaut, Muskelhaut und Faserhaut.

An der Schleimhaut (Mucosa) sind vier Schichten zu unterscheiden und zwar von innen nach außen: das mehrschichtige Pflasterepithel, die mit Papillen besetzte Tunica propria, die Muscularis mucosae mit längsverlaufenden, glatten Muskelfasern, die also auf dem Schnitte quer getroffen sind, und die Submucosa mit Bindegewebsbündeln und im oberen Teil der Speiseröhre mit Schleimdrüsen.

Die Muskelhaut (Muscularis) besteht wesentlich aus glatten Ringmuskelfasern, die im oberen Abschnitt der Speiseröhre zum Teil Querstreifung zeigen. Die Längsmuskellage, welche die Ringmuskellage umgibt, ist sehr schwach entwickelt.

Die Faserhaut (Serosa) besteht aus Bindegewebe mit zahlreichen elastischen Fasern.

III. Lepus: Magen. Wir benutzen Teile aus dem Fundus des Magens und aus der Gegend des Pförtners. Die Stücke werden, um das Einrollen zu verhindern, mit der Schleimhaut nach oben auf Korkplatten befestigt. Querschnitte, 20 μ dick.

Alle Teile des Magens bestehen von innen nach außen aus drei Schichten: Schleimhaut, Muskelhaut und Faserhaut.

a) Die Schleimhaut besteht von innen nach außen aus vier Schichten wie die der Speiseröhre: Epithel, Tunica propria, Muscularis mucosae und Submucosa. Das Epithel ist ein einfaches Zylinderepithel, welches die Zotten der inneren Magenfläche überzieht. Es produziert Schleim. Die Tunica propria ist reich an Bindegewebsfasern und enthält zahlreiche Drüsen, die den meisten Raum einnehmen. In den Pylorusschnitten stehen die Drüsen viel weiter voneinander, so daß die Tunica propria hier besser zu übersehen ist.

Die Pylorusdrüsen sind auch in Form und Bau von den eigentlichen Magendrüsen (Fundusdrüsen) unterschieden. Die Drüsen liegen in der Tunica propria und münden immer zwischen den Zotten der Schleimhaut, in den sog. Magengrübchen. Die Fundusdrüsen bestehen aus zweierlei Zellen, Hauptzellen und Belegzellen. Letztere nehmen Anilinfarben bedeutend stärker auf. Die Belegzellen sind in der Minderzahl vorhanden. Die Sekretkörner der Hauptzellen enthalten das Pepsinogen, aus dem später das Pepsin entsteht, von den Belegzellen soll die Säure des Magensaftes abgesondert werden. Durch eine Golgische Versilberungsmethode, auf die wir hier aber nicht eingehen können, läßt sich zeigen, daß die Belegzellen intrazelluläre Sekretkapillaren enthalten, die in die Sekretgänge der Drüsen münden und den Hauptzellen fehlen.

Um beide Zellen zu unterscheiden, fertigt man 5 μ, höchstens 10 μ dicke Flächenschnitte durch die Tunica propria des in Paraffin eingebetteten Magenstückes an und färbt nach folgendem Schema:

1. Xylol.
2. Alcohol absolutus.
3. Alkohol 90%.
4. Alkohol 70%.

	oder:
5. Hämatoxylin Delafield 4 bis 5 Minuten.	Hämatoxylin Delafield 10 bis 15 Minuten.
6. Aqua destillata 30 Minuten (öfter wechseln).	Säurealkohol 1%, bis 1 Minute.
7. Lösung von Kongorot[1]) 3 bis 6 Minuten.	Ammoniakalkohol 1%, bis alles wieder blau.
8. Aqua destillata 2 Minuten.	Wasser 2 Minuten.
9. Alkohol 70%.	Wässeriges Säurefuchsin 1 bis 5 Minuten.
10. Alkohol 90%.	Wasser.
11. Alcohol absolutus.	Alkohol 90%.
12. Xylol, Kanadabalsam.	Alcohol absolutus.
13. — — —	Xylol, Kanadabalsam.
Belegzellen lebhaft rot. Bei starker Vergrößerung auch die häufig ganz von den Belegzellen verdeckten, bläulich gefärbten Hauptzellen sichtbar.	Hauptzellen blau, Deckzellen rot. Nicht anwendbar auf osmiertes Material.

Die Pylorusdrüsen bestehen nur aus einer Art von Zellen, welche den Hauptzellen nahe stehen.

Die Muscularis mucosae enthält verschiedene Lagen glatter Muskelfasern, die besonders bei Merkelfärbung schöne Bilder geben.

Die Submucosa enthält kollagenes und elastisches Bindegewebe, manchmal auch Fettzellen.

b) Die Muscularis der Magenwand zeigt im allgemeinen einen sehr komplizierten Bau, da die Muskelfasern der Speiseröhre in die Muscu-

[1]) Stammlösung: 1 g Kongorot in 100 ccm Aqua destillata. Zum Gebrauche: 3 ccm Stammlösung ad 100 ccm mit Aqua destillata.

laris des Magens hinübergreifen. Am besten ist der Bau an den Schnitten aus der Pylorusgegend zu untersuchen, wo eine starke innere Schicht von Ringmuskeln von einer schwachen Längsmuskelschicht umgeben wird. Sämtliche Muskelfasern des Magens sind glatt. Die Merkelfärbung ist hier sehr zu empfehlen.

c) Die Serosa besteht aus lockerem Bindegewebe, in dem reichlich elastische Fasern und Fett zu beobachten sind.

IV. Lepus: Darm. Die Darmwand besteht auf ihrer ganzen Länge aus drei Schichten, von innen nach außen: Schleimhaut, Muskelhaut und Serosa. Die verschiedenen Teile des Darmes unterscheiden sich nur durch die verschiedene Ausbildung dieser Schichten. Wir wählen:

α) Stücke aus der oberen Hälfte des Duodenums (siehe auch Duodenalschlinge mit Pankreas von der neugeborenen Katze);

β) Teile des Dünndarmes aus den Anfangsteilen und dem letzten Ende;

γ) Teile des Dickdarmes aus der Gegend der Längsbänder;

δ) die Valvula coli mit dem Anfangsteile des Blinddarmes und

ε) den Wurmfortsatz.

1. Allgemein gilt für den Bau der Darmwandung folgendes:

a) Die Darmschleimhaut (Mucosa) zeigt Erhabenheiten (Zotten) und Vertiefungen, die beide an der Grenze der Sichtbarkeit mit bloßem Auge stehen. Die Vertiefungen kommen dadurch zustande, daß ein System von Längsfalten durch Querfalten verbunden ist; sie haben die Gestalt kurzer Schläuche und werden als Darmdrüsen oder Krypten (Lieberkühnsche Drüsen) bezeichnet. Die Zotten werden durch Auftreibungen der Tunica propria gebildet. Das Epithel der Darmschleimhaut ist ein einschichtiges Zylinderepithel, dessen freie Oberfläche einen charakteristischen Cuticularsaum (Stäbchensaum) zeigt. Zwischen den gewöhnlichen Epithelzellen oder Nährzellen finden sich zahlreiche Zellen, denen dieser Saum fehlt und die, weil der Kern in der Tiefe liegt und das Protoplasma zum größten Teil in Schleim verwandelt ist, als Becherzellen bezeichnet werden. Da die Bildung neuer Epithelzellen bei vielen Tieren auf dem Grunde der Krypten vor sich geht, die Epithelzellen auf den Zotten also die ältesten sind, so hat man an gut fixiertem Material oft Gelegenheit, in den Krypten Mitosen an den Epithelzellen zu beobachten. Beim Menschen und vielen Säugetieren besteht auf dem Grunde der Krypten noch eine platte Zellform mit körnigem Inhalt, die Panethschen Körnerzellen, welche sekretorisch wirken. An den Präparaten vom Katzendarm sind solche Körnerzellen nicht nachweisbar. Zwischen allen Epithelzellen finden sich viele Interzellularlücken, in denen Leukocyten liegen.

Die Tunica propria zeigt einen ähnlichen Bau wie im Magen. Sie enthält viele eingelagerte Leukocyten. Diese bilden zuweilen bis 2 mm große Knötchen (Solitärfollikel). Mit fortschreitendem Wachstum der Tiere wachsen diese Follikel bis in die Muscularis mucosae, ohne indessen — wie beim Menschen — die Submucosa zu durchbrechen. Die Follikelknötchen tragen eine niedrige Zotte und drängen die Drüsenschläuche zur Seite.

Die Muscularis mucosae besteht aus einer inneren Lage von Ringmuskelfasern und einer äußeren Lage von Längsmuskelfasern.

Die Submucosa besteht aus kollagenem Bindegewebe. Genaueres beim Duodenum.

b) Die Muscularis des Darmes besteht aus einer inneren Ringmuskelschicht und einer äußeren Längsmuskelschicht.

c) Die Serosa verhält sich wie beim Magen.

2. Über Charakteristisches der einzelnen Präparate ist noch folgendes zu bemerken:

α) Die Zotten des Duodenums sind am besten ausgebildet, bis 0,75 mm hoch und 0,25—0,75 mm breit. Die Submucosa dieses Darmteiles enthält noch verästelte, tubulöse Einzeldrüsen, die Brunnerschen Drüsen. Ihr Ausführungsgang durchbricht die Muscularis mucosae und verläuft in der Tunica propria parallel zu den Darmdrüsen.

β) Im Dünndarm sind die Zotten zylindrisch gebaut, während sie im Duodenum mehr flach gedrückt sind. Die Lieberkühnschen Drüsen sind kurz, die Tunica propria ist besonders gut ausgebildet.

γ) Im Dickdarm, dessen Zotten breiter und flacher sind als die des Dünndarmes, sind die Lieberkühnschen Drüsen länger als im Dünndarm. Die Längsmuskelschicht der Darmmuscularis ist stellenweise sehr schwach entwickelt. Nur in den schon äußerlich sichtbaren Längsbändern (Tänien) des Grimmdarmes ist sie stärker ausgebildet. Solitäre Follikel kommen vor.

δ) und ε) Am besten erhält man Solitärfollikel in der Valvula coli und dem ihr benachbarten Teile des Cöcums sowie aus dem Wurmfortsatz, in dem sie jedoch sehr dicht gedrängt stehen. Der ganze Processus vermiformis stellt eine große, flächenhaft ausgebildete Lymphdrüse dar. Die Lymphfollikel des Wurmfortsatzes werden von 0,1 bis 0,7 mm breiten Lymphsinus umgeben, die mit Endothelzellen ausgekleidet sind.

Gehäufte Knötchen (Peyersche Haufen) zeigt das Kaninchen 4—6 im unteren Teile des Dünndarmes. Sie bestehen aus je 10—60 stets nebeneinander liegenden und sich daher in den Konturen gegenseitig abplattenden Solitärfollikeln.

V. Lepus: Leber. Die einfach fixierten und eingebetteten Leberstücke geben uns bei der Färbung mit Hämatoxylin allein oder Nachfärbung mit Giesonscher Flüssigkeit nur ein Bild von den Leberzellen, allenfalls noch von der felderartigen Anordnung der Zellen zu Leberläppchen, die um zentrale Venen gelagert sind; zur Erkennung der Kanalsysteme der Leber hingegen sind Injektionen unbedingt erforderlich. Die Leberzellen sind polygonal ausgebildet und liegen mit ihren Seitenflächen eng aneinander. Sie enthalten immer einen oder mehrere deutliche Kerne und ein körniges Protoplasma (Leberkörner und Fettkörner). Dazwischen findet man angeschnittene Arterien, Venen und Gallengänge, sowie in der Umgebung der letzteren stellenweise interlobuläres Bindegewebe.

Zur Darstellung der Gallenkapillaren ist eine Injektion vom Ductus choledochus aus erforderlich (siehe die makroskopische Präparation). Als Injektionsmasse verwendet man durch Berliner Blau gefärbte Gelatine, die dem noch möglichst lebenswarmen Tiere eingespritzt wird, während die Leber noch im Situs hängt. Dieselbe wird erst am nächsten Tage aus dem Kadaver herausgenommen, der solange in starker Formalinlösung liegt. Die weitere Behandlung geschieht wie bei Formalinmaterial. Die Schnitte brauchen dann nicht besonders gefärbt zu werden und zeigen das System der Gallengänge blau auf dem gelbgrauen Grunde der Eigenfarbe der Leber. Die Gallengänge verlaufen alle an der Peripherie der Leberläppchen. Die größeren Gallengänge ziehen gemeinsam mit den Zweigen der Pfortader und der Leberarterie.

Die Verzweigung der Lebervene sieht man gut an einer Selbstinjektion. Man tötet das Kaninchen durch Chloroform, öffnet die Bauchhöhle unter möglichster Vermeidung von Blutungen, unterbindet die zur Leber führenden Hauptgefäße durch doppelte Ligaturen, schneidet sie zwischen den Ligaturen durch und hebt nach Durchtrennung der Ligamente die ganze mit Blut gefüllte Leber heraus, um sie sofort in ein größeres Becherglas mit absolutem Alkohol zu legen. Die Fixierung dauert 3—4 Tage oder noch etwas länger. Die Leber kann danach zur weiteren Härtung zerschnitten werden. Die Stücke werden in Paraffin eingebettet und die nicht zu dünnen Schnitte ungefärbt in Kanadabalsam montiert. Die besten Präparate geben die oberflächlichen Stücke der Leber.

Man reicht mit schwacher Vergrößerung aus. Es sind hauptsächlich die Verästelungen der Lebervene gefüllt, welche die Zentralkanäle in den einzelnen Leberläppchen bilden. Von diesen Zentralkanälen sieht man sternförmig feine Verzweigungen in die Leberläppchen vordringen. An einigen Stellen sieht man diese Ästchen mit den peripherisch den Läppchen anliegenden Zweigen der Pfortader anastomosieren. Die Pfortader spielt die Rolle einer Arterie in der Leber. Das Blut, welches dem Organ durch ihre Zweige zugeführt wird, sammelt sich in den Venae centrales, um schließlich in der Lebervene die Leber zu verlassen. Die Leberarterie hat nur untergeordnete Ernährungsfunktionen auszuführen.

Das Pfortadersystem studiert man am vollständigsten an Objekten, die von der Pfortader aus mit gefärbter Gelatine injiziert, dann in Formalin konserviert und nach den allgemeinen Vorschriften weiter behandelt sind. Um die Pfortader zur Injektion aufzufinden, öffnet man ein soeben durch Chloroform getötetes Kaninchen nach Abtragung des Felles durch einen Hautschnitt, welcher von der Spitze des Schwertfortsatzes bis zum Nabel oder darüber hinaus führt. Man biegt den Pförtnerteil des Magens stark nach abwärts, vorn und seitwärts und zieht die Leber in die Höhe. Man sieht die Pfortader dann in dem die Leber und den Zwölffingerdarm verbindenden Ligament hinter dem Ductus choledochus hinziehen. Die Technik für das Einbinden einer feinen Knopfkanüle ist dieselbe wie bei der gewöhnlichen Arterieninjektion, ist jedoch hier mit noch größerer Vorsicht auszuführen (siehe Fig. 366).

Nach der Injektion wird die ganze Leber nach Unterbindung der Vena cava wie beim vorigen Präparat herausgehoben und mit der Spitzenkanüle in Formalin gebracht. Die Kanüle wird erst nach einigen Tagen abgenommen. Die Schnitte werden ziemlich dick angefertigt (30 μ) und ungefärbt in Kanadabalsam montiert. Man sieht die Pfortaderäste zwischen den Leberläppchen verlaufen und ihre feinen Zweige zu den Venenästchen ziehen, welche in die Zentralvene eines jeden Läppchens münden.

Zusammenfassung. Fassen wir die Befunde unserer Leberpräparate zusammen, so erhalten wir folgendes Aufbauschema des Organs: Die Zweige der Pfortader verlaufen zwischen den Leberläppchen und senden ihre Nebenzweige radial in diese hinein, wo sie schließlich in die Zentralvene des Läppchens münden. Die Zentralvenen vereinigen sich zu immer größeren Gefäßen und verlassen das Organ schließlich als Lebervene. Dazwischen sieht man das Arteriensystem, welches genau wie das Pfortadersystem verläuft und sein Blut in die Zentralvenen ergießt. Die Gallenkapillaren entspringen zwischen den einzelnen Zellen der Leberläppchen und sammeln sich in den peripherisch an den Läppchen gelegenen, feinsten Gallengängen, die sich schließlich zu den größeren Gallengängen in der bei der makroskopischen Präparation geschilderten Weise vereinigen.

VI. Lepus: Pankreas. (Vergleichspräparat: Duodenalschlinge mit Pankreas von der neugeborenen Katze.) Um das lappige, stark flächenartig ausgebildete Pankreas des Kaninchens zu fixieren, verfährt man so, wie es beim Bindegewebe angegeben ist. Man montiert den ganzen Teil des Mesenteriums, welcher das Pankreas enthält, also die Duodenalschlinge, auf einem Objektträger und löst es erst zur Einbettung in Paraffin los, wobei es aber zur Erlangung größerer Formbeständigkeit in kleine Stücke zu zerschneiden ist. Besser eignet sich das etwas körperlicher ausgebildete Pankreas junger Katzen, welches man mit der Duodenalschlinge herausschneiden und einfach in die Fixierungsflüssigkeit einlegen kann. Die Schnitte treffen dann, wenn sie vollständig sind, zwei Darmquerschnitte und die dazwischenliegenden Drüsenmassen.

Wir sehen auf den Schnitten zunächst die Drüsenzellen des Pankreas, welche immer zu 5—8 um ein Drüsenkanälchen gruppiert sind. Im Protoplasma derselben sind Fäden und Körner zu unterscheiden, die besonders durch Färbung mit Toluidinblau (siehe S. 158) sichtbar werden. Die Sekretfibrillen liegen namentlich in der Nähe des Kernes. Die Körner sind durch den Zerfall von Sekretfibrillen entstanden. Namentlich die älteren unter ihnen werden durch Toluidinblau lebhaft grün gefärbt, während die Fibrillen eine blaue Farbe annehmen. Die Fäden und Körner enthalten das Zymogen, das später im ausgestoßenen Sekret in das wichtige Ferment Trypsin übergeht, welches Eiweiß in alkalischer Lösung peptonisiert. Die feinsten Drüsenkanäle münden zunächst in die sog. Schaltstücke, die sich dann zu den Pankreasgängen vereinigen. Die Schaltstücke werden von platten Epithelzellen gebildet, welche an ihren Anfangsteilen an den Drüsenkanälchen die centroacinären Zellen ausbilden.

Zwischen den Tubulis sieht man vereinzelt begrenzte, rundliche Haufen von kleineren Zellen, die Langerhansschen Inseln, die von weiten Blutkapillaren bespült werden. Diese Inseln stehen mit einer Nebenfunktion des Pankreas im Zusammenhang. Das Pankreas ist nämlich nicht nur eine Verdauungsdrüse, sondern wirkt auch als Drüse mit innerer Sekretion. Wenn die Langerhansschen Inseln pathologisch verändert sind, so häuft sich der Zuckergehalt des Blutes in anormaler Weise an, und mit dem Harn scheidet die überflüssige Zuckermenge aus (Zuckerkrankheit, Diabetes mellitus). Man muß also annehmen, daß diese Teile des Pankreas ein Sekret an das Blut abgeben, welches verhindert, daß der Zuckergehalt des Blutes die zulässige Grenze überschreitet.

VII. Lepus: Milz. Schnittdicke 20 μ. Färbung nach der van Giesonmethode oder mit Hämatoxylin-Eosin. Die Schnitte treffen die ganze Milz. Man sieht, daß das ganze Organ von einer bei Giesonfärbung lebhaft roten, bindegewebigen

Kapsel umgeben ist. Die Kapsel enthält auch glatte Muskelfasern und elastische Fasern. Von ihr aus ziehen viele bindegewebige Fortsätze quer in das Organ, wo sie miteinander in Verbindung treten (Milzbalken). Die Hohlräume dieses Maschenwerkes werden von der Milzpulpa ausgefüllt. Die Pulpa besteht aus sehr feinem, netzförmigen Bindegewebe mit vielen eingelagerten Zellen und weißen Blutkörperchen, roten Blutkörperchen und ihren Bildungselementen verschiedener Art. Dazwischen sieht man in verschiedener Richtung angeschnittene Arterien, Venen und Kapillaren. In der unmittelbaren Nähe der Arterien fallen Anhäufungen von Leukocyten, die sog. Milzknötchen, auf.

VIII. Lepus: Glandulae mesentericae superiores (Pancreas Asellii). Diese große Lymphdrüsenmasse liegt am Grunde der Leibeshöhle an der Wurzel des Mesenteriums und hat bei etwa 3 cm Länge eine Breite von 1 cm. Sie wird im ganzen herausgeschnitten und mit Müllerscher oder Zenkerscher Flüssigkeit fixiert. Für Geübtere ist sie auch zur Beobachtung von Mitosen verwendbar. Sie ist dann mit Flemmingscher Mischung zu fixieren; die höchstens 5 μ dicken Schnitte sind mit Safranin zu färben. Da die mitotischen Figuren der Leukocyten sehr klein sind, so ist mindestens 560fache Vergrößerung anzuwenden. Das Auffinden der Mitosen wird durch die lebhaftere Rotfärbung der in Teilung begriffenen Chromosomen erleichtert. Für Übersichtsbilder der Lymphdrüsen färbt man nach der van Giesonmethode oder mit Hämatoxylin-Eosin.

Die Lymphdrüsen entstehen dadurch, daß mehrere nebeneinander herlaufende Lymphgefäßstämme in einer bestimmten Gegend vielfach miteinander anastomosieren und ein engmaschiges Netz bilden, dessen Maschen von zellreichem Gewebe ausgefüllt werden. Soweit diese meist aus Leukocyten bestehenden Zellanhäufungen eine rundliche Form besitzen, heißen sie Lymphfollikel oder Lymphknötchen, die länglich geformten nennt man Markstränge. Die ganze Drüse wird von einer bindegewebigen Hülle umschlossen. Wie bei der Milz gehen auch hier Bindegewebsstränge von der äußeren Begrenzung ins Innere (Trabekel).

IX. Lepus: Nebennieren. Schnittdicke 20 μ. Färbung nach van Gieson: Auf dem Schnitt durch die Nebenniere kann man außer der bindegewebigen Kapsel deutlich die Rindenschicht von der Markzone unterscheiden. Die Rindensubstanz besteht aus Zellen, die direkt unter der Kapsel zu rundlichen Ballen (Zona glomerulosa), in der darunter gelegenen Schicht zu palisadenartigen Stäben (Zona fasciculata), und in der tiefsten Schicht endlich ganz regellos angeordnet sind (Zona reticularis). Auch die Marksubstanz besteht aus verschiedenartig angeordneten Zellen, zwischen denen zuerst die großen Venenquerschnitte auffallen, welche von Zügen glatter Muskelfasern begleitet werden. Kleinere Venen und Arterien sowie Kapillaren des überaus reichen Netzes der Nebenniere sind überall angeschnitten. Auch sehr viele, meist marklose Nervenfasern sind zu sehen, im inneren Mark auch Gruppen sympathischer Ganglienzellen zwischen den Nervensträngen.

Die Nebennieren gehören zu den Blutdrüsen oder Drüsen mit innerer Sekretion. Sie erzeugen das Adrenalin, welches verengernd auf gewisse Blutgefäße wirkt und daher als Nebennierenextrakt zur Erzeugung lokaler Blutleere bei kleineren Operationen (Zahnheilkunde) angewendet wird. Diese gefäßverengernde Wirkung übt das Adrenalin aber nur auf die Gefäße der Haut und der Schleimhäute aus. Die das Herz und die Leber ernährenden Gefäße werden durch Adrenalin erweitert. Da dieses, im Blute kreisend, beide Wirkungen gleichzeitig entfaltet, so erzeugt es einen Transport größerer Blutmengen von den peripherischen Teilen des Körpers nach Leber und Herz. Wird die Leber stark durchblutet, so nimmt dort das Blut mehr Glykogen aus den Vorräten der Leberzellen auf, gleichzeitig arbeitet das Herz wegen der starken Blutzufuhr kräftiger, der Kohlehydratstoffwechsel ist in lebhaftem Flusse, und der Zuckergehalt des Blutes würde bald pathologisch werden, wenn nicht das Pankreas in der schon geschilderten Weise entgegenwirken würde. Funktioniert umgekehrt das Pankreas normal, erzeugt das Nebennierenmark aber nicht die genügende Adrenalinmenge, so sinkt der Zuckergehalt des Blutes, und der Kohlehydratstoffwechsel liegt danieder (Addisonsche Krankheit). Kommt bei vermehrter Adrenalinbildung die Bauchspeicheldrüse den Ansprüchen der Nebennieren nach, so behält das Blut seinen normalen Zuckergehalt, die ganze Kohlehydratverbrennung ist nur sehr wesentlich gesteigert. Dies ist neben anderen Symptomen — namentlich an den Schilddrüsen — bei der Basedowschen Krankheit zu beobachten.

X. Lepus: Nieren. Die Nieren werden aus der Bauchhöhle gelöst, die eine längs (geschah ev. schon bei der makroskopischen Präparation), die andere quer gespalten und in Müllerscher Flüssigkeit oder absolutem Alkohol fixiert. Die Schnitte für Übersichtsbilder können 20—30 μ dick sein und werden mit Hämatoxylin gefärbt. Für feinere Einzelheiten wählt man dünnere Schnitte (15 μ) und färbt sie nach intensiver Hämatoxylinfärbung mit van Giesonlösung nach. Die Längsschnitte treffen zunächst die Nierenkanälchen in ihrer ganzen Länge; zeigen die Schnitte nach einiger Zeit zuviel schräge Anschnitte von Nieren-

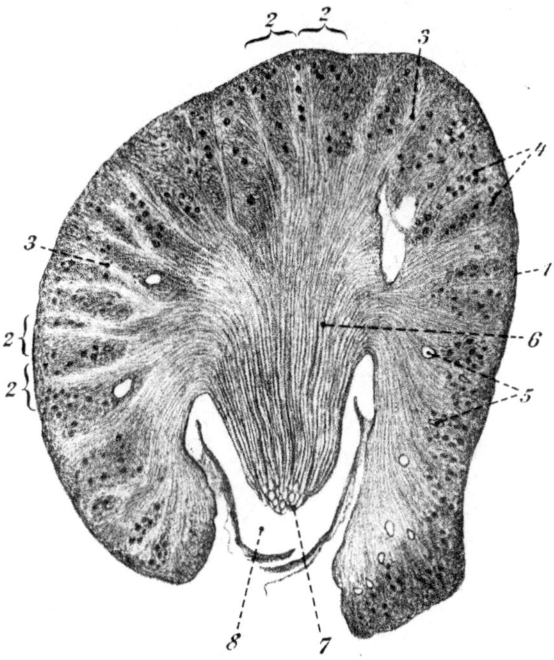

Fig. 393. Lepus cuniculus. Niere senkrecht zur Längsachse durchschnitten.
1. Rindenschicht. — 2. Läppchen. — 3. Markstrahl. — 4. Glomeruli. — 5. Blutgefäße. — 6. Sammelröhrchen. — 7. Nierenpapille. — 8. Nierentrichter.

kanälchen, so wird der Block in der Klammer etwas gedreht, so daß die Schnitte wieder parallel zu den Nierenkanälchen laufen. Auf den Querschnitten sind die meisten Kanälchen quer oder schräg getroffen.

Wir betrachten erst einen Längsschnitt (Fig. 393, 394 und 395), welcher Rinden- und Marksubstanz enthält. Die Nierenkapsel (Tunica fibrosa seu albuginea) ist bei der Präparation der Eintrittsstellen von Ureter und Nierengefäßen schon abgezogen worden, ist also im Präparat nicht mehr zu sehen. Die Rindenzone, welche die geknäuelten Anfangsteile der Nierenkanäle enthält, ist deutlich von der Markzone, welche durch den gerade verlaufenden Teil derselben gebildet wird, gesondert. Jedes Nierenkanälchen beginnt mit einer bis auf eine polare Stelle geschlossenen Kapsel (Bowmansche Kapsel), von welcher der Nierenkanal abgeht. Diese Kapsel hat zwei Wände, deren hohler Zwischenraum sich unmittelbar in das Nierenkanälchen fortsetzt. In die Bowmansche Kapsel hinein treten feinste Zweige der Nierenarterie, bilden dort einen kapillaren Gefäßknäuel (Glomerulus) und treten, nachdem sie sich wieder vereinigt haben, als abführendes Arterien-

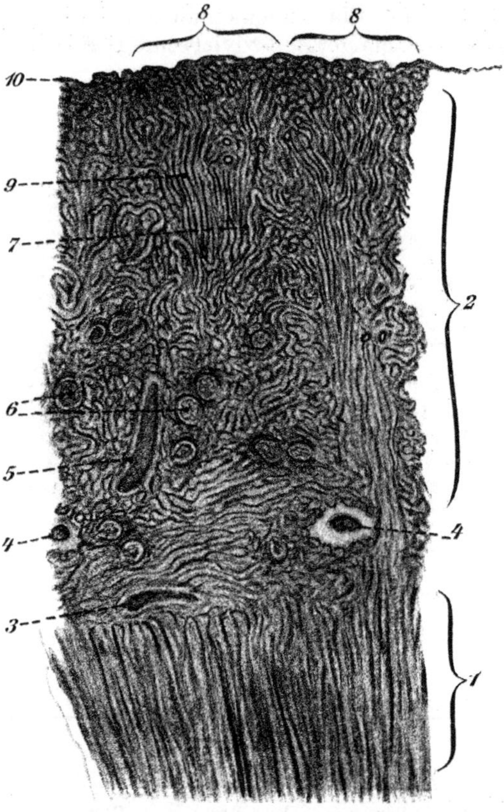

Fig. 394. Obj. 0. Lepus cuniculus. Niere. Teil eines von der Papille zur Rinde geführten Schnittes (Längsschnitt).

1. Marksubstanz. — 2. Rindensubstanz. — 3. Vena arciformis. — 4. Arteria arciformis. — 5. Vena interlobularis. — 6. Glomeruli. — 7. Tubulus contortus, z. T. in der Schnittebene verlaufend. — 8. Läppchen. — 9. Markstrahlen (Sammelkanäle). — 10. Tunica albuginea.

stämmchen aus der Kapsel heraus. Die Bowmansche Kapsel und der Glomerulus bilden zusammen ein Malpighisches Körperchen. Die abführenden Arterien lösen sich erst, nachdem sie den Glomerulus passiert haben, zu dem eigentlichen Nierenkapillarnetz auf, aus dem dann die Nierenvenen entstehen. Davon ist in unseren Schnitten nichts Genaueres zu verfolgen. Die Bowmanschen Kapseln wirken als echte Drüsen. Sie sezernieren Harn wie die Speichelzelle den Speichel und wirken nicht lediglich als Filterorgane. Der Teil des Nieren- oder Harnkanälchens, welcher sich unmittelbar an die Bowmansche Kapsel anschließt, zeigt einen mehrfach gewundenen Verlauf (Canalis contortus), dessen Konvexität der Nierenoberfläche zugekehrt ist, steigt dann gerade in die Markzone hinein (absteigender Ast der Henleschen Schleife), biegt ungefähr in halber Höhe der Marksubstanz wieder nach der Peripherie um (aufsteigender Ast der Henleschen Schleife) und bildet dann, in der Rindensubstanz angekommen, den wieder vielfach gewundenen Schaltkanal. Viele solcher Schaltkanäle vereinigen sich dann noch innerhalb der Rindensubstanz zu einem Sammelkanal. Mehrere Sammelkanäle fließen zu einem der un-

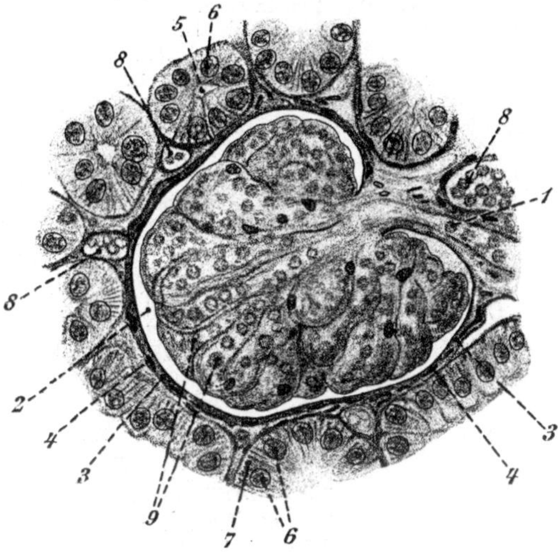

Fig. 395. Obj. VIII. Lepus cuniculus. Niere Glomerulus.

1. Kapillare des Glomerulus, ein- oder austretend. — 2. Hohlraum der Bowmanschen Kapsel. — 3. Äußeres Blatt der Glomerulus-Kapsel. — 4. Kerne der Zellen desselben. — 5. Lumen eines Tubulus contortus. — 6. Kerne der Zellen des Tubulus contortus. — 7. „Stäbchen-"Bildung in diesen Zellen. — 8. Blutgefäße. — 9. Rote Blutkörperchen im Glomerulus.

mittelbar in das Nierenbecken mündenden Ductus papillares zusammen. Natürlich sind alle diese Teile auf den Schnitten nicht an einem und demselben Kanal zu verfolgen. Man muß hier durch längere Beobachtung eines oder mehrerer Schnitte kombinieren und sich so eine Vorstellung schaffen.

Die beiden Wände der Bowmanschen Kapsel sind einschichtiges Epithel. Das innere Blatt ist häufig wegen der unmittelbar anliegenden Glomeruluszellen schwer zu erkennen. Den Bau der Harnkanälchen sehen wir am besten auf den Querschnitten. Wir finden hier den Hohlraum von einem einschichtigen Epithel umgeben. Die verschiedene Ausbildung der Epithelzellen, die bald mehr kubisch, bald ganz platt ausgebildet sind, ist charakteristisch für die verschiedenen Teile des Nierenkanals (Fig. 396).

XI. Lepus: Harnblase. Die Harnblase wird durch Druck von Harn entleert und dann vom Blasenhals aus (Einstichkanüle!) mit absolutem Alkohol gefüllt. Wenn die Blasenwand gespannt ist, wird der Blasenhals mit einem Faden abgebunden und dabei die Kanüle herausgezogen. Die gefüllte Blase wird dann in ein genügend großes Becherglas mit absolutem Alkohol gehängt. In derselben Weise wird später die Füllung mit Xylol und Überführung in dieses Medium vorgenommen, wobei aber das Xylol im Innern mehrmals zu erneuern ist. Die Blasenwand wird schließlich so fest, daß sie auch nach dem Zerschneiden in einzelne Stücke ihre Form nicht verliert. Zur Einbettung in Paraffin wird sie in etwa 4 qcm große Stücke zerschnitten. Die Schnitte werden quer zur Wand geführt.

Um als Übersichtsbild uneingebettet montiert zu werden, ist die Kaninchenblase zu dick. Immerhin geben Flächenschnitte der eingebetteten Blasenstücke namentlich bei Merkelfärbung gute Bilder von glatten Muskelfasern und lassen sich für allgemeine histologische Zwecke verwenden.

Wir betrachten den Bau der Blasenwand im Querschnitt. Die Wand besteht von innen nach außen aus Schleimhaut, Muskelhaut und Faserhaut.

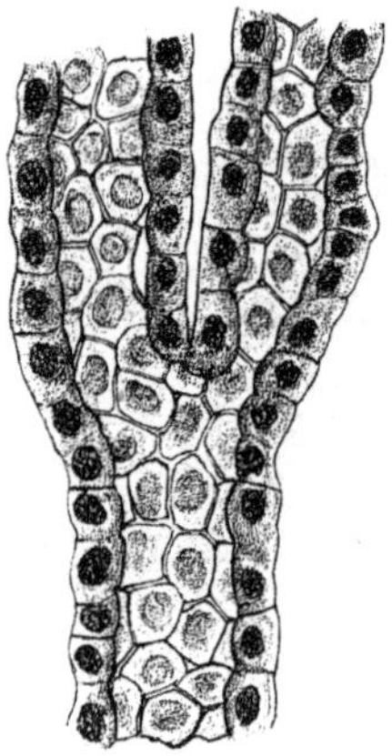

Fig. 396. Obj. VIII. Lepus cuniculus. Vereinigungsstelle zweier Sammelröhrchen aus der Niere.

Die Schleimhaut ist innen mit einem geschichteten Pflasterepithel bedeckt. Sie zeigt eine Tunica propria und eine Submucosa mit Bindegewebsfasern und Zellen.

Die Muscularis besteht aus längs und quer verlaufenden Bündeln, und zwar sind die Ringmuskelfasern meist zwischen zwei Lagen von Längsmuskelfasern gelagert.

In der Faserhaut sind nur Bündel von Bindegewebsfasern zu sehen.

Um die Verteilung der einzelnen histologischen Elemente zu studieren, verwende man in der bekannten Weise Färbungen mit Orcein oder Kresofuchsin, mit Pikrinblau oder mit Indigkarmin-Boraxkarmin nach Merkel.

XII. Lepus: Hoden und Nebenhoden. Die Hoden werden mit anhängenden Nebenhoden herausgelöst, in Flemmingscher Mischung fixiert und nach den allgemeinen Vorschriften weiter behandelt. Die Schnitte für Übersichtsbilder (10 μ) werden nach van Gieson, Schnitte, die die Spermatogenese zeigen sollen (5 μ), mit Safranin gefärbt. Schnitte mit guten Nebenhodenbildern erhält man besonders vom distalen Ende des natürlich gelagerten Hodens.

Querschnitte des Hodens, Übersichtsbild, Oc. 1, Obj. 0. Hoden und Nebenhoden sind von einer gemeinsamen Bindegewebshülle umgeben (Tunica albuginea). Diese springt auf der Seite, an der der Nebenhoden liegt, mit einem dicken Wulst in das Innere des Hodens vor (Mediastinum testis oder Corpus Highmori). In diesem Mediastinum kann man ein System vielfach ineinander fließender Kanäle wahrnehmen (Rete testis). Vom Mediastinum ziehen strahlenförmig Bindegewebsbalken durch das Hodenparenchym (Septula testis) bis zur inneren, lockeren und gefäßreichen Schicht (Tunica vasculosa) der Tunica albuginea. Die Füllmasse zwischen den Septulae besteht aus den zahlreichen Hodenkanälchen, zwischen welche sich bindegewebige Stränge von den Septen hineinschieben. Jedes einzelne Hodenkanälchen des Querschnittes ist ebenfalls von einer besonderen Bindegewebshülle umgeben. Das Innere der Schläuche wird von einem geschichteten Epithel gebildet, das im Zustande der Ruhe aus rundlichen Zellen besteht. In vielen Kanälchen kann man die verschiedenen Stadien der Spermatogenese studieren, doch ist dazu eine stärkere Vergrößerung nötig.

Ein Hodenkanälchen bei starker Vergrößerung. Oc. 3, Obj. VIII (Fig. 397). In der peripherischen Schicht der Epithelzellen kann man zwei Formen unterscheiden: Sertolische Zellen und Stammzellen oder Spermatogonien. Die letzteren liefern Samenfäden. Nach mitotischer Teilung bilden sie die sog. Mutterzellen, welche in der auf die peripherische folgenden Schicht liegen. Die Mutterzellen machen noch zwei Mitosen durch und liefern dann die zentral gelegenen Samenzellen oder Spermatiden, welche sich allmählich in Samenfäden umwandeln. Der Kern liefert den Kopf des Samenfadens, ein Teil des Protoplasmas den Schwanz. Die Sertolischen Zellen wachsen während der Spermatogenese mit langen Ausläufern radial in den Hodenkanal hinein und treten

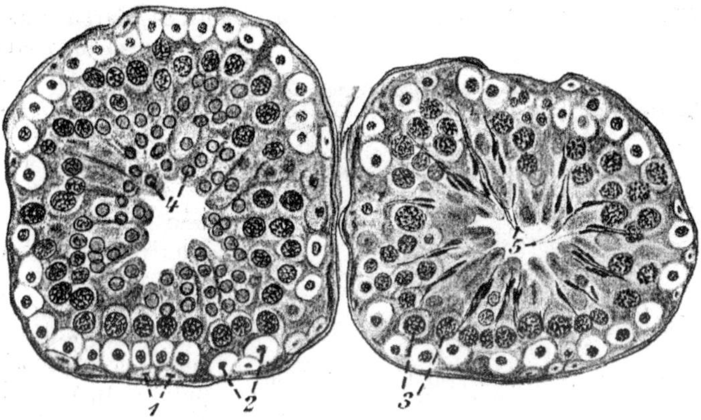

Fig. 397. Obj. VI. Lepus cuniculus. Hoden quer.
1. Sertolische Zellen. — 2. Spermatogonien. — 3. Präspermatiden. — 4. Spermatiden. — 5. Spermatozoenschwänze.

mit unfertigen Samenfäden in Verbindung. Vermutlich haben sie hier ernährende Funktionen zu erfüllen.

Auf geeigneten Schnitten kann man auch den Bau des Nebenhodens untersuchen. Der Nebenhoden (Epididymis) bildet den Anfangsteil der ableitenden Samenwege. Aus dem Rete testis entspringt eine größere Anzahl von Ductuli efferentes testis, welche sich außerordentlich stark und vielfach schlängeln. Dadurch entsteht eine vielfache Lappung. Jedes Kanälchen des Nebenhodens wird von einer Ringmuskelschicht aus glatten Muskelfasern umgeben, welche die Membrana propria umschließt. Zwischen den Zellen des geschichteten Flimmerepithels, welches die Innenwandung der Kanälchen bildet, findet man auch einzelne, mehr kubische Zellen, die der Flimmerung entbehren. Die Ductuli efferentes vereinigen sich zum Ductus epididymidis. Schnitte, welche die oben geschilderten Verhältnisse zeigen sollen, müssen durch den Anfangsteil (Caput) des Nebenhodens gehen. Der Körper und Schwanz des Nebenhodens enthalten nur den noch vielmals geschlängelten Ductus epididymidis, dessen Fortsetzung das Vas deferens bildet.

Es mag an dieser Stelle erwähnt werden, daß die Keimdrüsen außer ihrer Aufgabe, Geschlechtszellen zu bilden, auch noch als Drüsen mit innerer Sekretion tätig sind. Auf die innere Sekretion der Keimdrüsen ist die Ausbildung der sekundären Geschlechtsmerkmale (Bart der Männer, Hörner und Geweihe der Tiere usw.) zurückzuführen. Ebenso hört mit dem Einsetzen der Keimdrüsentätigkeit im großen und ganzen das Körperwachstum auf. Es scheint auf Grund von Experimenten an Fröschen und Ratten festzustehen, daß die innere Sekretion der Keimdrüsen zunächst auf die betreffenden Reflexzentren in Gehirn und Rückenmark wirkt, wodurch erst sekundär, vielleicht durch vermehrte Blutzufuhr, das Wachstum der sekundären Geschlechtsmerkmale veranlaßt wird.

XIII. Lepus: Ovarium (Fig. 398 und 399). Auf der Oberfläche der abgeplatteten, länglichen Ovarien sieht man schon mit bloßem Auge eine Anzahl verschieden großer, wasserheller Bläschen (Graafsche Follikel). Die größeren ragen so weit hervor, daß die Oberfläche höckerig erscheint. Die Ovarien werden vorsichtig herausgelöst und das eine in Flemmingscher Mischung, das andere in Müllerscher Flüssigkeit (für Übersichtsbilder) fixiert.

Wir betrachten zuerst einen Querschnitt, der von dem mit Müllerscher Flüssigkeit fixierten Organ stammt und nach der van Giesonmethode gefärbt ist, mit Obj. IV, Oc. 1. Das Ovarium zeigt unter dem äußeren Epithel eine starke Tunica albuginea, deren Bindegewebsfasern in mehreren Schichten angeordnet sind. Die innere Schicht geht in die Rindensubstanz des Organs über. In dieser liegen die Follikel mit den Eizellen und die Corpora lutea. Das Innere des Ovariums wird von der Marksubstanz ausgefüllt, die ebenfalls aus Bindegewebe besteht, und in welcher wir Blutgefäße in verschiedenen Richtungen angeschnitten finden. Am Nabel des Ovariums durchbricht die Marksubstanz die Rinde.

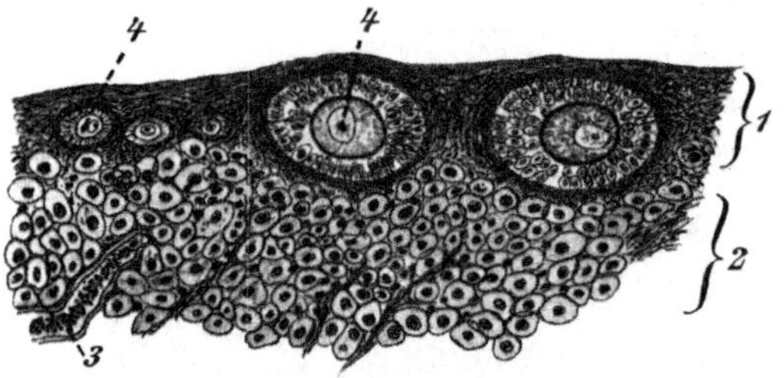

Fig. 398. Obj. IV. Aus dem Ovarium von Lepus cuniculus.
1. Rindensubstanz. — 2. Marksubstanz. — 3. Blutgefäß. — 4. Follikel.

Safraninpräparat, Oc. 3, Obj. VIII, ev. Ölimmersion. In dem peripherischen Teile, wo die jüngsten Zellen liegen, lassen sich Keimzellen und Follikelzellen unterscheiden. Die letzteren liefern später die Follikel um die Eizellen. Mitosen sind an den Keimzellen häufig zu beobachten. Die Follikelzellen schließen sich in einem gewissen Stadium zusammen und bilden die Primärfollikel, welche je eine Eizelle einschließen. Sie finden sich unmittelbar unter der Tunica albuginea. Allmählich entstehen aus den Primärfollikeln die Sekundärfollikel oder Graafsche Follikel, welche tiefer in der Rindenschicht des Organs liegen. Das Follikelepithel ist an diesen mehrschichtig und enthält einen großen Hohlraum, der von der Follikelflüssigkeit erfüllt ist. Das Ei liegt in der Wand des Follikels, in dem an einer Seite vorspringenden Cumulus oophorus. Die Follikelzellen unmittelbar um das Ei herum stehen genau radial und bilden die Corona radiata. Ein besonderes Differenzierungsprodukt der Corona bildet die Zona pellucida, ein fein radial gestreifter Saum.

Das Plasma des reifen Eies wird als Dotter, der Kern als Keimbläschen bezeichnet. Am Keimbläschen unterscheidet man noch besonders den Keimfleck. Der reife Follikel platzt an der der Außenfläche des Ovariums zugekehrten Seite, und das Ei gelangt in die Leibeshöhle und in die Tube des Eileiters, wo es befruchtet wird. Aus dem leeren Follikel bildet sich das Corpus luteum. Wird das Ei nicht befruchtet, so verkümmert der gelbe Körper und verschwindet bald. Tritt dagegen Befruchtung des Eies ein, so bleibt der gelbe Körper lange bestehen. Die Follikelepithelzellen fallen der fettigen Entartung anheim (Luteinzellen) und wuchern in das Lumen des Follikels hinein. Zwischen den Zellen bilden sich zarte Bindegewebsbildungen aus. Das Innere bildet häufig ein kleiner, mit Blut gefüllter Hohlraum. Allmählich verwandelt sich das

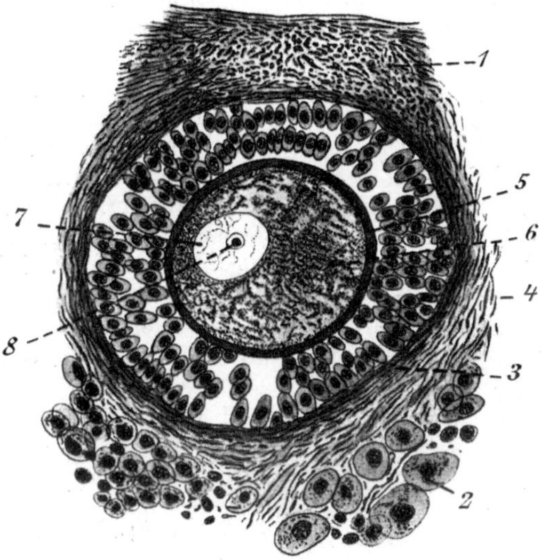

Fig. 399. Obj. VI. Follikel von Lepus cuniculus.

1. Rindensubstanz des Ovariums. — 2. Marksubstanz des Ovariums. — 3. Theca folliculi. — 4. Follikelepithel. — 5. Zona pellucida. — 6. Ooplasma. — 7. Keimbläschen. — 8. Keimfleck.

Blut in eine bröckelige Masse, welche unter dem Mikroskop Kristallbildungen (Hämatoidin) zeigt.

XIV. Lepus: Uterus. Um gut fixiertes Material zu erhalten, füllt man den Uterus von der Scheide aus mit dem Fixierungsmittel, muß aber vorher die Eingänge von den Uterushörnern in die Tuben abbinden. Nach der Füllung wird der Uterus auch am distalen Ende abgebunden und so in die Fixierungsflüssigkeit gehängt. Die Schnitte (10 μ) werden nach van Gieson gefärbt.

Wir erkennen von innen nach außen drei Schichten: Schleimhaut, Muskelhaut und Faserhaut. Die Schleimhaut zeigt ein verschiedenes Aussehen je nach der Gegend des Uterus, aus der sie stammt. Ihr Epithel ist an dem scheidenwärts gelegenen Halse (Cervix uteri) ein stark ausgebildetes Flimmerepithel, während es an den übrigen Teilen ein mehrfach geschichtetes Plattenepithel ist. Es enthält dicht gedrängt stehende, schlauchförmige Drüsen, die im Schlauchlumen von Zylinderepithel mit sehr feinen Flimmern bekleidet sind. Die Drüsen liegen mit ihrem Hauptteil in der Tunica propria. In dieser finden wir außerdem noch feine Bindegewebsfasern und Leukocyten. Die glatten Muskelfasern der Muscularis sind in verschieden gerichteten Bündeln angeordnet, auf deren genauere Verteilung wir nicht weiter eingehen wollen. In der mittleren Muskellage fallen die Anschnitte verhältnismäßig weiter Venen auf.

13. Kapitel.

Speicheldrüsen, Mundhöhle und Zunge.

(Schaf, Kaninchen.)

Material. Man bezieht vom Schlächter frisch abgeschnittene Hammelköpfe mit dem Fell. Legt man nur auf die Präparation von Nase, Gehirn und Ohr Wert, so kann man sie sofort in Konservierungsflüssigkeit legen. Zu diesem Zwecke ist das Fell auf der Schädeldecke zu entfernen und ein etwa 5 cm im Quadrat messendes Fenster in derselben anzubringen. Man bedient sich dazu eines sehr starken Messers und des Hammers. Die harte Hirnhaut unter der Schädeldecke ist in der Ausdehnung des Fensters ebenfalls zu entfernen. So vorgerichtet, kommen die Köpfe in große Gefäße mit 10%igem Formalin, wo sie möglichst lange liegen bleiben. Die Härtung ist nach einem halben Jahre sicher so weit vorgeschritten, daß die Exenteration des Gehirns leicht gelingt. Man versehe sich daher frühzeitig mit Material.

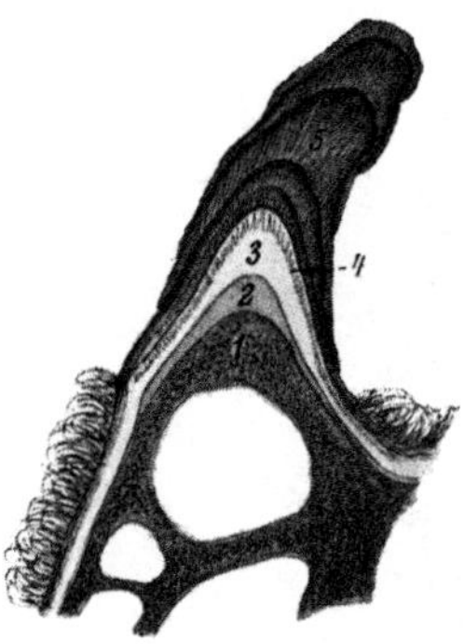

Fig. 400. Horn des Schafes im Längsschnitt.

1. Stirnbein mit Höhlen. — 2. Subcutis und Periost. — 3. Lederhaut (Corium) mit Papillen. — 4. Epidermis. — 5. Horn.

Will man auch Untersuchungen am Auge, an den Speicheldrüsen usw. anstellen, so verwendet man die Köpfe am besten ganz frisch. Die Schädelkapsel wird bei diesen Präparationen gar nicht weiter verletzt; sie kann hernach immer noch mit einem Fenster versehen und für die Gehirnpräparation konserviert werden.

Anmerkung: Bekommt man einen Hammelkopf mit kleinen Hörnern, so lohnt es sich, zum Studium des Baues derselben einen Längsschnitt dadurch herzustellen. Man dringt mit Meißel und Stichsäge rund um das Horn herum in das Stirnbein ein, ohne jedoch durch die Stirnbeinhöhle und innere Schädelwandung hindurch bis zum Gehirn vorzugehen, und hebt das Horn mit der umgebenden Knochenmasse heraus. Dann stellt man mit einer Säge (am besten Kreissäge) einen Längsschnitt durch dasselbe her, wie ihn die Fig. 400 zeigt.

Das Horn sitzt auf dem knöchernen, teilweise hohlen Stirnzapfen des Stirnbeines (Fig. 400, 1) und ist eine Bildung des die Zapfen überziehenden Coriums (Lederhaut, Fig. 400, 3). Das Unterhautbindegewebe ist mit dem Periost des Stirnbeins so fest verwachsen, daß es nicht von ihm zu unterscheiden ist (Fig. 400, 2). Das Corium bildet, wie an allen Teilen des Körpers, Papillen, zwischen denen interpapilläre Epidermiszellen liegen. Am Längsschnitt des Hornes sind verschiedene Wachstumszonen zu unterscheiden (Fig. 400, 5).

I. Präparation der Speicheldrüsen und Kaumuskeln.

Man schert mit der flachen Schere das Fell auf einer Seite des Hammelkopfes kurz, hüte sich aber dabei, Hautfalten mit anzuheben, weil sonst die Haut verletzt wird. Nun übersieht man die Form besser und präpariert vorsichtig das Fell ab von der Seite des Halses und von der Seite des Kopfes zwischen der ventralen Medianlinie und einer Linie, welche am Nasenloch beginnt, in einem dorsal konvexen Bogen nach dem inneren Augenwinkel verläuft, ventral um das Auge herumgeht und unmittelbar unter der Ohrmuschel nach dem Halse zieht. Namentlich der Halsteil zeigt reichliche Fettansammlungen. Die Ohrspeicheldrüse (Glandula parotis) liegt vollständig in Fett eingebettet. Wenn der Hals sich nicht mehr ganz am Kopfe befindet, ist die Glandula submaxillaris (Unterkieferspeicheldrüse) meist nur teilweise erhalten. Sie ist hinter und unter der Parotis sichtbar.

Vom hinteren Unterkiefer zieht ein mächtiger Muskel nach dem Oberkiefer und Jochbogen hinauf, der Musculus masseter (äußerer Kaumuskel). Dieser Muskel ist meist nur auf der Seite tätig, auf der gekaut wird. Er zieht den beim Öffnen des Maules seitwärts und abwärts bewegten Unterkiefer wieder nach oben und in die Ruhelage zurück. Dabei werden die Backenzähne des Oberkiefers an denen des Unterkiefers entlanggerieben.

Vor dem Masseter sieht man einen schmalen Muskel vom inneren Augenwinkel schräg nach vorn und unten ziehen, den Musculus malaris. Er entspringt in der Nähe der unter der Augenhöhle parallel zum Oberkieferrande verlaufenden Crista facialis aus der Gesichtsfascie und endet teils am Tränenbein, teils in einem Muskel des unteren Augenlides. Er zieht das untere Augenlid herab.

Von der Ohrmuschel zieht über dem Masseter ein schmaler Muskel nach vorn (innerer Einwärtszieher der Ohrmuschel). Parallel zum Oberkieferrande verläuft der Musculus zygomaticus, der aus der Fascie des Masseters und am Jochbein entspringt und zum Mundwinkel verläuft. Er strahlt in den Kreismuskel der Lippen aus und zieht den Mundwinkel auf- und rückwärts.

Unter dem Masseter strahlt eine platte Muskelmasse nach vorn, die besonders am vorderen Unterkiefer sichtbar wird, der Musculus buccinator. Er entspringt an den Alveolarfortsätzen beider Kiefer. Seine oberflächlich sichtbare Pars buccalis (Backenmuskel) führt nach dem Lippenwinkel. Er bringt, von einigen anderen Muskeln unterstützt, beim Kauen das Futter dauernd zwischen die Reibflächen der Backenzähne. Der eigentümliche Faserverlauf ermöglicht ferner eine Vergrößerung der Backenfläche und einen Einfluß auf die Entleerung der Backendrüsen.

Auf dem Masseter findet man leicht einen von der Mitte des vorderen Randes der Parotis ausgehenden Ausführungsgang der Parotis. In der Mitte der Muskelmasse dringt der Gang in diese ein und zieht nach innen. Die Mündung liegt in der Gegend des dritten oder vierten Oberkieferbackenzahns.

In der Gegend des Musculus buccinator sieht man schon jetzt einige kleinere Drüsenmassen, dorsal vom Muskel, unmittelbar vor dem Masseter das vordere Ende der dorsalen Backendrüse, im Lippenwinkel eine Lippendrüse und ventral von der Buccinatormasse, ungefähr in der Mitte zwischen den beiden erstgenannten Drüsen, Reste der mittleren und ventralen Backendrüse.

Man präpariert nun den Masseter ab, indem man ihn etwa 2 cm oberhalb des freigelegten Parotiskanales quer durchtrennt, nach unten unter Zuhilfenahme des Messers umlegt und abtrennt. Darauf präpariert man auch die Parotis ab und muß nun einen großen Teil des Unterkiefers heraussägen.

Der eine Schnitt durchtrennt den Unterkiefer in der Gegend der Lippendrüse (am Mundwinkel), der andere geht ungefähr durch die Stelle, wo die Parotis gesessen hat. Man legt die Muskulatur unter dem Unterkiefer frei und löst die Haut neben der Zunge vorsichtig ab. Die Muskelmassen, die uns jetzt auffallen, gehören den verschiedenen Partien des Flügelmuskels (Musculus pterygoideus medialis) an, welcher der Innenseite des Unterkiefers so anliegt, wie der Masseter der Außenseite. Er entspringt am Keilbein und Gaumenbein und endet an der medialen Fläche des Unterkieferastes. Seine Endigung müssen wir schon durchschneiden, wenn wir den Unterkiefer entfernen. Die Flügelmuskeln sind im wesentlichen die Synergisten des Masseters der anderen Seite.

Wir haben jetzt den Flügelmuskel auch an seinem oberen Ende, in der Gegend des oberen Unterkiefersägeschnittes zu durchtrennen und abzupräparieren. Oberhalb der Parotisreste erblicken wir eine isolierte kleine Drüse von ähnlichem Aussehen, die Lymphoglandula subparotidea. Auch die Glandula submaxillaris ist jetzt in ihrer ganzen Ausdehnung zu sehen. Der Ausführungsgang läßt sich leicht präparieren. Er setzt sich aus zwei Zweigen zusammen, die sich aber bald vereinigen, und verläuft nach vorn, um neben dem Grunde des Zungenbändchens zu münden.

Die Glandula sublingualis finden wir an der Seite der Zungenbasis im vorderen Teile des Präparationsfeldes als langgestreckte Drüsenmasse. Ihr Ausführungsgang ist kurz und mündet neben dem der vorigen Drüse. An der Schnittstelle des Flügelmuskels ist noch eine kleine Drüsenmasse freigelegt, die als Glandula palatina bezeichnet wird.

Auch zwei große Nervenstämme lassen sich an unserem Präparat verfolgen. Der eine Stamm kommt unter der Glandula submaxillaris hervor und läßt sich bis zu seinem Eintritt in die Zunge, ungefähr in der Mitte der Seite derselben, verfolgen. Es ist der Nervus hypoglossus.

Der andere Stamm tritt über der Glandula palatina unter dem Stumpf des Flügelmuskels hervor, verläuft schräg nach vorn und unten und teilt sich am Anfang der Glandula sublingualis in zwei Zweige, von denen der untere sich nur eine kurze Strecke verfolgen läßt, während man den oberen bis an den vorderen Sägeschnitt des Unterkiefers freilegen kann. Es ist dies der Nervus lingualis, der unterste Zweig vom Unterkieferaste des Nervus trigeminus.

II. Präparation der Zunge und der Organe der Mundhöhle.

Wir gehen nun zur Präparation der Zunge über. Wir durchtrennen mit mehreren großen Schnitten die Backenmuskeln der anderen Seite, sägen den Unterkiefer in seinem aufsteigenden Teile durch und heben unter Durchtrennung der noch bestehenden Verbindungen die ganze untere Hälfte des Kopfes ab.

Betrachten wir zunächst das Gaumendach. Die feste Schleimhaut des harten Gaumens ist am Periost des Gaumenbeins angewachsen. In der Mittellinie derselben verläuft eine Rinne, an deren Mundende man die flache, rundlich dreieckige Papilla incisiva sieht. An ihr mündet jederseits in einer tiefen, schmalen Furche der Gaumennasenkanal, der aus der Mund- in die Nasenhöhle führt. Die Haut des harten Gaumens zeigt eine größere Anzahl quer verlaufender, harter Wülste. Man betrachte auch die Knorpelleiste, welche an Stelle der fehlenden Schneidezähne vorhanden ist, und die starken, spitzen Papillen der Backenschleimhaut. Auch die Schmelzfalten der Backenzähne sind zu studieren.

Am hinteren Rande des harten Gaumens bemerken wir das Gaumensegel oder den weichen Gaumen, eine quergestellte Schleimhautfalte, an der das beim Menschen vorkommende Zäpfchen fehlt. Der obere Teil des Atmungsrachens, d. h. der Raum hinter dem Gaumensegel wird durch eine häutige Fortsetzung der Nasenscheidewand in zwei Hälften geteilt. Hierdurch wird das Aufsuchen der inneren Nasenöffnungen (Choanen) sehr leicht. In einer flachen, trichterförmigen Vertiefung des Atmungsrachens mündet jederseits die Ohrtrompete, die als nach vorn konkaver, enger Spalt erscheint.

Der abgetrennte untere Teil des Kopfes soll nach kurzer Betrachtung der Schneidezähne und der Zahnlücke mit der stark papillären Schleimhaut zum Studium der Zunge dienen. Ihr Zusammenhang mit dem Zungenbein ist in dem Kapitel über den Kehlkopf behandelt. Ist das Zungenbein noch erhalten, so finden wir jederseits am Zungengrunde fast neben dem Kehldeckel eine flache, beim Schaf besonders kleine Grube, die Mandelgrube, in der die schmal orale Mandel (Tonsilla palatina) liegt.

Von den drei in die Zunge eintretenden Nervenstämmen haben wir die beiden vorderen, den Nervus lingualis und den Nervus hypoglossus, schon präpariert. Es bleibt noch der seitlich in die Zungenwurzel eintretende Nervus glossopharyngeus zu untersuchen. Dieser zieht unter dem großen Zungenbeinast entlang und teilt sich dann in zwei Äste, von denen uns der untere, Ramus lingualis, interessiert. Dieser gibt erst noch mehrere Zweige ab, und tritt dann seitlich in die Zungenwurzel ein. Er versorgt namentlich die umwallten Wärzchen und die Tonsillen. Ein Zweig läuft am unteren Seitenrande der Zunge entlang und vereinigt sich mit einem Zweige des Nervus lingualis.

Der Nervus hypoglossus ist motorischer Nerv der Zunge, der Nervus glossopharyngeus Geschmacksnerv für das hintere Drittel der Zunge von den umwallten Wärzchen ab, der Nervus lingualis ist Geschmacksnerv für die übrigen Teile der Zunge und Gefühlsnerv für die ganze Zunge.

Fast der ganze Zungenrücken ist mit den sehr kurzen Papillae filiformes bedeckt. Sie erstrecken sich an der Spitze bis auf die Bodenfläche der Zunge. Die Papillae fungiformes sind zwischen den vorigen zerstreut auf der ganzen Zunge zu finden. Die Papillae circumvallatae sind von ungleicher Größe und stehen in unregelmäßiger Anordnung am Übergange des Zungenkörpers in den Zungengrund. Wir zählen jederseits 18—24. Papillae foliatae sind nicht vorhanden.

III. Histologisches.

Anhangsweise werden wir noch einige histologische Präparate über das behandelte Kapitel betrachten und zwar einen Schnitt durch die Glandula parotis des Kaninchens und einen Schnitt durch das Geschmacksorgan dieses Tieres.

Die Glandula parotis des Kaninchens findet man, wenn man das Fell einer Kopfseite vorsichtig abpräpariert, unmittelbar vor dem äußeren Ohre liegen. Sie ist etwa bohnengroß. Die Drüse wird abgelöst und mit Flemmingscher Mischung oder Chromessigsäure fixiert. Einbettung in Paraffin. Schnittdicke 10 μ. Färbung mit Hämatoxylin und van Gieson-Mischung oder nach Osmiumsäurebehandlung mit Safranin-Gentianaviolett.

Die Schnitte zeigen eine tubulöse, aus vielen durch Bindegewebssepten geschiedenen Teilen zusammengesetzte Drüse, deren Kanäle, von einschichtigem Drüsenepithel begrenzt, meist ein außerordentlich enges Lumen haben. Die gelegentlich getroffenen Speichelröhren teilen sich in die sog. Schaltstücke, die mit langen, spindelförmigen Zellen ausgekleidet sind. Die Schaltstücke führen zu den Endstücken, die in einer bläschenartigen, zarten Bindegewebsmembran die kubischen Drüsenzellen enthalten. In den bindegewebigen Septen findet man eingelagerte Blutgefäße und Nerven.

Für die Darstellung des Geschmacksorgans benützen wir die Kaninchenzunge, die aus dem vom Kopf abgelösten Unterkiefer herausgehoben wird. Das Kaninchen besitzt außer zwei umwallten Papillen an jeder Seite des Zungengrundes einen kleinen ovalen Wulst, die von Querfurchen durchzogene Geschmacksleiste. Diese entspricht den Papillae foliatae des Menschen. Es werden diese Gebilde mit den daran haftenden Teilen der Zungenmuskulatur abgelöst und mit Flemmingscher Mischung fixiert. Einbettung in Paraffin. Schnittdicke 10 μ.

Färbung mit Hämatoxylin und van Giesonlösung. Auch die Behandlung der mit Flemmingscher Mischung fixierten Objekte mit Holzessig (s. S. 30) gibt gute Bilder. Der Schnitt verlaufe etwa senkrecht zum Verlaufe der Papillenleisten. Man kann dann schon unter einigermaßen günstigen Umständen, wie unsere Abbildung (Fig. 401) zeigt, die Geschmacksknospen, die Geschmacksporen und die einzelnen Schichten im Zungengewebe deutlich erkennen.

Unsere Abbildung (Fig. 402) führt durch eine andere Gegend der Kaninchenzunge und zeigt daher nur die allgemeinen Bauverhältnisse dieses Organs. Wir sehen viele längs und quer verlaufende Muskelbündel, zwischen denen seröse Drüsen eingelagert sind (Fig. 402, 5). Die Decke wird von einer Haut gebildet, an der man die Schichten der normalen

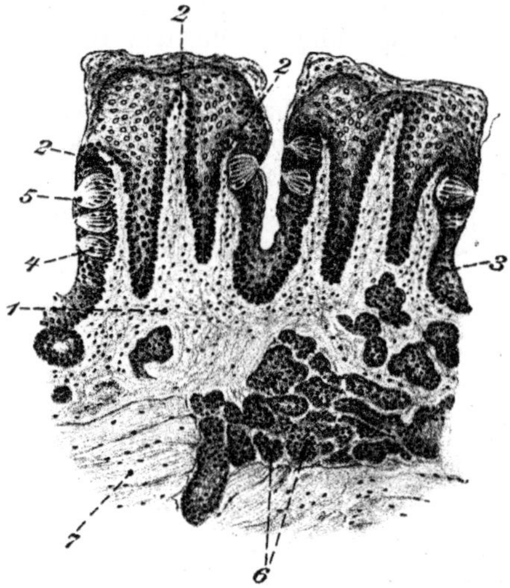

Fig. 401. Obj. IV. Senkrechter Durchschnitt durch 2 Leistchen der Papilla foliata des Kaninchens.

1. Leistchen. — 2. sekundäre Leistchen. — 3. Epithel. — 4. Geschmacksknospe. — 5. Geschmacksporus. — 6. Drüsen. — 7. Muskelfasern.

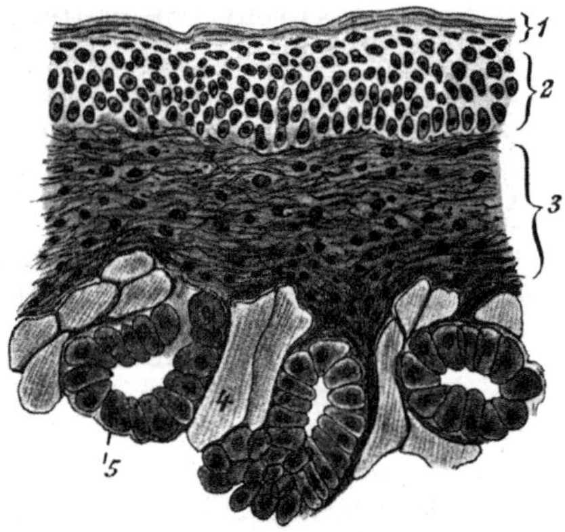

Fig. 402. Obj. VI. Lepus cuniculus. Zungenwurzel quer.

1. Stratum corneum. — 2. Stratum Malpighi. — 3. Corium. — 4. Muskelfasern. — 5. Drüsen.

Haut wiedererkennt. Dem Corium entsprechen hier die Submucosa (Fig. 402, 3) mit spärlichen elastischen Fasern und breiteren Fibrillenbündeln und die ohne scharfe Abgrenzung darüber gelagerte Tunica propria mit mehr elastischen Fasern und feineren Fibrillenbündeln. Sie trägt die Papillen. Im Epithel sind die Bildungsschicht (Stratum Malpighii Fig. 402, 2) und das Stratum corneum (Fig. 402, 1) zu unterscheiden.

Die Geschmacksknospen (Fig. 401) finden wir an den Seitenwänden der großen Papillen, namentlich in der Geschmacksleiste, vollkommen ins Epithel eingebettet. Das Ende reicht bis zur Oberfläche des Epithels, wo sich eine winzige Vertiefung, der Geschmacksporus, befindet. Die Knospe ist aus langgestreckten Epithelzellen zusammengesetzt. Auf den Schnitten finden wir auch zu den Knospen führende Nervenfasern.

14. Kapitel.

Nase.

(Schaf, Katze, Kaninchen.)

I. Querschnitt durch die Nase des Schafes.

Zum Studium der Nase stellen wir durch die Nasenregion des Hammelkopfes mit der Säge eine Anzahl Querschnitte senkrecht zur Richtung des Oberkiefers her.

Der erste Schnitt verläuft etwa 5—6 cm vom Hornrand des Oberkiefers entfernt. Wir betrachten zunächst den Boden der Nasenhöhle und die daraufsitzende Scheidewand. Der Boden wird von den Gaumenbeinen (Ossa palatina) gebildet. Die Pars perpendicularis bildet den unteren Teil der Nasenscheidewand. Der Vförmige Querschnitt dieses Teiles ist die Spur einer Rinne, welche in ihrem vorderen Teile das Pflugscharbein (Vomer) trägt. Eine Gaumenhöhle fehlt beim Schaf. An die obere Rinne des Vomer setzt sich die knorpelige Nasenscheidewand an. Am oberen Rande beteiligt sich das Siebbein an der Bildung der Scheidewand.

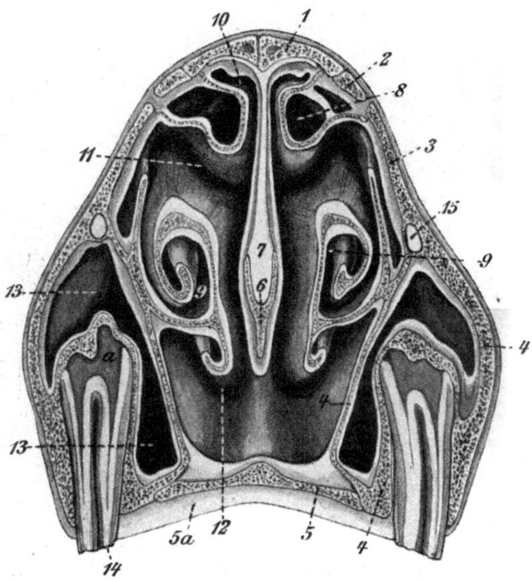

Fig. 403. Querschnitt durch die Nase des Schafes von der Mitte des 5. Backenzahns senkrecht zum Nasale.

1. Nasale. — 2. Processus nasalis des Stirnbeins. — 3. Lacrimale. — 4. Maxillare. — 5. Palatinum. — 5a. Harter Gaumen. — 6. Vomer. — 7. Knorpelige Nasenscheidewand. — 8. Hohlraum der oberen Nasenmuschel. — 9. Hohlraum der unteren Nasenmuschel. — 10., 11., 12. oberer, mittlerer, unterer Nasengang. — 13. Sinus maxillare. — 14. 5. Backenzahn. a. Pulpa. — 15. Canalis infraorbitalis.

Von den beiden Nasenmuscheln, die aus besonders stark ausgebildeten Siebbeinzellen hervorgegangen sind, bildet die obere noch den ursprünglichen einfachen Hohlraum, welcher mit dem mittleren Nasengang, der zwischen den beiden Muscheln verläuft, kommuniziert. Das Knochenblättchen der ventralen Nasenmuschel spaltet sich in zwei Lamellen, von denen das eine ventral, das andere dorsal umbiegt. Der dorsale Hohlraum ist vom mittleren Nasengang, der ventrale Hohlraum vom unteren Nasengange aus zugänglich.

Der zweite Schnitt liegt etwa 4 cm hinter dem ersten. Die beim ersten Schnitt beschriebenen Teile sind sofort wiederzuerkennen.

Der Kanal der dorsalen Muschel ist schon weiter, die dorsale Hälfte der ventralen Muschel macht schon eine und eine halbe Windung, die ventrale Hälfte hat die erste Windung ebenfalls schon überschritten. In den Oberkiefern, welche die ventral-laterale Begrenzung der Nasenhöhle bilden, sind Backenzähne getroffen, an welchen man Zahnbein, Schmelzfalten und Pulpa unterscheiden kann. Die Kieferhöhle wird an diesem Schnitt durch das Alveolargerüst des Zahnes nur scheinbar in zwei Gänge geteilt, deren einer medial, deren anderer dorsal von der Zahnwurzel verläuft.

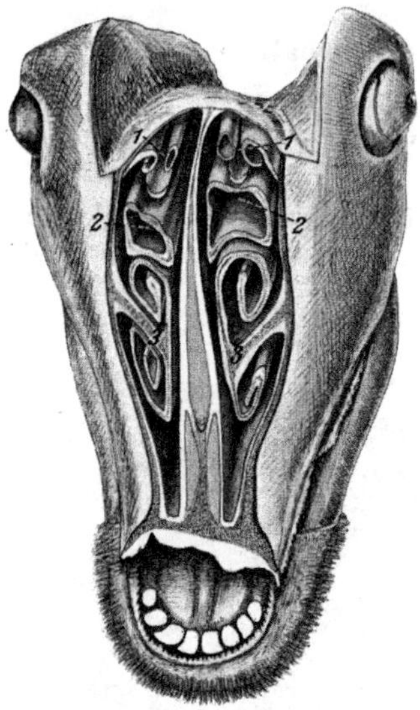

Fig. 404. Schnitt durch die Nase des Schafes schräg von oben und hinten nach vorn und unten.

1. Siebbeinzellen. — 2. dorsale Nasenmuschel. — 3. ventrale Nasenmuschel (im übrigen vgl. Fig. 403).

Der dritte Schnitt ist in Fig. 403 dargestellt und geht durch die Mitte des fünften Backenzahns. Die beiden Teile der Kieferhöhle (Fig. 403, 13) stehen hier schon sichtlich miteinander in Verbindung. Der Bau der ventralen Nasenmuschel ist noch komplizierter geworden. Der Vomer (Fig. 403, 6) sitzt dem Gaumenbein (Fig. 403, 5) nicht mehr auf. Die beiden unteren Nasengänge (Fig. 403, 12) sind nur noch durch eine mediane Schleimhautfalte getrennt.

Anmerkung: Auf Fig. 403 fehlt der Querschnitt des Tränenkanals. Derselbe liegt unmittelbar unterhalb der Insertionslinie der ventralen Muschel und ist im mittleren Teil der Nasenhöhle als schwache Prominenz unter dieser Linie zu verfolgen.

Will man verschiedene Regionen der Nase gleichzeitig zur Anschauung bringen, so kann man auch den schrägen Schnitt ausführen, der in Fig. 404 dargestellt ist. Hier kommen außer den schon beschriebenen Teilen eine Anzahl von Siebbeinzellen (Fig. 404, 1) zur Darstellung.

II. Längsschnitt durch die Nase.

Ein sehr instruktives Bild liefert ein Längsschnitt durch den ganzen Hammelkopf in der Mittellinie. Derselbe wird auch für den später geschilderten Längsschnitt durch das Gehirn gebraucht. Hier gehen wir nur auf die Topographie der Nase ein. Gewöhnlich sitzt die Nasenscheidewand an einer der Schnitthälften, während in der anderen die Muscheln frei liegen. Gerade an dieser Hälfte aber sind sie häufig durch die Säge verletzt, so daß man ein schöneres Bild erhält, wenn man von der anderen Hälfte vorsichtig die Nasenscheidewand abpräpariert. Bevor man dies vornimmt, suche man eine etwa 5 cm von der Schnauzenspitze beginnende, mit rötlicher Schleimhaut ausgekleidete, durch den Schnitt meist der Länge nach halbierte Röhre auf. Wo die Schleimhautbekleidung des Atemrachens beginnt, muß man diese erst von der knorpeligen Grundlage abziehen und sieht dann den Halbkanal in der Knorpelwand verschwinden und als weiße Linie längs Vomer und Keilbein nach hinten ziehen. Die Ausmündung dieses Kanals, des Jacobsonschen Organs, das vom Nervus olfactorius versorgt wird und dem Geruchsinn dient, findet man im dorsalen Teile des Ductus nasopalatinus, des hinteren gemeinschaftlichen Teiles der beiden unteren Nasengänge, der in die Rachenhöhle führt.

Nachdem dann die Nasenscheidewand abpräpariert ist, wird das Präparat unter der Wasserleitung abgespült und betrachtet.

Man sieht die von zarter Schleimhaut bedeckten beiden Nasenmuscheln und nach dem Siebbein zu die verschiedenen Siebbeinzellen. Da wo die Nasenschleimhaut Geruchsempfindungen vermittelt, d. h. an der oberen Nasenmuschel, einigen Siebbeinzellen und Teilen der Scheidewand, ist sie gelb bis bräunlich gefärbt.

Der mittlere Nasengang ist sehr eng und teilt sich in zwei, durch eine Siebbeinzelle getrennte Kanäle, deren einer in die Siebbeinregion führt, während der andere nach dem Nasenrachenraum läuft. Der untere Nasengang ist sehr weit. In seinem hinteren Teile wird er von dem der Gegenseite nur durch eine an der Scheidewand hängende Schleimhautfalte, die häutige Nasenscheidewand, getrennt. In dem gemeinschaftlichen, etwa 1 cm langen Teil der ventralen Gänge, der in die Rachenhöhle mündet, findet man jederseits die Mündung des Jacobsonschen Organs und weiter hinten die Ohrtrompete. Im vorderen Ende des unteren Nasenganges auf einem Ausläufer der unteren Muschel sieht man die punktförmige Mündung des Tränenkanals. Sondiert man diesen mit einer Schweinsborste, so läßt sich sein weiterer Verlauf bis in die Gegend des letzten Backenzahnes leicht verfolgen. Unter der Insertionslinie der ventralen Nasenmuschel sieht man ihn im mittleren Teil der Nasenhöhle nach Entfernung der Muschel als deutliche Erhabenheit verlaufen.

Bei Gelegenheit der Behandlung des Kaninchens kann man auch durch den Kopf dieses Tieres Längsschnitte (mit der Kreissäge) herstellen, die sich sowohl zur Betrachtung des Gehirnes als auch der Nase benutzen lassen. Die Hälfte, an welcher das Septum sitzt, ist wieder die günstigere. Das Septum wird abpräpariert und der Schnitt abgespült. Die beiden Nasenmuscheln liegen hier mehr hintereinander als übereinander und werden als Concha anterior und Concha posterior bezeichnet. Auf Querschnitten findet man daher meist nur eine Muschel getroffen. Im übrigen bietet nach den obigen Schilderungen die Deutung solcher Quer- und Längsschnitte keine weiteren Schwierigkeiten.

III. Nasenwurzel der Katze.

Ein sehr instruktives Bild, das sich auch für histologische Zwecke verwenden läßt, gewinnen wir an mikroskopischen Präparaten der Nasenwurzel einer neugeborenen Katze.

Der Kopf wird vom Fell entblößt, die Unterkiefer abgelöst, die Augäpfel herausgehoben und mit einem sehr scharfen, breiten Messer der vordere Teil des Kopfes mittels eines Schnittes durch das hintere Drittel der Augenhöhle abgetrennt. Fixierung mit Pikrinsalpetersäure,

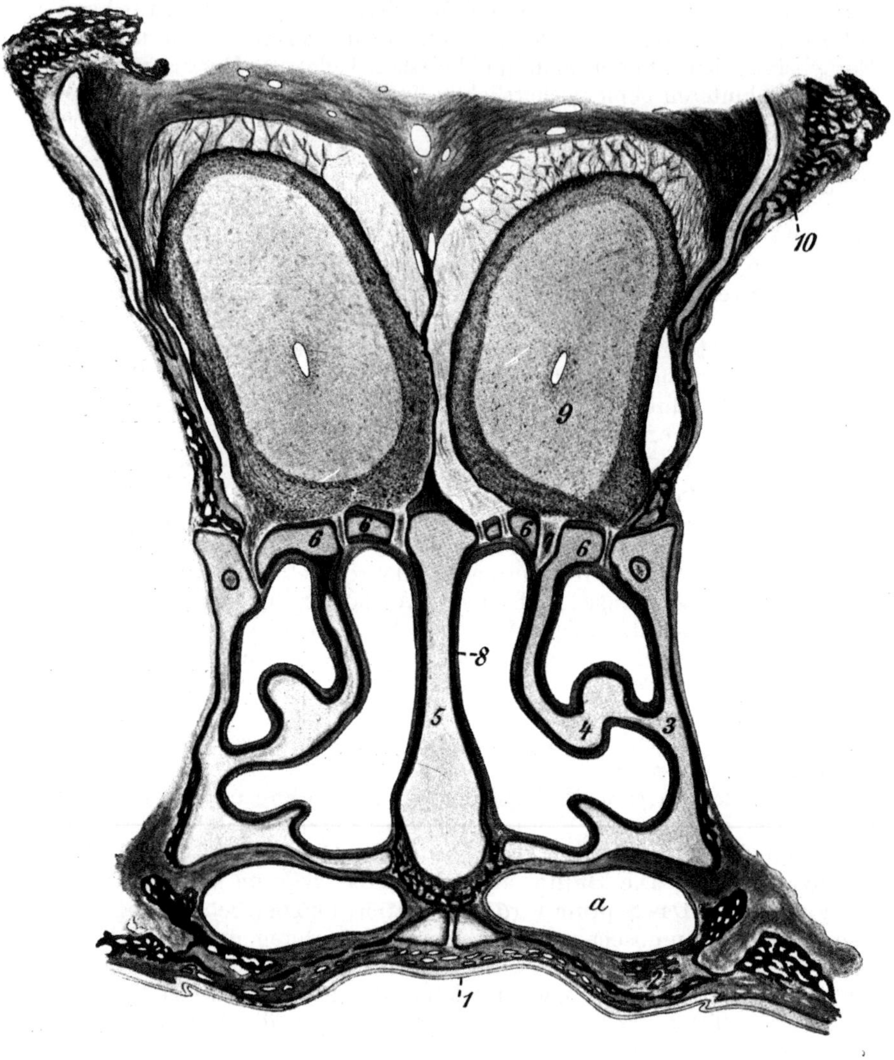

Fig. 405. Felis domestica. Nasenwurzel.

1. Gaumenepithel. — 2. Gaumenbeine (in Ossifikation begriffen). — a. Gaumenhöhlen. — 3. Seitenwand der Nasenhöhle. — 4. Nasenmuscheln. — 5. Nasenscheidewand. — 6. Körper des Siebbeins mit den Öffnungen zum Durchtritt der Riechnerven. — 7. Riechnerven. — 8. Schleimhaut der Nasenhöhle. — 9. Lobi olfactorii. — 10. Schädelkapsel (in Ossifikation begriffen).

dann vollständiges Entkalken mit schwacher Salpetersäure, Einbettung in Paraffin. Schnitte vom aboralen Ende des Objekts senkrecht zur Richtung der Oberkiefer. Färbung nach der van Giesonmethode.

Die äußere knöcherne Begrenzung des Schnittes wird oben und an den Seiten von Teilen des Stirnbeins und Siebbeins, an den unteren Hälften der Seitenwände und seitlichen Teilen der Unterfläche vom Oberkiefer, an der Unterseite vom Gaumenbein gebildet. Viele dieser knöchernen Teile sind bei dem drei Tage alten Tiere, von dem unser Präparat stammt, erst in Ossifikation begriffen.

Quer durch das Präparat sehen wir das Siebbein verlaufen (Fig. 405, 6), in den von Siebbein und Stirnbein gebildeten Höhlen die Riechlappen des Gehirnes (Fig. 405, 9). Das Siebbein wird von einer größeren Anzahl von Nervenfasern des Olfactorius durchbrochen, welche vom Riechlappen kommen und zur Riechschleimhaut ziehen (Fig. 405, 7). Im hinteren Abschnitt der Nasenhöhle läuft vom ventralen Teile des Vomer eine Querwand (in der Fig. nicht zu sehen) zu den Oberkiefern, durch welche der ganze hintere Teil der Nasenhöhle der Katze in eine obere Regio olfactoria und eine untere Regio respiratoria geteilt wird. Von den Nasenmuscheln ist auf diesen Schnitten nur die ventrale zu sehen. Die dorsale Muschel setzt erst weiter vorn ein.

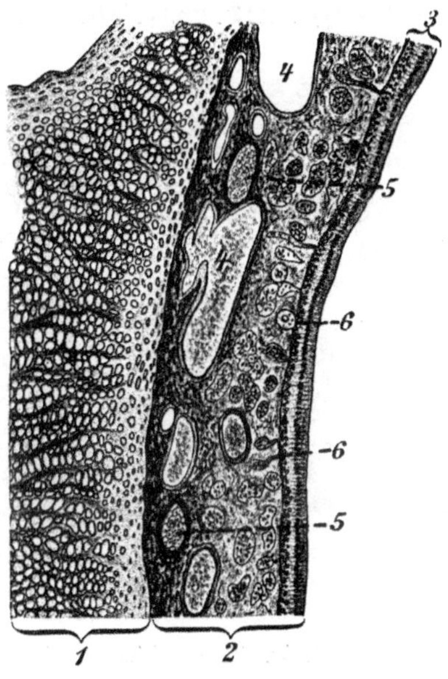

Fig. 406. Obj. II. Lepus cuniculus. Nasenscheidewand.

1. Knorpelige Nasenscheidewand. — 2. Riechschleimhaut. — 3. Epithel derselben, — 4. Blutgefäße. — 5. Nervenbündel. — 6. Drüsen.

IV. Bau der Nasenschleimhaut.

An guten Präparaten kann man bei starker Vergrößerung auch schon den Bau der Nasenschleimhaut erkennen, doch verwenden wir hierzu lieber ein Präparat vom Kaninchen.

Die gelbbraun gefärbte Regio olfactoria der Nasenscheidewand eines frisch getöteten Kaninchens wird mit dem Septum von einem Längsschnitt des Kopfes entnommen oder besser durch zwei konvergierende Scherenschnitte aus einem vor den Augenwinkeln geführten Querschnitt durch den Kopf herausgeschnitten und in Flemmingscher Mischung fixiert. Einbettung in Paraffin. Schnitte senkrecht zum Septum, 10 μ dick. Färbung nach der van Giesonmethode. Bei mittlerer Vergrößerung erhalten wir ein Bild, wie es in Fig. 406 dargestellt ist.

Wir sehen die knorpelige Nasenscheidewand auf beiden Seiten mit der Riechschleimhaut bekleidet. In der bindegewebigen Schicht der Riechschleimhaut finden wir quer und schräg getroffene Nervenbündel, Blutgefäße und Drüsen. Die Schleimhaut wird von einem Epithel bedeckt.

Um den Bau der Riechzellen des Epithels zu studieren, müssen wir eine günstige Stelle des Präparates bei starker Vergrößerung betrachten. Wir erhalten dann das Bild der Fig. 407.

Die Drüsen (Glandulae olfactoriae, Fig. 407, 4) sind in die Schleimhaut eingebettet. Sie bestehen aus einfachen oder verästelten Schläuchen. An einzelnen Stellen bemerkt man auch die Ausführungsgänge (Fig. 407, 6). Die Nervenbündel, die längs getroffen sind, sieht man stellenweise an die Epithelzellen herantreten.

Im Riechepithel lassen sich Stützzellen und Riechzellen unterscheiden. Die Stützzellen sind in der der Oberfläche zugewendeten Hälfte zylindrisch, am unteren Ende sehr schmal. Das untere Ende ist häufig gabelartig verzweigt. Die Kerne dieser Zellen sind oval und liegen alle

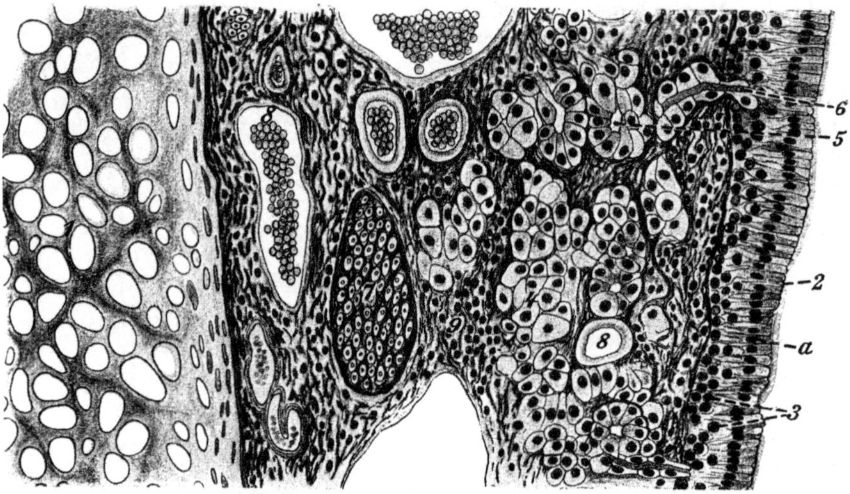

Fig. 407. Obj. VI. Lepus cuniculus. Riechschleimhaut.
1. Knorpelgewebe der Nasenscheidewand. — 2. Flimmerepithel (a. Kerne). — 3. Kerne der Riechzellen. — 4. Drüsenzellen. — 5. Drüsenlumen. — 6. Mündung einer Drüse. — 7. Nervenbündel. — 8. Blutgefäße. — 9. Bindegewebskerne.

in einer Höhe (Zone der ovalen Kerne, Fig. 407, a). Die Riechzellen sind in ihren unteren, zwischen den schmalen Teilen der Stützzellen gelegenen Hälften dicker und gehen nach oben in einen zwischen den stärkeren Teilen der Stützzellen gelegenen, sehr schmalen Fortsatz über, der feine Flimmerhärchen trägt. Die Kerne liegen nicht in einer Höhe, wohl aber in einer breiten Zone unter der Zone der ovalen Kerne und bilden die Zone der runden Kerne (Fig. 407, 3). Die Riechzellen sind Ganglienzellen. Sie setzen sich nach der bindegewebigen Unterlage des Epithels zu einem feinen Ausläufer fort. An der unteren Grenze des Epithels kommen noch sog. Basalzellen mit runden Kernen vor.

Man kann die einzelnen Zellen des Epithels auch durch Mazeration einer vom frisch getöteten Kaninchen entnommenen Scheidewand mit Ranvierschem Drittelalkohol isolieren. Ein Stückchen von etwa

5 mm im Quadrat gebraucht zur Mazeration 5—7 Stunden. Darauf wird das vom knorpeligen Septum mit einem Pinsel abgehobene Mazerat auf 24 Stunden in Pikrokarmin gebracht und dann in einem Uhrschälchen mit destilliertem Wasser 10 Minuten lang gespült. Man überträgt es dann mit einem Pinsel in einen Tropfen Glyzerin auf dem Objektträger und legt, ohne mit Nadeln zu zerzupfen, ein Deckgläschen auf. Die Stützzellen sind tadellos erhalten. An den Riechzellen fehlt meist der zentrale Fortsatz.

15. Kapitel.

Auge.

(Schaf, Kaninchen.)

I. Bewegungsapparat.

Material. Wir benutzen für die Augenmuskulatur einen Hammelkopf, der schon zur Präparation des Gehirnes gedient hat, und der zum Studium der Nasenhöhle entweder schon bis auf die Nasenwurzel gestutzt oder durch einen Längsschnitt median gespalten ist. Auch für den Fall, daß man einen Kopf ohne Schnauze verwendet, empfiehlt es sich, denselben zunächst durch einen Längsschnitt zu halbieren. Darauf präpariert man die Muskulatur und das Fett in einem Gebiet ab, welches sich etwa von der Gegend des fünften Molaren bis zum Ohre, in dorsoventraler Richtung von der dorsalen Medianlinie bis zum Oberkieferrande erstreckt. Rings um das Auge läßt man einen schmalen Streifen zur Erhaltung der Augenlider stehen.

Darauf führt man zwei Sägeschnitte:

Schnitt I geht hinter der Augenkapsel vorbei durch Stirnbein und Schläfenfortsatz des Jochbeins in leicht oral gewendeter, aber senkrechter Richtung.

Schnitt II verläuft in einem Winkel von etwa 45° von vorn außen nach innen hinten und geht hinter dem sechsten Backenzahn vorbei durch Oberkieferbein, Jochbein, Tränenbein und Stirnbein bis zur Mittellinie des Kopfes, also vor der Augenkapsel vorbei.

Durch diese beiden Schnitte trennt man die Augenkapsel mit ihrer knöchernen Umgebung heraus. Zum besseren Verständnis für die richtige Ausführung der Schnitte betrachten wir die Schnittflächen:

An der vorderen Schnittfläche sehen wir die Höhlungen des Stirnbeins, das Ende der Oberkieferhöhle und lateral von derselben den Tränenkanal.

Der hintere Schnitt muß zwei getrennte Knochenschnittflächen zeigen, eine obere, größere, die im wesentlichen durch Stirnbein und Teile des Keilbeins geht, und eine untere, kleinere, welche den Schläfenfortsatz des Jochbeins trifft.

Wir trennen jetzt die Augenlider ab. Wo die beiden Lider am inneren Augenwinkel zusammenstoßen, sehen wir eine kleine, knopfartige Erhebung, die Tränenkarunkel. Dieselbe ist gelblichbraun pigmentiert und hirsekorngroß. Trennen wir die beiden Augenlider bis zu ihrem Zusammenstoßen im inneren Augenwinkel ab und entfernen auch die Tränenkarunkel, so schneiden wir damit gleichzeitig die Tränenröhrchen ab, welche in den nun freiliegenden Tränensack, den häutigen Anfang des knöchernen Tränenkanals, münden. Sondieren wir ihn von der freiliegenden Schnittfläche aus durch den Tränensack, so tritt die Sonde auf der vorderen Sägeschnittfläche des Präparates aus dem dorsoventral neben der Kieferhöhle sichtbaren Querschnitt des Tränenkanals heraus.

Die Augenhöhle ist hier nicht wie beim Menschen allseitig von knöchernen Wänden umgeben. Von unten und namentlich von hinten her wird sie nur von der häutigen Periorbita begrenzt. Man trägt mit einer flachen Zange die obere Bedeckung der Stirnhöhlen stückweise ab und löst dann das Jochbein heraus. Jetzt liegt die untere und hintere Seite des Objekts zur Präparation frei.

Wir nehmen für die folgende Beschreibung an, daß ein rechtes Auge vorliegt. Die Präparation erfolgt im Wachsbecken unter Wasser. Das Präparat wird mit der Unterseite dem Beschauer zugewendet und so orientiert, daß Schnitt II von rechts unten nach links oben verläuft und das Auge nach links sieht.

Man präpariert zunächst die oberflächliche Schicht des dem Beschauer zugewendeten orbitalen Fettpolsters ab. Nach der freien Fläche des Augapfels fortschreitend, kommt man hierbei an die Bindehaut (Conjunctiva), die Fortsetzung der innersten Hautschicht der Augenlider, welche den ganzen freien Teil des Augapfels überspannt. Beim Abpräparieren der Bindehaut bemerkt man, daß dieselbe am inneren Augenwinkel stark verdickt ist und eine vertikal gestellte Falte, die Nickhaut (Membrana nicticans), bildet. In ihr eingelagert findet man die platte Nickhautdrüse und einen länglichen Knorpelstab, den Blinzknorpel.

Auf der uns zugewendeten Seite des Präparates haben wir den Musculus obliquus ventralis und die Musculi recti inferior, lateralis und medialis zu präparieren. Zunächst präsentiert sich aus den Fettmassen der Musculus obliquus ventralis (1). Sein Ursprung in der Fossa muscularis des Tränenbeins ist meist nicht erhalten; wir finden das freie Ende in der Fettmasse. Er verläuft auf der Unterseite des Augapfels in der Richtung von vorn (Schnauze) nach hinten und tritt mit einer breiten, kurzen Sehne unter der Sehne des Musculus rectus lateralis an die Sklera.

Den Musculus rectus lateralis (2) finden wir beim Verfolgen des vorigen Muskels bis zu seiner Sehne. Er entspringt am Foramen opticum und inseriert am lateralen Rande des Augapfels.

Der Musculus rectus inferior (3) entspringt mit dem vorigen und inseriert unter dem Musculus obliquus inferior am unteren Rande des Augapfels.

Dicht unter dem Knochenschnitt II sehen wir den Musculus rectus medialis (4), der neben dem vorigen entspringt und an der medialen Fläche des Augapfels inseriert.

Wir ziehen mit der Pinzette die intraorbitalen Fettpolster, welche sich zwischen diesen einzelnen Muskeln befinden, heraus und trennen die zarten Bindegewebshäute durch. In der Tiefe sehen wir dann noch zwei Muskeln, welche ebenfalls vom Grunde der Augenhöhle kommen und am medialen Rande des Augapfels inserieren. Es sind dies die Musculi retractores bulbi (5). Diese Muskeln sind beim Menschen nicht vorhanden.

Jetzt haben wir das Objekt etwas hoch zu wenden und mit einer Zange die Reste der unteren Wandung der Stirnbeinhöhle abzubröckeln, um die Dorsalfläche des Bulbus frei zu legen. Vorher aber müssen wir immer erst mit dem Skalpell zwischen das dorsale Fettpolster und die häutige Periorbita fahren, damit diese Auskleidung der Augenhöhle mit den Knochenstücken zusammen entfernt werden kann. Bei dieser Präparation bemerkt man im inneren medialen Winkel der knöchernen Augenhöhle zwei Löcher, welche dem Durchtritt des 3., 4. und 6. Gehirnnerven und einiger Blutgefäße dienen.

Die feste, flache Drüsenmasse, welche die dorsale Kalotte des Augapfels, namentlich an der lateralen Seite, bedeckt, ist die Tränendrüse. In Fett eingebettet, verläuft unmittelbar unter der Tränendrüse der Ursprungsteil des Musculus obliquus dorsalis (6). Er kommt vom Foramen ethmoidale des Keilbeins und geht nach dem inneren Augenwinkel. Dort biegt er schläfenwärts um, wobei ihm ein in die Periorbita eingelagerter kleiner Knorpel, der Rollknorpel, als Stütze dient, und verläuft dann auf dem Augapfel nach dessen lateraler Seite zu. Seine Insertionssehne wird vom Musculus rectus dorsalis bedeckt. Mit der Präparation des Musculus rectus dorsalis (7), der vom Grunde der Augenhöhle kommt und am dorsalen Rande der Sklera inseriert, schließt die Bearbeitung der Augenmuskeln. Die knöcherne Begrenzung wird nun vollständig entfernt.

Die Wirkungsweise der Musculi recti ist ohne weiteres klar. Sie wenden den Augapfel nach vier verschiedenen Richtungen: rechts, links, oben und unten. Bei gleichzeitiger Kontraktion ziehen sie den Augapfel zurück, wobei sie wesentlich durch die Musculi retractores bulbi unterstützt werden. Die Musculi obliqui drehen den Augapfel um die Sehachse. Der Musculus obliquus dorsalis stellt den lateralen Winkel des Bulbus dorsal, der Musculus obliquus ventralis stellt den lateralen Winkel ventral.

Lösen wir die noch zusammenhängenden Ursprünge der Augenmuskeln am Foramen opticum auseinander, so sehen wir dazwischen den Nervus opticus, der die Sklera durchbricht.

II. Der optische Apparat (Sektion).

a) Äußere Inspektion: Wir trennen die Muskeln durch glatte Schnitte an ihren Insertionen ab, doch so, daß wir die Rücken- und Ventralseite des Bulbus später nicht verwechseln. Wenn man weiß, ob man ein rechtes oder linkes Auge vor sich hat, ist dies sehr einfach, da die Eintrittsstelle des Sehnerven 6 mm lateral und 7—8 mm ventral vom hinteren Augenpol liegt.

Die Sklera ist verhältnismäßig dünn; sie erscheint, da die Aderhaut durchschimmert, bläulich, besitzt aber auch eigenes Pigment. Am Äquator des Auges ist sie am dicksten (1,5—2 mm), nahe der Hornhaut am dünnsten (0,4—0,5 mm). Die Cornea ist an frischen Exemplaren ziemlich stark gewölbt. Sie ist oval; der Querdurchmesser ist merklich größer als der vertikale Durchmesser.

b) Schichtenpräparation: Diese Arbeit ist im Wachsbecken unter Wasser vorzunehmen. Im allgemeinen hält man dabei den Bulbus mit Daumen und Zeigefinger der linken Hand am Stumpf des Sehnerven und benutzt die übrigen Finger zum Spannen des Schnittfeldes. Für manche Handgriffe der Präparation ist es gut, wenn man ein tiefes Porzellannäpfchen bereit hält, in welchem der Bulbus gerade bis zum Äquator einsinkt, und welches in das Präparierbecken gestellt wird. Man bekommt dadurch beide Hände zum Präparieren frei.

Zunächst fassen wir den Bulbus in der geschilderten Weise mit der Hand und schneiden mit einem feinen, scharfen Messer ohne jeden Druck die Sklera an einer Stelle des zum Cornearand parallelen Äquators ein. Sowie man merkt, daß an einer kleinen Stelle die Sklera durchtrennt ist, fährt man mit dem Knopf einer Knopfschere unter dieselbe und löst vorsichtig tastend die darunter sitzende Aderhaut auf eine kleine Strecke von der Sklerotika. Dann schneidet man mit der Schere ein Stückchen weiter und fährt so fort, bis man einen vollständigen Kreisschnitt hergestellt hat. Nun lockert man mit dem Scherenknopf die Sklera nach dem Eintritt des Sehnerven und nach dem Rande der Cornea zu. Der hintere Teil der dicken, lederartigen Haut läßt sich dann bis an den Sehnerven mit der Schere abtragen. Beim Abtragen des vorderen Teiles stößt man am Cornealrand auf einen großen Widerstand. Man führt zunächst einige meridionale Schnitte von dem ersten Kreisschnitt bis zum Cornealrande und nimmt nun ein bauchiges Messer zu Hilfe, mit dem man, die Schneide stets der Hornhaut zugekehrt, die feste Verbindung im Kreise herum abtrennt. Dann kann man den vorderen Teil der Sklera mit der Hornhaut abheben.

Die abgetrennte Sklerotika ist auf der Innenseite mit den dunklen Fetzen der zarten Lamina fusca bedeckt. Der Übergang der Sklera in die Cornea findet in der Weise statt, daß beide in entgegengesetztem Sinne keilförmig dünner werden, und zwar liegt die dünner werdende Sklera über der Cornea. Auf der Innenseite der abgehobenen Kalotte ist dieses namentlich an den Längsseiten der ovalen Cornea sehr deutlich zu sehen, da hier die beiden Häute auf ein großes Stück übereinandergreifen.

Auf der schwarzen Chorioidea sieht man an der Stelle, wo wir die Cornea abgetrennt haben, einen grauen Ring, welcher die Iris umgibt. Es ist dies der kreisförmige Musculus ciliaris (Akkommodationsmuskel), der nach der schwarzen Aderhaut zu von dem fast glatten Orbiculus ciliaris umgeben wird. Die weißen Streifen, welche man auf der schwarzen Aderhaut nach dem Orbiculus zu verlaufen sieht, sind die Ciliarnerven.

Es folgt jetzt das Abtragen der Aderhaut (Chorioidea), das in derselben Weise erfolgt, wie das der Sklera, nur daß man hier bedeutend vorsichtiger zu Werke gehen muß. Das Auge liegt jetzt mit der Iris nach oben im Näpfchen. Man faßt mit der kleinen Pinzette einen beliebigen Punkt im Äquator der Aderhaut und zieht ihn in eine Kegelform hoch. Mit einer zweiten Pinzette, die man in der anderen Hand hat, faßt man diesen Kegel dicht neben der ersten Pinzette und reißt nun durch einen kleinen Ruck die Aderhaut ein. Nun hält man die eingerissene Aderhaut mit der einen Pinzette fest und lockert sie mit dem Knopf der Schere von der darunter gelegenen Netzhaut. In dieser Weise wird ein Kreisschnitt hergestellt und die Aderhaut, nachdem man eventuell noch einige meridionale Schnitte bis zum Eintritt des Sehnerven und bis zum Rande der Iris geführt hat, vollständig gelockert. Der hintere Teil läßt sich leicht abheben. Auf der Innenseite des abgelösten Stückes entfernt man leicht eine schwarze, dünne Schicht, die sich in Fetzen löst. Es ist dies das sehr dicht mit der Chorioidea verwachsene Stratum pigmenti retinae. Hat man dieses durch Pinseln oder vorsichtiges Schaben entfernt, so zeigt die Chorioidea an der ganzen Innenseite der hinteren Kalotte, namentlich dorsal vom Eintritt des Sehnerven einen schönen, metallischen Glanz. Der Farbenschiller bewegt sich zwischen gelblichem Grün und tiefem Blau (Tapetum chorioideae).

Nun werden der Reihe nach die einzelnen Lappen der vorderen Aderhaut mit der Pinzette hochgehoben, gespannt und mit einem Skalpellstiel die darunterliegende Netzhaut abgedrückt, so daß sich die Verbindung mit derselben löst. Man erhält die Aderhaut so im Zusammenhang mit der Iris. Meist hängt auch die Linse noch in der Pupille, da die radial angeordneten Aufhängungsbänder der Linse, die Fibrae zonulares, vom Ciliarkörper nach beiden Flächen der Linse ziehen und an ihrem Äquator die Zonula ciliaris bilden.

Innerhalb des Ciliarmuskels sitzt der inneren Fläche der Chorioidea ein Kranz von radialen Falten (Ciliarfortsätze, Processus ciliares) auf, deren jeder in einer Furche der vorderen Fläche des Augenkernes eingesenkt war. Die Gesamtheit der Falten mit dem Ciliarmuskel heißt der Ciliarkörper (Corpus ciliare). In einem die Ciliarfortsätze umgebenden äußeren Kranze verläuft der Musculus ciliaris.

Die Iris ist die direkte Fortsetzung des Ciliarkörpers und hat in der Mitte die quer ovale Pupille. Die beim Schafe gelbbraune Vorderseite der Iris grenzt an die vordere Augenkammer. Die Hinterseite liegt mit ihrem zentralen Teile der peripherischen Zone der Linse so dicht an, daß die zwischen ihr und der Linse gelegene hintere Augenkammer meist sehr schwer zu erkennen ist. Die Vordergrenze der hinteren Augenkammer, also der innerste Ring der hinteren Irisfläche ist dicht mit schwarzem Pigment besetzt und von radialen Erhebungen frei (Stratum pigmenti iridis). An beiden Rändern der Pupille bemerkt man braune, unregelmäßig knotige Hervorragungen, die Traubenkörner (Granula iridis). Es sind dies Wucherungen der Pars iridica retinae.

Wir haben nun noch den von der Netzhaut (Retina) umgebenen Glaskörper übrig behalten. Die Netzhaut erweist sich als ziemlich widerstandsfähig. Sie reicht als Netzhaut im engeren Sinne bis an den Ciliarkörper, ist mit diesem ziemlich fest verbunden und legt sich dann, allerdings ohne nervöse Elemente aufzuweisen, an die Hinterseite der Iris. Sie bildet hier zwei Schichten mit zahlreichen Pigmenteinlagerungen (Pars iridica retinae, Stratum pigmenti iridis) und trägt am Pupillenrande die Granula iridis.

Der gelbe Fleck fehlt den Säugetieren mit Ausnahme der Affen. Die ähnlich gebaute Area centralis ist makroskopisch nicht unterscheidbar. Der tote Fleck ist die Eintrittsstelle des Sehnerven. Sehr schön sieht man auf dem hinteren Teile der Netzhaut die Verteilung der größeren Blutgefäße.

Die Substanz des Glaskörpers ist bei den vorliegenden Augen meist eine trübe Gallerte, die der Beobachtung kein weiteres Material bietet. Man beachte die muldenförmige Vertiefung auf der Vorderseite, in welcher die Linse liegt. Diese zeigt eine flachere Vorder- und eine stärker gekrümmte Hinterfläche. Die Reste der Zonula ciliaris sind am Äquator noch zu bemerken. Die Linsensubstanz besteht aus konzentrischen Schichten. Eine Linse, die lange in Alkohol gelegen hat, läßt sich leicht in diese Schichten zerblättern.

Anmerkung: Man kann die Präparation der Augäpfel erleichtern, wenn man sie vorher durch 48stündiges Einlegen in starke Sublimatlösung oder Müllersche Flüssigkeit härtet. Ist ein Auge durch beginnende Fäulnis schon welk, so legt man es vor der Härtung so lange in Wasser, bis es durch Imbibation wieder prall geworden ist.

c) Gefrierschnitte. Man bringt entweder das Augenpräparat mit den Muskeln und Knochenteilen, von dem wir bei der Präparation der Augenmuskeln ausgegangen sind, oder, wenn man nur auf die Topographie des Augapfels Wert legt, den herauspräparierten Bulbus auf mindestens einen halben Tag in die Gefrierkiste (siehe S. 2) und stellt dann mit der Säge (Kreissäge) Schnitte dadurch her, welche durch die Mitte der Cornea und den Sehnerven gehen. Diese Schnitte betrachtet man frisch, oder man konserviert sie auf folgende Weise: Sie werden in ein Gefäß mit Alkohol gebracht, welches in einer Kältemischung steht und möglichst die Temperatur derselben angenommen hat. Nun sorgt man dafür, daß die Erwärmung recht langsam vor sich geht. Man stellt das Gefäß mit der Kältemischung am besten wieder in die Gefrierkiste. Die Eiweißkörper, namentlich die Gallerte des Glaskörpers, sind dann durch den Alkohol koaguliert, ehe sie wieder weich geworden sind.

Wir studieren einen Gefrierschnitt durch das Präparat, welches noch von den Knochen und Muskeln umgeben ist (Fig. **408**). Man sieht, daß die Innenhaut der beiden Augenlider sich über die Vorderfläche des Bulbus erstreckt. Die platte Tränendrüse sieht man direkt unter dem Schnitt durch das Stirnbein. Von längs verlaufenden Muskeln sind zwei Retractores bulbi, sowie die Musculi recti dorsalis und medialis getroffen. Sie entspringen an der Wand der Augenhöhle. Quer getroffen sieht man die beiden Musculi obliqui. Man achte auch auf die großen Fettpolster, in welchen alle diese Teile eingebettet sind. Im Querschnitt des Bulbus sehen wir die vordere Augenkammer, welche von der Hornhaut und der Iris begrenzt wird. Auf guten Präparaten sieht man den am Übergang der Hornhaut in die weiße Sklera liegenden, also zweimal quer getroffenen Schlemmschen Kanal (Plexus venosus sclerae [Lupe!]).

Fig. 408. Ovis aries. Gefrierschnitt durch die Augengegend eines Hammelkopfes. Photographie. Man erkennt die Augenlider, Cornea, Iris, Linse, Glaskörper, Sklerotika und eine Anzahl Augenmuskeln.

Die hintere Augenkammer ist wenigstens andeutungsweise zu sehen. Die Zonula ciliaris läßt zwischen ihren dorsalen und ventralen Fasern und der Linse einen schmalen Raum, den man früher für einen kontinuierlich um die Linse laufenden Kanal ansah und als Petitschen Kanal bezeichnete. Die übrigen Teile sind schon von der Schichtenpräparation her bekannt.

d) Das Bild auf der Netzhaut. Die Entstehung des Bildes auf der Netzhaut beobachtet man am besten an dem herausgelösten Auge eines frisch getöteten, albinotischen Kaninchens. Viele weiße Kaninchen haben rote Augen, d. h. Augen, die kein Pigment enthalten und daher die Erscheinung des Augenleuchtens zeigen. Das von der hinteren Pigmentschicht der Retina nicht absorbierte Licht kann, da die Iris kein Pigment enthält, das Auge durch die Iris wieder verlassen, während es sonst durch die als Blende wirkende Iris zurückgehalten wird. Zum Beweise diene folgender kleine Versuch: Hält man vor das Auge eines lebenden albinotischen Kaninchens einen Schirm mit einem kleinen runden Loch so, daß der Lochrand dasselbe Lichtbündel begrenzt wie der Pupillenrand, so erscheint die Pupille schwarz. Das Licht tritt jetzt nur durch die Pupille aus.

Durchtrennt man an dem frisch getöteten Albinokaninchen die Bindehaut unter den Augenlidern mit einem Skalpell, fährt dann mit dem Skalpellstiel seitlich vom Bulbus in die Orbita, hebt das Auge hoch und trennt den Sehnerven und die Muskeln mit der Schere durch, so bekommt man das Auge leicht ganz heraus. Man säubert es von Fett und Muskelansätzen, faßt es mit der Pinzette am Äquator und hält es mit der Hornhaut gegen das Licht. Man sieht dann auf der Hinterseite deutlich das umgekehrte Bild eines Fensterkreuzes oder dergleichen.

III. Mikroskopische Untersuchung.

Für die mikroskopische Untersuchung benutzen wir Kaninchenaugen. Wir heben an einem frisch getöteten Kaninchen einen Bulbus in der im vorigen Abschnitt geschilderten Weise heraus, reinigen ihn von Fett und Muskeln, führen, während der Bulbus in Müllerscher Flüssigkeit liegt, mit einem sehr scharfen, bauchigen Skalpell ohne jeden Druck einen Schnitt in dem zum Cornearande parallelen Äquator, welcher alle Augenhäute durchtrennt, aber nicht so groß ist, daß er den Augapfel deformiert, und lassen diesen einen Tag lang in der Flüssigkeit. Nach dieser Zeit vervollständigen wir den Kreisschnitt mit der Schere, so daß wir eine vordere und eine hintere Augenhälfte erhalten. Die beiden Hälften bringen wir sofort in neue Müllersche Flüssigkeit. Die hintere Hälfte wird nach den allgemeinen Vorschriften drei Wochen in der Flüssigkeit fixiert und dann weiter behandelt, die Vorderhälfte wird nach 14 Tagen herausgenommen, der Glaskörper vorsichtig mit zwei Nadeln herausgehoben (Schonung der Augenhäute!) und dann die Linse mit einer feinen Pinzette entfernt. Der übrige Teil der vorderen Augenhälfte kommt noch auf acht Tage in Müllersche Flüssigkeit und wird mit dem hinteren Teile zusammen weiter behandelt. Die Nachhärtung in Alkohol muß sehr langsam geschehen. Die Objekte bleiben in jeder Konzentrationsstufe etwa drei Tage, damit Schrumpfungen möglichst vermieden werden.

Auch die Linse wird sofort nach den allgemeinen Vorschriften über die Fixierung mit Müllerscher Flüssigkeit weiter behandelt. Da die Kernsubstanz der Linse sehr hart ist und beim Schneiden regelmäßig aus dem Paraffin herausspringt, so muß man schon im flüssigen Paraffin die Linse durch einen meridionalen Schnitt halbieren und die Kernsubstanz mit einer Nadel herausstoßen. Dabei muß das Objekt aber stets in der Flüssigkeit bleiben.

Die Schnitte durch die in Paraffin eingebettete Linse werden sagittal geführt und seien etwa 20 μ dick. Sie werden nur mit Hämatoxylin gefärbt. Die äußerste Bedeckung der Linse ist die Linsenkapsel, eine strukturlose Membran, die aus Ausscheidungen der Linsenepithelzellen und durch Umwandlung embryonaler Bindegewebshüllen entstanden ist. Unter ihr finden wir das Linsenepithel. Es ist einschichtig und vorwiegend auf der Vorderfläche der Linse ausgebildet. Die Rindensubstanz der Linse, welche dem Epithel anliegt, besteht aus stark longitudinal entwickelten Epithelzellen, den Linsenfasern, in denen wir ovale Kerne bemerken. Die Fasern verlaufen alle meridional und bewirken durch ihre Anordnung die blätterartige Struktur der Linse (s. auch Hai, S. 359).

Auch der herausgenommene Linsenkern besteht aus solchen Fasern, doch fehlt denselben der Zellkern.

Schnitte durch den Bulbus. Die beiden Bulbushälften werden in gewöhnlicher Weise in Paraffin eingebettet, 20 μ dick geschnitten, die Schnitte nach der van Giesonmethode gefärbt. Die Schnittrichtung ist auch hier am besten sagittal zu wählen.

Die hintere Hälfte liefert uns Präparate der drei Augenhäute, eventuell des Sehnerveneintritts, die vordere Hälfte soll vorwiegend zum Studium der Begrenzung der vorderen Augenkammer und des Ciliarkörpers dienen. Die Netzhaut ist häufig von den übrigen Häuten streckenweise abgelöst.

Die Sklera zeigt durch ihre intensive Rotfärbung ihre bindegewebige Struktur an. Die Bindegewebsstränge verlaufen teils meridional, teils äquatorial. In der Lamina fusca finden sich elastische Fasern, Pigmentzellen und pigmentfreie Zellen.

In der Aderhaut sind viele kleine Blutgefäße quer, schräg und längs getroffen. In der Grundsubstanz finden sich elastische und leimgebende Fasern und sternförmige Pigmentzellen. Während die gröberen Gefäße in dem der Sklera zugewendeten Teile der Aderhaut liegen, zeigt die innere Schicht hauptsächlich Kapillaren. Die innere Begrenzung der Aderhaut bildet die strukturlose Glashaut (Lamina basalis). Ihr haftet stets eine dicht schwarz pigmentierte Schicht an, welche eigentlich zur Netzhaut gehört, aber so fest an der Aderhaut sitzt, daß sie sich immer von der Netzhaut ablöst.

Bei der Schilderung der Netzhautschichten beginnen wir mit der dem Glaskörper anliegenden Seite, da bei der Netzhaut der Wirbeltiere (wie auch mancher Evertebraten) die lichtempfindliche Schicht außen liegt. Die innerste Schicht ist die Nervenfaserschicht, d. h. das Aufspaltungsgebiet des Sehnerven. Die daran stoßende Ganglienzellenschicht enthält die gangliösen Anfangselemente der zentripetalen Opticusfasern. Eine zweite Ganglienzellenschicht ist von der ersten durch die innere retikuläre Schicht getrennt. Die Ganglienzellen dieser zweiten Schicht übertragen durch kurze Nerven den auf die lichtempfindliche hintere Schicht einwirkenden Reiz auf die innere Ganglienschicht, von wo er zum Gehirn geleitet wird. Wegen der starken Häufung der Ganglienzellen in der zweiten Ganglienzellenschicht wird diese Zone auch als innere Körnerschicht bezeichnet. Sie ist durch die äußere retikuläre Schicht von der äußeren Körnerschicht getrennt, deren Körner die Kerne der Zapfen- und Stäbchenzellen sind. Die freien Zapfen und Stäbchen sind nur die Außenglieder der lichtempfindlichen Zellen. Die Stäbchen sind viel zahlreicher als die Zäpfchen.

An der Eintrittstelle des Sehnerven bemerkt man, daß der Nervenstumpf von den Fortsetzungen der drei Hirnhäute (Dura, Arachnoidea und Pia) umgeben wird. Er wird der Länge nach durchbohrt von der Arteria und Vena centralis retinae. Nachdem die Nervenfasern die zwei äußeren Augenhäute durchbrochen haben (die Durafasern gehen unmittelbar in die Sklerafasern über), biegen sie nach außen um, so daß die meist gangliösen Enden nach hinten gerichtet sind (innere Ganglienzellenschicht der Retina).

Den Bau des Ciliarkörpers, der Iris und Hornhaut betrachten wir an meridionalen Schnitten durch die vordere Bulbushälfte. Wir stellen zunächst eine mittlere Vergrößerung auf den Iriswinkel ein, d. h. auf die Stelle, wo die Iris am Ciliarkörper beginnt.

Man sieht hier, wie die Sklera in die Hornhaut übergeht. Die letztere besteht hauptsächlich aus gerade verlaufenden Bindegewebsfasern, zwischen denen vielfach feine Lücken zu sehen sind. Diese gehören einem sehr verzweigten Kanalsystem, den Saftkanälchen, an. Blutgefäße finden sich in der Hornhaut nicht. Dieselbe wird vorn und hinten durch je eine strukturlose Membran und über dieser durch ein vorn stärker als hinten entwickeltes Hornhautepithel begrenzt. Das vordere Epithel ist mehrschichtig, das hintere einschichtig.

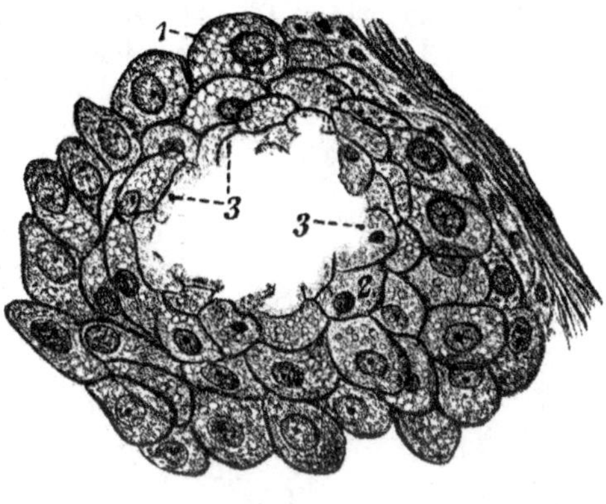

Fig. 409. Lepus cuniculus. Maibomsche Drüse aus einem Querschnitt des Augenlides. (Pikrinblau.)

1. Zelle mit Sekrettropfen und normalem Kern. — 2. Zelle mit Sekrettropfen und geschrumpftem Kern. — 3. Zellen in Zerfall begriffen.

Die Iris ist ebenfalls bindegewebiger Natur. In ihrem hinteren Teile finden wir zahlreiche Blutgefäße und den Musculus sphincter pupillae eingelagert. Der letztere ist auf den Präparaten vorwiegend quer getroffen; die spärlichen längsgetroffenen und radial verlaufenden Muskelfasern gehören dem Musculus dilatator pupillae an. Der Innenseite der Iris liegt die Pars iridiaca retinae mit ihrer großen Pigmentmasse an. Im Innern der Iris finden sich ebenfalls Pigmentzellen.

Die zelligen Fortsätze, welche die Iris an ihrem Randteile nach innen trägt, werden als Ligamentum pectinatum bezeichnet. Von den längeren derselben gehen die Ciliarfortsätze ab. Der Ciliarmuskel ist teils längs, teils quer getroffen und liegt in bezug auf die Pupille als Mittelpunkt zentrifugal vom Iriswinkel. Wirklich zirkulär verlaufende Fasern kommen im Ciliarmuskel der Haussäugetiere nicht vor. Er besteht aus glatten Muskelfasern, trotzdem er willkürlich in Tätigkeit gesetzt werden kann.

Anmerkung: Die Histologie der Augenlider wurde bereits im Kapitel Knorpel und Bindegewebe zum Teil behandelt. Hier mag noch erwähnt sein, daß die Meibomschen Drüsen des Augenlides oft recht interessante und instruktive Bilder geben. Zur Erläuterung ist die Abbildung Fig. 409 beigefügt.

16. Kapitel.

Gehirn.

(Schaf, Kaninchen.)

I. Präparation des Hammelgehirnes.

Mit Hilfe von Hammer und starkem Messer erweitern wir das zur Konservierung des Gehirnes im Schädeldach angelegte Fenster in dem Umfange wie es Fig. 410 zeigt. Zunächst werden die Längsschnitte angelegt. Dieselben dürfen nicht zu nahe am Auge entlang geführt werden und müssen ziemlich senkrecht nach unten gerichtet sein. Liegt der Schnitt zu weit nach außen, so hat man nachher nicht genügend Widerstand, wenn man die mittleren Schädeldeckenteile abheben will. Die seitlichen Schnitte treffen auf beiden Seiten die Stirnhöhlen. Man tut gut, nach Eröffnung derselben das obere Dach der Höhle abzubrechen. Die seitlichen Schnitte laufen von der Nasenwurzel durch die Stirnhöhlen und führen auf der Hinterseite gegen das Hinterhauptsloch schwach median geneigt durch die Condyli (Fig. 411). Nach Fertigstellung der Seitenschnitte werden mit der Säge oder mit Messer und Hammer die Querschnitte I—III (Fig. 410) ausgeführt. Man hebt dann die umschnittenen Vierecke der Schädeldecke einzeln heraus, indem man in die Seitenschnitte einen Meißel einsetzt und als Brechstange benutzt. Die Stütze bieten dabei die lateralen Schädelteile. Hat man eine Knochenplatte etwas angehoben, so fährt man mit einem Skalpell zwischen Knochen und Dura mater und trennt die Knochentrapeze ab. An dem durch die Hinterhauptshöcker gehenden Knochenstücke muß man besonders vorsichtig sein, daß man nicht das Kleinhirn mit der Dura vom Großhirn abreißt. Die Präparation gelingt übrigens um so leichter, je länger das Material in der Konservierungsflüssigkeit gelegen hat.

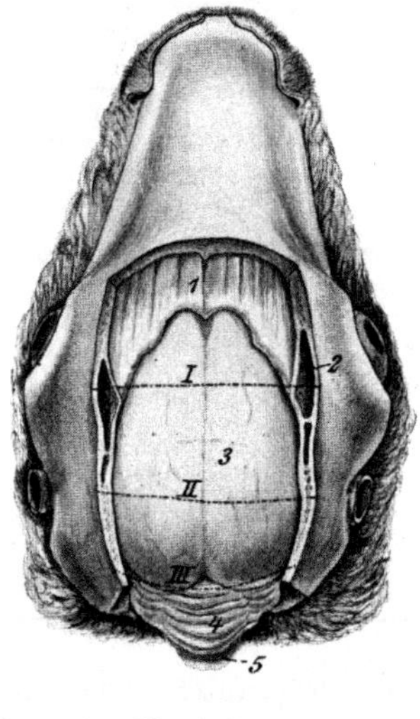

Fig. 410. Kopf des Schafes, schräg von oben und hinten gesehen. Eröffnung der Schädelhöhle.

1. Nasenmuscheln. — 2. Stirnhöhlen. — 3. Großhirn. — 4. Kleinhirn. — 5. Medulla oblongata. Die Punktlinien I, II, III deuten die Richtung der quer verlaufenden Schnitte an, durch welche die Decke der Schädelhöhle zerlegt wird.

Nun hat man die Dura mater abzupräparieren. Man führt mit der Knopfschere einen Kreisschnitt, so groß wie die freiliegende Fläche des Gehirnes, erst um den vorderen Lappen, der das Großhirn bedeckt, dann um die hinteren Teile, welche auf dem Kleinhirn liegen. Hebt man den vorderen Lappen an, so findet man, daß er eine ziemlich stark ausgebildete Medianfalte trägt, welche sich zwischen die beiden Großhirnhemisphären einsenkt (Großhirnsichel, Falx cerebri). Bietet diese Falte dem Herausheben zu großen Widerstand, so ist sie durch einen Scherenschnitt von der Dura zu trennen und am Objekt zu belassen. Eine noch stärkere Falte senkt sich in den Zwischenraum zwischen Großhirn und Kleinhirn (Gehirnzelt, Tentorium cerebelli). Dieses läßt sich nur schwer ohne Verletzung des Gehirnes herausziehen. Man tut gut, es durch

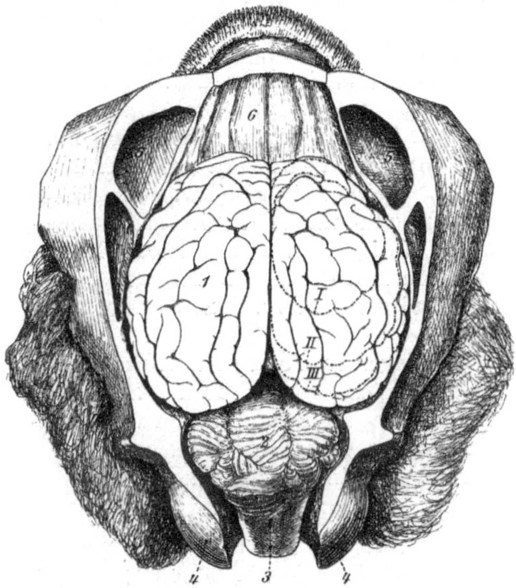

Fig. 411. Schädel des Schafes eröffnet, schräg von oben und hinten gesehen, bis auf das Gehirn etwas schematisiert.

1. Großhirn. — 2. Kleinhirn. — 3. Medulla oblongata. — 4. Condylus. — 5. Andeutung der Stirnhöhlen. — 6. Andeutung der Nasenmuscheln. Die Punkt-Strichlinien I, II, III deuten die Schnitte an, die zur Eröffnung der Seitenventrikel auszuführen sind.

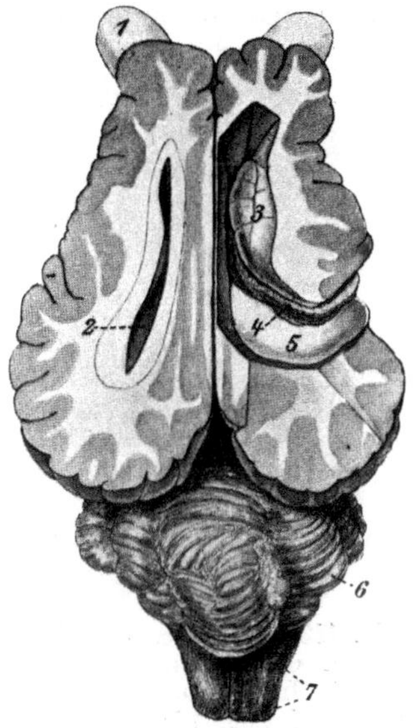

Fig. 412. Gehirn des Schafes, Linker Seitenventrikel eröffnet. Decke des rechten abpräpariert.

1. Lobus olfactorius. — 2. Linker Seitenventrikel. — 3. Corpus striatum. — 4. Seitliches Adergeflecht (Plexus chorioideus). — 5. Ammonshorn (Hippocampus). — 6. Kleinhirn (Cerebellum). — 7. Medulla oblongata.

einen quer verlaufenden Scherenschnitt von der Dura zu trennen und zunächst am Präparat zu lassen.

Die schwärzliche, dünne Haut, welche große Teile des von der Dura befreiten Gehirns bedeckt, ist die Spinnwebenhaut (Arachnoidea). Die Pia mater ist sehr schwer nachzuweisen, da sie sich in der Färbung nicht von der Gehirnsubstanz unterscheidet und sich allen Unebenheiten dieses Organs genau anpaßt.

Man biegt nun Großhirn und Kleinhirn sehr vorsichtig etwas auseinander. Dann erhält man die Ansicht der Vierhügel (Corpora quadrigemina) und der dorsal von diesen in der Mittellinie gelegenen Zirbeldrüse (Epiphysis).

Die folgende Präparation des Gehirnes wird unter Belassung des Organs in der Schädelhöhle ausgeführt. Das nächste Ziel ist die Eröffnung der Seitenventrikel (ersten und zweiten Hirnhöhle) von der dorsalen Seite her. Man führt mit einem breiten Skalpell zunächst durch eine Großhirnhälfte eine Anzahl von Schnitten parallel zum Schädeldach. Die erste Scheibe (Fig. 411, Schnitt I) ist etwa 1 cm dick. Wir beachten die Verteilung der grauen und weißen Substanz; die graue Substanz ist die äußere, sie besteht vorwiegend aus Ganglienzellen. Die weiße Substanz, das Innere, ist aus markscheidenhaltigen Nervenfasern zusammengesetzt. Die nächsten Scheiben (Fig. 411, Schnitt II, III) sind etwa einen halben Zentimeter dick. Nach Schnitt III erhält man meist schon die Ansicht, die die linke Hälfte der Fig. 412 darstellt. Hier ist der linke Seitenventrikel eröffnet (Fig. 412, 2). In der Mitte des Schnittfeldes muß man bei Schnitt III schon achtgeben, daß man den erhöhten Boden des Ventrikels nicht verletzt. Erweitert man die Öffnung, indem man noch eine sehr dünne Scheibe abträgt (Fig. 412, rechte Hälfte), so kommen ein Teil des Ammonshornes (Hippocampus, Fig. 412, 5) sowie ein Teil des Streifenkörpers (Corpus striatum, Fig. 412, 3) zum Vorschein.

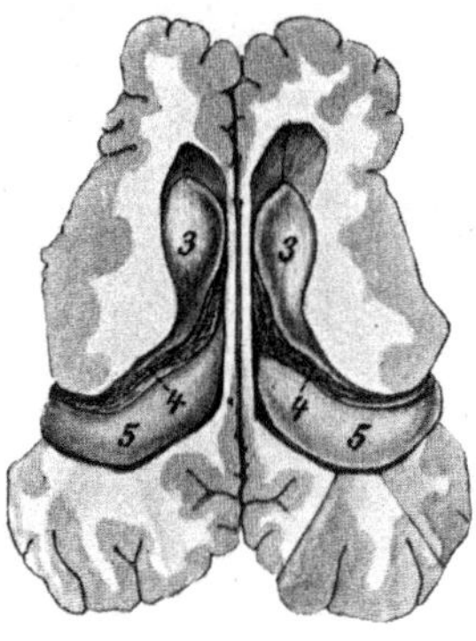

Fig. 413. Großhirn des Schafes. Boden der Seitenventrikel freigelegt, Innenwände der Seitenventrikel fast bis zum Balken abpräpariert.
Bezeichnungen s. Fig. 412.

Wir legen nun den ganzen Boden der beiden Seitenventrikel frei. Zur Aufdeckung des nach vorn unten verlaufenden Bodens derselben müssen wir keilförmige Scheiben abtrennen, die ihren Rücken an der Stirnseite haben, und deren Schneide nach hinten gerichtet ist. Auf diese Weise gehen wir an der Stirnseite bis auf die Riechlappen (Fig. 412, 1) herunter. Dann tragen wir keilförmige Stücke ab, deren Rücken an den Seitenflächen des Gehirnes und deren Schneide in der lateralen Innenwand des Seitenventrikels liegt. Dabei hüte man sich aber, den nach außen seitwärts umbiegenden Hippocampus zu verletzen. Zwischen Streifenkörper und Ammonshorn kann man eine blutige, zarte Masse herausziehen, das Adergeflecht (Plexus chorioideus, Fig. 412 und 413, 4). Trägt man auch die mediane Scheidewand der beiden Seitenventrikel in ganz dünnen Schnitten ab, so findet man, daß die Großhirnhemisphären alsbald miteinander verwachsen und den Balken (Corpus callosum) bilden.

Man hebt jetzt die Riechlappen aus ihrem Knochenlager, dann erblickt man den zwischen ihnen gelegenen Hahnenkamm (Crista galli) des Siebbeins, der eine Rückverlängerung der Nasenscheidewand ist. In den Gruben, welche die Riechlappen enthielten, kann man mit einer Nadel die Löcher des Siebbeins, durch welche die Riechnerven hindurchtreten, feststellen (Fig. 418, 1).

Jetzt schneiden wir in der Mittellinie des Großhirns einige sehr flache Scheiben ab und sehen, daß der Balken, welcher die Großhirnhälften verbindet, nach unten eine häutige Scheidewand, das Septum pellucidum, trägt, welches die beiden Seitenventrikel scheidet. Dieselbe reicht bis zum Gewölbe (Fornix, Fig. 414, 5), welches das Dach des dritten Ventrikels bildet.

Bringen wir in diesem Dach vorsichtig ein Fenster, Fig. 414, 5, an, so erhalten wir einen Einblick in die dritte Hirnhöhle. Durch diese ganze Präparation sind auch die Vierhügel (Fig. 414, 7) und die Zirbeldrüse (Fig. 414, 6) gut freigelegt worden. Wir gehen nun daran, das Fenster im dritten Ventrikel so zu erweitern, wie es Fig. 415 zeigt. Der Längsspalt in der Mittellinie des Präparates ist die Fossa thalami, die Anschwellung zu ihren beiden Seiten das Ganglion habenulae, von welchem nach hinten der Zirbelstiel abgeht, der die Epiphyse trägt (Fig. 415, 6). Tragen wir auch den größten Teil der Ammonshörner ab (Fig. 416), so legen wir die Sehhügel (Thalami optici, Fig. 416, 16) frei, welche von den vorderen Vierhügeln durch den quer verlaufenden Sulcus transversus commissurae caudalis getrennt sind.

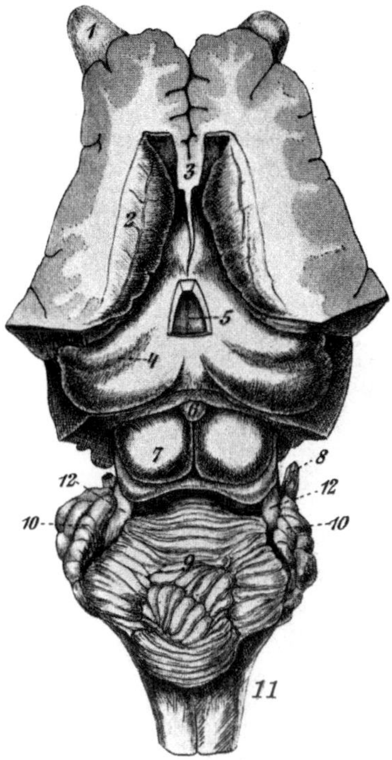

Fig. 414. Gehirn des Schafes; s. Fig. 413. Hinterer Abschnitt der Großhirnhemisphären und der größte Teil des Balkens mit dem Septum pellucidum abgetragen; der dritte Ventrikel durch ein Fenster eröffnet.

1. Lobus olfactorius. — 2. Corpus striatum. — 3. Balkenrest. — 4. Ammonshorn. — 5. Boden des dritten Ventrikels durch das im Gewölbe ausgeschnittene Fenster sichtbar. — 6. Zirbeldrüse. — 7. Corpora quadrigemina. — 8. Nervus trigeminus. — 9. Wurm des Kleinhirns von den Seitenlappen abgehoben. — 10. Seitenlappen des Kleinhirns. — 11. Medulla oblongata. — 12. Brückenarme des Kleinhirns.

Nun müssen wir den mittleren Teil des Cerebellums, den Kleinhirnwurm, abtragen. Derselbe soll möglichst in einem Stück entfernt werden, doch so, daß die brückenartige Verbindung, Fig. 415, 9, welche die Seitenlappen des Kleinhirns (Fig. 415: 10) hält, stehen bleibt. Führen wir durch den abgetrennten Kleinhirnwurm einen medianen Längsschnitt, so können wir die eigentümlich baumartige Anordnung der weißen Substanz (Lebensbaum) betrachten.

Jetzt suchen wir die dreifache Verbindung des Kleinhirns mit den übrigen Teilen des Gehirnes auf:

Fig. 415, 12 zeigt die Brückenarme (Brachia cerebelli lateralia) des Kleinhirns, welche die dorsal aufgewachsenen, seitlichen Enden der Varolsbrücke darstellen, die in das Kleinhirn eintreten.

Fig. 415, 13 zeigt die Kleinhirnbindearme (Brachia cerebelli nasalia), welche vom Kleinhirn nach den Vierhügeln ziehen.

Fig. 415, 14 endlich zeigt die Kleinhirnstiele (Brachia cerebelli caudalia), welche aus dem Rückenmark entspringen und von hinten nach vorn in das Kleinhirn eintreten.

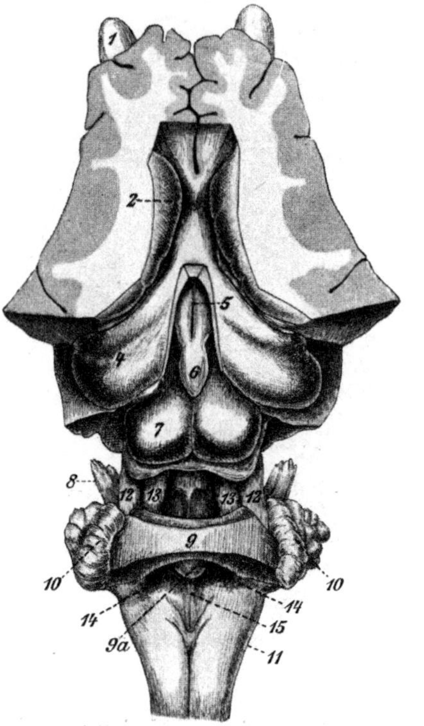

Fig. 415. Gehirn des Schafes; s. Fig. 414. Fenster im Gewölbe nach hinten erweitert. Wurm des Kleinhirns abgeschnitten, Balkenreste und Septum entfernt.

1. Lobus olfactorius. — 2. Corpus striatum. — 4. Ammonshorn. — 5. Boden des 3. Ventrikels. — 6. Zirbeldrüse. — 7. Corpora quadrigemina. — 8. Nervus trigeminus. — 9. Balkenartiger Rest des Kleinhirnwurmes, stehen gelassen zur Verbindung der Seitenlappen des Kleinhirns. — 9a. Lingula cerebelli. — 10. Seitenlappen des Kleinhirns. — 11. Medulla oblongata. — 12. Brückenarme des Kleinhirns (Brachia cerebelli lateralia). — 13. Kleinhirnbindearme (Brachia cerebelli nasalia). — 14. Kleinhirnstiele (Brachia cerebelli caudalia). — 15. Rautengrube.

Vor den Seitenlappen des Kleinhirns und neben den Brückenarmen sieht man die Anfangsteile des Nervus trigeminus (Fig. 415, 8) hervorragen, die alsbald in einer Spalte der ventralen Dura verschwinden. Unter dem stehengebliebenen Verbindungsteil der Seitenlappen des Kleinhirns ragt die Lingula cerebelli (Fig. 415, 9a), einer der Lappen des Kleinhirns, hervor. Die spitz rautenförmige Grube, welche, auf der Oberseite des verlängerten Markes liegend, unter und hinter dem Kleinhirn sichtbar wird, ist die Rautengrube (Fossa rhomboidea, Fig. 415, 15).

Wir haben nun noch den vierten Ventrikel zu eröffnen. Der Boden der Rautengrube wird vor dem Kleinhirn als vorderes, hinter demselben als hinteres Marksegel bezeichnet. Unter dieser feinen Haut liegt die Sylvische Wasserleitung (vierter Ventrikel). Das vordere Marksegel wird mit der Pinzette vorsichtig angehoben, und das Fenster Fig. 416, 17 hergestellt. Dadurch erhält man Einblick in die Sylvische Wasserleitung.

Die Präparation der Unterseite des Gehirnes und des Ursprunges der Gehirnnerven läßt sich an diesem Objekt nur sehr schwer ausführen. Wir benutzen dazu einen neuen Kopf, den wir in der früher geschilderten Weise eröffnen und haben nun das Gehirn im ganzen herauszuheben. Dazu legen wir den Kopf umgekehrt, d. h. mit der Stirnseite nach unten, so vor uns hin, daß die Schnauze abgewendet ist. Man hebt den Stumpf des Rückenmarkes mit der Hand hoch und fährt mit dem

Skalpellstiel oder dem Zeigefinger zwischen Dura und Ventralseite des Gehirnes. Die Nervenenden sind nacheinander durchzuschneiden. Man arbeitet sich mit dem Finger immer weiter vor, hüte sich aber vor zu starkem Druck, solange man noch nicht über das Kleinhirn hinausgelangt ist, da dieses sonst leicht abbricht. Die Hypophyse reißt stets ab und bleibt im Türkensattel liegen. Die Sehnervenkreuzung ist zu durchschneiden. Nun läßt sich das Gehirn schon leicht herausheben. Nötigenfalls muß man mit dem Skalpellstiel noch einmal unter die Riechlappen fahren. Das Gehirn wird abgespült und nun die Ventralseite betrachtet (Fig. 417).

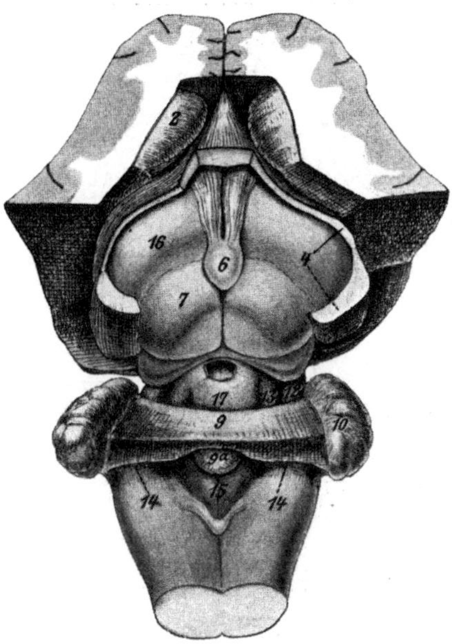

Fig. 416. Ansicht des Gehirns des Schafes wie in Fig. 415, schräg von hinten und oben gesehen. Ammonshörner zum größten Teile abgetragen. Unter den Vierhügeln ist in der Mitte durch Eröffnung des vorderen Marksegels (17) ein Fenster hergestellt, durch welches man in die Sylvische Wasserleitung blickt.

4. Reste des Ammonshornes. — 16. Thalamus opticus. Bezeichnungen sonst wie in Fig. 415.

Wir sehen jederseits den Tractus olfactorius (Fig. 417, 1), welcher in den Riechlappen (Lobus olfactorius, Fig. 417, 2) führt, aus dem die einzelnen Zweige des Nervus olfactorius entspringen und durch das Siebbein treten. Die Durchtrittsstellen haben wir schon mehrmals untersucht. Sie lassen sich auch hier wieder in der Schädelhöhle zeigen (Fig. 418, I). Das Chiasma (Fig. 417, II), die Sehnervenkreuzung, ist am Gehirn und an der Schädelhöhle (Fig. 418, II) zu sehen. Unmittelbar hinter dem Chiasma liegt eine schwache Erhebung, das Infundibulum oder der Trichter (Fig. 417, 4), eine Ausstülpung des dritten Ventrikels, welche in die Hypophyse oder den Hirnanhang führt. Während diese selbst im Schädelboden stecken geblieben ist (Fig. 418, 6), sehen wir den Eingang in den Trichter an der Ventralfläche des Gehirnes (Fig. 417, 4).

Die beiden dicken Wülste auf der Grundfläche der Großhirnhälften werden als Lobi piriformes bezeichnet (Fig. 417, 3). Median von ihnen liegen die Hirnschenkel (Pedunculi cerebri, Fig. 417, 6), die die nasalen Fortsätze des verlängerten Markes bilden, und auf denen man die gerade nach vorn ziehenden Ursprünge des Nervus oculomotorius (Fig. 415, 418: III) sieht. Wo die Hirnschenkel in der Richtung nach vorn auseinanderbiegen, liegt zwischen ihnen das Markkügelchen (Corpus mammillare, Fig. 417, 5) und davor der graue Hügel (Tuber cinereum). Es folgt nach hinten die Varolsbrücke (Pons Varolii, Fig. 417, 7), die in einer besonderen Grube des Schädelbodens liegt, und endlich das verlängerte Mark.

Die Ursprünge der Gehirnnerven. Die Ursprünge der ersten drei Gehirnnerven waren schon dargestellt.

Der Nervus trochlearis (Fig. 417, 418: IV) tritt am hinteren Vierhügelpaare aus den Bindearmen des Kleinhirns, durchbricht das Hirnzelt, läuft am Ursprung des fünften Nerven vorbei in einer Furche des Keilbeins nach vorn und geht schließlich in die Augenhöhle. Er ist der motorische Nerv für den Musculus obliquus oculi dorsalis.

Der Nervus trigeminus (Fig. 417, 418: V) tritt mit zwei Wurzeln aus den seitlichen Teilen der Brücke. Er verläuft nach vorn und teilt sich sofort nach dem Durchbruch der Dura in drei Zweige, den Nervus ophthalmicus, den Nervus maxillaris und den Nervus mandibularis. In der dorsalen Wurzel des Trigeminus liegt das graurötliche Ganglion Gasseri (semilunare).

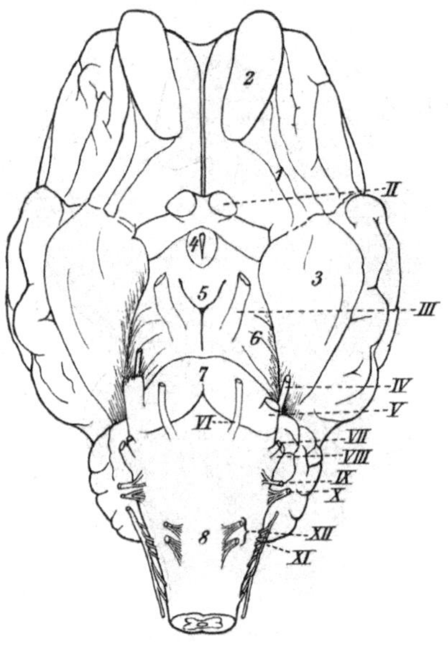

Fig. 417. Gehirn des Schafes. Unterseite.

1. Tractus olfactorius. — 2. Lobus olfactorius (I). — 3. Lobus piriformis. — 4. Infundibulum. — 5. Corpus mammillare. — 6. Pedunculi cerebri. — 7. Pons Varolii. — 8. Medulla oblongata. — II. N. opticus. — III. N. oculomotorius. — IV. N. trochlearis. — V. N. trigeminus. — VI. N. abducens. — VII. N. facialis. — VIII. N. acusticus. — IX. N. glosso-pharyngeus. — X. N. vagus. — XI. N. accessorius. — XII. N. hypoglossus.

Der Nervus ophthalmicus ist sensibler Nerv für Augenlider, Stirnhaut, Siebbein, sekretorischer Nerv für die Tränendrüse und vasomotorischer Nerv für die Blutgefäße des Auges.

Der Nervus maxillaris ist sensibler Nerv für das untere Augenlid, die Nasen- und Mundschleimhaut, für die Zähne des Oberkiefers, die Gesichtshaut, die Oberlippe, motorischer Nerv für das Gaumensegel usw.

Der Nervus mandibularis ist sensibler Nerv für die Unterlippe, die Zähne des Unterkiefers, die Wangen- und Zahnschleimhaut, motorischer Nerv für die Kaumuskeln und den Musculus tensor tympani, Geschmacksnerv für die Papillae fungiformes der Zunge.

Der Nervus abducens (Fig. 417, 418 : VI) entspringt auf der Unterseite des Anfangsteiles des verlängerten Markes, läuft nach vorn und führt in die Augenhöhle. Er innerviert den Musculus rectus oculi lateralis und den lateralen Teil des Musculus retractor bulbi.

Der Nervus facialis (Fig. 417, 418 : VII) entspringt mit dem Nervus acusticus (Fig. 417, 418 : VIII) zusammen an der Seite der Medulla oblongata hinter dem Ursprung des Trigeminus. Beide Nerven (VII und VIII) sind durch Bindegewebe verbunden und treten in den inneren Gehörgang ein. Der Facialis geht dann weiter auf den Unterkiefer über. Er ist ein rein motorischer Nerv für die Muskeln des Gesichtes (mimischer Nerv). Der Nervus acusticus ist der Gehörnerv.

Der **Nervus glossopharyngeus** (Fig. 417, 418 : IX) entspringt zusammen mit dem **Nervus vagus** (Fig. 417, 418 : X) hinter dem Ursprung der Nerven VII und VIII an den Seitenrändern des verlängerten Markes. Beide treten mit dem XI. Nerven zusammen durch das Foramen lacerum aborale der Schädelhöhle. Der Nervus glossopharyngeus versorgt den hinteren Teil der Zunge und einen Teil des Gaumensegels mit Geschmacksnerven. Er ist motorischer Nerv für Zungengrund, Kehldeckel und weichen Gaumen. Der Nervus vagus versorgt die weiche Hirnhaut, Teile des äußeren Ohres und Schlundkopfes, den Kehlkopf, die Luftröhre, Lunge, Herz, Speiseröhre und Magen mit sensiblen Fasern, einige Schlund- und Gaumenmuskeln, die Muskulatur von Kehlkopf und Luftröhre, Lunge, Herz und Verdauungstraktus bis in den Darmkanal hinein mit motorischen Fasern. Außerdem enthält er vasomotorische, sekretorische, reflektorische usw. Fasern für die verschiedensten Organe.

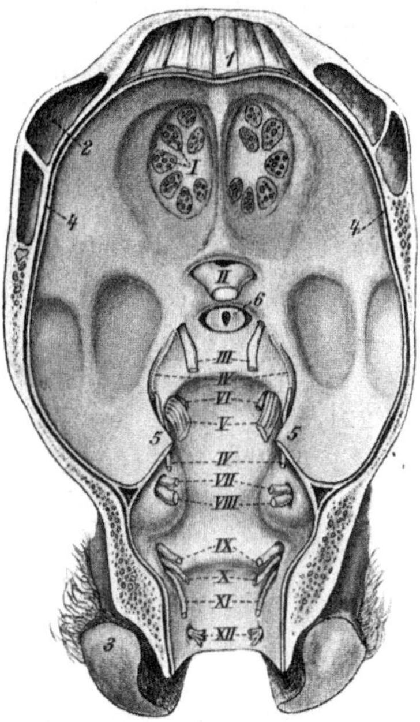

Fig. 418. Schaf. Ansicht des Bodens der Schädelhöhle und der Durchtrittsstellen der Gehirnnerven durch die Dura mater.

1. Nasenmuscheln. — 2. Stirnhöhlen. — 3. Condylus. — 4. Dura mater. — 5. Tentorium cerebelli. — 6. Hypophysis. — I.—XII. die 12 Gehirnnervenpaare.

Der **Nervus accessorius** (Fig. 417, 418: XI) entspringt aus vielen Wurzeln am Seitenrande des verlängerten Markes. Seine Anfänge lassen sich bis in die Gegend zwischen dem 6. und 7. Halsnerven verfolgen. Er läuft neben dem verlängerten Mark her nach vorn, wobei er auf seinem ganzen Wege noch Fasern von diesem erhält. Er tritt durch das Hinterhauptsloch in die Schädelhöhle, durchbricht die Dura unmittelbar hinter dem IX. und X. Nerven und verläßt die Schädelhöhle durch das Foramen lacerum aborale. Er ist ein rein motorischer Nerv.

Der **Nervus hypoglossus** (Fig. 417, 418 : XII) entspringt aus mehreren Wurzeln auf der Ventralseite des verlängerten Markes ungefähr in der Höhe des hinteren Kleinhirnrandes. Er durchbohrt alsbald die Dura und verläßt durch das Foramen hypoglossi die Schädelhöhle. Er ist der Bewegungsnerv der Zunge.

Zur Klärung der bisher gewonnenen Anschauungen über die Topographie des Gehirnes empfiehlt es sich nun zum Schluß, einen **medianen Längsschnitt durch einen ganzen Hammelkopf** herzustellen. Derselbe wurde ja auch schon zur Betrachtung der Nase empfohlen. Die Schnitte werden unter der Wasserleitung sauber abgespült. Das Bild entspricht dann der Fig. 419. Wir sehen, daß die beiden Großhirnhälften bis zum Balken (Fig. 419, 4) getrennt sind. Der Balken bildet die Decke der beiden Seitenventrikel; das dieselben trennende Septum pellucidum (Fig. 419, 5) befindet sich meist nur an einer Hälfte des Präparates. Der Boden der Seitenventrikel wird hier in der Mitte durch das Gewölbe (Fig. 419, 6) gebildet, welches gleichzeitig die vordere und obere Begrenzung des dritten Ventrikels (Fig. 419, 17) bildet. Die Höhlung wird hinten durch die Zirbeldrüse (Fig. 419, 8) und ihre Aufhängung geschlossen.

Anmerkung: Die Zirbeldrüse gehört zu den Drüsen mit innerer Sekretion. Von ihren Funktionen wissen wir bis jetzt nur, daß sie einen Hemmungsapparat gegen das verfrühte Einsetzen der Geschlechtstätigkeit darstellt.

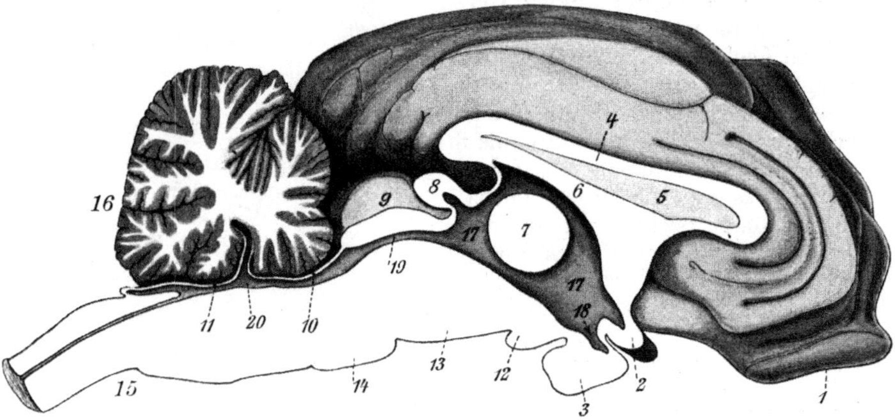

Fig. 419. Gehirn des Schafes. Medianschnitt.

1. Lobus olfactorius. — 2. Chiasma. — 3. Hypophysis. — 4. Balken. — 5. Septum pellucidum. — 6. Fornix. — 7. Massa intermedia. — 8. Epiphysis. — 9. Corpora quadrigemina. — 10. Vorderes Marksegel. — 11. Hinteres Marksegel. — 12. Corpus mammillare. — 13. Pedunculi cerebri. — 14. Pons Varolii. — 15. Medulla oblongata. — 16. Kleinhirn. — 17. Dritter Ventrikel. — 18. Infundibulum. — 19. Aquaeductus Sylvii. — 20. Vierter Ventrikel.

In der dritten Hirnhöhle sehen wir die als Trichter (Fig. 419, 2) bezeichnete Vertiefung. Hinter derselben hängt die Hypophyse (Fig. 419, 3).

Anmerkung: Auch die Hypophyse gehört zu den Drüsen mit innerer Sekretion, deren allgemeine Aufgabe in der Entgiftung von Stoffwechselprodukten besteht. Über die Hypophyse haben namentlich die Arbeiten von Bernhard Aschner (Über die Funktion der Hypophyse. Pflügers Arch. f. Physiol. 1912, 146, S. 1—147) umfassende Aufklärung gebracht. Hunde, denen im zweiten Monat das Organ entfernt wurde, hatten nach fast einem Jahre noch die Lanugobehaarung, Milchzähne, waren klein und unförmlich fett, stumpfsinnig und hatten 1—1½° C unternormale Körpertemperatur. Die Epiphysenfugen der Knochen bleiben nach Hypophysenexstirpation dauernd offen, Schilddrüse und Nebennierenrinde verfallen durch kolloidale Entartung, innere und äußere Geschlechtsorgane bleiben unentwickelt, Geschlechtstrieb stellt sich nicht ein, der Eiweißstoffwechsel sinkt bis auf ½—⅓. Die Hypophyse hemmt wie die Schilddrüse die Funktion von Pankreas, Epithelkörpern und Ovarium, ihre Erkrankung (vermehrte oder verminderte Funktion) ist in Zusammenhang zu bringen mit den pathologischen Erscheinungen von Akromegalie, Riesenwuchs, Zwergwuchs, Infantilismus.

Im Inneren des dritten Ventrikels sehen wir die rundliche Massa intermedia (Fig. 419, 7), welche die beiden Sehhügel verbindet, im vorderen Teile findet sich jederseits eine Verbindung mit einem Seitenventrikel (Foramen interventriculare). Nach hinten geht der dritte Ventrikel durch die Sylvische Wasserleitung (Fig. 419, 19) in den vierten Ventrikel über, der dorsal von den beiden Marksegeln (Fig. 419, 10 u. 11), ventral vom verlängerten Mark begrenzt wird. Der vierte Ventrikel geht unmittelbar in den Rückenmarkskanal über. Alle Hohlräume des Gehirnes stehen also untereinander und mit dem Rückenmarkskanal in Verbindung.

Auf dem Schnitte durch das Kleinhirn können wir den Lebensbaum schön betrachten. Die Lingula ist der nasal dem dorsoventral verlaufenden Teile des vierten Ventrikels unmittelbar anliegende Lappen des Kleinhirns. In der Ansicht der Fig. 415 und 416 muß er also von beiden Begrenzungswänden des vierten Ventrikels bedeckt sein.

II. Präparation des Kaninchengehirnes.

Zum Vergleiche präparieren wir das Gehirn des Kaninchens. Es ist auch hier gut, wenn man die Köpfe der zu Sektionszwecken verwendeten Kaninchen mit einem Fenster in der Schädeldecke versieht und in Formalin längere Zeit härtet. Das Fenster ist hier mit der Knopfschere anzubringen. Man trennt das Fell in der Mittellinie des Kopfes und präpariert es seitwärts ab. Dann fährt man mit dem Knopfast der Schere flach durch die Schädeldecke, nachdem man mit der spitzen Branche vorher ein kleines Loch gebohrt hat, und schneidet, immer nach oben drückend, ein Stück aus dem Schädeldach heraus.

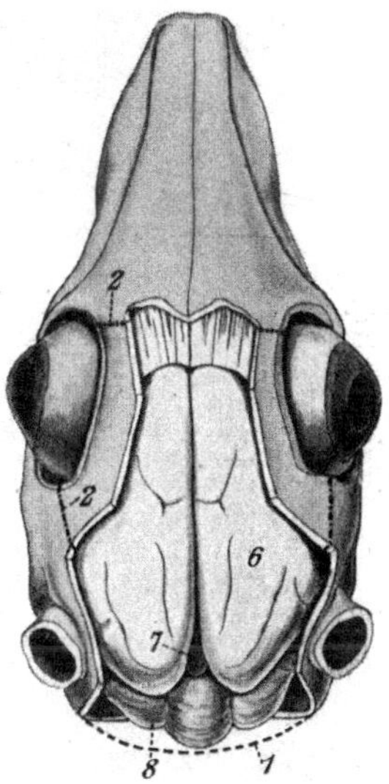

Fig. 420. Eröffnung der Schädelhöhle des Kaninchens. Ansicht von oben. Erkl. s. Fig. 421.

Für die Präparation ist das Fenster dann zu erweitern, wie es die Fig. 420 zeigt. Die Schädeldachteile sind vorsichtig abzutragen, die Dura mit dem Skalpell abzutrennen. Nachträglich baut man mit der Schere noch die oberen Hälften der Augenkapseln ab (Schnitt 2 in Fig. 420), und entfernt die Felsenbeine (Fig. 421, Schnitt 3), um die äußeren Seitenlappen des Kleinhirns frei zu legen. Dann werden die beiden ersten Halswirbel halbiert, indem man mit der Schere von hinten in den Wirbelkanal fährt (Fig. 421, 5), und die oberen Hälften abgehoben.

Nun bringt man das Gehirn heraus, indem man das verlängerte Mark von hinten hochhebt, nach vorn fortschreitend die Gehirnnerven durchtrennt und das Gehirn dann abhebt. Ist das Präparat gelungen, so zeigt es auf der Unterseite die Ansicht der Fig. 422. Wir erkennen hier alle die einzelnen Teile wieder, welche beim Hammelgehirn beschrieben

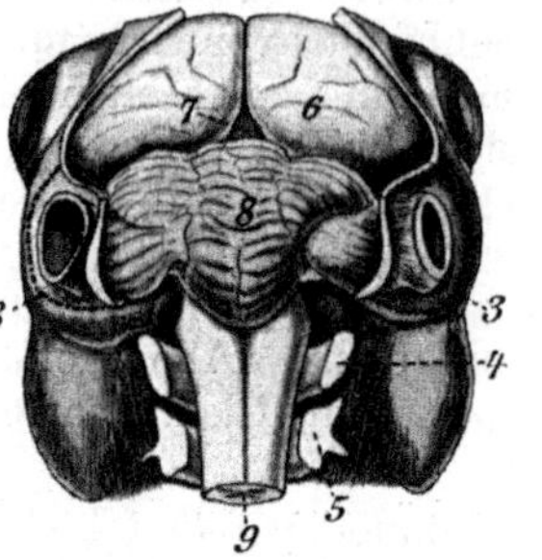

Fig. 421. Eröffnung der Schädelhöhle des Kaninchens. Ansicht von hinten.

Die Strichlinie 1 (Fig. 420) gibt die Kontur der Hinterwand des Schädels an, die Punkt-Strichlinien 2 und 3 bezeichnen die Schnitte, die zur Freilegung der Seitenteile des Gehirns auszuführen sind. — 4. und 5. erster und zweiter Halswirbel. – 6. Großhirn. – 7. Mittelhirn. — 8. Kleinhirn. — 9. Rückenmark.

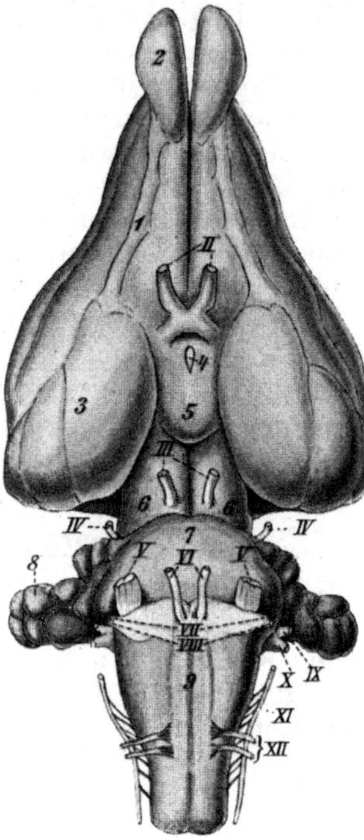

Fig. 422. Gehirn des Kaninchens von unten gesehen.

1. Tractus olfactorius. — 2. Lobus olfactorius. — 3. Lobus piriformis. — 4. Infundibulum. — 5. Corpus mammillare. — 6. Pedunculi cerebri. — 7. Pons Varolii. — 8. Cerebellum. — 9. Medulla oblongata. — II.—XII. Gehirnnerven.

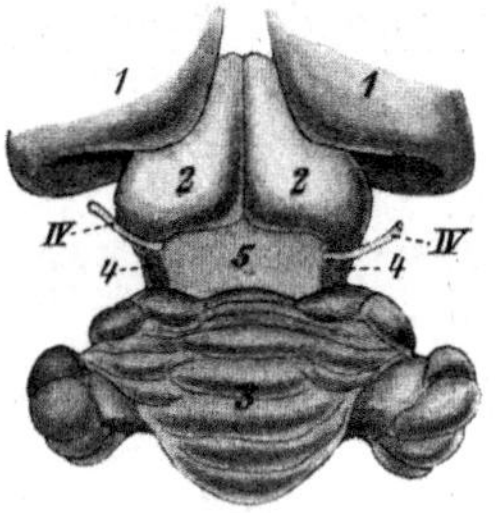

Fig. 423. Kaninchen. Ansicht der Corpora quadrigemina und des Ursprunges von Gehirnnerv IV. (Großhirn und Kleinhirn auseinandergebogen.)

1. Großhirn. — 2. Corpora quadrigemina. — 3. Kleinhirn. — 4. Brachia cerebelli lateralia. — 5. Vorderes Marksegel. — IV. 4. Gehirnnerv.

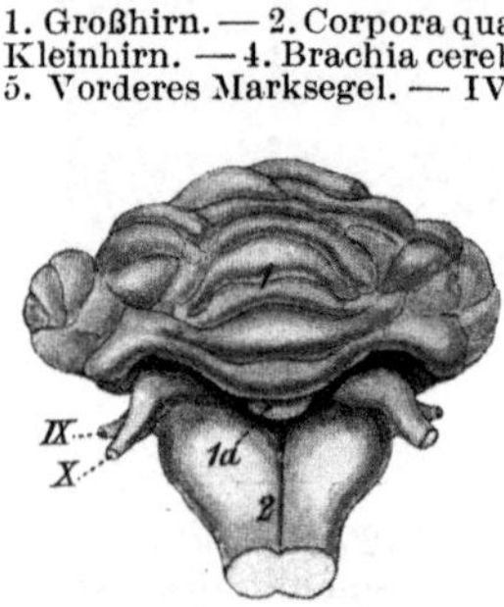

Fig. 424. Kaninchen. Ursprung des Glossopharyngeus (IX) und des Vagus (X).

1. Kleinhirn, von der Med. oblong. (2) abgehoben. — 1a. Lingula.

wurden und in Fig. 419 dargestellt sind.

Auf der Oberseite biegen wir Großhirn und Kleinhirn etwas auseinander (Fig. 423). Dann sehen wir die Zirbeldrüse, die Vierhügel (Fig. 423, 2), die Brückenarme des Kleinhirns (Fig. 423, 4), das vordere Marksegel (Fig. 423, 5) und den Ursprung des IV. Gehirnnerven (Nervus trochlearis). Derselbe tritt am vorderen Marksegel an die Oberfläche des Gehirnes und windet sich um den Hirnschenkel nach der ventralen Seite.

Hebt man das Kleinhirn etwas vom verlängerten Mark ab, so sieht man die

Lingula (Fig. 424, 1a) und die Ursprünge von Nervus glossopharyngeus (IX) und Nervus vagus (X).

Führt man wieder einen Schnitt durch die Großhirnhälften parallel zum Schädeldach, so legt man die Seitenventrikel frei, auf deren Grund

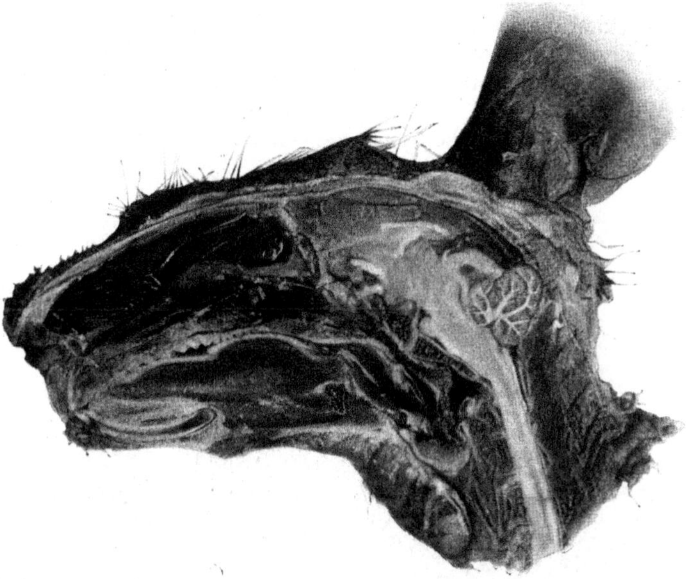

Fig. 425. Lepus cuniculus. Gefrierschnitt durch den Kopf. Photographie. Man erkennt unter anderem: Nasenmuscheln, Nagezähne, Gaumen, Zunge, Gehirn, Rückenmark.

man Streifenkörper und Ammonshorn, durch die Furche des Plexus chorioideus getrennt, erblickt.

Zur Übersicht stelle man auch einen Längsschnitt durch einen Kaninchenkopf mit der Kreissäge (ev. als Gefrierschnitt, Fig. 425) her. Die Orientierung bietet nach vorausgegangener Ausführung des Schnittes durch den Hammelkopf keine Schwierigkeiten.

III. Mikroskopische Behandlung von Gehirn, Rückenmark, Spinalganglien und größeren Nervenstämmen.

Da die histologische Anatomie des Zentralnervensystems äußerst kompliziert ist und die Methoden zur Darstellung der feinsten Verhältnisse eine große Fertigkeit in der mikroskopischen Technik voraussetzen, so soll hier nur auf einige leicht zu handhabende Methoden und das durch sie Darstellbare hingewiesen werden.

Als Material benutzen wir Teile des sorgfältig exenterierten Kaninchengehirns, Gehirne junger Katzen oder Hunde, Teile des Rückenmarkes vom Kaninchen, Spinalganglien und Nervenstämme aus dem Pferdeschweif desselben Tieres.

Das Rückenmark mit den Spinalganglien bringen wir in etwa 2 cm langen Stücken mit der von der Muskulatur gereinigten Wirbelsäule in die Fixierungsflüssigkeit. Nach Beendigung der Fixierung und Härtung wird durch einen dorsalen und einen ventralen Schnitt mit einer feinen Knopfschere, deren Knopfblatt man in den Rückenmarkskanal der Wirbelsäule schiebt, die Wirbelsäule längs gespalten und vorsichtig zur Seite präpariert. Man darf dabei aber nicht die Finger benutzen und muß jeden Druck auf die nervösen Organe ängstlich vermeiden. Die Spinalganglien sieht man als hirsekorngroße Anschwellungen der hinteren Wurzeln der Rückenmarksnerven im Wirbelkanal liegen. Sie

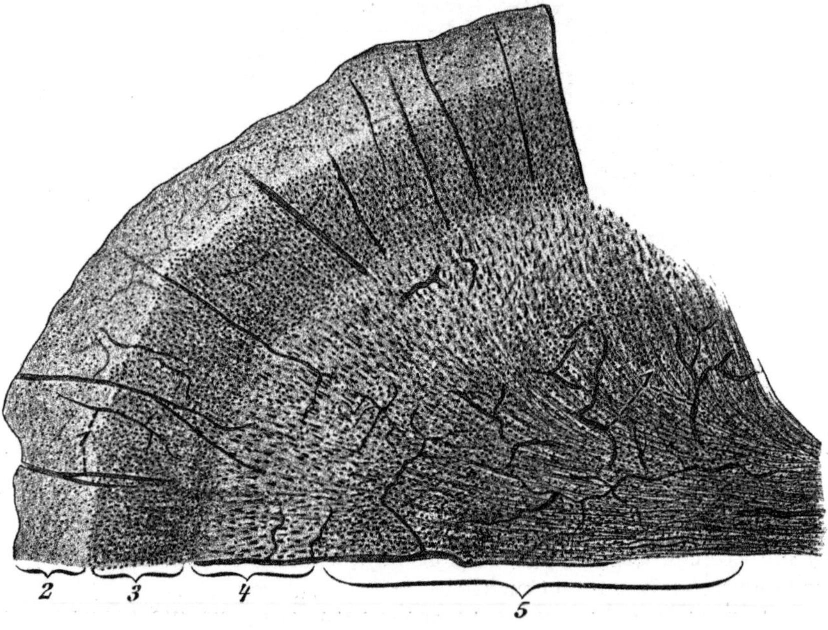

Fig. 426. Lepus cuniculus. Partie aus der Großhirnrinde. Innenwand einer Hemisphäre. Querschnitt. Obj. II.

1. Blutgefäße. — 2. Molekuläre Schicht. — 3. Zone der kleinen Pyramidenzellen. — 4. Zone der großen Pyramidenzellen. — 5. Zone der polymorphen Zellen. (Übergang zur weißen Substanz.)

werden entweder mit dem Rückenmark im Zusammenhang gelassen oder mit kurzen Nervenenden abgetrennt.

Die Nerven des Pferdeschweifs findet man im Grunde der Bauchhöhle vom unteren Ende der Wirbelsäule nach beiden Seiten austretend. Man tut gut, etwas Muskulatur an ihnen zu lassen, um die Struktur nicht zu schädigen.

Die Fixierung geschieht für gewöhnliche Übersichtsbilder in Müllerscher Flüssigkeit. Das Großhirn des Kaninchens wird durch einen Schnitt, welcher durch die Vierhügel geht, das Kleinhirn aber nicht verletzt, abgetrennt. Das Kleinhirn wird für Längsschnitte verwendet und nach der Härtung sagittal halbiert. Gehirne von jungen Katzen liefern Längsschnitte durch das ganze Gehirn in brauchbarer Größe.

Die Müllersche Flüssigkeit ist in der ersten Woche täglich zu wechseln. Die Dauer der Fixierung beträgt etwa vier Wochen. Einbettung in Paraffin oder Celloidin. Schnittdicke 20 μ. Färbung für Übersichtsbilder nach der van Giesonmethode, für spezielle Darstellung von Ganglienzellen oder für Kernfärbungen ammoniakalische Karminlösung oder Lithionkarmin (Karmin 2,5—5,0 Teile werden in 100 Teilen gesättigter, wässeriger Lösung von Lithiumkarbonat aufgekocht und filtriert). Bei Lithionkarminfärbung schwankt die Färbungsdauer je nach der Färbbarkeit des Objekts zwischen 3 Minuten und 12 Stunden. Überfärbung wird durch Salzsäurealkohol rückgängig gemacht. Eine besondere Methode zur Markscheidenfärbung und Darstellung des Nervenfaserverlaufs in den Zentralorganen wird am Schlusse des Kapitels gegeben.

a) Querschnitt durch das Großhirn des Kaninchens (etwa in der Mitte der Hemisphären). Van Giesonfärbung. Wir unterscheiden bei schwacher Vergrößerung die dunkler rotbraun gefärbte graue Substanz von der gelb gefärbten weißen Substanz. In der Mitte, am Grunde des Längsspaltes zwischen den Hemisphären, bemerken wir Balken und Gewölbe, ev. auch Septum pellucidum. Die beiden schmalen, spaltförmigen, oberen Hohlräume sind die Seitenventrikel, ihr Boden das Ammonshorn. Darunter finden wir den dritten Ventrikel, dessen Boden hier von der Massa intermedia gebildet wird. Der schmale, senkrechte Spalt darunter ist der ventrokaudale Quadrant des dritten Ventrikels. Unten in der Mitte ist das Corpus mammillare getroffen.

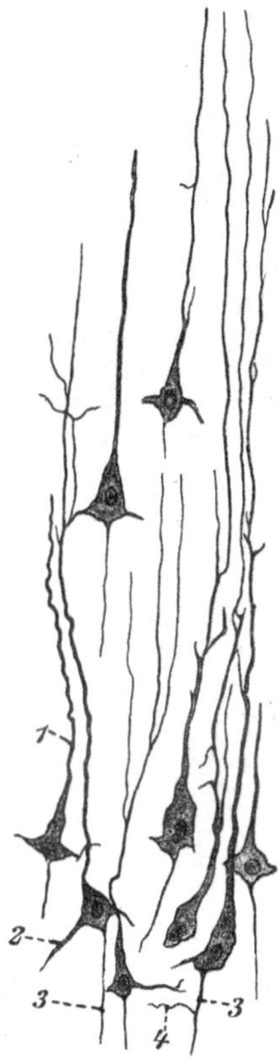

Fig. 428. Lepus cuniculus. Gruppe von großen Pyramidenzellen aus der Großhirnrinde. Celloidin. Gieson. Obj. VI.
1. Hauptdendrit. — 2. Basaldendriten. — 3. Neuriten. — 4. Kollaterale.

Jetzt stellen wir eine starke Vergrößerung auf einen Teil der Großhirnrinde ein. Wir erkennen eine große Anzahl von Zellen mit Kernen, unter denen wir viele multipolare Ganglienzellen nachweisen können. Während die äußerste Schicht der grauen Rinde arm an solchen ist, nehmen die Ganglienzellen nach innen an Zahl und Größe zu, so daß man in der inneren Zone der grauen Rinde von einer Schicht der großen Pyramidenzellen spricht. Aus der weißen Substanz strahlen viele Nervenfasern in die Region der Ganglienzellen hinein. Kleine und kleinste Blutgefäße sieht man in allen Richtungen angeschnitten. Die Oberfläche der Rinde ist von der Pia mater bedeckt. Zwischen den Ganglienzellen sind Gliazellen in großer Menge einge-

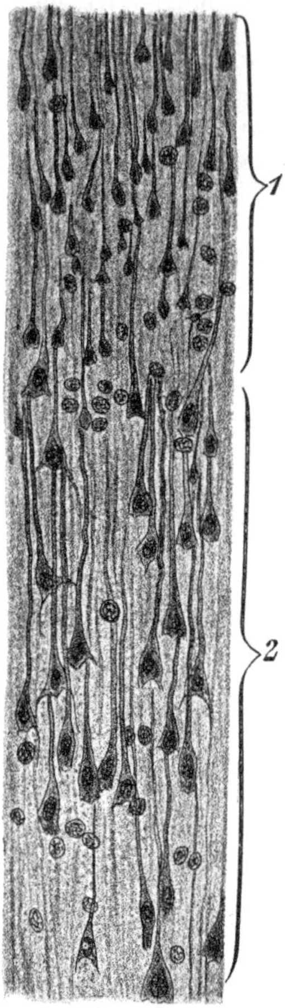

Fig. 427. Lepus cuniculus. Großhirnrinde. Aus der Zone der großen und der kleinen Pyramidenzellen. Querschnitt. Obj. VI.

1. Zone der kleinen Pyramidenzellen. — 2. Zone der großen Pyramidenzellen.

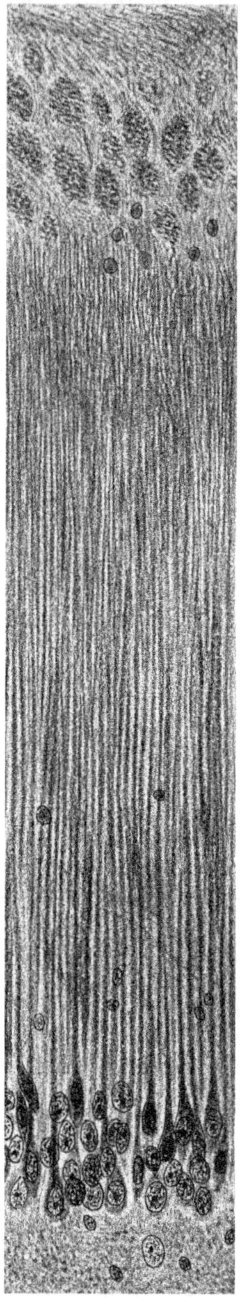

Fig. 429. Lepus cuniculus. Großhirn quer. Aus einem Ammonshorn. Obj. VI.

bettet. An Karminpräparaten kann man sich auch ein ungefähres Bild über den Faserverlauf der Nerven im Gehirn machen, da Karmin auch die Achsenzylinder der Nerven färbt.

Die Längsschnitte durch das Katzengehirn bieten topographisch nichts Neues. Über den histologischen Bau gilt das beim Kaninchen Gesagte.

Die Figg. 426 bis 429 stellen einzelne Teile der Großhirnrinde in verschiedenen Vergrößerungen dar. Siehe die Figurenerklärungen.

b) L ä n g s s c h n i t t d u r c h d e n L e b e n s b a u m d e s K a n i n c h e n s (median getroffen, Figg. 430—432). Bei schwacher Vergrößerung suche man die S y l v i sche Wasserleitung auf, die durch das vordere und hintere Marksegel bedeckt wird. Eine starke Vergrößerung richten wir auf einen Teil der Kleinhirnrinde. Die innerste Zone derselben bildet die granulierte Schicht (Fig. 430, 6), die aus vielen Zellen, Gliazellen und Ganglienzellen, besteht. Dazwischen verläuft eine große Anzahl von Nervenfasern, die aus der weißen Substanz des Kleinhirns stammen. Die granulierte Schicht wird von der gangliösen Schicht bedeckt (Fig. 430, 5), die aus einer einfachen Lage sehr großer, multipolarer Ganglienzellen (Purkinjesche Zellen) besteht. Die äußerste oder graue Schicht (Fig. 430, 4) enthält multipolare Ganglienzellen in geringer Zahl und Nervenfasern. Die weiße Substanz besteht wie beim Großhirn aus Stützelementen (Neuroglia) und markhaltigen Nervenfasern ohne Neurilemm

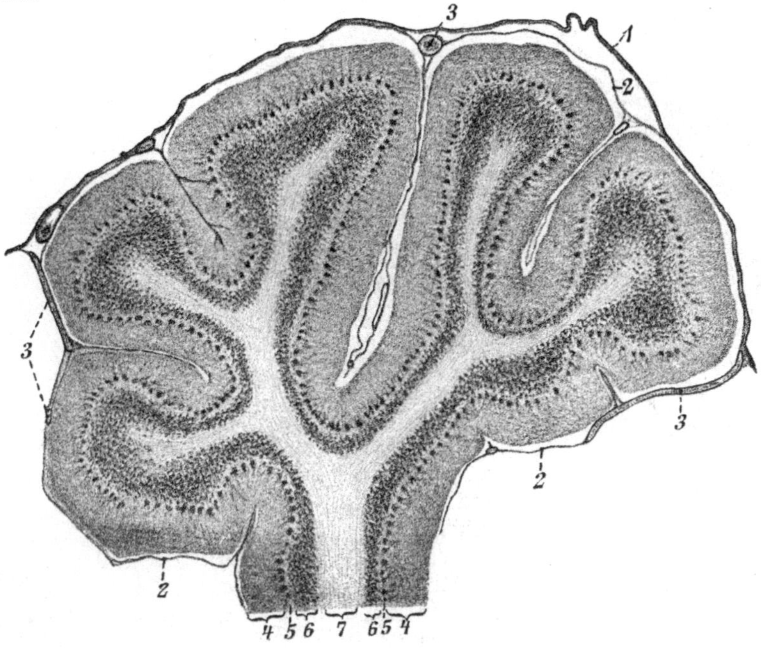

Fig. 430. Lepus cuniculus. Kleinhirn längs. Einzelner Lappen. Van Gieson.

1. Arachnoidea. — 2. Pia. — 3. Blutgefäße. — 4. Graue Schicht. — 5. Gangliöse Schicht (mit Purkinjeschen Zellen). — 6. Granulierte Schicht. — 7. Mark (weiße Substanz).

c) Querschnitt durch das Rückenmark (Fig. 433). Wie uns der Querschnitt zeigt, liegt beim Rückenmark die graue Substanz, die viele Ganglienzellen enthält, innen, die weiße Substanz außen. Die graue Substanz hat die Form eines H. Man unterscheidet an ihr die beiden Vorderhörner, in denen die Ganglienzellen der motorischen Nerven liegen, und die Hinterhörner. Die rechten und linken Hörner werden durch die Commissura grisea, die quer verläuft, verbunden. Das Rückenmark hat vorn eine tiefe, hinten eine flache Längsfurche. In der Mitte der grauen Kommissur finden wir den Zentralkanal.

Bei stärkerer Vergrößerung betrachten wir die multipolaren Ganglienzellen, welche namentlich in den Vorderhörnern der grauen Substanz sehr schön zu sehen sind. In der weißen Substanz finden wir viele quer getroffene Nervenfasern, die sich als Kreise darstellen, und an denen man deutlich den Achsenzylinder und die Markscheide unterscheiden kann. Dazwischen finden sich Gliazellen, angeschnittene Blutgefäße und auch längs getroffene Nervenfasern. In den Randpartien, noch unter der Dura, sieht man auch quer getroffene Nerven, die hier noch ein Stück neben dem Rückenmark herlaufen.

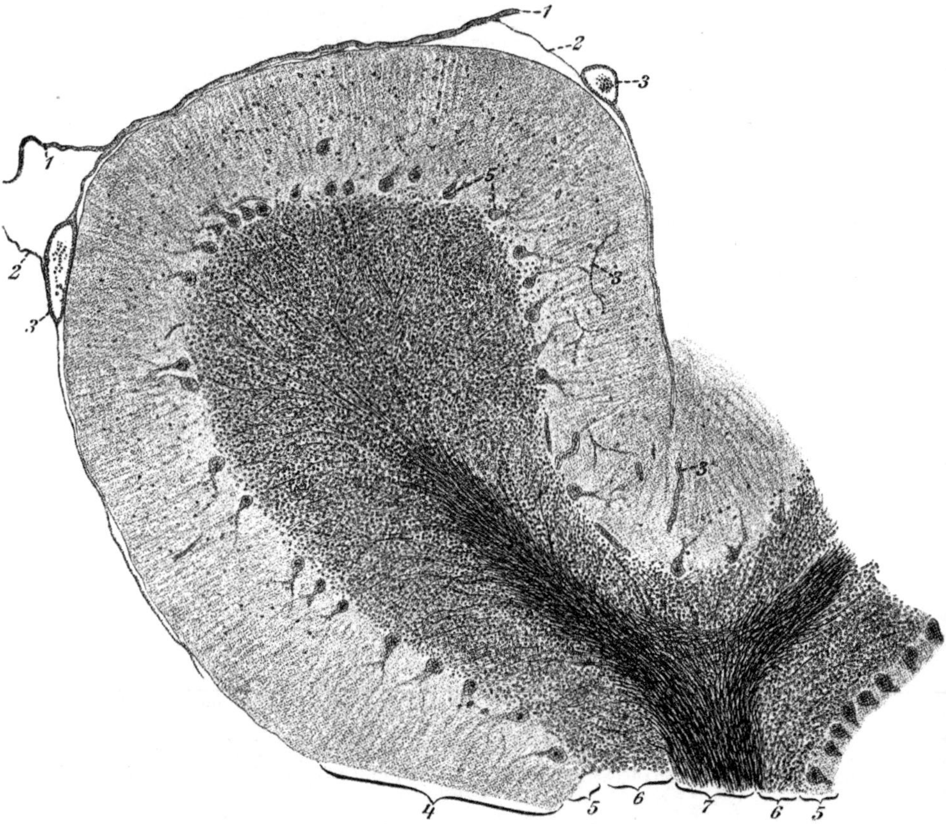

Fig. 431. Lepus cuniculus. Kleinhirn längs. Segment eines Lappens. Weigert-Pal. Obj. IV.

1. Arachnoidea. — 2. Pia. — 3. Blutgefäße. — 4. Graue Schicht. — 5. Ganglióse Schicht mit Purkinjeschen Zellen. — 6. Granulierte Schicht. — 7. Mark.

Läßt man Nervenenden an den Rückenmarksstücken stehen, so genügen ihre Querschnitte vollkommen für das Studium des Baues der Nerven.

d) Längsschnitt durch ein Spinalganglion (Fig. 434). Die Spinalganglien enthalten die Ganglienzellen für die sensiblen Nerven. Diese Ganglienzellen sind unipolar. Der Fortsatz teilt sich Tförmig. Der eine Ast zieht in die Hinterhörner der grauen Substanz des Rückenmarks, der andere Ast liefert die peripherische, sensible Nervenfaser. Wir finden in dem Schnitte die sehr großen Spinalganglienzellen mit Kern und Kernkörperchen, jede Zelle von einer Hülle

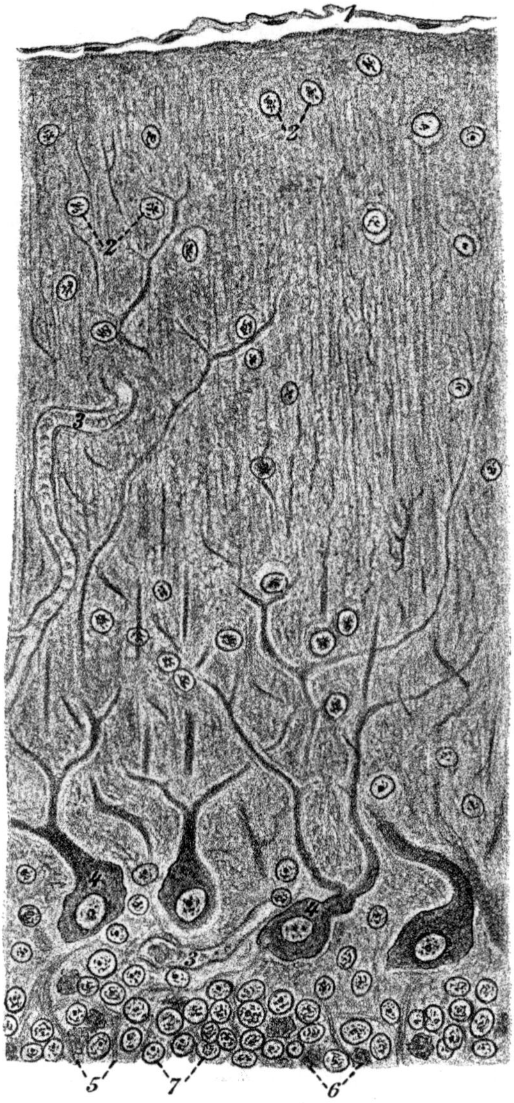

Fig. 432. Lepus cuniculus. Kleinhirn längs. Teil der Rinde. Van Gieson. Obj. VIII.

1. Pia mater mit Kernen. — 2. Kerne der Rindenzellen (kleine Rindenzellen). — 3. Blutgefäße. — 4. Purkinjesche Zellen. — 6. Eosinkörper der granulierten Schicht. — 5. Nervenfasern in der granulierten Schicht. — 7. Kerne der Körnerzellen (kleine Körnerzellen).

umgeben, in der wir Bindegewebskerne nachweisen können (Fig. 435). Außerdem finden wir viele längs und quer getroffene, markhaltige Nervenfasern. Um die

Tförmige Verzweigung des Ganglienzellfortsatzes zu studieren, ist es nötig, eine ganze Serie von Schnitten nacheinander zu betrachten und die Beobachtungen zu kombinieren.

e) Querschnitte durch einen Nervenstamm (entweder aus dem Pferdeschweif des Kaninchens oder von den Stammstücken der Rückenmarksnerven, welche man am Rückenmark stehen ließ). Der ganze Nerv ist von einer bindegewebigen Substanz, dem Epineurium, eingeschlossen, in der man Fettzellen, Querschnitte von Blutgefäßen

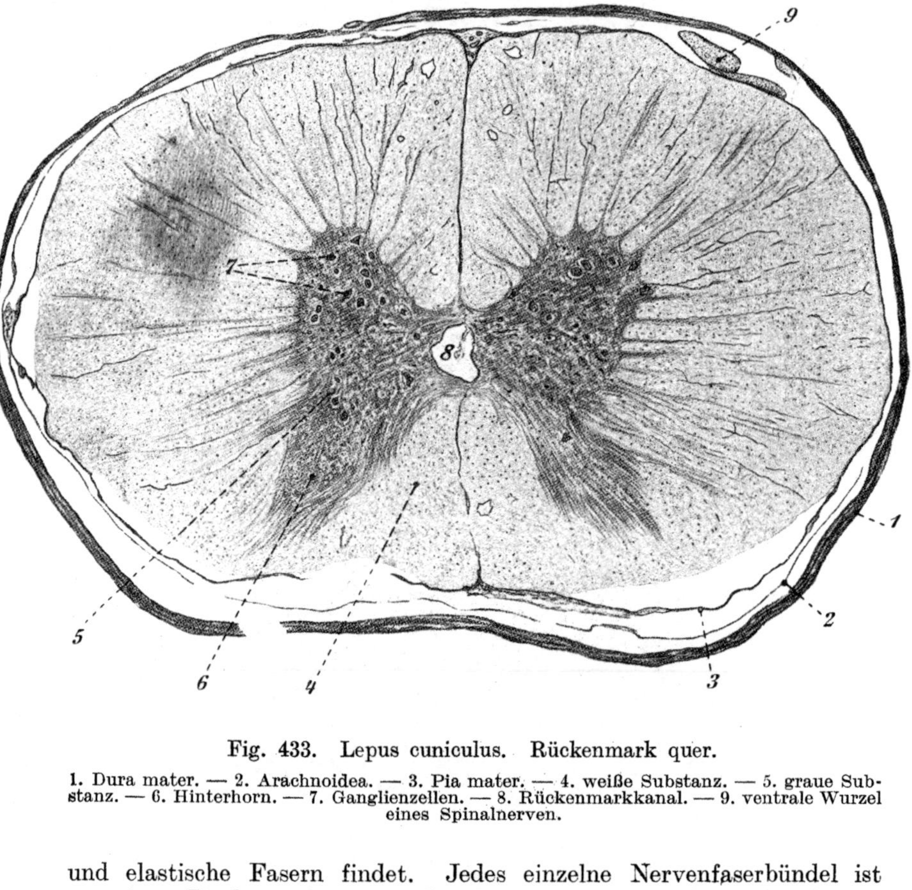

Fig. 433. Lepus cuniculus. Rückenmark quer.

1. Dura mater. — 2. Arachnoidea. — 3. Pia mater. — 4. weiße Substanz. — 5. graue Substanz. — 6. Hinterhorn. — 7. Ganglienzellen. — 8. Rückenmarkkanal. — 9. ventrale Wurzel eines Spinalnerven.

und elastische Fasern findet. Jedes einzelne Nervenfaserbündel ist von einem Bindegewebsmantel, dem Perineurium, umgeben. Von diesem erstrecken sich bindegewebige Scheidewände ins Innere, welche das ganze Faserbündel in einzelne Gruppen teilen und als Endoneurium bezeichnet werden. In jeder vom Endoneurium begrenzten Kammer liegen nun viele einzelne Nervenfasern, an denen auf dem Querschnitt Markscheide und Achsenzylinder unterschieden werden können. Über den Bau der Nervenfaser siehe das Kapitel über allgemeine Histologie.

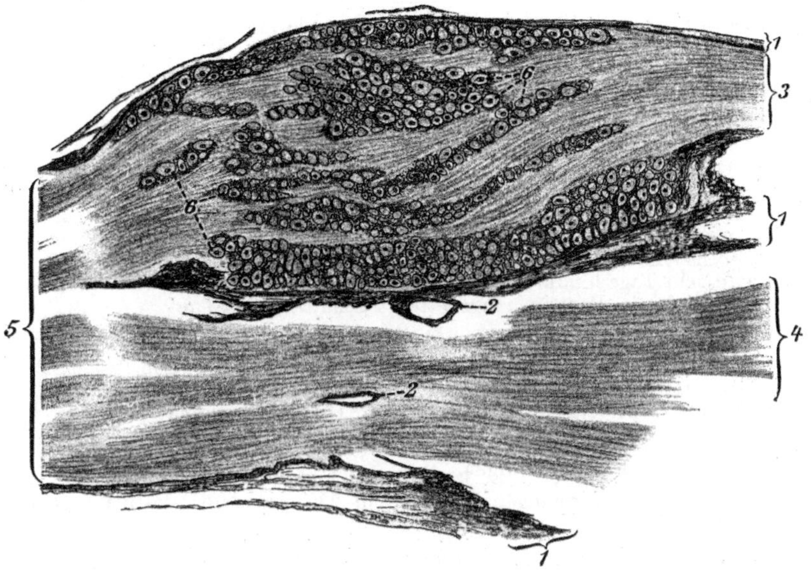

Fig. 434. Obj. 0. Lepus cuniculus. Längsschnitt durch ein Spinalganglion.
1. Endoneurium und Perineurium. — 2. Blutgefäße. — 3. dorsale Wurzel des Spinalnerven. — 4. ventrale Wurzel des Spinalnerven. — 5. Vereinigung beider Wurzeln zum Spinalnerven. — 6. Ganglienzellen.

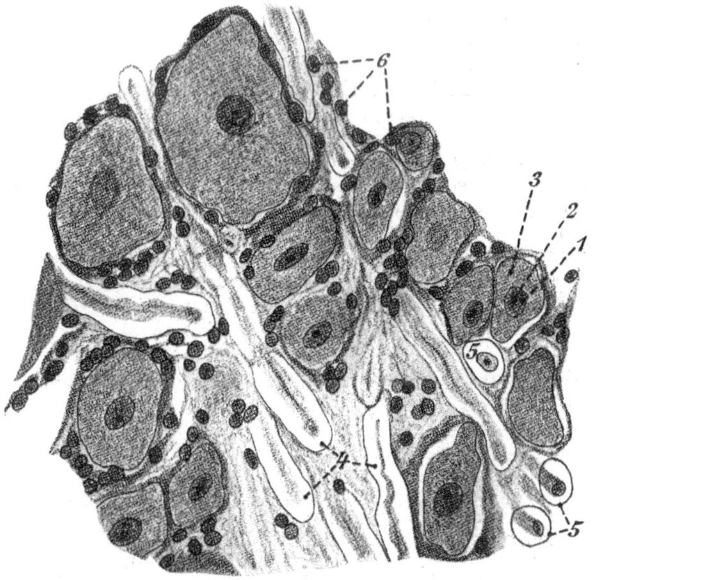

Fig. 435. Obj. VI. Lepus cuniculus. Teil eines Querschnittes aus einem Spinalganglion.
1. Kern einer Spinalganglienzelle. — 2. Kernkörperchen einer Spinalganglienzelle. — 3. Protoplasma einer Spinalganglienzelle. — 4. längsverlaufende Nervenfasern. — 5. schief- und quer getroffene Nervenfasern. — 6. Kerne der bindegewebigen Hüllen.

Anhang. Zum Schluß soll noch eine Methode geschildert werden, welche zum Studium des Verlaufes der Nervenbahnen in Gehirn, Rückenmark, Spinalganglien usw. unschätzbare Dienste leistet. Für die Ausführung durch Schüler ist dieselbe zu schwierig und langwierig, doch lohnt es sich, wenn der Leiter eine Anzahl von Demonstrationspräparaten herstellt. Es ist dies die Weigertsche Markscheidenfärbung in ihrer Modifikation nach Pal.

Die Objekte müssen ganz frisch, noch beinahe lebenswarm, in große Mengen Müllerscher Flüssigkeit kommen. Diese wird erst täglich, später zweimal wöchentlich gewechselt. Die Fixierung dauert 4—6 Wochen. Dann werden die Objekte, ohne daß man sie vorher wässert, in einer größeren Menge 70%igen, 24 Stunden später in ebensoviel 90%igen Alkohol gebracht (dunkel stellen!). Der 90%ige Alkohol wird acht Tage hindurch mehrmals gewechselt. Dann wird über absoluten Alkohol und Xylol in Paraffin eingebettet. Schnittdicke 20 μ.

Zur Färbung und Weiterbehandlung stelle man folgende Lösungen her:

1. Weigertsches Hämatoxylin: 1 g festes Hämatoxylin wird in 10 ccm Alcohol absolutus + 90 ccm Aqua destillata gekocht und die Lösung nach dem Erkalten filtriert. Dieselbe ist erst kurz vor dem Gebrauch anzufertigen.

2. 3—4 g Lithiumkarbonat werden in 100 ccm Aqua destillata gelöst. Einen Tag vor dem Gebrauch anzufertigen.

3. 0,5 g Kaliumpermanganat werden in 200 ccm Aqua destillata gelöst. Die Lösung kann einige Zeit vorrätig gehalten werden.

4. 1 g reine, kristallisierte Oxalsäure und 1 g Kaliumsulfit (K_2SO_3) werden in 200 ccm Aqua destillata gelöst. Die Lösung ist einen Tag vor dem Gebrauch herzustellen und gut verschlossen aufzubewahren.

Küvettenfolge:

1. Xylol.
2. Alcohol absolutus.
3. Alkohol 90%.
4. Alkohol 70%.
5. (Ev. bei gleichzeitiger Behandlung vieler Präparate 5a, 5b, 5c usw.): 30 ccm Weigertsches Hämatoxylin + 1 ccm Lithiumkarbonatlösung 5—6 Stunden.
6. 50 ccm Aqua destillata + 1 ccm Lithiumkarbonatlösung ½ Stunde. Die Flüssigkeit ist während dieser Zeit öfter zu erneuern.
7. Kaliumpermanganatlösung (zur Differenzierung) ½—3 Minuten.
8. Aqua destillata (abspülen!) 1 Minute.
9. Oxalsäure - Kaliumsulfitlösung. Entfärbung: Die graue Substanz wird hellgelb, die markhaltigen Fasern der weißen Substanz dunkelviolett. Bei Nichterfolg von 6 ab zu wiederholen! 10—50 Sekunden.
10. 1. Küvette mit Aqua destillata 5 Minuten.
11. 2. Küvette mit Aqua destillata 10 Minuten.
12. Alkohol 70%.
13. Alkohol 90%.
14. Alcohol absolutus.
15. Xylol. Balsam.

Anmerkung: Gelingt die Färbung nicht, was besonders dann eintritt, wenn die Objekte zu lange in Alkohol gelegen haben, so bringt man die aufgeklebten, ungefärbten Schnitte auf 24 Stunden in Müllersche Flüssigkeit, darauf eine Minute in destilliertes Wasser und behandelt dann von Küvette 5 an weiter. Der Verlauf der Nervenfasern ist durch die Violettfärbung der Markscheiden außerordentlich klar zu verfolgen. Die Präparate übertreffen an Schönheit alle nach den übrigen Methoden hergestellten (siehe Fig. 431).

17. Kapitel.

Ohr.

(Schaf, Kaninchen, Meerschweinchen.)

I. Hammelohr.

Für die Präparation des knöchernen Ohres schlägt man mit starken Messern, Meißel und Hammer aus den für Gehirnpräparationen ver-

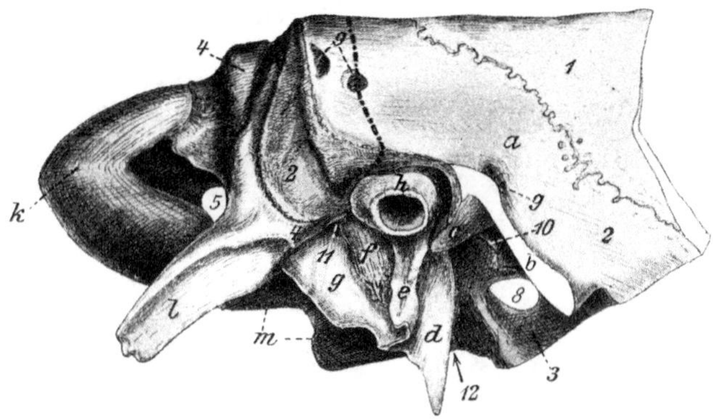

Fig. 436. Ohrgegend des Schädels vom Schaf (rechts, von außen).

1. Parietale (Scheitelbein). — 2. Temporale (Schläfenbein). — a—h Abschnitte des Temporale und zwar: a Squama temporalis. – b Processus zygomaticus (abgesägt). – c Processus postglenoidalis. — d Processus muscularis. — e Knochenscheide für den Processus hyoideus. — f Basalteil des Processus hyoideus, der sich an das Zungenbein ansetzt. — g Bulla ossea der Pars tympanica. — h Meatus acusticus externus osseus. — i Fossa mastoidea s. Fig. 437. — 3. Sphenoidale (Keilbein). — 4. Occipitale (Hinterhauptsbein). — k Condylus. — l Processus jugularis. — m Pars basilaris. — 5. Foramen hypoglossi (Durchtrittsstelle für Gehirnnerv XII). — 8. Foramen ovale. — 9. Schläfenkanal. — 10. Gelenkgrube für den Processus condyloideus des Unterkiefers. — 11. Foramen stylomastoideum (Austrittsstelle für Gehirnnerv VIII). — 12. Der Pfeil zeigt in den unter dem Processus muscularis gelegenen Anfangsteil der Tuba Eustachii. — Die Punktlinie zeigt die Schnittlinie zur Herstellung der Ansicht in Fig. 438.

wendeten Hammelköpfen die Teile heraus, die Fig. 436 von außen, Fig. 437 von innen zeigt. Man spaltet den Basilarteil des Hinterhauptbeins (Fig. 437, 4 unten), sägt die Jochfortsätze des Schläfenbeins ab (Fig. 436, b) und trennt Scheitelbeine und Schläfenbeine vor dem Jochfortsatz des letzteren durch.

Diese Knochenteile werden dann etwa eine Stunde in Wasser gekocht und darauf sorgfältig alle Fleisch- und Fetteile abpräpariert, bis man Präparate erhält, wie sie die Figg. 436 und 437 zeigen.

Das knöcherne Ohr liegt in der Pars petrosa des Schläfenbeins eingeschlossen. Wir sehen an der Außenseite des Präparates den knöchernen Gehörgang (Fig. 436, h) und die Paukenhöhle (Fig. 436 g), welche auf ihrer lateralen Seite einen Fortsatz trägt, der sich an das Zungenbein ansetzt (Processus hyoideus, Fig. 436 f); derselbe ist auf seiner vorderen

Seite von einer Knochenscheide (Fig. 436e) bedeckt. Den vorderen Rand der Paukenhöhle bildet der Processus muscularis (Fig. 436d). Unterhalb und hinter dem Processus hyoideus, dort wo das Hinterhauptsbein (Fig. 436, 4) von oben und hinten an den äußeren Gehörgang herantritt, findet man eine feine Öffnung (Fig. 436, 11), das Foramen stylomastoideum, durch welches der VII. Gehirnnerv (Nervus facialis) tritt. Median vom Processus muscularis (Fig. 436d) kann man den knöchernen Teil der Tuba Eustachica sehen (Fig. 436, 12).

Auf der Innenseite des Präparates ist die Pars petrosa durch ihre scharfe Umgrenzung und hellere Färbung sofort deutlich sichtbar. Oberhalb von ihr finden wir auf der Schnittfläche durch das Schläfenbein den Schläfenkanal (Fig. 437, 9), dessen Mündung wir auch auf der

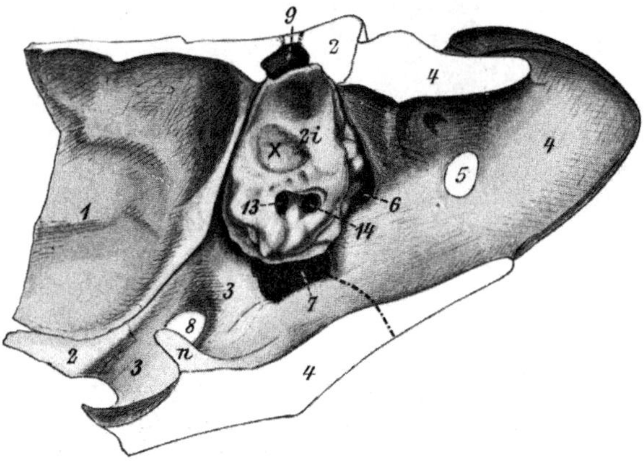

Fig. 437. Ohrgegend des Schädels vom Schaf (Ansicht der Pars petrosa und der umgebenden Knochen; rechts innen).

1.—5. s. Fig. 436, 2i Pars petrosa des Temporale, darin die Fossa mastoidea (×). — 4n Türkensattel des Occipitale. — 6. Foramen lacerum aborale s. jugulare (Durchtrittsstelle für Gehirnnerven IX, X, XI). — 7. Foramen lacerum orale. — 8., 9. s. Fig. 436. — 13., 14. Eintrittsstellen für die Gehirnnerven VII und VIII in die Pars petrosa. — Punktlinie s. Fig. 436.

Außenseite über dem Ansatz des Jochfortsatzes aufsuchen (Fig. 436, 9 vorn). Am hinteren, oberen Ende der glatten Schläfenbeinschuppe finden wir noch zwei Öffnungen, welche in den Schläfenkanal hineinführen (Fig. 436, 9 hinten). Hinter der Pars petrosa liegt an der Innenseite des Präparates das Foramen lacerum aborale (Fig. 436, 6), durch welches der IX., X. und XI. Gehirnnerv hindurchtreten. Das große Foramen lacerum orale liegt unmittelbar median und unter dem Felsenbein. Auf der inneren Fläche der Pars petrosa bemerken wir die flache Fossa mastoidea (Fig. 437, × auf 2i), darunter zwei Löcher (Fig. 437, 13 und 14), durch welche der VII. und VIII. Gehirnnerv in das knöcherne Ohr eintreten.

Um einen Einblick in die Paukenhöhle zu erhalten, müssen wir zwei Sägeschnitte ausführen. Der erste wird durch die Punktlinie der Fig. 436 dargestellt. Er geht durch das vordere der beiden Löcher, welche von der Schläfenbeinschuppe in den Schläfenkanal führen, und hinter dem äußeren Gehörgang vorbei. Er darf aber nur die Schläfenbeinschuppe selbst durchtrennen. Der zweite Schnitt wird durch die Punktlinie der Fig. 437 bestimmt. Er durchtrennt die Pars basilaris des Hinterhauptbeins und geht durch das Foramen lacerum orale. Hat man diese beiden Schnitte geführt, so genügt ein kräftiger Druck mit der Hand, um die überflüssigen Teile zu entfernen. Man bricht alle Teile, welche oral vom Felsenbein liegen, weg. Jetzt stellen wir das Objekt so, daß die vordere Seite des Petrosum auf den Beschauer ge-

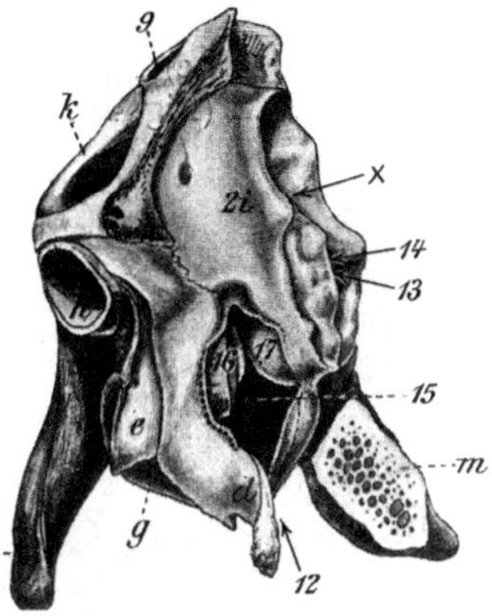

Fig. 438. Ansicht des rechten knöchernen Ohres vom Schaf von vorn (s. Figg. 436 und 437). Ein Teil des Processus muscularis ist weggebrochen (Punktlinie zeigt Bruchstelle), um einen besseren Einblick in die Paukenhöhle (15) zu ermöglichen.

16. Annulus tympanicus mit Trommelfell und Hammerstiel. — 17. Schnecke. — Bezeichnungen sonst wie in Fig. 436 und 437.

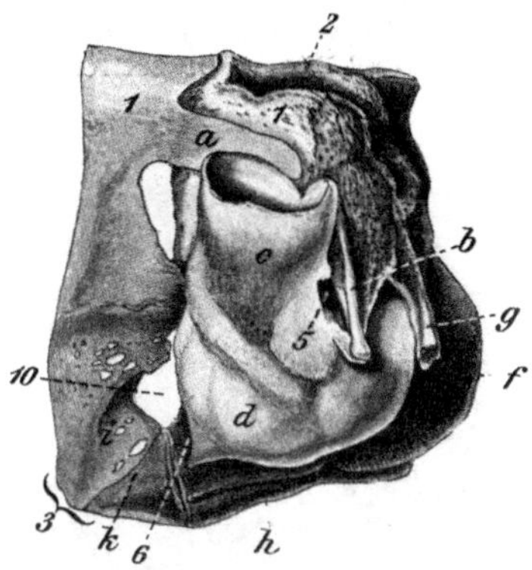

Fig. 439. Ohrgegend des Kaninchens (links, von außen).

1. Temporale. — a Processus squamosus. — b Processus mastoideus. — c Meatus audit. ext. osseus. — d Bulla ossea. — e Pars petrosa. — 2. Occipitale. — f. Condylus. — g Processus jugularis. — h Pars basilaris. — 3. Sphenoidale. — i Alae. — k Corpus. — 4. Parietale. — 5. Foramen stylomastoideum. — 6. Tuba. — 7. Fossa mastoidea. — 8. Apertura interna canalis facialis. — 9. Meatus acusticus internus. — 7., 8., 9. in der Pars petrosa des Temporale, alle drei in Fig. 440. — 10. Foramen lacerum. — 11. Foramen jugulare, obere Abteilung. — 12. Foramen jugulare, untere Abteilung; 11 und 12 in Fig. 440.

wendet ist (Fig. 438) und eröffnen die Paukenhöhle, indem wir den Processus muscularis (Fig. 436d) entfernen, so daß wir die Ansicht Fig. 438 erhalten. Man sieht hier von vorn in die Paukenhöhle hinein. An der lateralen Seite, dem äußeren Gehörgang zugewendet, bemerkt man den Annulus tympanicus (Fig. 438, 16) mit dem Trommelfell und dem daran sichtbaren Hammerstiel. An der medianen Wand sieht man den vorgewölbten Teil, welcher die Schnecke enthält (Fig. 438, 17).

Einen weiteren Einblick kann man sich verschaffen, wenn man die laterale Wand der Paukenhöhle unterhalb des äußeren Gehörganges abbricht oder abkneift. Man sieht dann die Gehörknöchelchen, doch ist das Hammelohr für eine genauere Präparation derselben nicht geeignet, da die Bandmassen sehr stark entwickelt sind und die Knöchelchen einer weitergehenden Isolierung und Säuberung meist nicht standhalten.

Sie werden dabei aus ihrem Zusammenhang gelöst und das Präparat verdorben. Wir wollen daher diesen Teil der Präparation am Kaninchenohr, dem wir uns nun zuwenden, nachholen.

II. Kaninchenohr (makroskopisch).

Die Vorbereitung geschieht hier in derselben Weise wie beim Hammelohr. Die seitlichen Schädelteile mit dem knöchernen Ohr werden eine Zeitlang in Wasser gekocht und dann sauber von Fleisch und Bindegewebe gereinigt. Wir betrachten das Objekt zunächst wieder äußerlich (Fig. 439, 440).

Außenseite: Der knöcherne Gehörgang (Fig. 439c) führt nahezu von oben her in die blasenförmige Paukenhöhle hinein (Fig. 439d). Das

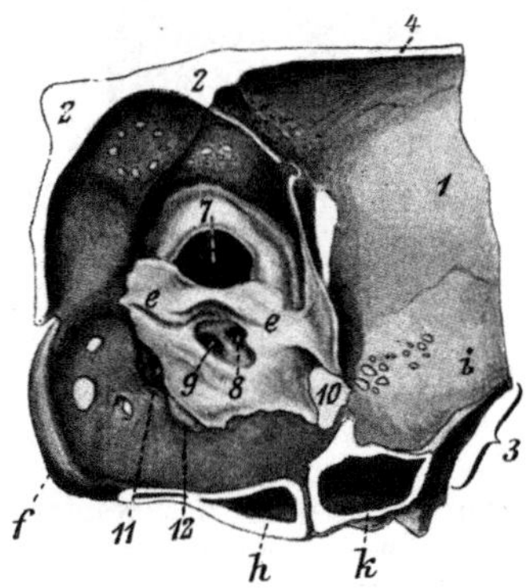

Fig. 440. Ohrgegend des Kaninchens (Ansicht der Pars petrosa und der umgebenden Knochenteile; links von innen).

Bezeichnungen wie zu Fig. 439.

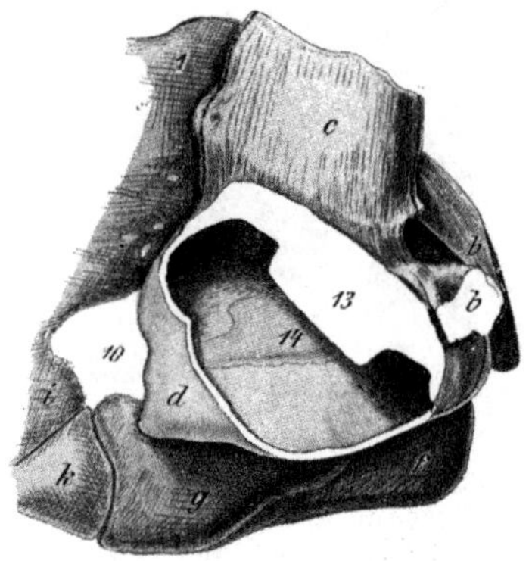

Fig. 441. Knöchernes Ohr des Kaninchens (links). Laterale Wand der Bulla ossea abgesägt. Schnitt (bzw. Bruchfläche) weiß. Punktlinie gibt den Schnitt an zur Herstellung der Ansicht Fig. 442.

13. Annulus tympanicus tangential getroffen. — 14. Schnecke. — Bezeichnungen sonst wie Fig. 439.

Foramen stylomastoideum (Fig. 439, 5) liegt am hinteren Rande des knöchernen Gehörgangs, unmittelbar vor dem stiftförmigen Processus mastoideus (Fig. 439 b) des Schläfenbeins. Der beim Hammel mächtig entwickelte Processus jugularis (Fig. 436 l) des Hinterhauptbeines erscheint hier als kleiner Stift am hinteren Rande der Paukenhöhle (Fig. 439 g). Das Foramen lacerum ist auch von außen her sichtbar (Fig. 439, 440, 10). Der Eingang in die Tuba Eustachica (Fig. 439, 6) liegt unterhalb vom Foramen lacerum unter der Spitze der Paukenhöhle.

Auf der Innenseite fällt das Felsenbein wieder durch seine hellere Färbung auf. Die Fossa mastoidea (Fig. 440, 7) ist außerordentlich tief. Die beiden Öffnungen unterhalb derselben werden als Apertura interna canalis facialis (Fig. 440, 8) und Meatus acusticus internus (Fig. 440, 9) bezeichnet.

Die Eröffnung der Paukenhöhle erfolgt hier von der Seite her durch Sägeschnitte, die man am besten mit der Kreissäge ausführt, wobei das Präparat mit einer oder zwei Flachzangen gefaßt wird.

Der erste Schnitt geht in einer Ebene, welche den äußeren Gehörgang lateral tangiert, so daß er noch unversehrt bleibt. Er spaltet die Vorderwand der Bulla ab und liefert die Ansicht der Fig. 441. Auf dem Grunde der Höhle sieht man die vorspringende Schnecke (Fig. 441, 14), deren Spitze nach vorn gerichtet ist. Ist der feste Teil des Annulus tympanicus (Fig. 441, 13) durchsägt, und kommt die Säge in die dünnere

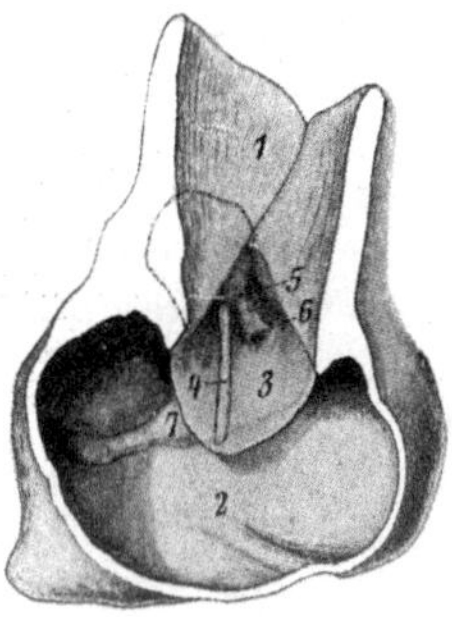

Fig. 442. Knöchernes Ohr des Kaninchens (links). Laterale Wand der Bulla ossea und laterale Wand des Meatus aud. ext. osseus abgesägt. Schnittfläche weiß.

1. Äußerer Gehörgang. — 2. Paukenhöhle (Cava tympanalis). — 3. Trommelfell (Tympanum). — 4. Hammerstiel (Manubrium mallei). — 5. Langer Fortsatz des Amboß. — 6. Steigbügel. — 7. Schnecke. — 5. und 6. durch das Trommelfell durchscheinend. — Die Punktlinie gibt den Umfang der Cavitas tympani accessoria an.

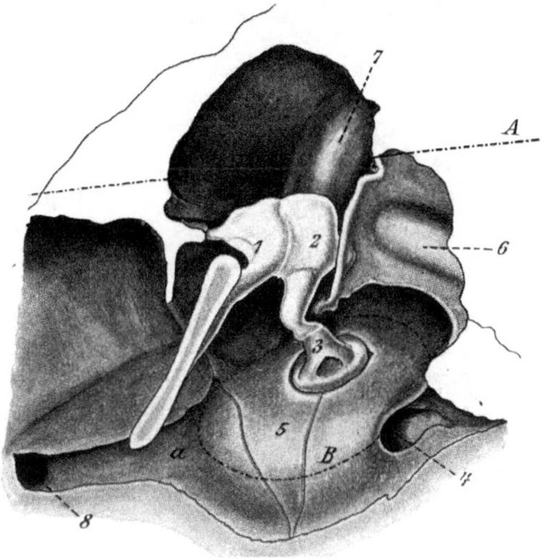

Fig. 443. Gehörknöchelchen und Schnecke des Kaninchens linkes Ohr.

1. Hammer. — 2. Amboß. — 3. Steigbügel mit seiner Platte in das ovale Fenster eingesenkt. — 4. Rundes Fenster. — 5. Schnecke (a ihre Spitze). — 6. Seitlicher Bogengang (Canalis semicircularis lateralis). 7. Oberer Bogengang (Canalis semicircularis superior). — 8. Eingang zur Tuba. — Punktlinie A zeigt die Schnittführung zur Demonstration der Bogengänge (Fig. 444). — Punktlinie B zeigt, wie die Wand der Schnecke abzusprengen ist. (Fig. 445.)

Wand der Bulla, so springt diese meistens ab, so daß der Schnitt nicht ganz durchgeführt zu werden braucht. Trockene Hautfetzen, die man in der Öffnung sieht, gehören der inneren, häutigen Auskleidung der Paukenhöhle an. Nun hat man das Trommelfell anzuschneiden, um den Hammerstiel frei zu machen. Man fährt mit der Spitze eines scharfen Skalpells vorsichtig längs der Anwachsung herum. Man sieht dann bei geeigneter Orientierung des Präparates schon deutlich die Lage der einzelnen Teile, Hammer, Steigbügel und im Hintergrunde den Amboß.

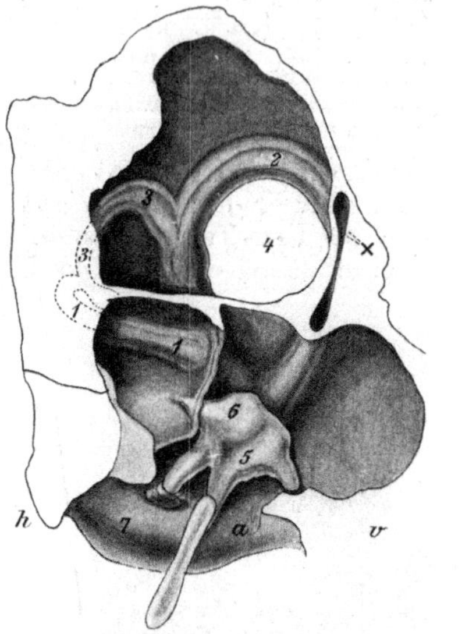

Fig. 444. Gehörknöchelchen und Bogengänge des Kaninchens (rechtes Ohr).

1. Canalis semicircularis lateralis. — 2. Canalis semicircularis superior (bei × tangential getroffen). — 3. Canalis semicircularis posterior (Verlauf von 1 und 3 z. T. durch Punktlinien angegeben). — 4. Eingang zur Fossa mastoidea. – 5. Hammer. – 6. Amboß. – 7. Schnecke (a Spitze). v vorn, h hinten.

Der zweite Schnitt, der in Fig. 441 durch die punktierte Linie angegeben wird, trägt die Vorderwand des knöchernen Gehörganges und die vordere Hälfte des Annulus ab. Er geht von der oralen Mittellinie des knöchernen Gehörganges nach der Spitze des Processus jugularis (Fig. 439 g) und besteht eigentlich aus zwei Schnitten, da eine vordere und eine hintere Wand des Gehörganges zu durchtrennen ist. Wenn man bis zum Processus jugularis vorgedrungen ist, springt der Meatus (knöcherner Gehörgang) ab. Den Processus jugularis kann man dann stehen lassen. Die Reste des Trommelfells werden mit einer feinen Schere durchschnitten und vom Hammer entfernt, wobei große Vorsicht am Platze ist. Auch die Teile, welche den Steigbügel verdecken, werden entfernt. Man erhält dann die Ansicht Fig. 442.

Man sieht jetzt alle Gehörknöchelchen, die Lage des runden

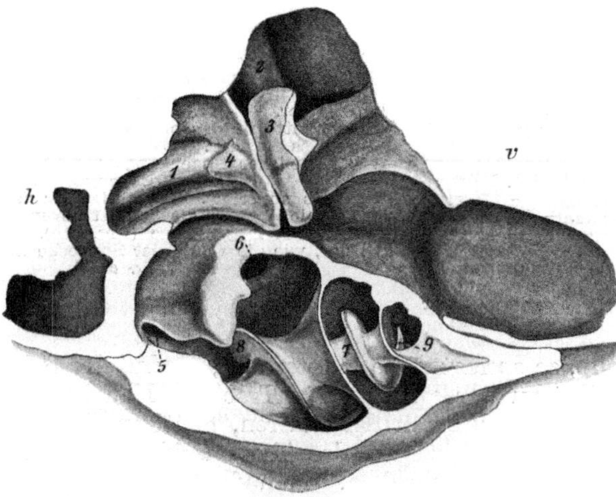

Fig. 445. Einblick in die Schnecke des Kaninchens (rechtes Ohr).

1. Canalis semicircularis lateralis. — 2. Canalis semicircularis superior. — 3. Amboß. — 4. Knöchernes Lager für den kurzen Amboßstiel. — 5. Fenestra rotunda. — 6. Eingang zum Vestibulum. — 7. Schneckenspindel. — 8. Anfang, — 9. Ende des knöchernen Spiralblattes. — v vorn, h hinten.

und ovalen Fensters und den im vorderen Winkel der Paukenhöhle gelegenen Eingang zur Eustachischen Röhre (Fig. 443, 8).

Nun bricht man mit einer feinen Schere und Pinzette die Decke der accessorischen Paukenhöhle ab (siehe die punktierten Linien in Fig. 442) und legt dadurch die Gehörknöchelchen in ihrem Zusammenhang frei (Fig. 443). Von den drei Bogengängen sind in diesem Präparat schon der obere (Fig. 443, 7) und der seitliche (Fig. 443, 6) als vorspringende Wülste auf dem Boden der Paukenhöhle teilweise zu sehen. Die Schnittlinie A (Fig. 443) gibt das Bild der Fig. 444, in welchem die drei Bogengänge deutlich zu sehen sind. Der Schnitt verläuft ungefähr parallel zur Verbindungslinie der inneren Tubenöffnung mit dem runden Fenster. Er trifft einen Teil des Canalis superior tangential (Fig. 444, ×).

Zur Demonstration der Schnecke feilt man die Oberfläche derselben ab und sieht dann die Schneckenspindel mit dem knöchernen Spiralblatt. Auch das runde Fenster (Fig. 445, 5) und der Eingang zum Labyrinth (Fig. 445, 6) sind sichtbar. Die Spitze der Schnecke ist nach vorn gerichtet.

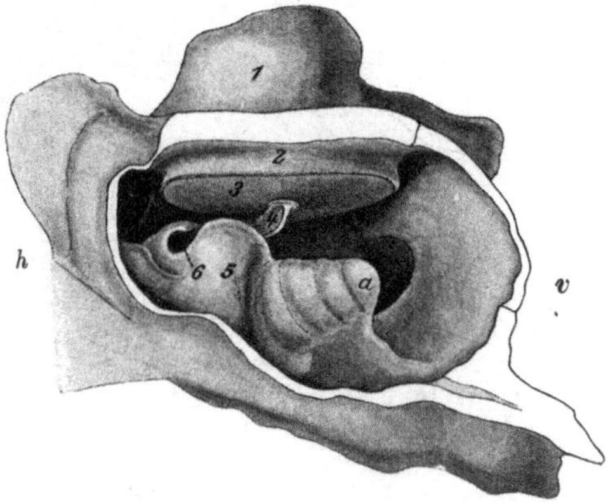

Fig. 446. Einblick in die Paukenhöhle des Meerschweinchens halb von unten (rechtes Ohr).
1. knöcherner Gehörgang. — 2. Annulus tympanicus. 3. Trommelfell. — 4. Hammer. — 5. Schnecke (a Spitze). — 6. Fenestra rotunda. — v vorn, h hinten.

Anmerkung: Ein interessantes Bild bietet die Schnecke des Meerschweinchens dar (Fig. 446). Die Schnecke ist hier nicht in die mediane Wand der Paukenhöhle eingebettet, sondern ragt wie eine Schraube ins Innere der Paukenhöhle vor, so daß man ihre Windungen schon äußerlich erkennen kann. Sie ist sofort nach Eröffnung der Paukenhöhle von der Seite her sichtbar (Fig. 446).

III. Mikroskopische Untersuchung des inneren Ohres.

Wir beschränken uns hier auf die Darstellung der häutigen Schnecke mit dem Cortischen Organe. Als Material wähle man kleine Tiere wie Kaninchen, junge Katzen oder am besten das Meerschweinchen (s. die Anmerkung des vorigen Abschnitts). Man präpariert den Teil des Felsenbeins, welcher die Schnecke enthält, heraus und feilt die letztere an der Basis ein wenig an, so daß eine kleine Öffnung in ihrer Wandung entsteht und die Fixierungsflüssigkeit eindringen kann. Die Tötung der Tiere erfolgt am besten durch Dekapitation, da bei Chloroformvergiftung häufig Blutungen im inneren Ohr auftreten, die das Objekt untauglich machen. Die Objekte kommen nun zur Fixierung (nach Katz) in folgendes:

Gemisch I:	0,5%ige Osmiumsäure . .	30 ccm
	Eisessig	5 Tropfen.

Nach 4—6 Stunden fügt man hinzu:

Gemisch II. ½%ige Chromsäure . . 60 ccm
Eisessig . . . . 10 Tropfen.

In der Flüssigkeit I + II verbleiben die Objekte 4 Tage. Dann folgt die Entkalkung. Wir verwenden dazu große Quantitäten (100mal Objektgröße) der im allgemeinen Teile (siehe unter „Entkalken") angegebenen Chromsalpetersäure nach Katz. Diese Flüssigkeit muß alle 48 Stunden erneuert werden. Meist

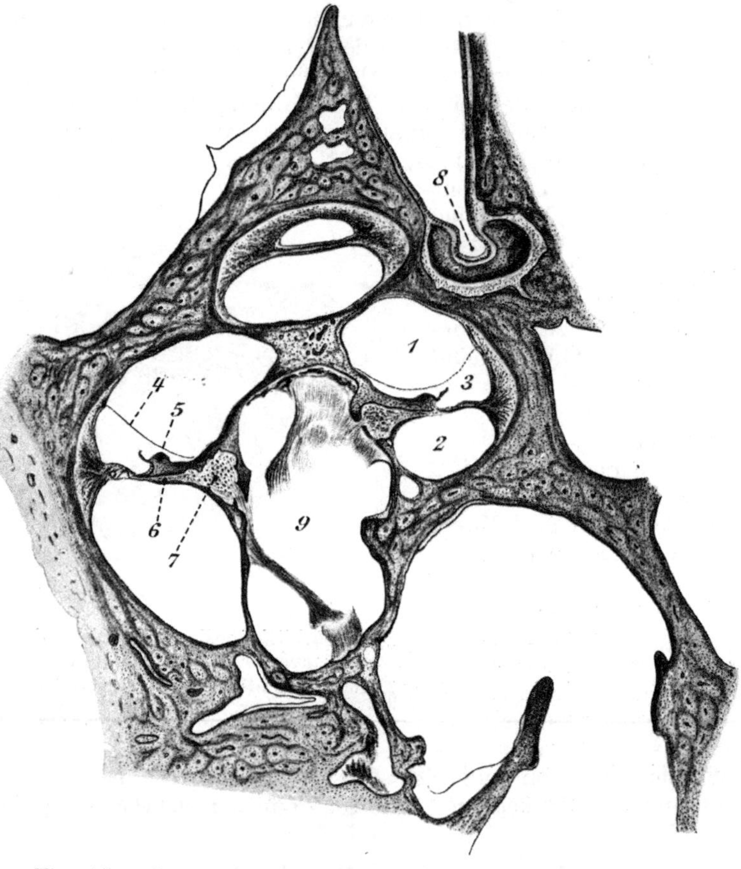

Fig. 447. Cavia cobaya. Schnecke längs geschnitten.
1. Scala vestibuli. — 2. Scala tympani. — 3. Ductus cochlearis. — 4. Membrana Reissneri. — 5. Limbus spiralis. — 6. Lamina spiralis mit Nervenfasern. — 7. Ganglion spirale. — 8. Anfangsteil der Tuba. — 9. Meatus acusticus internus (Nervengewebe des Nervus acusticus nur z. T. erhalten).

wird bei den kleinen Tieren die Entkalkung nach dieser Zeit schon beendet sein. Man überzeugt sich von dem Fortgang des Prozesses durch Palpieren mit einer Präpariernadel an belangloser Stelle. Ist das Objekt weich, so wird es gründlich entwässert, in der Reihe der Alkohole steigender Konzentration gehärtet und in Paraffin eingebettet. Die Schnittrichtung muß quer zu den Schneckenwindungen sein; sie wird also am besten parallel zur Achse der Schnecke zu wählen sein. Schnittdicke nicht über 10 μ. Färbung nach der van Giesonmethode oder mit Hämatoxylin-Eosin.

Wir legen unserer Betrachtung ein Präparat der Schnecke des Meerschweinchens (Fig. 447) zugrunde.

Oc. 1. Obj. VI: Das häutige Schneckenorgan liegt in der knöchernen Schnecke

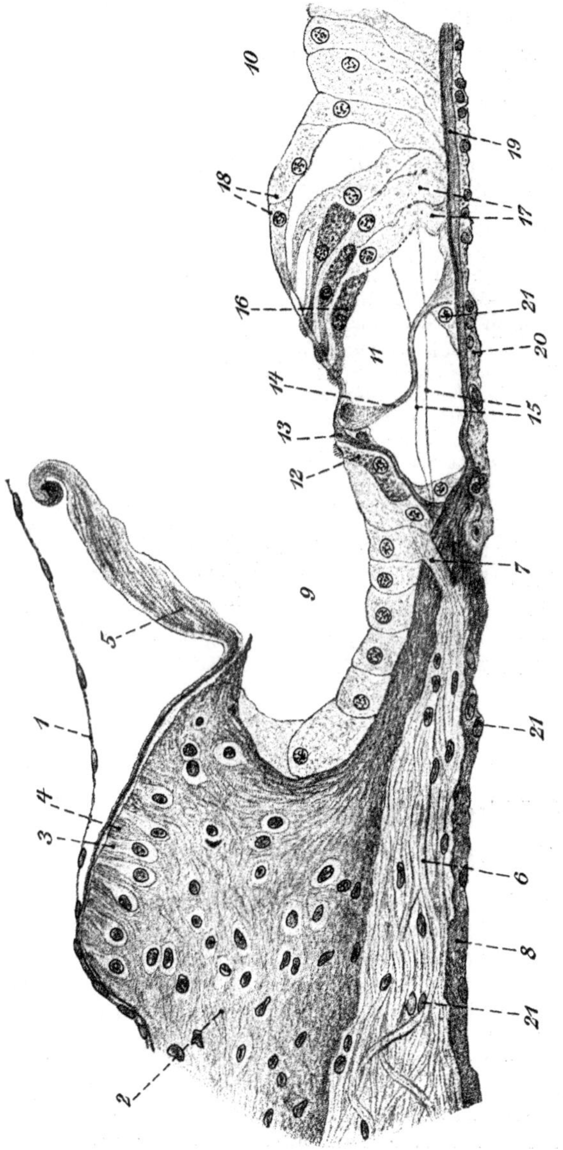

Fig. 448. Cavia cobaya. Querschnitt durch das Cortische Organ.

1. Membrana Reissneri. — 2. Limbus spiralis. — 3. Deckzelle. — 4. Zahnleiste. — 5. Membrana tectoria. — 6. Nervenfasern mit Myelinscheide. — 7. Nervenfasern, die nach Verlust der Myelinscheide durch die Zona perforata in das Cortische Organ eintreten. — 8. Lamina spiralis. — 9. Sulcus internus. — 10. Sulcus externus. — 11. Tunnel. — 12. Innere Hörzelle. — 13. Innere Pfeilerzelle. — 14. Äußere Pfeilerzelle. — 15. Radiale Nervenfasern, die nach den äußeren Hörzellen verlaufen. — 16. Äußere Hörzelle. — 17. Deiterssche Zellen. — 18. Hensensche Zellen. — 19. Lamina basilaris. — 20. Endothel der Scala tympani. — 21. Kerne.

eingebettet. An der achsialen Fläche zeigt die Knochensubstanz einen scharfen Vorsprung (Lamina spiralis ossea), von dem sich die bindegewebige Basilarlamelle bis zur Mitte der Außenwand der knöchernen Schnecke zieht. Dadurch wird der Hohlraum des Schneckenkanales in zwei Kammern geteilt, die Scala tympani, welche basal liegt und nach dem runden Fenster führt, und die Scala vestibuli, welche darüber liegt und in den Vorhof des Labyrinthes mündet. An der Spitze der Schnecke stehen beide Räume durch das Helicotrema miteinander in Verbindung. Das Periost des Vorhofskanales ist am Ansatz der Basilarmembran an die Lamina ossea an der Verwachsung derselben mit der äußeren Schneckenwand stark verdickt. Die erstere Verdickung heißt Limbus spiralis, die letztere, welche sich über einen großen Teil der äußeren Wandung der Vorhofstreppe erstreckt, heißt Ligamentum spirale. In der knöchernen Schneckenspindel verläuft das langgestreckte Ganglion spirale des Nervus cochlearis, das wir also auf unseren Präparaten zwischen Lamina ossea und Scala tympani im Querschnitt getroffen sehen. Vom Limbus zum anderen Ende des Ligamentum spirale zieht eine sehr feine Membran (Reißnersche Membran), welche von der Vorhofstreppe noch einen kleinen Kanal (Ductus cochlearis) abtrennt. In der Lamina ossea verlaufen die Fasern des Nervus cochlearis, welche sich zum Cortischen Organ begeben. Dieses liegt auf der dem Ductus cochlearis zugewendeten Seite der Basilarmembran. Die dem Ductus zugewendete Seite des Cortischen Organs zeigt zwei Einbuchtungen, unmittelbar dem Ligamentum spirale anliegend den flachen Sulcus externus, dem Limbus anliegend den viel tieferen Sulcus internus, welcher von der in unseren Schnitten zungenförmigen Membrana tectoria zum Teil überdeckt wird. Ungefähr in der Mitte verläuft durch das Cortische Organ ein Hohlraum, der Tunnel.

Oc. 3. Obj. VIII. Cortisches Organ (Fig. 448). Unterhalb des Limbus sehen wir eine große Menge von Nervenfasern durch die Lamina ossea ziehen und nach der dem Ductus cochlearis zugewendeten Seite des Cortischen Organs umbiegen. Die Hörzellen liegen am Sulcus internus und den daran stoßenden Teilen etwa so weit, wie die Membrana tectoria reicht. Die Zwischenräume zwischen den Hörzellen sind durch Stützzellen (Deitersssche Zellen) ausgefüllt. Während die Hörzellen mit dem Hauptteil des Zellkörpers unmittelbar am Ductus cochlearis liegen und nach unten in dünne Nervenfortsätze auslaufen, liegt die Hauptmasse der Stützzellen zwischen diesen Fortsätzen. Die Fortsätze der Stützzellen schieben sich zwischen die Zellkörper der Hörzellen. Die Stützzellen, welche den Tunnel begrenzen, werden als Pfeilerzellen bezeichnet. Der Tunnel ist ein großer Interzellularraum. Die Hörzellen tragen auf der Endfläche acht kurze Hörhaare. Liegt zufällig ein Stück des Cortischen Organes in dem Schnitt auf der Fläche, so sieht man, daß die Hörhaare bei den inneren Hörzellen (noch unter der Membrana tectoria gelegen) in gerader Linie, bei den äußeren Hörzellen in Hufeisenform angeordnet sind.

18. Kapitel.

Kehlkopf, Luftröhre, Lunge.

(Schwein, Schaf, Kaninchen.)

Das Material für die makroskopische Behandlung muß man sich durch einen Schlächter verschaffen. Man läßt die Lunge (vom Schwein oder Hammel) im Zusammenhang mit Herz und Luftröhre einschließlich Kehlkopf aus dem frisch geschlachteten Tiere herauslösen, wobei man darauf zu achten hat, daß die Vorkammern und Gefäßwurzeln des Herzens nicht der Sitte der Schlächter gemäß abgeschnitten werden. (Man kläre den Schlächter am besten in seinen Fachausdrücken auf; die Aorta bezeichnet er beispielsweise als „das große Licht“.) Kann man das Material nicht sogleich verarbeiten lassen, so bewahrt man es in großen Gefäßen mit denaturiertem Spiritus auf (Zinkkasten, s. S. 2). Die Kehlköpfe werden abgeschnitten.

Im frischen, ungehärteten Zustande läßt sich die Lunge meist noch mit Hilfe eines großen Handblasebalges, dessen Rohr man in die Luftröhre einbindet, aufblasen. An Alkoholmaterial ist die Elastizität häufig schon so gering, daß der Versuch nicht mehr gelingt.

I. Kehlkopf (makroskopisch).

Der Kehlkopf ist ein in Muskelmasse eingehülltes, längliches Gebilde, an dem wir uns zunächst orientieren müssen. An dem Ende, an welchem wir die Luftröhre abgeschnitten haben, bemerken wir den Querschnitt durch zwei Kanäle; der eine, rund offenstehende, knorpelige ist die Luftröhre, der andere, muskulöse, mit sternförmig zusammengezogenem Lumen ist die Speiseröhre. Hiernach sind wir über vorn und hinten aufgeklärt, da die Speiseröhre hinter der Luftröhre entlangläuft. An dem oberen Ende fühlen wir an der Vorderseite deutlich die beiden Zungenbeine mit ihren knorpeligen Verbindungsstücken. Meist sind auch noch Teile der muskulösen Zungenwurzel vorhanden. Dahinter liegt der nach hinten konkave Kehldeckel (Epiglottis). In der Höhlung sieht man den Eingang in den Kehlkopf, der auf der Rückseite durch die Gießbeckenknorpel (Cartilago arytaenoidea) mit ihren Fortsätzen, den Santorinischen Knorpeln (Cartilago corniculata) begrenzt wird.

Vorn liegt auf den ersten Knorpelringen der Luftröhre zu jeder Seite eine rundliche, dunkelbraune Drüsenmasse, die Schilddrüse, deren beide Hälften beim Schwein durch eine mediane Brücke verbunden sind, die beim Hammel fehlen kann oder doch zu einem rein bindegewebigen Ligament entartet ist.

Wir beginnen die Präparation damit, daß wir auf der Rückseite des Objekts einen medianen Längsschnitt ausführen, durch welchen die Hinterwand der Speiseröhre gespalten wird. Wir betrachten die vielfach längs gefaltete Schleimhaut derselben. Diese Schleimhaut geht mundwärts unmittelbar in die Schleimhaut der Schlundhöhle über, der der Kehldeckel ventral aufsitzt. Wir trennen die Speiseröhre ab, indem wir von unten her das Bindegewebe zwischen ihr und der Hinterwand des Kehlkopfes vorsichtig durchtrennen und die Wandung der Speiseröhre um die Wurzel des Kehlkopfes herum abschneiden. Dabei sind an der Seite auch eine Anzahl von Muskeln (Musculi constrictores, Fig. 451, 10) zu durchschneiden, die vom Kehlkopf herkommen und die Speiseröhre umklammern.

Nun sehen wir uns die Verbindung des Zungenbeins mit dem Kehlkopf an. Am Bogen des Zungenbeins sitzt jederseits ein platter Muskel (Musculus hyothyreoideus, Fig. 449 und 450, 11) an, welcher am unteren Rande des Schildknorpels (Cartilago thyreoidea) endigt. Der mittlere Teil des Zungenbeinbogens wird durch eine bindegewebige Haut (Ligamentum hyothyreoideum, Fig. 449, 7) mit dem oberen Rande des Schildknorpels verbunden. Indem wir diese drei Gebilde schonen, präparieren wir den Zungenbeinbogen frei, wobei namentlich die noch anheftenden Reste der Zunge sorgfältig, d. h. unter Schonung aller Knorpel- und Knochenteile, zu entfernen sind. Das Zungenbein besteht aus dem unpaaren Mittelstück (Zungenbeinkörper), an welchem das Ligamentum hyothyreoideum befestigt ist, den beiden Kehlkopfästen, an welchen die

Musculi hyothyreoidei entspringen, und den in die Zungenmasse hineinführenden Zungenbeinästen, von denen meist nur die unteren Teile erhalten sind.

Wir legen nun die weiteren Muskeln auf der Vorderseite des Kehlkopfes frei. Zu dem Zwecke entfernen wir die Schilddrüse und achten zunächst auf die beiden bandförmigen Musculi sternothyreoidei (Fig. 449, 9), welche am oberen Rande des Schildknorpels entspringen und zum Brustbein verlaufen. Ihre untere Insertion ist mit dem Brustbein abgeschnitten. Weiter legen wir die beiden Musculi cricothyreoidei (Fig. 449—452, 12) frei, welche vom unteren Rande des Schildknorpels jederseits zum vorderen

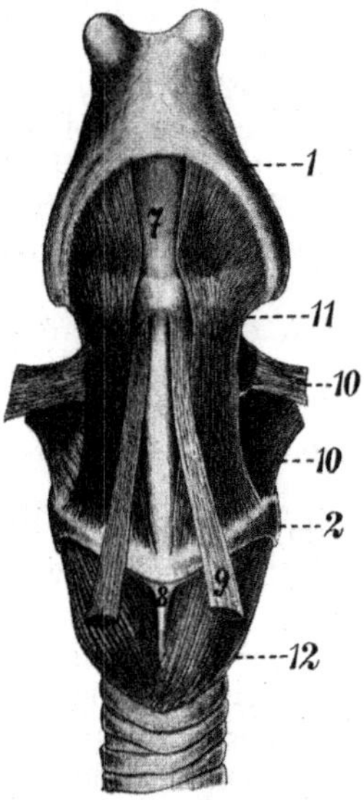

Fig. 449. Ansicht des Kehlkopfes und des Zungenbeins vom Schaf von vorn gesehen. Erkl. s. Fig. 453.

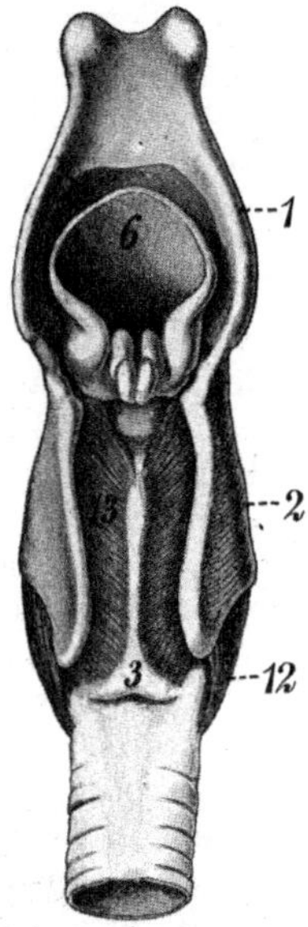

Fig. 450. Ansicht des Kehlkopfes und des Zungenbeins vom Schaf von hinten. Erkl. s. Fig. 453.

Rande des Ringknorpels (Cartilago cricoidea) ziehen. In der Mittellinie verläuft vom Schildknorpel zum Ringknorpel das Ligamentum cricothyreoideum (Fig. 449, 451, 452).

Auf der Hinterseite sehen wir nach Entfernung des Bindegewebes jederseits den hinteren Rand des Schildknorpels. Dieser trägt beim Hammel am Vorderende ein Cornu orale, an dem die Kehlkopfäste des Zungenbeins sitzen. Beim Schwein fehlt dieser Fortsatz. Unter den Rändern des Schildknorpels erblicken wir den breiten, hinteren Teil des Ringknorpels (Cartilago cricoidea), von dessen vorspringender Medianlinie nach jeder Seite ein breiter Musculus cricoarytaenoideus dorsalis zieht (Fig. 449—452, 13). Er endigt am Processus muscularis des Gießbeckenknorpels.

Nun durchtrennen wir die Musculi hyothyreoidei und das gleichnamige Ligament, lösen das Zungenbein aus seiner Verbindung mit dem Schildknorpel und trennen den ganzen Zungenbeinkörper nebst dem Kehldeckel ab.

Um den Gießbeckenknorpel zu studieren und die inneren Kehlkopfmuskeln sichtbar zu machen, müssen wir auf einer Seite den Schildknorpel ablösen. Wir führen den in Fig. 451 durch die punktierte

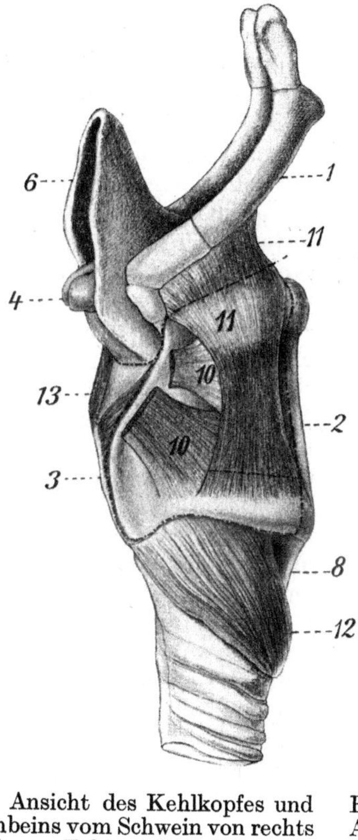

Fig. 451. Ansicht des Kehlkopfes und des Zungenbeins vom Schwein von rechts gesehen. Erkl. s. Fig. 453.

(Die angegebenen Schnitte dienen zur Herstellung des Präparates der Figur 452.)

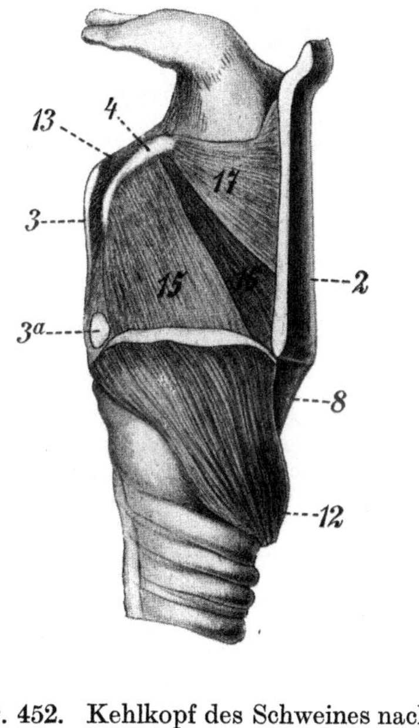

Fig. 452. Kehlkopf des Schweines nach Abtragung des größten Teiles vom rechten Schildknorpel. Erkl. s. Fig. 453.

(Präparation nach den Schnitten der Figur 451.)

Linie angegebenen Schnitt auf der rechten Seite des Knorpels aus. Dieser Schnitt läuft etwa 3—4 mm neben der vorderen Kante des Schildknorpels entlang, ebenso längs der unteren Kante unter Schonung der Insertion des Musculus cricothyreoideus. Man löst die Gelenkverbindung des Schildknorpels, der mit einem kleinen Gelenkhöcker in einer Grube des Cricoids (Fig. 453, 3a) sitzt und hebt nun unter vorsichtiger Lockerung des unter dem Knorpel gelegenen Bindegewebes diese Hälfte des Thyreoids ab. Man hüte sich aber, zu tief zu schneiden, da man sonst die inneren Kehlkopfsmuskeln verletzt und gleich ins Innere des Kehlkopfes gelangt.

Die Ausführung dieser Präparation liefert uns das Bild Fig. 452. An dem hellen Processus muscularis des Gießbeckenknorpels (Cartilago arytaenoidea) entspringen drei Muskeln und zwar von oben nach unten:

der Musculus ventricularis (Fig. 452, 17) und der Musculus vocalis (Fig. 452, 16), die vom Ligamentum cricothyreoideum (Fig. 451, 8) und dem ventralen Rande des Schildknorpels kommen und zum Processus muscularis des Gießbeckenknorpels führen,

der Musculus cricoarytaenoideus lateralis (Fig. 452, 15), der am Reif des Ringknorpels entspringt und am Processus muscularis des Gießbeckens endet.

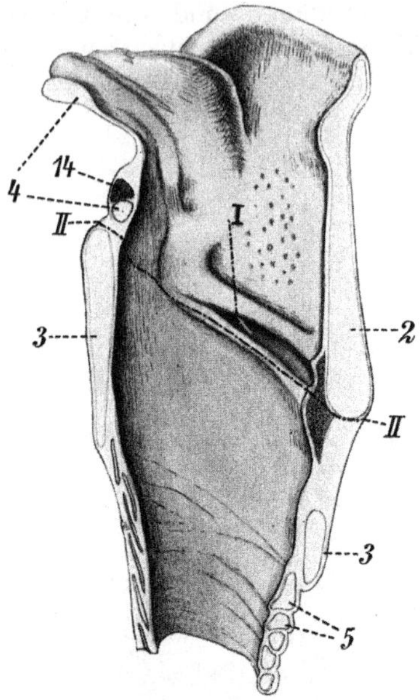

Fig. 453. Längsschnitt durch den Kehlkopf des Schweines mit Ansicht des oberen (Taschenbandes) und des unteren (wahren) Stimmbandes. Der Pfeil zeigt die Richtung zum Eingange in die Morgagnische Tasche an. Schnitt I: Eröffnung der Morgagnischen Tasche; Schnitt II: Abtrennung des Gießbecken- und Schildknorpels vom Ringknorpel.

1. Zungenbein und zugehörige Knorpelstücke. — 2. Schildknorpel. — 3. Ringknorpel. — 3a. Gelenkgrube für den Schildknorpel. — 4. Gießbeckenknorpel und Fortsätze desselben. — 5. Knorpelringe der Luftröhre. — 6. Epiglottis. — 7. Ligamentum hyothyreoideum. — 8. Ligamentum cricothyreoideum. — 9. Musculus sternothyreoideus. — 10. Musculi constrictores. 11. Musculus hyothyreoideus. — 12. Musculus cricothyreoideus. — 13. Musculus cricoarytaenoideus dorsalis. — 14. Musculus arytaenoideus transversus. — 15. Musculus cricoarytaenoideus lateralis. — 16. Musculus vocalis. — 17. Musculus ventricularis. – s. Fig. 449–552.

Wir führen jetzt einen sagittalen Längsschnitt durch den Kehlkopf und benutzen die noch mit dem Schildknorpel besetzte Hälfte des Präparates. Man führt auf der Innenseite den flachen Schnitt II der Fig. 453, biegt den oberen Abschnitt mit Gießbecken und Schildknorpel nach außen über, durchtrennt vorsichtig unter langsamem Biegen die vorhandenen Muskelzüge und löst schließlich den Schildknorpel aus seiner Gelenkpfanne (Fig. 452, 3a) ab. Will man den Gießbeckenknorpel frei haben, so löse man noch seine Verbindung nach dem Schildknorpel hin ab. Bei der Trennung des Schild- und Gießbeckenknorpels vom Ringknorpel kann man von außen her unter Durchtrennung des Musculus cricothyreoideus entgegenarbeiten. In der Muskulatur des Gießbeckenknorpels, die mit ihm zusammen vom Schildknorpel abgetrennt wird, findet man leicht das obere Ende der Morgagnischen Tasche, von dem man mit einer Sonde nach unten in den Spalt zwischen dem oberen und unteren Stimmbande (Taschenband und echtes Stimmband) gelangen kann. Man kann auch umgekehrt den Eingang zu dieser Tasche von dem nach dem Gießbeckenknorpel zugewendeten Abschnitte des Zwischenraumes zwischen beiden Stimmbändern aus sondieren.

Die Präparation der Tasche läßt sich auch an der noch unbenutzten Hälfte des Kehlkopfes ausführen, indem man vorsichtig den Schnitt der Fig. 453 ausführt und die Lappen zu beiden Seiten des Schnittes hochklappt.

Nach Bloßlegung der Tasche kann man den Gießbeckenknorpel sehr leicht frei präparieren, indem man ihn von Muskulatur, Fett, Bindegewebe usw. reinigt. Nach der Innenseite des Kehlkopfes zu ist der Gießbeckenknorpel nur von Schleimhaut bekleidet, unter der er zum Teil schon in seiner Form zu erkennen ist (Fig. 453). In der Muskulatur des Gießbeckenknorpels und in ziemlich engem Zusammenhange mit diesem findet man noch einige kleinere Knorpel, wie die Wrisbergschen Knorpel und die Santorinischen Knorpel.

Endlich benutzen wir noch die untere Hälfte des Längsschnittes und studieren die Form des Ringknorpels (Fig. 453, 3). Dieser ist vorn schmal und verbreitert sich nach hinten zu einer breiten Platte (Siegel des Ringes).

Zum Schlusse folgen noch einige Bemerkungen über die Funktion der einzelnen Teile:

Die Musculi cricothyreoidei erweitern durch ihre Kontraktion den Kehlkopf und die Stimmritze, indem sie die Schildplatte etwas wenden und dabei die Gießbeckenknorpel herausheben. Der hauptsächlichste Erweiterer der Stimmritze ist der Musculus cricoarytaenoideus dorsalis, indem er die Gießbecken aus dem Kehlkopf heraushebt, die Stimmbänder spannt und den Zugang zur Morgagnischen Tasche schließt. Die Verengerung der Stimmritze wird namentlich durch den Musculus cricoarytaenoideus lateralis bewirkt, welcher das Gießbecken in den Kehlkopf zieht und die Processus vocales mit den Stimmbändern einander nähert. Die Musculi ventriculares und vocales verengern auch die Stimmritze, ziehen das Gießbecken in den Kehlkopf und können wie ein Gummiband diesen zusammenschnüren.

Die Wirkungsweise des auf dem Längsschnitt Fig. 453 sichtbaren kleinen Musculus arytaenoideus transversus (Fig. 453, 14) ist noch nicht ganz geklärt. Wahrscheinlich wirkt er verengernd oder erweiternd auf die Stimmritze, je nachdem er gemeinschaftlich mit den Verengerern oder Erweiterern kontrahiert wird.

II. Mikroskopische Behandlung des Kehlkopfes.

Das Verständnis für die topographische Anatomie des Kehlkopfes wird wesentlich dadurch gefördert, daß man Querschnitte durch die verschiedenen Regionen desselben, am besten vom Kaninchen, betrachtet. Gleichzeitig bietet sich dabei noch Gelegenheit, einige histologische Einzelheiten zu studieren. Kehlköpfe des Kaninchens gewinnt man gelegentlich der Sektion dieses Tieres. Sie werden mit den umgebenden Muskeln aus dem Zusammenhange gelöst und nach den allgemeinen Regeln fixiert. Für die Betrachtung des eigentlichen Kehlkopfes eignet sich als Fixierungsflüssigkeit Müllersche Flüssigkeit, Formalin oder absoluter Alkohol, legt man auf die Histologie der noch daran befindlichen Schilddrüse Wert, so fixiert man mit Flemmingscher Mischung,

Chromessigsäure oder einem ähnlichen Mittel. Einbettung in Paraffin, bei Benutzung eines Osmiumsäure enthaltenden Fixierungsmittels unter Anwendung von Chloroform als Intermedium. Schnittdicke der Schnitte quer durch den Kehlkopf: 20 μ. Am lehrreichsten sind die Schnitte, welche etwa in Höhe der Stimmbänder durch den Kehlkopf gehen. Sie treffen den Processus vocalis des Gießbeckens, der schöne histologische Beobachtungen gestattet. Zur Färbung eignen sich die Methoden: Hämatoxylin-van Gieson, Biondi-Heidenhain, Orange G-Alaunkarmin, zur Darstellung der elastischen Elemente Kresofuchsin oder Orcein.

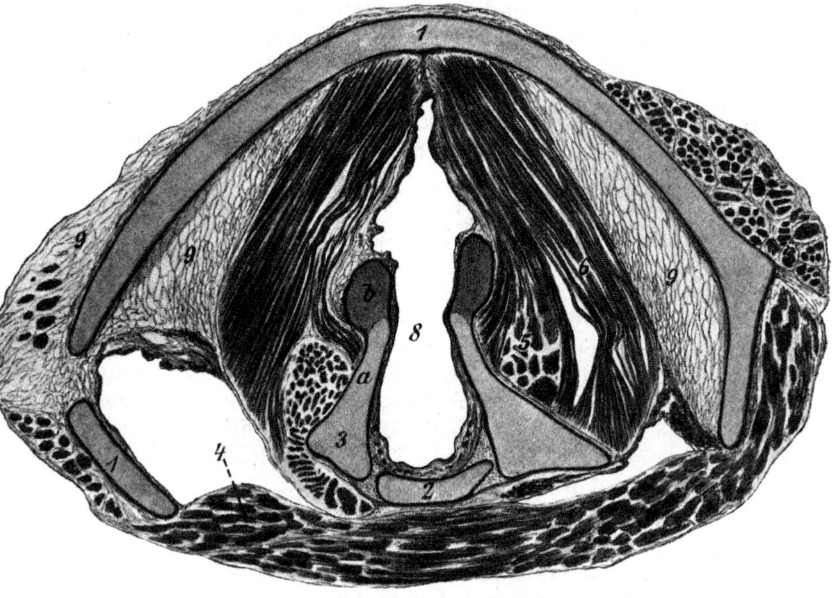

Fig. 454. Lepus cuniculus. Kehlkopf quer. (Der Schnitt verläuft etwas schräg von links oben nach rechts unten.)

1. Schildknorpel. — 2. Ringknorpel. — 3. Gießbeckenknorpel mit Processus vocalis. — a. hyaliner, — b. elastischer Knorpel. — 4. Musculus constrictor. — 5. und 6. Musculus vocalis und ventricularis, teils quer, teils längs getroffen. — 7. M. thyreo-cricoideus, quer getroffen. — 8. Stimmritze. — 9. Bindegewebe.

Der abgebildete Querschnitt (Fig. 454) zeigt die gegenseitige Lage der drei Knorpel. Das Verständnis der Figur ist durch die Erklärung ohne weiteres gegeben. Besonders aufmerksam zu machen ist auf den Übergang vom hyalinen zum elastischen Knorpel, der im Processus vocalis des Gießbeckens zu sehen ist. Die im hyalinen Teile strukturlose Knorpelgrundsubstanz ist im elastischen Teile von einer Menge elastischer Fasern durchzogen. Die Fig. 455 zeigt diese Gegend des Präparates noch einmal bei stärkerer Vergrößerung.

Anschließend soll hier auf die Struktur der Schilddrüse eingegangen werden. Schnittdicke 10 μ. Färbung mit Hämatoxylin-van Gieson, nach einer Osmiumsäurefixierung mit Safranin-Gentianaviolett.

Die Schilddrüse des geborenen Tieres besitzt keinen Ausführungsgang mehr. Der Ductus thyreoglossus des Embryo, der am Foramen coecum der Zunge mündet, verkümmert schon vor der Geburt. Die Drüsenschläuche, welche die Schilddrüse zusammensetzen, zerfallen dann in einzelne kurze Stückchen, die durch Bindegewebe miteinander verbunden bleiben. Die Wandung der Kanälchen ist ein einschichtiges Epithel. Im Inneren der quer getroffenen Schläuche sehen wir eine sternförmig zusammengezogene, strukturlose Masse, das Kolloid, das für die Schilddrüse charakteristisch ist. Ein kapillar aufgespaltenes Gefäßnetz durchsetzt die ganze Drüse. Die Querschnitte und Anschnitte der kleinen und kleinsten Äderchen lassen sich überall nachweisen.

Über die moderne Anschauung von der Bedeutung der Schilddrüse sei noch folgendes bemerkt: Schon seit längerer Zeit ist es bekannt, daß die vollständige Entfernung der krankhaft geschwollenen Schilddrüse (Kropf, Struma) allgemeine Verblödung (Kretinismus) und eine eigentümliche Entartung des Unterhautbindegewebes (myxödematische Schwellung) zur Folge hat. Hierzu tritt bei jugendlichen Individuen noch eine Hemmung des Knochenwachstums. Auch der intermediäre Stoffwechsel wird gestört, Verbrennung und Eiweißzersetzung

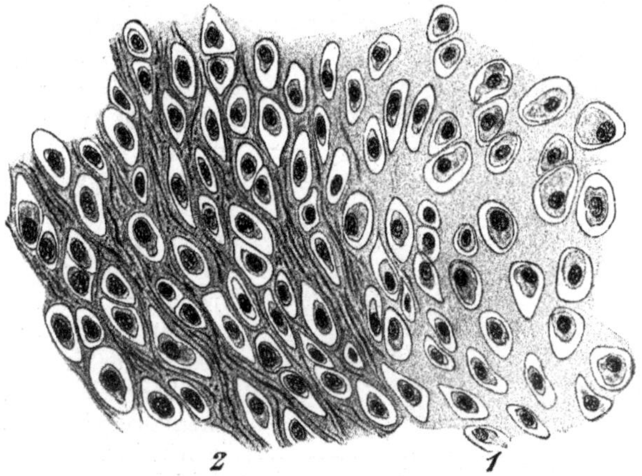

Fig. 455. Obj. VIII. Lepus cuniculus. Aus einem Querschnitt der Cartilago arytaenoidea. Übergang von hyalinem in elastischen Knorpel.
1. hyaliner Knorpel. — 2. elastischer Knorpel.

sind herabgesetzt. Man schließt daraus, daß in der Schilddrüse Stoffe gebildet werden, die ins Blut gelangen und hier irgendwelche schädlichen Stoffwechselprodukte beseitigen, welche den Organismus vergiften würden. Man kann die Folgeerscheinung der Kropfoperation durch Verabreichung von Schilddrüsensubstanz vorübergehend rückgängig machen. Die Schilddrüse erfüllt aber auch eine positive Aufgabe, indem sie Eiweiß, Fett und Kohlehydrate des Körpers mobilisiert und der Verbrennung zuführt. Die vermehrte Tätigkeit der Schilddrüse führt zur Basedowschen Krankheit. Die gesteigerte Verbrennung der Körpersubstanz hat hier Abmagerung zur Folge, sie erzeugt mehr Wärme, die Wärmeregulation des Körpers wird stark in Anspruch genommen, d. h. es treten heftige Schweißausbrüche auf, und die Herztätigkeit wird gesteigert.

Zu erwähnen wären hier noch die Epithelkörperchen, mehrere sehr kleine Organe in unmittelbarer Nachbarschaft der Schilddrüse, die aus Epithelzellen, Blutkapillaren und Bindegewebe bestehen, und die wir gelegentlich auf den Schnitten des Kehlkopfes finden. Ungenügende Funktion der Epithelkörperchen bedingt bei jugendlichen Individuen Wachstumshemmungen und Störung der ektodermal entstandenen Körperzellen. Die Nägel verkrüppeln, die Augenlinse neigt zur Starbildung. In allen Fällen bedingt Funktionsausfall oder Entfernung der Epithelkörperchen das Eintreten von Tetanie (Tetanus intermittens), die man bei am Kropf Operierten früher häufig beobachtete und nicht ursächlich erklären konnte.

III. Luftröhre und Lunge.

Die makroskopische Präparation der Lunge muß sich hier darauf beschränken, von den Hauptbronchien aus durch Abpräparieren des Alveolargewebes die hauptsächlichsten Bronchialverzweigungen frei zu legen.

Korrosionspräparate mit Hoyerscher Schellackmasse (siehe S. 53) sind von Kaninchenlungen unschwer herzustellen. Einzelne Lungenlappen von Schweine- oder Hammellungen lassen sich von dem zuführenden Trachealast füllen und liefern schöne Präparate.

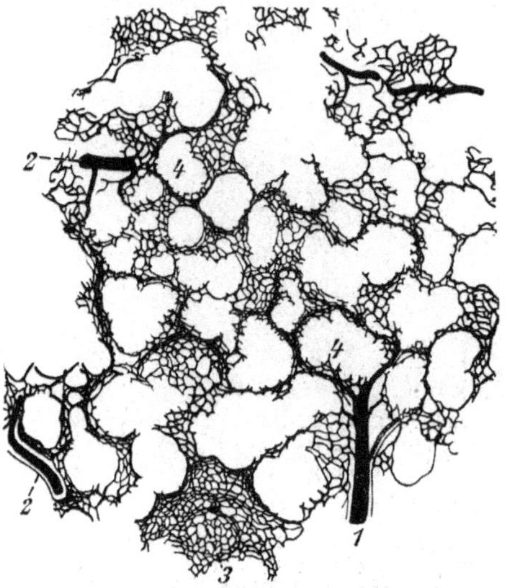

Fig. 456. Obj. II. Schnitt durch eine injizierte Lunge von Erinaceus europaeus.
1. Arterien. — 2. Venen. — 3. Kapillarnetz einer Alveole. — 4. Alveolen.

Über die Herstellung von Metallausgüssen der Lunge siehe S. 57.

Mikroskopische Untersuchung der Lunge: Ist ein Metallausguß der Kaninchenlunge nur unvollständig gelungen oder zerbrochen, so daß sich eine Aufbewahrung als Ganzes nicht lohnt, so liefern die einzelnen Teile doch noch wertvolle mikroskopische Präparate.

Man bricht von den Ausgüssen der feinsten Lungenbläschen kleine Stücke von Hirsekorngröße ab, ordnet sie in Dreiecksform auf dem Objektträger an, legt ein Deckgläschen darauf und baut nun aus Krönigs Deckglaskitt einen Rand herum, welcher das Deckglas festhält. Man darf das Präparat aber nicht sofort auf die Seite legen, da die Metallstückchen sich sonst leicht verschieben und dort am Kitt haften bleiben. Betrachtet man dieses Objekt bei schwacher Vergrößerung, am besten im auffallenden Licht, so kann man die traubige Form der feinsten Lungenbläschen sehr schön studieren.

Kapillarinjektion der Lunge des Kaninchens: Die Kanülen werden, während die Lunge noch im Tiere sitzt, in die Arteria pulmonalis von der rechten Herzkammer aus und in die Venae pulmonales von der linken Vorkammer aus eingebunden. Die Gefäße werden dann mit physiologischer Kochsalzlösung von der erstgenannten Ader aus durchspült, so daß die Flüssigkeit mit den Blutresten aus dem Halse der zweiten Kanüle herausläuft. Dann werden die Hähne der Kanülen geschlossen, das ganze Tier in ein Wasserbad gebracht und nach den allgemeinen Vorschriften (S. 52) durch die Arteria pulmonalis rote, durch die Venae pulmonales blaue Gelatinemasse injiziert. Die Weiterbehandlung erfolgt nach S. 55. Die Operation gehört zu den schwierigeren hier vorkommenden Arbeiten.

Die Einbettung erfolgt in Paraffin. Schnittdicke nicht unter 20 μ. Die Schnitte werden aufgeklebt und, nachdem das Paraffin mit Xylol herausgelöst ist, ohne weitere Färbung in Balsam eingeschlossen.

Unsere Abbildung (Fig. 456) zeigt einen 30 μ dicken Schnitt durch eine doppelt injizierte Igellunge. Man sieht einige Arterien und Venen im Querschnitt und Anschnitt. Die größeren Hohlräume sind im Lumen getroffene Alveolen. An einzelnen Stellen ist das Kapillarnetz der tangential getroffenen Lungenbläschen zu sehen.

Stücke einer Kaninchenlunge werden in Alkohol oder Formalin fixiert und in Paraffin eingebettet. Schnittdicke 20—30 μ. Färbung mit Hämatoxylin-van Gieson oder zur Darstellung der elastischen Elemente mit Kresofuchsin oder Orcein. Der Schnitt zeigt Alveolen, deren Wände reich an elastischen Fasern sind, arterielle und venöse Blutgefäße und Schnitte durch feinste Verästelungen des Trachealsystems.

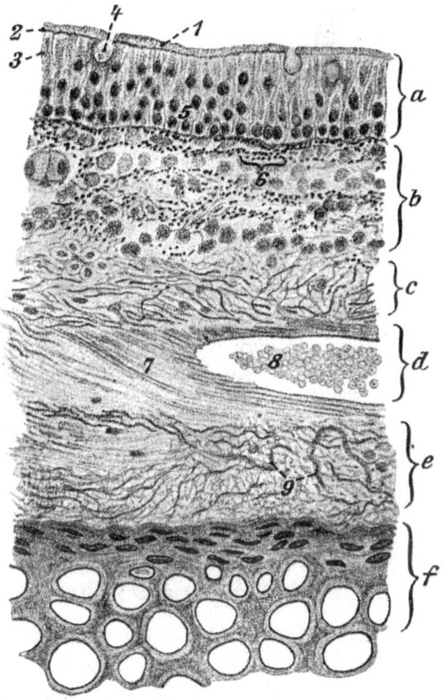

Fig. 457. Lepus cuniculus. Trachea quer. (Van Gieson.)

1. Flimmerrand. — 2. Schlußleisten. — 3. Flimmerzelle. — 4. Becherzelle. — 5. Ersatzzelle. — 6. Querschnitte von längsverlaufenden elastischen Fasern. — 7. glatte Muskelfasern. — 8. Blutgefäß. — 9. Netzfasern. — a. mehrreihiges Epithel. — b. elastische Faserlage der Tunica propria. — c. innere Schicht der Tunica propria mit netzigem Fasergewebe. — d. zirkuläre Muskulatur. — e. äußere Schicht der Tunica propria mit netzigem Fasergewebe. — f. hyaliner Knorpel.

Teile der Luftröhre des Kaninchens werden in Alkohol, Formalin oder Müllerscher Flüssigkeit fixiert, in Paraffin eingebettet und quer geschnitten. Schnittdicke 15 bis 20 μ. Färbung mit Hämatoxylin-van Gieson, Biondi-Haidenhein usw. Der Schnitt zeigt den hyalinen Knorpel des Trachealringes. Die Hinterwand wird von einer im Präparat meist gefalteten Lage quer verlaufender, glatter Muskelfasern gebildet. Die innere Auskleidung ist ein Flimmerepithel, dessen Flimmerhaare meist gut erhalten sind. In der Innenwand der Luftröhre bemerkt man Schleimdrüsen und ihre Ausführungsgänge (Fig. 457).

Beim Herausnehmen der Lungen eines jüngeren Kaninchens wird man über dem Herzbeutel ungefähr an der ersten Gabelung der Trachea eine rötlich weiße, weiche Drüsenmasse finden, die Thymusdrüse oder das Briesel. Dieselbe wird für die histologische Untersuchung mit Flemmingscher Mischung oder Chromessigsäure fixiert, in Paraffin eingebettet und 10 μ dick geschnitten. Färbung mit Hämatoxylin-van Gieson oder nach Osmiumsäurebehandlung mit Safranin-Gentianaviolett.

Die ganze Drüse ist von Bindegewebe umgeben, von dem sich Scheidewände nach innen durch das Organ ziehen und dasselbe in Läppchen teilen. Man unterscheidet deutlich einen Rinden- und einen Markteil jedes Läppchens. Der Rindenteil färbt sich mit Safranin-Gentianaviolett rot, der Markteil violett. Beide Teile bestehen aus retikulärem Bindegewebe, dessen Maschen dicht mit Leukocyten erfüllt sind (adenoides Gewebe). Die Thymusdrüse ist epithelialen Ursprungs. Ballen von umgewandelten Epithelzellen von 15—180 μ Durchmesser finden sich in der Marksubstanz zuweilen häufig, zuweilen sehr spärlich. Sie heißen Hassalsche Körperchen.

Die Thymus, die wie die Schilddrüse zu den Drüsen mit innerer Sekretion gehört, verändert sich schon im Kindesalter sehr stark. Sie wird allmählich zurückgebildet, so daß beim Menschen z. B. im 15. Lebensjahre meist nichts mehr davon zu finden ist. Vom Kalbe wird sie unter dem Namen Kalbsmilch gegessen. Die Drüse, die den Lymphdrüsen ganz ähnlich gebaut ist, scheint zur Bildung von Lymphkörperchen zu dienen. Auch hat sie bei manchen Tieren (Bär) noch wenig aufgeklärte Beziehungen zum Winterschlaf. Die Drüse bleibt hier zeitlebens erhalten und bewirkt wahrscheinlich durch innere Sekretion eine Umwandlung des aufgespeicherten Körperfettes, um es zum Verbrauch für den Organismus geeignet zu machen.

19. Kapitel.

Herz und Gefäße.

(Schaf, Schwein, Kaninchen.)

I. Sektion des Schweine- oder Hammelherzens.

Wir orientieren die Lungen mit dem Herzen so, daß das Ganze auf der Dorsalseite liegt, öffnen den Herzbeutel und präparieren ihn mit den daranhängenden Fetzen des Zwerchfells ab. Ebenso trennen wir die Speiseröhre, die auf der Hinterseite der Luftröhre entlang läuft, ab. Da wir es meist mit gemästetem Schlachtvieh zu tun haben, so sind die Wurzeln der aus dem Herzen kommenden Gefäßstämme stark in Fett eingebettet, dessen Entfernung zur Freilegung der Gefäßwurzeln unsere nächste Aufgabe ist.

Nach Abtragung des Herzbeutels finden wir meist leicht die aus der rechten Herzkammer in der Mitte vorn nach oben ziehende Lungenarterie (Arteria pulmonalis, Fig. 458, 5) und die aus der linken Herzkammer kommende, hinter der Wurzel der ersteren hervorragende Aorta (Fig. 458, 6). Die platt geformten Organe, welche dem Herzen oben rechts und links aufliegen, sind die Vorkammern (Fig. 458, 3 u. 4).

Wir befreien nun die zu den Lungen führenden und von ihnen kommenden Gefäße möglichst weit von der Lungenmasse, also die schon erwähnte Arteria pulmonalis und die in die linke Vorkammer mündenden Lungenvenen (Fig. 459, 460a u. b). Die Stämme dieser Gefäße werden dann recht lang abgeschnitten. Die Lungenarterie verzweigt sich das erste Mal schon an der Stelle, wo die Aorta über sie hinwegführt, die Lungenvenen münden beim Schwein in zwei getrennten Zweigen in die linke Vorkammer, deren jeder kurz vorher aus zwei Gefäßen entsteht.

Als Ziel unserer Gefäßpräparation muß uns die Ansicht der Figg. 458—461 dienen, welche uns die Gefäßwurzeln von verschiedenen Seiten zeigen. Vor dem Schneiden überzeuge man sich aber stets, daß man nicht im Begriff steht, eine Ader anzuschneiden, da die Bindegewebs- und Fettmassen zuweilen den Adern ähnlich sehen. Man prüfe die Fläche mit dem Fingernagel. In die Öffnung eines aufgefundenen Blutgefäßes fahre man mit dem Finger, einem Glasstab oder einer Sonde, um den weiteren Verlauf in den Fettmassen zu erkennen; dann ist das Auffinden der Verzweigungsstellen meist leicht.

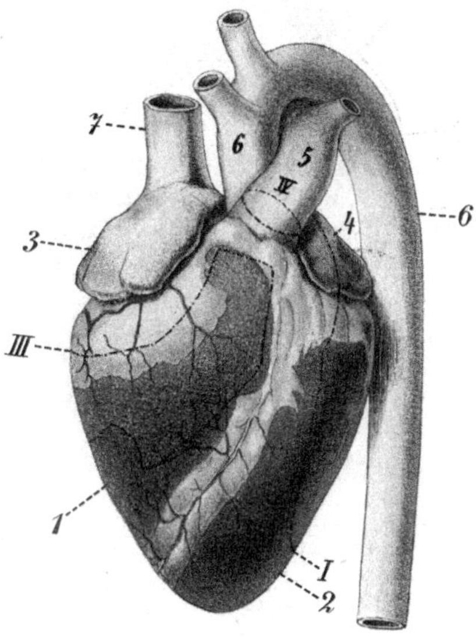

Fig. 458. Ansicht des Herzens von vorn (Schwein). Erkl. s. Fig. 465. (I Schnitt für Fig. 463. — III Schnitt zu Fig. 465. — IV Schnitt für die Art. pulm.)

Aus der Aorta entspringen auf ihrem wesentlich von rechts nach links (vom Tier aus gerechnet) verlaufenden, gebogenen Teile beim Schwein zwei Gefäßstämme; der linke ist die Arteria subclavia sinistra, die den linken Arm versorgt, der rechte ist die Arteria brachiocephalica, die sich alsbald in den links gelegenen Truncus bicaroticus und in die rechts gelegene Arteria subclavia dextra teilt. Der Truncus bicaroticus gabelt sich sofort nach seinem Freiwerden in die beiden Carotiden (Halsschlagadern). Beim Hammel entspringt aus dem Aortenbogen nur ein Stamm, der Truncus brachiocephalicus communis, der erst die Arteria subclavia sinistra, dann die Arteria subclavia dextra abgibt und sich endlich, nach Bildung eines kurzen Truncus bicaroticus in die beiden Carotiden gabelt.

Die aus der rechten Herzkammer entspringende Lungenarterie bildet außer ihrer schon erwähnten ersten Gabelung hier keine weiteren Verzweigungen. Sie ist mit der Aorta durch den kurzen Ductus Botalli (Fig. 461, 9) verbunden, der jedoch bald nach der Geburt zu einem elastischen Ligamentum arteriosum entartet. Beim Hammel findet man ihn zuweilen noch offen.

Die Hohlvenen, welche das Körperblut in die rechte Vorkammer führen, sind die von unten kommende Vena cava inferior (Fig. 459, 7a) und die beiden von oben kommenden, die Vena cava superior dextra (Fig. 459, 7b) und die unter der Vena cava inferior hindurchziehende Vena cava superior sinistra (Fig. 459, 7c). Letztere ist bei manchen Säugern,

u. a. auch bei Hund, Katze, Affe und Mensch, verschwunden bis auf ein kurzes Endstück, den Sinus coronarius cordis, in welchen die Herz-

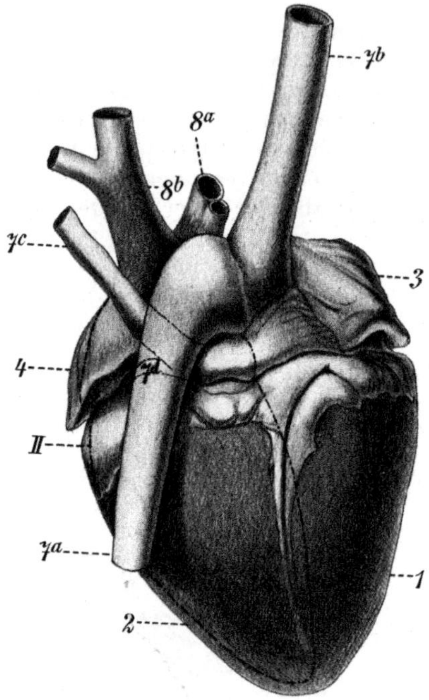

Fig. 459. Ansicht des Herzens von hinten (Schwein). Erkl. s. Fig. 465.
(II Schnitt für Fig. 464).

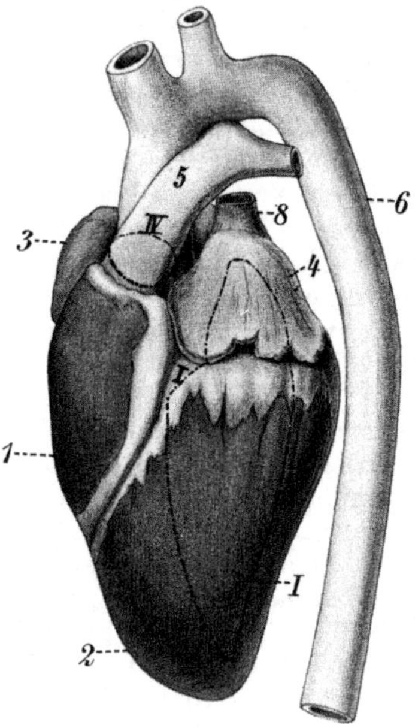

Fig. 460. Ansicht des Herzens von links (Schwein). Erkl. s. Fig. 465.
(I Schnitt zu Fig. 463; IV Schnitt für die Art. pulm.)

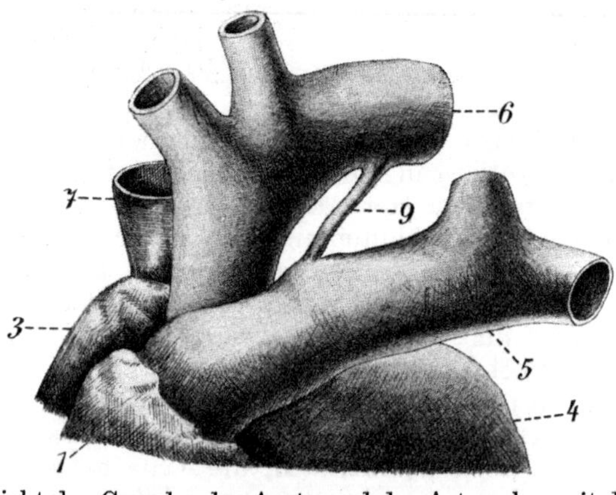

Fig. 461. Ansicht des Grundes der Aorta und der Art. pulm. mit dem Ligamentum Botalli (9) (Schwein). Erkl. s. Fig. 465.

venen einmünden. Die Einmündungsstelle der das venöse Blut aus dem Herzmuskel aufnehmenden Vena coronaria (Fig. 459, 7d) finden wir an unserem Präparat unter der Vena cava inferior, ungefähr in der Mittellinie der Rückseite des Herzens. Die Arteriae coronariae entspringen aus der Aorta unmittelbar über ihrem Ursprung zwischen der Lungenarterie und der rechten (Arteria coronaria dextra) und linken (Arteria coronaria sinistra) Vorkammer. Die Verzweigungen der Kranzarterien sind auf der Oberfläche des Herzens durch die sie begleitenden Fettansammlungen leicht zu verfolgen.

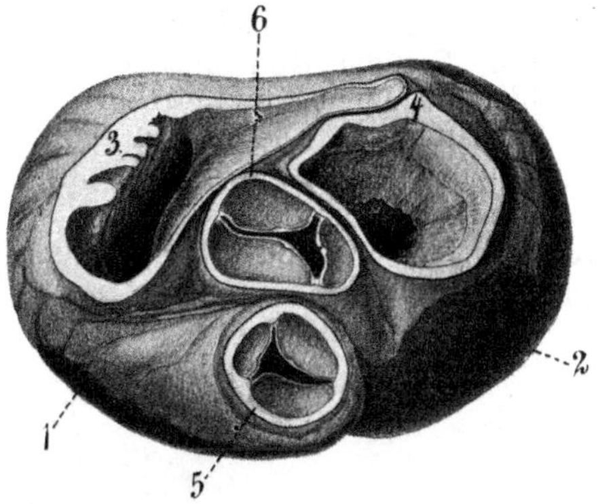

Fig. 462. Ansicht der beiden Ventrikul von oben nach Abtrennung der Atrien (3 und 4), der Aorta (6) und der Art. pulm. (5). Im Grunde der letzteren die Semilunarklappen (Schwein). Erkl. s. Fig. 465.

Zur Sichtbarmachung der halbmondförmigen Klappen (Valvulae semilunares) trennen wir die Arteria pulmonalis und die Aorta durch die Schnitte IV und V der Figuren 458, 460 und 463 ab. Wir bemerken dann in beiden Gefäßen die drei Taschenklappen, welche ihre offene Seite dem Beschauer zuwenden (Fig. 462, 5 u. 6). Bei etwaigem Zurückströmen des Blutes füllt dieses die Taschen an, und der Eingang in die Herzkammern wird gesperrt.

Wir gehen nun an die Untersuchung des Herzens selbst und führen zunächst den Schnitt I der Figg. 458 und 460 aus, zur Eröffnung der linken Herzkammer und der linken Vorkammer. Das Bild, welches wir erhalten, ist in Fig. 463 dargestellt. Man achte auf die außerordentlich stark entwickelte Muskelwandung der linken Herzkammer. Auch die Segelklappe der linken Herz-

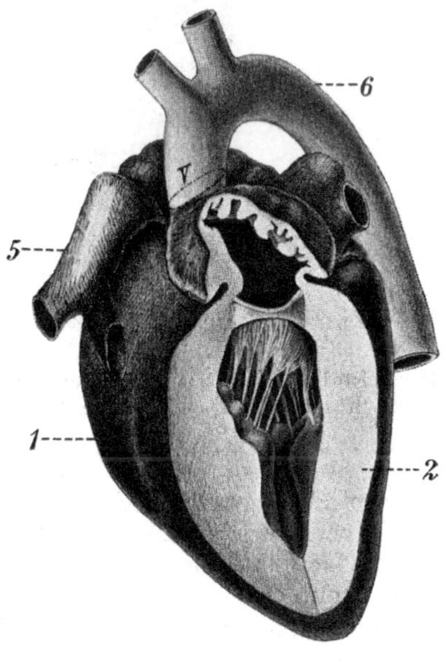

Fig. 463. Einblick von der linken Seite her in die linke Vorkammer und die linke Herzkammer mit den Segelklappen (Schwein). (V Schnitt für die Aorta; Präp. hergestellt nach Schnitt I in Fig. 458). Erkl. s. Fig. 465.

kammer ist schon sehr gut zu erkennen. Von einigen Papillarmuskeln, die sich im unteren Teile der Kammer befinden, gehen sehnige Fäden aus, die sich nach oben verbreitern und einen am Übergang zur Vorkammer gelegenen, elastischen Trichter bilden, in dessen Wandung sich von der Vorkammer her Muskelfasern hineinziehen (Valvula bicuspidalis). Bei der Kontraktion der Kammer legen sich die Ränder des Trichters aneinander und verhindern ein Zurückströmen des Blutes in die Vorkammer. Die sehnigen Fäden (Chordae tendineae) verhindern ein Umschlagen der Klappen in die Vorkammern.

Der Schnitt II der Fig. 459 trägt die Hinterwand des linken Herzens ab und liefert das Bild der Fig. 464. Man schneide zwischen Kammer und Vorkammer hindurch, entferne alles, was die Segelklappen ver-

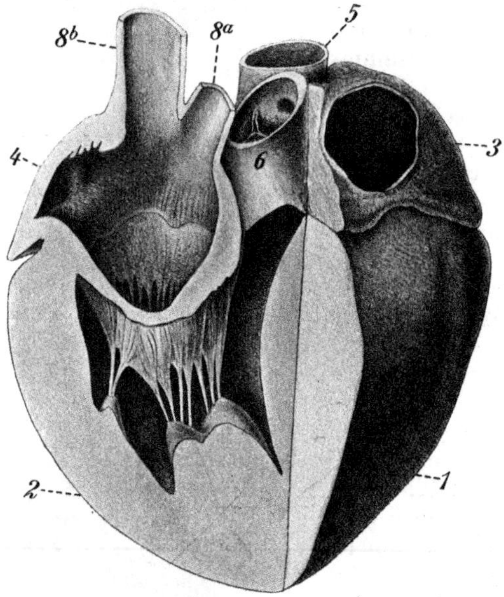

Fig. 464. Einblick in die linke Herzkammer und die linke Vorkammer von hinten (Schwein). (Präparat nach Schnitt II, Fig. 459. Erkl. s. Fig. 465.)

deckt und biege die rechte Kammer zur Seite. Die Segelklappe ist jetzt in ihrer ganzen Ausdehnung zu sehen. Ferner ist der Ursprung der Aorta aus der linken Herzkammer und die Einmündung der beiden Hauptstämme der Lungenvenen in die linke Vorkammer zu beobachten.

An der Stelle, wo die linke Vorkammer der rechten unmittelbar anliegt (siehe Fig. 462, 3 u. 4), findet sich eine länglich runde, sehr dünne und faltige Stelle, an welcher beim Fötus eine Öffnung (Foramen ovale) von der linken nach der rechten Herzhälfte führt. Diese Öffnung bleibt häufig zeitlebens bestehen, beim Menschen etwa in 33% aller beobachteten Fälle.

Wir gehen nun zur Eröffnung des rechten Herzens über. Dazu dient der Schnitt III der Fig. 458, welcher die rechte Herzkammer, und ein nach Fig. 465 leicht auszuführender Schnitt, welcher die rechte Vorkammer öffnet. Wir erhalten die Ansicht der Fig. 465. Hier fällt uns die im Gegensatz zur linken Herzkammer außerordentlich schwache Entwicklung der Muskulatur der rechten Herzkammer auf. Die Arbeit, die sie zu leisten hat, nämlich das Blut in die Lungen zu pumpen, ist auch bedeutend kleiner als die Arbeit der linken Herzkammer, das Blut durch den ganzen Körper zu treiben. Wir finden auch hier wieder eine Segelklappe (Valvula tricuspidalis), welche ganz entsprechend der der linken Herzkammer gebaut ist. Die rechte Herzkammer reicht nicht bis an die Herzspitze herab. In der medianen Wand der rechten Vorkammer finden wir die Fossa ovalis, welche dem Foramen ovale entspricht.

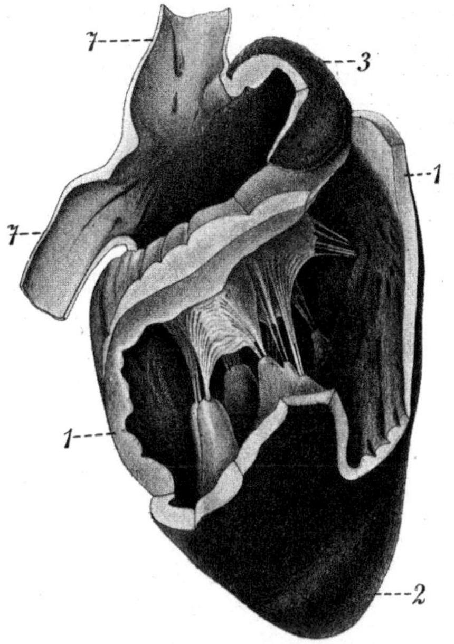

Fig. 465. Einblick in die rechte Kammer und Vorkammer (Schwein). (Präparat nach Schnitt III, Fig. 458.)
1. Rechte Herzkammer. — 2. Linke Herzkammer. — 3. Rechte Vorkammer. — 4. Linke Vorkammer. — 5. Art. pulmonalis. — 6. Aorta. — 7. Vena cava (a inferior, b sup. dextra, c sup. sin.). — 7d. Vena coronaria. — 8. Vena pulmonalis (a dextra, b sinistra, die aus je 2 Zweigen entstehen).

II. Gefäßinjektion des Kaninchens.

Um den Verlauf der Gefäßstämme und ihrer Verzweigungen sichtbar zu machen, führen wir eine Gefäßinjektion beim Kaninchen aus. Man verwende dazu keine jungen Kaninchen, da die Gefäßwandungen bei ihnen noch sehr zart sind und sowohl durch leichte Druckerhöhung als auch beim Einbinden der Kanüle reißen können. Das Kaninchen wird durch Chloroform getötet und am besten unmittelbar danach verwendet. Man spaltet das Fell in der Mittellinie des Bauches von der Schambeinsymphyse bis zum Kieferwinkel und präpariert es durch Ablösen des Unterhautbindegewebes zur Seite; doch hüte man sich, mehr als irgend nötig ist, zu schneiden, da kein längerer Schnitt ohne Verletzung eines Gefäßes geführt werden kann und jede Gefäßverletzung von großem Nachteil für das Gelingen der Injektion ist. Dann spaltet man das Brustbein vom Schwertfortsatz an mit einer starken Schere genau in der Mittellinie. Hält man die Mittellinie nicht ein, so schneidet man leicht die Arterienzweige an, welche den einzelnen Rippen parallel laufen, wodurch der Erfolg der Injektion sehr wesentlich beeinträchtigt wird.

Die Spaltung muß durch das ganze Brustbein fortgesetzt und danach auch die Muskeldecke des Halses bis zum Kehlkopf geöffnet werden. Man hüte sich aber, die hier ziemlich oberflächlich verlaufenden Subclavien zu verletzen. Die Venen schimmern als dunkelblaue Stränge durch. Man biegt nun die Rippen etwas auseinander, löst das Zwerchfell vom unteren Rippenrande etwas ab, öffnet den Herzbeutel durch einen Scherenschnitt und drückt ihn mitsamt der ihm aufliegenden Thymusdrüse zurück, so daß das Herz mit seinen Vorkammern und den Wurzeln von Aorta und Lungenarterie hervorquillt.

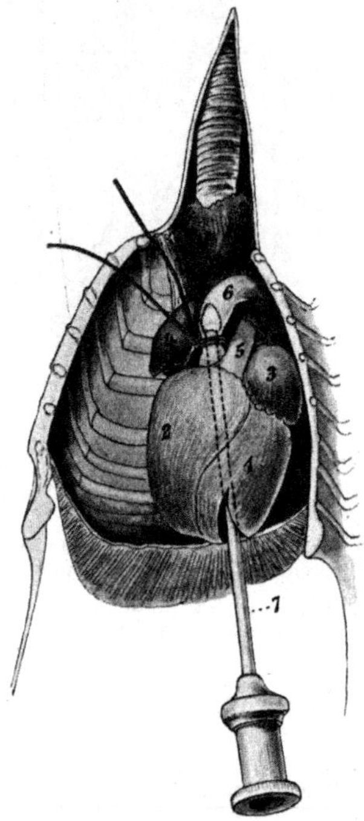

Fig. 466. Einbinden einer Kanüle in die Aorta des Kaninchens.

1. Linke Herzkammer (aufgeschnitten zum Einführen der Kanüle). — 2. Rechte Herzkammer. — 3. Linke Vorkammer. — 4. Rechte Vorkammer. — 5. Arteria pulmonalis. — 6. Aorta. — 7. Kanüle (z. T. durchscheinend gezeichnet).

Nun nimmt man eine Knopfkanüle, deren Güte man vorher probiert hat, und hält einige in Wasser eingeweichte Stücke aufgedrehten Bindfadens bereit. Man schneidet mit der Schere die linke Herzkammer an, wie es Fig. 466 zeigt, und führt die Kanüle vorsichtig tastend bis in die Aorta hinein. Dann hebt man die Aortenwurzel etwas an, durchsticht das Bindegewebe, durch welches sie mit der Arteria pulmonalis verbunden ist, mit den Branchen einer spitzen Pinzette und faßt mit denselben den aufgeweichten Faden, den ein Gehilfe dazwischenschiebt. Der Faden wird vorsichtig durchgezogen und vom Gehilfen hinter dem Kanülenknopf fest aber ohne Gewalt zusammengebunden. Von jetzt ab darf die Kanüle nicht mehr heftig bewegt werden.

Will man nur den Verlauf der Hauptgefäßstämme zeigen, ohne genauer am Objekt präparieren zu lassen, so macht man eine Quecksilberinjektion, welche die schönsten Bilder gibt, aber keine Dauerpräparate liefert. Die Kosten dieser Injektion sind nur gering, denn wenn man nach der Besichtigung des Präparates das Tier in kleinere Teile schneidet, so fließt das meiste Quecksilber aus und kann nach der Reinigung wieder benutzt werden. Wir benutzen zu dieser Injektion am besten eine Spritze, die außer der Kanüle keine Metallteile enthält, also aus Glas und Hartgummi zusammengesetzt ist. Ihr Inhalt soll ungefähr 100 ccm betragen. Ein bis zwei Spritzenfüllungen genügen für die Injektion. Die Spritze wird gefüllt in den Kanülenhals geführt und nun wird vorsichtig aber gleichmäßig gedrückt. Sowie man starken Gegendruck empfindet, muß man aufhören, da sonst Extravasate gebildet werden. Während der Neufüllung der Spritze durch einen Gehilfen muß man den Kanülenhals, wenn er nicht mit einem Hahn versehen ist, mit dem Finger schließen; nach der Injektion kann man einen vorher eingepaßten, kleinen Korkstopfen einsetzen.

Um das Injektionsbild zu studieren, öffnen wir die Bauchdecke längs der weißen Linie und schlagen sie nach beiden Seiten zurück. Man sieht zunächst eine Anzahl kleinerer Arterien auf dem Magen und der Harnblase prall mit Quecksilber gefüllt. Die schönsten Bilder erhält man, wenn man behutsam eine Darmschlinge herauszieht und die Verzweigungen der Mesenterialarterie betrachtet. Die mit dunkelviolettem Blut gefüllten Venen laufen immer genau neben den silberglänzenden, injizierten Arterien einher.

Wir legen nun die Gedärme unter Vermeidung von Verletzungen zur Seite und bemerken dann im Grunde der Bauchhöhle die absteigende Aorta, die von ihr abzweigenden Nierenarterien und weiter unten die Gabelung der Aorta in die beiden Schenkelarterien. Auch die Hohlvene enthält neben Blut häufig schon etwas Quecksilber, welches also auf dem Wege durch die Kapillaren in das venöse Gefäßsystem eingedrungen sein muß.

Man kann die Injektion natürlich auch bei geöffneter Bauchhöhle vornehmen. Es hat dies sogar den Vorteil, daß man das Einströmen des Quecksilbers in die Gefäße und sein allmähliches Vordringen zu den Kapillaren hin beobachten kann. Notwendig ist in diesem Falle, die Darmschlingen auseinander zu legen, ohne das Mesenterium zu verletzen.

Präparieren wir vorsichtig das Fell von den Beinen ab, so sehen wir auch hier sowohl zwischen der Muskulatur als auch an der Innenwand des Felles mit Quecksilber gefüllte Arterien. Heben wir mit dem flachen Skalpellstiel ein Auge heraus, durchschneiden die Muskeln und den Sehnerven, halbieren das Auge in eine vordere und hintere Hälfte, so zeigt auch die schwarze Aderhaut ein wunderbares Quecksilbernetz. So läßt sich an allen Teilen des Tieres der Verlauf der Arterien übersehen.

Will man genauere Präparationen am Gefäßsystem vornehmen, so muß man mit einer erhärtenden Masse injizieren. Wir verwenden dazu mit bestem Erfolge die im allgemeinen Teile beschriebene gelbe Gelatinemasse. Die Masse wird warm injiziert, doch braucht das Objekt, wenn es sofort nach der Tötung verwendet wird, nicht erwärmt zu werden. Es genügt, in die Spritze einigemal heißes Wasser hineinzuziehen und dann die Injektion vorzunehmen. Die Technik ist wie bei der Quecksilberinjektion. Es gelingt hier auch, den Lungenkreislauf zu injizieren. Man führt zu diesem Zwecke vor der Injektion nicht nur in die linke Herzkammer und Aorta, sondern auch in die rechte Herzkammer und Lungenarterie eine Kanüle ein. Die Technik des Einbindens ist beidemal dieselbe. Nach Vollendung der Körpergefäßinjektion spritzt man auch in die zweite Kanüle Injektionsmasse ein. Die Injektion ist beendet, wenn die gelbe Masse aus der linken Herzkammer neben der Schnittführung für die Kanüle ausläuft.

Man kann das Objekt nun bis zum nächsten Tage liegen lassen. Die Gelatine ist dann erstarrt, und es läßt sich die Präparation der Gefäßstämme in aller Ruhe vornehmen.

Über die Kapillarinjektion der Lunge von der rechten Herzkammer und Lungenarterie und von der linken Vorkammer aus siehe S. 554.

III. Mikroskopische Behandlung des Herzens und einiger Gefäße.

Man benutzt das Herz eines Kaninchens oder einer jungen Katze mit den Gefäßwurzeln, ferner Stücke der großen Hohlvene und der absteigenden Aorta dieser Tiere, die sich leicht herauspräparieren lassen. Zur Fixierung diene absoluter Alkohol, Müllersche Flüssigkeit, Sublimat oder Pikrinsalpetersäure. Man bettet in Paraffin ein und färbt mit Hämatoxylin-van Gieson oder mit Indigkarmin-Boraxkarmin nach Merkel. Die Schnittdicke muß sehr gering sein, am besten 3—4 μ. Zur Darstellung elastischer Fasern in den Querschnitten der Adern (10—20 μ) färbt man mit Kresofuchsin oder Orcein.

Die Muskelfasern des Herzens sind quergestreift, unterscheiden sich aber doch wesentlich von der quergestreiften Skelettmuskulatur. Sie zeichnen sich durch großen Gehalt an Sarkoplasma, d. h. nicht fibrillär differenzierter Protoplasmasubstanz zwischen den primitiven Fibrillen aus. Das Sarkoplasma liegt vorwiegend in der Achse der Fasern, so daß auf quergetroffenen Muskelfasern die

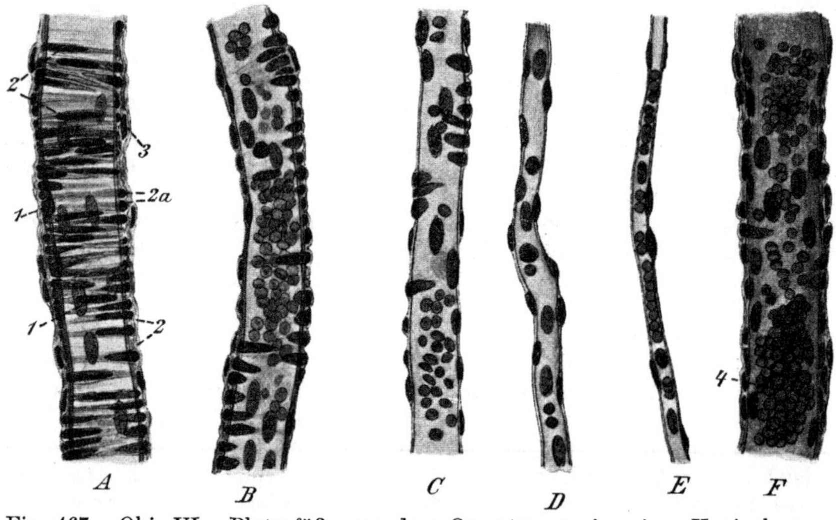

Fig. 467. Obj. VI. Blutgefäße aus dem Omentum majus eines Kaninchens. A., B., C., Teile von Arterien verschiedener Stärke, C. kurz vor dem Übergang in Kapillaren. — D. und E. Kapillaren. — F. Vene. — 1. Kerne der Intima. — 2. Kerne der glatten Muskelfasern. — 3. Kerne der Externa. — 4. Rote Blutkörperchen.

Fibrillen um ein nicht differenziertes Plasmazentrum gelagert sind. Das Sarkolemm fehlt. Auffällig sind die meist schief verlaufenden, dünnen Abzweigungen der Muskelfasern, durch welche diese mit benachbarten Fasern anastomosieren.

Die Ansicht der Fig. 462 findet man annähernd wieder, wenn man Querschnitte durch die oberste Region des Herzens mit den Gefäßstämmen (Herzwurzel) legt. Es liegt uns ein solches Präparat von einer jungen Katze vor, das nach der van Gieson-Methode gefärbt ist. Es sind die beiden Vorkammern mit stark gefalteten Wandungen sowie die Lungenarterie und die Aorta getroffen. Das Präparat zeigt außerdem noch eine Anzahl kleiner Gefäßstämme, Bindegewebe, Querschnitte durch Nerven usw. Es ist außerordentlich reichhaltig und lohnend.

Den Bau einer Arterie studieren wir an den Schnitten durch die Aorta. Die Wandung der Arterie besteht aus drei Häuten:

1. Tunica intima,
2. Tunica media,
3. Tunica externa oder Tunica adventiva.

Die Tunica intima beginnt am Aderlumen mit einem Epithel, darauf folgt eine dünne Schicht von elastischen, längsverlaufenden Fasern und streifiger Bindesubstanz, endlich die an elastischen Elementen reiche Elastica interna.

Die Tunica media enthält glatte Ringmuskelfasern, noch mehr aber starke elastische Fasern, welche ebenfalls ringförmig angeordnet sind, ohne jedoch selbst geschlossene Ringe zu bilden.

Die Tunica externa ist hier wesentlich longitudinal gebaut. Sie besteht aus Bindegewebe mit elastischen Fasern. Auch einige quergetroffene glatte Muskelfasern sind eingelagert; endlich findet man in der Externa quergetroffene, sehr kleine Gefäße (Vasa vasorum), welche die Arterie ernähren.

Für die Beschreibung der Venen benutzen wir die Querschnitte durch die untere große Hohlvene des Kaninchens. Die drei Schichten sind hier dieselben wie bei der Arterie, nur sind die muskulösen Elemente der Media viel schwächer ausgebildet. Die Intima besteht aus Epithel, streifiger Bindegewebsschicht und elastischer Innenhaut. Die Media besteht aus zirkulären Muskelfasern, fibrillärem und elastischem Bindegewebe. Sie ist bei der Hohlvene sehr schwach entwickelt. In der Externa finden wir Büschel fibrillären Bindegewebes und elastische Fasern. Die muskulösen Elemente sind in der Externa der Venen stärker ausgebildet als in der der Arterien. Wir haben hier also vorwiegend eine Längsmuskulatur, während die Arterien vorwiegend Ringmuskulatur haben.

Den Bau der Kapillaren studieren wir am besten auf den Bindegewebspräparaten aus dem Omentum oder Mesenterium, deren Herstellung im allgemeinen Teile geschildert ist. Hier finden sich auch kleine Arterien und Venen. An den Arterien unterscheidet man die längs orientierten Kerne der Intima, die quergestellten, ovalen Kerne der Muskelfasern der Media, außen aufliegend die wieder längs gestellten Kerne der Externa. Im Inneren sieht man Blutkörperchen (Fig. 467, A—C). Das Bild der Vene (Fig. 467, F) zeichnet sich durch fast vollkommenes Fehlen der quergestellten Muskelzellkerne aus.

Die Kapillaren (Fig. 467, D, E), die die Verbindung zwischen den kleinsten Arterien und Venen herstellen, bestehen im wesentlichen nur aus der Intima, während die Externa und Media fast auf dem ganzen Verlauf verschwinden. Die Intima selbst ist hier auch soweit zurückgebildet, daß sie nur aus platten Epithelzellen besteht, so daß die Wandung nur eine Zellschicht enthält. Das Lumen ist stellenweise so eng, daß sich die Blutkörperchen einzeln durchzwängen müssen.

Literatur.

Bei der Abfassung des Werkes wurden außer einer größeren Anzahl von Monographien in Fachzeitschriften, die im Texte namhaft gemacht sind, folgende Werke zu Rate gezogen:

Abderhalden, Handbuch der biochemischen Arbeitsmethoden. 1.—6. Bd. Berlin 1910—12.

Blochmann, Die mikroskopische Tierwelt des Süßwassers. Hamburg 1895.

Claus-Grobben, Lehrbuch der Zoologie. 2. (8. Aufl.) Marburg 1910.

Böhm und v. Davidoff, Lehrbuch der Histologie des Menschen einschließlich der mikroskopischen Technik. 3. Aufl. Wiesbaden 1903.

Ellenberger und Baum, Handbuch der vergleichenden Anatomie der Haustiere. 12. Aufl. Berlin 1908.

Fischer, Alfred, Fixierung, Färbung und Bau des Protoplasmas. Jena 1899.

Frey, Das Mikroskop und die mikroskopische Technik. Leipzig 1886.

Hatschek und Cori, Elementarkursus der Zootomie. Jena 1896.

Hertwig, O., Elemente der Entwickelungslehre des Menschen und der Wirbeltiere. Jena 1900.

Hyrtl, Handbuch der praktischen Zergliederungskunst. Wien 1860.
v. Kahlden, Technik der histologischen Untersuchung pathologisch-anatomischer Präparate v. E. Gierke. Jena 1909.
Kißkalt und Hartmann, Praktikum der Bakteriologie und Protozoologie. Jena 1907.
Kolbe, Einführung in die Kenntnis der Insekten. Berlin 1893.
Krause, Die Anatomie des Kaninchens. 2. Aufl. Leipzig 1884.
Kükenthal, Leitfaden für das zoologische Praktikum. Jena 1907.
Lampert, Das Leben der Binnengewässer. Leipzig 1899.
Lassar-Cohn, Praxis der Harnanalyse. Hamburg 1909.
Lee und Mayer, Grundzüge der mikroskopischen Technik für Zoologen und Anatomen. Berlin 1907.
Michaelis, L., Einführung in die Farbstoffchemie für Histologen. Berlin 1902.
Mojsisovics, Leitfaden bei zoologisch-zootomischen Präparierübungen. Leipzig 1879.
Packard, A text-book of Entomology. New York 1898.
v. Prowazek, Taschenbuch der mikroskopischen Technik der Protistenuntersuchungen. 2. Aufl. Leipzig 1909.
Rawitz, Lehrbuch der mikroskopischen Technik. Leipzig 1907.
Salkowski, Praktikum der physiologischen und pathologischen Chemie. Berlin 1900.
Schenck, Physiologisches Praktikum. Stuttgart 1895.
Schneider, K. C., Histologisches Praktikum der Tiere. Jena 1908.
Siebold und Stannius, Handbuch der Zootomie. 2. Aufl. II, 1. Fische. Berlin 1854. II, 2. Amphibien. Berlin 1856.
Stöhr, Lehrbuch der Histologie. Jena 1896.
Verworn, Physiologisches Praktikum für Mediziner. Jena 1907.
Vogt und Yung, Lehrbuch der praktischen vergleichenden Anatomie. I. Braunschweig 1888. II. Braunschweig 1889—1894.
Voigt, Die Praxis des naturkundlichen Unterrichts. 1909.
Weber, M., Die Säugetiere. Jena 1904.
Wiedersheim, Grundriß der vergl. Anatomie der Wirbeltiere. Jena 1898.
Außerdem die Literatur der Firmen C. Zeiß, Jena; C. Reichert, Wien; E. Leitz, Wetzlar; O. Himmler, Berlin.

Bemerkte Druckfehler:

S. 25, Z. 3 . . . 1 : 3 statt 1 : 4.
S. 76, Z. 4 . . . S. 19 statt S. 10.

Ergänzung zu Seite 141.

Man kann die Fixierung der lebenden Hydren auch so vornehmen, daß man die Tiere sich in einem Tropfen Wasser auf dem Objektträger ausstrecken läßt und dann von hinten her mit einer Pipette einen Tropfen unverdünntes Formalin (käufliche Lösung) hinzufügt. Die Tiere werden so fast ausnahmslos in schon gestrecktem Zustande fixiert. So behandelte Hydren sind nicht in dem Maße brüchig wie Sublimatmaterial.

Sachregister.

Druck der Königl. Universitätsdruckerei H. Stürtz A. G., Würzburg.

GPSR Compliance

The European Union's (EU) General Product Safety Regulation (GPSR) is a set of rules that requires consumer products to be safe and our obligations to ensure this.

If you have any concerns about our products, you can contact us on ProductSafety@springernature.com

In case Publisher is established outside the EU, the EU authorized representative is:

Springer Nature Customer Service Center GmbH
Europaplatz 3
69115 Heidelberg, Germany

Batch number: 10682323

Printed by Printforce, the Netherlands